W. Greiner · B. Müller

MÉCANIQUE QUANTIQUE
SYMÉTRIES

Springer
*Berlin
Heidelberg
New York
Barcelone
Hong Kong
Londres
Milan
Paris
Singapour
Tokyo*

Éditions françaises :	Greiner **Mécanique Quantique** Une introduction	Greiner · Müller **Mécanique Quantique** Symétries
	Greiner **Mécanique Quantique** Thèmes approfondis et applications (en préparation)	Greiner · Neise · Stöcker **Thermodynamique** **et Mécanique Statistique**
Éditions anglaises :	Greiner **Quantum Mechanics** An Introduction 3rd Edition	Greiner **Mechanics I** (en préparation)
	Greiner **Quantum Mechanics** Special Chapters	Greiner **Mechanics II**
	Greiner · Müller **Quantum Mechanics** Symmetries 2nd Edition	Greiner **Classical Electrodynamics**
	Greiner **Relativistic Quantum Mechanics** Wave Equations 2nd Edition	Greiner · Neise · Stöcker **Thermodynamics** **and Statistical Mechanics**
	Greiner · Reinhardt **Field Quantization**	
	Greiner · Reinhardt **Quantum Electrodynamics** 2nd Edition	
	Greiner · Schramm · Stein **Quantum Chromodynamics** 2nd Edition (en préparation)	
	Greiner · Maruhn **Nuclear Models**	
	Greiner · Müller **Gauge Theory of Weak Interactions** 2nd Edition	

Walter Greiner · Berndt Müller

MÉCANIQUE QUANTIQUE

SYMÉTRIES

Traduit et adapté par Daniel Ardouin
avec la collaboration de Thierry Gousset

Avant-propos de Hubert Curien
Professeur honoraire à l'Université de Paris VI
Membre de l'Académie des Sciences

Avec 81 figures
et 127 exemples et exercices

Springer

Professeur Dr. Walter Greiner
Institut für Theoretische Physik der
Johann Wolfgang Goethe-Universität Frankfurt
Postfach 111932
D-60054 Frankfurt am Main
Allemagne

Addresse de visite :

Robert-Mayer-Strasse 8–10
D-60325 Frankfurt am Main
Allemagne

Mél : greiner@th.physik.uni-frankfurt.de

Professeur Dr. Berndt Müller
Physics Department
Duke University
P. O. Box 90305
Durham, NC 27708-0305
États-Unis

Mél: muller@phy.duke.edu

Titre de l'édition originale allemande : *Theoretische Physik,* Band 5 : Quantenmechanik II, Symmetrien, 3. Aufl., © Verlag Harri Deutsch, Thun 1984, 1992

Traduit à partir de l'édition anglaise : Quantum Mechanics. Symmetries, 2nd edition, © Springer-Verlag Berlin Heidelberg 1989, 1994

Traducteur :

Professeur Daniel Ardouin

Université de Nantes
Faculté des Sciences et Techniques
B.P. 92 208
F-44322 Nantes Cedex 3
France

Mél : Daniel.Ardouin@sciences.univ-nantes.fr

Die Deutsche Bibliothek – CIP-Einheitsaufnahme
Mécanique quantique / Walter Greiner ; Berndt Müller. Trad. de l'anglais par D. Ardouin. –
Berlin ; Heidelberg ; New York ; Barcelone ; Hong Kong ; Londres ; Milan ; Paris ; Singapour ;
Tokyo : Springer
Einheitssacht. : Quantenmechanik <franz.>
Symetrie. – 1999
ISBN 978-3-540-64346-3

ISBN 978-3-540-64346-3 Springer-Verlag Berlin Heidelberg New York

Traitement de texte/conversion des données : LE-TEX, Leipzig
Réalisation de la couverture : Design Concept, Emil Smejkal, Heidelberg
SPIN 10572465   56/3144/tr - 5 4 3 2 1 0 - Imprimé sur papier non-acide

Avant-propos

Après l'édition originale en allemand, puis la traduction en anglais, voici la version française du «Greiner». Depuis dix ans, cette monumentale collection de traités de physique constitue une référence pour les étudiants.

Le succès de ces ouvrages repose sur de solides qualités. D'abord, ils nous offrent une présentation cohérente et homogène de toute la physique moderne. Quel que soit le domaine, de la physique de l'atome, du noyau et des particules à l'électrodynamique et à la thermodynamique, on trouve le même style de présentation, les mêmes notations, la même démarche qui va, chaque fois que cela est possible, du concret vers l'abstrait. Le plaisir est réel de se pénétrer de l'unité de la physique, de l'unité de la science. Plaisir d'autant plus grand que le lecteur a le sentiment de le partager avec les auteurs, dont la rigueur n'émousse pas l'enthousiasme.

C'est une physique vivante, une physique vécue qui vous est présentée. Les exposés de base sont abondamment accompagnés d'exercices et d'exemples. Des notes biographiques apportent une touche d'humanisme à la fin de chaque chapitre. Les développements mathématiques sont, bien sûr, abondants, mais assez explicites pour ne pas dérouter les étudiants qui, par formation ou prédilection sont plus portés vers l'observation que vers le calcul. Les auteurs gardent une constante préoccupation : la physique est une science de la nature, il faut la traiter comme telle, avec l'aide indispensable des mathématiques, bien entendu !

Le mode de présentation est d'autant plus plaisant que, derrière l'écrit, on sent le cours oral : ces «leçons» de physique on été exposées devant des étudiants. Il n'est pas de test plus utile pour un cours que la confrontation directe avec les usagers : les étudiants sont les meilleurs juges pour les professeurs. Leurs verdicts poussent à la modestie mais aiguillonnent aussi le souci de la rigueur et d'un enthousiasme communicatif. Car il s'agit bien de communiquer, d'établir un dialogue avec l'auditeur, puis le lecteur, de partager la connaissance scientifique, qui est le joyau de la culture des temps modernes.

La physique quantique pose les problèmes essentiels de la compréhension de l'univers, à toute échelle dans le temps et dans l'espace. Les auteurs n'ont pas cherché à traiter tous les problèmes philosophiques qui apparaissent dans l'approfondissement des phénomènes naturels, mais ils n'en masquent aucun et ils les posent avec clarté. Ils donnent au lecteur l'occasion d'y réfléchir, et les moyens d'aller plus loin si l'envie leur en vient.

En un temps où l'on s'interroge sur les domaines de recherche prioritaires pour l'avenir de l'humanité, la biologie vient souvent au premier rang pour beaucoup de bonnes raisons. Mais comment imaginer que l'on puisse progresser dans la connaissance du monde vivant sans avancer d'un même pas dans la connaissance de la matière? Les savoirs sont strictement solidaires. La recherche prioritaire est, en fait, celle qui s'attaque aux problèmes qui exigent la plus forte dose d'imagination.

C'est bien dans cet esprit que les auteurs de ce traité s'adressent à leurs lecteurs. Ils les guident d'une main sûre le long du chemin de la physique. En leur servant un banquet de connaissances agréablement présentées, ils les mettent en appétit pour trouver plaisir dans l'application, et aussi peut-être dans la découverte.

Hubert Curien
Professeur honoraire à l'Université de Paris VI
Membre de l'Académie des Sciences

Préface à l'édition anglaise

Plus d'une génération d'étudiants germanophones à travers le monde ont abordé la physique théorique moderne – la plus fondamentale de toutes les sciences, avec les mathématiques – et apprécié sa beauté et sa puissance en s'aidant des livres de cours de Walter Greiner.

L'idée de développer une présentation complète d'un champ entier de la science, dans une série de manuels étroitement liés entre eux, n'est pas nouvelle. Beaucoup de physiciens plus âgés se souviennent du plaisir réel de l'aventure et de la découverte en progressant dans les ouvrages classiques de Sommerfeld, Planck et Landau et Lifshitz. Du point de vue des étudiants, il y a des avantages évidents à apprendre en utilisant des notations homogènes, une suite logique des sujets et une cohérence dans la présentation. De surcroît, la couverture complète d'une science procure à l'auteur l'occasion unique de communiquer son enthousiasme personnel et l'amour pour son sujet.

Le présent ensemble de cinq ouvrages, *Physique Théorique*, est en fait seulement une partie de la série complète de manuels, développés par Walter Greiner et ses étudiants, qui présente la Théorie Quantique. Depuis longtemps j'ai vivement encouragé Walter Greiner à rendre disponibles à une audience anglophone les volumes restants sur la mécanique classique et la dynamique, l'électromagnétisme, la physique nucléaire et la physique des particules et les thèmes spéciaux ; et nous pouvons espérer que ces volumes, couvrant toute la physique théorique, seront disponibles dans un futur proche.

Ce qui, pour l'étudiant, de même que pour l'enseignant, confère une valeur particulière aux livres de Greiner, c'est qu'ils sont complets. Greiner évite le trop courant «il s'ensuit que ... » qui dissimule souvent plusieurs pages de manipulations mathématiques et confond l'étudiant. Il n'hésite pas à inclure des données expérimentales pour illuminer ou illustrer un point théorique et celles-ci, comme le contenu théorique, ont été soigneusement actualisées par de fréquentes révisions et développements des notes de cours qui servent de base à ces ouvrages.

De plus, Greiner augmente la valeur de sa présentation en incluant environ une centaine d'exemples entièrement traités dans chaque tome. Rien n'est plus important pour l'étudiant que de voir, en détail, comment les concepts théoriques et les outils étudiés sont appliqués à des problèmes réels préoccupant un physicien. Enfin, Greiner ajoute de brèves notes biographiques à chacun de ses chapitres, relatives aux personnes responsables du développement des idées théoriques et/ou des résultats expérimentaux présentés. Ce fut Auguste Comte

(1798–1857) qui, dans son *Cours de Philosophie Positive* écrivit : «pour comprendre une science il est nécessaire de connaître son histoire». Ceci est trop souvent oublié dans l'enseignement moderne de la physique et les ponts que Greiner établit vers les pionniers de notre science, sur les travaux desquels nous construisons, sont les bienvenus.

Les cours de Greiner, qui sont à la base de ces ouvrages, sont internationalement reconnus pour leur clarté et les efforts visant à présenter la physique comme un ensemble complet ; son enthousiasme pour son domaine est contagieux et transparaît presque à chaque page.

Ces tomes constituent seulement une partie d'un travail unique et herculéen accompli pour rendre toute la physique accessible aux étudiants intéressés. De plus, ils sont d'une valeur énorme pour le physicien de profession et pour tous ceux qui étudient des phénomènes quantiques. À plusieurs reprises, le lecteur constatera qu'après avoir plongé dans un tome particulier pour revoir un sujet donné, il finira par feuilleter le livre, pris par de nouveaux aperçus et développements souvent fascinants qui ne lui étaient pas familiers auparavant.

Pour avoir utilisé plusieurs des volumes de Greiner dans leur version originale allemande pour mes cours ou mes travaux de recherche à Yale, je me réjouis de cette nouvelle version révisée dans sa traduction anglaise et la recommande avec enthousiasme à tout un chacun à la recherche d'une vision cohérente de la Physique.

Université de Yale   *D.A. Bromley*
New Haven, CT, USA   Henry Ford II Professor of Physics
1989

Préface à la deuxième édition

Nous sommes heureux de l'accueil réservé à la parution de notre ouvrage Quantum Mechanics – Symmetries par les jeunes étudiants et chercheurs en physique : il a suscité la nécessité d'une deuxième édition. Nous avons profité de cette opportunité pour apporter quelques corrections et améliorations au texte initial. Nous avons corrigé un certain nombre de fautes de frappe et erreurs mineures et ajouté quelques remarques explicatives en différentes endroits de l'ouvrage. Nous avons de plus développé les paragraphes 8.6, 8.11 et 11.4 ainsi que les exercices 3.9, 7.8 et 9.5. On trouvera également deux nouveaux exercices sur le théorème de Wigner–Eckart (exercice 5.8) et la relation de fermeture pour les générateurs de SU(N) (exercice 11.3). Enfin, nous avons apporté quelques corrections et une nouvelle introduction au chapitre 12, qui est un complément de mathématiques sur les groupes de Lie.

Nous remercions plusieurs collègues pour leurs précieux commentaires, en particulier le Prof. L. Wilets (Seattle) qui nous a fourni une liste d'erreurs relevées. Nous sommes très reconnaissants au Prof. P.O. Hess (Université de Mexico) pour les corrections apportées au chapitre 12. Nous remercions également le Dr. R. Mattiello pour son aide à la préparation de cette deuxième édition. Enfin, nous tenons à souligner la collaboration très agréable qui s'est établie avec le Dr. H.J. Kölsch et son équipe des éditions Springer à Heidelberg.

Francfort sur le Main et Durham (USA)
Juillet 1994

Walter Greiner
Berndt Müller

Préface à la première édition

La physique théorique est devenue une science couvrant plusieurs facettes. Pour le jeune étudiant, il est devenu difficile de s'adapter à l'abondance grandissante des nouveaux secteurs scientifiques qu'il doit assimiler, ainsi que d'acquérir, seul, une vue synthétique d'un vaste domaine scientifique depuis la mécanique jusqu'à la physique des particules élémentaires en passant par l'électrodynamique, la mécanique quantique, la mécanique statistique, la thermodynamique, la théorie de la matière condensée. Ce savoir devant de plus s'acquérir en 8–10 semestres pendant la préparation d'examens ou diplômes. Ceci ne peut se mener à bien qu'à la condition que l'enseignant de l'Université contribue à présenter les nouvelles disciplines le plus tôt possible à l'étudiant afin de susciter son intérêt et sa curiosité, lesquelles apporteront, à leur tour, une force nouvelle essentielle. Bien entendu, les domaines non essentiels doivent simplement être éliminés.

À l'Université J.W. Goethe de Francfort, nous confrontons par conséquent l'étudiant à la physique théorique dès le premier semestre. Mécanique Théorique I et II, Électrodynamique, Mécanique Quantique I – Introduction, constituent les cours de base des deux premières années. Ces cours sont complétés par de nombreux apports et explications mathématiques. Après le quatrième semestre d'études, la préparation du diplôme proprement dit commence avec les enseignements obligatoires suivants : Mécanique Quantique II (Symétries), Thermodynamique et Mécanique Statistique, Mécanique Quantique Relativiste, Électrodynamique Quantique, Théorie de Jauge d'Interactions Faibles et Chromodynamique Quantique. Un certain nombre de cours complémentaires sont proposés sur des sujets particuliers : Hydrodynamique, Théorie de Champ Classique, Relativité restreinte et générale, Systèmes à N-corps, Modèles nucléaires, Particules Élémentaires, Théorie de la Matière Condensée. Quelques-uns, par exemple les cours sur deux semestres de Physique Nucléaire Théorique et Physique Théorique de la Matière Condensée sont obligatoires.

La forme du cours de Mécanique Quantique – Symétries est celle de tous les autres : simultanément à la présentation générale des outils mathématiques nécessaires, un grand nombre d'exercices et d'exemples sont exposées, en ayant à l'esprit de présenter le caractère le plus attractif. Avec les symétries en mécanique quantique, nous avons affaire à un sujet particulièrement séduisant. Le contenu choisi n'est peut-être pas conventionnel, mais correspond, selon nous, à l'importance de ce domaine dans la physique moderne.

Après un bref rappel de quelques symétries en mécanique classique, nous soulignons l'importance des lois de symétrie en mécanique quantique. Les aspects de la symétrie de rotation sont en particulier décrits en détail, nous conduisant rapidement à la théorie générale des groupes de Lie. Le groupe d'isospin, l'hypercharge, la symétrie SU(3) et son application à la physique des particules élémentaires sont largement discutés. Les théorèmes mathématiques essentiels sont d'abord donnés sans démonstration et illustrés par des exemples heuristiques pour démontrer leur importance et leur signification. Des exemples détaillés et des exercices résolus permettent alors d'en trouver les démonstrations.

Un supplément mathématique sur les vecteurs racine et les algèbres de Lie classiques permettent d'approfondir l'exposé ; la technique des tableaux de Young est largement discuté, puis à l'aide de chapitres consacrés respectivement aux caractères d'un groupe et au charme, nous parvenons à des questions d'actualité de la physique moderne. Les chapitres sur les symétries discrètes et dynamiques terminent ces cours. Tous offrent des thèmes fascinants pour l'étudiant puisque, dès le cinquième semestre, il peut ainsi aborder correctement des questions à la frontière de la recherche.

Un grand nombre d'étudiants et collaborateurs ont apporté leur aide au fil des années pour l'exposé des exemples et exercices. Pour cette première édition en langue anglaise, nous avons bénéficié de l'aide de Maria Berenguer, Snježana Butorac, Christian Derreth, Dr Klaus Geiger, Dr Matthias Grabiak, Carsten Greiner, Christoph Hartnack, Dr Richard Herrmann, Raffaele Mattiello, Dieter Neubauer, Jochen Rau, Wolfgang Renner, Dirk Rischke, Thomas Schönfeld et Dr Stefan Schramm. Mlle Astrid Steidl a préparé les graphiques et figures. À tous, nous exprimons nos plus sincères remerciements. Nous sommes également reconnaissants au Dr. K. Langanke et à M.R. Könning du Département de physique de l'Université de Münster pour leurs précieux commentaires à propos de l'édition allemande.

Nous tenons particulièrement à remercier Mr. Bela Waldhauser pour le support qu'il nous a apporté. Ses qualités d'organisation et avis sur les sujets techniques ont été très appréciés.

Enfin, nous souhaitons remercier les éditions Springer, en particulier le Dr. H.-U. Daniel, pour ses encouragements et sa patience, ainsi que Mr. Michael Edmeades pour son expertise dans l'édition de la version anglaise.

Francfort/Main
Juillet 1989

Walter Greiner
Berndt Müller

Table des matières

Table des exemples et des exercices

1. Symétries en mécanique quantique

1.1 Symétries en physique classique

Les symétries jouent un rôle fondamental en physique et leur connaissance permet souvent de simplifier considérablement la solution de certains problèmes. Nous allons illustrer ceci sur trois exemples.

(a) Homogénéité de l'espace. L'espace est ici supposé *homogène*, c'est-à-dire de structure indépendante de la position r. Ceci est synonyme de l'hypothèse d'invariance d'un problème physique par rapport aux translations, car dans ce cas, la surface entourant chaque point peut être exactement décrite par la translation d'une surface similaire entourant un autre point quelconque de l'espace (figure 1.1). Cette invariance par translation implique la conservation de la quantité de mouvement pour un système isolé. Ici, nous définissons l'homogénéité d'espace par le fait que la fonction de Lagrange $L(r_i, \dot{r}_i, t)$ d'un système de particules demeure invariant si les coordonnées r_i sont remplacées par $r_i + a$, où a désigne un vecteur arbitraire constant. (Un concept plus général d'homogénéité d'espace impliquerait seulement l'invariance des équations du mouvement par translation spatiale. Dans ce cas, on peut montrer qu'il existe une quantité conservée mais ce n'est pas nécessairement le moment conjugué. Voir exercices 1.3 et 1.5 pour une discussion détaillée de cette question). Ainsi

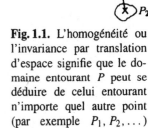

Fig. 1.1. L'homogénéité ou l'invariance par translation d'espace signifie que le domaine entourant P peut se déduire de celui entourant n'importe quel autre point (par exemple P_1, P_2, ...) par les translations (a_1, a_2, ...)

$$\delta L = \sum_i \frac{\partial L}{\partial r_i} \cdot \delta r_i = a \cdot \sum_i \frac{\partial L}{\partial r_i} = 0 \tag{1.1}$$

doit être vérifiée. Puisque a est arbitraire, ceci implique

$$\sum_i \frac{\partial L}{\partial r_i} = 0 = \left\{ \sum_i \frac{\partial L}{\partial x_i}, \sum_i \frac{\partial L}{\partial y_i}, \sum_i \frac{\partial L}{\partial z_i} \right\} . \tag{1.2}$$

Ici, nous avons utilisé la notation

$$\frac{\partial L}{\partial r_i} = \left\{ \frac{\partial L}{\partial x_i}, \frac{\partial L}{\partial y_i}, \frac{\partial L}{\partial z_i} \right\} ,$$

pour le gradient de L par rapport à r_i. Selon les équations de Euler–Lagrange

$$\frac{\mathrm{d}}{\mathrm{d}t} \frac{\partial L}{\partial \dot{x}_i} - \frac{\partial L}{\partial x_i} = 0 , \quad \text{etc.}$$

il se déduit immédiatement de (1.2) :

$$\frac{\mathrm{d}}{\mathrm{d}t} \sum_i \frac{\partial L}{\partial \dot{x}_i} = \frac{\mathrm{d}}{\mathrm{d}t} P_x = 0 , \quad \text{soit} \quad P_x = \text{cste} .$$

Ici, nous avons utilisé la relation $\partial L/\partial \dot{x}_i = P_{x_i}$ pour le moment conjugué $\sum_i P_{x_i} = P_x$, P_x étant la composante suivant x de la quantité de mouvement totale

$$\boldsymbol{P} = \left\{ \sum_i P_{x_i}, \sum_i P_{y_i}, \sum_i P_{z_i} \right\} = \sum_i \boldsymbol{P}_i . \tag{1.3}$$

C'est la *loi de conservation de la quantité de mouvement en mécanique classique*. En physique non relativiste, ceci permet la définition du centre de masse. Ceci est dû au fait que cette loi est vraie pour tous les systèmes inertiels pour lesquels l'espace est homogène. Posons $\boldsymbol{P} = \sum_i m_i \boldsymbol{v}_i$ quantité de mouvement totale dans le référentiel K. Dans un référentiel K', se déplaçant à la vitesse $\boldsymbol{v}$ par rapport à K, la quantité de mouvement est alors

$$\boldsymbol{P}' = \sum_i m_i \boldsymbol{v}_i' = \sum_i m_i (\boldsymbol{v}_i - \boldsymbol{v}) = \boldsymbol{P} - \boldsymbol{v} \sum_i m_i ,$$

car dans le cas non relativiste $\boldsymbol{v}_i' = \boldsymbol{v}_i - \boldsymbol{v}$. Le référentiel du centre de masse est défini par une quantité de mouvement $\boldsymbol{P}'$ nulle. Par rapport à K il se déplace avec la vitesse

$$\boldsymbol{v}_{\mathrm{S}} = \frac{\boldsymbol{P}}{\sum_i m_i} = \left(\sum_i m_i \boldsymbol{v}_i \right) \bigg/ \left(\sum_i m_i \right) = \left(\sum_i m_i \frac{\mathrm{d}\boldsymbol{r}_i}{\mathrm{d}t} \right) \bigg/ \left(\sum_i m_i \right)$$

$$= \frac{\mathrm{d}}{\mathrm{d}t} \left[\left(\sum_i m_i \boldsymbol{r}_i' \right) \bigg/ \left(\sum_i m_i \right) \right] \equiv \frac{\mathrm{d}\boldsymbol{R}}{\mathrm{d}t} , \tag{1.4}$$

où

$$\boldsymbol{R} = \left(\sum_i m_i \boldsymbol{r}_i' \right) \bigg/ \left(\sum_i m_i \right) \tag{1.5}$$

désigne les coordonnées non relativistes du centre de masse.

(b) Homogénéité du temps. L'homogénéité du temps n'a pas moins d'importance que l'homogénéité de l'espace. Elle correspond à l'invariance des lois de la nature par rapport à des translations en temps pour des systèmes isolés, c'est-à-dire qu'au temps $t + t_0$ elles ont la même forme qu'au temps t. Ceci s'exprime mathématiquement par le fait que la fonction de Lagrange ne dépend pas explicitement du temps, soit

$$L = L(q_i, \dot{q}_i) . \tag{1.6}$$

Il s'en déduit

$$\frac{\mathrm{d}L}{\mathrm{d}t} = \sum_i \frac{\partial L}{\partial q_i}\dot{q}_i + \sum_i \frac{\partial L}{\partial \dot{q}_i}\ddot{q}_i \ . \tag{1.7}$$

[Notons que si L dépend explicitement du temps, le terme $\partial L/\partial t$ doit être ajouté au membre de droite de l'équation (1.7).]

En utilisant les équations d'Euler–Lagrange,

$$\frac{\mathrm{d}}{\mathrm{d}t}\frac{\partial L}{\partial \dot{q}_i} - \frac{\partial L}{\partial q_i} = 0 \ ,$$

on trouve

$$\frac{\mathrm{d}L}{\mathrm{d}t} = \sum_i \dot{q}_i \frac{\mathrm{d}}{\mathrm{d}t}\frac{\partial L}{\partial \dot{q}_i} + \sum_i \frac{\partial L}{\partial \dot{q}_i}\ddot{q}_i = \sum_i \frac{\mathrm{d}}{\mathrm{d}t}\left(\dot{q}_i \frac{\partial L}{\partial \dot{q}_i}\right) \ ,$$

soit

$$\frac{\mathrm{d}}{\mathrm{d}t}\left(\sum_i \dot{q}_i \frac{\partial L}{\partial \dot{q}_i} - L \right) = 0 \ , \tag{1.8}$$

ce qui exprime la conservation de l'énergie

$$E \equiv \sum_i \dot{q}_i \frac{\partial L}{\partial \dot{q}_i} - L = \sum_i \dot{q}_i\, \pi_i - L = H \ , \tag{1.9}$$

qui représente l'énergie totale (fonction de Hamilton ou hamiltonien H). Les quantités $\pi_i = \partial L/\partial \dot{q}_i$ sont les *moments conjugués (ou canoniques)*. Puisque l'énergie (1.9) est linéaire par rapport à L, elle est additive et par conséquent, l'énergie sera $E = E_1 + E_2$ pour deux systèmes décrits respectivement par L_1 et L_2. Ceci est vrai pour autant qu'il n'existe aucune interaction L_{12} entre les deux systèmes, soit encore si L_1 et L_2 dépendent de variables dynamiques différentes q_{i_1} et q_{i_2}. La loi de conservation d'énergie est vraie non seulement pour des systèmes isolés, mais aussi pour tout *champ externe indépendant du temps*, car alors L est toujours indépendant [la seule condition requise pour L était l'indépendance par rapport au temps qui a conduit à la conservation de l'énergie (1.9)]. Les systèmes pour lesquels l'énergie totale se conserve sont dits *systèmes conservatifs*.

(c) Isotropie d'espace. L'isotropie d'espace signifie que l'espace a la même structure dans toutes les directions (figure 1.2). En d'autres termes, les propriétés mécaniques d'un système isolé demeurent inchangées si le système est arbitrairement soumis à une rotation dans l'espace, donc le *lagrangien est invariant par rapport aux rotations*. Considérons maintenant des rotations infinitésimales (figure 1.3)

$$\delta\boldsymbol{\phi} = \{\delta\phi_x, \delta\phi_y, \delta\phi_z\} \ . \tag{1.10}$$

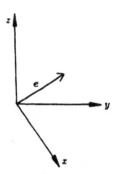

Fig. 1.2. Un espace isotrope possède la même structure dans toutes les directions de l'espace e

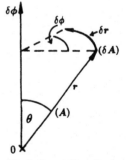

Fig. 1.3. Représentation d'une rotation infinitésimale du vecteur position et d'un vecteur arbitraire A

Le module $\delta\phi$ caractérise l'amplitude de l'angle de rotation, et la direction $\delta\boldsymbol{\phi}/\delta\phi$ définit l'axe de rotation. Le rayon $\boldsymbol{r}$ est modifié de la quantité δr au cours de la rotation $\delta\boldsymbol{\phi}$. Nous avons

$$\delta r = |\delta\boldsymbol{r}| = r\sin\theta\,\delta\phi\,,$$

et la direction de $\delta\boldsymbol{r}$ est perpendiculaire au plan engendré par $\delta\boldsymbol{\phi}$ et $\boldsymbol{r}$. D'où

$$\delta\boldsymbol{r} = \delta\boldsymbol{\phi}\times\boldsymbol{r}\,. \tag{1.11}$$

De même que les vecteurs position $\boldsymbol{r}_i$, les vitesses des particules $\boldsymbol{v}_i$ sont modifiées au cours de la rotation : elles changent de direction. En fait, tous les vecteurs sont ainsi modifiés de cette façon par la rotation. La variation de vitesse $\delta\boldsymbol{v}_i$ est donc donnée par

$$\delta\boldsymbol{v}_i = \delta\boldsymbol{\phi}\times\boldsymbol{v}_i\,. \tag{1.12}$$

Puisque la rotation infinitésimale est supposée ne pas changer le lagrangien, nous avons

$$\delta L = \sum_i\left(\frac{\partial L}{\partial\boldsymbol{r}_i}\cdot\delta\boldsymbol{r}_i + \frac{\partial L}{\partial\boldsymbol{v}_i}\cdot\delta\boldsymbol{v}_i\right) = 0\,. \tag{1.13}$$

Les moments conjugués sont

$$\boldsymbol{\pi}_i = \frac{\partial L}{\partial\boldsymbol{v}_i} = \left\{\frac{\partial L}{\partial v_{i_x}},\frac{\partial L}{\partial v_{i_y}},\frac{\partial L}{\partial v_{i_z}}\right\}$$

et les équations de Lagrange impliquent alors

$$\dot{\boldsymbol{\pi}}_i = \frac{\mathrm{d}}{\mathrm{d}t}\frac{\partial L}{\partial\boldsymbol{v}_i} = \frac{\partial L}{\partial\boldsymbol{r}_i}\,.$$

En substituant ces quantités avec (1.11) et (1.12), l'équation (1.13) devient

$$\sum_i[\dot{\boldsymbol{\pi}}_i\cdot(\delta\boldsymbol{\phi}\times\boldsymbol{r}_i)+\boldsymbol{\pi}_i\cdot(\delta\boldsymbol{\phi}\times\boldsymbol{v}_i)]$$
$$= \delta\boldsymbol{\phi}\cdot\sum_i(\boldsymbol{r}_i\times\dot{\boldsymbol{\pi}}_i+\boldsymbol{v}_i+\boldsymbol{\pi}_i) = \delta\boldsymbol{\phi}\cdot\frac{\mathrm{d}}{\mathrm{d}t}\left(\sum_i\boldsymbol{r}_i\times\boldsymbol{\pi}_i\right) = 0\,. \tag{1.14}$$

Puisque

$$\boldsymbol{L} = \sum_i\boldsymbol{r}_i\times\boldsymbol{\pi}_i \tag{1.15}$$

est le moment angulaire classique, et que le vecteur rotation élémentaire est arbitraire, nous avons

$$\frac{\mathrm{d}\boldsymbol{L}}{\mathrm{d}t} = 0\,, \tag{1.16}$$

soit

$$L = \text{cste} .$$

Le moment angulaire est additif, comme noté plus haut dans (1.3), car la somme dans (1.15) contient la sommation implicite sur toutes les particules. Si d'autres particules sont ajoutées, leur contribution au moment angulaire total se construit avec (1.15), que les particules ajoutées interagissent ou non avec les premières.

Il est possible de développer la compréhension de ces lois de conservation en s'intéressant aux deux problèmes suivants.

EXERCICE

1.1 Moments angulaires dans différents référentiels

Problème. (a) Quelle est la relation entre les moments angulaires dans deux référentiels au repos l'un par rapport à l'autre et dont les origines sont séparées par la distance a?

(b) Quelle est la relation entre les moments angulaires dans deux référentiels inertiels K et K' en mouvement relatif de vitesse V?

Solution. (a) Considérons un système de particules avec les vecteurs position r_i dans un référentiel et r_i' dans un autre référentiel. La séparation a entre les origines entraîne

$$r_i = r_i' + a .\tag{1}$$

Le moment angulaire total du système est donné par

$$L = \sum_i r_i \times p_i .\tag{2}$$

En substituant (1) dans (2) il vient

$$L = \sum_i r_i \times p_i = \sum_i r_i' \times p_i + a \times \sum_i p_i .\tag{3}$$

Ici $\sum_i r_i' \times p_i = L'$, car le moment d'une particule ne change pas si la transformation est effectuée entre deux systèmes au repos l'un par rapport à l'autre, et $\sum_i p_i = P$ est le moment total du système. D'où

$$L = L' + a \times P .\tag{4}$$

Le moment angulaire total se décompose en la somme du moment total interne et du moment du système entier par rapport à l'origine à une distance $|a|$. $L = L'$ seulement si P est parallèle à a (ou $P = 0$), soit si le système dans son ensemble se déplace dans la direction de la translation. Cependant, le moment angulaire du système est une quantité qui se conserve car la quantité de mouvement P est également conservée!

(b) Considérons K et K' au moment où leurs origines coïncident, soit $r_i = r'_i$. Les vitesses sont $v_i = v'_i + V$, d'où :

$$L = \sum_i m_i r_i \times v_i = \sum_i m_i r_i \times v'_i + \sum_i m_i r_i \times V . \tag{5}$$

Puisque $r_i = r'_i$, nous avons $L' = \sum_i m_i r_i \times v_i$, et la position du centre de masse s'écrit

$$R = \left(\sum_i m_i r_i \right) \Big/ \left(\sum_i m_i \right) = \frac{1}{M} \sum_i m_i r_i ,$$

où M désigne la masse totale du système. De (5) on déduit alors

$$L = L' + M(R \times V) . \tag{6}$$

Si le système de particules est au repos dans K', alors V est la vitesse du centre de masse et $P = MV$ est le moment total du système par rapport à K, soit $L = L' + R \times P = L' + L_S$. Ceci signifie que le moment angulaire se compose du moment angulaire L' dans le référentiel propre et du moment angulaire du centre de masse L_S.

EXERCICE ▮▮▮▮▮▮▮▮▮▮▮▮▮▮▮▮

1.2 Quantités conservées dans des champs spécifiques

Problème. Quelles sont les composantes de la quantité de mouvement P et du moment angulaire L qui sont conservées pour des déplacements dans les champs suivants :

(a) Champ créé par un plan infini homogène,
(b) Champ créé par un cylindre infini homogène,
(c) Champ créé par un prisme homogène,
(d) Champ créé par deux points,
(e) Champ créé par un demi plan infini homogène,
(f) Champ créé par un cône homogène,
(g) Champ créé par un anneau circulaire homogène,
(h) Champ créé par une hélice infinie homogène.

Solution. La projection de la quantité de mouvement ou du moment angulaire sur un axe de symétrie du champ sera conservée, car les propriétés mécaniques (lagrangien et équation du mouvement) ne sont pas affectées par une translation le long de cet axe, ou par une rotation autour de lui. Pour la composante du moment angulaire, ceci est seulement vérifié si le moment angulaire est défini par rapport au centre du champ et non par rapport à un point quelconque de l'espace. La quantité de mouvement ou sa composante, respectivement, restera conservée au sens de la mécanique de Lagrange, si et seulement si, le potentiel du champ ne dépend pas des coordonnées généralisées correspondantes.

(a) *Champ d'un plan infini homogène.* On choisira le plan xy. À cause de l'invariance par translation du plan, le potentiel ne dépend pas de x et y donc p_x et p_y sont conservés. De plus, le lagrangien ne change pas pour une rotation effectuée autour de l'axe z, c'est-à-dire L_z est conservé.

(b) *Champ d'un cylindre homogène infini.* À cause de l'extension infinie du cylindre, le potentiel ne change pas pour toute translation le long de son axe (z) ; ainsi p_z est conservé. De plus, nous avons une symétrie de rotation autour de l'axe z et donc L_z se conserve.

(c) *Champ d'un prisme homogène infini* (côtés parallèles à l'axe z). De même qu'en (b), p_z est conservé mais il n'y a pas de symétrie de rotation autour de l'axe z. Donc L_z n'est pas conservé.

(d) *Champ de deux points* (situés sur l'axe z). Ici, il y a seulement symétrie de rotation autour de cet axe. La seule quantité conservée est L_z.

(e) *Champ d'un demi-plan homogène infini.* On choisit le plan xy bordé par l'axe y. L'invariance le long de y entraîne la conservation de p_y.

(f) *Champ d'un cône homogène d'axe z.* Cette fois, la symétrie de rotation est autour de z et L_z est conservé.

(g) *Champ d'un anneau circulaire homogène d'axe z.* La symétrie autour de z entraîne encore la conservation de L_z.

(h) *Champ d'un hélice homogène infinie d'axe z.* Le potentiel (lagrangien) n'est pas modifié par une rotation de $\delta\phi$ autour de l'axe z pourvu que simultanément, une translation δz selon z soit opérée. En désignant par h le pas de l'hélice (variation de hauteur selon z pour une rotation de 2π), une translation de $\delta z = (h/2\pi)\delta\phi$ et une rotation simultanée $\delta\phi$ vont conserver la symétrie du potentiel ; par conséquent, le lagrangien reste constant, soit :

$$\delta L = 0 = \frac{\partial L}{\partial z}\delta z + \frac{\partial L}{\partial \phi}\delta\phi \,. \tag{1}$$

Nous avons maintenant

$$\frac{\mathrm{d}}{\mathrm{d}t}p_z = \frac{\partial L}{\partial z} \quad \text{et} \quad \frac{\mathrm{d}}{\mathrm{d}t}L_z = \frac{\partial L}{\partial \phi} \,;$$

d'où

$$\frac{\mathrm{d}}{\mathrm{d}t}\left(p_z\frac{h}{2\pi} + L_z\right)\delta\phi = 0 \,.$$

Pour un choix arbitraire $\delta\phi$, il s'en suit

$$\frac{\mathrm{d}}{\mathrm{d}t}\left(p_z\frac{h}{2\pi} + L_z\right) = 0 \,,$$

soit

$$\left(p_z\frac{h}{2\pi} + L_z\right) = \text{cste} \,,$$

c'est-à-dire qu'une certaine combinaison de p_z et L_z demeure conservée.

De même qu'en mécanique classique, l'homogénéité du temps et de l'espace, ainsi que l'isotropie de l'espace, jouent un rôle important en mécanique quantique. C'est pour cette raison que nous souhaitons développer une approche uniforme des propriétés de symétrie. Nous distinguerons de plus les *symétries géométriques* – qui correspondent aux invariances du système par rapport aux translations et réflexions dans l'espace et le temps ainsi qu'aux rotations, – des *symétries dynamiques*, qui apparaissent souvent comme la raison des dégénérescences inattendues des états d'énergie, par exemple dans l'atome d'hydrogène ou l'oscillateur harmonique isotrope. Plus généralement, nous mentionnerons aussi d'autres symétries dans différentes branches de la physique (par exemple, la relativité restreinte[1]). Habituellement, nous considérerons uniquement le problème à une particule (ou le problème à deux particules non relativistes dans le système du centre de masse qui est équivalent au précédent). Cependant, la plupart des résultats peuvent être étendus sans difficulté au problème à plusieurs particules en interaction, pour autant que les symétries fondamentales soient valides pour toutes les particules.

EXEMPLE

1.3 Théorème de Noether

Le théorème de *Noether*, que nous allons maintenant démontrer dans cette présentation plus détaillée, s'énonce comme suit :

Si les équations d'Euler–Lagrange du mouvement sont invariantes par une transformation de coordonnée $(t, \boldsymbol{q}) \to [t'(t), \boldsymbol{q}'(\boldsymbol{q}, t)]$, alors il existe une intégrale (première) du mouvement, c'est-à-dire une quantité conservée.

Étant donné un lagrangien $L(\boldsymbol{q}, \dot{\boldsymbol{q}}, t)$ des coordonnées $q_i (i = 1, \ldots l)$ et du temps t, nous introduisons de nouvelles coordonnées $(t', \boldsymbol{q}')$ définies par

$$t' := t'(t), \quad q'_i := q'_i(\boldsymbol{q}, t). \tag{1}$$

Cette transformation sera inversible de façon unique. On peut alors écrire

$$t' := t + \delta t(t), \quad q'_i := q_i + \delta q_i(\boldsymbol{q}, t). \tag{2}$$

Initialement, les fonctions δt et δq_i sont arbitraires. Les vitesses $\dot{\boldsymbol{q}}, \dot{\boldsymbol{q}}'$ sont données par

$$\dot{q}_i := \frac{\mathrm{d}}{\mathrm{d}t} q_i, \quad \dot{q}'_i := \frac{\mathrm{d}}{\mathrm{d}t'} q'_i.$$

---

[1] Pour une discussion détaillée voir W. Greiner : *Relativistic Quantum Mechanics – Wave Equations*, 2nd ed. (Springer, Berlin, Heidelberg 1997).

La relation entre ces deux quantités s'écrit alors

$$\dot{q}_i' = \frac{d}{dt'}q_i' = \frac{d}{dt}q_i'\frac{dt}{dt'} = \frac{d}{dt}(q_i + \delta q_i)\frac{dt}{dt'}$$

$$= \left(\dot{q}_i + \frac{d}{dt}\delta q_i\right)\frac{1}{1 + (d/dt)\delta t}, \tag{3}$$

où nous avons utilisé

$$\frac{dt}{dt'} = \frac{1}{dt'/dt} = \frac{1}{1 + (d/dt)\delta t}. \tag{3'}$$

Pour des transformations infinitésimales, il vient

$$\delta\dot{q}_i := \dot{q}_i' - \dot{q}_i = \frac{d}{dt}\delta q_i - \dot{q}_i\frac{d}{dt}\delta t. \tag{4}$$

Puisque la physique doit être la même au cours de cette transformation de coordonnées, l'action doit demeurer invariante

$$S(t_1, t_2) := \int_{t_1}^{t_2} L(\boldsymbol{q}(t), \dot{\boldsymbol{q}}(t), t)\,dt = S'(t_1, t_2)$$

$$:= \int_{t'(t_1)}^{t'(t_2)} L'(\boldsymbol{q}'(t'), \dot{\boldsymbol{q}}'(t'), t')\,dt'.$$

Ceci sera satisfait si :

$$L'(\boldsymbol{q}', \dot{\boldsymbol{q}}', t) := L\left(\boldsymbol{q}(\boldsymbol{q}', t'), \dot{\boldsymbol{q}}(\boldsymbol{q}', \dot{\boldsymbol{q}}', t'), t(t')\right)\frac{dt}{dt'}. \tag{5}$$

Si les équations du mouvement sont de forme invariante par rapport à une telle transformation de coordonnées, nous appellerons cette transformation une transformation (ou opération) de symétrie. Dans le cas le plus simple, le lagrangien lui-même demeure invariant soit

$$L'(\boldsymbol{q}', \dot{\boldsymbol{q}}', t') = L(\boldsymbol{q}', \dot{\boldsymbol{q}}', t'),$$

mais ce n'est pas une nécessité. Il est suffisant que :

$$L'(\boldsymbol{q}', \dot{\boldsymbol{q}}', t') = L(\boldsymbol{q}', \dot{\boldsymbol{q}}', t') + \frac{d}{dt'}\Omega(\boldsymbol{q}', t'), \tag{6}$$

donc que les deux lagrangiens diffèrent par une dérivée totale par rapport au temps. On peut démontrer facilement que pour $\bar{L} = d[\Omega(\boldsymbol{q}, t)]/dt$, les équations du mouvement

$$\frac{\mathrm{d}}{\mathrm{d}t}\frac{\partial \bar{L}}{\partial \dot{q}_i} - \frac{\partial \bar{L}}{\partial q_i} = \frac{\mathrm{d}}{\mathrm{d}t}\frac{\partial}{\partial \dot{q}_i}\left(\sum_j \frac{\partial \Omega}{\partial q_j}\dot{q}_j + \frac{\partial \Omega}{\partial t}\right) - \frac{\partial}{\partial q_i}\left(\sum_j \frac{\partial \Omega}{\partial q_j}\dot{q}_j + \frac{\partial \Omega}{\partial t}\right)$$

$$= \frac{\mathrm{d}}{\mathrm{d}t}\frac{\partial \Omega}{\partial q_i} - \left(\sum_j \frac{\partial^2 \Omega}{\partial q_i \partial q_j}\dot{q}_j + \frac{\partial^2 \Omega}{\partial t \partial q_i}\right)$$

$$= \sum_j \frac{\partial^2 \Omega}{\partial q_i \partial q_j}\dot{q}_j + \frac{\partial^2 \Omega}{\partial t \partial q_i} - \left(\sum_j \frac{\partial^2 \Omega}{\partial q_i \partial q_j}\dot{q}_j + \frac{\partial^2 \Omega}{\partial t \partial q_i}\right)$$

$$= 0 ,$$

sont satisfaites. En insérant (6) dans (5), nous obtenons

$$L\bigl(q(q',t'),\ldots,t(t')\bigr)\frac{\mathrm{d}t}{\mathrm{d}t'} = L(q',\dot{q}',t') + \frac{\mathrm{d}}{\mathrm{d}t'}\Omega(q',t') ,$$

et en revenant aux anciennes coordonnées :

$$L(q,\dot{q},t) = L(q'(q,t),\dot{q}'(q,\dot{q},t),t'(t))\frac{\mathrm{d}t'}{\mathrm{d}t} + \frac{\mathrm{d}}{\mathrm{d}t}\Omega(q'(q,t),t'(t)) ,$$

qui, avec (2) ou (3′) respectivement, conduit à l'équation :

$$L(q,\dot{q},t) - L(q'(q,t),\ldots,t'(t))$$
$$= L(q'(q,t),\ldots)\frac{\mathrm{d}}{\mathrm{d}t}\delta t + \frac{\mathrm{d}}{\mathrm{d}t}\Omega(q'(q,t),t'(t)) . \tag{7}$$

Si la transformation est continue, il est suffisant de considérer des transformations infinitésimales dans (2). Alors (7) peut être écrite, en première approximation :

$$-\delta L := L(q,\dot{q},t) - L(q+\delta q,\dot{q}+\delta \dot{q},t+\delta t)$$
$$= L(q,\dot{q},t)\frac{\mathrm{d}}{\mathrm{d}t}\delta t + \frac{\mathrm{d}}{\mathrm{d}t}\Omega(q+\delta q,t+\delta t) .$$

En particulier, si nous choisissons δq et $\delta t = 0$, alors $q = q'$ et $t = t'$; et [d'après (6)] il vient $\mathrm{d}[\Omega(q,t)]/\mathrm{d}t = 0$. On peut alors réécrire $(-\delta L)$ ainsi :

$$-\delta L = L\frac{\mathrm{d}}{\mathrm{d}t}\delta t + \frac{\mathrm{d}}{\mathrm{d}t}[\Omega(q+\delta q,t+\delta t) - \Omega(q,t)]$$
$$= L\frac{\mathrm{d}}{\mathrm{d}t}\delta t + \frac{\mathrm{d}}{\mathrm{d}t}\delta \Omega(q,t) . \tag{8}$$

Si l'équation

$$-\delta L = -\sum_i \left[\frac{\partial L}{\partial q_i}\delta q_i + \frac{\partial L}{\partial \dot{q}_i}\delta \dot{q}_i\right] - \frac{\partial L}{\partial t}\delta t \tag{9}$$

est insérée dans (8) et compte-tenu de (4), on a :

$$\sum_i \left(\frac{\partial L}{\partial q_i} + \frac{\partial L}{\partial \dot{q}_i} \frac{\mathrm{d}}{\mathrm{d}t} \right) \delta q_i + \frac{\partial L}{\partial t} \delta t + \left(L - \sum_i \frac{\partial L}{\partial \dot{q}_i} \dot{q}_i \right) \frac{\mathrm{d}}{\mathrm{d}t} \delta t$$

$$= -\frac{\mathrm{d}}{\mathrm{d}t} \delta \Omega(q, t) \,. \tag{10}$$

Pour un choix (q, t), ceci est *la condition pour qu'un système mécanique décrit par L demeure invariant par rapport à la transformation infinitésimale de symétrie* (2). En particulier, si $\delta \Omega = 0$, $\mathrm{d}(\delta t)/\mathrm{d}t = 0$, alors $\delta L = 0$ et le lagrangien lui-même est invariant dans cette transformation. Si la condition (10) est remplie et en utilisant les équations du mouvement $\partial L/\partial q_i = d(\partial L/\partial \dot{q}_i)/\mathrm{d}t$, il vient :

$$\frac{\mathrm{d}}{\mathrm{d}t} \left[\sum_i \frac{\partial L}{\partial \dot{q}_i} \delta q_i + \left(L - \sum_i \frac{\partial L}{\partial \dot{q}_i} \dot{q}_i \right) \delta t + \delta \Omega \right]$$

$$= \sum_i \left[\frac{\partial L}{\partial q_i} \delta q_i + \frac{\partial L}{\partial \dot{q}_i} \frac{\mathrm{d}}{\mathrm{d}t} \delta q_i + \left(\frac{\partial L}{\partial q_i} \dot{q}_i + \frac{\partial L}{\partial \dot{q}_i} \ddot{q} - \frac{\partial L}{\partial q_i} \dot{q}_i - \frac{\partial L}{\partial \dot{q}_i} \ddot{q} \right) \delta t \right]$$

$$+ \frac{\partial L}{\partial t} \delta t + \left(L - \sum_i \frac{\partial L}{\partial \dot{q}_i} \dot{q}_i \right) \frac{\mathrm{d}}{\mathrm{d}t} \delta t + \frac{\mathrm{d}}{\mathrm{d}t} \delta \Omega = 0 \,,$$

nous pouvons en déduire que la quantité

$$\sum_i \frac{\partial L}{\partial \dot{q}_i} \delta q_i + \left(L - \sum_i \frac{\partial L}{\partial \dot{q}_i} \dot{q}_i \right) \delta t + \delta \Omega = \mathrm{cste} \tag{11}$$

est une intégrale du mouvement (quantité conservée).

EXERCICE ████████████████████

1.4 Équations du mouvement invariantes par rapport au temps : le lagrangien et les quantités conservées

Problème. Quelle condition doit être satisfaite par le lagrangien $L(q, \dot{q}, t)$ et quelles sont les quantités conservées si les équations du mouvement sont invariantes par rapport aux translations de temps?

Solution. Une translation dans le temps est paramétrisée par la transformation de coordonnées $\delta q = \delta \dot{q} = 0$, $\delta t(t) = \delta \tau = \mathrm{cste}$, et la condition [exemple 1.3, (10)] s'écrit alors :

$$\frac{\partial L}{\partial t} \delta \tau = -\frac{\mathrm{d}}{\mathrm{d}t} \delta \Omega \,. \tag{1}$$

Si L n'est pas explicitement dépendant du temps, alors $\delta \Omega = 0$ et le lagrangien lui-même possède l'invariance par translation du temps. La quantité conservée correspondante [exemple 1.3, (11)] est l'énergie totale

$$E = L - \sum_i \frac{\partial L}{\partial \dot{q}_i} \dot{q}_i \; . \tag{2}$$

Si l'énergie cinétique T dans $L = T - V$ est explicitement indépendante du temps et si un potentiel dépendant du temps V est introduit, alors $\delta\Omega$ doit être construit pour que

$$\frac{\partial V}{\partial t} = \frac{1}{\delta\tau} \frac{\mathrm{d}}{\mathrm{d}t} \delta\Omega \tag{3}$$

soit satisfait. En général, ceci n'est pas possible car $\partial V/\partial t$ n'est pas nécessairement une dérivée totale par rapport au temps.

EXERCICE ████████████████████████████

1.5 Conditions d'invariances pour translations, rotations et transformations de Galilée

Problème. Étant donné le lagrangien (en coordonnées Cartésiennes)

$$L = \frac{1}{2} m \dot{r}^2 - V(r) \tag{1}$$

et les transformations suivantes :

(a) translations spatiales,

$$\delta x_1 = \delta x_2 = 0 \; , \quad \delta x_3 = \text{cste} \; , \quad \delta t = 0 \; ; \tag{2a}$$

(b) rotations spatiales,

$$\delta x_1 = -\delta\phi \, x_2 \; , \quad \delta x_2 = +\delta\phi \, x_1 \; , \quad \delta x_3 = 0 \; ,$$
$$\delta t = 0 \; , \quad (\delta\phi = \text{cste}) \; ; \tag{2b}$$

(c) transformations de Galilée,

$$\delta x_1 = \delta x_2 = 0 \; , \quad \delta x_3 = \delta v_3 t \; , \quad \delta t = 0 \; , \quad (\delta v_3 = \text{cste}) \; , \tag{2c}$$

quelles conditions doivent être remplies pour que ces transformations soient des transformations de symétrie? Quelles sont les quantités conservées?

Solution. Pour $\delta t = 0$ l'équation satisfaisant à une transformation de symétrie (voir exemple 1.3, (11)) s'écrit :

$$\sum_i \left(\frac{\partial L}{\partial x_i} + \frac{\partial L}{\partial \dot{x}_i} \frac{\mathrm{d}}{\mathrm{d}t} \right) \delta x_i = -\frac{\mathrm{d}}{\mathrm{d}t} \delta\Omega(r, t) \; . \tag{3}$$

Le membre de gauche doit être une dérivée totale par rapport au temps. Si un tel $\delta\Omega$ peut être trouvé (d'après le théorème de Noether – voir exemple 1.3), la quantité

$$\sum_i \frac{\partial L}{\partial \dot{x}_i}\delta x_i + \delta\Omega = \text{cste} \tag{4}$$

est conservée. Dans notre cas, nous avons

$$\frac{\partial L}{\partial x_i} = -\frac{\partial V}{\partial x_i}, \quad \frac{\partial L}{\partial \dot{x}_i} = m\dot{x}_i . \tag{5}$$

(a) La condition d'invariance des équations de mouvement s'écrit ici :

$$-\frac{\partial V}{\partial x_3}\delta x_3 = -\frac{d}{dt}\delta\Omega(\boldsymbol{r},t)$$
$$= -\sum_i \frac{\partial}{\partial x_i}\delta\Omega(\boldsymbol{r},t)\dot{x}_i - \frac{\partial}{\partial t}\delta\Omega(\boldsymbol{r},t) . \tag{6}$$

Le membre de gauche ne contient pas $\dot{x}_i$; donc,

$$\frac{\partial}{\partial x_i}\delta\Omega(\boldsymbol{r},t) = 0 \quad \text{ou} \quad \delta\Omega(\boldsymbol{r},t) = \delta\Omega(t) . \tag{7}$$

Par conséquent, notre condition s'écrit :

$$\frac{\partial V}{\partial x_3}\delta x_3 = \frac{\partial}{\partial t}\delta\Omega(t) . \tag{8}$$

Nous en déduisons immédiatement que $\partial V/\partial x_3$ doit être une constante (indépendante de $\boldsymbol{x}$ et de t), et avec

$$\delta\Omega = \frac{\partial V}{\partial x_3}\delta x_3 t , \tag{9}$$

l'invariance de forme de l'équation du mouvement est assurée. Dans ce cas, la translation spatiale est une transformation de symétrie, et la quantité conservée (voir (4)) est alors :

$$m\dot{x}_3 + \frac{\partial V}{\partial x_3}t = \text{cste} . \tag{10}$$

En particulier si la force constante dans la direction x_3 s'annule, alors :

$$\frac{\partial V}{\partial x_3} = 0 , \tag{11}$$

et la quantité conservée est la quantité de mouvement

$$p_3 = \frac{\partial L}{\partial \dot{x}_3} = m\dot{x}_3 . \tag{12}$$

Puisqu'alors $\delta\Omega = 0$, le lagrangien lui-même est invariant.

Exercice 1.5

Nous démontrons ainsi que la conservation de la quantité de mouvement découle de l'invariance par translation spatiale du lagrangien et non pas de l'invariance des équations de mouvement dans ces translations spatiales. Dans ce cas (général) la quantité conservée sera

$$\tilde{P} = p - Ft = m\dot{r} - Ft \,, \tag{10'}$$

ce qui implique que la quantité de mouvement soit une *fonction linéaire* du temps. Maintenant F est un champ de force constant et homogène.

Dans une perspective plus large, le champ de force constant illustre la différence entre homogénéité *locale* et *globale* de l'espace. L'espace occupé par le champ est *localement* homogène car une *Mesure locale* ne peut distinguer deux points de l'espace. Cependant, le champ de force doit être généré par une source, par exemple une masse éloignée dans le cas du champ de gravitation ou un éloignement des plateaux d'un condensateur dans le cas d'un champ électrique constant. Cette configuration de source détruit l'homogénéité *globale* de l'espace (voir figure ci-dessous).

(b) Ici, nous avons

$$\frac{\partial L}{\partial x_1}\delta x_1 + \frac{\partial L}{\partial x_2}\delta x_2 = -\frac{\mathrm{d}}{\mathrm{d}t}\delta\Omega(\boldsymbol{x}, t) \quad \text{ou} \tag{13}$$

$$\left(\frac{\partial V}{\partial x_1}x_2 - \frac{\partial V}{\partial x_2}x_1\right)\delta\phi = -\frac{\mathrm{d}}{\mathrm{d}t}\delta\Omega(\boldsymbol{x}, t) \,. \tag{14}$$

Le membre de gauche représente une composante du produit vectoriel correspondant au moment par rapport à l'axe x_3 :

$$(\boldsymbol{r} \times \nabla V)_3\delta\phi = \frac{\mathrm{d}}{\mathrm{d}t}\delta\Omega(\boldsymbol{r}, t) \,. \tag{15}$$

Avec le même argument que dans le cas (a) nous concluons que les équations d'Euler–Lagrange sont de forme invariante uniquement si

$$(\boldsymbol{r} \times \nabla V)_3 = \text{cste} \,. \tag{16}$$

Différence entre homogénéité *locale* et *globale* de l'espace. L'homogénéité globale implique la conservation de la quantité de mouvement tandis que pour un champ localement homogène, celle-ci évolue linéairement par rapport au temps

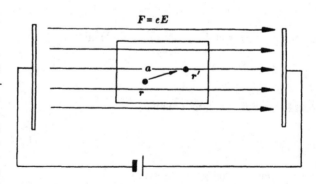

Le lecteur pourra vérifier que si

$$(\boldsymbol{r} \times \nabla V)_3 = 0 \tag{17}$$

est vérifié, alors nous avons $\frac{\mathrm{d}}{\mathrm{d}t}\delta\Omega = 0$ et

$$\delta\Omega = 0 \ . \tag{18}$$

La quantité conservée correspondante est :

$$-m\dot{x}_1 x_2 + m\dot{x}_2 x_1 = \mathrm{cste} \tag{19}$$

qui représente en fait la composante sur x_3 du moment angulaire, soit :

$$L_3 = (\boldsymbol{r} \times \boldsymbol{p})_3 = \mathrm{cste} \ . \tag{20}$$

Ainsi, la conservation du moment angulaire provient de l'invariance du lagrangien par rotation.

(c) Pour les transformations de Galilée (1) devient

$$\left(\frac{\partial L}{\partial x_3} \frac{\partial L}{\partial \dot{x}_3} \frac{\mathrm{d}}{\mathrm{d}t} \right) \delta v_3 t = -\frac{\mathrm{d}}{\mathrm{d}t}\delta\Omega \quad \text{ou} \tag{21}$$

$$\left(-\frac{\partial V}{\partial x_3}t + m\dot{x}_3 \right) \delta v_3 = -\frac{\mathrm{d}}{\mathrm{d}t}\delta\Omega = -\sum_i \left(\frac{\partial \delta\Omega}{\partial x_i} \right) \dot{x}_i - \frac{\partial}{\partial t}\delta\Omega \ . \tag{22}$$

Ainsi,

$$\frac{\partial}{\partial x_1}\delta\Omega = \frac{\partial}{\partial x_2}\delta\Omega = 0 \ , \quad \frac{\partial}{\partial x_3}\delta\Omega = -m\delta v_3 \ , \tag{23}$$

et

$$\frac{\partial}{\partial t}\delta\Omega = \frac{\partial V}{\partial x_3}\delta v_3 t \tag{24}$$

doit être vérifiée. Il se déduit des trois premières équations que

$$\delta\Omega = -mx_3\delta v_3 + f(t) \tag{25}$$

et de la quatrième équation que

$$\frac{df(t)}{dt} = \frac{\partial V}{\partial x_3}\delta v_3 t \ . \tag{26}$$

Ainsi, $\partial V/\partial x_3 = \mathrm{cste}$ doit être vérifiée ce qui implique

$$\delta\Omega = \left(-mx_3 + \frac{1}{2}\frac{\partial V}{\partial x_3}t^2 \right) \delta v_3 \ . \tag{27}$$

Si L possède aussi une invariance par translation ($\partial V/\partial x_3 = 0$), la quantité conservée est alors

$$m\dot{x}_3 t - mx_3 = \text{cste} \tag{28}$$

ou

$$x_3 - \dot{x}_3 t = x_3 - \frac{P_3}{m}t = x_3(0) = \text{cste} \tag{29}$$

et la particule se déplace à vitesse constante.

EXERCICE

1.6 Lois de conservation dans les champs électromagnétiques homogènes

Problème. Trouver les lois de conservation correspondant à la symétrie par translation d'une particule chargée dans :

(a) un champ électrique homogène $\boldsymbol{E}$
(b) un champ magnétique homogène $\boldsymbol{B}$.

Solution. Le lagrangien d'une particule ponctuelle (non relativiste) de masse m et de charge q dans un champ électromagnétique décrit par un potentiel scalaire ϕ et un champ vecteur $\boldsymbol{A}$ est donné par[2] :

$$L = \frac{m}{2}\dot{x}^2 + \frac{q}{c}\boldsymbol{A}\cdot\dot{\boldsymbol{x}} - q\phi \ . \tag{1}$$

Le moment conjugué est :

$$\boldsymbol{p} = \frac{\partial L}{\partial \dot{\boldsymbol{x}}} = m\dot{\boldsymbol{x}} + \frac{q}{c}\boldsymbol{A} \ . \tag{2}$$

Nous avons, de plus :

$$\frac{\partial L}{\partial x_i} = \frac{q}{c}\frac{\partial \boldsymbol{A}}{\partial x_i}\cdot\dot{\boldsymbol{x}} - q\frac{\partial \phi}{\partial x_i} \ . \tag{3}$$

On en déduit les équations du mouvement

$$\begin{aligned}
0 &= \frac{\mathrm{d}}{\mathrm{d}t}\left(\frac{\partial L}{\partial \dot{x}_i}\right) - \frac{\partial L}{\partial x_i} \\
&= m\ddot{x}_i + \frac{q}{c}\left(\frac{\partial A_i}{\partial t} + \sum_k \dot{x}_k \frac{\partial A_i}{\partial x_k}\right) - \frac{q}{c}\sum_k \frac{\partial A_k}{\partial x_i}\dot{x}_k + q\frac{\partial \phi}{\partial x_i} \\
&= m\ddot{x}_i + q\left(\frac{1}{c}\frac{\partial A_i}{\partial t} + \frac{\partial \phi}{\partial x_i}\right) + \frac{q}{c}\sum_k \dot{x}_k\left(\frac{\partial A_i}{\partial x_k} - \frac{\partial A_k}{\partial x_i}\right) \ ,
\end{aligned} \tag{4}$$

[2] Voir J.D. Jackson : *Classical Electrodynamics*, 2nd ed. (Wiley, New York 1985).

ou en notation vectorielle

$$qm\ddot{x} = q\left(-\frac{1}{c}\dot{A} - \nabla\phi\right) + \frac{q}{c}\dot{x} \times (\nabla \times A)$$

$$= qE + \frac{q}{c}\dot{x} \times B \, . \tag{5}$$

Tant que la force généralisée $\partial L/\partial x_i$ peut être écrite comme la dérivée totale par rapport au temps $\partial L/\partial x_i = (\mathrm{d}/\mathrm{d}t)G_i$, il existe à cause de l'équation d'Euler-Lagrange une loi de conservation :

$$0 = \frac{\mathrm{d}}{\mathrm{d}t}\frac{\partial L}{\partial \dot{x}_i} - \frac{\partial L}{\partial x_i} = \frac{\mathrm{d}}{\mathrm{d}t}\left[\frac{\partial L}{\partial \dot{x}_i} - G_i\right] = \frac{\mathrm{d}}{\mathrm{d}t}[P_i - G_i] \, . \tag{6}$$

Ici P_i est le moment conjugué.

(a) Un champ électrique homogène E peut être décrit, soit par le potentiel :

$$\phi = -E \cdot x \, , \quad A = 0 \tag{7a}$$

soit par

$$\phi' = 0 \, , \quad A' = -Et \, . \tag{7b}$$

Les deux représentations correspondent à deux jauges différentes. Dans le premier cas, nous pouvons écrire :

$$\frac{\partial L}{\partial x_i} = -q\frac{\partial \phi}{\partial x_i} = +qE_i = \frac{\mathrm{d}}{\mathrm{d}t}(+qE_i t) = \frac{\mathrm{d}}{\mathrm{d}t}G_i \, , \tag{8a}$$

dont on déduit la loi de conservation

$$\frac{\mathrm{d}}{\mathrm{d}t}(p - qEt) = 0 \, . \tag{9a}$$

Pour cette jauge, la quantité conservée n'est *pas* égale au moment conjugué. Mais dans le second cas, nous avons

$$\frac{\partial L'}{\partial x_i} = 0 \ \rightarrow \ G' = 0 \, , \tag{8b}$$

de telle sorte que le moment conjugué est conservé :

$$\frac{\mathrm{d}}{\mathrm{d}t}p = 0 \, . \tag{9b}$$

Le désaccord apparent entre (9a) et (9b) peut être expliqué par le fait que (2) conduit à deux expressions différentes du moment conjugué. Dans le premier cas, nous avons :

$$p = m\dot{x} \, , \tag{10}$$

tandis que le second cas conduit à :

$$p = m\dot{x} - qEt \; . \tag{11}$$

Dans les deux cas, on peut voir que la quantité :

$$m\dot{x} - qEt \tag{12}$$

est conservée. Nous pouvons conclure de cela que la signification physique d'une loi contenant le moment conjugué en présence de champs électromagnétiques externes peut dépendre du choix de jauge!

(b) Un champ magnétique homogène B peut être, par exemple, décrit par le potentiel vecteur

$$A = \frac{1}{2}B \times x \; , \quad \phi = 0 \; . \tag{13}$$

Ici, nous obtenons

$$
\begin{aligned}
\frac{\partial L}{\partial x_i} &= \frac{q}{c}\sum_k \dot{x}_k \frac{\partial A_k}{\partial x_i} \\
&= \frac{q}{2c}\sum_k \dot{x}_k \frac{\partial}{\partial x_i}\left(\sum_{lm}\varepsilon_{klm}B_l x_m\right) \\
&= \frac{q}{2c}\sum_k \dot{x}_k \sum_l \varepsilon_{kli}B_l \; ,
\end{aligned}
\tag{14}
$$

soit encore, sous forme vectorielle :

$$\frac{\partial L}{\partial x} = \frac{q}{2c}\dot{x} \times B = \frac{\mathrm{d}}{\mathrm{d}t}\left(\frac{q}{2c}x \times B\right) = \frac{\mathrm{d}}{\mathrm{d}t}G \; . \tag{15}$$

Ainsi, la loi de conservation correspondant à la symétrie par translation s'écrit

$$\frac{\mathrm{d}}{\mathrm{d}t}\left(p - \frac{q}{2c}x \times B\right) = 0 \; . \tag{16}$$

On notera, dans ce cas, que les quantités conservées ne sont *pas* égales aux composantes du moment conjugué. D'après (2), le moment conjugué est donné par

$$p = m\dot{x} + \frac{q}{2c}B \times x = m\dot{x} - \frac{q}{2c}x \times B \; . \tag{17}$$

Par conséquent, nous pouvons exprimer la quantité conservée de la manière suivante :

$$m\dot{x} - \frac{q}{c}x \times B \; . \tag{18}$$

1.2 Translations spatiales en mécanique quantique

Considérons un état défini par le ket $|\alpha\rangle$ ou par la fonction d'onde $\psi_\alpha(\boldsymbol{r}, t)$. Si cet état est déplacé spatialement de la quantité $\boldsymbol{\varrho}$, un nouvel état est alors créé. Nous le désignerons par $|\alpha'\rangle$ ou $\psi_{\alpha'}(\boldsymbol{r}, t)$, respectivement. Plus précisément, nous avons :

$$\psi_{\alpha'}(\boldsymbol{r} + \boldsymbol{\varrho}, t) = \psi_\alpha(\boldsymbol{r}, t) . \tag{1.17}$$

Ceci apparaît figure 1.4, où la fonction d'onde $\psi_\alpha(\boldsymbol{r}, t)$ a son maximum pour $\boldsymbol{r} = \boldsymbol{r}_0$.

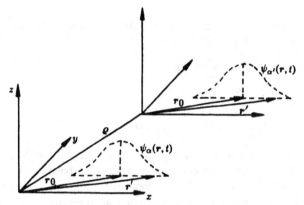

Fig. 1.4. Illustration de la translation ϱ d'un paquet d'ondes. $\psi_{\alpha'}(\boldsymbol{r})$ a la même valeur à $\boldsymbol{r} = \boldsymbol{r}' + \boldsymbol{\varrho}$ que $\psi_\alpha(\boldsymbol{r})$ à $\boldsymbol{r} = \boldsymbol{r}'$

Alors, le nouvel état $\psi_{\alpha'}(\boldsymbol{r})$ a son maximum pour $\boldsymbol{r} = \boldsymbol{r}_0 + \boldsymbol{\varrho}$. Dans cette transformation, nous avons déplacé la fonction d'onde entière ψ_α bien que le système de coordonnées x, y, z soit resté le même. Nous pouvons appeler cette transformation une transformation de symétrie *active* (dans notre cas un simple déplacement). La transformation de symétrie *passive* où la fonction d'onde ψ_α est supposée inchangée (fixe), mais où le système de coordonnées est déplacé

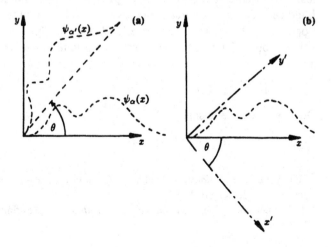

Fig. 1.5. (**a**) rotation (active) d'angle θ d'un état $\psi_\alpha(x)$ vers un état $\psi_{\alpha'}(x)$. (**b**) rotation (passive) du système de coordonnées. L'état $\psi_\alpha(x)$ demeure fixe. Toutefois, par rapport au système de coordonnées tourné de $-\theta$, il est semblable à l'état $\psi_{\alpha'}(x)$ de (**a**) tourné de θ par rapport à l'ancien système de coordonnées

d'une quantité vectorielle $-\varrho$ par rapport au système de coordonnées initial, est équivalente à une transformation active. (Voir figure 1.5 si-dessus, où le même concept est présenté pour des rotations).

Normalement, nous aurons affaire à des transformations actives, excepté[3] quand la transformation passive semble plus appropriée ; c'est par exemple le cas de la transformation de Lorentz, où le système physique est observé depuis différents référentiels inertiels.

1.3 L'opérateur de translation unitaire

Nous avons rencontré auparavant[4] deux sortes de transformations dans l'espace de Hilbert, soit :

$$\phi_\mu(\boldsymbol{r}, t) = \sum_n S_{n\mu} \psi_n(\boldsymbol{r}, t) \tag{1.18}$$

et

$$\psi(\boldsymbol{r}, t) = \exp\left(-\frac{\mathrm{i}}{\hbar} \hat{H} t\right) \psi(\boldsymbol{r}, 0) \,. \tag{1.19}$$

La première équation exprime une transformation de la base vectorielle $\psi_n(\boldsymbol{r}, t)$ de l'espace de Hilbert vers une nouvelle base $\phi_\mu(\boldsymbol{r}, t)$. Ceci revient à décrire une transformation de coordonnées (rotation des axes) dans l'espace de Hilbert. Contrairement à ceci, la seconde transformation conserve les axes et change le vecteur $\psi(\boldsymbol{r}, 0)$ en un vecteur $\psi(\boldsymbol{r}, t)$ du même espace de Hilbert. Par consé-quent, (1.19) décrit une *rotation généralisée du vecteur d'état ψ* dans l'espace de Hilbert *sans changement d'axes*. Ici, nous allons considérer des transform-ations du second type, c'est-à-dire des *translations actives du vecteur d'état* dans l'espace des coordonnées qui correspondent à des rotations du vecteur d'état dans l'espace de Hilbert. Étant donné que la translation du vecteur d'état dans l'espace des positions laisse inchangée sa longueur, nous aurons un opéra-teur de translation correspondant $\hat{U}_r(\varrho)$ unitaire (conservation de la probabilité). L'indice r désigne des translations spatiales. Par la suite, nous rencontrerons l'opérateur de translation temporelle $\hat{U}_t(\tau)$ (qui déplace le temps d'un inter-valle τ), où t désigne l'indice habituel pour le temps. Pour l'état déplacé, nous aurons :

$$\psi_{\alpha'}(\boldsymbol{r}) = \hat{U}_r(\varrho)\psi_\alpha(\boldsymbol{r}) \,. \tag{1.20}$$

De (1.17) nous déduisons

$$\psi_{\alpha'}(\boldsymbol{r}) = \psi_\alpha(\boldsymbol{r} - \varrho) = \hat{U}_r(\varrho)\psi_\alpha(\boldsymbol{r}) \,. \tag{1.21}$$

---

[3] Voir W. Greiner : *Relativistic Quantum Mechanics – Wave Equations,* 2nd ed. (Sprin-ger, Berlin, Heidelberg 1997).

[4] W. Greiner : *Mécanique Quantique – Une Introduction* (Springer, Berlin, Heidelberg 1999).

Pour déterminer l'opérateur $\hat{U}_r(\boldsymbol{\varrho})$ explicitement, nous orientons le vecteur translation $\boldsymbol{\varrho}$ parallèle à l'axe x ; alors $\boldsymbol{\varrho} = \varrho\boldsymbol{e}_1$, et par un développement de Taylor, nous obtenons

$$\psi_\alpha(\boldsymbol{r} - \boldsymbol{\varrho}) = \psi_\alpha(x - \varrho, y, z) \tag{1.22}$$
$$= \psi_\alpha(x, y, z) - \varrho\frac{\partial}{\partial x}\psi_\alpha(x, y, z) + \frac{\varrho^2}{2!}\frac{\partial^2}{\partial x^2}\psi_\alpha(x, y, z) - \ldots.$$

On peut encore écrire le membre de droite de (1.22) sous la forme

$$\psi_\alpha(x, y, z) - \varrho\frac{\partial}{\partial x}\psi_\alpha(x, y, z) + \frac{1}{2!}\varrho^2\frac{\partial^2}{\partial x^2}\psi_\alpha(x, y, z) - \ldots$$
$$= \mathrm{e}^{-\varrho(\partial/\partial x)}\psi_\alpha(x, y, z).$$

Si maintenant, le vecteur translation $\boldsymbol{\varrho}$ a une direction arbitraire, i.e. $\boldsymbol{\varrho} = \varrho_1\boldsymbol{e}_1 + \varrho_2\boldsymbol{e}_2 + \varrho_3\boldsymbol{e}_3$, nous pouvons généraliser la méthode appliquée [$\varrho(\partial/\partial x)$ doit alors être remplacé par $\boldsymbol{\varrho}\cdot\nabla$] et nous obtenons par un développement de Taylor à trois dimensions :

$$\psi_\alpha(\boldsymbol{r} - \boldsymbol{\varrho}) = \psi_\alpha(x - \varrho_1, y - \varrho_2, z - \varrho_3)$$
$$= \exp(-\boldsymbol{\varrho}\cdot\nabla)\psi_\alpha(x, y, z) = \exp\left(-\frac{\mathrm{i}\boldsymbol{\varrho}\cdot\hat{\boldsymbol{p}}}{\hbar}\right)\psi_\alpha(\boldsymbol{r}). \tag{1.23}$$

Ici, nous avons introduit l'opérateur de quantité de mouvement $\hat{\boldsymbol{p}} = -\mathrm{i}\hbar\nabla$. La comparaison de (1.21) avec (1.23) permet d'écrire l'*opérateur de translation*

$$\hat{U}_r(\boldsymbol{\varrho}) = \exp\left(-\frac{\mathrm{i}\boldsymbol{\varrho}\cdot\hat{\boldsymbol{p}}}{\hbar}\right). \tag{1.24}$$

L'équation (1.24) est valable pour un état $\psi_\alpha(\boldsymbol{r})$ arbitraire, i.e. pour tous les vecteurs d'état. Puisque l'opérateur ∇(qui est défini seulement en représentation de coordonnées) a été remplacé par l'opérateur de quantité de mouvement l'équation (1.24) est valable dans toute représentation. En utilisant l'hermiticité de $\hat{\boldsymbol{p}}$, nous devons maintenant vérifier celle de $\hat{U}_r(\boldsymbol{\varrho})$.

$$\hat{U}_r^{-1}(\boldsymbol{\varrho}) = \exp\left(+\frac{\mathrm{i}\boldsymbol{\varrho}\cdot\hat{\boldsymbol{p}}}{\hbar}\right) = \left[\exp\left(-\frac{\mathrm{i}\boldsymbol{\varrho}\cdot\hat{\boldsymbol{p}}^\dagger}{\hbar}\right)\right]^\dagger$$
$$= \left[\exp\left(-\frac{\mathrm{i}\boldsymbol{\varrho}\cdot\hat{\boldsymbol{p}}}{\hbar}\right)\right]^\dagger = \hat{U}_r^\dagger(\boldsymbol{\varrho}). \tag{1.25}$$

Nous verrons que pour tous les groupes de Lie, les opérateurs du groupe peuvent être mis sous la forme $\hat{U}(\alpha_1, \alpha_2, \ldots,) = \mathrm{e}^{\mathrm{i}(\alpha_1\hat{L}_1 + \alpha_2\hat{L}_2 + \ldots)}$ avec certains opérateurs $\hat{L}_1, \hat{L}_2, \ldots$ que nous appellerons *générateurs* du groupe. En ce sens, les opérateurs de quantité de mouvement $\hat{p}_i$ de (1.24) sont des générateurs du groupe des translations.

1.4 L'équation de mouvement
pour des états déplacés dans l'espace

L'état $\psi_\alpha(r, t)$ est transformé en $\psi_{\alpha'}(r, t)$ par un déplacement spatial réalisé à un temps donné t. Par ailleurs, $\psi_\alpha(r, t)$ satisfait à l'équation de Schrödinger dépendante du temps

$$i\hbar \frac{\partial \psi_\alpha(r, t)}{\partial t} = \hat{H} \psi_\alpha(r, t) \,. \tag{1.26}$$

L'équation (1.26) décrit l'évolution dans le temps $\psi_\alpha(r, t)$ et amène la question : sous quelle condition avons-nous la même évolution temporelle de l'état déplacé $\psi_{\alpha'}(r, t)$ et de l'état initial $\psi_\alpha(r, t)$? C'est précisément la signification de l'homogénéité de l'espace : tous les états spatialement déplacés satisfont les mêmes lois physiques (ici l'équation de Schrödinger). Aucune différence n'est observée entre les états initiaux et ceux déplacés. Par conséquent, nous pouvons déduire :

$$i\hbar \frac{\partial}{\partial t} \psi_{\alpha'}(r, t) = i\hbar \frac{\partial}{\partial t} \hat{U}_r(\varrho) \psi_\alpha(r, t) = \hat{U}_r(\varrho) i\hbar \frac{\partial \psi_\alpha(r, t)}{\partial t}$$
$$= \hat{U}_r(\varrho) \hat{H} \psi_\alpha(r, t) = \hat{U}_r(\varrho) \hat{H} \hat{U}_r^{-1}(\varrho) \psi_{\alpha'}(r, t) \,, \tag{1.27}$$

et en utilisant (1.25), nous obtenons

$$= \hat{U}_r(\varrho) \hat{H} \hat{U}_r^\dagger(\varrho) \psi_{\alpha'}(r, t) \,.$$

Clairement $\psi_\alpha(r, t)'$ satisfait la même équation de Schrödinger que $\psi_\alpha(r, t)$, si

$$\hat{U}_r(\varrho) \hat{H} \hat{U}_r^\dagger(\varrho) = \hat{H}$$

ou, en utilisant (1.25)

$$\hat{U}_r(\varrho) \hat{H} = \hat{H} \hat{U}_r(\varrho) \,. \tag{1.28}$$

Par conséquent, le hamiltonien $\hat{H}$ et l'opérateur de déplacement $\hat{U}_r(\varrho)$ doivent commuter, c'est-à-dire :

$$[\hat{H}, \hat{U}_r(\varrho)]_- = 0 \,. \tag{1.29}$$

D'après (1.24) nous pouvons écrire ceci

$$\left[\hat{H}, \exp\left(-\frac{i}{\hbar} \varrho \cdot \hat{p}\right) \right]_- = 0 \,. \tag{1.30}$$

soit, puisque le vecteur ϱ est un vecteur arbitraire :

$$[\hat{H}, \hat{p}]_- = 0 \,, \tag{1.31}$$

c'est-à-dire que l'opérateur de quantité de mouvement $\hat{p}$ doit commuter avec le hamiltonien $\hat{H}$. Par conséquent[5], la quantité de mouvement p est une constante du mouvement ; cette équation est l'analogue de l'équation classique (1.3). De plus, on peut déduire de (1.31) que $\hat{H}$ et $\hat{p}$ peuvent être diagonalisés simultanément. Donc, il est possible de construire des états qui ont des valeurs propres fixées pour l'énergie comme pour l'opérateur quantité de mouvement.

Ainsi, si l'état déplacé $\psi_{\alpha'}(\boldsymbol{r}, t)$ satisfait la même équation de Schrödinger que l'état initial $\psi_{\alpha}(\boldsymbol{r}, t)$, la quantité de mouvement est une constante de mouvement. Donc, la condition d'homogénéité de l'espace est équivalente à poser que *chaque fonction d'onde déplacée dans l'espace doit également satisfaire l'équation de Schrödinger* (i.e. les lois de la nature). Cette symétrie des lois de la nature (ici l'équation de Schrödinger) vis-à-vis de déplacements dans l'espace implique la conservation de la quantité de mouvement. Les états sont caractérisés par des énergies et des quantités de mouvement constantes ; de tels systèmes sont appelés *invariants* ou *symétriques par déplacement dans l'espace*. Des *particules libres* sont des exemples de tels systèmes. Cependant, cette symétrie sera perdue lorsqu'une force sera introduite (par exemple une particule dans un potentiel localisé), quand la fonction d'onde déplacée se situera en-dehors du potentiel et par conséquent, ne conduira plus à un état propre. Le potentiel perturbe l'homogénéité de l'espace. Ainsi, les fonctions propres d'un tel potentiel ne sont pas invariantes par translation (voir figure 1.6).

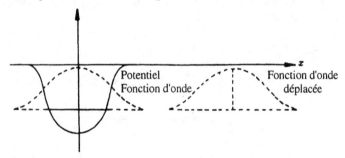

Fig. 1.6. La fonction d'onde déplacée n'est pas un état propre du potentiel concerné. Un tel état disparaîtrait immédiatement

1.5 Symétrie et dégénérescence d'états

L'état initial $\psi_{\alpha}(\boldsymbol{r}, t)$ est supposé satisfaire l'équation de Schrödinger stationnaire :

$$\hat{H}\psi_{\alpha}(\boldsymbol{r}, t) = E_{\alpha}\psi_{\alpha}(\boldsymbol{r}, t) \ . \tag{1.32}$$

Par ailleurs, l'opérateur $\hat{S}$ doit commuter avec $\hat{H}$ de telle sorte que :

$$[\hat{H}, \hat{S}]_{-} = 0 \ . \tag{1.33}$$

---

[5] W. Greiner : *Mécanique Quantique – Une Introduction* (Springer, Berlin, Heidelberg 1999).

Il en va de même pour (1.32), où $\hat{S}\hat{\psi}_\alpha$ est un état propre de $\hat{H}$ avec la même valeur propre E_α, soit

$$\hat{H}(\hat{S}\psi_\alpha) = \hat{S}\hat{H}\psi_\alpha = \hat{S}E_\alpha\psi_\alpha = E_\alpha(\hat{S}\psi_\alpha) \ . \tag{1.34}$$

Si l'état $\chi_\alpha = \hat{S}\psi_\alpha$ est linéairement indépendant de $\hat{\psi}_\alpha$, la valeur propre E_α est dégénérée. Dans le cas de symétrie par rapport au déplacement spatial, l'opérateur $\hat{p}$ commute avec le hamiltonien d'après (1.31). Par conséquent, pour tous les états χ_{p_0}

$$\begin{aligned}
\chi_{p_0} &= \boldsymbol{a} \cdot \hat{\boldsymbol{p}}\psi_{p_0}(\boldsymbol{r}, t) = \boldsymbol{a} \cdot \hat{\boldsymbol{p}}\frac{1}{\sqrt{2\pi\hbar^3}}\exp\left[+\frac{\mathrm{i}}{\hbar}(\boldsymbol{p}_0 \cdot \boldsymbol{r} - Et)\right] \\
&= \frac{\boldsymbol{a} \cdot \boldsymbol{p}_0}{\sqrt{2\pi\hbar^3}}\exp\left[\frac{\mathrm{i}}{\hbar}(\boldsymbol{p}_0 \cdot \boldsymbol{r} - Et)\right] \ ,
\end{aligned}$$

avec le vecteur constant arbitraire $\boldsymbol{a}$, nous aurons la même valeur propre de l'énergie $E = \boldsymbol{p}_0^2/2m$. Dans ce cas, cependant, les fonctions d'onde χ diffèrent seulement de ψ par un facteur de normalisation, et nous ne pouvons pas tirer de conclusions sur la dégénérescence. La dégénérescence apparaîtra si nous traitons des rotations comme par exemple dans (1.72). Alors, nous utiliserons l'opérateur de rotation $\hat{U}_R(\boldsymbol{\phi})$ de la même façon que nous avons introduit l'opérateur de translation en section 1.3. Dans ce cas, l'onde plane après rotation de l'angle $\delta\boldsymbol{\phi}$ infinitésimal s'écrira :

$$\begin{aligned}
\chi_p(\boldsymbol{r}, t) &= \hat{U}_R(\delta\boldsymbol{\phi})\psi_{p_0}(\boldsymbol{r}, t) \\
&= \exp\left(-\frac{\mathrm{i}}{\hbar}\delta\boldsymbol{\phi} \cdot \boldsymbol{L}\right)\frac{1}{\sqrt{2\pi\hbar^3}}\exp\left[\frac{\mathrm{i}}{\hbar}(\boldsymbol{p}_0 \cdot \boldsymbol{r} - Et)\right] \\
&\simeq \left[\boldsymbol{1} - \frac{\mathrm{i}}{\hbar}\delta\boldsymbol{\phi} \cdot (\boldsymbol{r} \times \hat{\boldsymbol{p}})\right]\frac{1}{\sqrt{2\pi\hbar^3}}\exp\left[\frac{\mathrm{i}}{\hbar}(\boldsymbol{p}_0 \cdot \boldsymbol{r} - Et)\right] \\
&= \left[\boldsymbol{1} - \frac{\mathrm{i}}{\hbar}\delta\boldsymbol{\phi} \cdot (\boldsymbol{r} \times \boldsymbol{p}_0)\right]\frac{1}{\sqrt{2\pi\hbar^3}}\exp\left[\frac{\mathrm{i}}{\hbar}(\boldsymbol{p}_0 \cdot \boldsymbol{r} - Et)\right] \\
&= \left[\boldsymbol{1} + \frac{\mathrm{i}}{\hbar}(\delta\boldsymbol{\phi} \times \boldsymbol{p}_0) \cdot \boldsymbol{r}\right]\frac{1}{\sqrt{2\pi\hbar^3}}\exp\left[\frac{\mathrm{i}}{\hbar}(\boldsymbol{p}_0 \cdot \boldsymbol{r} - Et)\right] \\
&= \exp\left[\frac{\mathrm{i}}{\hbar}(\delta\boldsymbol{\phi} \times \boldsymbol{p}_0) \cdot \boldsymbol{r}\right]\frac{1}{\sqrt{2\pi\hbar^3}}\exp\left[\frac{\mathrm{i}}{\hbar}(\boldsymbol{p}_0 \cdot \boldsymbol{r} - Et)\right] \\
&= \frac{1}{\sqrt{2\pi\hbar^3}}\exp\left\{\frac{\mathrm{i}}{\hbar}[(\boldsymbol{p}_0 + \delta\boldsymbol{\phi} \times \boldsymbol{p}_0) \cdot \boldsymbol{r} - Et]\right\} \\
&= \frac{1}{\sqrt{2\pi\hbar^3}}\exp\left[\frac{\mathrm{i}}{\hbar}(\boldsymbol{p} \cdot \boldsymbol{r} - Et)\right] \ , \tag{1.35}
\end{aligned}$$

où $\boldsymbol{p} = \boldsymbol{p}_0 + \delta\boldsymbol{\phi} \times \boldsymbol{p}_0$ est la quantité de mouvement transformée après rotation, cf (1.11). De plus, nous avons $|\boldsymbol{p}| = |\boldsymbol{p}_0|$, comme l'indique (1.35). La fonction d'onde $\chi_p(\boldsymbol{r}, t)$ obtenue par rotation est comme ψ_{p_0} un élément du groupe des ondes planes linéairement indépendantes et ne peut, à ce titre, être construite à partir d'une combinaison linéaire des autres ondes planes. Ainsi, les ondes χ_p sont dégénérées si $\hat{U}_R(\delta\boldsymbol{\phi})$ commute avec le hamiltonien, et si $\psi_{p_0}(\boldsymbol{r}, t)$ est un vecteur propre du hamiltonien. Ceci est à relier au fait que l'énergie d'une particule dépend du carré de la quantité de mouvement et non de sa direction.

Résumé: Les conclusions exposées ci-dessus seront intéressantes si *deux opérateurs $\hat{S}$ et $\hat{A}$ sont donnés qui commutent avec $\hat{H}$, mais ne commutent pas entre eux*, i.e.

$$[\hat{H}, \hat{S}]_- = [\hat{H}, \hat{A}]_- = 0, \quad [\hat{A}, \hat{S}]_- \neq 0.$$

Si ψ_α est un vecteur propre de $\hat{A}$ et $\hat{H}$, ψ_α n'est pas vecteur propre de $\hat{S}$, i.e. $\psi_\alpha(\boldsymbol{r}, t)$ et $\hat{S}\psi_\alpha$ sont linéairement indépendants. Ceci est utilisé dans l'exemple ci-dessus, où $\hat{A}$ est l'opérateur quantité de mouvement et $\hat{S}$ l'opérateur de moment angulaire.

EXEMPLE

1.7 Éléments de matrice obtenus par déplacement spatial d'états

Étudions l'élément de matrice d'un opérateur $\hat{A}$ entre deux états translatés,

$$\langle \psi_{\alpha'}(\boldsymbol{r}, t) | \hat{A} | \psi_{\beta'}(\boldsymbol{r}, t) \rangle = \langle \psi_\alpha(\boldsymbol{r}, t) | \hat{U}^\dagger_r(\boldsymbol{\varrho}) \hat{A} \hat{U}_r(\boldsymbol{\varrho}) | \psi_\beta(\boldsymbol{r}, t) \rangle. \tag{1}$$

Si $\hat{A} = \hat{A}(\hat{\boldsymbol{p}})$, i.e. $\hat{A}$ est une fonction de l'opérateur quantité de mouvement, l'opérateur translaté peut s'écrire :

$$\hat{U}^\dagger_r(\boldsymbol{\varrho}) \hat{A}(\hat{\boldsymbol{p}}) \hat{U}_r = \hat{A}(\hat{\boldsymbol{p}}) \hat{U}^\dagger_r \hat{U}_r = \hat{A}(\hat{\boldsymbol{p}}),$$

donc les éléments de matrice de $\hat{A}$ entre états déplacés et non déplacés sont égaux. Si $\hat{A} = \hat{A}(\boldsymbol{r})$ est une fonction de la position, (1) implique

$$\hat{U}^\dagger_r(\boldsymbol{\varrho}) \hat{A}(\boldsymbol{r}) \hat{U}_r(\boldsymbol{\varrho}) = \exp\left(+\frac{\mathrm{i}\boldsymbol{\varrho} \cdot \hat{\boldsymbol{p}}}{\hbar}\right) \hat{A}(\boldsymbol{r}) \exp\left(-\frac{\mathrm{i}\boldsymbol{\varrho} \cdot \hat{\boldsymbol{p}}}{\hbar}\right)$$
$$= \hat{A}(\boldsymbol{r} + \boldsymbol{\varrho}).$$

Ceci sera démontré dans les exercices 1.8 et 1.9. Par conséquent, les éléments de matrice de $\hat{A}(\boldsymbol{r})$ entre les états déplacés sont égaux aux éléments de matrice entre les états d'origine, mais dans ce cas avec l'application d'un opérateur de déplacement $\hat{A}'(\boldsymbol{r}) = \hat{A}(\boldsymbol{r} + \boldsymbol{\varrho})$.

EXERCICE ■■■■■■

1.8 La relation $(\mathrm{i}\,\hat{p}/\hbar)^n\,\hat{B}(x)$ et les opérateurs de transformation

Problème. Démontrer que la relation

$$\left(\frac{\mathrm{i}}{\hbar}\,\hat{p}\right)^n\,\hat{B}(x) = \sum_{\nu=0}^{n} \binom{n}{\nu} \frac{\partial^\nu \hat{\boldsymbol{B}}}{\partial x^\nu} \left(\frac{\mathrm{i}}{\hbar}\,\hat{p}\right)^{n-\nu} , \tag{1}$$

avec $\hat{p} = (\hbar/\mathrm{i})(\partial/\partial x)$, est valable pour tout opérateur différentiable $\hat{\boldsymbol{B}}(x)$. Utiliser cette relation pour calculer :

$$\hat{U}^\dagger \hat{A}(x) \hat{U} \quad \text{où} \quad \hat{U} = \exp\left(-\frac{\mathrm{i}}{\hbar}\,\boldsymbol{\varrho} \cdot \hat{\boldsymbol{r}}\right) . \tag{2}$$

Solution. Nous démontrons (1) par récurrence. Pour $n = 0$ la relation est vraie car elle correspond à l'identité

$$\hat{B}(x) = \hat{B}(x) .$$

Ensuite, nous supposons (1) vraie pour $n - 1$, ce qui signifie

$$\left(\frac{\mathrm{i}}{\hbar}\,\hat{p}\right)^{n-1}\,\hat{B}(x) = \sum_{\nu=0}^{n-1} \binom{n-1}{\nu} \frac{\partial^\nu \hat{B}}{\partial x^\nu} \left(\frac{\mathrm{i}}{\hbar}\,\hat{p}\right)^{n-1-\nu} . \tag{3}$$

Nous pouvons déduire (1) pour tous les n par application supplémentaire de $(\mathrm{i}\,\hat{p}/\hbar)$,

$$\left(\frac{\mathrm{i}}{\hbar}\,\hat{p}\right)^n\,\hat{B}(x) = \left(\frac{\mathrm{i}}{\hbar}\,\hat{p}\right)\left\{\left(\frac{\mathrm{i}}{\hbar}\,\hat{p}\right)^{n-1}\,\hat{B}(x)\right\}$$

$$= \left(\frac{\mathrm{i}}{\hbar}\,\hat{p}\right) \sum_{\nu=0}^{n-1} \binom{n-1}{\nu} \frac{\partial^\nu \hat{B}}{\partial x^\nu} \left(\frac{\mathrm{i}}{\hbar}\,\hat{p}\right)^{n-1-\nu}$$

$$= \sum_{\nu=0}^{n-1} \binom{n-1}{\nu} \left\{\frac{\mathrm{i}}{\hbar}\left[\hat{p}, \frac{\partial^\nu \hat{B}}{\partial x^\nu}\right]\left(\frac{\mathrm{i}}{\hbar}\,\hat{p}\right)^{n-1-\nu} + \frac{\partial^\nu \hat{B}}{\partial x^\nu}\left(\frac{\mathrm{i}}{\hbar}\,\hat{p}\right)^{n-\nu}\right\}$$

$$= \sum_{\nu=0}^{n-1} \binom{n-1}{\nu} \frac{\partial^{\nu+1} \hat{B}}{\partial x^{\nu+1}} \left(\frac{\mathrm{i}}{\hbar}\,\hat{p}\right)^{n-(\nu+1)} + \sum_{\nu=0}^{n-1} \binom{n-1}{\nu} \frac{\partial^\nu \hat{B}}{\partial x^\nu} \left(\frac{\mathrm{i}}{\hbar}\,\hat{p}\right)^{n-\nu}$$

$$= \sum_{\nu=0}^{n-2} \binom{n-1}{\nu} \frac{\partial^{\nu+1} \hat{B}}{\partial x^{\nu+1}} \left(\frac{\mathrm{i}}{\hbar}\,\hat{p}\right)^{n-(\nu+1)} + \binom{n-1}{n-1} \frac{\partial^n \hat{B}}{\partial x^n}$$

$$+ \binom{n-1}{0} \hat{B} \left(\frac{\mathrm{i}}{\hbar}\,\hat{p}\right)^n + \sum_{\nu=1}^{n-1} \binom{n-1}{\nu} \frac{\partial^\nu \hat{B}}{\partial x^\nu} \left(\frac{\mathrm{i}}{\hbar}\,\hat{p}\right)^{n-\nu} . \tag{4}$$

Ci-dessus, nous avons séparé les sommations. Maintenant, nous utilisons l'identité

$$\binom{n-1}{0} = \binom{n-1}{n-1} = \binom{n}{0} = \binom{n}{n} = 1 \,,$$

et introduisons $\mu = \nu + 1$ dans la première sommation ; nous avons alors :

$$\left(\frac{\mathrm{i}}{\hbar}\hat{p}\right)^n \hat{B}(x) = \binom{n}{n}\frac{\partial^n \hat{B}}{\partial x^n} + \sum_{\mu=0}^{n-1}\binom{n-1}{\mu-1}\frac{\partial^\mu \hat{B}}{\partial x^\mu}\left(\frac{\mathrm{i}}{\hbar}\hat{p}\right)^{n-\mu}$$

$$+ \sum_{\nu=1}^{n-1}\binom{n-1}{\nu}\frac{\partial^\nu \hat{B}}{\partial x\nu}\left(\frac{\mathrm{i}}{\hbar}\hat{p}\right)^{n-\nu} + \binom{n}{0}\hat{B}\left(\frac{\mathrm{i}}{\hbar}\hat{p}\right)^n$$

$$= \binom{n}{n}\frac{\partial^n \hat{B}}{\partial x^n} + \sum_{\nu=0}^{n-1}\left\{\binom{n-1}{\nu-1} + \binom{n-1}{\nu}\right\}$$

$$\times \frac{\partial^\nu \hat{B}}{\partial x^\nu}\left(\frac{\mathrm{i}}{\hbar}\hat{p}\right)^{n-\nu} + \binom{n}{0}\hat{B}\left(\frac{\mathrm{i}}{\hbar}\hat{p}\right)^n \,. \tag{5}$$

Dans la dernière équation, nous renommons μ par ν. En utilisant

$$\binom{n-1}{\nu-1} + \binom{n-1}{\nu} = \binom{n}{\nu} \,, \tag{6}$$

nous pouvons écrire (5) de la manière suivante :

$$\left(\frac{\mathrm{i}}{\hbar}\hat{p}\right)^n \hat{B} = \sum_{\nu=0}^{n}\binom{n}{\nu}\frac{\partial^\nu \hat{B}}{\partial x^\nu}\left(\frac{\mathrm{i}}{\hbar}\hat{p}\right)^{n-\nu} \,,$$

qui correspond à (1).

Pour démontrer (2) nous calculons

$$\hat{U}^\dagger \hat{A}(x) = \exp\left(\frac{\mathrm{i}}{\hbar}\varrho\hat{p}\right)\hat{A}(x) \,. \tag{7}$$

Par un développement en séries de la fonction exponentielle, il vient :

$$\hat{U}^\dagger \hat{A}(x) = \sum_{n=0}^{\infty}\frac{1}{n!}\left(\frac{\mathrm{i}}{\hbar}\varrho\hat{p}\right)^n \hat{A}(x)$$

$$= \sum_{n=0}^{\infty}\frac{\varrho^n}{n!}\sum_{\nu=0}^{n}\binom{n}{\nu}\frac{\partial^\nu \hat{A}}{\partial x^\nu}\left(\frac{\mathrm{i}}{\hbar}\hat{p}\right)^{n-\nu}$$

$$= \sum_{n=0}^{\infty}\sum_{\nu=0}^{n}\frac{\varrho^\nu}{\nu!}\frac{\partial^\nu \hat{A}}{\partial x^\nu}\frac{1}{(n-\nu)!}\left(\frac{\mathrm{i}}{\hbar}\varrho\hat{p}\right)^{n-\nu}$$

$$= \sum_{n=0}^{\infty}\frac{\varrho^\nu}{\nu!}\frac{\partial^\nu \hat{A}}{\partial x^\nu}\sum_{n=0}^{\infty}\frac{1}{m!}\left(\frac{\mathrm{i}}{\hbar}\varrho\hat{p}\right)^m \,. \tag{8}$$

Ici, nous avons utilisé (1) puis séparé ϱ^n en deux parties. Finalement, nous avons écrit le résultat sous forme d'un produit de deux séries infinies. La première représente le développement de Taylor de $\hat{A}(x+\varrho)$ et la seconde est $\hat{U}^\dagger$. Par conséquent, nous obtenons

$$\hat{U}^\dagger \hat{A}(x) = \hat{A}(x+\varrho)\hat{U}^\dagger$$

soit encore :

$$\hat{U}^\dagger \hat{A}(x)\hat{U} = \hat{A}(x+\varrho) \,. \tag{9}$$

De façon analogue, pour le cas d'un opérateur à trois dimensions $\hat{A}(r)$, nous trouvons pour la transformation

$$\hat{U} = \exp[-(\mathrm{i}/\hbar)\varrho \cdot \hat{p}]$$

avec le vecteur ϱ :

$$U^\dagger \hat{A}(r)\hat{U} = \hat{A}(r+\varrho) \,. \tag{10}$$

EXERCICE ▐▐▐▐▐▐▐▐▐▐▐▐▐▐▐▐▐▐▐▐▐▐▐

1.9 Translation d'un opérateur $\hat{A}(x)$

Problème. Démontrer la validité de

$$\hat{U}^\dagger \hat{A}(r)\hat{U} = \hat{A}(r+\varrho) \quad \text{pour} \tag{1}$$
$$\hat{U} = \exp\left(-\frac{\mathrm{i}}{\hbar}\varrho \cdot p\right) \,,$$

en utilisant les relations

$$\hat{U}b(r) = b(r-\varrho) \quad \text{et} \tag{2}$$
$$\hat{U}^\dagger b(r) = b(r+\varrho) \tag{3}$$

vraies pour toutes les fonctions $b(r)$ dépendantes seulement de r.

Solution. Choisissons une fonction arbitraire $\psi(r)$ et calculons $\hat{U}^\dagger \hat{A}(r)\hat{U}\psi(r)$. Par utilisation de (2) ceci conduit à :

$$\hat{U}^\dagger \hat{A}(r)\hat{U}\psi(r) = \hat{U}\dagger\hat{A}(r)\psi(r-\varrho) \,. \tag{4}$$

Étant donné que la fonction $\hat{A}(r)\psi(r-\varrho)$ dépend seulement de la variable r, nous pouvons appliquer (3) et écrire :

$$\hat{U}^\dagger \hat{A}(r)\hat{U}\psi(r) = \hat{A}(r+\varrho)\psi([r-\varrho]+\varrho)$$
$$= \hat{A}(r+\varrho)\psi(r) \,. \tag{5}$$

Puisque $\psi(r)$ est une fonction arbitraire, (5) sera vérifiée à condition que :

$$\hat{U}^\dagger \hat{A}(r)\hat{U} = \hat{A}(r+\varrho) \,.$$

EXERCICE ████████████████████

1.10 Générateurs des translations dans un champ homogène

Problème. Trouver les opérateurs de la mécanique quantique pour la symétrie
de translation d'une particule chargée dans un champ électrique et magnétique
homogène. On suppose que le générateur d'une transformation infinitésimale
possède une dépendance explicite par rapport au temps. Quelle relation doit être
vérifiée si cette transformation est une transformation de symétrie? Discuter le
cas d'un champ électrique constant [cf exercice 1.6, cas (a)].

Solution. (a) Nous considérons la transformation infinitésimale

$$\psi \rightarrow \psi' = \psi - i\hat{F}\delta a\psi \quad \text{ou} \tag{1a}$$

$$\psi = \psi' + i\hat{F}\delta a\psi' \tag{1b}$$

jusqu'aux termes d'ordre δa^2, avec l'opérateur indépendant du temps $\hat{F}(t)$. La
fonction d'onde originale ψ obéit à l'équation de Schrödinger

$$i\hbar\frac{\partial}{\partial t}\psi = \hat{H}\psi . \tag{2}$$

La fonction d'onde transformée satisfait alors à :

$$\begin{aligned}
i\hbar\frac{\partial}{\partial t}\psi' &= i\hbar\frac{\partial}{\partial t}\psi + \hbar\frac{\partial}{\partial t}(\hat{F}\delta a\psi) \\
&= \hat{H}\psi + \hbar\frac{\partial\hat{F}}{\partial t}\delta a\psi + \hbar\hat{F}\delta a\frac{\partial\psi}{\partial t} \\
&= \hat{H}\psi + \hbar\frac{\partial\hat{F}}{\partial t}\delta a\psi - i\hat{F}\delta a\hat{H}\psi \\
&= \hat{H}\psi' + \left(\hbar\frac{\partial\hat{F}}{\partial t} + i\hat{H}\hat{F} - i\hat{F}\hat{H}\right)\delta a\psi' \tag{3}
\end{aligned}$$

en négligeant les termes d'ordre $(\delta a)^2$. Ceci correspond précisément à l'équation de Schrödinger originale si l'opérateur $\hat{F}$ satisfait la condition

$$\frac{d\hat{F}}{dt} \equiv \frac{\partial\hat{F}}{\partial t} + \frac{i}{\hbar}[\hat{H}, \hat{F}] = 0 , \tag{4}$$

i.e. si la dérivée totale par rapport au temps de l'opérateur $\hat{F}(t)$ s'annule. Dans
le cas contraire le hamiltonien est transformé selon :

$$\hat{H} \rightarrow \hat{H}' = \hat{H} + \hbar\frac{d\hat{F}}{dt}\delta a . \tag{5}$$

Si $\hat{F}$ ne possède aucune dépendance explicite par rapport au temps, l'équation
(4) signifie simplement que $\hat{F}$ et $\hat{H}$ doivent commuter.

(b) Pour la jauge

$$\phi = -\boldsymbol{E} \cdot \boldsymbol{x}, \quad \boldsymbol{A} = 0 \tag{6}$$

la loi classique de conservation :

$$\frac{\mathrm{d}}{\mathrm{d}t}(\boldsymbol{p} - q\boldsymbol{E}t) = 0 \tag{7}$$

que nous avons établie dans l'exercice 1.6, équation (9a), suggère de considérer la quantité

$$\hat{\boldsymbol{F}}(t) = \hat{\boldsymbol{p}} - q\boldsymbol{E}t \tag{8}$$

comme l'opérateur générateur de l'opération de symétrie. Dans ce cas, le hamiltonien est donné par

$$\hat{H} = \frac{1}{2m}\left(\hat{\boldsymbol{p}} - \frac{q}{c}\hat{\boldsymbol{A}}\right)^2 + q\phi = \frac{1}{2m}\hat{\boldsymbol{p}}^2 - q\boldsymbol{E}\cdot\boldsymbol{x}\,. \tag{9}$$

On peut vérifier facilement que la dérivée totale de $\hat{\boldsymbol{F}}$ s'annule :

$$\begin{aligned}
\frac{\mathrm{d}\hat{\boldsymbol{F}}}{\mathrm{d}t} &= \frac{\partial\hat{\boldsymbol{F}}}{\partial t} + \frac{\mathrm{i}}{\hbar}[\hat{H}, \hat{\boldsymbol{F}}] \\
&= -q\boldsymbol{E} + \frac{\mathrm{i}}{\hbar}[-q\boldsymbol{E}\cdot\hat{\boldsymbol{x}}, \hat{\boldsymbol{p}}] \\
&= -q\boldsymbol{E} + \frac{\mathrm{i}}{\hbar}(-q\boldsymbol{E}\mathrm{i}\hbar) = 0\,.
\end{aligned} \tag{10}$$

On notera que les relations de commutation entre $\hat{\boldsymbol{F}}$ et $\hat{\boldsymbol{x}}$ sont les mêmes que celles de $\hat{\boldsymbol{p}}$ et $\hat{\boldsymbol{x}}$:

$$[\hat{F}_i, \hat{x}_k] = [\hat{p}_i - qE_t t, \hat{x}_k] = [\hat{p}_i, \hat{x}_k] = -\mathrm{i}\hbar\delta_{ik} \tag{11}$$

de telle sorte que les opérateurs $\hat{\boldsymbol{x}}$ sont modifiés de la même façon par les transformations générées par $\hat{F}_i$ et $\hat{p}_i$ respectivement.

(c) Dans le cas d'un champ magnétique constant, nous avons établi (cf exercice 1.6) :

$$\boldsymbol{A} = \frac{1}{2}\boldsymbol{B}\times\boldsymbol{x}\,, \quad \phi = 0 \quad \text{et} \tag{12}$$

$$\frac{\mathrm{d}}{\mathrm{d}t}\left(\boldsymbol{p} - \frac{q}{2c}\boldsymbol{x}\times\boldsymbol{B}\right) = 0\,. \tag{13}$$

Nous considérons donc l'opérateur :

$$\hat{\boldsymbol{F}} = \hat{\boldsymbol{p}} - \frac{q}{2c}\hat{\boldsymbol{x}}\times\boldsymbol{B} \tag{14}$$

qui ne dépend pas explicitement du temps. Le hamiltonien est donné par :   *Exercice 1.10*

$$\hat{H} = \frac{1}{2m}\left(\hat{\pmb{p}} - \frac{q}{c}\hat{\pmb{A}}\right)^2 = \frac{1}{2m}\left(\hat{\pmb{p}} - \frac{q}{2c}\pmb{B}\times\hat{\pmb{x}}\right)^2$$

$$= \frac{1}{2m}\left(\hat{\pmb{p}} + \frac{q}{2c}\hat{\pmb{x}}\times\pmb{B}\right)^2 \,, \tag{15}$$

et nous calculons le commutateur

$$\left[\hat{p}_k + \frac{q}{2c}(\hat{\pmb{x}}\times\pmb{B})_k, F_i\right] = \left[\hat{p}_k + \frac{q}{2c}(\hat{\pmb{x}}\times\pmb{B})_k, \hat{p}_i - \frac{q}{2c}(\hat{\pmb{x}}\times\pmb{B})_i\right]$$

$$= -\frac{q}{2c}\left([\hat{p}_k, (\hat{\pmb{x}}\times\pmb{B})_i] + [\hat{p}_i, (\hat{\pmb{x}}\times\pmb{B})_k]\right) \,. \tag{16}$$

Manifestement, il suffit de calculer le premier commutateur explicitement :

$$[\hat{p}_k, (\hat{\pmb{x}}\times\pmb{B})_i] = \sum_{lm}[\hat{p}_k, \varepsilon_{ilm}\hat{x}_l B_m] = \sum_{lm}\varepsilon_{ilm}(-\mathrm{i}\hbar\delta_{kl})B_m$$

$$= -\mathrm{i}\hbar\sum_m \varepsilon_{ikm}B_m \,. \tag{17}$$

Nous obtenons ainsi :

$$\left[\hat{p}_k + \frac{q}{2c}(\hat{\pmb{x}}\times\pmb{B})_k, F_i\right] = -\frac{q}{2c}(-\mathrm{i}\hbar)\sum_m(\varepsilon_{ikm} + \varepsilon_{kim})B_m = 0 \tag{18}$$

en raison de l'antisymétrie de ε_{ikm}. Nous avons donc :

$$[\hat{H}, \hat{\pmb{F}}] = 0 \,, \tag{19}$$

et ainsi $\hat{\pmb{F}}$ est l'opérateur qui génère une transformation de symétrie comme nous le supposions. Nous avons aussi immédiatement :

$$[\hat{F}_i, \hat{x}_k] = [\hat{p}_i, \hat{x}_k] = -\mathrm{i}\hbar\delta_{ik} \,. \tag{20}$$

Cependant, à la différence de $\hat{\pmb{p}}$, les composantes individuelles de $\hat{\pmb{F}}$ ne commutent pas entre elles :

$$[\hat{F}_i, \hat{F}_k] = \left[\hat{p}_i - \frac{q}{2c}(\hat{\pmb{x}}\times\pmb{B})_i, \hat{p}_k - \frac{q}{2c}(\hat{\pmb{x}}\times\pmb{B})_k\right]$$

$$= -\frac{q}{2c}\left([\hat{p}_i, (\hat{\pmb{x}}\times\pmb{B})_k] - [\hat{p}_k, (\hat{\pmb{x}}\times\pmb{B})_i]\right)$$

$$= -\frac{q}{2c}(-\mathrm{i}\hbar)(\varepsilon_{ikm} - \varepsilon_{kim})B_m$$

$$= \mathrm{i}\hbar\frac{q}{c}\varepsilon_{ikm}B_m \,. \tag{21}$$

Les deux générateurs perpendiculaires au champ magnétique ne commutent pas entre eux et ne peuvent donc être diagonalisés simultanément.

1.6 Translations temporelles en mécanique quantique

Nous allons maintenant étudier la translation temporelle d'un état $\psi_\alpha(r, t)$ par un intervalle de temps τ (figure 1.7). Nous appellerons l'état obtenu ainsi $\psi_{\alpha'}(r, t)$. Par analogie avec (1.7) il vient :

$$\psi_{\alpha'}(r,\ t+\tau) = \psi_\alpha(r, t) \ . \tag{1.36}$$

Fig. 1.7. La fonction d'onde $\psi_{\alpha'}(r, t)$ résultant du déplacement dans le temps possède la même valeur à $t = t' + \tau$ que la fonction d'onde initiale $\psi_\alpha(r, t)$ à $t = t'$

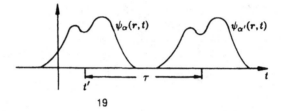

Essayons d'approfondir ceci : si la fonction d'onde initiale a son maximum à $t = t_0$, la fonction d'onde déplacée $\psi_{\alpha'}(r, t)$ aura son maximum à $t = t_0 + \tau$. Nous exprimons la relation entre l'état déplacé et l'état initial par l'opérateur d'évolution $\hat{U}_t(\tau)$, par analogie avec (1.21),

$$\psi_{\alpha'}(r, t) = \hat{U}_t(\tau)\psi_\alpha(r, t) = \psi_\alpha(r, t - \tau) \ . \tag{1.37}$$

Par comparaison avec nos précédentes remarques de (1.22) à (1.24), le développement de Taylor de $\psi_\alpha(r, t - \tau)$ permet d'écrire

$$\hat{U}_t(\tau)\psi_\alpha(r, t) = \psi_\alpha(r, t) + \frac{(-\tau)}{1!}\frac{\mathrm{d}}{\mathrm{d}t}\psi_\alpha(r, t) + \frac{(-\tau)^2}{2!}\frac{\mathrm{d}}{\mathrm{d}t^2}\psi_\alpha(r, t) + \dots$$

$$= \left[\mathbf{1} + \frac{(-\tau)}{1!}\frac{\mathrm{d}}{\mathrm{d}t} + \frac{(-\tau)^2}{2!}\frac{\mathrm{d}^2}{\mathrm{d}t^2} + \dots \right]\psi_\alpha(r, t)$$

$$= \mathrm{e}^{-\tau(\partial/\partial t)}\psi_\alpha(r, t) \ . \tag{1.38}$$

Nous avons alors :

$$\hat{U}_t(\tau) = \mathrm{e}^{-\tau(\partial/\partial t)} = \exp\left(\frac{\mathrm{i}}{\hbar}\tau\hat{E}\right) = \exp\left(\frac{\mathrm{i}}{\hbar}\tau\hat{H}\right) \ , \tag{1.39}$$

où nous avons introduit l'opérateur énergie $\hat{E} = \mathrm{i}\hbar(\partial/\partial t)(= \hat{H})$. $\hat{U}_t(\tau)$ est unitaire car

$$\hat{U}_t^\dagger(\tau) = \exp\left(-\frac{\mathrm{i}}{\hbar}\tau\hat{E}^\dagger\right) = \exp\left(-\frac{\mathrm{i}}{\hbar}\tau\hat{E}\right) = \hat{U}_t^{-1}(\tau) \ .$$

Ici, nous avons utilisé le fait que $\hat{E}$ est hermitique, $(\hat{E} = \hat{E}^\dagger)$. Nous pouvons utiliser chacune des formes de (1.39), mais la dernière égalité n'est valable que si le hamiltonien $\hat{H}$ est indépendant du temps. On peut trouver ceci de la façon suivante : l'équation de Schrödinger conduit à :

$$\frac{\partial}{\partial t}\psi = \frac{1}{i\hbar}\hat{H}\psi\,, \quad \text{mais}$$

$$\frac{\partial^2}{\partial t^2}\psi = \frac{\partial}{\partial t}\left(\frac{1}{i\hbar}\hat{H}\psi\right) = \frac{1}{i\hbar}\hat{H}\frac{\partial\psi}{\partial t} + \frac{1}{i\hbar}\frac{\partial\hat{H}}{\partial t}\psi = \frac{1}{(i\hbar)^2}\hat{H}^2\psi + \frac{1}{i\hbar}\frac{\partial\hat{H}}{\partial t}\psi\,.$$

On notera que les dérivées d'ordre élevé par rapport au temps peuvent seulement être remplacées par des puissances de $\hat{H}$ si $\partial\hat{H}/\partial t = 0$. Dans ce cas, $\hat{H}$ est indépendant du temps et (1.39) s'applique, ce qui conduit à

$$[\hat{H}, \hat{U}_t(\tau)]_- = \left[\hat{H}, \exp\left(\frac{i}{\hbar}\tau\hat{H}\right)\right]_- = 0\,. \tag{1.40}$$

Cette relation est analogue à (1.30). Ceci implique que l'état déplacé satisfait aussi l'équation de Schrödinger. En effet, d'après

$$i\hbar\frac{\partial\psi_\alpha(\boldsymbol{r}, t)}{\partial t} = \hat{H}\psi_\alpha(\boldsymbol{r}, t)\,,$$

nous avons

$$i\hbar\frac{\partial\psi_{\alpha'}(\boldsymbol{r}, t)}{\partial t} = i\hbar\frac{\partial}{\partial t}\hat{U}_t\psi_\alpha(\boldsymbol{r}, t) = i\hbar\hat{U}_t(\tau)\frac{\partial\psi_\alpha}{\partial t}$$
$$= \hat{U}_t(\tau)\hat{H}\psi_\alpha = \hat{H}\hat{U}_t(\tau)\psi_\alpha = \hat{H}\psi_{\alpha'}(\boldsymbol{r}, t)\,. \tag{1.41}$$

En d'autres termes, nous pouvons dire que l'hypothèse de vérification de l'équation de Schrödinger pour l'état déplacé implique l'équation (1.40), et réciproquement. L'hypothèse que le hamiltonien $\hat{H}$ commute avec l'opérateur d'évolution $\hat{U}_t(\tau)$ garantit que l'état déplacé $\psi_{\alpha'}(\boldsymbol{r}, t)$ satisfasse également l'équation de Schrödinger. *Alors, le système présente une symétrie* (aussi appelée *invariance*) *par rapport aux translations de temps.* Du fait que ceci est équivalent à l'indépendance du hamiltonien par rapport au temps, *la conservation de l'énergie* est vérifiée, comme nous l'avons appris en mécanique classique [cf (1.8)]. Si par contre $\hat{H}$ est explicitement dépendant du temps, la conclusion (1.40) n'est plus vérifiée et l'état déplacé ne vérifie plus la même équation de Schrödinger que l'état original. Examinons une contradiction apparente ; nous savons d'après (1.19) que l'évolution dans le temps de l'état $\psi_\alpha(\boldsymbol{r}, 0)$, connu au temps $t = 0$, peut s'écrire :

$$\psi_\alpha(\boldsymbol{r}, t) = \exp\left(-\frac{i}{\hbar}\hat{H}t\right)\psi_\alpha(\boldsymbol{r}, 0)\,. \tag{1.42}$$

Par ailleurs, d'après (1.37) et (1.39) *avec un hamiltonien constant par rapport au temps* $\hat{H}$

$$\psi_{\alpha'}(\boldsymbol{r}, t) = \exp\left(\frac{i}{\hbar}\hat{H}\tau\right)\psi_\alpha(\boldsymbol{r}, t)\,. \tag{1.43}$$

À première vue, ces deux résultats peuvent paraître contradictoires. Ceci s'éclaire si nous considérons que le déplacement en temps τ dans (1.42) a été noté t et que l'état déplacé porte l'index α tandis qu'il porte l'index α' dans (1.37)! Donc, nous remplaçons t par $-\tau$ dans (1.42) et obtenons

$$\psi_\alpha(\boldsymbol{r}, -\tau) = \exp\left(\frac{\mathrm{i}}{\hbar}\hat{H}\tau\right)\psi_\alpha(\boldsymbol{r}, 0) \,. \tag{1.44}$$

Fixons maintenant $t = 0$ dans (1.43), soit :

$$\psi_{\alpha'}(\boldsymbol{r}, 0) = \exp\left(\frac{\mathrm{i}}{\hbar}\hat{H}\tau\right)\psi_\alpha(\boldsymbol{r}, 0) \,. \tag{1.45}$$

En utilisant (1.32), nous exprimons finalement $\psi_{\alpha'}(\boldsymbol{r}, 0)$ par l'intermédiaire de $\psi_\alpha(\boldsymbol{r}, -\tau)$, d'où :

$$\psi_\alpha(\boldsymbol{r}, -\tau) = \exp\left(\frac{\mathrm{i}}{\hbar}\hat{H}\tau\right)\psi_\alpha(\boldsymbol{r}, 0) \,,$$

équation qui est clairement identique à (1.44). Ainsi, nous pouvons dire que l'état $\psi_{\alpha'}(\boldsymbol{r}, t)$ a la même structure à $t = \tau$ que l'état $\psi_\alpha(\boldsymbol{r}, t)$ à $t = 0$. Par conséquent, on peut déduire $\psi_{\alpha'}(\boldsymbol{r}, \tau)$ de $\psi_\alpha(\boldsymbol{r}, \tau)$ par l'application inverse de l'opérateur d'évolution entre $t = \tau$ et $t = 0$.

1.7 Complément de mathématiques : définition d'un groupe

Les symétries sont bien décrites par la théorie des groupes, et nous devons présenter quelques définitions pour nous familiariser avec les méthodes de cette théorie. Les éléments de l'ensemble $\{a, b, c, \dots\}$ forment un groupe si une combinaison $a \circ b$ de ces éléments peut être trouvée, appelée *multiplication*, qui satisfasse les conditions suivantes* :

(1) Le produit (ab) est aussi un élément du groupe $G = \{a, b, c, \dots\}$ quels que soient a et b. Autrement dit, le groupe est *stable* par rapport à la multiplication.

(2) L'ensemble $G = \{a, b, c \dots\}$ contient un *élément neutre* e, qui satisfait

$$ae = ea = a \,,$$

où a est un élément arbitraire du groupe.

(3) À chaque élément du groupe correspond un *élément inverse* a^{-1}, qui satisfait la condition

$$a^{-1}a = aa^{-1} = e \,.$$

---

* Le signe de combinaison $\circ$ est souvent omis et au lieu de $a \circ b$ nous écrirons ab. Nous utiliserons ce signe seulement s'il évite une confusion possible.

(4) La multiplication est *associative*, i.e.

$$(ab)c = a(bc) .$$

Exemples. L'ensemble des entiers $N = \{0, \pm 1, \pm 2, \ldots\}$ forme un groupe vis-à-vis de l'addition $+$. L'opération de multiplication du groupe est l'addition normale, et l'élément neutre est bien sûr $e = 0$. L'élément inverse de a est $-a$ et l'associativité de l'addition est bien connue.

Voici quelques autres définitions :

(1) Nous qualifierons un groupe d'*abélien* si nous pouvons écrire

$$ab = ba$$

quels que soient a et b appartenant au groupe, i.e. si la multiplication du groupe est commutative.

Exemples. L'addition d'entiers caractérise un groupe abélien. Cependant le groupe des matrices carrées de dimension N n'est pas abélien par rapport à la multiplication.

(2) Nous appellerons *continu* un groupe dont les éléments sont des fonctions d'une ou plusieurs variables continues, par exemple $G = \{a(t), b(t), c(t), \ldots\}$, où t est un paramètre continu.

Exemples. Le groupe des déplacements spatiaux à l'intérieur d'un plan (addition vectorielle) est continu.

(3) Nous appellerons *continûment connexe* un groupe tel qu'une variation continue du groupe de paramètres permet de passer de n'importe quel élément du groupe à un autre, arbitraire.

Exemples. Le groupe de translation des éléments $\{a = a_x e_1 + a_y e_2 + a_z e_3\}$ possède trois paramètres continus a_x, a_y, a_z. Nous pouvons générer chaque vecteur de déplacement dans l'espace par une variation continue de ces paramètres. Cependant, les rotations combinées aux réflexions dans l'espace forment un groupe continu, non connexe (appelé O(3)). Nous obtenons le même résultat pour le groupe des transformations de Lorentz, qui contient des réflexions dans le temps et dans l'espace en éléments discontinus.

(4) Une groupe est dit compact si dans chaque séquence d'éléments de ce groupe, il existe une suite partielle infinie $\{a_n\}$, qui converge vers un élément du groupe, i.e.

$$\lim_{n \to \infty} a_n = a , \quad a \in G .$$

Exemples. (a) Le groupe des vecteurs de translation sur un réseau

$$\bar{T} = \{a_n = n_1 e_1 + n_2 e_2 + n_3 e_3\} , \quad \text{avec} \quad n_1, n_2, n_3 \in N$$

est discontinu et non compact car $\lim_{n \to \infty} a_n$ n'appartient pas à $\bar{T}$ et (dans les métriques usuelles) n'existe même pas.

(b) Le groupe des rotations à trois dimensions $SO(3) = (\boldsymbol{n}, \varphi)$ avec $|\boldsymbol{n}| = 1$, $0 \leq \varphi \leq \pi$} est compact. Dans ce cas, $\boldsymbol{n}$ désigne l'axe de rotation, φ l'angle correspondant. Tout vecteur $\boldsymbol{n}' = \lim_{i \to \infty} \boldsymbol{n}_i$ est aussi un vecteur unitaire et le domaine angulaire est alors fermé, donc contient la limite de n'importe quelle série d'angles.

(5) Deux groupes $\{a, b, c, \ldots\}$ et $\{a', b', c', \ldots\}$ sont dits *isomorphes* s'il existe une transformation bijective entre les éléments des deux groupes, soit $a \leftrightarrow a'$, $b \leftrightarrow b'$, etc., telle que

$$ab \leftrightarrow a'b' \;, \text{ etc.}$$

Les éléments produits du premier groupe sont donc associés de façon unique avec les produits du second et réciproquement.

Exemples. Le groupe des déplacements spatiaux est isomorphe au groupe des vecteurs à trois dimensions possédant l'addition vectorielle comme opération. De même, le groupe des opérateurs de translation $U = \{\hat{U}_r(\boldsymbol{\varrho})\}$ est isomorphe au groupe des vecteurs à trois dimensions avec leur addition comme opération.

(6) Si un groupe G_1 est isomorphe d'un autre groupe G_2, dont les éléments sont des matrices, G_2 est appelé *représentation matricielle* de G_1.

Exemple. Si $G_1 = \{\hat{U}_r(\boldsymbol{\varrho})\}$ est le groupe des opérateurs de déplacement avec trois paramètres et $\psi_n(\boldsymbol{r})$ est un ensemble complet de fonctions d'onde, alors les matrices

$$\langle m |\hat{U}_r(\boldsymbol{\varrho})| n \rangle = \left\langle m \left| \exp\left(-\frac{\mathrm{i}}{\hbar}\boldsymbol{\varrho} \cdot \hat{\boldsymbol{p}}\right) \right| n \right\rangle$$

$$= \int \psi_m^{\star}(\boldsymbol{r}) \exp\left(-\frac{\mathrm{i}}{\hbar}\boldsymbol{\varrho} \cdot \hat{\boldsymbol{p}}\right) \psi_n(\boldsymbol{r}) \, \mathrm{d}^3 r$$

seront la représentation matricielle des opérateurs de déplacement. Des exemples et explications apparaîtront dans la section suivante.

1.8 Complément de mathématiques : rotations et propriétés théoriques des groupes associés

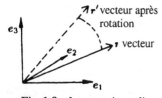

Fig. 1.8. La rotation d'un vecteur $\boldsymbol{r}$ résulte en un vecteur $\boldsymbol{r}'$ qui peut-être décrit dans le repère initial de la base $\{\boldsymbol{e}_i\}$ avant rotation

De même qu'en mécanique classique, l'isotropie de l'espace signifie l'invariance des lois de la nature – dans notre cas l'équation de Schrödinger – pour toute rotation de la fonction d'onde. Désignons la fonction d'onde initiale par $\psi_\alpha(\boldsymbol{r}, t)$. Elle est transformée en $\psi_{\alpha'}(\boldsymbol{r}, t)$ par une rotation (active), pour laquelle le vecteur position $\boldsymbol{r}$ est transformé en $\boldsymbol{r}'$ (voir figure 1.8). Cette section détaille les connaissances mathématiques nécessaires à la discussion des conséquences physiques de l'isotropie d'espace Pour décrire la rotation additionnelle d'un vecteur $\boldsymbol{r}$ vers un vecteur $\boldsymbol{r}'$ nous écrirons :

$$\boldsymbol{r}' = \hat{\hat{R}} \boldsymbol{r} \;. \tag{1.46}$$

Cette équation se comprend de la façon suivante. Les trois vecteurs de la base orthonormée e_i sont transformés en e_i' par la rotation (figure 1.9). Nous savons[6] que

$$e_i' = R_{ij} e_j \,, \tag{1.47}$$

où nous utilisons la convention de somme d'Einstein et sommons toujours sur tous les indices apparaissant deux fois. Ainsi (1.47) signifie que

$$e_i' = R_{i_1} e_1 + R_{i_2} e_2 + R_{i_3} e_3 \,.$$

Les matrices (3×3) R_{ij} doivent être réelles, car les vecteurs de base sont réels. La transformation inverse de (1.47) sera notée :

$$e_i = U_{ij} e_j' \,. \tag{1.48}$$

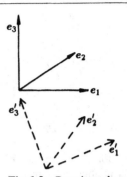

Fig. 1.9. Rotation du système de coordonnées

De (1.47) nous déduisons après multiplication scalaire par e_k :

$$e_i' \cdot e_k = R_{ij} e_j \cdot e_k = R_{ij} \delta_{jk} = R_{ik} \tag{1.49}$$

et de (1.48) par le produit scalaire par e_k'

$$e_i \cdot e_k' = U_{ij} e_j' \cdot e_k' = U_{ij} \delta_{jk} = U_{ik} \,. \tag{1.50}$$

Par conséquent, les éléments de matrices R_{ik} et U_{ik}, respectivement, sont les *cosinus directeurs*. Par comparaison des deux termes obtenus, nous avons

$$U_{ik} = R_{ki} \,,$$

soit encore puisque $\hat{U}$ est la matrice inverse de $\hat{R}$ (voir définition (1.48)),

$$(\hat{R}^{-1})_{ik} = R_{ki} \,. \tag{1.51a}$$

Dans une écriture matricielle,

$$\hat{R}^{-1} = \tilde{\hat{R}} \,, \tag{1.51b}$$

($\tilde{\hat{R}}$ est la matrice transposée de $\hat{R}$ (i.e. réfléchie par rapport à la diagonale principale.) De l'orthonormalité des deux bases choisies, nous concluons que :

$$\delta_{ik} = e_i' \cdot e_k' = R_{im} R_{kn} e_m \cdot e_n = R_{im} R_{kn} \delta_{mn} = R_{im} R_{km} \,. \tag{1.52}$$

Ceci implique l'*orthogonalité des lignes* de la matrice $\hat{R}$. De même de (1.48) et (1.51) on peut déduire :

$$\delta_{ik} = e_i \cdot e_k = U_{im} U_{kn} e_m' \cdot e_n' = U_{im} U_{kn} \delta_{mn} = U_{im} U_{km} = R_{mi} R_{mk} \,, \tag{1.53}$$

---

[6] Voir H. Goldstein : *Classical Mechanics*, 2nd ed. (Addison-Wesley, Reading, MA 1980) ; W. Greiner : *Theoretische Physik, Mechanik I* (Harri Deutsch, Frankfurt 1989) chapitre 30.

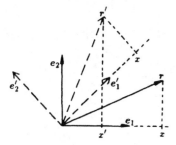

Fig. 1.10. Le vecteur r' après rotation a les mêmes composantes dans la base transformée $\{e'_i\}$ que le vecteur initial r dans la base $\{e_i\}$

ce qui implique l'*orthogonalité des colonnes* de $\hat{R}$. Pour obtenir une expression pour la transformation des composantes de r, nous remarquons que r tourne avec son repère. Par conséquent, r' a les mêmes composantes dans $\{e'_i\}$ que r dans $\{e_i\}$ (figure 1.10). Ceci amène les équations suivantes :

$$r = x_i e_i , \qquad r' = x_i e'_i = x'_i e_i \quad \text{ou} \quad x_i e'_i = x'_i (\hat{R}^{-1})_{ij} e'_j .$$

En renommant les indices de sommation, nous obtenons :

$$x_i e'_i = x'_j (\hat{R}^{-1})_{ji} e'_i , \tag{1.54}$$

qui donne, en raison de (1.51b)

$$x_i = (\hat{R}^{-1})_{ji} x'_j = (\hat{\tilde{R}})_{ji} x'_j = R_{ij} x'_j . \tag{1.55}$$

Nous voyons ainsi, que les composantes se transforment de manière *contragrédiente*[7] aux vecteurs de base si une rotation *active* est considérée. Auparavant[8], nous avions seulement considéré des rotations *passives* du système de coordonnées, où le vecteur r demeurait fixe dans l'espace ($r = r'$), tandis que le repère tournait. Dans ce cas, les composantes et les vecteurs de base étaient transformés de la même façon, i.e. congrédiente. La transformation inverse de (1.55) peut être calculée immédiatement étant donnée l'orthonormalité de la matrice R_{ij} ou par la substitution de e'_i dans (1.54), i.e.

$$x'_i = R_{ji} x_j = \hat{\tilde{R}}_{ij} x_j , \tag{1.56}$$

qui est identique à (1.46). Les matrices avec lignes et colonnes orthogonales telles que :

$$R_{ij} R_{ij'} = \delta_{jj'} , \qquad R_{ji} R_{j'i} = \delta_{jj'} , \tag{1.57}$$

sont appelées *matrices orthogonales*. Puisque le déterminant du produit de matrices carrées est égal au produit des déterminants des matrices individuelles, on voit que :

$$\det(R_{ij} R'_{ij}) = \det(R_{ij}) \det(R'_{ij}) = \det \delta_{jj'} ,$$

ce qui implique $(\det(R_{ij}))^2 = 1$, et donc :

$$\det(R_{ij}) = \pm 1 . \tag{1.58}$$

Ainsi, les rotations peuvent être séparées en deux ensembles disjoints : celles pour lesquelles $\det(R_{ij}) = +1$, qui forment un groupe, et celles avec

---

[7] Du latin gradior, je marche ; contragrédient, marchant dans des directions opposées ; congrédient, dans la même direction.

[8] Voir W. Greiner : *Theoretische Physik, Mechanik I* (Harri Deutsch, Frankfurt 1989), chapitre 30 ou H. Goldstein : *Classical Mechanics*, 2nd ed. (Addison-Wesley, Reading, MA 1980).

$\det(R_{ij}) = -1$, qui ne forment pas un groupe par lui-même (il n'est pas stable et ne contient pas d'élément neutre). Les premières sont appelées rotations *propres*, les secondes rotations *impropres*. La matrice de rotation R_{ij} contient $3 \times 3 = 9$ arguments réels. Seuls trois d'entre eux sont indépendants à cause des six conditions contenues dans (1.57). Par conséquent, les rotations peuvent être décrites par trois paramètres indépendants (les trois composantes du vecteur rotation). Ils forment un *groupe à trois paramètres continûment connexe*[9].

On peut trouver ceci en remarquant que la multiplication matricielle des matrices R_{ij} est associative que R_{ij} contient la matrice unité δ_{ij} comme élément neutre et que chaque R_{ij} a un élément inverse $(R^{-1})_{ij} = R_{ji}$. Le groupe des rotations n'est pas abélien, car en général deux rotations dans des directions différentes ne commutent pas. Ceci est illustré sur la figure 1.11 : Les cas (a) et (b) montrent l'exemple de deux rotations identiques dans des ordres différents. Le vecteur résultant a'' est différent selon les deux cas. La raison mathématique du caractère non abélien du groupe des rotations tient au fait que la multiplication de matrices n'est pas commutative, par conséquent

$$R_{ij}^{(1)} R_{jk}^{(2)} \neq R_{ij}^{(2)} R_{jk}^{(1)}.$$

Nous montrerons plus tard que les matrices de rotation $\hat{R}^{(1)}$ et $\hat{R}^{(2)}$ ne commutent effectivement pas. Le groupe spécial des rotations est noté SO(3). Ceci désigne un groupe orthogonal à trois dimensions, qui inclut toutes les matrices réelles 3×3 avec déterminant égal à $+1$. Ici *spécial* noté S, désigne les rotations orthonormales avec det $R_{ij} = +1$. SO(3) est un exemple typique de *groupe de Lie*, qui est défini comme un groupe continu pour lequel les éléments sont des fonctions différentiables de leurs paramètres. Par exemple, le groupe des déplacements dans l'espace et le temps est un groupe de Lie non-compact, tandis que les rotations forment un groupe de Lie compact. Le groupe des transformations de Lorentz[10] est un groupe de Lie à six paramètres (3 paramètres pour les rotations, 3 pour les vitesses $v = \{v_x, v_y, v_z\}$ des systèmes inertiels). Il est non-compact, car il n'existe pas de transformation de Lorentz pour $v = c$, tandis qu'une séquence avec $v_n \to c$ peut être trouvée.

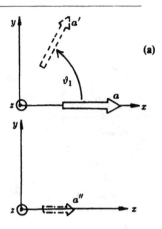

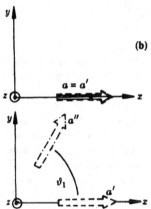

Fig. 1.11. (a) 1. Rotation $a \to a'$ d'angle θ_1 autour de l'axe z. 2. Rotation : $a' \to a''$ d'angle $\pi/2$ autour de l'axe x. (Le vecteur a'' se situe dans le plan xz). (b) 1. La rotation de $\pi/2$ autour de l'axe x ne change pas a, $a = a'$. 2. Rotation de θ_1, autour de l'axe z : $a' \to a''$. (Le vecteur a'' se situe dans le plan xy)

---

[9] Seules les rotations propres représentent un groupe continûment connexe. Les rotations impropres contiennent une réflexion spatiale qui est une transformation discrète. Par conséquent, toutes les rotations, y compris les impropres, forment un groupe non connexe.

[10] Voir H. Goldstein : *Classical Mechanics*, 2nd ed. (Addison-Wesley, Reading, MA 1980) ou W. Greiner : *Theoretische Physik, Mechanik I* (Harri Deutsch, Frankfurt 1989).

1.9 Un isomorphisme du groupe des rotations

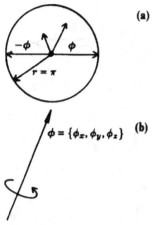

Fig. 1.12. (a) Les extrémités des vecteurs rotation ϕ décrivent une sphère de rayon π. Des points diamétralement opposés représentent la même rotation. (b) Le vecteur rotation décrit la direction et l'amplitude de l'angle de rotation $\phi = [\phi_x^2 + \phi_y^2 + \phi_z^2]^{1/2}$. La rotation et le vecteur rotation sont reliés par la règle du tire-bouchon (ou convention de sens direct)

Chaque matrice orthogonale 3×3 $\hat{R}$ correspond à une rotation qui peut être représentée par un vecteur rotation $\phi = \{\phi_x, \phi_y, \phi_z\}$ correspondant à la direction de l'axe de rotation et à l'amplitude de la rotation. En disposant tous les vecteurs rotation possibles ϕ autour de l'origine, nous trouvons que toutes les extrémités des vecteurs ϕ se situent à l'intérieur d'une sphère de rayon π car la rotation maximum correspond à $\phi = |\phi| = \pi$. Chaque rotation autour d'un axe peut être exprimée par un angle $-\pi \leq \phi \leq \pi$. Les rotations ϕ et $-\phi$ avec $|\phi| = \pi$ décrivent la même rotation. Les extrémités sont diamétralement opposées sur la surface de la sphère (voir figures 1.12, 1.13).

Notons que le résultat ϕ de deux rotations successives ϕ_1 et ϕ_2 n'est pas obtenu par l'addition vectorielle $\phi \neq \phi_1 + \phi_2$, sauf pour des rotations autour du même axe, c'est-à-dire la colinéarité de ϕ_1 et ϕ_2. En général, le vecteur rotation résultant peut-être seulement déterminé par la multiplication matricielle des matrices $R_{ij}^{(1)}(\phi_1)$ et $R_{ij}^{(2)}(\phi_2)$ et par le calcul correspondant du vecteur rotation à partir de la matrice de rotation complète

$$R_{ij}(\phi) = R_{ik}^{(1)}(\phi_1) R_{kj}^{(2)}(\phi_2) \,. \tag{1.59}$$

Il apparaît clairement, cependant, qu'il existe une correspondance entre $\hat{R}_{(1)}$, $\hat{R}_{(2)}$ et $\hat{R}$ d'une part, et ϕ_1, ϕ_2 et ϕ à l'intérieur de la «sphère de rotation», d'autre part. L'isomorphisme évident entre le groupe des rotations ($\hat{R}$) et les vecteurs rotations (ϕ) peut être utilisé pour montrer que *le groupe des rotations n'est pas simplement connexe*. Bien que le groupe SO(3) soit continûment connexe, il n'est pas *simplement connexe*. Ceci signifie qu'on peut atteindre un élément quelconque $[R_{ik}(\phi_2)]$ du groupe en partant d'un élément $[R_{ik}(\phi_1)]$ par la variation du groupe de paramètres (les angles de rotation ϕ_x, ϕ_y, ϕ_z), mais que des chemins différents entre ϕ_1 et ϕ_2 ne peuvent être échangés par déformation continue.

Pour le groupe de rotation, il existe deux chemins de $\hat{R}(\phi_1)$ à $\hat{R}(\phi_2)$ qui ne peuvent être échangés par transformation continue. Le premier permet de passer de ϕ_1 à ϕ_2 en demeurant à l'intérieur de la sphère. Le second, permet d'abord de

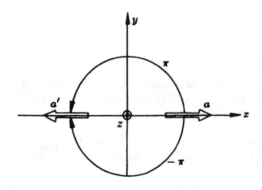

Fig. 1.13. Le vecteur $a' = -a$ peut être obtenu par une rotation $\phi = (0, 0, \pi)$ ou $\phi' = -\phi = (0, 0, -\pi)$, respectivement

passer de $\boldsymbol{\phi}_1$ au point P_1 sur la surface de la sphère, puis apparaît sur un point diamétralement opposé P_2 et, de là, atteint finalement $\boldsymbol{\phi}_2$ (figure 1.14). Si un troisième chemin possible effectue un deuxième saut de P_2 pour retourner à P_1, il sera équivalent au premier chemin. Ceci résulte du fait que deux chemins de type (1) et (2) ne peuvent se déduire l'un autre de l'autre et sont les *seuls* chemins qui ne peuvent être échangés par déformation continue. Par conséquent, le groupe des rotations est *doublement connexe continu*.

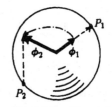

Fig. 1.14. Illustration de deux chemins entre $\boldsymbol{\phi}_1$ et $\boldsymbol{\phi}_2$ qui ne sont pas continûment déformables entre eux

1.9.1 Rotations infinitésimales et finies

À partir de l'exemple du groupe des rotations, nous pouvons étudier explicitement plusieurs caractéristiques générales des groupes de Lie. Les propriétés des éléments du groupe (rotations) par rapport aux variations infinitésimales des paramètres du groupe (rotations infinitésimales) sont particulièrement intéressantes. Beaucoup de simplifications apparaissent dans ce cas. Soit $\delta\boldsymbol{\phi} = \{\delta\phi_x, \delta\phi_y, \delta\phi_z\}$ un vecteur rotation infinitésimal ; alors d'après (1.11) le vecteur modifié par la rotation devient :

$$r' = r + \delta\boldsymbol{\phi} \times r \tag{1.60}$$

soit en passant aux composantes :

$$x_i' = x_i + \varepsilon_{ijk}\delta\phi_j x_k = (\delta_{ik} + \varepsilon_{ijk}\delta\phi_j)x_k = R_{ki}x_k = \tilde{R}_{ik}x_k \,. \tag{1.61}$$

Ceci peut être écrit symboliquement ou explicitement par les composantes en représentation matricielle, respectivement :

$$r' = \hat{\tilde{R}}r \; ; \; \begin{pmatrix} x_1' \\ x_2' \\ x_3' \end{pmatrix} = \begin{pmatrix} R_{11} & R_{12} & R_{13} \\ R_{21} & R_{22} & R_{23} \\ R_{31} & R_{32} & R_{33} \end{pmatrix} \begin{pmatrix} x_1 \\ x_2 \\ x_3 \end{pmatrix} = \begin{pmatrix} R_{11} & R_{21} & R_{31} \\ R_{12} & R_{22} & R_{32} \\ R_{13} & R_{23} & R_{33} \end{pmatrix} \begin{pmatrix} x_1 \\ x_2 \\ x_3 \end{pmatrix} .$$

R_{ik} est la matrice de rotation d'après (1.56) et s'écrit explicitement :

$$\hat{\tilde{R}} = \begin{pmatrix} 1 & -\delta\phi_z & \delta\phi_y \\ \delta\phi_z & 1 & -\delta\phi_x \\ -\delta\phi_y & \delta\phi_x & 1 \end{pmatrix} , \quad \hat{R} = \begin{pmatrix} 1 & \delta\phi_z & -\delta\phi_y \\ -\delta\phi_z & 1 & \delta\phi_x \\ \delta\phi_y & -\delta\phi_x & 1 \end{pmatrix} . \tag{1.62}$$

On définira à nouveau l'opérateur de rotation $\hat{U}_{\mathrm{R}}(\delta\phi)$ de telle sorte que l'état $\psi_\alpha(r, t)$ soumis à rotation devienne $\psi_{\alpha'}(r, t)$:

$$\psi_{\alpha'}(r, t) = \hat{U}_{\mathrm{R}}(\delta\boldsymbol{\phi})\psi_\alpha(r, t) \,. \tag{1.63}$$

La fonction d'onde scalaire après rotation doit satisfaire la même condition que (1.17) et (1.36), soit :

$$\psi_{\alpha'}(\hat{\tilde{R}}r, t) = \psi_\alpha(r, t) \tag{1.64}$$

ou encore :

$$\psi_{\alpha'}(\boldsymbol{r}, t) = \psi_\alpha(\hat{\tilde{R}}^{-1}\boldsymbol{r}, t) = \psi_\alpha(\boldsymbol{r}, t) \,. \tag{1.65}$$

L'équation (1.64) montre que la fonction d'onde résultante, pour un vecteur de position après rotation $\boldsymbol{r}' = \hat{\tilde{R}}\boldsymbol{r}$, a une valeur égale à celle de la fonction d'onde, sans rotation, de $\boldsymbol{r}$. De (1.65), nous déduisons :

$$
\begin{aligned}
\psi_{\alpha'}(\boldsymbol{r}, t) &= \psi_\alpha(\hat{\tilde{R}}^{-1}\boldsymbol{r}, t) = \psi_\alpha(\boldsymbol{r} - \delta\boldsymbol{r}, t) = \psi_\alpha(\boldsymbol{r} - \delta\boldsymbol{\phi} \times \boldsymbol{r}, t) \\
&\simeq \psi_\alpha(\boldsymbol{r}, t) - (\delta\boldsymbol{\phi} \times \boldsymbol{r}) \cdot \nabla\psi_\alpha(\boldsymbol{r}, t) \\
&= \psi_\alpha(\boldsymbol{r}, t) - \frac{\mathrm{i}}{\hbar}(\delta\boldsymbol{\phi} \times \boldsymbol{r}) \cdot \hat{\boldsymbol{p}}\psi_\alpha(\boldsymbol{r}, t) \\
&= \left(\mathbf{1} - \frac{\mathrm{i}}{\hbar}\delta\boldsymbol{\phi} \cdot \hat{\boldsymbol{L}}\right)\psi_\alpha(\boldsymbol{r}, t) \,.
\end{aligned}
\tag{1.66}
$$

La comparaison avec (1.63) donne

$$\hat{U}_{\mathrm{R}}(\delta\boldsymbol{\phi}) = \mathbf{1} - \frac{\mathrm{i}}{\hbar}\delta\boldsymbol{\phi} \cdot \hat{\boldsymbol{L}} \,, \tag{1.67}$$

avec $\hat{\boldsymbol{L}} = \boldsymbol{r} \times \hat{\boldsymbol{p}}$ opérateur de moment angulaire. Ceci est vrai pour des rotations infinitésimales. Dans le cas de rotations finies $\boldsymbol{\phi}$, l'opérateur de rotation peut être aisément obtenu comme suit : nous choisissons les coordonnées de telle sorte que, par exemple, l'axe x porte l'axe de rotation. En décrivant d'abord la rotation $\hat{U}_{\mathrm{R}}(\phi_x)$ suivie d'une rotation infinitésimale $\hat{U}_{\mathrm{R}}(\Delta\phi_x) = 1 - (\mathrm{i}/\hbar)\Delta\phi_x\hat{L}_x$ on obtient la rotation complète :

$$
\begin{aligned}
\hat{U}_{\mathrm{R}}(\phi_x + \Delta\phi_x, \phi_y, \phi_z) &= \hat{U}_{\mathrm{R}}(\Delta\phi_x)\hat{U}_{\mathrm{R}}(\phi_x, \phi_y, \phi_z) \\
&= \left(1 - \frac{\mathrm{i}}{\hbar}\Delta\phi_x\hat{L}_x\right)\hat{U}_{\mathrm{R}}(\phi_x, \phi_y, \phi_z) \,.
\end{aligned}
$$

Donc,

$$
\begin{aligned}
\frac{\Delta\hat{U}_{\mathrm{R}}(\phi_x, \phi_y, \phi_z)}{\Delta\phi_x} &= \frac{\hat{U}_{\mathrm{R}}(\phi_x + \Delta\phi_x, \phi_y, \phi_z) - \hat{U}_{\mathrm{R}}(\phi_x, \phi_y, \phi_z)}{\Delta\phi_x} \\
&= -\frac{\mathrm{i}}{\hbar}\hat{L}_x\hat{U}_{\mathrm{R}}(\phi_x, \phi_y, \phi_z) \,,
\end{aligned}
$$

c'est-à-dire que pour la limite $\Delta\phi_x \to 0$, on obtient l'équation différentielle :

$$\frac{\partial\hat{U}_{\mathrm{R}}(\phi_x, \phi_y, \phi_z)}{\partial\phi_x} = -\frac{\mathrm{i}}{\hbar}\hat{L}_x\hat{U}_{\mathrm{R}}(\phi_x, \phi_y, \phi_z) \,. \tag{1.68}$$

Des relations analogues sont obtenues pour les autres directions de coordonnées :

$$\frac{\partial\hat{U}_{\mathrm{R}}(\boldsymbol{\phi})}{\partial\phi_y} = -\frac{\mathrm{i}}{\hbar}\hat{L}_y\hat{U}_{\mathrm{R}}(\boldsymbol{\phi}) \,, \tag{1.69}$$

$$\frac{\partial \hat{U}_R(\boldsymbol{\phi})}{\partial \phi_z} = -\frac{i}{\hbar} \hat{L}_z \hat{U}_R(\boldsymbol{\phi}) \, . \tag{1.70}$$

L'intégration de (1.68), (1.69) et (1.70) avec la condition aux limites $\hat{U}_R(0) = 1$ conduit à :

$$\hat{U}_R(\boldsymbol{\phi}) = \exp\left(-\frac{i}{\hbar} \boldsymbol{\phi} \cdot \hat{\boldsymbol{L}}\right) \tag{1.71}$$

pour des rotations finies. Ce résultat est complètement analogue à nos résultats antérieurs (1.24) et (1.39). Ceci montre explicitement que le groupe des rotations possède trois paramètres (ϕ_x, ϕ_y, ϕ_z). L'*opérateur de rotation* (1.71) est unitaire puisque

$$\hat{U}_R^{-1}(\boldsymbol{\phi}) = \hat{U}_R(-\boldsymbol{\phi}) = \exp\left(\frac{i}{\hbar} \boldsymbol{\phi} \cdot \hat{\boldsymbol{L}}\right)$$

et puisque $\hat{\boldsymbol{L}}$ est hermitien

$$\hat{U}_R^{\dagger}(\boldsymbol{\phi}) = \exp\left(\frac{i}{\hbar} \boldsymbol{\phi} \cdot \hat{\boldsymbol{L}}^{\dagger}\right) = \exp\left(\frac{i}{\hbar} \boldsymbol{\phi} \cdot \hat{\boldsymbol{L}}\right) \, .$$

Alors,

$$\hat{U}_R^{\dagger}(\boldsymbol{\phi}) = \hat{U}_R^{-1}(\boldsymbol{\phi}) \, . \tag{1.72}$$

Les trois opérateurs $\hat{L}_x$, $\hat{L}_y$, $\hat{L}_z$ sont appelés *générateurs* des rotations autour des trois axes de coordonnées. Ceci est analogue à nos résultats antérieurs (1.25) et (1.39) pour les opérateurs $\hat{p}$ et $\hat{E}$ dans le cas de déplacements spatiaux et temporels, respectivement. Du fait que les trois générateurs $\hat{p}_x$, $\hat{p}_y$, $\hat{p}_z$ commutent pour les translations dans l'espace, nous pouvons conclure que le groupe des translations est abélien (l'ordre de deux translations peut être échangé). Le groupe des rotations, cependant, n'est pas abélien, ce qui est exprimé formellement par les trois générateurs non-commutants de ce groupe $\hat{L}_x$, $\hat{L}_y$, $\hat{L}_z$.

1.9.2 Isotropie d'espace

L'isotropie d'espace signifie la symétrie des lois de la nature (ici de l'équation de Schrödinger) par rapport aux rotations dans l'espace. On doit donc vérifier :

$$i\hbar \frac{\partial \psi_{\alpha'}(\boldsymbol{r}, t)}{\partial t} = i\hbar \frac{\partial \hat{U}_R(\boldsymbol{\phi}) \psi_{\alpha}(\boldsymbol{r}, t)}{\partial t} = \hat{U}_R(\boldsymbol{\phi}) i\hbar \frac{\delta \psi_{\alpha}(\boldsymbol{r}, t)}{\partial t} = \hat{U}_R(\boldsymbol{\phi}) \hat{H} \psi_{\alpha}(\boldsymbol{r}, t)$$

$$= \hat{U}_R(\boldsymbol{\phi}) \hat{H} \hat{U}_R^{-1}(\boldsymbol{\phi}) \psi_{\alpha'}(\boldsymbol{r}, t) \overset{!}{=} \hat{H} \psi_{\alpha'}(\boldsymbol{r}, t) \, . \tag{1.73}$$

Pour écrire ceci, nous avons utilisé le fait que l'état initial $\psi_{\alpha}(\boldsymbol{r}, t)$ satisfait l'équation de Schrödinger

$$i\hbar \frac{\partial \psi_{\alpha}(\boldsymbol{r}, t)}{\partial t} = \hat{H} \psi_{\alpha}(\boldsymbol{r}, t) \, . \tag{1.74}$$

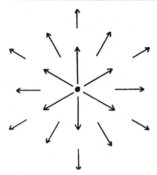

Toutes les directions d'un champ de force isotrope sont équivalentes

La dernière expression dans (1.73) équivaut à la condition d'invariance de l'équation de Schrödinger vis-à-vis des rotations, ou de façon équivalente à l'isotropie de configuration spatiale. Alors, pour des vecteurs rotation arbitraires $\boldsymbol{\phi}$,

$$\hat{U}_{\mathrm{R}}(\boldsymbol{\phi})\hat{H}\hat{U}_R^{-1}(\boldsymbol{\phi}) = \hat{H} \quad \text{ou} \tag{1.75}$$

$$[\hat{U}_{\mathrm{R}}(\boldsymbol{\phi}), \hat{H}]_- = 0 \tag{1.76}$$

soit, puisque $\boldsymbol{\phi}$ est arbitraire,

$$[\hat{\boldsymbol{L}}, \hat{H}]_- = 0 \,. \tag{1.77}$$

Les équations (1.75–77) sont équivalentes et expriment la conservation du moment angulaire. Comme en mécanique classique [cf (1.16)], nous pouvons invoquer la conservation du moment angulaire à partir de l'isotropie d'espace en mécanique quantique. L'isotropie d'espace signifie que toutes les directions sont équivalentes. Bien entendu, un champ de forces peut être présent, mais seulement s'il ne présente pas de direction privilégiée, c'est-à-dire un champ à symétrie sphérique. Dans le cas contraire, l'isotropie serait détruite. Les champs à symétrie sphérique respectent toujours la conservation de moment angulaire par rapport au centre des forces.

EXEMPLE ▬▬▬▬▬▬▬▬▬▬▬▬▬▬▬▬

1.11 Transformation des champs vectoriels par rotation

Considérons un champ vectoriel $\boldsymbol{\psi} = \{\psi_1, \psi_2, \psi_3\}$ à titre d'exemple de transformation d'un champ par rotation. Un exemple de particule décrite par un champ de vecteur est le photon. Son champ est décrit par le potentiel vecteur $\boldsymbol{A}(\boldsymbol{r}, t)$, qui obéit aux équations de Maxwell. Les mésons vecteurs, particules subnucléaires de masses au repos non nulles, en constituent d'autres exemples, également décrits par un champ vectoriel.

L'équation de l'opérateur de rotation $\hat{U}(\boldsymbol{\phi})$ de champs vectoriels est plus compliquée que celle des champs scalaires (1.64). Il est important de réaliser que l'opérateur de rotation, non seulement transforme le vecteur $\boldsymbol{\psi}$ de $\boldsymbol{r}$ en $\boldsymbol{r}' = \hat{\tilde{R}}\boldsymbol{r}$, mais aussi fait tourner la direction de $\boldsymbol{\psi}$ vers une nouvelle direction $\boldsymbol{\psi}'$ comme indiqué en (a) sur la figure ci-contre. L'opérateur $\hat{U}$ transforme le vecteur $\boldsymbol{\psi}$ en $\boldsymbol{\psi}'$. Nous appellerons cette transformation une transformation *active* du champ. La transformation $\hat{\tilde{R}}$ fait tourner le vecteur $\boldsymbol{\psi}$ en $\boldsymbol{r}$ (localement) vers la même direction $\boldsymbol{\psi}'(\boldsymbol{r}')$ (figure b). Si le champ est une fonction scalaire, nous n'avons pas besoin de cette transformation additionnelle puisque la rotation à la position $\boldsymbol{r}$ transforme le scalaire en lui-même. Par ailleurs, on fait tourner le vecteur $\boldsymbol{\psi}(\boldsymbol{r})$. Alors,

$$\boldsymbol{\psi}'(\boldsymbol{r}', t) = \hat{\tilde{R}}\boldsymbol{\psi}(\boldsymbol{r}, t) \quad \text{ou} \tag{1}$$

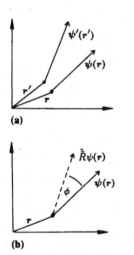

(a) Le vecteur $\boldsymbol{\psi}(\boldsymbol{r})$ est attaché à la position $\boldsymbol{r}$. Le vecteur transformé par rotation, $\boldsymbol{\psi}'(\boldsymbol{r}')$, est attaché à la position transformée $\boldsymbol{r}'$.
(b) L'opérateur $\hat{\tilde{R}}$ fait tourner localement le vecteur $\boldsymbol{\psi}(\boldsymbol{r})$ vers sa nouvelle direction

$$\psi'(\hat{\bar{R}}r, t) = \hat{\bar{R}}\psi(r, t) \quad \text{ou} \tag{2}$$

$$\psi'(r, t) = \hat{\bar{R}}\psi(\hat{\bar{R}}^{-1}r, t) . \tag{3}$$

D'autre part, l'équation de définition de l'opérateur de rotation est

$$\psi'(r, t) = \hat{U}_R(\phi)\psi(r, t) , \tag{4}$$

d'où par comparaison avec (3) nous obtenons :

$$\hat{U}_R(\phi)\psi(r, t) = \hat{\bar{R}}\psi(\hat{\bar{R}}^{-1}r, t) . \tag{5}$$

De cette relation, nous déduisons l'opérateur pour une rotation infinitésimale $\hat{U}_R(\delta\phi)$

$$\begin{aligned}
\hat{U}_R(\delta\phi)\psi(r, t) &= \hat{\bar{R}}\psi(\hat{\bar{R}}^{-1}r, t) \\
&= \psi(\hat{\bar{R}}^{-1}r, t) + \delta\phi \times \psi(\hat{\bar{R}}^{-1}r, t) \\
&= \psi(r - \delta\phi \times r, t) + \delta\phi \times \psi(r - \delta\phi \times r, t) \\
&\simeq \psi(r, t) - \frac{\mathrm{i}}{\hbar}(\delta\phi \cdot \hat{L})\psi(r, t) + \delta\phi \times \psi(r, t) .
\end{aligned} \tag{6}$$

Dans la seconde ligne de (6) nous avons négligé les quantités du second ordre en $\delta\phi$. Nous pouvons écrire plus explicitement le dernier terme :

$$\begin{aligned}
(\delta\phi \times \psi(r, t))_i &= \varepsilon_{ijk}\delta\phi_j\psi_k \\
&= -\frac{\mathrm{i}}{\hbar}\delta\phi_j(\hat{S}_j)_{ik}\psi_k \\
&= -\frac{\mathrm{i}}{\hbar}\delta\phi \cdot (\hat{S})_{ik}\psi_k ,
\end{aligned} \tag{7}$$

où nous avons introduit les matrices :

$$(\hat{S}_j)_{ik} = \mathrm{i}\hbar\varepsilon_{ijk} , \tag{8}$$

$$(\hat{S}_1)_{ik} = \mathrm{i}\hbar\varepsilon_{i1k} = \mathrm{i}\hbar \begin{pmatrix} 0 & 0 & 0 \\ 0 & 0 & -1 \\ 0 & 1 & 0 \end{pmatrix} ,$$

$$(\hat{S}_2)_{ik} = \mathrm{i}\hbar\varepsilon_{i2k} = \mathrm{i}\hbar \begin{pmatrix} 0 & 0 & 1 \\ 0 & 0 & 0 \\ -1 & 0 & 0 \end{pmatrix} ,$$

$$(\hat{S}_3)_{ik} = \mathrm{i}\hbar\varepsilon_{i3k} = \mathrm{i}\hbar \begin{pmatrix} 0 & -1 & 0 \\ 1 & 0 & 0 \\ 0 & 0 & 0 \end{pmatrix} . \tag{9}$$

Nous pouvons considérer ces trois matrices comme les composantes d'un vecteur $\hat{S} = \{\hat{S}_1, \hat{S}_2, \hat{S}_3\}$. En revenant à la notation vectorielle, on peut écrire (6) sous la forme ;

$$\hat{U}_R(\delta\phi)\psi(r, t) \simeq \left[\mathbf{1} - \frac{\mathrm{i}}{\hbar}\delta\phi \cdot (\hat{L} + \hat{S}) \right] \psi(r, t) . \tag{10}$$

Nous obtenons ainsi une expression pour l'opérateur de rotation infinitésimale

$$\hat{U}_R(\delta\boldsymbol{\phi}) = \mathbf{1} - \frac{i}{\hbar}\delta\boldsymbol{\phi}\cdot(\hat{\boldsymbol{L}}+\hat{\boldsymbol{S}})\ . \tag{11}$$

Puisque $\hat{\boldsymbol{L}} = \hat{\boldsymbol{r}}\times\hat{\boldsymbol{p}}$ est un opérateur différentiel, tandis que, d'après (9), $\hat{\boldsymbol{S}}$ est un opérateur matriciel avec des composantes indépendantes des positions, il est évident que les deux opérateurs commutent, donc :

$$[\hat{L}_i, \hat{S}_k]_- = 0\ . \tag{12}$$

Afin d'obtenir $\hat{U}_R(\boldsymbol{\phi})$ pour des rotations finies, on pourrait faire usage de la méthode représentée dans (1.67–70), mais nous allons utiliser une procédé différent. En divisant l'angle fini $\boldsymbol{\phi}$ en N petites rotations $\delta\boldsymbol{\phi} = \boldsymbol{\phi}/N$, nous pouvons obtenir l'opérateur $\hat{U}_R$ par N rotations infinitésimales successives. Alors,

$$\begin{aligned}\hat{U}_R(\boldsymbol{\phi}) &= \lim_{N\to\infty}\left[\mathbf{1} - \frac{i}{\hbar}\left(\frac{\boldsymbol{\phi}}{N}\cdot(\hat{\boldsymbol{L}}+\hat{\boldsymbol{S}})\right)\right]^N \\ &= \exp\left[-\frac{i}{\hbar}\boldsymbol{\phi}\cdot(\hat{\boldsymbol{L}}+\hat{\boldsymbol{S}})\right] = \exp\left(-\frac{i}{\hbar}\boldsymbol{\phi}\cdot\hat{\boldsymbol{J}}\right)\ .\end{aligned} \tag{13}$$

Ici, nous avons introduit l'opérateur $\hat{\boldsymbol{J}} = \hat{\boldsymbol{L}}+\hat{\boldsymbol{S}}$, dont les composantes $\hat{J}_i$ sont les générateurs des rotations des champs de vecteurs. Comme auparavant, l'isotropie d'espace implique que

$$[\hat{\boldsymbol{J}}, \hat{H}]_- = [\hat{\boldsymbol{L}}+\hat{\boldsymbol{S}}, \hat{H}]_- = 0\ . \tag{14}$$

Donc pour des champs vectoriels, la quantité

$$\hat{\boldsymbol{J}} = \hat{\boldsymbol{L}}+\hat{\boldsymbol{S}} \tag{15}$$

est conservée. Puisque $\hat{\boldsymbol{L}}$ est l'opérateur de moment angulaire orbital, il semble naturel d'interpréter $\hat{\boldsymbol{S}}$ comme un *Moment angulaire intrinsèque* ou *spin du champ vectoriel*. La relation de commutation (14) exprime la *conservation du moment angulaire total* $\hat{\boldsymbol{J}}$.

Nous savons que les composantes du moment angulaire orbital satisfont aux relations de commutation :

$$[\hat{L}_i, \hat{L}_j]_- = i\hbar\varepsilon_{ijk}\hat{L}_k\ . \tag{16}$$

De (9) nous pouvons aisément déduire par un calcul explicite que les composantes de $\hat{\boldsymbol{S}}$ obéissent à des relations de commutation analogues :

$$[\hat{S}_i, \hat{S}_j]_- = i\hbar\varepsilon_{ijk}\hat{S}_k\ . \tag{17}$$

Par exemple dans le cas de $i = 1$, $j = 2$, $k = 3$ nous obtenons

$$\hat{S}_1\hat{S}_2 - \hat{S}_2\hat{S}_1 = (i\hbar)^2 \left[\begin{pmatrix} 0 & 0 & 0 \\ 0 & 0 & -1 \\ 0 & 1 & 0 \end{pmatrix} \begin{pmatrix} 0 & 0 & 1 \\ 0 & 0 & 0 \\ -1 & 0 & 0 \end{pmatrix} \right]$$

$$- \left[\begin{pmatrix} 0 & 0 & 1 \\ 0 & 0 & 0 \\ -1 & 0 & 0 \end{pmatrix} \begin{pmatrix} 0 & 0 & 0 \\ 0 & 0 & -1 \\ 0 & 1 & 0 \end{pmatrix} \right]$$

$$= (i\hbar)^2 \left[\begin{pmatrix} 0 & 0 & 0 \\ 1 & 0 & 0 \\ 0 & 0 & 0 \end{pmatrix} - \begin{pmatrix} 0 & 1 & 0 \\ 0 & 0 & 0 \\ 0 & 0 & 0 \end{pmatrix} \right]$$

$$= (i\hbar)(i\hbar) \begin{pmatrix} 0 & -1 & 0 \\ 1 & 0 & 0 \\ 0 & 0 & 0 \end{pmatrix}$$

$$= i\hbar\hat{S}_3 \ .$$

Alors, les composantes $\hat{S}_i$ du vecteur de spin satisfont aussi aux relations de commutation pour les opérateurs de moment angulaire. Ceci vaut aussi pour $\hat{J}_i$, puisque de $[\hat{L}_i, \hat{S}_j]_- = 0$, nous tirons :

$$[\hat{J}_i, \hat{J}_j]_- = [\hat{L}_i + \hat{S}_i, \hat{L}_j + \hat{S}_j]_- = [\hat{L}_i, \hat{L}_j]_- + [\hat{S}_i, \hat{S}_j]_-$$
$$= i\hbar\varepsilon_{ijk}\hat{L}_k + i\hbar\varepsilon_{ijk}\hat{S}_k = i\hbar\varepsilon_{ijk}\hat{J}_k \ . \tag{18}$$

Ce résultat fournit une justification supplémentaire de l'interprétation de $\hat{\boldsymbol{J}}$ comme un opérateur de moment angulaire total et $\hat{\boldsymbol{S}}$ comme l'opérateur de spin. Souvenons-nous que nous avons accepté les relations de commutation (16–18) comme définitions générales des opérateurs de moment angulaire quand nous avons introduit le spin de l'électron. Maintenant, nous allons calculer la valeur absolue du spin $\hat{\boldsymbol{S}}$ (moment angulaire intrinsèque) des champs vectoriels. De (9), nous obtenons

$$\hat{S}^2 = \hat{\boldsymbol{S}} \cdot \hat{\boldsymbol{S}} = \hat{S}_1^2 + \hat{S}_2^2 + \hat{S}_3^2$$

$$= (i\hbar)^2 \left[\begin{pmatrix} 0 & 0 & 0 \\ 0 & -1 & 0 \\ 0 & 0 & -1 \end{pmatrix} + \begin{pmatrix} -1 & 0 & 0 \\ 0 & 0 & 0 \\ 0 & 0 & -1 \end{pmatrix} \right] + \left[\begin{pmatrix} -1 & 0 & 0 \\ 0 & -1 & 0 \\ 0 & 0 & 0 \end{pmatrix} \right]$$

$$= 2\hbar^2 \begin{pmatrix} 1 & 0 & 0 \\ 0 & 1 & 0 \\ 0 & 0 & 1 \end{pmatrix} = 1(1+1)\hbar^2\mathbf{1} \ . \tag{19}$$

Ici, nous avons écrit la valeur 2 sous la forme $S(S+1)$, représentation connue pour le moment angulaire orbital. On voit qu'il convient d'attribuer à S la valeur 1. Ce résultat est très important : *les champs vectoriels ont un spin (moment angulaire intrinsèque) 1, i.e. ils décrivent les particules de spin-1*. Ainsi, photons et mésons vecteurs ont un spin $S = 1$.

Exemple 1.11

Commentaire. Dans l'exemple précédent, nous avons appris que l'opérateur de rotation :

$$\hat{U}_R(\phi) = \exp\left(-\frac{i}{\hbar}\phi \cdot \hat{J}\right) \tag{20}$$

contient la somme du moment angulaire orbital et du spin (moment angulaire intrinsèque) du champ considéré, car $\hat{U}_R(\phi)$ contient l'opérateur $\hat{J}$. Si nous examinons un champ général (scalaire, vecteur ou tenseur) de façon à déterminer le spin des particules décrites par ce champ, nous devons étudier les propriétés de transformation du champ par rapport aux rotations. Ceci signifie que nous devons construire l'opérateur $\hat{U}_R(\phi)$. Les générateurs $\hat{J}_i$ que nous obtenons indiquent les propriétés du moment angulaire, en particulier le spin des particules décrites par le champ. C'est exactement la méthode que nous avons appliquée antérieurement. Dans le cas d'un champ scalaire nous obtenions $\hat{J} = \hat{L} = \hat{r} \times \hat{p}$, c'est-à-dire que ce champ décrivait des particules ayant uniquement un moment angulaire orbital ou des particules sans spin ($S = 0$). Dans le cas d'un champ vectoriel, nous obtenons $\hat{J} = \hat{L} + \hat{S}$, où $\hat{S}^2 = S(S+1)\hbar^2 = 1(1+1)\hbar^2$. On voit alors que les champs de vecteurs décrivent des particules de spin $S = 1$ (cf exemple 1.12).

EXEMPLE ████████████████████

1.12 Transformation des spineurs à deux composantes par rotation

La rotation des champs scalaires et vectoriels était facile à interpréter, tout comme celle des rotations de vecteurs ou scalaires. Ceci n'est pas le cas pour les spineurs à deux composantes. Nous devons modifier la méthode directe développée dans les sections précédentes pour déterminer l'opérateur de rotation. Nous devons étudier non seulement une simple fonction d'onde, mais aussi les propriétés d'une équation pour les spineurs à deux composantes par rapport aux rotations. Par simplicité, nous choisissons l'équation de Pauli,

$$i\hbar \frac{\partial \psi}{\partial t} = \hat{H}\psi = \left\{\frac{1}{2m}\left(\hat{p} - \frac{e}{c}A\right)^2 + V(r) - \mu_B \hat{\sigma} \cdot B\right\}\psi . \tag{1}$$

Nous noterons le spineur à deux composantes $\psi = \binom{\psi_1}{\psi_2}$. L'opérateur rotation sera encore noté $\hat{U}_R(\phi)$ et le spineur après rotation par ψ'. Tous deux sont reliés par :

$$\psi'(r, t) = \hat{U}_R(\phi)\psi(r, t) . \tag{2}$$

Nous n'en savons pas suffisamment pour construire $\hat{U}_R(\phi)$ directement, mais nous pouvons utiliser une autre méthode : $\int \psi^\dagger \psi \, d^3x$ doit être invariant. Alors, $\hat{U}_R(\phi)$ est un opérateur unitaire :

$$\int \psi^\dagger \psi \, d^3 x = \int \psi'^\dagger \psi' \, d^3 x$$
$$= \int \psi^\dagger \hat{U}_R^\dagger(\boldsymbol{\phi}) \hat{U}_R(\boldsymbol{\phi}) \psi \, d^3 x \,, \tag{3}$$

et

$$\hat{U}_R^\dagger(\boldsymbol{\phi}) \hat{U}_R(\boldsymbol{\phi}) = \mathbf{1} \,. \tag{4}$$

De (1.65), nous pouvons déduire que la valeur après rotation de la fonction scalaire $f(\boldsymbol{r})$ est égale à celle de la fonction d'origine au point d'origine. Ceci vaut également si $f(\boldsymbol{r})$ est un produit, par exemple $\psi^\dagger \psi$, et nous devons prendre les conditions des facteurs individuels [cf (1.65)]. Ceci signifie que la densité scalaire $\psi^\dagger \psi(\boldsymbol{r}, t)$ se comporte par rapport aux rotations actives comme une fonction d'onde scalaire, et :

$$\psi'^\dagger(\boldsymbol{r}) \psi'(\boldsymbol{r}) = \psi^\dagger(\hat{R}^{-1}\boldsymbol{r}) \psi(\hat{R}^{-1}\boldsymbol{r}) \,. \tag{5}$$

Nous pouvons écrire le membre de droite de (5) comme une somme sur les deux composantes du spineur. Les termes de la somme sont des fonctions scalaires qui sont transformées par $\exp(-i/\hbar)\boldsymbol{\phi} \cdot \hat{\boldsymbol{L}}$, comme pour (1.71), c'est-à-dire :

$$\psi^\dagger(\hat{R}^{-1}\boldsymbol{r}) \psi(\hat{R}^{-1}\boldsymbol{r}) = \sum_{m=1}^{2} \psi_m^\dagger(\hat{R}^{-1}\boldsymbol{r}) \psi_m(\hat{R}^{-1}\boldsymbol{r})$$
$$= \sum_{m=1}^{2} \left[\exp\left(-\frac{i}{\hbar}\boldsymbol{\phi} \cdot \hat{\boldsymbol{L}}\right) \psi_m(\boldsymbol{r}) \right]^\dagger \left[\exp\left(-\frac{i}{\hbar}\boldsymbol{\phi} \cdot \hat{\boldsymbol{L}}\right) \psi_m(\boldsymbol{r}) \right]$$
$$= [\hat{U}_L(\boldsymbol{\phi}) \psi(\boldsymbol{r})]^\dagger [\hat{U}_L(\boldsymbol{\phi}) \psi(\boldsymbol{r})] \,.$$

Dans la dernière ligne, nous avons introduit l'opérateur

$$\hat{U}_L(\boldsymbol{\phi}) = \exp\left(-\frac{i}{\hbar}\boldsymbol{\phi} \cdot \hat{\boldsymbol{L}}\right) \tag{6}$$

établi en (1.70). $\hat{U}_L$ tient compte du moment orbital des composantes. Nous notons cette quantité $\hat{U}_L$, car une autre proviendra du spin. On voit que $\hat{U}_L(\boldsymbol{\phi})$ détermine le comportement par rapport aux transformations dépendantes des coordonnées. Par conséquent, nous avons besoin d'introduire un autre terme qui dépend des propriétés de spin, comme dans le cas du champ vectoriel (cf exemple 1.9). Ce terme $\hat{U}_S$ ne doit pas dépendre des coordonnées, et nous pouvons maintenant écrire l'opérateur de rotation total :

$$\hat{U}_R(\boldsymbol{\phi}) = \hat{U}_S(\boldsymbol{\phi}) \hat{U}_L(\boldsymbol{\phi}) \,. \tag{7}$$

Les relations (3) et (4) sont vraies uniquement si $\hat{U}_S(\boldsymbol{\phi})$ est un opérateur *unitaire*, car $\hat{U}_R$ et $\hat{U}_L$ sont unitaires. Aussi, nous proposerons l'opérateur suivant pour $\hat{U}_S(\boldsymbol{\phi})$:

$$\hat{U}_S(\boldsymbol{\phi}) = \exp\left(-\frac{i}{\hbar}\boldsymbol{\phi} \cdot \hat{\boldsymbol{a}}\right) \,, \tag{8}$$

où l'opérateur vectoriel hermitique $\hat{a}$ devra être précisé. Pour le trouver, nous devons étudier la transformation de l'équation de Pauli (1). Nous voulons que le vecteur de spin s ou – en tant que quantité identique à un facteur près – que l'opérateur vectoriel de Pauli $\boldsymbol{\sigma} = [\hat{\sigma}_1, \hat{\sigma}_2, \hat{\sigma}_3]$ se transforme par rotation d'espace comme un vecteur. Ceci conduit à écrire :

$$\hat{\sigma}_i' = \hat{U}_S^\dagger(\boldsymbol{\phi})\hat{\sigma}_i\hat{U}_S(\boldsymbol{\phi}) = R_{ji}\hat{\sigma}_j \,, \tag{9}$$

qui exprime simplement que les matrices $\hat{\sigma}_i$ se transforment par rotations d'espace de la même façon que les composantes d'un vecteur. Si (9) est vérifiée, nous pouvons assurer que σ est réellement un vecteur. En nous restreignant aux rotations infinitésimales $\delta\boldsymbol{\phi}$ avec [cf (1.61)] :

$$R_{ji} = \delta_{ji} + \varepsilon_{imj}\delta\phi_m \tag{10}$$

et

$$\hat{U}_S = \left\{ \mathbf{1} - \frac{i}{\hbar}\delta\phi_n\hat{a}_n \right\} \,. \tag{11}$$

L'équation (9) peut être écrite sous la forme :

$$R_{ji}\hat{U}_S^\dagger(\boldsymbol{\phi})\hat{\sigma}_i\hat{U}_S(\boldsymbol{\phi}) = \hat{\sigma}_j \,. \tag{9a}$$

Les équations (10) et (11) donnent alors :

$$\begin{aligned}
\hat{\sigma}_j &\simeq \{\delta_{ji} + \varepsilon_{imj}\delta\phi_m\}\left\{\mathbf{1} + \frac{i}{\hbar}\delta\phi_l\hat{a}_l\right\}\hat{\sigma}_i\left\{\mathbf{1} - \frac{i}{\hbar}\delta\phi_n\hat{a}_n\right\} \\
&\simeq \{\delta_{ji} + \varepsilon_{imj}\delta\phi_m\}\left\{\hat{\sigma}_i + \frac{i}{\hbar}\delta\phi_n[\hat{a}_n, \hat{\sigma}_i]_-\right\} \\
&\simeq \hat{\sigma}_j + \varepsilon_{imj}\delta\phi_m\hat{\sigma}_i + \frac{i}{\hbar}\delta\phi_n[\hat{a}_n, \hat{\sigma}_j]_- \tag{12}
\end{aligned}$$

où nous avons omis les termes d'ordre supérieur en $\delta\phi$. Puisque les $\delta\phi_m$ peuvent être choisis arbitrairement, (12) implique la relation :

$$[\hat{a}_n, \hat{\sigma}_j]_- = \mathrm{i}\hbar\varepsilon_{knj}\hat{\sigma}_k \,. \tag{13}$$

Les opérateurs $\hat{a}_n$ doivent être représentés par des matrices 2×2. Puisque les trois matrices de Pauli combinées avec la matrice unitaire à deux dimensions constituent une base complète pour toutes les matrices hermitiques 2×2, les $\hat{a}_n$ peuvent être écrits comme une combinaison linéaire, soit :

$$\hat{a}_n = \alpha_{nm}\hat{\sigma}_m + \beta_n\mathbf{1} \,, \tag{14}$$

où les coefficients α_{nm} et β_n sont réels. Sans perdre en généralité, nous pouvons fixer $\beta_n = 0$, puisque la matrice unitaire génère seulement dans (8) un changement (trivial) de phase. De plus, elle commute avec $\hat{\sigma}_j$ dans (13) qui devient maintenant une équation pour les coefficients α_{nm} :

$$\alpha_{nm}[\hat{\sigma}_m, \hat{\sigma}_j]_- = i\hbar\varepsilon_{njk}\hat{\sigma}_k \,. \tag{15}$$

En utilisant les relations de commutation de Pauli

$$[\hat{\sigma}_m, \hat{\sigma}_j]_- = 2i\varepsilon_{mjk}\hat{\sigma}_k \qquad (16)$$

l'équation (15) devient :

$$2\alpha_{nm}\varepsilon_{mjk}\hat{\sigma}_k = \hbar\varepsilon_{njk}\hat{\sigma}_k \ . \qquad (17)$$

Ceci n'est vérifié que si :

$$\alpha_{nm} = \frac{1}{2}\hbar\delta_{nm} \ . \qquad (18)$$

Par conséquent, nous avons :

$$\hat{a}_n = \frac{1}{2}\hbar\hat{\sigma}_n \qquad (19)$$

et après insertion dans (8) :

$$\hat{U}_S(\boldsymbol{\phi}) = \exp\left(-\frac{1}{2}i\boldsymbol{\phi}\cdot\hat{\boldsymbol{\sigma}}\right) \ . \qquad (20)$$

Introduisons alors l'opérateur de spin :

$$\hat{s} = \frac{1}{2}\hbar\hat{\boldsymbol{\sigma}} \ . \qquad (21)$$

D'après (7) et (8), nous obtenons l'*opérateur de rotation complèt pour les spineurs à deux composantes*, soit :

$$\begin{aligned}\hat{U}_R(\boldsymbol{\phi}) = \hat{U}_L(\boldsymbol{\phi})\hat{U}_S(\boldsymbol{\phi}) &= \exp\left[-\frac{i}{\hbar}\boldsymbol{\phi}\cdot\left(\hat{\boldsymbol{L}}+\frac{\hbar}{2}\hat{\boldsymbol{\sigma}}\right)\right]\\ &= \exp\left[-\frac{i}{\hbar}\boldsymbol{\phi}\cdot(\hat{\boldsymbol{L}}+\hat{\boldsymbol{s}})\right] \ . \end{aligned} \qquad (22)$$

Nous concluons donc que les spineurs à deux composantes se transforment selon l'équation suivante :

$$\psi'(\boldsymbol{r}) = \exp\left(-\frac{i}{\hbar}\boldsymbol{\phi}\cdot\hat{\boldsymbol{J}}\right)\psi(\boldsymbol{r}) \ , \qquad (23)$$

où le moment angulaire total est donné par :

$$\hat{\boldsymbol{J}} = \hat{\boldsymbol{L}} + \hat{\boldsymbol{s}} \ . \qquad (24)$$

Une telle expression nous était connue pour les fonctions d'onde scalaires (moment angulaire total = moment angulaire orbital) et vectorielles (moment angulaire total = moment angulaire orbital +spin $1\hbar$), mais ici la valeur propre de spin est $|s| = 1/2\,\hbar$.

EXERCICE ▐████████████████▌

1.13 Mesure de la direction des spins de l'électron

Considérons un appareillage qui permet la mesure de la composante du spin dans une direction arbitraire. Supposons qu'une telle mesure ait été effectuée dans une certaine direction (e_2), pour un électron donné et que le résultat soit un spin haut ($\uparrow$) dans la direction e_2.

Problème. Dans quel état est l'électron après l'expérience? Représentons le vecteur d'état dans l'espace (complexe) des spins à deux dimensions. Supposons la composante de spin du même électron mesurée maintenant dans une autre direction ($e_{z'}$) qui fait avec la direction d'origine un angle $\theta = 90°$, $\theta = 180°$. Quelle est la probabilité que le résultat soit spin $\uparrow$ ou spin $\downarrow$? Quelles sont les positions des vecteurs spin $\uparrow$ et $\downarrow$ dans la direction z' de l'espace de spin? De quel angle ont-elles tourné par rapport aux spin $\uparrow$ et spin $\downarrow$ dans la direction z?

Solution. Le spin de l'électron est représenté par un vecteur (spineur), dans l'espace complexe à deux dimensions avec une base de deux vecteurs orthogonaux, $|\uparrow z\rangle$ (spin haut dans la direction z) et $|\downarrow z\rangle$ (spin bas dans la direction z). Pour simplifier, nous nous restreignons à la représentation graphique de combinaisons linéaires $a_+|\uparrow z\rangle + a_-|\downarrow z\rangle$ ($a_+, a_- \in \mathbb{R}$). Le vecteur d'état $|\phi\rangle$ est une combinaison linéaire arbitraire de longueur 1 (voir figure a). Le résultat de la première mesure est une projection sur l'un des vecteurs de base, dans notre cas $|\uparrow z\rangle$ (figure b). Donc après cette première mesure, le vecteur d'état est :

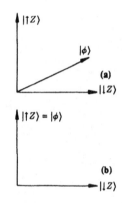

$$|\phi'\rangle = \frac{\langle\uparrow z|\phi\rangle}{|\langle\uparrow z|\phi\rangle|}\,|\uparrow z\rangle = \frac{a_+}{|a_+|}\,|\uparrow z\rangle = |z\rangle \ . \tag{1}$$

Pour une mesure de la composante de spin dans la direction x ($\theta = 90°$), nous supposons 50% spin $\uparrow$ et 50% spin $\downarrow$. Les vecteurs $|\uparrow z\rangle$ et $|\downarrow z\rangle$ peuvent être exprimés par des combinaisons linéaires de $|\uparrow x\rangle$ et $|\downarrow x\rangle$, soit :

$$|\uparrow z\rangle = a\,|\uparrow x\rangle + b\,|\downarrow x\rangle \ , \ |\downarrow z\rangle = c\,|\uparrow x\rangle + d\,|\downarrow x\rangle \tag{2}$$

avec

$$|a|^2 = |b|^2 = |c|^2 = |d|^2 = \tfrac{1}{2} \ . \tag{3}$$

Donc,

$$|\langle\phi|\uparrow x\rangle|^2 = |\langle\uparrow z|\uparrow x\rangle|^2 = |a|^2 \quad \text{etc.}$$

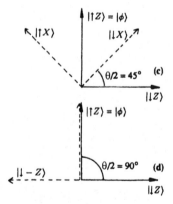

Vecteur d'état de Spin avant (**a**) et après (**b**) la mesure. (**c**) et (**d**) montrent la disposition du vecteur d'état depuis les systèmes de coordonnées tournés de 90° et 180° respectivement

est la probabilité de trouver le résultat «spin $\uparrow$» dans la seconde mesure. Les vecteurs $|\uparrow x\rangle$, $|\downarrow x\rangle$ sont inclinés de $\theta/2 = 45°$ comparés avec $|\uparrow z\rangle$, $|\downarrow z\rangle$ (figure c). Nous pouvons déduire directement des figures que par une projection de $|\phi\rangle = |\uparrow z\rangle$ sur $|\uparrow x\rangle$ ou $|\downarrow x\rangle$, respectivement, nous obtenons la probabilité 1/2. Si nous tournons l'appareil de mesure de $\theta = 180°$, nous obtenons le résultat «spin $\downarrow$»avec la même probabilité que spin $\uparrow$ auparavant. Clairement, les vecteurs $|\uparrow -z\rangle$ et $|\downarrow -z\rangle$ sont tournés de $\theta/2 = 90°$ comparés à $|\uparrow z\rangle$ et $|\downarrow z\rangle$ (figure d). Au lieu de tourner l'appareil, nous aurions pu tourner l'électron dans la direction opposée, d'un angle θ (par exemple avec l'aide d'un champ magnétique) et alors nous aurions pu mesurer la composante z. Par des considérations semblables, nous pouvons déduire que la rotation de l'électron, d'un angle θ dans l'espace de configuration, est reliée à la rotation du vecteur d'état dans l'espace de spin d'un angle $\theta/2$. L'espace de configuration et l'espace de spin ne sont pas directement reliés, leurs dimensions sont différentes. Il est important de garder ceci à l'esprit, particulièrement dans le cas du spin 1, quand les deux espaces ont trois dimensions.

Exercice 1.13

1.10 L'opérateur rotation pour des états multi-particules

Nous considérons une fonction d'onde (de Schrödinger) scalaire, d'un état à plusieurs particules

$$\psi_\alpha = \psi_\alpha(r_1 r_2, \ldots, t) \equiv \psi_\alpha(r_i, t)\,. \tag{1.78}$$

Elle est dépendante des différentes coordonnées de particules r_i et du temps, et obéit à l'équation de Schrödinger pour des états multi-particules

$$i\hbar \frac{\partial}{\partial t} \psi_\alpha(r_i, t) = \hat{H}(\hat{p}_i, r_i)\psi_\alpha(r_i, t)\,. \tag{1.79}$$

L'opérateur de rotation $\hat{U}_R(\phi)$ peut être défini exactement de la même façon que dans le cas à une particule par l'équation

$$\psi'_\alpha(r_i, t) = \hat{U}_R(\phi)\psi_\alpha(r_i, t)\,, \tag{1.80}$$

et peut être déterminé par analogie avec la méthode utilisée en (1.63–71). Par exemple, l'équation (1.66) fournit pour des rotations infinitésimales :

$$
\begin{aligned}
\psi'_\alpha(r_i, t) &= \psi_\alpha(\hat{R}^{-1}r_i, t) \\
&= \psi_\alpha(r_i - \delta\phi \times r_i, t) \simeq \psi_\alpha(r_i, t) \sum_i (\delta\phi \times r_i) \cdot \nabla_i \psi_\alpha(r_i, t) \\
&= \psi_\alpha(r_i, t) - \delta\phi \cdot \frac{i}{\hbar} \sum_i \hat{L}_i \psi_\alpha(r_i, t) \\
&= \left(1 - \frac{i}{\hbar}\delta\phi \cdot \hat{L}\right)\psi_\alpha(r_i, t)\,,
\end{aligned}
\tag{1.81}
$$

où :

$$\hat{L} = \sum_i \hat{L}_i = \sum_i r_i \times \hat{p}_i \tag{1.82}$$

est le moment angulaire total du système. L'opérateur de rotation est par conséquent :

$$U_{\mathrm{R}}(\boldsymbol{\phi}) = \exp\left(-\frac{\mathrm{i}}{\hbar}\delta\boldsymbol{\phi}\cdot\hat{\boldsymbol{L}}\right) . \tag{1.83}$$

Formellement, il est identique à l'opérateur pour des états de particule individuelle (1.71), mais ici $\hat{\boldsymbol{L}}$ représente le *moment angulaire total de l'ensemble des particules*. De nouveau, comme pour le cas des particules individuelles, la symétrie de l'isotropie d'espace, conduit à $[\hat{\boldsymbol{L}}, \hat{H}(\hat{\boldsymbol{p}}_i, \boldsymbol{r}_i)]_- = 0$. Ceci signifie que le moment angulaire total est conservé, résultat qui n'est pas surprenant. Du point de vue mathématique, les opérateurs de moment angulaire $\hat{J}_i$ dans (1.71) et $\hat{L}_i$ dans (1.83) sont les *générateurs du groupe de Lie* SO(3). Ceci sera détaillé dans le troisième chapitre, mais à partir de maintenant, nous utiliserons occasionnellement le langage de la théorie des groupes. Ils satisfont à une *algèbre de Lie*, définie par les commutateurs

$$[\hat{J}_i, \hat{J}_j]_- = \mathrm{i}\hbar\varepsilon_{ijk}\hat{J}_k . \tag{1.84}$$

L'algèbre de Lie est *fermée*, i.e. le commutateur d'une paire arbitraire de générateurs $\hat{J}_i$ peut être exprimé par une combinaison des générateurs (dans notre cas par un seul, à cause de ε_{ijk}). Nous verrons dans le chapitre suivant que l'algèbre de Lie détermine largement les représentations matricielles possibles des générateurs $\hat{J}_i$.

1.11 Notes biographiques

NOETHER, Emmy, *Erlangen 23.3.1882, †Bryn Mawr 14.4.1935. N. étudia à Göttingen et Erlangen, devenant professeur associé à Göttingen en 1922. Après son émigration aux États-Unis en 1933, elle obtint un poste de professeur invité au petit collège de Bryn Mawr. N. a, par son travail, fortement influencé différents domaines de l'algèbre. On peut attribuer à son influence l'apparition de concepts théoriques structurels dans les principes dominants des mathématiques modernes.

LIE, Sophus, *Nordfjordeid 17.12.1842, †Kristiania (Oslo) 18.2.1899. L. acquit son diplôme d'enseignant à Kristiania en 1865. En 1869/1870, il travailla à Berlin et à Paris (avec Klein) en 1870. À partir de 1872, L. devint professeur à Kristiania, et entre 1886 et 1898 à Leipzig, jusqu'à son retour à Kristiania comme professeur de théorie des groupes de transformation. À Paris, L. avait perçu l'importance fondamentale de la théorie des groupes pour les recherches mathématiques, découvert les transformations tangentielles et montré que la dynamique pouvait être interprétée comme une partie de la théorie des groupes. À peu près tous ses travaux ultérieurs furent consacrés à la théorie des *groupes de transformation continus* et leurs applications.

2. Représentation de l'algèbre des opérateurs de moment angulaire : générateurs de SO(3)

2.1 Représentations irréductibles du groupe des rotations

Dans beaucoup d'applications en physique nucléaire ou atomique, on s'intéresse aux états de particules dans des potentiels centraux. Dans un potentiel central, le moment angulaire est une quantité conservée, c'est-à-dire que ses valeurs propres peuvent servir à classer les états. À cause de cette signification du moment angulaire dans les applications de la mécanique, nous allons, dans ce chapitre, de nouveau étudier les opérateurs de moment angulaire et leurs fonctions propres. Les relations de commutation des opérateurs de moment angulaire représentent de plus l'algèbre de Lie de SO(3).

Le moment angulaire se définit classiquement par la relation :

$$L = r \times p .$$ (2.1)

Si nous remplaçons la variable de quantité de mouvement par l'opérateur :

$$\hat{p} = -i\hbar \nabla$$ (2.2)

dans (2.1), nous obtenons alors les relations de commutation

$$[\hat{L}_x, \hat{L}_y] = i\hbar \hat{L}_z$$ (2.3)

pour les composantes de moment angulaire. Si le moment angulaire total L est la somme des moments angulaires de systèmes élémentaires $L^{(n)}$ (particules, spin, moment angulaire orbital, etc.), la relation de commutation (2.3) est également valable pour cette somme. Avec

$$L = \sum_n L^{(n)} \quad \text{et} \quad [\hat{L}_i^{(m)}, \hat{L}_j^{(n)}]_- = i\hbar \varepsilon_{ijk} \hat{L}_k^{(n)} \delta_{nm} ,$$

nous avons :

$$[\hat{L}_x, \hat{L}_y]_- = \left[\sum_n \hat{L}_x^{(n)}, \sum_m \hat{L}_y^{(m)} \right]_- = \sum_n [\hat{L}_x^{(n)}, \hat{L}_y^{(n)}]_-$$

$$= \sum_n i\hbar \hat{L}_z^{(n)} = i\hbar \hat{L}_z .$$

Nous faisons à nouveau remarquer que les opérateurs de moment angulaire appartenant à différents systèmes commutent, puisqu'ils agissent sur des espaces différents, i.e. sur des coordonnées différentes. Étant donné la validité générale de (2.3), nous pouvons poser comme définition :

Tout opérateur vectoriel $\hat{\boldsymbol{J}}$, dont les composantes sont des observables et satisfont à la relation de commutation (2.3), est appelé opérateur de moment angulaire.

En partant uniquement de la relation de commutation [l'algèbre de Lie de SO(3)], nous pouvons établir plusieurs propriétés importantes de l'opérateur de moment angulaire et de ses fonctions propres.

Le carré du moment angulaire commute avec toutes les composantes, soit :

$$[\hat{\boldsymbol{J}}, \hat{\boldsymbol{J}}^2]_- = 0, \quad \text{avec} \quad \hat{\boldsymbol{J}}^2 = \hat{J}_x^2 + \hat{J}_y^2 + \hat{J}_z^2 . \tag{2.4}$$

Nous obtenons ceci d'après les propriétés élémentaires de la mécanique quantique, et nous pouvons aisément vérifier (2.4) dans le cas général à partir de (2.3).

De (2.4) nous pouvons déduire qu'une composante du moment angulaire et son total au carré peuvent être mesurés simultanément, i.e. ils ont une fonction propre commune.

Pour obtenir le spectre de ces opérateurs, il convient d'utiliser les opérateurs conjugués hermitiques suivants :

$$\hat{J}_+ = \hat{J}_x + \mathrm{i}\hat{J}_y , \quad \hat{J}_- = \hat{J}_x - \mathrm{i}\hat{J}_y . \tag{2.5}$$

Ces opérateurs, qui ne sont pas hermitiques, sont appelés *opérateurs de « saut »* ou *opérateurs d'échange*.

On déduit de la relation (2.4) :

$$[\hat{J}_+, \hat{\boldsymbol{J}}^2]_- = [\hat{J}_-, \hat{\boldsymbol{J}}^2]_- = 0 . \tag{2.6}$$

Les trois opérateurs $\hat{J}_+, \hat{J}_-, \hat{J}_z$ déterminent entièrement l'opérateur vectoriel $\hat{\boldsymbol{J}}$ et procurent des transformations algébriques plus intéressantes que les opérateurs $\hat{J}_x, \hat{J}_y, \hat{J}_z$. Avec (2.3) on peut déduire facilement les relations de commutation des opérateurs (2.5),

$$[\hat{J}_z, \hat{J}_+]_- = \hbar\hat{J}_+ , \quad [\hat{J}_z, \hat{J}_-]_- = -\hbar\hat{J}_- , \quad [\hat{J}_+, \hat{J}_-]_- = 2\hbar\hat{J}_z . \tag{2.7a}$$

Pour éliminer la constante $\hbar$ du terme de droite, nous avons introduit la transformation $\hat{J}_i = \hbar\hat{J}_i'$. Les opérateurs $\hat{J}_i'$ satisfont de toute évidence les relations de commutation sans dimension :

$$[\hat{J}_z', \hat{J}_+']_- = \hat{J}_+' , \quad [\hat{J}_z', \hat{J}_-']_- = -\hat{J}_- , \quad [\hat{J}_+', \hat{J}_-']_- = 2\hat{J}_z' . \tag{2.7b}$$

Elles sont identiques aux relations de (2.7a) avec $\hbar = 1$. Dorénavant, nous emploierons implicitement les opérateurs $\hat{J}_i'$, mais les noterons pour simplifier $\hat{J}_i$. Tout ce qui va suivre dans ce paragraphe sera basé sur (2.7b).

Exprimant le carré de l'opérateur de moment angulaire avec les opérateurs d'échange, nous obtenons

$$\hat{J}^2 = \tfrac{1}{2}(\hat{J}_+\hat{J}_- + \hat{J}_-\hat{J}_+) + \hat{J}_z^2 \tag{2.8}$$

ainsi que les relations

$$\hat{J}_+\hat{J}_- = \hat{J}^2 - \hat{J}_z(\hat{J}_z - 1)\,, \quad \hat{J}_-\hat{J}_+ = \hat{J}^2 - \hat{J}_z(\hat{J}_z + 1)\,. \tag{2.9}$$

$\hat{J}^2$ commutant avec toutes ses coordonnées cartésiennes (2.4), nous sommes en mesure de trouver un jeu de fonctions propres communes à une composante (nous prendrons $\hat{J}_z$) et à $\hat{J}^2$ avec les valeurs propres correspondantes $j(j+1)$ et m. Nous écrirons donc :

$$\hat{J}^2\psi_{jm} = j(j+1)\psi_{jm}\,, \quad \hat{J}_z\psi_{jm} = m\psi_{jm}\,. \tag{2.10}$$

Comme la valeur propre de $\hat{J}^2$, que nous avons notée $j(j+1)$, est nécessairement positive, j peut être choisi positif, sans perdre en généralité, puisque tous les nombres positifs peuvent être représentés sous la forme $j(j+1)$ si j est positif.

Par des méthodes algébriques, nous allons maintenant déduire le spectre des opérateurs ; de (2.9) nous déduisons

$$\hat{J}_+\hat{J}_-\psi_{jm} = [\,j(j+1) - m(m-1)]\psi_{jm}\,,$$
$$\hat{J}_-\hat{J}_+\psi_{jm} = [\,j(j+1) - m(m+1)]\psi_{jm}\,. \tag{2.11}$$

Les opérateurs d'échange sont conjugués hermitiques ($\hat{J}_-^\dagger = \hat{J}_+$) et par conséquent, la relation

$$0 \leq \int \left|\hat{J}_+\psi_{jm}\right|^2 \mathrm{d}V = \int \psi_{jm}^*\hat{J}_-\hat{J}_+\psi_{jm}\,\mathrm{d}V \tag{2.12}$$

est vérifiée. De (2.11) nous déduisons

$$\int \psi_{jm}^*\hat{J}_-\hat{J}_+\psi_{jm}\,\mathrm{d}V = [j(j+1) - m(m+1)]\int |\psi_{jm}|^2\,\mathrm{d}V \geq 0\,, \tag{2.13}$$

et de façon analogue

$$\int \left|\hat{J}_-\psi_{jm}\right|^2 \mathrm{d}V = \int \psi_{jm}^*\hat{J}_+\hat{J}_-\psi_{jm}\,\mathrm{d}V$$
$$= [j(j+1) - m(m-1)]\int |\psi_{jm}|^2\,\mathrm{d}V \geq 0\,.$$

Donc, nous avons les relations suivantes pour les nombres quantiques j et m :

$$j(j+1) - m(m+1) = (j-m)(j+m+1) \geq 0\,,$$
$$j(j+1) - m(m-1) = (j+m)(j-m+1) \geq 0\,. \tag{2.14}$$

Pour le nombre quantique m, ces relations établissent les valeurs limites :

$$-j \leq m \leq j \, . \tag{2.15}$$

Pour $m = \pm j$ nous pouvons déduire de (2.12), et (2.13)

$$\hat{J}_+ \psi_{jm} = 0 \quad \text{pour} \quad m = j \quad \text{et} \quad \hat{J}_- \psi_{jm} = 0 \quad \text{pour} \quad m = -j \, .$$

Pour étudier l'effet des opérateurs d'échange sur les fonction propres ψ_{jm}, nous partons de la relation

$$\hat{J}^2 \hat{J}_+ \psi_{jm} = \hat{J}_+ \hat{J}^2 \psi_{jm} = j(j+1) \hat{J}_+ \psi_{jm} \, .$$

Elle signifie que $\hat{J}_+ \psi_{jm}$ est une fonction propre correspondant à la valeur propre $j(j+1)$, tout comme $\hat{J}_-$. Les opérateurs d'échange ne changent pas la valeur propre du carré du moment angulaire. De (2.7b) nous tirons :

$$\hat{J}_z \hat{J}_+ = \hat{J}_+ (\hat{J}_z + 1)$$

ou, sous la forme d'une équation aux valeurs propres pour $\hat{J}_z$,

$$\hat{J}_z (\hat{J}_+ \psi_{jm}) = (m+1)(\hat{J}_+ \psi_{jm}) \, . \tag{2.16}$$

Les *opérateurs d'échange $\hat{J}_+$ et $\hat{J}_-$ élèvent et abaissent, respectivement, la valeur propre m d'une unité.* Par des opérations successives de $\hat{J}_+$ sur la fonction d'onde ψ_{jm}, nous obtenons les fonction propres de $\hat{J}^2$ et $\hat{J}_z$ qui correspondent à une valeur propre augmentée d'une unité à chaque fois. Nous pouvons ordonner ces fonctions par rapport aux valeurs de m :

$$\psi_{jm}, \hat{J}_+ \psi_{jm}, \hat{J}_+^2 \psi_{jm}, \ldots, \hat{J}_+^p \psi_{jm} \, ,$$

et les valeur propres correspondantes de $\hat{J}_z$ sont

$$m, m+1, m+2, \ldots, m+p = j \, .$$

Le nombre p est un entier positif et la valeur maximum de $m + p$ doit être égale à j. Ceci peut être vu de la façon suivante : considérons ψ_{jm^*} comme l'état non trivial correspondant à la valeur maximum de m. En raison de (2.16) et (2.13), nous avons $\hat{J}_+ \psi_{jm^*} \sim \psi_{j,m^*+1}$ et $\psi_{j,m^*+1} \sim \hat{J}_+ \psi_{jm^*} \equiv 0$. Par conséquent, nous avons encore : $0 = \hat{J}_- \hat{J}_+ \psi_{jm^*} = (\hat{J}^2 - \hat{J}_z(\hat{J}_z + 1)) \psi_{jm^*} = [j(j+1) - m^* (m^*+1)] \psi_{jm^*}$. Puisque ψ_{jm^*} est un état non trivial, cette équation est vérifiée uniquement si $m^* = j$. De façon identique, nous avons pour l'opérateur $\hat{J}_-$ la séquence

$$\psi_{jm}, \hat{J}_- \psi_{jm}, \ldots, \hat{J}_-^q \psi_{jm}$$

avec les valeur propres

$$m, m-1, \ldots, m-q = -j \, .$$

Selon la construction utilisée, q est aussi un nombre entier positif. Nous pouvons adopter les mêmes arguments pour la valeur minimum $m - q$ et obtenir $-q = -j$. De ceci, nous déduisons

$$p + q = 2j \ .$$

Comme p et q sont des entiers positifs, nous avons les valeurs suivantes pour le nombre quantique j ;

$$j = 0, \tfrac{1}{2}, 1, \tfrac{3}{2}, 2, \tfrac{5}{2}, 3, \dots \ . \tag{2.17a}$$

Ceci constitue un résultat très important puisqu'il signifie que la relation de commutation (2.7) nous permet de déduire la seule existence, en mécanique quantique, de systèmes avec des moments angulaires entiers ($j = 0, 1, 2, \dots$) ou demi-entiers ($j = \tfrac{1}{2}, \tfrac{3}{2}, \tfrac{5}{2}, \dots$). Les autres valeurs, par exemple $\hbar/3$ ou $\hbar/5$ ne sont pas autorisées par les relations de commutation.

Les nombres quantiques sont

$$m = 0, \pm\frac{1}{2}, \pm 1, \pm\frac{3}{2}, \dots \ . \tag{2.17b}$$

Les valeur propres de l'opérateur de moment angulaire $\hat{J}^2$ sont $j(j+1)$, et pour chaque valeur j, il existe $2j + 1$ valeurs propres différentes m de $\hat{J}_z$:

$$-j, -j + 1, \dots, 0, 1, \dots, +j \ .$$

Nous avons montré que nous pouvons, en partant d'une simple fonction propre, générer avec les opérateurs d'échange, les $2j + 1$ fonctions propres ψ_{jm} associées à une valeur propre donnée j. Nous allons montrer maintenant que ceci les définit de façon unique à un facteur de phase près.

Puisque nous devons normaliser les fonctions propres à l'unité, nous avons

$$\hat{J}_+ \psi_{jm} = a_m \psi_{j,m+1} \ .$$

Concernant le facteur constant, (2.13) nous fournit

$$|a_m|^2 = [j(j+1) - m(m+1)] \ .$$

Nous choisirons la phase telle que a_m soit positif et réel (*convention de phase de Condon-Shortley*)[1]. Avec la même convention, nous utilisons $\hat{J}_+$ et $\hat{J}_-$ et obtenons $2j + 1$ fonctions propres

$$\psi_{j,-j}, \psi_{j,-j+1}, \dots, \psi_{jm}, \dots, \psi_{jj}$$

satisfaisant les équations aux valeurs propres

$$\hat{J}^2 \psi_{jm} = j(j+1)\psi_{jm} \ , \quad \hat{J}_z \psi_{jm} = m\psi_{jm} \ . \tag{2.18a}$$

---

[1] La définition originale fut donnée dans l'ouvrage de E.U. Condon, G.H. Shortley : *Theory of Atomic Spectra* (Cambridge University Press, Cambridge 1935).

Le choix de phase adopté implique encore

$$\hat{J}_+ \psi_{jm} = \sqrt{j(j+1) - m(m+1)}\, \psi_{j,m+1} \quad \text{et} \tag{2.18b}$$

$$\hat{J}_- \psi_{jm} = \sqrt{j(j+1) - m(m-1)}\, \psi_{j,m-1} \quad \text{avec} \tag{2.18c}$$

$$\hat{J}_+ \psi_{jj} = \hat{J}_- \psi_{j,-j} = 0 \;.$$

Les $2j+1$ vecteurs propres se transforment mutuellement par application des opérateurs $\hat{J}_+$, $\hat{J}_-$, $\hat{J}^2$ et $\hat{J}_z$. Par application de ces opérateurs dans le contexte de l'opérateur de rotation $\hat{U}_R(\boldsymbol{\phi})$, nous obtiendrons toujours comme résultat ces vecteurs propres et leurs combinaisons linéaires. En d'autres termes, l'espace vectoriel à $(2j+1)$ dimensions, engendré par les fonctions propres ψ, est invariant par application des opérateurs de moment angulaire. Nous avons ainsi un *sous-espace invariant* de l'espace de Hilbert. On ne peut le diviser en sous-espaces plus petits qui soient invariants et chacun des $(2j+1)$ vecteurs peut être généré à partir des autres par application des opérateurs d'échange. Ceci nous conduit à l'expression de *représentation irréductible* du groupe des rotations.

Note. En général, il y a plusieurs états ψ_{jm} pour un couple de valeurs j, m que nous noterons ψ_{njm}. Ici n est un nouveau nombre quantique qui permet de distinguer ces états (par exemple le nombre quantique principal des fonction propres de l'atome d'hydrogène). Les fonctions d'onde ψ_{njm}, avec les mêmes couples n et j, sont transformées mutuellement par les opérateurs $\hat{J}_\pm$, $\hat{J}_z$ mais les fonctions d'onde $\psi_{n'j'm'}$ avec $n' \neq n$ et/ou $j' \neq j$ ne seront jamais obtenues.

2.2 Représentations matricielles des opérateurs de moment angulaire

Avec les relations obtenues jusqu'alors, nous pouvons aisément obtenir les représentations matricielles des opérateurs de moment angulaire $\hat{J}_x$, $\hat{J}_y$, $\hat{J}_z$. Nous choisissons la base de vecteurs propres ψ_{jm} qui sont diagonaux en $\hat{J}_z$. Afin de calculer les matrices pour $\hat{J}_x$ et $\hat{J}_y$, nous appliquerons les expressions

$$\hat{J}_x = \frac{1}{2}(\hat{J}_+ + \hat{J}_-)\,, \quad \hat{J}_y = \frac{1}{2\mathrm{i}}(\hat{J}_+ - \hat{J}_-)\,. \tag{2.19}$$

Les éléments de matrice sont les intégrales

$$\int \psi_{j'm'}^* \hat{J}_i \psi_{jm}\, \mathrm{d}V = \delta_{jj'}(\hat{J}_i)_{mm'}\,. \tag{2.20}$$

Dans le cas du moment angulaire $j = \frac{1}{2}$, nous obtenons les matrices de Pauli

$$(\hat{J}_x)_{mm'} = \hat{S}_x = \frac{1}{2}\begin{pmatrix} 0 & 1 \\ 1 & 0 \end{pmatrix} = \frac{1}{2}\hat{\sigma}_x \,,$$

$$(\hat{J}_y)_{mm'} = \hat{S}_y = \frac{1}{2}\begin{pmatrix} 0 & -i \\ +i & 0 \end{pmatrix} = \frac{1}{2}\hat{\sigma}_y \,,$$

$$(\hat{J}_z)_{mm'} = \hat{S}_z = \frac{1}{2}\begin{pmatrix} 1 & 0 \\ 0 & -1 \end{pmatrix} = \frac{1}{2}\hat{\sigma}_z \,, \tag{2.21}$$

et

$$(\hat{J}^2)_{mm'} = \frac{3}{4}\begin{pmatrix} 1 & 0 \\ 0 & 1 \end{pmatrix} = \frac{3}{4}\mathbf{1} = \frac{1}{2}\left(\frac{1}{2}+1\right)\begin{pmatrix} 1 & 0 \\ 0 & 1 \end{pmatrix}\,.$$

Dans le cas du moment angulaire $j = 1$ (de valeur absolue $\sqrt{2}\hbar$) nous obtenons des matrices à trois dimensions avec $m = -1, 0, 1$. Avec la même notation que ci-dessus, nous déduisons des équations (2.19), (2.20) et (2.18)

$$\hat{S}_x = \frac{1}{\sqrt{2}}\begin{pmatrix} 0 & 1 & 0 \\ 1 & 0 & 1 \\ 0 & 1 & 0 \end{pmatrix}\,, \quad \hat{S}_y = \frac{1}{\sqrt{2}}\begin{pmatrix} 0 & -i & 0 \\ -i & 0 & -i \\ 0 & -i & 0 \end{pmatrix}\,,$$

$$\hat{S}_z = \begin{pmatrix} 1 & 0 & 0 \\ 0 & 0 & 0 \\ 0 & 0 & -1 \end{pmatrix}\,, \quad \hat{S}^2 = 1(1+1)\begin{pmatrix} 1 & 0 & 0 \\ 0 & 1 & 0 \\ 0 & 0 & 1 \end{pmatrix}\,. \tag{2.22a}$$

De la même façon que nous utilisons les spineurs $\chi_{\frac{1}{2},m}$ (χ_+ et χ_-) pour décrire les états de spin $\frac{1}{2}$, nous pouvons maintenant utiliser les vecteurs χ_{1m} ; i.e.

$$\chi_{11} = \begin{pmatrix} 1 \\ 0 \\ 0 \end{pmatrix}\,, \quad \chi_{10} = \begin{pmatrix} 0 \\ 1 \\ 0 \end{pmatrix}\,, \quad \chi_{1-1} = \begin{pmatrix} 0 \\ 0 \\ 1 \end{pmatrix}\,,$$

qui représentent tous les états possibles de spin 1.

Les vecteurs χ_{1m} sont vecteurs propres de la matrice $\hat{S}_z$. Donc,

$$\hat{S}_z \chi_{1m} = m \chi_{1m}$$

est vérifiée. Un vecteur de moment angulaire avec $j = 1$ peut prendre trois états distincts, correspondant aux vecteurs χ_{1m}. Formellement, il y a une complète analogie entre les vecteurs de spin et les vecteurs unitaires de l'espace à trois dimensions, avec par conséquent,

$$e_x = \begin{pmatrix} 1 \\ 0 \\ 0 \end{pmatrix}\,, \quad e_y = \begin{pmatrix} 0 \\ 1 \\ 0 \end{pmatrix}\,, \quad e_z = \begin{pmatrix} 0 \\ 0 \\ 1 \end{pmatrix}\,.$$

Nous discuterons ceci en détail dans l'exercice suivant. En représentation sphérique, les vecteurs de l'espace à trois dimensions se transforment par rotations spatiales exactement comme les fonctions de spin χ_{1m}. Nous avons montré (cf exemple 1.11) que les propriétés des champs vectoriels par rapport aux rotations impliquent qu'ils possèdent un spin 1, par exemple le photon comme particule correspondant au champ électromagnétique a un spin 1. La relation entre les opérateurs $\hat{S}_i$ [exemple 1.11, (9)] et la représentation dans (2.21) sera examinée au cours de l'exercice 2.1.

Pour un spin $\frac{3}{2}$ nous avons les matrices à $2j + 1$ dimensions

$$\hat{S}_x = \frac{1}{2}\begin{pmatrix} 0 & \sqrt{3} & 0 & 0 \\ \sqrt{3} & 0 & 2 & 0 \\ 0 & 2 & 0 & \sqrt{3} \\ 0 & 0 & \sqrt{3} & 0 \end{pmatrix}, \quad \hat{S}_y = \frac{1}{2}\begin{pmatrix} 0 & -i\sqrt{3} & 0 & 0 \\ -i\sqrt{3} & 0 & -2i & 0 \\ 0 & 2i & 0 & -i\sqrt{3} \\ 0 & 0 & i\sqrt{3} & 0 \end{pmatrix},$$

$$\hat{S}_z = \frac{1}{2}\begin{pmatrix} 3 & 0 & 0 & 0 \\ 0 & 1 & 0 & 0 \\ 0 & 0 & -1 & 0 \\ 0 & 0 & 0 & -3 \end{pmatrix}, \quad \hat{S}^2 = \frac{3}{2}\left(\frac{3}{2}+1\right)\begin{pmatrix} 1 & 0 & 0 & 0 \\ 0 & 1 & 0 & 0 \\ 0 & 0 & 1 & 0 \\ 0 & 0 & 0 & 1 \end{pmatrix} \quad (2.22b)$$

que nous ne discuterons pas davantage ici. On peut obtenir les matrices pour les moments angulaires plus élevés de manière semblable. Les fonctions propres corrrespondantes sont des vecteurs colonne (spineurs) à $(2j + 1)$ composantes.

Nous avons ainsi construit les représentations matricielles à partir des éléments de matrice des opérateurs de moment angulaire, pour les états des sous-espaces invariants qui ne sont pas davantage séparables. Nous avons déjà appelé de telles représentations «irréductibles». Elles jouent un rôle important en mécanique quantique car, en général, toute représentation matricielle peut être séparée en produit de représentations irréductibles.

EXEMPLE

2.1 Représentation spéciale des opérateurs de spin 1

Problème. Trouver la base dans laquelle les opérateurs de spin 1 $\hat{S}^2$ et $\hat{S}_3$ sont diagonaux. En déduire $\hat{S}_1$, $\hat{S}_2$, et $\hat{S}_3$ dans cette représentation. Montrer que les générateurs du groupe SO(3) pour les champs vectoriels peuvent être transformés par une transformation unitaire de la forme (2.22).

Solution. D'après l'exemple 1.11 équations (9) et (19), nous savons que (avec $\hbar = 1$) :

$$\hat{S}^2 = 2\begin{pmatrix} 1 & 0 & 0 \\ 0 & 1 & 0 \\ 0 & 0 & 1 \end{pmatrix} \quad \text{et}$$

$$\hat{S}_3 = i\begin{pmatrix} 0 & -1 & 0 \\ 1 & 0 & 0 \\ 0 & 0 & 0 \end{pmatrix}. \quad (1)$$

Manifestement $\hat{S}^2$ est déjà diagonale avec les valeurs propres 2. Puisque (1) [voir respectivement (9), (19) dans l'exemple 1.11] correspondait à la base

$\boldsymbol{\psi} = \{\psi_1, \psi_2, \psi_3\}$ en *représentation cartésienne*, $\{\psi_1, \psi_2, \psi_3\}$ sont les composantes cartésiennes du vecteur $\boldsymbol{\psi}$. Donc,

$$\hat{S}^2 \boldsymbol{\psi} = 2 \begin{pmatrix} 1 & 0 & 0 \\ 0 & 1 & 0 \\ 0 & 0 & 1 \end{pmatrix} \begin{pmatrix} \psi_1 \\ \psi_2 \\ \psi_3 \end{pmatrix} = 2 \begin{pmatrix} \psi_1 \\ \psi_2 \\ \psi_3 \end{pmatrix} = 2\boldsymbol{\psi} \, ,$$

$$\hat{S}_3 \boldsymbol{\psi} = \mathrm{i} \begin{pmatrix} 0 & -1 & 0 \\ 1 & 0 & 0 \\ 0 & 0 & 0 \end{pmatrix} \begin{pmatrix} \psi_1 \\ \psi_2 \\ \psi_3 \end{pmatrix} = \mathrm{i} \begin{pmatrix} -\psi_2 \\ \psi_1 \\ 0 \end{pmatrix} \, . \tag{2}$$

Nous cherchons une transformation unitaire des spineurs

$$\begin{pmatrix} \psi_1' \\ \psi_2' \\ \psi_3' \end{pmatrix} = \begin{pmatrix} U_{11} & U_{12} & U_{13} \\ U_{21} & U_{22} & U_{23} \\ U_{31} & U_{32} & U_{33} \end{pmatrix} \begin{pmatrix} \psi_1 \\ \psi_2 \\ \psi_3 \end{pmatrix}$$

ou, en notation abrégée,

$$\boldsymbol{\psi}' = \hat{U} \boldsymbol{\psi} \tag{3}$$

telle que

$$\hat{S}^2 \boldsymbol{\psi}' = 2 \boldsymbol{\psi}' \, , \tag{4a}$$

$$\hat{S}_3 \boldsymbol{\psi}' = \mu \boldsymbol{\psi}' \, . \tag{4b}$$

L'équation (4a) est toujours vérifiée, puisque en insérant (3) dans (4a) il s'ensuit

$$\hat{S}^2 \hat{U} \boldsymbol{\psi} = 2 \hat{U} \boldsymbol{\psi} \, , \quad \text{ou} \quad \hat{U}^{-1} \hat{S}^2 \hat{U} \boldsymbol{\psi} = 2 \boldsymbol{\psi} \, ,$$

$$\hat{U}^{-1}(2 \cdot \mathbf{1}) \hat{U} \boldsymbol{\psi} = 2 \boldsymbol{\psi} \, , \quad 2 \boldsymbol{\psi} = 2 \boldsymbol{\psi} \, .$$

Quelle que soit la transformation unitaire $\hat{U}$, (4a) est toujours vérifiée à cause de (1). L'équation (4b) est une équation aux valeurs propres avec μ comme valeur propre. On a explicitement :

$$\mathrm{i} \begin{pmatrix} 0 & -1 & 0 \\ 1 & 0 & 0 \\ 0 & 0 & 0 \end{pmatrix} \begin{pmatrix} \psi_1' \\ \psi_2' \\ \psi_3' \end{pmatrix}_\mu = \mu \begin{pmatrix} \psi_1' \\ \psi_2' \\ \psi_3' \end{pmatrix}_\mu \quad \text{ou}$$

$$\left[\mathrm{i} \begin{pmatrix} 0 & -1 & 0 \\ 1 & 0 & 0 \\ 0 & 0 & 0 \end{pmatrix} - \mu \begin{pmatrix} 1 & 0 & 0 \\ 0 & 1 & 0 \\ 0 & 0 & 1 \end{pmatrix} \right] \begin{pmatrix} \psi_1' \\ \psi_2' \\ \psi_3' \end{pmatrix}_\mu = 0$$

soit

$$\begin{pmatrix} -\mu & -\mathrm{i} & 0 \\ \mathrm{i} & -\mu & 0 \\ 0 & 0 & -\mu \end{pmatrix} \begin{pmatrix} \psi_1' \\ \psi_2' \\ \psi_3' \end{pmatrix}_\mu = 0 \, .$$

Exemple 2.1   Il s'agit d'un système d'équations linéaires et homogènes qui a une solution si et seulement si le déterminant de ses coefficients est zéro, soit :

$$\begin{vmatrix} -\mu & -i & 0 \\ i & -\mu & 0 \\ 0 & 0 & -\mu \end{vmatrix} = -\mu^3 - (i)^2\mu = 0 \,.$$

Donc, les trois valeurs propres μ sont

$$\mu_0 = 0 \,, \quad \mu_+ = +1 \,, \quad \mu_- = -1 \,. \tag{5}$$

Les vecteurs propres correspondants sont déterminés facilement. Considérons d'abord la valeur propre $\mu = +1$:

$$\begin{pmatrix} -1 & -i & 0 \\ i & -1 & 0 \\ 0 & 0 & -1 \end{pmatrix} \begin{pmatrix} \psi_1' \\ \psi_2' \\ \psi_3' \end{pmatrix}_+ = 0 \,,$$

$$\left. \begin{array}{r} -\psi_1' - i\psi_2' = 0 \\ i\psi_1' - \psi_2' = 0 \\ -\psi_3' = 0 \end{array} \right\} \Rightarrow \left\{ \begin{array}{l} \psi_1' = A' \\ \psi_2' = iA' \\ \psi_3' = 0 \end{array} \right.$$

avec A' arbitraire. Ainsi,

$$\begin{pmatrix} \psi_1' \\ \psi_2' \\ \psi_3' \end{pmatrix}_+ = \begin{pmatrix} A' \\ iA' \\ 0 \end{pmatrix} \,.$$

Après normalisation, nous trouvons à un facteur de phase près,

$$\begin{pmatrix} \psi_1' \\ \psi_2' \\ \psi_3' \end{pmatrix}_+ = -\frac{1}{\sqrt{2}} \begin{pmatrix} 1 \\ i \\ 0 \end{pmatrix} \,. \tag{6a}$$

De façon analogue, nous obtenons

$$\begin{pmatrix} \psi_1' \\ \psi_2' \\ \psi_3' \end{pmatrix}_0 = \begin{pmatrix} 0 \\ 0 \\ 1 \end{pmatrix} \quad \text{et} \quad \begin{pmatrix} \psi_1' \\ \psi_2' \\ \psi_3' \end{pmatrix}_- = \frac{1}{\sqrt{2}} \begin{pmatrix} 1 \\ -i \\ 0 \end{pmatrix} \,. \tag{6b}$$

Les phases sont déterminées ici en complète analogie avec le cas des fonctions propres du moment angulaire $1\hbar$, i.e. $Y_{1m}(\theta, \phi)$. Pour clarifier ceci, nous introduisons *une base sphérique de vecteurs* $\boldsymbol{\xi}_\mu (\mu = \pm 1, 0)$ et comparons ceux-ci avec les vecteurs (6a) et (6b). Les vecteurs de base sphérique $\boldsymbol{\xi}_\mu$ sont construits à partir des vecteurs de la base cartésienne de la façon suivante :

$$\boldsymbol{\xi}_1 = -\frac{1}{\sqrt{2}}(\boldsymbol{e}_1 + i\boldsymbol{e}_2)$$

$$= -\frac{1}{\sqrt{2}}\left\{\begin{pmatrix}1\\0\\0\end{pmatrix} + i\begin{pmatrix}0\\1\\0\end{pmatrix}\right\} = -\frac{1}{\sqrt{2}}\begin{pmatrix}1\\+i\\0\end{pmatrix} , \qquad (7)$$

$$\boldsymbol{\xi}_0 = \boldsymbol{e}_3 = \begin{pmatrix}0\\0\\1\end{pmatrix} ,$$

$$\boldsymbol{\xi}_{-1} = \frac{1}{\sqrt{2}}(\boldsymbol{e}_1 - i\boldsymbol{e}_2)$$

$$= \frac{1}{\sqrt{2}}\left\{\begin{pmatrix}1\\0\\0\end{pmatrix} - i\begin{pmatrix}0\\1\\0\end{pmatrix}\right\} = \frac{1}{\sqrt{2}}\begin{pmatrix}1\\-i\\0\end{pmatrix} .$$

Ces vecteurs de base sphérique $\boldsymbol{\xi}_\mu$, d'après (4) et (6) représentent les vecteurs propres de $\hat{S}^2$ et $\hat{S}_3$. Par comparaison avec les harmoniques sphériques[2], $Y_{1m}(\theta, \phi)$ pour $m = 1, 0, -1$,

$$Y_{1m}(\theta, \phi) = \sqrt{3/(4\pi)}\frac{1}{r}\begin{cases}-(x+iy)/\sqrt{2}, & m = 1\\z, & m = 0\\(x-iy)/\sqrt{2}, & m = -1\end{cases} ,$$

l'analogie devient évidente. Les harmoniques $Y_{1m}(\theta, \phi)$ correspondent – au facteur $\sqrt{3/(4\pi)}/r$ près – à la représentation sphérique du vecteur position $\boldsymbol{r} = \{x, y, z\}$. La transformation (7) est réalisée par la matrice $\hat{U}$

$$\begin{pmatrix}\boldsymbol{\xi}_1\\\boldsymbol{\xi}_0\\\boldsymbol{\xi}_{-1}\end{pmatrix} = \hat{U}\begin{pmatrix}\boldsymbol{e}_1\\\boldsymbol{e}_2\\\boldsymbol{e}_3\end{pmatrix}$$

$$= \begin{pmatrix}-1/\sqrt{2} & -i/\sqrt{2} & 0\\0 & 0 & 1\\1/\sqrt{2} & -i/\sqrt{2} & 0\end{pmatrix}\begin{pmatrix}\boldsymbol{e}_1\\\boldsymbol{e}_2\\\boldsymbol{e}_3\end{pmatrix} . \qquad (8)$$

C'est la même matrice que pour l'équation (3) qui a conduit à (6). La transformation (3) décrit le passage de coordonnées cartésiennes $\boldsymbol{\psi} = \{\psi_1, \psi_2, \psi_3\}$ aux coordonnées sphériques $\{\psi'_1, \psi'_0, \psi'_{-1}\}$:

$$\psi'_1 = -(\psi_1 + i\psi_2)/\sqrt{2} ,$$

$$\psi'_0 = \psi_3 ,$$

$$\psi'_{-1} = (\psi_1 - i\psi_2)/\sqrt{2} \quad \text{ou} \qquad (9)$$

$$\begin{pmatrix}\psi'_1\\\psi'_0\\\psi'_{-1}\end{pmatrix} = \begin{pmatrix}-1/\sqrt{2} & -i/\sqrt{2} & 0\\0 & 0 & 1\\1/\sqrt{2} & -i/\sqrt{2} & 0\end{pmatrix}\begin{pmatrix}\psi_1\\\psi_2\\\psi_3\end{pmatrix} .$$

---

[2] Voir J.D. Jackson : *Classical Electrodynamics*, 2nd ed. (Wiley, New York 1975) ou W. Greiner : *Classical Electrodynamics* (Springer, New York 1999), chapitre 3.

Exemple 2.1

Un vecteur arbitraire peut être représenté dans la base sphérique à l'aide de (7) soit,

$$A = \sum_{\mu=+1}^{-1} A'_\mu \boldsymbol{\xi}^*_\mu = \sum_\mu A'_\mu (-1)^\mu \boldsymbol{\xi}_{-\mu} \,. \tag{10}$$

Puisque

$$\boldsymbol{\xi}^*_\mu \cdot \boldsymbol{\xi}_{\mu'} = \delta_{\mu\mu'} \,,$$

découle de (7), nous avons alors :

$$A'_\mu = A \cdot \boldsymbol{\xi}_\mu \,.$$

Donc,

$$A'_1 = A \cdot \boldsymbol{\xi}_1 = -(A_1 + iA_2)/\sqrt{2} \,,$$
$$A'_0 = A \cdot \boldsymbol{\xi}_0 = A_3 \,,$$
$$A'_{-1} = A \cdot \boldsymbol{\xi}_{-1} = (A_1 - iA_2)/\sqrt{2} \,,$$

en accord avec (9). En raison des relations

$$\boldsymbol{\xi}^*_\mu \cdot \boldsymbol{\xi}_{\mu'} = \delta_{\mu\mu'} \quad \text{et} \quad \boldsymbol{\xi}^*_\mu = (-1)^\mu \boldsymbol{\xi}_{-\mu} \,,$$

le produit scalaire de deux vecteurs A et B en représentation sphérique s'écrit simplement :

$$\begin{aligned} A \cdot B &= \sum_\mu A'_\mu \boldsymbol{\xi}^*_\mu \sum_\nu B'_\nu \boldsymbol{\xi}^*_\nu = \sum_{\mu,\nu} A'_\mu B'_\nu \boldsymbol{\xi}^*_\mu (-1)^\nu \boldsymbol{\xi}_{-\nu} \\ &= \sum_{\mu,\nu} A'_\mu B'_\nu (-1)^\nu \delta_{\mu,-\nu} = \sum_\mu (-1)^\mu A'_\mu B'_{-\mu} \\ &= \sum_\mu A'_\mu B'^*_\mu \,. \end{aligned} \tag{11}$$

Les vecteurs de spin $\hat{S}_i$ *en représentation propre* $\hat{S}^2$ *et* $\hat{S}_3$ peuvent être obtenus de deux façons différentes :

$$\text{(a)} \quad (\hat{S}'_i)_{\mu\nu} = \boldsymbol{\xi}^\dagger_\mu \hat{S}_i \boldsymbol{\xi}_\nu \,. \tag{12}$$

D'où il ressort :

$$(\hat{S}'_3)_{\mu\nu} = \boldsymbol{\xi}^\dagger_\mu \hat{S}_3 \boldsymbol{\xi}_\nu = \begin{pmatrix} 1 & 0 & 0 \\ 0 & 0 & 0 \\ 0 & 0 & -1 \end{pmatrix} \,. \tag{13}$$

À titre d'exemple, nous vérifions l'élément $(\hat{S}'_3)_{11}$, et obtenons

$$(\hat{S}'_3)_{11} = \boldsymbol{\xi}^\dagger_1 \hat{S}_3 \boldsymbol{\xi}_1$$
$$= \frac{1}{\sqrt{2}} \begin{pmatrix} 1 & -i & 0 \end{pmatrix} i \begin{pmatrix} 0 & -1 & 0 \\ 1 & 0 & 0 \\ 0 & 0 & 0 \end{pmatrix} \left(-\frac{1}{\sqrt{2}}\right) \begin{pmatrix} 1 \\ i \\ 0 \end{pmatrix}$$

$$= \frac{i}{2} \begin{pmatrix} -i & -1 & 0 \end{pmatrix} \begin{pmatrix} 1 \\ i \\ 0 \end{pmatrix} = \frac{i}{2}(-2i) = 1 \; .$$

La représentation diagonale de $\hat{S}_3$ [dans (13)] fait ressortir clairement les valeurs propres possibles (orientations possibles du spin le long de l'axe z), soit 1, 0, -1. Pour les autres composantes de $\hat{S}$ nous trouvons de même

$$(\hat{S}'_1)_{\mu\nu} = \frac{1}{\sqrt{2}} \begin{pmatrix} 0 & 1 & 0 \\ 1 & 0 & 1 \\ 0 & 1 & 0 \end{pmatrix} \; ,$$

$$(\hat{S}'_2)_{\mu\nu} = \frac{1}{\sqrt{2}} \begin{pmatrix} 0 & -i & 0 \\ i & 0 & -i \\ 0 & i & 0 \end{pmatrix} \; ,$$

$$(\hat{S}'_3)_{\mu\nu} = \begin{pmatrix} 1 & 0 & 0 \\ 0 & 0 & 0 \\ 0 & 0 & -1 \end{pmatrix} \; .$$

Nous avons déjà vu cette représentation dans (2.21).

(b) La représentation diagonale de $\hat{S}_3$ peut aussi être obtenue de la façon suivante ; soit :

$$\hat{S}'_3 = i \begin{pmatrix} 0 & -1 & 0 \\ 1 & 0 & 0 \\ 0 & 0 & 0 \end{pmatrix} \tag{14}$$

la représentation cartésienne de l'opérateur $\hat{S}_3$. Nous calculons ensuite les éléments de matrice

$$(\hat{S}'_3)_{\mu\nu} = \langle \boldsymbol{\xi}_\mu \,|\, \hat{S}'_3 \,|\, \boldsymbol{\xi}_\nu \rangle = \boldsymbol{\xi}_\mu^\dagger \hat{S}'_3 \boldsymbol{\xi}_\nu \quad (\mu, \nu = 1, 0, -1) \; .$$

D'après (8) nous avons

$$\boldsymbol{\xi}_\mu = \sum_{n=1}^{3} U_{\mu n} \boldsymbol{e}_n \; , \quad \text{où}$$

$$\hat{U} = \begin{pmatrix} -1/\sqrt{2} & -i/\sqrt{2} & 0 \\ 0 & 0 & 1 \\ 1/\sqrt{2} & -i/\sqrt{2} & 0 \end{pmatrix} \; , \quad \text{i.e.}$$

$$\boldsymbol{\xi}_\mu^\dagger = \sum_{n=1}^{3} U_{\mu n}^* \boldsymbol{e}_n^\dagger \quad \text{avec} \quad \boldsymbol{e}_n^\dagger = (\delta_{1n}, \delta_{2n}, \delta_{3n}) \; .$$

Avec $\boldsymbol{\xi}_\nu = \sum_{m=1}^{3} U_{\nu m} \boldsymbol{e}_m$, les éléments de matrice s'écrivent

$$(\hat{S}'_3)_{\mu\nu} = \sum_{n,m=1}^{3} U_{\mu n}^* \boldsymbol{e}_n^\dagger \hat{S}'_3 \boldsymbol{e}_m U_{\nu m} \; .$$

$\hat{S}_{nm}^{\prime(3)} = e_n^{\dagger} \hat{S}_3' e_m$, cependant, est précisément la représentation cartésienne de l'opérateur $\hat{S}_3'$ d'après (14) ci-dessus, et donc, nous avons :

$$(\hat{S}_3')_{\mu\nu} = \sum_{n,m=1}^{3} U_{\mu n}^* \hat{S}_{nm}^{\prime(3)} U_{\nu m} \ .$$

Introduisons une matrice $\hat{V} = \hat{U}^*$, pour avoir sous forme plus compacte

$$(\hat{S}_3')_{\mu\nu} = \sum_{n,m=1}^{3} V_{\mu n} \hat{S}_{nm}^{\prime(3)} V_{\nu m}^*$$

$$= \sum_{n,m=1}^{3} V_{\mu n} \hat{S}_{nm}^{\prime(3)} V_{m\nu}^{\dagger} \ ,$$

ou en écrivant les opérateurs :

$$\hat{S}_{3,\text{spher.}}' = \hat{V} \hat{S}_{3,\text{cart.}}' \hat{V}^{\dagger} \ . \tag{15}$$

La vérification peut être effectuée en écrivant explicitement

$$\hat{S}_{3,\text{cart.}}' \hat{V}^{\dagger} = \mathrm{i} \begin{pmatrix} 0 & -1 & 0 \\ 1 & 0 & 0 \\ 0 & 0 & 0 \end{pmatrix} \begin{pmatrix} -1/\sqrt{2} & 0 & 1/\sqrt{2} \\ -\mathrm{i}/\sqrt{2} & 0 & -\mathrm{i}/\sqrt{2} \\ 0 & 1 & 0 \end{pmatrix}$$

$$= \mathrm{i} \begin{pmatrix} \mathrm{i}/\sqrt{2} & 0 & \mathrm{i}/\sqrt{2} \\ -1/\sqrt{2} & 0 & 1/\sqrt{2} \\ 0 & 0 & 0 \end{pmatrix} \ ,$$

et par conséquent,

$$\hat{V} \hat{S}_{3,\text{cart.}}' \hat{V}^{\dagger} = \mathrm{i} \begin{pmatrix} -1/\sqrt{2} & \mathrm{i}/\sqrt{2} & 0 \\ 0 & 0 & 1 \\ 1/\sqrt{2} & \mathrm{i}/\sqrt{2} & 0 \end{pmatrix} \begin{pmatrix} \mathrm{i}/\sqrt{2} & 0 & \mathrm{i}/\sqrt{2} \\ -1/\sqrt{2} & 0 & 1/\sqrt{2} \\ 0 & 0 & 0 \end{pmatrix}$$

$$= \mathrm{i} \begin{pmatrix} -(\mathrm{i}+\mathrm{i})/2 & 0 & 0 \\ 0 & 0 & 0 \\ 0 & 0 & (\mathrm{i}+\mathrm{i})/2 \end{pmatrix} \ ,$$

i.e.

$$\hat{S}_{3,\text{spher.}}' = \hat{V} \hat{S}_{3,\text{cart.}}' \hat{V}^{\dagger} = \begin{pmatrix} 1 & 0 & 0 \\ 0 & 0 & 0 \\ 0 & 0 & -1 \end{pmatrix} \ .$$

Nous avons ainsi montré que la transformation unitaire $\hat{V} \hat{S}_{3,\text{cart.}}' \hat{V}^{\dagger}$ diagonalise la composante z de l'opérateur de spin.

2.3 Addition de deux moments angulaires

Nous allons considérer maintenant le cas de deux moments angulaires $\hat{J}_1$ et $\hat{J}_2$ qui sont couplés pour former un moment angulaire total $\hat{J}$,

$$\hat{J} = \hat{J}_1 + \hat{J}_2 \ .$$

Nous avons montré au début de ce chapitre que la somme de deux opérateurs de moment angulaire obéit aux mêmes règles de commutation que les moments angulaires individuels. Soient $\psi_{j_1m_1}$ et $\psi_{j_2m_2}$ l'ensemble orthonormé des fonctions propres associées aux opérateurs $\hat{J}_1^2$, $\hat{J}_{1z}$ et $\hat{J}_2^2$, $\hat{J}_{2z}$, respectivement. Nous avons alors :

$$\hat{J}_1^2 \psi_{j_1m_1}^{(1)} = j_1(j_1+1)\psi_{j_1m_1}^{(1)} \quad \text{et} \quad \hat{J}_2^2 \psi_{j_2m_2}^{(2)} = j_2(j_2+2)\psi_{j_2m_2}^{(2)} \ ,$$

$$\hat{J}_{1z} \psi_{j_1m_1}^{(1)} = m_1 \psi_{j_1m_1}^{(1)} \quad \text{et} \quad \hat{J}_{2z} \psi_{j_2m_2}^{(2)} = m_2 \psi_{j_2m_2}^{(2)} \ .$$

Les arguments r_1, t_1 et r_2, t_2 sont ici notés « 1 » et « 2 », respectivement mais seront généralement omis par la suite sauf nécessité.

Ce problème de couplage de deux moments angulaires apparaît également dans la théorie des problèmes à n-corps, par exemple le problème de deux électrons dans lequel les électrons individuels peuvent être décrits par les fonctions d'onde $\psi_{j_1m_1}(1)$ et $\psi_{j_2m_2}(2)$. La fonction d'onde totale du système à deux électrons est alors donnée par $\psi_{jm}(1,2)$, avec j moment angulaire total, m désignant les composantes possibles. Pour ce problème, nous devons aussi examiner le couplage du spin et du moment angulaire orbital au moment angulaire total et introduire pour cela une technique appropriée.

Les fonctions propres des opérateurs de moment angulaire total $\hat{J}^2$ et $\hat{J}_z$ sont appelées $\psi_{jm}(1,2)$. Ces moments angulaires $\hat{J}_1$, $\hat{J}_2$, et $\hat{J}$ sont fixes pour autant qu'il n'existe pas de couplage entre les deux systèmes. La fonction d'onde ψ se sépare en deux fonctions $\psi(1)$ et $\psi(2)$, et nous pouvons écrire ψ_{jm} comme le produit $\psi_{j_1m_1} \cdot \psi_{j_2m_2}$. Si un couplage intervient, ψ_{jm} peut toujours être décrit comme une combinaison linéaire de produits $\psi_{j_1m_1} \cdot \psi_{j_2m_2}$. Les coefficients correspondants seront notés $(j_1 j_2 j | m_1 m_2 m)$ afin de montrer la dépendance par rapport aux divers nombres quantiques. Ceux-ci sont appelés *coefficients de Clebsch–Gordan*.

Nous écrirons alors la fonction d'onde totale

$$\psi_{jm}(1,2) = \sum_{m_1 m_2} (j_1 j_2 j | m_1 m_2 m)\psi_{j_1m_1}^{(1)}\psi_{j_2m_2}^{(2)} \ . \tag{2.23}$$

Si un couplage entre les moments angulaires se produit, $\psi_{j_1m_1}$ et $\psi_{j_2m_2}$ ne sont plus des bonnes fonctions propres (ce qui signifie que m_1 et m_2 ne sont plus des nombres quantiques constants), car les moments constituants sont en précession autour du moment angulaire total. Ceci est déjà exprimé dans la somme sur m_1 et m_2 dans (2.23). La relation (2.23) permet une transformation de l'espace de Hilbert, développée sur les vecteurs orthonormés $\psi_{j_1m_1}$

et $\psi_{j_2m_2}$, vers une nouvelle base orthonormée ψ_{jm} du même sous-espace. L'espace produit total est invariant mais peut être encore décomposé, tandis que les sous-espaces invariants engendrés par les ψ_{jm} à j fixé, ne peuvent être décomposés. Mathématiquement parlant, nous décomposons en parties irréductibles la représentation du groupe de rotation générée par l'espace produit.

Si ψ_{jm} représente une fonction propre des opérateurs $\hat{J}^2$ et $\hat{J}_z$, on peut trouver des relations qui permettent l'évaluation des coefficients $(j_1 j_2 j|m_1 m_2 m)$ et nous aurons :

$$\hat{J}_z \psi_{jm} = (\hat{J}_{1z} + \hat{J}_{2z}) \sum_{m_1,m_2} (j_1 j_2 j|m_1 m_2 m)\psi_{j_1m_1}\psi_{j_2m_2}$$
$$= \sum_{m_1,m_2} (m_1 + m_2)(j_1 j_2 j|m_1 m_2 m)\psi_{j_1m_1}\psi_{j_2m_2}$$

et de la même façon :

$$\hat{J}_z \psi_{jm} = m\psi_{jm} = \sum_{m_1,m_2} m(j_1 j_2 j|m_1 m_2 m)\psi_{j_1m_1}\psi_{j_2m_2}\,.$$

La somme sur m_1 est effectuée sur toutes les valeurs $-j_1 \leq m_1 \leq j_1$, et de même pour m_2 sur l'intervalle $-j_2 \leq m_2 \leq j_2$. En raison de l'indépendance linéaire, nous avons, par identification des relations précédentes, la condition :

$$(m - m_1 - m_2)(j_1 j_2 j|m_1 m_2 m) = 0\,. \tag{2.24}$$

Par conséquent, le coefficient de Clebsch–Gordan s'annule si $m \neq m_1 + m_2$. En d'autres termes, la double somme dans (2.23) se réduit à une seule, puisque, soit les coefficients s'annulent, soit m_2 peut être déterminé avec $m_2 = m - m_1$. L'équation (2.23) devient ainsi

$$\psi_{jm} = \sum_{m_1} (j_1 j_2 j|m_1 (m - m_1)m)\psi_{j_1m_1}\psi_{j_2,m-m_1}\,. \tag{2.25}$$

La conservation du moment angulaire (ou plus précisément de sa projection sur le direction de quantification) est exprimée par la relation $m_1 + m_2 = m$. Il nous faut maintenant calculer les valeurs possibles du nombre quantique j défini par

$$\hat{J}^2 \psi_{jm} = j(j+1)\psi_{jm}\,.$$

Puisque $\hat{\boldsymbol{J}}$ est un moment angulaire et obéit aux relations de commutation (2.23), nous écrivons

$$-j \leq m \leq j\,.$$

Nous allons supposer qu'il existe plusieurs valeurs de j (au moins deux). Les états ψ_{jm} sont supposés orthonormés. Puisque la fonction d'onde contient les coordonnées des deux particules (i.e. les moments angulaires) nous écrivons :

$$\delta_{jj'}\delta_{mm'} = \int \psi_{jm}^{*}\psi_{j'm'} \, dV_1 \, dV_2$$

$$= \int dV_1 \, dV_2 \left\{ \sum_{m_1} (j_1 j_2 j | m_1 (m - m_1) m) \psi_{j_1 m_1} \psi_{j_2, m - m_1} \right\}^{*}$$

$$\times \left\{ \sum_{m_1'} (j_1 j_2 j' | m_1' (m' - m_1') m') \psi_{j_1 m_1'} \psi_{j_2, m' - m_1'} \right\} \, .$$

De cette équation, nous déduisons :

$$\delta_{jj'}\delta_{mm'}$$
$$= \sum_{m_1, m_1'} (j_1 j_2 j | m_1 - m_1 m)^{*} (j_1 j_2 j' | m_1'(m' - m_1')m') \delta_{m_1 m_1'} \delta_{m - m_1, m' - m_1'}$$

ou

$$\delta_{jj'} = \sum_{m_1} (j_1 j_2 j | m_1 (m - m_1) m)^{*} (j_1 j_2 j' | m_1 - m_1 m) \, . \tag{2.26}$$

L'équation (2.26) exprime l'orthogonalité des lignes des coefficients de Clebsch–Gordan. Ceux-ci étant, comme nous le verrons, réels, nous pouvons omettre le signe de conjugaison complexe « * » dans (2.26).

De la relation $m = m_1 + m_2$ trouvée ci-dessus, nous déduisons que la plus grande valeur de m, que nous appellerons m_{max} s'écrit :

$$m_{max} = j_1 + j_2 \, . \tag{2.27}$$

Celle-ci apparaît seulement une fois dans (2.25), c'est-à-dire si $m_1 = j_1$ et $m_2 = j_2$. Ceci établit que la plus grande valeur propre j, (que nous appellerons j_{max}), doit être :

$$j_{max} = j_1 + j_2 \, . \tag{2.28}$$

La valeur suivante la plus grande de m est $m_{max} - 1$. Elle apparaîtra deux fois pour

$$m_1 = j_1, \quad m_2 = j_2 - 1 \quad \text{et} \quad m_1 = j_1 - 1, \quad m_2 = j_2 \, . \tag{2.29}$$

L'une des deux combinaisons linéairement indépendantes des deux états (2.29),

$$\psi_{j_1 j_1} \psi_{j_2, j_2 - 1} \quad \text{et} \quad \psi_{j_1, j_1 - 1} \psi_{j_2 j_2} \, , \tag{2.30}$$

doit appartenir à $\psi_{j = j_1 + j_2, m}(1, 2)$, car m prend toutes les valeurs $j_1 + j_2 \geq m \geq -j_1 - j_2$ par pas entiers. L'autre combinaison possible appartient nécessairement à l'état

$$\psi_{jm} \quad \text{avec} \quad j = j_1 + j_2 - 1 \tag{2.31}$$

car il n'existe pas d'états avec $j > j_{max} = j_1 + j_2$. Il ne peut exister qu'un état du type (2.31), i.e. avec $j = j_1 + j_2 - 1$, car pour un second état de ce type, la combinaison de base correspondante (2.30) avec $m = j_1 + j_2 - 1$ n'existe pas.

Avec le même type d'argument, on voit que pour j les différentes valeurs

$$j = \begin{cases} j_1 + j_2 \\ j_1 + j_2 - 1 \\ \vdots \\ |j_1 - j_2| \end{cases} \tag{2.32}$$

apparaissent précisément une seule fois. C'est la *règle du triangle*,

$$\Delta(j_1 j_2 j) \, ,$$

qui rappelle que deux moments angulaires j_1, j_2 se combineront de telle sorte que le moment total j soit compatible avec l'*addition vectorielle* (*triangle*). Ce modèle, illustré figure 2.1, est aussi appelé le *Modèle vectoriel* de couplage de moment angulaire.

Nous pouvons maintenant dénombrer le nombre d'états du couplage $\psi_{jm}(1, 2)$, soit,

$$\sum_{j=|j_1-j_2|}^{j_1+j_2} (2j + 1) = (2j_1 + 1)(2j_2 + 1) \, . \tag{2.33}$$

Comme prévu, il est égal au nombre d'états de base $\psi_{j_1 m_1} \cdot \psi_{j_2 m_2}$.

Il est difficile de dériver algébriquement la limite inférieure pour le moment angulaire résultant j dans (2.32). Une approche plus simple est fournie par les considérations dimensionnelles suivantes : puisque les dimensions des espaces de Hilbert représentant ψ_{jm} et $\psi_{j_1 m_1} \cdot \psi_{j_2 m_2}$ doivent être égales, et $j_{max} = j_1 + j_2$, nous pouvons écrire (2.33) sous la forme,

$$\sum_{j=j_{min}}^{j_{max}} (2j + 1) = (2j_1 + 1)(2j_2 + 1) \, .$$

Cette équation détermine j_{min}, pour lequel nous trouvons $j_{min} = j_1 - j_2$ (si $j_1 > j_2$), ou $j_{min} = j_2 - j_1$ (si $j_1 < j_2$).

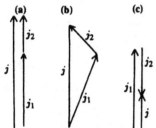

Fig. 2.1a–c. Illustration de la règle du triangle : (a) couplage maximum pour des orientations identiques de j_1 et j_2 ; (b) moment angulaire compris entre j_{max} et j_{min} ; (c) couplage minimum pour des orientations opposées de j_1 et j_2

2.4 Calcul des coefficients de Clebsch–Gordan

L'équation (2.23) définit une transformation entre la base orthonormée $\psi_{j_1 m_1}(1)\psi_{j_2 m_2}(2)$, consistant en un produit direct de *fonctions d'onde de particule individuelle* $\psi_{j_1 m_1}(1)$ et $\psi_{j_2 m_2}(2)$, et la base orthonormée $\psi_{jm}(1, 2)$. Les $\psi_{jm}(1, 2)$ sont des *Fonctions d'onde à deux particules*. Afin de simplifier la notation, nous emploierons désormais les vecteurs bra $\langle|$ et ket $|\rangle$ de Dirac. L'équation (2.23) s'écrit alors[3]

$$|jm\rangle = |m_1 m_2\rangle \langle m_1 m_2 | jm\rangle \ . \tag{2.34}$$

Ici $|m_1 m_2\rangle$ représente le produit $|m_1 m_2\rangle = |j_1 m_1\rangle |j_2 m_2\rangle$. Les nombres quantiques j_1 et j_2 sont omis et doivent être considérés comme des quantités fixes partout où apparaissent m_1 et m_2. L'élément de matrice

$$\langle m_1 m_2 | jm\rangle = \int \psi_{j_1 m_1}^*(1)\psi_{j_2 m_2}^*(2)\psi_{jm}(1, 2)\, \mathrm{d}V_1 \mathrm{d}V_2 \tag{2.35}$$

correspond, selon notre notation antérieure (2.23), au coefficient de Clebsch–Gordan

$$\langle m_1 m_2 | jm\rangle \equiv (j_1 j_2 j | m_1 m_2 m) \ . \tag{2.36}$$

L'orthonormalité des deux bases permet d'écrire :

$$\delta_{jj'}\delta_{mm'} = \langle jm | j'm'\rangle = \langle jm | m_1 m_2\rangle \langle m_1 m_2 | j'm'\rangle \ , \tag{2.37}$$

ce qui, avec

$$\langle jm | m_1 m_2\rangle = \langle m_1 m_2 | jm\rangle^* \ , \tag{2.38}$$

correspond à notre relation antérieure (2.26). Pour la transformation inverse de (2.34), qui décrit la transition entre la base à deux particules $|jm\rangle$ et la base produit $|j_1 m_1\rangle |j_2 m_2\rangle = |m_1 m_2\rangle$, nous avons

$$|m_1 m_2\rangle = |jm\rangle \langle jm | m_1 m_2\rangle \ , \tag{2.39}$$

où, cette fois, nous sommons sur les doubles indices j et m. Nous en déduisons

$$\delta_{m_1 m_1'}\delta_{m_2 m_2'} = \langle m_1' m_2' | m_1 m_2\rangle = \langle m_1' m_2' | jm\rangle \langle jm | m_1 m_2\rangle \ , \tag{2.40}$$

i.e. la relation complémentaire de (2.37), soit l'orthogonalité des colonnes de la matrice de transformation unitaire $\langle jm | m_1 m_2\rangle$. La somme sur j et m est effectuée selon (2.32), sur toutes les valeurs possibles des nombres quantiques

$$|j_1 - j_2| \leq j \leq j_1 + j_2 \ , \quad -j \leq m \leq j \ . \tag{2.41}$$

---

[3] Nous utilisons également la convention de sommation d'Einstein, i.e. nous sommons sur tous les indices apparaissant deux fois du même coté d'une équation.

Dans notre notation originale (2.40) s'écrit

$$\sum_{j=|j_1-j_2|}^{j_1+j_2} \sum_{m=-j}^{j} (j_1 j_2 j | m_1 m_2 m)^* (j_1 j_2 j | m_1' m_2' m) = \delta_{m_1 m_1'} \delta_{m_2 m_2'} . \quad (2.42)$$

Comme nous l'avons déjà mentionné, nous pouvons construire les coefficients de Clebsch–Gordan, i.e. les éléments de matrice $\langle m_1 m_2 | jm \rangle$, avec des nombres réels. Ceci sera montré dans la section suivante, et pour cette raison, l'astérisque dans (2.42) ou les autres formules sera omis.

2.5 Relations de récurrence pour les coefficients de Clebsch-Gordan

Il est possible de déduire des relations explicites, quoique compliquées, pour les coefficients de Clebsch–Gordan[4]. Il existe aussi de nombreuses tables tout particulièrement utiles pour des applications pratiques[5]. Nous voulons, ici, seulement montrer comment les calculer avec l'aide de relations de récurrence, ainsi que donner quelques exemples. Le point de départ est l'opérateur de moment angulaire,

$$\hat{J} = \hat{J}_1 + \hat{J}_2 ,$$

avec ses composantes sphériques

$$\hat{J}_\pm = \hat{J}_{1\pm} + \hat{J}_{2\pm} = \hat{J}_x \pm i \hat{J}_y = (\hat{J}_{1x} + \hat{J}_{2x}) \pm i(\hat{J}_{1y} + \hat{J}_{2y})$$
$$\hat{J}_0 = \hat{J}_{10} + \hat{J}_{20} = \hat{J}_z = (\hat{J}_{1z} + \hat{J}_{2z}) .$$

Par application sur (2.34) nous obtenons

$$\hat{J}_+ |jm\rangle = (\hat{J}_{1+} + \hat{J}_{2+}) |jm\rangle = (\hat{J}_{1+} + \hat{J}_{2+}) |m_1 m_2\rangle \langle m_1 m_2 | jm \rangle$$
$$= \left(\hat{J}_{1+} |m_1 m_2\rangle + \hat{J}_{2+} |m_1 m_2\rangle \right) \langle m_1 m_2 | jm \rangle ,$$

et par application triple de (2.18) nous obtenons

$$[j(j+1) - m(m+1)]^{1/2} |j, m+1\rangle$$
$$= \Big\{ [j_1(j_1+1) - m_1(m_1+1)]^{1/2} |m_1 + 1, m_2\rangle$$
$$+ [j_2(j_2+1) - m_2(m_2+1)]^{1/2} |m_1, m_2 + 1\rangle \Big\} \cdot \langle m_1 m_2 | jm \rangle . \quad (2.43)$$

---

[4] M.E. Rose : *Elementary Theory of Angular Momentum* (Wiley, New York 1957) ; A.R. Edmonds : *Angular Momentum in Quantum Mechanics* (Princeton University Press, Princeton, NJ 1957) ; D.M. Brink et G.R. Satchler : *Angular Momentum* (Clarendon, Oxford 1962).

[5] M. Rottenberg, R. Bivins, N. Metropolis, et J.K. Wooten, Jr. : *The 3 j-and 6 j-Symbols* (Technology, Cambridge, MA 1959).

Par substitution de (2.34) dans le membre de droite, nous avons

$$[j(j+1) - m(m+1)]^{1/2} |m_1 m_2\rangle \langle m_1 m_2 | j, m+1 \rangle$$
$$= [j_1(j_1+1) - m_1'(m_1'-1)]^{1/2} |m_1' m_2\rangle \langle m_1'-1, m_2 | jm \rangle \qquad (2.44)$$
$$+ [j_2(j_2+1) - m_2'(m_2'-1)]^{1/2} |m_1 m_2'\rangle |m_1 m_2'\rangle \langle m_1, m_2'-1 | jm \rangle \ .$$

Ici, nous avons introduit $m_1' = m_1 + 1$ dans le premier terme du membre de droite, et dans le second terme $m_2' = m_2 + 1$. La sommation s'effectue, comme précédemment sur m_1' de $-j_1$ à j_1, et sur m_2' de $-j_2$ à j_2, la raison étant le facteur qui s'annule devant les termes avec $m_1 = j_1$ et $m_2 = j_2$ dans (2.43). Par conséquent, dans (2.44), les termes avec $m_1' = j_1 + 1$ et $m_2' = j_2 + 1$ n'ont aucune contribution.

De même, nous trouvons que les termes avec $m_1' = -j_1$ et $m_2' = -j_2$ dans (2.44) appartiennent aux vecteurs nuls $|-j_1-1, m_2\rangle$ et $|m_1, -j_2-1\rangle$ dans (2.43) et, par conséquent, ne contribuent pas au résultat. Puisque m_1' et m_2' sont des indices de sommation, ils peuvent être renommés m_1 pour m_1' et m_2 pour m_2'.

Il en résulte :

$$[j(j+1) - m(m+1)]^{1/2} |m_1 m_2\rangle \langle m_1 m_2 | jm+1 \rangle$$
$$= [j_1(j_1+1) - m_1(m_1-1)]^{1/2} |m_1 m_2\rangle \langle m_1-1, m_2 | jm \rangle$$
$$+ [j_2(j_2+1) - m_2(m_2-1)]^{1/2} \langle m_1, m_2-1 | jm \rangle \ . \qquad (2.45a)$$

Ici m_1 et m_2 sont des nombres fixes et non pas des indices de sommation. En répétant cette procédure avec $\hat{J}_-$ nous obtenons encore

$$[j(j+1) - m(m-1)]^{1/2} \langle m_1 m_2 | jm-1 \rangle$$
$$= [j_1(j_1+1) - m_1(m_1+1)]^{1/2} \langle m_1+1, m_2 | jm \rangle$$
$$+ [j_2(j_2+1) - m_2(m_2+1)]^{1/2} \langle m_1, m_2+1 | jm \rangle \ . \qquad (2.45b)$$

Cette relation de récurrence permet de déduire les coefficients de Clebsch-Gordan de même moment angulaire j, ayant les mêmes j_1 et j_2 mais différents m. Ceci sera montré dans le prochain chapitre.

2.6 Calcul explicite des coefficients de Clebsch–Gordan

Avec l'aide des relations de récurrence (2.45a, b) on peut maintenant calculer pas à pas la matrice de Clebsch–Gordan $\langle m_1 m_2 | jm \rangle$ de dimension $(2j_1 + 1)(2j_2 + 1)$. La dimension est déduite de (2.33). Cependant, la matrice se divise maintenant en *sous-matrices carrées disjointes* suivant la valeur de $m = m_1 + m_2$, comme on peut le voir de la façon suivante. Pour les différentes valeurs de m, nous avons :

$$m = j_1 + j_2 \qquad\qquad \text{seulement une valeur pour } j = j_1 + j_2 \text{ et pour } (m_1, m_2) = (j_1, j_2),$$

i.e. une sous-matrice 1×1

$$m = j_1 + j_2 - 1, \quad j = j_1 + j_2,$$
$$j = j_1 + j_2 - 1$$

et deux possibilités

$$\begin{cases} (m_1, m_2) = (j_1, j_2 - 1), \\ (m_1, m_2) = (j_1 - 1, j_2), \end{cases}$$

i.e. une sous-matrice 2×2 ;

$$m = j_1 + j_2 - 2, \quad j = j_1 + j_2,$$

et $\begin{cases} (m_1, m_2) = (j_1, j_2 - 2), \\ (m_1, m_2) = (j_1 - 1, j_2 - 1), \\ (m_1, m_2) = (j_1 - 2, j_2), \end{cases}$

$$j = j_1 + j_2 - 1, \quad j = j_1 + j_2 - 2, \quad \text{i.e. une sous-matrice } 3 \times 3$$

etc.

$$(2.46)$$

La structure de la matrice est montrée dans la table 2.1. Le rang des sous-matrices diagonalisées augmente d'abord par pas d'une unité, jusqu'à ce qu'un rang maximum soit atteint pour une certaine valeur de m (si $j_1 = j_2$ pour $m = 0$), puis il décroît par pas de un. La dernière sous-matrice 1×1 a $m = -j_1 - j_2$ et $j = j_1 + j_2$. Puisque la matrice globale est unitaire, chacune de ces *sous-matrices* sur la diagonale doit être *unitaire*. D'après cette observation, on voit que les sous-matrices 1×1 doivent être des nombres de module 1. *Par convention, nous choisissons la valeur* $+1$[6]. C'est la raison pour laquelle :

$$\langle j_1 j_2 | j_1 + j_2, j_1 + j_2 \rangle = 1. \qquad (2.47)$$

Ceci est évident puisque coupler $\psi_{j_1 m_1}$ et $\psi_{j_2 m_2}$ au moment angulaire maximum

$$\psi_{j=j_1+j_2, m=j_1+j_2} = \psi_{j_1 j_1} \psi_{j_2 j_2}$$

est possible uniquement avec les orientations maximum des fonctions d'onde individuelles $\psi_{j_1 j_2}$ et $\psi_{j_2 j_2}$.

---

[6] Voir note 1 de la section 2.1.

2.6 Calcul explicite des coefficients de Clebsch–Gordan 77

Table 2.1. Structure de la matrice de Clebsch–Gordan. Les coefficients de Clebsch-Gordan $(j_1 j_2 j | m_1 m_2 m) \equiv \langle m_1 m_2 | jm \rangle$ sont donnés pour j_1, j_2 fixés. Les lignes sont caractérisées par la paire (m_1, m_2), les colonnes par m. Pour m donné, seul un nombre fini de paires (m_1, m_2) satisfaisant à la condition $m = m_1 + m_2$, sont possibles ; de plus, seules les valeurs de j telles que $j_1 + j_2 \geq j \geq m$ sont autorisées. Les $(N-1)$ premières colonnes de la sous-matrice $N \times N$ peuvent être calculées avec la formule de récurrence (2.45b) appliquée à la sous-matrice $(N-1) \times (N-1)$ connue. La $N^{\text{ème}}$ colonne résulte des relations de normalisation et d'orthogonalité de ces lignes.

	$m = j_1 + j_2$	$m = j_1 + j_2 - 1$	$m = j_1 + j_2 - 2$	$\ldots$
$(m_1 m_2) = (j_1 j_2)$	$\langle j_1 j_2 | j_1 + j_2, j_1 + j_2 \rangle$	0	0	$\ldots$
$(m_1 m_2) = \begin{cases} (j_1, j_2 - 1) \\ (j_1 - 1, j_2) \end{cases}$	0	$(2 \times 2)^{*)}$	0	$\ldots$
$(m_1 m_2) = \begin{cases} (j_1, j_2 - 2) \\ (j_1 - 1, j_2 - 1) \\ (j_1 - 2, j_2) \end{cases}$	0	0	$(3 \times 3)^{**)}$	$0 \ldots$
$\vdots$	$\vdots$	$\vdots$	0	$(\ldots) \ldots$
			$\vdots$	$\ddots$

$^{*)}$ $(2 \times 2) = \begin{pmatrix} \langle j_1, j_2 - 1 | j_1 + j_2, j_1 + j_2 - 1 \rangle, & \langle j_1, j_2 - 1 | j_1 + j_2 - 1, j_1 + j_2 - 1 \rangle \\ \langle j_1 - 1, j_2 | j_1 + j_2, j_1 + j_2 - 1 \rangle, & \langle j_1 - 1, j_2 | j_1 + j_2 - 1, j_1 + j_2 - 1 \rangle \end{pmatrix}$

$^{**)}$ $(3 \times 3) = \begin{pmatrix} \langle j_1, j_2 - 2 | j_1 + j_2, j_1 + j_2 - 2 \rangle, & \langle j_1, j_2 - 2 | j_1 + j_2 - 1, j_1 + j_2 - 2 \rangle, & \langle j_1, j_2 - 2 | j_1 + j_2 - 2, j_1 + j_2 - 2 \rangle \\ \langle j_1 - 1, j_2 - 1 | j_1 + j_2, j_1 + j_2 - 2 \rangle, & \langle j_1 - 1, j_2 - 1 | j_1 + j_2 - 1, j_1 + j_2 - 2 \rangle, & \langle j_1 - 1, j_2 - 1 | j_1 + j_2 - 2, j_1 + j_2 - 2 \rangle \\ \langle j_1 - 2, j_2 | j_1 + j_2, j_1 + j_2 - 2 \rangle, & \langle j_1 - 2, j_2 | j_1 + j_2 - 1, j_1 + j_2 - 2 \rangle, & \langle j_1 - 2, j_2 | j_1 + j_2 - 2, j_1 + j_2 - 2 \rangle \end{pmatrix}$

La relation (2.47) peut servir de base à un algorithme de calcul si la relation de récurrence (2.45) est prise en compte. Nous partons de l'équation (2.45b) et posons $m_1 = j_1$, $m_2 = j_2 - 1$, $j = j_1 + j_2$, et $m = j_1 + j_2$. Ceci conduit à :

$$[(j_1 + j_2)(j_1 + j_2 + 1) - (j_1 + j_2)(j_1 + j_2 - 1)]^{1/2}$$
$$\cdot \langle j_1, j_2 - 1 | j_1 + j_2, j_1 + j_2 - 1 \rangle$$
$$= [j_2(j_2 + 1) - (j_2 - 1)j_2]^{1/2} \langle j_1 j_2 | j_1 + j_2, j_1 + j_2 \rangle$$
$$= [j_2(j_2 + 1) - (j_2 - 1)j_2]^{1/2} .$$

Soit :

$$\langle j_1, j_2 - 1 | j_1 + j_2, j_1 + j_2 - 1 \rangle = \left(\frac{j_2}{j_1 + j_2} \right)^{1/2} . \tag{2.48}$$

De la même façon, en posant $m_1 = j_1 - 1$, $m_2 = j_2$, $j = j_1 + j_2$, $m = j_1 + j_2$, nous déduisons de (2.45b)

$$\langle j_1 - 1, \, j_2 | j_1 + j_2, \, j_1 + j_2 - 1 \rangle = \left(\frac{j_1}{j_1 + j_2} \right)^{1/2} . \tag{2.49}$$

Nous avons ainsi déterminé la première colonne de la sous-matrice 2×2 de la matrice de Clebsch–Gordan donnée table 2.1. La seconde colonne de cette sous-matrice, correspondant à $m = j_1 + j_2 - 1$, $j = j_1 + j_2 - 1$, peut-être calculée en utilisant la relation d'orthonormalité (2.37). Nous avons alors :

$$\sqrt{\frac{j_2}{j_1 + j_2}} \, \langle j_1, \, j_2 - 1 | j_1 + j_2 - 1, \, j_1 + j_2 - 1 \rangle$$
$$+ \sqrt{\frac{j_1}{j_1 + j_2}} \, \langle j_1 - 1, \, j_2 | j_1 + j_2 - 1, \, j_1 + j_2 - 1 \rangle = 0$$

et

$$|\langle j_1, \, j_2 - 1 | j_1 + j_2 - 1, \, j_1 + j_2 - 1 \rangle|^2$$
$$+ |\langle j_1 - 1, \, j_2 | j_1 + j_2 - 1, \, j_1 + j_2 - 1 \rangle|^2 = 1 .$$

La solution des deux équations est unique à un facteur de phase près, de module un. Nous le choisissons de telle sorte que le *premier élément de matrice de la forme* $\langle j_1, \, j - j_1 | jj \rangle$ *soit réel positif*. On voit que ceci concerne les éléments de matrice qui se trouvent dans le coin supérieur droit de différentes sous-matrices. Nous avons alors

$$\langle j_1, \, j_2 - 1 | j_1 + j_2 - 1, \, j_1 + j_2 - 1 \rangle = \left(\frac{j_1}{j_1 + j_2} \right)^{1/2} ,$$

$$\langle j_1 - 1, \, j_2 | j_1 + j_2 - 1, \, j_1 + j_2 - 1 \rangle = - \left(\frac{j_2}{j_1 + j_2} \right)^{1/2} . \tag{2.50}$$

Nous continuons notre discussion avec les sous-matrices 3×3 de la matrice de Clebsch–Gordan (table 2.1). En introduisant (2.48) et (2.49) dans le membre de droite de (2.45b), nous obtenons après un bref calcul :

$$\langle j_1, \, j_2 - 1 | j_1 + j_2, \, j_1 + j_2 - 2 \rangle$$
$$= \left(\frac{j_2(2j_2 - 1)}{(j_1 + j_2)(2j_1 + 2j_2 - 1)} \right)^{1/2} ,$$

$$\langle j_1 - 1, \, j_2 - 1 | j_1 + j_2, \, j_1 + j_2 - 2 \rangle$$
$$= \left(\frac{4j_1 j_2}{(j_1 + j_2)(2j_1 + 2j_2 - 1)} \right)^{1/2} ,$$

$$\langle j_1 - 2, \, j_2 | j_1 + j_2, \, j_1 + j_2 - 2 \rangle$$
$$= \left(\frac{j_1(2j_1 - 1)}{(j_1 + j_2)(2j_1 + 2j_2 - 1)} \right)^{1/2} . \tag{2.51}$$

Ceci correspond à la première colonne de la sous-matrice 3×3. De façon analogue, nous aurons la seconde colonne en insérant (2.50) dans (2.45b), soit

$$\langle j_1, j_2 - 2 | j_1 + j_2 - 1, j_1 + j_2 - 2 \rangle$$
$$= \left(\frac{j_1(2j_2 - 1)}{(j_1 + j_2)(j_1 + j_2 - 1)} \right)^{1/2} \, ,$$

$$\langle j_1 - 1, j_2 - 1 | j_1 + j_2 - 1, j_1 + j_2 - 2 \rangle$$
$$= \left(\frac{j_1 - j_2}{(j_1 + j_2)(j_1 + j_2 - 1)} \right)^{1/2} \, ,$$

$$\langle j_1 - 2, j_2 | j_1 + j_2 - 1, j_1 + j_2 - 2 \rangle$$
$$= - \left(\frac{j_2(2j_1 - 1)}{(j_1 + j_2)(j_1 + j_2 - 1)} \right)^{1/2} \, . \tag{2.52}$$

De même la troisième colonne de la sous-matrice 3×3 résulte de la relation d'orthonormalité (2.37). Les vecteurs colonne (2.51) et (2.52) doivent être orthogonaux au troisième et celui-ci doit être normalisé. De façon à fixer le *facteur de phase arbitraire*, nous choisissons comme précédemment la *première composante du vecteur colonne réelle positive*. Le résultat de ce calcul plus long est :

$$\langle j_1, j_2 - 2 | j_1 + j_2 - 2, j_1 + j_2 - 2 \rangle$$
$$= \left(\frac{j_1(2j_1 - 1)}{(j_1 + j_2 - 1)(2j_1 + 2j_2 - 1)} \right)^{1/2} \, ,$$

$$\langle j_1 - 1, j_2 - 1 | j_1 + j_2 - 2, j_1 + j_2 - 2 \rangle$$
$$= \left(\frac{(2j_1 - 1)(2j_2 - 1)}{(j_1 + j_2 - 1)(2j_1 + 2j_2 - 1)} \right)^{1/2} \, ,$$

$$\langle j_1 - 2, j_2 | j_1 + j_2 - 2, j_1 + j_2 - 2 \rangle$$
$$= \left(\frac{j_2(2j_2 - 1)}{(j_1 + j_2 - 1)(2j_1 + 2j_2 - 1)} \right)^{1/2} \, .$$

On peut continuer ainsi la procédure, l'étape suivante étant le calcul de la sous-matrice 4×4 de la table 2.1. Le calcul de la dernière colonne devient de plus en plus compliqué quand le rang de la sous-matrice augmente en raison de la relation d'orthonormalité (2.38). On résout en pratique ce problème en calculant numériquement les coefficients pour des j_1 et j_2 donnés[7]. Comme nous l'avons déjà mentionné, il existe aussi des tables de coefficients de Clebsch–Gordan. En utilisant la première relation de récurrence (2.45a), la matrice de Clebsch–Gordan peut être également calculée en démarrant à l'opposé : pour

---

[7] E.P. Wigner donna en 1931 la première expression analytique complète des coefficients de Clebsch–Gordan [E.P. Wigner : *Gruppentheorie* (Vieweg, Wiesbaden 1931)].

la sous-matrice 1×1 lorsque $m = -j_1 - j_2$ et $j = j_1 + j_2$. Dans l'exemple suivant, nous appliquerons la méthode précédente à un problème simple.

EXEMPLE

2.2 Calcul des coefficients de Clebsch–Gordan pour le couplage spin-orbite

Le calcul des coefficients pour le couplage vectoriel est réalisé par application des opérateurs d'échange sur les fonctions d'onde. Dans le cas général, on obtient des expressions longues et fastidieuses ; nous allons en montrer le principe de calcul dans un exemple simple. Nous considérons un électron de spin $\hbar/2$ et moment orbital $1\hbar$.

Nous avons alors

$$l = 1 , \quad s = \tfrac{1}{2} ,$$

et les nombres quantiques magnétiques peuvent prendre les valeurs :

$$m_l = 0, \pm 1 , \quad m_s = \pm\tfrac{1}{2} .$$

Le moment angulaire total $j = l + s$, d'après (2.32), doit se situer dans l'intervalle

$$\tfrac{1}{2} \le j \le \tfrac{3}{2} .$$

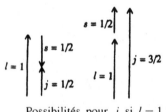
Possibilités pour j si $l = 1$ et $s = \tfrac{1}{2}$

Étant donné que les nombres quantiques de moment angulaire diffèrent nécessairement d'une unité, il existe deux états différents $j = \tfrac{1}{2}$ (s et l parallèles) et $j = \tfrac{3}{2}$ (s et l antiparallèles) (voir figure ci-contre). Nous allons ici nous restreindre au cas de l'état $j = \tfrac{1}{2}$. Les fonctions d'onde du premier état excité, avec le moment angulaire l, d'un électron dans un atome d'hydrogène sont :

$$\psi_{n_l l m_l m_s} = \psi_{n_1 l m_1 m_s} = Y_{l m_l} \chi_{\frac{1}{2} m_s} r^{-1} U_{n_1}(r) .$$

Puisque nous sommes seulement intéressés à la partie angulaire, nous négligerons la partie radiale et la fonction d'onde totale s'écrira d'après (2.25),

$$\psi_{lm} = \sum\nolimits_{m_l} (1 \tfrac{1}{2} \tfrac{1}{2} | m_l (m - m_l) m) Y_{1 m_l} \chi_{\frac{1}{2} m - m_l} . \tag{1}$$

Pour la fonction de spin, nous écrirons ici $\chi_{\frac{1}{2}, m_s}$ au lieu de $\chi_{\pm}$, de façon à uniformiser les notations. Puisque nous souhaitons ici construire un état de moment angulaire total $j = \tfrac{1}{2}$ et $l = 1$, m peut prendre seulement les deux valeurs $+\tfrac{1}{2}$ ou $-\tfrac{1}{2}$. Pour les fonctions d'onde (1) nous aurons :

$$\psi_{l=1, \frac{1}{2}, \frac{1}{2}} = \sum_{m_l = 0, \pm 1} \left(1 \tfrac{1}{2} \tfrac{1}{2} | m_l \left(\tfrac{1}{2} - m_l\right) \tfrac{1}{2}\right) Y_{1 m_l} \chi_{\frac{1}{2}, \frac{1}{2} - m_l} , \tag{2}$$

$$\psi_{l=1, \frac{1}{2}, -\frac{1}{2}} = \sum_{m_l = 0, \pm 1} \left(1 \tfrac{1}{2} \tfrac{1}{2} | m_l \left(-\tfrac{1}{2} - m_l\right) -\tfrac{1}{2}\right) Y_{1 m_l} \chi_{\frac{1}{2}, -\frac{1}{2} - m_l} . \tag{3}$$

Puisque m a seulement deux valeurs, les sommes contiennent seulement deux termes ($\chi_{\frac{1}{2}\frac{3}{2}}$ et $\chi_{\frac{1}{2}-\frac{3}{2}}$ n'existent pas) qui sont :

$$\psi_{\frac{1}{2}\frac{1}{2}} = (1\tfrac{1}{2}\tfrac{1}{2}|0\tfrac{1}{2}\tfrac{1}{2})Y_{10}\chi_{\frac{1}{2}\frac{1}{2}} + (1\tfrac{1}{2}\tfrac{1}{2}|1-\tfrac{1}{2}\tfrac{1}{2})Y_{11}\chi_{\frac{1}{2}-\frac{1}{2}} \ , \tag{4}$$

et

$$\psi_{\frac{1}{2}-\frac{1}{2}} = (1\tfrac{1}{2}\tfrac{1}{2}|-1\tfrac{1}{2}-\tfrac{1}{2})Y_{1-1}\chi_{\frac{1}{2}\frac{1}{2}} + (1\tfrac{1}{2}\tfrac{1}{2}|0-\tfrac{1}{2}-\tfrac{1}{2})Y_{10}\chi_{\frac{1}{2}-\frac{1}{2}} \ . \tag{5}$$

Dans le membre de gauche, l'index $l = 1$ est supprimé, étant redondant pour ce qui suit. La condition de normalisation fournit les deux équations :

$$(1\tfrac{1}{2}\tfrac{1}{2}|0\tfrac{1}{2}\tfrac{1}{2})^2 + (1\tfrac{1}{2}\tfrac{1}{2}|1-\tfrac{1}{2}\tfrac{1}{2})^2 = 1 \ , \tag{6}$$

$$(1\tfrac{1}{2}\tfrac{1}{2}|-1\tfrac{1}{2}-\tfrac{1}{2})^2 + (1\tfrac{1}{2}\tfrac{1}{2}|0-\tfrac{1}{2}-\tfrac{1}{2})^2 = 1 \ . \tag{7}$$

Par application de $\hat{J}_{\pm} = \hat{L}_{\pm} + \hat{S}_{\pm}$, (4) et (5) sont échangées. Les opérateurs d'échange ont pour effet :

$$\hat{J}_{+}\psi_{jm} = \sqrt{j(j+1) - m(m+1)}\,\psi_{jm+1} \ , \tag{8}$$

$$\hat{J}_{-}\psi_{jm} = \sqrt{j(j+1) - m(m-1)}\,\psi_{jm-1} \ . \tag{9}$$

Des résultats semblables sont obtenus avec $\hat{L}_{\pm}$ et $\hat{S}_{\pm}$. Dans notre cas, nous aurons les expressions suivantes :

$$\hat{J}_{+}\psi_{\frac{1}{2}-\frac{1}{2}} = \psi_{\frac{1}{2}\frac{1}{2}} \ ,$$
$$\hat{L}_{+}Y_{10} = \sqrt{2}Y_{11} \ , \quad \hat{L}_{+}Y_{1-1} = \sqrt{2}Y_{10} \ ,$$
$$\hat{S}_{+}\chi_{\frac{1}{2}\frac{1}{2}} = 0 \ , \quad \hat{S}_{+}\chi_{\frac{1}{2}-\frac{1}{2}} = \chi_{\frac{1}{2}\frac{1}{2}} \ .$$

Par application de $\hat{J}_{+}$ sur $\psi_{\frac{1}{2}-\frac{1}{2}}$ et insertion de $\psi_{\frac{1}{2}\frac{1}{2}}$ nous obtenons :

$$(1\tfrac{1}{2}\tfrac{1}{2}|0\tfrac{1}{2}\tfrac{1}{2})Y_{10}\chi_{\frac{1}{2}\frac{1}{2}} + (1\tfrac{1}{2}\tfrac{1}{2}|1-\tfrac{1}{2}\tfrac{1}{2})Y_{11}\chi_{\frac{1}{2}-\frac{1}{2}}$$
$$= \sqrt{2}(1\tfrac{1}{2}\tfrac{1}{2}|-1\tfrac{1}{2}-\tfrac{1}{2})Y_{10}\chi_{\frac{1}{2}\frac{1}{2}}\sqrt{2}(1\tfrac{1}{2}\tfrac{1}{2}|0-\tfrac{1}{2}-\tfrac{1}{2})Y_{11}\chi_{\frac{1}{2}-\frac{1}{2}}$$
$$+ (1\tfrac{1}{2}\tfrac{1}{2}|0-\tfrac{1}{2}-\tfrac{1}{2})Y_{10}\chi_{\frac{1}{2}\frac{1}{2}} \ .$$

Les fonctions d'onde sont linéairement indépendantes et nous pouvons ainsi comparer les coefficients

$$(1\tfrac{1}{2}\tfrac{1}{2}|0\tfrac{1}{2}\tfrac{1}{2}) = \sqrt{2}(1\tfrac{1}{2}\tfrac{1}{2}|-1\tfrac{1}{2}-\tfrac{1}{2}) + (1\tfrac{1}{2}\tfrac{1}{2}|0-\tfrac{1}{2}-\tfrac{1}{2}) \ ,$$

$$(1\tfrac{1}{2}\tfrac{1}{2}|1-\tfrac{1}{2}\tfrac{1}{2}) = \sqrt{2}(1\tfrac{1}{2}\tfrac{1}{2}|0-\tfrac{1}{2}-\tfrac{1}{2}) \ .$$

Nous pouvons écrire ces équations sous une forme plus abrégée, soit :

$$a = \sqrt{2}c + d \ , \quad b = \sqrt{2}d \ . \tag{10}$$

Exemple 2.2   Par application de $\hat{J}_- = \hat{L}_- + \hat{S}_-$ sur $\psi_{\frac{1}{2}\frac{1}{2}}$ et insertion de $\psi_{\frac{1}{2}-\frac{1}{2}}$, nous aurons les mêmes formes abrégées :

$$c = \sqrt{2}a, \quad d = a + \sqrt{2}b. \tag{11}$$

Les valeurs numériques des coefficients de Clebsch–Gordan [avec les facteurs de phase donnés par (2.50)] se déduisent aisément de (10)/(11) et (6)/(7) :

$$a = -d = -\sqrt{\frac{1}{3}}, \quad b = -c = \sqrt{\frac{2}{3}}.$$

En substituant ces valeurs dans (2) et (3), les fonctions propres du moment cinétique total sont :

$$\psi_{\frac{1}{2}\frac{1}{2}} = -\sqrt{\frac{1}{3}}Y_{10}\chi_{\frac{1}{2}\frac{1}{2}} + \sqrt{\frac{2}{3}}Y_{11}\chi_{\frac{1}{2}-\frac{1}{2}}$$

et

$$\psi_{\frac{1}{2}-\frac{1}{2}} = -\sqrt{\frac{2}{3}}Y_{1-1}\chi_{\frac{1}{2}\frac{1}{2}} + \sqrt{\frac{1}{3}}Y_{10}\chi_{\frac{1}{2}-\frac{1}{2}}.$$

On peut, à titre d'exercice additionnel, calculer les coefficients de Clebsch–Gordan dans le cas $j = \frac{3}{2}$. On obtient les fonctions d'onde suivantes :

$$\psi_{\frac{3}{2}\frac{3}{2}} = Y_{11}\chi_{\frac{1}{2}\frac{1}{2}},$$
$$\psi_{\frac{3}{2}\frac{1}{2}} = \sqrt{\frac{2}{3}}Y_{10}\chi_{\frac{1}{2}\frac{1}{2}} + \sqrt{\frac{1}{3}}Y_{11}\chi_{\frac{1}{2}-\frac{1}{2}},$$
$$\psi_{\frac{3}{2}-\frac{1}{2}} = \sqrt{\frac{1}{3}}Y_{1-1}\chi_{\frac{1}{2}\frac{1}{2}} + \sqrt{\frac{2}{3}}Y_{10}\chi_{\frac{1}{2}-\frac{1}{2}},$$
$$\psi_{\frac{3}{2}-\frac{3}{2}} = Y_{1-1}\chi_{\frac{1}{2}-\frac{1}{2}}.$$

Les fonctions d'onde complètes pour ces états ($p_{\frac{3}{2}}$ et $p_{\frac{1}{2}}$) de l'atome d'hydrogène s'obtiennent par multiplication par la partie radiale $R_{n_1}(r) = r^{-1}U_{n_1}(r)$. Ces états sont énergétiquement dégénérés dans le potentiel coulombien pur, mais se divisent en deux états dans le cas de couplage spin-orbite. De plus, les états $p_{\frac{3}{2}}$ et $p_{\frac{1}{2}}$ sont dégénérés respectivement quatre et deux fois. Si ces états sont peuplés par irradiation de l'atome par de la lumière à grande largeur spectrale, on obtient des intensités d'émission du doublet de structure fine dans le rapport 2:1.

Les fonctions d'onde complètes pour ces états ($p_{\frac{3}{2}}$ et $p_{\frac{1}{2}}$) de l'atome

En général, la fonction d'onde de moment angulaire total j dans un potentiel à symétrie sphérique peut être construit en couplant les fonctions propres de moment orbital [$Y_{lm}(\theta, \phi)$] et de spin ($\chi_{\frac{1}{2}}, m_s$), soit :

$$\psi_{ljM} = \sum_{m,m_s} (l\tfrac{1}{2}j|mm_sM)Y_{lm}(\theta, \phi)\chi_{\frac{1}{2}m_s}.$$

Les valeurs autorisées sont $j = l \pm \frac{1}{2}$, telles que pour $l = 2$, j puisse prendre les valeurs $\frac{5}{2}$ et $\frac{3}{2}$; pour $l = 3$ ce sera $j = \frac{7}{2}$ et $\frac{5}{2}$. Dans le premier cas, les états

sont désignés par «$d_{\frac{5}{2}}$» et «$d_{\frac{3}{2}}$», respectivement («f», «d», «p» et «s» re- *Exemple 2.2*
présentent les états $l = 3, 2, 1, 0$, respectivement). Dans le deuxième cas, nous
noterons les états $f_{\frac{7}{2}}$ et $f_{\frac{5}{2}}$. Dans le potentiel coulombien, tous les états sont dégénérés et la dégénérescence est seulement levée après introduction du potentiel
de couplage spin-orbite $V(r)\boldsymbol{L} \cdot \boldsymbol{s}$. Ceci conduit au *spectre de structure fine de
l'atome*.

2.7 Notes biographiques

CLEBSCH, Rudolf Friedrich Alfred, mathématicien, *Königsberg 19.1.1833, † Götting-
en 7.11.1872, professeur à Karlsruhe, Giessen et Göttingen. Il a travaillé sur le calcul
variationnel, la physique mathématique, la théorie des courbes et des surfaces, les applications des fonctions abéliennes en géométrie et la théorie des invariants. À fondé
avec C. Neumann, le journal *Mathematische Annalen* in 1868.

3. Compléments de mathématiques : propriétés fondamentales des groupes de Lie

3.1 Structure générale des groupes de Lie

Le groupe des rotations est composé du nombre infini des opérateurs (avec $\hbar = 1$)

$$\hat{U}_{\mathrm{R}}(\boldsymbol{\phi}) = \exp(-\mathrm{i}\phi_\mu \hat{J}_\mu) = \exp(-\mathrm{i}\boldsymbol{\phi} \cdot \hat{\boldsymbol{J}}) \,. \tag{3.1}$$

Le fait que ces opérateurs sont fonction seulement de trois opérateurs fondamentaux $\{\hat{J}_\nu\} = \{\hat{J}_1, \hat{J}_2, \hat{J}_3\}$ permet de les représenter de façon simple. Chaque opérateur $\hat{U}_{\mathrm{R}}(\boldsymbol{\phi})$ est caractérisé par trois nombres réels, les paramètres ϕ_1, ϕ_2, ϕ_3. Nous reconnaissons immédiatement que les opérateurs fondamentaux $\hat{J}_\nu$ peuvent être obtenus par différenciation à partir des éléments $\hat{U}_{\mathrm{R}}(\boldsymbol{\phi})$ du groupe continu, soit :

$$-\mathrm{i}\hat{J}_\mu \hat{U}_{\mathrm{R}}(\boldsymbol{\phi})|_{\boldsymbol{\phi}=0} = -\mathrm{i}\hat{J}_\mu = \partial \hat{U}_{\mathrm{R}}(\boldsymbol{\phi})/\partial \phi_\mu|_{\boldsymbol{\phi}=0} \,. \tag{3.2}$$

Il convient manifestement que $\hat{U}_{\mathrm{R}}(\boldsymbol{\phi})$ soit différentiable par rapport aux paramètres ϕ_μ au «voisinage» de l'opérateur identité $\hat{U}_{\mathrm{R}}(\boldsymbol{\phi}) = \mathbf{1}$.

Généralisons maintenant le concept. Les groupes continus, dont les éléments sont fournis par les opérateurs $\hat{U}(\alpha_1, \alpha_2, \ldots, \alpha_n ; r)$, dépendant eux-mêmes de n paramètres (coordonnées), sont appelés *Groupes de Lie*, d'après le nom du mathématicien norvégien Sophus Lie. Leurs éléments dépendent analytiquement des n paramètres α_i et l'argument r représente symboliquement une dépendance possible par rapport aux coordonnées. Par exemple, dans (3.1) apparaissent les opérateurs $\hat{J}_k = -\mathrm{i}\varepsilon_{ijk}x_i\partial/\partial x_j$ qui dépendent des x_i et des dérivées correspondantes. Par la suite, nous omettrons l'argument r de référence à cette dépendance, tout en le gardant en mémoire. Il est intéressant de choisir les paramètres tels que nous ayons

$$\hat{U}(0) = \mathbf{1} \,. \tag{3.3}$$

Comme nous allons le montrer maintenant, par analogie avec (3.1) on peut représenter les *opérateurs du groupe* sous la forme :

$$\hat{U}(\alpha_1 \ldots \alpha_n ; r) = \exp\left(-\mathrm{i}\sum_{\mu=1}^{n} \alpha_\mu \hat{L}_\mu\right) \,, \tag{3.4}$$

où les fonctions opérateurs $\hat{L}_\mu$ sont, à ce stade, inconnues. D'après (3.2), nous avons

$$-\mathrm{i}\hat{L}_\mu = \partial\hat{U}(\alpha_i)/\partial\alpha_\mu|_{\alpha=0} . \tag{3.5}$$

Les $\hat{L}_\mu$ sont appelés *générateurs du groupe*. De fait, on obtient pour la transformation infinitésimale au voisinage de l'identité :

$$\hat{U}(\delta\alpha_\mu) = \hat{U}(0) + \partial\hat{U}(\alpha_i)/\partial\alpha_\mu|_{\alpha=0}\partial\alpha_\mu = \mathbf{1} - \mathrm{i}\hat{L}_\mu\delta\alpha_\mu = \mathbf{1} + \mathrm{d}\hat{A} ,$$

en posant $\mathrm{d}\hat{A} = -\mathrm{i}\hat{L}_\mu\delta\alpha_\mu$. Nous procéderons comme auparavant [cf exemple 1.11, (13)], et poserons :

$$\mathrm{d}\hat{A} = \hat{A}/N = -\mathrm{i}\hat{L}_\mu\alpha_\mu/N ,$$

avec N entier. Après N transformations infinitésimales successives, de façon à obtenir la transformation finie $\hat{U}(\alpha_\mu)$, nous aurons :

$$\hat{U}(\alpha_\mu) = \lim_{N\to\infty}[\mathbf{1} + \hat{A}/N]^N = \mathrm{e}^{\hat{A}} = \exp(-\mathrm{i}\hat{L}_\mu\alpha_\mu) . \tag{3.6}$$

Ici, nous avons fait usage d'une propriété du groupe, en construisant un opérateur fini (élément du groupe fini) à partir du produit d'éléments infinitésimaux. En raison des propriétés du groupe, les opérateurs du groupe de Lie sont toujours représentables sous la forme (3.4). Nous illustrerons ceci, avec un autre point de vue, sur l'exemple suivant 3.3.

D'après la propriété analytique supposée, nous aurons pour des $\delta\alpha_i$ petits :

$$\hat{U}(\delta\alpha_\mu) = \mathbf{1} - \mathrm{i}\sum_{\mu=1}^{n}\delta\alpha_\mu\hat{L}_\mu - \frac{1}{2}\sum_{\mu,\nu=1}^{n}\delta\alpha_\mu\delta\alpha_\nu\hat{L}_\mu\hat{L}_\nu + \ldots . \tag{3.6a}$$

On voit alors que les $\hat{L}_i$ doivent être linéairement indépendants $\left(\sum_i\delta\alpha_i\hat{L}_i = 0\right.$, seulement si tous les $\delta\alpha_i = 0$), puisque $\hat{U}$ pour $\delta\boldsymbol{\alpha} = \{\delta\alpha_i\} = 0$ doit s'identifier à l'opérateur identité $\mathbf{1}$ de *façon unique*. L'existence d'un $\delta\boldsymbol{\alpha} \neq 0$ avec $\hat{L} \cdot \delta\boldsymbol{\alpha} = 0$ signifierait qu'il existe au moins deux opérateurs $\hat{U}(\delta\boldsymbol{\alpha}) = \mathbf{1}$.

Si $\hat{U}(\alpha_\mu)$ est unitaire, i.e. $\hat{U}^\dagger(\alpha_\mu) = \hat{U}^{-1}(\alpha_\mu)$, alors (3.6) implique :

$$\hat{U}^\dagger(\delta\alpha_\mu) = \mathbf{1} + \mathrm{i}\sum_{\mu=1}^{n}\delta\alpha_\mu\hat{L}_\mu^\dagger = \hat{U}^{-1}(\delta\alpha_\mu) = \mathbf{1} + \mathrm{i}\sum_{\mu=1}^{n}\delta\alpha_\mu\hat{L}_\mu . \tag{3.7}$$

Les paramètres α_μ sont choisis réels dans (3.4), i.e. $\alpha_\mu^* = \alpha_\mu$. On en déduit l'*hermiticité des générateurs*

$$\hat{L}_\mu^\dagger = \hat{L}_\mu . \tag{3.8}$$

Nous calculons ensuite l'opérateur inverse jusqu'au second ordre en α_μ d'après (3.6a),

$$\hat{U}^{-1}(\delta\alpha_\mu) = \mathbf{1} + \mathrm{i}\sum_{\mu=1}^{n}\delta\alpha_\mu\hat{L}_\mu - \frac{1}{2}\sum_{\mu,\nu=1}^{n}\delta\alpha_\mu\delta\alpha_\nu\hat{L}_\mu\hat{L}_\nu , \tag{3.9}$$

ou encore, en exploitant la convention de sommation d'Einstein,

$$\hat{U}^{-1}(\delta\beta_\mu)\hat{U}^{-1}(\delta\alpha_\mu)\hat{U}(\delta\beta_\mu)\hat{U}(\delta\alpha_\mu)$$
$$= (\mathbf{1}+\mathrm{i}\delta\beta_i\hat{L}_i - \tfrac{1}{2}\delta\beta_i\delta\beta_j\hat{L}_i\hat{L}_j)(\mathbf{1}+\mathrm{i}\delta\alpha_k\hat{L}_k - \tfrac{1}{2}\delta\alpha_k\delta\alpha_l\hat{L}_k\hat{L}_l)$$
$$\cdot\,(\mathbf{1}-\mathrm{i}\delta\beta_m\hat{L}_m - \tfrac{1}{2}\delta\beta_m\delta\beta_n\hat{L}_m\hat{L}_n)(\mathbf{1}-\mathrm{i}\delta\alpha_\mu\hat{L}_\mu - \tfrac{1}{2}\delta\alpha_\mu\delta\alpha_\nu\hat{L}_\mu\hat{L}_\nu)$$
$$= (\mathbf{1}-\delta\beta_m\delta\alpha_\mu\hat{L}_m\hat{L}_\mu + \delta\beta_m\delta\alpha_k\hat{L}_k\hat{L}_m - \delta\beta_i\delta\alpha_k\hat{L}_i\hat{L}_k + \delta\beta_i\delta\alpha_\mu\hat{L}_i\hat{L}_\mu)$$
$$= \mathbf{1}+\delta\alpha_k\delta\beta_m(\hat{L}_k\hat{L}_m - \hat{L}_m\hat{L}_k)\,. \tag{3.10}$$

Puisque les quatre facteurs du membre de gauche de (3.10) sont des éléments du groupe, le produit global dans (3.10) est un élément du groupe, localisé au voisinage de $\boldsymbol{\alpha}=0$. Nous le désignerons par $\hat{U}(\delta\gamma_\nu)$, où

$$\hat{U}(\delta\gamma_\nu) = \mathbf{1} - \mathrm{i}\delta\gamma_j\hat{L}_j + \dots \,. \tag{3.11}$$

Nous avons alors la relation

$$\hat{U}^{-1}(\delta\beta_\mu)\hat{U}^{-1}(\delta\alpha_\mu)\hat{U}(\delta\beta_\mu)\hat{U}(\delta\alpha_\mu) = \hat{U}(\delta\gamma_\nu)\,, \tag{3.12}$$

qui est illustrée en figure 3.1, et donc la comparaison de (3.10) et (3.11) fournit

$$\delta\alpha_k\delta\beta_m(\hat{L}_k\hat{L}_m - \hat{L}_m\hat{L}_k) = -\mathrm{i}\delta\gamma_j\hat{L}_j\,.$$

Nous écrivons maintenant

$$-\mathrm{i}\delta\gamma_j = C_{kmj}\delta\alpha_k\delta\beta_m\,,$$

car $\delta\gamma_j$ doit tendre vers zéro avec $\delta\alpha_m$ ou avec $\delta\beta_m$, et par conséquent doit être proportionnel aux deux. Nous avons par conséquent,

$$[\hat{L}_k, \hat{L}_m]_- = C_{kmj}\hat{L}_j\,, \tag{3.13}$$

c'est-à-dire que les générateurs doivent satisfaire les relations de commutation de la forme (3.13). Ils forment une *algèbre de commutateurs fermée*, étant donné encore une fois que seuls les générateurs $\hat{L}_j$ apparaissent dans le membre de droite de (3.13). Puisque

$$[\hat{L}_i, \hat{L}_j]_- = -[\hat{L}_j, \hat{L}_i]_-\,,$$

les *constantes de structure* C_{ijk} sont antisymétriques par rapport aux deux premiers indices, i.e.

$$C_{ijk} = -C_{jik}\,. \tag{3.14}$$

De plus, l'*identité de Jacobi*

$$[[\hat{L}_i, \hat{L}_j]_-, \hat{L}_k]_- + [[\hat{L}_j, \hat{L}_k]_-, \hat{L}_i]_- + [[\hat{L}_k, \hat{L}_i]_-, \hat{L}_j]_- = 0 \tag{3.15}$$

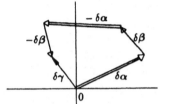

Fig. 3.1. Illustration de la relation (3.12). Les quatre rotations $\delta\alpha$, $\delta\beta$, $-\delta_\alpha$ et $-\delta\beta$ de (3.10) sont équivalentes à une rotation simple $\delta\gamma$, qui appartient encore au voisinage de l'identité (0). Remarquons qu'une rotation se rapporte au système de coordonnées approprié. Par conséquent, $\delta\alpha$ et $-\delta\alpha$ ne sont, par exemple, pas opposées l'un à l'autre et $\delta\gamma$ peut être nul mais non nécessairement

est vérifiée, comme on peut facilement s'en assurer en insérant la définition du commutateur, $[\hat{L}_i, \hat{L}_j]_- = \hat{L}_i\hat{L}_j - \hat{L}_j\hat{L}_i$. En substituant (3.13) dans (3.15), nous obtenons une condition supplémentaire sur les constantes de structure

$$[C_{ijm}\hat{L}_m, \hat{L}_k]_- + [C_{jkm}\hat{L}_m, \hat{L}_i]_- + [C_{kim}\hat{L}_m, \hat{L}_j]_- = 0$$

et de plus,

$$C_{ijm}C_{mkn}\hat{L}_n + C_{jkm}C_{min}\hat{L}_n + C_{kim}C_{mjn}\hat{L}_n$$
$$= [C_{ijm}C_{mkn} + C_{jkm}C_{min} + C_{kim}C_{mjn}]\hat{L}_n = 0 \,.$$

Par conséquent, en raison de l'indépendance linéaire des $\hat{L}_n$, nous avons

$$C_{ijm}C_{mkn} + C_{jkm}C_{min} + C_{kim}C_{mjn} = 0 \,. \tag{3.16}$$

Les relations (3.13) à (3.16) constituent les relations fondamentales de l'*algèbre de Lie*, qui est caractéristique du groupe. Les constantes de structure contiennent toutes les informations concernant le groupe, puisqu'elles stipulent les règles d'échange des opérations infinitésimales du groupe accomplies en ordre différent. Tous les opérateurs finis peuvent être construits successivement à partir d'opérateurs infinitésimaux.

EXEMPLE

3.1 Algèbre de Lie de SO(3)

Nous rappelons au lecteur l'algèbre de Lie de SO(3),

$$[\hat{J}_i, \hat{J}_j]_- = i\varepsilon_{ijk}\hat{J}_k \,, \tag{1}$$

qui est juste la relation (3.13) appliquée au groupe SO(3). Les constantes de structure sont les composantes du tenseur ε_{ijk}. En général, elles changent si nous formons des combinaisons linéaires des générateurs (ou des paramètres α_μ). Par exemple, si nous passons de $\hat{J}_1$, $\hat{J}_2$, $\hat{J}_3$, à $\hat{J}_\pm = \hat{J}_1 \pm i\hat{J}_2$, $\hat{J}_3$, alors les relations de commutation sont modifiées ainsi :

$$[\hat{J}_3, \hat{J}_\pm]_- = \pm\hat{J}_\pm \,, \quad [\hat{J}_+, \hat{J}_-]_- = 2\hat{J}_3 \,, \tag{2}$$

et ainsi les constantes de structure différeront bien sûr des valeurs précédentes ε_{ijk}. Nous pouvons donc dire que les constantes de structure dépendent de la représentation du groupe de Lie, c'est-à-dire du choix des paramètres. Les ε_{ijk} satisfont visiblement à la relation d'antisymétrie (3.14). De la même façon que la relation d'identité de Jacobi, (3.16) peut être explicitement vérifiée dans ce cas [d'après (1) nous avons alors $C_{ijk} = i\varepsilon_{ijk}$],

$$C_{ijm}C_{mkn} + C_{jkm}C_{min} + C_{kim}C_{mjn}$$
$$= -(\varepsilon_{ijm}\varepsilon_{mkn} + \varepsilon_{jkm}\varepsilon_{min} + \varepsilon_{kim}\varepsilon_{mjn})$$
$$= -(\delta_{ik}\delta_{jn} - \delta_{in}\delta_{jk} + \delta_{ji}\delta_{kn} - \delta_{jn}\delta_{ki} + \delta_{kj}\delta_{in} - \delta_{kn}\delta_{ij}) = 0 \,,$$

car $\varepsilon_{ijk} = 1$ si le triplet (ijk) peut se transformer en triplet (123) par une permutation paire, et $\varepsilon_{ijk} = -1$ si une permutation impaire conduit à (123). Dans les autres cas, nous avons $\varepsilon_{ijk} = 0$.

Exemple 3.1

EXERCICE

3.2 Calcul avec des matrices complexes $n \times n$

Problème. Soit $\hat{A}$, $\hat{B}$ deux matrices complexes $n \times n$. Montrer que :

(a) si $[\hat{A}, \hat{B}]_- = 0$, alors :

$$e^{\hat{A}} e^{\hat{B}} = e^{\hat{A}+\hat{B}} \; ;$$

(b) si $\hat{B}$ est régulière (inversible), alors :

$$\hat{B} e^{\hat{A}} \hat{B}^{-1} = e^{\hat{B}\hat{A}\hat{B}^{-1}} \; ;$$

(c) si $\lambda_1, \ldots, \lambda_n$ sont les valeurs propres de $\hat{A}$, alors $e^{\lambda_1}, \ldots, e^{\lambda_n}$ sont les valeurs propres de $e^{\hat{A}}$;

(d) $[e^{\hat{A}}]^* = e^{\hat{A}^*}$, $[e^{\hat{A}}]^T = e^{\hat{A}^T}$, $[e^{\hat{A}}]^\dagger = e^{\hat{A}^\dagger}$, $[e^{\hat{A}}]^{-1} = e^{-\hat{A}}$;

(e) $\det e^{\hat{A}} = e^{\mathrm{Tr}\hat{A}}$.

Solution. Nous rappelons tout d'abord la définition d'une fonction exponentielle :

$$e^A = \sum_{k=0}^{\infty} \frac{1}{k!} A^k = \mathbf{1} + A + \frac{1}{2!} A^2 + \frac{1}{3!} A^3 + \ldots . \tag{1}$$

La solution ne présente alors pas d'autres difficultés.

(a) Dans ce premier exemple, nous développons le produit $e^{\hat{A}} e^{\hat{B}}$ pour obtenir

$$e^{\hat{A}} e^{\hat{B}} = \sum_{k=0}^{\infty} \frac{1}{k!} \hat{A}^k \times \sum_{j=0}^{\infty} \frac{1}{j!} \hat{B}^j .$$

Introduisons un nouvel index de sommation $m = k + j$, tel que

$$e^{\hat{A}} e^{\hat{B}} = \sum_{m=0}^{\infty} \sum_{k=0}^{\infty} \frac{1}{k!} \frac{1}{(m-k)!} \hat{A}^k \hat{B}^{m-k}$$

$$= \sum_{m=0}^{\infty} \frac{1}{m!} \sum_{k=0}^{\infty} \frac{m!}{[k!(m-k)!]} \hat{A}^k \hat{B}^{m-k}$$

$$= \sum_{m=0}^{\infty} \frac{1}{m!} (\hat{A}+\hat{B})^m = e^{\hat{A}+\hat{B}} . \tag{2}$$

Exercice 3.2

Pour l'avant-dernière équation, nous avons tenu compte de l'hypothèse de commutation de $\hat{A}$ et $\hat{B}$.

(b) Nous développons d'abord le produit du membre de gauche :

$$\hat{B}\mathrm{e}^{\hat{A}}\hat{B}^{-1} = \hat{B}\sum_{k=0}^{\infty}\frac{1}{k!}\hat{A}^k\hat{B}^{-1}$$

$$= \sum_{k=0}^{\infty}\frac{1}{k!}\hat{B}\underbrace{(A\times\hat{A}\times\ldots\times\hat{A})}_{k\text{-fois}}\hat{B}^{-1}$$

$$= \sum_{k=0}^{\infty}\frac{1}{k!}\underbrace{(\hat{B}\hat{A}\hat{B}^{-1})(\hat{B}\hat{A}\hat{B}^{-1})\ldots(\hat{B}\hat{A}\hat{B}^{-1})}_{k\text{-fois}}$$

$$= \sum_{k=0}^{\infty}\frac{1}{k!}(\hat{B}\hat{A}\hat{B}^{-1})^k = \mathrm{e}^{\hat{B}\hat{A}\hat{B}^{-1}} \ . \tag{3}$$

(c) Si $\boldsymbol{a}_i$ $(i=1,\ldots,n)$ sont les vecteurs propres appartenant aux λ_i, soit

$$\hat{A}\boldsymbol{a}_i = \lambda_i\boldsymbol{a}_i \ , \tag{4}$$

alors, de toute évidence :

$$\mathrm{e}^{\hat{A}}\boldsymbol{a}_i = \sum_{k=0}^{\infty}\frac{1}{k!}\hat{A}^k\boldsymbol{a}_i = \sum_{k=0}^{\infty}\frac{1}{k!}\lambda_i^k\boldsymbol{a}_i = \mathrm{e}^{\lambda_i}\boldsymbol{a}_i \tag{5}$$

est vérifiée, i.e. $\boldsymbol{a}_i$ est un vecteur propre de $\mathrm{e}^{\hat{A}}$ avec comme valeur propre e^{λ_i}.

(d) Nous considérons seulement le cas $[\mathrm{e}^{\hat{A}}]^* = \mathrm{e}^{\hat{A}^*}$, et avons donc :

$$[\mathrm{e}^{\hat{A}}]^* = \left[\sum_{k=0}^{\infty}\frac{1}{k!}\hat{A}^k\right]^* = \sum_{k=0}^{\infty}\frac{1}{k!}(\hat{A}^k)^* = \sum_{k=0}^{\infty}\frac{1}{k!}(\hat{A}^*)^k = \mathrm{e}^{\hat{A}^*} \ . \tag{6}$$

Les cas « † » et « T » se démontrent de la même façon.

D'après (a) $\mathrm{e}^{\hat{A}}\mathrm{e}^{-\hat{A}} = \mathrm{e}^0 = \mathbf{1}$ soit :

$$[\mathrm{e}^{\hat{A}}]^{-1} = \mathrm{e}^{-\hat{A}} \ . \tag{7}$$

(e) Le déterminant est le produit des valeurs propres, la trace est la somme des valeurs propres, d'où d'après (c),

$$\det \mathrm{e}^{\hat{A}} = \mathrm{e}^{\lambda_1}\ldots\mathrm{e}^{\lambda_n} = \mathrm{e}^{\lambda_1+\ldots+\lambda_n} = \mathrm{e}^{\mathrm{Tr}\hat{A}} \ . \tag{8}$$

EXERCICE ████████████████

3.3 Démonstration d'une relation de commutation

Problème. Si $\hat{L}$, $\hat{M} \in \mathrm{GL}(n)$, i.e. sont des éléments du groupe $\underline{g}$énéral $\underline{l}$inéaire de toutes les matrices $\underline{n} \times n$, démontrer la relation

$$e^{\hat{L}} \hat{M} e^{-\hat{L}} = \sum_{n=0}^{\infty} \frac{1}{n!} [\hat{L}, \hat{M}]_{(n)} \, ,$$

où :

$$[\hat{L}, \hat{M}]_{(0)} = \hat{M}$$
$$[\hat{L}, \hat{M}]_{(1)} = [\hat{L}, \hat{M}]_-$$
$$[\hat{L}, \hat{M}]_{(2)} = [\hat{L}, [\hat{L}, \hat{M}]]_-$$
$$[\hat{L}, \hat{M}]_{(n)} = [\hat{L}, [\hat{L}, \hat{M}]_{(n-1)}]_- \, .$$

Solution. Nous définirons une matrice fonction du paramètre réel α,

$$\hat{F}(\alpha) = e^{\alpha \hat{L}} \hat{M} e^{-\alpha \hat{L}} \, . \tag{1}$$

$\hat{F}(\alpha)$ peut être développée en série de Taylor autour de $\alpha = 0$

$$\hat{F}(\alpha) = \sum_{n=0}^{\infty} \frac{1}{n!} \left(\frac{\mathrm{d}^n \hat{F}}{\mathrm{d}\alpha^n} \right)_{\alpha=0} \alpha^n \, . \tag{2}$$

Nous avons maintenant (attention à l'ordre des facteurs!)

$$\frac{\mathrm{d}}{\mathrm{d}\alpha}\{\hat{A}(\alpha)\hat{B}(\alpha)\} = \lim_{\Delta\alpha \to 0} \left\{ \frac{1}{\Delta\alpha}[\hat{A}(\alpha+\Delta\alpha)\hat{B}(\alpha+\Delta\alpha) - \hat{A}(\alpha)\hat{B}(\alpha)] \right\}$$
$$= \lim_{\Delta\alpha \to 0} \left\{ \frac{1}{\Delta\alpha}\hat{A}(\alpha+\Delta\alpha)[\hat{B}(\alpha+\Delta\alpha) - \hat{B}(\alpha)] \right.$$
$$\left. + \frac{1}{\Delta\alpha}[\hat{A}(\alpha+\Delta\alpha) - \hat{A}(\alpha)]\hat{B}(\alpha) \right\}$$
$$= \hat{A}(\alpha)\frac{\mathrm{d}}{\mathrm{d}\alpha}\{\hat{B}(\alpha)\} + \frac{\mathrm{d}}{\mathrm{d}\alpha}\{\hat{A}(\alpha)\}\hat{B}(\alpha) \tag{3}$$

et

$$\frac{\mathrm{d}}{\mathrm{d}\alpha}e^{\alpha\hat{L}} = \hat{L}e^{\alpha\hat{L}} = e^{\alpha\hat{L}}\hat{L} \, . \tag{4}$$

D'où :

$$\frac{\mathrm{d}}{\mathrm{d}\alpha}\hat{F}(\alpha) = e^{\alpha\hat{L}}\hat{L}\hat{M}e^{-\alpha\hat{L}} - e^{\alpha\hat{L}}\hat{M}\hat{L}e^{-\alpha\hat{L}}$$
$$= e^{\alpha\hat{L}}[\hat{L}, \hat{M}]e^{-\alpha\hat{L}} \, , \tag{5}$$

Exercice 3.3

$$\frac{\mathrm{d}^2}{\mathrm{d}\alpha^2}\hat{F}(\alpha) = \frac{\mathrm{d}}{\mathrm{d}\alpha}\{\mathrm{e}^{\alpha\hat{L}}[\hat{L}, \hat{M}]\mathrm{e}^{-\alpha\hat{L}}\}$$

$$= \mathrm{e}^{\alpha\hat{L}}\hat{L}[\hat{L}, \hat{M}]\mathrm{e}^{-\alpha L} - \mathrm{e}^{\alpha\hat{L}}[\hat{L}, \hat{M}]\hat{L}\,\mathrm{e}^{-\alpha\hat{L}}$$

$$= \mathrm{e}^{\alpha\hat{L}}[\hat{L}, [\hat{L}, \hat{M}]]\mathrm{e}^{-\alpha\hat{L}}$$

$$= \mathrm{e}^{\alpha\hat{L}}[\hat{L}, \hat{M}]_{(2)}\,\mathrm{e}^{-\alpha\hat{L}}\ . \tag{6}$$

Supposons maintenant

$$\frac{\mathrm{d}^{n-1}}{\mathrm{d}\alpha^{n-1}}\hat{F}(\alpha) = \mathrm{e}^{\alpha\hat{L}}[\hat{L}, \hat{M}]_{(n-1)}\,\mathrm{e}^{-\alpha\hat{L}}\ . \tag{7}$$

Pour compléter le raisonnement récurrent, on montre alors

$$\frac{\mathrm{d}^n}{\mathrm{d}\alpha^n}\hat{F}(\alpha) = \frac{\mathrm{d}}{\mathrm{d}\alpha}\left\{\frac{\mathrm{d}^{n-1}}{\mathrm{d}\alpha^{n-1}}\hat{F}(\alpha)\right\}$$

$$= \frac{\mathrm{d}}{\mathrm{d}\alpha}\{\mathrm{e}^{\alpha\hat{L}}[\hat{L}, \hat{M}]_{(n-1)}\,\mathrm{e}^{-\alpha\hat{L}}\}$$

$$= \mathrm{e}^{\alpha\hat{L}}\hat{L}[\hat{L}, \hat{M}]_{(n-1)}\,\mathrm{e}^{-\alpha\hat{L}} - \mathrm{e}^{\alpha\hat{L}}[\hat{L}, \hat{M}]_{(n-1)}\hat{L}\,\mathrm{e}^{-\alpha\hat{L}}$$

$$= \mathrm{e}^{\alpha\hat{L}}[\hat{L}, \hat{M}]_{(n)}\,\mathrm{e}^{-\alpha\hat{L}}\ , \tag{8}$$

et par conséquent :

$$\hat{F}(\alpha) = \sum_{n=0}^{\infty}\frac{1}{n!}\mathrm{e}^{\alpha\hat{L}}[\hat{L}, \hat{M}]_{(n)}\,\mathrm{e}^{-\alpha\hat{L}}\bigg|_{\alpha=0}\alpha^n$$

$$= \sum_{n=0}^{\infty}\frac{1}{n!}[\hat{L}, \hat{M}]_{(n)}\alpha^n\ . \tag{9}$$

EXERCICE

3.4 Générateurs et constantes de structure des transformations de Lorentz exactes

Le groupe de Lorentz (restreint) L est composé de toutes les matrices 4×4 $\hat{a} = (a^\mu_\nu)$ qui décrivent une transformation (restreinte) de Lorentz, c'est-à-dire pour lesquelles nous avons :

i) Invariance du produit scalaire ;

$$(a^\mu{}_\alpha x^\alpha)g_{\mu\nu}(a^\nu{}_\beta x^\beta) = x^\mu g_{\mu\nu} x^\nu\ , \tag{1}$$

où $g_{\mu\nu}$ est la métrique de Lorentz–Minkowski.

ii) $\hat{a}$ appartient au même ensemble de transformations de Lorentz que $\mathbf{1}$ ($\hat{a}$ peut être trouvé continûment à partir de $\mathbf{1}$).

Les transformations de Lorentz forment un groupe à six paramètres et peuvent toujours s'exprimer comme le produit d'une rotation et d'une transformation spéciale de Lorentz (boost en anglais). On peut prendre comme paramètres, par exemple, l'angle de rotation ω et la rapidité ξ.

Conseil: Comparer avec la section 3.13 et les exercices 3.16 et 3.17!

Problème. (a) Déterminer les générateurs correspondants.

(b) Trouver les constantes de structure.

Solution. (a) Comme de coutume, nous partons de l'expression

$$\hat{a}(\boldsymbol{\omega}, \boldsymbol{\xi}) = \exp(-\mathrm{i}\boldsymbol{\omega} \cdot \hat{\boldsymbol{S}} - \mathrm{i}\boldsymbol{\xi} \cdot \hat{\boldsymbol{K}}) , \tag{2}$$

où $\boldsymbol{\omega}$, $\boldsymbol{\xi}$ représentent les paramètres et $\hat{\boldsymbol{S}}$, $\hat{\boldsymbol{K}}$ les générateurs correspondants. Pour des transformations infinitésimales nous pouvons encore écrire :

$$\hat{a}(\delta\boldsymbol{\omega}, \delta\boldsymbol{\xi}) = \mathbf{1} - \mathrm{i}\delta\boldsymbol{\omega} \cdot \hat{\boldsymbol{S}} - \mathrm{i}\delta\boldsymbol{\xi} \cdot \hat{\boldsymbol{K}} . \tag{3}$$

Ici $\hat{\boldsymbol{S}}$ et $\hat{\boldsymbol{K}}$ sont des vecteurs composés de matrices 4×4. Étudions d'abord les rotations spatiales, c'est-à-dire posons $\delta\boldsymbol{\xi} = 0$. La matrice de transformation pour une rotation du système de coordonnées autour de l'axe x ($\delta\omega_1 \neq 0$, $\delta\omega_2 = \delta\omega_3 = 0$), dans le sens positif de rotation, est donnée par :

$$\hat{a} = \left[\begin{array}{c|ccc} 1 & 0 & 0 & 0 \\ \hline 0 & 1 & 0 & 0 \\ 0 & 0 & 1 & +\delta\omega_1 \\ 0 & 0 & -\delta\omega_1 & 1 \end{array} \right] ,$$

donc d'après (3) $\delta\boldsymbol{\omega} \cdot \hat{\boldsymbol{S}} = \mathrm{i}(\hat{a} - \mathbf{1}) = \delta\omega_1 \hat{S}_1$ et par conséquent :

$$\hat{S}_1 = -\mathrm{i} \left[\begin{array}{c|ccc} 0 & 0 & 0 & 0 \\ \hline 0 & 0 & 0 & 0 \\ 0 & 0 & 0 & -1 \\ 0 & 0 & +1 & 0 \end{array} \right] . \tag{4}$$

De façon analogue, nous obtenons :

$$\hat{S}_2 = -\mathrm{i} \left[\begin{array}{c|ccc} 0 & 0 & 0 & 0 \\ \hline 0 & 0 & 0 & +1 \\ 0 & 0 & 0 & 0 \\ 0 & -1 & 0 & 0 \end{array} \right] , \quad \hat{S}_3 = -\mathrm{i} \left[\begin{array}{c|ccc} 0 & 0 & 0 & 0 \\ \hline 0 & 0 & -1 & 0 \\ 0 & 1 & 0 & 0 \\ 0 & 0 & 0 & 0 \end{array} \right] . \tag{5}$$

Nous voyons que les matrices correspondant au spin 1 apparaissent comme des sous-matrices mais avec un signe négatif [voir exemple 1.11, (9)]. Pour les transformations spéciales de Lorentz, qui décrivent une translation uniforme $\boldsymbol{v}$, rappelons tout d'abord la définition de la variable de rapidité $\boldsymbol{\xi}$, pour laquelle :

$$\boldsymbol{\xi} = \frac{\boldsymbol{\beta}}{|\boldsymbol{\beta}|} \tanh^{-1} |\boldsymbol{\beta}| , \quad \boldsymbol{\beta} = \frac{\boldsymbol{v}}{c} . \tag{6}$$

Nous en déduisons sans difficulté :

$$\beta = \tanh \xi , \quad \gamma = \cosh \xi , \quad \gamma\beta = \sinh \xi . \tag{7}$$

La matrice correspondant à une transformation spéciale de Lorentz dans la direction x est simplement :

$$\hat{a}(\xi) = \begin{bmatrix} \cosh\xi & -\sinh\xi & 0 & 0 \\ -\sinh\xi & \cosh\xi & 0 & 0 \\ 0 & 0 & 1 & 0 \\ 0 & 0 & 0 & 1 \end{bmatrix}. \tag{8}$$

Observons qu'il y a une certaine similarité entre les matrices de transformation spéciale de Lorentz, et les matrices de rotation, les différences provenant de l'asymétrie des directions temporelles et spatiales dans l'espace de Minkowski.

Un avantage de la «représentation en rapidité» est la propriété suivante :

$$\hat{a}(\xi_1)\hat{a}(\xi_1') = \hat{a}(\xi_1 + \xi_1'). \tag{9}$$

C'est-à-dire que les rapidités dans la même direction spatiale sont additives exactement comme des angles de rotation. Pour une transformation infinitésimale($\xi \to \delta\xi_1$, $\delta\xi_2 = \delta\xi_3 = 0$) nous aurons :

$$\hat{a} = \begin{bmatrix} 1 & -\delta\xi_1 & 0 & 0 \\ -\delta\xi_1 & 1 & 0 & 0 \\ 0 & 0 & 1 & 0 \\ 0 & 0 & 0 & 1 \end{bmatrix},$$

alors d'après (3) $\delta\boldsymbol{\xi} \cdot \hat{\boldsymbol{K}} = \mathrm{i}(\hat{a} - \mathbf{1}) = \delta\xi_1 \hat{K}_1$ d'où :

$$\hat{K}_1 = -\mathrm{i} \begin{bmatrix} 0 & 1 & 0 & 0 \\ 1 & & & \\ 0 & & \mathbf{0} & \\ 0 & & & \end{bmatrix} \tag{10}$$

et par analogie

$$\hat{K}_2 = -\mathrm{i} \begin{bmatrix} 0 & 0 & 1 & 0 \\ 0 & & & \\ 1 & & \mathbf{0} & \\ 0 & & & \end{bmatrix}, \quad \hat{K}_3 = -\mathrm{i} \begin{bmatrix} 0 & 0 & 0 & 1 \\ 0 & & & \\ 0 & & \mathbf{0} & \\ 1 & & & \end{bmatrix}. \tag{11}$$

Nous avons ici déterminé les générateurs du groupe de Lorentz. Bien entendu, ces résultats dépendent particulièrement de la définition des paramètres.

(b) Si nous combinons les générateurs $\hat{S}_i$, $\hat{K}_i$ ($i = 1, 2, 3$) de telle sorte à former avec eux les six composantes d'un vecteur $\hat{L}_i$ ($i = 1, \ldots, 6$), alors les constantes de structure C_{ijk} sont définies par :

$$[\hat{L}_i, \hat{L}_j] = C_{ijk}\hat{L}_k. \tag{12}$$

Nous devons alors calculer tous les commutateurs entre les générateurs, et comme nous le savons,

$$[\hat{S}_i, \hat{S}_j] = -\mathrm{i}\varepsilon_{ijk}\hat{S}_k \tag{13}$$

peut s'écrire pour les opposés des matrices de spin (définies à la section 1.8). Le lecteur doit ici porter attention au signe. Si nous avions choisi $-\omega$ comme paramètre au lieu de $\boldsymbol{\omega}$, un signe « + » serait apparu. Un exemple de commutateur entre les générateurs est :

$$[\hat{K}_1, \hat{K}_2]_- = -\left\{ \begin{bmatrix} 0 & 1 & 0 & 0 \\ 1 & & & \\ 0 & & 0 & \\ 0 & & & \end{bmatrix} \begin{bmatrix} 0 & 0 & 1 & 0 \\ 0 & & & \\ 1 & & 0 & \\ 0 & & & \end{bmatrix} \right.$$

$$\left. + \begin{bmatrix} 0 & 0 & 1 & 0 \\ 0 & & & \\ 1 & & 0 & \\ 0 & & & \end{bmatrix} \begin{bmatrix} 0 & 1 & 0 & 0 \\ 1 & & & \\ 0 & & 0 & \\ 0 & & & \end{bmatrix} \right\}$$

$$= \begin{bmatrix} 0 & 0 & 0 & 0 \\ 0 & 0 & -1 & 0 \\ 0 & 1 & 0 & 0 \\ 0 & 0 & 0 & 0 \end{bmatrix} = \mathrm{i}\hat{S}_3 \, . \tag{14}$$

Le calcul fournit :

$$[\hat{K}_1, \hat{K}_2] = +\mathrm{i}\hat{S}_3 \, , \tag{15}$$

et au total, nous obtenons :

$$[\hat{K}_i, \hat{K}_j] = +\mathrm{i}\varepsilon_{ijk}\hat{S}_k \, . \tag{16}$$

Pour finir, nous devons calculer $[\hat{S}_i, \hat{K}_j]$, soit :

$$[\hat{S}_1, \hat{K}_2] = -\left\{ \begin{bmatrix} 0 & 0 & 0 & 0 \\ 0 & 0 & 0 & 0 \\ 0 & 0 & 0 & -1 \\ 0 & 0 & +1 & 0 \end{bmatrix} \begin{bmatrix} 0 & 0 & 1 & 0 \\ 0 & & & \\ 1 & & 0 & \\ 0 & & & \end{bmatrix} \right.$$

$$\left. - \begin{bmatrix} 0 & 0 & 1 & 0 \\ 0 & & & \\ 1 & & 0 & \\ 0 & & & \end{bmatrix} \begin{bmatrix} 0 & 0 & 0 & 0 \\ 0 & 0 & 0 & 0 \\ 0 & 0 & 0 & -1 \\ 0 & 0 & +1 & 0 \end{bmatrix} \right\}$$

$$= - \begin{bmatrix} 0 & 0 & 0 & 0 \\ 0 & & & \\ 0 & & 0 & \\ +1 & & & \end{bmatrix} + \begin{bmatrix} 0 & 0 & 0 & -1 \\ 0 & & & \\ 0 & & 0 & \\ 0 & & & \end{bmatrix} = -\mathrm{i}\hat{K}_3 \tag{17}$$

et de façon générale :

$$[\hat{S}_i, \hat{K}_j] = -\mathrm{i}\varepsilon_{ijk}\hat{K}_k \, . \tag{18}$$

Les constantes de structure sont alors données par les coefficients du membre de droite de (13), (16) et (18), soit essentiellement par $\pm\varepsilon_{ijk}$. Ceci termine l'exercice. Il est intéressant de remarquer que les rotations pures forment un groupe et que ce n'est pas le cas pour les transformations de Lorentz restreintes.

3.2 Interprétation des commutateurs comme produits vectoriels généralisés, théorème de Lie, rang d'un groupe de Lie

Les relations de commutation (3.13) peuvent être interprétées comme une *généralisation directe du produit vectoriel* de deux vecteurs. En fait, l'équation (12) dans l'exercice 3.4 peut être écrite

$$\hat{L}_i \times \hat{L}_j = C_{ijk}\hat{L}_k \,, \tag{3.17}$$

qui signifie que le produit vectoriel de deux «vecteurs de base» $\hat{L}_i$ et $\hat{L}_j$ est aussi un vecteur du même espace, et donc une combinaison linéaire des vecteurs de base. Il s'agit de la relation généralisée $e_i \times e_j = e_k$ ($i, j, k = 1, 2, 3$, par permutation circulaire), valable dans l'espace vectoriel à trois dimensions, où les e_i constituent les vecteurs de base. À ce sujet, l'algèbre de Lie de rang 2 (le rang d'un groupe est défini plus bas) est particulièrement intéressante ; elle contient deux vecteurs dont le produit vectoriel s'annule, i.e. $[\hat{L}_1, \hat{L}_2]_- = 0$, bien que $\hat{L}_1$ et $\hat{L}_2$ soient linéairement indépendants. Donc la comparaison avec un produit vectoriel normal dans un espace de configuration à trois dimensions a nécessairement ses limites. À l'exception de l'algèbre de Lie du groupe SO(3), ce n'est pas un isomorphisme mais simplement une analogie.

Jusqu'à maintenant, nous avons étudié le groupe de Lie, déterminé ses générateurs puis calculé les commutateurs (3.13). Nous avons ainsi été conduits à l'algèbre de Lie. *On peut inverser cette procédure :* si un ensemble de N opérateurs hermitiques $\hat{L}_i$ est donné, qui soit stable par rapport à la commutation [donc satisfait des équations de la forme (3.13)], alors ces opérateurs $\hat{L}_i$ caractérisent un groupe de Lie, dont ils sont les générateurs. Ceci constitue le *théorème de Lie*.

Ce théorème est évident, car nous pouvons immédiatement écrire les opérateurs infinitésimaux $\hat{U}(\delta\alpha_\nu)$ du groupe :

$$\hat{U}(\delta\alpha_\nu) = \mathbf{1} - \mathrm{i}\sum_{n=1}^{N} \delta\alpha_n \hat{L}_n = \mathbf{1} - \mathrm{i}\sum_{n=1}^{N} \frac{\alpha_n}{M}\hat{L}_n \,, \quad \alpha_n = M\delta\alpha_n \,. \tag{3.18}$$

M applications successives de ces opérateurs dans la limite $M \to \infty$ produisent les opérateurs du groupe de Lie approprié, correspondant aux rotations finies,

$$\hat{U}(\alpha_\nu) = \lim_{M\to\infty} \left(\mathbf{1} - \mathrm{i}\sum_{n=1}^{N} \frac{\alpha_n}{M}\hat{L}_n\right)^M = \exp\left(-\mathrm{i}\sum_{n=1}^{N} \alpha_n \hat{L}_n\right) \,. \tag{3.19}$$

Cette construction de $\hat{U}(\alpha_r)$ est exactement la même que celle qui conduit à (3.6).

Une caractéristique essentielle d'un groupe de Lie est son *rang*, qui est défini par le *plus grand nombre de générateurs qui commutent entre eux*. Par exemple, le *groupe de translation abélien* a trois générateurs $\hat{p}_\nu = -\mathrm{i}\partial/\partial x_\nu$, qui commutent tous entre eux, et possède donc le *rang* 3. Dans ce cas, le rang est dans une certaine mesure trivial puisque, compte tenu de la commutativité des générateurs $\hat{p}_\nu$, nous pouvons écrire

$$e^{-i\boldsymbol{\varrho}\cdot\hat{\boldsymbol{p}}} = e^{-i\varrho_1\hat{p}_1}\,e^{-i\varrho_2\hat{p}_2}\,e^{-i\varrho_3\hat{p}_3}\;. \tag{3.20}$$

Ceci signifie que ce groupe de rang 3 est en fait un produit de trois groupes de rang 1. Des exemples plus intéressants sont fournis par le *groupe des rotations* SO(3), dans lequel aucun des générateurs $\hat{J}_\nu$ ne commute avec un autre (*rang* 1) ; et par le groupe SU(3) (que nous introduirons plus tard), dans lequel la troisième composante de l'isospin $\hat{T}_3$ et l'hypercharge $\hat{Y}$ (qui est reliée à l'étrangeté) commutent (*rang* 2).

EXEMPLE

3.5 Algèbre de $\hat{p}_\nu$ et $\hat{J}_\nu$

(a) Les trois opérateurs $\hat{p}_\nu = -i\partial/\partial x_\nu$ satisfont aux relations de commutation triviales

$$[\hat{p}_\nu, \hat{p}_\mu]_- = 0\;. \tag{1}$$

Si les paramètres du groupe sont ϱ_1, ϱ_2, ϱ_3, nous avons :

$$\hat{U}(\boldsymbol{\varrho}) = \exp(-i\varrho_\nu\hat{p}_\nu) = \exp(-\boldsymbol{\varrho}\cdot\hat{\nabla}) \tag{2}$$

comme opérateurs du groupe des translations, ainsi que nous l'avons déjà vu. Ces opérateurs $\hat{U}(\boldsymbol{\varrho})$ constituent un groupe abélien. Les trois générateurs commutent ; par conséquent, le rang du groupe des translations est 3.

(b) Les trois opérateurs de moment cinétique $\hat{J}_\nu$ satisfont à :

$$[\hat{J}_i, \hat{J}_j]_- = i\varepsilon_{ijk}\hat{J}_k\;. \tag{3}$$

Donc

$$\hat{U}_{\mathrm{R}}(\boldsymbol{\phi}) = \exp(-i\phi_i\hat{J}_i) \tag{4}$$

sont les opérateurs de SO(3), et les angles ϕ_i sont les paramètres du groupe. Un générateur $\hat{J}_i$ commute seulement avec lui-même ; par conséquent, le rang du groupe spécial des rotations est 1.

3.3 Sous-groupes invariants, groupes de Lie simples et semi-simples, idéaux

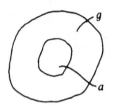

Fig. 3.2. Groupe g et sous-groupe abélien a

Les groupes de Lie *semi-simples* ont une importance particulière en physique. Dans ce qui suit, nous allons expliquer ce concept et la raison de leur signification particulière.

Étudions un groupe $g = \{\hat{g}_v\}$ avec un sous-groupe *abélien* $a = \{\hat{a}_i\}$ (figure 3.2). Si :

$$\hat{g}_v \hat{a}_i \hat{g}_v^{-1} = \hat{a}_j \, , \qquad (3.21)$$

$$\hat{a}_i \hat{a}_k = \hat{a}_k \hat{a}_i \qquad (3.22)$$

est vérifié pour chaque $\hat{a}_i$ et pour chaque élément $\hat{g}_v$ du groupe principal, c'est-à-dire que $\hat{g}_v \hat{a}_i \hat{g}_v^{-1}$ est *encore un élément du sous-groupe*, le groupe a est appelé un *sous-groupe abélien invariant*. Si le sous-groupe a est invariant mais non abélien, c'est-à-dire si (3.21) est vérifiée et non (3.22), il est simplement appelé *sous-groupe invariant*.

EXEMPLE ▮▮▮▮▮▮▮▮▮▮▮▮▮▮

3.6 Groupe de translation–rotation

Le groupe de toutes les translations et rotations a six générateurs $\hat{p}_1$, $\hat{p}_2$, $\hat{p}_3$, $\hat{J}_1$, $\hat{J}_2$, $\hat{J}_3$. Plus précisément, il est appelé *groupe des translations–rotations* et le groupe des translations ($\hat{p}_v$) en est un sous-groupe abélien. Intuitivement, nous pouvons dire que :

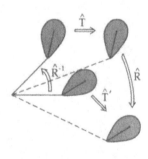

$$\hat{R} \hat{T} \hat{R}^{-1} = \hat{T}'$$

(où $\hat{R}$ est une rotation et $\hat{T}$ une translation) est encore une translation pure $\hat{T}'$ (voir figure). Par conséquent, le groupe des translations est un sous-groupe invariant abélien du groupe des translations–rotations. Cette propriété sera aussi étudiée analytiquement dans l'exercice 3.18.

▮▮▮▮▮▮▮▮▮▮▮▮▮▮▮▮▮▮▮▮▮▮▮▮▮

Nous arrivons maintenant à la définition des groupes de Lie simples et semi-simples et définissons un groupe de Lie comme *simple* s'il ne possède pas un *sous-groupe invariant continu* (donc du type de Lie). Un groupe de Lie est appelé *semi-simple*, s'il *ne* possède *pas de sous-groupe abélien invariant continu*. Nous noterons qu'un groupe semi-simple peut très bien contenir un sous-groupe invariant continu, même s'il ne peut posséder de sous-groupe abélien invariant continu.

Désormais, nous étudierons les *algèbres de Lie des groupes comprenant des sous-groupes invariants continus*. Dans ce cas, avec :

$$\hat{a}_j = \hat{g}_\nu \hat{a}_i \hat{g}_\nu^{-1}$$

et $\hat{a}_i^{-1}$

$$\hat{a}_l = \hat{a}_j \hat{a}_i^{-1} = \hat{g}_\nu \hat{a}_i \hat{g}_\nu^{-1} \hat{a}_i^{-1} \tag{3.23}$$

est également un élément du sous-groupe invariant. Puisque g et a sont des groupes de Lie, nous appelons $\hat{G}_k$ les générateurs appartenant à g, et $\hat{A}_j$ ceux appartenant à a (remarquer le symbole de l'opérateur ^). Nous en déduisons

$$\hat{g}_\nu = \mathbf{1} - \mathrm{i}\delta\alpha_i \hat{G}_i - \tfrac{1}{2}\delta\alpha_i\delta\alpha_j \hat{G}_i\hat{G}_j \tag{3.24}$$

et

$$\hat{a}_i = \mathbf{1} - \mathrm{i}\delta\beta_k \hat{A}_k - \tfrac{1}{2}\delta\beta_k\delta\beta_l \hat{A}_k\hat{A}_l \tag{3.25}$$

pour le membre de droite de (3.23) par entière analogie avec nos calculs antérieurs (3.10)

$$\hat{a}_l = \mathbf{1} - \delta\alpha_i\delta\beta_k [\hat{G}_i, \hat{A}_k]_- . \tag{3.26}$$

Puisque $\hat{a}_l$ appartient, dans le groupe a, au voisinage de l'élément identité, nous avons :

$$\hat{a}_l = \mathbf{1} - \mathrm{i}\delta\gamma_m \hat{A}_m . \tag{3.27}$$

Si nous avons – comme auparavant –

$$\mathrm{i}\delta\gamma_l = a_{ikl}\delta\alpha_i\delta\beta_k ,$$

car $\delta\gamma_l$ doit s'annuler pour $\delta\alpha_i \to 0$ comme pour $\delta\beta_k \to 0$, nous déduisons alors de (3.26) et (3.27)

$$[\hat{G}_i, \hat{A}_k]_- = a_{ikl}\hat{A}_l \tag{3.28}$$

pour tous les $\hat{G}_i$. Donc, si nous pouvons combiner linéairement M générateurs $\hat{A}_l$ ($M < N$) parmi les N générateurs $\hat{G}_i$ d'un groupe de Lie, de telle sorte que (3.28) est vérifiée, alors le groupe de Lie possède un sous-groupe invariant. Manifestement, les M générateurs $\hat{A}_l = \{A_1, A_2, \ldots, A_M\}$ du sous-groupe invariant forment une sous-algèbre de l'algèbre de Lie originale. De fait, l'ensemble des commutateurs $[\hat{A}_l, \hat{A}_k]_-$ est stable (fermé) sur lui-même. Une telle sous-algèbre, pour laquelle (3.28) est aussi vérifiée, est appelé un *idéal*. Nous dirons par analogie avec les définitions correspondant aux groupes :

Une algèbre de Lie est appelée *simple*, si elle ne possède *pas* un idéal en dehors de l'idéal nul {0}, et *semi-simple*, si elle ne possède *pas* un *idéal abélien*. Ainsi (3.28) est établie dans le dernier cas, mais tous les commutateurs $[\hat{A}_i, \hat{A}_j]_-$ à l'intérieur de l'idéal ne sont pas appelés à s'annuler.

EXEMPLE ▐███████████████████████████

3.7 Groupes de Lie simples et semi-simples

(a) Les trois générateurs du groupe des translations $\hat{p}_\nu$ forment une sous-algèbre fermée pour le groupe TR des translations–rotations, car $[\hat{p}_\nu, \hat{p}_\mu]_- = 0$. Avec les générateurs $\hat{J}_\nu = (\hat{r} \times \hat{p})_\nu$ du groupe des rotations, on obtient par exemple :

$$\hat{p}_x \hat{J}_x - \hat{J}_x \hat{p}_x = 0 \,, \quad \hat{p}_x \hat{J}_y - \hat{J}_y \hat{p}_x = \mathrm{i}\hat{p}_z \,,$$
$$\hat{p}_x \hat{J}_z - \hat{J}_z \hat{p}_x = -\mathrm{i}\hat{p}_y \,, \quad \text{et ainsi de suite} \,. \tag{1}$$

On reconnaît des relations de la forme (3.28). Par conséquent, l'algèbre $\hat{p}_y$ est un idéal du groupe TR (plus précisément, un idéal abélien). L'algèbre de $\hat{p}_i$ et $\hat{J}_y$ n'est donc ni simple ni semi-simple. Les relations (1) expliquent encore la propriété énoncée dans l'exemple 3.6.

(b) Si nous tentons d'appliquer (3.28) au groupe des rotations, nous voyons que ces équations ne peuvent être satisfaites que si les générateurs $\hat{A}_k$ engendrent toute l'algèbre de Lie. C'est-à-dire si on a $\{\hat{G}_k\} = \{\hat{J}_k\}$, alors les commutateurs

$$[\hat{J}_1, \hat{J}_2]_- = \mathrm{i}\hat{J}_3 \,, \quad [\hat{J}_3, \hat{J}_1]_- = \mathrm{i}\hat{J}_2 \,, \quad [\hat{J}_2, \hat{J}_3]_- = \mathrm{i}\hat{J}_1 \tag{2}$$

ne génèrent pas une sous-algèbre analogue à (3.28). Seuls, les trois générateurs $\hat{J}_i$ entre eux constituent une algèbre fermée. L'algèbre de moment angulaire ne possède pas d'idéal : elle est simple.

(c) Des exemples typiques de groupes semi-simples sont fournis par les *produits directs* de groupes simples. Par exemple, dans beaucoup de discussions physiques concernant le couplage de moments angulaires, le groupe semi-simple

$$SO(3) \times SO(3) \tag{3}$$

joue un rôle important. Les éléments de ce groupe sont de la forme :

$$\exp(-\mathrm{i}\boldsymbol{\phi} \cdot \hat{\boldsymbol{J}}) \times \exp(-\mathrm{i}\boldsymbol{\phi}' \cdot \hat{\boldsymbol{J}}') \,, \tag{4}$$

où $\boldsymbol{\phi} = \{\phi_1, \phi_2, \phi_3\}$ et $\boldsymbol{\phi}' = \{\phi'_1, \phi'_2, \phi'_3\}$ sont six paramètres indépendants et les générateurs satisfont (séparément) aux algèbres :

$$[\hat{J}_i, \hat{J}_j]_- = \mathrm{i}\varepsilon_{ijk}\hat{J}_k \quad \text{et} \quad [\hat{J}'_i, \hat{J}'_j]_- = \mathrm{i}\varepsilon_{ijk}\hat{J}'_k \,. \tag{5}$$

De plus, ils commutent, soit :

$$[\hat{J}_i, \hat{J}'_k]_- = 0 \,, \quad i, k = \{1, 2, 3\} \,. \tag{6}$$

Les générateurs $\hat{J}_\nu$ et $\hat{J}'_\nu$ agissent dans des espaces différents, c'est-à-dire dans les espaces habituels de moment angulaire orbital et de spin, ou bien dans les espaces de configuration des particules 1 (r_1, s_1) et 2 (r_2, s_2). Ici, s correspond à la variable de spin.

Ainsi, par comparaison avec l'équation (3.28), nous voyons que les généra-teurs $\{\hat{J}_1, \hat{J}_2, \hat{J}_3\}$ ainsi que les générateurs $\{\hat{J}'_1, \hat{J}'_2, \hat{J}'_3\}$ constituent-chacun des ensembles pour lui-même – un idéal non abélien de l'algèbre de Lie, qui est engendré par $\{\hat{J}_1, \hat{J}_2, \hat{J}_3, \hat{J}'_1, \hat{J}'_2, \hat{J}'_3\}$.

L'algèbre et le groupe sont *semi-simples*, puisqu'en effet, il existe un idéal (c'est-à-dire un sous-groupe invariant), mais celui-ci n'est pas abélien. Comme nous pouvons le voir sur cet exemple, c'est une propriété caractéristique des groupes de Lie semi-simples que de pouvoir être construits à partir de pro-duits tensoriels directs de groupes de Lie simples. Ceci est vrai en général pour *chaque* groupe de Lie semi-simple.

(d) Remarquons que la définition d'un groupe simple nécessite qu'il n'existe aucun sous-groupe invariant du type de Lie (continu). Il se peut, cependant, qu'il existe un sous-groupe discret invariant, bien que ce sous-groupe ne puisse former un groupe de Lie, comme c'est bien sûr le cas pour les sous-groupes con-tinus invariants. À titre d'exemple, nous mentionnerons le groupe SU(2), que nous avons commencé à introduire auparavant, en relation avec les *rotations de spineurs* (exemple 1.12). Ses éléments sont donnés par

$$\begin{aligned}
\hat{U}_R &= \exp(-\mathrm{i}\boldsymbol{\phi}\cdot\hat{s}) = \exp(-\tfrac{1}{2}\mathrm{i}\boldsymbol{\phi}\cdot\hat{\boldsymbol{\sigma}}) \\
&= \exp(-\tfrac{1}{2}\mathrm{i}\phi\boldsymbol{n}\cdot\hat{\boldsymbol{\sigma}}) \\
&= \mathbf{1}\cos(\tfrac{1}{2}\phi) - \mathrm{i}\boldsymbol{n}\cdot\hat{\boldsymbol{\sigma}}\sin(\tfrac{1}{2}\phi)
\end{aligned} \tag{7}$$

(voir aussi l'exercice 3.8). Cependant, les deux matrices discrètes :

$$\begin{pmatrix} 1 & 0 \\ 0 & 1 \end{pmatrix} \quad \text{et} \quad \begin{pmatrix} -1 & 1 \\ 0 & -1 \end{pmatrix}$$

forment un sous-groupe invariant discret pour les matrices *continues* 2×2. Comme ce sous-groupe invariant n'est pas continu, le groupe est néanmoins simple. De plus, les générateurs $\hat{s}_\nu$ possèdent la même algèbre de Lie que les générateurs du groupe de rotation.

(e) Intéressons-nous maintenant à une algèbre de Lie, importante physique-ment, qui n'est pas semi-simple. Soient $\hat{P}$ et $\hat{Q}$ les opérateurs de quantité de mouvement et position dans une direction définie et $\hat{E}$ l'opérateur identité. Nous avons alors immédiatement :

$$[\hat{E}, \hat{P}]_- = [\hat{E}, \hat{Q}]_- = 0\,,$$
$$[\hat{P}, \hat{Q}]_- = -\mathrm{i}\hat{E}\,. \tag{8}$$

L'algèbre de ces trois opérateurs (appelée parfois *algèbre de Heisenberg*) pos-sède une sous-algèbre abélienne, qui est engendrée par $\hat{E}$ et $\hat{P}$, par exemple. Simultanément, c'est un idéal car elle entre dans le cas général (3.28). Les commutateurs

$$[\hat{E}, \hat{P}]_- = 0 = [\hat{E}, \hat{E}]_- = [\hat{P}, \hat{P}]_- \tag{9}$$

définissent une sous-algèbre abélienne. La relation (8) vérifie (3.28). Par conséquent, l'algèbre de Heisenberg est une algèbre de Lie, qui n'est *ni simple ni semi-simple*.

EXERCICE ████████████████████████

3.8 Réduction de $\exp\{-\frac{1}{2}\mathrm{i}\boldsymbol{n} \cdot \hat{\boldsymbol{\sigma}}\}$

Problème. Montrer que

$$\exp(-\tfrac{1}{2}\phi\boldsymbol{n} \cdot \hat{\boldsymbol{\sigma}}) = \mathbf{1}\cos(\tfrac{1}{2}\phi) - \mathrm{i}\boldsymbol{n} \cdot \hat{\boldsymbol{\sigma}}\,\sin(\tfrac{1}{2}\phi)$$

est vérifiée [voir exemple 3.7, (7)] pour tout angle ϕ et tout vecteur unitaire $\boldsymbol{n}$.

Solution. Étant donné que $\boldsymbol{n}$ est supposé unitaire, i.e.

$$n_i n_i = 1 \, , \tag{1}$$

nous avons alors pour les matrices de Pauli,

$$\hat{\sigma}_i \hat{\sigma}_j = \mathrm{i}\varepsilon_{ijk}\hat{\sigma}_k + \delta_{ij}\mathbf{1} \, . \tag{2}$$

Alors, avec (1) nous déduisons (en gardant à l'esprit la convention de sommation d'Einstein)

$$\begin{aligned}
(\boldsymbol{n} \cdot \hat{\boldsymbol{\sigma}})^2 &= n_i n_j \hat{\sigma}_i \hat{\sigma}_j = \mathbf{1}n_i n_j \delta_{ij} + \mathrm{i}n_i n_j \varepsilon_{ijk}\hat{\sigma}_k \\
&= \mathbf{1}n_i n_i = \mathbf{1} \, ,
\end{aligned} \tag{3}$$

car $n_i n_j \varepsilon_{ijk} = 0$ est vraie pour tout k, puisque $n_i n_j$ est symétrique et ε_{ijk} est antisymétrique par rapport à i et j. Le résultat (3) peut être facilement généralisé. Ainsi :

$$(\boldsymbol{n} \cdot \hat{\boldsymbol{\sigma}})^{2n} = \mathbf{1} \quad \text{et} \tag{4}$$
$$(\boldsymbol{n} \cdot \hat{\boldsymbol{\sigma}})^{2n+1} = \mathbf{1}(\boldsymbol{n} \cdot \hat{\boldsymbol{\sigma}}) = (\boldsymbol{n} \cdot \hat{\boldsymbol{\sigma}}) \, . \tag{5}$$

Maintenant, la transformation désirée peut être construite :

$$\begin{aligned}
\exp(-\tfrac{1}{2}\mathrm{i}\phi\boldsymbol{n} \cdot \hat{\boldsymbol{\sigma}}) &= \sum_{n=0}^{\infty} \frac{1}{n!}(-\tfrac{1}{2}\mathrm{i}\phi)^n (\boldsymbol{n} \cdot \hat{\boldsymbol{\sigma}})^n \\
&= \sum_{n=0}^{\infty} \frac{1}{(2n)!}(-\tfrac{1}{2}\mathrm{i}\phi)^{2n} (\boldsymbol{n} \cdot \hat{\boldsymbol{\sigma}})^{2n} \\
&\quad + \sum_{n=0}^{\infty} \frac{1}{(2n+1)!}(-\tfrac{1}{2}\mathrm{i}\phi)^{2n+1} (\boldsymbol{n} \cdot \hat{\boldsymbol{\sigma}})^{2n+1}
\end{aligned}$$

$$= \mathbf{1} \sum_{n=0}^{\infty} \frac{1}{(2n)!}(-1)^n(\tfrac{1}{2}\phi)^{2n}$$

$$- \mathrm{i}(\boldsymbol{n}\cdot\hat{\boldsymbol{\sigma}}) \sum_{n=0}^{\infty} \frac{1}{(2n+1)!}(-1)^n(\tfrac{1}{2}\phi)^{2n+1}$$

$$= \mathbf{1}\cos(\tfrac{1}{2}\phi) - \mathrm{i}(\boldsymbol{n}\cdot\hat{\boldsymbol{\sigma}})\sin(\tfrac{1}{2}\phi) \, ,$$

puisque les deux séries sont précisément les fonctions trigonométriques.

EXEMPLE ▇▇▇▇▇▇▇▇▇▇▇▇

3.9 Critères de Cartan pour la semi-simplicité

Il existe un critère élémentaire, que l'on doit à **Cartan**, pour identifier une algèbre de Lie semi-simple. Définissons à cet effet le tenseur symétrique

$$g_{\sigma\lambda} = g_{\lambda\sigma} = C_{\sigma\varrho\tau}C_{\lambda\tau\varrho} \, , \tag{1}$$

construit à partir de constantes de structures. $g_{\sigma\lambda}$ est appelé le *tenseur métrique*, ou parfois aussi *forme de Killing*. Ce tenseur peut être défini pour tout groupe de Lie et ses algèbres de Lie. De façon équivalente, on peut aussi définir ce tenseur par :

$$(\hat{L}_i, \hat{L}_j) = \mathrm{tr}(\hat{L}_i.\hat{L}_j) \, ,$$

où les $\hat{L}_i$ sont les générateurs. Nous avons maintenant la représentation appelée *régulière* d'un groupe de Lie [voir (5.33) et suivants au chapitre 5] dans laquelle les éléments de matrice de $\hat{L}_i$ sont définis par

$$(\hat{L}_i)_{\alpha\beta} = C_{i\alpha\beta} \, .$$

Nous en déduisons :

$$(\hat{L}_i, \hat{L}_j) = \mathrm{tr}(\hat{L}_i.\hat{L}_j) = \sum_{\alpha\beta}(\hat{L}_i)_{\alpha\beta}(\hat{L}_j)_{\beta\alpha}$$

$$= C_{i\alpha\beta}C_{j\beta\alpha} = g_{ij} \, .$$

$(\hat{L}_i, \hat{L}_j)$ satisfait à toutes les propriétés d'une métrique :

$$(\hat{L}_i, \hat{L}_j) = (\hat{L}_j, \hat{L}_i) \, ,$$
$$(\hat{L}_i + \hat{L}_j, \hat{L}_k) = (\hat{L}_i, \hat{L}_k) + (\hat{L}_j, \hat{L}_k) \, ,$$

mais elle n'est pas nécessairement définie positive [i.e. $(\hat{L}_i, \hat{L}_i) > 0$], comme c'est bien entendu le cas, par exemple, pour la métrique de Minkowski. Nous allons montrer maintenant qu'une *algèbre de Lie est semi-simple si et seulement si*

$$\det(g_{\sigma\lambda}) \neq 0 \, . \tag{2}$$

Exemple 3.9   Pour ceci, nous devons démontrer que $\det(g_{\sigma\lambda}) = 0$ s'il existe une sous-algèbre non triviale (idéal abélien). Supposons que l'algèbre de Lie possède un idéal abélien. Nous désignerons par un prime les générateurs appartenant à l'idéal. Alors pour la colonne λ' du tenseur métrique, nous avons

$$g_{\sigma\lambda'} = C_{\sigma\varrho\tau}C_{\lambda'\tau\varrho} = C_{\sigma\varrho'\tau}C_{\lambda'\tau\varrho'} \tag{3}$$

puisque $C_{\lambda'\tau\varrho} = 0$ pour les valeurs $\varrho \neq \varrho'$ qui n'appartiennent pas à l'idéal [cf (3.28)]. De plus, nous pouvons déduire de (3) :

$$g_{\sigma\lambda'} = -C_{\varrho'\sigma\tau}C_{\lambda'\tau\varrho'} = -C_{\varrho'\sigma\tau'}C_{\lambda'\tau'\varrho'} \, , \tag{4}$$

puisque $C_{\varrho'\sigma\tau} = 0$ pour toutes les valeurs $\tau \neq \tau'$, pour la même raison. Nous avons maintenant pour un idéal abélien

$$C_{\lambda'\tau'\varrho'} = 0 \tag{5}$$

d'où nous déduisons

$$g_{\sigma\lambda'} = 0 \, . \tag{6}$$

Donc la colonne λ' du tenseur métrique s'annule et alors :

$$\det(g_{\sigma\lambda}) = 0 \, . \tag{7}$$

Nous remarquerons ici que la condition de Cartan (2) signifie que le tenseur métrique doit posséder un tenseur inverse $g^{\sigma\lambda} = (g_{\sigma\lambda})^{-1}$, pour lequel l'équation

$$g^{\sigma\lambda}g_{\sigma\tau} = \delta_\tau^\lambda \tag{8}$$

est vérifiée. Démontrons maintenant la réciproque.

Soit :

$$\det g_{\sigma\lambda} = 0 \, . \tag{9}$$

Nous montrons que l'algèbre définie par

$$[\hat{L}_i, \hat{L}_j] = C_{ijk}\hat{L}_k \, , \quad \hat{L} \in G \tag{10}$$

possède une sous-algèbre abélienne

$$[\hat{L}_i', \hat{L}_j'] = 0 \quad \hat{L}' \in U \subset G \, . \tag{11}$$

Si $\det g_{\sigma\lambda} = 0$, l'équation

$$a_i^\sigma g_{\sigma\lambda} = 0 \tag{12}$$

possède des solutions non triviales. Le sous-espace des générateurs définis de cette façon :

$$\hat{L}_i' = a^\sigma{}_i \hat{L}_\sigma \, , \quad a^\sigma{}_i g_{\sigma\lambda} = 0 \tag{13}$$

détermine encore une algèbre. Si $\hat{L}_k$ est un générateur arbitraire de G_i et si $\hat{L}'_i$ et $\hat{L}'_j$ sont des générateurs de U, nous aurons

$$\text{tr}[\hat{L}'_i, \hat{L}'_j]\hat{L}_k = \text{tr}\hat{L}'_i[\hat{L}'_j, \hat{L}_k] . \tag{14}$$

En substituant (13) pour $\hat{L}'_i$, on obtient

$$\begin{aligned}\text{tr}[\hat{L}'_i, \hat{L}'_j]\hat{L}_k &= a^\sigma{}_i a^\delta_j \text{tr}\hat{L}_\sigma[\hat{L}_\delta, \hat{L}_k]_- \\ &= a^\sigma{}_i a^\delta_j C_{\delta kl}\text{tr}\hat{L}_\sigma\hat{L}_l \\ &= a^\sigma{}_i a^\delta_j C_{\delta kl}g_{\sigma l} \\ &= 0 . \end{aligned} \tag{15}$$

Ici, nous avons utilisé $a^\sigma_i g_{\sigma l} = 0$.

D'où :

$$\text{tr}[L'_i, L'_j]\hat{L}_k = 0 . \tag{16}$$

Puisque $\hat{L}_k$ est choisi arbitrairement, la trace s'annule si le commutateur est nul

$$[L'_i, L'_j] = 0 \tag{17}$$

ce que nous voulions démontrer.

EXEMPLE

3.10 Semi-simplicité de SO(3)

Problème. Montrer à l'aide du critère de Cartan que le groupe SO(3) est semi-simple.

Solution. Les constantes de structure de SO(3) sont identiques au tenseur antisymétrique $i\varepsilon_{ijk}$ (cf exemple 3.1). Par conséquent, le tenseur métrique du groupe SO(3) est

$$g_{\sigma\lambda} = -\varepsilon_{\sigma jk}\varepsilon_{\lambda kj} = \varepsilon_{\sigma jk}\varepsilon_{\lambda jk} = 2\delta_{\sigma\lambda} . \tag{1}$$

Nous avons alors

$$\det(g_{\sigma\lambda}) = 8 \neq 0 \tag{2}$$

ce qui démontre que SO(3) est semi-simple. De fait, nous avions déjà conclu de nos discussions antérieures que SO(3) est un groupe simple. (cf exemple 3.7).

3.4 Groupes de Lie compacts et algèbres de Lie

Nous allons maintenant introduire un nouveau concept : un groupe de Lie est habituellement appelé *compact* si ses paramètres prennent des valeurs continues dans des domaines compacts (fermés et bornés). Sinon, on parlera de groupe *non compact*. L'algèbre de Lie correspondante est appelée compacte ou non compacte respectivement. Toute algèbre de Lie compacte est semi-simple. Nous avions défini auparavant plus précisément la compacité (section 1.7). La définition actuelle est moins précise, mais est également correcte : chaque élément du groupe est défini de façon unique par les paramètres. Par exemple, pour O(2), ϕ décrit l'élément du groupe $e^{i\phi\hat{L}_z}$.

S'il existe un nombre fini de paramètres (i.e. un nombre fini de générateurs), et si le domaine de paramètres est compact (s'il est borné, il peut être compacté par inclusion dans le domaine de paramètres de tous les éléments obtenus par passage à la limite), la définition donnée en section 1.7 est valable.

3.5 Opérateurs invariants (opérateurs de Casimir)[1]

Les harmoniques sphériques $Y_{lm}(\theta, \phi)$ sont caractérisés par les nombres quantiques l et m. Plus précisément, les $Y_{lm}(\theta, \phi)$ sont des fonctions propres simultanées des deux opérateurs de moment angulaire orbital $\hat{L}^2$ et $\hat{L}_3$, qui sont reliés aux générateurs $\hat{J}_i$ du groupe de rotation pour les *champs sans spin* ainsi :

$$\hat{L}^2 = \sum_i \hat{J}_i^2 = \hat{J}^2 , \quad \hat{L}_3 = \hat{J}_3 .$$

$\hat{L}^2$ (et aussi $\hat{J}^2$) n'est *pas un générateur* du groupe, mais c'est une *fonction bilinéaire de tous les générateurs*. $\hat{L}^2$ a la propriété particulière de commuter avec tous les générateurs, soit :

$[\hat{J}^2, \hat{J}_i]_- = 0$.   Par conséquent nous avons :

$[\hat{J}^2, \hat{U}_R(\phi)]_- = 0$

également, i.e. $\hat{J}^2$ commute aussi avec tous les opérateurs $\hat{U}_R(\phi)$ du groupe. Par conséquent, $\hat{J}^2$ est appelé un *opérateur invariant* du groupe ou *opérateur* de *Casimir*

L'importance des opérateurs $\hat{J}^2$ réside dans le fait que leurs vecteurs propres, dégénérés $(2j+1)$ fois, représentent exactement les *multiplets du groupe de rotation*. $j = 0$ est un singlet, $j = \frac{1}{2}$ un doublet, $j = 1$ un triplet, etc. Cette propriété n'est pas une propriété particulière du groupe de rotation mais une caractéristique générale des groupes de Lie semi-simples sous une forme un peu généralisée. *Racah* a ainsi démontré le théorème suivant :

---

[1] Nous suivons dans une certaine mesure la présentation de K.W. McVoy : Reviews of Modern Physics **37** (No. 1), 84 (1965).

3.6 Théorème de Racah[2]

Pour tout groupe de Lie semi-simple de *rang l*, il existe un jeu de l opérateurs de Casimir. Ce sont des fonctions $\hat{C}_\lambda(\hat{L}_1, \hat{L}_2, \dots, \hat{L}_n)$ $(\lambda = 1, 2, \dots, l)$ des générateurs $\hat{L}_i$, qui commutent avec chaque opérateur du groupe et donc entre eux également : $[\hat{C}_\lambda, \hat{C}'_\lambda] = 0$. Les valeurs propres des $\hat{C}_\lambda$ caractérisent les multiplets du groupe de façon unique.

Ce théorème nous fournit la possibilité d'une formulation précise de la notion de *multiplet*. Nous allons donc expliquer davantage ce concept.

3.7 Remarques sur les multiplets

Nous commencerons avec le concept de *sous-espace invariant de l'espace de Hilbert total*, c'est-à-dire de tous les états sur lesquels agissent les opérateurs du groupe de symétrie. Nous entendons par là un ensemble d'états engendrés, par application d'un opérateur du groupe, à partir d'autres états appartenant au même ensemble. *Les opérateurs du groupe transforment mutuellement les états du sous-espace invariant les uns dans les autres.* En d'autres termes, les éléments de matrice des opérateurs du groupe (générateurs) entre des états appartenant au sous-espace invariant et des états extérieurs s'annulent. Un *multiplet* est un *sous-espace invariant!irréductible* du groupe, ou de façon équivalente, un sous-espace qui ne contient pas de sous-espace invariant additionnel.

EXEMPLE

3.11 Un sous-espace invariant du groupe de rotation

Les vecteurs orthogonaux $\{Y_{00}, Y_{11}, Y_{10}, Y_{1-1}\}$ constituent un sous-espace invariant de dimension 4 par rapport au groupe de rotation, puisque l'un quelconque des générateurs $\hat{J}_k$ (dans ce cas les opérateurs de moment angulaire $\hat{L}_k$) de ce groupe peut seulement modifier – comme nous le savons – le nombre quantique m, et non pas l. Par conséquent, les $\hat{J}_k$ transforment ces vecteurs entre eux mutuellement, comme le font les $\hat{U}_R(\phi)$, qui sont des fonctions des $\hat{J}_k$, soit :

$$\hat{J}_\pm Y_{lm} = (\hat{J}_1 \pm i\,\hat{J}_2)Y_{lm} = \sqrt{l(l+1) - m(m \pm 1)}\,Y_{lm\pm1} \ ,$$
$$\hat{J}_3 Y_{lm} = mY_{lm} \ .$$

---

[2] G. Racah : *Group Theory and Spectroscopy*, Princeton Lectures (CERN Reprint).

EXEMPLE ████████████████████████████

3.12 Réduction d'un sous-espace invariant

Le sous-espace invariant de dimension 4, $\{Y_{00}, Y_{11}, Y_{10}, Y_{1-1}\}$, que nous avons discuté dans l'exemple précédent est un sous-espace réductible car il contient des sous-espaces plus petits (qui ne sont pas réductibles davantage et qui sont de vrais multiplets), plus précisément le *triplet* :

$$\{Y_{11}, Y_{10}, Y_{1-1}\} \tag{1}$$

et le *singlet* :

$$\{Y_{00}\} . \tag{2}$$

Il en est ainsi car les opérateurs $\hat{J}_\nu$ ne changent pas le nombre quantique l, par exemple :

$$\hat{J}_\pm Y_{lm} = \sqrt{l(l+1) - m(m \pm 1)} Y_{lm\pm 1}$$
$$\hat{J}_3 Y_{lm} = m Y_{lm} . \tag{3}$$

Le triplet (et aussi le singlet) ne peuvent être réduits davantage. D'après (3) nous avons :

$$\langle Y_{00} | \hat{U}_R(\phi) | Y_{lm} \rangle = 0 \quad (l \neq 0) \tag{4}$$

pour chaque opérateur de rotation $\hat{U}_R(\phi)$ du groupe. Il n'existe aucun opérateur du groupe avec des éléments de matrice non nuls entre le singlet et le triplet (plus généralement, entre un multiplet et un autre). La décomposition complète du sous-espace invariant $\{Y_{00}, Y_{11}, Y_{10}, Y_{1-1}\}$ en un singlet et un triplet est notée :

$$\{Y_{00}, Y_{11}, Y_{10}, Y_{1-1}\} = \{Y_{00}\} \oplus \{Y_{11}, Y_{10}, Y_{1-1}\} . \tag{5}$$

████████████████████████████

Nous voyons sur le dernier exemple que les états contenus dans un simple multiplet sont évidemment reliés les uns aux autres. Ceci apparaît plus clairement si nous construisons le multiplet de la façon suivante : nous partons d'un état normalisé ψ_0, appartenant au multiplet d'un groupe. Alors, tous les vecteurs

$$\psi_\alpha(r) = \hat{U}(\alpha)\psi_0 \tag{3.29}$$

sont construits à partir de ψ_0 par application des opérateurs du groupe $\hat{U}(\alpha)$. Chaque application successive d'un opérateur du groupe $\hat{U}(\beta)$ doit transformer les vecteurs $\psi_\alpha(r)$ mutuellement car $\hat{U}(\beta)\hat{U}(\alpha) = \hat{U}(\gamma)$ sera encore un opérateur du groupe. La sphère des vecteurs ψ_α est transformée en elle-même (cf figure 3.3). Le vecteur $\psi_\alpha(r)$ par lui-même ne constitue pas un espace vectoriel (car chaque élément est normalisé à l'unité), mais toutes les combinaisons linéaires réunies de $\psi_\alpha(r)$ engendrent l'espace. Celui-ci est bien sûr invariant par rapport au groupe. *Il constitue exactement le multiplet*, qui contient ψ_0.

Le nom «multiplet» provient de la spectroscopie atomique, où les sous-espaces invariants sont caractérisés par le moment angulaire total j et le moment orbital l.

Par exemple

$2p_{\frac{3}{2}}$ signifie $n = 2$ (nombre quantique principal)
              $l = 1$ (état p de Y_{1m})
              $j = 3/2$ (moment angulaire total)

$3d_{\frac{5}{2}}$ signifie $n = 3$ (nombre quantique principal)
              $l = 3$ (état d de Y_{2m})
              $j = 5/2$ (moment angulaire total)

$3p_{\frac{3}{2}}$ signifie $n = 3$ (nombre quantique principal)
              $l = 1$ (état p de Y_{1m})
              $j = 3/2$ (moment angulaire total, etc.)

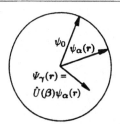

Fig. 3.3. Les états $\psi_\alpha(r)$ peuvent être interprétés comme des vecteurs sur une sphère unité (états normalisés) [$\psi_\gamma(r)$ est raccourci par effet de perspective]

En l'absence de champ extérieur, tous ces multiplets sont dégénérés d'ordre $(2j + 1)$. En présence d'un champ externe (par exemple un champ magnétique), ces états se séparent, ce qui peut être démontré, par exemple, dans l'effet Zeeman, et conduit à des *séries de multiplets de lignes voisines* dans le spectre de l'atome (figure 3.4).

Cette séparation indique que la symétrie représentée par les multiplets, n'est plus exacte. On parle alors de symétrie faiblement brisée. Autrement, la multiplicité des états du multiplet n'est plus distinguable (comparer également à la discussion suivante sur l'invariance par rapport à un groupe de symétrie).

Dans le cadre de la théorie des groupes, un jeu d'états dégénérés est appelé multiplet. Les multiplets dépendent du groupe de symétrie. Ainsi, en physique atomique, apparaissent des multiplets de moment angulaire de spin qui proviennent de l'invariance rotationnelle. Y_{00} est un singlet par rapport au groupe de rotation ; la particule Λ (cf table, exemple 6.1) est un singlet d'isospin ; neutron et proton (n, p) forment un doublet d'isospin (cf chapitre 5), de même que les états fondamentaux des noyaux ^{3}H et ^{3}He ; les pions $\{\pi^+, \pi^0, \pi^{-1}\}$ forment un triplet d'isospin, etc.

L'approche qualitative importante que nous gagnons par cette discussion est que chaque groupe possède un jeu de multiplets bien défini, unique et partiellement caractéristique. Bien que ces multiplets soient déterminés par la structure du groupe, *il n'existe pas de méthode générale pour les trouver pour des groupes continus arbitraires.*. Nous disposons seulement du théorème de Racah pour les groupes de Lie semi-simples.

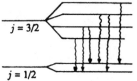

Fig. 3.4. Multiplet obtenu par levée de dégénérescence d'un état multiplet. La séparation des états multiplets indique que la symétrie responsable de l'existence de ce multiplet n'est plus exacte. On dira que la symétrie est légèrement brisée. Autrement, le multiplet ne serait pas reconnaissable (ici : multiplet de raies X). Voir aussi la discussion suivante sur l'invariance par rapport à une symétrie (section 3.8)

3.8 Invariance par rapport à un groupe de symétrie

Soit $\hat{U}(\boldsymbol{\alpha})$ les opérateurs d'un groupe de symétrie (par exemple les opérateurs de rotation). L'invariance du système par rapport au groupe $\hat{U}(\boldsymbol{\alpha})$ signifie que l'état initial ψ qui satisfait à[3]

$$i\frac{\partial}{\partial t}\psi = \hat{H}\psi \, , \tag{3.30}$$

et également l'état généré par la transformation de symétrie (rotation)

$$\psi'(\boldsymbol{r}) = \hat{U}(\boldsymbol{\alpha})\psi(\boldsymbol{r}) \tag{3.31}$$

satisfont à la même équation de Schrödinger (3.30) avec le même hamiltonien $\hat{H}$, et donc :

$$i\frac{\partial}{\partial t}\psi' = \hat{H}\psi' \, . \tag{3.32}$$

Pour analyser les conséquences de cette condition, nous multiplions (3.30) par $\hat{U}(\alpha)$

$$i\frac{\partial}{\partial t}\hat{U}(\boldsymbol{\alpha})\psi(\boldsymbol{r}) = \hat{U}(\boldsymbol{\alpha})\hat{H}\hat{U}^{-1}(\boldsymbol{\alpha})\hat{U}(\boldsymbol{\alpha})\psi(\boldsymbol{r}) \, . \tag{3.33}$$

Dans le membre de droite, nous avons inséré $\mathbf{1} = \hat{U}^{-1}(\boldsymbol{\alpha})\hat{U}(\boldsymbol{\alpha})$ entre $\hat{H}$ et ψ. Les paramètres de groupe $\boldsymbol{\alpha}$ sont des nombres fixes ; ils sont en particulier indépendants du temps. Par conséquent, compte tenu de (3.31), (3.33) prend la forme :

$$i\frac{\partial}{\partial t}\psi'(\boldsymbol{r}, t) = \hat{U}(\boldsymbol{\alpha})\hat{H}\hat{U}^{-1}(\boldsymbol{\alpha})\psi'(\boldsymbol{r}, t) \, , \tag{3.34}$$

et une comparaison avec la condition (3.32) conduit à :

$$\hat{H} = \hat{U}(\boldsymbol{\alpha})\hat{H}\hat{U}^{-1}(\boldsymbol{\alpha}) \quad \text{ou} \tag{3.35}$$

$$[\hat{U}(\boldsymbol{\alpha}), \hat{H}]_- = \hat{U}(\boldsymbol{\alpha})\hat{H} - \hat{H}\hat{U}(\boldsymbol{\alpha}) = 0 \, . \tag{3.36}$$

Donc, l'invariance du système par rapport au groupe $\hat{U}$ nécessite que $\hat{H}$ commute avec tous les opérateurs du groupe $\hat{U}(\boldsymbol{\alpha})$, et donc qu'il commute aussi avec tous les générateurs $\hat{L}_i$ du groupe. On voit immédiatement que la réciprocité est vérifiée également. De

$$[\hat{L}_i, \hat{H}]_- = 0 \tag{3.37}$$

et $\hat{U}(\boldsymbol{\alpha}) = \exp(-i\alpha_i \hat{L}_i)$, il vient :

$$[\hat{U}(\boldsymbol{\alpha}), \hat{H}]_- = 0 \, . \tag{3.38}$$

---

[3] nous avons posé ici $\hbar = 1$

Pour tout état propre du hamiltonien, par exemple ψ_0 :

$$\hat{H}\psi_0 = E_0\psi_0 \,, \tag{3.39}$$

l'équation (3.36) implique :

$$\hat{U}(\boldsymbol{\alpha})\hat{H}\psi_0 = \hat{U}(\boldsymbol{\alpha})E_0\psi_0 \,, \qquad \hat{H}\hat{U}(\boldsymbol{\alpha})\psi_0 = E_0\hat{U}(\boldsymbol{\alpha})\psi_0 \,, \tag{3.40}$$

c'est-à-dire que tous les autres états $\hat{U}(\boldsymbol{\alpha})\psi_0$ du multiplet sont vecteurs propres du hamiltonien avec la même valeur propre E_0. En d'autres termes, *le hamiltonien est dégénéré pour chaque multiplet du groupe de symétrie.* Ceci vaut également pour les valeurs propres C_λ des l opérateurs de Casimir $\hat{C}_\lambda$ qui commutent avec $\hat{H}$. En effet, les générateurs $\hat{L}_i$ du groupe de symétrie $\hat{U}$ commutent avec $\hat{H}$, et les $\hat{C}_\lambda(\hat{L}_1, \ldots, \hat{L}_l)$ commutent avec $\hat{L}_i$. On peut comprendre ceci de la façon suivante :

$$[\hat{C}_\lambda(\hat{L}_1, \ldots, \hat{L}_l), \hat{L}_i]_- = 0 \,, \tag{3.41}$$

entraîne :

$$[\hat{C}_\lambda(\hat{L}_\nu), \hat{C}_{\lambda'}(\hat{L}_\nu)]_- = 0 \,, \tag{3.42}$$

donc tous les l opérateurs de Casimir commutent entre eux et bien sûr aussi avec $\hat{H}$. Puisque des opérateurs qui commutent peuvent être diagonalisés simultanément et posséderont les mêmes fonctions propres, nous concluons de (3.40) que les $\hat{C}_\lambda$ sont aussi dégénérés pour le multiplet. Pour un multiplet donné, les opérateurs $\hat{C}_\lambda$ possèdent un ensemble commun de valeurs propres :

$$C_1, C_2, \ldots, C_l \,. \tag{3.43}$$

Nous voyons que le théorème de Racah garantit que chaque multiplet correspond de façon unique à un ensemble de valeurs propres $C_1, C_2, \ldots, C_l$. Nous pouvons résumer ainsi : *chaque* multiplet d'un groupe de Lie semi-simple peut être caractérisé de façon unique par les valeurs propres $C_1, C_2, \ldots, C_l$ des l *opérateurs de Casimir* $\hat{C}_1, \hat{C}_2, \ldots, \hat{C}_l$.

EXEMPLE ▬▬▬▬▬▬▬▬▬▬▬▬▬▬▬▬▬▬▬

3.13 Opérateur de Casimir du groupe de rotation

Les multiplets du groupe de rotation (rang 1) sont caractérisés de façon unique par les valeurs propres de l'opérateur de Casimir $\hat{J}^2$, i.e. par $j(j+1)$ (on dira par j simplement).

Dans (3.29) nous avons vu que chaque état ψ du multiplet pouvait être représenté par l'application d'un opérateur $\hat{U}(\boldsymbol{\alpha})$ sur l'état arbitraire ψ_0 du multiplet, ou plus généralement par une combinaison linéaire appropriée :

$$\psi = \sum_{\boldsymbol{\alpha}} a_{\boldsymbol{\alpha}}\hat{U}(\boldsymbol{\alpha})\psi_0 \tag{1}$$

de tels vecteurs du multiplet $\hat{U}(\boldsymbol{\alpha})\psi_0$. Maintenant, à l'aide du théorème de Racah, nous pouvons comprendre la relation d'un autre point de vue : comme ψ_0 est un vecteur propre de $\hat{H}$ et de tous les $\hat{C}_\lambda$, avec les valeurs propres correspondantes E_0 et C_λ ($\lambda = 1, 2, \ldots, l$) respectivement, i.e.

$$\hat{H}\psi_0 = E_0\psi_0$$
$$\hat{C}_\lambda\psi_0 = C_\lambda\psi_0 \quad \lambda = 1, 2, \ldots, l \tag{2}$$

et puisque $[\hat{H}, \hat{C}_\lambda]_- = 0$, $[\hat{H}, \hat{L}_i]_- = 0$ ainsi que $[\hat{C}_\lambda, \hat{L}_i]_- = 0$ [cf (3.36–42)] nous aurons :

$$[\hat{H}, \hat{U}(\boldsymbol{\alpha})]_- = 0, \quad \text{et} \tag{3}$$
$$[\hat{C}_\lambda, \hat{U}(\boldsymbol{\alpha})]_- = 0, \tag{4}$$

et donc, avec (1)

$$\hat{H}\psi = \hat{H}\left(\sum_\alpha a_\alpha \hat{U}(\boldsymbol{\alpha})\psi_0\right) = \sum_\alpha a_\alpha \hat{U}(\boldsymbol{\alpha})\hat{H}\psi_0 = E_0\psi, \tag{5}$$

$$\hat{C}_\lambda\psi = \hat{C}_\lambda\left(\sum_\alpha a_\alpha \hat{U}(\boldsymbol{\alpha})\psi_0\right) = \sum_\alpha a_\alpha \hat{U}(\boldsymbol{\alpha})\hat{C}_\lambda\psi_0 = C_\lambda\psi. \tag{6}$$

Nous pouvons ainsi conclure : chaque état ψ du multiplet est simultanément un vecteur propre de $\hat{H}$ et de tous les opérateurs de Casimir avec les mêmes valeurs propres de E_0 et C_λ ($\lambda = 1, 2, \ldots, l$) respectivement. Cet ensemble de valeurs propres possède toutes les propriétés de symétrie du multiplet par rapport au groupe de symétrie $\hat{U}(\boldsymbol{\alpha})$. Nous verrons bientôt (cf «complétude des opérateurs de Casimir», section 3.11) que le multiplet ne possède pas d'autres propriétés de symétrie par rapport au groupe $\hat{U}(\boldsymbol{\alpha})$. Ceci nous conduit à reconnaître le *rôle fondamental des opérateurs invariants (opérateurs de Casimir) du groupe de symétrie*. Avec leur valeurs propres, ils représentent les propriétés de symétrie du groupe.

EXEMPLE ▬▬▬▬▬▬▬▬▬▬▬▬▬▬▬▬▬▬▬▬▬▬

3.14 Quelques groupes de rang 1 ou 2

(a) Le cas du groupe de rotation est spécial car il est de rang un et possède donc un seul opérateur invariant $\hat{J}^2$.

(b) Le groupe SU(3), que nous aborderons ultérieurement en détail (voir chapitre 7), est de rang deux et par conséquent possède deux opérateurs de Casimir. L'un d'eux correspond à $\hat{J}^2$. Il peut avoir la même valeur propre pour différents multiplets du groupe SU(3). Dans ce cas, un second opérateur invariant est nécessaire pour classer les multiplets de SU(3), conformément au théorème de Racah. Considérons ainsi, à titre d'exemple, les notations suivantes (comparer au chapitre 7, en particulier à l'exercice 7.9) :

le triplet	$\bar{3}$	par : $D^3(0, 1)$
ou l'	octet	par : $D^8(1, 1)$
ou le	multiplet de dimension 15	par : $D^{15}(2, 1)$

Les deux nombres entre parenthèses sont les valeurs propres des deux opérateurs de Casimir. Notons que les trois multiplets considérés ici ont la même valeur propre vis-à-vis du second opérateur de Casimir (soit 1). Ils se distinguent tous par la première valeur propre (0, 1, 2).

3.9 Construction des opérateurs invariants

En général, il n'existe pas de méthode pour construire les opérateurs de Casimir pour des groupes semi-simples quelconques. Chaque groupe doit être étudié en particulier. C'est seulement dans le cas des groupes SU(n), c'est-à-dire le groupe des matrices $n \times n$ unitaires unimodulaires (cf chapitre 4), que Biedenharn[4] fut capable de montrer que les opérateurs de Casimir sont nécessairement des formes polynômiales des générateurs.

$$\hat{C}_\lambda = \sum_{ij} a_{ij}^\lambda \ldots \hat{L}_i \hat{L}_j \ldots . \quad (\lambda \text{ facteurs}) \tag{3.44}$$

où les a_{ij}^λ sont des fonctions bien définies des constantes de structure. Le plus simple opérateur de Casimir $\hat{C}_1$ est une fonction quadratique des générateurs. Pour SU(2), par exemple, c'est l'opérateur $\hat{J}^2 = \frac{1}{2}(\hat{J}_+\hat{J}_- + \hat{J}_-\hat{J}_+) + \hat{J}_3^2$. $\hat{C}_2$ est de degré trois par rapport à $\hat{L}_i$, etc. Nous construirons $\hat{C}_1$ plus loin [voir (3.50) et suivants] pour le cas général. Pour les autres opérateurs de Casimir, on ne connaît aucune procédure de construction générale. Les opérateurs invariants du groupe SU(3) sont $\hat{C}_1$ et $\hat{C}_2$, comme nous le verrons dans le chapitre 7. Remarquons que les *opérateurs de Casimir ne sont pas uniques*. Supposons, par exemple, $\hat{C}$ et $\hat{C}'$ opérateurs invariants d'un groupe de rang l ;

$$\hat{\hat{C}} = \hat{C} + \hat{C}', \quad \hat{\hat{C}}' = \hat{C} - \hat{C}' \tag{3.45}$$

sont aussi des opérateurs invariants du même groupe. Ils peuvent tout aussi bien que $\hat{C}$ et $\hat{C}'$ classer les multiplets. De la même façon, toute puissance de $\hat{C}$ et $\hat{C}'$ ou produit des deux, sera aussi un opérateur de Casimir. Si les opérateurs du groupe $\hat{U}(\boldsymbol{\alpha})$ sont unitaires et si donc les générateurs $\hat{L}_i$ sont hermitiques, on

---

[4] L.C. Biedenharn : J. Math. Phys. **4**, 436 (1963).

peut se servir de ce choix pour toujours *construire, comme opérateurs de Casimir d'un groupe de Lie unitaire semi-simple, des opérateurs hermitique*. Plus précisément, si $\hat{C}$ est un opérateur invariant, pour tout opérateur du groupe $\hat{U}(\boldsymbol{\alpha})$ [cf exercice 3.13, (4)], nous avons

$$\hat{C}\hat{U}(\boldsymbol{\alpha}) = \hat{U}(\boldsymbol{\alpha})\hat{C} \tag{3.46}$$

d'où :

$$\hat{U}^\dagger(\boldsymbol{\alpha})\hat{C}^\dagger = \hat{C}^\dagger \hat{U}^\dagger(\boldsymbol{\alpha}) . \tag{3.47}$$

Puisque $\hat{U}^\dagger = \hat{U}^{-1}$ pour des opérateurs unitaires, nous aurons :

$$\hat{U}^{-1}(\boldsymbol{\alpha})\hat{C}^\dagger = \hat{C}^\dagger \hat{U}^{-1}(\boldsymbol{\alpha}) . \tag{3.48}$$

Autrement dit, $\hat{C}^\dagger$ commute avec tous les opérateurs inverses $\hat{U}^{-1}(\boldsymbol{\alpha})$. Ceci signifie que $\hat{C}^\dagger$ commute avec tous les opérateurs du groupe $\hat{U}(\boldsymbol{\alpha})$, car l'inverse de tout opérateur du groupe appartient aussi au groupe des opérateurs par définition du groupe. De telle sorte que $\hat{C}^\dagger$ *est aussi un opérateur invariant* et nous pouvons aussi dire d'après (3.45)

$$\hat{C}'' = \hat{C} + \hat{C}^\dagger \tag{3.49}$$

est un opérateur de Casimir également. Il est évidemment hermitique. Ainsi, nous supposerons désormais que tous les opérateurs invariants des groupes unitaires sont hermitiques. L'un des opérateurs de Casimir est toujours donné par

$$\hat{C}_1 = g^{\varrho\sigma} \hat{L}_\varrho \hat{L}_\sigma \tag{3.50}$$

avec $g^{\varrho\sigma}$ le tenseur métrique inverse (voir exemple 3.9). Le tenseur métrique inverse existe toujours pour des groupes de Lie semi-simples, car nous savons d'après l'exemple 3.9, (2), que $\det(g_{\sigma\lambda}) \neq 0$. Les $\hat{L}_\varrho$ sont les générateurs du groupe de Lie. En partant du commutateur suivant, nous allons montrer maintenant que $\hat{C}_1$ est un opérateur de Casimir.

$$
\begin{aligned}
[\hat{C}_1, \hat{L}_\tau]_- &= g^{\varrho\sigma}[\hat{L}_\varrho \hat{L}_\sigma, \hat{L}_\tau]_- = g^{\varrho\sigma}\hat{L}_\varrho[\hat{L}_\sigma, \hat{L}_\tau]_- + g^{\varrho\sigma}[\hat{L}_\varrho, \hat{L}_\tau]_- \hat{L}_\sigma \\
&= g^{\varrho\sigma} C^\lambda_{\sigma\tau} \hat{L}_\varrho \hat{L}_\lambda + g^{\varrho\sigma} C^\lambda_{\varrho\tau} \hat{L}_\lambda \hat{L}_\sigma = g^{\varrho\sigma} C^\lambda_{\sigma\tau} \hat{L}_\varrho \hat{L}_\lambda + g^{\varrho\sigma} C^\lambda_{\sigma\tau} \hat{L}_\lambda \hat{L}_\varrho \\
&= g^{\varrho\sigma} C^\lambda_{\sigma\tau} (\hat{L}_\varrho \hat{L}_\lambda + \hat{L}_\lambda \hat{L}_\varrho) .
\end{aligned} \tag{3.51}
$$

Remarquons que nous avons échangé les indices de sommation σ et ϱ dans l'avant-dernière ligne. Les constantes de structure ont été écrites sous la forme $C_{\sigma\tau\lambda} \equiv C^\lambda_{\sigma\tau}$, en élevant le troisième index. Cette notation est plus adaptée pour la suite et parfois utilisée par ailleurs. Le tenseur

$$a^{\varrho\lambda}_\tau = g^{\varrho\sigma} C^\lambda_{\sigma\tau} \tag{3.52}$$

est antisymétrique par rapport à ϱ et λ. Nous pouvons voir ceci en introduisant le tenseur

$$b_{\sigma\mu\nu} = g_{\sigma\lambda}C^{\lambda}_{\mu\nu} = C^{\tau}_{\sigma\varrho}C^{\varrho}_{\lambda\tau}C^{\lambda}_{\mu\nu} = C^{\tau}_{\sigma\varrho}C^{\lambda}_{\mu\nu}C^{\varrho}_{\lambda\tau} \,, \tag{3.53}$$

qui peut, grâce à l'identité de Jacobi (3.16), être transcrit sous la forme :

$$b_{\sigma\mu\nu} = -C^{\tau}_{\sigma\varrho}(C^{\lambda}_{\nu\tau}C^{\varrho}_{\lambda\mu} + C^{\lambda}_{\tau\mu}C^{\varrho}_{\lambda\nu}) = C^{\tau}_{\sigma\varrho}C^{\lambda}_{\nu\tau}C^{\varrho}_{\mu\lambda} + C^{\tau}_{\varrho\sigma}C^{\lambda}_{\tau\mu}C^{\varrho}_{\lambda\nu} \,. \tag{3.54}$$

La convention de sommation s'applique sur les indices répétés. Le membre de droite est invariant par rapport à toute permutation circulaire sur les indices σ, μ et ν. Nous effectuerons la démonstration uniquement pour la permutation circulaire

$$(\sigma\mu\nu) \rightarrow (\mu\nu\sigma) \,, \tag{3.55}$$

les autres cas pouvant être facilement vérifiés par le lecteur. Considérons alors :

$$\begin{aligned} b_{\mu\nu\sigma} &= C^{\tau}_{\mu\varrho}C^{\lambda}_{\sigma\tau}C^{\varrho}_{\nu\lambda} + C^{\tau}_{\varrho\mu}C^{\lambda}_{\tau\nu}C^{\varrho}_{\lambda\sigma} = C^{\varrho}_{\mu\lambda}C^{\tau}_{\sigma\varrho}C^{\lambda}_{\nu\tau} + C^{\lambda}_{\tau\sigma}C^{\varrho}_{\lambda\mu}C^{\tau}_{\varrho\nu} \\ &= b_{\sigma\mu\nu} \,. \end{aligned} \tag{3.56}$$

Ici, nous avons renommé les indices dans la seconde ligne, soit $(\varrho\tau\lambda) \rightarrow (\lambda\varrho\tau)$ dans le premier terme et $(\varrho\tau\lambda) \rightarrow (\tau\lambda\varrho)$ dans le second terme. De même que dans (3.53), $g_{\sigma\lambda}$ est symétrique par rapport à σ et λ ; $C^{\lambda}_{\mu\nu}$ est antisymétrique par rapport à μ et ν ; le tenseur $b_{\sigma\mu\nu}$ doit être antisymétrique sur μ et ν, c'est-à-dire sur les deux derniers indices. En raison de (3.56), $b_{\sigma\mu\nu}$ doit être antisymétrique sur σ et ν également, et en raison de l'invariance par permutation circulaire de $b_{\sigma\mu\nu}$, il doit être antisymétrique par rapport à l'échange de deux indices quelconques.

Revenons sur les équations (3.51) et (3.52). Le tenseur $a^{\varrho\lambda}_{\tau}$ peut être exprimé d'une autre façon avec $C^{\lambda}_{\sigma\tau} = g^{\nu\lambda}b_{\nu\sigma\tau}$ de telle sorte que :

$$a^{\varrho\lambda}_{\tau} = g^{\varrho\sigma}C^{\lambda}_{\sigma\tau} = g^{\varrho\sigma}g^{\nu\lambda}b_{\nu\sigma\tau} \,, \tag{3.57}$$

donc (3.52) devient

$$[\hat{C}_1, \hat{L}_{\tau}]_- = g^{\varrho\sigma}g^{\nu\lambda}b_{\nu\sigma\tau}(\hat{L}_{\varrho}\hat{L}_{\lambda} + \hat{L}_{\lambda}\hat{L}_{\varrho}) \,. \tag{3.58}$$

La somme sur σ et ν dans le membre de droite s'annule en raison de la propriété d'antisymétrie de $b_{\nu\sigma\tau}$. Donc,

$$[\hat{C}_1, \hat{L}_{\tau}]_- = 0 \tag{3.59}$$

pour chaque $\hat{L}_{\tau}$, et ainsi nous avons montré que $\hat{C}_1$ est un opérateur de Casimir.

Rappelons que les opérateurs de Casimir sont définis au sens du théorème de Racah pour les groupes de Lie semi-simples. Ceci ne signifie pas qu'on ne peut construire pour d'autres groupes de Lie de tels opérateurs invariants, commutant avec chaque opérateur. Par exemple, considérons le groupe des translations–rotations (appelé parfois le *groupe euclidien*) dont l'algèbre n'est pas semi-simple.

$$[\hat{J}_i, \hat{J}_j]_- = \varepsilon_{ijk}\hat{J}_k \,, \quad [\hat{P}_i, \hat{P}_j]_- = 0 \,,$$
$$[\hat{P}_i, \hat{J}_j]_- = \varepsilon_{ijk}\hat{P}_k \,, \quad [\hat{P}_i, \hat{J}_i]_- = 0 \,; \quad i, j, k = 1, 2, 3 \,. \tag{3.60}$$

On vérifie facilement que dans ce cas, il existe trois opérateurs invariants, soit $\hat{J}^2 = \hat{J}_1^2 + \hat{J}_2^2 + \hat{J}_3^2$, $\hat{p} \cdot \hat{J} = \hat{p}_1\hat{J}_1 + \hat{p}_2\hat{J}_2 + \hat{p}_3\hat{J}_3$ et $\hat{P}^2 = \hat{P}_1^2 + \hat{P}_2^2 + \hat{P}_3^2$.

Nous reviendrons sur les opérateurs de Casimir et le théorème de Racah dans un contexte plus général au cours du chapitre 12.

3.10 Remarque sur les opérateurs de Casimir des groupes de Lie abéliens

Si un groupe de Lie est abélien, alors son rang est identique au nombre de générateurs $\hat{L}_i$. Ceux-ci sont eux-mêmes des opérateurs invariants, et donc des opérateurs de Casimir. La relation de complétude, dont nous fournirons une démonstration dans la section suivante, s'applique dans ce cas. On peut donc étendre le théorème de Racah, de façon triviale ici, à tous les groupes abéliens.

3.11 Relation de complétude des opérateurs de Casimir

Bien que les l opérateurs invariants ne soient pas déterminés de façon unique, ils forment un ensemble complet. Plus précisément, *chaque opérateur $\hat{A}$ qui commute avec tous les autres opérateurs du groupe de Lie (et donc avec tous les générateurs $\hat{L}_i$ de ce groupe) est nécessairement une fonction des opérateurs de Casimir $\hat{C}_\lambda$ de ce groupe* :

$$\hat{A} = \hat{A}(\hat{C}_\lambda) \,. \tag{3.61}$$

Autrement dit, les opérateurs de Casimir sont l'ensemble le plus grand d'opérateurs indépendants qui commutent avec le groupe, i.e. avec les opérateurs $\hat{U}(\boldsymbol{\alpha})$ du groupe. Si nous considérons le cas d'un opérateur $\hat{A}$ avec $[\hat{A}, \hat{L}_i]_- = 0$, il doit être une fonction des générateurs $\hat{L}_i$

$$\hat{A} = \hat{A}(\hat{L}_i) \,. \tag{3.62}$$

car la transformation

$$\hat{A}\psi_{\boldsymbol{\alpha}} = \hat{A}\hat{U}(\boldsymbol{\alpha})\psi_0 = \hat{U}(\boldsymbol{\alpha})\hat{A}\psi_0 \tag{3.63}$$

reste confinée dans le multiplet de ψ_0. On peut voir ceci facilement en remarquant, qu'en raison de leur commutativité, $\hat{L}_i$ et $\hat{A}$ possèdent un état propre commun :

$$\hat{L}_i \psi_0 = l_i \psi_0 , \quad \hat{A}\psi_0 = a\psi_0 . \tag{3.64}$$

Par conséquent, selon (3.63), ψ_α est aussi un vecteur propre de $\hat{A}$ avec la même valeur propre :

$$\hat{A}\psi_\alpha = \hat{U}(\boldsymbol{\alpha})a\psi_0 = a\psi_\alpha . \tag{3.65}$$

Nous aurons donc la proportionnalité $\hat{A}\psi_\alpha \propto \psi_\alpha$ ce qui correspond à un état faisant partie du multiplet ψ_0. Comme tous les vecteurs de ce multiplet peuvent être atteints à partir de ψ_0 par des rotations appropriées $\hat{U}(\boldsymbol{\alpha})$, $\hat{A}$ doit s'exprimer par une combinaison des générateurs $\hat{L}_i$ de ces rotations. Avec (3.65), on voit que $\hat{A}$ est diagonal pour chaque état ψ_α du multiplet qui contient ψ_0. Par conséquent, $\hat{A}$ satisfait à tous les critères caractérisant un opérateur invariant, et doit s'identifier à l'unité ou à une combinaison (éventuellement non linéaire) des opérateurs de Casimir car, en raison du théorème de Racah, il existe précisément l opérateurs invariants indépendants.

Ce théorème de complétude des opérateurs de Casimir est très utile. Si un système possède une certaine symétrie, alors le hamiltonien correspondant doit commuter avec les générateurs et les opérateurs de Casimir du groupe de symétrie. En plus de la remarque faite ci-dessus, ceci signifie que $\hat{H}$ *lui-même doit être construit à partir des opérateurs invariants du groupe de symétrie.*

EXEMPLE

3.15 Construction du hamiltonien à partir des opérateurs de Casimir

(a) Le hamiltonien sphérique de particules sans spin dans un potentiel central commute avec les opérateurs du groupe de rotation $\hat{U}_R(\boldsymbol{\phi})$. Le hamiltonien doit donc avoir la structure

$$\begin{aligned}\hat{H} &= \hat{T}(\boldsymbol{r}^2, \boldsymbol{p}^2) + f(\boldsymbol{r}^2, \boldsymbol{p}^2)\hat{L}^2 \\ &= T(\boldsymbol{r}^2, \boldsymbol{p}^2)\mathbf{1} + f(\boldsymbol{r}^2, \boldsymbol{p}^2)\hat{L}^2 , \end{aligned} \tag{1}$$

avec $\hat{L}^2$ (le carré de l'opérateur de moment angulaire), opérateur invariant du groupe de rotation. Le terme $\hat{T}$ est proportionnel à l'opérateur identité $\mathbf{1}$ du groupe de rotation (et donc un invariant trivial). Bien entendu, toute puissance d'ordre supérieur de $\hat{L}^2$ (par exemple $\hat{L}^4$) peut aussi intervenir ; mais nous avons considéré ici la structure la plus simple.

(b) Un hamiltonien qui est invariant par rapport aux translations doit contenir les opérateurs de Casimir du groupe des translations $\hat{\boldsymbol{p}} = (\hat{p}_1, \hat{p}_2, \hat{p}_3)$; il doit, par conséquent, être de la forme :

$$\hat{H} = \alpha\mathbf{1} + \boldsymbol{\beta}\cdot\hat{\boldsymbol{p}} + \gamma\hat{\boldsymbol{p}}^2 + \ldots \tag{2}$$

Exemple 3.15

avec α, β et γ constantes. **1** est l'opérateur identité du groupe des translations. Tout comme dans (a), nous avons pris la structure la plus simple. Si nous imposons en plus l'invariance de $\hat{H}$ par rapport à l'inversion du temps ($t \to -t$, correspondant à $\boldsymbol{p} \to -\boldsymbol{p}$), seules des puissances paires de $\hat{p}_i$ sont possibles dans $\hat{H}$.

(c) Le seul opérateur invariant du groupe d'isospin d'un système à deux particules (cf section 5.1) s'écrit :

$$\hat{T}^2 = \tfrac{1}{4}(\hat{\boldsymbol{\tau}}_1 + \hat{\boldsymbol{\tau}}_2)^2 = \tfrac{1}{4}(6 \cdot \mathbf{1} + 2\hat{\boldsymbol{\tau}}_1 \cdot \hat{\boldsymbol{\tau}}_2) , \tag{3}$$

où :

$$\hat{\boldsymbol{\tau}} = \left\{ \begin{bmatrix} 0 & 1 \\ 1 & 0 \end{bmatrix}, \quad \begin{bmatrix} 0 & -i \\ i & 0 \end{bmatrix}, \quad \begin{bmatrix} 1 & 0 \\ 0 & -1 \end{bmatrix} \right\} \tag{4}$$

est le vecteur d'isospin qui a comme composantes les trois matrices de Pauli agissant dans l'espace des isospins. Du fait que $\hat{\boldsymbol{\tau}}_1^2 = \hat{\boldsymbol{\tau}}_1 \cdot \hat{\boldsymbol{\tau}}_1 = 3 \cdot \mathbf{1}$ et $\hat{\boldsymbol{\tau}}_2 \cdot \hat{\boldsymbol{\tau}}_2 = 3 \cdot \mathbf{1}$, nous pouvons interpréter le résultat précédent. Un hamiltonien qui est invariant par rapport à un groupe d'isospin doit contenir, outre l'opérateur identité $\mathbf{1}$, des termes proportionnels à $\hat{\boldsymbol{\tau}}_1 \cdot \hat{\boldsymbol{\tau}}_2$. La structure la plus simple est alors :

$$\hat{H} = f(\boldsymbol{r}) \cdot \mathbf{1} + G(\boldsymbol{r})\hat{\boldsymbol{\tau}}_1 \cdot \hat{\boldsymbol{\tau}}_2 . \tag{5}$$

3.12 Propriétés de quelques groupes

Dans la table 3.1, nous résumons les propriétés de quelques groupes. Il est remarquable de signaler ici que les opérateurs invariants les plus simples des groupes abéliens sont les générateurs eux-mêmes, car ils commutent par définition avec tous les opérateurs du groupe et donc ainsi avec tous les générateurs.

Le groupe d'inversion, dont le générateur est l'opérateur de parité $\hat{P}$ qui remplace $\boldsymbol{r} \to -\boldsymbol{r}$ (ou plus précisément $\{x, y, z\} \to \{-x, -y, -z\}$, et le groupe d'isospin seront discutés en détail dans les chapitres 5 et 8.

Nous voyons que dans tous les cas, le rang du groupe coïncide avec le nombre d'opérateurs invariants (comme indiqué par le théorème de Racah) sauf le groupe des translations–rotations. Mais ce groupe peut violer le théorème de Racah puisqu'il n'est pas semi-simple du fait qu'il contient un sous-groupe abélien. Rappelons que le théorème de Racah n'est vérifié que pour les groupes semi-simples.

Groupe	Générateur	Rang	Opérateurs invariants	Type
Translations	$\hat{\boldsymbol{p}} = \{\hat{p}_1, \hat{p}_2, \hat{p}_3\}$	3	$\hat{\boldsymbol{p}} = \{\hat{p}_1, \hat{p}_2, \hat{p}_3\}$	abélien
Rotations	$\hat{\boldsymbol{J}} = (\hat{J}_1, \hat{J}_2, \hat{J}_3)$	1	$\hat{J}^2 = \hat{J}_1^2 + \hat{J}_2^2 + \hat{J}_3^2$	simple et donc aussi semi-simple
Rotations– Translations	$\hat{\boldsymbol{J}} = (\hat{J}_1, \hat{J}_2, \hat{J}_3)$	3	$\hat{p}^2 = \hat{p}_1^2 + \hat{p}_2^2 + \hat{p}_3^2$	ni simple ni semi-simple
(groupe euclidien)	$\hat{\boldsymbol{p}} = (\hat{p}_1, \hat{p}_2, \hat{p}_3)$		$\hat{\boldsymbol{J}} \cdot \hat{\boldsymbol{p}} = \hat{J}_1 \hat{p}_1 + \hat{J}_1 \hat{p}_2 + \hat{J}_3 \hat{p}_3$	
Inversions	$\hat{P}$	1	$\hat{P}$	discret (pas g. de Lie)
Rotations– inversions	$\hat{\boldsymbol{J}}^2 = (\hat{J}_1, \hat{J}_2, \hat{J}_3)$ $\hat{P}$	2	$\hat{J}^2 = \hat{J}_1^2 + \hat{J}_2^2 + \hat{J}_3^2$ $\hat{P}$	sans rapport
Spin isotopique	$\hat{\boldsymbol{T}} = \{\hat{T}_1, \hat{T}_2, \hat{T}_3\}$	1	$\hat{T}^2 = \hat{T}_1^2 + \hat{T}_2^2 + \hat{T}_3^2$	simple et aussi semi-simple

3.13 Relation entre les changements de coordonnées et les transformations de fonctions

Considérons un groupe de Lie constitué de transformations qui changent les coordonnées x_i en x_i'. Sous forme condensée, on peut écrire ceci :

$$x' = f(\boldsymbol{x}, \boldsymbol{a}) \,, \tag{3.66}$$

où $\boldsymbol{x}$ et $\boldsymbol{x}'$ sont les vecteurs position dans un espace à n dimensions, et $\boldsymbol{a}$ représente les r paramètres du groupe. La transformation précédente s'écrira plus précisément :

$$x_i' = f_i(x_1, x_2, \dots, x_n \,; a_1, a_2, \dots, a_r) \,, \quad i = 1, 2, \dots, n \,. \tag{3.67}$$

Les paramètres sont choisis tels que $\boldsymbol{a} = 0$ coïncide avec l'identité :

$$\boldsymbol{x} = f(\boldsymbol{x}, 0) \,. \tag{3.68}$$

Si nous effectuons maintenant une déplacement (rotation) infinitésimal $\mathrm{d}\boldsymbol{a}$ en partant de l'identité, $\boldsymbol{x}$ est transformé en $\boldsymbol{x}' = \boldsymbol{x} + \mathrm{d}\boldsymbol{x}$, soit :

$$\boldsymbol{x} + \mathrm{d}\boldsymbol{x} = f(\boldsymbol{x}, \mathrm{d}\boldsymbol{a}) \,. \tag{3.69}$$

En prenant le développement au premier ordre de $\mathrm{d}\boldsymbol{a}$, nous écrirons :

$$\mathrm{d}\boldsymbol{x} = f(\boldsymbol{x}, \mathrm{d}\boldsymbol{a}) - f(\boldsymbol{x}, 0) = \left[\frac{\partial}{\partial \boldsymbol{a}} f(\boldsymbol{x}, \boldsymbol{a}) \right]\Bigg|_{\boldsymbol{a}=0} \cdot \mathrm{d}\boldsymbol{a} \,. \tag{3.70}$$

En posant la notation abrégée

$$u(x) = \left[\frac{\partial}{\partial a} f(x, a) \right]_{a=0} , \quad \text{nous avons :} \tag{3.71}$$

$$dx = u(x) \cdot da , \tag{3.72}$$

ou encore plus précisément :

$$dx_i = \left[\frac{\partial}{\partial a_\mu} f_i(x, a) \right]_{a=0} da_\mu = u_{i\mu} \, da_\mu , \quad \text{avec :} \tag{3.73}$$

$$u_{i\mu}(x) = \left[\frac{\partial}{\partial a_\mu} f_i(x, a) \right]_{a=0} . \tag{3.74}$$

Nous avons ici fait usage de la convention de sommation pour laquelle les indices romains (tels que i) s'étendent de 1 à n et les indices grecs (tels que μ) varient de 1 à r.

Regardons maintenant le changement d'une fonction $F(x)$ sous l'effet du déplacement da introduit plus haut. Nous avons :

$$dF = \frac{\partial F(x)}{\partial x} \cdot dx = \sum_i \frac{\partial F(x)}{\partial x_i} dx_i \tag{3.75}$$

et en raison de (3.72–75)

$$dF = \frac{\partial F(x)}{\partial x} \cdot dx = \frac{\partial F(x)}{\partial x} \cdot \{ u(x) \cdot da \} = da \cdot \left\{ u(x) \cdot \frac{\partial F(x)}{\partial x} \right\}$$

$$= \sum_{\mu,i} da_\mu \left\{ u_{i\mu}(x) \frac{\partial}{\partial x_i} \right\} F(x) = -i \sum_{\mu,i} da_\mu \hat{L}_\mu(x) F(x) . \tag{3.76}$$

Manifestement, les r quantités

$$\hat{L}_\mu = i \sum_i u_{i\mu}(x) \frac{\partial}{\partial x_i} = \sum_i \left[\frac{\partial}{\partial a_\mu} f_i(x, a) \right]_{a=0} \frac{\partial}{\partial x_i} \tag{3.77}$$

sont les générateurs du groupe [comparer à (3.4, 3.5)]. On peut comprendre ce résultat ainsi : en raison de la propriété du groupe, la quantité transformée par déplacement $F'(x, a)$ sera nécessairement obtenue par des déplacements successifs de $F(x)$. Avec (3.76), ceci entraîne :

$$da_\mu = a_\mu/N , \quad \text{(avec } N \text{ nombre entier assez grand)} \tag{3.78}$$

$$F(x, a) = \lim_{N \to \infty} (1 - i\hat{L}_\mu \, da_\mu)^N F(x, 0)$$

$$= \lim_{N \to \infty} (1 - i\hat{L}_\mu a_\mu/N)^N F(x, 0)$$

$$= e^{-i\hat{L}_\mu a_\mu} F(x, 0) = \hat{U}(x, a) F(x, 0) . \tag{3.79}$$

Il apparaît donc que

$$\hat{U}(\boldsymbol{x}, \boldsymbol{a}) = \exp(-\mathrm{i}a_\mu \hat{L}_\mu)$$

sont les opérateurs du groupe et $\hat{L}_\mu$ les générateurs du groupe.

Nous allons maintenant appliquer ces différents résultats sur quelques exemples et problèmes.

EXERCICE ████████████████████████████████████

3.16 Transformations dans un espace à n dimensions avec r paramètres

Considérons un groupe de transformations avec r paramètres pour un espace de dimension n ($\mathbb{R}^n$ ou $\mathbb{C}^n$), c'est-à-dire qu'à chaque vecteur $\boldsymbol{x} = (x^i, i, \ldots, n)$ nous faisons correspondre :

$$x_i' = f_i(\boldsymbol{x} ; a_1, \ldots, a_r) \tag{1}$$

avec le groupe de paramètres $a_1, \ldots, a_r$. Supposons comme toujours que

$$\boldsymbol{x} = f(\boldsymbol{x} ; 0, 0, \ldots, 0) . \tag{2}$$

Une fonction $F(\boldsymbol{x})$ se transforme par transformation infinitésimale $\mathrm{d}\boldsymbol{a}$ selon :

$$F(\boldsymbol{x}') = F(f(\boldsymbol{x}, \mathrm{d}\boldsymbol{a})) = F(\boldsymbol{x} + \mathrm{d}\boldsymbol{x})$$

$$= \sum_{\mu=1}^{r} (-\mathrm{i}) \, \mathrm{d}a_\mu \hat{L}_\mu(\boldsymbol{x}) F(\boldsymbol{x}) , \tag{3}$$

avec les opérateurs (générateurs)

$$\hat{L}_\mu = \mathrm{i} \sum_{j=1}^{n} u_{j\mu}(\boldsymbol{x}) \frac{\partial}{\partial x_j}$$

$$= \mathrm{i} \sum_{j=1}^{n} \frac{\partial}{\partial a_\mu} f_j(\boldsymbol{x}, \boldsymbol{a})|_{a=0} \frac{\partial}{\partial x_j} , \quad \mu = 1, \ldots, r . \tag{4}$$

Problème. (a) Déterminer les opérateurs $\hat{L}_\mu$ pour le groupe à deux paramètres défini par :

$$x' = ax + b \quad (a, b \in \mathbb{R}) . \tag{5}$$

(b) Calculer les commutateurs $[\hat{L}_\mu, \hat{L}_\nu]_-$ ($\mu, \nu = a, b$).

Solution. (a) Les deux générateurs $\hat{L}_\mu$ sont notés $\hat{L}_a$ et $\hat{L}_b$. D'après la définition, nous pouvons écrire :

$$\hat{L}_a = \mathrm{i} \left. \frac{\partial}{\partial a}(ax + b) \right|_{a=b=0} \frac{\partial}{\partial x} = \mathrm{i}x\frac{\partial}{\partial x} , \tag{6a}$$

$$\hat{L}_b = \mathrm{i} \left. \frac{\partial}{\partial b}(ax + b) \right|_{a=b=0} \frac{\partial}{\partial x} = \mathrm{i}\frac{\partial}{\partial x} . \tag{6b}$$

(b) Le seul commutateur non nul est :

$$[\hat{L}_a, \hat{L}_b]_- = -\left\{\left(x\frac{\partial}{\partial x}\right)\left(\frac{\partial}{\partial x}\right) - \left(\frac{\partial}{\partial x}\right)\left(x\frac{\partial}{\partial x}\right)\right\}$$

$$= \frac{\partial}{\partial x} = -\mathrm{i}\hat{L}_b \,. \tag{7}$$

EXERCICE

3.17 Générateurs et opérateurs infinitésimaux de SO(n)

Problème. (a) Combien le groupe orthogonal spécial à n dimensions SO(n), i.e. le groupe des matrices de rotation dans $\mathbb{R}^n$, possède-t-il de paramètres? Trouver un ensemble de générateurs.

(b) Montrer que les opérateurs infinitésimaux $\hat{L}_{pr}$ [cf (3.77)] peuvent s'écrire :

$$\hat{L}_{pr} = -\mathrm{i}\left(x_p\frac{\partial}{\partial x_r} - x_r\frac{\partial}{\partial x_p}\right) \quad p, r = 1, \ldots, n; \quad r > p \,. \tag{1}$$

Solution. (a) Une matrice $n \times n$ au voisinage de la matrice unitaire $\mathbf{1}$ sera :

$$\hat{A} = \begin{bmatrix} 1+a_{11} & a_{12} & \ldots & a_{1n} \\ a_{21} & \ddots & & \vdots \\ \vdots & & \ddots & \vdots \\ \vdots & & & \vdots \\ a_{n1} & \ldots & \ldots & 1+a_{nn} \end{bmatrix}$$

$$= \mathbf{1} + \begin{bmatrix} a_{11} & \ldots & a_{1n} \\ \vdots & \ddots & \vdots \\ a_{n1} & \ldots & a_{nn} \end{bmatrix} = \mathbf{1} + \delta\hat{A} \tag{2}$$

où tous les a_{pq} ($p, q = 1, \ldots, n$) sont infinitésimaux. Une telle matrice est un élément de SO(n) si elle laisse le produit scalaire $\boldsymbol{x} \cdot \boldsymbol{y} = \sum_i x_i y_i$ ($x_i, y_i \in \mathbb{R}$) invariant, soit si $(A\boldsymbol{x})^\mathrm{T} \cdot (A\boldsymbol{y}) = \boldsymbol{x} \cdot \boldsymbol{y}$ est vérifié. Ceci conduit à :

$$\boldsymbol{x} \cdot \boldsymbol{y} = [(\mathbf{1}+\delta\hat{A}) \cdot \boldsymbol{x}]^\mathrm{T} \cdot [(\mathbf{1}+\delta\hat{A}) \cdot \boldsymbol{y}]$$

$$= \boldsymbol{x} \cdot \boldsymbol{y} + (\delta\hat{A} \cdot \boldsymbol{x})^\mathrm{T} \cdot \boldsymbol{y} + \boldsymbol{x} \cdot (\delta\hat{A} \cdot \boldsymbol{y}) + O(a^2) \tag{3}$$

ou :

$$\boldsymbol{x} \cdot \delta\hat{A}^\mathrm{T} \cdot \boldsymbol{y} + \boldsymbol{x} \cdot \delta\hat{A} \cdot \boldsymbol{y} = 0 \,. \tag{3'}$$

La condition (3') doit être vérifiée pour tous les vecteurs $\boldsymbol{x}$ et $\boldsymbol{y}$, ce qui implique :

$$\delta\hat{A}^\mathrm{T} = -\delta\hat{A} \,, \tag{4}$$

i.e. $\delta\hat{A}$ doit être une matrice antisymétrique

$$\delta\hat{A} = \begin{bmatrix} 0 & a_{12} & \cdots & a_{1n} \\ -a_{12} & 0 & & \\ \vdots & \vdots & & \vdots \\ \vdots & \vdots & & a_{n-1,n} \\ -a_{1n} & \cdots & -a_{n-1,n} & 0 \end{bmatrix} \qquad (5)$$

avec $\frac{1}{2}n(n-1)$ paramètres libres a_{ij}. Les générateurs $\hat{S}_{pr}$ ($p,r=1,\ldots,n$; $p < r$) sont donc :

$$\hat{S}_{pr} = \mathrm{i}\frac{\partial}{\partial a_{pr}}\delta\hat{A} = \mathrm{i}\begin{bmatrix} 0 & & & \\ & \ddots & & 1 \\ -1 & & \ddots & \\ & & & 0 \end{bmatrix}, \qquad (6)$$

où les 1 et -1 se trouvent aux positions de a_{pr} (resp. $-a_{pr}$) dans (5), soit plus précisément :

$$(\hat{S}_{pr})_{ij} = \mathrm{i}(\delta_{ip}\delta_{jr} - \delta_{ir}\delta_{jp}) . \qquad (6')$$

(b) Pour les faibles valeurs de a_{pr}, la transformation de coordonnées est alors :

$$x' = Ax \Leftrightarrow x'_k = A_{kj}x_j$$
$$= x_k - \mathrm{i}\sum_{j=1}^{n}\sum_{p,r=1}^{n}(a_{pr}\hat{S}_{pr})_{kj}x_j . \qquad (7)$$

Les opérateurs infinitésimaux correspondants (générateurs) seront notés $\hat{L}_{pr}$:

$$\hat{L}_{pr} = \mathrm{i}\sum_{j=1}^{n}\frac{\partial}{\partial a_{pr}}x'_j|_{\delta A=0}\frac{\partial}{\partial x_j}$$
$$= \sum_{j=1}^{n}(-\mathrm{i})^j\sum_{k=1}^{n}(\hat{S}_{pr})_{jk}x_k\frac{\partial}{\partial x_j}$$
$$= \mathrm{i}\left(x_r\frac{\partial}{\partial x_p} - x_p\frac{\partial}{\partial x_r}\right) . \qquad (8)$$

C'est une généralisation de l'opérateur de moment angulaire pour n arbitraire.

EXERCICE ████████████████████

3.18 Représentation matricielle pour l'algèbre de Lie de spin 1

Problème. Montrer que les matrices $S_{\alpha\beta}$ de l'exercice 3.17 sont une représentation de l'algèbre de Lie pour des objets de spin 1.

Solution. Nous avons déjà montré que le groupe SO(3) est isomorphe de SU(2), ce qui signifie que les éléments des deux groupes obéissent à la même algèbre de Lie. Dans l'exercice 3.17 nous avons obtenu une représentation matricielle $S_{\alpha\beta}$ et les générateurs infinitésimaux des rotations dans $\mathbb{R}^n$. Ces générateurs ont été interprétés comme une généralisation de l'opérateur de moment angulaire pour un espace de dimension arbitraire n. Il est important de remarquer que ces objets se transforment en général comme des tenseurs de rang 2. Par conséquent, dans le cas particulier $n = 3$, il existe trois paramètres indépendants (L_{12}, L_{13}, L_{23}), qui peuvent être interprétés comme un vecteur axial dans cet espace à trois dimensions $\boldsymbol{L}$. Déjà pour $n = 4$, il existe six éléments qui ne peuvent plus être interprétés comme les composantes d'un vecteur dans $\mathbb{R}^4$. Par conséquent, il est plus instructif d'interpréter les $L_{\alpha\beta}$ comme des rotations dans le plan $\alpha\beta$ (mais notons par exemple la décomposition possible en deux vecteurs à trois composantes qui est utilisée, par exemple, en relativité et qui est appelée rotation spatiale avec translation de Lorentz).

Nous continuerons cependant à employer la terminologie utilisée pour SO(3) et essaierons de généraliser pour n arbitraire. Nous calculons d'abord les relations de commutation pour les opérateurs de moment angulaires généralisés $L_{\alpha\beta}$:

$$
\begin{aligned}
[L_{\alpha\beta}, L_{\mu\nu}] &= \mathrm{i}^2[(x_\beta\partial_\alpha - x_\alpha\partial_\beta), (x_\nu\partial_\mu - x_\mu\partial_\nu)] \\
&= \mathrm{i}^2(x_\beta\partial_\alpha x_\nu\partial_\mu - x_\beta\partial_\alpha x_\mu\partial_\nu - x_\alpha\partial_\beta x_\mu\partial_\nu + x_\alpha\partial_\beta x_\nu\partial_\mu \\
&\quad - x_\nu\partial_\mu x_\beta\partial_\alpha + x_\nu\partial_\mu x_\alpha\partial_\beta + x_\mu\partial_\nu x_\beta\partial_\alpha - x_\mu\partial_\nu x_\alpha\partial_\beta) \\
&= \mathrm{i}^2(x_\beta\delta_{\alpha\nu}\partial_\mu + x_\beta x_\nu\partial_\alpha\partial_\mu - x_\beta\delta_{\alpha\mu}\partial_\nu - x_\beta x_\mu\partial_\alpha\partial_\nu \\
&\quad - x_\alpha\delta_{\beta\nu}\partial_\mu - x_\alpha x_\nu\partial_\beta\partial_\mu + x_\alpha\delta_{\beta\mu}\partial_\nu + x_\alpha x_\mu\partial_\beta\partial_\nu \\
&\quad - x_\nu\delta_{\mu\beta}\partial_\alpha - x_\nu x_\beta\partial_\mu\partial_\alpha + x_\nu\delta_{\mu\alpha}\partial_\beta + x_\nu x_\alpha\partial_\mu\partial_\beta \\
&\quad + x_\mu\delta_{\nu\beta}\partial_\alpha + x_\mu x_\beta\partial_\nu\partial_\alpha - x_\mu\delta_{\nu\alpha}\partial_\beta - x_\mu x_\alpha\partial_\nu\partial_\beta) \ .
\end{aligned}
\tag{1}
$$

Les composantes des coordonnées et des dérivées commutent toutes deux : $[x_\alpha, x_\beta] = 0$, $[\partial_\alpha, \partial_\beta] = 0$ et par conséquent les termes de la forme $x_\alpha x_\beta\partial_\alpha\partial_\beta$ s'annulent deux à deux. Il résulte de la propriété de symétrie du symbole de Kronecker $\delta_{\alpha\beta} = \delta_{\beta\alpha}$:

$$
\begin{aligned}
[L_{\alpha\beta}, L_{\mu\nu}] &= \mathrm{i}^2(\delta_{\alpha\nu}(x_\beta\partial_\mu - x_\mu\partial_\beta) - \delta_{\alpha\mu}(x_\beta\partial_\nu - x_\nu\partial_\beta) \\
&\quad + \delta_{\beta\nu}(x_\alpha\partial_\mu - x_\mu\partial_\alpha) - \delta_{\beta\mu}(x_\alpha\partial_\nu - x_\nu\partial_\alpha)) \ .
\end{aligned}
\tag{2}
$$

D'après les relations de définition (exercice 3.17, (8)) nous obtenons :

$$
[L_{\alpha\beta}, L_{\mu\nu}] = \mathrm{i}(+\delta_{\alpha\nu}L_{\mu\beta} - \delta_{\alpha\mu}L_{\nu\beta} + \delta_{\beta\nu}L_{\mu\alpha} - \delta_{\beta\mu}L_{\nu\alpha})
\tag{3}
$$

ou, en utilisant l'antisymétrie des générateurs $L_{\alpha\beta} = -L_{\beta\alpha}$, sous la forme habituelle :

Exercice 3.18

$$[L_{\alpha\beta}, L_{\mu\nu}] = \mathrm{i}(+\delta_{\alpha\mu}L_{\beta\nu} - \delta_{\beta\nu}L_{\alpha\mu} - \delta_{\alpha\nu}L_{\beta\mu} + \delta_{\beta\mu}L_{\alpha\nu}) \,. \tag{4}$$

Ceci est l'algèbre de Lie de SO(n). L'étape suivante est la construction explicite de l'opérateur de Casimir. Par définition, il commute avec tous les éléments du groupe $L_{\alpha\beta}$. Nous essayons l'expression :

$$\Lambda^2 = \frac{1}{2}\sum_{\alpha,\beta}(L_{\alpha\beta})^2 = \frac{1}{2}\delta^{\alpha\mu}\delta^{\beta\nu}L_{\alpha\beta}L_{\mu\nu} \tag{5}$$

qui correspond précisément à la somme de tous les carrés des éléments du groupe. La relation de commutation donne :

$$\begin{aligned}
[\Lambda^2, L_{\sigma\tau}] &= \frac{1}{2}\delta^{\alpha\mu}\delta^{\beta\nu}[L_{\alpha\beta}L_{\mu\nu}, L_{\sigma\tau}] \\
&= \frac{1}{2}\delta^{\alpha\mu}\delta^{\beta\nu}(L_{\alpha\beta}L_{\mu\nu}L_{\sigma\tau} - L_{\sigma\tau}L_{\alpha\beta}L_{\mu\nu}) \\
&= \frac{1}{2}\delta^{\alpha\mu}\delta^{\beta\nu}(L_{\alpha\beta}[L_{\mu\nu}, L_{\sigma\tau}] + [L_{\alpha\beta}, L_{\sigma\tau}]L_{\mu\nu}) \,. \tag{6}
\end{aligned}$$

Et par insertion des relations de commutation (4), nous avons :

$$\begin{aligned}
[\Lambda^2, L_{\sigma\tau}] &= \frac{\mathrm{i}}{2}\delta^{\alpha\mu}\delta^{\beta\nu}(L_{\alpha\beta}(\delta_{\mu\sigma}L_{\nu\tau} + \delta_{\nu\tau}L_{\mu\sigma} - \delta_{\mu\tau}L_{\nu\sigma} - \delta_{\nu\sigma}L_{\mu\tau}) \\
&\quad + (\delta_{\mu\sigma}L_{\nu\tau} + \delta_{\nu\tau}L_{\mu\sigma} - \delta_{\mu\tau}L_{\nu\sigma} - \delta_{\nu\sigma}L_{\mu\tau})L_{\mu\nu}) \tag{7} \\
&= \frac{\mathrm{i}}{2}(L_{\alpha\beta}(\delta^{\alpha}{}_{\sigma}\delta^{\beta\mu}L_{\nu\tau} + \delta^{\alpha\mu}\delta^{\beta}{}_{\tau}L_{\mu\sigma} - \delta^{\alpha}{}_{\tau}\delta^{\beta\nu}L_{\nu\sigma} - \delta^{\alpha\mu}\delta^{\beta}{}_{\sigma}L_{\mu\tau}) \\
&\quad + (\delta^{\mu}{}_{\sigma}\delta^{\beta\nu}L_{\beta\tau} + \delta^{\alpha\mu}\delta^{\nu}{}_{\tau}L_{\alpha\sigma} - \delta^{\mu}{}_{\tau}\delta^{\beta\nu}L_{\beta\sigma} - \delta^{\alpha\mu}\delta^{\nu}{}_{\sigma}L_{\alpha\tau})L_{\mu\nu}) \,.
\end{aligned}$$

En utilisant les produits des symboles de Kronecker δ :

$$\begin{aligned}
[\Lambda^2, L_{\sigma\tau}] &= \frac{\mathrm{i}}{2}(\delta^{\beta\mu}L_{\sigma\beta}L_{\nu\tau} + \delta^{\alpha\mu}L_{\alpha\tau}L_{\mu\sigma} - \delta^{\beta\mu}L_{\tau\beta}L_{\nu\sigma} - \delta^{\alpha\mu}L_{\alpha\sigma}L_{\mu\tau} \\
&\quad + \delta^{\beta\nu}L_{\beta\tau}L_{\sigma\nu} + \delta^{\alpha\ mu}L_{\alpha\sigma}L_{\mu\tau} - \delta^{\beta\nu}L_{\beta\sigma}L_{\tau\nu} - \delta^{\alpha\mu}L_{\alpha\tau}L_{\mu\sigma}) \\
&= \frac{\mathrm{i}}{2}(\delta^{\beta\nu}(L_{\sigma\beta}L_{\nu\tau} - L_{\tau\beta}L_{\nu\sigma} + L_{\beta\tau}L_{\sigma\nu} - L_{\beta\sigma}L_{\tau\nu}) \\
&\quad + \delta^{\alpha\mu}(L_{\alpha\tau}L_{\mu\sigma} - L_{\alpha\sigma}L_{\mu\tau} + L_{\alpha\sigma}L_{\mu\tau} - L_{\alpha\tau}L_{\mu\sigma})) \\
&= 0 \,. \tag{8}
\end{aligned}$$

Construisons un espace de Hilbert et calculons le spectre de Λ^2 algébriquement. L'opérateur de Casimir peut être écrit explicitement en utilisant la définition de

$L_{\alpha\beta}$:

$$\Lambda^2 = \frac{1}{2} L^{\mu\nu} L_{\mu\nu}$$

$$= -\frac{1}{2}(x^\nu \partial^\mu - x^\mu \partial^\nu)(x_\nu \partial_\mu - x_\mu \partial_\nu)$$

$$= -\frac{1}{2}(x^\nu \partial^\mu x_\nu \partial_\mu - x^\nu \partial^\mu x_\mu \partial_\nu - x^\mu \partial^\nu x_\nu \partial_\mu + x^\mu \partial^\nu x_\mu \partial_\nu)$$

$$= -\frac{1}{2}(x^\nu \delta^\mu{}_\nu \partial_\mu + x^\nu x_\nu \partial^\mu \partial_\mu - x^\nu \delta^\mu{}_\mu \partial_\nu - x^\nu x_\mu \partial^\mu \partial_\nu$$

$$\qquad - x^\mu \delta^\nu{}_\nu \partial_\mu - x^\mu x_\nu \partial^\nu \partial_\mu + x^\mu \delta^\nu{}_\mu \partial_\nu + x^\mu x_\mu \partial^\nu \partial_\nu)$$

$$= -(x^\mu \partial_\mu + x^\nu x_\nu \partial^\mu \partial_\mu - N x^\nu \partial_\mu - x^\nu x^\mu \partial_\mu \partial_\nu) . \tag{9}$$

Nous définissons l'opérateur homogène d'Euler $J_{\rm e} = x^\mu \partial_\mu$, avec

$$J_{\rm e}^2 = x^\mu \partial_\mu x^\nu \partial_\nu = x^\mu \delta_\mu{}^\nu \partial_\nu + x^\mu x^\nu \partial_\mu \partial_\nu = J_{\rm e} + x^\mu x^\nu \partial_\mu \partial_\nu \tag{10}$$

de façon à ré-écrire (9)

$$\Lambda^2 = -(J_{\rm e} + x^\nu x_\nu \partial^\mu \partial_\mu - N J_{\rm e} - J_{\rm e}(J_{\rm e} - 1))$$

$$= (x^\nu x_\nu \partial^\mu \partial_\mu - J_{\rm e}(J_{\rm e} + N - 2)) . \tag{11}$$

En définissant un espace de Hilbert H_p comme l'espace de tous les polynômes homogènes de degré l qui annulent le laplacien,

$$H_p = \{f \ : \ f(\lambda x) = \lambda^l f(x) \ ; \ \partial^\mu \partial_\mu f = 0\} , \tag{12}$$

le spectre de valeurs propres de Λ^2 est obtenu par :

$$\Lambda^2 f = l(l + N - 2) f . \tag{13}$$

Examinons maintenant les propriétés de la représentation matricielle (3.17(6)). Nous pouvons calculer les relations de commutation pour ces matrices.

$$([S_{\alpha\beta}, S_{\mu\nu}])_{ik} = {\rm i}^2 \sum_j^N \{(\delta_{i\alpha}\delta_{j\beta} - \delta_{i\beta}\delta_{j\alpha})(\delta_{j\mu}\delta_{k\nu} - \delta_{j\nu}\delta_{k\mu})$$

$$\qquad - (\delta_{i\mu}\delta_{j\nu} - \delta_{i\nu}\delta_{j\mu})(\delta_{j\alpha}\delta_{k\beta} - \delta_{j\beta}\delta_{k\alpha})\}$$

$$= {\rm i}^2 \sum_j^N (\delta_{i\alpha}\delta_{j\beta}\delta_{j\mu}\delta_{k\nu} - \delta_{i\alpha}\delta_{j\beta}\delta_{j\nu}\delta_{k\mu} - \delta_{i\beta}\delta_{j\alpha}\delta_{j\mu}\delta_{k\nu}$$

$$\qquad + \delta_{i\beta}\delta_{j\alpha}\delta_{j\nu}\delta_{k\mu} - \delta_{i\mu}\delta_{j\nu}\delta_{j\alpha}\delta_{k\beta} + \delta_{i\mu}\delta_{j\nu}\delta_{j\beta}\delta_{k\alpha}$$

$$\qquad + \delta_{i\nu}\delta_{j\mu}\delta_{j\alpha}\delta_{k\beta} - \delta_{i\nu}\delta_{j\mu}\delta_{j\beta}\delta_{k\alpha})$$

$$= {\rm i}^2 (\delta_{\beta\mu}\delta_{i\alpha}\delta_{k\nu} - \delta_{\beta\nu}\delta_{i\alpha}\delta_{k\mu} - \delta_{\alpha\mu}\delta_{i\beta}\delta_{k\nu} + \delta_{\alpha\nu}\delta_{i\beta}\delta_{k\mu}$$

$$\qquad - \delta_{\nu\alpha}\delta_{i\mu}\delta_{k\beta} + \delta_{\nu\beta}\delta_{i\mu}\delta_{k\alpha} + \delta_{\mu\alpha}\delta_{i\nu}\delta_{k\beta} - \delta_{\mu\beta}\delta_{i\nu}\delta_{k\alpha})$$

$$= {\rm i}^2 (\delta_{\beta\mu}(\delta_{i\alpha}\delta_{k\nu} - \delta_{i\nu}\delta_{k\alpha}) - \delta_{\beta\nu}(\delta_{i\alpha}\delta_{k\mu} - \delta_{i\mu}\delta_{k\alpha})$$

$$\qquad - \delta_{\alpha\mu}(\delta_{i\beta}\delta_{k\nu} - \delta_{i\nu}\delta_{k\beta}) + \delta_{\alpha\nu}(\delta_{i\beta}\delta_{k\mu} - \delta_{i\mu}\delta_{k\beta})) . \tag{14}$$

La définition de $S_{\alpha\beta}$ amène :

$$[S_{\alpha\beta}, S_{\mu\nu}] = i(\delta_{\beta\mu}S_{\alpha\nu} - \delta_{\beta\nu}S_{\alpha\mu} - \delta_{\alpha\mu}S_{\beta\nu} + \delta_{\alpha\nu}S_{\beta\mu}) . \tag{15}$$

La comparaison avec (4) conduit à la conclusion que les éléments $S_{\alpha\beta}$ obéissent à la même algèbre que les $L_{\alpha\beta}$. Par conséquent, l'opérateur de Casimir pour ordonner un multiplet est donné en analogie avec (5) par :

$$S^2 = \frac{1}{2}S^{\alpha\beta}S_{\alpha\beta} . \tag{16}$$

Nous en déduisons :

$$\left(\frac{1}{2}\delta^{\alpha\mu}\delta^{\beta\nu}S_{\alpha\beta}S_{\mu\nu}\right)_{ik}$$

$$= \frac{i^2}{2}\delta^{\alpha\mu}\delta^{\beta\nu}\sum_{j}^{N}(\delta_{i\alpha}\delta_{j\beta} - \delta_{i\beta}\delta_{j\alpha})(\delta_{j\mu}\delta_{k\nu} - \delta_{j\nu}\delta_{k\mu})$$

$$= \frac{i^2}{2}\delta^{\alpha\mu}\delta^{\beta\nu}\sum_{j}^{N}(\delta_{i\alpha}\delta_{j\beta}\delta_{j\mu}\delta_{k\nu} - \delta_{i\alpha}\delta_{j\beta}\delta_{j\nu}\delta_{k\mu}$$

$$- \delta_{i\beta}\delta_{j\alpha}\delta_{j\mu}\delta_{k\nu} + \delta_{i\beta}\delta_{j\alpha}\delta_{j\nu}\delta_{k\mu})$$

$$= \frac{i^2}{2}\delta^{\alpha\mu}\delta^{\beta\nu}(\delta_{\beta\mu}\delta_{i\alpha}\delta_{k\nu} - \delta_{\beta\nu}\delta_{i\alpha}\delta_{k\mu} - \delta_{\alpha\mu}\delta_{i\beta}\delta_{k\nu} + \delta_{\alpha\nu}\delta_{i\beta}\delta_{k\mu})$$

$$= \frac{i^2}{2}\delta^{\alpha\mu}(\delta^{\nu}{}_{\mu}\delta_{i\alpha}\delta_{k\nu} - \delta^{\beta}{}_{\beta}\delta_{i\alpha}\delta_{k\mu} - \delta^{\nu}{}_{i}\delta_{\alpha\mu}\delta_{k\nu} - \delta^{\nu}{}_{i}\delta_{\alpha\nu}\delta_{k\mu})$$

$$= \frac{i^2}{2}\delta^{\alpha\mu}(\delta_{i\alpha}\delta_{k\mu} - N\delta_{i\alpha}\delta_{k\mu} - \delta_{ik}\delta_{\alpha\mu} + \delta_{i\alpha}\delta_{k\mu})$$

$$= \frac{i^2}{2}(\delta^{\mu}{}_{i}\delta_{k\mu} - N\delta^{\mu}{}_{i}\delta_{k\mu} - N\delta_{ik} + \delta^{\mu}{}_{i}\delta_{k\mu}) = (N-1)\delta_{ik} \tag{17}$$

ou :

$$\frac{1}{2}\delta^{\alpha\mu}\delta^{\beta\nu}S_{\alpha\beta}S_{\mu\nu} = (N-1)\mathbf{1}_N . \tag{18}$$

Manifestement, la matrice $\mathbf{1}$ commute avec toutes les matrices $N \times N$. En analogie avec (13) nous définissons la quantité s par

$$S^2 f = s(s+N-2)\mathbf{1}f . \tag{19}$$

En comparant avec (18) nous obtenons

$$s = 1 . \tag{20}$$

Alors que l est la généralisation du moment angulaire orbital, nous définissons s pour correspondre à la généralisation du moment angulaire intrinsèque (spin). Nous avons ainsi établi que les matrices $S_{\alpha\beta}$ satisfont à une algèbre de moment angulaire généralisée avec un spin égal à 1.

EXERCICE ████████████████████████

3.19 Translations dans un espace à une dimension ; le groupe euclidien E(3) à trois dimensions

Problème. (a) Montrer que l'opérateur infinitésimal $\hat{P}$ des translations à une dimension $x \to x + a$ est de la forme $\hat{P} = -\mathrm{i}\,\mathrm{d}/\mathrm{d}x$.

(b) Montrer que les opérateurs infinitésimaux (générateurs)

$$-\mathrm{i}\frac{\partial}{\partial x}\,, \quad -\mathrm{i}\frac{\partial}{\partial y}\,, \quad -\mathrm{i}\frac{\partial}{\partial z} \tag{1}$$

des translations dans un espace euclidien à trois dimensions, de même que les opérateurs infinitésimaux (générateurs)

$$-\mathrm{i}\left(y\frac{\partial}{\partial z} - z\frac{\partial}{\partial y}\right)\,, \quad -\mathrm{i}\left(z\frac{\partial}{\partial x} - x\frac{\partial}{\partial z}\right)\,, \quad -\mathrm{i}\left(x\frac{\partial}{\partial y} - y\frac{\partial}{\partial x}\right) \tag{2}$$

de rotation dans le même espace, sont stables par rapport à la formation de commutateurs et par conséquent définissent un groupe de Lie (le groupe euclidien E(3) à trois dimensions).

Solution. (a) Les opérateurs infinitésimaux (générateurs) ont été définis dans l'exercice 3.16. La fonction $f(x\,;\,a)$ pour une transformation

$$T \;:\; x \to x + a \quad \text{ou} \quad x' = x - a \tag{3}$$

d'après :

$$F'(x) = F(x') = F(\hat{T}^{-1}x) = F(x-a) = F(f(x\,;\,a)) \tag{4}$$

est donnée par :

$$f(x\,;\,a) = x - a\,. \tag{5}$$

Nous avons alors :

$$\hat{P} = \mathrm{i}\frac{\partial}{\partial a}f(x\,;\,a)|_{a=0}\frac{\partial}{\partial x} = -\mathrm{i}\frac{\mathrm{d}}{\mathrm{d}x}\,. \tag{6}$$

(b) Définissons :

$$\hat{P} = -\mathrm{i}\left(\frac{\partial}{\partial x}, \frac{\partial}{\partial y}, \frac{\partial}{\partial z}\right)\,, \tag{1'}$$

$$\hat{L} = -\mathrm{i}\left\{\left(y\frac{\partial}{\partial z} - z\frac{\partial}{\partial y}\right), \left(z\frac{\partial}{\partial x} - x\frac{\partial}{\partial z}\right), \left(x\frac{\partial}{\partial y} - y\frac{\partial}{\partial x}\right)\right\}\,. \tag{2'}$$

Nous savons alors que :

$$[\hat{P}_i, \hat{P}_j]_- = 0\,, \quad [\hat{L}_i, \hat{L}_j]_- = \mathrm{i}\varepsilon_{ijk}\hat{L}_k\,, \tag{7}$$

ainsi que :

$$[\hat{P}_i, \hat{L}_j]_- = -\left[\frac{\partial}{\partial x_i}, \varepsilon_{jkm}x_k\frac{\partial}{\partial x_m}\right]_- = -\varepsilon_{jkm}\delta_{ik}\frac{\partial}{\partial x_m}$$

$$= -\varepsilon_{jim}\frac{\partial}{\partial x_m} = (-\mathrm{i})\mathrm{i}\varepsilon_{ijm}\frac{\partial}{\partial x_m} = \mathrm{i}\varepsilon_{ijm}\hat{P}_m \,. \tag{8}$$

Les translations et rotations finies sont décrites par les opérateurs :

$$\hat{U}_{\mathrm{T}}(\boldsymbol{a}) = \mathrm{e}^{-\mathrm{i}\boldsymbol{a}\cdot\hat{\boldsymbol{P}}} \,, \quad \hat{U}_{\mathrm{R}}(\boldsymbol{\phi}) = \mathrm{e}^{-\mathrm{i}\boldsymbol{\phi}\cdot\hat{\boldsymbol{L}}} \,. \tag{9}$$

Le groupe des translations forme un sous-groupe invariant du groupe entier, car on peut montrer que les relations matricielles, pour lesquelles une preuve a été donnée dans les exemples 3.2 et 3.3, sont aussi vraies pour les opérateurs. Il suffit de montrer que ceci est vrai pour des rotations infinitésimales :

$$\hat{U}_{\mathrm{R}}(\delta\boldsymbol{\phi})\hat{U}_{\mathrm{T}}(\boldsymbol{a})\hat{U}_{\mathrm{R}}^{-1}(\delta\boldsymbol{\phi}) = \mathrm{e}^{-\mathrm{i}\delta\boldsymbol{\phi}\cdot\hat{\boldsymbol{L}}}\mathrm{e}^{-\mathrm{i}\boldsymbol{a}\cdot\hat{\boldsymbol{P}}}\mathrm{e}^{+\mathrm{i}\delta\boldsymbol{\phi}\cdot\hat{\boldsymbol{L}}}$$

$$= \exp\{-\mathrm{i}[\mathrm{e}^{-\mathrm{i}\delta\boldsymbol{\phi}\cdot\hat{\boldsymbol{L}}}(\boldsymbol{a}\cdot\hat{\boldsymbol{P}})\mathrm{e}^{+\mathrm{i}\delta\boldsymbol{\phi}\cdot\hat{\boldsymbol{L}}}]\} \,. \tag{10}$$

D'après l'exercice 3.3, nous avons :

$$-\mathrm{i}\,\mathrm{e}^{-\mathrm{i}\delta\boldsymbol{\phi}\cdot\hat{\boldsymbol{L}}}(\boldsymbol{a}\cdot\hat{\boldsymbol{P}})\mathrm{e}^{+\mathrm{i}\delta\boldsymbol{\phi}\cdot\hat{\boldsymbol{L}}} = -\mathrm{i}\boldsymbol{a}\cdot\hat{\boldsymbol{P}} + [-\mathrm{i}\delta\boldsymbol{\phi}\cdot\hat{\boldsymbol{L}}, -\mathrm{i}\boldsymbol{a}\cdot\hat{\boldsymbol{P}}]_-$$

$$= -\mathrm{i}\boldsymbol{a}\cdot\hat{\boldsymbol{P}} - \sum_{i,j}\delta\phi_i a_j[\hat{L}_i, \hat{P}_j]_-$$

$$= -\mathrm{i}\boldsymbol{a}\cdot\hat{\boldsymbol{P}} + \mathrm{i}\sum_i \delta\phi_i a_j\varepsilon_{ijk}\hat{P}_k$$

$$= -\mathrm{i}(\boldsymbol{a} - \delta\boldsymbol{\phi}\times\boldsymbol{a})\cdot\hat{\boldsymbol{P}} \,, \tag{10'}$$

i.e.

$$\hat{U}_{\mathrm{R}}(\delta\boldsymbol{\phi})\hat{U}_{\mathrm{T}}(\boldsymbol{a})\hat{U}_{\mathrm{R}}^{-1}(\delta\boldsymbol{\phi}) = \hat{U}_{\mathrm{T}}(\boldsymbol{a}') = \hat{U}_{\mathrm{T}}(\boldsymbol{a} - \delta\boldsymbol{\phi}\times\boldsymbol{a}) \,. \tag{11}$$

Un produit arbitraire de translations et de rotations peut toujours être écrit comme :

$$\hat{U} = \hat{U}_{\mathrm{T}}\hat{U}_{\mathrm{R}} \,, \tag{12}$$

car d'une part, nous avons :

$$\hat{U}_{\mathrm{R}}\hat{U}_{\mathrm{T}} = \hat{U}_{\mathrm{R}}\hat{U}_{\mathrm{T}}\hat{U}_{\mathrm{R}}^{-1}\hat{U}_{\mathrm{R}} = \hat{U}_{\mathrm{T}}'\hat{U}_{\mathrm{R}} \,,$$

et d'autre part, pour un produit de *n* facteurs du type nous avons :

Exercice 3.19

$$\hat{U} = \hat{U}_{T_1}\hat{U}_{R_1}\hat{U}_{T_2}\hat{U}_{R_2}\ldots\hat{U}_{T_n}\hat{U}_{R_n}$$

$$= \hat{U}_{T_1}\underbrace{\hat{U}_{R_1}\hat{U}_{T_2}\hat{U}_{R_1}^{-1}}_{\hat{U}'_{T_2}}\underbrace{\hat{U}_{R_1}\hat{U}_{R_2}}_{\hat{U}'_{R_2}}\hat{U}_{T_3}\hat{U}_{R_3}\ldots$$

$$= \underbrace{\hat{U}_{T_1}\hat{U}'_{T_2}}_{\hat{U}_{T_2}}\hat{U}'_{R_2}\hat{U}_{T_3}\hat{U}_{R_3}\ldots = \hat{U}_{T_2}\hat{U}'_{R_2}\hat{U}_{T_3}\hat{U}_{R_3}\ldots$$

$$= \ldots = \hat{U}_{T_n}\hat{U}'_{R_n}\,. \tag{13}$$

Ici, nous avons utilisé le fait que non seulement le groupe des translations forme un sous-groupe invariant, mais également que les rotations constituent un sous-groupe (non-invariant). À un tel produit quelconque correspond cependant, de façon unique, un élément du groupe E(3) (rotations et translations dans l'espace à trois dimensions) par la relation :

$$\hat{U}_T(\boldsymbol{a})\hat{U}_R(\boldsymbol{\phi})F(\boldsymbol{x}) = \hat{U}_T(\boldsymbol{a})F(\hat{R}^{-1}(\boldsymbol{\phi})\boldsymbol{x}) = F(\hat{R}^{-1}(\boldsymbol{\phi})\boldsymbol{x} - \boldsymbol{a})\,. \tag{14}$$

Comme nous pouvons avoir la relation réciproque, nous avons affaire à un isomorphisme ; le groupe des opérateurs unitaires est encore appelé une *réalisation* du groupe E(3) (par opposition à une *représentation* où les éléments du groupe sont représentés par des matrices).

EXERCICE ▰▰▰▰▰▰▰▰

3.20 Homomorphisme et isomorphisme de groupes et d'algèbres

(a) Exposons d'abord le sens des termes «homomorphisme» et «isomorphisme» de groupes et d'algèbres.

(b) Nous montrerons ensuite que les algèbres de Lie des groupes SU(2) et SO(3) sont isomorphes.

(a) Considérons deux groupes G et G'. Une application

$$f : G \to G', \tag{1}$$

est appelée un :

(a1) *homomorphisme de groupe*, si pour tout g_1, $g_2 \in G$ nous avons la relation

$$f(g_1 \cdot g_2) = f(g_1) \cdot f(g_2)\,, \tag{2}$$

ce qui revient à dire que la structure du groupe est conservée par l'application ;

(a2) *isomorphisme de groupe*, si de plus, l'application inverse f^{-1} existe.

Pour les deux algèbres A et A', qui sont des espaces vectoriels sur le corps K avec un produit interne $[a_1, a_2]$, $a_1, a_2 \in A$ ou A', l'application

$$f : A \to A'$$

est un :

(**a1'**) *homomorphisme*, si pour tout $a_1, a_2 \in A$; $\alpha_1, \alpha_2 \in K$ nous avons :

$$f(\alpha_1 a_1 + \alpha_2 a_2) = \alpha_1 f(a_1) + \alpha_2 f(a_2) \,, \tag{3}$$

$$f([a_1, a_2]) = [f(a_1), f(a_2)] \,, \tag{3'}$$

i.e. si la structure algébrique est conservée par l'application.

(**a2'**) *isomorphisme*, si f peut de nouveau être inversée.

Incidemment, on parlera d'isomorphisme local de groupes de Lie si les algèbres de Lie associées sont isomorphes.

(**b**) Les générateurs de SO(3) et SU(2) sont les matrices $(\hat{S}_1, \hat{S}_2, \hat{S}_3)$ et $(\hat{\sigma}_1, \hat{\sigma}_2, \hat{\sigma}_3)$ respectivement, avec les relations de commutation :

$$[\hat{S}_i, \hat{S}_j]_- = i\varepsilon_{ijk}\hat{S}_k \,, \quad [\hat{\sigma}_i, \hat{\sigma}_j]_- = 2i\varepsilon_{ijk}\hat{\sigma}_k \,. \tag{4}$$

L'application

$$f(\alpha\hat{S}_i) = \tfrac{1}{2}\alpha\hat{\sigma}_i \tag{5}$$

est un *homomorphisme* ; et puisque :

$$f^{-1}(\alpha\hat{\sigma}_i) = 2\alpha\hat{S}_i \tag{6}$$

est son inverse, les algèbres de SU(2) et SO(3) sont isomorphes et ces deux groupes de Lie sont localement isomorphes.

EXERCICE ██████████████████████████

3.21 Transformations des constantes de structure

Problème. (a) Montrer que dans un changement de la base $\{\hat{X}_i\}$ d'algèbre

$$\hat{X}_i \to \hat{X}'_i = a_{ij}\hat{X}_j \,, \tag{1}$$

les constantes de structure se transforment comme suit :

Exercice 3.21

$$C_{ijk} \to C'_{ijk} = \sum_{l,m,n} a_{il} a_{jm} C_{lmn} (a^{-1})_{kn} \ .$$

(b) Construire un a_{ij} de telle sorte que la relation de commutation

$$[\hat{X}_i, \hat{X}_j]_- = \varepsilon_{ijk} \hat{X}_k \quad (i, j, k = 1, 2, 3)$$

soit transformée en

$$[\hat{X}'_i, \hat{X}'_j]_- = C_{ijk} \hat{X}'_k \tag{2}$$

avec

$$C_{123} = -C_{231} = -C_{312} = 1 \ . \tag{3}$$

Solution. (a) Avec $\hat{X}'_i = a_{ij} \hat{X}_j$ nous avons l'équation :

$$[\hat{X}'_i, \hat{X}'_j]_- = a_{ik} a_{jl} [\hat{X}_k, \hat{X}_l]_- = a_{ik} a_{jl} C_{klm} \hat{X}_m = C'_{ijn} \hat{X}'_n = C'_{ijn} a_{nm} \hat{X}_m \ ,$$

de laquelle nous pouvons immédiatement tirer la relation cherchée. (Les $\hat{X}_m$ sont linéairement indépendants).

(b) La matrice

$$\hat{a} = \begin{bmatrix} \mathrm{i} & & \\ & -\mathrm{i} & \\ & & 1 \end{bmatrix}$$

satisfait à la relation de transformation demandée.

3.14 Notes biographiques

CARTAN, Elie Joseph, mathématicien français, *9.4.1869 Dolomien, † 6.5.1951 Paris, professeur à Nancy à partir de 1903, professeur à la Sorbonne en 1909 ; représentant éminent parmi les mathématiciens qui ont parachevé la théorie des groupes de Lie continus. Il travailla sur la géométrie différentielle, les formes différentielles et les représentations paramétriques.

CASIMIR, Hendrik Brught Gerhard, physicien hollandais, *15.7.1909 La Haye, fut le premier à introduire la mécanique quantique dans le rotateur rigide. Il entre en 1942 au laboratoire de recherche de Philips B.V. où il devient directeur et en 1957 un membre du conseil d'administration de la compagnie. À côté de son travail de pionnier sur le rotateur rigide, il est connu pour l'effet Casimir, qui est le changement de l'énergie de point zéro d'ondes électromagnétiques entre, par exemple, deux plaques de condensateur.

RACAH, Giulio, *9.2.1909 Florence, † 28.8.1965 Jérusalem. Racah étudia aux universités de Florence et Rome ainsi qu'à l'Institut Polytechnique Fédéral de Zurich. Il enseigna ensuite la physique théorique à Florence et Pise, avant d'émigrer à Jérusalem en 1939. Il y continua ses activités dans les domaines de physique atomique et nucléaire.

4. Les groupes de symétrie et leur interprétation physique : considérations générales

Dans ce chapitre, nous considérons de nouveau la question de l'apport des propriétés de symétrie pour la connaissance d'un système physique. La réponse à cette question a été fournie par E. Noether en 1918 dans le cadre de calculs variationnels[1]. Nous nous restreindrons cependant aux cas spéciaux offrant un intérêt dans le contexte de cet ouvrage[2]. Quelques points traités dans ce chapitre nous sont déjà connus mais vont être ici discutés à un niveau plus avancé. Nous considérons le cas d'un groupe de Lie unitaire semi-simple avec n générateurs et l opérateurs invariants ($l < n$), qui peuvent tous être choisis hermitiques. Ce cas n'est pas si restrictif qu'il peut paraître car il inclut tous les groupes de symétrie d'intérêt physique ainsi que leurs applications discutées en détail auparavant. La réponse consiste en trois parties qui seront discutées l'une après l'autre. Nous en fournirons une preuve illustrée ensuite par quelques exemples :

(1) Le système possède $2l$ bons nombres quantiques. La moitié d'entre eux sont des générateurs $\hat{L}_i$ ($i = 1, \ldots, n$) du groupe de symétrie, dont l commutent entre eux. L'autre moitié des nombres quantiques est obtenue par les l opérateurs de Casimir, qui classent les multiplets. Les états appartenant à un même multiplet sont caractérisés par l générateurs qui commutent. Pour simplifier, nous supposerons d'abord une seule symétrie S_α (par exemple, la symétrie sphérique). Les produits directs de deux (ou plus) symétries seront abordés dans le paragraphe suivant. L'hypothèse qu'un système (ou l'interaction entre deux systèmes) possède la symétrie S_α est équivalente à la condition que le hamiltonien décrivant le système commute avec tout opérateur $\hat{U}(\boldsymbol{\alpha})$ du groupe de symétrie. C'est-à-dire que si l'équation de Schrödinger

$$i\hbar \frac{\partial \psi(\boldsymbol{r}, t)}{\partial t} = \hat{H}\psi(\boldsymbol{r}, t) \tag{4.1}$$

est vérifiée pour l'état initial, alors nous avons immédiatement par application de l'opérateur de symétrie indépendant du temps $\hat{U}(\boldsymbol{\alpha})$:

---

[1] E. Noether : Nachr. Ges. Wiss. Göttingen, Math.-Phys. Kl. 235 (1918), cf aussi exemple 1.3.

[2] Pour une discussion du théorème général, voir W. Greiner, J. Reinhardt : *Quantum Electrodynamics*, 2nd ed. (Springer, Berlin, Heidelberg 1996).

$$i\hbar\frac{\partial \hat{U}(\boldsymbol{\alpha})\psi(\boldsymbol{r}, t)}{\partial t} = \hat{U}(\boldsymbol{\alpha})\hat{H}\hat{U}^{-1}(\boldsymbol{\alpha})\hat{U}(\boldsymbol{\alpha})\psi(\boldsymbol{r}, t) . \tag{4.2}$$

Par conséquent, la fonction d'onde *transformée* $\psi'(\boldsymbol{r}, t) = \hat{U}(\boldsymbol{\alpha})\psi(\boldsymbol{r}, t)$ obéit exactement à la même équation de Schrödinger (4.1) que la fonction d'onde initiale $\psi(\boldsymbol{r}, t)$ si

$$\hat{U}(\boldsymbol{\alpha})\hat{H}\hat{U}^{-1}(\boldsymbol{\alpha}) = \hat{H}, \quad \text{i.e.} \quad [\hat{H}, \hat{U}(\boldsymbol{\alpha})]_- = [\hat{H}, \mathrm{e}^{-\mathrm{i}\alpha_k\hat{L}_k}]_- = 0 . \tag{4.3}$$

Pour un petit déplacement $\delta\boldsymbol{\alpha} = \{\delta\alpha_k\}$, nous avons ainsi :

$$[\hat{H}, \delta\alpha_k\hat{L}_k]_- = 0 , \tag{4.4}$$

et comme $\delta\boldsymbol{\alpha} = \{\delta\alpha_1, \ldots, \delta\alpha_n\}$ peut être choisi arbitrairement, nous avons finalement

$$[\hat{H}, \hat{L}_k]_- = 0 . \tag{4.5}$$

La conséquence de l'existence d'un groupe de symétrie S_α pour les opérateurs $\hat{U}(\boldsymbol{\alpha})$ est que tous les générateurs $\hat{L}_k$ commuteront avec le hamiltonien du système. Manifestement, selon l'équation (4.5), les générateurs $\hat{L}_k$ décrivent des observables qui sont des quantités conservées. Ceci est garanti par la nullité du commutateur entre $\hat{L}_k$ et le hamiltonien $\hat{H}$. Inversement, si (4.5) est vérifiée, alors également (4.4) donc (4.3) sont vraies et par conséquent nous retrouvons (4.2). Ainsi, si tous les générateurs qui commutent avec $\hat{H}$ sont connus, les opérateurs de symétrie $\hat{U}(\boldsymbol{\alpha}) = \exp(-\mathrm{i}\alpha_k\hat{L}_k)$ peuvent être construits sans difficulté. Dans ce cas, nous dirons : S_α, *avec les opérateurs* $\hat{U}(\boldsymbol{\alpha})$, *forme un groupe de symétrie du hamiltonien (i.e. du système physique)*.

EXEMPLE ▐▬▬▬▬▬▬▬▬▬▬▬▬

4.1 Lois de conservation par symétrie de rotation et forces indépendantes de la charge

(a) Si nous avons *une symétrie par rapport aux rotations*, le groupe des rotations SO(3) est alors le groupe de symétrie et $\hat{J}_1$, $\hat{J}_2$, $\hat{J}_3$ sont les générateurs qui conservent les valeurs propres, constituant de bons nombres quantiques. Nous avons $[\hat{H}, \hat{J}]_- = 0$, qui est possible physiquement, car l'invariance de l'équation de Schrödinguer par rapport aux rotations autour de l'un quelconque des trois axes de coordonnées garantit l'invariance de cette équation par rapport à n'importe quelle rotation. Dans ce cas, nous obtenons des lois de conservation pour $\hat{J}_1$, $\hat{J}_2$ et $\hat{J}_3$. Le fait que ces $\hat{J}_i$ ne commutent pas entre eux signifie seulement qu'un seul des trois opérateurs peut être diagonalisé, c'est-à-dire que sa valeur peut être mesurée précisément. Dans le cas général d'un groupe de symétrie de rang l, l générateurs peuvent être diagonalisés avec l'énergie, c'est-à-dire mesurés exactement.

(b) Si nous *ne considérons pas de forces dépendantes de la charge*, le groupe d'isospin devient le groupe de symétrie et l'une des composantes T_1, T_2, T_3 de l'isospin sera un bon nombre quantique (conservé). Par exemple, des noyaux différant par la valeur de $T_3 = \frac{1}{2}(Z - N)$, mais d'isospin T et nombres de masse A égaux ont la même masse (aux corrections électromagnétiques près).

<hr>

Nous pouvons nous demander pourquoi le hamiltonien $\hat{H}$ joue un rôle particulier dans sa relation avec les groupes de symétrie selon (4.1). La raison tient au rôle particulier joué par $\hat{H}$ dans les lois fondamentales de la mécanique quantique, par exemple dans l'équation de Schrödinger. $\hat{H}$ détermine l'évolution temporelle du système quantique. Par conséquent, la commutativité des opérateurs du groupe $\{\hat{U}(\boldsymbol{\alpha})\}$ avec $\hat{H}$ implique une évolution temporelle identique pour l'état initial $\psi(\boldsymbol{r}, t)$ et l'état transformé $\psi'(\boldsymbol{r}, t) = \hat{U}(\boldsymbol{\alpha})\psi(\boldsymbol{r}, t)$. Les lois de conservation vérifiées simultanément à cause des n générateurs sont caractérisées par des nombres quantiques appelés linéaires. Ceci signifie par exemple que le moment angulaire total J_3 dans la direction z est linéaire par rapport au nombre de particules du système. Ceci vaut aussi pour la charge totale (T_3) et l'étrangeté (S). Nous aborderons ceci en détail dans le prochain chapitre.

(2) Le système aura l autres bons nombres quantiques définis par les l opérateurs invariants $\hat{C}_\lambda (\lambda = 1, 2, \ldots, l)$ du groupe. Il est facile de voir que ces opérateurs commutent entre eux et avec tous les générateurs : les n générateurs $\hat{L}_i$ commutent avec $\hat{H}$ à condition que S_α soit un groupe de symétrie du hamiltonien [voir (4.5)] et donc que les fonctions $\hat{C}_\lambda(\hat{L}_i)$ commutent également avec $\hat{H}$, de telle sorte que :

$$[\hat{C}_\lambda(\hat{L}_i), \hat{H}]_- = 0 \,. \tag{4.6}$$

L'ensemble des l nombres quantiques $C_1, C_2, \ldots, C_l$ peuvent être mesurés (soit «diagonalisés») simultanément avec l'énergie car les $\hat{C}_\lambda$ commutent entre eux :

$$[\hat{C}_\lambda, \hat{C}_{\lambda'}]_- = 0 \,. \tag{4.7}$$

En quelque sorte les l opérateurs de Casimir $\hat{C}_\lambda (\lambda = 1, 2, \ldots, l)$ s'avèrent plus importants que les générateurs : autrement dit, ce sont les observables qui caractérisent la dégénérescence des valeurs propres de l'énergie du système. Ils déterminent de façon unique le multiplet et sa dimension. Nous entendons comme *définition précise d'un multiplet* l'ensemble des états possédant les mêmes nombres quantiques $C_1, C_2, \ldots, C_l$.

Il est facile de montrer que les *transitions d'un système, d'un multiplet vers un autre* sont interdites si le système possède la symétrie S_α. Appelons M et M' les deux multiplets et C_λ et $C_{\lambda'}$ les valeurs propres de $\hat{C}_\lambda$ respectivement. Nous devons avoir au moins une fois $C_\lambda \neq C_{\lambda'}$ puisque les multiplets sont distincts. En raison de (4.6) nous aurons

$$0 = \langle C_{\lambda'} | \hat{C}_\lambda \hat{H} - \hat{H}\hat{C}_\lambda | C_\lambda \rangle = (C_{\lambda'} - C_\lambda) \langle C_{\lambda'} | \hat{H} | C_\lambda \rangle$$

et puisque $C_\lambda \neq C_{\lambda'}$:

$$\langle C_{\lambda'} | \hat{H} | C_\lambda \rangle = 0 \,, \tag{4.8}$$

i.e. les éléments de matrice de $\hat{H}$ entre deux multiplets distincts s'annulent. Par conséquent, il n'y a pas de transition d'un multiplet à l'autre. Nous pouvons encore établir ceci différemment : puisque les C_λ sont de bons nombres quantiques (i.e. des quantités conservées), en raison de leur conservation, il n'existe pas de transition entre des états $|C_1', C_2', \ldots, C_l'\rangle$ et $|C_1, C_2, \ldots, C_l\rangle$ avec au moins un $C_\lambda \neq C_{\lambda'}$. Par conséquent, toutes les interactions provoquant des transitions d'un multiplet à un autre sont interdites. Les interactions se produisent seulement à l'intérieur d'un multiplet. Les commutateurs (4.6) contiennent également le *lemme* de **Schur** :

Tout opérateur $\hat{H}$, qui commute avec tous les opérateurs du groupe $\hat{U}(\boldsymbol{\alpha})$, et donc avec les générateurs $\hat{L}_i$, possède chaque état d'un multiplet comme vecteur propre. Ou de façon équivalente,

$$[\hat{H}, \hat{U}(\boldsymbol{\alpha})]_- = 0 \quad \Leftrightarrow \quad [\hat{H}, \hat{L}_i]_- = 0 \quad \Rightarrow \quad [\hat{H}, C_\lambda]_- = 0 \,. \tag{4.9}$$

Ceci peut se démontrer ainsi :

Soit ψ un état propre de $\hat{H}$, i.e.

$$\hat{H}\psi = E\psi \,,$$

nous déduisons de l'équation (4.9) :

$$\hat{H}\hat{U}(\boldsymbol{\alpha})\psi = E\hat{U}(\boldsymbol{\alpha})\psi \,.$$

Ceci signifie que : $\psi'(\boldsymbol{r}, t) = \hat{U}(\boldsymbol{\alpha})\psi(\boldsymbol{r}, t)$ est aussi un vecteur propre de $\hat{H}$, avec la même valeur propre E. Puisque $[\hat{H}, \hat{C}_\lambda]_- = 0$, les opérateurs de Casimir $\hat{C}_\lambda$ *peuvent être diagonalisés simultanément avec* $\hat{H}$. Alors l'état propre ψ de $\hat{H}$ est aussi un état propre de tous les $\hat{C}_\lambda$, et appartient au même multiplet. En raison de l'équation

$$[\hat{C}_\lambda, \hat{U}(\boldsymbol{\alpha})]_- = 0 \,,$$

tous les états transformés par la symétrie $\psi' = \hat{U}(\boldsymbol{\alpha})\psi$ sont aussi vecteurs propres de $\hat{C}_\lambda$, et leurs valeurs propres $C_1, C_2, \ldots, C_l$, sont les mêmes. Ils appartiennent donc au même multiplet.

Ce théorème est important car il établit clairement pourquoi les états propres sont dégénérés, la raison tenant toujours à une symétrie particulière du système. Par ailleurs, ce théorème permet de classer les états propres avec les bons nombres quantiques $C_1, C_2, \ldots, C_l$.

EXEMPLE

4.2 Dégénérescence en énergie pour quelques symétries

(a) *Groupe des rotations.* Le seul opérateur de Casimir est $\hat{J}^2$ avec des valeurs propres $j(j+1)$, $j = 0, 1, 2, \ldots$. Les dimensions des multiplets de moment angulaire sont $(2j+1)$. Théoriquement, il n'existe pas de transitions du système entre des états dégénérés en énergie $|j'm'\rangle$ et $|jm\rangle$ si $j' \neq j$. Les transitions entre multiplets se produiront seulement en présence de perturbations externes (par exemple une onde électromagnétique ou le passage d'une particule n'appartenant pas au système). Ceci est illustré sur les deux figures ci-contre.

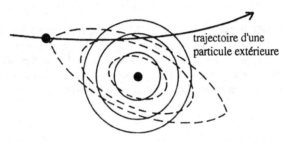

trajectoire d'une
particule extérieure

(b) *Groupe d'isospin.* L'unique opérateur de Casimir est $\hat{T}^2$ avec les valeurs propres $T(T+1)$. Les dimensions des multiplets sont $(2T+1)$.

(c) Les multiplets correspondant à $T = \frac{1}{2}$ et $T = \frac{3}{2}$ du système pion–nucléon diffusent indépendamment les uns des autres. Les déphasages résultant dépendent de T et non de T_3 pour un multiplet (voir exemple 5.7).

(3) Tous les états du multiplet d'un groupe de symétrie ont la même masse (c'est-à-dire la même valeur propre d'énergie), comme nous l'avons démontré avec le lemme de Schur. S'il existe des groupes de symétrie additionnels comme les groupes de permutation ou de rotation, et s'ils commutent avec les opérateurs du premier groupe, tous les états d'un multiplet de ce groupe possèdent les mêmes nombres quantiques que ces groupes.

EXEMPLE

4.3 Dégénérescence et parité de quelques transformations

(a) *Groupe des rotations.* Il commute avec le groupe des inversions d'espace (opération de parité $\hat{P} : r \rightarrow -r$). Donc, tous les multiplets de rotation ont la même parité. Par exemple, les $8 = (2 \times \frac{7}{2} + 1)$ états du multiplet de spin $g_{7/2}$ possèdent la parité $(-1)^l = (-1)^4 = +1$. Ces huit états sont énergétiquement dégénérés.

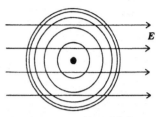

Un champ extérieur E brise la symétrie de rotation du système isolé. La symétrie sphérique de celui-ci est indiquée par les lignes équipotentielles circulaires

Une particule externe brise la symétrie de rotation du système isolé et les lignes équipotentielles deviennent déformées. Un exemple est fourni par la collision de deux ions lourds. Le moment angulaire des électrons dans le potentiel coulombien à deux centres des deux noyaux n'est plus un bon nombre quantique, i.e. n'est plus conservé. La présence des deux centres brise la symétrie sphérique du système. (*lignes pointillées*)

Exemple 4.3

(b) *Groupe d'isospin.* Il commute avec le groupe de rotation et celui d'inversion spatiale. Tous les états d'un multiplet d'isospin ont le même spin et aussi la même parité. Ainsi, le triplet d'isospin (π^+, π^0, π^-) a le même spin (zéro pour l'état fondamental) et la même parité (-1).

4.1 Notes biographiques

SCHUR, Issai, *10.1.1875 à Mohilev, † 10.1.1941 à Tel Aviv. S. obtint son Doctorat en 1901 à Berlin avec Frobenius mais ne devint professeur qu'en 1921. Il dut émigrer en 1935. S. a travaillé essentiellement sur la théorie des nombres, la théorie des groupes et la théorie des séries de puissances. Il a développé la théorie de représentation des groupes au moyen des substitutions linéaires fractionnelles.

5. Le groupe d'isospin

Le groupe d'isospin (ou spin isobarique) est d'une grande importance en physique nucléaire ou en physique des particules et nous y ferons appel très fréquemment dans les discussions qui suivent. Nous suivrons partiellement une présentation historique, et parviendrons rapidement aux applications actuelles du groupe d'isospin.

Table 5.1. Quelques propriétés des protons et neutrons

	Masse m_0c^2 [MeV]	Diff. de masse Δm [MeV]	Spin	Durée de vie [s]	Mt. magn. $[\mu_N]$[a]
p	938,213		$\frac{1}{2}$	stable	2,793
		1,294			
n	939,507		$\frac{1}{2}$	918 ± 14	$-1,913$

[a] $\mu_N = e\hbar/(2m_p c)$

Dès la découverte du neutron en 1932, la similitude très forte entre le proton et le neutron conduisit les physiciens nucléaires à l'interprétation de *ces deux particules comme deux états de la même particule*.[1] Ceci n'a de sens, bien sûr, que si proton et neutron ont même masse (ou énergie). La table 5.1 résume leurs propriétés : en fait, leurs masses sont presque égales et leur faible différence est partiellement expliquée par l'interaction électromagnétique différente des deux particules (cf la discussion plus détaillée dans l'exemple 5.4 à propos des pions). Par conséquent, avec une bonne approximation, on peut considérer les masses du neutron et du proton comme égales par rapport à l'interaction forte. La fonction d'onde des nucléons (terme général pour le proton ou le neutron) dépend des coordonnées espace-temps (r, t) et des coordonnées de spin s. En plus de ceux-ci, nous avons maintenant la *coordonnée d'isospin* interne τ, qui nous permet de distinguer entre les deux états de charge (positive pour le proton et négative pour le neutron). Cette variable a deux valeurs possibles tout comme

---

[1] Werner Heisenberg : Zeitschrift für Physik **77**, 1 (1932).

la coordonnée de spin s. Nous les désignerons par $\tau = \pm 1$ et définirons :

$$\psi_{\mathrm{p}} = \psi(r, t, s, \tau = +1) = \text{état proton} ,$$
$$\psi_{\mathrm{n}} = \psi(r, t, s, \tau = -1) = \text{état neutron} .$$

Au lieu d'utiliser la coordonnée interne τ, la fonction d'onde du nucléon peut être représentée par un vecteur colonne à deux composantes

$$\psi = \begin{pmatrix} u_1(r, t, s) \\ u_2(r, t, s) \end{pmatrix} . \tag{5.1}$$

$|u_1(r, t, s)|^2$ est alors la densité de probabilité pour un proton à la position r, au temps t et avec la projection de spin s. De façon analogue, $|u_2(r, t, s)|^2$ représente la densité de probabilité pour un neutron. Nous introduirons ensuite l'opérateur matriciel 2×2 :

$$\hat{\tau}_3 = \begin{pmatrix} 1 & 0 \\ 0 & -1 \end{pmatrix} , \tag{5.2}$$

avec la valeur propre $+1$ correspondant à l'état proton et -1 à l'état neutron respectivement :

$$\hat{\tau}_3 \psi_{\mathrm{p}} = +1 \psi_{\mathrm{p}} , \quad \hat{\tau}_3 \psi_{\mathrm{n}} = -1 \psi_{\mathrm{n}} . \tag{5.3}$$

Avec (5.1) et (5.2), nous avons alors :

$$\psi_{\mathrm{p}} = \begin{pmatrix} u_1(r, t, s) \\ 0 \end{pmatrix} , \quad \psi_{\mathrm{n}} = \begin{pmatrix} 0 \\ u_2(r, t, s) \end{pmatrix} . \tag{5.4}$$

Soulignons que $u_1(r, t, s)$ et $u_2(r, t, s)$ sont les spineurs de Pauli standards à deux composantes, et par conséquent l'état du nucléon ψ de (5.1) a quatre composantes en tout. (Dans la théorie relativiste de Dirac, les spineurs ont aussi quatre composantes[2], qui décrivent particules et antiparticules. Dans ce cas, l'état du nucléon comprend $2 \times 4 = 8$ composantes, quatre pour le proton et quatre pour le neutron.) Nous continuerons en construisant les opérateurs matriciels 2×2 qui formellement transforment le proton en neutron et vice versa. Pour cette raison, nous noterons d'abord que

$$\chi_{\mathrm{p}} = \begin{pmatrix} \chi(r, t, s) \\ 0 \end{pmatrix} \tag{5.5}$$

décrit un proton dans l'état $\chi(r, t, s)$ et

$$\chi_{\mathrm{n}} = \begin{pmatrix} 0 \\ \chi(r, t, s) \end{pmatrix} , \tag{5.6}$$

---

[2] Ces spineurs de Dirac à quatre composantes sont présentés dans le livre W. Greiner : *Relativistic Quantum Mechanics – Wave Equations*, 2nd ed. (Springer, Berlin, Heidelberg 1997).

un neutron dans le même état $\chi(r, t, s)$. Pour transformer un neutron, de fonction d'onde χ, en un proton de même fonction d'onde, χ doit être passée de la composante inférieure (petites composantes) (5.6) à la composante supérieure (grandes composantes) (5.5) ; ceci peut s'écrire :

$$\hat{\tau}_+ \chi_p = 0 \,, \quad \hat{\tau}_+ \chi_n = \chi_p \,, \quad \hat{\tau}_- \chi_p = \chi_n \,, \quad \hat{\tau}_- \chi_n = 0 \,. \tag{5.7}$$

Avec (5.5), (5.6) et (5.7), nous pouvons vérifier facilement que les matrices

$$\hat{\tau}_+ = \begin{pmatrix} 0 & 1 \\ 0 & 0 \end{pmatrix} \quad \text{et} \quad \hat{\tau}_- = \begin{pmatrix} 0 & 0 \\ 1 & 0 \end{pmatrix} \tag{5.8}$$

répondent à ces conditions. Au lieu de ces opérateurs singuliers ($\det \hat{\tau}_+ = \det \hat{\tau}_- = 0$) et non-hermitiques $\tau_\pm$, il est intéressant d'introduire les *combinaisons d'opérateurs suivantes, qui sont non singulières et hermitiques* :

$$\hat{\tau}_1 = \hat{\tau}_+ + \hat{\tau}_- = \begin{pmatrix} 0 & 1 \\ 1 & 0 \end{pmatrix} \,, \quad \hat{\tau}_2 = -\mathrm{i}(\hat{\tau}_+ - \hat{\tau}_-) = \begin{pmatrix} 0 & -\mathrm{i} \\ \mathrm{i} & 0 \end{pmatrix} \,. \tag{5.9}$$

Les trois matrices $\hat{\tau}_1$, $\hat{\tau}_2$ et $\hat{\tau}_3$ sont les *matrices de Pauli* bien connues. Elles satisfont aux relations

$$\hat{\tau}_1 \hat{\tau}_2 = \mathrm{i} \hat{\tau}_3$$

et leur permutations circulaires, ainsi qu'aux relations d'anticommutation :

$$\hat{\tau}_i \hat{\tau}_k + \hat{\tau}_k \hat{\tau}_i = 2\delta_{ik} \,. \tag{5.10}$$

On voit aisément l'effet des opérateurs $\hat{\tau}_i$ sur les états proton et neutron à l'aide des équations (5.5)–(5.7) et (5.9) ; nous trouvons alors :

$$\begin{aligned} \hat{\tau}_1 \chi_p &= \chi_n \,, & \hat{\tau}_2 \chi_p &= \mathrm{i} \chi_n \,, & \hat{\tau}_3 \chi_p &= \chi_p \quad, \\ \hat{\tau}_1 \chi_n &= \chi_p \,, & \hat{\tau}_2 \chi_n &= -\mathrm{i} \chi_p \,, & \hat{\tau}_3 \chi_n &= -\chi_n \,. \end{aligned} \tag{5.11}$$

Lorsque nous avons présenté auparavant l'équation de Pauli[3], nous avons montré que chaque matrice hermitique 2×2 pouvait être représentée par une superposition linéaire des trois matrices de Pauli et de la matrice unité. Par conséquent, chaque opérateur auto-adjoint qui agit sur les deux degrés de liberté du système nucléon à deux composantes de fonction d'onde ψ peut être représenté par une combinaison linéaire des opérateurs de Pauli et de la matrice unité.

Avec l'introduction des opérateurs

$$\hat{T}_k = \tfrac{1}{2} \hat{\tau}_k \quad (k = 1, 2, 3) \tag{5.12}$$

nous obtenons les relations de commutation modifiées :

$$\hat{T}_i \hat{T}_j - \hat{T}_j \hat{T}_i = \mathrm{i} \varepsilon_{ijk} \hat{T}_k \,. \tag{5.13}$$

Ces opérateurs $\hat{T}_k$ sont analogues aux opérateurs de spin $\hat{S}_k = \tfrac{1}{2} \hat{\sigma}_k$.

---

[3] Cf W. Greiner : *Mécanique Quantique – Une Introduction* (Springer, Berlin, Heidelberg 1999).

Nous pouvons alors montrer que les deux composantes (u_1, u_2) de l'état ψ du nucléon composent un spineur élémentaire dans un *espace abstrait d'isospin*. D'après (5.13), les opérateurs hermitiques $\hat{T}_i$ forment une algèbre stable que nous reconnaissons comme une algèbre de Lie. D'après (3.18), les opérateurs du groupe de Lie associé peuvent être obtenus immédiatement[4] :

$$\hat{U}_{\mathrm{Is}}(\varepsilon) = \hat{U}_{\mathrm{Is}}(\varepsilon_1, \varepsilon_2, \varepsilon_3) = \exp(-\mathrm{i}\varepsilon_\nu \hat{T}_\nu) = \exp[-(\mathrm{i}/2)(\varepsilon_1 \hat{\tau}_1 + \varepsilon_2 \hat{\tau}_2 + \varepsilon_3 \hat{\tau}_3)]$$
$$= \exp[-(\mathrm{i}/2)\varepsilon n_\nu \hat{\tau}_\nu] = \mathbf{1}\cos(\varepsilon/2) - \mathrm{i}n_\nu \hat{\tau}_\nu \sin(\varepsilon/2) . \tag{5.14}$$

Les angles

$$\varepsilon = \{\varepsilon_1, \varepsilon_2, \varepsilon_3\} = \varepsilon\{n_1, n_2, n_3\} = \varepsilon\boldsymbol{n}$$

caractérisent des rotations autour des trois axes de l'*iso-espace* abstrait que nous pouvons interpréter comme des rotations de valeur ε autour de l'axe de direction $\boldsymbol{n}$. Les opérateurs d'iso-rotation $\hat{U}_{\mathrm{Is}}(\varepsilon)$ sont manifestement unitaires, c'est-à-dire :

$$\hat{U}_{\mathrm{Is}}^+ = \hat{U}_{\mathrm{Is}}^{-1} = \hat{U}_{\mathrm{Is}}(-\varepsilon) ,$$

et le déterminant de cette matrice 2×2 [cf (5.14)] est

$$\det \hat{U}_{\mathrm{Is}}(\varepsilon) = \det \exp(-\mathrm{i}\varepsilon_\nu \hat{T}_\nu) = \exp[-\mathrm{i}\varepsilon_\nu \mathrm{tr}(\hat{T}_\nu)] = \mathrm{e}^0 = +1 .$$

Ici, nous avons utilisé une relation sur les déterminants de matrice unitaire que nous avons dérivée de l'exercice 3.2 auquel nous renvoyons le lecteur pour un calcul détaillé. Le déterminant $\hat{U}_{\mathrm{Is}}(\varepsilon)$ peut être calculé directement au moyen de (5.14). D'après

$$\hat{U}_{\mathrm{Is}}(\varepsilon) = \begin{pmatrix} \cos(\varepsilon/2) - \mathrm{i}n_3 \sin(\varepsilon/2) , & -(n_2 + \mathrm{i}n_1)\sin(\varepsilon/2) \\ -(n_2 - \mathrm{i}n_1)\sin(\varepsilon/2) , & \cos(\varepsilon/2) + \mathrm{i}n_3 \sin(\varepsilon/2) \end{pmatrix} ,$$

nous obtenons

$$\det \hat{U}_{\mathrm{Is}}(\varepsilon) = \cos^2(\varepsilon/2) + n_3^2 \sin^2(\varepsilon/2) + (n_2^2 + n_1^2)\sin^2(\varepsilon/2)$$
$$= \cos^2(\varepsilon/2) + \sin^2(\varepsilon/2) = 1 .$$

Par conséquent, le groupe des opérateurs d'iso-rotation (5.14) est composé de matrices unitaires 2×2 de déterminant $+1$. Ce groupe est noté SU(2), i.e. groupe spécial (déterminant $+1$) unitaire des rotations à deux dimensions. Le *spineur d'isospin* ψ se transforme alors selon :

$$\psi'(\boldsymbol{r}, t, s) = \begin{pmatrix} u_1'(\boldsymbol{r}, t, s) \\ u_2'(\boldsymbol{r}, t, s) \end{pmatrix} = \exp(-\mathrm{i}\varepsilon_\nu \hat{T}_\nu)\psi(\boldsymbol{r}, t, s)$$
$$= \exp(-\mathrm{i}\varepsilon_\nu \hat{T}_\nu) \begin{pmatrix} u_1(\boldsymbol{r}, t, s) \\ u_2(\boldsymbol{r}, t, s) \end{pmatrix} . \tag{5.15}$$

[4] À propos de la dernière transformation dans (5.14) voir également l'exercice 3.8.

Manifestement, l'opérateur $\hat{U}_{\mathrm{Is}}(\varepsilon)$ est unimodulaire (de déterminant= +1) et unitaire. En raison de leur similitude formelle avec le spin réel (c'est-à-dire de moment angulaire) les opérateurs $\hat{T}_i$ (i.e. $\hat{\tau}_i$) sont aussi appelés *opérateurs de spin isobarique* (ou isotopique).

Pour classer les états du nucléon, on peut aussi utiliser les trois composantes de l'isospin :

$$\hat{T}_3 = \begin{pmatrix} \frac{1}{2} & 0 \\ 0 & -\frac{1}{2} \end{pmatrix} . \tag{5.16}$$

Ses vecteurs propres $+\frac{1}{2}$ et $-\frac{1}{2}$ correspondent au proton et neutron respectivement. L'opérateur de charge s'écrira alors :

$$\hat{Q} = e(\hat{T}_3 + \tfrac{1}{2}) = \tfrac{1}{2}e(\hat{\tau}_3 + 1) \tag{5.17}$$

avec les valeurs propres $+e$ et 0 pour le proton et le neutron.

EXERCICE

5.1 Loi d'addition pour des transformations infinitésimales de SU(2)

Problème. Établir la loi d'addition pour une transformation infinitésimale de SU(2), i.e. trouver la relation $\boldsymbol{\Phi}(\boldsymbol{\Theta}, \delta\boldsymbol{\Theta})$ avec les angles de rotation dans l'espace de SU(2) si :

$$\exp(\mathrm{i}\boldsymbol{\Phi} \cdot \hat{\boldsymbol{\tau}}/2) = \exp(\mathrm{i}\delta\boldsymbol{\Theta} \cdot \hat{\boldsymbol{\tau}}/2) \exp(\mathrm{i}\boldsymbol{\Theta} \cdot \hat{\boldsymbol{\tau}}/2) .$$

Solution. Définissons d'abord les vecteurs unitaires (indiqués par un tilde sur le symbole)

$$\tilde{\boldsymbol{\Theta}} = \frac{\boldsymbol{\Theta}}{\Theta} \quad \delta\tilde{\boldsymbol{\Theta}} = \frac{\delta\boldsymbol{\Theta}}{\delta\Theta} \quad \tilde{\boldsymbol{\Phi}} = \frac{\boldsymbol{\Phi}}{\Phi} \tag{1a}$$

avec :

$$\Theta = |\boldsymbol{\Theta}| \quad \delta\Theta = |\delta\boldsymbol{\Theta}| \quad \Phi = |\boldsymbol{\Phi}| . \tag{1b}$$

En raison de la relation générale

$$(\boldsymbol{a} \cdot \hat{\boldsymbol{\tau}})(\boldsymbol{b} \cdot \hat{\boldsymbol{\tau}}) = \boldsymbol{a} \cdot \boldsymbol{b} + \mathrm{i}(\boldsymbol{a} \times \boldsymbol{b}) \cdot \hat{\boldsymbol{\tau}} , \tag{2a}$$

nous avons :

$$(\tilde{\boldsymbol{\Theta}} \cdot \hat{\boldsymbol{\tau}})^2 = (\delta\tilde{\boldsymbol{\Theta}} \cdot \hat{\boldsymbol{\tau}})^2 = (\tilde{\boldsymbol{\Phi}} \cdot \hat{\boldsymbol{\tau}})^2 = 1 . \tag{2b}$$

Ceci nous permet de convertir la représentation exponentielle de SU(2) en une forme linéaire en développant en séries l'exponentielle :

$$\exp(i\boldsymbol{\Theta}\cdot\hat{\boldsymbol{\tau}}/2) = \exp[i\frac{\Theta}{2}(\tilde{\boldsymbol{\Theta}}\cdot\hat{\boldsymbol{\tau}})]$$

$$= 1 + i\frac{\Theta}{2}(\tilde{\boldsymbol{\Theta}}\cdot\hat{\boldsymbol{\tau}}) - \frac{1}{2!}\left(\frac{\Theta}{2}\right)^3 - \frac{i}{3!}\left(\frac{\Theta}{2}\right)^2(\tilde{\boldsymbol{\Theta}}\cdot\hat{\boldsymbol{\tau}}) + \dots$$

$$= \cos\frac{\Theta}{2} + i(\tilde{\boldsymbol{\Theta}}\cdot\hat{\boldsymbol{\tau}})\sin\frac{\Theta}{2} \tag{3a}$$

et de façon analogue :

$$\exp(i\delta\boldsymbol{\Theta}\cdot\hat{\boldsymbol{\tau}}/2) = \cos\frac{\delta\Theta}{2} + i(\delta\tilde{\boldsymbol{\Theta}}\cdot\hat{\boldsymbol{\tau}})\sin\frac{\delta\Theta}{2}$$

$$\simeq 1 + i\frac{\delta\Theta}{2}(\delta\tilde{\boldsymbol{\Theta}}\cdot\hat{\boldsymbol{\tau}}) \tag{3b}$$

$$\exp(i\boldsymbol{\Phi}\cdot\hat{\boldsymbol{\tau}}/2) = \cos\Phi/2 + i(\tilde{\boldsymbol{\Phi}}\cdot\hat{\boldsymbol{\tau}})\sin\Phi/2 . \tag{3c}$$

Dans (3b) nous avons tenu compte du fait que $\delta\Theta$ est un angle infinitésimal et que nous pouvons en conséquence négliger tous les termes d'ordre supérieur ou égal à deux. Par ailleurs, à cause de :

$$\exp(i\boldsymbol{\Phi}\cdot\hat{\boldsymbol{\tau}}/2) = \exp(i\delta\boldsymbol{\Theta}\cdot\hat{\boldsymbol{\tau}}/2)\exp(i\boldsymbol{\Theta}\cdot\hat{\boldsymbol{\tau}}/2) ,$$

nous obtenons, en relation avec (3a), (3b) et (2a) :

$$\exp(i\boldsymbol{\Phi}\cdot\hat{\boldsymbol{\tau}}/2) = \left[1 + i\frac{\delta\Theta}{2}(\delta\tilde{\boldsymbol{\Theta}}\cdot\hat{\boldsymbol{\tau}})\right]\left[\cos\frac{\Theta}{2} + i(\tilde{\boldsymbol{\Theta}}\cdot\hat{\boldsymbol{\tau}})\sin\frac{\Theta}{2}\right]$$

$$= \cos\frac{\Theta}{2} - (\delta\tilde{\boldsymbol{\Theta}}\cdot\tilde{\boldsymbol{\Theta}})\frac{\delta\Theta}{2}\sin\frac{\Theta}{2} \tag{4}$$

$$+ i\left[\delta\tilde{\boldsymbol{\Theta}}\frac{\delta\Theta}{2}\cos\frac{\Theta}{2} + \tilde{\boldsymbol{\Theta}}\sin\frac{\Theta}{2} - (\delta\tilde{\boldsymbol{\Theta}}\times\tilde{\boldsymbol{\Theta}})\frac{\delta\Theta}{2}\sin\frac{\Theta}{2}\right]\cdot\hat{\boldsymbol{\tau}} .$$

Étant donné que les matrices de Pauli sont linéairement indépendantes, la comparaison de (3c) et (4) fournit :

$$\cos\frac{\Phi}{2} = \cos\frac{\Theta}{2} - (\delta\tilde{\boldsymbol{\Theta}}\cdot\tilde{\boldsymbol{\Theta}})\frac{\delta\Theta}{2}\sin\frac{\Theta}{2} \tag{5a}$$

$$\tilde{\boldsymbol{\Phi}}\sin\frac{\Phi}{2} = \tilde{\boldsymbol{\Theta}}\sin\frac{\Theta}{2} + \delta\tilde{\boldsymbol{\Theta}}\frac{\delta\Theta}{2}\cos\frac{\Theta}{2} - (\delta\tilde{\boldsymbol{\Theta}}\times\tilde{\boldsymbol{\Theta}})\frac{\delta\Theta}{2}\sin\frac{\Theta}{2} . \tag{5b}$$

Pour résoudre cette équation par rapport à $\boldsymbol{\Phi}$ nous pouvons comparer (5a) au développement de la fonction cosinus :

$$\cos(\alpha+\beta) = \cos\alpha\cos\beta - \sin\alpha\sin\beta$$

$$\simeq \cos\alpha - \beta\sin\alpha ,$$

où β désigne un angle infinitésimal. Manifestement

$$\Phi = \Theta + \delta\Theta(\delta\tilde{\boldsymbol{\Theta}} \cdot \tilde{\boldsymbol{\Theta}}) \tag{6}$$

doit être satisfait. Avec $\sin(\alpha + \beta) = \sin\alpha\cos\beta + \sin\beta\cos\alpha$ nous obtenons :

$$\sin\frac{\Phi}{2} = \sin\left[\frac{\Theta}{2} + \frac{\delta\Theta}{2}(\delta\tilde{\boldsymbol{\Theta}} \cdot \tilde{\boldsymbol{\Theta}})\right]$$
$$\simeq \sin\frac{\Theta}{2} + \frac{\delta\Theta}{2}(\delta\tilde{\boldsymbol{\Theta}} \cdot \tilde{\boldsymbol{\Theta}})\cos\frac{\Theta}{2}\ ,$$

soit, dans une approximation linéaire :

$$\left(\sin\frac{\Phi}{2}\right)^{-1} = \left(\sin\frac{\Theta}{2}\right)^{-1}\left(1 - \frac{\delta\Theta}{2}(\delta\tilde{\boldsymbol{\Theta}} \cdot \tilde{\boldsymbol{\Theta}})\cot\frac{\Theta}{2}\right)\ . \tag{7}$$

Avec (5b) nous pouvons obtenir la direction de Φ :

$$\tilde{\boldsymbol{\Phi}} = \left[\tilde{\boldsymbol{\Theta}} + \frac{\delta\Theta}{2}(\delta\tilde{\boldsymbol{\Theta}}\cot\frac{\Theta}{2} - \delta\tilde{\boldsymbol{\Theta}} \times \tilde{\boldsymbol{\Theta}})\right] \times \left[1 - \frac{\delta\Theta}{2}(\delta\tilde{\boldsymbol{\Theta}} \cdot \tilde{\boldsymbol{\Theta}})\cot\frac{\Theta}{2}\right]$$
$$= \tilde{\boldsymbol{\Theta}} + \frac{\delta\Theta}{2}\left[\{\delta\tilde{\boldsymbol{\Theta}} - \tilde{\boldsymbol{\Theta}}(\delta\tilde{\boldsymbol{\Theta}} \cdot \tilde{\boldsymbol{\Theta}})\}\cot\frac{\Theta}{2} - \delta\tilde{\boldsymbol{\Theta}} \times \tilde{\boldsymbol{\Theta}}\right]\ . \tag{8}$$

En multipliant (8) par le module de Θ nous obtenons finalement :

$$\boldsymbol{\Phi} \simeq \boldsymbol{\Theta} + \delta\boldsymbol{\Theta}\left(\frac{\Theta}{2}\cot\frac{\Theta}{2}\right) - \boldsymbol{\Theta}(\delta\boldsymbol{\Theta} \cdot \boldsymbol{\Theta})\Theta^{-2}\left(1 - \frac{\Theta}{2}\cot\frac{\Theta}{2}\right)$$
$$- \frac{1}{2}(\delta\boldsymbol{\Theta} \times \boldsymbol{\Theta})\ . \tag{9}$$

5.1 Opérateurs d'isospin pour un système à plusieurs nucléons

Soit un système de A nucléons (protons et neutrons). L'opérateur d'isospin pour le n-ième nucléon s'écrit :

$$\hat{T}(n) = \tfrac{1}{2}\hat{\tau}(n)\ , \quad n = 1, 2, \dots, A\ ,$$

ou plus précisément,

$$\{\hat{T}_1(n),\ \hat{T}_2(n),\ \hat{T}_3(n)\} = \tfrac{1}{2}\{\hat{\tau}_1(n),\ \hat{\tau}_2(n),\ \hat{\tau}_3(n)\}\ . \tag{5.18}$$

$\hat{T}(n)$ agit seulement sur le n-ième nucléon. Pour cette raison, les opérateurs $\hat{T}(n)$ et $\hat{T}(n')$ commutent comme dans le cas du spin (voir section 1.10) ; par conséquent :

$$[\hat{\boldsymbol{T}}(n), \hat{\boldsymbol{T}}(n')]_- = 0 , \quad n \neq n' , \tag{5.19}$$

i.e. chaque composante de $\hat{\boldsymbol{T}}$ dans l'espace n commute avec n'importe quelle autre composante de $\hat{\boldsymbol{T}}$ de l'espace n'. L'isospin d'un système de A nucléons peut donc simplement être défini comme la somme des isospins des nucléons.

$$\hat{\boldsymbol{T}} = \sum_{n=1}^{A} \hat{\boldsymbol{T}}(n) = \frac{1}{2} \sum_{n=1}^{A} \hat{\boldsymbol{\tau}}(n) . \tag{5.20a}$$

Les composantes $\hat{T}_i$ de l'isospin total, en raison de (5.13) et (5.19), satisfont aux relations de commutation

$$[\hat{T}_i, \hat{T}_j] = -\mathrm{i}\varepsilon_{ijk}\hat{T}_k . \tag{5.20b}$$

Par conséquent, l'opérateur de charge est obtenu à partir de (5.17) comme une somme

$$\hat{Q} = \sum_n \hat{Q}(n) = e \sum_{n=1}^{A} \tfrac{1}{2}(\hat{\tau}_3(n) + 1) = e\left(\hat{T}_3 + \tfrac{1}{2}A\right) . \tag{5.21}$$

Puisque les noyaux sont caractérisés par deux nombres, le nombre de masse A et le numéro atomique (nombre de protons) $Z = Q/e$, des noyaux isobares (noyaux de même nombre de masse) ne peuvent différer que par la valeur de T_3. En fait, ceci justifie le nom de *spin isobarique*. Le nom *spin isotopique*, également en usage, est moins significatif car seuls les isobares, et non les isotopes sont classés avec T_3.

Nous remarquons que les valeurs propres $\hat{T}_3$ caractérisent les états d'un multiplet isobarique donné de façon unique, exactement comme l'opérateur de moment angulaire $\hat{J}_3$ classe les états d'un multiplet de moment angulaire. Nous dirons que *le groupe de moment angulaire et le groupe d'isospin sont isomorphes*. Pour cette raison, nous pouvons transposer les résultats du chapitre 2 directement au cas du multiplet d'isospin $|TT_3\rangle$:

$$\hat{\boldsymbol{T}}^2 |TT_3\rangle = T(T+1) |TT_3\rangle , \quad T = 0, \tfrac{1}{2}, 1, \tfrac{3}{2}, \dots ,$$
$$\hat{T}_3 |TT_3\rangle = T_3 |TT_3\rangle , \quad T \geq T_3 \geq -T . \tag{5.22}$$

Chaque multiplet d'isospin est $(2T+1)$ fois dégénéré, exactement comme les multiplets de moment angulaire (dégénérés $(2j+1)$ fois). Pour $T = \tfrac{1}{2}$, nous aurons le *doublet fondamental d'isospin*

$$\left|\tfrac{1}{2}T_3\right\rangle , \quad \text{où :} \quad \tilde{\chi}_{\frac{1}{2}\frac{1}{2}} = \left|\tfrac{1}{2}, T_3 = \tfrac{1}{2}\right\rangle \equiv |\mathrm{p}\rangle$$

est l'état proton, et

$$\tilde{\chi}_{\frac{1}{2},-\frac{1}{2}} = \left| \frac{1}{2}, T_3 = -\frac{1}{2} \right\rangle \equiv |\mathrm{n}\rangle \tag{5.23}$$

est l'état neutron. Ceci constitue le plus simple multiplet non trivial de SU(2), c'est-à-dire que tous les multiplets d'ordre supérieur seront construits à partir de ce multiplet. Le spin 0, ou tout autre spin existant dans la nature, peut être construit à partir du spin $\frac{1}{2}$. Le plus petit multiplet de SU(2) avec $T = 0$ est trivial, puisque seuls des multiplets $T = 0$ peuvent être construits sur lui. On parlera donc d'un *triplet d'isospin* pour le cas $T = 1$ que nous rencontrerons à propos des mésons π et des baryons Σ.

EXEMPLE ▮▮▮▮▮▮▮▮▮▮▮▮▮▮▮▮▮▮▮▮

5.2 Le deutéron

Le deutéron contient un proton et un neutron. Sa fonction d'onde contient une partie spatiale $R_{nl}(r)Y_{lm_l}(\vartheta, \varphi)$ (décrivant le mouvement relatif des deux nucléons), une partie dans l'espace des spins χ_{sm_s} et l'espace des isospins $|TT_3\rangle$. Soit :

$$\psi_{\text{deuteron}} = R_{nl}[Y_{lm_l} \times \chi_{sm_s}]^{[j]} |TT_3\rangle \ . \tag{1}$$

Les crochets [] désignent le couplage du moment angulaire et du spin au moment angulaire total :

$$[Y_{lm_l} \times \chi_{sm_s}]^{[j]} = \sum_{m_l, m_s} (lsj|m_l m_s m),\, Y_{lm_l} \chi_{sm_s}(1, 2)$$

$$\chi_{sm_s}(1, 2) = \sum_{m_1, m_2} (\tfrac{1}{2}\tfrac{1}{2}s|m_1 m_2 m_s) \chi_{\frac{1}{2}m_1}(1) \chi_{\frac{1}{2}m_2}(2) \ . \tag{2}$$

$|TT_3\rangle$ est construit à partir des fonctions d'onde d'isospin individuelles $\tilde{\chi}_{\frac{1}{2}t_\nu}$ des nucléons, soit :

$$|TT_3\rangle = \sum_{t_1, t_2} (\tfrac{1}{2}\tfrac{1}{2}T|t_1 t_2 T_3) \tilde{\chi}_{\frac{1}{2}t_1}(1) \, \tilde{\chi}_{\frac{1}{2}t_2}(2) \ . \tag{3}$$

Les coefficients de Clebsch–Gordan pour le couplage des fonctions d'onde d'isospin sont identiques à ceux des moments angulaires. Ceci résulte directement de l'isomorphisme entre les algèbres de Lie SO(3) et SU(2) des groupes de rotation et d'isospin. En effet, comme nous l'avons déjà indiqué, les deux algèbres de Lie sont identiques puisque nous avons :

$$[\hat{J}_i, \hat{J}_j]_- = \mathrm{i}\varepsilon_{ijk}\hat{J}_k \tag{4a}$$

pour le groupe de rotation, et

$$[\hat{T}_i, \hat{T}_j]_- = \mathrm{i}\varepsilon_{ijk}\hat{T}_k \tag{4b}$$

pour le groupe d'isospin.

Exemple 5.2   Puisque la charge totale du deutéron est $Q = e$, et son nombre de masse $A = 2$, l'équation (5.21) nous fournit $T_3 = 0$. Cependant, l'isospin peut prendre deux valeurs :

$$T = 0 \quad \text{et} \quad T = 1 \,.$$

Pour $T = 0$, i.e. pour le singlet, T_3 prend seulement la valeur zéro. Ceci constitue *l'état fondamental du deutéron*. Seul, l'état $|T = 1, T_3 = 0\rangle$ du triplet appartient au deutéron. Les deux autres états du triplet, $|T = 1, T_3 = 1\rangle$ et $|T = 1, T_3 = -1\rangle$, correspondent aux combinaisons des produits $\tilde{\chi}_{\frac{1}{2}\frac{1}{2}}\tilde{\chi}_{\frac{1}{2}\frac{1}{2}}$ et $\tilde{\chi}_{\frac{1}{2}-\frac{1}{2}}\tilde{\chi}_{\frac{1}{2}-\frac{1}{2}}$, respectivement. Par conséquent, d'après (5.23), ce sont respectivement des états à deux protons et deux neutrons. Ils appartiennent aux systèmes di-neutrons et di-protons qui sont instables. En fait, tous les états des systèmes à deux nucléons avec $T = 1$ sont instables ce qui montre l'analogie entre les états du multiplet $T = 1$.

On peut noter que la fonction d'onde d'isospin (3) pour l'état singlet :

$$|T = 0, T_3 = 0\rangle = \sum_{t_1} (\tfrac{1}{2}\tfrac{1}{2}0|t_1 - t_1 0)\tilde{\chi}_{\frac{1}{2}t_1}(1)\tilde{\chi}_{\frac{1}{2}-t_1}(2)$$

$$= (\tfrac{1}{2}\tfrac{1}{2}0|\tfrac{1}{2} - \tfrac{1}{2}0)\tilde{\chi}_{\frac{1}{2}\frac{1}{2}}(1)\tilde{\chi}_{\frac{1}{2}-\frac{1}{2}}(2) + (\tfrac{1}{2}\tfrac{1}{2}0| - \tfrac{1}{2}\tfrac{1}{2}0)\tilde{\chi}_{\frac{1}{2}-\frac{1}{2}}(1)\tilde{\chi}_{\frac{1}{2}\frac{1}{2}}(2)$$

$$= \frac{1}{\sqrt{2}}\left\{\tilde{\chi}_{\frac{1}{2}\frac{1}{2}}(1)\tilde{\chi}_{\frac{1}{2}-\frac{1}{2}}(2) - \tilde{\chi}_{\frac{1}{2}-\frac{1}{2}}(1)\tilde{\chi}_{\frac{1}{2}\frac{1}{2}}(2)\right\} \tag{5}$$

est manifestement antisymétrique par rapport à l'échange p ↔ n (ou particules 1 ↔ 2), tandis que l'état triplet :

$$|T = 1, T_3 = 0\rangle = \sum_{t_1} (\tfrac{1}{2}\tfrac{1}{2}1|t_1 - t_1 0)\tilde{\chi}_{\frac{1}{2}t_1}\tilde{\chi}_{\frac{1}{2}-t_1}$$

$$= (\tfrac{1}{2}\tfrac{1}{2}1|\tfrac{1}{2} - \tfrac{1}{2}0)\tilde{\chi}_{\frac{1}{2}\frac{1}{2}}(1)\tilde{\chi}_{\frac{1}{2}-\frac{1}{2}}(2) + (\tfrac{1}{2}\tfrac{1}{2}1| - \tfrac{1}{2}\tfrac{1}{2}0)\tilde{\chi}_{\frac{1}{2}-\frac{1}{2}}(1)\tilde{\chi}_{\frac{1}{2}\frac{1}{2}}(2)$$

$$= \frac{1}{\sqrt{2}}\{\tilde{\chi}_{\frac{1}{2}\frac{1}{2}}(1)\tilde{\chi}_{\frac{1}{2}-\frac{1}{2}}(2) + \tilde{\chi}_{\frac{1}{2}-\frac{1}{2}}(1)\tilde{\chi}_{\frac{1}{2}\frac{1}{2}}(2)\} \tag{6}$$

est symétrique par rapport à l'échange p ↔ n (ou particules 1 ↔ 2). À cause du principe de Pauli, la fonction d'onde totale (1) est nécessairement antisymétrique par rapport à l'échange de particules. Donc, l'état singlet d'isospin est antisymétrique par rapport à l'échange de particules. L'état singlet d'isospin doit faire apparaître une combinaison avec l'état symétrique de spin $s = 1[(2)]$. Le contraire se produit pour l'état triplet symétrique d'isospin : il est apparié avec l'état singlet de spin ($s = 0$).

Les deux états restants du triplet d'isospin seront encore notés

$$|T = 1, T_3 = 1\rangle = \tilde{\chi}_{\frac{1}{2}\frac{1}{2}}(1)\tilde{\chi}_{\frac{1}{2}\frac{1}{2}}(2) \quad \text{(deux protons)}\,,$$

$$|T = 1, T_3 = -1\rangle = \tilde{\chi}_{\frac{1}{2}-\frac{1}{2}}(1)\tilde{\chi}_{\frac{1}{2}-\frac{1}{2}}(2) \quad \text{(deux neutrons)}\,, \tag{7}$$

bien qu'ils ne décrivent, comme nous l'avons vu, que des états instables.

La raison physique de l'absence d'états liés à deux nucléons $T = 1$ est reliée intimement au principe de Pauli. La fonction d'onde d'isospin pour $T = 0$ est comme nous l'avons vu, antisymétrique par rapport à l'échange de deux nucléons, tandis que les états triplets $T = 1$ sont symétriques. Puisque l'interaction nucléon–nucléon est attractive à courte portée pour la voie triplet de spin 1, la fonction d'onde dans l'espace de configuration devra donc posséder le nombre quantique $l = 0$, et par conséquent être complètement symétrique. C'est la raison pour laquelle un état lié ne peut être construit qu'avec l'état $T = 0$.[5] Le meilleur moyen pour établir clairement ceci est de dire que le hamiltonien de l'interaction forte $\hat{H}_{\text{fort}}$ est invariant par rapport à l'isospin et dépend donc de l'opérateur de Casimir $\hat{T}^2$ du groupe d'isospin, soit : $\hat{H} = \hat{H}(\hat{T}^2)$. Pour des multiplets différents, $\hat{H}$ (et, avec lui, le potentiel concerné) peuvent prendre des valeurs distinctes. Si, par exemple

$$\hat{H}(\hat{T}^2) = f(r)\mathbf{1} + g(r)\hat{T}^2 \,,$$

les hamiltoniens pour le singlet et le triplet d'isospin seront respectivement :

$$\hat{H}(T = 0) = f(r)\,, \quad \hat{H}(T = 1) = f(r) + 2g(r)\,.$$

Le fait que l'état $T = 1$ du deutéron soit non lié montre que $f(r)$ doit correspondre à une fonction attractive pour le puits de potentiel, tandis que ce n'est pas le cas pour $f(r) + 2g(r)$.

Exemple 5.2

EXERCICE

5.3 Indépendance de charge des forces nucléaires

Problème. Montrer que l'indépendance de charge des forces nucléaires est une conséquence de l'invariance par isospin de l'interaction forte.

Solution. En raison du caractère de symétrie du groupe d'isospin pour l'interaction forte, nous pouvons écrire :

$$[\hat{H}_{\text{fort}}, \hat{T}]_- = 0\,, \tag{1}$$

soit encore :

$$[\hat{H}_{\text{fort}}, \hat{U}_{\text{Is}}(e)]_- = 0\,.$$

Cette équation définit précisément le terme «d'invariance par isospin». Si, comme cela est souvent le cas, le hamiltonien lui-même n'est pas connu, on doit avoir recours à l'opérateur matriciel $\hat{S}$:

$$\hat{S} = \exp\left(\frac{\mathrm{i}}{\hbar}\hat{H}t\right)\,. \tag{2}$$

---

[5] Pour des compléments d'information sur le formalisme d'isospin et le deutéron, on pourra se référer par exemple à J.M. Eisenberg, W. Greiner : *Microscopic Theory of the Nucleus*, 2nd ed., Nuclear Theory, Vol. 3, (North-Holland, Amsterdam 1976).

Exercice 5.3   Nous aurons alors d'après (1) :

$$[\hat{S}_{\text{fort}}, \hat{T}]_- = 0 \quad \text{ou} \quad [\hat{S}_{\text{fort}}, \hat{U}_{\text{Is}}(e)]_- = 0 \tag{3}$$

et inversement (1) se déduit de (3). Nous avons établi sur des considérations générales [cf (3.38–40) et exemple 3.13, (2–6)] que tous les états $|T, T_3\rangle$ d'un multiplet d'isospin (ou multiplet de charge) sont alors dégénérés en énergie. Nous utilisons les relations :

$$e^{-i\pi \hat{T}_2} \left|\tfrac{1}{2}\tfrac{1}{2}\right\rangle = e^{-i(\pi/2)\hat{\tau}_2} \left|\tfrac{1}{2}\tfrac{1}{2}\right\rangle = (\cos\tfrac{1}{2}\pi - i\hat{\tau}_2 \sin\tfrac{1}{2}\pi)\left|\tfrac{1}{2}\tfrac{1}{2}\right\rangle$$

$$= -i \begin{pmatrix} 0 & -i \\ i & 0 \end{pmatrix} \begin{pmatrix} 1 \\ 0 \end{pmatrix} = \begin{pmatrix} 0 & -1 \\ 1 & 0 \end{pmatrix} \begin{pmatrix} 1 \\ 0 \end{pmatrix} = \begin{pmatrix} 1 \\ 0 \end{pmatrix} = \left|\tfrac{1}{2} - \tfrac{1}{2}\right\rangle$$

et

$$e^{-i\pi \hat{T}_2} \left|\tfrac{1}{2} - \tfrac{1}{2}\right\rangle = -i \begin{pmatrix} 0 & -i \\ i & 0 \end{pmatrix} \begin{pmatrix} 0 \\ 1 \end{pmatrix} = \begin{pmatrix} 0 & -1 \\ 1 & 0 \end{pmatrix} \begin{pmatrix} 0 \\ 1 \end{pmatrix}$$

$$= -\begin{pmatrix} 1 \\ 0 \end{pmatrix} = -\left|\tfrac{1}{2}\tfrac{1}{2}\right\rangle ,$$

qui peuvent s'écrire en abrégé :

$$e^{-i\pi \hat{T}_2} |p\rangle = |n\rangle \quad \text{et} \quad e^{-i\pi \hat{T}_2} |n\rangle = -|p\rangle . \tag{4}$$

Nous aurons alors pour les états à deux nucléons :

$$\exp[-i\pi(\hat{T}_2(1) + \hat{T}_2(2))] |p(1)p(2)\rangle = |n(1)n(2)\rangle$$

et

$$\exp[-i\pi(\hat{T}_2(1) + \hat{T}_2(2))] |n(1)n(2)\rangle = |p(1)p(2)\rangle . \tag{5}$$

L'interaction forte entre deux protons s'écrira alors :

$$\begin{aligned}
\langle p(1)p(2) | \hat{H}_{\text{fort}} | p(1)p(2)\rangle &= \big\langle \exp\big[-i\pi(\hat{T}_2(1) + \hat{T}_2(2))\big] n(1)n(2)\big| \hat{H}_{\text{fort}} \\
&\quad \times \exp\big[-i\pi(\hat{T}_2(1) + \hat{T}_2(2))\big] |n(1)n(2)\rangle \\
&= \langle nn | \exp\big[+i\pi(\hat{T}_2(1) + \hat{T}_2(2))\big] \hat{H}_{\text{fort}} \exp\big[-i\pi(\hat{T}_2(1) + \hat{T}_2(2))\big] | nn\rangle \\
&= \langle nn | \hat{H}_{\text{fort}} | nn\rangle
\end{aligned} \tag{6}$$

et s'identifie par conséquent à celle de deux neutrons.

EXEMPLE ▐▬▬▬▬▬▬▬▬▬▬▬▬▬▬▬▬▬▬

5.4 Le triplet du pion

Trois pions sont connus expérimentalement avec les valeurs de masse et charge suivantes (voir table ci-dessous) :

Propriétés des pions

Pion	Masse m_0c^2	Diff. de masse [MeV]	Charge	Durée de vie [s]	Spin	Mt. magn.
π^+	139,59	4,59	e	$(2,55 \pm 0,03) \times 10^{-8}$	0	0
π^0	135,00	0	0	$0,83 \times 10^{-16}$	0	0
π^-	139,59	4,59	$-e$	$(2,55 \pm 0,03) \times 10^{-8}$	0	0

On voit que les masses (énergies) des pions sont pratiquement égales. Par analogie avec la faible différence de masse entre proton et neutron, on peut penser que l'interaction forte (qui détermine principalement la masse) est invariante dans l'espace d'isospin et ainsi que les faibles différences de masse (quelques MeV ($\Delta m = 4,59$ MeV) sont causées par les interactions électromagnétiques ou autres. En fait, l'énergie coulombienne d'une sphère chargée de rayon $r_0 = \hbar/m_\pi c$ (= longueur d'onde de Compton du pion) peut être calculée facilement. On obtient[6] avec la constante de structure fine $e^2/\hbar c = 1/137$,

$$|E_c| = \frac{3}{5}\frac{e^2}{r_0} = \frac{3}{5}\frac{e^2}{\hbar c}m_\pi c^2$$

$$= \frac{3}{5}\frac{1}{137} \times 139 \text{ MeV} \simeq \frac{3}{5} \text{ MeV} . \tag{1}$$

Nous négligerons donc ici cette faible différence de masse et interpréterons ces trois pions comme un *triplet d'isospin* ou *triplet de charge* ; ce qui suggère l'identification :

$$|T = 1, T_3 = 1\rangle = -|\pi^+\rangle ,$$
$$|T = 1, T_3 = 0\rangle = |\pi^0\rangle ,$$
$$|T = 1, \hat{T}_3 = -1\rangle = +|\pi^-\rangle . \tag{2}$$

Le choix des trois membres de droite dans (2) est arbitraire mais effectué une fois pour toutes. Le fait que nous n'ayons pas choisi la même phase pour tous

---

[6] Cf par exemple J.D. Jackson : *Classical Electrodynamics*, 2nd ed. (Wiley, New York 1975) ou W. Greiner : *Classical Theoretical Physics : Classical Electrodynamics* (Springer, New York 1999).

les états du pion et utilisé le facteur (-1) relève d'une raison profonde ainsi expliquée :

Puisque l'algèbre de Lie du groupe d'isospin est isomorphe à l'algèbre de moment angulaire, nous aurons, comme dans (2.18a, b) :

$$\tilde{T}_\pm |TT_3\rangle = [T(T+1) - T_3(T_3 \pm 1)]^{1/2} |TT_3 \pm 1\rangle \ ,$$
$$\hat{T}_0 |TT_3\rangle = T_3 |TT_3\rangle \ , \tag{3}$$

avec $\hat{T}_\pm = \hat{T}_1 \pm i\hat{T}_2$ et $\hat{T}_0 = \hat{T}_3$.

Ceci résulte comme nous le savons, des relations de commutation

$$[\hat{T}_3, \hat{T}_\pm]_- = \pm\hat{T}_\pm \ , \quad [\hat{T}_+, \hat{T}_-]_- = 2\hat{T}_3 \ , \tag{4}$$

qui découlent à leur tour de (5.13) avec $\hat{T}_\pm = \hat{T}_1 \pm i\hat{T}_2$ et $\hat{T}_0 = \hat{T}_3$. Elles sont identiques aux relations de commutation pour les opérateurs de moments angulaires (2.7). De (3), nous déduisons

$$\hat{T}_+ |11\rangle = 0 \ , \quad \hat{T}_+ |10\rangle = \sqrt{2} |11\rangle \ , \quad \hat{T}_+ |1-1\rangle = \sqrt{2} |10\rangle \ ; \tag{5a}$$
$$\hat{T}_3 |11\rangle = 1 |11\rangle \ , \quad \hat{T}_3 |10\rangle = 0 \ , \quad \hat{T}_3 |1-1\rangle = -1 |1-1\rangle \ , \tag{5b}$$
$$\hat{T}_- |11\rangle = \sqrt{2} |10\rangle \ , \quad \hat{T}_- |10\rangle = \sqrt{2} |1-1\rangle \ , \quad \hat{T}_- |1-1\rangle = 0 \ . \tag{5c}$$

En utilisant (2), ces équations peuvent être encore écrites :

$$\hat{T}_+(\sqrt{2}|\pi^+\rangle) = 0 \qquad\qquad [\tilde{T}_+, \hat{T}_+]_- = 0$$
$$\hat{T}_+(|\pi^0\rangle) = -(\sqrt{2}|\pi^+\rangle) \qquad [\tilde{T}_+, \hat{T}_3]_- = -\hat{T}_+$$
$$\hat{T}_+(\sqrt{2}|\pi^-\rangle) = 2(|\pi^0\rangle) \qquad [\tilde{T}_+, \tilde{T}_-]_- = 2\hat{T}_3 \tag{6a}$$

$$\hat{T}_3(\sqrt{2}|\pi^+\rangle) = +(\sqrt{2}|\pi^+\rangle) \quad [\hat{T}_3, \hat{T}_+]_- = +\hat{T}_+$$
$$\hat{T}_3(|\pi^0\rangle) = 0 \qquad\qquad [\hat{T}_3, \hat{T}_3]_- = 0$$
$$\hat{T}_3(\sqrt{2}|\pi^-\rangle) = -(\sqrt{2}|\pi^-\rangle) \quad [\hat{T}_3, \hat{T}_-]_- = -\hat{T}_- \tag{6b}$$

$$\hat{T}_-(\sqrt{2}|\pi^+\rangle) = -2(|\pi^0\rangle) \qquad [\hat{T}_-, \hat{T}_+]_- = -2\hat{T}_3$$
$$\hat{T}_-(|\pi^0\rangle) = (\sqrt{2}|\pi^-\rangle) \qquad [\hat{T}_-, \hat{T}_3]_- = \hat{T}_-$$
$$\hat{T}_-(\sqrt{2}|\pi^-\rangle) = 0 \qquad\qquad [\hat{T}_-, \hat{T}_-]_- = 0 \ . \tag{6c}$$

Pour mieux illustrer le point traité ici, nous avons fait figurer à droite de (6) des formules analogues à l'algèbre d'isospin de (4). Nous sommes maintenant en mesure de comprendre le choix du signe – pour le pion π^+ de (2) : il nous garantit la cohérence entre les deux ensembles d'équations (6). Manifestement, nous avons les correspondances :

$$\hat{T}_+ \leftrightarrow \sqrt{2}|\pi^+\rangle \ , \quad \hat{T}_3 \leftrightarrow |\pi^0\rangle \ , \quad \hat{T}_- \leftrightarrow \sqrt{2}|\pi^-\rangle \tag{7}$$

et

$$\hat{T}_\mu \, |\pi^\nu\rangle \leftrightarrow [\hat{T}_\mu, \hat{T}_\nu]_- \, , \tag{8}$$

pour $\mu, \nu = +, -$ et 3 respectivement. Cette correspondance est linéaire dans le premier élément ($\hat{T}_\mu$) ou dans le second élément ($|\pi^\nu\rangle$ et $\hat{T}_\nu$). Par conséquent, toutes les transformations des deux membres de (8) sont isomorphes, de telle sorte qu'une transformation linéaire sur les $|\pi^\nu\rangle$ correspond aux mêmes transformations linéaires sur les $\hat{T}_\nu$ et vice versa. Par conséquent, la transformation des générateurs du groupe d'isospin de la représentation sphérique à la représentation cartésienne, c'est-à-dire :

$$\begin{pmatrix} \hat{T}_1 \\ \hat{T}_2 \\ \hat{T}_3 \end{pmatrix} = \begin{pmatrix} \frac{1}{2} & (\hat{T}_+ + \hat{T}_-) \\ -\frac{1}{2}\mathrm{i} & (\hat{T}_+ - \hat{T}_-) \\ & \hat{T}_0 \end{pmatrix} \, , \tag{9}$$

est reliée à une transformation des relations de commutation (4) comme suit :

$$[\hat{T}_i, \hat{T}_j]_- = \mathrm{i}\varepsilon_{ijk}\hat{T}_k \, . \tag{10}$$

De façon semblable, nous définissons la *représentation cartésienne du multiplet du pion par* :

$$\begin{pmatrix} |\pi_1\rangle \\ |\pi_2\rangle \\ |\pi_3\rangle \end{pmatrix} = \begin{pmatrix} 1/\sqrt{2} & (|\pi^+\rangle + |\pi^-\rangle) \\ -\mathrm{i}/\sqrt{2} & (|\pi^+\rangle - |\pi^-\rangle) \\ & |\pi^0\rangle \end{pmatrix} \, . \tag{11}$$

D'après (10) nous avons, en raison de l'isomorphisme,

$$\hat{T}_i \, |\pi_j\rangle = \mathrm{i}\varepsilon_{ijk} \, |\pi_k\rangle \, . \tag{12}$$

Cette relation peut être obtenue directement à partir de (3), avec (9) et (11). Le facteur $1/\sqrt{2}$ dans (11) n'est pas identique au facteur analogue $\frac{1}{2}$ dans (9), car les états $|\pi_i\rangle$ sont normalisés à l'unité :

$$\langle \pi_i | \pi_j \rangle = \delta_{ij} \, . \tag{13}$$

5.2 Propriétés générales des représentations d'une algèbre de Lie

Avec l'équation (6) du précédent exemple 5.4, nous nous sommes familiarisés avec une construction qui vaut pour chaque algèbre de Lie, appelée la *représentation régulière* (*ou adjointe*) *d'une algèbre de Lie*. Expliquons tout d'abord le terme *représentation d'une algèbre de Lie* : de manière semblable à la représentation d'un groupe, la représentation d'une algèbre de Lie est définie comme l'application de l'algèbre sur des opérateurs linéaires d'un espace vectoriel, c'est-à-dire que des opérateurs (matrices) $\hat{D}(\hat{L}_i)$ sont associés aux éléments de l'algèbre de Lie $\hat{L}_i$ (générateurs du groupe de Lie) :

$$\hat{L}_i \rightarrow \hat{D}(\hat{L}_i) \, . \tag{5.24}$$

Ces opérateurs doivent satisfaire les critères de *linéarité*,

$$\hat{D}(\alpha \hat{L}_i + \beta \hat{L}_j) = \alpha \hat{D}(\hat{L}_i) + \beta \hat{D}(\hat{L}_j) \, , \tag{5.25}$$

et devront être homomorphes de l'algèbre de Lie :

$$\hat{D}([\hat{L}_i, \hat{L}_j]_-) = [\hat{D}(\hat{L}_i), \hat{D}(\hat{L}_j)]_- \, . \tag{5.26}$$

La dernière équation indique que l'opérateur $\hat{D}([\hat{L}_i, \hat{L}_j]_-)$, qui correspond au commutateur $[\hat{L}_i, \hat{L}_j]_-$, doit être égal au commutateur des opérateurs $\hat{D}$ qui correspondent à $\hat{L}_i$ et $\hat{L}_j$. En général, une représentation de l'espace vectoriel par la base $\{|\phi_k\rangle\}$ s'obtiendra en adjoignant à chaque opérateur $\hat{L}_i$, au moyen de

$$\hat{L}_i |\phi_j\rangle = D(\hat{L}_i)_{kj} |\phi_k\rangle \tag{5.27}$$

(on notera la convention de sommation habituelle), une matrice :

$$D(\hat{L}_i)_{kj} = \langle \phi_k |\hat{L}_i| \phi_j \rangle = (\hat{L}_i)_{kj} \, . \tag{5.28}$$

On voit ainsi que les $D(\hat{L}_i)_{kj}$ sont les éléments de matrice d'un opérateur $\hat{L}_i$ dans la représentation $\{|\phi_k\rangle\}$. Ils possèdent la propriété :

$$\hat{D}(\hat{L}_i) \cdot \hat{D}(\hat{L}_j) = \hat{D}(\hat{L}_i \hat{L}_j) \, , \tag{5.29}$$

qui s'écrira plus précisément (avec une sommation répétée sur les indices m)

$$\hat{D}(\hat{L}_i)_{nm} \hat{D}(\hat{L}_j)_{mk} = D(\hat{L}_i \hat{L}_j)_{nk} \, , \tag{5.30}$$

soit encore, avec (5.28),

$$\langle n |\hat{L}_i| m \rangle \langle m |\hat{L}_j| k \rangle = \langle n |\hat{L}_i \hat{L}_j| k \rangle \ .$$

Nous voyons ainsi que la matrice obtenue par simple multiplication matricielle de $D(\hat{L}_i)$ et $D(\hat{L}_j)$ est égale à la matrice $D(\hat{L}_i \hat{L}_j)$, que nous avons associée à l'opérateur $\hat{L}_i \hat{L}_j$. Les équations (5.25) et (5.26) doivent être également vérifiées, mais ceci est naturellement garanti avec (5.27) et (5.29) :

$$
\begin{aligned}
D(\alpha \hat{L}_i + \beta \hat{L}_j)_{nm} &= \langle n \, | \alpha \hat{L}_i + \beta \hat{L}_j | \, m \rangle \\
&= \alpha \, \langle n \, | \hat{L}_i | \, m \rangle + \beta \, \langle n \, | \hat{L}_j | \, m \rangle \\
&= \alpha D(\hat{L}_i)_{nm} + \beta D(\hat{L}_j)_{nm} \,,
\end{aligned}
\tag{5.31}
$$

d'où il ressort :

$$
\hat{D}([\hat{L}_i, \hat{L}_j]_-) = \hat{D}(\hat{L}_i \hat{L}_j - \hat{L}_j \hat{L}_i) = \hat{D}(\hat{L}_i \hat{L}_j) - \hat{D}(\hat{L}_j \hat{L}_i) \,,
$$

et selon (5.29),

$$
\hat{D}([\hat{L}_i, \hat{L}_j]_-) = \hat{D}(\hat{L}_i) \hat{D}(\hat{L}_j) - \hat{D}(\hat{L}_j) \hat{D}(\hat{L}_i) = [\hat{D}(\hat{L}_i), \hat{D}(\hat{L}_i)]_- \,.
\tag{5.32}
$$

5.3 Représentation régulière (ou adjointe) d'une algèbre de Lie

Un espace vectoriel possible $\{|\phi_k\rangle\}$, sur lequel les générateurs $\hat{L}_i$ peuvent s'appliquer est celui contenant les vecteurs

$$
L_j \rangle \,.
\tag{5.33}
$$

Il doit y avoir autant de tels vecteurs qu'il y a de générateurs. En exigeant les relations

$$
\hat{L}_i \, | L_j \rangle \overset{\text{def}}{=} C_{ijk} \, | L_k \rangle \quad \text{et}
\tag{5.34}
$$

$$
\langle L_i | L_j \rangle \overset{\text{def}}{=} \delta_{ij}
\tag{5.35}
$$

par analogie avec les relations de commutation de l'algèbre de Lie

$$
[\hat{L}_i, \hat{L}_j]_- = C_{ijk} \hat{L}_k \,,
\tag{5.36}
$$

nous définissons l'action des opérateurs sur l'espace vectoriel. L'équation (5.34) définit le résultat de l'application de l'opérateur $\hat{L}_i$ sur le vecteur $|\hat{L}_j\rangle$ tandis que (5.35) définit le produit scalaire (produit interne). La comparaison de (5.34) et (5.27) implique :

$$
D(\hat{L}_i)_{kj} = C_{ijk} \quad \text{et}
\tag{5.37}
$$

$$
(\alpha \hat{L}_i)_{kj} = \alpha C_{ijk} \,.
\tag{5.38}
$$

Par conséquent, les constantes de structure elles-mêmes constituent une représentation matricielle des générateurs, et la matrice du générateur $(\hat{L}_i)_{kj}$ est donnée par C_{ijk} d'après (5.37). Nous devons maintenant nous assurer que les relations (5.30, 31) et (5.31) sont effectivement vérifiées, c'est-à-dire qu'il n'y a pas de contradictions avec (5.34) et (5.37).

L'équation (5.30) peut être aisément démontrée :

$$D(\hat{L}_i)_{nm}D(\hat{L}_j)_{mk} = D(\hat{L}_i\hat{L}_j)_{nk} ,$$

$$C_{imn}C_{jkm} = \langle L_n | \hat{L}_i\hat{L}_j | L_k \rangle = \langle L_n | \hat{L}_i C_{jkm} | L_m \rangle$$

$$= C_{jkm} \langle L_n | C_{iml} | L_l \rangle = C_{jkm}C_{iml}\delta_{nl}$$

$$= C_{jkm}C_{imn} . \tag{5.39}$$

Nous pouvons ensuite établir (5.32) :

$$D(\hat{L}_i\hat{L}_j - \hat{L}_j\hat{L}_i)_{nk} = (\hat{D}(\hat{L}_i)\hat{D}(\hat{L}_j) - \hat{D}(\hat{L}_j)\hat{D}(\hat{L}_i))_{nk} , \tag{5.40}$$

qui peut se mettre sous la forme suivante par l'intermédiaire de (5.35, 38–40) :

$$D(C_{ijm}\hat{L}_m)_{nk} = \hat{D}(\hat{L}_i)_{nm}\hat{D}(\hat{L}_j)_{mk} - \hat{D}(\hat{L}_j)_{nm}\hat{D}(\hat{L}_i)_{mk} \quad \text{ou}$$

$$C_{ijm}C_{mkn} = C_{imn}C_{jkm} - C_{jmn}C_{ikm} ; \quad \text{d'où :} \tag{5.41}$$

$$C_{ijm}C_{mkn} + C_{jkm}C_{min} + C_{kim}C_{mjn} = 0 . \tag{5.42}$$

Dans l'avant-dernière équation (5.41), nous avons utilisé la linéarité de (5.36) puis finalement plusieurs fois l'antisymétrie entre les deux premiers indices de $C_{ijk} = -C_{jik}$ [cf (3.14)]. La relation (5.42) est de même vérifiée d'après l'identité de Jacobi [voir (3.16)]. Par conséquent, (5.40) est compatible avec la représentation spéciale énoncée par (5.36) et (5.34). Elle est appelée *représentation régulière ou adjointe*.

L'analogie entre les deux ensembles d'égalités (6) de l'exemple 5.4 possède donc une signification profonde : elle est vraie pour toutes les algèbres de Lie. Par conséquent, cette représentation régulière (ou adjointe) peut être construite pour chaque algèbre de Lie. Nous avons déjà illustré ce théorème dans l'équation (6) du dernier exemple pour le cas de l'algèbre d'isospin.

EXERCICE

5.5 Normalisation des générateurs du groupe

Problème. Montrer que les générateurs $\hat{L}_i$ d'un groupe de matrices unitaires, i.e. $U^{-1} = U^\dagger$ pour chaque élément du groupe U, peuvent être choisis de telle sorte que la relation $\mathrm{tr}(\hat{L}_i\hat{L}_j) = \delta_{ij}/2$ soit vérifiée. Montrer ensuite que les constantes de structure correspondantes sont des imaginaires purs et dans ce cas complètement antisymétriques.

Solution. Selon (3.8) les générateurs d'un groupe unitaire sont hermitiques, soit : $\hat{L}_i^\dagger = \hat{L}_i$. Mise à part cette propriété, leur choix est jusqu'alors arbitraire. Étudions l'expression

$$\gamma_{ik} = \mathrm{tr}(\hat{L}_i\hat{L}_k) \tag{1}$$

qui, en raison de l'invariance de la trace par permutation circulaire des matrices, peut encore s'écrire :

Exercice 5.5

$$\gamma_{ik} = \text{tr}(\hat{L}_i \hat{L}_k) = \text{tr}(\hat{L}_k \hat{L}_i) = \gamma_{ki} \; . \tag{2}$$

La trace de la matrice $\hat{A}$ étant égale à celle de la matrice transposée $\hat{A}^T$, nous avons :

$$\gamma_{ik}^* = \text{tr}(\hat{L}_i^* \hat{L}_k^*) = \text{tr}[(\hat{L}_i^* \hat{L}_k^*)^T] = \text{tr}[(\hat{L}_i^*)^T (\hat{L}_k^*)^T]$$

$$= \text{tr}[\hat{L}_i^\dagger \hat{L}_k^\dagger] = \text{tr}(\hat{L}_k \hat{L}_i) = \gamma_{ik} \; . \tag{3}$$

Par conséquent, les γ_{ik} apparaissent comme les composantes d'une matrice symétrique réelle. Une telle matrice peut être diagonalisée par une transformation orthogonale :

$$\sum_{j,k} R_{ij} \gamma_{jk} R_{kl}^{-1} = \lambda_i \delta_{il} \; , \tag{4}$$

où les λ_i sont les valeurs propres de la matrice

$$\sum_j R_{ij} R_{kj} = \delta_{ik} \Rightarrow R_{kl}^{-1} = R_{lk} \; , \tag{5}$$

d'où :

$$\sum_{j,k} R_{ij} \gamma_{jk} R_{lk} = \lambda_i \delta_{il} \; . \tag{6}$$

Nous pouvons aussi choisir n'importe quelle combinaison linéaire (avec coefficients réels) des opérateurs $\hat{L}_i$ pour notre groupe. Nous pouvons alors définir un nouvel ensemble de générateurs ainsi :

$$\hat{F}_j = \sum_i R_{ij} \hat{L}_i \; , \quad \hat{L}_i = \sum_j R_{ij} \hat{F}_j \; , \tag{7}$$

où la deuxième relation se déduit de (5). Puisque les R_{ij} sont réels, les générateurs $\hat{F}_i$ sont aussi hermitiques. Nous avons alors, d'après (6),

$$\text{tr}(\hat{F}_i \hat{F}_l) = \sum_{jk} R_{ij} R_{lk} \text{tr}(\hat{L}_j \hat{L}_k)$$

$$= \sum_{jk} R_{ij} R_{lk} \gamma_{jk} = \lambda_i \delta_{il} \; . \tag{8}$$

Nous pouvons encore montrer que les valeurs propres λ_i sont positives. Avec la notation en indices grecs pour les indices des matrices de $\hat{F}_i$, l'équation (8) implique (avec $i = l$) :

$$\lambda_i = \text{tr}(\hat{F}_i \hat{F}_i) = \text{tr}(\hat{F}_i \hat{F}_i^\dagger) = \sum_{\alpha\beta} (F_i)_{\alpha\beta} (F_i^\dagger)_{\beta\alpha}$$

$$= \sum_{\alpha\beta} (F_i)_{\alpha\beta} (F_i)_{\alpha\beta}^* = \sum_{\alpha\beta} \left| (F_i)_{\alpha\beta} \right|^2 > 0 \; , \tag{9}$$

puisque au moins une composante de $\hat{F}_i$ n'est pas nulle. Nous pouvons donc normaliser les nouveaux générateurs par :

$$\hat{F}_i \rightarrow \hat{T}_i = \frac{1}{\sqrt{2\lambda_i}} \hat{F}_i \tag{10}$$

et par conséquent :

$$\mathrm{tr}(\hat{T}_i \hat{T}_j) = \tfrac{1}{2}\delta_{ij} \ , \tag{11}$$

comme nous voulions le montrer. Les constantes de structure sont totalement antisymétriques comme nous pouvons le voir maintenant :

$$[\hat{T}_i, \hat{T}_j]_- = \sum_k C_{ijk}\hat{T}_k$$
$$\Rightarrow \mathrm{tr}\{[\hat{T}_i, \hat{T}_j]\hat{T}_l\} = \sum_k C_{ijk}\mathrm{tr}(\hat{T}_k\hat{T}_l)$$
$$= \tfrac{1}{2}\sum_k C_{ijk}\delta_{kl} = \tfrac{1}{2}C_{ijl} \ . \tag{12}$$

En raison de l'invariance de la trace par permutation, nous avons :

$$\mathrm{tr}\{[\hat{T}_i, \hat{T}_j]\hat{T}_l\} = Tr\{\hat{T}_i\hat{T}_j\hat{T}_l - \hat{T}_j\hat{T}_i\hat{T}_l\}$$
$$= \mathrm{tr}\{\hat{T}_j\hat{T}_l\hat{T}_i - \hat{T}_l\hat{T}_j\hat{T}_i\}$$
$$= \mathrm{tr}\{[\hat{T}_j, \hat{T}_l]_-\hat{T}_i\} = \tfrac{1}{2}C_{jli} \ . \tag{13}$$

La comparaison avec (12) donne :

$$C_{ijl} = C_{jli} \ . \tag{14}$$

Puisque C_{ijl} est antisymétrique par rapport à i et j, c'est aussi vrai pour C_{jli} et $C_{lji} = -C_{jli}$ et donc par rapport à l'échange de deux indices arbitraires. Pour montrer que les C_{ijk} sont des imaginaires purs, nous utilisons la conjuguée hermitique de l'équation

$$\hat{T}_i\hat{T}_j - \hat{T}_j\hat{T}_i = C_{ijk}\hat{T}_k \ , \tag{15}$$

soit, en vertu de l'hermiticité de $\hat{T}_i$:

$$(C_{ijk})^*\hat{T}_k = (\hat{T}_i\hat{T}_j - \hat{T}_j\hat{T}_i)^\dagger = \hat{T}_j^\dagger\hat{T}_i^\dagger - \hat{T}_i^\dagger\hat{T}_j^\dagger$$
$$= \hat{T}_j\hat{T}_i - \hat{T}_i\hat{T}_j = C_{jik}\hat{T}_k = -C_{ijk}\hat{T}_k \ ; \tag{16}$$

et donc :

$$(C_{ijk})^* = -C_{ijk} \tag{17}$$

ce qui est bien le résultat cherché, soit $C_{ijk} = \mathrm{i}f_{ijk}$, avec f_{ijk} réel. Pour le tenseur métrique, nous obtenons

$$g_{ij} = \sum_{kl} C_{ikl}C_{jlk} = -\sum_{kl} f_{ikl}f_{jlk} = \sum_{kl} f_{ikl}f_{jkl} \ . \tag{18}$$

Supposons que $\det(g_{ij}) = 0$. Alors un vecteur propre réel μ_j existe qui satisfait à :

$$\sum_j g_{ij} \mu_j = 0 \tag{19}$$

ou encore :

$$0 = \sum_{ij} \mu_i g_{ij} \mu_j = \sum_{ijkl} \mu_i f_{ikl} f_{jkl} \mu_j = \sum_{kl} \left(\sum_i \mu_i f_{ikl} \right)^2 \geq 0 . \tag{20}$$

Cette expression s'annule seulement si :

$$\sum_i \mu_i f_{ikl} = 0 \tag{21}$$

ce qui implique :

$$\left[\sum_j \mu_j \hat{T}_j, \hat{T}_k \right] = i \sum_j \mu_j f_{jkl} \hat{T}_l = 0 . \tag{22}$$

Ainsi, la combinaison linéaire $\sum_j \mu_j \hat{T}_j$ commute avec toutes les autres matrices et constitue donc un générateur pour un sous-groupe indépendant U(1). Nous satisfaisons alors au critère de Cartan, c'est-à-dire qu'un groupe de matrices unitaires est semi-simple dans le seul cas où un tel sous-groupe n'existe pas.

5.4 Loi de transformation dans l'iso-espace

La forme canonique d'une représentation régulière de l'algèbre d'isospin est [d'après l'exemple 5.4, (12)]

$$\hat{T}_i |\pi_j\rangle = i\varepsilon_{ijk} |\pi_k\rangle . \tag{5.43}$$

Nous allons maintenant l'utiliser pour un autre exemple de transformation d'isospin dans l'espace des isospins (ou iso-espace). Considérons une transformation infinitésimale d'isospin avec les paramètres $\delta\varepsilon_i$; de (5.14) et (5.43) nous déduisons :

$$|\pi'_j\rangle = e^{-i\delta\varepsilon_i \hat{T}_i} |\pi_j\rangle \simeq (\mathbf{1} - i\delta\varepsilon_i \hat{T}_i) |\pi_j\rangle = |\pi_j\rangle + \delta\varepsilon_i \varepsilon_{ijk} |\pi_k\rangle$$

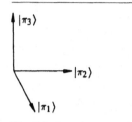

Fig. 5.1. Les vecteurs $|\pi^k\rangle$ décrivant l'isospin-espace

ou :

$$|\pi'_j\rangle = |\pi_j\rangle - \varepsilon_{jik}\delta\varepsilon_i \, |\pi_k\rangle + O(\delta\varepsilon^2) \, . \tag{5.44}$$

Ces équations décrivent des transformations infinitésimales, réelles et orthogonales dans un espace réel à trois dimensions, c'est-à-dire que nous avons affaire à des rotations, comme le signifiait l'isomorphisme entre l'algèbre du moment angulaire [algèbre de Lie de O(3)] et celle de l'isospin soit donc encore celui entre le groupe des rotations SO(3) et le groupe d'isospin SU(2). Cet espace, l'*iso-espace* $\mathbb{R}^3$, est décrit par les trois vecteurs orthogonaux (voir figure 5.1)

$$\{|\pi_1\rangle, |\pi_2\rangle, |\pi_3\rangle\} = \mathbb{R}^3 \, , \qquad \langle\pi_i|\pi_j\rangle = \delta_{ij} \, . \tag{5.45}$$

Il n'est *pas identique* à l'espace de configuration usuel à trois dimensions $\mathbb{R}^3$, *mais* lui est *isomorphe*. C'est précisément cet isomorphisme qui nous autorise à établir et même comprendre les propriétés de l'iso-espace. Il est par conséquent naturel de définir un iso-vecteur v, par analogie avec les vecteurs de $\mathbb{R}^3$, ainsi que quelques combinaisons linéaires des trois vecteurs de base (5.45), telles que :

$$\boldsymbol{v} = v_k \, |\pi_k\rangle \, , \tag{5.46}$$

où les composantes v_k sont réelles. De (5.44) nous déduisons les *propriétés de transformation des composantes v_k des vecteurs d'isospin* :

$$v'_j \, |\pi'_j\rangle = v_\alpha \, |\pi_\alpha\rangle = v_\alpha(|\pi'_\alpha\rangle + \varepsilon_{\alpha ik}\delta\varepsilon_i \, |\pi'_k\rangle) \, , \tag{5.47}$$

d'où par projection avec le bra $\langle\pi'_j|$:

$$v'_j = v_j - \varepsilon_{ji\alpha}\delta\varepsilon_i v_\alpha \, . \tag{5.48}$$

Cette transformation (5.48) correspond à une *rotation passive* puisque nous n'avons pas modifié l'isospin-vecteur avec (5.47), mais seulement fait subir une rotation à la base avec (5.44). Pour obtenir une *rotation active* dans l'iso-espace, nous devons seulement renverser le vecteur rotation dans l'iso-espace, soit $\delta\varepsilon_i \rightarrow -\delta\varepsilon_i$, ce qui change (5.48) en :

$$v'_i = v_i + \varepsilon_{ijk}\delta\varepsilon_j v_k \, . \tag{5.49}$$

Il est instructif de comparer la rotation active (1.61) avec ceci! Un facteur additionnel -1 apparaît dans le second terme du membre de droite par rapport à (5.48). Avec le vecteur rotation $\delta\varepsilon = \{\delta\varepsilon_i\}$, l'équation (5.49) peut s'écrire plus précisément

$$\boldsymbol{v}' = \boldsymbol{v} + \delta\boldsymbol{\varepsilon} \times \boldsymbol{v} = \boldsymbol{v} + \delta\boldsymbol{v} \, , \quad \text{avec :} \tag{5.50}$$

$$\delta\boldsymbol{v} = \boldsymbol{v}' - \boldsymbol{v} = \delta\boldsymbol{\varepsilon} \times \boldsymbol{v} \, . \tag{5.51}$$

Ceci montre bien l'analogie avec les transformations normales dans $\mathbb{R}^3$ (voir figure 5.2), si nous comparons avec (1.60). Il est de plus facile de montrer que

$$\boldsymbol{v}'^2 = \boldsymbol{v}^2 + 2\boldsymbol{v} \cdot \delta\boldsymbol{v} + (\delta\boldsymbol{v})^2$$

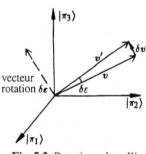

Fig. 5.2. Rotations dans l'iso-espace

soit, en négligeant les termes de second ordre :

$$\delta(\boldsymbol{v}^2) = \boldsymbol{v}'^2 - \boldsymbol{v}^2 = 2\delta\boldsymbol{v}\cdot\boldsymbol{v} = 2\varepsilon_{ijk}\delta\varepsilon_j v_k v_i = 0 \tag{5.52}$$

à cause de l'antisymétrie de ε_{ijk}. La longueur des iso-vecteurs demeure inchangée (invariante) par rotations dans l'espace des isospins, propriété qui illustre bien l'isomorphisme avec les rotations usuelles dans $\mathbb{R}^3$ (cf figure 5.2).

Dans l'espace d'isospin, on a souvent affaire à des isospin-vecteurs pour lesquels les composantes ne sont pas des nombres réels mais des opérateurs de l'espace de Hilbert (c'est-à-dire qu'ils agissent sur des états $|\varphi_\nu\rangle$ de l'espace de Hilbert). Les opérateurs d'isospin $\hat{\boldsymbol{T}} = \{\hat{T}_1, \hat{T}_2, \hat{T}_3\}$ en sont, eux-mêmes, des exemples. Par analogie avec l'*opérateur vectoriel* [cf par exemple (1.60)] de $\mathbb{R}^3$, nous introduisons l'*opérateur isospin-vectoriel* $\hat{V}$. La propriété de transformation est définie, en s'appuyant sur (5.49) comme :

$$\delta\hat{\boldsymbol{V}} = \hat{\boldsymbol{V}}' - \hat{\boldsymbol{V}} = \delta\hat{\boldsymbol{\varepsilon}} \times \hat{\boldsymbol{V}} \tag{5.53}$$

ou pour les composantes :

$$\delta\hat{V}_i = \hat{V}_i' - \hat{V}_i = \varepsilon_{ijk}\delta\varepsilon_j\hat{V}_k \,. \tag{5.54}$$

Par ailleurs, un *opérateur* se transforme selon les lois générales de la mécanique quantique :

$$\begin{aligned}\hat{V}_i' &= \hat{U}_{\mathrm{Is}}(\delta\varepsilon)\,\hat{V}_i\hat{U}_{\mathrm{Is}}^{-1}(\delta\varepsilon) = \mathrm{e}^{-\mathrm{i}\delta\varepsilon_k\hat{T}_k}\,\hat{V}_i\,\mathrm{e}^{\mathrm{i}\delta\varepsilon_k\hat{T}_k} \\ &= (1 - \mathrm{i}\delta\varepsilon_k\hat{T}_k)\hat{V}_i(1 + \mathrm{i}\delta_{\varepsilon_k}\hat{T}_k) = \hat{V}_i - \mathrm{i}\delta\varepsilon_k[\hat{T}_k, \hat{V}_i]_- \,. \end{aligned}\tag{5.55}$$

Ce qui conduit à :

$$\delta\hat{V}_i = \hat{V}_i' - \hat{V}_i = -\mathrm{i}\delta\varepsilon_j[\hat{T}_j, \hat{V}_i]_- \,, \tag{5.56}$$

où l'index de sommation a été renommé j. La comparaison avec (5.54) donne :

$$[\hat{T}_j, \hat{V}_i]_- = \mathrm{i}\varepsilon_{ijk}\hat{V}_k \,. \tag{5.57}$$

Cette équation *définit* un *opérateur iso-vectoriel*. Il apparaît que pour des opérateurs vectoriels dans l'iso-espace, la loi de la mécanique quantique (5.56) est nécessairement en accord avec la loi de transformation vectorielle (5.54) dans l'iso-espace.

En résumé, les transformations de SU(2) sont des transformations orthogonales dans l'espace des isospins qui peuvent être interprétées comme des rotations dans l'espace de la représentation régulière $T = 1$ ayant pour base, par exemple $|\pi_1\rangle, |\pi_2\rangle, |\pi_3\rangle$. Nous avons démontré ceci seulement pour des transformations infinitésimales, mais la généralisation à des $\boldsymbol{\varepsilon} = \{\varepsilon_i\}$ finis est possible, comme nous l'avons montré avec (3.18). Le spin étant demi-entier, il faut noter que des ambiguïtés peuvent survenir [voir (5.14) et les remarques associées, par rapport au spin habituel].

Nous avons construit l'espace des isospins sur une base empirique : le doublet de charge des nucléons et le triplet des pions ont constitué les points de départ pour aboutir à ce concept abstrait d'iso-espace. L'isomorphisme entre celui-ci et l'espace de configuration $\mathbb{R}^3$ est très utile pour la compréhension et pour une utilisation pratique. Cependant, la différence entre eux est claire : tandis que $\mathbb{R}^3$ est physiquement réalisé (ceci a conduit au groupe de rotation et aux multiplets de moment angulaire), l'espace des isospins est un espace formel qui se réalise dans les propriétés de symétrie des particules élémentaires (multiplets de charge). Cet iso-espace est décrit par trois vecteurs $|\pi_i\rangle$ ($i = 1, 2, 3$) [voir exemple 5.4, (11)]. Les vecteurs d'état des pions chargés

$$|\pi^\pm\rangle = \tfrac{1}{\sqrt{2}}\{|\pi_1\rangle \pm \mathrm{i}\,|\pi_2\rangle\} \, , \tag{5.58a}$$

avec leurs composantes complexes, appartiennent à la représentation sphérique de l'iso-espace et il convient de noter que seuls de tels iso-vecteurs en représentation sphérique sont physiquement réalisés, tels que les états $|\pi^\pm\rangle$ et $|\pi^0\rangle$. Des combinaisons linéaires telles que

$$|\pi_1\rangle = \tfrac{1}{\sqrt{2}}\{|\pi^+\rangle + |\pi^-\rangle\} \, , \quad |\pi_2\rangle = \tfrac{-\mathrm{i}}{\sqrt{2}}\{|\pi^+\rangle - |\pi^-\rangle\} \, , \tag{5.58b}$$

n'ont pas de correspondances physiques car elles ne correspondent pas à des vecteurs propres de l'opérateur de charge $\hat{Q}$ [voir (5.21)].

EXEMPLE

5.6 La parité G

Nous venons de voir que la symétrie d'isospin pouvait être traitée de façon complètement analogue à la symétrie de moment angulaire. Les rotations dans l'espace de configuration à trois dimensions correspondent aux rotations dans l'espace d'isospin à trois dimensions. Par conséquent, nous pouvons légitimement chercher s'il existe aussi une quantité dans l'iso-espace correspondant à la parité dans l'espace de configuration. Un tel nombre quantique interne existe en effet comme nous allons le voir. La propriété de *parité d'isospin* va nous permettre d'expliquer la décroissance des particules (mésons) ω et ϱ en deux et trois pions, respectivement (voir la discussion des mésons ω et ϱ dans l'exemple 5.10). Comme nous l'avons vu dans le paragraphe précédent, le triplet du pion $|\pi_j\rangle_{j=1,2,3}$ se transforme comme un vecteur dans l'espace d'isospin. On peut donc définir la parité G par :

$$\hat{G}\,|\pi_j\rangle = -\,|\pi_j\rangle \, . \tag{1}$$

Cet opérateur $\hat{G}$ de l'iso-espace correspond à la réflexion d'espace associée à l'opérateur de parité qui inverse les directions des vecteurs unitaires tel que $\hat{P}|e_j\rangle = -|e_j\rangle$. Nous choisissons la représentation

$$\hat{G} = \mathrm{e}^{-\mathrm{i}\pi\hat{T}_2}\hat{C} \, , \tag{2}$$

avec $\hat{C}$ l'opérateur de conjugaison de charge, tel que

$$\hat{C}|\pi^+\rangle = |\pi^-\rangle , \quad \hat{C}|\pi^-\rangle = |\pi^+\rangle , \quad \hat{C}|\pi^0\rangle = |\pi^0\rangle . \tag{3}$$

La représentation de G dans (2) est compatible avec la définition de (1), comme nous allons le voir. De (3), nous pouvons déduire les composantes cartésiennes du pion (5.58),

$$\hat{C}|\pi_1\rangle = |\pi_1\rangle , \quad \hat{C}|\pi_2\rangle = -|\pi_2\rangle , \quad \hat{C}|\pi_3\rangle = |\pi_3\rangle , \tag{4}$$

ou, en représentation matricielle

$$\hat{C} = \begin{pmatrix} 1 & 0 & 0 \\ 0 & -1 & 0 \\ 0 & 0 & 1 \end{pmatrix} . \tag{5}$$

Par ailleurs, la matrice de rotation dans l'espace d'isospin est fournie par

$$\hat{T}_2 = -i \begin{pmatrix} 0 & 0 & -1 \\ 0 & 0 & 0 \\ 1 & 0 & 0 \end{pmatrix}$$

$$e^{-i\pi \hat{T}_2} = \begin{pmatrix} 1 & 0 & 0 \\ 0 & 0 & 0 \\ 0 & 0 & 1 \end{pmatrix} \cos \pi + \begin{pmatrix} 0 & 0 & 0 \\ 0 & 1 & 0 \\ 0 & 0 & 0 \end{pmatrix}$$

$$= \begin{pmatrix} -1 & 0 & 0 \\ 0 & 1 & 0 \\ 0 & 0 & -1 \end{pmatrix} . \tag{6}$$

Les opérations correspondantes sont illustrées sur la figure suivante. D'où la propriété :

$$\hat{G}|\pi_j\rangle = \begin{pmatrix} -1 & 0 & 0 \\ 0 & 1 & 0 \\ 0 & 0 & -1 \end{pmatrix} \begin{pmatrix} 1 & 0 & 0 \\ 0 & -1 & 0 \\ 0 & 0 & 1 \end{pmatrix} |\pi_j\rangle = -|\pi_j\rangle . \tag{7}$$

Réflexion dans l'espace d'isospin :

(a) Action de l'opérateur $\hat{C}$: il transforme l'axe de coordonnée cartésienne x_2 en l'axe x_2'.

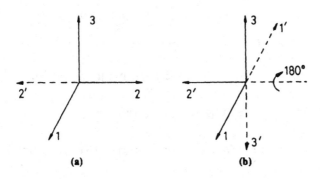

(a)   **(b)**   Action de C et $\exp(-i\pi T_2)$

Exemple 5.6

(b) Suivi d'une rotation de 180° par rapport à l'axe originel x_2 : transformations $x_1 \to x_1'$ et $x_3 \to x_3'$.

Quelle est la signification physique de la parité G? Nous postulerons d'abord qu'elle exprime une quantité conservée dans les réactions entre particules. Moyennant cette hypothèse (les réactions possibles sont restreintes à l'interaction forte), chaque méson a une parité G soit positive, soit négative. Par conséquent, ils peuvent seulement décroître sous la forme de configurations d'autres mésons qui possèdent également globalement la même parité G, respectivement positive ou négative. Puisque le système de 2 pions a une parité G positive et celui à trois pions une parité négative, on peut déduire de

$$\omega \to 3\pi \quad \text{et} \quad \omega' \not\to 2\pi \quad \text{(par interaction forte)}$$
$$\text{que} \quad \hat{G}\,|\omega\rangle = -\,|\omega\rangle \tag{8}$$

et de :

$$\varrho \to 2\pi\,, \qquad \varrho' \not\to 3\pi \quad \text{que} \quad \hat{G}\,|\varrho\rangle = |\varrho\rangle\,. \tag{9}$$

Une valeur donnée de parité G peut être attribuée à chaque méson ce qui nous permet d'interpréter plusieurs observations expérimentales.

Par application de la transformation G (2) à un état baryonique, on n'a pas affaire à une transformation de symétrie car la conjugaison de charge conduit à un état n'appartenant pas au multiplet donné (les baryons et les anti-baryons appartiennent en fait à des multiplets conjugués différents – voir exemple 6.3, 6.4). Cependant, une parité G définie peut être attribuée au système nucléon–antinucléon de façon analogue au positronium. Le système neutre $N\overline{N}$ est soit dans un état triplet d'isospin $|T = 1, T_3 = 0\rangle$ soit dans un état singlet $|T = 0, T_3 = 0\rangle$. Une rotation autour de l'axe T_2 qui représente une partie de la transformation $\hat{G}$ produit un signe différent selon ces deux cas :

$$e^{-i\pi\hat{T}_2}\,|T = 1, T_3 = 0\rangle$$
$$= \exp[-i\frac{\pi}{2}(\tilde{\tau}_2(1) + \tilde{\tau}_2(2))]\frac{1}{\sqrt{2}}(|p\rangle_1\,|\overline{p}\rangle_2 + |n_1\rangle\,|\overline{n}\rangle_2)$$
$$= [-i\hat{\tau}_2(1)][-i\hat{\tau}_2(2)]\frac{1}{\sqrt{2}}(|p\rangle_1\,|\overline{p}\rangle_2 + |n_1\rangle\,|\overline{n}\rangle_2)$$
$$= \frac{1}{\sqrt{2}}[|n\rangle_1(-|\overline{n}\rangle_2) + (-|p\rangle_1)\,|\overline{p}\rangle_2] = -|T = 1, T_3 = 0\rangle \tag{10}$$

$$e^{-i\pi\hat{T}_2}\,|T = 0, T_3 = 0\rangle$$
$$= [-i\hat{\tau}_2(1)][-i\hat{\tau}_2(2)]\frac{1}{\sqrt{2}}(|p\rangle_1\,|\overline{p}\rangle_2 - |n\rangle_1\,|\overline{n}\rangle_2)$$
$$= \frac{1}{\sqrt{2}}[|n\rangle_1(-|\overline{n}\rangle_2) - (-|p\rangle_1)\,|\overline{p}\rangle_2]$$
$$= \frac{1}{\sqrt{2}}[|p\rangle_1\,|\overline{p}\rangle_2 - |n\rangle_1\,|\overline{n}\rangle_2] = +|T = 0, T_3 = 0\rangle\,. \tag{11}$$

Ici, nous utilisons le fait que les générateurs des transformations de groupe pour les multiplets d'antiparticules sont égaux à ceux des générateurs pour les multiplets de particules avec le signe opposé.

Nous démontrerons ce résultat particulier dans l'exercice 8.2 pour les générateurs du groupe SU(3).

Pour le positronium, on trouve une parité de charge

$$\hat{C} \left| e^+ e^- \right\rangle = (-1)^J \left| e^+ e^- \right\rangle$$

pour un état de moment angulaire total J. Si nous transposons ce résultat au système $N\overline{N}$, nous avons

$$\hat{C} \left| N\overline{N} \right\rangle = (-)^J \left| N\overline{N} \right\rangle . \tag{12}$$

Avec (10) et (4), nous obtenons

$$\hat{G} \left| N\overline{N} \right\rangle = (-)^{J+T} \left| N\overline{N} \right\rangle . \tag{13}$$

La parité G du système $N\overline{N}$ a été testée expérimentalement au CERN avec des antiprotons de basse énergie capturés par des protons. L'analyse des produits de décroissance par rapport aux prédictions de la loi (13), conduit à l'observation des règles de sélection suivantes :

$$
\begin{aligned}
&\left| N\overline{N}(J=0,\, T=0) \right\rangle \not\rightarrow 3\pi \\
&\left| N\overline{N}(J=0,\, T=1) \right\rangle \not\rightarrow 2\pi ,
\end{aligned}
\tag{14}
$$

ce qui indique que l'état $T = 0$ possède une parité G positive, tandis que celle de l'état $T = 1$ doit être négative. L'accord excellent avec les observations expérimentales valide le concept de la parité G.

Le fait que la transformation de parité G transforme un nucléon en un anti-nucléon nous autorise à relier l'interaction entre un nucléon et un noyau avec l'interaction anti-nucléon–noyau correspondante. Le potentiel effectif anti-nucléon $V_{\text{eff}}(r)$ s'avère être le conjugué par rapport à G du potentiel nucléon-noyau. $V_{\text{eff}}(r)$ résulte de la composition des contributions des mésons π, ϱ, $\omega, \ldots$, soit :

$$V_{\text{eff}}^{(N)}(r) = V^{\pi}(r) + V^{\varrho}(r) + V^{\omega}(r) + \ldots . \tag{15}$$

La parité G des mésons ϱ et ω peut être déterminée à partir des décroissances pioniques, en partant de la parité G négative du pion. Comme le méson ω décroît en 3 pions, sa parité G est négative, tandis que celle du méson ϱ qui décroît en 2 pions, est positive. Par conséquent,

$$
\begin{aligned}
V_{\text{eff}}^{(\bar{N})}(r) &= \hat{G} V_{\text{eff}}^{(N)}(r) \hat{G} \\
&= G_{\pi} V^{\pi}(r) + G_{\varrho} V^{\varrho}(r) + G_{\omega} V^{\omega}(r) + \ldots \\
&= -V^{\pi}(r) + V^{\varrho}(r) - V^{\omega}(r) + \ldots ,
\end{aligned}
\tag{16}
$$

ce qui a été vérifié expérimentalement. En particulier, le potentiel V^{ω} dû à l'échange du méson ω, qui est fortement répulsive à courte portée dans le système NN, devient fortement attractive dans le cas du système NN. Il a été postulé que ceci pouvait conduire à des états $N\overline{N}$ fortement liés (résonances dibaryoniques ou baryonium). De tels états n'ont pas été identifiés clairement à ce jour.

EXERCICE

5.7 Représentation d'une algèbre de Lie, représentation régulière de l'algèbre des opérateurs de moment angulaire

Problème. (a) Expliquer les concepts de «représentation d'une algèbre de Lie» et «représentation régulière».

(b) Trouver une représentation régulière de l'algèbre des opérateurs de moment angulaire orbital.

Solution. (a) L'expression «représentation d'une algèbre de Lie» $\mathcal{A}$ signifie qu'on peut faire correspondre une matrice $\hat{a}$ de taille $n \times n$ pour tout $\hat{A} \in \mathcal{A}$, telle que les matrices remplissent les mêmes relations algébriques (c'est-à-dire un homomorphisme de l'algèbre des matrices). Ceci se traduit par :

$$\alpha \hat{A} + \beta \hat{B} \rightarrow \alpha \hat{a} + \beta \hat{b} , \quad [\hat{A}, \hat{B}]_- \rightarrow [\hat{a}, \hat{b}]_- .$$

La première relation est la multiplication scalaire dans $\mathcal{A}$, la seconde est le commutateur habituel des matrices. Manifestement, il existe toujours une représentation triviale, à savoir $\hat{A} \rightarrow 0$ pour tous les $\hat{A}$. Si l'algèbre est définie par :

$$[\hat{A}_i, \hat{A}_j]_- = c_{ijk} \hat{A}_k ,$$

nous pouvons faire correspondre à chaque $\hat{A}_i$ une matrice $\hat{a}_i$ telle que

$$(\hat{a}_i)_{kj} = c_{ijk}$$

et, de manière analogue, pour la somme $\sum \alpha_i \hat{A}_i$. Cette représentation est appelée la représentation *régulière* ou adjointe. Nous trouvons en effet :

$$([\hat{a}_i, \hat{a}_j]_-)_{lm} = (\hat{a}_i \hat{a}_j - \hat{a}_j \hat{a}_i)_{lm}$$
$$= (\hat{a}_i)_{lk} (\hat{a}_j)_{km} - (\hat{a}_j)_{lk} (\hat{a}_i)_{km} ,$$
$$c_{ikl} c_{jmk} - c_{jkl} c_{imk} = c_{mjk} c_{kil} + c_{imk} c_{kjl} ,$$

avec la propriété $c_{ijk} = -c_{jki}$. En utilisant l'identité de Jacobi, nous obtenons :

$$([\hat{a}_i, \hat{a}_j]_-)_{lm} = -c_{jik} c_{kml} = c_{ijk} c_{kml} = c_{ijk} (\hat{a}_k)_{lm} .$$

Nous avons ainsi établi que les matrices satisfont effectivement à l'algèbre

$$[\hat{a}_i, \hat{a}_j]_- = c_{ijk}\hat{a}_k \ .$$

(b) Le moment orbital obéit aux relations de commutation

$$[\hat{L}_i, \hat{L}_j]_- = i\varepsilon_{ijk}\hat{L}_k \ .$$

La représentation régulière est donc :

$$(\hat{L}_i)_{jk} = i\varepsilon_{ikj} = -i\varepsilon_{ijk} \tag{1}$$

ou, plus explicitement,

$$\hat{L}_1 \to -i\begin{pmatrix} 0 & 0 & 0 \\ 0 & 0 & 1 \\ 0 & -1 & 0 \end{pmatrix} \ , \quad \hat{L}_2 \to -i\begin{pmatrix} 0 & 0 & -1 \\ 0 & 0 & 0 \\ 1 & 0 & 0 \end{pmatrix} \ ,$$

$$\hat{L}_3 \to -i\begin{pmatrix} 0 & 1 & 0 \\ -1 & 0 & 0 \\ 0 & 0 & 0 \end{pmatrix} \ .$$

Ces matrices sont les matrices de spin 1.

5.5 Test expérimental de l'invariance de l'isospin

Nous avons rencontré jusqu'à maintenant deux arguments en faveur de l'invariance par isospin de l'interaction forte : tout d'abord les faibles différences entre les masses de particules appartenant à un multiplet de charge donné (voir les tables pour les nucléons et pions) ; par ailleurs, l'indépendance de charge des forces nucléaires (cf exercice 5.3). Ces deux faits peuvent se déduire de l'hypothèse que le groupe d'isospin est un groupe de symétrie de l'interaction forte, soit :

$$[\hat{H}_{\text{fort}}, \hat{T}]_- = 0 \ ,$$

et des propriétés de l'algèbre de Lie correspondante. Nous allons discuter maintenant d'autres faits expérimentaux en faveur de cette hypothèse (groupe d'isospin = groupe de symétrie de l'interaction forte).

L'utilisation de l'isomorphisme entre le groupe d'isospin et SO(3) (que nous avons déjà utilisé dans le cas du deutéron) nous permet d'écrire la composition de l'isospin total de deux (ou plus) particules selon les règles de l'algèbre de moment angulaire, soit :

$$|TT_3\rangle = \sum_{T_3(1)+T_3(2)=T_3} (T(1)T(2)T|T_3(1)T_3(2)T_3)\,|T(1)T_3(1)\rangle\,|T(2)T_3(2)\rangle \ , \tag{5.59}$$

Table 5.2. Coefficients de Clebsch–Gordan pour le couplage de 1) $T(1) = \frac{1}{2}$ et $T(2) = 1$, 2) $T(1) = \frac{1}{2}$ et $T(2) = \frac{1}{2}$

$\frac{1}{2} \otimes 1$	$T = \frac{1}{2}$		$T = \frac{3}{2}$			
	$T_3 = \frac{1}{2}$	$T_3 = -\frac{1}{2}$	$T_3 = \frac{3}{2}$	$T_3 = \frac{1}{2}$	$T_3 = -\frac{1}{2}$	$T_3 = -\frac{3}{2}$
$T_3(1) = \frac{1}{2}$	$\sqrt{\frac{1}{3}}$	$\sqrt{\frac{2}{3}}$	1	$\sqrt{\frac{2}{3}}$	$\sqrt{\frac{1}{3}}$	0
$T(3) = -\frac{1}{2}$	$-\sqrt{\frac{2}{3}}$	$-\sqrt{\frac{1}{3}}$	0	$\sqrt{\frac{1}{3}}$	$\sqrt{\frac{2}{3}}$	1

$\frac{1}{2} \otimes \frac{1}{2}$	$T = 0$		$T = 1$	
	$T_3 = 0$	$T_3 = 1$	$T_3 = 0$	$T_3 = -1$
$T_3(1) = \frac{1}{2}$	$\sqrt{\frac{1}{2}}$	1	$\sqrt{\frac{1}{2}}$	0
$T_3(1) = -\frac{1}{2}$	$-\sqrt{\frac{1}{2}}$	0	$-\sqrt{\frac{1}{2}}$	1

où l'isospin total T possède les valeurs suivantes :

$$T = T(1) + T(2), \ T(1) + T(2) - 1, \ldots, |T(1) - T(2)| \ .$$

$T(1)$ et $T(2)$ désignent les valeurs d'isospin des particules 1 et 2, respectivement. De même, $T_3(1)$, $T_3(2)$ sont les troisièmes composantes de l'isospin.

Les coefficients de Clebsch–Gordan $(T(1)T(2)T|T_3(1)T_3(2)T_3)$ se déduisent de l'algèbre de Lie de SO(3) (voir chapitre 2). L'algèbre d'isospin étant isomorphe à celle du moment angulaire, nous pouvons transposer tous les résultats du chapitre 2 au cas de l'isospin ; les coefficients de Clebsch–Gordan sont identiques et quelques-uns des plus importants sont listés dans la table 5.2.[7]

Considérons maintenant la *décroissance d'une particule* d'isospin T en deux autres, d'isospin $T(1)$ et $T(2)$, respectivement. Partons de l'élément de matrice de l'opérateur $\hat{S}$ qui relie les états initial et final,[8]

$$\langle T(1)T_3(1) ; \ T(2)T_3(2) |\hat{S}| TT_3 \rangle \ . \tag{5.60}$$

L'orthogonalité des coefficients de Clebsch–Gordan et la relation (5.59), permettent d'écrire la relation inverse suivante [voir aussi chapitre 2, (2.39)] :

---

[7] Voir par exemple M. Rotenberg, R. Bivins, N. Metropolis and J.K. Wooten, Jr. : *The 3j et 6j symbols* (Technology Press, Cambridge, MA 1959).

[8] Voir W. Greiner : *Mécanique Quantique – Une Introduction* (Springer, Berlin, Heidelberg 1999) chapitre 10.

$$|T(1)T_3(1)\rangle\,|T(2)T_3(2)\rangle$$

$$= \sum_{T'=|T(1)-T(2)|}^{T(1)+T(2)} (T(1)T(2)T'|T_3(1)T_3(2)T_3')\,|T'T_3'\rangle\,, \qquad (5.61)$$

avec $T_3' = T_3(1) + T_3(2)$. Par conséquent, l'élément de matrice S dans (5.60) devient :

$$\langle T(1)T_3(1)\,;\,T(2)T_3(2)\,|\hat{S}|\,TT_3\rangle$$

$$= \sum_{T'}(T(1)T(2)T'|T_3(1)T_3(2)T_3')\,\langle T'T_3'|\hat{S}|\,TT_3\rangle\,. \qquad (5.62)$$

L'invariance d'isospin du hamiltonien entraîne celle de l'opérateur $\hat{S}$, i.e. :

$$[\hat{T}_j,\hat{H}]_- = 0\,,\quad [\hat{T}_j,\hat{S}]_- = [\hat{T}_j,\exp(-\mathrm{i}\hat{H}t/\hbar)]_- = 0\,. \qquad (5.63)$$

Comme nous l'avons vu dans le chapitre 3, la parité du hamiltonien correspondant à l'espace d'isospin consiste en deux opérateurs : l'opérateur $\hat{1}$ et l'opérateur de Casimir $\hat{T}^2$ du groupe d'isospin. En d'autres termes, le hamiltonien est un scalaire dans l'iso-espace. Nous avions déjà établi qu'il devait être construit à partir des opérateurs de Casimir, c'est-à-dire dans notre cas $\hat{H} = \hat{H}(\hat{T}^2)$ et par conséquent $\hat{S} = \hat{S}(\hat{T}^2)$. Nous devons donc avoir :

$$\langle T'T_3'|\hat{S}|\,TT_3\rangle = \delta_{TT'}\delta_{T_3 T_3'}\underbrace{\langle T\,||\hat{S}||\,T\rangle}_{f(T(1),T(2),T)}\,. \qquad (5.64)$$

L'élément de matrice à droite dans (5.64) $\langle T||\hat{S}||T\rangle$, est appelé l'*élément de matrice réduit*. C'est une fonction des isospins totaux T, $T(1)$, $T(2)$ seulement, et indépendante des projections T_3. Elle est donc caractéristique d'un multiplet d'isospin T. Nous avons alors l'équation suivante :

$$\langle T(1)T_3(1)\,;\,T(2)T_3(2)\,|\hat{S}|\,TT_3\rangle$$

$$= (T(1)T(2)T|T_3(1)T_3(2)T_3)\,\langle T(1)T(2)\,||\hat{S}||\,T\rangle\,. \qquad (5.65)$$

Les équations (5.64) et (5.65) sont un cas particulier du théorème dit de **Wigner–Eckart**.[9] L'implication de (5.65) est la suivante : puisque les probabilités de transition sont proportionnelles au carré de l'élément de matrice figurant à droite de (5.65), c'est-à-dire proportionnelles à :

$$|\langle T(1)T_3(1)\,;\,T(2)T_3(2)\,|\hat{S}|\,TT_3\rangle|^2$$

$$= |(T(1)T(2)T|T_3(1)T_3(2)T_3)|^2\,|\langle T(1)T(2)\,||\hat{S}||\,T\rangle|^2\,, \qquad (5.66)$$

il apparaît que le rapport des intensités pour des combinaisons de charge distinctes apparaissant dans l'état final $|T(1)T_3(2)\,;\,T(2)T_3(2)\rangle$ est fixé par les carrés

---

[9] Voir les ouvrages traitant de l'algèbre des moments angulaires, par exemple M.E. Rose : *Elementary Theory of Angular Momentum* (John Wiley, New York 1957).

des coefficients de Clebsch–Gordan. En d'autres termes, en calculant le rapport de deux décroissances, l'élément de matrice réduit, généralement inconnu, disparaît. Ce résultat nous permet de faire des prédictions quantitatives – sans connaître complètement la théorie dynamique de l'interaction – qui peuvent être testées expérimentalement.

EXEMPLE

5.8 Le théorème de Wigner–Eckart

L'équation (5.64) est un cas particulier du théorème de Wigner–Eckart. Ici, nous souhaitons présenter et démontrer le théorème général. Il est valable pour une classe générale d'opérateurs tensoriels qui sont définis au moyen de commutateurs sur un opérateur de moment angulaire ou d'isospin.

Par définition : les $2k+1$ opérateurs $\hat{T}_q^{(k)}$, ($q = -k, -k+1, \ldots, k$) forment les composantes d'un tenseur irréductible de rang k, s'ils vérifient les relations suivantes :

$$[\hat{J}_\pm, \hat{T}_q^{(k)}]_- = \sqrt{k(k+1) - q(q\pm 1)}\, T_{q\pm 1}^{(k)} \tag{1}$$

$$[\hat{J}_0, \hat{T}_q^{(k)}]_- = q T_q^{(k)} . \tag{2}$$

Le qualificatif irréductible indique que les opérateurs J_q réunissent uniquement des opérateurs de même rang. Si J_q concerne des moments angulaires ordinaires, les opérateurs tensoriels irréductibles sont appelés tenseurs sphériques ; leurs propriétés de transformation s'interprètent par des rotations spatiales. La définition ci-dessus avec les relations entre commutateurs, lui est équivalente, et offre l'avantage que les opérateurs $\hat{J}_\pm$, $\hat{J}_0$ possèdent – comme $\hat{T}_\pm$, $\hat{T}_0$ dans l'espace des iso-spineurs – une interprétation physique.

Le théorème de Wigner–Eckart énonce que dans une représentation liée aux opérateurs $\hat{J}^2$, $\hat{J}_2$ (où les vecteurs de base sont $|\tau jm\rangle$), l'élément de matrice $\langle \tau' j'm' |\hat{T}_q^{(k)}| \tau jm\rangle$ d'un opérateur tenseur irréductible s'écrit comme le produit d'un élément de matrice réduit $\langle \tau' j' ||\hat{T}^{(k)}|| \tau jm\rangle$ (ne dépendant pas de m, m' et q) par un coefficient de Clebsch–Gordan

$$\langle \tau' j'm' |\hat{T}_q^{(k)}| \tau jm\rangle = (jkj'|mqm')\, \langle \tau' j' ||T^{(k)}|| \tau j\rangle . \tag{3}$$

Ici τ désigne des nombres quantiques qui relèvent d'opérateurs ne commutant pas avec tous les $\hat{J}_q$.

Pour démontrer le théorème de Wigner–Eckart, nous considérons les $(2b+1) \times (2j+1)$ vecteurs

$$\hat{T}_q^{(k)} |\tau jm\rangle \tag{4}$$

et leurs combinaisons linéaires :

$$|\tau JM\rangle = \sum_{m,q} (jkJ|mqM)\, \hat{T}_q^{(k)} |\tau jm\rangle . \tag{5}$$

Par application de l'opérateur $\hat{J}_\pm$ sur (4), nous obtenons, en définissant $\hat{T}_q^{(k)}$ par les relations entre commutateurs (1) ci-dessus,

$$\hat{J}_\pm \hat{T}_q^{(k)} |\tau jm\rangle = [\hat{J}_\pm, \hat{T}_q^{(k)}]_- |\tau jm\rangle + \hat{T}_q^{(k)} \hat{J}_\pm |\tau jm\rangle$$
$$= \sqrt{k(k+1) - q(q\pm 1)}\hat{T}_{q\pm 1}^{(k)} |\tau jm\rangle$$
$$+ \sqrt{j(j+1) - m(m\pm 1)}\hat{T}_q^{(k)} |\tau jm\pm 1\rangle . \qquad (6)$$

Nous faisons agir $J_\pm$ sur l'état $|\tau JM\rangle$ de l'équation (5) :

$$J_\pm |\tau JM\rangle = \sum_{m,q} \sqrt{k(k+1) - q(q\pm 1)}(jkJ|mqM)\hat{T}_{q\pm 1}^{(k)} |\tau jm\rangle$$
$$+ \sum_{mq} \sqrt{j(j+1) - m(m\pm 1)}(jkJ|mqM)\hat{T}_q^{(k)} |\tau jm\pm 1\rangle . \qquad (7)$$

En transformant $q \to q\mp 1$ et $m \to m\mp 1$, nous obtenons

$$\hat{J}_\pm |\tau JM\rangle = \sum_{m,q} \hat{T}_q^{(k)} |\tau jm\rangle \left(\sqrt{k(k+1) - q(q\mp 1)}(jkJ|mq\mp 1M)\right.$$
$$\left. + \sqrt{j(j+1) - m(m\mp 1)}(jkJ|m\mp 1qM)\right) . \qquad (8)$$

Les expressions dans le braket sont les formules récurrentes des coefficients de Clebsch–Gordan [voir (2.45a, b)]

$$\sqrt{k(k+1) - q(q\mp 1)}(jkJ|mq\mp 1M)$$
$$+ \sqrt{j(j+1) - m(m\mp 1)}(jkJ|m\mp 1qM)$$
$$= \sqrt{J(J+1) - M(M\pm 1)}(jkJ|mqM\pm 1) . \qquad (9)$$

Par insertion dans (8) nous avons :

$$\hat{J}_\pm |\tau JM\rangle = \sqrt{J(J+1) - M(M\pm 1)} \sum_{m,q} (jkJ|mqM\pm 1)\hat{T}_q^{(k)} |\tau jm\rangle$$
$$= \sqrt{J(J+1) - M(M\pm 1)} |\tau JM\pm 1\rangle . \qquad (10)$$

En appliquant $\hat{J}_0$ sur (4) et (5) comme pour $J_\pm$:

$$J_0 \hat{T}_q^{(k)} |\tau jm\rangle = [\hat{J}_0, \hat{T}_q^{(k)}]_- |\tau jm\rangle + \hat{T}_q^{(k)} \hat{J}_0 |\tau jm\rangle$$
$$= (q+m)\hat{T}_q^{(k)} |\tau jm\rangle . \qquad (11)$$

Et avec (5) nous avons :

$$\hat{J}_0 |\tau JM\rangle = \sum_{m,q} (jkJ|mqM)(q+m)\hat{T}_q^{(k)} |\tau jm\rangle = M |\tau JM\rangle . \qquad (12)$$

Nous avons ici utilisé le fait que tous les coefficients de Clebsch–Gordan $(jkJ|mqM)$ s'annulent si $q+m \neq M$. Les équations (10) et (12) montrent que les états $|\tau JM\rangle$ vérifient l'algèbre du moment angulaire. Ils constituent par conséquent des fonctions propres non normalisées des opérateurs $\hat{J}^2$ et $\hat{J}_2$. Ceci signifie que les produits scalaires $\langle\tau'J'M'|\tau JM\rangle$ vérifient l'orthogonalité :

$$\langle\tau'J'M'|\tau JM\rangle = \delta_{JJ'}\delta_{MM'}\langle\tau'JM|\tau JM\rangle \ . \tag{13}$$

L'élément de matrice réduit $\langle\tau'JM|\tau JM\rangle$ ne dépend pas de M. On peut voir ceci en insérant l'opérateur d'échange $\hat{J}_{\pm}$:

$$\begin{aligned}\langle\tau'JM|\tau JM\rangle &= (J(J+1)-M(M\mp1))^{-1/2}\langle\tau'JM|\hat{J}_{\pm}|\tau'JM\mp1\rangle\\ &= \langle\tau'JM\mp1|\tau JM\mp1\rangle \ . \end{aligned}\tag{14}$$

Nous avons ici appliqué $\hat{J}_{\pm}=\hat{J}_{\pm}^+$ à droite et à gauche. Nous obtenons alors pour (13) :

$$\langle\tau'J'M'|\tau JM\rangle = \delta_{JJ'}\delta_{MM'}\langle\tau'J|\tau J\rangle \ . \tag{15}$$

Avec l'équation ci-dessus, le théorème de Wigner–Eckart peut se démontrer simplement. Nous transformons l'équation (5) grâce à l'orthogonalité des coefficients de Clebsch–Gordan

$$\hat{T}_q^{(k)}|\tau jm\rangle = \sum_{jm}(jkJ|mqM)|\tau JM\rangle \ . \tag{16}$$

La multiplication par $\langle\tau'j'm'|$ conduit à :

$$\begin{aligned}\langle\tau'j'm'|\hat{T}_q^{(k)}|\tau jm\rangle &= \sum_{JM}(jkJ|mqM)\langle\tau'j'm'|\tau JM\rangle\\ &= (jkj'|mqm')\langle\tau'j'|\tau J\rangle\end{aligned}\tag{17}$$

j' où est le moment angulaire résultant de j et k. Nous pouvons alors écrire :

$$\langle\tau'j'm'|\hat{T}_q^{(k)}|\tau jm\rangle = (jkj'|mqm')\langle\tau'j'||T^{(k)}||\tau j\rangle \ . \tag{18}$$

Ce qui démontre le théorème de Wigner–Eckart et établit les règles de sélection suivantes : l'élément de matrice $\langle\tau'j'm'|\hat{T}_q^{(k)}|\tau jm\rangle$ est non nul uniquement si $q+m=M$ et si j, k, j' vérifient l'inégalité triangulaire. Ceci apparaît comme une conséquence directe des propriétés des coefficients de Clebsch–Gordan. La description de processus physiques tels que transitions radiatives dans les noyaux atomiques, phénomènes d'électrodynamique classique ou transitions nucléaires entre états excités peut alors être scindée en deux aspects :

(1) La symétrie du problème, qui est contenue dans les règles de sélection, est fournie par les coefficients de Clebsch–Gordan.

(2) Les autres détails de la description sont contenus dans l'élément de matrice réduit.

On est souvent intéressé seulement au rapport de deux éléments de matrice de transition qui seront fourni simplement par les coefficients de Clebsch–Gordan. À titre d'application du théorème de Wigner–Eckart, considérons le cas du hamiltonien de l'interaction forte. C'est un scalaire dans l'iso-espace (cf exemple 3.15), et sur la base $|t t_3\rangle$ c'est par conséquent un opérateur tenseur irréductible. Le théorème de Wigner–Eckart fournit dans ce cas :

$$
\begin{aligned}
\langle \tau' t' t_3' | \hat{H} | \tau\, t\, t_3 \rangle &= \langle \tau' t' t_3' | \hat{H} | \tau\, t\, t_3 \rangle \\
&= (t0t|t_3 0 t_3') \, \langle \tau' t' | | \hat{H} | | \tau\, t \rangle \\
&= \delta_{tt'} \delta_{t_3 t_3'} \, \langle \tau' t' | | \hat{H} | | \tau\, t \rangle
\end{aligned}
\tag{19}
$$

ce qui correspond bien au résultat (5.64).

EXEMPLE

5.9 Production de pion par diffusion proton–deutéron

En diffusion proton–deutéron, on peut trouver, parmi d'autres, les voies de sortie (i.e. les réactions avec des nombres quantiques bien définis) suivantes :

$$
\text{p} + \text{d} \Big\langle
\begin{array}{l}
\pi^0 + {}^3\text{He} \\[1em]
\pi^+ + {}^3\text{H}
\end{array}
\tag{1}
$$

D'après la discussion de l'exemple 5.2 nous savons que dans l'état fondamental, le deutéron a l'isospin $T = 0$, alors que le proton a $T = \frac{1}{2}$. Ceci implique que l'état initial de la réaction possède l'isospin $T = 0 + \frac{1}{2} = \frac{1}{2}$. L'état final consiste en un pion $T = 1$ et un ${}^3\text{He}$ avec $T = \frac{1}{2}$, ou en un pion et un ${}^3\text{H}$ qui possède aussi $T = \frac{1}{2}$. En fait, les noyaux miroirs ${}^3\text{He}$ et ${}^3\text{H}$ forment un iso-doublet. Nous pouvons ainsi écrire

$$
|\text{état initial}\rangle = |\text{p} + \text{d}\rangle = \left|\tfrac{1}{2}\tfrac{1}{2}\right\rangle |00\rangle
$$

$$
|\text{état final}\rangle = |\pi^+ + {}^3\text{H}\rangle = |11\rangle \left|\tfrac{1}{2} - \tfrac{1}{2}\right\rangle
$$

$$
|\text{état final}\rangle = |\pi^0 + {}^3\text{He}\rangle = |10\rangle \left|\tfrac{1}{2}\tfrac{1}{2}\right\rangle .
\tag{2}
$$

La relation (5.66) nous permet alors d'écrire le rapport cherché pour les deux états finals :

$$
R = \frac{\sigma(\text{p} + \text{d} \to \pi^+ + {}^3\text{H})}{\sigma(\text{p} + \text{d} \to \pi^0 + {}^3\text{He})} = \frac{|(1\tfrac{1}{2}\tfrac{1}{2}|1 - \tfrac{1}{2}\tfrac{1}{2})|^2}{|(1\tfrac{1}{2}\tfrac{1}{2}|0\tfrac{1}{2}\tfrac{1}{2})|^2} = \frac{2/3}{1/3} = 2 .
$$

Les résultats expérimentaux correspondants sont :

$$
R = \begin{cases} 1{,}91 \pm 0{,}25 \\ 2{,}26 \pm 0{,}11 \end{cases} .
$$

Ces deux mesures montrent que l'invariance par isospin n'est valable qu'à 10% près.

EXEMPLE ███████████████████████████

5.10 Production de pions neutres par diffusion deutéron–deutéron

La réaction suivante permet une autre vérification de l'invariance par isospin :

$$d + d \rightarrow {}^4\text{He} + \pi^0 \,. \tag{1}$$

Puisqu'un ^{4}He et un deutéron sont tous deux des singlets d'isospin, soit :

$$|{}^4\text{He}\rangle = |T = 0, T_3 = 0\rangle \,, \quad |\text{d}\rangle = |T = 0, T_3 = 0\rangle \,,$$

alors la réaction $d + d \rightarrow {}^4\text{He} + \pi^0$ est interdite, les états

$$|00\rangle\,|00\rangle \quad \text{et} \quad |00\rangle\,|10\rangle$$

étant orthogonaux. Les expériences donnent

$$\sigma(d + d \rightarrow {}^4\text{He}) < 1.6 \times 10^{-32}\,\text{cm}^2 \,, \tag{2}$$

ce qui est une section efficace très petite à l'échelle nucléaire (typiquement $10^{-26}\,\text{cm}^2$). Par ailleurs, une section efficace significative est observée pour la réaction :

$$d + d \rightarrow {}^4\text{He} + \gamma \,.$$

Il ne s'agit pas cette fois d'une réaction interdite car le photon contient un singlet d'isospin (en fait, les interactions électromagnétiques ne conservent pas l'isospin. Le photon contient les deux composantes singlet et triplet avec la même amplitude!)

EXEMPLE ███████████████████████████

5.11 Diffusion pion–nucléon

La diffusion pion–nucléon est représentée par des réactions du type :

$$\pi + N \rightarrow \pi' + N' \,, \tag{1}$$

où π désigne un des trois pions π^-, π^+, π^0, et N' un proton, neutron ou un état excité du nucléon. Les vecteurs propres d'isospin dans l'état initial et final sont :

$$\underbrace{|T = 1\rangle \otimes |T = \tfrac{1}{2}\rangle}_{\substack{\text{pion} \quad \text{nucléon} \\ \text{état initial}}} \rightarrow \underbrace{|T = 1\rangle \otimes |T = \tfrac{1}{2}\rangle}_{\substack{\text{pion} \quad \text{nucléon} \\ \text{état final}}} \,. \tag{2}$$

Pour les deux états, les isospins individuels des particules peuvent être couplés aux isospins totaux $T = \frac{1}{2}$ et $T = \frac{3}{2}$. On exprimera encore ceci par :

$$[1] \otimes [\tfrac{1}{2}] = [\tfrac{1}{2}] \otimes [\tfrac{3}{2}] \ . \tag{3}$$

Par conséquent, nous allons devoir discuter deux éléments de matrice réduit, pour $T = \frac{1}{2}$ et $T = \frac{3}{2}$. Si $|1, \mu\rangle$ et $|\frac{1}{2}, \nu\rangle$ désignent les états d'isospin $T = 1$ et $T := \frac{1}{2}$, respectivement, l'état initial est donné par :

$$|1\mu\rangle\,|\tfrac{1}{2}\nu\rangle = (1\tfrac{1}{2}\tfrac{1}{2}|\mu\nu\mu+\nu)|\tfrac{1}{2}, \mu+\nu\rangle + (1\tfrac{1}{2}\tfrac{3}{2}|\mu\nu\mu+\nu)|\tfrac{3}{2}, \mu+\nu\rangle \ . \tag{4}$$

De façon analogue, l'état final s'écrit :

$$\begin{aligned}
|1\mu'\rangle\,|\tfrac{1}{2}\nu'\rangle &= (1\tfrac{1}{2}\tfrac{1}{2}|\mu'\nu'\mu'+\nu')|\tfrac{1}{2}, \mu'+\nu'\rangle \\
&\quad + (1\tfrac{1}{2}\tfrac{3}{2}\mu'\nu'\mu'+\nu'+\nu')|\tfrac{3}{2}, \mu'+\nu'\rangle \ .
\end{aligned} \tag{5}$$

Les nombres quantiques possibles $\mu = \pm 1, 0$ de l'état initial caractérisent les états de charge du pion $|\pi^{\pm}\rangle$ et $|\pi^{0}\rangle$), les nombres quantiques $\nu = \pm\frac{1}{2}$ représentent $|p\rangle$ ou $|n\rangle$ respectivement. On peut décrire de même l'état final. L'élément de matrice de transition s'écrit :

$$\begin{aligned}
&\langle 1\mu\tfrac{1}{2}\nu\,|\hat{S}|\,1\mu'\tfrac{1}{2}\nu'\rangle \\
&= (1\tfrac{1}{2}\tfrac{1}{2}|\mu\nu\mu+\nu)(1\tfrac{1}{2}\tfrac{1}{2}|\mu'\nu'\mu'+\nu')\langle\tfrac{1}{2}\,\mu+\nu|\hat{S}|\tfrac{1}{2}\,\mu'+\nu'\rangle \\
&\quad + (1\tfrac{1}{2}\tfrac{3}{2}|\mu\nu\mu+\nu)(1\tfrac{1}{2}\tfrac{3}{2}|\mu'\nu'\mu'+\nu')\langle\tfrac{3}{2}\,\mu+\nu|\hat{S}|\tfrac{3}{2}\,\mu'+\nu'\rangle \ ,
\end{aligned} \tag{6}$$

où nous avons utilisé (5.64), i.e. le fait que seuls les éléments de matrice entre isospins identiques $T = T'$ contribuent. De (5.64), nous tirons aussi $T_3' = T_3$ ce qui pour (6), entraîne :

$$\mu' + \nu' = \mu + \nu \ . \tag{7}$$

De plus, les éléments de matrice $\langle TT_3|S|TT_3\rangle$ sont indépendants de T_3 en raison de l'invariance par isospin (seule dépendance par rapport à T) i.e.

$$\langle TT_3\,|\hat{S}|\,TT_3\rangle = \langle T\,||\hat{S}||\,T\rangle \ . \tag{8}$$

L'équation (6) devient alors :

$$\begin{aligned}
&\langle 1\mu\tfrac{1}{2}\nu\,|\hat{S}|\,1\mu'\tfrac{1}{2}\nu'\rangle \\
&= [(1\tfrac{1}{2}\tfrac{1}{2}|\mu\nu\mu+\nu)(1\tfrac{1}{2}\tfrac{1}{2}|\mu'\nu'\mu+\nu)\langle\tfrac{1}{2}||\hat{S}||\tfrac{1}{2}\rangle \\
&\quad + (1\tfrac{1}{2}\tfrac{3}{2}|\mu\nu\mu+\nu)(1\tfrac{1}{2}\tfrac{3}{2}|\mu'\nu'\mu+\nu)\langle\tfrac{3}{2}||\hat{S}||\tfrac{3}{2}\rangle]\delta_{\mu+\nu,\mu'+\nu'} \ .
\end{aligned} \tag{9}$$

Les dix réactions possibles contenues dans (1) sont décrites seulement par deux éléments de matrice réduit $\langle\frac{1}{2}||S||\frac{1}{2}\rangle$ et $\langle\frac{3}{2}||S||\frac{3}{2}\rangle$, qui sont en général complexes. Ceci implique trois paramètres réels pour les réactions ci-dessus, puisqu'une phase réelle commune disparaît par l'élévation au carré $|\langle 1\mu\frac{1}{2}\nu|S|1\mu'\frac{1}{2}\nu'\rangle|^2$.

Exemple 5.11
L'inspection de l'élément de matrice (9) permet d'écrire dix réactions possibles :

$$
\begin{array}{c|cc}
\mu = 1 &
\begin{array}{ll}
\nu = \tfrac{1}{2} \quad \to \\
\nu = -\tfrac{1}{2} \quad \nwarrow
\end{array}
&
\begin{array}{cc}
\mu' = 1 & \nu' = \tfrac{1}{2} \\
\mu' = 1 & \nu' = -\tfrac{1}{2} \\
\mu' = 0 & \nu' = \tfrac{1}{2}
\end{array}
\end{array}
\qquad
\begin{array}{cc}
\pi^+ + p & \to \quad \pi^+ + p \\
\pi^+ + n & \nwarrow \quad
\begin{array}{l}\pi^+ + n \\ \pi^0 + p\end{array}
\end{array}
$$

Dans la partie droite de cette liste, les nombres quantiques d'isospin sont remplacés par la description des particules physiques qu'ils représentent. Puisque (9) est assez compliquée, les réactions générales possibles telles que (1) et (10) sont complexes. La situation est plus simple dans la région de la première résonance appelée résonance Δ située à 1232 MeV. Elle est aussi appelée résonance $\tfrac{3}{2} - \tfrac{3}{2}$ car son isospin et son spin prennent tous deux la valeur $\tfrac{3}{2}$. La figure ci-dessous illustre la variation par rapport à l'énergie du pion ($T_\pi^{(L)}$ dans le laboratoire) de la section efficace σ pour les réactions :

$$
\pi^+ + p \to \pi^+ + p \qquad \pi^- + p \to \pi^- + p . \tag{11}
$$

Examinons d'abord les différentes énergies qui contribuent au sujet traité. Nous trouvons d'abord l'énergie totale W du système pion–nucléon dans le centre de masse. Si $p = (\boldsymbol{p}, E_N/c) = (\boldsymbol{p}, p_0)$ et $q = (\boldsymbol{q}, E_\pi/c) = (\boldsymbol{q}, q_0)$ désignent les quadri-vecteurs quantité de mouvement–énergie pour le nucléon et le pion dans l'état initial, nous aurons alors pour l'invariant de Lorentz W^2/c^2,

$$
W^2/c^2 = -(p+q)^2 = (p^0 + q^0)^2 - (\boldsymbol{p} + \boldsymbol{q})^2 . \tag{12}
$$

Par définition dans le centre de masse, nous avons :

$$
\boldsymbol{p} + \boldsymbol{q} = 0 , \quad \text{et donc} \tag{13}
$$
$$
W^2 = (p^0 + q^0)^2 c^2 . \tag{14}
$$

Par conséquent, W est en fait l'énergie totale du système π-N dans ce référentiel. Dans le référentiel du laboratoire, S, la situation est différente : le nucléon est au repos ($\boldsymbol{p}_{\text{lab}} = 0$) et l'invariant de Lorentz de (12) devient :

$$
\begin{aligned}
W^2/c^2 &= -(p^2 + q^2 + 2p \cdot q) = M^2 c^2 + m_\pi^2 c^2 + 2p^0 q^0 \\
&= M^2 c^2 + m_\pi^2 c^2 + 2M E_\pi^{(L)} ,
\end{aligned} \tag{15}
$$

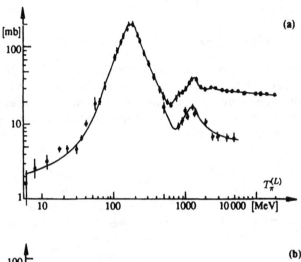

(a)

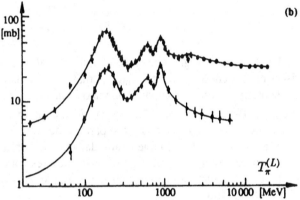

(b)

Section efficace totale de diffusion de (**a**) π^+p et (**b**) π^-p : les différents maxima (résonances) ont été interprétés avec succès comme la formation d'états intermédiaires de particules N* (isobares) qui se désexcitent ensuite. Dans le cas de la diffusion π^-p ceux-ci correspondent aux deux produits de décroissance π^0n et π^-p. Dans le cas de la diffusion π^+p, on observe seulement une voie de désintégration π^+p. La deuxième courbe de (**a**) concerne d'autres états excités dans la voie de sortie avec une énergie de seuil proche de 800 MeV

en utilisant[10] $M^2c^2 = -p^2$ et $m_\pi^2c^2 = -q^2$. M et m_π sont les masses du nucléon et du pion, $E_\pi^{(L)}$ l'énergie totale du pion dans le laboratoire correspondant à :

$$(E_\pi^{(L)})^2 = q^2c^2 + m_\pi^2c^4 . \tag{16}$$

Étant donné l'énergie cinétique du pion dans le laboratoire

$$T_\pi^{(L)} = E_\pi^{(L)} - m_\pi c^2 , \tag{17}$$

(15) devient :

$$W^2 = (Mc^2 + m_\pi c^2)^2 + 2Mc^2 T_\pi^{(L)} . \tag{18}$$

De telles résonances peuvent s'interpréter comme des états intermédiaires instables N* composés du pion et du nucléon en interaction mutuelle. Ceci peut

---

[10] Voir M. Goldstein : *Classical Mechanics*, 2nd ed. (Addison Wesley, Reading, MA 1980) ou W. Greiner : *Theoretische Physik I, Mechanik I* (Harri Deutsch, Frankfurt 1989) chapitre 34.

Exemple 5.11   s'écrire :

$$\pi + N \to N^* \to \pi + N \,, \tag{19}$$

i.e. l'état intermédiaire N^* se forme pendant la diffusion pion–nucléon. La nature de ces résonances est assez semblable à celle du noyau composé en physique nucléaire. Dans ce cas, c'est la collision de deux noyaux qui produit le noyau composé intermédiaire, lequel peut par la suite se désexciter en plusieurs fragments (voir figure) :

Illustration d'une réaction de formation de noyau composé avec possibilités de rotations et vibrations. Le noyau composé intermédiaire se désexcite dans différents états

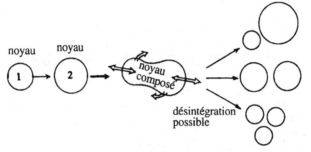

Les masses (énergies) de ces états intermédiaires de particules sont caractérisées par les énergies totales W_{max} au maximum de la résonance. Par exemple, sur la première figure, il apparaît un maximum à $W = 1232\,\mathrm{MeV}$, correspondant à $T_\pi^{(L)} = 190\,\mathrm{MeV}$ et selon les observations expérimentales, on peut conclure que ces états intermédiaires font apparaître des états à double charge positive dans la réaction $\pi^+ p$ et charge neutre dans la réaction $\pi^- p$.

D'autres expériences indiquent aussi des résonances qui emportent une seule charge négative ou positive. Un exemple est donné par la réaction de photo-production :

$$\gamma + p \to N^* \to \pi^0 + p \,. \tag{20}$$

La figure ci-dessous contient la section efficace correspondante. La forte résonance observée à $E_\gamma = 330\,\mathrm{MeV}$ correspond à une particule intermédiaire de charge positive et masse $M = 1232\,\mathrm{MeV}$. D'autres indications de résonances sont obtenues avec des réactions du type :

$$\pi^- p \to \pi^+ \pi^+ \pi^- \pi^- n \tag{21}$$

Photo-production de pions neutres ; E_γ désigne l'énergie du photon dans le référentiel du laboratoire

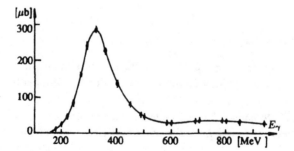

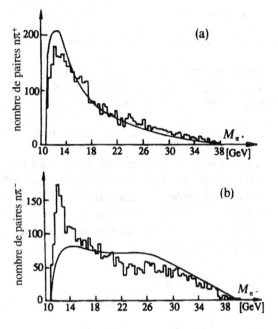

Spectre de masse de systèmes $n\pi$ par rapport à la masse invariante $M_{n\pi}$ mesurée dans la réaction $\pi p \to \pi^+\pi^+\pi^-\pi^-$ (**a**) système $(n\pi^+)$ (**b**) système $(n\pi^-)$

en mesurant la masse invariante $M_{n\pi^-}$ (i.e. la masse totale du neutron et pion) et les écarts par rapport au fond continu de celle-ci déterminée principalement par des facteurs de phase (voir figure ci-dessus).

Dans le cas de $M_{n\pi^-}$ [partie (b) de la figure], on voit une résonance étroite qui sort clairement d'un fond assez large et est observée aussi dans la partie (a) de la figure pour $M_{n\pi^+}$. La largeur Γ d'une telle résonance contient une information sur la durée de vie τ puisqu'en vertu du principe d'incertitude, nous avons $\Gamma\tau \approx \hbar$.

Pour résumer toutes ces observations, nous voyons que l'état intermédiaire N*, avec $M = 1232\,\text{MeV}$, est en fait un quartet de charge qu'on notera Δ^{charge} (énergie totale), soit :

$$\Delta^{++}(1232),\ \Delta^+(1232),\ \Delta^0(1232),\ \Delta^-(1232)\,. \tag{22}$$

Clairement, la résonance Δ est un état $T = \frac{3}{2}$ car c'est l'attribution la plus basse qui conduit naturellement à un multiplet d'isospin avec au moins quatre états, $T_3 = \frac{3}{2},\ \frac{1}{2},\ -\frac{1}{2},\ -\frac{3}{2}$ (voir section suivante). Selon les résultats de la seule diffusion π-N, il n'est pas possible de décider s'il existe ou non d'autres états de charge de cette particule composite, par exemple $\pi + \pi + N$ (nucléon+deux pions), ont des masses proches ou supérieures à $1232\,\text{MeV}$. Nous fournirons cependant des arguments en faveur de la nature en quartet de cette résonance Δ (voir notamment l'exercice 6.5 sur l'isospin et l'hypercharge des résonances baryoniques et l'existence du décuplet de SU(3)).

Pour terminer, faisons quelques remarques à propos de la toute première figure de cet exemple (page 179) sur la diffusion $\pi^\pm$–p : des résonances additionnelles apparaissent pour la réaction π^-p, et sont absentes pour π^+p à :

Exemple 5.11

$$M = 1515\,\mathrm{MeV} \quad (T_\pi^{(L)} = 605\,\mathrm{MeV}),$$
$$M = 1688\,\mathrm{MeV} \quad (T_\pi^{(L)} = 890\,\mathrm{MeV})\,. \tag{23}$$

Manifestement, il doit s'agir de particules neutres. D'autre part, des états résonants chargés apparaissent également. Ces particules semblent donc appartenir à des doublets de charge notés N(M). On trouve ainsi

$$\mathrm{N}^+(1518), \quad \mathrm{N}^0(1515) \quad \mathrm{et} \quad \mathrm{N}^+(1688), \quad \mathrm{N}^0(1688)\,. \tag{24}$$

D'autres baryons existent encore que nous étudierons ultérieurement. Considérons à nouveau (9). En nous appuyant sur (10) nous avons déjà mentionné que les proportions des réactions sont facilement déterminées dans la région de la résonance $\Delta(1232)$ identifiée comme un iso-quartet, soit $T = \frac{3}{2}$ dans (22). Puisque la résonance est dominante, on peut négliger la contribution $T = \frac{1}{2}$ dans (9). Cette approximation fournit :

$$\langle 1\mu\tfrac{1}{2}\nu|\hat{S}|1\mu'\tfrac{1}{2}\nu'\rangle$$
$$\simeq (1\tfrac{1}{2}\tfrac{3}{2}|\mu\nu\mu+\nu)(1\tfrac{1}{2}\tfrac{3}{2}|\mu'\nu'\mu+\nu)\langle\tfrac{3}{2}||\hat{S}||\tfrac{3}{2}\rangle\delta_{\mu+\nu,\mu'+\nu'}\,. \tag{25}$$

Le rapport des sections efficaces peut alors être évalué :

$$\sigma(\pi^+\mathrm{p} \to \pi^+\mathrm{p}) : \sigma(\pi^-\mathrm{p} \to \pi^-\mathrm{p}) : \sigma(\pi^-\mathrm{p} \to \pi^0\mathrm{n})$$
$$= \left|(1\tfrac{1}{2}\tfrac{3}{2}|1\tfrac{1}{2}\tfrac{3}{2}|1\tfrac{1}{2}\tfrac{3}{2})\right|^2$$
$$: \left|(1\tfrac{1}{2}\tfrac{3}{2}|-1\tfrac{1}{2}-\tfrac{1}{2})(1\tfrac{1}{2}\tfrac{3}{2}|-1\tfrac{1}{2}-\tfrac{1}{2})\right|^2$$
$$: \left|(1\tfrac{1}{2}\tfrac{3}{2}|-1\tfrac{1}{2}-\tfrac{1}{2})(1\tfrac{1}{2}\tfrac{3}{2}|0-\tfrac{1}{2}-\tfrac{1}{2})\right|^2$$
$$= |1\times1|^2 : \left|\frac{1}{\sqrt{3}}\times\frac{1}{\sqrt{3}}\right|^2 : \left|\frac{1}{\sqrt{3}}\sqrt{\frac{2}{3}}\right|^2 = 9 : 1 : 2\,, \tag{26}$$

en bon accord avec l'expérience. Un test complémentaire de l'amplitude de transition prédite dans (9) et donc de l'invariance par isospin, est encore obtenu par la vérification de l'égalité dite triangulaire. D'après les coefficients de Clebsch–Gordan de la table 5.2, et de l'amplitude de transition de (9), nous pouvons démontrer l'identité :

$$\sqrt{2}\langle\mathrm{n}\pi^0|\hat{S}|\mathrm{p}\pi^-\rangle + \langle\mathrm{p}\pi^-|\hat{S}|\mathrm{p}\pi^-\rangle = \langle\mathrm{p}\pi^+|\hat{S}|\mathrm{p}\pi^+\rangle \tag{27}$$

car :

$$\sqrt{2}\langle\mathrm{n}\pi^0|\hat{S}|\mathrm{p}\pi^-\rangle + \langle\mathrm{p}\pi^-|\hat{S}|\mathrm{p}\pi^-\rangle - \langle\mathrm{p}\pi^+|\hat{S}|\mathrm{p}\pi^+\rangle$$
$$= \sqrt{2}(1\tfrac{1}{2}\tfrac{1}{2}|0-\tfrac{1}{2}-\tfrac{1}{2})(1\tfrac{1}{2}\tfrac{1}{2}|-1\tfrac{1}{2}-\tfrac{1}{2})\langle\tfrac{1}{2}||\hat{S}||\tfrac{1}{2}\rangle$$
$$+ (1\tfrac{1}{2}\tfrac{1}{2}|-1\tfrac{1}{2}-\tfrac{1}{2})(1\tfrac{1}{2}\tfrac{1}{2}|-1\tfrac{1}{2}-\tfrac{1}{2})\langle\tfrac{1}{2}||\hat{S}||\tfrac{1}{2}\rangle$$
$$+ \sqrt{2}(1\tfrac{1}{2}\tfrac{3}{2}|0-\tfrac{1}{2}-\tfrac{1}{2})(1\tfrac{1}{2}\tfrac{3}{2}|-1\tfrac{1}{2}-\tfrac{1}{2})\langle\tfrac{3}{2}||\hat{S}||\tfrac{3}{2}\rangle$$

$$+ (1\tfrac{1}{2}\tfrac{1}{2}| -1\tfrac{1}{2}-\tfrac{1}{2})(1\tfrac{1}{2}\tfrac{2}{2}| -1\tfrac{1}{2}-\tfrac{1}{2})\langle\tfrac{3}{2}||\hat{S}||\tfrac{3}{2}\rangle$$

$$- (1\tfrac{1}{2}\tfrac{3}{2}|1\tfrac{1}{2}\tfrac{3}{2})(1\tfrac{1}{2}\tfrac{3}{2}|1\tfrac{1}{2}\tfrac{3}{2})\langle\tfrac{3}{2}||\hat{S}||\tfrac{3}{2}\rangle$$

$$:= \langle\tfrac{1}{2}||\hat{S}||\tfrac{1}{2}\rangle\left(\sqrt{2}\left(-\frac{1}{\sqrt{3}}\right)\sqrt{\frac{2}{3}}+\frac{2}{3}\right) + \langle\tfrac{3}{2}||\hat{S}||\tfrac{3}{2}\rangle\left(\sqrt{2}\sqrt{\frac{2}{3}}\frac{1}{\sqrt{3}}+\frac{1}{3}-1\right)$$

$$:= 0 \;.$$

Chacune de ces trois amplitudes contenant les deux éléments de matrice réduits, $\langle\tfrac{1}{2}||S||\tfrac{1}{2}\rangle$ et $\langle\tfrac{3}{2}||S||\tfrac{3}{2}\rangle$, qui sont généralement complexes, (27) est une relation entre trois nombres complexes. En représentant ces nombres par des vecteurs du plan complexe, l'identité (27) correspond à un triangle formé par ces vecteurs (addition vectorielle). Chaque côté du triangle représente la valeur absolue de l'une des amplitudes de (27) (voir figure ci-contre) et sera donc plus petit que la somme des deux autres. Cette propriété peut nous permettre d'établir des propriétés additionnelles entre les sections efficaces de diffusion pour des énergies ou des angles déterminés.

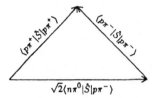

Illustration de l'égalité triangulaire (27) dans le plan complexe

EXEMPLE

5.12 La décroissance du méson ϱ^0

Les mésons ϱ et le méson ω, découverts dans des expériences sur anneaux de stockage, sont des états intermédiaires (ou résonances) semblables aux résonances Δ, N^+, N^0 déjà rencontrées et sont observés dans les réactions :

$$e^- + e^+ \rightarrow \varrho^0 \rightarrow \pi^- + \pi^+ \tag{1}$$

$$e^- + e^+ \rightarrow \omega \rightarrow \pi^- + \pi^+ + \pi^0 \;. \tag{2}$$

La figure ci-contre montre la section efficace totale de la réaction $e^- + e^+ \rightarrow \pi^+ + \pi^-$. La résonance à $M = 770\,\text{MeV}$ indique une particule intermédiaire neutre (puisque la charge totale de l'état initial $e^+ + e^-$ est zéro) nommée ϱ^0. La figure suivante, illustre la section efficace de la réaction $e^+ + e^- \rightarrow \pi^- + \pi^+ + \pi^0$, avec une résonance observée à 780 MeV. Celle-ci est interprétée comme une autre résonance neutre appelée *méson* ω. Elle est différente du méson ϱ^0 car l'état final à trois pions a une parité G négative tandis que la parité G du ϱ^0, qui décroit en une paire de pions, est positive. La question se pose de savoir s'il existe d'autres particules chargées, complétant des multiplets qui contiennent la résonance ϱ^0 ou ω. Elles ont en fait été découvertes dans la réaction

$$\pi^\pm + p \rightarrow \varrho^\pm + p \rightarrow \pi^\pm + \pi^0 + p$$

comme des résonances de masse autour de 770 MeV. Les données expérimentales sur les mésons ϱ et ω sont rassemblées dans la table suivante. Comme il

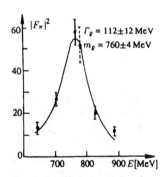

Section efficace totale de réaction pour la réaction $e^+ + e^- \rightarrow \pi^+ + \pi^-$. La résonance à 760 MeV est interprétée comme un méson intermédiaire ϱ^0

Exemple 5.12

existe trois mésons ϱ avec des masses sensiblement identiques, on peut conclure qu'ils forment un iso-triplet, tandis que le méson ω est un iso-singlet.

Données expérimentales pour les mésons ϱ et ω

	Spin	Parité	Masse [MeV]	Largeur Γ [MeV]	Durée de vie [s]	Charge
ϱ^+	1	–	770	153	$4,3\times10^{-24}$	e
ϱ^-	1	–	770	153	$4,3\times10^{-24}$	$-e$
ϱ^0	1	–	770	153	$4,3\times10^{-24}$	0
ω	1	–	783	10	$5,5\times10^{-23}$	0

Considérons maintenant la décroissance du méson ϱ^0 en deux pions, c'est-à-dire les réactions

$$\varrho^0 \to \pi^+ + \pi^- ,\tag{3a}$$

$$\varrho^0 \to 2\pi^0 \tag{3b}$$

qui sont décrites par les éléments de matrice de transition

$$\langle 1\,\mu\,1-\mu\,|\hat{S}|\,T=1, T_3=0\rangle = (111|\,\mu-\mu\,0)\,\langle 1|\,|\hat{S}|\,|1\rangle . \tag{4}$$

En utilisant les valeurs de μ de (3), nous obtenons des amplitudes de décroissance pour (3a) et (3b) qui sont proportionnelles aux coefficients de Clebsch–Gordan $(111|1-1\,0)$ et $(111|000)$, respectivement. Le dernier s'annule $((111|000)=0)$ en raison de la symétrie générale des coefficients de Clebsch–Gordan, soit :[11]

$$(j_1 j_2 j_3|m_1 m_2 m_3) = (-1)^{j_1+j_2-j_3}(j_2 j_1 j_3|m_2 m_1 m_3) . \tag{5}$$

Section efficace totale de réaction pour $e^+ + e^- \to \pi^+ + \pi^- + \pi^0$. La résonance est interprétée comme un méson intermédiaire ω. L'abscisse représente la différence d'énergie par rapport à 780 MeV

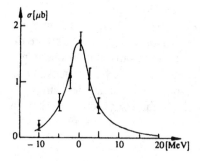

[11] Voir ainsi par exemple M.E. Rose : *Elementary Theory of Angular Momentum* (John Wiley, New York 1957).

La nullité de l'amplitude de (3b) implique que la décroissance du méson ϱ^0 en deux mésons π^0 est une réaction non permise :

$$\varrho^0 \not\to 2\pi^0 \ .$$

Ceci s'avère confirmé expérimentalement. De même, la décroissance du méson ω en trois pions,

$$\omega \not\to 3\pi^0 \ ,$$

est un mode de désexcitation interdit, en raison des coefficients de Clebsch–Gordan $(111|000)$ nuls.

Exemple 5.12

5.6 Notes biographiques

WIGNER, Eugen Paul, *1902 à Budapest, professeur à Princeton depuis 1938, reçoit le Prix Nobel en 1963 avec J.H.D. Jensen et Maria Göppert-Mayer pour sa contribution à la théorie du noyau et des particules élémentaires, en particulier la découverte et l'application des principes fondamentaux de symétrie. Après sa retraite de Princeton, il devient un professeur à titre personnel à l'université de Baton Rouge, Louisiane.

ECKART, Carl Henry, *1902 à St. Louis, † 1973 à La Jolla, professeur à Chicago de 1928 à 1946 puis à San Diego jusqu'en 1970. Outre ses publications en physique théorique, Eckart a apporté de nombreuses contributions à l'océanographie.

6. L'hypercharge

Dans le dernier chapitre, nous avons rencontré les multiplets de charge du groupe d'isospin. Plusieurs exemples expérimentaux nous ont confirmé la validité de cette symétrie. Les particules appartenant à un multiplet diffèrent uniquement par la charge (et les autres propriétés comme le moment magnétique ou le moment électrique). Dans un multiplet, tous les multiples entiers de la charge élémentaire e, entre la valeur minimum Q_{min} et la valeur maximum Q_{max}, se trouvent réalisés. En général $Q_{min} + Q_{max} \neq 0$ et le multiplet ne se trouve pas nécessairement localisé symétriquement par rapport à l'origine de l'axe de charge. Par conséquent, le centre de charge peut être distinct de zéro comme illustré sur la figure 6.1.

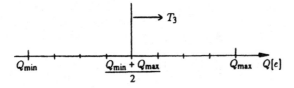

Fig. 6.1. Centre de charge d'un multiplet d'isospin

De manière à compenser ce déplacement, la composante d'isospin T_3 est comptée à partir du centre de charge $\frac{1}{2}(Q_{min} + Q_{max})$. On obtient donc la relation

$$Q = \tfrac{1}{2}(Q_{min} + Q_{max}) + T_3 \tag{6.1}$$

entre la charge et la troisième composante de l'isospin, qui prend les valeurs :

$$T_3 = 0, \pm 1, \pm 2, \ldots, \pm \tfrac{1}{2}(Q_{max} - Q_{min}) \,. \tag{6.2}$$

On a donc :

$$2T = Q_{max} - Q_{min} \tag{6.3}$$

ou, encore

$$2T + 1 = (Q_{max} - Q_{min}) + 1 \,. \tag{6.4}$$

Le centre de charge du multiplet est désigné par $\frac{1}{2}Y$, où :

$$\tfrac{1}{2}Y = \tfrac{1}{2}(Q_{min} + Q_{max}) = \text{centre de charge} \,, \tag{6.5}$$

est une quantité qui n'est pas déterminée dans le seul cadre de la symétrie d'isospin. L'équation (6.5) définit ce qu'on appelle l'*hypercharge Y*. L'idée de l'hypercharge revient à **Gell-Mann** et **Nishijima**[1], qui ont introduit cette notion de façon indépendante en 1953. La relation (6.1) prend alors la forme

$$Q = \tfrac{1}{2}Y + T_3 , \quad T_3 = T, \; T - 1, \dots, -T , \tag{6.6}$$

qui est appelé la relation de *Gell-Mann–Nishijima* .

Pour la classification des particules, le rôle de l'hypercharge est aussi important que l'isospin. Ceci apparaît dans le fait que les deux quantités Y et T_3 figurent dans l'équation (6.6), qui détermine la charge Q. Ce point est illustré dans les exemples suivants.

EXERCICE

6.1 Hypercharge de noyaux

Problème. Déterminer l'hypercharge de noyau dans un multiplet d'isospin, étant donnée la définition (5.21) de l'opérateur de charge $\hat{Q}$ pour un noyau contenant Z protons et N neutrons ($A = N + Z$ étant le nombre total de nucléons).

Solution. La charge du noyau en unités de charge élémentaire est donnée alors par :

$$Q = (\tfrac{1}{2}A + T_3) . \tag{1}$$

La comparaison avec (6.6) amène :

$$Y = A . \tag{2}$$

Ainsi, l'hypercharge de noyau, appartenant à un certain multiplet d'isospin, est égal au nombre total de nucléons.

EXEMPLE

6.2 Hypercharge des résonances Δ

Dans l'exemple 5.11, (22) nous avons présenté le quartet d'isospin des résonances Δ :

$$\Delta^{++}, \Delta^{+}, \Delta^{0}, \Delta^{-} . \tag{1}$$

---

[1] T. Nakuno, K. Nishijima : Prog. Theor. Phys. **10**, 581 (1953) ; M. Gell-Mann : Phys. Rev. **82**, 833 (1953).

La charge maximum est $Q_{max} = 2$ et la charge minimum $Q_{min} = -1$. Selon (6.5), l'hypercharge est :

Exemple 6.2

$$Y = (Q_{max} + Q_{min}) = 2 + (-1) = 1 \qquad (2)$$

et, d'après (6.3),

$$T = \tfrac{1}{2}(Q_{max} - Q_{min}) = \tfrac{1}{2}[2 - (-1)] = \tfrac{3}{2} \; . \qquad (3)$$

La relation de *Gell-Mann–Nishijima*

$$Q = \tfrac{1}{2} + T_3 \qquad (4)$$

avec $T_3 = \tfrac{3}{2}, \tfrac{1}{2}, -\tfrac{1}{2}, -\tfrac{3}{2}$, fournit toutes les charges observées pour le quartet des résonances Δ.

EXEMPLE

6.3 Baryons

Toutes les particules élémentaires contenues dans la table, page suivante, sont appelées baryons.[2] L'appartenance à la même famille des baryons (ainsi que les résonances baryoniques, voir exercice 6.5) est établie par le fait que pour chaque voie de désexcitation, ces particules sont observées décroître vers d'autres baryons, c'est-à-dire que le nombre de baryons n'est modifié dans aucun processus de réaction ou décroissance. Les différents iso-multiplets (ou multiplets de charge) sont manifestes. Les nucléons et les particules Ξ représentent chacun un iso-doublet, la particule Λ^0 et la particule Ω représentent chacune un iso-singlet tandis que les hypérons Σ constituent un iso-triplet. L'hypercharge Y peut se déduire de manière habituelle et est fournie par la colonne 6 de la table.

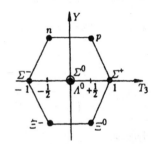

Les nombres quantiques Y, T_3 du nonet des baryons

La figure ci-contre montre la représentation des nombres quantiques Y (hypercharge) et T_3 (troisième composante de l'isospin) pour lesquels les baryons de spin $\tfrac{1}{2}$ forment un octet. Toutes les particules ont un spin $\tfrac{1}{2}$ et une parité positive. La particule Ω de spin $\tfrac{3}{2}$ ne peut trouver place sur ce diagramme.

Quelques points concernant les anti-particules : à chaque particule de spin demi-entier correspond une anti-particule[3]. Une approche complètement relativiste de la mécanique quantique prédit ces anti-particules. Chaque anti-particule possède la même masse (énergie) que sa particule mais une charge opposée ; par conséquent l'antiparticule de l'électron (spin $\tfrac{1}{2}$, e^-) est le positron (spin $\tfrac{1}{2}$, e^+), l'antiparticule du proton (spin $\tfrac{1}{2}$, p^+) est l'antiproton (spin $\tfrac{1}{2}$, p^-). Les particules neutres ont des anti-particules également, par exemple le neutron ($\tfrac{1}{2}$, n)

---

[2] Du grec barus (βαρύς) = lourd.

[3] Ceci est montré par exemple dans W. Greiner : *Relativistic Quantum Mechanics*, 2nd ed. (Springer, Berlin, Heidelberg 1997) ; W. Greiner, S. Reinhardt : *Quantum Electrodynamics*, 2nd ed. (Springer, Berlin, Heidelberg 1994).

Exemple 6.3

et l'anti-neutron (spin $\frac{1}{2}$, $\bar{n}$). Il n'est pas aisé de distinguer une particule neutre de son anti-particule, car elles ont des propriétés très semblables (il y a une différence de signe pour le moment magnétique cependant) et peuvent s'annihiler pour donner des mésons[4], comme dans le cas :

$$n + \bar{n} \to \pi^+ + \pi^- \,. \tag{1}$$

Les mésons ont aussi leurs anti-particules mais la situation est alors sensiblement plus complexe. Pour un boson neutre il se peut que particule et anti-particule soient identiques. C'est le cas pour les pions où nous avons :

$$\overline{\pi^+} = \pi^- \,, \quad \overline{\pi^-} = \pi^+ \,, \quad \overline{\pi^0} = \pi^0 \,. \tag{2}$$

D'autre part, les antiparticules des mésons K (iso-doublet K^+, K^0, spin 1–voir aussi la discussion pour les leptons) sont différentes :

$$\overline{K^+} = K^- \,, \quad \overline{K^0} = \overline{K}^0 \,. \tag{3}$$

Conformément à la convention, l'antiparticule sera habituellement désignée par une barre au-dessus du symbole de la particule.

Propriétés des baryons de basse masse

Nom	Symbole	Spin (parité) $J^{(p)}$	T Isospin	T_3 Isospin projection	Hyper-charge	Masse [MeV]	τ durée de vie [s]	mode décr. pal	rapport embranchement [%]
Nucléon	N $\Bigg\{$ p	$1/2^+$	$\frac{1}{2}$	$\frac{1}{2}$	1	938,3	∞	—	
	n	$1/2^+$	$\frac{1}{2}$	$-\frac{1}{2}$	1	939,6	15 min	$pe^-\bar{\nu}_e$	100
Hypérons Λ	Λ^0	$1/2^+$	0	0	0	1116	$2,6 \cdot 10^{-10}$	$p\pi^-$	64,2
								$n\pi^0$	35,8
Sigma	$\Sigma \Bigg\{$ Σ^+	$1/2^+$	1	1	0	1189	$0,8 \cdot 10^{-10}$	$p\pi^0, n\pi^+$	51,6, 48,4
	Σ^0	$1/2^+$	1	0	0	1192	$5,8 \cdot 10^{-20}$	$\Lambda\gamma$	100
	Σ^-	$1/2^+$	1	-1	0	1197	$1,5 \cdot 10^{-10}$	$n\pi^-$	100
Xi	$\Xi \Bigg\{$ Ξ^0	$1/2^+$	$\frac{1}{2}$	$\frac{1}{2}$	-1	1315	$2,9 \cdot 10^{-10}$	$\Lambda\pi^0$	100
	Ξ^-	$1/2^+$	$\frac{1}{2}$	$-\frac{1}{2}$	-1	1321	$1,6 \cdot 10^{-10}$	$\Lambda\pi^-$	100
Omega	Ω^-	$3/2^+$	0	0	-2	1672	$0,8 \cdot 10^{-10}$	$\begin{cases} \Lambda K^-, \Xi^0\pi^-, \\ \Xi^-\pi^0 \end{cases}$	68,6, 23,6 \quad 8

---

[4] Du grec mesos ($\mu\acute{\varepsilon}\sigma o\varsigma$) = intermédiaire.

EXEMPLE ▐███████████████████

6.4 Anti-baryons

Les antibaryons se distinguent des baryons précédemment discutés par leur charge, tandis que masse, spin et isospin total sont les mêmes.

Donc, à côté de l'iso-triplet des particules Σ,

$$\Sigma = \{\Sigma^+, \Sigma^0, \Sigma^-\} \tag{1}$$

nous trouvons un iso-triplet d'*anti-particules* Σ :

$$\overline{\Sigma} = \{\overline{\Sigma^+}, \overline{\Sigma^0}, \overline{\Sigma^-}\} . \tag{2}$$

$\overline{\Sigma^+}$ porte une charge négative et a même masse et spin que le Σ^+. Tous deux s'annihilent en donnant :

$$\Sigma^+ + \overline{\Sigma^+} \rightarrow \begin{cases} 2\gamma \\ p + \bar{p} \quad \text{etc.} \end{cases} \tag{3}$$

De (6.6) nous déduisons que nous devons prendre aussi des T_3 et Y de signe opposé si Q change de signe. Donc pour l'antiproton $\bar{p}$, nous aurons $T_3 = -\frac{1}{2}$ et $Y = -1$. Pour les anti-baryons, un octet apparaît dans le plan Y-T_3 comme on le voit sur la figure ci-contre.

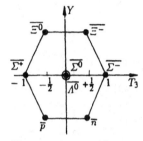

L'octet des anti-baryons. Toutes les particules ont un spin $\frac{1}{2}$ et une parité négative

EXERCICE ▐███████████████████

6.5 Isospin et hypercharge des résonances baryoniques

Problème. En s'appuyant sur les données de la table suivante concernant les résonances baryoniques, établir leur isospin T, T_3 et leur hypercharge Y. Représenter les diagrammes Y-T_3 correspondants.

Solution. Les produits de désexcitation (colonne 9 de la table) permettent de voir la relation entre ces résonances et les baryons eux-mêmes : l'un des produits est toujours un baryon. D'un certain point de vue, on peut dire que ces résonances sont des états excités des baryons. Les résonances Δ ont été présentées dans l'exemple 6.2. Manifestement, les N' et les Ξ constituent chacun un iso-doublet, le Λ^* un iso-singlet et le Σ^* un iso-triplet. En particulier, si nous considérons le Σ^*, nous avons $Q_{max} = 1$ et $Q_{min} = -1$. D'après (6.3) nous avons donc

$$T = \tfrac{1}{2}(Q_{max} - Q_{min}) = \tfrac{1}{2}[1 - (-1)] = 1 , \tag{1}$$

et selon (6.5)

$$Y = (Q_{max} + Q_{min}) = 1 + (-1) = 0 . \tag{2}$$

Propriétés des résonances baryoniques

Symbole	J^P	Q	T	T_3	Y	Masse [MeV]	durée de vie τ [s]	Γ [MeV]	Principaux modes	Ondes partielles résonantes
N* $\begin{cases} \Delta^{++} \\ \Delta^+ \\ \\ \Delta^0 \\ \Delta^- \end{cases}$	$3/2^+$ $3/2^+$ $3/2^+$ $3/2^+$	2 1 0 −1				1232 ± 2	$5{,}49\cdot10^{-24}$	120	$N\pi$	$P_{33}\pi p$
$N' \begin{cases} N'^+ \\ N'^0 \end{cases}$	$1/2^+$ $1/2^+$	1 0				1440 ± 40	$3{,}13\cdot10^{-24}$	210	$N\pi, N\pi\pi$	$P_{11}\pi p$
Λ^*	$1/2^-$	0				1405 ± 5	$1{,}65\cdot10^{-23}$	40	$\Sigma\pi$	$S_{01}K^-p$
$\Sigma^* \begin{cases} \Sigma^{*1} \\ \Sigma^{*0} \\ \Sigma^{*-1} \end{cases}$	$3/2^+$ $3/2^+$ $3/2^+$	1 0 −1				$1382{,}3\pm0{,}4$ $1382{,}0\pm2{,}5$ $1387{,}4\pm0{,}6$	$1{,}78\cdot10^{-23}$	37	$\Lambda\pi, \Sigma\pi$	$P_{13}K^-p$
$\Xi^* \begin{cases} \Xi^{*0} \\ \Xi^{*-} \end{cases}$	$3/2^+$ $3/2^+$	0 −1				$1531{,}8\pm0{,}3$ $1535{,}0\pm0{,}6$	$9{,}4\cdot10^{-23}$	7	$\Xi\pi$	P

La composante T_3 se déduit de la relation de Gell-Mann–Nishijima et les charges mesurées correspondantes :

$$\begin{aligned} \Sigma^{*+} &\quad \text{pour} \quad T_3 = 1 \\ \Sigma^{*0} &\quad \text{pour} \quad T_3 = 0 \\ \Sigma^{*-} &\quad \text{pour} \quad T_3 = -1\,. \end{aligned} \tag{3}$$

Ces résultats sont listés dans la table ci-dessous.

Isospin et hypercharge des résonances baryoniques

Particule	T	T_3	Y	Particule	T	T_3	Y
Δ^{++}	$\frac{3}{2}$	$+\frac{3}{2}$	1	Λ^*	0	0	0
Δ^+	$\frac{3}{2}$	$+\frac{1}{2}$	1				
Δ^0	$\frac{3}{2}$	$-\frac{1}{2}$	1	Σ^{*+}	1	1	0
Δ^-	$\frac{3}{2}$	$-\frac{3}{2}$	1	Σ^{*0}	1	0	0
				Σ^{*-}	1	−1	0
N'^+	$\frac{1}{2}$	$+\frac{1}{2}$	1	Ξ^{*0}	$\frac{1}{2}$	$+\frac{1}{2}$	−1
N'^0	$\frac{1}{2}$	$-\frac{1}{2}$	1	Ξ^{*-}	$\frac{1}{2}$	$-\frac{1}{2}$	−1

Le diagramme Y-T_3 pour les résonances $J^{\mathrm{p}} = \frac{3}{2}^+$ est montré sur la figure suivante.

Exercice 6.5

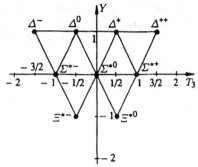

Représentation des valeurs T_3-Y pour les résonances baryoniques $J^{\mathrm{p}} = 3/2^+$

Manifestement, une particule avec

$$J^{\mathrm{p}} = \frac{3}{2}^+, \quad Y = -2 \quad \text{et} \quad T_3 = 0, \quad \text{soit} \quad Q = -1, \tag{4}$$

manque pour constituer une figure de symétrie supérieure. En fait, nous avions trouvé une particule Ω parmi les baryons de l'exemple 6.3 qui ne trouvait pas sa place à cause de son spin $J = \frac{3}{2}$. Nous pouvons maintenant l'insérer au point $T_3 = 0$ et $Y = -2$ du multiplet décrivant nos résonances. Sa masse élevée trouve aussi maintenant sa place dans ce diagramme.

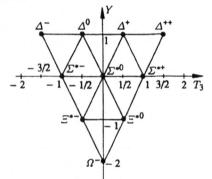

Diagramme T_3-Y des résonances baryoniques incluant la résonance Ω. Cette figure de symétrie supérieure est apparemment complète

6.1 Notes biographiques

GELL-MANN, Murray, physicien. *15.9.1929 à New York, professeur au California Institute of Technology de Pasadena. Il a écrit des articles sur la théorie des particules élémentaires, plus particulièrement les facteurs de forme, les groupes de symétrie et les pôles de Regge. Parallèlement à Y. Ne'eman, G.-M. développa le modèle de l'octet pour baryons et mésons. Il a reçu pour ce travail le Prix Nobel de physique en 1969.

NISHIJIMA, Kazuhiko, physicien, *4.9.1926 à Tsuchiura, Japon. Après ses études à Tokyo et Osaka, il travailla à Göttingen, Princeton et en Illinois. En 1966 N. devint professeur à l'Université de Kyoto. N. est l'auteur de nombreuses contributions à la physique théorique des particules, et notamment de la notion d'étrangeté, de l'hypothèse des deux neutrinos et de la théorie des champs des états liés.

7. Le groupe de symétrie SU(3)

Afin d'approfondir notre compréhension des symétries de représentation Y-T_3 apparues au cours du chapitre 6, nous allons revenir sur la théorie des groupes. Nous supposons que les figures obtenues représentent les multiplets d'une nouvelle symétrie et rechercherons la nature du groupe de symétrie qui sous-tend ces multiplets. Étant donné que les multiplets d'isospin représentent une partie de multiplets plus larges et sont eux-mêmes une réalisation de la symétrie SU(2), nous allons essayer le groupe de symétrie supérieure, SU(3). Nous nous apercevrons, en effet, que les multiplets de SU(3) correspondent exactement aux figures trouvées dans les exercices 6.3–5.

La découverte de la symétrie SU(3), comme principe de classement des particules élémentaires, est un des faits marquants de la physique moderne que nous expliciterons plus loin. Nous allons tout d'abord introduire quelques aspects généraux.

7.1 Les groupes U(n) et SU(n)

Une matrice *unitaire carrée* $\hat{U}$ avec n lignes et n colonnes peut être écrite comme :

$$\hat{U} = e^{i\hat{H}} \, . \tag{7.1}$$

Ici $\hat{H}$ est une matrice *hermitique carrée* à n lignes et colonnes. Toutes ces matrices forment un groupe par rapport à la multiplication matricielle. Ce groupe s'appelle U(n), pour «*groupe unitaire à n dimensions*». Comme $\hat{H}$ est hermitique, les éléments de matrice diagonaux sont réels,

$$H_{ii}^* = H_{ii} \quad \text{et} \tag{7.2}$$
$$H_{ij}^* = H_{ji} \, , \quad i, j = 1, 2, \ldots, n \, . \tag{7.3}$$

Ainsi $\hat{H}$, et donc $\hat{U}$, procurent n^2 *paramètres réels indépendants*. Le groupe U(n) est de plus un groupe continûment connexe, puisque la valeur de chaque élément de matrice peut être changée continûment. U(n) représente un *groupe de Lie*, puisque toute limite des éléments de matrice complexes de la forme :

$$\lim_{\sigma \to \sigma^0} U_{ik}(\sigma) = U_{ik}(\sigma^0) \tag{7.4}$$

redonne encore un nombre complexe $U_{ik}(\sigma^0)$ et la matrice construite avec ces éléments constitue encore un élément du groupe. La trace d'une matrice hermitique est réelle d'après (7.2). Pour la matrice unitaire, $\hat{U}$, nous avons $\hat{U}^\dagger \hat{U} = 1$ et en déduisons :

$$\det \hat{U}^\dagger \det \hat{U} = (\det \hat{U})^* \det \hat{U} = 1 , \quad |\det \hat{U}|^2 = 1 . \tag{7.5}$$

En appliquant ceci à (7.1), nous obtenons :

$$\mathrm{tr}\hat{H} = \alpha , \quad \alpha \quad \text{réel}$$
$$\det \hat{U} = \det(\mathrm{e}^{\mathrm{i}\hat{H}}) = \mathrm{e}^{\mathrm{i}\mathrm{tr}\hat{H}} = \mathrm{e}^{\mathrm{i}\alpha} . \tag{7.6}$$

C'est une conséquence du fait que :

$$\det \hat{U} = \det \hat{U}' = \det \hat{S}\hat{U}\hat{S}^{-1} = \det \begin{pmatrix} U'_{11} & 0 & \ldots & 0 \\ 0 & U'_{22} & \ldots & 0 \\ \vdots & & \ddots & \vdots \\ 0 & \ldots & \ldots & U'_{nn} \end{pmatrix} ,$$

en supposant que $\hat{S}$ transforme $\hat{U}$ en une matrice diagonale $\hat{U}'$. Si $\hat{U}'$ est diagonale, $\hat{H}$ est aussi diagonale et donc,

$$\det \hat{U} = \det \hat{U}' = \det \mathrm{e}^{\mathrm{i}\hat{H}'} = \det \exp \mathrm{i} \begin{pmatrix} H'_{11} & 0 & \ldots & 0 \\ 0 & H'_{22} & \ldots & 0 \\ \vdots & & \ddots & \vdots \\ 0 & \ldots & \ldots & H'_{nn} \end{pmatrix}$$

$$= \det \begin{pmatrix} \mathrm{e}^{\mathrm{i}H'_{11}} & 0 & \ldots & 0 \\ 0 & \mathrm{e}^{\mathrm{i}H'_{22}} & \ldots & 0 \\ \vdots & & \ddots & \vdots \\ 0 & \ldots & \ldots & \mathrm{e}^{\mathrm{i}H'_{nn}} \end{pmatrix}$$

$$= \mathrm{e}^{\mathrm{i}(H'_{11}+H'_{22}+\ldots+H'_{nn})} = \mathrm{e}^{\mathrm{i}\mathrm{tr}\hat{H}'} = \mathrm{e}^{\mathrm{i}\mathrm{tr}\hat{H}} .$$

Dans la dernière ligne, nous avons utilisé le fait que : $\mathrm{tr}(\hat{A}\hat{B}) = \mathrm{tr}(\hat{B}\hat{A})$, qui se traduit explicitement par :

$$\mathrm{tr}\hat{A}\hat{B} = \sum_{ik} A_{ik} B_{ki} = \sum_{ki} B_{ki} A_{ik} = \mathrm{tr}\hat{B}\hat{A} .$$

Et donc nous avons :

$$\mathrm{tr}\hat{H}' = \mathrm{tr}\hat{S}\hat{H}\hat{S}^{-1} = \mathrm{tr}\hat{H}\hat{S}\hat{S}^{-1} = \mathrm{tr}\hat{H} .$$

Si nous voulons que

$$\det \hat{U} = +1 \tag{7.7}$$

soit toujours vérifiée, ceci implique une seule condition sur les n^2 paramètres, $\alpha = 0 \mod 2\pi$. Les matrices concernées par (7.7) forment un groupe de Lie compact continu. Ce groupe est appelé un *groupe spécial unitaire à n dimensions*. Il dépend de $n^2 - 1$ paramètres réels et est noté SU(n). Manifestement, SU(n) est un sous-groupe de U(n). Si nous avons un certain élément du groupe SU(n), soit U_0, tel que :

$$\hat{U}_0 = e^{i \hat{H}_0} , \quad \mathrm{tr}\hat{H}_0 = 0 , \quad \det \hat{U}_0 = 1 , \tag{7.8}$$

nous pouvons alors toujours écrire un élément donné U quelconque de U(n) comme [d'après (7.1)] :

$$\begin{aligned}
\hat{U} &= e^{i\hat{H}} = \exp\left[i\left(\hat{H}_0 + \frac{\alpha}{n}\mathbf{1}\right)\right] = \left[\exp\left(i\frac{\alpha}{n}\right)\mathbf{1}\right]\hat{U}_0 \\
&= \hat{U}_0 \left[\exp\left(i\frac{\alpha}{n}\right)\mathbf{1}\right] ,
\end{aligned} \tag{7.9}$$

avec $\hat{H} = \hat{H}_0 + (\alpha/n)\mathbf{1}$ et $\mathbf{1}$ étant la matrice unité. Le facteur α/n a été choisi tel que

$$\mathrm{tr}\hat{H} = \mathrm{tr}\hat{H}_0 + \mathrm{tr}\frac{\alpha}{n}\mathbf{1} = \frac{\alpha}{n}\mathrm{tr}\mathbf{1} = \frac{\alpha}{n}n = \alpha .$$

En d'autres termes, les éléments de matrice U_{ik} de U(n) se factorisent, fournissant :

$$U_{ik} = \exp\left(i\frac{\alpha}{n}\right)(\hat{U}_0)_{ik} .$$

En fait, de $\det \hat{U}_0 = 1$, nous pouvons déduire :

$$\det \hat{U} = e^{i\alpha} \det \hat{U}_0 = e^{i\alpha} .$$

Une telle matrice $\hat{U}$ est un élément de U(n) et $\hat{U}_0$ est un élément de SU(n). Les facteurs $\exp(i\alpha/n)$ sont des matrices unitaires 1×1 et elles forment le groupe U(1), *les matrices $n \times n$ $\exp(i\alpha/n)\mathbf{1}$ constituent une réalisation possible du groupe* U(1). Nous pouvons énoncer le résultat (7.9) de la façon suivante : *un élément arbitraire U de* U(n) *peut toujours être écrit comme le produit matriciel d'un terme approprié* $\exp(i\alpha/n)\mathbf{1}$, *élément de* U(1), *par un élément U_0 de* SU(n).

Nous voyons bien sûr que U(n) et SU(n) sont tous deux des sous-groupes de U(m) si $n \leq m$. On peut tirer ceci du fait qu'un élément arbitraire U de U(n) peut toujours être transformé en une matrice ($m \times m$) avec

$$\hat{U}' = \begin{pmatrix} \hat{U} & \mathbf{0} \\ \mathbf{0} & \mathbf{1} \end{pmatrix} . \tag{7.10}$$

Ici, la matrice unité $\mathbf{1}$ a la dimension $(m - n)$ et $\mathbf{0}$ représente la matrice zéro rectangulaire $n \times (m - n)$. D'après (7.1) la matrice hermitique correspondante $\hat{H}'$ est de la forme

$$\hat{H}' = \begin{pmatrix} \hat{H} & 0 \\ 0 & 0 \end{pmatrix} , \tag{7.11}$$

où $\hat{H}$ correspond à la matrice $(n \times n)$ $\hat{U}$ de (7.1).

7.1.1 Les générateurs de U(n) et SU(n)

Les discussions générales du chapitre 3 ont conduit à la conclusion [voir (3.6)] que, pour tous les groupes de Lie, les générateurs sont déterminés par des éléments du groupe qui sont infiniment près de l'élément unité. Le groupe U(n) a n^2 paramètres $\phi_j (j = 1, \ldots, s)$ et donc n^2 générateurs $\hat{\lambda}_j$. Nous avons alors la relation :

$$\hat{U}(\delta\phi_j) = \mathrm{e}^{\mathrm{i}\hat{H}(\delta\phi_j)} = \mathbf{1} + \mathrm{i}\hat{H}(\delta\phi_j) = \mathbf{1} + \mathrm{i}\sum_{j=1}^{n^2} \delta\phi_j\hat{\lambda}_j . \tag{7.12}$$

Puisque $\hat{H}$ doit être hermitique, dans le cas de U(n) nous pouvons utiliser n^2 matrices $n \times n$ hermitiques, linéairement indépendantes, en tant que générateurs. On peut alors facilement déduire que :

$$[\hat{\lambda}_i, \hat{\lambda}_j]_- = \mathrm{i}c_{ijk}\hat{\lambda}_k \tag{7.13}$$

est vérifié, car, encore une fois, $\mathrm{i}[\hat{\lambda}_i, \hat{\lambda}_j]_-$ est une matrice hermitique $n \times n$ qui peut s'exprimer comme une combinaison linéaire des générateurs linéairement indépendants $\hat{\lambda}_k$. Ainsi, l'algèbre de Lie de U(n) est stable, un résultat que nous connaissons déjà d'après notre approche générale au chapitre 3. Pour des raisons pratiques, nous avons écrit les constantes de structure $\mathrm{i}C_{ijk}$ dans (7.13), tandis que dans (3.13) le facteur i a été absorbé dans les C_{ijk}. Les générateurs de SU(n), par analogie avec ceux de U(n), peuvent être $n^2 - 1$ matrices hermitiques $(n \times n)$ linéairement indépendantes de trace nulle. Ce dernier critère est nécessaire pour s'assurer de la validité de (7.7) au moyen de (7.6). Nous pouvons encore une fois conclure que $\mathrm{i}[\hat{\lambda}_i, \hat{\lambda}_j]_-$ est une matrice hermitique de trace nulle et que l'algèbre de Lie de SU(n) est aussi stable.

EXEMPLE █████████████

7.1 L'algèbre de Lie de SU(2)

Dans ce cas particulier, nous choisissons $n = 2$. Par conséquent, le groupe SU(2) des matrices à deux dimensions contient $2^2 - 1 = 3$ paramètres. Elles peuvent être associées aux trois composantes réelles d'un vecteur $\boldsymbol{\phi}$. Nous avons besoin pour les générateurs de trois matrices de trace nulle linéairement indépendantes. D'après l'étude des matrices de spin de Pauli[1], nous savons que :

$$\hat{\sigma}_1 = \begin{pmatrix} 0 & 1 \\ 1 & 0 \end{pmatrix}, \quad \hat{\sigma}_2 = \begin{pmatrix} 0 & -i \\ i & 0 \end{pmatrix},$$

$$\hat{\sigma}_3 = \begin{pmatrix} 1 & 0 \\ 0 & -1 \end{pmatrix}, \quad \mathbf{1} = \begin{pmatrix} 1 & 0 \\ 0 & 1 \end{pmatrix} \tag{1}$$

sont des matrices hermitiques 2×2 linéairement indépendantes qui engendrent complètement l'espace des matrices 2×2 :

$$\begin{pmatrix} U_{11} & U_{12} \\ U_{21} & U_{22} \end{pmatrix}.$$

De plus, les matrices $\hat{\sigma}_1$, $\hat{\sigma}_2$ et $\hat{\sigma}_3$ ont une trace nulle. Nous pouvons donc les choisir comme générateurs de SU(2). Les relations de commutation des $\hat{\sigma}_i$ sont de la forme : $[\hat{\sigma}_i, \hat{\sigma}_j] = 2i\varepsilon_{ijk}\sigma_k$. Plutôt que de poursuivre avec les $\hat{\sigma}_i$, il est plus pratique d'utiliser les $\hat{S}_i = \frac{1}{2}\hat{\sigma}_i$ comme générateurs afin de simplifier les relations de commutation :

$$[\hat{S}_i, \hat{S}_j]_- = i\varepsilon_{ijk}\hat{S}_k \tag{2}$$

qui éliminent le facteur 2. Ces relations définissent une algèbre de Lie isomorphe à celle du groupe SO(3). Par analogie avec (7.1), les opérateurs de SU(2) peuvent s'exprimer par :

$$\hat{U} = \exp(-i\phi_j \hat{S}_j). \tag{3}$$

Nous voyons clairement qu'aucune paire des générateurs $\{\hat{S}_1, \hat{S}_2, \hat{S}_3\}$ ne commute. Le nombre maximum de générateurs qui commutent est un, ce qui détermine en même temps le rang de SU(2). Le théorème de Racah nous indique alors qu'il n'existe qu'un seul opérateur de Casimir. Il s'établit ainsi :

$$\hat{S}^2 = \hat{S}_1^2 + \hat{S}_2^2 + \hat{S}_3^2, \tag{4}$$

ce qui peut être prouvé facilement en utilisant l'homomorphisme des algèbres de O(3) et SU(2).

████████████████████

---

[1] Voir W. Greiner : *Mécanique Quantique – Une Introduction* (Springer, Berlin, Heidelberg 1999).

7.2 Les générateurs de SU(3)

Le groupe unitaire spécial à 3 dimensions SU(3) possède $3^2 - 1 = 8$ générateurs. Nous les noterons :

$$\hat{\lambda}_1, \hat{\lambda}_2, \ldots, \hat{\lambda}_8 \tag{7.14}$$

et les choisissons de façon appropriée. Du fait que SU(2) est un sous-groupe de SU(3), trois des générateurs de SU(3) peuvent être trouvés à partir de ceux de SU(2) (matrices de Pauli) en les étendant à trois dimensions. On voit comment procéder sur l'équation (7.10), ce qui donne ici :

$$\hat{\lambda}_1 = \begin{pmatrix} 0 & 1 & 0 \\ 1 & 0 & 0 \\ 0 & 0 & 0 \end{pmatrix} , \quad \hat{\lambda}_2 = \begin{pmatrix} 0 & -i & 0 \\ i & 0 & 0 \\ 0 & 0 & 0 \end{pmatrix} , \quad \hat{\lambda}_3 = \begin{pmatrix} 1 & 0 & 0 \\ 0 & -1 & 0 \\ 0 & 0 & 0 \end{pmatrix} . \tag{7.15}$$

La trace des $\hat{\lambda}_i$ hermitiques s'annule. Les relations de commutation des trois premiers générateurs sont semblables à celles des matrices de Pauli $\hat{\sigma}_j$ sur lesquelles ils sont construits :

$$[\hat{\sigma}_i, \hat{\sigma}_j]_- = 2i\varepsilon_{ijk}\hat{\sigma}_k , \quad i, j, k = \{1, 2, 3\} , \tag{7.16}$$

$$[\hat{\lambda}_i, \hat{\lambda}_j]_- = 2i\varepsilon_{ijk}\hat{\lambda}_k , \quad i, j, k = \{1, 2, 3\} . \tag{7.17}$$

ε_{ijk} est le tenseur complètement antisymétrique habituel. Les cinq générateurs restants peuvent être choisis de différentes façons. Nous utiliserons la notation habituelle de la physique des particules :[2]

$$\hat{\lambda}_4 = \begin{pmatrix} 0 & 0 & 1 \\ 0 & 0 & 0 \\ 1 & 0 & 0 \end{pmatrix} , \quad \hat{\lambda}_5 = \begin{pmatrix} 0 & 0 & -i \\ 0 & 0 & 0 \\ i & 0 & 0 \end{pmatrix} , \quad \hat{\lambda}_6 = \begin{pmatrix} 0 & 0 & 0 \\ 0 & 0 & 1 \\ 0 & 1 & 0 \end{pmatrix} ,$$

$$\hat{\lambda}_7 = \begin{pmatrix} 0 & 0 & 0 \\ 0 & 0 & -i \\ 0 & i & 0 \end{pmatrix} , \quad \hat{\lambda}_8 = \frac{1}{\sqrt{3}} \begin{pmatrix} 1 & 0 & 0 \\ 0 & 1 & 0 \\ 0 & 0 & -2 \end{pmatrix} . \tag{7.18}$$

Tous les $\hat{\lambda}$ sont hermitiques et de trace nulle :

$$\hat{\lambda}_i^\dagger = \hat{\lambda}_i , \quad \mathrm{tr}\hat{\lambda}_i = 0 . \tag{7.19}$$

La construction est simple, par exemple $\hat{\lambda}_4$ et $\hat{\lambda}_6$ se déduisent de $\hat{\lambda}_1$ en déplaçant les éléments non nuls de la matrice de Pauli

$$\begin{pmatrix} 0 & 1 \\ 1 & 0 \end{pmatrix}$$

---

[2] Consulter par exemple M. Gell-Mann, Y. Ne'eman : *The Eight-fold Way* (Benjamin, New York 1964).

successivement ainsi :

$$\hat{\lambda}_1 = \begin{pmatrix} 0 & 1 & 0 \\ 1 & 0 & 0 \\ 0 & 0 & 0 \end{pmatrix} \rightarrow \hat{\lambda}_4 = \begin{pmatrix} 0 & 0 & 1 \\ 0 & 0 & 0 \\ 1 & 0 & 0 \end{pmatrix} \rightarrow \hat{\lambda}_6 = \begin{pmatrix} 0 & 0 & 0 \\ 0 & 0 & 1 \\ 0 & 1 & 0 \end{pmatrix}. \qquad (7.20)$$

De même pour la relation entre les $\hat{\lambda}_2$, $\hat{\lambda}_5$ et $\hat{\lambda}_7$:

$$\hat{\lambda}_2 = \begin{pmatrix} 0 & -i & 0 \\ i & 0 & 0 \\ 0 & 0 & 0 \end{pmatrix} \rightarrow \hat{\lambda}_5 = \begin{pmatrix} 0 & 0 & -i \\ 0 & 0 & 0 \\ i & 0 & 0 \end{pmatrix} \rightarrow \hat{\lambda}_7 = \begin{pmatrix} 0 & 0 & 0 \\ 0 & 0 & -i \\ 0 & i & 0 \end{pmatrix}. \qquad (7.21)$$

Finalement les $\hat{\lambda}_3$ et $\hat{\lambda}_8$ sont des matrices diagonales de trace nulle. Dans la définition de $\hat{\lambda}_8$ le facteur $1/\sqrt{3}$ est nécessaire pour garantir la relation

$$\mathrm{tr}\hat{\lambda}_i\hat{\lambda}_j = 2\delta_{ij}$$

quels que soient i, $j = 1, 2, \ldots , 8$. Nous discuterons ultérieurement cette relation et ses conséquences après la démonstration de (7.24).

EXERCICE

7.2 Indépendance linéaire des générateurs $\hat{\lambda}_i$

Problème. Montrer que les huit générateurs $\hat{\lambda}_i$ sont linéairement indépendants et engendrent l'espace de toutes les matrices hermitiques (3×3) de trace nulle.

Solution. Le problème peut être résolu si nous montrons, qu'en général, les matrices hermitiques (3×3) de trace nulle, soit :

$$\hat{H} = \begin{pmatrix} h_{11} & h_{12} & h_{13} \\ h_{12}^* & h_{22} & h_{23} \\ h_{13}^* & h_{23}^* & -(h_{11}+h_{22}) \end{pmatrix}$$

peuvent toujours être représentées par une combinaison linéaire des huit matrices $\hat{\lambda}_i$ de (7.15) et (7.18). Soit :

$$\sum_{j=1}^{8} \lambda_j \hat{\lambda}_j = \hat{H}. \qquad (1)$$

Exercice 7.2

Cette condition conduit à des équations linéaires non homogènes par rapport aux coefficients λ_i :

$$\lambda_1 0 + \lambda_2 0 + \lambda_3 1 + \lambda_4 0 + \lambda_5 0 + \lambda_6 0 + \lambda_7 0 + \lambda_8 \frac{1}{\sqrt{3}} = h_{11}$$

$$\lambda_1 1 - \lambda_2 i + \lambda_3 0 + \lambda_4 0 + \lambda_5 0 + \lambda_6 0 + \lambda_7 0 + \lambda_8 0 = h_{12}$$

$$\lambda_1 0 + \lambda_2 0 + \lambda_3 0 + \lambda_4 1 - \lambda_5 i + \lambda_6 0 + \lambda_7 0 + \lambda_8 0 = h_{13}$$

$$\lambda_1 1 + \lambda_2 i + \lambda_3 0 + \lambda_4 0 + \lambda_5 0 + \lambda_6 0 + \lambda_7 0 + \lambda_8 0 = h_{12}^*$$

$$\lambda_1 0 + \lambda_2 0 - \lambda_3 1 + \lambda_4 0 + \lambda_5 0 + \lambda_6 0 + \lambda_7 0 + \lambda_8 \frac{1}{\sqrt{3}} = h_{22}$$

$$\lambda_1 0 + \lambda_2 0 + \lambda_3 0 + \lambda_4 0 + \lambda_5 0 + \lambda_6 1 - \lambda_7 i + \lambda_8 0 = h_{23}$$

$$\lambda_1 0 + \lambda_2 0 + \lambda_3 0 + \lambda_4 1 + \lambda_5 i + \lambda_6 0 + \lambda_7 0 + \lambda_8 0 = h_{13}^*$$

$$\lambda_1 0 + \lambda_2 0 + \lambda_3 0 + \lambda_4 0 + \lambda_5 0 + \lambda_6 1 + \lambda_7 i + \lambda_8 0 = h_{23}^*$$

$$\lambda_1 0 + \lambda_2 0 + \lambda_3 0 + \lambda_4 0 + \lambda_5 0 + \lambda_6 0 + \lambda_7 0 - 2\lambda_8 \sqrt{\frac{1}{3}} = -(h_{11} + h_{22}) \ .$$

Puisque la dernière équation n'est pas indépendante mais égale à la somme inversée de la première et de la cinquième, on peut l'omettre. Il subsiste donc huit équations pour les coefficients λ_i. Le déterminant :

$$\det \begin{vmatrix} 0 & 0 & 1 & 0 & 0 & 0 & 0 & \frac{1}{\sqrt{3}} \\ 1 & -i & 0 & 0 & 0 & 0 & 0 & 0 \\ 0 & 0 & 0 & 1 & -i & 0 & 0 & 0 \\ 1 & +i & 0 & 0 & 0 & 0 & 0 & 0 \\ 0 & 0 & -1 & 0 & 0 & 0 & 0 & \frac{1}{\sqrt{3}} \\ 0 & 0 & 0 & 0 & 0 & 1 & -i & 0 \\ 0 & 0 & 0 & 1 & +i & 0 & 0 & 0 \\ 0 & 0 & 0 & 0 & 0 & 1 & +i & 0 \end{vmatrix} = \frac{16}{\sqrt{3}} i \neq 0$$

est différent de zéro. Par conséquent, il existe toujours une solution unique pour ce système.

7.3 L'algèbre de Lie de SU(3)

Avec la représentation explicite des générateurs (7.15) et (7.18), nous pouvons calculer les *commutateurs* des $\hat{\lambda}_i$ et l'algèbre de Lie de SU(3). Avec la convention de sommation d'Einstein, nous trouvons :

$$[\hat{\lambda}_i, \hat{\lambda}_j]_- = 2i f_{ijk} \hat{\lambda}_k \ , \tag{7.22}$$

où nous avons sorti le facteur 2i. Les constantes de structure sont complètement antisymétriques par rapport à l'échange de deux indices quelconques.

$$f_{ijk} = -f_{jik} = -f_{ikj} \quad \text{etc}. \tag{7.23}$$

Elles sont rassemblées dans la table 7.1, où nous avons aussi fait figurer les coefficients symétriques d_{ijk} qui apparaissent dans les *relations d'anticommutation* :

$$[\hat{\lambda}_i, \hat{\lambda}_j]_+ = \tfrac{4}{3}\delta_{ij}\mathbf{1} + 2d_{ijk}\hat{\lambda}_k ,$$
$$d_{ijk} = d_{jik} = d_{ikj} \text{ etc}. \tag{7.24}$$

Nous avons divisé l'anti-commutateur (7.24) en un terme avec trace (le premier) et un terme de trace nulle. En fait, on peut vérifier au moyen de la représentation explicite que :

$$\text{tr}\hat{\lambda}_i\hat{\lambda}_j = 2\delta_{ij} ,$$

et par conséquent :

$$\text{tr}[\hat{\lambda}_i, \hat{\lambda}_j]_+ = 4\delta_{ij} = \text{tr}\tfrac{4}{3}\delta_{ij}\mathbf{1} = \tfrac{4}{3}\delta_{ij}\text{tr}\mathbf{1}$$

puisque $\text{tr}(\mathbf{1}) = 3$. Nous faisons référence aux considérations générales exposées dans les exercices 11.1, 11.2, ainsi que 5.7. Les relations (7.22, 24), les relations d'antisymétrie pour les f_{ijk} (7.23) et les relations de symétrie pour les d_{ijk} sont en fait des quantités très pratiques pour les calculs. Seules les constantes de structure non nulles figurent dans la table 7.1.

L'équation (7.22) exprime explicitement que l'algèbre de Lie de SU(3) est stable, comme nous l'avons supposé dans le chapitre 3. De même que pour SU(2), il est utile de redéfinir les générateurs par :

$$\hat{F}_i = \tfrac{1}{2}\hat{\lambda}_i . \tag{7.25}$$

De (7.22), nous déduisons des relations de commutation semblables

$$[\hat{F}_i, \hat{F}_j]_- = \text{i} f_{ijk}\hat{F}_k . \tag{7.26}$$

On notera toutefois la disparition du facteur 2. L'analogie des relations entre $\hat{\lambda}_i$ et $\hat{F}_i$ pour SU(3) et entre $\hat{\sigma}_i$ et $\hat{S}_i$ pour SU(2) apparaît clairement. Ceci permet, selon Gell-Mann, l'appellation générale spin-F, même s'il n'a pas de lien direct avec un moment angulaire ou un spin.

De même que pour l'algèbre des moments angulaires [algèbre de Lie de SU(2) ou SO(3), voir chapitre 2], nous allons introduire la représentation sphérique des opérateurs $\hat{F}$

$$\hat{T}_\pm = \hat{F}_1 \pm \text{i}\hat{F}_2 , \quad \hat{T}_3 = \hat{F}_3 ,$$
$$\hat{V}_\pm = \hat{F}_4 \pm \text{i}\hat{F}_5 , \quad \hat{Y} = \frac{2}{\sqrt{3}}\hat{F}_8 , \quad \hat{U}_\pm = \hat{F}_6 \pm \text{i}\hat{F}_7 . \tag{7.27}$$

Table 7.1. Table des constantes de structure antisymétriques f_{ijk} et des coefficients symétriques d_{ijk} [voir (7.24)]. Toutes les constantes de structure non nulles sont obtenues par permutation des indices

ijk	f_{ijk}	ijk	d_{ijk}
123	1	118	$\frac{1}{\sqrt{3}}$
147	$\frac{1}{2}$	146	$\frac{1}{2}$
156	$-\frac{1}{2}$	157	$\frac{1}{2}$
246	$\frac{1}{2}$	228	$\frac{1}{\sqrt{3}}$
257	$\frac{1}{2}$	247	$-\frac{1}{2}$
345	$\frac{1}{2}$	256	$\frac{1}{2}$
367	$-\frac{1}{2}$	338	$\frac{1}{\sqrt{3}}$
		344	$\frac{1}{2}$
458	$\frac{\sqrt{3}}{2}$		
678	$\frac{\sqrt{3}}{2}$	355	$\frac{1}{2}$
		366	$-\frac{1}{2}$
		377	$-\frac{1}{2}$
		448	$-\frac{1}{2\sqrt{3}}$
		558	$-\frac{1}{2\sqrt{3}}$
		668	$-\frac{1}{2\sqrt{3}}$
		778	$-\frac{1}{2\sqrt{3}}$
		888	$-\frac{1}{\sqrt{3}}$

Les définitions de $\hat{T}_+$, $\hat{U}_+$, $\hat{V}_+$ et $\hat{T}_3$ sont bien sûr basées sur le fait que les opérateurs $\hat{F}$ sont construits à partir des matrices de Pauli [cf notre discussion de (7.19)]. La définition concernant l'opérateur $\hat{Y}$ dans (7.27), sera utile dans ce qui suit. Les relations de commutation pour les nouveaux opérateurs s'écrivent :

$$[\hat{T}_3, \hat{T}_\pm]_- = \pm\hat{T}_\pm \quad [\hat{T}_+, \hat{T}_-]_- = 2\hat{T}_3$$

$$[\hat{T}_3, \hat{U}_\pm]_- = \mp\tfrac{1}{2}\hat{U}_\pm \quad [\hat{U}_+, \hat{U}_-]_- = \tfrac{3}{2}\hat{Y} - \hat{T}_3 \overset{\text{def}}{=} 2\hat{U}_3$$

$$[\hat{T}_3, \hat{V}_\pm] = \pm\tfrac{1}{2}\hat{V}_\pm \quad [\hat{V}_+, \hat{V}_-]_- = \tfrac{3}{2}\hat{Y} + \hat{T}_3 \overset{\text{def}}{=} 2\hat{V}_3 \tag{7.28a}$$

$$[\hat{Y}, \hat{T}_\pm]_- = 0 \quad [\hat{Y}, \hat{U}_\pm]_- = \pm\hat{U}_\pm \quad [\hat{Y}, \hat{V}_\pm]_- = \pm\hat{V}_\pm \tag{7.28b}$$

$$[\hat{T}_+, \hat{V}_+]_- = [\hat{T}_+, \hat{U}_-]_- = [\hat{U}_+, \hat{V}_+]_- = 0$$

$$[\hat{T}_+, \hat{V}_-]_- = -\hat{U}_- \quad [\hat{T}_+, \hat{U}_+]_- = \hat{V}_+$$

$$[\hat{U}_+, \hat{V}_-]_- = \hat{T}_- \quad [\hat{T}_3, \hat{Y}]_- = 0 \,. \tag{7.28c}$$

Les commutateurs manquants peuvent se déduire de (7.27), notamment du fait des relations résultant de l'hermiticité des $\hat{F}_i$, soit :

$$\hat{T}_+ = (\hat{T}_-)^+ \,, \quad \hat{U}_+ = (\hat{U}_-)^+ \,, \quad \hat{V}_+ = (\hat{V}_-)^+ \,. \tag{7.29}$$

Selon (7.28), le nombre maximum de générateurs de l'algèbre de Lie SU(3) qui commutent est 2 (soit $[\hat{T}_3, \hat{Y}]_-$ ou $[\hat{Y}, \hat{T}_\pm]_- = 0$). Ainsi[3], SU(3) est de rang 2 et le théorème de Racah indique alors que ce groupe comprend deux opérateurs de Casimir. On les définit généralement par :

$$\hat{C}_1(\hat{F}_i) = \sum_{i=1}^8 \hat{F}_i^2 = -\frac{2i}{3}\sum_{ijk} f_{ijk}\hat{F}_i\hat{F}_j\hat{F}_k \quad \text{et} \tag{7.30}$$

$$\hat{C}_2(\hat{F}_i) = \sum_{ijk} d_{ijk}\hat{F}_i\hat{F}_j\hat{F}_k \,. \tag{7.31}$$

EXERCICE ▬▬▬▬▬▬▬

7.3 Symétrie des coefficients d_{ijk}

Problème. Montrer que les coefficients d_{ijk} sont symétriques en établissant la relation :

$$d_{ijk} = \tfrac{1}{4}\text{tr}([\hat{\lambda}_i, \hat{\lambda}_j]_+\hat{\lambda}_k) \,.$$

Solution. Nous partirons de la relation d'anticommutation :

$$[\hat{\lambda}_i, \hat{\lambda}_j]_+ = \tfrac{4}{3}\delta_{ij}\mathbf{1} + 2\sum_{m=1}^8 d_{ijm}\hat{\lambda}_m \,, \tag{1}$$

---

[3] On peut en fait montrer que le rang de SU(n) est en général $(n-1)$.

en multipliant par $\hat{\lambda}_k$

$$[\hat{\lambda}_i, \hat{\lambda}_j]_+ \hat{\lambda}_k = \tfrac{4}{3}\delta_{ij}\mathbf{1}\hat{\lambda}_k + 2\sum_m d_{ijm}\hat{\lambda}_m\hat{\lambda}_k \tag{2}$$

et en prenant la trace, nous avons :

$$\operatorname{tr}([\hat{\lambda}_i, \hat{\lambda}_j]_+ \hat{\lambda}_k) = \tfrac{4}{3}\delta_{ij}\operatorname{tr}(\mathbf{1}\hat{\lambda}_k) + 2\operatorname{tr}\left(\sum_m d_{ijm}\hat{\lambda}_m\hat{\lambda}_k\right). \tag{3}$$

Avec $\mathbf{1}\hat{B} = \hat{B}$ nous obtenons :

$$\tfrac{4}{3}\delta_{ij}\operatorname{tr}(\mathbf{1}\hat{\lambda}_k) = \tfrac{4}{3}\delta_{ij}\operatorname{tr}(\hat{\lambda}_k) = 0 \tag{4}$$

puisque les $\hat{\lambda}_k$ sont de trace nulle. Nous voyons de plus, d'après la forme explicite des $\hat{\lambda}_i$, que :

$$\operatorname{tr}(\hat{\lambda}_i\hat{\lambda}_k) = 2\delta_{ik}$$

$$\operatorname{tr}([\hat{\lambda}_i, \hat{\lambda}_j]_+\hat{\lambda}_k) = 4\sum_m d_{ijm}\delta_{mk} = 4d_{ijk}$$

$$d_{ijk} = \tfrac{1}{4}\operatorname{tr}([\hat{\lambda}_i, \hat{\lambda}_j]_+\hat{\lambda}_k). \tag{5}$$

La symétrie des d_{ijk}, par rapport à l'échange des i et j, résulte de la symétrie de l'anticommutateur, puisque :

$$[\hat{\lambda}_i, \hat{\lambda}_j]_+ = [\hat{\lambda}_j, \hat{\lambda}_i]_+. \tag{6}$$

La symétrie des indices restants se déduit du fait que deux matrices peuvent être échangées dans l'opération : $\operatorname{tr}(\hat{A}\hat{B}) = \operatorname{tr}(\hat{B}\hat{A})$

$$4d_{ijk} = \operatorname{tr}(\hat{\lambda}_k\hat{\lambda}_i\hat{\lambda}_j + \hat{\lambda}_k\hat{\lambda}_j\hat{\lambda}_i) = \operatorname{tr}(\hat{\lambda}_k\hat{\lambda}_i\hat{\lambda}_j + \hat{\lambda}_i\hat{\lambda}_k\hat{\lambda}_j)$$

$$= \operatorname{tr}([\hat{\lambda}_i, \hat{\lambda}_k]_+\hat{\lambda}_j) = 4d_{ikj}. \tag{7}$$

Nous voyons donc que les d_{ijk} sont symétriques par rapport à tous leurs indices.

EXERCICE ▄▄▄▄▄▄▄▄▄▄▄▄▄▄▄▄

7.4 Antisymétrie des constantes de structure f_{ijk}

Problème. Par analogie avec la formule trouvée dans l'exercice 7.3 pour les d_{ijk}, montrer qu'il existe une relation analogue pour les constantes de structure f_{ijk}, soit :

$$f_{ijk} = \frac{1}{4i}\text{tr}([\hat{\lambda}_i, \hat{\lambda}_j]_-\hat{\lambda}_k) .$$

Solution. Nous partirons de nouveau de la relation de commutation pour les λ_i :

$$[\hat{\lambda}_i, \hat{\lambda}_j]_- = 2i \sum_{m=1}^{8} f_{ijm}\hat{\lambda}_m , \tag{1}$$

en multipliant par λ_k,

$$[\hat{\lambda}_i, \hat{\lambda}_j]_-\hat{\lambda}_k = 2i \sum_{m=1}^{8} f_{ijm}\hat{\lambda}_m\hat{\lambda}_k \tag{2}$$

et en prenant la trace :

$$\text{tr}([\hat{\lambda}_i, \hat{\lambda}_j]_-\hat{\lambda}_k) = 2i\,\text{tr}\left(\sum_{m=1}^{8} f_{ijm}\hat{\lambda}_m\hat{\lambda}_k\right) . \tag{3}$$

Du fait que

$$\text{tr}(\hat{\lambda}_m\hat{\lambda}_k) = 2\delta_{mk} \tag{4}$$

nous pouvons écrire :

$$\text{tr}([\hat{\lambda}_i, \hat{\lambda}_j]_-\hat{\lambda}_k) = 4i\,f_{ijm}\delta_{mk} = 4i\,f_{ijk}$$
$$f_{ijk} = \frac{1}{4i}\text{tr}([\hat{\lambda}_i, \hat{\lambda}_j]_-\hat{\lambda}_k) . \tag{5}$$

Des relations

$$[\hat{\lambda}_i, \hat{\lambda}_j]_- = -[\hat{\lambda}_j, \hat{\lambda}_i]_- \quad \text{et} \quad \text{tr}(-\hat{A}) = -\text{tr}(\hat{A}) \tag{6}$$

nous tirons :

$$f_{ijk} = -f_{jik} ,$$

illustrant l'antisymétrie de f_{ijk} par rapport à l'échange de i et j. L'antisymétrie des autres indices ressort de nos résultats antérieurs, soit :

$$4i\,f_{ijk} = \text{tr}([\hat{\lambda}_i, \hat{\lambda}_j]_-\hat{\lambda}_k) = \text{tr}(\hat{\lambda}_i\hat{\lambda}_j\hat{\lambda}_k - \hat{\lambda}_j\hat{\lambda}_i\hat{\lambda}_k) = -\text{tr}(\hat{\lambda}_j\hat{\lambda}_i\hat{\lambda}_k - \hat{\lambda}_i\hat{\lambda}_j\hat{\lambda}_k)$$
$$= -\text{tr}(\hat{\lambda}_i\hat{\lambda}_k\hat{\lambda}_j - \hat{\lambda}_k\hat{\lambda}_i\hat{\lambda}_j) = -\text{tr}([\hat{\lambda}_i, \hat{\lambda}_k]_-\hat{\lambda}_j) = -4i\,f_{ikj} , \tag{7}$$

en utilisant de nouveau $\text{tr}(\hat{A}\hat{B}) = \text{tr}(\hat{B}\hat{A})$. Par conséquent les f_{ijk} sont totalement antisymétriques sur tous leurs indices.

EXERCICE ████████████████████████

7.5 Calcul de quelques coefficients d_{ijk} et constantes de structure

Problème. Afin de se familiariser avec l'algèbre de SU(3), calculer les constantes de structure f_{156}, f_{458} et les coefficients d_{118} et d_{778}, en se basant sur la représentation explicite des $\hat{\lambda}_i$ et les relations de trace précédemment établies.

Solution. Pour avoir

$$f_{ijk} = \frac{1}{4i}\text{tr}([\hat{\lambda}_i, \hat{\lambda}_j]_-\hat{\lambda}_k)\,, \qquad f_{156} = \frac{1}{4i}([\hat{\lambda}_1, \hat{\lambda}_5]_-\hat{\lambda}_6) \tag{1}$$

nous calculerons tout d'abord :

$$[\hat{\lambda}_1, \hat{\lambda}_5]_- = \begin{pmatrix} 0 & 1 & 0 \\ 1 & 0 & 0 \\ 0 & 0 & 0 \end{pmatrix}\begin{pmatrix} 0 & 0 & -i \\ 0 & 0 & 0 \\ i & 0 & 0 \end{pmatrix} - \begin{pmatrix} 0 & 0 & -i \\ 0 & 0 & 0 \\ i & 0 & 0 \end{pmatrix}\begin{pmatrix} 0 & 1 & 0 \\ 1 & 0 & 0 \\ 0 & 0 & 0 \end{pmatrix}$$

$$= \begin{pmatrix} 0 & 0 & 0 \\ 0 & 0 & -i \\ 0 & -i & 0 \end{pmatrix}\,. \tag{2}$$

Par multiplication des matrices, nous avons :

$$[\hat{\lambda}_1, \hat{\lambda}_5]_-\hat{\lambda}_6 = \begin{pmatrix} 0 & 0 & 0 \\ 0 & 0 & -i \\ 0 & -i & 0 \end{pmatrix}\begin{pmatrix} 0 & 0 & 0 \\ 0 & 0 & 1 \\ 0 & 1 & 0 \end{pmatrix} = \begin{pmatrix} 0 & 0 & 0 \\ 0 & -i & 0 \\ 0 & 0 & -i \end{pmatrix}\,. \tag{3}$$

Nous calculons la trace :

$$\text{tr}([\hat{\lambda}_1, \hat{\lambda}_5]_-\hat{\lambda}_6) = -2i\,, \tag{4}$$

et nous obtenons la constante de structure cherchée

$$f_{156} = \frac{1}{4i}(-2i) = -\frac{1}{2}\,. \tag{5}$$

Le même type de calcul pour

$$f_{458} = \frac{1}{4i}\text{tr}([\hat{\lambda}_4, \hat{\lambda}_5]_-\hat{\lambda}_8) \tag{6}$$

permet d'obtenir :

$$[\hat{\lambda}_4, \hat{\lambda}_5]_- = \begin{pmatrix} 0 & 0 & 1 \\ 0 & 0 & 0 \\ 1 & 0 & 0 \end{pmatrix}\begin{pmatrix} 0 & 0 & -i \\ 0 & 0 & 0 \\ i & 0 & 0 \end{pmatrix} - \begin{pmatrix} 0 & 0 & -i \\ 0 & 0 & 0 \\ i & 0 & 0 \end{pmatrix}\begin{pmatrix} 0 & 0 & 1 \\ 0 & 0 & 0 \\ 1 & 0 & 0 \end{pmatrix}$$

$$= 2i\begin{pmatrix} 1 & 0 & 0 \\ 0 & 0 & 0 \\ 0 & 0 & -1 \end{pmatrix} \tag{7}$$

et

$$[\hat{\lambda}_4, \hat{\lambda}_5]_- \hat{\lambda}_8 = \frac{2i}{\sqrt{3}} \begin{pmatrix} 1 & 0 & 0 \\ 0 & 0 & 0 \\ 0 & 0 & -1 \end{pmatrix} \begin{pmatrix} 1 & 0 & 0 \\ 0 & 1 & 0 \\ 0 & 0 & -2 \end{pmatrix} = \frac{2i}{\sqrt{3}} \begin{pmatrix} 1 & 0 & 0 \\ 0 & 0 & 0 \\ 0 & 0 & 2 \end{pmatrix}$$

$$\text{tr}([\hat{\lambda}_4, \hat{\lambda}_5]_- \hat{\lambda}_8) = \frac{2i}{\sqrt{3}} 3 \ . \tag{8}$$

Nous en tirons :

$$f_{458} = \frac{1}{4i} \frac{2i}{\sqrt{3}} 3 = \frac{1}{2}\sqrt{3} \ . \tag{9}$$

Pour les d_{ijk},

$$d_{ijk} = \tfrac{1}{4}\text{tr}([\hat{\lambda}_i, \hat{\lambda}_j]_+ \hat{\lambda}_k) \ , \quad d_{118} = \tfrac{1}{4}\text{tr}([\hat{\lambda}_1, \hat{\lambda}_1]_+ \hat{\lambda}_8) \ . \tag{10}$$

De :

$$[\hat{\lambda}_1, \hat{\lambda}_1]_+ = 2 \begin{pmatrix} 0 & 1 & 0 \\ 1 & 0 & 0 \\ 0 & 0 & 0 \end{pmatrix} \begin{pmatrix} 0 & 1 & 0 \\ 1 & 0 & 0 \\ 0 & 0 & 0 \end{pmatrix} = 2 \begin{pmatrix} 1 & 0 & 0 \\ 0 & 1 & 0 \\ 0 & 0 & 0 \end{pmatrix} \ , \tag{11}$$

nous tirons :

$$[\hat{\lambda}_1, \hat{\lambda}_1]_+ \hat{\lambda}_8 = \frac{2}{\sqrt{3}} \begin{pmatrix} 1 & 0 & 0 \\ 0 & 1 & 0 \\ 0 & 0 & 0 \end{pmatrix} \begin{pmatrix} 1 & 0 & 0 \\ 0 & 1 & 0 \\ 0 & 0 & -2 \end{pmatrix} = \frac{2}{\sqrt{3}} \begin{pmatrix} 1 & 0 & 0 \\ 0 & 1 & 0 \\ 0 & 0 & 0 \end{pmatrix} \ . \tag{12}$$

La trace donne alors :

$$\text{tr}([\hat{\lambda}_1, \hat{\lambda}_1] + \lambda_8) = \frac{2}{\sqrt{3}} 2 \ , \tag{13}$$

d'où nous tirons : $d_{118} = 1/\sqrt{3}$.

De façon analogue, on peut calculer :

$$d_{778} = \tfrac{1}{4}\text{tr}([\hat{\lambda}_7, \hat{\lambda}_7]_+ \hat{\lambda}_8)$$

pour avoir

$$[\hat{\lambda}_7, \hat{\lambda}_7]_+ = 2 \begin{pmatrix} 0 & 0 & 0 \\ 0 & 0 & -i \\ 0 & i & 0 \end{pmatrix} \begin{pmatrix} 0 & 0 & 0 \\ 0 & 0 & -i \\ 0 & i & 0 \end{pmatrix} = 2 \begin{pmatrix} 0 & 0 & 0 \\ 0 & 1 & 0 \\ 0 & 0 & 1 \end{pmatrix} \tag{14}$$

$$[\hat{\lambda}_7, \hat{\lambda}_7]_+ \hat{\lambda}_8 = \frac{2}{\sqrt{3}} \begin{pmatrix} 0 & 0 & 0 \\ 0 & 1 & 0 \\ 0 & 0 & 1 \end{pmatrix} \begin{pmatrix} 1 & 0 & 0 \\ 0 & 1 & 0 \\ 0 & 0 & 2 \end{pmatrix} = \frac{2}{\sqrt{3}} \begin{pmatrix} 0 & 0 & 0 \\ 0 & 1 & 0 \\ 0 & 0 & -2 \end{pmatrix} \tag{15}$$

$$\text{tr}([\hat{\lambda}_7, \hat{\lambda}_7]_+ \hat{\lambda}_8) = -\frac{2}{\sqrt{3}}$$

$$d_{778} = \frac{1}{4} \left(-\frac{2}{\sqrt{3}} \right) = -\frac{1}{2\sqrt{3}} \ .$$

EXERCICE ███████████████████████

7.6 Relations entre les constantes de structure et les coefficients d_{ijk}

Problème. Démontrer les identités suivantes :

$$f_{plm} f_{mkq} + f_{klm} f_{mqp} + f_{pkm} f_{mql} = 0 \, , \tag{1}$$

et

$$f_{pkm} d_{mlq} + f_{qkm} d_{mlp} + f_{lkm} d_{mpq} = 0 \, . \tag{2}$$

Solution. Pour établir l'équation (1) nous utiliserons l'identité de Jacobi,

$$[[\hat{\lambda}_p, \hat{\lambda}_l]_-, \hat{\lambda}_k]_- + [[\hat{\lambda}_l, \hat{\lambda}_k]_-, \hat{\lambda}_p]_- + [[\hat{\lambda}_k, \hat{\lambda}_p]_-, \hat{\lambda}_l]_-$$
$$= \hat{\lambda}_p \hat{\lambda}_l \hat{\lambda}_k - \hat{\lambda}_l \hat{\lambda}_p \hat{\lambda}_k - \hat{\lambda}_k \hat{\lambda}_p \hat{\lambda}_l + \hat{\lambda}_k \hat{\lambda}_l \hat{\lambda}_p + \hat{\lambda}_l \hat{\lambda}_k \hat{\lambda}_p - \hat{\lambda}_k \hat{\lambda}_l \hat{\lambda}_p - \hat{\lambda}_p \hat{\lambda}_l \hat{\lambda}_k$$
$$+ \hat{\lambda}_p \hat{\lambda}_k \hat{\lambda}_l + \hat{\lambda}_k \hat{\lambda}_p \hat{\lambda}_l - \hat{\lambda}_p \hat{\lambda}_k \hat{\lambda}_l - \hat{\lambda}_l \hat{\lambda}_k \hat{\lambda}_p + \hat{\lambda}_l \hat{\lambda}_p \hat{\lambda}_k = 0 \, . \tag{3}$$

En insérant (7.22) dans la partie gauche de (3) nous obtenons :

$$0 = 2\mathrm{i} f_{plm} [\hat{\lambda}_m, \hat{\lambda}_k]_- + 2\mathrm{i} f_{lkm} [\hat{\lambda}_m, \hat{\lambda}_p]_- + 2\mathrm{i} f_{kpm} [\hat{\lambda}_m, \hat{\lambda}_l]_-$$
$$= -4(f_{plm} f_{mkn} + f_{lkm} f_{mpn} + f_{kpm} f_{mln}) \hat{\lambda}_n \, . \tag{4}$$

Nous multiplions par $\hat{\lambda}_q$ et prenons la trace. De $\mathrm{tr}(\hat{\lambda}_q \hat{\lambda}_n) = 2\delta_{qn}$ nous tirons :

$$0 = f_{plm} f_{mkq} + f_{lkm} f_{mpq} + f_{kpm} f_{mlq}$$
$$= f_{plm} f_{mkq} + f_{klm} f_{mqp} + f_{pkm} f_{mql} \, . \tag{5}$$

Pour démontrer (2), nous utiliserons (7.22) et (7.24), ce qui donne :

$$\mathrm{tr}([\hat{\lambda}_a, \hat{\lambda}_b]_- \{\hat{\lambda}_c, \hat{\lambda}_d\}_+) = \sum_{e,f} 2\mathrm{i} f_{abe} \mathrm{tr}(\hat{\lambda}_e [\tfrac{4}{3}\delta_{cd} + 2d_{cdf} \hat{\lambda}_f])$$
$$= 4\mathrm{i} \sum_{e,f} f_{abe} d_{cdf} 2\delta_{ef} = 8\mathrm{i} \sum_e f_{abe} d_{cde} \, . \tag{6}$$

Nous pouvons ré-écrire (2) ainsi :

$$f_{pkm} d_{mlq} + f_{qkm} d_{mlp} + f_{lkm} d_{mpq}$$
$$= \frac{1}{8\mathrm{i}} \mathrm{tr}\{[\hat{\lambda}_p, \hat{\lambda}_k]_- [\hat{\lambda}_l, \hat{\lambda}_q]_+ + [\hat{\lambda}_q, \hat{\lambda}_k]_- [\hat{\lambda}_l, \hat{\lambda}_p]_+ + [\hat{\lambda}_l, \hat{\lambda}_k]_- [\hat{\lambda}_p, \hat{\lambda}_q]_+\}$$
$$= \frac{1}{8\mathrm{i}} \mathrm{tr}\{\hat{\lambda}_p \hat{\lambda}_k \hat{\lambda}_l \hat{\lambda}_q + \hat{\lambda}_p \hat{\lambda}_k \hat{\lambda}_q \hat{\lambda}_l - \hat{\lambda}_k \hat{\lambda}_p \hat{\lambda}_l \hat{\lambda}_q - \hat{\lambda}_k \hat{\lambda}_p \hat{\lambda}_q \hat{\lambda}_l + \hat{\lambda}_q \hat{\lambda}_k \hat{\lambda}_l \hat{\lambda}_p$$
$$+ \hat{\lambda}_q \hat{\lambda}_k \hat{\lambda}_p \hat{\lambda}_l - \hat{\lambda}_k \hat{\lambda}_q \hat{\lambda}_l \hat{\lambda}_p - \hat{\lambda}_k \hat{\lambda}_q \hat{\lambda}_p \hat{\lambda}_l + \hat{\lambda}_l \hat{\lambda}_k \hat{\lambda}_p \hat{\lambda}_q + \hat{\lambda}_l \hat{\lambda}_k \hat{\lambda}_q \hat{\lambda}_p$$
$$- \hat{\lambda}_k \hat{\lambda}_l \hat{\lambda}_p \hat{\lambda}_q - \hat{\lambda}_k \hat{\lambda}_l \hat{\lambda}_q \hat{\lambda}_p\} = 0 \, , \tag{7}$$

où nous voyons, dans la trace, disparaître les termes soulignés analogues.

EXERCICE ████████████████

7.7 Les opérateurs de Casimir de SU(3)

Problème. En utilisant les relations de commutation (7.26) et celles d'anticommutation (7.24), vérifier que $\hat{C}_1$ et $\hat{C}_2$ [(7.30, 31)] sont les opérateurs de Casimir de SU(3).

Solution. (a) Nous montrons que

$$\hat{C}_1 = \sum_{i=1}^{8} \hat{F}_i^2$$

est un opérateur de Casimir

$$[\hat{C}_1, \hat{F}_k]_- = \sum_{i=1}^{8}(\hat{F}_i[\hat{F}_i, \hat{F}_k]_- + [\hat{F}_i, \hat{F}_k]_- \hat{F}_i)$$

$$= \mathrm{i} \sum_{i,m=1}^{8} f_{ikm}(\hat{F}_i \hat{F}_m + \hat{F}_m \hat{F}_i) = 0 \,,$$

puisque les constantes de structure f_{ikm} sont antisymétriques sur les indices i et m.

(b) Nous montrons que

$$\hat{C}_2 = \sum_{ijn} d_{ijn} \hat{F}_i \hat{F}_j \hat{F}_n$$

est un opérateur de Casimir :

$$[\hat{C}_2, \hat{F}_k]_- = \sum_{ijn} d_{ijn}\{\hat{F}_i \hat{F}_j[\hat{F}_n, \hat{F}_k]_- + \hat{F}_i[\hat{F}_j, \hat{F}_k]_- \hat{F}_n + [\hat{F}_i, \hat{F}_k]_- \hat{F}_j \hat{F}_n\}$$

$$= \mathrm{i} \sum_{ijn} d_{ijn}\{\hat{F}_i \hat{F}_j f_{nkm} \hat{F}_m + \hat{F}_i \hat{F}_m \hat{F}_n f_{jkm} + \hat{F}_m \hat{F}_j \hat{F}_n f_{ikm}\}$$

$$= \mathrm{i} \sum_{ijn} \hat{F}_i \hat{F}_j \hat{F}_m \{d_{ijn} f_{nkm} + f_{nkj} d_{inm} + d_{njm} f_{nki}\} = 0 \,.$$

Dans la dernière égalité, nous avons utilisé le résultat (2) de l'exercice 7.6. Puisque $\hat{C}_1$ et $\hat{C}_2$ commutent avec tous les opérateurs $\hat{F}_i$, ils sont eux-mêmes des opérateurs de Casimir.

EXERCICE ▐███████████

7.8 Relations utiles pour les opérateurs de Casimir de SU(3)

Problème. Démontrer les relations suivantes :

(a) $\quad \hat{C}_1(\hat{F}_i) \equiv \sum_l \hat{F}_l^2 = -\frac{2\mathrm{i}}{3} \sum_{ijk} f_{ijk} \hat{F}_i \hat{F}_j \hat{F}_k \,,$ (1)

(b) $\quad \hat{C}_2(\hat{F}_i) \equiv \sum_{ijk} d_{ijk} \hat{F}_i \hat{F}_j \hat{F}_k = \hat{C}_1 \left(2\hat{C}_1 - \frac{11}{6} \right) \,.$ (2)

Solution. (a) Pour démontrer l'équation (1) nous partirons des relations

$[\hat{F}_i, \hat{F}_j]_- = \mathrm{i} f_{ijk} \hat{F}_k \,,$ (3)

$f_{ijk} f_{ijl} = 3\delta_{kl} \,.$ (4)

La relation (4) est établie dans l'exercice 11.3. Nous calculerons :

$$\sum_{ijk} f_{ijk} \hat{F}_i \hat{F}_j \hat{F}_k = f_{ijk} \hat{F}_j \hat{F}_i \hat{F}_k + \mathrm{i} f_{ijk} f_{ijl} \hat{F}_l \hat{F}_k$$
$$= -f_{jik} \hat{F}_j \hat{F}_i \hat{F}_k + 3\mathrm{i}\delta_{kl} \hat{F}_l \hat{F}_k$$
$$= -f_{ijk} \hat{F}_i \hat{F}_j \hat{F}_k + 3\mathrm{i} \sum_l \hat{F}_l^2 \,.$$ (5)

En extrayant $\sum_l \hat{F}_l^2$, nous avons :

$$\hat{C}_1 = \sum_l \hat{F}_l^2 = -\frac{2\mathrm{i}}{3} \sum_{ijk} f_{ijk} \hat{F}_i \hat{F}_j \hat{F}_k \,.$$ (6)

(b) Nous utiliserons la définition de d_{ijk} pour démontrer (2) :

$[\hat{F}_i, \hat{F}_j]_+ = d_{ijk} \hat{F}_k + \frac{1}{3}\delta_{ij} \,.$ (7)

Ce qui donne :

$$\hat{C}_2 = \sum_{ijk} d_{ijk} \hat{F}_i \hat{F}_j \hat{F}_k = \sum_{ij} \hat{F}_i \hat{F}_j [\hat{F}_i, \hat{F}_j]_+ - \frac{1}{3} \sum_{ij} \hat{F}_i \hat{F}_j \delta_{ij}$$
$$= \sum_{ij} \hat{F}_i \hat{F}_j \hat{F}_i \hat{F}_j + \sum_{ij} \hat{F}_i \hat{F}_i \hat{F}_j \hat{F}_j - \frac{1}{3} \sum_i \hat{F}_i^2 \,.$$ (8)

Avec $\sum_i \hat{F}_i^2 = \hat{C}_1$, nous appliquons de nouveau (3) sur le premier terme, ce qui conduit à :

$$\hat{C}_2 = 2\hat{C}_1^2 - \frac{1}{3}\hat{C}_1 + \mathrm{i} f_{ijk} \hat{F}_i \hat{F}_j \hat{F}_k \,.$$ (9)

Exercice 7.8　　　　Pour le dernier terme, nous insérons le résultat obtenu en (a) de façon à obtenir :

$$\hat{C}_2 = \hat{C}_1 \left(2\hat{C}_1 - \frac{11}{6} \right) . \tag{10}$$

7.4 Sous-algèbres de SU(3) – algèbre de Lie et opérateurs d'échange

Afin de nous familiariser avec l'algèbre des spins F, nous étudierons quelques unes de leurs sous-algèbres. La première ligne de (7.28a) signifie que les opérateurs $(\hat{T}_1, \hat{T}_2, \hat{T}_3)$ correspondent à l'algèbre de Lie de SU(2) [isomorphe à SO(3)]

$$[\hat{T}_+, \hat{T}_-]_- = 2\hat{T}_3 , \quad [\hat{T}_3, \hat{T}_\pm]_- = \pm\hat{T}_\pm . \tag{7.32}$$

Les opérateurs $\hat{T}_i$ ($i = 1, 2, 3$) constituent une sous-algèbre stable. Il en est de même pour les opérateurs :

$$\{\hat{U}_+, \hat{U}_-, \hat{U}_3\} ,$$

pour lesquels nous avons les relations :

$$[\hat{U}_+, \hat{U}_-]_- = 2\hat{U}_3 , \quad [\hat{U}_3, \hat{U}_\pm]_- = \pm\hat{U}_\pm . \tag{7.33}$$

La dernière égalité résulte des commutateurs (7.28a, b)

$$[\hat{T}_3, \hat{U}_\pm]_- = \mp\tfrac{1}{2}\hat{U}_\pm \quad | \quad \times (-\tfrac{1}{2})$$
$$[\hat{Y}, \hat{U}_\pm]_- = \pm\hat{U}_\pm \quad | \quad \times \tfrac{3}{4}$$
$$[\hat{U}_3, \hat{U}_\pm] = \pm\tfrac{3}{4}\hat{U}_\pm \pm \tfrac{1}{4}\hat{U}_\pm = \pm\hat{U}_\pm .$$

De même, nous avons :

$$[\hat{V}_+, \hat{V}_-]_- = 2\hat{V}_3 , \quad [\hat{V}_3, \hat{V}_\pm]_- = \pm\hat{V}_\pm . \tag{7.34}$$

L'*algèbre des spins-T* (opérateurs $\hat{T}_i$), tout comme l'*algèbre des spin-U* (opérateurs $\hat{U}_i$) et celle des *spin-V* (opérateurs $\hat{V}_i$) sont stables. Toutes les trois sont des sous-algèbres de SU(3) et chacune d'entre elles correspond à l'algèbre des opérateurs de moment angulaire [algèbre de Lie de SU(2)]. Les opérateurs $\hat{T}_\pm, \hat{U}_\pm, \hat{V}_\pm$ sont également [cf (2.16)] des opérateurs d'échange, c'est-à-dire des opérateurs de croissance ($\hat{T}_+, \hat{U}_+, \hat{V}_+$) ou de décroissance ($\hat{T}_-, \hat{U}_-, \hat{V}_-$).

La question se pose de savoir quel nombre quantique se trouve augmenté ou abaissé. La réponse est fournie en considérant l'équation (7.28c),

$$[\hat{Y}, \hat{T}_3]_- = 0 \tag{7.35}$$

qui signifie que les opérateurs $\hat{Y}$ et $\hat{T}_3$ peuvent être simultanément diagonalisés. En notant leurs vecteurs propres

$$|T_3 Y\rangle$$

nous avons :

$$\hat{T}_3 |T_3 Y\rangle = T_3 |T_3 Y\rangle \ , \tag{7.36}$$
$$\hat{Y} |T_3 Y\rangle = Y |T_3 Y\rangle \ . \tag{7.37}$$

De $[\hat{T}_3, \hat{V}_\pm]_- = \pm \frac{1}{2} \hat{V}_\pm$ nous tirons :

$$(\hat{T}_3 \hat{V}_\pm - \hat{V}_\pm \hat{T}_3) |T_3 Y\rangle = \pm \tfrac{1}{2} \hat{V}_\pm |T_3 Y\rangle \ ,$$

et avec (7.36) :

$$\hat{T}_3 \hat{V}_\pm |T_3 Y\rangle - T_3 \hat{V}_\pm |T_3 Y\rangle = \pm \tfrac{1}{2} \hat{V}_\pm |T_3 Y\rangle$$

d'où :

$$\hat{T}_3 (\hat{V}_\pm |T_3 Y\rangle) = (T_3 \pm \tfrac{1}{2})(\hat{V}_\pm |T_3 Y\rangle) \tag{7.38}$$

et :

$$\hat{V}_\pm |T_3 Y\rangle = \sum_{Y'} N(T_3, Y, Y') \left|T_3 \pm \tfrac{1}{2}, Y'\right\rangle \ . \tag{7.39}$$

Les facteurs de normalisation $N(T_3, Y, Y')$ dans l'équation précédente peuvent dépendre des nombres quantiques T_3 et Y. Par conséquent, les opérateurs $\hat{V}_\pm$ transforment un état de nombre quantique T_3 en un état de nombre quantique $T_3 \pm \frac{1}{2}$ et d'hypercharge Y' pour le moment inconnue. $\hat{V}_\pm$ élève et abaisse, respectivement, le nombre quantique T_3 de $\frac{1}{2}$. Par un raisonnement analogue, nous obtenons, à partir de $[\hat{T}_3, \hat{U}_\pm]_- = \mp \frac{1}{2} \hat{U}_\pm$, la relation

$$\hat{T}_3 (\hat{U}_\pm |T_3 Y\rangle) = (T_3 \mp \tfrac{1}{2})(\hat{U}_\pm |T_3 Y\rangle) \ . \tag{7.40}$$

Nous voyons donc que $\hat{U}_\pm$ abaisse et élève le nombre T_3 de $\frac{1}{2}$. De la relation

$$[\hat{Y}, \hat{V}_\pm]_- = \pm \hat{V}_\pm \ ,$$

nous obtenons de façon analogue

$$\hat{Y}(\hat{V}_\pm |T_3 Y\rangle) = (Y \pm 1)(\hat{V}_\pm |T_3 Y\rangle) \ . \tag{7.41}$$

Fig. 7.1. Action de l'opérateur d'échange dans le plan T_3-Y. Les unités en Y correspondent à $\sqrt{3/4}$ fois celles de l'axe T_3 (cf figure 7.2). Les sous-multiplets T, V et U [multiplets de SU(2)] se répartissent le long des lignes T, V et U

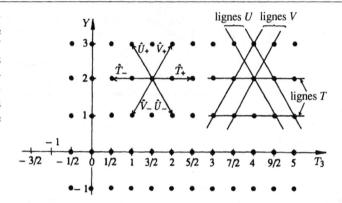

Par conséquent $\hat{V}_{\pm}$ élève et abaisse le nombre quantique Y de 1. Ceci permet de voir quelles valeurs de Y' sont possibles dans (7.39) : selon (7.41), Y' peut seulement valoir $Y \pm 1$ par application de $\hat{V}_{\pm}$ respectivement. Enfin, le commutateur

$$[\hat{Y}, \hat{U}_{\pm}]_{-} = \pm \hat{U}_{\pm}$$

donne les valeurs propres

$$\hat{Y}(\hat{U}_{\pm} |T_3 Y\rangle) = (Y \pm 1)(\hat{U}_{\pm} |T_3 Y\rangle) . \tag{7.42}$$

$\hat{U}_{\pm}$ élève et abaisse, respectivement, le nombre quantique Y de 1. Du fait que $[\hat{Y}, \hat{T}_{\pm}]_{-} = 0$, les opérateurs $\hat{T}_{\pm}$ ne changent pas le nombre quantique Y. Nous avons appris de l'algèbre des moments angulaires (cf chapitre 2), que T_3 peut prendre des valeurs entières ou demi-entières. Ici, nous avons bien ceci car $\hat{V}_{\pm}$ et $\hat{U}_{\pm}$ modifient T_3 par valeurs demi-entières et $\hat{T}_{\pm}$ agit par valeurs entières. Nous laisserons pour le moment la question des unités concernant la mesure de V ; nous y reviendrons à propos de quelques exemples particuliers (à propos des quarks). Les opérateurs d'échange n'ont, soit aucun effet sur le nombre quantique Y ($\hat{T}_{\pm}$), ou bien le modifient par valeurs entières ($\hat{V}_{\pm}, \hat{U}_{\pm}$). La figure 7.1 illustre ces résultats. Par exemple, $\hat{V}_{+}$ élève Y de 1 et T_3 de $\frac{1}{2}$ tandis que $\hat{T}_{+}$ n'affecte pas Y mais modifie T_3 de 1, etc. Nous avons normalisé les unités de l'échelle en Y par un facteur $(3/4)^{1/2}$ par rapport à celles de l'axe T_3 ; de telle sorte que les opérateurs d'échange $\hat{T}_{-}, \hat{V}_{+}, \hat{U}_{-}$ ou $\hat{T}_{+}, \hat{V}_{-}, \hat{U}_{+}$ forment des triangles équilatéraux. (voir figure 7.2). Tandis que T_3, U_3, V_3 peuvent prendre des valeurs entières ou demi-entières, les valeurs propres de $\hat{Y}$ sont seulement des multiples de $\frac{1}{3}$. En effet, d'après la définition de $\hat{U}_3$, $\hat{V}_3$ dans (7.28a), nous avons $\hat{Y} = (2/3) * (\hat{V}_3 + \hat{U}_3)$.

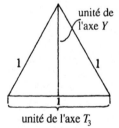

Fig. 7.2. Unités du diagramme Y-T_3

7.5 Couplage des multiplets de T, U et V

Il est possible d'exprimer quelques propriétés générales de la structure d'un multiplet de SU(3) :

(1) L'algèbre de SU(3) possède comme sous-algèbres les algèbres de T, U, et V. Chacune de ces sous-algèbres est isomorphe à l'algèbre de SU(2), c'est-à-dire à l'algèbre des moments angulaires. Les multiplets de SU(3) peuvent donc être construits en couplant les multiplets de T, U, et V.

(2) Les opérateurs $\hat{T}_3$, $\hat{Y}$ et donc également $\hat{U}_3 = \frac{1}{2}(\frac{3}{2}\hat{Y} - \hat{T}_3)$ et

$\hat{V}_3 = \frac{1}{2}(\frac{3}{2}\hat{Y} + \hat{T}_3)$, peuvent être diagonalisés simultanément. Leurs valeurs propres sont :

$$T_3, \quad Y, \quad U_3 = \tfrac{1}{2}(\tfrac{3}{2}Y - T_3) \quad \text{et} \quad V_3 = \tfrac{1}{2}(\tfrac{3}{2}Y + T_3)\,.$$

(3) Les opérateurs d'échange $\hat{T}_\pm$, $\hat{V}_\pm$, $\hat{U}_\pm$ agissent sur les états d'un multiplet de SU(3) comme indiqué sur la figure 7.1. Les extrémités de ces opérateurs se situent sur un hexagone.

(4) Par conséquent, le multiplet de SU(3) est construit à partir d'un multiplet de T (parallèle à l'axe T_3), d'un multiplet de V (le long des lignes V du diagramme) et d'un multiplet de U (le long des lignes U du diagramme). Ces sous-multiplets T, U, V doivent être couplés à cause des relations de commutation (par exemple $[\hat{T}_+, \hat{V}_-]_- = -\hat{U}_-$, $[\hat{T}_+, \hat{U}_+]_- = -\hat{V}_+$).

(5) En raison de l'équivalence des trois sous-algèbres T, U, V, les représentations (finies) des multiplets de SU(3) dans le plan Y-T_3 seront nécessairement des hexagones réguliers (mais pas nécessairement équilatéraux) ou des triangles (si trois côtés de l'hexagone ont des longueurs nulles) comme illustré sur la figure 7.3.

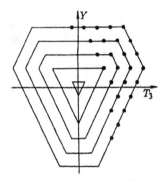

Fig. 7.3. Forme typique d'une représentation pour un multiplet SU(3)

Ceci s'appuie sur les arguments suivants : les éléments ou états d'un multiplet de T se placent le long des lignes T et sont dénombrés par les nombres quantiques T_3. L'algèbre des moments angulaires ou des isospins nous indique que toutes les valeurs de T_3 d'un multiplet sont comprises dans l'intervalle $T_{3\text{max}} \geq T_3 \geq -T_{3\text{max}}$. Par conséquent, le multiplet de SU(3) doit être symétrique par rapport à l'axe des Y (axe $T_3 = 0$). Les lignes T forment, bien sûr, un angle droit avec l'axe Y.

(6) Puisque les algèbres de T, V et U ont des symétries semblables, et par conséquent également les sous-algèbres de SU(3), une figure représentant un multiplet de SU(3) sera symétrique par rapport aux axes $U_3 = 0 = \frac{3}{2}(Y) - T_3$ et $V_3 = 0 = \frac{3}{2}(Y) + T_3$. Les trois axes forment un angle de 120° à leur intersection. Les multiplets V sont disposés perpendiculairement à l'axe ($V_3 = 0$) et les multiplets U, de même, vis-à-vis de l'axe ($U_3 = 0$) (figure 7.4). Les trois multiplets sont reliés entre eux, par exemple par les relations de commutation du type $[\hat{T}_+, \hat{V}_-] = -\hat{U}_-$ ce qui forme une représentation de structure hexagonale ou triangulaire régulière du multiplet de SU(3).

(7) L'origine ($Y = 0$, $T_3 = 0$) est en particulier le centre de chaque multiplet de SU(3) . C'est-à-dire que chaque multiplet de SU(3) est centré autour de

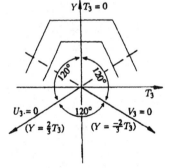

Fig. 7.4. Les trois axes d'un multiplet SU(3). Les angles entre les axes valent 120°, l'axe Y est multiplié par un facteur $\sqrt{3/4}$

l'origine du plan Y-T_3 et demeure invariant par rotation de $\pm 120°$ autour de l'origine.

7.6 Analyse quantitative de la structure des multiplets

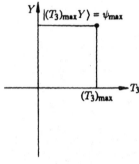

Fig. 7.5. L'état extrême à droite parmi les états du multiplet de SU(3)

Nous voulons préciser ici nos idées sur la structure des multiplets de SU(3). Nous nous restreindrons aux multiplets finis, c'est-à-dire ceux contenant *un nombre fini* d'états. Considérons d'abord l'état qui possède la plus grande valeur T_3 du multiplet. Un tel état apparaît toujours pour un multiplet fini. Nous le noterons

$$\psi_{\max} = |(T_3)_{\max} Y\rangle \ . \tag{7.43}$$

Sur un diagramme T_3-Y (cf figure 7.5), il figure à l'extrême droite et obéit à la relation[4]

$$\hat{T}_+ \psi_{\max} = \hat{V}_+ \psi_{\max} = \hat{U}_- \psi_{\max} = 0 \ , \tag{7.44}$$

puisque sinon chacun des opérateurs d'échange augmenterait la valeur de T_3, ce qui est contraire à l'hypothèse.

La frontière du multiplet peut maintenant se construire par applications successives de $\hat{V}_-$ sur $\psi_{\max}$. Répétons cette opération p fois et supposons que la $(p+1)$-ième application sur cet état soit :

$$(\hat{V}_-)^{p+1} \psi_{\max} = 0 \ . \tag{7.45}$$

Cette propriété définit le nombre p de façon unique. Dès lors que l'état $(\hat{V}_-)^p \psi_{\max}$ est atteint, nous pouvons décrire la frontière considérée par application répétée de $\hat{T}_-$ sur cet état. Ce processus peut être répété, par exemple q fois, la $(q+1)$-ième application résultant en :

$$(\hat{T}_-)^{q+1} (\hat{V}_-)^p \psi_{\max} = 0 \ , \tag{7.46}$$

ce qui détermine l'entier q. Les nombres p et q définissent un multiplet de SU(3).

Jusqu'à maintenant, nous avons décrit la frontière du multiplet comme indiqué figure 7.6.

La question se pose de savoir pourquoi cette frontière tourne à gauche et non à droite en atteignant le coin inférieur droit de la figure. Une réponse globale à cette question tient d'abord aux propriétés des groupes de symétrie : la représentation d'un multiplet de SU(3) possède une structure hexagonale avec des axes de symétrie se coupant à $120°$ et de centre $Y = 0$, $T_3 = 0$ à l'origine. Il est maintenant possible de montrer que cette frontière est nécessairement convexe.

---

[4] D'après S. Gasiorowicz : *Elementary Particle Physics* (Wiley, New York 1967).

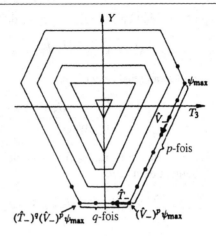

Fig. 7.6. Frontière extérieure du multiplet SU(3) dans le plan Y-T_3

Pour cela, considérons la figure 7.7. Le point M, représentant l'état de valeur T_3 maximum, soit ψ_{max}, est appelé *état de poids maximum T_3*. L'action de $\hat{V}_-$ sur ψ_{max} produit un état N sur la maille.[5]

Il faut ici souligner que l'état N *est unique si* ψ_{max} *en M est unique*. On pourrait penser, par exemple que l'état

$$\hat{U}_- \hat{T}_- \psi_{max}$$

est un autre état distinct en N, puisqu'il n'a pas été atteint directement, mais en passant par M_1. Cependant, grâce à la relation de commutation (7.28c), nous avons :

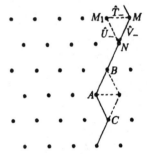

Fig. 7.7. Une partie concave de la frontière du multiplet. Les lignes en pointillé à droite de A représentent des trajets interdits

$$\begin{aligned}
\hat{U}_- \hat{T}_- \psi_{max} &= ([\hat{U}_- \hat{T}_- - \hat{T}_- \hat{U}_-] + \hat{T}_- \hat{U}_-) \psi_{max} \\
&= [\hat{U}_-, \hat{T}_-]_- \psi_{max} \quad (\text{car } \hat{U}_- \Psi_{max} = 0) \\
&= \hat{V}_- \psi_{max} .
\end{aligned} \tag{7.47}$$

Il est facile de vérifier qu'à travers tout autre trajet, nous obtenons le même résultat. De même, nous avons de façon unique :

$$\psi_B = \hat{V}_- \psi_N . \tag{7.48}$$

On peut démontrer la même chose pour l'état ψ_A, représenté au point A, où nous avons :

$$\psi_A = \hat{V}_- \psi_B . \tag{7.49}$$

S'il existe un état en C (soit ψ_C), nous avons :

$$\hat{U}_+ \psi_C = \lambda \psi_A , \tag{7.50}$$

---

[5] Si $\hat{V}_- \psi_{max} = 0$, on peut utiliser un argument similaire avec $\hat{U}_+ \psi_{max}$.

puisque l'état en A s'identifie à ψ_A de façon unique. Les relations

$$\lambda \langle \psi_A | \psi_A \rangle = \langle \hat{V}_- \psi_B | \hat{U}_+ \psi_C \rangle = \langle \psi_B | \hat{V}_+ \hat{U}_+ | \psi_C \rangle \ , \tag{7.51}$$

seront alors vérifiées et donc :

$$\lambda = \frac{\langle \psi_B | [\hat{V}_+, \hat{U}_+]_- + \hat{U}_+ \hat{V}_+ | \psi_C \rangle}{\langle \psi_A | \psi_A \rangle} = 0 \ . \tag{7.52}$$

Le commutateur $[\hat{V}_+, \hat{U}_+]_-$ s'annule aussi en raison de (7.28c), tout comme l'élément de matrice :

$$\langle \psi_B | \hat{U}_+ \hat{V}_+ | \psi_C \rangle = \langle \hat{U}_- \psi_B | \hat{V}_+ \psi_C \rangle = \langle \hat{U}_- (\hat{V}_-)^2 \psi_{\mathrm{max}} | \hat{V}_+ \psi_C \rangle$$
$$= \langle (\hat{V}_-)^2 \hat{U}_- \psi_{\mathrm{max}} | \hat{V}_+ \psi_C \rangle = 0 \ , \tag{7.53}$$

car $\hat{V}_-$ et $\hat{U}_-$ commutent et $\hat{U}_- \psi_{\mathrm{max}} = 0$ [cf (7.44)]. D'après (7.50), une constante telle que $\lambda = 0$ implique la non existence d'un état en C, c'est-à-dire que ψ_C n'existe pas. *La frontière extérieure du multiplet s'avère ainsi être nécessairement convexe.* À l'intérieur de la frontière, tous les points se trouvent occupés. Un point intérieur est ainsi toujours entouré par d'autres points. Nous remarquerons que le point M de poids maximum ne peut être occupé que par un seul état, puisqu'il se trouve le point le plus extérieur du multiplet. En ce qui concerne les multiplets T (qui sont déterminés par l'algèbre des moments angulaires), nous savons que tous les points appartenant à une sous-maille de nombre quantique T sont occupés seulement une fois. Ceci est en particulier vrai pour $(T_3)_{\mathrm{max}}$.

Cependant, nous noterons que des points intérieurs à la maille, par exemple M_1, peuvent être occupés de plusieurs façons. Nous pouvons nous demander s'il n'est pas possible de trouver deux multiplets T, c'est-à-dire deux états indépendants correspondant à ψ_{max}. Alors pour chacun des ces états, la frontière pourrait être construite comme ci-dessus et en suivant le raisonnement de la section 7.8, deux multiplets SU(3) indépendants $D(p,q)$ pourraient être construits complètement identiques. Cependant le théorème de Racah postule (cf (3.43)ff) que les multiplets sont définis de façon unique par les opérateurs de Casimir. On voit donc que la non violation de ce théorème implique que le point de la maille correspondant à $(T_3)_{\mathrm{max}}$ soit occupé de façon unique ; et que par conséquent les frontières du multiplet soient aussi occupées de façon unique.

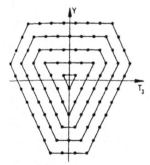

Fig. 7.8. Représentation typique d'un multiplet de SU(3) caractérisé ici par $(p,q) = (7,3)$

7.7 Remarques complémentaires sur la structure géométrique d'un multiplet de SU(3)

Les contraintes de convexité et de symétrie angulaire de $120°$ du pourtour d'un multiplet de SU(3) sont satisfaites sur un triangle ou un hexagone (voir figure 7.8). La question peut se poser de savoir pourquoi des polygones supérieurs, par exemple de 12 ou 24 côtés ne conviennent pas? La réponse tient au fait que les opérateurs d'échange autorisent seulement des transferts le long des lignes V, T et U (et dans chaque sens) ce qui implique seulement six paires et directions possibles opposées. Seuls des triangles ou hexagones peuvent alors satisfaire la convexité cherchée. Ainsi, un dodécagone convexe pourrait seulement être construit sur la base de douze directions (opposées par paires) (voir figure 7.9).

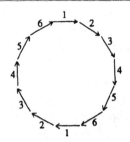

Fig. 7.9. Un dodécagone convexe comporte 12 directions (réparties par paires antiparallèles)

7.8 Nombre d'états sur les couches intérieures des mailles

Les points de maille de la frontière extérieure d un multiplet de SU(3) sont occupés seulement une fois (cf la discussion à la fin de la section 7.6). Ceci signifie qu'il n'existe qu'un seul état qui corresponde à un point de maille donné sur cette ligne. Sur la ligne plus intérieure ou «couche» suivante de l'hexagone, chaque point est occupé par deux états du multiplet. Par conséquent, la *couche suivante* se caractérise par une *double occupation*, la *couche suivante* par une *triple occupation*, etc... La multiplicité est augmentée d'une unité à chaque fois que nous abordons la couche intérieure suivante, jusqu'à ce que, après q pas ($q \leq p$), l'hexagone devienne un triangle. Alors chaque point de la maille représente $(q + 1)$ états. Chaque état du triangle a une multiplicité $(q + 1)$. La figure 7.10, représente ceci pour un multiplet $(p, q)=(7, 3)$.

Pour cet exemple de multiplet de SU(3) caractérisé par $(p, q)=(7, 3)$, les multiplicités d'états par point de maille sont notées sur les différentes couches (hexagones ou triangles). Chaque point de maille sur une couche donnée correspond à un nombre identique d'états. Ceci peut se démontrer en montrant tout d'abord que la multiplicité est augmentée d'une unité en passant d'une couche à la couche intérieure suivante. À cet effet, considérons deux couches contigües quelconques (figure 7.11). Considérons tout d'abord les produits d'opérateurs d'échange V-, T- et U-, indépendants de Y, qui se mettent sous la forme :

$$\hat{P}_{\alpha,\beta} = \hat{T}_-^\alpha \hat{U}_+^\beta \hat{V}_-^\beta \quad (\alpha, \beta \geq 0) . \tag{7.54}$$

Pour $\mu = \alpha + \beta$, il existe exactement $\mu + 1$ produits indépendants. (Ces opérateurs transforment un état de nombre quantique T_3 en un état $T_3 - \mu$). Considérons l'exemple μ prenant la valeur $\mu = 1$, soit les cas $\alpha = 1$, $\beta = 0$ ou $\alpha = 0$, $\beta = 1$. Les produits sont alors :

$$\hat{P}_{1,0} = \hat{T}_- \quad \text{et} \quad \hat{P}_{0,1} = \hat{U}_+ \hat{V}_- . \tag{7.55}$$

Il existe encore une combinaison d'opérateurs conduisant à la même valeur T_3 et laissant Y inchangé : le produit $\hat{V}_- \hat{U}_+$ (figure 7.12). Compte-tenu de l'identité $\hat{V}_- \hat{U}_+ = -\hat{T}_- + \hat{U}_+ \hat{V}_-$, l'opérateur $\hat{V}_- \hat{U}_+$ peut-être représenté au moyen des produits de (7.55). Ainsi, l'hypothèse est vérifiée pour le cas $\mu = 1$. Considérons, pour le cas général, les produits d'opérateurs d'échange $(\hat{U}_+ \hat{V}_-)$ et $\hat{T}_-$ qui laissent inchangée l'hypercharge Y. Comme $\hat{U}_+$ élève l'hypercharge de 1 unité

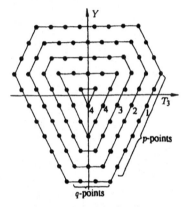

Fig. 7.10. Multiplet SU(3) indiquant les multiplicités des différentes couches. Exemple donné pour $D(7, 3)$

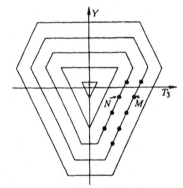

Fig. 7.11. Les multiplicités de M et N

Fig. 7.12. Parmi les trois trajets apparemment possibles
de M à N, deux seulement
sont indépendants en raison
des relations de commuta-
tion

et $\hat{V}_-$ l'abaisse de la même quantité, un tel produit doit contenir un nombre égal d'opérateurs $\hat{U}_+$ et $\hat{V}_-$. Montrons que tous ces produits peuvent s'écrire comme des combinaisons linéaires de la forme :

$$\hat{P}_{\alpha,\beta} = \hat{T}_-^{\alpha} \hat{U}_+^{\beta} \hat{V}_-^{\beta} \, . \tag{7.56}$$

À l'aide des équations

$$\hat{V}_- \hat{U}_+ = -\hat{T}_- + \hat{U}_+ \hat{V}_- \, , \quad \text{et} \quad \hat{V}_- \hat{T}_- = \hat{T}_- \hat{V}_- \, , \tag{7.57}$$

tout produit donné peut être ré-ordonné tel que tous les opérateurs $\hat{V}_-$ apparaissent à droite. Nous aurons ainsi une somme de termes de la forme :

$$\hat{U}_+ \hat{T}_- \ldots \hat{T}_- \hat{U}_+ \hat{V}_-^{\beta} \, . \tag{7.58}$$

Puis, nous déplaçons tous les opérateurs $\hat{T}_-$ à gauche en utilisant :

$$\hat{U}_+ \hat{T}_- = \hat{T}_- \hat{U}_+ \, . \tag{7.59}$$

Ainsi, une décomposition d'un produit arbitraire en une somme de termes de la forme de (7.54) est obtenue. Les opérateurs $\hat{P}_{\alpha,\beta}$ abaissent le nombre quantique d'isospin de $\alpha \cdot 1 + \beta \cdot \frac{1}{2} + \beta \cdot \frac{1}{2} = \alpha + \beta \equiv \mu$. Par ailleurs, pour tout μ donné, il existe exactement $\mu + 1$ opérateurs $\hat{P}_{\alpha,\beta}$, soit $\hat{P}_{\alpha,\mu-\alpha}$, $\alpha = 0, 1, 2, \ldots, \mu$. Pour revenir maintenant au cas général, si nous appliquons $\hat{P}_{\alpha,\beta}$ sur un état de la couche la plus externe, la quantité $\mu = \alpha + \beta$ spécifie apparemment la couche du multiplet. Pour $\mu = 0$, nous voyons que $\hat{P}_{00}$ ne change pas l'état qui reste sur la couche externe ; le cas $\mu = 1$ génère un état de la première couche intérieure ; $\mu = 2$ un état de la couche suivante, et ainsi de suite. Comme indiqué ci-dessus, l'opérateur $P_{\alpha,\beta}$ engendre un état plus intérieur, parallèle à l'axe des Y. Tous ces chemins sont de la forme

$$(\hat{T}_-)^{n_1} (\hat{V}_- \hat{U}_+)^{n_2} (\hat{U}_+ \hat{V}_-)^{n_3} \ldots \, , \tag{7.60}$$

où $n_1 + n_2 + n_3 + \ldots = \alpha + \beta$. Ces différents parcours en ligne brisée conduisent du point de départ vers les couches intérieures parallèlement à l'axe des Y. On peut les transformer en combinaisons linéaires des opérateurs d'échange de la forme de (7.60) au moyen des relations de commutation $\hat{V}_- \hat{U}_+ = -\hat{T}_- + \hat{U}_+ \hat{V}_-$. Il suffit alors de dénombrer le nombre de chemins [c'est-à-dire les opérateurs de la forme (7.60)] qui existent pour un μ donné. Nous trouverons ceci comme suit :

Pour un déplacement de μ unités dans la direction T_3, au moyen de l'opérateur $\hat{P}_{\alpha,\beta}$, il existe plusieurs possibilités $(\alpha = \mu, \beta = 0)$, $(\alpha = \mu - 1, \beta = 1)$ $\ldots (\alpha = 0, \beta = \mu)$. Elles constituent les $\mu + 1$ chemins indépendants. Pour chaque état de la couche externe $(\mu = 0)$, nous obtenons alors deux états sur la couche intérieure suivante, trois sur la couche suivante, etc. Puisque chaque point de la couche la plus externe est occupé par un seul état [les points du multiplet T_3 le plus fort, sont occupés de façon unique d'après la section 7.6], chaque point de la couche intérieure suivante est occupé par un état supplémentaire. Ce raisonnement ne tient plus quand nous atteignons une couche triangulaire. En effet, ceci se produit après q ou p progressions, selon que $q < p$ ou l'inverse. Afin d'obtenir une visualisation, nous pouvons reprendre l'exemple du multiplet $D(7, 3)$ (figure 7.13). En partant de l'état de plus fort poids, le point à l'extrême droite (A), nous trouvons deux chemins indépendants vers B, soit $\hat{T}_-$ et $\hat{V}_- \hat{U}_+$. Nous générons ainsi deux états en B. De B à C, il y a un chemin pour chacun des deux états de B en appliquant l'opérateur $\hat{T}_-$, précisément $\hat{T}_- \hat{T}_-$ et $\hat{T}_- \hat{V}_- \hat{U}_+$. Nous avons de plus l'opérateur $(\hat{V}_-)^2 (\hat{U}_+)^2$ conduisant à C. C'est cet opérateur qui implique l'augmentation de la multiplicité d'une unité.

Un raisonnement similaire vaut pour D. Les chemins partant de C sont obtenus au moyen de $\hat{T}_-$.
De plus, le chemin

$$(\hat{V}_-)^3 (\hat{U}_+)^3$$

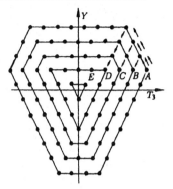

Fig. 7.13. Illustration des trajets possibles partant de A vers B, C, D et E

vers D est situé sur le triangle. Pour aller de D à E, chaque chemin conduisant à D peut être continué par application de l'opérateur $\hat{T}_-$. Mais le chemin additionnel qui existait pour les couches précédentes n'existe plus. Il serait représenté par l'opérateur

$$(\hat{V}_-)^4 (\hat{U}_+)^4 \ .$$

Appliqué à l'état $|A\rangle$, il en résulte un état nul, car $(\hat{U}_+)^3 |A\rangle$ (c'est-à-dire dans le cas général $(\hat{U}_+)^q |A\rangle$) est le dernier état non nul de la frontière du multiplet $D(p, q)$ dans la direction $\hat{U}_+$. Par conséquent, le nombre de chemins indépendants ne peut plus être augmenté, dès lors que nous avons atteint le triangle. Au moyen du chemin $(\hat{U}_+)^p (\hat{V}_+)^p$, nous pouvons adopter le même raisonnement pour le cas $p < q$. L'exemple 7.9 démontre ceci avec d'autres arguments.

EXEMPLE

7.9 Multiplicité des états pour les couches internes des multiplets de SU(3)

Nous nous proposons ici de déterminer la multiplicité des états des couches internes par une autre méthode. Nous partirons de l'état de plus fort poids d'un multiplet (p, q) (voir figure). Cet état a les valeurs suivantes pour les spins V, U et T :

$$
\begin{aligned}
V &= \frac{p}{2} \ , & V_3 &= \frac{p}{2} \\
U &= \frac{q}{2} \ , & U_3 &= -\frac{q}{2} \\
T &= \frac{p+q}{2} \ , & T_3 &= \frac{p+q}{2} \ .
\end{aligned}
\tag{1}
$$

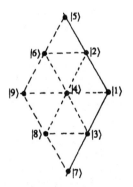

Obtention des multiplicités des états sur les couches intérieures d'un multiplet

La phase relative est choisie égale à 1, c'est-à-dire nous définissons :

$$\left|\frac{p}{2},\frac{p}{2}\right\rangle_{V,1} = \left|\frac{q}{2},-\frac{q}{2}\right\rangle_{U,1} = \left|\frac{p+q}{2},\frac{p+q}{2}\right\rangle_{T,1} = |1\rangle \ . \tag{2}$$

En général, nous choisissons les phases, pour tous les états sur la couche la plus externe du multiplet, égales à 1, par exemple

$$|2\rangle = \left|\frac{p+1}{2},\frac{p+1}{2}\right\rangle_{V,2} = \left|\frac{q}{2},-\frac{q-2}{2}\right\rangle_{U,2} = \left|\frac{p+q-1}{2},\frac{p+q-1}{2}\right\rangle_{T,2}$$

$$|3\rangle = \left|\frac{p+1}{2},\frac{p-1}{2}\right\rangle_{V,3} = \left|\frac{q+1}{2},-\frac{q+1}{2}\right\rangle_{U,3}$$

$$= \left|\frac{p+q-1}{2},\frac{p+q-1}{2}\right\rangle_{T,3} \ .$$

$$\tag{3}$$

Comme nous l'avons vu précédemment, tous ces états de la couche frontière sont uniques. Qu'en est-il d'un état arbitraire $|4\rangle$? Pour cela, appliquons l'opérateur identité :

$$\hat{U}_+\hat{V}_- - \hat{V}_-\hat{U}_+ - \hat{T}_- = 0 \tag{4}$$

sur l'état $|1\rangle$. Ceci conduit à :

$$\hat{U}_+\hat{V}_-|1\rangle - \hat{V}_-\hat{U}_+|1\rangle - \hat{T}_-|1\rangle$$

$$= \hat{U}_+\sqrt{\frac{p}{2}\frac{(p+2)}{2} - \frac{p}{2}\frac{(p-2)}{2}}\,|3\rangle - \hat{V}_-\sqrt{\frac{q}{2}\frac{(q+2)}{2} - \frac{q}{2}\frac{(q-2)}{2}}\,|2\rangle$$

$$- \sqrt{\frac{(p+q)}{2}\frac{(p+q+2)}{2} - \frac{(p+q)}{2}\frac{(p+q-2)}{2}}\left|\frac{p+q}{2},\frac{p+q-2}{2}\right\rangle_{T,4}$$

$$= \sqrt{p}\sqrt{\frac{(q+1)}{2}\frac{(q+3)}{2} - \frac{(q+1)}{2}\frac{(q-1)}{2}}\left|\frac{q+1}{2},-\frac{q-1}{2}\right\rangle_{U,4}$$

$$- \sqrt{q}\sqrt{\frac{(p+1)}{2}\frac{(p+3)}{2} - \frac{(p+1)}{2}\frac{(p-1)}{2}}$$

$$\times \left|\frac{p+1}{2},\frac{p-1}{2}\right\rangle_{V,4} - \sqrt{p+q}\left|\frac{p+q}{2},\frac{p+q-2}{2}\right\rangle_{T,4}$$

$$= \sqrt{p(q+1)}\left|\frac{q+1}{2},-\frac{q-1}{2}\right\rangle_{U,4} - \sqrt{q(p+1)}\left|\frac{p+1}{2},\frac{p-1}{2}\right\rangle_{V,4}$$

$$- \sqrt{p+q}\left|\frac{p+q}{2},\frac{p+q-2}{2}\right\rangle_{T,4} = 0 \ . \tag{5}$$

Nous supposons pour le moment que l'état $|4\rangle$ est occupé par un état seulement. Dans ce cas, les états de spins U, V et T diffèrent uniquement par des facteurs a, b :

$$\left|\frac{p+q}{2}, \frac{p+q-2}{2}\right\rangle_{T,4} = \frac{1}{a}\left|\frac{p+1}{2}, \frac{p-1}{2}\right\rangle_{V,4}$$

$$= \frac{1}{b}\left|\frac{q+1}{2}, -\frac{q-1}{2}\right\rangle_{U,4} \quad \text{avec} \quad a, b = \pm 1 . \quad (6)$$

Mais, d'après (5), nous avons :

$$b\sqrt{p(q+1)} - a\sqrt{q(p+1)} = \sqrt{p+q} . \quad (7)$$

En élevant au carré, il vient :

$$ab\sqrt{pq(q+1)(p+1)} = pq . \quad (8)$$

(8) semble vérifiée pour le cas où p ou q vaut zéro. Cependant, si $p \neq 0$ et $q \neq 0$, (8) n'a pas de solution car, par élévation au carré et division par pq, nous obtenons :

$$(q+1)(p+1) \neq pq . \quad (9)$$

Ainsi, nous avons trouvé que l'état $|4\rangle$ est occupé seulement par un état, pourvu que, soit p soit q, soit égal à 0. Ceci signifie que la représentation correspondante à la forme d'un triangle. Puisque $|4\rangle$ est dans ce cas positionné sur le bord du multiplet, nous obtenons l'équivalence avec le résultat antérieur. Dans le cas $p \neq 0$ et $q \neq 0$, on doit au moins supposer une double occupation de $|4\rangle$:

$$|4\rangle = t_1\left|\frac{p+q}{2}, \frac{p+q-2}{2}\right\rangle_{T,4} + t_2\left|\frac{p+q-2}{2}, \frac{p+q-2}{2}\right\rangle_{T,4}$$

$$= u_1\left|\frac{q+1}{2}, -\frac{q-1}{2}\right\rangle_{U,4} + u_2\left|\frac{q-1}{2}, -\frac{q-1}{2}\right\rangle_{U,4}$$

$$= v_1\left|\frac{p+1}{2}, \frac{p-1}{2}\right\rangle_{V,4} + v_2\left|\frac{p-1}{2}, \frac{p-1}{2}\right\rangle_{V,4} . \quad (10)$$

Pour examiner si cette forme satisfait (5), considérons la forme générale suivante :

$$\left|\frac{p+q}{2}, \frac{p+q-2}{2}\right\rangle_{T,4} = a_1\left|\frac{q+1}{2}, -\frac{q-1}{2}\right\rangle_{U,4} + a_2\left|\frac{q-1}{2}, -\frac{q-1}{2}\right\rangle_{U,4}$$

$$\left|\frac{p+q-2}{2}, \frac{p+q-2}{2}\right\rangle_{T,4} = a_2\left|\frac{q+1}{2}, -\frac{q-1}{2}\right\rangle_{U,4}$$

$$- a_1\left|\frac{q-1}{2}, -\frac{q-1}{2}\right\rangle_{U,4} \quad (11)$$

$$a_1^2 + a_2^2 = 1$$

$$\left|\frac{p+q}{2}, \frac{p+q-2}{2}\right\rangle_{T,4} = b_1\left|\frac{p+1}{2}, \frac{p-1}{2}\right\rangle_{V,4} + b_2\left|\frac{p-1}{2}, \frac{p-1}{2}\right\rangle_{V,4}$$

Exemple 7.9

$$\left|\frac{p+q-2}{2},\frac{p+q-2}{2}\right\rangle_{T,4} = b_2\left|\frac{p+1}{2},\frac{p-1}{2}\right\rangle_{V,4}$$

$$-b_1\left|\frac{p-1}{2},\frac{p-1}{2}\right\rangle_{V,4} \tag{12}$$

$$b_1^2+b_2^2 = 1\ .$$

Nous voulons qu'il soit possible de choisir a_1, a_2, b_1 et b_2 de telle sorte que (5) soit vérifiée. Pour cela, multiplions (5) par :

$$_{T,4}\left\langle\frac{p+q}{2},\frac{p+q-2}{2}\right| \quad \text{et} \quad _{T,4}\left\langle\frac{p+q-2}{2},\frac{p+q-2}{2}\right|\ , \quad \text{d'où il vient :}$$

$$a_1\sqrt{p(q+1)}-b_1\sqrt{q(p+1)}-\sqrt{(p+q)} = 0 \tag{13}$$

$$a_2\sqrt{p(q+1)}-b_2\sqrt{q(p+1)} = 0\ . \tag{14}$$

Les calculs donnent alors :

$$b_1^2 q(p+1) = p(q+1)a_1^2 + p+q - 2a_1\sqrt{p(q+1)(p+q)} \tag{15}$$

$$b_1^2 q(p+1) = p(q+1)a_1^2 - p+q\ . \tag{16}$$

Par soustraction de ces équations, il vient :

$$a_1 = \sqrt{\frac{p}{(q+1)(p+1)}}\ . \tag{17}$$

Nous choisissons la solution positive pour a_2,

$$a_2 = \sqrt{\frac{q(q+p+1)}{(q+1)(p+1)}} \tag{18}$$

d'où les valeurs de b_1 et b_2 :

$$b_1 = -\sqrt{\frac{q}{(q+1)(p+q)}}, \quad b_2 = \sqrt{\frac{q(q+p+1)}{(q+1)(p+q)}}\ . \tag{19}$$

Nous avons ainsi montré que, dans le cas $p \neq 0$ et $q \neq 0$, le noeud de la maille devait avoir une double occupation. Pour les représentations irréductibles auxquelles nous nous intéressons, ce cas minimal devra être réalisé.

Du fait que $|4\rangle$ est doublement occupé, nous voyons immédiatement avec la symétrie des opérateurs U, V et T, que tous les points intérieurs sont occupés au moins par deux états. Nous pouvons ensuite déduire des décompositions pour les états $|6\rangle$ et $|8\rangle$, analogues à (11) et (12). Comme exemple, appliquons l'opérateur identité

$$\hat{T}_-\hat{U}_+ - \hat{U}_+\hat{T}_- = 0 \tag{20}$$

au ket $|1\rangle$. Nous obtenons :

$$\sqrt{q(p+q-1)}\left|\frac{p+q-1}{2},\frac{p+q-3}{2}\right\rangle_{T,6}$$

$$-\sqrt{p+q}\left(a_1\sqrt{2q}\left|\frac{q+1}{2},-\frac{q-3}{2}\right\rangle_{U,6}\right.$$

$$\left.+a_2\sqrt{q-1}\left|\frac{q-1}{2},-\frac{q-3}{2}\right\rangle_{U,6}\right)=0 \qquad (21)$$

ou :

$$\left|\frac{p+q-1}{2},\frac{p+q-3}{2}\right\rangle_{T,6}=a_1\sqrt{\frac{2(p+q)}{p+q-1}}\left|\frac{q+1}{2},-\frac{q-3}{2}\right\rangle_{U,6}$$

$$+a_2\sqrt{\frac{(q-1)(p+q)}{q(p+q-1)}}\left|\frac{q-1}{2},-\frac{q-3}{2}\right\rangle_{U,6}$$

$$=\sqrt{\frac{2p}{(q+1)(p+q-1)}}\left|\frac{q+1}{2},-\frac{q-3}{2}\right\rangle_{U,6}$$

$$+\sqrt{\frac{(q-1)(p+q+1)}{(q+1)(p+q-1)}}\left|\frac{q-1}{2},-\frac{q-3}{2}\right\rangle_{U,6}.$$

Ayant obtenu par cette méthode la décomposition des états $|6\rangle$ et $|8\rangle$, la relation de commutation (4) est appliquée à l'état $|4\rangle$ ce qui donne la multiplicité et la décomposition de $|9\rangle$.

Cette méthode permet d'obtenir les multiplicités pour des représentations simples. La démonstration générale des résultats énoncés dans la section 7.8 s'établit à l'aide des méthodes exposées ici. Il est donc établi que la multiplicité des états est augmentée de 1, à partir de l'état de plus fort poids, par action répétée de $\hat{T}_-$. Ce processus peut être continué tant que la construction est possible, c'est-à-dire jusqu'à l'obtention d'un triangle où la multiplicité n'évolue plus.

EXERCICE

7.10 États de particules au centre de l'octet des baryons

Problème. À l'aide des relations générales déduites dans le dernier exemple 7.9, donner les combinaisons de particules qui correspondent aux états $|T=0, T_3=0\rangle$, $|T=1, T_3=0\rangle$, $|V=0, V_3=0\rangle$, $|V=1, V_3=0\rangle$, $|U=0, U_3=0\rangle$ et $|U=1, U_3=0\rangle$.

Reprendre l'exemple 6.3 pour leur interprétation physique.

Exercice 7.10   **Solution.** La classification des particules est basée sur les vecteurs propres d'isospin :

$$\left|\Sigma^0\right\rangle = |T = 1, T_3 = 0\rangle = |1, 0\rangle_T$$
$$\left|\Lambda^0\right\rangle = |0, 0\rangle_T . \tag{1}$$

D'après (11) et (12), obtenus dans l'exemple 7.9, nous avons (avec $p = q = 1$)

$$\left|\Sigma^0\right\rangle = \frac{1}{2} |1, 0\rangle_U + \frac{\sqrt{3}}{2} |0, 0\rangle_U$$
$$\left|\Lambda^0\right\rangle = \frac{\sqrt{3}}{2} |1, 0\rangle_U - \frac{1}{2} |0, 0\rangle_U \quad \text{et} \tag{2}$$
$$\left|\Sigma^0\right\rangle = -\frac{1}{2} |1, 0\rangle_V + \frac{\sqrt{3}}{2} |0, 0\rangle_V$$
$$\left|\Lambda^0\right\rangle = \frac{\sqrt{3}}{2} |1, 0\rangle_V + \frac{1}{2} |0, 0\rangle_V . \tag{3}$$

On peut résoudre ces équations par rapport aux états figurant dans le membre de droite, soit :

$$|0, 0\rangle_U = \frac{\sqrt{3}}{2} \left|\Sigma^0\right\rangle - \frac{1}{2} \left|\Lambda^0\right\rangle$$
$$|1, 0\rangle_U = \frac{1}{2} \left|\Sigma^0\right\rangle + \frac{\sqrt{3}}{2} \left|\Lambda^0\right\rangle$$
$$|0, 0\rangle_V = \frac{\sqrt{3}}{2} \left|\Sigma^0\right\rangle + \frac{1}{2} \left|\Lambda^0\right\rangle$$
$$|1, 0\rangle_V = -\frac{1}{2} \left|\Sigma^0\right\rangle + \frac{\sqrt{3}}{2} \left|\Lambda^0\right\rangle . \tag{4}$$

Notons toutefois que les signes dans (4) dépendent de la convention de phase choisie.

EXERCICE

7.11 Calcul de la dimension d'une représentation $D(p, q)$

Problème. Déterminer la dimension de la représentation générale $D(p, q)$ à l'aide des multiplicités des états d'un multiplet de SU(3). Les états correspondent aux points du réseau de la représentation graphique sur le plan Y-T_3.

Solution. Nous rappelons que p et q représentent le nombre de liaisons le long de la ligne externe du diagramme [voir par exemple le cas de la représentation $D(7, 3)$ sur la figure ci-contre]. Nous savons également que chaque point de cette couche a une multiplicité 1, celle-ci augmentant d'une

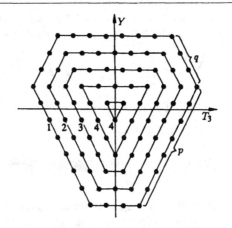

Multiplicités de $D(7, 3)$. Le contour externe se compose de segments de $p = 7$ et $q = 3$ unités

unité sur la couche intérieure suivante, et ainsi de suite jusqu'à l'obtention d'un ($p = 0$ ou $q = 0$). Alors la multiplicité cesse de croître. L'hexagone extérieur contient $3(p + q)$ points (ou états). La couche suivante a alors $3[2(p - 1 + q - 1)] = 3[2(p + q - 2)]$ états (tenant compte de l'évolution de la multiplicité et de la diminution de p et q d'une unité). La troisième $3[3(p - 2 + q - 2)] = 3[3(p + q - 4)]$ états. En général, le nombre d'états de la $(n - 1)$-ième couche est donné par

$$3\{(n + 1)(p + q - 2n)\} .$$

Par addition, nous avons :

$$3 \sum_{n=0}^{q-1} (n + 1)(p + q - 2n) , \quad (p > q) .$$

Cette somme n'inclut pas les points sur le triangle et les points intérieurs dont le nombre est simplement (voir la figure ci-contre) :

$$\sum_{n=1}^{p-q+1} n = \tfrac{1}{2}(p - q + 1)(p - q + 2) .$$

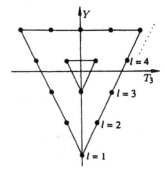

Représentation des triangles intérieurs. Le nombre de points du réseau se trouvant sur les lignes parallèles à l'axe T_3 est $l = 1, 2, 3, \ldots$

La multiplicité de chaque point du triangle est $q + 1$. Par conséquent, la contribution du triangle à la dimension de la représentation $D(p, q)$ est :

$$\tfrac{1}{2}(q + 1)(p - q + 1)(p - q + 2) .$$

Et finalement, nous obtenons :

$$d = \tfrac{1}{2}(q + 1)(p - q + 1)(p - q + 2) + 3 \sum_{n=0}^{q-1} (n + 1)(p + q - 2n) .$$

La sommation du second terme peut s'effectuer en factorisant et en ordonnant les termes proportionnels à n et n^2. Nous utilisons alors les résultats :

$$\sum_{n=0}^{q-1} n = \frac{q}{2}(q-1) \quad \text{et} \quad \sum_{n=0}^{q-1} n^2 = \frac{q}{6}(q-1)(2q-1)$$

conduisant au résultat final

$$d = \tfrac{1}{2}(p+1)(q+1)(p+q+2) .$$

EXERCICE ▰▰▰▰▰▰▰

7.12 Calcul des opérateurs de Casimir quadratiques pour la représentation $D(p,q)$

Problème. Déterminer la valeur de l'opérateur quadratique de Casimir $\sum_i \hat{F}_i^2$ dans la représentation $D(p,q)$.

Solution. Nous exprimerons d'abord les $\hat{F}_i$ en fonction des opérateurs définis en (7.27). Nous utilisons la relation :

$$\hat{T}_1^2 + \hat{T}_2^2 = (\hat{T}_+\hat{T}_- + \hat{T}_-\hat{T}_+)/2 \tag{1}$$

qui est également facilement vérifiable pour les spins U et V. Nous obtenons ainsi :

$$\sum_i \hat{F}_i^2 = \tfrac{1}{2}(\hat{T}_+\hat{T}_- + \hat{T}_-\hat{T}_+) + \hat{T}_3^2 + \tfrac{1}{2}(\hat{V}_+\hat{V}_- + \hat{V}_-\hat{V}_+)$$
$$+ \tfrac{1}{2}(\hat{U}_+\hat{U}_- + \hat{U}_-\hat{U}_+) + \tfrac{3}{4}\hat{Y}^2 . \tag{2}$$

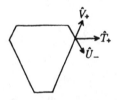

Action des opérateurs $\hat{V}_+$, $\hat{U}_-$, et $\hat{T}_+$ sur l'état de plus fort poids

Puisque la valeur de l'opérateur de Casimir est fixée pour un multiplet donné, nous pouvons choisir un état arbitraire du multiplet pour l'évaluer. Nous choisirons encore le point correspondant à T_3 maximum (à l'extrême droite de la représentation). L'application de $\hat{V}_+$, $\hat{T}_+$ et $\hat{U}_-$ sur cet état conduit à l'extérieur du multiplet et donne zéro comme l'illustre la figure ci-contre.

Il convient maintenant de réarranger les opérateurs dans (2) de façon à avoir V_+, T_+ et U_- à droite des produits qui, par conséquent n'auront alors aucune action sur un état. À cet effet, nous utilisons les résultats de (7.28a), écrits encore de la manière suivante :

$$\hat{T}_+\hat{T}_- = \hat{T}_-\hat{T}_+ + 2\hat{T}_3$$
$$\hat{V}_+\hat{V}_- = \hat{V}_-\hat{V}_+ + \tfrac{3}{2}\hat{Y} + \hat{T}_3$$
$$\hat{U}_-\hat{U}_+ = \hat{U}_+\hat{U}_- - \tfrac{3}{2}\hat{Y} + \hat{T}_3 . \tag{3}$$

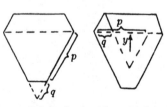

Détermination des coordonnées T_3 et Y de l'état de plus fort poids

En appliquant ceci dans (2), nous avons :

$$\sum_i \hat{F}_i^2 = \hat{T}_-\hat{T}_+ + \hat{T}_3 + \hat{T}_3^2 + \hat{V}_-\hat{V}_+ + \tfrac{1}{2}(\tfrac{3}{2}\hat{Y} + \hat{T}_3)$$
$$+ \hat{U}_+\hat{U}_- + \tfrac{1}{2}(-\tfrac{3}{2}\hat{Y} + \hat{T}_3) + \tfrac{3}{4}\hat{Y}^2$$
$$= \hat{T}_3^2 + 2\hat{T}_3 + \tfrac{3}{4}\hat{Y}^2 + \hat{T}_-\hat{T}_+ + \hat{V}_-\hat{V}_+ + \hat{U}_+\hat{U}_- . \tag{4}$$

Les trois derniers termes ayant une contribution nulle, il suffit de déterminer T_3 et Y sur le côté droit du multiplet (voir la figure ci-contre).

Exercice 7.12

En considérant la partie gauche de la figure, nous voyons que T_3 représente la moitié du côté du triangle hachuré, soit :

$$T_3 = \frac{p+q}{2} \, . \tag{5}$$

Sur le côté droit de la figure, nous voyons que Y correspond au tiers du côté du triangle interne hachuré, ce qui donne :

$$Y = \frac{p-q}{3} \, . \tag{6}$$

Nous obtenons alors le résultat :

$$\left(\sum_i \hat{F}_i^2 \right)_{(p,q)} = \left(\frac{p+q}{2} \right)^2 + 2\frac{p+q}{2} + \frac{3}{4}\left(\frac{p-q}{3} \right)^2$$
$$= \frac{p^2 + pq + q^2}{3} + p + q \, . \tag{7}$$

Nous noterons la valeur 4/3 (resp. 3) obtenue pour les cas particuliers $D(1,0)$ et $D(0,1)$ (resp. $D(1,1)$). Nous voyons que (p et q) caractérisent complètement les multiplets. D'après le théorème de Racah, p et q sont donc les deux opérateurs de Casimir de SU(3). Nous savons que les opérateurs de Casimir ne sont pas uniques et, par conséquent, nous pouvons choisir $\left(\sum_i \hat{F}_i^2 \right)$ pour l'un des opérateurs et toute autre fonction de (p,q) indépendante. Le moyen le plus simple est, bien sûr, de choisir p et q comme nous l'avons fait. Ceci permet une interprétation géométrique simple, i.e. les longueurs des côtés pour les multiplets en forme d'hexagone.

8. Quarks et SU(3)

Dans le chapitre précédent, nous avons vu que la symétrie SU(3) génère des structures de multiplet semblables à celles que nous avions trouvées empiriquement (exemples et exercices 6.3–5). Il appert par conséquent que ce groupe est susceptible de représenter une nouvelle symétrie fondamentale pour la classification des particules élémentaires. Bien entendu, il reste à voir si la symétrie SU(3) peut prédire des multiplets non encore observés expérimentalement.

Pour comprendre l'interprétation physique de SU(3), il nous faut étudier les implications de la représentation de SU(3) et de ses nombres quantiques T_3 et Y. Les algèbres de spin T, U et V sont celles du moment angulaire [l'algèbre de Lie SU(2)] et apparaissent comme des sous-algèbres de SU(3). Les développements qui suivent vont nous permettre de classer les particules élémentaires avec les multiplets de SU(3) si nous interprétons Y *comme l'hypercharge et T comme l'isospin*. Nous comparerons, dans ce cadre, les prédictions théoriques aux données expérimentales. Les multiplets d'isospin d'un multiplet donné de SU(3) sont représentés par des parallèles à l'axe T_3. Nous définirons tout d'abord l'opérateur de charge selon (6.5), soit :

$$\hat{Q} = \tfrac{1}{2}\hat{Y} + \hat{T}_3 . \tag{8.1}$$

Nous noterons les états de SU(3)

$$|T_3 Y, \alpha\rangle , \tag{8.2}$$

où α désigne des nombres quantiques qui seront précisés ultérieurement (valeurs propres des opérateurs de Casimir classant les multiplets de façon unique). Les équations aux valeurs propres :

$$\hat{Y}\,|T_3 Y, \alpha\rangle = Y\,|T_3 Y, \alpha\rangle , \quad \hat{T}_3\,|T_3 Y, \alpha\rangle = T_3\,|T_3 Y, \alpha\rangle \tag{8.3}$$

impliquent pour l'opérateur de charge:

$$\hat{Q}\,|T_3 Y, \alpha\rangle = \left(\frac{Y}{2} + T_3\right)|T_3 Y, \alpha\rangle \equiv Q\,|T_3 Y, \alpha\rangle . \tag{8.4}$$

La charge Q est un bon nombre quantique pour les états de SU(3). En particulier, un état singlet a une charge nulle (voir figure 8.1) :

$$\hat{Q}\,|00, \alpha\rangle = 0\,|00, \alpha\rangle , \tag{8.5}$$

car, dans ce cas, les valeurs propres Y et T_3 s'annulent.

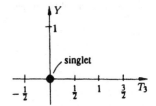

Fig. 8.1. Représentation du singlet SU(3) : $(p, q) = (0, 0)$. Il s'agit de la représentation non triviale la plus simple

Fig. 8.2. Doublet d'isospin $T = \frac{1}{2}$ avec les états $|TT_3\rangle = |\frac{1}{2}\frac{1}{2}\rangle$ et $|TT_3\rangle = |\frac{1}{2} - \frac{1}{2}\rangle$ (représentation SU(2) non triviale la plus simple

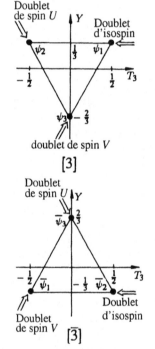

Fig. 8.3. La représentation non triviale la plus simple de SU(3)

Il apparaît naturel d'interpréter l'hypéron Λ^*, identifié (voir liste dans l'exemple 6.5) par la résonance baryonique de spin $\frac{1}{2}$ et parité négative à 1405 MeV comme l'état singlet[1]. Nous rappelons en effet qu'il ne trouvait pas sa place dans les représentations de symétrie supérieure (voir exemple 6.5) ; en fait, cet hypéron semble correspondre à la symétrie la plus triviale de la représentation SU(3). Considérons ensuite *la représentation non triviale la plus simple de* SU(3). Nous rappelons que le doublet d'isospin $T = \frac{1}{2}$ *est la description non triviale la plus élémentaire* du groupe SU(2) d'isospin (voir figure 8.2). Ceci implique que nous sommes en mesure de construire tous les multiplets supérieurs à partir de cette représentation. Ceci peut se réaliser pratiquement avec les coefficients de Clebsch–Gordan couplant plusieurs isospins $T = \frac{1}{2}$ à un isospin arbitraire. Notons qu'on ne peut faire ceci avec le multiplet inférieur $T = 0$ de SU(2). C'est en ce sens que ce multiplet $T = 0$ est *trivial*.

Puisque l'algèbre des spins F de SU(3) contient l'isospin comme sous-algèbre, la représentation non triviale la plus simple cherchée de SU(3) doit contenir au moins un doublet de charge $T = \frac{1}{2}$. Du fait que les algèbres de spin T, U et V sont complètement symétriques à l'intérieur de l'algèbre de spin F, le multiplet de SU(3) recherché doit contenir un *doublet T, U et V*. Les symétries des multiplets de SU(3) dans le plan Y-T_3 (voir nos conclusions à propos du multiplet T-U-V dans le chapitre 7) conduisent alors aux deux triangles équilatéraux de la figure 8.3. Ils sont également centrés symétriquement autour de l'origine ($Y = 0$, $T_3 = 0$). Ces représentations sont notées [3] et [$\bar{3}$], respectivement, car chacune contient trois états. Si [3] représente des particules, [$\bar{3}$] représente alors les antiparticules correspondantes puisque l'état $\bar{\psi}_\nu$, a une hypercharge opposée ainsi qu'une composante T_3 opposée (et donc une charge opposée) à l'état ψ_ν :

$$\hat{Q}\psi_\nu = Q_\nu\psi_\nu, \qquad \hat{Q}\bar{\psi}_\nu = -Q_\nu\bar{\psi}_\nu . \tag{8.6}$$

Chacune des deux représentations [3] et [$\bar{3}$] contient un iso-doublet $T = \frac{1}{2}$ et un iso-singlet $T = 0$. Par exemple, l'iso-doublet de [3] correspond aux états :

$$\psi_1 \equiv \left|\tfrac{1}{2}Y\right\rangle , \qquad \psi_2 \equiv \left|\tfrac{1}{2}Y\right\rangle , \tag{8.7}$$

tandis que l'iso-singlet s'écrit :

$$\psi_3 \equiv |0Y'\rangle . \tag{8.8}$$

Jusqu'à présent, nous n'avons pas introduit les hypercharges mais elles peuvent maintenant être déterminées : les valeurs T_3 de ψ_1, ψ_2, ψ_3 peuvent se déduire directement des équations aux valeurs propres :

$$\hat{T}_3\psi_1 = +\tfrac{1}{2}\psi_1 , \quad \hat{T}_3\psi_2 = -\tfrac{1}{2}\psi_2 , \quad \hat{T}_3\psi_3 = 0\psi_3 , \tag{8.9}$$

et, considérant que ψ_1 est un singlet de spin U, les valeurs correspondantes de l'hypercharge Y peuvent alors être obtenues :

$$\hat{U}_3\psi_1 = 0 . \tag{8.10}$$

---

[1] Voir S.L. Glashow, A.H. Rosenfeld : Phys. Rev. Lett. **10**, 192 (1963).

De $\hat{U}_3 = (3\hat{Y} - 2\hat{T}_3)/4$ [voir (7.28)], nous déduisons :

$$\hat{Y}\psi_1 = \tfrac{1}{3}(4\hat{U}_3 + 2\hat{T}_3)\psi_1 = \tfrac{2}{3}\hat{T}_3\psi_1 = \tfrac{1}{3}\psi_1 \ . \tag{8.11a}$$

Du fait que ψ_1 et ψ_2 appartiennent au même doublet d'isospin (ligne perpendiculaire à l'axe des Y) et par conséquent, possèdent la même valeur d'hypercharge, nous pouvons encore écrire :

$$\hat{Y}\psi_2 = \tfrac{1}{3}(4\hat{U}_3 + 2\hat{T}_3)\psi_2 = \tfrac{1}{3}\psi_2 \ . \tag{8.11b}$$

Nous avons alors $[4U_3 + 2 \times (-\tfrac{1}{2})]/3 = \tfrac{1}{3}$ et donc $U_3 = -\tfrac{1}{2}$ pour ψ_2. De même, ψ_3 aura la valeur propre $U_3 = -\tfrac{1}{2}$. En effet, l'opérateur $\hat{U}_-$ permet de passer de ψ_2 à ψ_3 (voir figure 7.1) et nous avons

$$\hat{Y}\psi_3 = \tfrac{1}{3}(4\hat{U}_3 + 2\hat{T}_3)\psi_3 = \tfrac{1}{3}(4 \cdot (-\tfrac{1}{2}) + 2 \cdot (0))\psi_3 = -\tfrac{2}{3}\psi_3 \ . \tag{8.11c}$$

Des arguments semblables pour les états $[\bar{3}]$ conduisent à :

$$\hat{Y}\overline{\psi}_1 = -\tfrac{1}{3}\overline{\psi}_1 \ , \quad \hat{Y}\overline{\psi}_2 = -\tfrac{1}{3}\overline{\psi}_2 \ , \quad \hat{Y}\overline{\psi}_3 = +\tfrac{2}{3}\overline{\psi}_3 \ . \tag{8.12}$$

Nous sommes alors conduits à des hypercharges qui sont des multiples d'entiers. Les conséquences sont importantes si nous reprenons la définition de l'opérateur de charge $\hat{Q}$ [voir (8.1)] proposé par Gell-Mann–Nishijima. Les valeurs propres de charge suivantes apparaissent alors pour les états [3] :

$$\hat{Q}\psi_1 = (\tfrac{1}{2}\hat{Y} + \hat{T}_3)\psi_1 = (\tfrac{1}{2}\cdot\tfrac{1}{3} + \tfrac{1}{2})\psi_1 = \tfrac{2}{3}\psi_1 \ ,$$
$$\hat{Q}\psi_2 = (\tfrac{1}{2}\hat{Y} + \hat{T}_3)\psi_2 = (\tfrac{1}{2}\cdot\tfrac{1}{3} - \tfrac{1}{2})\psi_2 = -\tfrac{1}{3}\psi_2 \ ,$$
$$\hat{Q}\psi_3 = (\tfrac{1}{2}\hat{Y} + \hat{T}_3)\psi_3 = (\tfrac{1}{2}\cdot(-\tfrac{2}{3}) + 0)\psi_3 = -\tfrac{1}{3}\psi_3 \ , \tag{8.13}$$

et de même pour les états ψ_ν de l'anti-triplet $[\bar{3}]$;

$$\hat{Q}\overline{\psi}_1 = -\tfrac{2}{3}\overline{\psi}_1 \ , \quad \hat{Q}\overline{\psi}_2 = +\tfrac{1}{3}\overline{\psi}_2 \ , \quad \hat{Q}\overline{\psi}_3 = +\tfrac{1}{3}\overline{\psi}_3 \ . \tag{8.14}$$

Les particules qui correspondent aux états du multiplet [3] de SU(3) possèdent des charges fractionnaires. Gell-Mann proposa pour ces particules le nom de «quark» tandis que Zweig les appela «as»[2]. Puisque ψ_1 et ψ_2 forment un iso-doublet semblable au neutron et proton, le quark ψ_1 fut nommé «quark p» et le ψ_2 «quark n» ; ψ_3 est appelé «quark λ». Une nomenclature plus moderne correspond à : *quark up (haut)* (u), *quark down (bas)* (d) et «quark strange (étrange)» (s). Nous noterons* dorénavant ici les états de quarks ψ_1, ψ_2, ψ_3 par q_1, q_2, q_3 pour faire apparaître plus clairement l'association. De même, pour les anti-quarks, nous écrirons :

$$\overline{\psi}_1, \overline{\psi}_2, \overline{\psi}_3 \quad \rightarrow \quad \overline{q}_1, \overline{q}_2, \overline{q}_3 \ .$$

---

[2] G. Zweig : CERN-Preprint 8409/Th. 412 (1964).

* Nous utiliserons généralement la notation italique pour écrire des états physiques.

8.1 Mise en évidence des quarks

De nombreux physiciens ont entrepris de rechercher les quarks, c'est-à-dire des particules avec des charges fractionnaires. On trouvera dans la présentation de Jones[3] les tentatives de production des quarks avec des accélérateurs et leur recherche dans l'eau de mer, les minéraux ou les rayonnements cosmiques. Des propositions ont été avancées au sujet des rayonnements cosmiques de haute énergie par McCusher et Cairns[4]. Aucun résultat convaincant n'a été obtenu à ce jour. Des doutes sérieux entourent l'expérience de W. Fairbank[5] et al. qui ont prétendu avoir observé des charges fractionnaires dans une version moderne de l'expérience de Millikan. Des objections ont été formulées[6]. Il y a par conséquent des raisons fortes, à ce jour, de supposer que les quarks libres n'existent pas dans la nature. Le très grand succès du modèle des quarks pour la description des particules élémentaires, d'une part, conduit à comprendre la question fondamentale du confinement des quarks (liberté asymptotique) d'autre part. Ce concept tente de rendre compte du fait que les quarks existent seulement comme des états liés à l'intérieur des particules (i.e. à l'état confiné) et non à l'état libre (liberté asymtotique). Nous reviendrons sur ce point par la suite. Lors des collisions d'ions lourds à haute énergie, la matière nucléaire sera compressée et portée à haute température. Dans de telles conditions, un assemblage de baryons et mésons, appelé plasma quark–gluon est susceptible d'apparaître. Dans un tel plasma, les quarks sont libres. Ce plasma est l'objet de nombreuses recherches.

8.2 Propriétés de transformation des états de quarks

Pour la représentation du triplet [3], les opérateurs $\hat{F}_\alpha$ sont donnés par des matrices 3×3 car nous avons affaire à trois états $|q_i\rangle$ ($i = 1, 2, 3$), i.e.

$$(\hat{F}_\alpha)_{ij} = \langle q_i | \hat{F}_\alpha | q_j \rangle . \tag{8.15}$$

À l'aide des opérateurs d'échange $\hat{V}_\pm$, $\hat{U}_\pm$ et $\hat{T}_\pm$ et leur propriétés [voir (7.28) et section 7.4], on trouve pour les états de quarks :

$$\hat{T}_- |q_1\rangle = |q_2\rangle , \quad \hat{T}_+ |q_2\rangle = |q_1\rangle ,$$
$$\hat{U}_- |q_2\rangle = |q_3\rangle , \quad \hat{U}_+ |q_3\rangle = |q_2\rangle ,$$
$$\hat{V}_- |q_1\rangle = |q_3\rangle , \quad \hat{V}_+ |q_3\rangle = |q_1\rangle ,$$

[3] L.W. Jones : Int. Conf. on Symmetries and Quark Models, Wayne State University, Detroit (1969).

[4] C.B.A. McCusher, I. Cairns : Phys. Rev. Lett. **23**, 658 (1969).

[5] G.S. LaRue, W.M. Fairbank, A.F. Hebard : Phys. Rev. Lett. **38**, 1011 (1977).

[6] R.G. Milner, B.H. Cooper, K.H. Chang, K. Wilson, J. Labrenz, R.D. McCeown : Phys. Rev. Lett. **54**, 1472 (1985).

$$\hat{T}_3 |q_1\rangle = \tfrac{1}{2}|q_1\rangle \,, \quad \hat{T}_3|q_2\rangle = -\tfrac{1}{2}|q_2\rangle \,, \quad \hat{T}_3|q_3\rangle = 0|q_3\rangle \,,$$
$$\hat{Y}|q_1\rangle = \tfrac{1}{3}|q_1\rangle \,, \quad \hat{Y}|q_2\rangle = \tfrac{1}{3}|q_2\rangle \,, \quad \hat{Y}|q_3\rangle = -\tfrac{2}{3}|q_3\rangle \,, \quad \text{etc} \,. \qquad (8.16)$$

Nous sommes alors en mesure de calculer les éléments de matrice des opérateurs $\hat{U}_\pm, \hat{T}_\pm, \hat{V}_\pm$; et en utilisant :

$$\hat{F}_1 = \hat{T}_1 = \tfrac{1}{2}(\hat{T}_+ + \hat{T}_-) \,, \qquad \hat{F}_5 = -\tfrac{1}{2}\mathrm{i}(\hat{V}_+ - \hat{V}_-) \,,$$
$$\hat{F}_2 = \hat{T}_2 = -\tfrac{1}{2}\mathrm{i}(\hat{T}_+ - \hat{T}_-) \,, \qquad \hat{F}_6 = \tfrac{1}{2}(\hat{U}_+ + \hat{U}_-) \,,$$
$$\hat{F}_3 = \hat{T}_3 \,, \qquad\qquad\qquad \hat{F}_7 = -\tfrac{1}{2}\mathrm{i}(\hat{U}_+ - \hat{U}_-) \,,$$
$$\hat{F}_4 = \tfrac{1}{2}(\hat{V}_+ + \hat{V}_-) \,, \qquad\qquad \hat{F}_8 = \tfrac{\sqrt{3}}{2}\hat{Y} \,, \qquad (8.17)$$

nous pouvons également évaluer tous les éléments de matrice des opérateurs $\hat{F}_\alpha$ $(\alpha = 1, \dots, 8)$.

En utilisant :

$$\hat{F}_\alpha = \tfrac{1}{2}\hat{\lambda}_\alpha \,,$$

un calcul simple permet de retrouver les résultats antérieurs obtenus pour les générateurs $\hat{\lambda}_\alpha$ de SU(3) [voir exercice 8.1]. En général, on peut construire les opérateurs unitaires au moyen des $\hat{F}_\alpha$ avec la relation :

$$\hat{U}(\boldsymbol{\theta}) = \exp\left(-\mathrm{i} \sum_\alpha \theta_\alpha \hat{F}_\alpha \right) . \qquad (8.18)$$

Ceux-ci représentent les opérateurs du groupe SU(3) qui transforment les états à l'intérieur de chaque multiplet F de SU(3). Dans le cas de la représentation du triplet, les $\hat{F}_\alpha$ et donc également les $\hat{U}(\boldsymbol{\theta})$ dans (8.18) sont des matrices 3×3 unitaires, de déterminant $\det \hat{U}(\boldsymbol{\theta}) = 1$. Nous aurons par conséquent :

$$|q_i\rangle' = \hat{U}(\boldsymbol{\theta})\,|q_i\rangle = \sum_j |q_j\rangle\, U_{ji}(\boldsymbol{\theta}) \,, \quad \text{où}$$
$$U_{ji}(\boldsymbol{\theta}) = \langle q_j\,|\hat{U}(\boldsymbol{\theta})|\,q_i\rangle \,. \qquad (8.19)$$

Dans les exercices suivants nous étudierons les propriétés de transformation des états $|q_i\rangle$ et $|\bar{q}_i\rangle$ des représentations [3] et [$\bar{3}$].

EXERCICE

8.1 Générateurs de SU(3) pour la représentation [3]

Problème. Calculer les générateurs $\hat{\lambda}_\alpha$ de SU(3) pour la représentation [3] par application des opérateurs d'échange aux états de quark.

Exercice 8.1

Solution. Nous rappellerons la relation $\hat{\lambda}_\alpha = 2\hat{F}_\alpha$ et le fait que les états de quark sont orthonormés, soit : $\langle q_i | q_j \rangle = \delta_{ij}$. Grâce aux relations (8.15–17) nous obtenons :

$$(\hat{\lambda}_\alpha)_{ij} = 2 \langle q_i | \hat{F}_\alpha | q_j \rangle \ . \tag{1}$$

D'où pour $\hat{\lambda}_1$:

$$
\begin{aligned}
(\hat{\lambda}_1)_{ij} &= 2 \langle q_i | \hat{F}_1 | q_j \rangle = \langle q_i | \hat{T}_+ + \hat{T}_- | q_j \rangle \\
&= \langle q_i | \hat{T}_+ | q_j \rangle + \langle q_i | \hat{T}_- | q_j \rangle \ .
\end{aligned} \tag{2}
$$

En raison de (8.16),

$$\hat{T}_+ | q_j \rangle = \delta_{j2} | q_1 \rangle \quad \text{et} \quad \hat{T}_- | q_j \rangle = \delta_{j1} | q_2 \rangle \ , \tag{3}$$

$$(\hat{\lambda}_1)_{ij} = \langle q_i | q_1 \rangle \, \delta_{j2} + \langle q_i | q_2 \rangle \, \delta_{j1} = \delta_{i1} + \delta_{j2} + \delta_{i2}\delta_{j1} \tag{4}$$

(en utilisant aussi la condition d'orthonormalité) ; nous obtenons ainsi les éléments de matrices non nuls $(\hat{\lambda}_1)_{12} = (\hat{\lambda}_1)_{21} = 1$, ce qui entraîne :

$$\hat{\lambda}_1 = \begin{pmatrix} 0 & 1 & 0 \\ 1 & 0 & 0 \\ 0 & 0 & 0 \end{pmatrix} \ . \tag{5}$$

Pour construire la représentation matricielle des générateurs $\hat{\lambda}_2, \ldots, \hat{\lambda}_8$ nous procédons de la même façon :

$$
\begin{aligned}
(\hat{\lambda}_2)_{ij} &= 2 \langle q_i | \hat{F}_2 | q_1 \rangle = \frac{1}{i} [\langle q_i | \hat{T}_+ | q_j \rangle - \langle q_i | \hat{T}_- | q_j \rangle] \\
&= -i(\delta_{i1}\delta_{j2} - \delta_{i2}\delta_{j1}) \ ,
\end{aligned} \tag{6}
$$

i.e. $(\hat{\lambda}_2)_{12} = -i$ et $(\hat{\lambda}_2)_{21} = i$,   i.e. $\hat{\lambda}_2 = \begin{pmatrix} 0 & -i & 0 \\ i & 0 & 0 \\ 0 & 0 & 0 \end{pmatrix}$;   (7)

pour $\hat{\lambda}_3$:

$$(\hat{\lambda}_3)_{ij} = 2 \langle q_i | \hat{F}_3 | q_j \rangle = 2 \langle q_i | \hat{T}_3 | q_j \rangle \ , \tag{8}$$

ainsi les éléments de matrice s'écrivent :

$$
\begin{aligned}
(\hat{\lambda}_3)_{i1} &= 2 \langle q_i | \hat{T}_3 | q_1 \rangle = \langle q_i | q_1 \rangle = \delta_{i1} \ , \\
(\hat{\lambda}_3)_{i2} &= 2 \langle q_i | \hat{T}_3 | q_2 \rangle = - \langle q_i | q_2 \rangle = -\delta_{i2} \ , \\
(\hat{\lambda}_3)_{i3} &= 2 \langle q_i | \hat{T}_3 | q_3 \rangle = 0 \ ,
\end{aligned} \tag{9}
$$

et donc,

$$\hat{\lambda}_3 = \begin{pmatrix} 1 & 0 & 0 \\ 0 & -1 & 0 \\ 0 & 0 & 0 \end{pmatrix} \ . \tag{10}$$

Nous aurons ensuite :

$$(\hat{\lambda}_4)_{ij} = \langle q_i \,|\, \hat{F}_4 \,|\, q_j \rangle = \langle q_i \,|\, \hat{V}_+ \,|\, q_j \rangle + \langle q_i \,|\, \hat{V}_- \,|\, q_j \rangle \,. \tag{11}$$

En raison de :

$$\hat{V}_+ \,|\, q_j \rangle = \delta_{j3} \,|\, q_1 \rangle \quad \text{et} \quad \hat{V}_- \,|\, q_j \rangle = \delta_{j1} \,|\, q_3 \rangle \,, \tag{12}$$

nous avons :

$$(\hat{\lambda}_4)_{ij} = 2 \langle q_i | q_1 \rangle \, \delta_{j3} + \langle q_i | q_3 \rangle \, \delta_{j1} = \delta_{i1} \delta_{j3} + \delta_{i3} \delta_{j1} \,, \tag{13}$$

soit :

$$(\hat{\lambda}_4)_{13} = 1 = (\hat{\lambda}_4)_{31} \quad \text{et} \quad \hat{\lambda}_4 = \begin{pmatrix} 0 & 0 & 1 \\ 0 & 0 & 0 \\ 1 & 0 & 0 \end{pmatrix} \,. \tag{14}$$

Pour $\hat{\lambda}_5$:

$$\begin{aligned}
(\hat{\lambda}_5)_{ij} &= \frac{1}{i} \big[\langle q_i \,|\, \hat{V}_+ \,|\, q_j \rangle - \langle q_i \,|\, \hat{V}_- \,|\, q_j \rangle \big] \\
&= \frac{1}{i} (\delta_{i1} \delta_{j3} - \delta_{i3} \delta_{j1}) \,,
\end{aligned} \tag{15}$$

$$(\hat{\lambda}_5)_{13} = -i \quad \text{et} \quad (\hat{\lambda}_5)_{31} = i$$

(tous les autres éléments de matrice s'annulent) et il en résulte :

$$\hat{\lambda}_5 = \begin{pmatrix} 0 & 0 & -i \\ 0 & 0 & 0 \\ i & 0 & 0 \end{pmatrix} \,. \tag{16}$$

De même, nous obtenons pour $\hat{\lambda}_6$

$$(\hat{\lambda}_6)_{ij} = 2 \langle q_i \,|\, \hat{F}_6 \,|\, q_j \rangle = \langle q_i \,|\, \hat{U}_+ \,|\, q_j \rangle + \langle q_i \,|\, \hat{U}_- \,|\, q_j \rangle \,. \tag{17}$$

Du fait que

$$\hat{U}_+ \,|\, q_j \rangle = \delta_{j3} \,|\, q_2 \rangle \quad \text{et} \quad \hat{U}_- \,|\, q_j \rangle = \delta_{j2} \,|\, q_3 \rangle \tag{18}$$

nous obtenons :

$$(\hat{\lambda}_6)_{ij} = \langle q_i | q_2 \rangle \, \delta_{j3} + \langle q_i | q_3 \rangle \, \delta_{j2} = \delta_{i2} \delta_{j3} + \delta_{i3} \delta_{j2} \,, \tag{19}$$

i.e.

$$(\hat{\lambda}_6)_{23} = (\hat{\lambda}_6)_{32} = 1 \quad \text{et} \quad \hat{\lambda}_6 = \begin{pmatrix} 0 & 0 & 0 \\ 0 & 0 & 1 \\ 0 & 1 & 0 \end{pmatrix} \,. \tag{20}$$

Exercice 8.1   Pour $\hat{\lambda}_7$ nous obtenons :

$$(\hat{\lambda}_7)_{ij} = \frac{1}{i}\left[\langle q_i\,|\hat{U}_+|\,q_j\rangle - \langle q_i\,|\hat{U}_-|\,q_j\rangle\right]$$

$$= \frac{1}{i}(\delta_{i2}\delta_{j3} - \delta_{i3}\delta_{j2})\,, \qquad (21)$$

$$(\hat{\lambda}_7)_{23} = -i \quad \text{et} \quad (\hat{\lambda}_7)_{32} = i\,, \quad \text{i.e.} \quad (\hat{\lambda})_7 = \begin{pmatrix} 0 & 0 & 0 \\ 0 & 0 & -i \\ 0 & i & 0 \end{pmatrix}\,. \qquad (22)$$

Enfin, $\hat{\lambda}_8$ est trouvé égal à :

$$(\hat{\lambda}_8)_{ij} = 2\langle q_i\,|\hat{F}_8|\,q_j\rangle = \sqrt{3}\,\langle q_i\,|\hat{Y}|\,q_j\rangle\,, \qquad (23)$$

i.e.

$$(\hat{\lambda}_8)_{i1} = \sqrt{3}\,\langle q_i\,|\hat{Y}|\,q_1\rangle = \frac{1}{3}\sqrt{3}\,\langle q_i|q_1\rangle = \frac{1}{\sqrt{3}}\delta_{i1}\,, \qquad (24)$$

$$(\hat{\lambda}_8)_{i2} = \sqrt{3}\,\langle q_i\,|\hat{Y}|\,q_2\rangle = \frac{1}{3}\sqrt{3}\,\langle q_i|q_2\rangle = \frac{1}{\sqrt{3}}\delta_{i2}\,, \qquad (25)$$

$$(\hat{\lambda}_8)_{i3} = \sqrt{3}\,\langle q_i\,|\hat{Y}|\,q_3\rangle = \frac{1}{3}\sqrt{3}(-2)\,\langle q_i|q_3\rangle = -\frac{2}{\sqrt{3}}\delta_{i3}\,, \qquad (26)$$

$$\hat{\lambda}_8 = \frac{1}{\sqrt{3}}\begin{pmatrix} 1 & 0 & 0 \\ 0 & 1 & 0 \\ 0 & 0 & -2 \end{pmatrix}\,. \qquad (27)$$

Les générateurs λ_α dans la représentation [3] sont les matrices données par Gell-Mann et bien entendu ce résultat n'est pas très surprenant.

EXERCICE ▐▬▬▬▬▬▬▬▬▬▬

8.2 Propriétés de transformation des états de l'anti-triplet [$\overline{3}$]

Problème. Montrer que les états $|\overline{q}_i\rangle$ de l'anti-triplet [$\overline{3}$] se transforment selon :

$$|\overline{q}_i\rangle' = \hat{\overline{U}}(\boldsymbol{\theta})\,|\overline{q}\rangle = \sum_j |\overline{q}_j\rangle\,\overline{U}_{ji}(\boldsymbol{\theta})\,. \qquad (1)$$

L'opérateur de transformation unitaire est donné par :

$$\hat{\overline{U}}(\boldsymbol{\theta}) = \exp\left(-i\sum_\alpha \theta_\alpha \hat{\overline{F}}_\alpha\right)\,, \quad \hat{\overline{F}}_\alpha = -\tfrac{1}{2}\hat{\lambda}_\alpha^*\,, \qquad (2)$$

avec la représentation matricielle :

$$\overline{U}_{ji}(\boldsymbol{\theta}) = \langle \overline{q}_j\,|\hat{\overline{U}}(\boldsymbol{\theta})|\,\overline{q}_i\rangle = U_{ji}^*(\boldsymbol{\theta})\,. \qquad (3)$$

Solution. Pour démontrer ce théorème, nous partirons de la transformation des états du triplet :

$$\hat{U}(\boldsymbol{\theta}) = \exp(-\mathrm{i}\boldsymbol{\theta}\hat{\boldsymbol{F}})$$
$$|q_i\rangle' = \hat{U}(\boldsymbol{\theta})\,|q_i\rangle \ . \tag{4}$$

L'équation conjuguée s'écrit :

$$|q_i\rangle'^* = \hat{U}^*(\boldsymbol{\theta})\,|q_i\rangle^* \ , \tag{5}$$

avec :

$$\hat{U}^*(\boldsymbol{\theta}) = \exp(+\mathrm{i}\boldsymbol{\theta}\cdot(\hat{\boldsymbol{F}})^*) \equiv \exp(-\mathrm{i}\boldsymbol{\theta}\cdot\bar{\hat{\boldsymbol{F}}}) \ . \tag{6}$$

Les opérateurs $-\hat{\boldsymbol{F}}^* = \bar{\hat{\boldsymbol{F}}}$ sont les générateurs de l'anti-triplet $[\bar{3}]$. Ils sont introduits de telle sorte que, conformément à (8.18), l'exposant (remarquons le signe moins) soit : $-\mathrm{i}\boldsymbol{\theta}\bar{\hat{\boldsymbol{F}}}$. La conjugaison complexe ne change pas les propriétés de la multiplication matricielle, mais elle change le signe de la partie droite des relations de commutation. Ceci est compensé par le signe moins additionnel pour que $(-\hat{\boldsymbol{F}}^*)$ redonne la représentation. Selon (8.1), les générateurs sont donnés par $\bar{\hat{F}}_i = -(\hat{F}_i)^*$ ou $(\bar{\hat{F}}_\alpha = -\lambda_\alpha^*/2)$, c'est-à-dire : $\hat{T}_3$ et $\hat{Y}_3$ (également leurs valeurs propres) sont multipliés par (-1). Cette propriété caractérise clairement les propriétés de l'anti-triplet. Les états $|q_i\rangle^*$ seront donc appelés états de l'anti-triplet et nous les noterons $|\bar{q}_i\rangle$. Le changement de notation $|q_i\rangle^* \to |\bar{q}_i\rangle$ et $-\hat{F}_i^* \to \bar{\hat{F}}_i$ ne doit pas être confondu avec la conjugaison hermitique. Dans l'exercice suivant, nous démontrerons qu'il n'existe pas de transformation unitaire reliant $\hat{U}$ et $\hat{U}^*$, c'est-à-dire que $[3]$ et $[\bar{3}]$ constituent des représentations indépendantes.

EXERCICE ▰▰▰▰▰▰▰▰▰▰▰▰▰▰▰▰▰▰

8.3 Non-équivalence des deux représentations fondamentales de SU(3)

Problème. Montrer que les représentations $[3]$ et $[\bar{3}]$ (triplet et anti-triplet) sont des représentations fondamentales différentes qui ne peuvent pas être déduites l'une de l'autre.

Solution. Nous avons établi dans l'exercice 8.2 que les générateurs $\bar{\hat{F}}_\alpha = -\hat{\lambda}_\alpha^*/2$ appartiennent aux générateurs de $[\bar{3}]$, tandis que $\hat{F}_\alpha = \hat{\lambda}_\alpha/2$ sont les générateurs de $[3]$. Ceci entraîne que les états $\bar{q}_i$ sont transformés avec $\hat{U}^*(\theta_\alpha)$ et non $\hat{U}(\theta_\alpha)$. Si les représentations étaient équivalentes, leurs générateurs différeraient seulement par une transformation unitaire $\hat{S}$, c'est-à-dire :

$$\hat{S}\hat{F}_\alpha\hat{S}^{-1} \overset{!}{=} \bar{\hat{F}}_\alpha \quad \text{ou} \quad \hat{S}\hat{\lambda}_\alpha\hat{S}^{-1} = -\hat{\lambda}_\alpha^* \ . \tag{1}$$

En appliquant cette transformation à l'équation aux valeurs propres des $\hat{\lambda}_\alpha$, soit $\hat{\lambda}_\alpha |q_i\rangle = \lambda |q_i\rangle$ (dans laquelle λ est la valeur propre),

$$\hat{S}\hat{\lambda}_\alpha |q_i\rangle = \hat{S}\lambda |q_i\rangle = \lambda\hat{S} |q_i\rangle = \hat{S}\hat{\lambda}_\alpha\hat{S}^{-1}\hat{S} |q_i\rangle \; , \tag{2}$$

avec :

$$\hat{S} |q_i\rangle = |q_i\rangle' \; .$$

Dans l'hypothèse (1), on obtient :

$$-\hat{\lambda}_\alpha^* |q_i\rangle' = \lambda |q_i\rangle' \; ,$$

donc $\hat{\lambda}_\alpha$ doit avoir les mêmes valeurs propres que $-\hat{\lambda}_\alpha^*$. Les matrices $\hat{\lambda}_\alpha$ sont hermitiques, soit :

$$\hat{\lambda}_\alpha = \hat{\lambda}_\alpha^\dagger = (\hat{\lambda}_\alpha^*)^T \; ,$$

où T désigne l'opération de transposition. Puisque le déterminant d'une matrice et de sa transposée sont égaux, $\hat{\lambda}_\alpha^*$ et $\hat{\lambda}_\alpha$ ont les mêmes valeurs propres λ, déterminées par l'équation générale :

$$\det(\hat{\lambda}_\alpha - \lambda\hat{I}) = \det(\hat{\lambda}_\alpha^* - \lambda\hat{I}) = 0 \; . \tag{3}$$

Par conséquent, les valeurs propres de $-\hat{\lambda}_\alpha^*$ diffèrent de celles de $\hat{\lambda}_\alpha$ par un signe. Un calcul explicite donne pour les valeurs propres de tous les $\hat{\lambda}_\alpha$: -1, 0 et $+1$, avec l'exception pour $\hat{\lambda}_8$ qui a les valeurs propres $1/\sqrt{3}$ (deux fois) et $-2/\sqrt{3}$; nous voyons donc que $\hat{\lambda}_8$ et $\hat{\lambda}_8^*$ ont des valeurs propres distinctes. La conséquence est qu'il n'existe aucune transformation changeant [3] en [$\bar{3}$], et donc triplet et anti-triplet sont des représentations indépendantes. Nous pouvions deviner ce résultat car les opérateurs $\hat{U}$ lient uniquement les états appartenant à un multiplet donné. Les états de l'anti-triplet ne peuvent se transformer en états du triplet à l'aide des générateurs $\hat{F}_i$ (remarquons qu'il n'en est pas de même pour le groupe SU(2) pour lequel doublet et anti-doublet sont des représentations équivalentes, la raison tenant au fait que les générateurs $\hat{\tau}_i$ ont tous les mêmes valeurs propres -1 et $+1$!).

8.3 Construction de l'ensemble des multiplets SU(3) à partir des représentations élémentaires [3] et [3̄]

Nous venons de voir l'importance du rôle des représentations non triviales les plus simples [3] et [3̄] de SU(3), pour la construction des multiplets plus élevés (présentés dans les chapitres antérieurs). Nous noterons l'analogie avec SU(2), pour lequel nous avons également été en mesure de dériver la structure générale des multiplets de l'algèbre des moments angulaires [algèbre de Lie de SU(2)]. Le résultat en était qu'à chaque valeur $j = 0, \frac{1}{2}, 1, \frac{3}{2}, \ldots$ correspondait un multiplet de dimension $(2j + 1)$ avec les états $|jm\rangle$, $m = +j, \ldots, -j$. Un autre moyen de construire les multiplets de SU(2) consiste à réaliser des couplages successifs des doublets fondamentaux $j = \frac{1}{2}, m = \frac{1}{2}, -\frac{1}{2}$. Nous utilisons le fait que chaque spin j peut être représenté par des couplages successifs de spins $+1/2$ entre eux. Ceci s'écrira en termes mathématiques ainsi :

$$|\tfrac{1}{2}] \otimes [\tfrac{1}{2}] = [\tfrac{1}{2}]^2 = [1] \oplus [0] \quad \text{ou}$$
$$|\tfrac{1}{2}] \otimes [\tfrac{1}{2}] \otimes [\tfrac{1}{2}] = [\tfrac{1}{2}]^3 = [\tfrac{3}{2}] \oplus [\tfrac{1}{2}] \oplus [\tfrac{1}{2}] \,.$$

En décomposant les produits Kroneckériens (ou tensoriels) (à droite) en sommes directes, des représentations irréductibles particulières de SU(2), c'est-à-dire des multiplets de moment angulaire total J, peuvent apparaître à plusieurs reprises, comme nous l'avons vu plus haut.

L'exemple ci-dessus est celui où le moment angulaire total $J = \frac{1}{2}$ apparaît deux fois. Nous avons ici affaire aux différentes possibilités de couplage : les deux premiers états $j = \frac{1}{2}$ peuvent se coupler à $j' = 1$ et $j' = 0$. Couplés au troisième état $j = \frac{1}{2}$, ces j' peuvent produire un moment angulaire total $J = \frac{1}{2}, \frac{3}{2}$ (couplage de $j' = 1$ avec $\frac{1}{2}$) et $J = \frac{1}{2}$ (couplage de $j = 0$ avec $\frac{1}{2}$). Ceci est illustré figure 8.4, qui montre les couplages multiples du multiplet fondamental $j = \frac{1}{2}$ [doublet de SU(2)] à différents moments angulaires J. Le moment $J = 1$ apparaît trois fois dans le produit tensoriel $[\frac{1}{2}]^4$. Les configurations à gauche re-

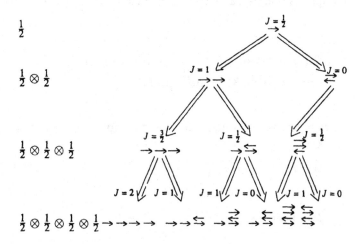

Fig. 8.4. Couplages multiples de spins $\frac{1}{2}$ donnant un spin total J

présentent les couplages alignés, c'est-à-dire l'addition parallèle maximum des moments angulaires. Ceci se construit de manière unique. Le moment angulaire le plus élevé (schéma aligné) du produit $[\frac{1}{2}]^n$ est $J_{max} = n/2$. Physiquement, ceci, correspond à l'assemblage de particules élémentaires de moment angulaire $j = \frac{1}{2}$ produisant des particules composites de moment angulaire J. La symétrie de rotation est conservée dans ce processus.

De façon semblable, dans le cas de SU(3), on peut construire des multiplets au moyen des représentations fondamentales [3] ou [3̄]. Les classifications générales des multiplets SU(3) et leur construction ont été présentées dans les chapitres précédents. La méthode est similaire à la classification générale des multiplets SU(2) en utilisant l'algèbre de moment angulaire. Une différence essentielle par rapport à SU(2) est l'apparition de deux représentations fondamentales.

La construction de toutes les représentations irréductibles de SU(3) nécessite en principe uniquement l'une des représentations fondamentales [3] ou [3̄]. La raison étant que les états de la représentation [3̄] peuvent être déduits de la représentation [3] par des produits tensoriels et réciproquement (nous démontrerons ceci ultérieurement à propos de la réduction des produits de représentation) :

$$[3] \otimes [3] = [6] \oplus [\bar{3}] , \quad [\bar{3}] \otimes [\bar{3}] = [\bar{6}] \oplus [3] .$$

Mais, pour des raisons physiques, nous avons besoin des deux représentations fondamentales car les quarks (représentés par [3]) et les anti-quarks (représentés par [3̄]) diffèrent par leur nombre baryonique ($B = \frac{1}{3}$ pour les quarks, $B = -\frac{1}{3}$ pour les anti-quarks) et leur charge. Le produit tensoriel général pour SU(3) contient p triplets et q anti-triplets ;

$$\underbrace{[3] \otimes [3] \otimes \ldots [3]}_{p \text{ fois}} \otimes \underbrace{[\bar{3}] \otimes [\bar{3}] \otimes \ldots [\bar{3}]}_{q \text{ fois}} . \tag{8.20}$$

Par la suite, nous allons décomposer ce produit en séparant la représentation la plus forte obtenue, puis en réitérant cette procédure avec la partie restante. Physiquement, ceci correspond à la construction de particules composites à partir des quarks et anti-quarks en conservant toujours la symétrie SU(3).

8.4 Construction de la représentation $D(p, q)$ sur des quarks et anti-quarks

Nous noterons les vecteurs de base des triplets fondamentaux (pour états de quarks) :

(a)   [3] : $|T_3, Y\rangle$,

avec les nombres quantiques :

$$(T_3, Y) = (\tfrac{1}{2}, \tfrac{1}{3}) , \quad (-\tfrac{1}{2}, \tfrac{1}{3}) , \quad (0, -\tfrac{2}{3}) \tag{8.21}$$

et

(b) $[\overline{3}]$: $\left|\overline{T}_3, \overline{Y}\right\rangle$ avec

$$(\overline{T}_3, \overline{Y}) = (0, \tfrac{2}{3}), \quad (\tfrac{1}{2}, -\tfrac{1}{3}), \quad (-\tfrac{1}{2}, -\tfrac{1}{3}) . \tag{8.22}$$

Le produit direct est donné par l'ensemble de tous les états produits, de la forme :

$$\left|T_3(1), Y(1)\right\rangle \left|T_3(2), Y(2)\right\rangle \ldots \left|T_3(p), Y(p)\right\rangle \left|\overline{T}_3(1), \overline{Y}(1)\right\rangle$$
$$\ldots \left|\overline{T}_3(q), \overline{Y}(q)\right\rangle . \tag{8.23}$$

Ces vecteurs caractérisent un *état à p quarks* et *q anti-quarks*, en raison de l'additivité de $\hat{T}_3$ et de l'hypercharge $\hat{Y}$,

$$\hat{T}_3 = \sum_i \hat{T}_3(i) , \quad \hat{Y} = \sum_i \hat{Y}(i) \tag{8.24}$$

(les sommes portent sur toutes les particules). Ces états *multi-quarks* ont des valeurs propres T_3 et Y telles que :

$$(T_3, Y) = \left(\sum_{i=1}^{p} T_3(i) + \sum_{i=1}^{q} \overline{T}_3(i) , \quad \sum_{i=1}^{p} Y(i) + \sum_{i=1}^{q} \overline{Y}(i) \right) . \tag{8.25}$$

Selon la terminologie mathématique, cette paire de valeurs propres désigne le «*poids*» de l'état (8.23). Un poids (T_3, Y) est appelé «plus fort» que (T_3', Y') si

$$T_3 > T_3' \quad \text{ou} \quad T_3 = T_3' \quad \text{et} \quad Y > Y' .$$

Nous écrirons alors :

$$(T_3, Y) > (T_3', Y') . \tag{8.26}$$

Ceci va être illustré dans les exemples qui suivent.

EXEMPLE ▆▆▆▆▆▆▆▆▆▆▆▆▆▆▆▆

8.4 Poids d'un état

Selon nos définitions ci-dessus, nous pouvons écrire :

$$(\tfrac{1}{2}, \tfrac{1}{3}) > (-\tfrac{1}{2}, \tfrac{1}{3}) \quad (\tfrac{1}{2}, \tfrac{1}{3}) > (0, \tfrac{2}{3}) ,$$

ou encore :

$$(\tfrac{1}{2}, +1) > (\tfrac{1}{2}, -1) .$$

Nous dirons que les poids à gauche sont plus forts que ceux de droite.

EXEMPLE

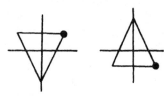

États de poids maximum dans [3] et [3̄]

8.5 Poids maximum d'un triplet [3] et d'un triplet [3̄]

D'après les diagrammes Y-T_3 des représentations [3̄] et [3] nous voyons immédiatement les poids maximum (voir figure 8.3) ;

[3] : $(T_3, Y)_{\max} = (\tfrac{1}{2}, \tfrac{1}{3})$,

[3̄] : $(T_3, Y)_{\max} = (\tfrac{1}{2}, -\tfrac{1}{3})$.

Ces points sont désignés à l'extême droite sur le schéma.

Nous voyons sur les exemples précédents que l'état de poids maximum à (p-quarks, q anti-quarks) consiste en celui qui a p quarks de poids maximum et q anti-quarks de poids maximum, c'est-à-dire, p états de quarks $|\tfrac{1}{2}, \tfrac{1}{3}\rangle$ et q états d'anti-quark $|\tfrac{1}{2}, -\tfrac{1}{3}\rangle$. Cet état est caractérisé par :

$$(T_3)_{\max} = \frac{p+q}{2} , \quad (Y)_{\max} = \frac{p-q}{3} . \tag{8.27}$$

Il s'ensuit que chaque multiplet contient un seul état de poids maximum, comme il apparaît par construction. Par contre, il existe plusieurs possibilités pour obtenir des états de plus faible poids. Par exemple, des états tels que $[(T_3)_{\max} - 1, Y_{\max}]$ s'obtiennent en remplaçant un (et un seulement) des facteurs $|\tfrac{1}{2}, \tfrac{1}{3}\rangle$ ou $|\tfrac{1}{2}, -\tfrac{1}{3}\rangle$ de l'état de poids maximum :

$$|\tfrac{1}{2}, \tfrac{1}{3}\rangle_1 \dots |\tfrac{1}{2}, \tfrac{1}{3}\rangle_p \, |\tfrac{1}{2}, -\tfrac{1}{3}\rangle_1 \dots |\tfrac{1}{2}, -\tfrac{1}{3}\rangle_q ,$$

par un état $\left|-\tfrac{1}{2}, \tfrac{1}{3}\right\rangle$ ou $\left|-\tfrac{1}{2}, -\tfrac{1}{3}\right\rangle$.

À partir de l'état de poids maximum, nous sommes maintenant en mesure de générer l'ensemble du multiplet au moyen des opérateurs d'échange $\hat{T}_{\pm}, \hat{U}_{\pm}, \hat{V}_{\pm}$ (ceci a été présenté en détail dans les chapitres précédents). Considérons l'exemple d'une représentation $D(p, q)$ dans le cas particulier $p = 2$, $q = 1$ (voir l'illustration sur la figure 8.5). L'état de plus fort poids est situé au point A. Son poids sera $[T_{3\max} = (p+q)/2, Y_{\max} = (p-q)/3]$, et nous savons qu'en partant du point A, nous pouvons atteindre le point B par p' pas le long de la ligne V ; puis après q' pas sur la ligne T, le point C sera atteint. Les valeurs p' et q' sont pour le moment inconnues, mais, puisque $T_3 = 0$ en D, nous avons :

$$(T_3)_{\max} = \frac{q'}{2} \times 1 + p' \times \frac{1}{2} = \frac{q' + p'}{2} . \tag{8.28}$$

A appartient au multiplet U :

$$(U_3)_{\min} = -\tfrac{1}{2} q' . \tag{8.29}$$

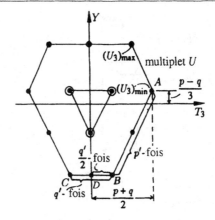

Fig. 8.5. Explication sur le multiplet $D(p, q)$ dans le cas particulier $D(2, 1)$

Nous avons par ailleurs :

$$(T_3)_{\max} = \frac{p+q}{2} \quad \text{et}$$

$$(U_3)_{\min} = \frac{1}{2} \left(\frac{3}{2} Y_{\max} - (T_3)_{\max} \right) = \frac{1}{2} \times \left(\frac{3}{2} \left(\frac{p-q}{3} \right) - \frac{p+q}{2} \right) = -\frac{1}{2} q .$$

À l'aide de (8.28, 29) nous pouvons déterminer p' et q' :

$$\frac{p+q}{2} = \frac{p'+q'}{2} , \quad -\frac{q}{2} = -\frac{q'}{2} ,$$

d'où :

$$p' = p , \quad q' = q . \tag{8.30}$$

Ce qui montre que $D(p, q)$ représente le multiplet de SU(3) le plus fort de la configuration à p quarks, q anti-quarks (8.21, 23). Nous avons établi une relation importante entre la structure générale du multiplet et le nombre d'états de quarks/anti-quarks, qui peuvent former cet état maximum.

8.4.1 Représentations SU(3) simples

Les multiplets les plus simples de SU(3) sont représentés figure 8.7 tandis que la figure 8.6 représente un multiplet supérieur.

L'inspection du contour nous fournit directement les valeurs de p et q. Avec (8.27), nous obtenons alors $(T_3)_{\max}$ et $(Y)_{\max}$, c'est-à-dire les coordonnées du point extérieur extrême du réseau. De ce point, nous pouvons construire simplement les coordonnées de tous les autres points du réseau. L'origine des coordonnées du système ($T_3 = 0$, $Y = 0$) et les symétries variées des figures complètent les outils nécessaires.

Dans les représentations $D(1, 0)$ et $D(0, 1)$, nous retrouvons la présence des quarks et anti-quarks. Le multiplet $D(3, 0) = [10]$ représente les résonances baryoniques que nous avons rencontrés dans l'exercice 6.5. La dimension, soit le nombre d'états du multiplet sera notée [10]. Des relations semblables

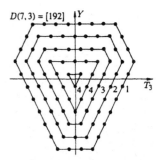

Fig. 8.6. Diagramme T_3-Y pour un multiplet supérieur de SU(3). Les nombres indiquent les multiplicités des états sur les couches successives

Fig. 8.7. Les multiplets les plus simples de SU(3)

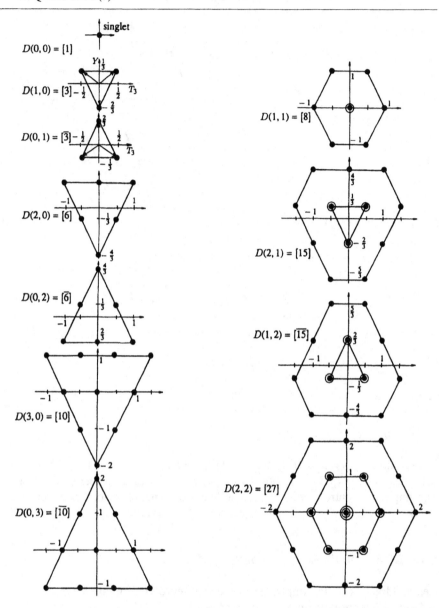

s'établissent pour toutes les autres représentations. Les baryons trouvés dans l'exercice 6.3 apparaissent sur l'octet $D(1, 1) = [8]$; et de même pour les antibaryons. Les centres ($T_3 = 0$, $Y = 0$) sont occupés par deux états chacun.

EXEMPLE ████████████████████

8.6 Mésons pseudo-scalaires

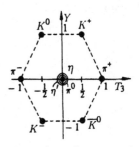

Nonet des mésons pseudo-scalaires

Les particules élémentaires de spin 0 et parité impaire sont appelés *mésons pseudo-scalaires*. Ce ne sont pas des scalaires à cause de la parité impaire, mais des particules pseudo-scalaires dont la fonction d'onde change de signe par l'inversion d'espace $r' = -r$. La table suivante résume leurs propriétés, reliées au fait qu'ils possèdent tous mêmes spin et parité. Les moments magnétiques sont nuls ($\mu = 0$) en raison de l'absence de spin. Les mésons pseudo-scalaires trou-

Propriétés des mésons pseudo-scalaires ($S = 0$, parité impaire)

Nom	Symbole	Charge	T spin	T_3 isospin	Y hyper-charge	Masse [MeV]	d. vie [s]	Mode principal	Mode principal [%]
Pions	π^+	$+1$	1	1	0	139,57	$2{,}60 \cdot 10^{-8}$	$\pi^+ \to \mu^+ + \nu_\mu$	100
	π^0	0	1	0	0	134,97	$0{,}89 \cdot 10^{-16}$	$\pi^0 \to \gamma + \gamma$	98,8
	π^-	-1	1	-1	0	139,57	$2{,}60 \cdot 10^{-8}$	$\pi^- \to \mu^- + \bar{\nu}_\mu$	100
Kaons	K^+	$+1$	1/2	1/2	1	493,82	$1{,}235 \cdot 10^{-8}$	$K^+ \to \mu^+ + \nu_\mu$	63,8
								$\to \pi^+ + \pi^0$	20,9
								$\to \pi^+ + \pi^+ + \pi^-$	5,6
	K^-	0		$-1/2$	-1	493,82	50% K_s + 50% K_l	voir texte	
	K^0	-1	1/2	$-1/2$	-1	493,82	$1{,}235 \cdot 10^{-8}$	$K^- \to \mu^- + \bar{\nu}_\mu$	63,8
								$\to \pi^- + \pi^0$	20,9
								$\to \pi^- + \pi^+ + \pi^-$	5,6
	$\overline{K}^0$	0		1/2	-1	497,82	50% K_s + 50% K_l	voir texte	
K_0 court	$K_s \equiv K_1^0$	0	1/2	$-1/2$	1	497,7	$0{,}88 \cdot 10^{-10}$	$\pi^+ + \pi^-$	70
								$\pi^0 \pi^0$	30
K_0 long	$K_l \equiv K_2^0$	0			1	497,7	$5{,}77 \cdot 10^{-8}$	$3\pi^0$	22
								$\pi^+ + \pi^- + \pi^0$	12
								$\pi^\pm + \mu^\mp + \nu_\mu$	27
								$\pi^\pm + e^\mp + \nu_e$	39
méson Éta	η	0	0	0	0	548,6	ca. 10^{-20}	$\eta \to \gamma\gamma$	38
								$\to \pi^0 + \gamma\gamma$	2
								$\to 3\pi^0$	31
								$\to \pi^+ + \pi^- + \pi^0$	2
méson Éta-prime	η'	0	0	0	0	958	$> 6{,}6 \cdot 10^{-22}$	$\eta' \to \gamma\gamma$	23
								$\to \eta + \pi^+ \pi^-$	67,6
								$\to \varrho^0 + \gamma$	30,4

vent leur place simplement dans le diagramme ; ils sont ainsi membres d'un multiplet $D(1, 1) = [8]$ de SU(3). La particule η' ne semble pas y trouver sa place, ce qui fournit l'indication d'un singlet de SU(3) que nous repésenterons à part. Si on l'adjoint au point $(T_3 = 0, Y = 0)$ de l'octet, on parle du diagramme du «*nonet des mésons pseudo-scalaires*», comme illustré ci-dessus.

EXEMPLE ▬▬▬▬▬▬▬▬▬

8.7 Exemple : les mésons $\overline{K}^0$ et K^0 et leurs décroissances

Les mésons K^0 et $\overline{K}^0$ sont des particules singulières, la première étant la particule et la seconde son anti-particule :

$$\overline{(K^0)} = \overline{K}^0 .$$

L'inspection de leurs modes de décroissance révèle une chose intrigante[7] : *ils se produisent avec des durées de vie distinctes.* Ceci est remarquable puisque normalement une particule instable (caractérisée par sa masse M et sa durée de vie τ) est décrite par un état quantique :

$$|\psi(t)\rangle = \exp(-\mathrm{i}Mc^2t/\hbar) \exp(-\Gamma t/2\hbar) |\psi(0)\rangle , \tag{1}$$

avec $\Gamma = \hbar/\tau$. Si, par exemple la particule qui décroit est un méson π^- donnant $\mu^- + \overline{\nu}_\mu$, alors le taux d'observation de paires $\mu^- \overline{\nu}_\mu$ au temps t est donné par :

$$R(\mu^- \overline{\nu}_\mu, t) = R_0 \exp(-\Gamma t/\hbar) , \quad \text{avec} \tag{2}$$
$$R_0 = 2\pi \left| \langle \mu^- \overline{\nu}_\mu | \hat{H}_{\mathrm{in}} | \psi(0)\rangle \right|^2 ,$$

où $\hat{H}_{\mathrm{in}}$ est le hamiltonien d'interaction faible. Nous en déduisons une *loi de décroissance exponentielle* confirmée par la décroissance observée pour d'autres systèmes de particules. Cette loi est vraie également si une particule – telle que le pion – décroît selon des modes différents ; seule la constante R_0 change. En considérant par exemple le mode *beta* de la particule π^-,

$$\pi^- \to \pi^0 + \mathrm{e}^- + \overline{\nu}_\mathrm{e} , \tag{3}$$

qui se produit assez rarement comparé au mode μ^-, on trouve comme pour (2),

$$R'(\pi^0 \mathrm{e}^- \overline{\nu}_\mathrm{e}, t) = R'_0 \exp(-\Gamma t/\hbar) , \tag{4}$$

où :

$$R'_0 = 2\pi \left| \langle \pi^0 \mathrm{e}^- \overline{\nu}_\mathrm{e} | \hat{H}_{\mathrm{in}} | \psi(0)\rangle \right|^2 .$$

---

[7] Voir W. Greiner, B. Müller : *Gauge Theory of Weak Interactions*, 2nd ed. (Springer, Berlin, Heidelberg 1996) ; P. Roman : *Theory of Elementary Particles* (North Holland, Amsterdam 1960).

On peut voir que le rapport

$$\frac{R'(\pi^0 e^- \bar{\nu}_e, t)}{R(\mu^- \bar{\nu}_\mu, t)} = \frac{|\langle \pi^0 e^- \bar{\nu}_e | \hat{H}_{in} | \psi(0) \rangle|^2}{|\langle \mu^- \bar{\nu}_\mu | \hat{H}_{in} | \psi(0) \rangle|^2} \tag{5}$$

Exemple 8.7

est toujours *indépendant du temps* et très faible ($3 \cdot 10^{-8}$). La décroissance des mésons chargés K est analogue : les trois modes possibles pour K^+ et K^-, présentés dans la table précédente, sont décrits usuellement avec la *même* durée de vie $\tau_K = 1{,}235 \cdot 10^{-8}$ s. Les rapports des taux d'observation des différents modes (rapports d'embranchement) sont aussi indépendants du temps.

Cependant les mésons neutres K (K^0, $\overline{K}^0$) n'ont pas la même durée de vie. *Ils décroissent plus rapidement dans la voie à deux pions (courte durée de vie) que dans la voie à trois pions (longue durée de vie)* :

$$\left. \begin{aligned} K^0 &\to \pi^+ + \pi^- \\ \overline{K}^0 &\to \pi^+ + \pi^- \end{aligned} \right\} \quad \tau_s = 0{,}9 \cdot 10^{-10} \text{ s} \tag{6a}$$

et

$$\left. \begin{aligned} K^0 &\to \pi^0 + \pi^0 + \pi^0 \\ &\to \pi^+ + \pi^- + \pi^0 \\ \overline{K}^0 &\to \pi^0 + \pi^0 + \pi^0 \\ &\to \pi^+ + \pi^- + \pi^0 \end{aligned} \right\} \quad \tau_l = 5 \cdot 10^{-8} \text{ s} . \tag{6b}$$

Cette observation peut être interprétée en mécanique quantique si les deux états

$$\left| K^0 \right\rangle \quad \text{et} \quad \left| \overline{K}^0 \right\rangle \tag{7}$$

peuvent former deux états linéairement indépendants[8]

$$\left| K_l^0(t) \right\rangle = p \left| K^0 \right\rangle + q \left| \overline{K}^0 \right\rangle , \quad \left| K_s^0(t) \right\rangle = r \left| K^0 \right\rangle + s \left| \overline{K}^0 \right\rangle \tag{8}$$

avec des masses différentes (M_l, M_s respectivement) et des durées de vie (τ_l, τ_s). On parlera alors *de mélange* K_0-$\overline{K}_0$. Ces nouveaux états, donnés par (8), évoluent avec le temps selon :

$$\left| K_l^0(t) \right\rangle = \exp\left\{ -\left(i\frac{M_l c^2}{\hbar} + \frac{1}{2}\frac{\Gamma_l}{\hbar} \right) t \right\} \left| K_l^0(0) \right\rangle ,$$
$$\left| K_s^0(t) \right\rangle = \exp\left\{ -\left(i\frac{M_s c^2}{\hbar} + \frac{1}{2}\frac{\Gamma_s}{\hbar} \right) t \right\} \left| K_s^0(0) \right\rangle \tag{9}$$

avec les largeurs $\Gamma_s = \hbar/\tau_s$ et $\Gamma_l = \hbar/\tau_l$. L'inversion de (8) conduit à :

$$\left| K^0(t) \right\rangle = a \left| K_l^0(t) \right\rangle + b \left| K_s^0(t) \right\rangle ,$$
$$\left| \overline{K}^0(t) \right\rangle = c \left| K_l^0(t) \right\rangle + d \left| K_s^0(t) \right\rangle , \tag{10}$$

[8] Les indices l et s sont des abréviations usuelles pour les durées de vie longue et courte (short) respectivement.

Exemple 8.7

avec

$$a = s/(sp - rq), \qquad c = -r/(sp - rq) ,$$
$$b = -q/(sp - rq), \quad d = p/(sp - rq) . \tag{11}$$

Par conséquent, tout état arbitraire de l'espace K^0-$\overline{K}^0$ pourra toujours s'écrire sous la forme

$$|\psi(t)\rangle = \alpha \left| K_l^0(t) \right\rangle + \beta \left| K_s^0(t) \right\rangle . \tag{12}$$

Maintenant nous pouvons interpréter simplement les faits expérimentaux avec une décroissance en deux pions caractérisée par τ_s et celle en trois pions caractérisée par τ_l. Supposons que le K_s^0 à vie courte décroisse *seulement en deux pions et non en trois pions*[9],

$$\left\langle 2\pi \left| \hat{H}_{\text{in}} \right| K_s^0 \right\rangle \neq 0 , \qquad \left\langle 3\pi \left| \hat{H}_{\text{in}} \right| K_s^0 \right\rangle = 0 , \tag{13}$$

et, par contre que le K_l^0 décroisse en trois pions[9] seulement,

$$\left\langle 2\pi \left| \hat{H}_{\text{in}} \right| K_l^0 \right\rangle = 0 , \qquad \left\langle 3\pi \left| \hat{H}_{\text{in}} \right| K_l^0 \right\rangle \neq 0 . \tag{14}$$

Alors, il découle en fait de (10) que K^0 (et $\overline{K}^0$) a deux durées de vie qui dépendent du mode de décroissance. Des expériences additionnelles montrent qu'avec une bonne approximation, K^0 ainsi que $\overline{K}^0$ décroissent par le mode à deux pions dans 50% des cas et le mode à trois pions le restant du temps. Donc :

$$|p|^2 = |q|^2 = \tfrac{1}{2} \quad \text{et} \quad |r|^2 = |s|^2 = \tfrac{1}{2} . \tag{15}$$

Ces équations ne pouvant être résolues de façon unique (à cause du facteur de phase) on convient d'utiliser (au temps $t = 0$ par exemple) :

$$\left| K_l^0(0) \right\rangle \equiv |K_2\rangle = \frac{1}{\sqrt{2}} \left(\left| K^0(0) \right\rangle + \left| \overline{K}^0(0) \right\rangle \right) ,$$
$$\left| K_s^0(0) \right\rangle \equiv |K_1\rangle = \frac{1}{\sqrt{2}} \left(\left| K^0(0) \right\rangle - \left| \overline{K}^0(0) \right\rangle \right) . \tag{16}$$

Notons que les équations sont seulement vérifiées approximativement et que la solution exacte s'écrit :

$$\left| K_{s,l}^0 \right\rangle = \left(|K_{1,2}\rangle \pm \varepsilon \, |K_{1,2}\rangle \right) / \sqrt{1 + |\varepsilon|^2} , \tag{17}$$

avec, selon l'expérience[10], $\varepsilon \simeq 10^{-3}$.

---

[9] La validité approximative de cette relation indique l'invariance sous CP de l'interaction – voir W. Greiner : *Relativistic Quantum Mechanics – Wave Equations*, 2nd ed. (Springer, Berlin, Heidelberg 1997).

[10] Ces relations sont seulement approchées et plus précisément, nous avons

$$\left| \left\langle \pi^+\pi^- \left| \hat{H}_{\text{int}} \right| K_l^0 \right\rangle / \left\langle \pi^+\pi^- \left| \hat{H}_{\text{int}} \right| K_s^0 \right\rangle \right| = 1,95 \cdot 10^{-3} .$$

Par la suite, nous tirerons quelques conclusions simples de (9, 10) et (16) concernant le méson K^0. Au temps $t = 0$, un méson K^0 peut être produit, par exemple par la réaction :[11]

$$\pi^- + p \rightarrow K^0 + \Lambda$$
$$\rightarrow K^0 + \Sigma^0 \, . \tag{18}$$

Pour l'état $|\psi(t)\rangle$ dans (12) ceci conduit à :

$$|\psi(t = 0)\rangle = \left| K^0 \right\rangle = \alpha \left| K_l^0(t = 0) \right\rangle + \beta \left| K_s^0(t = 0) \right\rangle$$
$$= \frac{1}{\sqrt{2}} \left(\left| K_l^0 \right\rangle + \left| K_s^0 \right\rangle \right) \, , \tag{19}$$

d'où, en tenant compte de (16) :

$$\alpha = \beta = \frac{1}{\sqrt{2}} \, . \tag{20}$$

D'après (12), (16) et (9), pour un temps arbitraire t,

$$|\psi(t)\rangle = \frac{1}{\sqrt{2}} \exp\left(-\left(i\frac{M_l c^2}{\hbar} + \frac{1}{2}\frac{\Gamma_l}{\hbar} \right) t \right) \left| K_l^0(0) \right\rangle$$
$$+ \frac{1}{\sqrt{2}} \exp\left(-\left(i\frac{M_s c^2}{\hbar} + \frac{1}{2}\frac{\Gamma_s}{\hbar} \right) t \right) \left| K_s^0(0) \right\rangle$$

et en s'appuyant sur (16),

$$= \frac{1}{2} \left\{ \exp\left[-\left(i\frac{M_s c^2}{\hbar} + \frac{1}{2}\frac{\Gamma_s}{\hbar} \right) t \right] \right.$$
$$\left. + \exp\left[-\left(i\frac{M_l c^2}{\hbar} + \frac{1}{2}\frac{\Gamma_l}{\hbar} \right) t \right] \right\} \left| K^0 \right\rangle$$
$$+ \frac{1}{2} \left\{ \exp\left[-\left(i\frac{M_s c^2}{\hbar} + \frac{1}{2}\frac{\Gamma_s}{\hbar} \right) t \right] \right.$$
$$\left. - \exp\left[-\left(i\frac{M_l c^2}{\hbar} + \frac{1}{2}\frac{\Gamma_l}{\hbar} \right) t \right] \right\} \left| \overline{K}^0 \right\rangle \, . \tag{21}$$

---

[11] Les mésons K et les hypérons Λ sont toujours produits par paires. Il s'agit d'une «production associée». En dehors de ces réactions, il existe aussi d'autres justifications avec :

$$\pi^- + p \rightarrow K^+ + \Sigma^- \quad , \quad \pi^+ + p \rightarrow K^+ + \Sigma^+ \, .$$

Ceci est dû au fait que dans le membre de droite, seuls des quarks u et d et les anti-quarks correspondant apparaissent, mais à gauche, il apparaît un quark s et un anti-s, soit $\overline{s}$. Le quark anti-$\overline{s}$ est contenu dans le K^+, le quark s dans les Σ^- et Σ^+. La paire $s\overline{s}$ peut être produite dans une collision (voir tables 11.6 et 11.7 dans les sections 11.4 et 11.5 faisant apparaître la structure en quarks des particules).

Exemple 8.7

Cet état détermine l'évolution d'un méson K^0 produit initialement. En effet, nous avons affaire, à $t = 0$, à un méson K^0 pur, qui donne lieu à une combinaison de K^0 et $\overline{K}^0$. Si nous avons

$$\tau_l > t \gg \tau_s ,$$

K^0 et $\overline{K}^0$ sont présents chacun à 50%. Ceci conduit immédiatement au résultat paradoxal : dans un faisceau de mésons K^0, les particules non seulement décroissent, mais se transforment en d'autres particules, les mésons $\overline{K}^0$ sans autre interaction nécessaire. Les mésons $\overline{K}^0$ du faisceau peuvent se détecter expérimentalement, par exemple avec la réaction :

$$\overline{K}^0 + p \rightarrow \pi^+ + \Lambda , \tag{22}$$

si le faisceau rencontrées de la matière. Ceci est illustré sur la figure ci-dessous. Un faisceau de π^- produit des mésons K^0 en *A* qui se transforment alors en un mélange de K^0_s et de K^0_l.

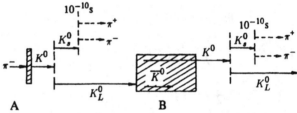

Décroissance, transformation et régénération de mésons K^0

Les mésons K^0_s produiront des pions, laissant uniquement des K^0_l se propager. Selon (16), ce faisceau correspond à une combinaison linéaire de K^0 et $\overline{K}^0$. Les $\overline{K}^0$ sont absorbés dans la cible *B* par la réaction (22), et un faisceau de K^0 émergera donc de *B*, le processus se répétant de lui-même ensuite. Les expériences de cette sorte sont appelés de «*régénération*» et sont devenues affaire de routine dans les laboratoires de physique des hautes énergies.

Pour une meilleure compréhension de ce type d'expériences, on peut encore se référer aux expériences analogues avec des ondes lumineuses polarisées (voir figure ci-dessous). Les deux directions de polarisation d'un faisceau de lumière de polarisation rectiligne transverse, correspondent aux deux états K^0 et $\overline{K}^0$. Comme l'indique la figure, la lumière incidente peut être polarisée dans le plan de la feuille et traverser un milieu entre *A* et *B* qui tourne le vecteur polarisation d'un certain angle ; supposons un angle de 45° en *B*. Ensuite, ce faisceau sera filtré de telle sorte qu'en *C* la polarisation reprenne la direction qu'elle avait en *A* ; puis le processus recommence. La direction de la polarisation en *A* et *C* correspond donc à la particule K^0 derrière *A* et *B* sur la figure précédente, tandis que la direction de polarisation en *B* et *D* correspond à la particule K^0_l.

Expérience de régénération avec un faisceau de lumière de polarisation linéaire

Cette analogie résulte de la nature ondulatoire de la théorie quantique. Les deux phénomènes sont essentiellement basés sur le principe de superposition, qui s'applique aussi aux ondes de probabilité (le champ de guidage des particules) de la mécanique quantique et a été utilisé par exemple pour (8) et (12). Une autre conséquence en est la possibilité d'interférence des deux particules K_l^0 et K_s^0, ce que nous avons déjà exprimé par l'équation (10). Cette interférence devient expérimentalement observable car le mode de décroissance en π du K_l^0 ne disparaît pas complètement [cf note (10) page 250]. Compte-tenu de (9) et (12), nous obtenons :

$$\langle\pi^+\pi^-|\hat{H}_{in}|\psi(t)\rangle^2 = |A\exp[-i(M_l c^2/\hbar)t]\exp[-\tfrac{1}{2}(\Gamma_l/\hbar)t]$$
$$+ B\exp[-i(M_s c^2/\hbar)t]$$
$$\times\exp[-\tfrac{1}{2}(\Gamma_s/\hbar)t]|^2 , \tag{23}$$

où :

$$A = \alpha\left\langle\pi^+\pi^-\left|\hat{H}_{in}\right|K_l^0(0)\right\rangle \quad \text{et} \quad B = \beta\left\langle\pi^+\pi^-\left|\hat{H}_{in}\right|K_s^0(0)\right\rangle$$

sont des constantes complexes. En élevant (23) au carré,

$$\left|\left\langle\pi^+\pi^-\left|\hat{H}_{in}\right|\psi(t)\right\rangle\right|^2 = |A|^2\exp[-(\Gamma_l/\hbar)t] + |B|^2\exp[-(\Gamma_s/\hbar)t]$$
$$+ 2\mathrm{Re}\{AB\}\exp[i(M_l - M_s)(c^2/\hbar)t]$$
$$\times\exp[-\frac{1}{2}(\Gamma_l + \Gamma_s)t/\hbar] . \tag{24}$$

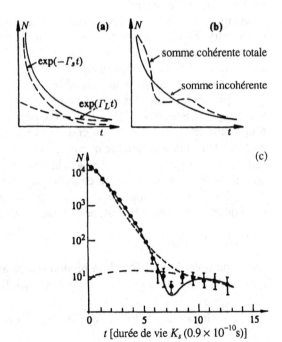

Illustration de la fonction de décroissance cohérente (**a**) de K_s^0 et K_l^0 et effet du terme cohérent d'interférence (**b**) Interférence K_l^0 et K_s^0. Décroissance observée en fonction du temps (**c**)

Les deux premiers termes à droite représentent la superposition incohérente de la décroissance de deux particules indépendantes [voir figure (a)]. De plus, il apparaît un terme d'interférence qui modifie la dépendance temporelle de la décroissance et produit l'allure de la courbe en tirets [voir figure (b)]. Les maxima et minima dépendent des valeurs des constantes A et B. Le résultat expérimental (voir figure (c) suivante) confirme clairement l'interférence de K_l^0 et K_s^0 et permet la détermination du rapport $|\langle \pi^+ \pi^- | \hat{H}_{in} | K_l^0 \rangle / \langle \pi^+ \pi^- | \hat{H}_{in} | K_s^0 \rangle|$ si α et β sont connus par l'expérience de régénération.

Des considérations similaires à celles présentées ici pour les mésons K_s^0 et K_l^0 conduisent aussi à des oscillations si on considère différentes espèces de neutrinos. Faisons l'hypothèse que les neutrinos aient une masse non nulle et qu'au moins deux d'entre eux aient une masse distincte. S'il est possible que les différents neutrinos ν_e, ν_μ, et ν_τ puissent se transformer entre eux, on s'attend à une expression analogue à (24) pour «les oscillations de neutrinos ».[12] Ces effets sont recherchés actuellement en laboratoire.

8.5 Multiplets de mésons

Les multiplets mésoniques de SU(3) diffèrent des multiplets baryoniques par quelques aspects essentiels :

Alors qu'à chaque multiplet baryonique correspond un multiplet distinct d'anti-baryons, dans le cas des mésons, on observe que particules et antiparticules appartiennent au *même* multiplet SU(3) ; c'est-à-dire qu'à chaque vecteur d'état de T_3 et Y donnés, correspond un état $-T_3$, $-Y$ du même multiplet. De plus, particules et antiparticules possèdent les mêmes spin et parité. Le nombre quantique qui distingue les deux espèces dans le cas des baryons, i.e. le nombre baryonique, s'annule ici ($B = 0$). Ceci a pour conséquence qu'à chaque état d'un multiplet, il correspond un état du même multiplet (soit le même ou un autre vecteur) qui a le nombre quantique de l'antiparticule. Chaque quark possède le nombre baryonique $B = \frac{1}{3}$, chaque anti-quark $B = -\frac{1}{3}$. Ceci résulte du fait qu'un nucléon constitué de trois quarks possède le nombre baryonique $B = +1$ et l'anti-nucléon $B = -1$. Les mésons apparaissent constitués d'une paire quark–anti-quark. En fait, nous avons vu dans la section 8.4 que :

$$[3] \otimes [\bar{3}] = [8] \oplus [1]$$

car le multiplet le plus fort d'un produit quark–antiquark est D(1, 1) = [8], et par conséquent l'état subsistant ne peut être que D(0, 0) = [1]. Ceci sera également-

[12] Voir W. Greiner, B. Müller : *Gauge Theory of Weak Interactions*, 2nd ed. (Springer, Berlin, Heidelberg 1996).

ment retrouvé dans la section 8.6. Cette décomposition correspond précisément au cas des mésons pseudo-scalaires fourni par l'exemple 8.6.

Une différence supplémentaire avec les multiplets baryoniques apparaît dans une violation de type différent de la symétrie SU(3). Considérons à cet effet deux multiplets SU(3) de mêmes spin, parité et nombre baryonique et supposons qu'à une particule du premier multiplet corresponde une particule du second avec les mêmes valeurs de T, T_3 et Y. On trouve un tel exemple avec le singlet SU(3) $T_3 = Y = 0$ et un vecteur d'état avec $T_3 = Y = 0$ qui existe aussi dans l'octet (cf les tables regroupant les propriétés des mésons). Les expériences réalisées montrent que les états physiques apparaissent comme des mélanges de ces états de multiplet. Ce *mélange* de SU(3) est plus important pour le multiplet de mésons que pour le multiplet de baryons. Chaque multiplet mésonique est ainsi lié à un singlet (de mêmes spin et parité). Puisque les deux multiplets sont mélangés, nous ferons figurer les mésons des deux multiplets dans un même nonet. On peut aussi classer les mésons par leur spin et parité :

mésons scalaires avec $\quad J^P = 0^+$
mésons pseudo-scalaires avec $\quad J^P = 0^-$
mésons tensoriels avec $\quad J^P = 2^+$
mésons pseudo-tensoriels avec $\quad J^P = 2^-$
mésons vecteurs $\quad J^P = 1^-$
mésons vecteurs axiaux avec $\quad J^P = 1^+$
etc.

EXEMPLE

8.8 Les mésons scalaires

Les données expérimentales sur les masses et modes de décroissance principaux pour ces mésons sont souvent peu précises en raison des difficultés découlant des grandes largeurs (plusieurs centaines de MeV). (Voir la table ci-dessous). La classification en multiplets ne peut être faite de façon unique en raison du

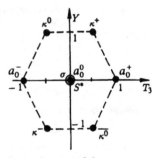

Les mésons scalaires

Propriétés des mésons scalaires

Nom	Symbole	Charge [e]	T	T_3	Y	Masse [MeV]	Largeur $\Gamma = \hbar/\tau$ [MeV]	Principaux modes
méson a_0	a_0	$\pm 1, 0$	1	± 1 / 0	0	983	50	$\eta\pi$, $K\overline{K}$
résonance K_π	κ	$+1, 0$	1/2	$\pm 1/2$	± 1	1250	~ 450	$K\pi$
résonance S*	S*	0	0	0	0	~ 993	40	$K\overline{K}$
résonance Sigma	σ	0	0	0	0	(~ 750)	(~ 600)	$\pi\pi$

Exemple 8.8

mélange. On considère le méson σ comme le singlet et l'octet est formé par les combinaisons des autres mésons. Nous voyons que l'octet contient aussi des antiparticules telles que $\kappa^0 \to \bar{\kappa}^0$ etc.

On doit signaler que l'existence du méson σ est incertaine ; des tentatives ont été faites (parmi elles le modèle appelé modèle σ de M. Gell-Mann et M. Levy)[13] pour assembler le méson σ et les trois pions en un *quadri-vecteur* invariant par symétrie $SU(2)_L \otimes SU(2)_R$ (*groupe chiral*). Le modèle *chiral* de l'interaction pion–nucléon obtenu de cette façon a obtenu un succès remarquable. Comme l'indique les noms des particules, tous les mésons ont été découverts à travers des *résonances* de réactions telles que $\pi + N$, $K + N$, et $\eta + N$ (N = nucléon) ; on les nommera donc résonances de pion, kaon, et éta .

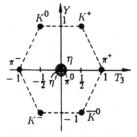

Les mésons pseudo-scalaires

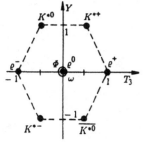

Les mésons vectoriels

EXEMPLE ▬▬▬▬▬▬

8.9 Les mésons vectoriels

Nous avons déjà rencontré les mésons rho et oméga. Il existe en plus des résonances de kaons notées $K^{*\pm}$, K^{*0} et le méson Φ. On voit dans le tableau que ces résonances constituent encore un octet semblable à celui des mésons pseudo-scalaires (π, η, η', K) (voir figure ci-contre).

Le η' est un singlet, et le Φ est aussi un singlet SU(3). Le ω et Φ doivent être considérés comme un mélange SU(3) de l'octet ω et du singlet Φ. Ceci a pu être vérifié expérimentalement. Les mésons vectoriels, en particulier le ω et le ϱ, jouent un rôle important dans la théorie des interactions nucléon–nucléon à

Propriétés des mésons vectoriels

Nom	Symbole	Charge [e]	T	T_3	Y	Masse [MeV]	Largeur $\Gamma = \hbar/\tau$ [MeV]	Principaux modes [MeV]
méson Rho	ϱ^+ ϱ^- ϱ^0	$+1$ -1 0	1 1 1	-1 -1 0	0 0 0	769	150	$\pi^0\pi^+$ $\pi^0\pi^-$ } 100% $\pi^0\pi^0$
Oméga	ω	0	0	0	0	781,9	8	$\pi^+\pi^-\pi^0$ 90% $\pi^0\gamma$ 9%
résonance Kaon	$K^{*+}K^{*-}$ $K^{*0}\overline{K^{*0}}$	$+1-1$ $0\ \ 0$	1/2	$\pm 1/2$	$+1\ -1$	892 898	50	$K\pi$ 100%
méson Phi	Φ	0	0	0	0	1019	4,4	K^+K^- 46% $K_l^0 K_s^0$ 35% $\pi^+\pi^-\pi^0$ 16,5%

---

[13] M. Gell-Mann et M. Levy : Nuovo Cimento **16**, 705 (1960).

petite distance ($\simeq 0,5 \cdot 10^{-13}$ cm)[14]. Ils sont à l'origine de la partie répulsive de l'interaction forte entre deux nucléons à faible distance.

EXEMPLE ▬▬▬▬▬▬▬

8.10 Les mésons tensoriels

Dans ce cas, f est le singlet (la résonance $\eta^{*\prime}$). Tous les autres mésons constituent un octet : A_2 est la résonance pionique, K_2^* est la résonance kaonique, et f' correspond à la résonance $\eta^{*\prime}$ (voir table et figure ci-dessous). L'importance des mésons tensoriels réside dans le fait qu'ils apparaissent comme des états intermédiaires au cours des réactions entre particules pseudo-scalaires correspondantes.

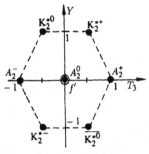

Les mésons tensoriels

Propriétés des mésons tensoriels

Nom	Symbole	Spin/Parité J^P	Charge $[e]$	T	T_3	Y	Masse [MeV]	Largeur [MeV]	Principaux modes
mésons a_2	a_2	2^+	$\pm 1, 0$	1	$\pm 1, 0$	0	1318	107	$\varrho\pi$ 70% $\eta\pi$ 15% $\omega\pi\pi$ 10% $\overline{K}K$ 50%
Kaon résonance	K_2^*	2^+	$\pm 1, 0$	1/2	$\pm 1/2$	± 1	1426	100 ± 3	$K\pi$ 49,1% $K\varrho$ 6,6% $K^*\pi$ 26,9% $K\omega$ 3,7% $K^*\pi\pi$ 11,2% $K\eta$ 2,5%
méson f'	f_2'	2^+	0	0	0	0	1525	76 ± 10	$K\overline{K}$ 100%
méson f	f_2	2^+	0	0	0	0	1274	185 ± 20	$\pi^+\pi^-$ > 81% $2\pi^+2\pi^-$ 3% $K\overline{K}$ 3%

EXEMPLE ▬▬▬▬▬▬▬

8.11 Autres résonances

Il existe aussi d'autres résonances (1^-) parmi les mésons vectoriels, par exemple les particules J ou Ψ, découvertes en 1974 à Stanford et Brookhaven ainsi qu'à DESY-Hamburg (cf chapitre 11). La caractéristique la plus inté-

---

[14] Concernant la théorie du champ de mésons et ses applications, on pourra lire : J.D. Walecka : Annals of Physics **83**, 491 (1974), et P.G. Reinhard, M. Rufa, J.A. Maruhn, W. Greiner, J. Friedrichs : Z. Phys. A **323**, 13 (1986).

Exemple 8.11   ressante de ces particules est leur durée de vie étonnamment grande ($\Gamma \simeq$ 0,067 MeV, voir la table ci-dessous) pour une masse de cette importance. Cette forte durée de vie du Ψ est une indication de la conservation d'un nombre quantique qui retarde sa décroissance ; cette quantité conservée est appelée le *charme*. Cela signifie que notre modèle des quarks doit être complété par un quatrième quark, le quark charmé c : (u, d, s, c). C'est avec ce modèle que nous pouvons comprendre la forte durée de vie du Ψ comme une conséquence de la conservation du charme. On doit alors remplacer SU(3) par un groupe de symétrie SU(4) que nous présenterons au chapitre 11.

La découverte ultérieure de particules plus lourdes (~ 9 GeV) offrant des grandes durées de vie (exemple du Υ dans la table) a permis d'introduire de façon semblable un nouveau nombre quantique (*bottom* ou *beauté*) que nous présenterons au chapitre 11.

Propriétés de quelques résonances

Nom	Symbole	Spin/Parité J^P	Charge [e]	T	T_3	Y	Masse [MeV]	Largeur [MeV]	Principaux modes [%]
J/Ψ	J/Ψ	1^-	0	0	0	0	3097	0,087	hadrons 86% e^+e^- 7% $\mu^+\mu^-$ 7%
Ψ (3700)	Ψ (3700)	1^-	0	0	0	0	3686	0,278	hadrons 98% e^+e^-, $\mu+\mu^-$1% chaque
Ψ (4160)	Ψ (4160)	1^-	0	0	0	0	4160	78±20	hadrons 98% reste $\to$ J/$\Psi + \pi$, e^+e^-
Ψ (4400)	Ψ (4400)	1^-	0	0	0	0	4415	43±20	comme Ψ (4160)
Υ (9469)	Υ (4400)	1^-	0	0	0	0	9460	0.052	e^+e^-, $\tau^+\tau^-$, $\mu^+\mu^-$, etc.

8.6 Règles de réduction pour les produits directs de multiplets de SU(3)

Nous parvenons à un stade qui nous permet d'expliciter la question de la réduction de produits de multiplets de SU(3). Nous partirons de quelques exemples et les représenterons graphiquement. Nous nous servirons pour cela des résultats fournis par le paragraphe précédent.

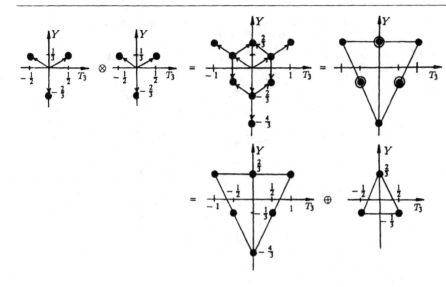

Fig. 8.8. Réduction du produit direct $[3] \otimes [3] = [6] \oplus [\bar{3}]$

Considérons tout d'abord le *produit de représentations* $[3] \otimes [3]$. Compte-tenu de (8.20) et (8.25) nous obtenons les valeurs propres des états produits correspondants :

$$|T_3(1)Y(1)\rangle \ |T_3(2)Y(2)\rangle$$

par addition vectorielle des vecteurs élémentaires dans le plan Y-T_3 (voir figure 8.8).

À chaque extrémité des vecteurs correspondant au premier facteur (multiplet [3], on attache tous les vecteurs du second facteur. Les extrémités des vecteurs somme, obtenus par cette construction, représentent tous les états possibles du produit direct sur le réseau Y-T_3. Nous obtenons un arrangement de points, partiellement occupé par deux états, qui peut être aisément décomposé en un sextet $[6] = D(2, 0)$ et un anti-triplet $[\bar{3}] = D(0, 1)$. Bien entendu, dans cette étape finale, nous tirons parti des propriétés et de la structure des multiplets SU(3) discutés auparavant. Considérons maintenant le produit $[3] \otimes [\bar{3}] = [8] \oplus [1]$ (voir figure 8.9).

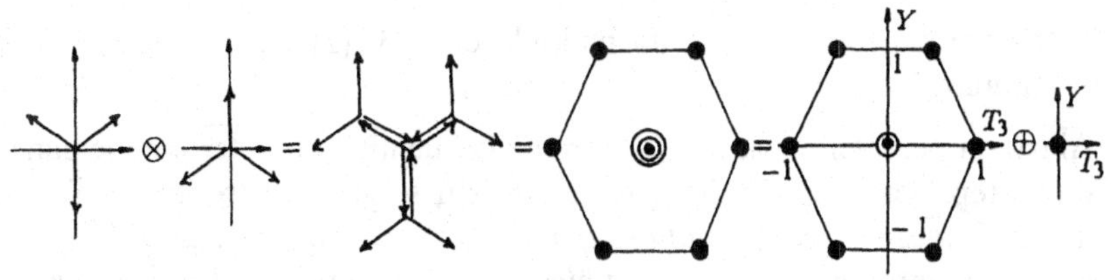

Fig. 8.9. Réduction du produit $[3] \otimes [\bar{3}] = [8] \oplus [1]$

On peut bien sûr décomposer le produit d'un triplet de quark par un triplet d'anti-quark en un octet [8] et un singlet [1]. Des produits plus complexes, comme par exemple $[3] \otimes [6]$ peuvent être décomposés de façon analogue. On part du plus fort multiplet dont les *points occupés* peuvent être placés sur le

Fig. 8.10. Réduction du produit $[3] \otimes [6] = [10] \oplus [8]$

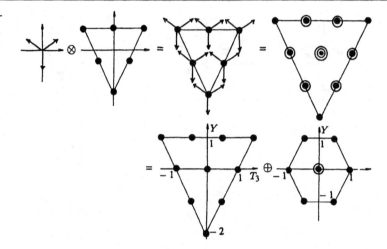

réseau. On attache ensuite les vecteurs du réseau à chacun de ces points. On obtient alors la composition d'un décuplet [10] et d'un octet [8] (voir figure 8.10). Soit donc : $[3] \otimes [6] = [10] \oplus [8]$.

À partir du poids maximum de $[3] \otimes [3]$, on voit que ce produit doit contenir [6] comme représentation la plus étendue, les états restants constituant la représentation $[\bar{3}]$. Ceci peut se déduire de (8.27) ainsi :

$$Y_{\max} = (p-q)/3 = (3n+\tau)/3 \begin{cases} \text{avec} & n = 0, \pm 1, \pm 2, \ldots \\ \text{et} & \tau = 0, 1, 2 \, \text{modulo} \, 3. \end{cases} \tag{8.31}$$

Puisque p et q sont des entiers, $Y_{\max}$ est normalement un multiple de $1/3$. Dans (8.31), $Y_{\max}$ est exprimé comme la somme d'une partie entière et d'une partie non entière (multiple de $1/3$). Par conséquent, $Y_{\max}$ est un entier uniquement si la *trialité* τ (cf (8.31)) est zéro. L'équation (8.31) peut s'interpréter comme la division en trois classes de toutes les représentations de SU(3), soit :

Classe 1 : $\tau = 0$: Y entier (exemples : $D(1, 1) = [8]$, $D(3, 0) = [10]$),

Classe 2 : $\tau = 1$: Y est un multiple de $1/3$ avec [3] comme exemple le plus simple,

Classe 3 : $\tau = 2$: Y est un multiple de $1/3$, $[\bar{3}]$ étant l'exemple le plus simple.

Ainsi, on peut définir la *trialité* comme la quantité qui détermine le caractère d'une représentation SU(3), c'est à-dire s'il s'agit d'un triplet ou d'un anti-triplet. *Toutes les représentations qui apparaissent par réduction d'un produit direct de représentations irréductibles sont d'égale trialité.* Pour les états d'un produit direct, nous aurons avec (8.25),

$$(T_3, Y) = \left(\sum_{i=1}^{p} T_3(i) + \sum_{i=1}^{q} \overline{T}_3(i), \sum_{i=1}^{p} Y(i) + \sum_{i=1}^{q} \overline{Y}(i) \right). \tag{8.32}$$

L'hypercharge des différents états de quarks du produit diffère de $[Y(i) - Y'(i)] = \frac{1}{3} - \frac{1}{3} \; ; \; \frac{1}{3} - (-\frac{2}{3}) \; ; \; -\frac{2}{3} - \frac{1}{3}$ ou d'un multiple de cette quantité [en raison de (8.21) et (8.22)]. Des relations semblables apparaissent pour les valeurs $\overline{Y}'(i)$ de ces états. En raison de (8.31), τ doit être le même pour tous les états du produit. Comme τ est une quantité additive (voir (8.31) et (8.32)), il en résulte en particulier que toutes les représentations formées par des produits de deux représentations ayant $\tau = 0$ auront également $\tau = 0$.

Concernant encore le produit $[3] \otimes [3]$; comme $[3]$ possède la trialité $\tau = 1$, alors la trialité de $D(2,0) = [6]$ est $\tau = 2$. Par conséquent, les trois états restants doivent aussi avoir $\tau = 2$, et sont donc membres de la représentation $[\bar{3}]$. Le même genre d'arguments conduit à :

$$[3] \otimes [3] \otimes [3] = ([6] \oplus [\bar{3}]) \otimes [3] = [1] \oplus [8] \oplus [8] \oplus [10] , \qquad (8.33a)$$

dans laquelle la *conservation de la trialité* est facilement vérifiable. Il est remarquable ici qu'apparaisse deux fois l'octet. De même, on trouve un résultat plus complexe pour le produit de deux octets :

$$[8] \otimes [8] = [1] \oplus [8] \oplus [8] \oplus [10] \oplus [\overline{10}] \oplus [27] . \qquad (8.33b)$$

À gauche et à droite, tous les multiplets ont la trialité $\tau = 0$. À droite $[\overline{10}]$ doit apparaître en plus de $[10]$ car $[8] \otimes [8]$ représente un ensemble de points symétriques autour de l'origine. Tous les autres multiplets à droite sont par eux-mêmes symétriques.

EXERCICE

8.12 Réduction des multiplets SU(2)

Problème. Appliquer la méthode graphique pour réduire les multiplets SU(3) au cas plus simple des multiplets SU(2) et diviser graphiquement le produit direct des doublets [2] de SU(2) :

$$[2] \otimes [2] \otimes [2] . \qquad (1)$$

Solution. Les multiplets SU(2) peuvent se représenter graphiquement de façon analogue à ceux de SU(3). Le groupe SU(2) est de rang 1 et possède de ce fait un opérateur diagonal. Dans le cas du groupe d'isospin, il s'agit de $\hat{T}_3$. Chaque représentation irréductible, chaque multiplet, peut être représenté par un segment de droite :

$$
\begin{array}{ll}
[2] = & \underset{-\frac{1}{2} \qquad \frac{1}{2}}{\times \!\!-\!\!\!-\!\! \times} \\[2mm]
[3] = & \underset{-1 \qquad 0 \qquad 1}{\times \!\!-\!\!\!-\!\! \times \!\!-\!\!\!-\!\! \times} \\[2mm]
[4] = & \underset{-\frac{3}{2} \qquad -\frac{1}{2} \qquad \frac{1}{2} \qquad \frac{3}{2}}{\times \!\!-\!\!\!-\!\! \times \!\!-\!\!\!-\!\! \times \!\!-\!\!\!-\!\! \times} .
\end{array}
$$

Dans un produit de représentations, les valeurs propres des opérateurs diagonaux sont additives. Cette addition des valeurs T_3 peut être représentée graphiquement en disposant le centre du multiplet ($T_3 = 0$) sur chaque point d'un autre multiplet.

Ainsi pour le produit $[2] \otimes [2]$

Le produit peut être séparé sous la forme

$$[2] \otimes [2] = [3] \oplus [1] . \tag{2}$$

Nous utiliserons ce résultat de façon à réduire davantage $[2] \otimes [2] \otimes [2]$:

$$[2] \otimes [2] \otimes [2] = [2] \otimes ([3] \oplus [1]) . \tag{3}$$

Appliquons la méthode graphique au produit $[2] \otimes [3]$

Ce qui conduit à :

$$[2] \otimes [3] = [4] \oplus [2] , \tag{4}$$

et finalement :

$$[2] \otimes [2] \otimes [2] = [4] \oplus [2] \oplus [2] . \tag{5}$$

Cette méthode peut sembler lourde mais elle est extrêmement utile pour des groupes plus compliqués, comme dans le cas de SU(3).

8.7 Invariance de spin U

Jusqu'à maintenant, nous avons surtout discuté le cas du groupe de spin T (isospin) – en tant que sous-groupe SU(2) du groupe SU(3) – en étudiant les multiplets de SU(3). Nous avons vu alors que l'octet de baryons pouvait être associé avec les multiplets d'isospin au moyen de l'hypercharge :

$$T = \tfrac{1}{2} : \text{n, p} \qquad (\Delta M = 2\,\text{MeV})\, Y = 1 \,,$$
$$T = 1 : \Sigma^-, \Sigma^0, \Sigma^+ \quad (\Delta M = 8\,\text{MeV})\, Y = 0 \,,$$
$$T = \tfrac{1}{2} : \Xi^-, \Xi^0 \qquad (\Delta M = 7\,\text{MeV})\, Y = -1 \,. \tag{8.34}$$

Les états d'un multiplet donné se transforment entre eux au moyen des opérateurs $\hat{T}_\pm$. À l'intérieur d'un multiplet, les différences de masse ΔM sont de l'ordre de 10 MeV, soit 1% de la masse de la particule. Nous dirons alors que la *symétrie d'isospin est légèrement brisée*.

En dehors de l'isospin, nous avons rencontré le spin U et le spin V comme sous-groupes SU(2) de SU(3). Prenons le cas du spin U. Les états d'un multiplet de spin U se transforment entre eux par application des opérateurs $\hat{U}_\pm$. La figure 8.11 indique ainsi pour le multiplet :

1. Σ^-, Ξ^- avec $\Delta M = 124\,\text{MeV}$,   charge : $Q = -1$,
2. n, Σ^0, Ξ^0 avec $\Delta M = 374\,\text{MeV}$,   charge : $Q = 0$, $\qquad$ (8.35)
3. p, Σ^+ avec $\Delta M = 251\,\text{MeV}$,   charge : $Q = +1$.

Il est clair que tous les états du multiplet de spin U ont la même charge, c'est-à-dire qu'on peut tracer sur le diagramme (Y, T_3) le diagramme analogue (Q, U_3) de l'octet (voir figure 8.12).

Les états limitrophes ont tous la multiplicité un (ils sont occupés de façon unique), tandis que le centre du diagramme possède la multiplicité deux, indiquant une correspondance avec deux particules (la particule Σ^0 et le Λ). Celles-ci sont vecteurs propres de l'isospin (au moins approximativement). *Un état, de multiplicité un, doit être simultanément état propre de spin T, U et V, mais si la multiplicité est différente de un, alors un vecteur propre d'isospin avec cette multiplicité n'est pas, en général, état propre des spins U ou V.* Ceci est vrai pour les particules Σ^0 et Λ. Nous pouvons construire les états propres de U très facilement à partir des spineurs d'isospin α et β. Les fonctions d'onde de $\Sigma^\pm$, Σ^0 et Λ s'écrivent alors :

$$\Sigma^+ = \alpha\alpha \,, \quad \Sigma^0 = \frac{1}{\sqrt{2}}(\alpha\beta + \beta\alpha) \,, \quad \Sigma^- = \beta\beta \,, \quad \text{(triplet)}$$

$$\Lambda = \frac{1}{\sqrt{2}}(\alpha\beta - \beta\alpha) \quad \text{(singlet)} \,. \tag{8.36}$$

Comme les spins T, U et V sont des algèbres SU(2), leurs générateurs sont nécessairement les matrices de Pauli. Nous les noterons $\hat{\tau}_i$ dans le cas du spin T et

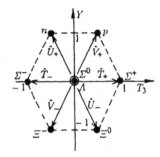

Fig. 8.11. L'octet des baryons représenté en fonction de l'hypercharge Y et de la composante de l'isospin T_3

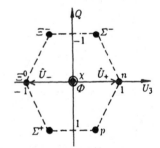

Fig. 8.12. L'octet des baryons représenté en fonction de la charge Q et de la composante U_3 du spin U

$\hat{\mu}_i$, dans le cas du spin U, et donc :

$$\hat{\mu}_3 = \hat{\tau}_3 = \begin{pmatrix} 1 & 0 \\ 0 & -1 \end{pmatrix} ,$$

$$\hat{\mu}_- = \hat{\tau}_- = \begin{pmatrix} 0 & 0 \\ 1 & 0 \end{pmatrix} , \quad \hat{\mu}_+ = \hat{\tau}_+ = \begin{pmatrix} 0 & 1 \\ 0 & 0 \end{pmatrix} \tag{8.37a}$$

et pour les états contenant plusieurs particules

$$\hat{T}_3 = \frac{1}{2} \sum_i \hat{\tau}_3(i) , \quad \hat{T}_- = \sum_i \hat{\tau}_-(i) , \quad \hat{T}_+ = \sum_i \hat{\tau}_+(i) ,$$

$$\hat{U}_3 = \frac{1}{2} \sum_i \hat{\mu}_3(i) , \quad \hat{U}_- = \sum_i \hat{\mu}_-(i) , \quad \hat{U}_+ = \sum_i \hat{\mu}_+(i) . \tag{8.37b}$$

Nous chercherons ensuite les états propres du triplet de spin U, notés n, χ, Ξ^0 (le singlet étant ϕ), où χ et ϕ sont des combinaisons linéaires orthogonales des états propres d'isospin Λ et Σ^0 :

$$\chi = a\Sigma^0 + b\Lambda , \quad \phi = b\Sigma^0 - a\Lambda . \tag{8.38}$$

D'après les propriétés des opérateurs d'isospin sur les vecteurs propres correspondants :

$$\hat{T}_- \Sigma^+ = \sum_i \hat{\tau}_-(i)[\alpha\alpha] = (\hat{\tau}_-\alpha)\alpha + \alpha(\hat{\tau}_-\alpha) = \beta\alpha + \alpha\beta , \tag{8.39}$$

soit

$$\hat{T}_- \Sigma^+ = \sqrt{2}\Sigma^0 .$$

Comme $\hat{U}_-$, agissant sur l'état propre n du triplet de spin U, doit se comporter comme $\hat{T}_-$ sur l'état propre d'isospin Σ^+, nous obtenons :

$$\hat{U}_- n = \sqrt{2}\chi . \tag{8.40}$$

De plus $\hat{T}_+ n = p$; donc

$$[\hat{U}_-, \hat{T}_+]_- n = \hat{U}_- \hat{T}_+ n - \hat{T}_+ \hat{U}_- n = \hat{U}_- p - \hat{T}_+ \sqrt{2}\chi ,$$

ou :

$$[\hat{U}_-, \hat{T}_+]_- n = \hat{U}_- p - \sqrt{2}\hat{T}_+(a\Sigma^0 + b\Lambda) . \tag{8.41}$$

En utilisant

$$\hat{U}_- p = \Sigma^+ , \quad \hat{T}_+ \Sigma^0 = \sqrt{2}\Sigma^+ \quad \text{et} \quad \hat{T}_+ \Lambda = 0 , \quad \text{nous obtenons encore}$$
$$[\hat{U}_-, \hat{T}_+]_- n = \Sigma^+ - 2a\Sigma^+ = (1 - 2a)\Sigma^+ . \tag{8.42}$$

Nous savons déjà [chapitre 7, (7.28b)] que $[\hat{U}_-, \hat{T}_+] = 0$, soit :

$$1 - 2a = 0 \quad \text{ou} \quad a = \tfrac{1}{2} \,. \qquad (8.43)$$

La normalisation de χ implique :

$$\chi^2 = |a\Sigma^0 + b\Lambda|^2 = |a|^2 |b|^2 = 1$$

(car $|\Sigma^0|^2 = |\Lambda|^2 = 1$ et $\langle \Sigma^0 | \Lambda \rangle = 0$). Pour autant que b soit réel, nous obtenons alors :

$$b^2 = 1 - a^2 = \tfrac{3}{4} \,, \quad b = \pm \tfrac{1}{2}\sqrt{3} \,.$$

On choisit d'habitude b positif, soit :

$$\chi = \tfrac{1}{2}\Sigma^0 + \tfrac{1}{2}\sqrt{3}\Lambda \quad \text{et} \quad \phi = \tfrac{1}{2}\sqrt{3}\,\Sigma^0 - \tfrac{1}{2}\Lambda \,. \qquad (8.44)$$

ϕ et χ sont donc les états propres de $\hat{U}_3$ (valeur propre 0) correspondant aux états propres de $\hat{T}_3(\Sigma^0, \Lambda)$.

Le centre du diagramme doit être doublement occupé, puisqu'en raison de $[\hat{U}_-, \hat{T}_+] = 0$, nous aurons $a^2 = \tfrac{1}{4}$. Si nous avions également $b = 0$, χ ne serait pas normalisable à 1 : $\tfrac{1}{4} \neq 1$. Par conséquent, deux états doivent coexister au centre comme nous l'avions déjà mentionné lors des discussions plus générales sur la structure des multiplets SU(3) [voir chapitre 7, *nombre d'états sur les couches intérieures des mailles.*]

8.8 Test d'invariance de spin U

Nous savons que l'interaction électromagnétique viole la symétrie d'isospin puisqu'elle sépare les multiplets de T, par exemple pour l'iso-doublet, la séparation en masse sera $\Delta M \simeq 2\,\text{MeV}$. Ce type de brisure de symétrie ne peut se produire pour le spin U car nous avons vu que les membres d'un multiplet de spin U ont tous la même charge ($[\hat{Q}, \hat{U}_3]_- = 0$). Mais il en est ainsi seulement si la symétrie U est une symétrie de l'interaction forte. Cependant, ceci n'est seulement vrai que très approximativement ($\Delta M_{\max} \simeq 100\,\text{MeV}$, soit 10% de la masse de la particule) tandis que la symétrie d'isospin est brisée seulement de 1%. Nous pouvons donc supputer que la conservation du spin U influence les propriétés électromagnétiques des particules. Si nous *postulons* la conservation du spin U, on peut par exemple s'attendre à des moments magnétiques identiques pour p et Σ^+ (puisque ces deux particules appartiennent au même multiplet de spin U) :

$$\mu(\Sigma^+) = \mu(\mathrm{p}) \,. \qquad (8.45)$$

De même, nous attendons : $\mu(\Sigma^-) = \mu(\Xi^-)$ et pour le triplet n, χ, Ξ^0, χ est une combinaison linéaire de Σ^0 et Λ et non pas une particule physique.

Expérimentalement, on a mesuré (avec $\mu_0 = e\hbar/2m_p c$) :

$$\mu_p = 2{,}79\mu_0 , \quad \mu_{\Sigma^+} = (2{,}33 \pm 0{,}13)\mu_0 .$$
$$\mu_{\Xi^-} = (-0{,}69 \pm 0{,}04)\mu_0 , \quad \mu_{\Sigma^-} = (-1{,}41 \pm 0{,}25)\mu_0 ,$$
$$\mu_n = -1{,}91\mu_0 , \quad \mu_{\Xi^0} = (-1{,}253 \pm 0{,}014)\mu_0 . \tag{8.46}$$

Ainsi les prédictions d'invariance de spin U sont grossièrement vérifiées ; nous comprendrons mieux ceci dans le cadre du modèle des quarks.

D'autres remarques peuvent être faites au sujet de l'effet de l'électromagnétisme sur les masses. Nous supposons ici que la masse d'un baryon résulte, d'une part, de l'interaction forte – qui conserve l'isospin – ; d'autre part, de l'interaction électromagnétique qui conserve le spin U c'est-à-dire que les contributions électromagnétiques à la masse doivent être les mêmes à l'intérieur d'un multiplet de spin U. Ceci entraîne que les rayons de ces particules doivent être les mêmes. Nous avons donc :

$$\delta M_p = \delta M_{\Sigma^+} , \quad \delta M_n = \delta M_{\Xi^0} , \quad \delta M_{\Sigma^-} = \delta M_{\Xi^-} , \quad \text{ou}$$
$$\delta M_n - \delta M_p + \delta M_{\Xi^-} - \delta M_{\Xi^0} = \delta M_{\Sigma^-} - \delta M_{\Sigma^+} . \tag{8.47}$$

Si, en dehors de l'interaction électromagnétique, il n'existe aucune autre interaction susceptible de lever la dégénérescence d'un multiplet, nous devrions avoir :

$$\delta M_n - \delta M_p = M_n - M_p , \quad \delta M_{\Xi^-} - \delta M_{\Xi^0} = M_{\Xi^-} - M_{\Xi^0} ,$$
$$\delta M_{\Sigma^-} - \delta M_{\Sigma^+} = M_{\Sigma^-} - M_{\Sigma^+} .$$

En tenant compte de (8.47), nous obtenons :

$$M_n - M_p + M_{\Xi^-} - M_{\Xi^0} = M_{\Sigma^-} - M_{\Sigma^+} . \tag{8.48}$$

Cette simple relation est appelée relation de *Coleman–Glashow*[15] et est assez bien vérifiée expérimentalement :

$$M_n - M_p = 1{,}3\,\text{MeV} , \quad M_{\Xi^-} - M_{\Xi^0} = (6{,}5 \pm 0{,}7)\text{MeV} ,$$
$$M_{\Sigma^-} - M_{\Sigma^+} = 8{,}0\,\text{MeV} . \tag{8.49}$$

Ceci montre que l'invariance de spin U est, dans une certaine mesure, une hypothèse utile pour discuter les multiplets SU(3).

Nous pouvons finalement étudier les multiplets de spin V (cf figure 8.11),

$$\Sigma^-, n \quad : \quad \Delta M \simeq 257\,\text{MeV (doublet)} ,$$
$$\Xi^-, \varrho, p \quad : \quad \Delta M \simeq 383\,\text{MeV (triplet) ; et } \sigma \text{ (singlet)}$$
$$\Xi^0, \Sigma^+ \quad : \quad \Delta M \simeq 125\,\text{MeV (doublet)} .$$

ϱ et σ sont ici des combinaisons linéaires de Σ^0 et Λ. Dans le cas du spin U, nous avons vu que tous les membres d'un multiplet U possèdent la même charge. Les membres d'un multiplet V n'ont pas, cependant, cette propriété. Par conséquent, la symétrie V qui est fortement brisée ($\Delta M/M \geq 20\%$), n'est pas un concept utile pour la classification des états.

---

[15] S. Coleman, S.L. Glashow : Phys. Rev. Lett. **6**, 423 (1961).

8.9 La formule de masse de Gell-Mann–Okubo

Si la symétrie SU(3) était une symétrie exacte de l'interaction forte, alors tous les états d'un multiplet SU(3) seraient dégénérés en énergie, et auraient donc la même masse. L'expérience montre cependant (par exemple pour l'octet des baryons, une dispersion en masse $\Delta M/M \hat{=} 100\,\mathrm{MeV}/1000\,\mathrm{MeV} = 10\%$) que la symétrie SU(3) est brisée notablement plus que la symétrie d'isospin par l'électromagnétisme. Pour un multiplet d'isospin, nous avions environ $\Delta M/M \hat{=} 10\,\mathrm{MeV}/1000\,\mathrm{MeV} = 1\%$.

Nous devons donc formuler l'hypothèse que le hamiltonien de l'interaction forte se divise en une partie $\hat{H}_{\mathrm{ss}}$, qui sera invariante sous SU(3), et une partie $\hat{H}_{\mathrm{ms}}$ qui brise l'invariance SU(3). Étant donné que la dispersion en masse à l'intérieur d'un multiplet est seulement de l'ordre de 10% de la masse moyenne, nous pouvons dès lors supposer que la contribution à la masse provenant de $\hat{H}_{\mathrm{ms}}$ est petite, soit :

$$M = \langle \hat{H}_{\mathrm{ss}} \rangle + \langle \hat{H}_{\mathrm{ms}} \rangle \;, \quad \langle \hat{H}_{\mathrm{ss}} \rangle \gg \langle \hat{H}_{\mathrm{ms}} \rangle \;. \tag{8.50}$$

Par rapport à $\hat{H}_{\mathrm{ss}}$ les multiplets sont dégénérés, et $\hat{H}_{\mathrm{ms}}$ lève cette dégénérescence. On notera que $\hat{H}_{\mathrm{ms}}$ doit être construit à partir des générateurs et non des opérateurs de Casimir puisque ceux-ci ne brisent pas la symétrie. Plus précisément, contrairement aux opérateurs de Casimir, les générateurs agissant sur les états d'un multiplet donneront en général des résultats différents, dépendant de l'état.

Désormais, nous négligerons la séparation des masses par effet électromagnétique. Ceci implique, bien entendu, que la partie du hamiltonien de l'interaction forte qui brise la symétrie $\hat{H}_{\mathrm{forte}} = \hat{H}_{\mathrm{ss}} + \hat{H}_{\mathrm{ms}}$ doit commuter avec $\hat{T}_3$; d'où : $[\hat{H}_{\mathrm{ms}}, \hat{T}_3] = 0$ et $\hat{H}_{\mathrm{ms}}$ devra contenir des générateurs de SU(3) tels qu'ils commutent avec $\hat{T}_3$. Ceci n'est seulement le cas qu'avec $\hat{F}_8 = \sqrt{3}\frac{1}{2}\hat{Y}$, et l'hypothèse la plus simple devient alors :

$$\hat{H}_{\mathrm{ms}} = b\hat{Y} \;, \tag{8.51}$$

où b est une constante. En calculant la valeur moyenne de $\hat{H}_{\mathrm{ms}}$ entre les états non perturbés $|TT_3Y\rangle$, nous obtenons par la théorie des perturbations au premier ordre ($\langle \hat{H}_{\mathrm{ms}} \rangle \ll \langle \hat{H}_{\mathrm{ss}} \rangle$) :

$$\langle TT_3Y | \hat{H}_{\mathrm{ms}} | TT_3Y \rangle = bY \;, \quad \text{i.e.} \quad M = a + bY \;, \tag{8.52}$$

où a est la masse moyenne du multiplet (pour $Y = 0$) et a et b sont des constantes pour tous les membres d'un multiplet. Par exemple, pour le décuplet des résonances baryoniques (chapitre 6, exemple 6.5), nous aurons :

$$M_{\Omega^-} - M_{\Xi^*} = M_{\Xi^*} - M_{\Sigma^*} = M_{\Sigma^*} - M_\Delta \;. \tag{8.53}$$

Il n'est pas aisé de comparer ces prédictions à l'expérience, en raison de l'effet de l'interaction électromagnétique sur les masses. Nous pouvons cependant minimiser cet effet en considérant uniquement des particules de même charge (multiplets de spin U), soit :

$$M_{\Omega^-} - M_{\Xi^{*-}} = (137 \pm 1)\text{MeV} ,$$
$$M_{\Xi^{*-}} - M_{\Sigma^{*-}} = (148 \pm 1)\text{MeV} ,$$
$$M_{\Sigma^{*-}} - M_{\Delta^-} = (148 \pm 5)\text{MeV} . \tag{8.54}$$

L'accord théorie / expérience est manifestement très satisfaisant, mais notre formule de masse ne convient plus pour l'octet des baryons, puisque $Y_{\Sigma^0} = Y_\Lambda$, devrait donner $M_{\Sigma^0} = M_\Lambda$. En fait, la différence de masse est $M_{\Sigma^0} - M_\Lambda = 77\,\text{MeV}$. Ceci nous conduit à modifier $\hat{H}_{\text{ms}}$ dans (8.51) : de même que $\hat{Y}$, $\hat{T}^2$ et $\hat{Y}^2$ commutent tous deux avec $\hat{T}_3$, et nous pouvons essayer alors l'autre hypothèse :

$$\hat{H}_{\text{ms}} = b\hat{Y} + c\hat{T}^2 + d\hat{Y}^2 \tag{8.55}$$

qui conduit de façon analogue à :

$$M = a + bY + cT(T+1) + dY^2 . \tag{8.56}$$

Les coefficients c et d sont encore des constantes pour un multiplet SU(3). Mais (8.56) conduit à un nouveau problème, celui de ne pas conduire à une dispersion constante en masse pour le décuplet, et donc le bon accord (8.54, 55) avec l'expérience est perdu.

Nous pouvons encore corriger ceci en demandant que le décuplet $cT(T + 1) + dY^2$ ait la même forme que $a + bY$, en d'autres termes :

$$cT(T+1) + dY^2 = x + yY , \tag{8.56a}$$

On obtient d'après (8.56a) pour le Δ^- : $15/4c + d = x + y$, pour le Ξ^{*-} : $3/4c + d = x - y$, pour le Ω^- : $4d = x - 2y$

	T	Y
Δ^-	$\frac{3}{2}$	1
Ξ^{*-}	$\frac{1}{2}$	-1
Ω^-	0	-2

avec x et y constantes. La table ci-contre montre les valeurs obtenues pour Δ^-, Ξ^{*-} et Ω^-. La dernière équation est compatible avec les deux premières si nous choisissons $d = -\frac{1}{4}c$. En effet, en multipliant la première équation par $-\frac{1}{2}$, la seconde par $\frac{3}{2}$ et en les ajoutant :

$$-\tfrac{6}{8}c + d = x - 2y .$$

Ceci est identique à la dernière équation de masse pour $d = -\frac{1}{4}c$, comme nous l'avons déjà indiqué :

$$M = a + bY + c[T(T+1) - 1/4Y^2] . \tag{8.57}$$

Ceci constitue la *formule de masse de Gell-Mann et Okubo*[16], trouvée tout d'abord par Okubo, puis appliquée par Gell-Mann pour la prédiction de la masse du Ω^-. Appliquée au cas de l'octet des baryons, elle conduit à :

$$\tfrac{1}{2}(M_N + M_\Xi) = \tfrac{1}{4}(3M_\Lambda + M_\Sigma) .$$

[16] S. Okubo : Prog. Theor. Phys. **27**, 949 (1962).

Pour minimiser les corrections électromagnétiques, nous considérerons les particules neutres :

$$\tfrac{1}{2}M_n + \tfrac{1}{2}M_{\Xi^0} = (1127,1 \pm 0,7)\text{MeV} ,$$
$$\tfrac{3}{4}M_\Lambda + \tfrac{1}{4}M_{\Sigma^0} = (1134,8 \pm 0,2)\text{MeV} .$$

La différence en énergie entre les deux valeurs est de 7,7 MeV (bien inférieure à la dispersion 100 MeV autour de la valeur moyenne). Ceci indique que la formule de Gell-Mann–Okubo est assez bien vérifiée ; elle s'applique aussi aux autres multiplets de SU(3) (baryons ou mésons), bien que dans le cas des mésons, on doive la modifier puisqu'elle est valable pour les carrés des masses et non pas les masses. Nous pouvons justifier ceci – comme nous le verrons plus tard – par le fait que les baryons sont des fermions obéissant à l'équation de Dirac (qui contient des termes de masse (énergie) linéaires), tandis que les mésons sont des bosons, obéissant à l'équation de Klein–Gordon (qui contient des termes carrés en énergie).

8.10 Coefficients de Clebsch–Gordan de SU(3)

Dans le cas du groupe d'isospin, nous avons vu que les probabilités relatives de deux réactions, opérant à l'intérieur d'un multiplet, s'obtiennent par leurs coefficients de Clebsch–Gordan (CCG) (cf exemples 5.9 et 5.10). Pour étudier des réactions entre différents multiplets de SU(3), nous devons donc connaître les CCG de SU(3). Nous savons déjà comment réduire des produits tensoriels d'une représentation irréductible, par exemple :

$$[3] \otimes [3] = [6] \oplus [\bar{3}] \quad \text{ou}$$
$$[3] \otimes [3] \otimes [3] = [1] \oplus [8] \oplus [8] \oplus [10] , \quad \text{etc.}$$

Pour établir les CCG du groupe SU(3), considérons deux représentations irréductibles $\alpha = D(p_1, q_1)$ et $\beta = D(p_2, q_2)$ générées par les deux fonctions de base $\psi_\mu^{(\alpha)}$ et $\psi_\nu^{(\beta)}$. Ici α et β désignent les représentations correspondantes et μ, ν représentent tous les autres nombres quantiques nécessaires (T, T_3 et Y). Nous utiliserons les abréviations :

$$\mu = \{y, t, t_3\} , \quad \nu = \{y', t', t_3'\} , \quad m = \{Y, T, T_3\} .$$

Soit N la dimension de la représentation $D(p, q)$. Comme nous l'avons vu, nous devons d'abord construire les fonctions propres d'isospin avec $\psi_{ytt_3}^{(\alpha)}$ et $\psi_{y't't_3'}^{(\beta)}$,

$$\chi_{yty'y't'}^{(T,T_3)} = \sum_{t_3 t_3'} (tt'T | t_3 t_3' T_3) \psi_{ytt_3}^{(\alpha)} \psi_{y't't_3'}^{(\beta)} , \tag{8.58}$$

où $(tt'T|t_3t'_3T_3)$ sont les coefficients de Clebsch–Gordan habituels pour SU(2). Nous construisons ensuite de façon analogue les états propres de la représentation irréductible γ de dimension N,

$$\psi^{(N\gamma)}_{YTT_3} = \sum_{yty't'} (\alpha\beta yty't'|NYT\gamma)\chi^{(T,T_3)}_{yty't'} \,. \tag{8.59}$$

Les coefficients $(\alpha\beta yty't'|NYT\gamma)$ dépendent seulement de T, et non de T_3 ; pour cette raison, ils sont appelés *facteurs isoscalaires*. Nous devons bien sûr avoir $y + y' = Y$ pour avoir des termes significatifs dans la somme (8.59). En introduisant ainsi $\chi^{(T,T_3)}_{yty't'}$, nous obtenons les coefficients de Clebsch–Gordan de SU(3) :

$$(\alpha\beta tt_3 y't'_3|Nm\gamma) = (\alpha\beta\mu\nu|Nm\gamma) = (\alpha\beta yty't'|NYT\gamma)(tt'T|t_3t'_3T_3) \,,$$
$$\text{SU(3)-CCG} = \text{facteur isoscalaire} \times \text{SU(2)-CCG} \,. \tag{8.60}$$

Afin de déterminer un CCG de SU(3), il suffit de connaître le CCG de SU(2) et le facteur indépendant de T_3[17] $(\alpha\beta yty't'|NYT_\gamma)$. À titre d'exemple, construisons les fonctions d'onde symétriques de SU(3) (i.e. les fonctions d'onde avec une symétrie SU(3) bien définie) pour le modèle des quarks. Nous savons que [3] et [$\bar{3}$] sont les deux représentations fondamentales (les plus simples non triviales) de SU(3) : [3] pour les quarks et [$\bar{3}$] pour les anti-quarks. Par conséquent, ces représentations correspondent aux trois états de quarks q_1, q_2, q_3 (soit encore u, d, s) et aux trois états anti-quarks $\bar{q}_1$, $\bar{q}_2$, $\bar{q}_3$ (soit encore $\bar{u}$, $\bar{d}$, $\bar{s}$, dont les nombres quantiques sont donnés dans la table 8.1. Les produits tensoriels les plus significatifs physiquement pour ces représentations sont

$$[3]\otimes[\bar{3}] = [8]\oplus[1] \,, \tag{8.61}$$

qui représente l'octet+singlet des mésons. De même, la réduction du produit

$$[3]\otimes[3]\otimes[3] = [1]\oplus[8]_1\oplus[8]_2\oplus[10] \tag{8.62}$$

amène un singlet, deux octets à symétries distinctes et un décuplet. Ce produit représente les baryons et leurs résonances respectivement. Comme auparavant pour les multiplets de mésons, nous déduisons de (8.61) que les mésons consistent en un quark et un anti-quark, tandis que les nucléons se composent de trois quarks. Du fait que les quarks ont un spin $I = \frac{1}{2}$, c'est aussi là la raison d'attendre des spins $I = 0$ ou $I = 1$ pour les mésons et $I = \frac{1}{2}$ ou $I = \frac{3}{2}$ pour les baryons. Considérons ensuite l'octet des mésons et, en particulier, le triplet des pions : π^+ peut seulement résulter d'un couplage $u\bar{d}$ avec une fonction d'isospin donnée par :

$$\chi^{(1,1)}_{\frac{1}{3}\frac{1}{2}, -\frac{1}{3}\frac{1}{2}} = (\tfrac{1}{2}\tfrac{1}{2}1|\tfrac{1}{2}\tfrac{1}{2}1)\psi^{(3)}_{\frac{1}{3}\frac{1}{2}\frac{1}{2}}\psi^{(\bar{3})}_{-\frac{1}{3}\frac{1}{2}\frac{1}{2}} \,. \tag{8.63}$$

Table 8.1. Nombres quantiques des états de quarks et anti-quarks

	T	T_3	Q	Y
$q_1(u)$	$\frac{1}{2}$	$\frac{1}{2}$	$\frac{2}{3}$	$\frac{1}{3}$
$q_2(d)$	$\frac{1}{2}$	$-\frac{1}{2}$	$-\frac{1}{3}$	$\frac{1}{3}$
$q_3(s)$	0	0	$-\frac{1}{3}$	$-\frac{2}{3}$
$\bar{q}_1(\bar{u})$	$\frac{1}{2}$	$-\frac{1}{2}$	$-\frac{2}{3}$	$-\frac{1}{3}$
$\bar{q}_2(\bar{d})$	$\frac{1}{2}$	$\frac{1}{2}$	$\frac{1}{3}$	$-\frac{1}{3}$
$\bar{q}_3(\bar{s})$	0	0	$\frac{1}{3}$	$\frac{2}{3}$

---

[17] On trouvera par exemple une table de facteurs isoscalaires dans J.J. de Swart : Rev. Mod. Phys. **35**, 916 (1963).

Dans ce cas, le CCG est donné par $(\frac{1}{2}\frac{1}{2}1|\frac{1}{2}\frac{1}{2}1) = 1$, et le facteur isoscalaire est
$(3\bar{3}\frac{1}{3}\frac{1}{2} - \frac{1}{3}\frac{1}{2}|8018) = 1$. Nous voyons que ce résultat est valable pour tous les
pions, car les facteurs isoscalaires sont indépendants de T_3. La fonction d'onde
du π^+ est alors donnée par $|\pi^+\rangle = u\bar{d}$, c'est-à-dire que le CCG de SU(3) vaut 1.
Pour l'état du π^0, nous trouvons de façon analogue : $|\pi^0\rangle = (\frac{1}{2})^{1/2}(u\bar{u} - d\bar{d})$ et
pour le π^-, nous avons $|\pi^-\rangle = d\bar{u}$. Il n'existe pas d'autres moyens de construire
l'état triplet $T = 1$ que par couplage d'un doublet $t = \frac{1}{2}$ de [3] et d'un doublet $t = \frac{1}{2}$ de [$\bar{3}$]. De même, les états doublets $T = \frac{1}{2}$ de l'octet des mésons [8]
avec $Y = 1$ peuvent seulement résulter du couplage du doublet $T = \frac{1}{2}$ ($Y = \frac{1}{3}$)
de |3] et du singlet $T = 0$ ($Y = \frac{2}{3}$) de [$\bar{3}$]. Des raisonnements analogues s'uti-
lisent pour le doublet $T = \frac{1}{2}$ de l'octet mésonique [8] avec $Y = -1$. Il apparaît
seulement des CCG de SU(2) ordinaires [par exemple $(\pm\frac{1}{2})^{1/2}$]. Pour compléter, nous donnons, dans la table 8.2, la composition en quarks de tous les mésons
pseudo- scalaires. Les multiplets d'isospin sont donnés

$$\text{avec} \quad T = \frac{1}{2} \quad \text{et} \quad Y = 1 : \quad d\bar{s}, u\bar{s} ,$$

$$\text{avec} \quad T = \frac{1}{2} \quad \text{et} \quad Y = 0 : \quad d\bar{u}, \frac{1}{\sqrt{2}}(u\bar{u} - d\bar{d}), u\bar{d} ,$$

$$\text{avec} \quad T = \frac{1}{2} \quad \text{et} \quad Y = -1 : \quad s\bar{u}, s\bar{d} .$$

Comme nous l'avons vu auparavant, tous les coefficients de Clebsch–Gordan
apparaissant ici sont des coefficients de Clebsch–Gordan de SU(2).

Nous avons ainsi construit sept états indépendants $\psi_\alpha, \psi_\beta, \ldots$ à partir des
neuf états $q_i q_j$ ($i, j = 1, 2, 3$). Ces états sont orthonormaux, soit :

$$\langle \psi_\alpha | \psi_\beta \rangle = \delta_{\alpha\beta} , \quad \text{avec} \quad \psi_\alpha = \sum_{ij} \alpha_{ij} q_i \bar{q}_j ,$$

Table 8.2. Composition en quarks des mésons pseudo-scalaires

Multiplet SU(3)	Contenu en quark	Y	T	T_3	Nom
[8]	$u\bar{d}$	0	1	1	π^+
[8]	$\frac{1}{\sqrt{2}}(u\bar{u} - d\bar{d})$	0	1	0	π^0
[8]	$d\bar{u}$	0	1	-1	π^-
[8]	$u\bar{s}$	1	$\frac{1}{2}$	$+\frac{1}{2}$	K^+
[8]	$d\bar{s}$	1	$\frac{1}{2}$	$-\frac{1}{2}$	K^0
[8]	$s\bar{d}$	-1	$\frac{1}{2}$	$+\frac{1}{2}$	$\overline{K}^0$
[8]	$s\bar{u}$	-1	$\frac{1}{2}$	$-\frac{1}{2}$	K^-
[8]	$\frac{1}{\sqrt{6}}(u\bar{u} + d\bar{d} - 2s\bar{s})$	0	0	0	η, η'
[1]	$\frac{1}{\sqrt{3}}(u\bar{u} + d\bar{d} + s\bar{s})$	0	0	0	η, η'

puis, nous pouvons construire l'état

$$\psi_1 = \frac{1}{\sqrt{3}}(u\bar{u} + d\bar{d} + s\bar{s}) \, ,$$

qui peut encore s'écrire

$$\psi_1 = \frac{1}{\sqrt{3}} \sum_i q_i \bar{q}_i \, .$$

L'invariance de cette fonction d'onde par rapport aux transformations SU(3) s'établit facilement à l'aide de l'équation (8.19) et de l'exercice 8.2. Plus précisément, nous aurons :

$$
\begin{aligned}
\sum_i \bar{q}_i' q_i' &= \sum_{ijk} \bar{q}_j U_{ji}^* q_k U_{ki} = \sum_{ijk} \bar{q}_j q_k U_{ki} (\hat{U}^{-1})_{ij} \\
&= \sum_{jk} \bar{q}_j q_k \delta_{jk} = \sum_i \bar{q}_i q_i \, ,
\end{aligned}
\tag{8.64}
$$

et par conséquent, ψ_1 est complètement invariante par rapport aux transformations de SU(3) puisqu'elle se transforme en elle-même. ψ_1 est donc un *singlet* (*scalaire*) de SU(3). (Nous avons ici tenu compte de l'unitarité de U soit $U_{ji}^* = (U^+)_{ij} = (U_{ij}^{-1})$. Le huitième état $\psi_8 = \frac{1}{\sqrt{6}}(u\bar{u} + d\bar{d} - 2s\bar{s})$ se déduit de la propriété d'orthonormalité. Pour les cas plus simples, les coefficients de Clebsch–Gordan de SU(3) seront déterminés avec des arguments de symétrie et de normalisation, et il existe des tables détaillées à ce sujet[18].

Afin d'étendre davantage les vérifications expérimentales, nous allons continuer la discussion du modèle des quarks.

8.11 Modèles de quarks avec degrés de liberté internes

Nous avons jusqu'à maintenant discuté un modèle de quarks simple en négligeant tous les degrés de liberté internes des hadrons (comme le spin des quarks, le moment angulaire, etc.). Nous allons maintenant poursuivre notre présentation dans ce nouveau contexte. En introduisant le spin du quark, nous avons six états indépendants de quarks $q = \{u_1, u_2, d_1, d_2, s_1, s_2\}$ où, par exemple, u_1 correspond au quark u avec le spin haut, u_2 au quark u avec spin bas, etc. Dans le cas de SU(3), la représentation la plus simple est le triplet de quarks. En cherchant la représentation la plus simple non triviale d'un groupe de symétrie, sous forme d'un sextet de quarks $\underline{q}$, nous sommes conduits directement à l'application de SU(6) dont [6] et [$\bar{6}$] sont les représentations fondamentales. Nous pouvons encore former des produits tensoriels et les réduire (graphiquement), et il est approprié d'introduire une notation simplificatrice de la réduction. Ceci

---

[18] Voir par exemple, P. McNamee, F. Chilton : Rev. Mod. Phys. **36**, 1005 (1964).

s'effectue en classant les représentations de SU(6) au moyen des nombres quantiques correspondant au *sous-groupe* $SU(3) \times SU(2) \subset SU(6)$. Nous noterons :

$$^{|6|}SU(6) \to {}^{|\{3\},\frac{1}{2}|}SU(3) \times SU(2) ,$$

$$^{|\bar{6}|}SU(6) \to {}^{|\{\bar{3}\},\frac{1}{2}|}SU(3) \times SU(2) , \tag{8.65}$$

le premier nombre se rapporte à SU(3) et le second au spin total. Rappelons que les mésons se composent d'une paire quark–antiquark. On doit donc les inclure dans le produit direct $[6] \otimes [\bar{6}]$. Le produit contenant le spin, nous devons obtenir à la fois les mésons pseudo-scalaires de spin 0 et les mésons vectoriels de spin 1. La réduction du produit conduit à :

$$[6] \otimes [\bar{6}] = [1] \oplus [35] , \tag{8.66a}$$

ou, en introduisant explicitement le spin

$$[\{3\}, \tfrac{1}{2}] \otimes [\{\bar{3}\}, \tfrac{1}{2}] = [\{1\}, 0] \oplus [\{1\}, 1] \oplus [\{8\}, 1] \oplus [\{8\}, 0] . \tag{8.66b}$$

Nous avons utilisé le fait que pour SU(3), $[3] \otimes [\bar{3}] = [1] \oplus [8]$. Nous avons également couplé les spins individuels $S_1 = \frac{1}{2}$ et $S_2 = \frac{1}{2}$ au spin total $S = 0$ ou $S = 1$ et, comme le contenu des mésons est $q\bar{q}$, nous obtenons une meilleure classification des mésons : un singlet et un octet de spin 0 ainsi qu'un singlet et un octet de spin 1. Ils correspondent en fait précisément aux mésons pseudo-scalaires et vectoriels.

Pour résumer, nous devons d'abord déterminer les multiplets de SU(6) (dans le cas $[6] \otimes [\bar{6}]$, il s'agit d'un singlet et d'un multiplet d'ordre 35) puis les décomposer en multiplets de SU(3). Effectuons ceci sur l'exemple des baryons :

$$[6] \otimes [6] \otimes [6] = [20] \oplus [56] \oplus [70] \oplus [70] . \tag{8.67a}$$

Au lieu de décomposer les baryons selon les multiplets fondamentaux de SU(6), nous pouvons aussi les classer au moyen des sous-groupes $SU(3) \times SU(2)$. Réduisons, à cet effet, le produit direct :

$$[\{3\}, \tfrac{1}{2}] \otimes [\{3\}, \tfrac{1}{2}] \otimes [\{3\}, \tfrac{1}{2}]$$

des triplets de quark fondamentaux avec spin. Le produit direct peut aussi s'écrire :

$$\underbrace{([3] \otimes [3] \otimes [3])}_{\text{saveur } SU(3)} \otimes \underbrace{([2] \otimes [2] \otimes [2])}_{\text{spin } SU(2)} .$$

La réduction des produits conduit à :

$$([10] \oplus [8] \oplus [8] \oplus [1]) \otimes ([4] \oplus [2] \oplus [2])$$
$$= [\{10\}, \tfrac{3}{2}] \oplus [\{8\}, \tfrac{3}{2}] \oplus [\{8\}, \tfrac{3}{2}] \oplus [\{1\}, \tfrac{3}{2}]$$
$$\oplus [\{10\}, \tfrac{1}{2}] \oplus [\{8\}, \tfrac{1}{2}] \oplus [\{8\}, \tfrac{1}{2}] \oplus [\{1\}, \tfrac{1}{2}]$$
$$\oplus [\{10\}, \tfrac{1}{2}] \oplus [\{8\}, \tfrac{1}{2}] \oplus [\{8\}, \tfrac{1}{2}] \oplus [\{1\}, \tfrac{1}{2}] .$$

De cette façon, nous obtenons un grand nombre d'états, plus nombreux que ceux réellement observés. Nous connaissons déjà le décuplet des baryons de spin $\frac{3}{2}$ et l'octet des baryons de spin $\frac{1}{2}$

$$[\{8\}, \tfrac{1}{2}] \oplus [\{10\}, \tfrac{3}{2}] \, .$$

L'octet avec spin $\frac{1}{2}$ contient $8 \times (2s+1) = 16$ états, et le décuplet de spin, $\frac{3}{2}$ $10 \times (2s+1) = 40$ états. Au total, nous avons 56 états de SU(6) d'ordre 56. Nous verrons pourquoi, dans le chapitre 9, c'est le multiplet d'ordre 56 qui existe en réalité à propos du groupe des permutations et des tableaux de Young. Nous montrerons alors que les 56 états sont les 56 combinaisons complètement symétriques des trois spins de quarks $\frac{1}{2}$.

Il apparaît qu'il existe seulement ces fonctions d'onde complètement symétriques par rapport à une permutation des quarks. En l'associant à la fonction d'onde totale antisymétrique de couleur des quarks, nous sommes alors conduits à une fonction d'onde totale antisymétrique, comme l'exige le principe de Pauli. La fonction d'onde du triplet de quarks, $\psi_{ytt_3}^{(3)}$, est complétée par la fonction d'onde de spin. D'où :

$$\psi_{ytt_3}^{(3)} \chi_{\frac{1}{2}\mu} \, , \tag{8.68a}$$

et de façon analogue pour l'anti-triplet :

$$\psi_{ytt_3}^{(\bar{3})} \chi_{\frac{1}{2}\nu} \, . \tag{8.68b}$$

À partir de ces sextets de quarks, nous construisons le triplet d'isospin du méson π ($T=1$), qui est inclus dans l'octet de mésons avec $Y=0$ (cf figure dans l'exemple 8.6 et le section 8.10). Selon (8.63) le facteur isoscalaire est égal à un. Les états du triplet d'isospin $T=1$ de pions (spin 0) peuvent donc être écrits comme :

$$\psi_{Y=0,T=1,T_3,I=0,M=0}^{(8)} = \sum_{t_3,t_3',\mu,\nu} (\tfrac{1}{2}\tfrac{1}{2}1|t_3 t_3' T_3)(\tfrac{1}{2}\tfrac{1}{2}0|\mu\nu0)$$
$$\cdot \psi_{\frac{1}{3}\frac{1}{2}t_3}^{(3)}(1)\psi_{-\frac{1}{3}\frac{1}{2}t_3'}^{(\bar{3})}(2)\chi_{\frac{1}{2}\mu}(1)\chi_{\frac{1}{2}\nu}(2) \, . \tag{8.69}$$

Les arguments (1) et (2) dans cette équation désignent les coordonnées des particules 1 (quark) et 2 (antiquark), respectivement. Nous pouvons calculer explicitement (8.69) pour différentes valeurs de T_3 :

(a) $T_3 = 1$. Dans ce cas, t_3 et t_3' peuvent prendre uniquement la valeur $\frac{1}{2}$. La fonction d'onde s'écrira alors :

$$|\pi^+\rangle = (\tfrac{1}{2}\tfrac{1}{2}1|\tfrac{1}{2}\tfrac{1}{2}1) \sum_\mu (\tfrac{1}{2}\tfrac{1}{2}0|\mu-\mu\,0)\psi_{\frac{1}{3}\frac{1}{2}\frac{1}{2}}^{(3)}(1)$$
$$\cdot \psi_{-\frac{1}{3}\frac{1}{2}\frac{1}{2}}^{(\bar{3})}(2)\chi_{\frac{1}{2}\mu}(1)\chi_{\frac{1}{2}-\mu}(2) \, . \tag{8.70}$$

Nous rappelons la valeur des coefficients de Clebsch–Gordan :

$$(j, j, 2j | j, j, 2j) = 1 \,, \tag{8.71a}$$

$$(j, j, 0 | \mu, -\mu, 0) = \frac{(-1)^{j-\mu}}{\sqrt{2j+1}} \,, \tag{8.71b}$$

d'où la fonction d'onde[19] :

$$
\begin{aligned}
|\pi^+\rangle &= \psi^{(3)}_{\frac{1}{3}\frac{1}{2}\frac{1}{2}}(1)\,\psi^{(\bar{3})}_{-\frac{1}{3}\frac{1}{2}\frac{1}{2}}(2)\,\frac{1}{\sqrt{2}}\left[\chi_{\frac{1}{2}-\frac{1}{2}}(1)\chi_{\frac{1}{2}\frac{1}{2}}(2) - \chi_{\frac{1}{2}\frac{1}{2}}(1)\chi_{\frac{1}{2}-\frac{1}{2}}(2)\right] \\
&= u(1)\bar{d}(2)\,\frac{1}{\sqrt{2}}\left[\chi_{\frac{1}{2}-\frac{1}{2}}(1)\chi_{\frac{1}{2}\frac{1}{2}}(2) - \chi_{\frac{1}{2}\frac{1}{2}}(1)\chi_{\frac{1}{2}-\frac{1}{2}}(2)\right] \\
&= \frac{1}{\sqrt{2}}[u(1)_\downarrow \bar{d}(2)_\uparrow - u(1)_\uparrow \bar{d}(2)_\downarrow] \\
&= -\frac{1}{\sqrt{2}}(u_\uparrow \bar{d}_\downarrow - u_\downarrow \bar{d}_\uparrow) \,. \tag{8.72}
\end{aligned}
$$

Pour le dernier terme, nous avons indiqué les fonctions d'onde avec spin haut et bas par les indices $\uparrow$ et $\downarrow$, respectivement ; tandis que la position de la fonction d'onde désigne l'argument. Par exemple $u_\uparrow \bar{d}_\downarrow$ signifie en fait $u_\uparrow(1)\bar{d}_\downarrow(2)$, et ainsi de suite.

(b) $T_3 = 0$. D'après (8.69) la fonction d'onde $|\pi^0\rangle$ s'écrit :

$$
|\pi^0\rangle = [(\tfrac{1}{2}\tfrac{1}{2}1|\tfrac{1}{2}-\tfrac{1}{2}0)\psi^{(3)}_{\frac{1}{3}\frac{1}{2}\frac{1}{2}}(1)\psi^{(\bar{3})}_{-\frac{1}{3}\frac{1}{2}-\frac{1}{2}}(2) + (\tfrac{1}{2}\tfrac{1}{2}1|-\tfrac{1}{2}\tfrac{1}{2}0) \tag{8.73}
$$

$$
\times \psi^{(3)}_{\frac{1}{3}\frac{1}{2}-\frac{1}{2}}(1)\psi^{(\bar{3})}_{-\frac{1}{3}\frac{1}{2}\frac{1}{2}}(2)](-\tfrac{1}{2}\tfrac{1}{2}0|\mu, -\mu, 0)\chi_{\frac{1}{2}\mu}(1)\chi_{\frac{1}{2}-\mu}(2) \,.
$$

Les coefficients de Clebsch–Gordan de SU(2) prennent les valeurs :

$$(\tfrac{1}{2}\tfrac{1}{2}1|\tfrac{1}{2}-\tfrac{1}{2}0) = \frac{1}{\sqrt{2}} \tag{8.74a}$$

$$(\tfrac{1}{2}\tfrac{1}{2}1|-\tfrac{1}{2}\tfrac{1}{2}0) = -\frac{1}{\sqrt{2}} \tag{8.74b}$$

$$(\tfrac{1}{2}\tfrac{1}{2}0|\mu - \mu 0) = \frac{(-)^{\frac{1}{2}+\mu}}{\sqrt{2}} \,, \tag{8.74c}$$

d'où :

$$
\begin{aligned}
\left|\pi^0\right\rangle &= \frac{1}{\sqrt{2}}(u(1)\bar{u}(2) + d(1)\bar{d}(2))\left[-\frac{1}{\sqrt{2}}\right] \\
&\quad \cdot (\chi_{\frac{1}{2}\frac{1}{2}}(1)\chi_{\frac{1}{2}-\frac{1}{2}}(2) - \chi_{\frac{1}{2}-\frac{1}{2}}(1)\chi_{\frac{1}{2}\frac{1}{2}}(2)) \\
&= \tfrac{1}{2}(u(1)_\uparrow \bar{u}(2)_\downarrow + d(1)_\uparrow \bar{d}(2)_\downarrow - u(1)_\downarrow \bar{u}(2)_\uparrow - d(1)_\downarrow \bar{d}(2)_\uparrow) \\
&= \tfrac{1}{2}(u_\uparrow \bar{u}_\downarrow + d_\uparrow \bar{d}_\downarrow - u_\downarrow \bar{u}_\uparrow - d_\downarrow \bar{d}_\uparrow) \,. \tag{8.75}
\end{aligned}
$$

---

[19] Pour des raisons de simplicité nous noterons de manière identique, en italique, une particule (quark ou méson) et la fonction d'onde associée.

La méthode sera la même pour le méson π^- ($T_3 = -1$). La liste ci-dessous résume les fonction d'onde pour les particules (pseudo-)scalaires (pions, spin 0) et les particules vectorielles (mésons ϱ , spin 1) qui appartiennent à l'isospin-triplet de l'octet SU(3) :

$$|\pi^+\rangle = \frac{1}{\sqrt{2}}(u_\uparrow \bar{d}_\downarrow - u_\downarrow \bar{d}_\uparrow)$$

$$|\pi^0\rangle = \tfrac{1}{2}(u_\uparrow \bar{u}_\downarrow - u_\downarrow \bar{u}_\uparrow - d_\uparrow \bar{d}_\downarrow + d_\downarrow \bar{d}_\uparrow)$$

$$|\pi^-\rangle = \frac{1}{\sqrt{2}}(d_\uparrow \bar{u}_\downarrow - d_\downarrow \bar{u}_\uparrow)$$

$$|\varrho^+_{\pm 1}\rangle = (u_{\uparrow,\downarrow} \bar{d}_{\uparrow,\downarrow})$$

$$|\varrho^+_0\rangle = \frac{1}{\sqrt{2}}(u_\uparrow \bar{d}_\downarrow + u_\downarrow \bar{d}_\uparrow)$$

$$|\varrho^0_{\pm 1}\rangle = \frac{1}{\sqrt{2}}(u_{\uparrow,\downarrow} \bar{u}_{\uparrow,\downarrow} - d_{\uparrow,\downarrow} \bar{d}_{\uparrow,\downarrow})$$

$$|\varrho^0_0\rangle = \tfrac{1}{2}(u_\uparrow \bar{u}_\downarrow + u_\downarrow \bar{u}_\uparrow - d_\uparrow \bar{d}_\downarrow - d_\downarrow \bar{d}_\uparrow)$$

$$|\varrho^-_{\pm 1}\rangle = (d_{\uparrow,\downarrow} \bar{u}_{\uparrow,\downarrow})$$

$$|\varrho^-_0\rangle = \frac{1}{\sqrt{2}}(d_\uparrow \bar{u}_\downarrow + d_\downarrow \bar{u}_\uparrow) . \qquad (8.76)$$

L'indice supérieur désigne la charge et l'indice inférieur la composante z du spin ; $u_\uparrow$ équivaut à $u|\uparrow\rangle$, $u_\downarrow$ équivaut à $u|\downarrow\rangle$, etc. Les pions ont un spin 0, le méson ϱ un spin 1. Ce dernier doit donc avoir $j_z = 0, \pm 1$ comme l'indique (8.76). Les fonctions d'onde des baryons peuvent être construites de façon semblable, par exemple pour le décuplet [{10}, $\tfrac{3}{2}$]. Commençons par l'état de plus fort poids Δ^{++} :

$$\Delta^{++}_{j_z} = \begin{cases} \Delta^{++}_{+\frac{3}{2}} = u_\uparrow u_\uparrow u_\uparrow \\ \Delta^{++}_{+\frac{1}{2}} = \frac{1}{\sqrt{3}}(u_\uparrow u_\uparrow u_\downarrow + u_\uparrow u_\downarrow u_\uparrow + u_\downarrow u_\uparrow u_\uparrow) \end{cases} \qquad (8.77)$$

À propos de la fonction d'onde du $\Delta^{++}_{+\frac{3}{2}} = u_\uparrow u_\uparrow u_\uparrow$, apparaît un nouveau problème : il semble que cette fonction d'onde viole le principe de Pauli car tous les quarks sont dans le même état. (Le même problème survient pour la deuxième fonction d'onde où deux des trois quarks sont dans le même état $u_\uparrow$.)

Pour restaurer le principe de Pauli dans le schéma des quarks, nous devons introduire un nouveau nombre quantique pour les quarks. Ce nombre est appelé la *couleur ou charge de couleur*. Trois couleurs sont nécessaires (rouge, vert, bleu) de telle sorte que le premier quark $u_\uparrow$ soit rouge, le second vert et le troisième bleu. Ceci sera abordé en détail ultérieurement par exemple dans les volumes de cette série : théorie de jauge des interactions faibles et chromodynamique quantique.

Revenons maintenant plus en détail sur la construction de la seconde fonction d'onde de (8.77). La composante SU(3) pour le Δ^{++} est $u(1)u(2)u(3)$; la composante de spin de ces particules de $j = \frac{3}{2}$ s'écrit :

$$\sum_{\mu\nu m\tau} (\tfrac{1}{2}\tfrac{1}{2}1|\mu\nu m)(1\tfrac{1}{2}\tfrac{3}{2}|m\tau M)\chi_{\frac{1}{2}\mu}(1)\chi_{\frac{1}{2}\nu}(2)\chi_{\frac{1}{2}\tau}(3) \ . \tag{8.78}$$

Ceci correspond au seul couplage possible pour $j = \frac{3}{2}$,

$$\left[[\tfrac{1}{2}\otimes\tfrac{1}{2}]^{[1]}\otimes\tfrac{1}{2}\right]^{[\frac{3}{2}]} \ . \tag{8.79}$$

Nous pouvons maintenant expliciter (8.78) pour $M = \frac{3}{2}$ et $M = \frac{1}{2}$.

(a) $M = \frac{3}{2}$. On doit alors avoir $\tau = \frac{1}{2}$ et $m = 1$, soit $\mu = \nu = \frac{1}{2}$. (8.78) conduit alors à :

$$(\tfrac{1}{2}\tfrac{1}{2}1|\tfrac{1}{2}\tfrac{1}{2}1)(1\tfrac{1}{2}\tfrac{3}{2}|1\tfrac{1}{2}\tfrac{3}{2})\chi_{\frac{1}{2}\frac{1}{2}}(1)\chi_{\frac{1}{2}\frac{1}{2}}(2)\chi_{\frac{1}{2}\frac{1}{2}}(3) \ . \tag{8.80}$$

Les deux coefficients de Clebsch–Gordan sont égaux à 1 (seule possibilité en couplage maximum) et nous déduisons alors la fonction d'onde totale :

$$\begin{aligned} \Delta^{++}_{j_3=\frac{3}{2}} &= \frac{1}{\sqrt{3}}\left[u(1)u(2)u(3)\chi_{\frac{1}{2}\frac{1}{2}}(1)\chi_{\frac{1}{2}\frac{1}{2}}(2)\chi_{\frac{1}{2}\frac{1}{2}}(3)\right] \\ &= u_\uparrow(1)u_\uparrow(2)u_\uparrow(3) \\ &= u_\uparrow u_\uparrow u_\uparrow \ . \end{aligned} \tag{8.81}$$

(b) $M = \frac{1}{2}$. Pour (8.78) nous avons nécessairement :

$$m = 1 \ , \quad \tau = -\tfrac{1}{2} \quad \text{ou} \quad m = 0 \ , \quad \tau = \tfrac{1}{2} \ .$$

De plus, pour

$$\begin{aligned} m = 1 : \quad & \mu = \tfrac{1}{2} \ , \quad \nu = \tfrac{1}{2} \quad \text{et} \\ m = 0 : \quad & \mu = \tfrac{1}{2} \ , \quad \nu = -\tfrac{1}{2} \quad \text{ou} \\ & \mu = -\tfrac{1}{2} \ , \quad \nu = \tfrac{1}{2} \ . \end{aligned}$$

Pour la fonction d'onde de spin (8.78) ceci conduit alors globalement à :

$$\begin{aligned} &(\tfrac{1}{2}\tfrac{1}{2}1|\tfrac{1}{2}\tfrac{1}{2}1)(1\tfrac{1}{2}\tfrac{3}{2}|1-\tfrac{1}{2}\tfrac{1}{2})\chi_{\frac{1}{2}\frac{1}{2}}(1)\chi_{\frac{1}{2}\frac{1}{2}}(2)\chi_{\frac{1}{2}-\frac{1}{2}}(3) \\ &+ (\tfrac{1}{2}\tfrac{1}{2}1|\tfrac{1}{2}-\tfrac{1}{2}0)(1\tfrac{1}{2}\tfrac{3}{2}|0\tfrac{1}{2}\tfrac{1}{2})\chi_{\frac{1}{2}\frac{1}{2}}(1)\chi_{\frac{1}{2}-\frac{1}{2}}(2)\chi_{\frac{1}{2}\frac{1}{2}}(3) \\ &+ (\tfrac{1}{2}\tfrac{1}{2}1|-\tfrac{1}{2}\tfrac{1}{2}0)(1\tfrac{1}{2}\tfrac{3}{2}|0\tfrac{1}{2}\tfrac{1}{2})\chi_{\frac{1}{2}-\frac{1}{2}}(1)\chi_{\frac{1}{2}\frac{1}{2}}(2)\chi_{\frac{1}{2}\frac{1}{2}}(3) \ . \end{aligned} \tag{8.82}$$

Les valeurs de ces coefficients de Clebsch–Gordan peuvent se trouver dans les tables[20], et nous avons ainsi :

$$\begin{aligned} &(\tfrac{1}{2}\tfrac{1}{2}1|\tfrac{1}{2}\tfrac{1}{2}1) = 1 \qquad (1\tfrac{1}{2}\tfrac{3}{2}|0\tfrac{1}{2}\tfrac{1}{2}) = \sqrt{\tfrac{2}{3}} \\ &(1\tfrac{1}{2}\tfrac{3}{2}|1-\tfrac{1}{2}\tfrac{1}{2}) = \tfrac{1}{\sqrt{3}} \quad (\tfrac{1}{2}\tfrac{1}{2}1|-\tfrac{1}{2}\tfrac{1}{2}0) = \tfrac{1}{\sqrt{2}} \\ &(\tfrac{1}{2}\tfrac{1}{2}1|\tfrac{1}{2}-\tfrac{1}{2}0) = \tfrac{1}{\sqrt{2}} \qquad (1\tfrac{1}{2}\tfrac{3}{2}|0\tfrac{1}{2}\tfrac{3}{2}) = \sqrt{\tfrac{2}{3}} \ . \end{aligned}$$

---

[20] Par exemple M. Rotenberg et al. : *The 3j- and the 6j-Symbols* (Technology Press, Cambridge, Mass. 1959).

Nous avons ainsi la fonction d'onde totale de SU(6) :

$$
\begin{aligned}
\Delta^{++}_{j_3=\frac{3}{2}} &= \frac{1}{\sqrt{3}}[u(1)u(2)u(3)][\chi_{\frac{1}{2}\frac{1}{2}}(1)\chi_{\frac{1}{2}\frac{1}{2}}(2)\chi_{\frac{1}{2}-\frac{1}{2}}(3) \\
&\quad + \chi_{\frac{1}{2}\frac{1}{2}}(1)\chi_{\frac{1}{2}-\frac{1}{2}}(2)\chi_{\frac{1}{2}\frac{1}{2}}(3) + \chi_{\frac{1}{2}-\frac{1}{2}}(1)\chi_{\frac{1}{2}\frac{1}{2}}(2)\chi_{\frac{1}{2}\frac{1}{2}}(3)] \\
&= \frac{1}{\sqrt{3}}[u_\uparrow(1)u_\uparrow(2)u_\downarrow(3) + u_\uparrow(1)u_\downarrow(2)u_\uparrow(3) + u_\downarrow(1)u_\uparrow(2)u_\uparrow(3)] \\
&= \frac{1}{\sqrt{3}}[u_\uparrow u_\uparrow u_\downarrow + u_\uparrow u_\downarrow u_\uparrow + u_\downarrow u_\uparrow u_\uparrow] \,.
\end{aligned}
\tag{8.83a}
$$

En utilisant l'action de l'opérateur d'échange $\hat{S}_-$ et (2.18c) pour $\hat{S}_-\Delta^{++}_{\frac{3}{2}} = \sqrt{3}\Delta^{++}_{\frac{1}{2}}$, nous pouvons aussi obtenir ce résultat à partir de (8.81) au moyen des opérateurs d'échange :

$$
\hat{S}_- = \hat{S}_-(1) + \hat{S}_-(2) + \hat{S}_-(3) \,.
$$

Selon (2.18c), nous avons encore :

$$
\hat{S}_-(1)u_\uparrow(1) = \sqrt{3}u_\downarrow(1) \quad \text{etc} \,.
$$

Par l'intermédiaire des opérateurs d'échange $\hat{T}_-$, $\hat{U}_-$, et $\hat{V}_-$ de SU(3) ou des opérateurs homologues $\hat{S}_-$ pour le spin sur l'état (8.77), nous pouvons construire toutes les autres fonctions d'onde de l'octet SU(3) ; ainsi pour le Σ^{*+} avec un nombre de spin $j_z = +\frac{1}{2}$, nous aurons la fonction d'onde :

$$
\Sigma^{*+}_{+\frac{1}{2}} = \text{cste}\,\hat{V}_-\Delta^{++}_{+\frac{1}{2}} = \frac{1}{\sqrt{9}}(s_\uparrow u_\uparrow u_\downarrow + s_\uparrow u_\downarrow u_\uparrow + s_\downarrow u_\uparrow u_\uparrow + \text{permutations}) \,.
$$

Les permutations apparaissent du fait que $\hat{V}_- = \hat{V}_-(1) + \hat{V}_-(2) + \hat{V}_-(3)$, i.e. $\hat{V}_-$ est construit à partir des opérateurs $\hat{V}_-$ des trois quarks concernés. Notons que les états des décuplets $[\{10\}, \frac{3}{2}]$ font apparaître automatiquement une symétrie par rapport à l'échange d'une paire quelconque de quarks : ceci ressort immédiatement de (8.77) et (8.78).

Afin de construire les états des octets de baryons de $j = \frac{1}{2}$, nous combinerons deux quarks pour former un état de moment angulaire intermédiaire, puis nous les coup[l]erons au troisième quark. Dans ce cas, nous avons besoin d'une fonction d'onde complètement symétrique par rapport à l'échange de deux quarks, exactement comme les baryons de spin $\frac{3}{2}$ [cf (8.77) et (8.78)]. Si, par exemple, nous demandons la fonction d'onde du proton $p_{+\frac{1}{2}}$, nous devons former avec deux quarks u un état triplet (symétrique) $(uu)^{j=1}_{j_3}$, et le coupler au troisième quark, le d, de façon à former le spin total $\frac{1}{2}$:

$$
\begin{aligned}
|p_\uparrow\rangle &= \text{cste}[(1\tfrac{1}{2}\tfrac{1}{2}|1-\tfrac{1}{2}\tfrac{1}{2})(uu)^1_1 d_\downarrow + (1\tfrac{1}{2}\tfrac{1}{2}|0\tfrac{1}{2}\tfrac{1}{2})(uu)^1_0 d_\uparrow + \text{permut.}] \\
&= \text{cste}[\sqrt{\tfrac{2}{3}}u_\uparrow u_\uparrow d_\downarrow - \tfrac{1}{\sqrt{6}}(u_\uparrow u_\downarrow + u_\downarrow u_\uparrow)d_\uparrow + \text{permut.}] \\
&= \frac{1}{\sqrt{18}}[2u_\uparrow u_\uparrow d_\downarrow - u_\uparrow u_\downarrow d_\uparrow - u_\downarrow u_\uparrow d_\uparrow + \text{permut.}] \,.
\end{aligned}
$$

En indiquant toutes les permutations nécessaires, nous avons ainsi :

$$|p_\uparrow\rangle = \frac{1}{\sqrt{18}}[2\,|u_\uparrow d_\downarrow u_\uparrow\rangle + 2\,|u_\uparrow u_\uparrow d_\downarrow\rangle + 2\,|d_\downarrow u_\uparrow u_\uparrow\rangle - |u_\uparrow u_\downarrow d_\uparrow\rangle - |u_\uparrow d_\uparrow u_\downarrow\rangle$$

$$- |u_\downarrow d_\uparrow u_\uparrow\rangle - |d_\uparrow u_\downarrow u_\uparrow\rangle - |d_\uparrow u_\uparrow u_\downarrow\rangle - |u_\downarrow u_\uparrow d_\uparrow\rangle]\,. \qquad (8.83b)$$

Ici encore la position de la fonction d'onde désigne l'indice de l'opérateur de position. Par exemple

$$udu \leftrightarrow u(1)d(2)u(3)\,.$$

Le couplage de la fonction d'onde proton, via deux quarks u, à l'état intermédiaire de spin $j = 1$ garantit la symétrie entre les deux quarks u. Le couplage via un état intermédiaire de spin $j = 0$ (qui à première vue serait possible) est exclu car il conduirait à une fonction d'onde antisymétrique pour les deux premiers quarks u.

Faisons encore une autre remarque sur la structure uud du proton : pourquoi n'a-t-on pas la structure uus dont la charge est également un : $Q = (\frac{2}{3} + \frac{2}{3} - \frac{1}{3}) = 1$? En fait, le proton dans [8] doit avoir l'hypercharge $Y = 1$ tandis que la configuration uus fournit l'hypercharge $Y = (\frac{1}{3} + \frac{1}{3} - \frac{2}{3}) = 0$. De même, nous pouvons obtenir la fonction d'onde du neutron :

$$|n_\downarrow\rangle = \frac{1}{\sqrt{18}}[2d_\uparrow d_\uparrow u_\downarrow - d_\uparrow d_\downarrow u_\uparrow - d_\downarrow d_\uparrow u_\uparrow + \text{permut.}]\,. \qquad (8.83c)$$

Les autres états de l'octet sont analogues, hormis la particule Λ^0, qui doit se déterminer par orthogonalisation par rapport au Σ^0. On trouve dans ce cas :

$$\left|\Lambda^0_\uparrow\right\rangle = \frac{1}{\sqrt{12}}[u_\uparrow d_\downarrow s_\uparrow - u_\downarrow d_\uparrow s_\uparrow - d_\uparrow u_\downarrow s_\uparrow + d_\downarrow u_\uparrow s_\uparrow + \text{permut.}]\,. \qquad (8.83d)$$

Dans les exercices suivants, la structure de la fonction d'onde du neutron ainsi que celle des résonances baryoniques sera examinée en détail.

EXERCICE ▟▆▆▆▆▆▆▆▆▆▆▆▆▆▆▆▆

8.13 Construction de la fonction d'onde du neutron

Problème. Calculer la fonction d'onde du neutron par application de l'opérateur d'échange $\hat{T}_-$ sur la fonction d'onde du proton.

Solution. Nous savons qu'on passe de la fonction d'onde du proton à celle du neutron par application de l'opérateur $\hat{T}_-$ qui abaisse T_3 d'une unité. S'agissant de fonctions d'onde à trois corps, nous devons utiliser les opérateurs à trois corps $\hat{T}_- = \hat{T}_-(1) + \hat{T}_-(2) + \hat{T}_-(3)$. Cet opérateur se compose de trois parties,

Exercice 8.13

chacune agissant de façon semblable dans un espace de Hilbert distinct. Nous connaissons la fonction d'onde du proton à partir de (8.83b), soit :

$$|p_\uparrow\rangle = \frac{1}{\sqrt{18}} \cdot \{2\psi_{\frac{1}{2}\frac{1}{2}}(1)\psi_{-\frac{1}{2}-\frac{1}{2}}(2)\psi_{\frac{1}{2}\frac{1}{2}}(3)$$
$$+ 2\psi_{\frac{1}{2}\frac{1}{2}}(1)\psi_{\frac{1}{2}\frac{1}{2}}(2)\psi_{-\frac{1}{2}-\frac{1}{2}}(3) + 2\psi_{-\frac{1}{2}-\frac{1}{2}}(1)\psi_{\frac{1}{2}\frac{1}{2}}(2)\psi_{\frac{1}{2}\frac{1}{2}}(3)$$
$$- \psi_{\frac{1}{2}\frac{1}{2}}(1)\psi_{\frac{1}{2}-\frac{1}{2}}(2)\psi_{-\frac{1}{2}\frac{1}{2}}(3) - \psi_{\frac{1}{2}\frac{1}{2}}(1)\psi_{-\frac{1}{2}\frac{1}{2}}(2)\psi_{\frac{1}{2}-\frac{1}{2}}(3)$$
$$- \psi_{\frac{1}{2}-\frac{1}{2}}(1)\psi_{-\frac{1}{2}\frac{1}{2}}(2)\psi_{\frac{1}{2}\frac{1}{2}}(3) - \psi_{-\frac{1}{2}\frac{1}{2}}(1)\psi_{\frac{1}{2}-\frac{1}{2}}(2)\psi_{\frac{1}{2}\frac{1}{2}}(3)$$
$$- \psi_{\frac{1}{2}\frac{1}{2}}(1)\psi_{\frac{1}{2}\frac{1}{2}}(2)\psi_{\frac{1}{2}-\frac{1}{2}}(3) - \psi_{\frac{1}{2}-\frac{1}{2}}(1)\psi_{\frac{1}{2}\frac{1}{2}}(2)\psi_{-\frac{1}{2}\frac{1}{2}}(3)\}. \tag{1}$$

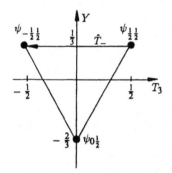

Triplet élémentaire de SU(3)
pour un spin $\frac{1}{2}$

Ici $\psi_{t_3 j_3}$ désigne la fonction d'onde d'une particule de composantes de spin j_3 et d'isospin t_3. Le nombre entre parenthèses, qui désigne l'espace de Hilbert correspondant, revêt de l'importance car un opérateur, agissant sur une fonction d'onde d'un espace de Hilbert différent, n'affecte pas cette fonction [par exemple la notation $\hat{T}_-(1)$ se comprend comme une abréviation pour l'opérateur de produit tensoriel $\hat{T}_-(1)\hat{I}(2)\hat{I}(3)$, où $\hat{I}$ désigne l'opérateur identité, etc.]. Nous savons que $\hat{T}_-$ abaisse la composante de l'isospin t_3 d'une unité, les autres nombres quantiques demeurant inchangés. L'opérateur $\hat{T}_3$ ne peut permettre de sortir du multiplet auquel la fonction d'onde appartient. Les fonctions $\psi_{t_3 j_3}(i)$ appartenant toutes au triplet élémentaire de SU(3), nous aurons $\hat{T}_-(i)\psi_{-\frac{1}{2} j_3}(i) = 0$ pour tous les i et j_3 (voir illustration sur la figure ci-contre). Le seul échange possible qui demeure est :

$$\hat{T}_-(i)\psi_{\frac{1}{2} j_3}(i) = N\psi_{-\frac{1}{2} j_3}(i) \tag{2}$$

pour tous les i et j_3, où N est un facteur de normalisation. Nous avons par conséquent :

$$|n_\uparrow\rangle = N\hat{T}_- |p_\uparrow\rangle = \frac{N}{\sqrt{18}}$$
$$\cdot \{2(\hat{T}_-(1)\psi_{\frac{1}{2}\frac{1}{2}}(1))\psi_{-\frac{1}{2}-\frac{1}{2}}(2)\psi_{\frac{1}{2}\frac{1}{2}}(3) + 2\psi_{\frac{1}{2}\frac{1}{2}}(1)(\hat{T}_-(2)\psi_{-\frac{1}{2}-\frac{1}{2}}(2))\psi_{\frac{1}{2}\frac{1}{2}}$$
$$+ 2\psi_{\frac{1}{2}\frac{1}{2}}(1)\psi_{-\frac{1}{2}-\frac{1}{2}}(2)(\hat{T}_-(3)\psi_{\frac{1}{2}\frac{1}{2}}(3)) + 2(\hat{T}_-(1)\psi_{\frac{1}{2}\frac{1}{2}}(1))\psi_{\frac{1}{2}\frac{1}{2}}(2)\psi_{-\frac{1}{2}-\frac{1}{2}}(3)$$
$$+ 2\psi_{\frac{1}{2}\frac{1}{2}}(1)(\hat{T}_-(2)\psi_{\frac{1}{2}\frac{1}{2}}(2))\psi_{-\frac{1}{2}-\frac{1}{2}}(3) + 2\psi_{\frac{1}{2}\frac{1}{2}}(1)\psi_{\frac{1}{2}\frac{1}{2}}(2)(\hat{T}_-(3)\psi_{-\frac{1}{2}-\frac{1}{2}}(3))$$
$$+ 2(\hat{T}_-(1)\psi_{-\frac{1}{2}-\frac{1}{2}}(1))\psi_{\frac{1}{2}\frac{1}{2}}(2)\psi_{\frac{1}{2}\frac{1}{2}}(3) + 2\psi_{-\frac{1}{2}-\frac{1}{2}}(1)(\hat{T}_-(2)\psi_{\frac{1}{2}\frac{1}{2}}(2))\psi_{\frac{1}{2}\frac{1}{2}}(3)$$
$$+ 2\psi_{-\frac{1}{2}-\frac{1}{2}}(1)\psi_{\frac{1}{2}\frac{1}{2}}(2)(\hat{T}_-(3)\psi_{\frac{1}{2}\frac{1}{2}}(3)) - (\hat{T}_-(1)\psi_{\frac{1}{2}\frac{1}{2}}(1))\psi_{\frac{1}{2}-\frac{1}{2}}(2)\psi_{-\frac{1}{2}\frac{1}{2}}(3)$$
$$- \psi_{\frac{1}{2}\frac{1}{2}}(1)(\hat{T}_-(2)\psi_{\frac{1}{2}-\frac{1}{2}}(2))\psi_{-\frac{1}{2}\frac{1}{2}}(3) - \psi_{\frac{1}{2}\frac{1}{2}}(1)\psi_{\frac{1}{2}-\frac{1}{2}}(2)(\hat{T}_-(3)\psi_{-\frac{1}{2}\frac{1}{2}}(3))$$
$$- (\hat{T}_-(1)\psi_{\frac{1}{2}\frac{1}{2}}(1))\psi_{-\frac{1}{2}\frac{1}{2}}(2)\psi_{\frac{1}{2}-\frac{1}{2}}(3) - \psi_{\frac{1}{2}\frac{1}{2}}(1)(\hat{T}_-(2)\psi_{-\frac{1}{2}\frac{1}{2}}(2))\psi_{\frac{1}{2}-\frac{1}{2}}(3)$$
$$- \psi_{\frac{1}{2}\frac{1}{2}}(1)\psi_{-\frac{1}{2}\frac{1}{2}}(2)(\hat{T}_-(3)\psi_{\frac{1}{2}-\frac{1}{2}}(3)) - (\hat{T}_-(1)\psi_{\frac{1}{2}-\frac{1}{2}}(1))\psi_{-\frac{1}{2}\frac{1}{2}}(2)\psi_{\frac{1}{2}\frac{1}{2}}(3)$$
$$- \psi_{\frac{1}{2}-\frac{1}{2}}(1)(\hat{T}_-(2)\psi_{-\frac{1}{2}\frac{1}{2}}(2))\psi_{\frac{1}{2}\frac{1}{2}}(3) - \psi_{\frac{1}{2}-\frac{1}{2}}(1)\psi_{-\frac{1}{2}\frac{1}{2}}(2)(\hat{T}_-(3)\psi_{\frac{1}{2}\frac{1}{2}}(3))$$
$$- (\hat{T}_-(1)\psi_{-\frac{1}{2}\frac{1}{2}}(1))\psi_{\frac{1}{2}-\frac{1}{2}}(2)\psi_{\frac{1}{2}\frac{1}{2}}(3) - \psi_{-\frac{1}{2}\frac{1}{2}}(1) - (\hat{T}_-(2)\psi_{\frac{1}{2}-\frac{1}{2}}(2))\psi_{\frac{1}{2}\frac{1}{2}}(3)$$

Exercice 8.13

$$- \psi_{-\frac{1}{2}\frac{1}{2}}(1)\psi_{\frac{1}{2}-\frac{1}{2}}(2)(\hat{T}_-(3)\psi_{\frac{1}{2}\frac{1}{2}}(3)) - (\hat{T}_-(1)\psi_{-\frac{1}{2}\frac{1}{2}}(1))\psi_{\frac{1}{2}\frac{1}{2}}(2)\psi_{\frac{1}{2}-\frac{1}{2}}(3)$$

$$- \psi_{-\frac{1}{2}\frac{1}{2}}(1)(\hat{T}_-(2)\psi_{\frac{1}{2}\frac{1}{2}}(2))\psi_{\frac{1}{2}-\frac{1}{2}}(3) - \psi_{-\frac{1}{2}\frac{1}{2}}(1)\psi_{\frac{1}{2}\frac{1}{2}}(2)(\hat{T}_-(3)\psi_{\frac{1}{2}-\frac{1}{2}}(3))$$

$$- (\hat{T}_-(1)\psi_{\frac{1}{2}-\frac{1}{2}}(1))\psi_{\frac{1}{2}\frac{1}{2}}(2)\psi_{-\frac{1}{2}\frac{1}{2}}(3) - \psi_{\frac{1}{2}-\frac{1}{2}}(1)(\hat{T}_-(2)\psi_{\frac{1}{2}\frac{1}{2}}(2))\psi_{-\frac{1}{2}\frac{1}{2}}(3)$$

$$- \psi_{\frac{1}{2}-\frac{1}{2}}(1)\psi_{\frac{1}{2}\frac{1}{2}}(2)(\hat{T}_-(3)\psi_{-\frac{1}{2}\frac{1}{2}}(3))\}$$

$$|\mathrm{n}_\uparrow\rangle = \frac{N}{\sqrt{18}}\cdot\{2\psi_{-\frac{1}{2}\frac{1}{2}}(1)\psi_{-\frac{1}{2}-\frac{1}{2}}(2)\psi_{\frac{1}{2}\frac{1}{2}}(3)+0$$

$$+ 2\psi_{\frac{1}{2}\frac{1}{2}}(1)\psi_{-\frac{1}{2}-\frac{1}{2}}(2)\psi_{-\frac{1}{2}\frac{1}{2}}(3) + 2\psi_{-\frac{1}{2}\frac{1}{2}}(1)\psi_{\frac{1}{2}\frac{1}{2}}(2)\psi_{-\frac{1}{2}-\frac{1}{2}}(3)$$

$$+ 2\psi_{\frac{1}{2}\frac{1}{2}}(1)\psi_{-\frac{1}{2}\frac{1}{2}}(2)\psi_{-\frac{1}{2}-\frac{1}{2}}(3) + 0 + 0$$

$$+ 2\psi_{-\frac{1}{2}-\frac{1}{2}}(1)\psi_{-\frac{1}{2}\frac{1}{2}}(2)\psi_{\frac{1}{2}\frac{1}{2}}(3) + 2\psi_{-\frac{1}{2}-\frac{1}{2}}(1)\psi_{-\frac{1}{2}\frac{1}{2}}(2)\psi_{\frac{1}{2}\frac{1}{2}}(3)$$

$$- \psi_{-\frac{1}{2}\frac{1}{2}}\psi_{\frac{1}{2}-\frac{1}{2}}(2)\psi_{-\frac{1}{2}\frac{1}{2}}(3) - \psi_{\frac{1}{2}\frac{1}{2}}(1)\psi_{-\frac{1}{2}-\frac{1}{2}}(2)\psi_{-\frac{1}{2}\frac{1}{2}}(3) - 0$$

$$- \psi_{-\frac{1}{2}\frac{1}{2}}(1)\psi_{-\frac{1}{2}\frac{1}{2}}(2)\psi_{\frac{1}{2}-\frac{1}{2}}(3) - 0 - \psi_{\frac{1}{2}\frac{1}{2}}(1)\psi_{-\frac{1}{2}\frac{1}{2}}(2)\psi_{-\frac{1}{2}-\frac{1}{2}}(3)$$

$$- \psi_{-\frac{1}{2}-\frac{1}{2}}(1)\psi_{\frac{1}{2}-\frac{1}{2}}(2)\psi_{-\frac{1}{2}\frac{1}{2}}(3) - 0 - \psi_{\frac{1}{2}-\frac{1}{2}}(1)\psi_{-\frac{1}{2}\frac{1}{2}}(1)\psi_{-\frac{1}{2}\frac{1}{2}}(2)\psi_{-\frac{1}{2}\frac{1}{2}}(3)$$

$$- 0 - \psi_{-\frac{1}{2}\frac{1}{2}}(1)\psi_{-\frac{1}{2}-\frac{1}{2}}(2)\psi_{\frac{1}{2}\frac{1}{2}}(3) - \psi_{-\frac{1}{2}\frac{1}{2}}(1)\psi_{\frac{1}{2}-\frac{1}{2}}(2)\psi_{-\frac{1}{2}\frac{1}{2}}(3)$$

$$- 0 - \psi_{-\frac{1}{2}\frac{1}{2}}(1)\psi_{-\frac{1}{2}\frac{1}{2}}(2)\psi_{\frac{1}{2}-\frac{1}{2}}(3) - \psi_{-\frac{1}{2}\frac{1}{2}}(1)\psi_{\frac{1}{2}\frac{1}{2}}(2)\psi_{-\frac{1}{2}-\frac{1}{2}}(3)$$

$$- \psi_{-\frac{1}{2}-\frac{1}{2}}(1)\psi_{\frac{1}{2}\frac{1}{2}}(2)\psi_{-\frac{1}{2}\frac{1}{2}}(3) - \psi_{\frac{1}{2}-\frac{1}{2}}(1)\psi_{-\frac{1}{2}\frac{1}{2}}(2)\psi_{-\frac{1}{2}\frac{1}{2}}(3) - 0\}$$

$$= -\frac{N}{\sqrt{18}}\cdot\{2\psi_{-\frac{1}{2}\frac{1}{2}}(1)\psi_{\frac{1}{2}-\frac{1}{2}}(2)\psi_{-\frac{1}{2}\frac{1}{2}}(3)$$

$$+ 2\psi_{-\frac{1}{2}\frac{1}{2}}(1)\psi_{-\frac{1}{2}\frac{1}{2}}(2)\psi_{\frac{1}{2}-\frac{1}{2}}(3) + 2\psi_{\frac{1}{2}-\frac{1}{2}}(1)\psi_{-\frac{1}{2}\frac{1}{2}}(2)\psi_{-\frac{1}{2}\frac{1}{2}}(3)$$

$$- \psi_{-\frac{1}{2}\frac{1}{2}}(1)\psi_{-\frac{1}{2}-\frac{1}{2}}(2)\psi_{\frac{1}{2}\frac{1}{2}}(3) - \psi_{\frac{1}{2}\frac{1}{2}}(1)\psi_{-\frac{1}{2}-\frac{1}{2}}(2)\psi_{-\frac{1}{2}\frac{1}{2}}(3)$$

$$- \psi_{-\frac{1}{2}\frac{1}{2}}(1)\psi_{\frac{1}{2}\frac{1}{2}}(2)\psi_{-\frac{1}{2}-\frac{1}{2}}(3) - \psi_{\frac{1}{2}\frac{1}{2}}(1)\psi_{-\frac{1}{2}\frac{1}{2}}(2)\psi_{-\frac{1}{2}-\frac{1}{2}}(3)$$

$$- \psi_{-\frac{1}{2}-\frac{1}{2}}(1)\psi_{-\frac{1}{2}\frac{1}{2}}(2)\psi_{\frac{1}{2}\frac{1}{2}}(3) - \psi_{-\frac{1}{2}-\frac{1}{2}}(1)\psi_{\frac{1}{2}\frac{1}{2}}(2)\psi_{-\frac{1}{2}\frac{1}{2}}(3)\}. \tag{3}$$

La condition de normalisation est $\langle \mathrm{n}_\uparrow | \mathrm{n}_\uparrow\rangle = 1$, et l'intégrale à calculer consiste en une somme d'intégrales individuelles qui satisfont les conditions d'orthonormalité élémentaires

$$\left\langle \psi_{t_1 j_1}(1)\psi_{t_2 j_2}(2)\psi_{t_3 j_3}(3) \middle| \psi_{t_1' j_1'}(1)\psi_{t_2' j_2'}(2)\psi_{t_3' j_3'}(3)\right\rangle$$
$$= \delta_{t_1 t_1'}\delta_{j_1 j_1'}\delta_{t_2 t_2'}\delta_{j_2 j_2'}\delta_{t_3 t_3'}\delta_{j_3 j_3'}. \tag{4}$$

(Nous supprimons ici l'index 3 à la fois pour t et j.) En répétant cette relation, nous sommes conduits à :

$$1 = \langle \mathrm{n}_\uparrow | \mathrm{n}_\downarrow\rangle$$
$$= |N^2|\cdot\frac{1}{18}\cdot\{4+0+0+0+0+0+0+0+0+0+4+0+0+0$$
$$+0+0+0+0+0+0+4+0+0+0+0+0+0+0+0$$
$$+1+0+0+0+0+0+0+0+0+0+1+0+0+0+0+0$$

$$+0+0+0+0+1+0+0+0+0+0+0+0+0+1+0$$
$$+0+1+0+0+0+0+0+0+0+1+1\}$$

$$= |N^2| \cdot \frac{1}{18} \cdot (4+4+4+1+1+1+1+1+1)$$

$$= |N^2| \cdot \frac{18}{18} = N'^2 \ . \tag{5}$$

Donc $|N^2| = 1$, i.e. $N = e^{i\phi}$, avec ϕ phase arbitraire. Pour obtenir un résultat semblable à la fonction d'onde initialement proposée, nous choisissons $\phi = \pi$, i.e. $N = -1$. D'où la fonction d'onde :

$$
|n_\uparrow\rangle = \frac{1}{\sqrt{18}} \cdot \{ 2\psi_{-\frac{1}{2}\frac{1}{2}}(1)\psi_{\frac{1}{2}-\frac{1}{2}}(2)\psi_{-\frac{1}{2}\frac{1}{2}}(3)
$$
$$
+ 2\psi_{-\frac{1}{2}\frac{1}{2}}(1)\psi_{-\frac{1}{2}\frac{1}{2}}(2)\psi_{\frac{1}{2}-\frac{1}{2}}(3) + 2\psi_{\frac{1}{2}-\frac{1}{2}}(1)\psi_{-\frac{1}{2}\frac{1}{2}}(2)\psi_{-\frac{1}{2}\frac{1}{2}}(3)
$$
$$
- \psi_{-\frac{1}{2}\frac{1}{2}}(1)\psi_{-\frac{1}{2}-\frac{1}{2}}(2)\psi_{\frac{1}{2}\frac{1}{2}}(3) - \psi_{\frac{1}{2}\frac{1}{2}}(1)\psi_{-\frac{1}{2}-\frac{1}{2}}(2)\psi_{-\frac{1}{2}\frac{1}{2}}(3)
$$
$$
- \psi_{-\frac{1}{2}\frac{1}{2}}(1)\psi_{\frac{1}{2}\frac{1}{2}}(2)\psi_{-\frac{1}{2}-\frac{1}{2}}(3) - \psi_{\frac{1}{2}\frac{1}{2}}(1)\psi_{-\frac{1}{2}\frac{1}{2}}(2)\psi_{-\frac{1}{2}-\frac{1}{2}}(3)
$$
$$
- \psi_{-\frac{1}{2}-\frac{1}{2}}(1)\psi_{-\frac{1}{2}\frac{1}{2}}(2)\psi_{\frac{1}{2}\frac{1}{2}}(3) - \psi_{-\frac{1}{2}-\frac{1}{2}}(1)\psi_{\frac{1}{2}\frac{1}{2}}(2)\psi_{-\frac{1}{2}\frac{1}{2}}(3)\} \ .
$$

Avec l'abréviation $d_\uparrow$ pour $\psi_{-\frac{1}{2}\frac{1}{2}}$ et $u_\downarrow$ pour $\psi_{\frac{1}{2}-\frac{1}{2}}$, respectivement, il devient possible de réécrire la fonction d'onde. Avec la convention habituelle sur l'ordre des fonctions d'onde (par exemple *duu* désignant $duu \equiv d(1)u(2)u(3)$), nous avons alors :

$$
|n_\uparrow\rangle = \frac{1}{\sqrt{18}} \cdot \{ 2d_\uparrow u_\downarrow d_\uparrow + 2d_\uparrow d_\uparrow u_\downarrow + 2u_\downarrow d_\uparrow d_\uparrow - d_\uparrow d_\downarrow u_\uparrow
$$
$$
- u_\uparrow d_\downarrow d_\uparrow - d_\uparrow u_\uparrow d_\downarrow - u_\uparrow d_\uparrow d_\downarrow - d_\downarrow d_\uparrow u_\uparrow - d_\downarrow u_\uparrow d_\uparrow \} \ . \tag{6}
$$

EXERCICE

8.14 Construction de la fonction d'onde du décuplet de baryons

Problème. Construire les fonctions d'onde du décuplet des résonances baryoniques en partant de Δ^{++} dont nous connaissons déjà l'expression [cf (8.83a)]

$$
|\Delta^{++}\rangle = \psi^{[3]}_{\frac{1}{3}\frac{1}{2}}(1) \cdot \psi^{[3]}_{\frac{1}{3}\frac{1}{2}}(2) \cdot \psi^{[3]}_{\frac{1}{3}\frac{1}{2}}(3)\chi_{\frac{1}{2}\frac{1}{2}}(1) \cdot \chi_{\frac{1}{2}\frac{1}{2}}(2) \cdot \chi_{\frac{1}{2}\frac{1}{2}}(3) \ . \tag{1}
$$

Solution. La fonction d'onde du Δ^{++} est donnée par le produit des fonctions d'onde SU(3) $\psi^{[m]}_{yt_3}$ (dans ce cas, les fonctions sont celles du triplet élémentaire, soit $[m] = [3]$) et des fonctions d'onde de spin χ_{jm} des quarks constituant la particule. Le nombre de parenthèses désigne l'espace de Hilbert de la fonction d'onde correspondante, ainsi par exemple $\psi^{[3]}_{\frac{1}{3}\frac{1}{2}}(1)$ est la fonction d'onde de la particule 1, fraction du triplet élémentaire de nombres quantiques $y = \frac{1}{3}$, $t_3 = \frac{1}{2}$.

Spin, isospin et hypercharge constituent les nombres quantiques additionnels, i.e. pour le Δ^{++} nous aurons les valeurs $Y = 1$, $T_3 = \frac{3}{2}$, $J = \frac{3}{2}$. Nous considérons seulement ici les états de projection de spin maximum $M = \frac{3}{2}$. Nous pourrions aussi en principe considérer les états avec $M = \frac{1}{2}$, $M = -\frac{1}{2}$ ou $M = -\frac{3}{2}$. Mais la partie isospin-hypercharge de la fonction d'onde n'est pas affectée par cette valeur, d'où notre choix $M = \frac{3}{2}$. À partir de la fonction d'onde du Δ^{++}, les autres fonctions d'onde du décuplet de baryon peuvent être construites par applications successives des opérateurs d'échange. Toutes les résonances baryoniques ont le spin $J = \frac{3}{2}$.

Exercice 8.14

La figure ci-dessous rappelle l'effet de ces opérateurs dans l'espace $Y - T_3$ et nous devons veiller à ne pas sortir des limites du multiplet SU(3) pour ne pas avoir un résultat nul. Dans notre cas, les fonctions d'onde désignent les états du triplet élémentaire (voir figure ci-dessous).

D'où, par exemple : $\hat{T}_+ \psi^{[3]}_{\frac{1}{3}\frac{1}{2}} = 0$, car l'état $\psi^{[3]}_{\frac{1}{3}\frac{1}{2}}$ n'existe pas. De même :

$$\hat{U}_+ \psi^{[3]}_{\frac{1}{3}\frac{1}{2}} = \hat{U}_- \psi^{[3]}_{\frac{1}{3}\frac{1}{2}} = \hat{V}_+ \psi^{[3]}_{\frac{1}{3}\frac{1}{2}} = 0 \,.$$

Cependant, l'état

$$\hat{T}_+ \psi^{[15]}_{\frac{1}{3}\frac{1}{2}} = \text{cste } \psi^{[15]}_{\frac{1}{3}\frac{3}{2}}$$

existe, car dans le cas de l'état de multiplicité 15, l'opérateur $\hat{T}_+$ agissant sur l'état de $Y = \frac{1}{3}$, $T_3 = \frac{1}{2}$ n'aboutit pas en dehors du multiplet. Les actions possibles à l'intérieur du triplet élémentaire sont :

$$\hat{T}_- \psi^{[3]}_{\frac{1}{3}\frac{1}{2}} = \psi^{[3]}_{\frac{1}{3}-\frac{1}{2}}\,, \quad \hat{V}_- \psi^{[3]}_{\frac{1}{3}\frac{1}{2}} = \psi^{[3]}_{-\frac{2}{3}0}\,, \quad \hat{T}_+ \psi^{[3]}_{\frac{1}{3}-\frac{1}{2}} = \psi^{[3]}_{\frac{1}{3}\frac{1}{2}}$$

$$\hat{U}_- \psi^{[3]}_{\frac{1}{3}-\frac{1}{2}} = \psi^{[3]}_{-\frac{2}{3}0}\,, \quad \hat{V}_+ \psi^{[3]}_{-\frac{2}{3}0} = \psi^{[3]}_{\frac{1}{3}\frac{1}{2}}\,, \quad \hat{U}_+ \psi^{[3]}_{-\frac{2}{3}0} = \psi^{[3]}_{\frac{1}{3}-\frac{1}{2}} \,. \qquad (2)$$

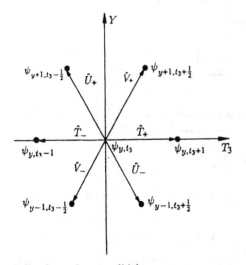

Effet des opérateurs d'échange

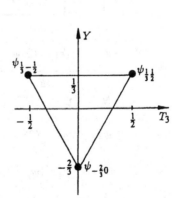

Le triplet élémentaire de quarks

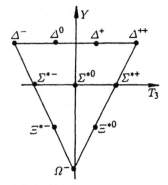

Décuplet des résonances baryoniques

Avant de construire les nouveaux états du décuplet (cf figure ci-contre), nous devons noter que nous avons ici affaire à des états à n corps et par conséquent, nous devons travailler avec des opérateurs à n corps :

$$\hat{O}\phi \quad \text{avec} \quad \phi = \phi(1)\phi(2)\phi(3) .$$

Donc,

$$\{\hat{O}(1)+\hat{O}(2)+\hat{O}(3)\}\phi = (\hat{O}(1)\phi(1))\phi(2)\phi(3) + \phi(1)(\hat{O}(2)\phi(2))\phi(3)$$
$$+ \phi(1)\phi(2)(\hat{O}(3)\phi(3)) . \tag{3}$$

Construisons alors les nouvelles fonctions d'onde : comme l'indique la figure, $|\Delta^+\rangle = N \cdot \hat{T}_- |\Delta^{++}\rangle$, avec N facteur de normalisation qui garantit que le produit $\langle \Delta^+ | \Delta^+ \rangle = 1$. Comme nous considérons exclusivement des fonctions ψ appartenant au triplet élémentaire (que nous supposons normalisé), nous omettrons par la suite l'indice supérieur [3]. Posons de plus :

$$\chi_{\frac{1}{2}\frac{1}{2}}(1)\chi_{\frac{1}{2}\frac{1}{2}}(2)\chi_{\frac{1}{2}\frac{1}{2}}(3) \equiv \chi ,$$

car la partie en spin de la fonction d'onde demeure inchangée. Nous aurons alors :

$$|\Delta^+\rangle = N\hat{T}_- |\Delta^{++}\rangle$$
$$= N(\hat{T}_-(1)+\hat{T}_-(2)+\hat{T}_-(3)[\psi_{\frac{1}{2}\frac{1}{2}}(1)\psi_{\frac{1}{2}\frac{1}{2}}(2)\psi_{\frac{1}{2}\frac{1}{2}}(3)] \cdot \chi$$
$$= N \cdot \chi \cdot \{(\hat{T}_-(1)\psi_{\frac{1}{2}\frac{1}{2}}(1))\psi_{\frac{1}{2}\frac{1}{2}}(2)\psi_{\frac{1}{2}\frac{1}{2}}(3)$$
$$+ \psi_{\frac{1}{2}\frac{1}{2}}(1)(\hat{T}_-(2)\psi_{\frac{1}{2}\frac{1}{2}}(2))\psi_{\frac{1}{2}\frac{1}{2}}(3) + \psi_{\frac{1}{2}\frac{1}{2}}(1)\psi_{\frac{1}{2}\frac{1}{2}}(2)(\hat{T}_-(3)\psi_{\frac{1}{2}\frac{1}{2}}(3))\}$$
$$= N \cdot \chi \cdot \{\psi_{\frac{1}{3}-\frac{1}{2}}(1)\psi_{\frac{1}{2}\frac{1}{2}}(2)\psi_{\frac{1}{2}\frac{1}{2}}(3) + \psi_{\frac{1}{2}\frac{1}{2}}(1)\psi_{\frac{1}{3}-\frac{1}{2}}(2)\psi_{\frac{1}{2}\frac{1}{2}}(3)$$
$$+ \psi_{\frac{1}{2}\frac{1}{2}}(1)\psi_{\frac{1}{2}\frac{1}{2}}(2)\psi_{\frac{1}{3}-\frac{1}{2}}(3)\} . \tag{4}$$

Le facteur N est déterminé par la condition de normalisation :

$$1 \overset{!}{=} \langle \Delta^+ | \Delta^+ \rangle$$
$$= \int \Big\{ N^* \cdot \overline{\chi} \Big[\underbrace{\overline{\psi}_{\frac{1}{3}-\frac{1}{2}}(1)\overline{\psi}_{\frac{1}{2}\frac{1}{2}}(2)\overline{\psi}_{\frac{1}{2}\frac{1}{2}}(3)}_{\psi_{\mathrm{I}}}$$
$$+ \underbrace{\overline{\psi}_{\frac{1}{3}\frac{1}{2}}(1)\overline{\psi}_{\frac{1}{3}-\frac{1}{2}}(2)\overline{\psi}_{\frac{1}{2}\frac{1}{2}}(3)}_{\psi_{\mathrm{II}}} + \underbrace{\overline{\psi}_{\frac{1}{2}\frac{1}{2}}(1)\overline{\psi}_{\frac{1}{2}\frac{1}{2}}(2)\overline{\psi}_{\frac{1}{3}-\frac{1}{2}}(3)}_{\psi_{\mathrm{III}}} \Big]$$
$$\times N \cdot \chi \cdot \Big[\psi_{\frac{1}{3}-\frac{1}{2}}(1)\psi_{\frac{1}{2}\frac{1}{2}}(2)\psi_{\frac{1}{2}\frac{1}{2}}(3)$$
$$+ \psi_{\frac{1}{2}\frac{1}{2}}(1)\psi_{\frac{1}{3}-\frac{1}{2}}(2)\psi_{\frac{1}{2}\frac{1}{2}}(3) + \psi_{\frac{1}{2}\frac{1}{2}}(1)\psi_{\frac{1}{2}\frac{1}{2}}(2)\psi_{\frac{1}{3}-\frac{1}{2}}(3) \Big] \Big\} d^3x$$
$$= |N|^2 \cdot \int |\chi|^2 \{ |\psi_{\mathrm{I}}|^2 + \overline{\psi}_{\mathrm{I}}\psi_{\mathrm{II}} + \overline{\psi}_{\mathrm{I}}\psi_{\mathrm{II}} + \overline{\psi}_{\mathrm{II}}\psi_{\mathrm{I}} + |\psi_{\mathrm{II}}|^2$$
$$+ \overline{\psi}_{\mathrm{II}}\psi_{\mathrm{III}} + \overline{\psi}_{\mathrm{III}}\psi_{\mathrm{I}} + \overline{\psi}_{\mathrm{III}}\psi_{\mathrm{II}} + |\psi_{\mathrm{III}}|^2 \} d^3x_1 d^3x_2 d^3x_3 . \tag{5}$$

Les $\psi_{\overline{\alpha}}$ sont orthonormées, ce qui s'écrit par exemple :

$$\int |\psi_{\mathrm{I}}|^2 \cdot |\chi_{\frac{1}{2}\frac{1}{2}}|^2\, \mathrm{d}^3x_1\, \mathrm{d}^3x_2\, \mathrm{d}^3x_3$$

$$= \int \overline{\psi}_{\frac{1}{3}-\frac{1}{2}}(1)\psi_{\frac{1}{3}-\frac{1}{2}}(1)\big|\chi_{\frac{1}{2}\frac{1}{2}}(1)\big|^2\, \mathrm{d}^3x_1$$

$$\cdot \int \overline{\psi}_{\frac{1}{3}\frac{1}{2}}(2)\psi_{\frac{1}{3}\frac{1}{2}}(2)\big|\chi_{\frac{1}{2}\frac{1}{2}}(2)\big|^2\, \mathrm{d}^3x_2$$

$$\cdot \int \overline{\psi}_{\frac{1}{3}\frac{1}{2}}(3)\psi_{\frac{1}{3}\frac{1}{2}}(3)\big|\chi_{\frac{1}{2}\frac{1}{2}}(3)\big|^2\, \mathrm{d}^3x_3$$

$$= 1\cdot 1\cdot 1 = 1$$

$$\int |\chi_{\frac{1}{2}\frac{1}{2}}|^2\overline{\psi}_{\mathrm{I}}\psi_{\mathrm{II}}\, \mathrm{d}^3x_1\, \mathrm{d}^3x_2\, \mathrm{d}^3x_3$$

$$= \int \overline{\psi}_{\frac{1}{3}-\frac{1}{2}}(1)\psi_{\frac{1}{3}\frac{1}{2}}(1)\big|\chi_{\frac{1}{2}\frac{1}{2}}(1)\big|^2\, \mathrm{d}^3x_1$$

$$\cdot \int \overline{\psi}_{\frac{1}{3}\frac{1}{2}}(2)\psi_{\frac{1}{3}-\frac{1}{2}}(2)\big|\chi_{\frac{1}{2}\frac{1}{2}}(2)\big|^2\, \mathrm{d}^3x_2$$

$$\cdot \int \overline{\psi}_{\frac{1}{3}\frac{1}{2}}(3)\psi_{\frac{1}{3}\frac{1}{2}}(3)\big|\chi_{\frac{1}{2}\frac{1}{2}}(3)\big|^2\, \mathrm{d}^3x_3$$

$$= 0\cdot 0\cdot 1 = 0\,. \tag{6}$$

Ce qui conduit à :

$$1 = |N|^2(1\cdot 1\cdot 1 + 0\cdot 0\cdot 1 + 0\cdot 1\cdot 0$$
$$+ 0\cdot 0\cdot 1 + 1\cdot 1\cdot 1 + 1\cdot 0\cdot 0 + 0\cdot 1\cdot 0 + 1\cdot 0\cdot 0 + 1\cdot 1\cdot 1)$$

$$= |N|^2\cdot 3 \quad \Rightarrow \quad N = \frac{1}{\sqrt{3}}\,,$$

et donc,

$$|\Delta^+\rangle = \frac{1}{\sqrt{3}}\cdot \Big\{\psi_{\frac{1}{3}-\frac{1}{2}}(1)\psi_{\frac{1}{3}\frac{1}{2}}(2)\psi_{\frac{1}{3}\frac{1}{2}}(3) + \psi_{\frac{1}{3}\frac{1}{2}}(1)\psi_{\frac{1}{3}-\frac{1}{2}}(2)\psi_{\frac{1}{3}\frac{1}{2}}(3)$$

$$+ \psi_{\frac{1}{3}\frac{1}{2}}(1)\psi_{\frac{1}{3}\frac{1}{2}}(2)\psi_{\frac{1}{3}-\frac{1}{2}}(3)\Big\}\chi_{\frac{1}{2}\frac{1}{2}}(1)\chi_{\frac{1}{2}\frac{1}{2}}(2)\chi_{\frac{1}{2}\frac{1}{2}}(3)\,. \tag{7}$$

Nous pouvons ensuite calculer $|\Sigma^{*+}\rangle$ de la même façon :

$$|\Sigma^{*+}\rangle = N\cdot (\hat{V}_-(1) + \hat{V}_-(2) + \hat{V}_-(3))$$

$$\cdot \psi_{\frac{1}{3}\frac{1}{2}}(1)\psi_{\frac{1}{3}\frac{1}{2}}(2)\psi_{\frac{1}{3}\frac{1}{2}}(3)\chi_{\frac{1}{2}\frac{1}{2}}(1)\chi_{\frac{1}{2}\frac{1}{2}}(2)\chi_{\frac{1}{2}\frac{1}{2}}(3)$$

$$= N\big\{(\hat{V}_-(1)\psi_{\frac{1}{3}\frac{1}{2}}(1))\psi_{\frac{1}{3}\frac{1}{2}}(2)\psi_{\frac{1}{3}\frac{1}{2}}(3) + \psi_{\frac{1}{3}\frac{1}{2}}(1)$$

$$\cdot (\hat{V}_-(2)\psi_{\frac{1}{3}\frac{1}{2}}(2))\psi_{\frac{1}{3}\frac{1}{2}}(3) + \psi_{\frac{1}{3}\frac{1}{2}}(1)\psi_{\frac{1}{3}\frac{1}{2}}(2)(\hat{V}_-(3)\psi_{\frac{1}{3}\frac{1}{2}}(3))\big\}\cdot \chi$$

$$= N\cdot \big\{\psi_{-\frac{2}{3}0}(1)\psi_{\frac{1}{3}\frac{1}{2}}(2)\psi_{\frac{1}{3}\frac{1}{2}}(3) + \psi_{\frac{1}{3}\frac{1}{2}}(1)\psi_{-\frac{2}{3}0}(2)\psi_{\frac{1}{3}\frac{1}{2}}(3) + \psi_{\frac{1}{3}\frac{1}{2}}(1)$$

$$\cdot \psi_{\frac{1}{3}\frac{1}{2}}(2)\psi_{-\frac{2}{3}0}(3)\big\}\cdot \chi\,. \tag{8}$$

Exercice 8.14

On déterminera encore N grâce à la condition de normalisation :

$$1 \overset{!}{=} |N|^2 \cdot \Big\langle \big[\psi_{-\frac{2}{3}0}(1)\psi_{\frac{1}{3}\frac{1}{2}}(2)\psi_{\frac{1}{3}\frac{1}{2}}(3) + \psi_{\frac{1}{3}\frac{1}{2}}(1)\psi_{-\frac{2}{3}0}(2)\psi_{\frac{1}{3}\frac{1}{2}}(3) $$

$$+ \psi_{\frac{1}{3}\frac{1}{2}}(1)\psi_{\frac{1}{3}\frac{1}{2}}(2)\psi_{-\frac{2}{3}0}(3)\big] \cdot \chi \Big| \big[\psi_{-\frac{2}{3}0}(1)\psi_{\frac{1}{3}\frac{1}{2}}(2)\psi_{\frac{1}{3}\frac{1}{2}}(3)$$

$$+ \psi_{\frac{1}{3}\frac{1}{2}}(1)\psi_{-\frac{2}{3}0}(2)\psi_{\frac{1}{3}\frac{1}{2}}(3) + \psi_{\frac{1}{3}\frac{1}{2}}(1)\psi_{\frac{1}{3}\frac{1}{2}}(2)\psi_{-\frac{2}{3}0}(3)\big]\chi\Big\rangle$$

$$= |N|^2(1+0+0+0+1+0+0+0+1) = 3\,|N|^2 . \tag{9}$$

Nous trouvons $N = 1/\sqrt{3}$, d'où :

$$|\Sigma^{*+}\rangle = \frac{1}{\sqrt{3}}\Big\{ \psi_{-\frac{2}{3}0}(1)\psi_{\frac{1}{3}\frac{1}{2}}(2)\psi_{\frac{1}{3}\frac{1}{2}}(3) + \psi_{\frac{1}{3}\frac{1}{2}}(1)\psi_{-\frac{2}{3}0}(2)\psi_{\frac{1}{3}\frac{1}{2}}(3)$$

$$+ \psi_{\frac{1}{3}\frac{1}{2}}(1)\psi_{\frac{1}{3}\frac{1}{2}}(2)\psi_{-\frac{2}{3}0}(3)\Big\}\chi_{\frac{1}{2}\frac{1}{2}}(1)\chi_{\frac{1}{2}\frac{1}{2}}(2)\chi_{\frac{1}{2}\frac{1}{2}}(3) . \tag{10}$$

Pour les particules Δ^0, Δ^-, Ξ^*, Ω, nous aurons de même :

$$\big|\Delta^0\big\rangle = N\hat{T}_- \,\big|\Delta^+\big\rangle$$

$$= N(\hat{T}_-(1) + \hat{T}_-(2) + \hat{T}_-(3)) \cdot \Big\{ \frac{1}{\sqrt{3}}\big[\psi_{\frac{1}{3}-\frac{1}{2}}(1)\psi_{\frac{1}{3}\frac{1}{2}}(2)\psi_{\frac{1}{3}\frac{1}{2}}(3)$$

$$+ \psi_{\frac{1}{3}\frac{1}{2}}(1)\psi_{\frac{1}{3}-\frac{1}{2}}(2)\psi_{\frac{1}{3}\frac{1}{2}}(3) + \psi_{\frac{1}{3}\frac{1}{2}}(1)\psi_{\frac{1}{3}\frac{1}{2}}(2)\psi_{\frac{1}{3}-\frac{1}{2}}(3)\big]$$

$$\cdot \chi(1)\chi(2)\chi(3)\Big\}$$

$$= \frac{N}{\sqrt{3}} \cdot \Big\{ (\hat{T}_-(1)\psi_{\frac{1}{3}-\frac{1}{2}}(1))\psi_{\frac{1}{3}\frac{1}{2}}(2)\psi_{\frac{1}{3}\frac{1}{2}}(3)$$

$$+ (\hat{T}_-(1)\psi_{\frac{1}{3}\frac{1}{2}}(1))\psi_{\frac{1}{3}-\frac{1}{2}}(2)\psi_{\frac{1}{3}\frac{1}{2}}(3) + (\hat{T}_-(1)\psi_{\frac{1}{3}\frac{1}{2}}(1))\psi_{\frac{1}{3}\frac{1}{2}}(2)\psi_{\frac{1}{3}-\frac{1}{2}}(3)$$

$$+ \psi_{\frac{1}{3}-\frac{1}{2}}(1)(\hat{T}_-(2)\psi_{\frac{1}{3}\frac{1}{2}}(2))\psi_{\frac{1}{3}\frac{1}{2}}(3) + \psi_{\frac{1}{3}\frac{1}{2}}(1)(\hat{T}_-(2)\psi_{\frac{1}{3}-\frac{1}{2}}(2))\psi_{\frac{1}{3}\frac{1}{2}}(3)$$

$$+ \psi_{\frac{1}{3}\frac{1}{2}}(1)(\hat{T}_-(2)\psi_{\frac{1}{3}\frac{1}{2}}(2))\psi_{\frac{1}{3}-\frac{1}{2}}(3) + \psi_{\frac{1}{3}-\frac{1}{2}}(1)\psi_{\frac{1}{3}\frac{1}{2}}(2)(\hat{T}_-(3)\psi_{\frac{1}{3}\frac{1}{2}}(3))$$

$$+ \psi_{\frac{1}{3}\frac{1}{2}}(1)\psi_{\frac{1}{3}-\frac{1}{2}}(2)(\hat{T}_-(3)\psi_{\frac{1}{3}\frac{1}{2}}(3)) + \psi_{\frac{1}{3}\frac{1}{2}}(1)\psi_{\frac{1}{3}\frac{1}{2}}(2)(\hat{T}_-(3)\psi_{\frac{1}{3}-\frac{1}{2}}(3))\Big\}$$

$$\cdot \chi$$

$$= \frac{N}{\sqrt{3}} \cdot \chi \cdot \Big\{ 0 + \psi_{\frac{1}{3}-\frac{1}{2}}(1)\psi_{\frac{1}{3}-\frac{1}{2}}(2)\psi_{\frac{1}{3}\frac{1}{2}}(3)$$

$$+ \psi_{\frac{1}{3}-\frac{1}{2}}(1)\psi_{\frac{1}{3}\frac{1}{2}}(2)\psi_{\frac{1}{3}-\frac{1}{2}}(3) + \psi_{\frac{1}{3}-\frac{1}{2}}(1)\psi_{\frac{1}{3}-\frac{1}{2}}(2)\psi_{\frac{1}{3}\frac{1}{2}}(3) + 0$$

$$+ \psi_{\frac{1}{3}\frac{1}{2}}(1)\psi_{\frac{1}{3}-\frac{1}{2}}(2)\psi_{\frac{1}{3}-\frac{1}{2}}(3) + \psi_{\frac{1}{3}-\frac{1}{2}}(1)\psi_{\frac{1}{3}\frac{1}{2}}(2)\psi_{\frac{1}{3}-\frac{1}{2}}(3)$$

$$+ \psi_{\frac{1}{3}\frac{1}{2}}(1)\psi_{\frac{1}{3}-\frac{1}{2}}(2)\psi_{\frac{1}{3}-\frac{1}{2}}(3) + 0\Big\}$$

$$= \frac{2}{\sqrt{3}} \cdot N \cdot \chi \cdot \Big\{ \psi_{\frac{1}{3}-\frac{1}{2}}(1)\psi_{\frac{1}{3}-\frac{1}{2}}(2)\psi_{\frac{1}{3}\frac{1}{2}}(3)$$

$$+ \psi_{\frac{1}{3}-\frac{1}{2}}(1)\psi_{\frac{1}{3}\frac{1}{2}}(2)\psi_{\frac{1}{3}-\frac{1}{2}}(3) + \psi_{\frac{1}{3}\frac{1}{2}}(1)\psi_{\frac{1}{3}-\frac{1}{2}}(2)\psi_{\frac{1}{3}-\frac{1}{2}}(3)\Big\} .$$

De $1 = \langle \Delta^0 | \Delta^0 \rangle$, nous tirons :

$$1 = \frac{4}{3} \cdot |N|^2 \cdot (1+0+0+0+1+0+0+0+1) = 4|N|^2 \Rightarrow N = \tfrac{1}{2} \, ,$$

d'où :

$$\left| \Delta^0 \right\rangle = \frac{1}{\sqrt{3}} \cdot \left\{ \psi_{\frac{1}{3}-\frac{1}{2}}(1)\psi_{\frac{1}{3}-\frac{1}{2}}(2)\psi_{\frac{1}{3}\frac{1}{2}}(3) + \psi_{\frac{1}{3}-\frac{1}{2}}(1)\psi_{\frac{1}{3}\frac{1}{2}}(2)\psi_{\frac{1}{3}-\frac{1}{2}}(3) \right.$$

$$\left. + \psi_{\frac{1}{3}\frac{1}{2}}(1)\psi_{\frac{1}{3}-\frac{1}{2}}(2)\psi_{\frac{1}{3}-\frac{1}{2}}(3) \right\} \chi_{\frac{1}{2}\frac{1}{2}}(1)\chi_{\frac{1}{2}\frac{1}{2}}(2)\chi_{\frac{1}{2}\frac{1}{2}}(3) \qquad (11)$$

$$\left| \Delta^- \right\rangle = N\hat{T}_- \left| \Delta^0 \right\rangle = \frac{N}{\sqrt{3}} \cdot \left\{ (\hat{T}_-(1)\psi_{\frac{1}{3}-\frac{1}{2}}(1))\psi_{\frac{1}{3}-\frac{1}{2}}(2)\psi_{\frac{1}{3}\frac{1}{2}}(3) \right.$$

$$+ (\hat{T}_-(1)\psi_{\frac{1}{3}-\frac{1}{2}}(1))\psi_{\frac{1}{3}\frac{1}{2}}(2)\psi_{\frac{1}{3}-\frac{1}{2}}(3)$$

$$+ (\hat{T}_-(1)\psi_{\frac{1}{3}\frac{1}{2}}(1))\psi_{\frac{1}{3}-\frac{1}{2}}(2)\psi_{\frac{1}{3}-\frac{1}{2}}(3)$$

$$+ \psi_{\frac{1}{3}-\frac{1}{2}}(1)(\hat{T}_-(2)\psi_{\frac{1}{3}-\frac{1}{2}}(2))\psi_{\frac{1}{3}\frac{1}{2}}(3)$$

$$+ \psi_{\frac{1}{3}-\frac{1}{2}}(1)(\hat{T}_-(2)\psi_{\frac{1}{3}\frac{1}{2}}(2))\psi_{\frac{1}{3}-\frac{1}{2}}(3)$$

$$+ \psi_{\frac{1}{3}\frac{1}{2}}(1)(\hat{T}_-(2)\psi_{\frac{1}{3}-\frac{1}{2}}(2))\psi_{\frac{1}{3}-\frac{1}{2}}(3)$$

$$+ \psi_{\frac{1}{3}-\frac{1}{2}}(1)\psi_{\frac{1}{3}-\frac{1}{2}}(2)(\hat{T}_-(3)\psi_{\frac{1}{3}\frac{1}{2}}(3))$$

$$+ \psi_{\frac{1}{3}-\frac{1}{2}}(1)\psi_{\frac{1}{3}\frac{1}{2}}(2)(\hat{T}_-(3)\psi_{\frac{1}{3}-\frac{1}{2}}(3))$$

$$+ \left. \psi_{\frac{1}{3}\frac{1}{2}}(1)\psi_{\frac{1}{3}\frac{1}{2}}(2)(\hat{T}_-(3)\psi_{\frac{1}{3}-\frac{1}{2}}(3)) \right\} \cdot \chi$$

$$\left| \Delta^- \right\rangle = \frac{N}{\sqrt{3}} \cdot \chi \left\{ 0 + 0 + \psi_{\frac{1}{3}-\frac{1}{2}}(1)\psi_{\frac{1}{3}-\frac{1}{2}}(2)\psi_{\frac{1}{3}-\frac{1}{2}}(3) + 0 \right.$$

$$+ \psi_{\frac{1}{3}-\frac{1}{2}}(1)\psi_{\frac{1}{3}-\frac{1}{2}}(2)\psi_{\frac{1}{3}-\frac{1}{2}}(3)$$

$$+ \left. 0 + \psi_{\frac{1}{3}-\frac{1}{2}}(1)\psi_{\frac{1}{3}-\frac{1}{2}}(2)\psi_{\frac{1}{3}-\frac{1}{2}}(3) + 0 + 0 \right\}$$

$$= N\chi \cdot \sqrt{3} \cdot \psi_{\frac{1}{3}-\frac{1}{2}}(1)\psi_{\frac{1}{3}-\frac{1}{2}}(2)\psi_{\frac{1}{3}-\frac{1}{2}}(3) \, . \qquad (12)$$

De $\langle \Delta^- | \Delta^- \rangle = 1$, nous déduisons $1 = 3 \cdot |N|^2$, soit $N = 1/\sqrt{3}$. D'où :

$$\left| \Delta^- \right\rangle = \psi_{\frac{1}{3}-\frac{1}{2}}(1)\psi_{\frac{1}{3}-\frac{1}{2}}(2)\psi_{\frac{1}{3}-\frac{1}{2}}(3)\chi_{\frac{1}{2}\frac{1}{2}}(1)\chi_{\frac{1}{2}\frac{1}{2}}(2)\chi_{\frac{1}{2}\frac{1}{2}}(3) \qquad (13)$$

$$\left| \Xi^{*0} \right\rangle = N \cdot \hat{V}_- \left| \Sigma^{*+} \right\rangle = \frac{N}{\sqrt{3}} \cdot \chi \cdot \left[(\hat{V}_-(1)\psi_{-\frac{2}{3}0}(1))\psi_{\frac{1}{3}\frac{1}{2}}(2)\psi_{\frac{1}{3}\frac{1}{2}}(3) \right.$$

$$+ (\hat{V}_-(1)\psi_{\frac{1}{3}\frac{1}{2}}(1))\psi_{-\frac{2}{3}0}(2)\psi_{\frac{1}{3}\frac{1}{2}}(3)$$

$$+ (\hat{V}_-(1)\psi_{\frac{1}{3}\frac{1}{2}}(1))\psi_{\frac{1}{3}\frac{1}{2}}(2)\psi_{-\frac{2}{3}0}(3)$$

$$+ \psi_{-\frac{2}{3}0}(1)(\hat{V}_-(2)\psi_{\frac{1}{3}\frac{1}{2}}(2))\psi_{\frac{1}{3}\frac{1}{2}}(3)$$

$$+ \psi_{\frac{1}{3}-\frac{1}{2}}(1)(\hat{V}_-(2)\psi_{-\frac{2}{3}0}(2))\psi_{\frac{1}{3}\frac{1}{2}}(3)$$

$$+ \psi_{\frac{1}{3}\frac{1}{2}}(1)(\hat{V}_-(2)\psi_{\frac{1}{3}\frac{1}{2}}(2))\psi_{-\frac{2}{3}0}(3)$$

Exercice 8.14

$$+ \psi_{-\frac{2}{3}0}(1)\psi_{\frac{1}{3}\frac{1}{2}}(2)(\hat{V}_-(3)\psi_{\frac{1}{3}\frac{1}{2}}(3))$$

$$+ \psi_{\frac{1}{3}\frac{1}{2}}(1)\psi_{-\frac{2}{3}0}(2)(\hat{V}_-(3)\psi_{\frac{1}{3}\frac{1}{2}}(3))$$

$$+ \psi_{\frac{1}{3}\frac{1}{2}}(1)\psi_{\frac{1}{3}\frac{1}{2}}(2)(\hat{V}_-(3)\psi_{-\frac{2}{3}0}(3))]$$

$$= \frac{N}{\sqrt{3}} \cdot 2 \cdot \big\{ \psi_{-\frac{2}{3}0}(1)\psi_{-\frac{2}{3}0}(2)\psi_{\frac{1}{3}\frac{1}{2}}(3)$$

$$+ \psi_{-\frac{2}{3}0}(1)\psi_{\frac{1}{3}\frac{1}{2}}(2)\psi_{-\frac{2}{3}0}(3) + \psi_{\frac{1}{3}\frac{1}{2}}(1)\psi_{-\frac{2}{3}0}(2)\psi_{-\frac{2}{3}0}(3) \big\} \cdot \chi \; . \quad (14)$$

Avec la condition de normalisation :

$$\left| \Xi^{*0} \right\rangle = \frac{1}{\sqrt{3}} \cdot \big\{ \psi_{-\frac{2}{3}0}(1)\psi_{-\frac{2}{3}0}(2)\psi_{\frac{1}{3}\frac{1}{2}}(3) + \psi_{-\frac{2}{3}0}(1)\psi_{\frac{1}{3}\frac{1}{2}}(2)\psi_{-\frac{2}{3}0}(3)$$

$$+ \psi_{\frac{1}{3}\frac{1}{2}}(1)\psi_{-\frac{2}{3}0}(2)\psi_{-\frac{2}{3}0}(3) \big\} \chi_{\frac{1}{2}\frac{1}{2}}(1)\chi_{\frac{1}{2}\frac{1}{2}}(2)\chi_{\frac{1}{2}\frac{1}{2}}(3) \; , \quad (15)$$

et de même :

$$\left| \Omega^- \right\rangle = N \cdot \hat{V}_- \left| \Xi^{*0} \right\rangle$$

$$= \psi_{-\frac{2}{3}0}(1)\psi_{-\frac{2}{3}0}(2)\psi_{-\frac{2}{3}0}(3)\chi_{\frac{1}{2}\frac{1}{2}}(1)\chi_{\frac{1}{2}\frac{1}{2}}(2)\chi_{\frac{1}{2}\frac{1}{2}}(3) \; . \quad (16)$$

Pour obtenir maintenant $|\Sigma^{*0}\rangle$ à partir des états précédemment calculés, le diagramme $Y - T_3$ indique plusieurs alternatives. D'une part :

$$\left| \Sigma^{*0} \right\rangle = \hat{T}_- \left| \Sigma^{*+} \right\rangle \; , \quad (17)$$

ou encore :

$$\left| \Sigma^{*0} \right\rangle = \hat{V}_- \left| \Delta^+ \right\rangle \quad \text{et} \quad \left| \Sigma^{*0} \right\rangle = \hat{U}_- \left| \Delta^0 \right\rangle \; .$$

Bien sûr, les différentes méthodes conduisent à la même fonction d'onde, comme nous allons le voir :

$$\left| \Sigma^{*0} \right\rangle = \hat{T}_- \left| \Sigma^{*+} \right\rangle$$

$$= N \cdot \hat{T}_- \Big\{ \frac{1}{\sqrt{3}} \big[\psi_{-\frac{2}{3}0}(1)\psi_{\frac{1}{3}\frac{1}{2}}(2)\psi_{\frac{1}{3}\frac{1}{2}}(3) + \psi_{\frac{1}{3}\frac{1}{2}}(1)\psi_{-\frac{2}{3}0}(2)\psi_{\frac{1}{3}\frac{1}{2}}(3)$$

$$+ \psi_{\frac{1}{3}\frac{1}{2}}(1)\chi_{\frac{1}{3}\frac{1}{2}}(2)\psi_{-\frac{2}{3}0}(3) \big] \chi_{\frac{1}{2}\frac{1}{2}}\chi_{\frac{1}{2}\frac{1}{2}}(2)\chi_{\frac{1}{2}\frac{1}{2}}(3) \Big\} \quad (18)$$

$$= \frac{N}{\sqrt{3}} \cdot \chi \cdot \Big\{ (\hat{T}_-(1)\psi_{-\frac{2}{3}0}(1))\psi_{\frac{1}{3}\frac{1}{2}}(2)\psi_{\frac{1}{3}\frac{1}{2}}(3)$$

$$+ (\hat{T}_-(1)\psi_{\frac{1}{3}\frac{1}{2}}(1))\psi_{-\frac{2}{3}0}(2)\psi_{\frac{1}{3}\frac{1}{2}}(3)$$

$$+ (\hat{T}_-(1)\psi_{\frac{1}{3}\frac{1}{2}}(1))\psi_{\frac{1}{3}\frac{1}{2}}(2)\psi_{-\frac{2}{3}0}(3)$$

$$+ \psi_{-\frac{2}{3}0}(1)(\hat{T}_-(2)\psi_{\frac{1}{3}\frac{1}{2}}(2))\psi_{\frac{1}{3}\frac{1}{2}}(3)$$

$$+ \psi_{\frac{1}{3}\frac{1}{2}}(1)(\hat{T}_-(2)\psi_{-\frac{2}{3}0}(2))\psi_{\frac{1}{3}\frac{1}{2}}(3)$$

$$+ \psi_{\frac{1}{3}\frac{1}{2}}(1)(\hat{T}_-(2)\psi_{\frac{1}{3}\frac{1}{2}}(2))\psi_{-\frac{2}{3}0}(3)$$

$$+ \psi_{-\frac{2}{3}0}(1)\psi_{\frac{1}{3}\frac{1}{2}}(2)(\hat{T}_-(3)\psi_{\frac{1}{3}\frac{1}{2}}(3))$$

$$+ \psi_{\frac{1}{3}\frac{1}{2}}(1)\psi_{-\frac{2}{3}0}(2)(\hat{T}_-(3)\psi_{\frac{1}{3}\frac{1}{2}}(3))$$

$$+ \psi_{\frac{1}{3}\frac{1}{2}}(1)\psi_{\frac{1}{3}\frac{1}{2}}(2)(\hat{T}_-(3)\psi_{-\frac{2}{3}0}(3))\Big\}$$

$$= \frac{N}{\sqrt{3}} \cdot \chi \cdot \Big\{ 0 + \psi_{\frac{1}{3}-\frac{1}{2}}(1)\psi_{-\frac{2}{3}0}(2)\psi_{\frac{1}{3}\frac{1}{2}}(3)$$

$$+ \psi_{\frac{1}{3}-\frac{1}{2}}(1)\psi_{\frac{1}{3}\frac{1}{2}}(2)\psi_{-\frac{2}{3}0}(3)$$

$$+ \psi_{-\frac{2}{3}0}(1)\psi_{\frac{1}{3}-\frac{1}{2}}(2)\psi_{\frac{1}{3}\frac{1}{2}}(3) + 0$$

$$+ \psi_{\frac{1}{3}\frac{1}{2}}(1)\psi_{\frac{1}{3}-\frac{1}{2}}(2)\psi_{-\frac{2}{3}0}(3)$$

$$+ \psi_{-\frac{2}{3}0}(1)\psi_{\frac{1}{3}\frac{1}{2}}(2)\psi_{\frac{1}{3}-\frac{1}{2}}(3)$$

$$+ \psi_{\frac{1}{3}\frac{1}{2}}(1)\psi_{-\frac{2}{3}0}(2)\psi_{\frac{1}{3}-\frac{1}{2}}(3) + 0\Big\} . \qquad (19)$$

Avec la condition de normalisation :

$$1 = \Big\langle \Sigma^{*0} \Big| \Sigma^{*0} \Big\rangle = \Big\langle \big[\psi_{\frac{1}{3}-\frac{1}{2}}(1)\psi_{-\frac{2}{3}0}(2)\psi_{\frac{1}{3}\frac{1}{2}}(3) + \psi_{\frac{1}{3}-\frac{1}{2}}(1)\psi_{\frac{1}{3}\frac{1}{2}}(2)\psi_{-\frac{2}{3}0}(3)$$

$$+ \psi_{-\frac{2}{3}0}(1)\psi_{\frac{1}{3}-\frac{1}{2}}(2)\psi_{\frac{1}{3}\frac{1}{2}}(3) + \psi_{\frac{1}{3}\frac{1}{2}}(1)\psi_{\frac{1}{3}-\frac{1}{2}}(2)\psi_{-\frac{2}{3}0}(3)$$

$$+ \psi_{-\frac{2}{3}0}(1)\psi_{\frac{1}{3}\frac{1}{2}}(2)\psi_{\frac{1}{3}-\frac{1}{2}}(3) + \psi_{\frac{1}{3}\frac{1}{2}}(1)\psi_{-\frac{2}{3}0}(2)\psi_{\frac{1}{3}-\frac{1}{2}}(3)\big]$$

$$\cdot \chi \Big| \big[\psi_{\frac{1}{3}-\frac{1}{2}}(1)\psi_{-\frac{2}{3}0}(2)\psi_{\frac{1}{3}\frac{1}{2}}(3) + \psi_{\frac{1}{3}-\frac{1}{2}}(1)\psi_{\frac{1}{3}\frac{1}{2}}(2)\psi_{-\frac{2}{3}0}(3)$$

$$+ \psi_{-\frac{2}{3}0}(1)\psi_{\frac{1}{3}-\frac{1}{2}}(2)\psi_{\frac{1}{3}\frac{1}{2}}(3) + \psi_{\frac{1}{3}\frac{1}{2}}(1)\psi_{\frac{1}{3}-\frac{1}{2}}(2)\psi_{-\frac{2}{3}0}(3)$$

$$+ \psi_{-\frac{2}{3}0}(1)\psi_{\frac{1}{3}\frac{1}{2}}(2)\psi_{\frac{1}{3}-\frac{1}{2}}(3) + \psi_{\frac{1}{3}\frac{1}{2}}(1)\psi_{-\frac{2}{3}0}(2)\psi_{\frac{1}{3}-\frac{1}{2}}(3)\big] \cdot \chi \Big\rangle \cdot \frac{|N|^2}{3}$$

$$= (1+0+0+0+0+0+0+1+0+0+0+0+0+0+1$$

$$+0+0+0+0+0+0+1+0+0+0+0+0+0+1$$

$$+0+0+0+0+0+1)\frac{|N|^2}{3} = 2\,|N|^2 .$$

D'où $N = 1/\sqrt{2}$ et par conséquent :

$$\Big| \Sigma^{*0} \Big\rangle = \frac{1}{\sqrt{6}} \cdot \Big\{ \psi_{\frac{1}{3}-\frac{1}{2}}(1)\psi_{-\frac{2}{3}0}(2)\psi_{\frac{1}{3}\frac{1}{2}}(3) + \psi_{\frac{1}{3}-\frac{1}{2}}(1)\psi_{\frac{1}{3}\frac{1}{2}}(2)\psi_{-\frac{2}{3}0}(3)$$

$$+ \psi_{-\frac{2}{3}0}(1)\psi_{\frac{1}{3}-\frac{1}{2}}(2)\psi_{\frac{1}{3}\frac{1}{2}}(3) + \psi_{\frac{1}{3}\frac{1}{2}}(1)\psi_{\frac{1}{3}-\frac{1}{2}}(2)\psi_{-\frac{2}{3}0}(3)$$

$$+ \psi_{-\frac{2}{3}0}(1)\psi_{\frac{1}{3}\frac{1}{2}}(2)\psi_{\frac{1}{3}-\frac{1}{2}}(3) + \psi_{\frac{1}{3}\frac{1}{2}}(1)\psi_{-\frac{2}{3}0}(2)\psi_{\frac{1}{3}-\frac{1}{2}}(3)\Big\}$$

$$\chi_{\frac{1}{2}\frac{1}{2}}(1)\chi_{\frac{1}{2}\frac{1}{2}}(2)\chi_{\frac{1}{2}\frac{1}{2}}(3) .$$

D'autre part :

$$\Big| \Sigma^{*0} \Big\rangle = \tilde{N}\hat{V}_- \big| \Delta^+ \big\rangle = \tilde{N}\hat{V}_- \Big[\frac{1}{\sqrt{3}} \cdot \Big\{ \psi_{\frac{1}{3}-\frac{1}{2}}(1)\psi_{\frac{1}{3}\frac{1}{2}}(2)\psi_{\frac{1}{3}\frac{1}{2}}(3)$$

$$+ \psi_{\frac{1}{3}\frac{1}{2}}(1)\psi_{\frac{1}{3}-\frac{1}{2}}(2)\psi_{\frac{1}{3}\frac{1}{2}}(3) + \psi_{\frac{1}{3}\frac{1}{2}}(1)\psi_{\frac{1}{3}\frac{1}{2}}(2)\psi_{\frac{1}{3}-\frac{1}{2}}(3) \Big\} \cdot \chi \Big]$$

$$= \frac{\tilde{N}}{\sqrt{3}} \cdot \chi \cdot \Big\{ 0 + \psi_{-\frac{2}{3}0}(1)\psi_{\frac{1}{3}-\frac{1}{2}}(2)\psi_{\frac{1}{3}\frac{1}{2}}(3) + \psi_{-\frac{2}{3}0}(1)\psi_{\frac{1}{3}\frac{1}{2}}(2)\psi_{\frac{1}{3}-\frac{1}{2}}(3)$$

$$+ \psi_{\frac{1}{3}-\frac{1}{2}}(1)\psi_{-\frac{2}{3}0}(2)\psi_{\frac{1}{3}\frac{1}{2}}(3) + 0 + \psi_{\frac{1}{3}\frac{1}{2}}(1)\psi_{-\frac{2}{3}0}(2)\psi_{\frac{1}{3}-\frac{1}{2}}(3)$$

$$+ \psi_{\frac{1}{3}-\frac{1}{2}}(1)\psi_{\frac{1}{3}\frac{1}{2}}(2)\psi_{-\frac{2}{3}0}(3) + \psi_{\frac{1}{3}\frac{1}{2}}(1)\psi_{\frac{1}{3}-\frac{1}{2}}(2)\psi_{-\frac{2}{3}0}(3) + 0 \Big\} . \quad (20)$$

d'où nous tirons encore $1 = 6 \cdot |\tilde{N}|^2/3$, ou $\tilde{N} = 1/\sqrt{2}$; nous retrouvons la même fonction d'onde que par l'autre chemin. De façon semblable :

$$\big| \Sigma^{*0} \big\rangle = \tilde{\tilde{N}}\hat{U}_- \big| \Delta^0 \big\rangle = \frac{\tilde{\tilde{N}}}{\sqrt{3}} \cdot \chi \cdot \Big\{ (\hat{U}_-(1)\psi_{\frac{1}{3}-\frac{1}{2}}(1))\chi_{\frac{1}{3}-\frac{1}{2}}(2)\psi_{\frac{1}{3}\frac{1}{2}}(3)$$

$$+ (\hat{U}_-(1)\psi_{\frac{1}{3}-\frac{1}{2}}(1))\psi_{\frac{1}{3}\frac{1}{2}}(2)\psi_{\frac{1}{3}-\frac{1}{2}}(3)$$

$$+ (\hat{U}_-(1)\psi_{\frac{1}{3}\frac{1}{2}}(1))\psi_{\frac{1}{3}-\frac{1}{2}}(2)\psi_{\frac{1}{3}-\frac{1}{2}}(3)$$

$$+ \psi_{\frac{1}{3}-\frac{1}{2}}(1)(\hat{U}_-(2)\psi_{\frac{1}{3}-\frac{1}{2}}(2))\psi_{\frac{1}{3}\frac{1}{2}}(3)$$

$$+ \psi_{\frac{1}{3}-\frac{1}{2}}(1)(\hat{U}_-(2)\psi_{\frac{1}{3}\frac{1}{2}}(2))\psi_{\frac{1}{3}-\frac{1}{2}}(3)$$

$$+ \psi_{\frac{1}{3}\frac{1}{2}}(1)(\hat{U}_-(2)\psi_{\frac{1}{3}-\frac{1}{2}}(2))\psi_{\frac{1}{3}-\frac{1}{2}}(3)$$

$$+ \psi_{\frac{1}{2}-\frac{1}{2}}(1)\psi_{\frac{1}{3}-\frac{1}{2}}(2)(\hat{U}_-(3)\psi_{\frac{1}{3}\frac{1}{2}}(3))$$

$$+ \psi_{\frac{1}{3}-\frac{1}{2}}(1)\psi_{\frac{1}{3}\frac{1}{2}}(2)(\hat{U}_-(3)\psi_{\frac{1}{3}-\frac{1}{2}}(3))$$

$$+ \psi_{\frac{1}{3}\frac{1}{2}}(1)\psi_{\frac{1}{3}-\frac{1}{2}}(2)(\hat{U}_-(3)\psi_{\frac{1}{3}-\frac{1}{2}}(3)) \Big\}$$

$$= \frac{\tilde{\tilde{N}}}{\sqrt{3}} \cdot \chi \cdot \Big\{ \psi_{-\frac{2}{3}0}(1)\psi_{\frac{1}{3}-\frac{1}{2}}(2)\psi_{\frac{1}{3}\frac{1}{2}}(3) + \psi_{-\frac{2}{3}0}(1)\psi_{\frac{1}{3}\frac{1}{2}}(2)\psi_{\frac{1}{3}-\frac{1}{2}}(3)$$

$$+ \psi_{\frac{1}{3}-\frac{1}{2}}(1)\psi_{-\frac{2}{3}0}(2)\psi_{\frac{1}{3}\frac{1}{2}}(3) + \psi_{\frac{1}{3}\frac{1}{2}}(1)\psi_{-\frac{2}{3}0}(2)\psi_{\frac{1}{3}-\frac{1}{2}}(3)$$

$$+ \psi_{\frac{1}{3}-\frac{1}{2}}(1)\psi_{\frac{1}{3}\frac{1}{2}}(2)\psi_{-\frac{2}{3}0}(3) + \psi_{\frac{1}{3}\frac{1}{2}}(1)\psi_{\frac{1}{3}-\frac{1}{2}}(2)\psi_{-\frac{2}{3}0}(3) \Big\} , \quad (21)$$

qui donne après normalisation la même fonction d'onde. Calculons $|\Sigma^{*-}\rangle$ en utilisant :

$$\big| \Sigma^{*-} \big\rangle = N\hat{U}_- \big| \Delta^- \big\rangle$$

$$= N \cdot \Big\{ (\hat{U}_-(1)\psi_{\frac{1}{3}-\frac{1}{2}}(1))\psi_{\frac{1}{3}-\frac{1}{2}}(2)\psi_{\frac{1}{3}-\frac{1}{2}}(3)$$

$$+ \psi_{\frac{1}{3}-\frac{1}{2}}(1)(\hat{U}_-(2)\psi_{\frac{1}{3}-\frac{1}{2}}(2))\psi_{\frac{1}{3}-\frac{1}{2}}(3)$$

$$+ \psi_{\frac{1}{3}-\frac{1}{2}}(1)\psi_{\frac{1}{3}-\frac{1}{2}}(2)(\hat{U}_-(3)\psi_{\frac{1}{3}-\frac{1}{2}}(3)) \Big\} \chi_{\frac{1}{2}\frac{1}{2}}(1)\chi_{\frac{1}{2}\frac{1}{2}}(2)\chi_{\frac{1}{2}\frac{1}{2}}(3)$$

$$= N \cdot \Big\{ \psi_{-\frac{2}{3}0}(1)\psi_{\frac{1}{3}-\frac{1}{2}}(2)\psi_{\frac{1}{3}-\frac{1}{2}}(3) + \psi_{\frac{1}{3}-\frac{1}{2}}(1)\psi_{-\frac{2}{3}0}(2)\psi_{\frac{1}{3}-\frac{1}{2}}(3)$$

$$+ \psi_{\frac{1}{3}-\frac{1}{2}}(1)\psi_{\frac{1}{3}-\frac{1}{2}}(2)\psi_{-\frac{2}{3}0}(3) \Big\} \cdot \chi , \quad (22)$$

avec la normalisation :

$$1 = \langle \Sigma^{*-} | \Sigma^{*-} \rangle = N^2 \cdot 3 \quad \text{i.e.:} \quad N = \frac{1}{\sqrt{3}}$$

$$|\Sigma^{*-}\rangle = \frac{1}{\sqrt{3}} \cdot \left\{ \psi_{-\frac{2}{3}0}(1)\psi_{\frac{1}{3}-\frac{1}{2}}(2)\psi_{\frac{1}{3}-\frac{1}{2}}(3) + \psi_{\frac{1}{3}-\frac{1}{2}}(1)\psi_{-\frac{2}{3}0}(2)\psi_{\frac{1}{3}-\frac{1}{2}}(3) \right.$$

$$\left. + \psi_{\frac{1}{3}-\frac{1}{2}}(1)\psi_{\frac{1}{3}-\frac{1}{2}}(2)\psi_{-\frac{2}{3}0}(3) \right\} \chi_{\frac{1}{2}\frac{1}{2}}(1)\chi_{\frac{1}{2}\frac{1}{2}}(2)\chi_{\frac{1}{2}\frac{1}{2}}(3) . \tag{23}$$

Le calcul de $\hat{T}_- |\Sigma^{*0}\rangle$ ou $\hat{V}_- |\Delta^0\rangle$ conduit au même résultat.

Il nous reste à calculer $|\Xi^{*-}\rangle$. Nous procéderons, pour simplifier, comme suit :

$$|\Xi^{*-}\rangle = N\hat{U}_+ |\Omega^-\rangle$$

$$= N \cdot \left\{ (\hat{U}_+(1)\psi_{-\frac{2}{3}0}(1))\psi_{-\frac{2}{3}0}(2)\psi_{-\frac{2}{3}0}(3) \right.$$

$$+ \psi_{-\frac{2}{3}0}(1)(\hat{U}_+(2)\psi_{-\frac{2}{3}0}(2))\psi_{-\frac{2}{3}0}(3)$$

$$\left. + \psi_{-\frac{2}{3}0}(1)\psi_{-\frac{2}{3}0}(2)(\hat{U}_+(3)\psi_{-\frac{2}{3}0}(3)) \right\} \chi_{\frac{1}{2}\frac{1}{2}}(1)\chi_{\frac{1}{2}\frac{1}{2}}(2)\chi_{\frac{1}{2}\frac{1}{2}}(3)$$

$$= N \cdot \left\{ \psi_{\frac{1}{3}-\frac{1}{2}}(1)\psi_{-\frac{2}{3}0}(2)\psi_{-\frac{2}{3}0}(3) + \psi_{-\frac{2}{3}0}(1)\psi_{\frac{1}{3}-\frac{1}{2}}(2)\psi_{-\frac{2}{3}0}(3) \right.$$

$$\left. + \psi_{-\frac{2}{3}0}(1)\psi_{-\frac{2}{3}0}(2)\psi_{\frac{1}{3}-\frac{1}{2}}(3) \right\} \chi_{\frac{1}{2}\frac{1}{2}}(1)\chi_{\frac{1}{2}\frac{1}{2}}(2)\chi_{\frac{1}{2}\frac{1}{2}}(3) . \tag{24}$$

Par normalisation :

$$1 = \langle \Xi^{*-} | \Xi^{*-} \rangle = |N|^2 \cdot 3 , \quad N = \frac{1}{\sqrt{3}} \quad \text{et}$$

$$|\Xi^{*-}\rangle = \frac{1}{\sqrt{3}} \cdot \left\{ \psi_{\frac{1}{3}-\frac{1}{2}}(1)\psi_{-\frac{2}{3}0}(2)\psi_{-\frac{2}{3}0}(3) + \psi_{-\frac{2}{3}0}(1)\psi_{\frac{1}{3}-\frac{1}{2}}(2)\psi_{-\frac{2}{3}0}(3) \right.$$

$$\left. + \psi_{-\frac{2}{3}0}(1)\psi_{-\frac{2}{3}0}(2)\psi_{\frac{1}{3}-\frac{1}{2}}(3) \right\} \chi_{\frac{1}{2}\frac{1}{2}}(1)\chi_{\frac{1}{2}\frac{1}{2}}(2)\chi_{\frac{1}{2}\frac{1}{2}}(3) . \tag{25}$$

Nous pouvons condenser l'écriture de toutes les fonctions d'onde avec les abréviations :

$$\psi_{\frac{1}{3}\frac{1}{2}}\chi_{\frac{1}{2}\frac{1}{2}} = u_\uparrow \; ; \quad \psi_{\frac{1}{3}-\frac{1}{2}}\chi_{\frac{1}{2}\frac{1}{2}} = d_\uparrow \; ; \quad \psi_{-\frac{2}{3}0}\chi_{\frac{1}{2}\frac{1}{2}} = s_\uparrow , \tag{26}$$

et, avec la convention habituelle sur l'ordre implicite des termes (i.e. $udu = u(1)d(2)u(3)$, etc.), nous avons :

$$|\Delta^{++}\rangle = u_\uparrow u_\uparrow u_\uparrow$$

$$|\Delta^+\rangle = \frac{1}{\sqrt{3}}(d_\uparrow u_\uparrow u_\uparrow + u_\uparrow d_\uparrow u_\uparrow + u_\uparrow u_\uparrow d_\uparrow)$$

$$|\Delta^0\rangle = \frac{1}{\sqrt{3}}(d_\uparrow d_\uparrow u_\uparrow + d_\uparrow u_\uparrow d_\uparrow + u_\uparrow d_\uparrow d_\uparrow)$$

$$|\Delta^-\rangle = d_\uparrow d_\uparrow d_\uparrow$$

Exercice 8.14

$$|\Sigma^{*+}\rangle = \frac{1}{\sqrt{3}}(s_\uparrow u_\uparrow u_\uparrow + u_\uparrow s_\uparrow u_\uparrow + u_\uparrow u_\uparrow s_\uparrow)$$

$$|\Sigma^{*0}\rangle = \frac{1}{\sqrt{6}}(s_\uparrow d_\uparrow u_\uparrow + s_\uparrow u_\uparrow d_\uparrow + d_\uparrow s_\uparrow u_\uparrow + d_\uparrow u_\uparrow s_\uparrow + u_\uparrow s_\uparrow d_\uparrow + u_\uparrow d_\uparrow s_\uparrow)$$

$$|\Sigma^{*-}\rangle = \frac{1}{\sqrt{3}}(s_\uparrow d_\uparrow d_\uparrow + d_\uparrow s_\uparrow d_\uparrow + d_\uparrow d_\uparrow s_\uparrow)$$

$$|\Xi^{*0}\rangle = \frac{1}{\sqrt{3}}(s_\uparrow s_\uparrow u_\uparrow + s_\uparrow u_\uparrow s_\uparrow + u_\uparrow s_\uparrow s_\uparrow)$$

$$|\Xi^{*-}\rangle = \frac{1}{\sqrt{3}}(s_\uparrow s_\uparrow d_\uparrow + s_\uparrow d_\uparrow s_\uparrow + d_\uparrow s_\uparrow s_\uparrow)$$

$$|\Omega^-\rangle = s_\uparrow s_\uparrow s_\uparrow \ . \tag{27}$$

Pour construire les particules de projection de spin j_3 différente, il est juste nécessaire de recalculer la partie en spin de la fonction d'onde.

EXERCICE ▮▮▮▮▮▮▮▮▮▮▮▮▮▮▮▮▮▮▮▮▮

8.15 Construction des fonctions d'onde de saveur et de spin pour l'octet des baryons

Problème. Construire les fonctions d'onde de l'octet des baryons par couplage SU(3) × SU(2) (c'est-à-dire en tant que fonctions propres des isospin, hypercharge *et* spin.)

Solution. I. L'octet des baryons et l'action des opérateurs d'échange : L'octet des baryons sur le diagramme Y-T_3 est fourni par l'exemple 6.3 (cf figure ci-contre), tandis que l'action des opérateurs d'échange a été vue au chapitre 7, en considérant en particulier les sous-algèbres de SU(3). Ceci est montré à nouveau sur la figure ci-dessous.

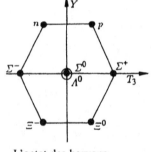

L'octet des baryons

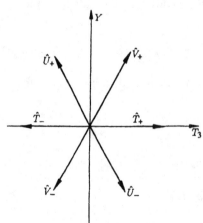

Effet des opérateurs d'échange

Tout opérateur d'échange agissant sur un état arbitraire de l'octet conduit à l'état adjacent selon le sens de l'opérateur. Si cet état appartient à l'octet, nous obtiendrons la fonction d'onde de la particule correspondante, et une fonction d'onde nulle dans le cas contraire. La construction des fonctions pour les points doublement occupés (ceci se produit ici uniquement à l'origine du plan Y-T_3) sera traitée à part. Nous savons, d'après l'étude du chapitre 7 sur les nombres d'occupation des couches intérieures, qu'il sera possible d'obtenir deux états différents si, partant de Σ^+, nous faisons agir $\hat{T}_-$ ou la combinaison d'opérateurs $\hat{U}_+\hat{V}_-$. Dans le premier cas, nous générons le Σ^0 et dans le second cas le Λ^0. Deux aspects importants sont tout d'abord à considérer avant de construire les fonctions d'onde :

II. Forme explicite des opérateurs d'échange : chaque baryon consiste en trois quarks ; généralement sa fonction d'onde sera une combinaison linéaire de produits de fonctions d'onde de quarks qui satisfont aux limitations possibles vis-à-vis des nombres quantiques baryoniques Y, T, T_3 (nous ne nous occuperons pas du spin ici), soit :

$$\psi_B(r) = \sum_i \lambda_i (q_{t^1, t_3^1, y^1}(r_1) \cdot q_{t^2, t_3^2, y^2}(r_2) \cdot q_{t^3, t_3^3, y^3}(r_3))_i. \tag{1}$$

Les parenthèses $(\ldots)_i$ indiquent les i-èmes fonctions d'onde de quarks ; $q_{t^j t_3^j y^j}(j)$ est la fonction d'onde du j-ème quark de nombres quantiques t^j, t_3^j, y^j (nous utiliserons par la suite les notations usuelles $|u\rangle$ pour $q_{\frac{1}{2}, \frac{1}{2}, \frac{1}{3}}$, $|d\rangle$ pour $q_{\frac{1}{2} - \frac{1}{2} \frac{1}{3}}$ et $|s\rangle$ pour $q_{00 - \frac{2}{3}}$). Les λ_i, sont des nombres complexes arbitraires. Nous reconnaissons, en fait, dans (1) une fonction d'onde à n corps. Par conséquent, un opérateur, par exemple l'un des opérateurs d'échange, qui agit dans l'espace des fonctions d'onde de baryons, est aussi un opérateur à n corps, soit :

$$\hat{O}_B = \hat{O}_1 + \hat{O}_2 + \hat{O}_3. \tag{2}$$

$\hat{O}_j$ étant des opérateurs qui agissent seulement dans l'espace de la fonction d'onde du quark correspondante $q_{t^j t_3^j y^j}(j)$.[21] Ceci implique :

$$\begin{aligned}
\hat{O}_B \psi_B(r) &= \sum_i \lambda_i \hat{O}_B (q_1(r_1) q_2(r_2) q_3(r_3))_i \\
&= \sum_i \lambda_i \{(\hat{O}_1 q_1(r_1)) q_2(r_1) q_3(r_3) + q_1(r_1)(\hat{O}_2 q_2(r_2)) q_3(r_3) \\
&\quad + q_1(r_1) q_2(r_2)(\hat{O}_3 q_3(r_3))\}_i
\end{aligned} \tag{3}$$

[nous avons ici la notation abrégée : i pour (t^i, t_3^i, y^i)].

Nous devons maintenant considérer les fonctions d'onde sur lesquelles agissent les opérateurs :

---

[21] Voir W. Greiner : *Mécanique Quantique – Une Introduction* (Springer, Berlin, Heidelberg 1999).

III. Forme de la fonction d'onde baryonique avec composante de spin : la forme d'équation (1) a été obtenue en négligeant le spin. Si nous introduisons le spin, selon nos propos antérieurs (voir section 8.11), la fonction d'onde totale s'écrit comme le produit direct de la fonction d'onde (1) par la fonction d'onde de spin, soit :

$$\psi_B(r) \otimes \chi(r) = \sum_i \lambda_i (q_1(r_1)q_2(r_2)q_3(r_3))_i$$

$$\otimes \sum_j \lambda_i (\chi_{\frac{1}{2}m_s^1}(1)\chi_{\frac{1}{2}m_s^2}(2)\chi_{\frac{1}{2}m_s^3}(3))$$

$$= \sum_k \lambda_i (q_1 \otimes \chi_{\frac{1}{2}m_s^1}(1) \cdot q_2 \otimes \chi_{\frac{1}{2}m_s^2}(2) \cdot q_3 \otimes \chi_{\frac{1}{2}m_s^3}(3))_k . \quad (4)$$

ψ_B représente ici une fonction d'onde dans l'espace des vecteurs propres d'isospin et hypercharge, tandis que χ est une fonction dans l'espace des vecteurs propres de spin. Le calcul est grandement facilité par le fait que les opérateurs d'échange de SU(3) n'agissent pas sur l'espace des spins : il en sera ainsi en faisant agir l'un des opérateurs d'échange sur une fonction d'onde arbitraire appartenant à l'octet. Nous pouvons donc définir la projection de spin au préalable, et conserver cette quantité jusqu'à l'issue du calcul. Comme les quarks ont le spin $s = \frac{1}{2}$, avec les projections $m_s = \pm\frac{1}{2}$, le couplage de trois quarks résulte en des projections de spin $J_z = \pm\frac{3}{2}, \pm\frac{1}{2}$ pour le baryon. Au cours de l'exemple 6.3, nous avons trouvé que tous les baryons de l'octet avaient le spin $J = \frac{1}{2}$, i.e. $J_z = \pm\frac{1}{2}$ (tandis que pour le décuplet, nous avions $J = \frac{3}{2}$). Nous pouvons donc considérer les deux cas $J_z = +\frac{1}{2}$ et $J_z = -\frac{1}{2}$ et limiter l'étude au cas $J_z = +\frac{1}{2}$ puisque la partie spin de la fonction d'onde est inchangée. Nous devons d'abord construire la fonction d'onde d'un état initial puis procéder par application des opérateurs d'échange.

IV. Construction du premier état baryonique : nous choisirons à cet effet la fonction d'onde du proton. Le contenu en quarks, dans le cadre de la symétrie SU(3), est de deux quarks u quarks et un quark d (ou bien une combinaison linéaire de ceux-ci certaines propriétés de symétrie sont requises). Dans le cadre de SU(3) × SU(2), la fonction d'onde doit correspondre à une combinaison linéaire des fonctions d'onde produit pour chaque quark :

$$|u_\uparrow\rangle := |u\rangle \otimes \chi_{\frac{1}{2}\frac{1}{2}} ; \quad |u_\downarrow\rangle := |u\rangle \otimes \chi_{\frac{1}{2}-\frac{1}{2}} ; \quad |d_\uparrow\rangle \quad \text{et} \quad |d_\downarrow\rangle$$

(où deux quarks u avec spin sont toujours couplés à un quark d avec spin. De plus, ici, $J = J_z = +\frac{1}{2}$).

Pour générer une fonction d'onde de ce type, nous allons appliquer le formalisme de couplage de moment angulaire du chapitre 2. Nous couplerons d'abord $|u_\uparrow\rangle$ et $|u_\uparrow\rangle$ à $(uu)_{J_z=1}^{J=1} \equiv |u_\uparrow u_\uparrow\rangle$ puis la fonction d'onde résultante est couplée à $|d_\downarrow\rangle$ (de façon à donner un état $J_z = \frac{1}{2}$). De la même façon, $|u_\uparrow\rangle$ et $|u_\downarrow\rangle$ sont couplés à $(uu)_{J_z=0}^{J=1}$ et le résultat à $|d_\uparrow\rangle$. Comme nous avons omis les arguments r_1, r_2, r_3 pour simplifier l'écriture, l'ordre des quarks est implicitement celui des arguments ; ceci étant d'importance cruciale. Le premier quark possède les nombres quantiques t^1, t_3^1, y^1 et l'argument $\boldsymbol{r}_1$ de la fonction d'onde correspondante, le second est spécifié par t^2, t_3^2, y^2 etc. D'où :

$$
\begin{aligned}
(uu)_0^1 &= \sum_{m_s, m_s'} \left(\tfrac{1}{2}\tfrac{1}{2}1|m_s m_s' 0\right) \left(|u(\boldsymbol{r}_1)\rangle \otimes \chi_{\frac{1}{2}m_s}(1)\right) \left(|u(\boldsymbol{r}_2)\rangle \otimes \chi_{\frac{1}{2}m_s}(2)\right) \\
&= \left(\tfrac{1}{2}\tfrac{1}{2}1|\tfrac{1}{2}-\tfrac{1}{2}0\right)|u_\uparrow u_\downarrow\rangle + \left(\tfrac{1}{2}\tfrac{1}{2}1|-\tfrac{1}{2}\tfrac{1}{2}0\right)|u_\uparrow u_\downarrow\rangle \\
&= \frac{1}{\sqrt{2}}\left(|u_\uparrow u_\downarrow\rangle + |u_\downarrow u_\uparrow\rangle\right) ,
\end{aligned}
$$

et donc :

$$
\begin{aligned}
|p_\uparrow\rangle &= \left(1\tfrac{1}{2}\tfrac{1}{2}|1-\tfrac{1}{2}\tfrac{1}{2}\right)|u_\uparrow u_\uparrow d_\downarrow\rangle + \left(1\tfrac{1}{2}\tfrac{1}{2}|0\tfrac{1}{2}\tfrac{1}{2}\right)\frac{1}{\sqrt{2}}\left(|u_\uparrow u_\downarrow d_\uparrow\rangle + |u_\downarrow u_\uparrow d_\uparrow\rangle\right) \\
&= \sqrt{\frac{2}{3}}\,|u_\uparrow u_\uparrow d_\downarrow\rangle - \frac{1}{\sqrt{6}}\left(|u_\uparrow u_\downarrow d_\uparrow\rangle + |u_\downarrow u_\uparrow d_\uparrow\rangle\right) .
\end{aligned}
\tag{5}
$$

La fonction d'onde est correctement normalisée mais comme les baryons ont une parité paire (voir exemple 6.3), nous devons en plus imposer à la fonction d'onde d'être symétrique par rapport à l'échange des quarks. Une fonction d'onde peut être symétrisée en utilisant l'*opérateur de symétrisation* (cf chapitre 9). L'opérateur de symétrisation total pour un système à trois corps se définit comme la somme de toutes les permutations des trois particules :

$$
\hat{S}_{123} = \mathbf{1} + \hat{P}_{12} + \hat{P}_{13} + \hat{P}_{23} + \hat{P}_{13}\hat{P}_{12} + \hat{P}_{12}\hat{P}_{13} ,
\tag{6}
$$

où les $\hat{P}_{ij}$ désignent les opérateurs qui échangent la i-ème particule avec la j-ème particule. La fonction d'onde totale pour le proton sera alors :

$$
\begin{aligned}
|p_\uparrow\rangle = N \cdot \frac{1}{\sqrt{6}} \cdot \big\{ &2\,|u_\uparrow u_\uparrow d_\downarrow\rangle - |u_\uparrow u_\downarrow d_\uparrow\rangle - |u_\downarrow u_\uparrow d_\uparrow\rangle + 2\,|u_\uparrow u_\uparrow d_\downarrow\rangle \\
&- |u_\downarrow u_\uparrow d_\uparrow\rangle - |u_\uparrow u_\downarrow d_\uparrow\rangle + 2\,|d_\downarrow u_\uparrow u_\uparrow\rangle - |d_\uparrow u_\downarrow u_\uparrow\rangle - |d_\uparrow u_\uparrow u_\downarrow\rangle \\
&+ 2\,|u_\uparrow d_\downarrow u_\uparrow\rangle - |u_\uparrow d_\uparrow u_\downarrow\rangle - |u_\downarrow d_\uparrow u_\uparrow\rangle + 2\,|d_\downarrow u_\uparrow u_\uparrow\rangle - |d_\uparrow u_\uparrow u_\downarrow\rangle \\
&- |d_\uparrow u_\downarrow u_\uparrow\rangle + 2\,|u_\uparrow d_\downarrow u_\uparrow\rangle - |u_\downarrow d_\uparrow u_\uparrow\rangle - |u_\uparrow d_\uparrow u_\downarrow\rangle\big\} \\
|p_\uparrow\rangle = \frac{1}{\sqrt{18}} \cdot \big\{ &2\,|u_\uparrow u_\uparrow d_\downarrow\rangle + 2\,|d_\downarrow u_\uparrow u_\uparrow\rangle + 2\,|u_\uparrow d_\downarrow u_\uparrow\rangle - |u_\uparrow u_\downarrow d_\uparrow\rangle \\
&- |d_\uparrow u_\downarrow u_\uparrow\rangle - |u_\uparrow d_\uparrow u_\downarrow\rangle - |u_\downarrow u_\uparrow d_\uparrow\rangle - |d_\uparrow u_\uparrow u_\downarrow\rangle - |u_\downarrow d_\uparrow u_\uparrow\rangle\big\} .
\end{aligned}
\tag{7}
$$

Si nous choisissons $\langle p_\uparrow|p_\uparrow\rangle = 1$, nous avons la normalisation $N = 1/\sqrt{12}$ (voir le paragraphe V de cet exercice à ce sujet).

Il est facile de démontrer que cette fonction d'onde est totalement symétrique par rapport à l'échange de deux quarks quelconques.

Exercice 8.15

V. Construction des autres états baryoniques : nous pouvons maintenant construire les autres fonctions d'onde des états baryoniques selon la méthode exposée au paragraphe. I. Pour le neutron, nous avons :

$$
\begin{aligned}
|n_\uparrow\rangle = N \cdot \hat{T}_- \, |p_\uparrow\rangle = N \cdot \sum_{i=1}^{3} \hat{T}_- \cdot \frac{1}{\sqrt{18}} \Big\{ & 2\,|u_\uparrow u_\uparrow d_\downarrow\rangle + 2\,|d_\downarrow u_\uparrow u_\uparrow\rangle \\
& + 2\,|u_\uparrow d_\downarrow u_\uparrow\rangle - |u_\uparrow u_\downarrow d_\uparrow\rangle - |d_\uparrow u_\uparrow u_\downarrow\rangle - |u_\uparrow d_\uparrow u_\downarrow\rangle \\
& - |u_\downarrow u_\uparrow d_\uparrow\rangle - |d_\uparrow u_\uparrow u_\downarrow\rangle - |u_\downarrow d_\uparrow u_\uparrow\rangle \Big\}
\end{aligned}
$$

$$
\begin{aligned}
= \frac{N}{\sqrt{18}} \cdot \Big\{ & 2\,\big|(\hat{T}_-(1)u)_\uparrow u_\uparrow d_\downarrow\big\rangle + 2\,\big|u_\uparrow(\hat{T}_-(2)u)_\uparrow d_\downarrow\big\rangle + 2\,\big|u_\uparrow u_\uparrow(\hat{T}_-(3)d)_\downarrow\big\rangle \\
& + 2\,\big|(\hat{T}_-(1)d)_\downarrow u_\uparrow u_\uparrow\big\rangle + 2\,\big|d_\downarrow(\hat{T}_-(2)u)_\uparrow u_\uparrow\big\rangle + 2\,\big|d_\downarrow u_\uparrow(\hat{T}_-(3)u)_\uparrow\big\rangle \\
& + 2\,\big|(\hat{T}_-(1)u)_\uparrow d_\downarrow u_\uparrow\big\rangle + 2\,\big|u_\uparrow(\hat{T}_-(2)d)_\downarrow u_\uparrow\big\rangle + 2\,\big|u_\uparrow d_\downarrow(\hat{T}_-(3)u)_\uparrow\big\rangle \\
& - \big|(\hat{T}_-(1)u)_\uparrow u_\downarrow d_\uparrow\big\rangle - \big|u_\uparrow(\hat{T}_-(2)u)_\downarrow d_\uparrow\big\rangle - \big|u_\uparrow u_\downarrow(\hat{T}_-(3)d)_\uparrow\big\rangle \\
& - \big|(\hat{T}_-(1)d)_\uparrow u_\downarrow u_\uparrow\big\rangle - \big|d_\uparrow(\hat{T}_-(2)u)_\downarrow u_\uparrow\big\rangle - \big|d_\uparrow u_\downarrow(\hat{T}_-(3)u)_\uparrow\big\rangle \\
& - \big|(\hat{T}_-(1)u)_\uparrow d_\uparrow u_\downarrow\big\rangle - \big|u_\uparrow(\hat{T}_-(2)d)_\uparrow u_\downarrow\big\rangle - \big|u_\uparrow d_\uparrow(\hat{T}_-(3)u)_\downarrow\big\rangle \\
& - \big|(\hat{T}_-(1)u)_\downarrow u_\uparrow d_\uparrow\big\rangle - \big|u_\downarrow(\hat{T}_-(2)u)_\uparrow d_\uparrow\big\rangle - \big|u_\downarrow u_\uparrow(\hat{T}_-(3)d)_\uparrow\big\rangle \\
& - \big|(\hat{T}_-(1)d)_\uparrow u_\uparrow u_\downarrow\big\rangle - \big|d_\uparrow(\hat{T}_-(2)u)_\uparrow u_\downarrow\big\rangle - \big|d_\uparrow u_\uparrow(\hat{T}_-(3)u)_\downarrow\big\rangle \\
& - \big|(\hat{T}_-(1)u)_\downarrow d_\uparrow u_\uparrow\big\rangle - \big|u_\downarrow(\hat{T}_-(2)d)_\uparrow u_\uparrow\big\rangle - \big|u_\downarrow d_\uparrow(\hat{T}_-(3)u)_\uparrow\big\rangle \Big\} \; .
\end{aligned}
$$
(8)

D'après la structure du triplet élémentaire (voir figure ci-contre) et les propriétés des opérateurs d'échange, nous pouvons exprimer les termes tels que $\hat{T}_-(i)q_i$:

$$
\hat{T}_-(i)\,|u_i\rangle = |d_i\rangle \; , \qquad \hat{T}_-(i)\,|d_i\rangle \equiv 0 \; .
$$

D'où :

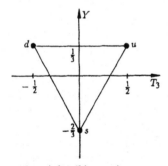

Le triplet élémentaire

$$
\begin{aligned}
|n_\uparrow\rangle = \frac{N}{\sqrt{18}} \cdot \Big\{ & 2\,|d_\uparrow u_\uparrow d_\downarrow\rangle + 2\,|u_\uparrow d_\uparrow d_\downarrow\rangle + 2\,|d_\downarrow d_\uparrow u_\uparrow\rangle + 2\,|d_\downarrow u_\uparrow d_\uparrow\rangle \\
& + 2\,|d_\uparrow d_\downarrow u_\uparrow\rangle + 2\,|u_\uparrow d_\downarrow d_\uparrow\rangle - |d_\uparrow u_\downarrow d_\uparrow\rangle - |u_\uparrow d_\downarrow d_\uparrow\rangle - |d_\uparrow d_\downarrow u_\uparrow\rangle \\
& - |d_\uparrow u_\downarrow d_\uparrow\rangle - |d_\uparrow d_\uparrow u_\downarrow\rangle - |u_\uparrow d_\uparrow d_\downarrow\rangle - |d_\downarrow u_\uparrow d_\uparrow\rangle - |u_\downarrow d_\uparrow d_\uparrow\rangle \\
& - |d_\uparrow d_\uparrow u_\downarrow\rangle - |d_\uparrow u_\uparrow d_\downarrow\rangle - |d_\downarrow d_\uparrow u_\uparrow\rangle - |u_\downarrow d_\uparrow d_\uparrow\rangle \Big\} \; .
\end{aligned}
$$
(9)

En condensant les termes :

$$
\begin{aligned}
|n_\uparrow\rangle = \frac{N}{\sqrt{18}} \cdot \Big\{ & -2\,|d_\uparrow d_\uparrow u_\downarrow\rangle - 2\,|u_\downarrow d_\uparrow d_\uparrow\rangle - 2\,|d_\uparrow u_\downarrow d_\uparrow\rangle + |d_\uparrow d_\downarrow u_\uparrow\rangle \\
& + |u_\uparrow d_\downarrow d_\uparrow\rangle + |d_\uparrow u_\uparrow d_\downarrow\rangle + |d_\downarrow d_\uparrow u_\uparrow\rangle + |u_\uparrow d_\uparrow d_\downarrow\rangle + |d_\downarrow u_\uparrow d_\uparrow\rangle \Big\} \; .
\end{aligned}
$$
(10)

Pour la normalisation avec N, nous utilisons :

$$\langle n_\uparrow | n_\uparrow \rangle = \int \psi_n^\dagger \psi_n \, d^3 r_1 \, d^3 r_2 \, d^3 r_3 \overset{!}{=} 1 \; . \tag{11}$$

Puisque :

$$\int q^*_{t'^1, t'^1_3, y'^1} \chi^*_{\frac{1}{2} m'^1_s}(r_1) q^*_{t'^2, t'^2_3, y'^2} \chi^*_{\frac{1}{2} m'^2_s}(r_2) q^*_{t'^3, t'^3_3, y'^3} \chi^*_{\frac{1}{2} m'^3_s}(r_3) q_{t^1, t^1_3, y^1} \chi_{\frac{1}{2} m^1_s}(r_1)$$

$$\times q_{t^2, t^2_3, y^2} \chi_{\frac{1}{2} m^2_s}(r_2) q_{t^3, t^3_3, y^3} \chi_{\frac{1}{2} m^3_s}(r_3) \, d^3 r_1 \, d^3 r_2 \, d^3 r_3$$

$$= \prod_{i=1}^{3} \int q^*_{t'^i, t'^i_3, y'^i} \chi^\dagger_{\frac{1}{2} m'^i_s}(r_i) q_{t^i, t^i_3, y^i} \chi_{\frac{1}{2} m^i_s}(r_i) \, d^3 r_i$$

$$= \prod_{i=1}^{3} \delta_{y^i, y'^i} \delta_{t^i, t'^i} \delta_{t^i_3, t'^i_3} \delta_{m^i_s, m'^i_s} \; , \tag{12}$$

alors :

$$1 = \langle n_\uparrow | n_\uparrow \rangle = N^2 \cdot \frac{1}{18} \left\{ 3 \cdot 4 + 6 \cdot 1 \right\} = N^2 \; ,$$

i.e. $N = \pm 1$.

Si nous choisissons $N = -1$, la fonction d'onde du neutron a une forme semblable au proton :

$$|n_\uparrow\rangle = \frac{1}{\sqrt{18}} \cdot \left\{ 2 |d_\uparrow d_\uparrow u_\downarrow\rangle + 2 |u_\downarrow d_\uparrow d_\uparrow\rangle + 2 |d_\uparrow u_\downarrow d_\uparrow\rangle - |d_\uparrow d_\downarrow u_\uparrow\rangle \right.$$

$$\left. - |u_\uparrow u_\downarrow d_\uparrow\rangle - |d_\uparrow u_\uparrow d_\downarrow\rangle - |d_\downarrow d_\uparrow u_\uparrow\rangle - |u_\uparrow d_\uparrow d_\downarrow\rangle - |d_\downarrow u_\uparrow d_\uparrow\rangle \right\} \; . \tag{13}$$

Nous opérerons de façon semblable pour le $|\Sigma_\uparrow^+\rangle$: en remplaçant l'opérateur $\hat{T}_-$ par $\hat{U}_-$ de (8) et en s'appuyant sur les relations correspondantes $\hat{U}_- |d\rangle = |s\rangle$, $\hat{U}_- |u\rangle = 0$, nous avons immédiatement :

$$\left| \Sigma_\uparrow^+ \right\rangle = U_- |p_\uparrow\rangle = \frac{1}{\sqrt{18}} \left\{ 2 |u_\uparrow u_\uparrow s_\downarrow\rangle + 2 |s_\downarrow u_\uparrow u_\uparrow\rangle + 2 |u_\uparrow s_\downarrow u_\uparrow\rangle \right.$$

$$- |u_\uparrow u_\downarrow s_\uparrow\rangle - |s_\uparrow u_\downarrow u_\uparrow\rangle - |u_\uparrow s_\uparrow u_\downarrow\rangle$$

$$\left. - |u_\downarrow u_\uparrow s_\uparrow\rangle - |s_\uparrow u_\uparrow u_\downarrow\rangle - |u_\downarrow s_\uparrow u_\uparrow\rangle \right\} \; . \tag{14}$$

La condition $\langle \Sigma^+ | \Sigma^+ \rangle = 1$ sera utilisée pour la normalisation. De plus,

$$\left| \Sigma_\uparrow^0 \right\rangle = \hat{T}_- \left| \Sigma_\uparrow^+ \right\rangle = \frac{1}{6} \cdot \left\{ 2 |d_\uparrow u_\uparrow s_\downarrow\rangle + 2 |u_\uparrow d_\uparrow s_\downarrow\rangle + 2 |s_\downarrow d_\uparrow u_\uparrow\rangle + 2 |s_\downarrow u_\uparrow d_\uparrow\rangle \right.$$

$$- |d_\uparrow u_\downarrow s_\uparrow\rangle - |u_\uparrow d_\downarrow s_\uparrow\rangle - |s_\uparrow d_\downarrow u_\uparrow\rangle - |s_\uparrow u_\downarrow d_\uparrow\rangle$$

$$- |d_\downarrow u_\uparrow s_\uparrow\rangle - |u_\downarrow d_\uparrow s_\uparrow\rangle - |s_\uparrow d_\uparrow u_\downarrow\rangle - |s_\uparrow u_\uparrow d_\downarrow\rangle$$

$$+ 2 |d_\uparrow s_\downarrow u_\uparrow\rangle + 2 |u_\uparrow s_\downarrow d_\uparrow\rangle - |d_\uparrow s_\uparrow u_\downarrow\rangle - |u_\uparrow s_\uparrow d_\downarrow\rangle$$

$$\left. - |d_\downarrow s_\uparrow u_\uparrow\rangle - |u_\downarrow s_\uparrow d_\uparrow\rangle \right\} \tag{15}$$

puisque :

$$\hat{T}_- \left|s\right\rangle = \hat{T}_- \left|d\right\rangle \equiv 0, \quad \hat{T}_- \left|u\right\rangle = \left|d\right\rangle .$$

$$\left|\Sigma_\uparrow^-\right\rangle = \hat{T}_- \left|\Sigma_\uparrow^0\right\rangle = \frac{N}{6} \cdot \Big\{ 2\left|d_\uparrow d_\uparrow s_\downarrow\right\rangle + 2\left|d_\uparrow d_\uparrow s_\downarrow\right\rangle + 2\left|s_\downarrow d_\uparrow d_\uparrow\right\rangle + 2\left|s_\downarrow d_\uparrow d_\uparrow\right\rangle$$

$$- \left|d_\uparrow d_\downarrow s_\uparrow\right\rangle - \left|d_\uparrow d_\downarrow s_\uparrow\right\rangle - \left|s_\uparrow d_\downarrow d_\uparrow\right\rangle - \left|s_\uparrow d_\downarrow d_\uparrow\right\rangle$$

$$- \left|d_\downarrow d_\uparrow s_\uparrow\right\rangle - \left|d_\downarrow d_\uparrow s_\uparrow\right\rangle - \left|s_\uparrow d_\uparrow d_\downarrow\right\rangle - \left|s_\uparrow d_\uparrow d_\downarrow\right\rangle$$

$$+ 2\left|d_\uparrow s_\downarrow d_\uparrow\right\rangle + 2\left|d_\uparrow s_\downarrow d_\uparrow\right\rangle - \left|d_\uparrow s_\uparrow d_\downarrow\right\rangle - \left|d_\uparrow s_\uparrow d_\downarrow\right\rangle$$

$$- \left|d_\downarrow s_\uparrow d_\uparrow\right\rangle - \left|d_\downarrow s_\uparrow d_\uparrow\right\rangle \Big\}$$

$$\left|\Sigma_\uparrow^-\right\rangle = \frac{1}{\sqrt{18}} \cdot \Big\{ 2\left|d_\uparrow d_\uparrow s_\downarrow\right\rangle + 2\left|s_\downarrow d_\uparrow d_\uparrow\right\rangle + 2\left|d_\uparrow s_\downarrow d_\uparrow\right\rangle$$

$$- \left|d_\uparrow d_\downarrow s_\uparrow\right\rangle - \left|s_\uparrow d_\downarrow d_\uparrow\right\rangle - \left|d_\uparrow s_\uparrow d_\downarrow\right\rangle - \left|d_\downarrow d_\uparrow s_\uparrow\right\rangle$$

$$- \left|s_\uparrow d_\uparrow d_\downarrow\right\rangle - \left|d_\downarrow s_\uparrow d_\uparrow\right\rangle \Big\} , \tag{16}$$

avec $N = 1/\sqrt{2}$ et :

$$\hat{T}_- \left|u\right\rangle = \left|d\right\rangle , \quad \hat{T}_- \left|s\right\rangle = \hat{T}_- \left|d\right\rangle \equiv 0 .$$

$$\left|\Xi_\uparrow^-\right\rangle = \hat{U}_- \left|\Sigma_\uparrow^-\right\rangle = \frac{N}{\sqrt{18}} \cdot \Big\{ 2\left|s_\uparrow d_\uparrow s_\downarrow\right\rangle + 2\left|d_\uparrow s_\uparrow s_\downarrow\right\rangle + 2\left|s_\downarrow s_\uparrow d_\uparrow\right\rangle$$

$$+ 2\left|s_\downarrow d_\uparrow s_\uparrow\right\rangle - \left|s_\uparrow d_\downarrow s_\uparrow\right\rangle - \left|d_\uparrow s_\downarrow s_\uparrow\right\rangle - \left|s_\uparrow s_\downarrow d_\uparrow\right\rangle$$

$$- \left|s_\uparrow d_\downarrow s_\uparrow\right\rangle - \left|s_\downarrow d_\uparrow s_\uparrow\right\rangle - \left|d_\downarrow s_\uparrow s_\uparrow\right\rangle - \left|s_\uparrow s_\uparrow d_\downarrow\right\rangle$$

$$- \left|s_\uparrow d_\uparrow s_\downarrow\right\rangle + 2\left|s_\uparrow s_\downarrow d_\uparrow\right\rangle + 2\left|d_\uparrow s_\downarrow s_\uparrow\right\rangle - \left|s_\uparrow s_\uparrow d_\downarrow\right\rangle$$

$$- \left|s_\uparrow s_\uparrow d_\downarrow\right\rangle - \left|d_\uparrow s_\uparrow s_\downarrow\right\rangle - \left|s_\downarrow s_\uparrow d_\uparrow\right\rangle - \left|d_\downarrow s_\uparrow s_\uparrow\right\rangle \Big\}$$

$$\left|\Xi_\uparrow^-\right\rangle = \frac{1}{\sqrt{18}} \cdot \Big\{ 2\left|s_\uparrow s_\uparrow d_\downarrow\right\rangle + 2\left|d_\downarrow s_\uparrow s_\uparrow\right\rangle + 2\left|s_\uparrow d_\downarrow s_\uparrow\right\rangle$$

$$- \left|s_\uparrow s_\downarrow d_\uparrow\right\rangle - \left|d_\uparrow s_\downarrow s_\uparrow\right\rangle - \left|s_\downarrow d_\uparrow s_\uparrow\right\rangle - \left|s_\downarrow s_\uparrow d_\uparrow\right\rangle$$

$$- \left|d_\uparrow s_\uparrow s_\downarrow\right\rangle - \left|s_\uparrow d_\uparrow s_\downarrow\right\rangle \Big\} , \tag{17}$$

en prenant $N = -1$ pour obtenir une fonction d'onde formellement semblable aux autres fonctions d'onde. De même :

$$\left|\Xi_\uparrow^0\right\rangle = \hat{T}_+ \left|\Xi_\uparrow^-\right\rangle = \frac{1}{\sqrt{18}} \cdot \Big\{ 2\left|s_\uparrow s_\uparrow u_\downarrow\right\rangle + 2\left|u_\downarrow s_\uparrow s_\uparrow\right\rangle$$

$$+ 2\left|s_\uparrow u_\downarrow s_\uparrow\right\rangle - \left|s_\uparrow s_\downarrow u_\uparrow\right\rangle - \left|u_\uparrow s_\downarrow s_\uparrow\right\rangle - \left|s_\downarrow u_\uparrow s_\uparrow\right\rangle$$

$$- \left|s_\downarrow s_\uparrow u_\uparrow\right\rangle - \left|u_\uparrow s_\uparrow s_\downarrow\right\rangle - \left|s_\uparrow u_\uparrow s_\downarrow\right\rangle \Big\} \tag{18}$$

car :

$$\hat{T}_+ \left|u\right\rangle = \hat{T}_+ \left|s\right\rangle \equiv 0, \quad \hat{T}_+ \left|d\right\rangle = \left|u\right\rangle .$$

Afin de construire $\left|\Lambda_\uparrow^0\right\rangle$, nous commençons par le second état au centre du plan Y-T_3 comme nous l'avons expliqué au paragraphe I :

$$\left|\tilde{\Lambda}_\uparrow^0\right\rangle = \hat{U}_+ \hat{V}_- \left|\Sigma_\uparrow^+\right\rangle = \hat{U}_+ \left|\Xi_\uparrow^0\right\rangle$$

$$= \frac{1}{6}\left\{2\left|d_\uparrow s_\uparrow u_\downarrow\right\rangle + 2\left|s_\uparrow d_\uparrow u_\downarrow\right\rangle + 2\left|u_\downarrow d_\uparrow s_\uparrow\right\rangle + 2\left|u_\downarrow s_\uparrow d_\uparrow\right\rangle\right.$$

$$-\left|d_\uparrow s_\downarrow u_\uparrow\right\rangle - \left|s_\uparrow d_\downarrow u_\uparrow\right\rangle - \left|u_\uparrow d_\downarrow s_\uparrow\right\rangle - \left|u_\uparrow s_\downarrow d_\uparrow\right\rangle$$

$$-\left|d_\downarrow s_\uparrow u_\uparrow\right\rangle - \left|s_\downarrow d_\uparrow u_\uparrow\right\rangle - \left|u_\uparrow d_\uparrow s_\downarrow\right\rangle - \left|u_\uparrow s_\uparrow d_\downarrow\right\rangle$$

$$+2\left|d_\uparrow u_\downarrow s_\uparrow\right\rangle + 2\left|s_\uparrow u_\downarrow d_\uparrow\right\rangle - \left|d_\downarrow u_\uparrow s_\uparrow\right\rangle - \left|s_\downarrow u_\uparrow d_\uparrow\right\rangle$$

$$\left.-\left|d_\uparrow u_\uparrow s_\downarrow\right\rangle - \left|s_\uparrow u_\uparrow d_\downarrow\right\rangle\right\}, \tag{19}$$

car :

$$\hat{U}_+ \left|d\right\rangle = \hat{U}_+ \left|u\right\rangle \equiv 0, \quad \hat{U}\left|s\right\rangle = \left|d\right\rangle.$$

Cette fonction d'onde est semblable à celle de Σ^0 ; néanmoins, les deux fonctions d'onde sont linéairement indépendantes. Pour obtenir la fonction d'onde physique du Λ^0, nous devons orthogonaliser la fonction (19) par rapport à Σ^0 (15).

Selon la méthode d'orthogonalisation de Schmidt, la fonction d'onde orthogonale $\left|\Lambda_\uparrow^0\right\rangle$ s'écrit :

$$\left|\Lambda_\uparrow^0\right\rangle = N\cdot\left(\left|\tilde{\Lambda}_\uparrow^0\right\rangle - \left\langle\Sigma_\uparrow^0\middle|\tilde{\Lambda}_\uparrow^0\right\rangle\left|\Sigma_\uparrow^0\right\rangle\right).$$

D'où :

$$\left\langle\Sigma_\uparrow^0\middle|\Lambda_\uparrow^0\right\rangle = N\cdot\left(\left\langle\Sigma_\uparrow^0\middle|\tilde{\Lambda}_\uparrow^0\right\rangle - \left\langle\Sigma_\uparrow^0\middle|\tilde{\Lambda}_\uparrow^0\right\rangle\underbrace{\left\langle\Sigma_\uparrow^0\middle|\Sigma_\uparrow^0\right\rangle}_{=1}\right) = 0, \tag{20}$$

ou explicitement (en raison de (12)) :

$$\left\langle\Sigma_\uparrow^0\middle|\Lambda_\uparrow^0\right\rangle = \frac{1}{36}\left\{-2-2+1\right\}\cdot 6 = -\frac{18}{36} = -\frac{1}{2}.$$

D'où finalement :

$$\left|\Lambda_\uparrow^0\right\rangle = \frac{N}{6}\cdot\left\{2\left|d_\uparrow s_\uparrow u_\downarrow\right\rangle + 2\left|s_\uparrow d_\uparrow u_\downarrow\right\rangle + 2\left|u_\downarrow d_\uparrow s_\uparrow\right\rangle + 2\left|u_\downarrow s_\uparrow d_\uparrow\right\rangle\right.$$

$$+2\left|d_\uparrow u_\downarrow s_\uparrow\right\rangle + 2\left|s_\uparrow u_\downarrow d_\uparrow\right\rangle + \tfrac{1}{2}(-\left|d_\uparrow s_\uparrow u_\downarrow\right\rangle - \left|s_\uparrow d_\uparrow u_\downarrow\right\rangle$$

$$-\left|u_\downarrow d_\uparrow s_\uparrow\right\rangle - \left|u_\downarrow s_\uparrow d_\uparrow\right\rangle - \left|d_\uparrow u_\downarrow s_\uparrow\right\rangle - \left|s_\uparrow u_\downarrow d_\uparrow\right\rangle - \left|d_\uparrow s_\downarrow u_\uparrow\right\rangle$$

$$-\left|s_\uparrow d_\downarrow u_\uparrow\right\rangle - \left|u_\uparrow d_\downarrow s_\uparrow\right\rangle - \left|u_\uparrow s_\downarrow d_\uparrow\right\rangle - \left|d_\downarrow u_\uparrow s_\uparrow\right\rangle - \left|s_\downarrow u_\uparrow d_\uparrow\right\rangle$$

$$+\tfrac{1}{2}(2\left|d_\uparrow s_\downarrow u_\uparrow\right\rangle) + \tfrac{1}{2}(-\left|s_\uparrow d_\downarrow u_\uparrow\right\rangle) + \tfrac{1}{2}(-\left|u_\uparrow d_\downarrow s_\uparrow\right\rangle) + \tfrac{1}{2}(2\left|u_\uparrow s_\downarrow d_\uparrow\right\rangle)$$

$$+\tfrac{1}{2}(-\left|d_\downarrow u_\uparrow s_\uparrow\right\rangle) + \tfrac{1}{2}(2\left|s_\downarrow u_\uparrow d_\uparrow\right\rangle) - \left|d_\uparrow s_\uparrow u_\uparrow\right\rangle - \left|s_\downarrow d_\uparrow u_\uparrow\right\rangle$$

$$-\left|u_\uparrow d_\uparrow s_\downarrow\right\rangle - \left|u_\uparrow s_\uparrow d_\downarrow\right\rangle - \left|d_\uparrow u_\uparrow s_\downarrow\right\rangle - \left|s_\uparrow u_\uparrow d_\downarrow\right\rangle$$

$$+\tfrac{1}{2}(-\left|d_\downarrow s_\uparrow u_\uparrow\right\rangle) + \tfrac{1}{2}(2\left|s_\downarrow d_\uparrow u_\uparrow\right\rangle) + \tfrac{1}{2}(2\left|u_\uparrow d_\uparrow s_\downarrow\right\rangle)$$

Exercice 8.15

$$+ \frac{1}{2}(- \left| u_\uparrow s_\uparrow d_\downarrow \right\rangle) + \frac{1}{2}(2 \left| d_\uparrow u_\uparrow s_\downarrow \right\rangle) + \frac{1}{2}(- \left| s_\uparrow u_\uparrow d_\downarrow \right\rangle) \Big\}$$

$$= \frac{N}{6} \cdot \Big\{ \frac{3}{2} (\left| d_\uparrow s_\uparrow u_\downarrow \right\rangle + \left| s_\uparrow d_\uparrow u_\downarrow \right\rangle + \left| u_\downarrow d_\uparrow s_\uparrow \right\rangle + \left| u_\uparrow s_\downarrow d_\uparrow \right\rangle + \left| d_\uparrow u_\downarrow s_\uparrow \right\rangle$$

$$\left| s_\uparrow u_\downarrow d_\uparrow \right\rangle) - \frac{3}{2} (\left| d_\downarrow s_\uparrow u_\uparrow \right\rangle + \left| s_\uparrow d_\downarrow u_\uparrow \right\rangle + \left| u_\uparrow d_\downarrow s_\uparrow \right\rangle$$

$$+ \left| u_\uparrow s_\uparrow d_\downarrow \right\rangle + \left| d_\downarrow u_\uparrow s_\uparrow \right\rangle + \left| s_\uparrow u_\uparrow d_\downarrow \right\rangle) \Big\}$$

et après normalisation :

$$\left| \Lambda_\uparrow^0 \right\rangle = \frac{1}{\sqrt{12}} \cdot \Big\{ \left| d_\uparrow s_\uparrow u_\downarrow \right\rangle + \left| s_\uparrow d_\uparrow u_\downarrow \right\rangle + \left| u_\downarrow d_\uparrow s_\uparrow \right\rangle + \left| u_\uparrow s_\downarrow d_\uparrow \right\rangle + \left| d_\uparrow u_\downarrow s_\uparrow \right\rangle$$

$$+ \left| s_\uparrow u_\downarrow d_\uparrow \right\rangle - \left| d_\downarrow s_\uparrow u_\uparrow \right\rangle - \left| s_\uparrow d_\downarrow u_\uparrow \right\rangle - \left| u_\uparrow d_\downarrow s_\uparrow \right\rangle$$

$$- \left| u_\uparrow s_\uparrow d_\downarrow \right\rangle - \left| d_\downarrow u_\uparrow s_\uparrow \right\rangle - \left| s_\uparrow u_\uparrow d_\downarrow \right\rangle \ . \tag{21}$$

$\left| \Lambda_\uparrow^0 \right\rangle$ est la fonction d'onde orthogonale construite à partir de $\left| \Lambda_\uparrow^0 \right\rangle$, normalisée à l'unité. Elle est aussi totalement symétrique par rapport à l'échange de deux quarks quelconques.

8.12 Formule de masse pour SU(6)

Il est possible de généraliser la formule de masse de Gell-Mann–Okubo dans le cadre de SU(6). Pour ceci, nous supposons que la partie du hamiltonien responsable de la brisure de symétrie est un scalaire dans l'espace des spins, soit $[\hat{H}_{\mathrm{ms}}, S^2] = 0$. Alors $\hat{H}_{\mathrm{ms}}$ conduit à un étalement de masse pour les particules de spins différents à l'intérieur du multiplet de SU(6). L'hypothèse la plus simple est alors : $\hat{H}_{\mathrm{ms}} \propto \hat{S}^2$, qui conduit à la formule de masse :

$$M = a + bY + c[T(T+1) - \tfrac{1}{4}Y^2] + dS(S+1) \ .$$

Table 8.3. Comparaison des masses calculées avec la formule de masse de Gürsey–Radicati et des valeurs expérimentales

Cette relation est appelée *formule de masse de Gürsey–Radicati*[22]. Elle est valable pour l'octet des baryons et le décuplet (pour toute particule du multiplet d'ordre 56). L'ajustement des constantes sur les masses physiques N, Λ, Σ, Σ^* et Ξ^* donne :

$$a = 1066{,}6\,\mathrm{MeV}/c^2 \ , \quad b = -196{,}1\,\mathrm{MeV}/c^2$$
$$c = 38{,}8\,\mathrm{MeV}/c^2 \ , \quad d = 65{,}3\,\mathrm{MeV}/c^2 \ .$$

Avec ces constantes, les masses calculées pour les autres particules s'accordent bien avec l'expérience (voir table 8.3).

Nom	masse calc [MeV/c^2]	masse exp [MeV/c^2]
Ξ	1331	1318
Δ	1251,2	1232
Ω^-	1664,9	1672,4

---

[22] F. Gürsey, L.A. Radicati : Phys. Rev. Lett. **13**, 173 (1964).

8.13 Moments magnétiques dans le modèle des quarks

Jusqu'à maintenant, nous avons toujours supposé que les fonctions d'onde spatiales des quarks avaient un moment angulaire $l = 0$, c'est-à-dire étaient liés dans un état s. Ceci équivaut, cependant, à dire que le moment magnétique du fondamental des hadrons est la somme des moments magnétiques des *quarks constituants*. Nous faisons correspondre à chaque quark un moment magnétique μ_q (avec $q = u, d, s$) de valeur encore indéterminée, et posons comme définition du moment magnétique total :

$$\hat{\boldsymbol{\mu}} = \sum_i \mu_q(i)\hat{\boldsymbol{\sigma}}(i) \tag{8.84}$$

où $\frac{1}{2}\hat{\boldsymbol{\sigma}}(i)$ est l'opérateur de spin du i-ème quark de l'hadron. Le moment magnétique (statique) mesuré d'un hadron $|h\rangle$ est la valeur moyenne de la composante z de $\boldsymbol{\mu}$, soit :

$$\mu_h = \left\langle h \left| \sum_i \mu_q(i)\hat{\sigma}_z(i) \right| h \right\rangle . \tag{8.85}$$

Par définition, $|h\rangle$ est toujours pris dans l'état de projection maximum de spin. Cette relation peut être utilisée en partant des fonctions d'onde de hadrons précédemment déterminées. Considérons ici le proton décrit par la fonction d'onde de SU(6) [cf exercice 8.15, équation (7)]

$$|p_\uparrow\rangle = \frac{1}{\sqrt{18}} \left| 2u_\uparrow u_\uparrow d_\downarrow - u_\uparrow u_\downarrow d_\uparrow - u_\downarrow u_\uparrow d_\uparrow + \text{permut.} \right\rangle$$

ce qui donne alors :

$$\mu_p = \frac{3}{18} \Bigg[4\left\langle u_\uparrow u_\uparrow d_\downarrow \left| \sum_i \mu_q(i)\hat{\sigma}_z(i) \right| u_\uparrow u_\uparrow d_\downarrow \right\rangle$$

$$+ \left\langle u_\uparrow u_\downarrow d_\uparrow \left| \sum_i \mu_q(i)\hat{\sigma}_z(i) \right| u_\uparrow u_\downarrow d_\uparrow \right\rangle$$

$$+ \left\langle u_\downarrow u_\uparrow d_\uparrow \left| \sum_i \mu_q(i)\hat{\sigma}_z(i) \right| u_\downarrow u_\uparrow d_\uparrow \right\rangle \Bigg]$$

$$= \tfrac{3}{18}[4(\mu_u + \mu_u - \mu_d) + (\mu_u - \mu_u + \mu_d) + (-\mu_u + \mu_u + \mu_d)]$$

$$= \tfrac{3}{18}(8\mu_u - 2\mu_d) = \frac{1}{3}(4\mu_u - \mu_d) .$$

Le moment magnétique du neutron se détermine de manière semblable (en interchangeant u et d), soit :

$$\mu_n = \frac{1}{3}(4\mu_d - \mu_u) .$$

D'après ces résultats, μ_u et μ_d peuvent être déterminés par comparaison avec les valeurs expérimentales de μ_p et μ_n. Une relation indépendante peut être trouvée en supposant que les moments magnétiques des quarks sont proportionnels à leur charge [voir (8.14)] et en négligeant les différences de masses :

$$\mu_d = \frac{-1/3}{2/3}\mu_u = -\frac{1}{2}\mu_u \ .$$

Nous parvenons ainsi à la prédiction :

$$\left(\frac{\mu_n}{\mu_p}\right)_{\text{theor.}} = \frac{4\mu_d - \mu_u}{4\mu_u - \mu_d} = -\frac{2}{3} \ ,$$

alors qu'expérimentalement : $(\mu_n/\mu_p)_{\text{exp}} = -0{,}685$. L'accord est assez bon en dépit de la simplicité de nos hypothèses et constitue l'un des principaux succès du modèle additif des quarks (non relativiste). Inversement, nous pouvons calculer les moments magnétiques des quarks en unités de magnétons de Bohr à partir des valeurs expérimentales :

$$\mu_p = \tfrac{1}{5}(\mu_n + 4\mu_p) = 1{,}852\mu_0 \ ,$$
$$\mu_d = \tfrac{1}{5}(\mu_p + 4\mu_n) = -0{,}972\mu_0 \ ,$$
$$\mu_s = \mu_\Lambda = -0{,}613\mu_0 \ ,$$
$$\mu_0 = \frac{e\hbar}{2Mc} \tag{8.86a}$$

avec M masse du proton. La dernière valeur a été obtenue en utilisant la fonction d'onde du Λ_0. On peut alors faire quelques prédictions pour d'autres baryons à vie suffisamment longue. Ceci est rassemblé dans la table 8.4, en regard des données expérimentales disponibles.

L'accord est visiblement satisfaisant ; on peut attribuer les écarts subsistant à la présence d'une contribution d'onde orbitale d. Si, de plus, nous supposons

Table 8.4. Comparaison des moments magnétiques calculés et mesurés pour quelques baryons

Baryon	μ_h	Prédiction [μ_0]	Expérimental [μ_0]*
Σ^+	$\tfrac{4}{3}\mu_u - \tfrac{1}{3}\mu_s$	2,67	2,461 $\pm$ 0,03
Σ^0	$\tfrac{2}{3}(\mu_u + \mu_d) - \tfrac{1}{3}\mu_s$	$-0{,}76$	—
Σ^-	$\tfrac{4}{3}\mu_d - \tfrac{1}{3}\mu_s$	$-1{,}09$	$-1{,}160 \pm 0{,}025$
Ξ^0	$\tfrac{4}{3}\mu_s - \tfrac{1}{3}\mu_u$	$-1{,}44$	$-1{,}250 \pm 0{,}014$
Ξ^-	$\tfrac{4}{3}\mu_s - \tfrac{1}{3}\mu_d$	$-0{,}49$	$-0{,}6507 \pm 0{,}0025$

* Tiré de *Review of Particle Properties* Phys. Rev. D45, Part 2 (1992) et C. Caso et al, 1998 Review of Particles Properties, The European Physical Journal C3 (1998)1

que les quarks sont des fermions élémentaires possédant des facteurs g de 2 unités, on doit avoir pour leur moment magnétique la relation :

$$\mu_q = \frac{Qe\hbar}{2M_q c} \; . \tag{8.86b}$$

De ceci, on peut extraire les *masses* des quarks :

$$M_u = 338 \, \text{MeV} \; , \quad M_d = 322 \, \text{MeV} \; , \quad M_s = 510 \, \text{MeV} \; . \tag{8.87}$$

De façon inattendue, ces masses sont petites, puisque sur les plus grands accélérateurs, aucune particule de masse en dessous de $100 \, \text{GeV/c}^2$ n'a été observée qui pourrait être interprétée comme un quark. En fait, aucune charge fractionnaire ($\frac{1}{3}$, $\frac{2}{3}$) n'a *jamais* été observée à ce jour. C'est donc un problème théorique majeur de comprendre l'existence des quarks seulement à l'intérieur des hadrons. C'est ce qu'on appelle le problème *de confinement des quarks*. Cependant, il est possible qu'un jour des quarks libres soient observés avec des masses bien plus grandes que $100 \, \text{GeV/c}^2$, régions qui deviennent accessibles aujourd'hui sur les accélérateurs. Une telle valeur de masse n'est pas contradictoire avec notre résultat $M_q \approx 300 \, \text{MeV/c}^2$, puisque les quarks à l'intérieur des hadrons sont des particules liées, de masse réduite par l'énergie de liaison. (Plus précisément, on devrait parler de valeurs propres de E_q, et non pas de masses, à propos des M_q.) Le lecteur notera aussi que les masses de quarks (8.87) s'additionnent grossièrement à hauteur de la masse des hadrons selon leur contenu en quarks. Ceci représente un succès additionnel du modèle des quarks et peut être encore utilisé à des fins prédictives pour d'autres masses de hadrons, non décrits par le groupe de saveur SU(3). On a coutume d'appeler E_q «*la masse du quark de valence*».

8.14 États excités des mésons et baryons

Nous avons trouvé, dans le cadre de SU(6) basé sur le triplet de quarks avec spins, que les mésons de spin 0 et 1 pouvaient être expliqués par un singlet et une représentation [35] ; ces représentations pouvant être décomposées en représentations SU(3) [1] (spin 0), [8] (spin 0), [1] (spin 1) et [8] (spin 1). De même, pour les baryons, le multiplet d'ordre [56] se décompose en un octet et un décuplet. Nous désirons maintenant interpréter les états excités des mésons et baryons.

Nous pouvons procéder de deux façons :
(a) imaginer que les états excités consistent de plus de 2 ou 3 quarks (par exemple $q\bar{q}q\bar{q}$ pour les mésons ou $qqqq\bar{q}$ pour les baryons), états baptisés *états de quarks exotiques*, ou
(b) conserver la structure qq ou qqq et interpréter les états excités comme états de moment angulaire $l \neq 0$.
Examinons tout d'abord la première hypothèse.

8.14.1 Combinaisons de plus de trois quarks

La parité d'une paire quark–antiquark est donnée par :

$$\hat{P}\,|q\overline{q}\rangle = -(-1)^l\,|q\overline{q}\rangle$$

où l désigne le moment angulaire orbital du système. Dans l'état fondamental, ($l = 0$), la parité de la paire est toujours négative. Un exemple est fourni par les mésons pseudo-scalaires (exemple 8.6) où $J^P = 0^-$, et les mésons vectoriels où $J^p = 1^-$ (exemple 8.9).

Ici nous admettons que les quarks sont liés en 5 états ($l = 0$), la combinaison $q\overline{q}q\overline{q}$ permet la construction de mésons de parité positive ($0^- \otimes 0^-$, $\to 0^+ 0^- \otimes 1^- \to 1^+$; $1^- \otimes 1^- \to 0^+, 1^+, 2^+$). Si chaque $q\overline{q}$ est une représentation SU(6), nous aurons les combinaisons possibles suivantes :

$$[6] \otimes [\overline{6}] = [1] \oplus [35]\,, \quad [1] \otimes [1] = [1]\,, \quad [1] \otimes [35] = [35]\,,$$
$$[35] \otimes [35] = [1] \oplus [35]' \oplus [35] \oplus [189] \oplus [280] \oplus [\overline{280}] \oplus [405]\,.$$

On peut encore décomposer ces multiplets SU(6) selon leur contenu SU(3). Nous obtenons des multiplets de différents spins (tous de parité positive) donnés table 8.5.

Table 8.5 Décomposition des multiplets de SU(6)

		Décomposition de multiplets SU(6) en				
		[1]	[35]	[189]	[280]	[405]
	[27]	–	–	0^+	1^+	$2^+, 1^+, 0^+$
multiplets	[$\overline{10}$]	–	–	1^+	$1^+, 0^+$	1^+
SU(3)	[10]	–	–	1^+	$2^+, 0^+$	1^+
	[8]	–	$0^+, 1^+$	$2^+, 1^+, 1^+, 0^+$	$2^+, 1^+, 1^+, 0^+$	$2^+, 1^+, 1^+, 0^+$
	[1]	0^+	1^+	$2^+, 0^+$	1^+	$2^+, 0^+$

À côté du nonet 2^+ (A_2, f, f', K*, cf exemple 8.10), seuls quelques états du nonet 0^+ (par exemple le méson σ, cf exemple 8.8) sont connus parmi ces nombreux états. Il n'existe pas (ou très faiblement) d'évidence expérimentale pour cela. Regardons maintenant les combinaisons de baryons $qqq\overline{q}$. Si nous supposons que les paires sont toujours liées par des états s ($l = 0$), les états possibles ont tous une parité négative ($\frac{1}{2}^+ \otimes 0^- \to \frac{1}{2}^-$; $\frac{1}{2}^+ \otimes 1^- \to \frac{3}{2}^-, \frac{1}{2}^-$; $\frac{3}{2}^+ \otimes 0^- \to \frac{3}{2}^-$; $\frac{3}{2}^+ \otimes 1^- \to \frac{5}{2}^-, \frac{3}{2}^-, \frac{1}{2}^-$). Dans ce cas, nous couplons un multiplet (qqq) d'ordre [56] à un multiplet ($q\overline{q}$) d'ordre [35] :

$$[35] \otimes [56] = [56] \oplus [70] \oplus [700] \oplus [1134]\,.$$

Ces multiplets de SU(6) ont les décompositions SU(3) avec parité négative et spin $\frac{1}{2}$ et $\frac{5}{2}$ données table 8.6.

Cette décomposition conduit à un trop grand nombre d'états, dont la plupart n'ont pas été observés à ce jour. Comme nous trouvons la même situation

Table 8.6. Décomposition des multiplets de SU(6) en multiplets SU(3) de parité négative

SU(3) \ SU(6)	[56]	[70]	[700]	[1134]
[35]	−	−	$\frac{5}{2}^-, \frac{3}{2}^-$	$\frac{3}{2}^-, \frac{1}{2}^-$
[27]	−	−	$\frac{3}{2}^-, \frac{1}{2}^-$	$\frac{5}{2}^-, \frac{3}{2}^-, \frac{3}{2}^-, \frac{1}{2}^-, \frac{1}{2}^-$
[$\overline{10}$]	−	−	$\frac{1}{2}^-$	$\frac{3}{2}^-, \frac{1}{2}^-$
[10]	$\frac{3}{2}^-$	$\frac{1}{2}^-$	$\frac{5}{2}^-, \frac{3}{2}^-, \frac{1}{2}^-$	$\frac{5}{2}^-, \frac{3}{2}^-, \frac{3}{2}^-, \frac{1}{2}^-, \frac{1}{2}^-$
[8]	$\frac{1}{2}^-$	$\frac{1}{2}^-, \frac{3}{2}^-$	$\frac{1}{2}^-, \frac{3}{2}^-$	$\frac{5}{2}^-, \frac{3}{2}^-, \frac{3}{2}^-, \frac{3}{2}^-, \frac{1}{2}^-, \frac{1}{2}^-, \frac{1}{2}^-$
[1]	−	$\frac{1}{2}^-$		$\frac{3}{2}^-, \frac{1}{2}^-$

pour les mésons, nous concluons que ce modèle n'est pas susceptible d'être utilisé pour décrire la situation physique. Nous allons ensuite envisager la seconde hypothèse (b).

8.15 États excités avec moment angulaire orbital

Faisons tout d'abord quelques remarques sur les états excités de mésons.

Nous venons de voir que les combinaisons de plus de deux quarks de valence ne conduisaient qu'à des états de parité positive .

Si nous nous en tenons au modèle $q\bar{q}$ et interprétons les états excités comme des états avec moment angulaire orbital, nous sommes conduits, avec $P = -(-1)^l$, aux possibilités données dans la table suivante, où nous avons introduit un classement au moyen des nombres quantiques J^{p} et l : multiplets de méson avec moment angulaire :

J^{p}	l		J^{p}	l
0^-	0		2^-	2
0^+	1		2^+	1, 3
1^-	0, 2		3^-	2, 4
1^+	1		3^+	3

Pour $l = 0$, nous avons les mésons pseudo-scalaires et vectoriels. De plus, nous obtenons les mésons scalaires (comparer à l'exemple 8.8). Nous voyons qu'ils résultent d'un couplage du spin total des quarks $s = 1$ et du moment angulaire orbital $l = 1$ à $J = 0$. Le second couplage possible de $s = 1$ avec $l = 1$ donnant $J = 2$ conduit aux mésons tensoriels (à comparer à l'exemple 8.10). La troisième possibilité, soit le couplage de $s = 1$ et $l = 1$ donnant $J = 1$ produit les mésons pseudo-vectoriels 1^+. Toutes ces particules ont été observées dans la nature. On appellera les multiplets avec moment angulaire orbital des *super-multiplets*. Le moment angulaire orbital intrinsèque conduit à des états de parité positive.

Pour les baryons, nous avons trouvé que les combinaisons $qqq\bar{q}$ produisent un nombre excessif d'états. De plus, tous ces états ont une parité négative, tandis que des états de parité positive sont également observés, ce qui nous conduit au modèle qqq avec moment angulaire interne. Nous devons alors supposer une force attractive centrale agissant sur les paires de quarks, pour lesquelles l'état fondamental est complètement symétrique (car $l = 0$). Ceci relève du multiplet d'ordre $[56]^+$ (parité positive) qui possède la décomposition SU(3) $[8]_2 \oplus [10]_4$ (l'index désignant la valeur de $2s + 1$). Bien sûr, la séquence des états excités du triplet de quarks dépend de l'interaction quark–quark effective. Nous pouvons illustrer ceci sur un modèle simple : plaçons les quarks dans un oscillateur harmonique, résolvons l'équation de Schrödinger, puis classons les états selon les multiplets de SU(6). La figure 8.13 rassemble les résultats.

Le fondamental est le multiplet $[56]^+$ avec $l = 0$, et le premier état excité est l'état $l = 1$ de parité négative appartenant à la représentation $[70]$ de SU(6). La décomposition SU(3) du multiplet d'ordre $[70]$ est :

$$[70] = [1]_2 \oplus [8]_2 \oplus [10]_2 \oplus [8]_4 ,$$

ce qui implique que nous attendons des multiplets SU(3) de parité négative reliés au premier état excité qqq :

$$^4p_{\frac{5}{2},\frac{3}{2},\frac{1}{2}} \quad \text{(trois octets) et}$$

$$^2p_{\frac{3}{2},\frac{1}{2}} \quad \text{(deux singlets, deux octets et deux décuplets) .}$$

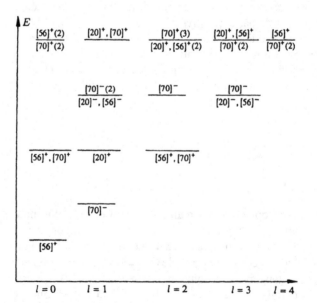

Fig. 8.13. Niveaux d'énergie des quarks dans un potentiel d'oscillateur harmonique classés selon les multiplets de SU(6)

Les données expérimentales indiquent qu'il existe au moins un (et, dans la plupart des cas, plusieurs) état concerné pour chacun de ces neuf multiplets ; de plus, des multiplets exclusivement du type $[56]^+$ (avec l pair) et $[70]^-$ (avec l impair) ont été à ce jour identifiés dans la nature. On ne peut expliquer ceci qu'avec le nombre quantique interne de *couleur*.

La formule de masse généralisée qui a été déduite dans le cadre de ce modèle du super-multiplet (avec $l = 1$) est tout à fait satisfaisante pour les résonances N*, Δ, Λ*, Σ*, Ξ* et Ω*. La structure fine peut aussi être expliquée par une interaction spin–orbite[23]. Ces faits conjugués à d'autres vérifications expérimentales ont conduit à la conviction acutelle que le modèle des quarks SU(6) [SU(3) avec spin] est le schéma correct pour rendre compte de façon satisfaisante des mésons, baryons et leurs résonances.

---

[23] B.T. Feld : *Models for Elementary Particles* (Blaisdell, London 1969) p. 333.

9. Représentations du groupe des permutations et tableaux de Young

9.1 Groupe des permutations et particules identiques

Jusqu'à présent nous avons étudié les groupes unitaires $SU(N)$, plus particulièrement ceux tels que $N = 2, 3, 4$ et 6. Ici nous allons discuter de quelques propriétés du groupe des permutations S_N, ou groupe symétrique, groupe qui a son importance lorsqu'on a affaire à une assemblée de particules identiques. Dans cette partie nous allons nous familiariser avec le concept de diagrammes de Young, utiles pour la construction des fonctions de base des représentations unitaires irréductibles de $SU(N)$.

Les *transpositions* sont les permutations qui échangent la position de deux objets. Par exemple, considérant N objets O_n $(n = 1, 2, \ldots, N)$ dans l'ordre $O_1, O_2, O_3, \ldots, O_N$, une transposition de O_3 et O_1 dispose les objets dans l'ordre $O_3, O_2, O_1, \ldots, O_N$. Elles sont d'un intérêt particulier car une permutation arbitraire peut toujours être décomposée en un produit de transpositions. Imaginons N boîtes, étiquetées $1, 2, \ldots, N$, contenant chacune un objet. L'opérateur $\hat{P}_{ij}$ représente la transposition qui permute les objets situés dans les boîtes i et j. On constate :

$$\hat{P}_{ij} = \hat{P}_{ji}, \quad \hat{P}_{ij}^2 = 1 . \tag{9.1}$$

Une permutation est dite respectivement *paire* ou *impaire* lorsqu'elle est un produit en nombre pair ou impair de transpositions. Par exemple la transposition de l'exemple précédent est impaire :

$$(O_3, O_2, O_1, O_4, \ldots, O_N) = \hat{P}_{13}(O_1, O_2, O_3, O_4, \ldots, O_N) , \tag{9.2}$$

alors que la permutation :

$$(O_4, O_2, O_1, O_3, O_5, \ldots, O_N) = \hat{P}_{14}\hat{P}_{13}(O_1, O_2, O_3, O_4, \ldots, O_N) \tag{9.3}$$

est paire.

Dans ce qui suit nous donnons une définition mathématique des permutations en vue de les utiliser en mécanique quantique. À cette fin considérons des *objets distincts* placés un par un dans des boîtes *identiques* et écrivons :

$$\begin{pmatrix} 1, & 2, & 3, & \ldots, & N \\ b_1, & b_2, & b_3, & \ldots, & b_N \end{pmatrix} , \tag{9.4}$$

pour signifier que l'objet initialement dans la première boîte a été déplacé dans la boîte numéro b_1, que celui dans la deuxième se retrouve dans la boîte b_2, etc. Si nous avons N particules identiques $1, 2, \ldots, N$, et si chacune se trouve dans un état quantique distinct, les particules correspondent aux boîtes identiques alors que les états quantiques correspondent aux objets distincts. À première vue cela peut paraître quelque peu confus étant donné que les objets sont dans les boîtes, alors que les particules (qui correspondent aux boîtes) se trouvent dans des états (qui correspondent aux objets). On s'y fait!

Il y a plusieurs façons de décrire la répartition d'objets dans des boîtes ou de particules dans des états. Soit α, β, γ, δ, quatre objets distincts et soit :

$$\alpha(1)\beta(2)\gamma(3)\delta(4) \tag{9.5}$$

indiquant que l'objet α est situé dans la boîte 1, l'objet β dans la boîte 2, l'objet γ dans la boîte 3 et l'objet δ dans la boîte 4. Selon notre interprétation physique, l'expression (9.5) indique également que la particule 1 est dans l'état (fonction d'onde) α, que la particule 2 est dans l'état β, la particule 3 est dans l'état γ et la particule 4 dans l'état δ. Dans la suite nous utiliserons uniquement l'interprétation quantique de (9.5). Si nous appliquons la permutation $\binom{1234}{2341}$ à la fonction d'onde des quatre particules $\alpha(1)\beta(2)\gamma(3)\delta(4)$, nous obtenons la fonction d'onde $\alpha(2)\beta(3)\gamma(4)\delta(1)$ et nous écrivons cette opération sous la forme :

$$\begin{pmatrix} 1 & 2 & 3 & 4 \\ 2 & 3 & 4 & 1 \end{pmatrix} \alpha(1)\beta(2)\gamma(3)\delta(4) = \alpha(2)\beta(3)\gamma(4)\delta(1) \,. \tag{9.6}$$

Cette notation peut être encore simplifiée si par convention on décide de toujours écrire en premier l'état de la particule 1, suivi de l'état de la particule 2 et ainsi de suite. Avec ce procédé (9.6) devient :

$$\begin{pmatrix} 1 & 2 & 3 & 4 \\ 2 & 3 & 4 & 1 \end{pmatrix} \alpha\beta\gamma\delta = \delta\alpha\beta\gamma \,. \tag{9.7}$$

Nous remarquons d'autre part que la permutation $\binom{1234}{2341}$ peut être représentée comme le produit de trois transpositions, précisément

$$
\begin{aligned}
\hat{P}_{14}\hat{P}_{13}\hat{P}_{12} &= \begin{pmatrix} 1 & 2 & 3 & 4 \\ 4 & 2 & 3 & 1 \end{pmatrix}\begin{pmatrix} 1 & 2 & 3 & 4 \\ 3 & 2 & 1 & 4 \end{pmatrix}\begin{pmatrix} 1 & 2 & 3 & 4 \\ 2 & 1 & 3 & 4 \end{pmatrix} \\
&= \begin{pmatrix} 1 & 2 & 3 & 4 \\ 4 & 2 & 3 & 1 \end{pmatrix}\begin{pmatrix} 2 & 1 & 3 & 4 \\ 2 & 3 & 1 & 4 \end{pmatrix}\begin{pmatrix} 1 & 2 & 3 & 4 \\ 2 & 1 & 3 & 4 \end{pmatrix} \\
&= \begin{pmatrix} 1 & 2 & 3 & 4 \\ 4 & 2 & 3 & 1 \end{pmatrix}\begin{pmatrix} 1 & 2 & 3 & 4 \\ 2 & 3 & 1 & 4 \end{pmatrix} = \begin{pmatrix} 1 & 2 & 3 & 4 \\ 2 & 3 & 4 & 1 \end{pmatrix} \,. \tag{9.8}
\end{aligned}
$$

Dans cette évaluation nous devons faire attention de toujours commencer par appliquer la permutation la plus à droite. Par exemple, le produit $\binom{1234}{3214}\binom{1234}{2134}$ qui apparaît dans la première étape signifie que 1 est changé en 2, suivi de 2 changé en 2 ; 2 est changé en 1, suivi de 1 changé en 3 ; 3 changé en 3, suivi de 3 changé en 1 ; et 4 changé en 4, suivi de 4 changé en 4. Soit :

$$\begin{pmatrix} 1 & 2 & 3 & 4 \\ 3 & 2 & 1 & 4 \end{pmatrix} \begin{pmatrix} 1 & 2 & 3 & 4 \\ 2 & 1 & 3 & 4 \end{pmatrix} = \begin{pmatrix} 1 & 2 & 3 & 4 \\ 2 & 3 & 1 & 4 \end{pmatrix} , \qquad (9.9)$$

qui explicite l'avant-dernière étape dans (9.8), etc. On peut aussi décrire l'état sous la forme plus simple $\psi(1, 2, 3, 4)$ à la place de $\alpha(1)\beta(2)\gamma(3)\delta(4)$. Cette nouvelle notation est cependant plus générale puisque $\psi(1, 2, 3, 4)$ ne désigne pas nécessairement un produit d'états à une particule $(\alpha\beta\gamma\delta)$. Avec cette notation $\psi(2, 3, 4, 1)$ correspond à :

$$\psi(2, 3, 4, 1) \Leftrightarrow \alpha(2)\beta(3)\gamma(4)\delta(1) \quad \text{ou} \quad \delta\alpha\beta\gamma . \qquad (9.10)$$

À titre d'exemple intéressons nous aux cas simples des états à 2 ou 3 particules identiques. Commençons avec le groupe S_2 et prenons l'état à deux particules $\psi(1, 2)$. Les chiffres 1 et 2 représentent toutes les coordonnées (position, spin, isospin) des particules 1 et 2, respectivement, soit $1 \Leftrightarrow x_1, y_1, z_1, s_1, \tau_1; 2 \Leftrightarrow x_2, y_2, z_2, s_2, \tau_2$. De façon générale la quantité $\psi(1, 2)$ n'a pas de propriété de symétrie particulière dans l'échange des particules. Nous pouvons cependant construire un état symétrique (ψ_s) et un état antisymétrique (ψ_a) à partir de $\psi(1, 2)$:

$$\psi_s = \psi(1, 2) + \psi(2, 1) , \quad \psi_a = \psi(1, 2) - \psi(2, 1) . \qquad (9.11)$$

Ici

$$\psi(2, 1) = \hat{P}_{12}\psi(1, 2) \qquad (9.12)$$

représente la fonction d'onde à deux particules obtenue à partir de $\psi(1, 2)$ en échangeant les coordonnées 1 avec les coordonnées 2. ψ_s et ψ_a sont tous deux des états propres de l'opérateur de permutation $\hat{P}_{12}$. Cette propriété évidente signifie que ψ_s et ψ_a forment chacun un multiplet non dégénéré, c'est-à-dire un singlet du groupe de permutation S_2. On peut dire aussi que ψ_s et ψ_a sont chacun une fonction de base d'une représentation (multiplet) unidimensionnelle du groupe des permutations.

Ces états à deux particules ψ_s et ψ_a peuvent être représentés graphiquement de la manière suivante :

$$\psi_s = \boxed{}\boxed{} , \quad \psi_a = \begin{array}{c}\boxed{}\\\boxed{}\end{array} . \qquad (9.13)$$

À présent on associe une boîte à chaque particule ; deux boîtes sur une ligne horizontale représentent l'état symétrique et deux boîtes sur une ligne verticale représentent l'état antisymétrique. Ces représentations du groupe symétrique sont appelées *diagrammes ou tableaux de Young*[1]. Pour un état à une particule

---

[1] Dans la littérature on distingue parfois diagrammes de Young et tableaux de Young : par définition un tableau est un diagramme qui contient un entier positif dans chaque boîte (voir la suite).

il n'y a évidemment qu'une boîte et donc qu'un seul diagramme. La situation est plus intéressante pour les états à trois particules, puisqu'on peut former trois diagrammes de Young :

$\psi_s = \boxed{}$ (état complètement symétrique) ,

$\psi_a = \boxed{}$ (état complètement antisymétrique) ,

$\psi_m = $ (état à symétrie mixte) . (9.14)

Les deux premiers schémas et leur interprétation sont clairs. Le dernier représente *tous les états* qui sont symétriques dans l'échange de deux particules mais antisymétriques dans l'échange de l'une de ces particules avec la troisième. On peut formuler ceci plus précisément en utilisant l'opérateur identité $\mathbf{1}$, l'*opérateur de symétrisation* (symétriseur) $\hat{S}_{ij}$ et l'*opérateur d'antisymétrisation* (antisymétriseur) $\hat{A}_{ij}$. On observe que :

$$\hat{S}_{ij} = \mathbf{1} + \hat{P}_{ij} , \quad \hat{A}_{ij} = \mathbf{1} - \hat{P}_{ij} , \quad \text{et}$$
$$\hat{S}_{ij}\hat{A}_{ij} = \mathbf{1} + \hat{P}_{ij} - \hat{P}_{ij} - \hat{P}_{ij}^2 = \mathbf{1} - \mathbf{1} = 0 . \quad (9.15)$$

Si nous partons de l'état $\psi(1, 2, 3)$, les états à symétrie mixte $\psi_m (m = 1, 2, 3, 4)$ sont :

$$\psi_1 = \hat{A}_{13}\hat{S}_{12}\psi(1, 2, 3) , \quad \psi_2 = \hat{A}_{23}\hat{S}_{12}\psi(1, 2, 3) ,$$
$$\psi_3 = \hat{A}_{23}\hat{S}_{13}\psi(1, 2, 3) , \quad \psi_4 = \hat{A}_{12}\hat{S}_{13}\psi(1, 2, 3) . \quad (9.16)$$

À titre d'exemple ψ_1 a la forme explicite :

$$\psi_1 = \hat{A}_{13}[\psi(1, 2, 3) + \psi(2, 1, 3)]$$
$$= [\psi(1, 2, 3) + \psi(2, 1, 3)] - [\psi(3, 2, 1) + \psi(2, 3, 1)]$$
$$= \psi(1, 2, 3) + \psi(2, 1, 3) - \psi(3, 2, 1) - \psi(2, 3, 1) . \quad (9.17)$$

Les quatre états à symétrie mixte (9.16) forment avec l'état complètement symétrique et l'état complètement antisymétrique six combinaisons linéairement indépendantes des six permutations de $\psi(1, 2, 3)$, l'identité comprise. Deux autres états peuvent être construits au moyen du symétriseur $\hat{S}_{23}$, mais il est facile de vérifier par un calcul du type (9.17) que ces deux états $\hat{A}_{12}\hat{S}_{23}\psi(1, 2, 3)$ et $\hat{A}_{13}\hat{S}_{23}\psi(1, 2, 3)$ sont des combinaisons linéaires des états (9.16). On peut donc les ignorer. Le diagramme de Young à symétrie mixte

$$\qquad\qquad (9.18)$$

peut aussi être considéré comme une représentation des états

$$\psi_n = \hat{S}_{ij}\hat{A}_{ik}\psi(1, 2, 3) , \qquad\qquad (9.19)$$

où l'antisymétrisation est effectuée avant la symétrisation. Ces états sont à nouveau des combinaisons linéaires de ceux de (9.16). Il est important de noter que si un état est tout d'abord symétrisé par rapport à i et j puis antisymétrisé par rapport à j et k, alors en général la symétrie dans l'échange de i et j est perdue. On dit que : *le symétriseur (ou l'antisymétriseur) appliqué en dernier contrôle le résultat.*

Récapitulons les six états qui peuvent être formés en appliquant les opérateurs de permutation à $\psi(1, 2, 3)$. Ce sont :

$$\psi_s \equiv \hat{S}_{123}\psi(1, 2, 3) \tag{9.20a}$$

$$= [\mathbf{1} + \hat{P}_{12} + \hat{P}_{13} + \hat{P}_{23} + \hat{P}_{12}\hat{P}_{13} + \hat{P}_{13}\hat{P}_{12}]\psi(1, 2, 3) \equiv \boxed{\ \ \ }\ ,$$

$$\psi_a = \hat{A}_{123}\psi(1, 2, 3)$$

$$= [\mathbf{1} - \hat{P}_{12} - \hat{P}_{13} - \hat{P}_{23} + \hat{P}_{12}\hat{P}_{13} + \hat{P}_{13}\hat{P}_{12}]\psi(1, 2, 3) \equiv \boxed{\ } \tag{9.20b}$$

et

$$\psi_n = \hat{A}_{ik}\hat{S}_{ij}\psi(1, 2, 3) \equiv \boxed{\ \ } \ . \tag{9.20c}$$

Les quatre états (9.20c) sont explicités dans (9.16). Ces six états forment les *bases des représentations irréductibles du groupe des permutations* S_3. Tous ces états avec des propriétés de symétrie bien définies sont appelés les *fonctions de base.* Comme il n'y un qu'un seul état complètement symétrique et qu'un seul état complètement antisymétrique, les quatre fonctions de base restantes (9.19) doivent être à symétrie mixte. On pourrait penser que ces quatre états engendrent une représentation irréductible de dimension quatre du groupe des permutations S_3. En fait, il en va autrement et on montre que les quatre états à symétrie mixte sont des combinaisons linéaires de deux représentations irréductibles de dimension deux. Nous déterminons dans la partie suivante la dimension des représentations irréductibles du groupe des permutations S_N.

9.2 Forme standard des diagrammes de Young

On se convainc aisément que les états complètement symétrique et complètement antisymétrique constituent chacun la fonction de base d'une représentation irréductible unidimensionnelle du groupe S_N. En effet un opérateur de permutation $\hat{P}_{ij}$ quelconque transforme l'état symétrique $\psi_s(1, 2, \ldots , N)$ en lui-même, de sorte que ψ_s engendre un sous-espace invariant. Ces considérations s'appliquent de manière similaire à l'état complètement antisymétrique $\psi_a(1, 2, \ldots , N)$. Les états à symétrie mixte inéquivalents forment, au contraire, des représentations irréductibles multidimensionnelles du groupe S_N. Comme nous allons le voir, les dimensions de ces représentations peuvent être obtenues au moyen des diagrammes de Young. C'est une technique très puissante que nous abordons en expliquant ce qu'on appelle les *formes ou arrangements standard* des diagrammes de Young.

Soit un tableau de Young formé de plusieurs lignes et soit q_i le nombre de boîtes dans la i-ème ligne. Par convention on décide de toujours disposer les lignes de notre tableau de telle manière que le nombre de boîtes diminue si le numéro de la ligne augmente, c'est-à-dire de telle façon que la relation $q_i \geq q_{i+1}$ soit satisfaite quel que soit i. Le nombre total de boîtes donne le nombre de particules dont les fonctions d'onde ont une certaine symétrie de permutation décrite par le diagramme. Par exemple un diagramme de Young typique est de la forme :

$$(9.21)$$

Ici $q_1 = 8$, $q_2 = 5$, $q_3 = 2$, $q_4 = 2$, $q_5 = 0$. La symétrie de la fonction d'onde à 17 particules représentée par ce diagramme correspond aux permutations où on symétrise les lignes avant d'antisymétriser les colonnes, ou vice versa (9.21) on décrit tous les états possibles à 17 particules possédant cette symétrie.

Il est souvent commode de caractériser un diagramme par les entiers p_i donnés par les différences des q_i successifs :

$$p_i = q_i - q_{i+1} \,, \tag{9.22}$$

plutôt que par les q_i eux-mêmes. Pour (9.21) cela donne :

$$p_1 = 3 \,, \quad p_2 = 3 \,, \quad p_3 = 0 \,, \quad p_4 = 2 \,.$$

Nous remarquons que p_1 est le nombre de colonnes à une boîte, p_2 le nombre de colonnes à deux boîtes, p_3 le nombre de colonnes à trois boîtes et p_4 le nombre de colonnes à quatre boîtes. (9.21) peut alors être décrit soit par

$$q = (q_1, q_2, q_3, q_4) = (8, 5, 2, 2) \tag{9.23}$$

ou par

$$p = (p_1, p_2, p_3, p_4) = (3, 3, 0, 2) \,. \tag{9.24}$$

Dorénavant nous adopterons la *caractérisation p* des diagrammes de Young. La *forme standard* des diagrammes de Young est définie de façon que les boîtes sont étiquetées par des entiers positifs obéissant à la règle que *dans une ligne* du diagramme (lue de gauche à droite) les nombres *ne diminuent pas* et *dans une colonne* (lue de haut en bas) ils *sont strictement croissants*. Chaque nombre représente un état accessible pour une particule (état à une particule). Si n états sont accessibles pour une particule, ces états sont ordonnés d'une certaine façon et numérotés de 1 à n. Il en découle que le nombre j dans une boîte est compris entre 1 et n :

$$1 \leq j \leq n \,. \tag{9.25}$$

Expliquons ceci sur la forme standard des diagrammes de Young à trois particules ayant quatre états à une particule accessibles. Le diagramme symétrique
est donné par ▭▭▭ et les formes standard sont :

$$\boxed{1|1|1} \quad \boxed{1|1|2} \quad \boxed{1|1|3} \quad \boxed{1|1|4}$$

$$\boxed{1|2|2} \quad \boxed{1|2|3} \quad \boxed{1|2|4} \quad \boxed{1|3|3}$$

$$\boxed{1|3|4} \quad \boxed{2|2|2} \quad \boxed{2|2|3} \quad \boxed{2|2|4}$$

$$\boxed{2|3|3} \quad \boxed{2|3|4} \quad \boxed{3|3|3} \quad \boxed{3|3|4}$$

$$\boxed{3|4|4} \quad \boxed{4|4|4}. \tag{9.26}$$

Le diagramme antisymétrique est représenté par ▯ et possède les formes stan-

dard suivantes :

$$\begin{array}{c}1\\2\\3\end{array} \quad \begin{array}{c}1\\2\\4\end{array} \quad \begin{array}{c}1\\3\\4\end{array} \quad \begin{array}{c}2\\3\\4\end{array}. \tag{9.27}$$

On remarque immédiatement qu'un chiffre (par exemple 1 ou 3) peut apparaître plusieurs fois dans une même ligne mais pas dans une colonne : tous
les nombres dans une colonne doivent être différents les uns des autres. Cela
s'explique simplement du fait que deux particules peuvent être symétrisées
dans le même état (il existe un état symétrique à deux particules formé avec
deux fonctions d'onde à une particule identiques), mais qu'elles ne peuvent pas
être antisymétrisées dans le même état (le résultat d'une telle construction est
identiquement nul).

Comme autre exemple nous donnons les arrangements symétriques et antisymétriques standard pour un tableau de Young à deux particules et trois états à
une particule :

(a) arrangements symétriques :

$$\boxed{1|1} \quad \boxed{1|2} \quad \boxed{1|3} \quad \boxed{2|2} \quad \boxed{2|3} \quad \boxed{3|3}. \tag{9.28}$$

(b) arrangements antisymétriques :

$$\begin{array}{c}1\\2\end{array} \quad \begin{array}{c}1\\3\end{array} \quad \begin{array}{c}2\\3\end{array}. \tag{9.29}$$

9.3 Forme standard et dimension des représentations irréductibles du groupe des permutations S_N

La dimension d'une représentation irréductible du groupe symétrique S_N peut être déterminée en utilisant les formes (arrangements) standard. À cette fin tous les diagrammes contenant N boîtes doivent être considérés ; chaque diagramme distinct ayant des propriétés de symétrie qui lui sont propres, il constitue une représentation particulière du groupe des permutations. La dimension d'une représentation est calculée en comptant les arrangements standard pour N états à une particule accessibles qui doivent dans le cas présent être distincts.

Nous expliquons la méthode dans l'exemple qui suit de trois particules identiques distribuées dans trois états à une particule. L'arrangement standard des tableaux de Young est :

$$\boxed{1\,2\,3} \qquad \begin{matrix}\boxed{1}\\\boxed{2}\\\boxed{3}\end{matrix} \qquad \begin{matrix}\boxed{1\,2}\\\boxed{3}\end{matrix} \qquad \begin{matrix}\boxed{1\,3}\\\boxed{2}\end{matrix}\,. \tag{9.30}$$

Il n'y a manifestement qu'un seul arrangement standard pour le diagramme $\boxed{\;\;\;}$ avec des états à une particule *différents* $(1, 2, 3)$. Il en va de même pour le diagramme $\boxed{\;}$. En d'autres termes, il n'y a qu'une combinaison symétrique et une antisymétrique de trois particules dans des états distincts. Il est clair que cette propriété vaut pour un nombre quelconque de particules. Comme les arrangements qui ne sont pas standard correspondent aux mêmes états après symétrisation, ils ne doivent pas être comptabilisés. À titre d'exemple, l'arrangement non-standard $\boxed{1\,3\,2}$ correspond au même état que l'arrangement standard $\boxed{1\,2\,3}$, puisque nous symétrisons par rapport aux trois particules.

Nous avons remarqué plus haut qu'il n'y a qu'un arrangement symétrique et un arrangement antisymétrique standard qui représentent chacun un état de base (respectivement, la fonction d'onde complètement symétrique et celle complètement antisymétrique) d'une représentation irréductible unidimensionnelle de S_3. Chacune de ces représentations est un multiplet non dégénéré, à savoir un singlet. Les générateurs du groupe des permutations, c'est-à-dire les opérateurs $\hat{P}_{ij}$ de (9.1), donnent l'état symétrique ou antisymétrique, s'ils sont appliqués respectivement à l'état symétrique ou antisymétrique. Puisque tous les membres d'un multiplet peuvent être obtenus en appliquant les opérateurs du groupe à n'importe lequel des états du multiplet [voir chapitre 3, (3.25)], le multiplet ne contient qu'un seul élément dans ces cas, et l'on a bien affaire à des représentations unidimensionnelles. Considérons maintenant le diagramme de Young à symétrie mixte :

$$\begin{matrix}\boxed{\;\;}\\\boxed{\;}\end{matrix}\,, \tag{9.31}$$

pour lequel il existe deux arrangements qui sont les tableaux :

$$\begin{array}{|c|c|}\hline 1 & 2 \\\hline 3 \\\cline{1-1}\end{array} \quad \text{et} \quad \begin{array}{|c|c|}\hline 1 & 3 \\\hline 2 \\\cline{1-1}\end{array} . \tag{9.32}$$

Les deux fonctions d'onde représentées par ces tableaux ne peuvent pas être transformées l'une dans l'autre par les permutations du groupe S_3. Dès lors ce sont deux représentations irréductibles différentes du groupe S_3 qui ne sont pas des singlets. Jusqu'à présent nous avons étudiés quatre fonctions de base, celles associées aux tableaux (9.30). Cependant nous savons qu'au total il y a $3! = 6$ fonctions de base obtenues par permutation de $\psi(1, 2, 3)$. Qu'en est-il des deux fonctions de base restantes? En fait, elles complètent les deux fonctions (9.32) pour former deux doublets de S_3 que l'on peut aussi représenter par le motif (9.31). Les fonctions d'onde associées sont données par les tableaux non standard :

$$\begin{array}{|c|c|}\hline 2 & 1 \\\hline 3 \\\cline{1-1}\end{array} \quad \begin{array}{|c|c|}\hline 3 & 1 \\\hline 2 \\\cline{1-1}\end{array} . \tag{9.33}$$

Elles sont distinctes des fonctions (9.32) puisque, par exemple, $\begin{array}{|c|c|}\hline 2 & 1 \\\hline 3 \\\cline{1-1}\end{array}$ est antisymétrique dans l'échange de 2 et 3, ce qui n'est le cas d'aucune des fonctions (9.32). L'application des opérateurs du groupe

$$\hat{P}_{ij} = \{\hat{P}_{12}, \hat{P}_{13}, \hat{P}_{23}\} \tag{9.34}$$

transforme les états (9.32) et (9.33) les uns dans les autres, de sorte que ces états engendrent deux sous-espaces invariants, autrement dit deux multiplets (plus précisément des doublets). Ces deux sous-espaces invariants sont formés respectivement des combinaisons linéaires :

$$\lambda \begin{array}{|c|c|}\hline 1 & 2 \\\hline 3 \\\cline{1-1}\end{array} + \mu \begin{array}{|c|c|}\hline 2 & 1 \\\hline 3 \\\cline{1-1}\end{array} \tag{9.35}$$

et

$$\lambda' \begin{array}{|c|c|}\hline 1 & 3 \\\hline 2 \\\cline{1-1}\end{array} + \mu' \begin{array}{|c|c|}\hline 3 & 1 \\\hline 2 \\\cline{1-1}\end{array} . \tag{9.36}$$

Chacune des permutations des éléments 1, 2, 3 dans la fonction d'onde représentée par (9.35) conduit à une combinaison linéaire des mêmes vecteurs de base. Il en va de même pour (9.36). Illustrons ceci par un exemple simple :

$$\begin{aligned}\lambda \begin{array}{|c|c|}\hline 1 & 2 \\\hline 3 \\\cline{1-1}\end{array} + \mu \begin{array}{|c|c|}\hline 2 & 1 \\\hline 3 \\\cline{1-1}\end{array} =\ & \lambda\big(\psi(1, 2, 3) + \psi(2, 1, 3) - \psi(3, 2, 1) - \psi(2, 3, 1)\big) \\ & + \mu\big(\psi(1, 2, 3) + \psi(2, 1, 3) \\ & \quad - \psi(1, 3, 2) - \psi(3, 1, 2)\big) . \end{aligned} \tag{9.37}$$

En agissant sur cet objet avec la permutation $P\binom{123}{231}$, nous obtenons

$$P\begin{pmatrix} 1 & 2 & 3 \\ 2 & 3 & 1 \end{pmatrix}\left(\lambda\;\begin{array}{|c|c|}\hline 1 & 2 \\\hline 3 \\\cline{1-1}\end{array}+\mu\;\begin{array}{|c|c|}\hline 2 & 1 \\\hline 3 \\\cline{1-1}\end{array}\right)$$

$$= \lambda\big(\psi(2,3,1)+\psi(3,2,1)-\psi(1,3,2)-\psi(3,1,2)\big)$$
$$+ \mu\big(\psi(2,3,1)+\psi(3,2,1)-\psi(2,1,3)-\psi(1,2,3)\big). \qquad (9.38)$$

Le côté droit de cette égalité est une combinaison linéaire des deux états de base, en effet :

$$P\begin{pmatrix} 1 & 2 & 3 \\ 2 & 3 & 1 \end{pmatrix}\left(\lambda\;\begin{array}{|c|c|}\hline 1 & 2 \\\hline 3 \\\cline{1-1}\end{array}+\mu\;\begin{array}{|c|c|}\hline 2 & 1 \\\hline 3 \\\cline{1-1}\end{array}\right)$$

$$= -(\lambda+\mu)\big(\psi(1,2,3)+\psi(2,1,3)-\psi(3,2,1)-\psi(2,3,1)\big)$$
$$+ \lambda\big(\psi(1,2,3)+\psi(2,1,3)-\psi(1,3,2)-\psi(3,1,2)\big)$$

$$= -(\lambda+\mu)\;\begin{array}{|c|c|}\hline 1 & 2 \\\hline 3 \\\cline{1-1}\end{array}+\lambda\;\begin{array}{|c|c|}\hline 2 & 1 \\\hline 3 \\\cline{1-1}\end{array}. \qquad (9.39)$$

De la même façon, ce sous-espace est stable sous les autres permutations de 1, 2, 3, et il en va de même pour le sous-espace défini par (9.36). Les vecteurs de base ainsi définis ont cependant l'inconvénient de ne pas être orthonormalisés, c'est-à-dire qu'ils forment une base qui n'est pas orthogonale par rapport au produit scalaire défini sur les fonctions d'onde. Dans l'exercice 9.1, nous utiliserons la méthode de Schmidt pour déduire de cette base une base orthonormée. Il peut être montré que si une représentation irréductible de S_N a n dimensions, alors il y a exactement n représentations de ce type.[2]

Pour résumer, un diagramme de Young avec N boîtes représente les fonctions de base d'une représentation irréductible de S_N. Ces fonctions sont souvent appelées *tenseurs de base* plutôt que vecteurs de base car ils dépendent de N indices.

EXERCICE

9.1 Fonctions de base de S_3

Problème. Déterminer les fonctions de base du groupe symétrique S_3 à partir des fonctions d'onde à une particule $\alpha(i)\beta(j)\gamma(k)$.

Solution. La fonction d'onde entièrement symétrique est donnée par

$$\psi_s = \begin{array}{|c|c|c|}\hline 1 & 2 & 3 \\\hline\end{array} = \hat{S}_{123}\alpha\beta\gamma. \qquad (1)$$

---

[2] Voir, par exemple, W.K. Tung : *Group Theory in Physics* (World Scientific, Singapour 1985), chapitre 5.

L'opérateur de symétrisation complète est la combinaison des transpositions $\hat{P}_{ij}$
[voir (9.20a)] :

$$\hat{S}_{123} = \mathbf{1} + \hat{P}_{12} + \hat{P}_{13} + \hat{P}_{23} + \hat{P}_{13}\hat{P}_{12} + \hat{P}_{12}\hat{P}_{13} \ . \tag{2}$$

En normalisant ψ_s, on obtient :

$$\psi_s = 1/\sqrt{6}(\alpha\beta\gamma + \beta\alpha\gamma + \gamma\beta\alpha + \alpha\gamma\beta + \gamma\alpha\beta + \beta\gamma\alpha) \ . \tag{3}$$

De la même façon, pour la fonction d'onde antisymétrique :

$$\psi_a = \boxed{\begin{smallmatrix}1\\2\\3\end{smallmatrix}} = \hat{A}_{123}\alpha\beta\gamma \ , \tag{4}$$

où

$$\hat{A}_{123} = \mathbf{1} - \hat{P}_{12} - \hat{P}_{13} - \hat{P}_{23} + \hat{P}_{13}\hat{P}_{12} + \hat{P}_{12}\hat{P}_{13} \tag{5}$$

est l'antisymétriseur complet [voir (9.20b)]. L'état ψ_a normalisé est :

$$\psi_a = 1/\sqrt{6}(\alpha\beta\gamma - \beta\alpha\gamma - \gamma\beta\alpha - \alpha\gamma\beta + \gamma\alpha\beta + \beta\gamma\alpha) \ . \tag{6}$$

Les fonctions de base des représentations à symétrie mixte ne sont pas, par
contre, déterminées de manière unique, car il est possible de former d'autres
bases en utilisant des transformations unitaires. Nous savons déjà que S_3 contient deux doublets à symétrie mixte. Pour obtenir les fonctions d'onde désirées,
nous commençons par construire quatre fonctions d'onde à symétrie mixte avec
l'aide des symétriseurs $\hat{S}_{ij}$ et des antisymétriseurs $\hat{A}_{ij}$:

$$\psi_1 = \boxed{\begin{smallmatrix}1&2\\3\end{smallmatrix}} = \hat{A}_{13}\hat{S}_{12}\alpha\beta\gamma = \alpha\beta\gamma + \beta\alpha\gamma - \gamma\beta\alpha - \gamma\alpha\beta \ , \tag{7a}$$

$$\psi_2 = \boxed{\begin{smallmatrix}2&1\\3\end{smallmatrix}} = \hat{A}_{23}\hat{S}_{12}\alpha\beta\gamma = \alpha\beta\gamma + \beta\alpha\gamma - \alpha\gamma\beta - \beta\gamma\alpha \ , \tag{7b}$$

$$\psi_3 = \boxed{\begin{smallmatrix}1&3\\2\end{smallmatrix}} = \hat{A}_{12}\hat{S}_{13}\alpha\beta\gamma = \alpha\beta\gamma + \gamma\beta\alpha - \beta\alpha\gamma - \beta\gamma\alpha \ , \tag{7c}$$

$$\psi_4 = \boxed{\begin{smallmatrix}3&1\\2\end{smallmatrix}} = \hat{A}_{23}\hat{S}_{13}\alpha\beta\gamma = \alpha\beta\gamma + \gamma\beta\alpha - \alpha\gamma\beta - \gamma\alpha\beta \ . \tag{7d}$$

Ces quatre fonctions d'onde représentent les doublets mixtes, mais ne sont
pas orthogonales entre elles. Pour obtenir une base orthogonale, formons la
combinaison linéaire de ψ_1 et ψ_2 orthogonale à ψ_1. Soit :

$$\psi_2' = \psi_2 + a\psi_1 \ , \tag{8}$$

assortie de la condition

$$\begin{aligned}
0 = \langle\psi_1|\psi_2'\rangle &= \langle\alpha\beta\gamma + \beta\alpha\gamma - \gamma\beta\alpha - \gamma\alpha\beta|\,(1+a)(\alpha\beta\gamma + \beta\alpha\gamma) - \alpha\gamma\beta \\
&\quad - \beta\gamma\alpha - a(\gamma\beta\alpha + \gamma\alpha\beta)\rangle = 2(1+a) + 2a = 0 \ . \tag{9}
\end{aligned}$$

Exercice 9.1

Ici nous avons utilisé le caractère orthonormal des états à une particule α, β et γ, qui garantit que les produits distincts de fonctions d'onde sont toujours orthogonaux. Au moyen de (9) nous trouvons $a = -1/2$, par suite :

$$\psi'_2 = \psi_2 - \tfrac{1}{2}\psi_1 = \tfrac{1}{2}\left(\alpha\beta\gamma + \beta\alpha\gamma + \gamma\beta\alpha + \gamma\alpha\beta\right) - \alpha\gamma\beta - \beta\gamma\alpha . \qquad (10)$$

Comme le résultat de l'application de n'importe laquelle des six permutations de S_3 à ψ_1 ou ψ'_2 peut toujours être exprimé comme une combinaison linéaire de ψ_1 et ψ'_2, les deux vecteurs normalisés :

$$\frac{1}{2}\psi_1 , \quad \frac{1}{\sqrt{3}}\psi'_2 \qquad (11)$$

forment une base orthonormée d'une représentation irréductible de S_3, soit un doublet. Nous poursuivons par la construction d'un autre vecteur de base à partir de ψ_3, ψ_1 et ψ'_2, auquel nous imposons d'être orthogonal à ψ_1 et ψ'_2. Reprenant la méthode de Schmidt nous trouvons :

$$\psi'_3 = \psi_3 + \tfrac{1}{4}\psi_1 - \tfrac{1}{2}\psi'_2 = \alpha\beta\gamma - \beta\alpha\gamma + \tfrac{1}{2}\left(\gamma\beta\alpha + \alpha\gamma\beta - \gamma\alpha\beta - \beta\gamma\alpha\right) . \qquad (12)$$

Enfin la quatrième fonction orthogonale est donnée par la combinaison linéaire :

$$\psi'_4 = \psi_4 - \tfrac{1}{4}\left(\psi_1 + 2\psi'_2 + 2\psi'_3\right) = \tfrac{3}{4}\left(\beta\gamma\alpha + \gamma\beta\alpha - \alpha\gamma\beta - \gamma\alpha\beta\right) . \qquad (13)$$

Comme S_3 transforme les fonctions ψ'_3 et ψ'_4 en des combinaisons linéaires de ces fonctions, nous obtenons deux fonctions :

$$\frac{1}{\sqrt{3}}\psi'_3 , \quad \frac{2}{3}\psi'_4 \qquad (14)$$

qui forment la base orthonormée d'un second doublet.

EXERCICE ▬▬▬▬▬▬▬▬▬▬▬▬▬

9.2 Représentations irréductibles de S_4

Problème. Étudier les représentations irréductibles du groupe des permutations S_4.

Solution. Les représentations irréductibles de S_4 sont données par les diagrammes de Young :

$$(1)$$

et les arrangements standard associés sont :

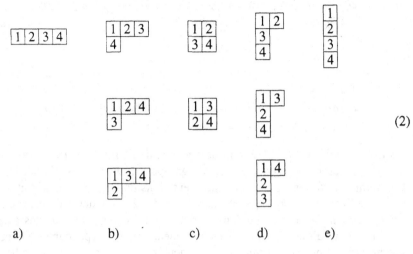

(2)

a)   b)   c)   d)   e)

Les diagrammes

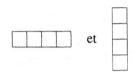 et

symbolisent les vecteurs de base de deux représentations unidimensionnelles puisque chacun des opérateurs du groupe $\hat{P}_{ij} = \{\hat{P}_{12}, \hat{P}_{13}, \hat{P}_{14}, \hat{P}_{23}, \hat{P}_{24}, \hat{P}_{34}\}$ transforme l'un ou l'autre de ces vecteurs en lui-même. D'un autre côté les deux diagrammes de Young :

 et

(3)

décrivent chacun trois représentations tridimensionnelles. Pour le montrer nous examinons le diagramme de gauche et ses arrangements standard qui se trouvent dans la deuxième colonne de (2).

La fonction d'onde représentée par le premier tableau de (2b) est donné par :

$$
\begin{aligned}
\psi_1 &= \hat{A}_{14}\hat{S}_{123}\alpha\beta\gamma\delta \\
&= \big[\alpha(1)\beta(2)\gamma(3) + \alpha(1)\beta(3)\gamma(2) + \alpha(2)\beta(1)\gamma(3) + \alpha(2)\beta(3)\gamma(1) \\
&\quad + \alpha(3)\beta(1)\gamma(2) + \alpha(3)\beta(2)\gamma(1)\big]\delta(4) - \big[\alpha(4)\beta(2)\gamma(3) + \alpha(4)\beta(3)\gamma(2) \\
&\quad + \alpha(2)\beta(4)\gamma(3) + \alpha(2)\beta(3)\gamma(4) + \alpha(3)\beta(4)\gamma(2) + \alpha(3)\beta(2)\gamma(4)\big]\delta(1) \\
&= \alpha\beta\gamma\delta + \alpha\gamma\beta\delta + \beta\alpha\gamma\delta + \gamma\alpha\beta\delta + \beta\gamma\alpha\delta + \gamma\beta\alpha\delta - \delta\beta\gamma\alpha - \delta\gamma\beta\alpha \\
&\quad - \delta\alpha\gamma\beta - \delta\alpha\beta\gamma - \delta\gamma\alpha\beta - \delta\beta\alpha\gamma \, .
\end{aligned}
$$

(4a)

De même, les deux autres tableaux de (2b) sont :

Exercice 9.2

$$\psi_2 = \hat{A}_{13}\hat{A}_{124}\alpha\beta\gamma\delta$$
$$= \alpha\beta\gamma\delta + \alpha\delta\gamma\beta + \beta\alpha\gamma\delta + \delta\alpha\gamma\beta + \beta\delta\gamma\alpha + \beta\delta\gamma\alpha - \gamma\beta\alpha\delta - \gamma\delta\alpha\beta$$
$$- \gamma\alpha\beta\delta - \gamma\alpha\delta\beta - \gamma\delta\beta\alpha - \gamma\beta\delta\alpha \tag{4b}$$

et

$$\psi_3 = \hat{A}_{12}\hat{A}_{134}\alpha\beta\gamma\delta$$
$$= \alpha\beta\gamma\delta + \alpha\beta\delta\gamma + \gamma\beta\alpha\delta + \delta\beta\gamma\alpha + \gamma\beta\delta\alpha + \delta\beta\gamma\alpha - \beta\alpha\gamma\delta - \alpha\beta\delta\gamma$$
$$- \beta\gamma\alpha\delta - \beta\delta\alpha\gamma - \beta\gamma\delta\alpha - \beta\delta\gamma\alpha . \tag{4c}$$

Ces trois fonctions d'onde servent de vecteurs de départ pour la construction des trois représentations équivalentes du groupe S_4, illustrées par le deuxième diagramme de Young de (1). Les représentations complètes sont déduites au moyen de l'action sur ψ_1, ψ_2 et ψ_3 de chacun des 24 opérateurs du groupe S_4. Comme ce sont des représentations de dimension trois, seulement trois parmi les 24 fonctions d'onde ainsi formées sont linéairement indépendantes. On peut prendre par exemple les permutations de deux chiffres dans la première ligne, soit pour la première représentation les choix possibles :

$$\hat{P}_{12}\psi_1, \ \hat{P}_{13}\psi_1 \quad \text{et} \quad \hat{P}_{23}\psi_1 .$$

La dernière fonction obtenue est identique à ψ_1, car la symétrie entre 2 et 3 n'est pas affectée par l'antisymétrisation entre 1 et 4. Par conséquent il ne reste que deux possibilités, de telle sorte que, pour la première représentation, on peut considérer les fonctions d'onde :

$$\psi_1, \ \hat{P}_{12}\psi_1, \ \hat{P}_{13}\psi_1 . \tag{5a}$$

Pour les deux autres représentations on peut prendre :

$$\psi_2, \ \hat{P}_{12}\psi_2, \ \hat{P}_{14}\psi_2 \quad \text{et} \tag{5b}$$
$$\psi_3, \ \hat{P}_{13}\psi_3, \ \hat{P}_{14}\psi_3 . \tag{5c}$$

Ces fonctions d'onde peuvent être représentées par des tableaux non standard que l'on peut trouver si l'on explicite les permutations :

$$\hat{P}_{12}\psi_1 = \hat{P}_{12}\hat{A}_{14}\hat{S}_{123}\alpha\beta\gamma\delta = \hat{A}_{24}\hat{S}_{123}\alpha\beta\gamma\delta , \tag{6}$$

soit sous forme diagrammatique[3] :

$$\hat{P}_{12}\ \begin{array}{|c|c|c|}\hline 1 & 2 & 3 \\\hline 4 \\\cline{1-1}\end{array} = \begin{array}{|c|c|c|}\hline 1 & 2 & 3 \\\hline 4 \\\cline{1-1}\end{array} .$$

---

[3] Notons que cette possibilité d'échanger les éléments dans le tableau ne marche pas si ceux-ci se trouvent dans des lignes et des colonnes différentes, en effet :

$$\hat{P}_{23}\ \begin{array}{|c|c|}\hline 1 & 2 \\\hline 3 \\\cline{1-1}\end{array} = \hat{P}_{23}(\hat{A}_{13}\hat{S}_{12}\alpha\beta\gamma) \neq \hat{A}_{12}\hat{S}_{13}\alpha\beta\gamma = \begin{array}{|c|c|}\hline 1 & 3 \\\hline 2 \\\cline{1-1}\end{array} !$$

De la même façon on trouve :

$$\hat{P}_{13}\;\boxed{\begin{array}{ccc}1&2&3\\ \hline 4\end{array}}=\boxed{\begin{array}{ccc}1&2&3\\ \hline &&4\end{array}}\,.$$

Les trois représentations tridimensionnelles (5a–c) peuvent donc être schématisées par des tableaux de Young avec la «boîte inférieure décalée».

$$\boxed{\begin{array}{ccc}1&2&3\\ \hline 4\end{array}}\quad \boxed{\begin{array}{ccc}1&2&3\\ \hline &4\end{array}}\quad \boxed{\begin{array}{ccc}1&2&3\\ \hline &&4\end{array}} \tag{7a}$$

$$\boxed{\begin{array}{ccc}1&2&4\\ \hline 3\end{array}}\quad \boxed{\begin{array}{ccc}1&2&4\\ \hline &3\end{array}}\quad \boxed{\begin{array}{ccc}1&2&4\\ \hline &&3\end{array}} \tag{7b}$$

$$\boxed{\begin{array}{ccc}1&3&4\\ \hline 2\end{array}}\quad \boxed{\begin{array}{ccc}1&3&4\\ \hline &2\end{array}}\quad \boxed{\begin{array}{ccc}1&3&4\\ \hline &&2\end{array}}\,. \tag{7c}$$

Évidemment ces fonctions d'onde ne sont pas orthogonales, mais elles peuvent servir à la construction de bases orthogonales au moyen de la méthode appliquée au groupe S$_3$ dans le problème 9.1.

Tournons-nous maintenant vers les deux tableaux carrés (2c). La fonction d'onde représentée par le premier tableau s'écrit :

$$\boxed{\begin{array}{cc}1&2\\ \hline 3&4\end{array}}=\hat{A}_{24}\hat{A}_{13}\hat{S}_{34}\hat{S}_{12}\alpha\beta\gamma\delta$$

$$\begin{aligned}
=&\left[\alpha(1)\beta(2)+\beta(1)\alpha(2)\right]\left[\gamma(3)\delta(4)+\gamma(4)\delta(3)\right]\\
&-\left[\alpha(3)\beta(2)+\beta(3)\alpha(2)\right]\left[\gamma(1)\delta(4)+\gamma(4)\delta(1)\right]\\
&-\left[\alpha(1)\beta(4)+\beta(1)\alpha(4)\right]\left[\gamma(3)\delta(2)+\gamma(2)\delta(3)\right]\\
&+\left[\alpha(3)\beta(4)+\beta(3)\alpha(4)\right]\left[\gamma(1)\delta(2)+\gamma(2)\delta(1)\right],
\end{aligned} \tag{8}$$

et celle pour le second tableau :

$$\boxed{\begin{array}{cc}1&3\\ \hline 2&4\end{array}}=\hat{A}_{34}\hat{A}_{12}\hat{S}_{24}\hat{S}_{13}\alpha\beta\gamma\delta$$

$$\begin{aligned}
=&\left[\alpha(1)\gamma(3)+\alpha(3)\gamma(1)\right]\left[\beta(2)\delta(4)+\beta(4)\delta(2)\right]\\
&-\left[\alpha(2)\gamma(3)+\alpha(3)\gamma(2)\right]\left[\beta(1)\delta(4)+\beta(4)\delta(1)\right]\\
&-\left[\alpha(1)\gamma(4)+\alpha(4)\gamma(1)\right]\left[\beta(2)\delta(3)+\beta(3)\delta(2)\right]\\
&+\left[\alpha(2)\gamma(4)+\alpha(4)\gamma(2)\right]\left[\beta(1)\delta(3)+\beta(3)\delta(1)\right].
\end{aligned} \tag{9}$$

De nouveau, les représentations complètes sont obtenues en appliquant les 24 opérateurs du groupe sur (8) et (9). Comme les représentations sont bidimensionnelles, une seule des autres fonctions d'onde ainsi obtenues peut être linéairement indépendante. Comme auparavant, on peut l'obtenir par une permutation à l'intérieur d'une ligne du tableau de Young. Dans le premier cas, (8), les deux possibilités sont :

$$\hat{P}_{12}\;\boxed{\begin{array}{cc}1&2\\ \hline 3&4\end{array}}=\boxed{\begin{array}{cc}2&1\\ \hline 3&4\end{array}}\quad \text{et}\quad \hat{P}_{34}\;\boxed{\begin{array}{cc}1&2\\ \hline 3&4\end{array}}=\boxed{\begin{array}{cc}1&2\\ \hline 4&3\end{array}}\,. \tag{10}$$

Exercice 9.2

Ce sont deux états identiques car la fonction d'onde n'est pas modifiée si nous échangeons deux lignes ou deux colonnes du tableau représentatif. Pour la seconde représentation (9) nous avons les deux fonctions d'onde :

$$\hat{P}_{13}\begin{array}{|c|c|}\hline 1 & 3 \\\hline 2 & 4 \\\hline\end{array} = \begin{array}{|c|c|}\hline 3 & 1 \\\hline 2 & 4 \\\hline\end{array} \quad \text{et} \quad \hat{P}_{24}\begin{array}{|c|c|}\hline 1 & 3 \\\hline 2 & 4 \\\hline\end{array} = \begin{array}{|c|c|}\hline 1 & 3 \\\hline 4 & 2 \\\hline\end{array} \tag{11}$$

qui sont aussi identiques. À partir des quatre états :

$$\begin{array}{|c|c|}\hline 1 & 2 \\\hline 3 & 4 \\\hline\end{array}, \quad \begin{array}{|c|c|}\hline 1 & 2 \\\hline 4 & 3 \\\hline\end{array} \quad \text{et} \quad \begin{array}{|c|c|}\hline 1 & 3 \\\hline 2 & 4 \\\hline\end{array}, \quad \begin{array}{|c|c|}\hline 1 & 3 \\\hline 4 & 2 \\\hline\end{array} \tag{12}$$

on peut construire deux doublets de fonctions d'onde orthogonales, chacun étant stable sous l'action des $\hat{P}_{ij}$. Nous avons montré la démarche sur l'exemple simple de S_3 dans l'exercice 9.1, nous ne la reprenons pas ici.

Pour conclure, l'étude des diagrammes standard du groupe des permutations S_4 nous a conduit à un nombre total de vecteurs de base :

$$1 + 3^2 + 2^2 + 3^2 + 1 = 24 \ . \tag{13}$$

S_4 a précisément $4! = 24$ éléments, autrement dit, en partant d'un vecteur donné $\psi(1, 2, 3, 4)$, on peut former exactement 24 vecteurs par permutation. L'arrangement ainsi obtenu est réductible et on peut le réarranger dans les singlets, doublets et triplets énoncés dans (2) et (13). La décomposition des 24 vecteurs de base dans ces représentations irréductibles [voir (13)] met clairement en relief les propriétés de symétrie du groupe S_4.

Nous allons maintenant présenter le concept de *diagramme de Young conjugué*. Il y a deux façons de le définir, soit pour le groupe symétrique, soit pour SU(N). Ici nous nous consacrons au groupe symétrique ; la conjugaison pour SU(N) sera envisagée plus tard (chapitre 12). Considérons un diagramme quelconque à n boîtes, représentant n particules identiques (chacune dans un état différent) ; pour le groupe symétrique *le diagramme conjugué est donné en changeant les lignes en colonnes et inversement*. Expliquons ceci sur les états à quatre particules suivants :

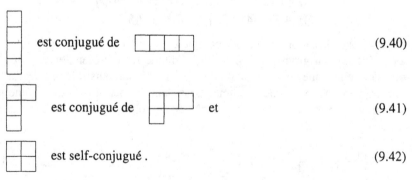

$$\text{(9.40)}$$
$$\text{(9.41)}$$
$$\text{(9.42)}$$

Deux diagrammes conjugués appartiennent à des représentations non équiva-lentes mais de même dimension du groupe symétrique.

Soulignons encore une fois l'importance des dimensions des représenta-tions irréductibles : tous les états de la même représentation irréductible d'un groupe (ici S_N) ont la même énergie si le hamiltonien est invariant sous l'action de ce groupe (dans le cas présent s'il est invariant dans l'échange des parti-cules identiques). Par suite, *la dimension d'une représentation irréductible nous renseigne sur la dégénérescence d'un niveau d'énergie*, hormis bien sûr les dé-générescences accidentelles ; nous disons : la dimension d'une représentation irréductible d'un groupe de symétrie est égale à la dégénérescence *essentielle*.

Supposons maintenant que le hamiltonien d'un système est invariant sous l'action de deux groupes différents, ou plus. Les transformations de ces groupes mises ensemble forment un groupe plus étendu. C'est le produit direct des groupes de départ si les transformations de chacun des groupes commutent avec celles des autres groupes. Dans tous les cas, les multiplets dégénérés sont des vecteurs de base des représentations irréductibles du groupe étendu. Si le groupe est un produit direct, les multiplicités sont simplement les produits des multiplicités des groupes qui forment ce produit direct.

Les particules observées dans la nature sont des fermions ou des bosons. Les états de base pour N bosons identiques appartiennent à la représentation complètement symétrique de S_N alors que ceux des fermions appartiennent à la représentation complètement antisymétrique de S_N. On peut aussi traduire cet aspect important en disant : toutes les assemblées de particules identiques qui ont été observées jusqu'à présent dans la nature appartiennent à une représen-tation unidimensionnelle du groupe symétrique ; ce sont des singlets du groupe symétrique.

On peut alors se demander s'il est utile d'étudier les multiplets de S_N. Une raison pourrait être que l'on découvrira peut-être dans le futur des particules qui ne sont ni des fermions ni des bosons. Il existe cependant une raison bien plus importante : malgré le fait que les états des assemblées de particules iden-tiques sont des singlets sous les permutations de toutes les coordonnées des particules identiques (plus précisément, des singlets dans l'échange *complet* de deux particules), il existe des états de plus grande multiplicité (appartenant par conséquent à des multiplets plus élevés de S_N) si seulement les permutations de quelques-unes des coordonnées (non pas toutes) sont envisagées. Expliquons ceci sur l'exemple de trois particules identiques de spin 1. L'état quantique de ces particules est symétrique dans l'échange complet de deux quelconques des particules, c'est-à-dire l'échange simultané des coordonnées de spin et d'espace des deux particules. Mais si nous envisageons le seul échange des coordon-nées de spin ou d'espace, l'état peut très bien avoir une symétrie mixte dans cet échange, cette dernière étant telle que l'état sera globalement symétrique dans l'échange de toutes les coordonnées (d'espace *et* de spin).

9.4 Lien entre SU(2) et S_2

Nous nous intéressons maintenant au lien entre les représentations irréductibles des groupes des permutations S_N et des groupes unitaires SU(N) en commençant par SU(2). La représentation fondamentale de SU(2) est engendrée par les vecteurs de base :

$$\psi_1 = \begin{pmatrix} 1 \\ 0 \end{pmatrix}, \quad \psi_2 = \begin{pmatrix} 0 \\ 1 \end{pmatrix}. \tag{9.43}$$

Ces vecteurs peuvent représenter, par exemple, les deux états d'une particule de spin $\frac{1}{2}$. Dans la suite, ces deux vecteurs seront représentés par les tableaux formés d'une boîte, soit :

$$\psi_1 = \boxed{1}, \quad \psi_2 = \boxed{2}. \tag{9.44}$$

Si nous oublions le contenu de la boîte, le diagramme de Young $\square$ représentera les deux membres du doublet. À partir de (9.13) nous savons que les deux représentations irréductibles de S_2 sont représentées par les diagrammes de Young :

$\boxed{}$ représentation symétrique ,

$\begin{array}{c}\boxed{}\\\boxed{}\end{array}$ représentation antisymétrique . $\tag{9.45}$

En numérotant les boîtes nous comprenons que ces diagrammes décrivent aussi les représentations irréductibles de SU(2). Commençons avec les états à deux particules symétriques. Si les deux particules sont dans l'état ψ_1, nous dessinons le tableau $\boxed{1|1}$ et si les deux particules sont dans l'état ψ_2, nous dessinons $\boxed{2|2}$. Il existe une troisième possibilité :

$$\psi = \psi_1(1)\psi_2(2) + \psi_1(2)\psi_2(1) , \tag{9.46}$$

symbolisée par le tableau $\boxed{1|2}$. Du fait de la symétrie, le tableau $\boxed{2|1}$ désigne le même état. Nous pouvons, par conséquent, nous limiter à l'étude des tableaux standard. De cette construction nous déduisons que le diagramme $\boxed{}$ représente trois configurations différentes, en d'autres termes le multiplet correspondant a trois dimensions.

Si nous considérons la représentation antisymétrique de S_2, nous voyons qu'il n'y a qu'une façon de former un état antisymétrique à deux particules :

$$\psi = \psi_1(1)\psi_2(2) - \psi_1(2)\psi_2(1) . \tag{9.47}$$

Cet état est représenté par le tableau :

$$\begin{array}{c}\boxed{1}\\\boxed{2}\end{array}. \tag{9.48}$$

Dès lors la représentation obtenue est un singlet. Les autres tableaux que l'on pourrait envisager en principe :

$$\boxed{\begin{matrix}1\\1\end{matrix}}, \quad \boxed{\begin{matrix}2\\2\end{matrix}}, \quad \boxed{\begin{matrix}2\\1\end{matrix}}, \tag{9.49}$$

ne sont pas des configurations standard puisque les chiffres dans les cases n'augmentent pas quand on lit la colonne de haut en bas. Les deux premiers états de (9.49) sont nuls et le troisième est identique à (9.48). Nous concluons que nous avons encore obtenu la bonne multiplicité en ne considérant que les tableaux standard pour la représentation antisymétrique.

EXERCICE

9.3 Multiplets d'un système de trois particules de spin $\frac{1}{2}$

Problème. Déterminer les multiplets d'un système de trois particules de spin $\frac{1}{2}$.

Solution. Il y a trois diagrammes à trois boîtes possibles :

$$\square\square\square \quad , \quad \begin{matrix}\square\square\\\square\end{matrix} \quad \text{et} \quad \begin{matrix}\square\\\square\\\square\end{matrix} \; . \tag{1}$$

a)   b)   c)

Pour SU(2), (1c) peut être abandonné car il est impossible de former un état entièrement antisymétrique à trois particules avec seulement deux états (principe de Pauli). Le diagramme (1a) a quatre configurations standard :

$$\boxed{1|1|1}, \quad \boxed{1|1|2}, \quad \boxed{1|2|2}, \quad \boxed{2|2|2}, \tag{2}$$

et les états symétriques forment un quadruplet, le multiplet de spin $\frac{3}{2}$. Le diagramme (1b) a quant à lui deux configurations standard :

$$\boxed{\begin{matrix}1|1\\2\end{matrix}} \quad \text{et} \quad \boxed{\begin{matrix}1|2\\2\end{matrix}} \; . \tag{3}$$

Les états à symétrie mixte forment donc un doublet qui décrit des états de spin total $\frac{1}{2}$.

Afin de clarifier la relation entre SU(2) et S$_2$, normalisons les fonctions d'onde représentées par les tableaux de Young ; pour le singlet :

$$\begin{array}{|c|}\hline 1 \\\hline 2 \\\hline\end{array} \triangleq \frac{1}{\sqrt{2}}\big(\psi(1)\psi(2) - \psi(2)\psi(1)\big)$$

et pour le triplet :

$$\begin{array}{|c|c|}\hline 1 & 1 \\\hline\end{array} \triangleq \psi(1)\psi(1)$$

$$\begin{array}{|c|c|}\hline 2 & 2 \\\hline\end{array} \triangleq \psi(2)\psi(2)$$

$$\begin{array}{|c|c|}\hline 1 & 2 \\\hline\end{array} \triangleq \frac{1}{\sqrt{2}}\big(\psi(1)\psi(2) + \psi(2)\psi(1)\big).$$

On a obtenu exactement les états résultant du couplage de deux particules de spin $\frac{1}{2}$, la représentation de spin 0 et de spin 1, respectivement. Le singlet de spin 0 est :

$$|JM\rangle = |00\rangle = \frac{1}{\sqrt{2}}(\uparrow\downarrow - \downarrow\uparrow)\,,$$

le triplet de spin 1 est :

$$|11\rangle = \uparrow\uparrow$$
$$|1-1\rangle = \downarrow\downarrow$$
$$|10\rangle = \frac{1}{\sqrt{2}}(\uparrow\downarrow + \downarrow\uparrow)\,.$$

Nous voyons qu'à cause de l'antisymétrisation une colonne ne peut avoir plus de deux boîtes, si seulement deux états distincts sont accessibles [cas de SU(2)]. De plus, une colonne contenant deux boîtes a nécessairement la numérotation $\begin{array}{|c|}\hline 1 \\\hline 2 \\\hline\end{array}$. Nous pouvons par conséquent ignorer les colonnes à deux boîtes si nous cherchons à déterminer la dimension d'un multiplet de SU(2) ; les diagrammes de Young

$$\square\,, \qquad \quad , \qquad \quad , \qquad \text{etc}\,. \tag{9.50}$$

représentent tous un doublet. Du point de vue de la théorie des groupes ils sont la même représentation de SU(2) pour un système respectivement à une, trois ou cinq particules.

Nous pouvons donc envisager toutes les représentations irréductibles de SU(2) en construisant les diagrammes de Young possédant une seule ligne horizontale ; dans chaque cas la dimension de la représentation est donnée par le nombre de configurations standard distinctes formées avec les étiquettes 1 et 2. De ce point de vue le singlet est une exception puisque si nous oublions la colonne à deux boîtes $\begin{array}{|c|}\hline \\\hline \\\hline\end{array}$ nous obtenons un diagramme sans aucune boîte.

Pour garder la configuration «sans boîte» nous représenterons le singlet par ①.
Nous avons donc dans l'ordre croissant :

①	singlet	
☐	doublet	$\boxed{1}$, $\boxed{2}$
☐☐	triplet	$\boxed{1\,1}$, $\boxed{1\,2}$, $\boxed{2\,2}$
☐☐☐	quadruplet	$\boxed{1\,1\,1}$, $\boxed{1\,1\,2}$, $\boxed{1\,2\,2}$, $\boxed{2\,2\,2}$

et ainsi de suite.

Le diagramme contenant p boîtes peut contenir le chiffre 2 zéro, une, deux,
... jusqu'à p fois, sa dimension est donc $(p+1)$. Nous retrouvons le résultat
déjà obtenu : pour chaque entier positif p il y a exactement une représentation
irréductible de SU(2).

9.5 Les représentations irréductibles de SU(n)

Nous pouvons traiter les représentations irréductibles du groupe SU(n) de façon analogue en numérotant les boîtes des diagrammes de Young de 1 à n.
Cette généralisation repose sur le théorème suivant que nous donnons sans
démonstration[4] :

Theorème. Tout état à N particules appartenant à une représentation irréductible du groupe des permutations S_N et construit à partir des états à une
particule, multiplets de dimension n de SU(n), appartient à une représentation
irréductible du groupe SU(n).

De ce théorème nous déduisons que tout diagramme de Young ne compor-
tant pas plus de n lignes symbolise une représentation irréductible du groupe
SU(n). Un diagramme avec plus de n lignes ayant nécessairement une colonne
formée d'au moins $(n+1)$ boîtes correspondrait à des fonctions d'onde antisymétrisées par rapport à toutes ces particules, ce que l'on ne peut pas faire
avec seulement n états à une particule distincts. Pour obtenir la dimension d'une
représentation irréductible associée à un certain diagramme de Young, on doit
compter toutes les configurations standard que l'on peut former en disposant les
nombres de 1 à n. Chaque boîte figure une particule et le nombre dans la boîte
représente l'état à une particule que ladite particule peut occuper. Nous en déduisons la méthode suivante : commencer par disposer les nombres de 1 à n dans
chaque case en prenant garde que dans chaque colonne lue de haut en bas ils
augmentent strictement et que dans chaque ligne lue de gauche à droite ils ne
diminuent pas.

---

[4] Cette démonstration est donnée par B.G. Wyborne : *Classical Groups for Physicists*
(Wiley, New York 1974), chapitre 22.

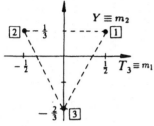

Fig. 9.1. Représentation fondamentale de SU(3)

Table 9.1. Poids des états du triplet

État	Poids (T_3, Y)
$\boxed{1}$	$(\frac{1}{2}, \frac{1}{3})$
$\boxed{2}$	$(-\frac{1}{2}, \frac{1}{3})$
$\boxed{3}$	$(0, -\frac{2}{3})$

Table 9.2. Poids des états du sextuplet (symétriques)

État	Poids
$\boxed{1}\boxed{1}$	$(1, \frac{2}{3})$
$\boxed{1}\boxed{2}$	$(0, \frac{2}{3})$
$\boxed{2}\boxed{2}$	$(-1, \frac{2}{3})$
$\boxed{1}\boxed{3}$	$(\frac{1}{2}, -\frac{1}{3})$
$\boxed{2}\boxed{3}$	$(-\frac{1}{2}, -\frac{1}{3})$
$\boxed{3}\boxed{3}$	$(0, -\frac{4}{3})$

Table 9.3. Poids des états du triplet à deux particules (états antisymétriques)

État	Poids
$\genfrac{}{}{0pt}{}{\boxed{1}}{\boxed{2}}$	$(0, \frac{2}{3})$
$\genfrac{}{}{0pt}{}{\boxed{1}}{\boxed{3}}$	$(\frac{1}{2}, -\frac{1}{3})$
$\genfrac{}{}{0pt}{}{\boxed{2}}{\boxed{3}}$	$(-\frac{1}{2}, -\frac{1}{3})$

EXERCICE ▬▬▬▬▬▬▬▬

9.4 Multiplets d'un système de deux particules du groupe SU(3)

Problème. Construire les multiplets de SU(3) d'un système à deux particules.

Solution. Les diagrammes de Young sont :

$$\square\square \quad \text{et} \quad \genfrac{}{}{0pt}{}{\square}{\square} \,. \tag{1}$$

Pour ces diagrammes les configurations standard sont :

$$\boxed{1\,1},\ \boxed{1\,2},\ \boxed{1\,3},\ \boxed{2\,2},\ \boxed{2\,3},\ \boxed{3\,3}\quad,\quad \text{ainsi que}\quad \genfrac{}{}{0pt}{}{\boxed{1}}{\boxed{2}},\ \genfrac{}{}{0pt}{}{\boxed{1}}{\boxed{3}},\ \genfrac{}{}{0pt}{}{\boxed{2}}{\boxed{3}}\,. \tag{2}$$

Nous obtenons donc un sextuplet et un triplet. En fait nous avons affaire ici à l'antitriplet, parce que la fonctions d'onde à deux particules représentée par $\genfrac{}{}{0pt}{}{\square}{\square}$ est antisymétrique. Le triplet est représenté par le diagramme de Young $\square$.

▬▬▬▬▬▬▬▬▬▬▬▬▬▬

Jusqu'alors nous représentions les états de base d'un multiplet de SU(3) par des points dans le plan T_3-Y et nous appelions «poids» de l'état considéré les coordonnées du point représentatif. Nous pouvons maintenant mettre en relation ces points avec les tableaux de Young correspondants. Pour la représentation fondamentale nous obtenons le diagramme figure 9.1 à partir duquel nous formons la table 9.1.

Comme les poids ont la propriété d'être additifs, le poids d'un état à plusieurs particules est obtenu en additionnant les poids de ses composantes. De cette façon nous obtenons les états de base du sextuplet (de l'exercice 9.4) formé par deux particules (voir table 9.2).

Les états antisymétriques du triplet formé par deux particules ont les mêmes poids car l'arrangement des cases numérotées n'est important que pour la construction du multiplet et n'influence pas les poids (voir table 9.3). Nous avons représenté les points sur la figure 9.2 où nous reconnaissons la forme du sextuplet et de l'antitriplet.

EXERCICE

9.5 Multiplets de SU(3) formés avec trois particules

Problème. Construire les multiplets de SU(3) pour les états à trois particules.

Solution. Nous obtenons les diagrammes de Young à trois boîtes qui suivent :

 (1)

Le troisième diagramme ne donne lieu qu'à un arrangement $\boxed{\begin{smallmatrix}1\\2\\3\end{smallmatrix}}$; il symbolise un

singlet. Le deuxième a huit configurations standard et représente l'octet détaillé dans la table 9.4.

Pour finir, le premier diagramme qui figure la représentation totalement symétrique contient dix états :

$$\boxed{1\,1\,1}(\tfrac{3}{2}, 1), \quad \boxed{2\,2\,2}(-\tfrac{3}{2}, 1), \quad \boxed{3\,3\,3}(0, -2), \tag{2}$$

ainsi que

$$\boxed{1\,1\,2}, \quad \boxed{1\,2\,2}, \quad \boxed{1\,1\,3}, \quad \boxed{1\,3\,3},$$
$$\boxed{1\,2\,3}, \quad \boxed{2\,2\,3}, \quad \boxed{2\,3\,3}, \tag{3}$$

dont les poids ont déjà été donnés pour l'octet dans la table 9.4. En dessinant ces états dans le plan T_3-Y, nous obtenons les diagrammes que nous connaissons déjà (voir figure ci-dessous). Il est intéressant de noter que l'état situé au milieu de l'octet a obtenu automatiquement la bonne multiplicité, soit 2.

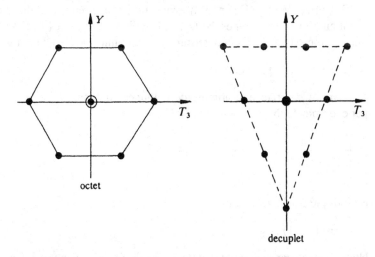

octet

decuplet

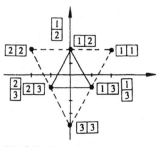

Fig. 9.2. Les états à deux particules (sextuplet et triplet) dans SU(3)

Table 9.4. Poids des états de l'octet à trois particules

État	Poids
$\boxed{\begin{smallmatrix}1&1\\2\end{smallmatrix}}$	$(\tfrac{1}{2}, 1)$
$\boxed{\begin{smallmatrix}1&2\\2\end{smallmatrix}}$	$(-\tfrac{1}{2}, 1)$
$\boxed{\begin{smallmatrix}1&3\\2\end{smallmatrix}}$	$(0, 0)$
$\boxed{\begin{smallmatrix}1&1\\3\end{smallmatrix}}$	$(1, 0)$
$\boxed{\begin{smallmatrix}1&2\\3\end{smallmatrix}}$	$(0, 0)$
$\boxed{\begin{smallmatrix}1&3\\3\end{smallmatrix}}$	$(\tfrac{1}{2}, -1)$
$\boxed{\begin{smallmatrix}2&2\\3\end{smallmatrix}}$	$(-1, 0)$
$\boxed{\begin{smallmatrix}2&3\\3\end{smallmatrix}}$	$(-\tfrac{1}{2}, -1)$

L'octet et le décuplet

Revenons à l'étude générale de SU(n) où nous avons déjà remarqué que les colonnes ne peuvent comporter plus de n cases. Comme il n'y a qu'une seule manière de former un état antisymétrique à n particules avec n états à une particule distincts, nous pouvons ignorer les colonnes d'un diagramme qui contiennent n cases si notre but est de déterminer la dimension de la représentation irréductible de SU(n) que le diagramme symbolise. À titre d'exemple considérons le diagramme :

$$\tag{9.51}$$

Pour $n = 4$, la même représentation irréductible est illustrée par :

$$\tag{9.52}$$

De ce point de vue, (9.51) est équivalent à (9.52) :

$$\text{SU(4)} : \qquad\qquad \Rightarrow \qquad\qquad = \qquad\qquad . \tag{9.53}$$

Bien que le premier diagramme représente un état à 14 particules et que le second représente un état à 6 particules, les deux représentations irréductibles sont équivalentes et ont donc la même dimension. (Remarquons cependant que si nous étudiions SU(5), par exemple, ces diagrammes de Young représenteraient des multiplets différents!)

Dans l'étude de SU(n) nous n'avons qu'à nous préoccuper des diagrammes ayant au plus $(n-1)$ lignes. Nous avons déjà montré [voir (9.21) ss.] qu'un tel diagramme est entièrement déterminé par la donnée de $(n-1)$ nombres :

$$\boldsymbol{p} = (p_1, \ldots, p_{n-1}) \,. \tag{9.54}$$

Le nombre p_k précise le nombre de colonnes contenant k boîtes. Pour SU(4), par exemple, le diagramme

$$\tag{9.55}$$

est indiqué par le vecteur :

$$\boldsymbol{p} = (1, 1, 1) \,. \tag{9.56}$$

Nous verrons par la suite que, dans le cas de SU(3), les nombres p_1 et p_2 correspondent aux nombres p et q déjà introduits pour caractériser les multiplets de

SU(3). Pour finir, montrons que l'abandon des colonnes à n boîtes ne modifie pas les poids des membres d'un multiplet. Pour cela numérotons les cases d'un tableau de Young standard ; les nombres devant croître dans chaque colonne, on a :

Une colonne de n boîtes doit contenir tous les nombres de 1 à n. Comme les poids des états à une particule s'additionnent, les n cases contribuent au poids du tableau complet comme la somme des poids de chaque état à une particule :

$$\left(\sum_{i=1}^{n} W_1 \left(\boxed{i}\right), \quad \sum_{i=1}^{n} W_2 \left(\boxed{i}\right), \quad \sum_{i=1}^{n} W_3 \left(\boxed{i}\right), \dots, \sum_{i=1}^{n} W_{N-1} \left(\boxed{i}\right) \right).$$

(9.57)

Comme de plus les poids sont donnés par les éléments diagonaux des générateurs diagonaux et que ces derniers sont de trace nulle pour SU(n) les sommes dans (9.57) sont nulles. Les colonnes à n boîtes ne contribuent pas non plus aux poids des tableaux de Young [ceci n'est pas nécessairement vrai pour d'autres groupes que SU(n), tel U(n)]. Les multiplets de SU(n) sont donc entièrement spécifiés par les $(n-1)$ entiers $p_1, \dots, p_{n-1}$. Le cas le plus simple :

$$p_1 = p_2 = \dots = p_{n-1} = 0,$$

(9.58)

représente l'état singlet de SU(n) que nous symbolisons comme pour SU(2) par $\boxed{1}$. Les diagrammes de Young élémentaires qui suivent sont caractérisés par un nombre p_i valant 1, alors que tous les autres p_k sont nuls :

$$p_k = \delta_{ik}, \quad k = 1, \dots, n-1.$$

(9.59)

i peut prendre toutes les valeurs de 1 à $(n-1)$ et ces diagrammes consistent en une colonne de i boîtes. Ces représentations sont dites *fondamentales* ; pour SU(n) il existe $(n-1)$ diagrammes de cette nature, de telle sorte que SU(2) n'a qu'*une* représentation fondamentale, le doublet :

$$\square = (1).$$

(9.60)

Pour SU(3) il y a le triplet et l'antitriplet :

$$\square = (1, 0) \qquad \begin{array}{c}\square \\ \square\end{array} = (0, 1),$$

(9.61)

et pour SU(4) il y a trois représentations fondamentales :

$$\square = (1,0,0) \qquad \begin{array}{l}\square\\\square\end{array} = (0,1,0) \qquad \begin{array}{l}\square\\\square\\\square\end{array} = (0,0,1)\,. \tag{9.62}$$

Ici la première représentation est le quadruplet et la dernière l'antiquadruplet, alors que la seconde est un sextuplet.

Nous introduisons maintenant le concept de diagramme de Young *conjugué*. Considérons un diagramme donné par les nombres :

$$(p_1, \ldots, p_{n-1})\,. \tag{9.63}$$

Si nous inversons l'ordre de ces nombres :

$$(p_{n-1}, \ldots, p_1)\,, \tag{9.64}$$

nous appelons le diagramme résultant le «conjugué» du diagramme de départ. (Remarque : le conjugué d'un diagramme attaché au groupe des permutations S_n, que nous avons traité précédemment dans ce chapitre, est défini de manière différente!) Le diagramme à 6 particules pour le groupe SU(6) :

$$\tag{9.65}$$

est représenté par les nombres $(1, 1, 1, 0, 0)$. Son conjugué $(0, 0, 1, 1, 1)$ est de la forme :

$$\tag{9.66}$$

Si le diagramme de départ est identique au diagramme conjugué, il est dit *self-conjugué*. Pour SU(2), tous les diagrammes sont self-conjugués. L'octet de SU(3) est un exemple d'un diagramme self-conjugué pour un groupe plus étendu :

$$= (1,1)\,. \tag{9.67}$$

La deuxième représentation fondamentale de SU(4) est un autre exemple de diagramme self-conjugué :

$$= (0,1,0)\,. \tag{9.68}$$

On note la propriété suivante : la dimension de la représentation conjuguée est identique à celle de la représentation originale.

9.6 Détermination de la dimension

Le travail qui consiste à calculer la dimension d'un multiplet de SU(n) en numérotant les configurations standard du diagramme de Young associé est en général fastidieux et il est donc intéressant de disposer d'une expression universelle donnant cette dimension à partir des nombres $p_1, \ldots, p_{n-1}$. Commençons avec le groupe SU(2), pour lequel chaque multiplet (chaque diagramme de Young) est caractérisé par un unique nombre p. Le diagramme est formé d'une ligne de p boîtes :

$$\underbrace{\boxed{}\boxed{}\cdots\boxed{}\boxed{}}_{p}. \tag{9.69}$$

Les configurations standard contiennent les nombres 1 ou 2 dans ces boîtes avec la règle que tous les 2 doivent être *à droite* des 1. Par conséquent chaque configuration standard est caractérisée par le nombre q de fois que le chiffre 2 apparaît ; q peut prendre toutes les valeurs entières de 0 à p :

$$\underbrace{\boxed{1}\boxed{1}\boxed{1}\cdots\boxed{1}\boxed{1}}_{q=0}, \quad \underbrace{\boxed{1}\boxed{1}\boxed{1}\cdots\boxed{1}\boxed{2}}_{q=1}, \quad \ldots,$$

$$\underbrace{\boxed{2}\boxed{2}\boxed{2}\cdots\boxed{2}\boxed{2}}_{q=p}. \tag{9.70}$$

Chaque valeur de q correspondant exactement à un tableau standard, on en déduit que le nombre total de configurations standard, et donc la dimension du multiplet, est :

$$D_2(p) = \sum_{q=0}^{p} 1 = p + 1 . \tag{9.71}$$

Si nous voulons calculer les dimensions

$$D_n(p_1, \ldots, p_{n-1}) , \tag{9.72}$$

pour les groupes SU(n) plus étendus, nous allons devoir utiliser une méthode combinatoire.

En suivant la démarche précédente, il est possible d'établir une formule de récurrence permettant d'exprimer la dimension d'un diagramme de SU($n+1$) en fonction de la dimension du même diagramme de SU(n). En passant de SU($n+1$) à SU(n) nous savons que toutes les colonnes à n boîtes peuvent être abandonnées, ce qui simplifie considérablement le diagramme de Young. Cela correspond à l'abandon de la dernière quantité p_n :

$$(p_1, \ldots, p_{n-1}, p_n) \xrightarrow{\text{SU}(n)} (p_1, \ldots, p_{n-1}) . \tag{9.73}$$

La formule de récurrence déjà mentionnée, pour laquelle la démonstration est donnée dans l'exemple 10.4, est :

$$D_{n+1}(p_1, \ldots, p_n) = \frac{1}{n!}(p_n + 1)(p_n + p_{n-1} + 2) \ldots (p_n + \ldots + p_1 + n)$$
$$\cdot D_n(p_1, \ldots, p_{n-1}) \, . \tag{9.74}$$

Pour SU(3) nous obtenons la relation :

$$D_3(p_1, p_2) = \tfrac{1}{2!}(p_2 + 1)(p_1 + p_2 + 2)D_2(p_1)$$
$$= \tfrac{1}{2}(p_1 + 1)(p_2 + 1)(p_1 + p_2 + 2) \, . \tag{9.75}$$

Avec l'identification entre les quantités (p_1, p_2) et (p, q), nous trouvons exactement l'expression du chapitre 8 que l'on avait déduite de considérations géométriques. Pour SU(4) nous avons de façon analogue :

$$D_4(p_1, p_2, p_3) = \tfrac{1}{3!}(p_3 + 1)(p_2 + p_3 + 2)(p_1 + p_2 + p_3 + 3)D_3(p_1, p_2)$$
$$= \tfrac{1}{12}(p_1 + 1)(p_2 + 1)(p_3 + 1)(p_1 + p_2 + 2)$$
$$\cdot (p_2 + p_3 + 2)(p_1 + p_2 + p_3 + 3) \, . \tag{9.76}$$

Clairement le nombre de facteurs augmente rapidement avec le rang du groupe et, pour les grandes valeurs de n, il est utile de disposer d'une méthode plus simple. En fait, il est possible de représenter la dimension d'un multiplet de SU(n) par la fraction[5] :

$$D_n(p_1, \ldots, p_{n-1}) = \frac{a_n(\boldsymbol{p})}{b(\boldsymbol{p})} \, , \tag{9.77}$$

dont le numérateur et le dénominateur sont construits comme suit. Pour le numérateur a_n, on étiquette chaque case du diagramme par un entier en disposant dans la ligne du haut et de gauche à droite les entiers successifs en commençant dans la case de gauche par n si le groupe est SU(n) ; pour les cases de la deuxième ligne, l'étiquette est déduite de celle de la case qui la surplombe en soustrayant une unité, et ainsi de suite. Afin d'illustrer la méthode considérons, pour SU(3), le diagramme de Young :

$$\boxed{}\boxed{}\boxed{}\boxed{} = (3, 1) \, . \tag{9.78}$$

En suivant la règle de remplissage, nous avons :

$$\begin{array}{|c|c|c|c|} \hline 3 & 4 & 5 & 6 \\ \hline 2 \\ \cline{1-1} \end{array} \, , \tag{9.79}$$

et le numérateur recherché résulte du produit de ces chiffres :

$$a_3(3, 1) = 3 \times 4 \times 5 \times 6 \times 2 \, . \tag{9.80}$$

Pour le dénominateur, chaque boîte est à nouveau numérotée, mais d'une manière différente. À partir du centre de la boîte, nous dessinons une « équerre »,

---

[5] H.J. Coleman : *Symmetry Groups made easy*, Adv. Quantum Chemistry **4**, 83 (1968).

formée d'une ligne horizontale s'étendant vers la droite et d'une ligne verticale s'étendant vers le bas, et nous comptons le nombre de boîtes ainsi traversées, nombre que nous disposons dans la boîte considérée. Le produit des nombres ainsi formés donne la valeur de b. Dans l'exemple précédent et pour la case en haut à gauche, cela donne :

$$
\boxed{5}\ \square\ \square\ \square \tag{9.81}
$$

et au total :

$$
\begin{array}{|c|c|c|c|}
\hline
5 & 3 & 2 & 1 \\
\hline
1 \\
\cline{1-1}
\end{array} \tag{9.82}
$$

De cette numérotation on déduit b :

$$
b(3, 1) = 5 \cdot 3 \cdot 2 \cdot 1 \cdot 1 \,. \tag{9.83}
$$

La dimension de la représentation $(3, 1)$ de SU(3) est donc :

$$
D_3(3, 1) = \frac{a_3(3, 1)}{b(3, 1)} = \frac{3 \cdot 4 \cdot 5 \cdot 6 \cdot 2}{5 \cdot 3 \cdot 2 \cdot 1 \cdot 1} = 24 \,. \tag{9.84}
$$

L'expression (9.75) conduit au même résultat :

$$
D_3(3, 1) = \tfrac{1}{2}(3+1)(1+1)(3+1+2) = \tfrac{1}{2} \cdot 4 \cdot 2 \cdot 6 = 24 \,. \tag{9.85}
$$

L'avantage de la nouvelle méthode apparaît clairement si nous considérons un diagramme de Young similaire pour un multiplet du groupe SU(9). Pour le numérateur, on a :

$$
\begin{array}{|c|c|c|c|c|}
\hline
9 & 10 & 11 & 12 & 13 \\
\hline
8 & 9 \\
\cline{1-2}
\end{array} \,. \tag{9.86}
$$

On en déduit la dimension :

$$
D_9(3, 2, 0, \ldots, 0) = \frac{9 \cdot 10 \cdot 11 \cdot 12 \cdot 13 \cdot 8 \cdot 9}{6 \cdot 5 \cdot 3 \cdot 2 \cdot 1 \cdot 2 \cdot 1} = 30\,888 \,. \tag{9.87}
$$

Si nous avions utilisé la formule de récurrence (9.74) dans cette exemple, on aurait eu à multiplier $8! = 40\,320$ facteurs.

EXERCICE ▆▆▆▆▆▆▆▆▆▆▆▆▆

9.6 Formule de dimension pour SU(3)

Problème. Établir l'expression (9.75) donnant la dimension des multiplets de SU(3) à partir du résultat pour SU(2).

Exercice 9.6

Solution. Dans une configuration standard de SU(3) où les chiffres 1, 2 et 3 apparaissent, la seconde ligne ne peut contenir que les chiffres 2 et 3 ; tous les 3 doivent se trouver à droite des 2 et seulement dans les cases qui n'en surplombent aucune autre ; enfin dans la première ligne les boîtes qui sont au-dessus d'un 2 ne peuvent contenir qu'un 1. Si nous notons r le nombre de boîtes de la première ligne contenant un 3, nous avons $0 \le r \le p_1$, et si q représente le nombre de boîtes de la seconde ligne contenant un 3, on a la relation : $0 \le q \le p_2$. La structure du tableau est de la forme :

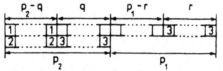

Seul le contenu des $q + (p_1 - r)$ boîtes au centre de la première ligne n'est pas encore déterminé. On peut remplir ces cases avec des 1 et des 2 en suivant la construction standard, c'est-à-dire comme on le ferait pour le groupe SU(2). Le nombre de telles configurations est donc celui d'un diagramme à $q + (p_1 - r)$ boîtes pour ce dernier groupe :

$$D_2(q + p_1 - r) = q + p_1 - r + 1 . \tag{1}$$

Revenant à SU(3), on obtient la dimension du diagramme complet en sommant sur les valeurs de q et r autorisées selon :

$$
\begin{aligned}
D_3(p_1, p_2) &= \sum_{q=0}^{p_2} \sum_{r=0}^{p_1} D_2(q + p_1 - r) \\
&= \sum_{q=0}^{p_2} \left[(q + p_1 + 1)(p_1 + 1) - \tfrac{1}{2} p_1(p_1 + 1) \right] \\
&= \tfrac{1}{2}(p_1 + 1) \sum_{q=0}^{p_2} (2q + p_1 + 2) \\
&= \tfrac{1}{2}(p_1 + 1) \left[p_2(p_2 + 1) + (p_1 + 2)(p_2 + 1) \right] \\
&= \tfrac{1}{2}(p_1 + 1)(p_2 + 1)(p_1 + p_2 + 2) ,
\end{aligned}
\tag{2}
$$

où nous avons utilisé les relations :

$$\sum_{i=0}^{m} 1 = m + 1 , \qquad \sum_{i=0}^{m} i = \frac{1}{2} m(m + 1) . \tag{3}$$

9.7 Les sous-groupes SU($n-1$) de SU(n)

Le diagramme des poids d'un multiplet de SU(3) contient un certain nombre de multiplets SU(2). Du fait de la symétrie des diagrammes il n'y a pas de différence entre les sous-multiplets d'isospin ou ceux attachés au spin U ou au spin V. Par exemple, le triplet des quarks a un singlet d'isospin (le quark s) et un doublet d'isospin (les quarks u et d). L'octet des baryons a pour sa part deux doublets d'isospin (p, n et Ξ^-, Ξ^0), un triplet (Σ^-, Σ^0, Σ^+) et un singlet (Λ). Ici nous voulons effectuer la décomposition en sous-groupes à l'aide des diagrammes de Young. Afin d'illustrer le procédé nous considérons l'octet de SU(3) représenté par :

$$\young(\hfill\hfill,\hfill) = (1,1)\,. \tag{9.88}$$

Les huit tableaux de Young correspondant ont déjà été étudiés dans l'exercice 9.5, ce sont :

$$\young(11,2)\,,\ \young(11,3)\,,\ \young(12,2)\,,\ \young(12,3)\,,\ \young(13,2)\,,\ \young(13,3)\,,\ \young(22,3)\,,\ \young(23,3)\,. \tag{9.89}$$

Pour SU(2), il n'y a pas de boîte contenant le chiffre 3. On sépare alors les tableaux en fonction de la position des boîtes contenant un 3. En premier lieu nous avons deux tableaux où aucun 3 n'apparaît :

$$\young(11,2) \quad \text{et} \quad \young(12,2)\,. \tag{9.90}$$

Comme dans SU(2) la colonne $\young(1,2)$ peut être omise [c'est un singlet pour SU(2)], nous obtenons alors le doublet :

$$\young(1)\,,\quad \young(2)\,. \tag{9.91}$$

Viennent ensuite les tableaux avec un 3 dans la case de droite. Il n'y en a qu'un :

$$\young(13,2)\,. \tag{9.92}$$

Puisque 3 ne signifie rien par rapport à SU(2), on oublie cette boîte et on obtient un singlet de SU(2) :

$$\young(1,2) = \textcircled{1}\,. \tag{9.93}$$

Il y a trois tableaux où le chiffre 3 est en bas :

$$\young(11,3)\quad \young(12,3)\quad \young(22,3)\,, \tag{9.94}$$

et, éliminant à nouveau la case contenant ce 3, nous obtenons le triplet de SU(2) :

$$\boxed{1\,1}, \quad \boxed{1\,2}, \quad \boxed{2\,2}. \tag{9.95}$$

Enfin il reste deux tableaux avec le chiffre 3 en double :

$$\begin{array}{l}\boxed{\begin{array}{c}1\,3\\3\end{array}} \quad \boxed{\begin{array}{c}2\,3\\3\end{array}}. \end{array} \tag{9.96}$$

Effaçant les deux cases contenant «3», nous avons le doublet :

$$\boxed{1}, \quad \boxed{2}. \tag{9.97}$$

Nous avons au total retrouvé un singlet, deux doublets et un triplet. Nous aurions obtenu le même résultat en remplissant les cases avec un «3» tout en nous limitant aux configurations autorisées :

$$\tag{9.98}$$

Dans la première étape nous abandonnons toutes les cases contenant un 3 et, dans la seconde, nous éliminons toutes les colonnes à deux boîtes.

On généralise facilement la méthode au groupe SU(n) en considérant les positions possibles des boîtes contenant le nombre n puis en effaçant ces boîtes. Les sous-multiplets de SU($n-1$) sont alors donnés par les diagrammes résultant. Considérons, par exemple, le diagramme de Young :

$$\tag{9.99}$$

pour lequel existent huit manières distinctes de disposer des «n» :

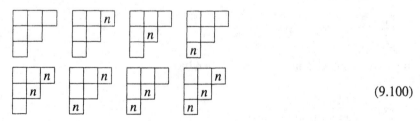

$$\tag{9.100}$$

La règle ici étant que «n» ne peut apparaître qu'en bas d'une colonne, puisque les étiquettes doivent croître strictement de haut en bas. Ainsi, nous obtenons la décomposition du multiplet de $SU(n)$ en sous-multiplets du groupe $SU(n-1)$, soit :

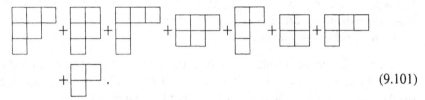

$$\hspace{10cm} (9.101)$$

Ces multiplets peuvent à leur tour être décomposés en sous-multiplets de $SU(n-2)$, et ainsi de suite.

9.8 Décomposition du produit tensoriel de deux multiplets

Une application importante de la théorie des groupes est la décomposition des états d'un système à plusieurs particules, chacune appartenant à un certain multiplet. Nous avons déjà eu l'occasion de présenter l'exemple du couplage de deux particules de spin $\frac{1}{2}$ pour former un état de moment angulaire total donné (soit $j = 0$ et $j = 1$). Dit dans le langage de la théorie des groupes, le produit tensoriel de deux doublets de $SU(2)$ se décompose en un singlet et un triplet de ce groupe :

$$[2] \otimes [2] = [3] \oplus [1] \, . \hspace{5cm} (9.102)$$

Exprimant ce résultat sous la forme de diagrammes de Young, nous dessinons :

$$\square \otimes \square = \square\square \oplus \begin{array}{c}\square\\\square\end{array} \, . \hspace{5cm} (9.103)$$

Clairement, les deux nouveaux multiplets sont obtenus en arrangeant les boîtes des deux multiplets originaux de façon appropriée. Nous remarquons que la combinaison des diagrammes de Young (9.103) a une validité bien plus grande que la relation (9.102). En effet, (9.102) n'est valable que pour le groupe $SU(2)$, alors que l'équation (9.103) est vérifiée pour tout groupe $SU(n)$. Pour l'exemple de $SU(3)$, le diagramme $\square$ représente le triplet fondamental (quark). (9.103) exprime alors que deux quarks peuvent être couplés pour former un sextuplet $\square\square$ et un anti-triplet $\begin{array}{c}\square\\\square\end{array}$:

$$[3] \otimes [3] = [6] \oplus [\bar{3}] \, . \hspace{5cm} (9.104)$$

Si nous considérons $SU(4)$, (9.103) représente la relation :

$$[4] \otimes [4] = [10] \oplus [6] \, , \hspace{5cm} (9.105)$$

et ainsi de suite.

Nous présentons maintenant, sans la démontrer, la méthode générale pour coupler deux multiplets de SU(n).[6] Nous commençons par dessiner les diagrammes de Young représentant les deux multiplets en marquant dans chacune des boîtes du second diagramme son numéro de ligne. Ensuite nous ajoutons toutes les boîtes du second diagramme au premier. Ces boîtes doivent être ajoutées seulement à droite ou en dessous de celles du premier diagramme en observant les règles suivantes :

(a) Chaque diagramme résultant doit être une configuration autorisée, c'est-à-dire qu'aucune ligne ne peut être plus longue que la ligne qui la surplombe.

(b) Pour SU(n) aucune colonne ne peut avoir plus de n boîtes.

(c) Dans une ligne les nombres provenant du second diagramme ne peuvent décroître de gauche à droite.

(d) Dans une colonne ces nombres doivent augmenter de haut en bas.

(e) Si on dessine à travers les boîtes du diagramme de Young résultant un chemin qui passe par chacune des lignes en allant de droite à gauche et en commençant en haut, le nombre i ne peut apparaître le long de ce chemin plus souvent que le nombre $(i-1)$, c'est-à-dire :

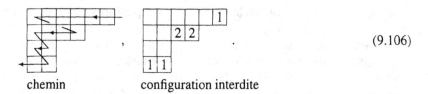

$$ \text{(9.106)} $$

       chemin   configuration interdite

Cette dernière règle stipule, en particulier, qu'une boîte de la ligne i du second diagramme ne peut être attachée aux $(i-1)$ premières lignes du premier diagramme.

À titre d'exemple, nous examinons le produit tensoriel des deux représentations fondamentales de SU(n), pour $n \geq 3$.

$$ \Box \otimes \begin{smallmatrix}1\\2\\ \vdots \\ n-1 \end{smallmatrix} = \begin{smallmatrix}1\\2\\ \vdots \\ n-1 \end{smallmatrix} \oplus \begin{smallmatrix}1\\2\\ \vdots \\ n-1 \end{smallmatrix} = (n^2 - 1) \oplus 1 \,. \qquad \text{(9.107)} $$

Les combinaisons :

$$ \begin{smallmatrix} \boxed{1\,2} \\ \vdots \\ n-1 \end{smallmatrix} \,, \qquad \begin{smallmatrix} \boxed{2\,1} \\ \vdots \\ n-1 \end{smallmatrix} \qquad \text{etc} \,. \qquad \text{(9.108)} $$

[6] D.B. Lichtenberg : *Unitary Symmetry and Elementary Particles* (Academic Press, New York, London 1970) chapitre 7.4.

sont respectivement interdites par les règles (e) et (c). Pour SU(3), la relation (9.107) signifie :

$$[3] \otimes [\bar{3}] = [8] \oplus [1] . \qquad (9.109)$$

EXERCICE ▉▉▉▉

9.7 Décomposition d'un produit tensoriel

Problème. Trouver la décomposition du produit tensoriel $[8] \otimes [8]$ pour SU(3).

Solution.

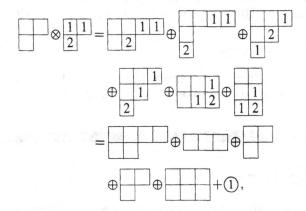

où, dans la dernière étape, nous avons supprimé les colonnes contenant trois boîtes. Donc, dénotant chaque multiplet par sa dimension, nous obtenons :

$$[8] \otimes [8] = [27] \oplus [10] \oplus [8] \oplus [8] \oplus [\overline{10}] \oplus [1] . \qquad (1)$$

Soulignons que l'octet est présent deux fois dans la décomposition : de façon générale cela peut se produire si les diagrammes originaux n'ont pas tous les deux une forme rectangulaire.

▉▉▉▉▉▉▉▉▉▉▉▉▉▉

Un arrangement en terme de classes est souvent utile quand nous avons affaire au produit de représentations. Combiner deux diagrammes de Young avec b_1 et b_2 boîtes respectivement, donne a priori un diagramme contenant $(b_1 + b_2)$ boîtes. Cependant, puisque pour SU(n) nous pouvons abandonner les colonnes avec n boîtes, le diagramme résultant peut contenir :

$$b_1 + b_2 , \quad b_1 + b_2 - n , \quad b_1 + b_2 - 2n , \text{ etc.} \qquad (9.110)$$

boîtes. Pour caractériser toutes ces possibilités, il est utile de classer le nombre de boîtes au moyen de son reste dans la division entière par n. Nous dirons qu'une représentation irréductible est de classe m (avec $0 \leq m \leq n-1$), si le nombre de boîtes du diagramme de Young considéré peut être écrit sous la forme :

$$b = in + m , \tag{9.111}$$

avec i un entier. D'après ce que nous avons vu juste avant, chaque diagramme de Young résultant du produit tensoriel de deux représentations de classes m_1 et m_2 doit être membre de la classe

$$m \equiv (m_1 + m_2) \bmod n . \tag{9.112}$$

Les représentations de SU(n) s'arrangent donc en classes qui, quand un produit tensoriel est formé, se comportent comme un groupe additif. Ce groupe des classes modulo n est noté Z_n et est appelé le «*centre du groupe*». À la place des restes dans la division entière, nous pouvons aussi utiliser les racines de l'unité $\exp(2im\pi/n)$ pour décrire les différentes classes des représentations de SU(n), car :

$$e^{2im_1\pi/n} e^{2im_2\pi/n} = e^{2im\pi/n} \tag{9.113}$$

est vérifié avec $m \equiv m_1 + m_2 \pmod{n}$. L'avantage de cette seconde classification est que le caractère multiplicatif du produit tensoriel est apparent.

EXEMPLE ▬▬▬▬▬▬▬▬▬▬▬▬▬▬▬▬

9.8 Représentation de SU(2) et spin

Parmi les représentations de SU(2), certaines ont un nombre pair de boîtes et d'autres un nombre impair. Celles qui ont un nombre pair de boîtes correspondent aux représentations de spin (ou d'isospin) entier alors que celles avec un nombre impair représentent des multiplets de spin demi-entier.

EXEMPLE ▬▬▬▬▬▬▬▬▬▬▬▬▬▬▬▬

9.9 Trialité et confinement des quarks

Pour SU(3), on distingue les multiplets par la trialité ; $\tau = 0$ (pour $k = 0$), $\tau = 1$ (pour $k = 1$) et $\tau = -1$ (pour $k = 2$). Pour les quarks $\tau = 1$, pour les anti-quarks $\tau = -1$. Les trialités de plusieurs particules sont additives (modulo 3) ; les baryons, qui contiennent trois quarks, ont une trialité $\tau = 0$, et les mésons, qui consistent en un quark et un antiquark, ont aussi $\tau = 0$. On postule que dans la nature n'apparaissent sous forme de particules libres que des particules de trialité $\tau = 0$ (*confinement des quarks*).

▬▬▬▬▬▬▬▬▬▬▬▬▬▬▬▬▬▬▬▬▬▬▬▬▬▬

10. Compléments de mathématiques : caractères

10.1 Définition des caractères

Dans ce chapitre, nous introduisons un outil qui a de multiples applications. Cet outil permet de décrire de façon simple les propriétés invariantes d'une représentation d'un groupe, donc ses principales caractéristiques et s'appelle, par suite, caractère du groupe. Si nous notons $\hat{G}_a$ un élément d'un groupe G, la représentation $\hat{D}(\hat{G}_a)$ n'est pas unique puisque toutes les transformations de similitude, $\hat{A}\hat{D}(\hat{G}_a)\hat{A}^{-1}$, $\hat{A} \in D(G)$, donnent une représentation équivalente. Une possibilité pour la description des propriétés invariantes serait d'utiliser les valeurs propres des matrices de la représentation, puisqu'elles ne varient pas dans une transformation de similitude. Cela conduit à la construction des opérateurs de Casimir dont les valeurs propres classifient les représentations. Cette construction est, en général, une tâche très difficile. Heureusement, dans la plupart des cas il est suffisant d'utiliser un invariant plus simple : la trace des matrices de la représentation,

$$\chi(\hat{G}_a) = \sum_{i=1}^{d} D_{ii}(\hat{G}_a) , \tag{10.1}$$

où d est la dimension de la matrice représentative. L'équation (10.1) est en effet invariante dans les transformations de similitude :

$$\chi'(\hat{G}_a) = \sum_i D'_{ii}(\hat{G}_a) = \sum_{ijk} A_{ij} D_{jk}(\hat{G}_a)(\hat{A}^{-1})_{ki}$$

$$= \sum_{jk} (\hat{A}^{-1}\hat{A})_{kj} D_{jk}(\hat{G}_a) = \sum_j D_{jj}(\hat{G}_a) = \chi(\hat{G}_a) . \tag{10.2}$$

$\chi(\hat{G}_a)$ est appelé le «caractère du groupe» pour la représentation.

Dans un premier temps, nous nous limitons aux groupes finis (nombre fini d'éléments), plus faciles à manipuler. Plus tard nous généraliserons ces résultats aux groupes continus compacts, c'est-à-dire les groupes de Lie compacts, comme par exemple U(N) et SU(N). Commençons par introduire quelques concepts de base qui seront nécessaires plus tard.

10.2 Lemmes de Schur

10.2.1 Premier lemme de Schur

Soit $\hat{D}(\hat{G}_a)$ une représentation irréductible d'un groupe G définie sur un espace vectoriel $\mathcal{R}$ (par exemple l'espace physique à trois dimensions), et soit $\hat{A}$ un opérateur donné sur $\mathcal{R}$. Le *premier lemme de Schur* stipule que :
Si $\hat{A}$ commute avec $\hat{D}(\hat{G}_a)$ quel que soit $\hat{G}_a$, c'est-à-dire si :

$$[\hat{A}, \hat{D}(\hat{G}_a)]_- = 0\,, \tag{10.3}$$

alors $\hat{A}$ est proportionnel à l'identité (matrice unité) :

$$\hat{A} = \lambda \mathbf{1}\,. \tag{10.4}$$

Ceci a déjà été vu au chapitre 4, (4.6) et (4.9), bien que sous une forme différente. Ce qui est *nouveau* et important pour la suite est que $\hat{D}(\hat{G}_a)$ n'est pas nécessairement un opérateur du groupe, mais une matrice de la représentation considérée. Si le groupe est simplement un groupe de transformations sur l'espace $\mathcal{R}$ alors nous sommes ramenés au cas du chapitre 4.

10.2.2 Second lemme de Schur

Soit $\hat{D}^1(\hat{G}_a)$ et $\hat{D}^2(\hat{G}_a)$ deux représentations irréductibles inéquivalentes du groupe G sur deux espaces $\mathcal{R}_1$ et $\mathcal{R}_2$, de dimension respective d_1 et d_2 (les cas $\mathcal{R}_1 = \mathcal{R}_2$ ou $d_1 = d_2$ ne sont pas exclus) et soit $\hat{A}$ un opérateur de $\mathcal{R}_2$ dans $\mathcal{R}_1$. Le *second lemme de Schur* stipule que :
Si

$$\hat{D}^1(\hat{G}_a)\hat{A} = \hat{A}\hat{D}^2(\hat{G}_a) \tag{10.5}$$

pour tout $\hat{G}_a$ de G, alors $\hat{A}$ est l'opérateur nul : $\hat{A} = \hat{0}$.

Démonstration du second lemme. Comme le premier lemme a été étudié au chapitre 4, il est suffisant d'examiner le second lemme. Nous en donnons une démonstration sous la forme d'un raisonnement par contradiction :
(i) Considérons premièrement le cas $d_2 \leq d_1$. Alors $\hat{A}$ appliqué à $\mathcal{R}_2$ engendre un sous-espace $\mathcal{R}_a$ de $\mathcal{R}_1$, de dimension $d_a \leq d_2 \leq d_1$. Ce sous-espace est composé de tous les vecteurs $\hat{A}r$, où $r \in \mathcal{R}_2$. De l'hypothèse (10.5), il suit que $\mathcal{R}_a$ est invariant sous toutes les transformations du groupe G :

$$\hat{D}^1(\hat{G}_a)\hat{A}r = \hat{A}\hat{D}^2(\hat{G}_a)r \equiv \hat{A}r_a\,. \tag{10.6}$$

Ce dernier appartient à $\mathcal{R}_a$ aussi, car $r_a = \hat{D}^2(\hat{G}_a)r$ appartient à $\mathcal{R}_2$. Nous avons cependant supposé que $\hat{D}^1$ est une représentation irréductible, c'est-à-dire que

$\mathcal{R}_1$ n'a pas de sous-espace propre invariant. Dans le cas contraire $\hat{D}^1(\hat{G}_a)$ pourrait être mise sous la forme de blocs. Comme $\mathcal{R}_a$ est un sous-espace invariant, il y a contradiction sauf si $\mathcal{R}_a$ est réduit au vecteur nul ou si $\mathcal{R}_a$ est l'espace complet $\mathcal{R}_1$. La dernière possibilité est cependant exclue car $\hat{D}^1(\hat{G}_a)$ et $\hat{D}^2(\hat{G}_a)$ ont été supposées inéquivalentes. (Si $\mathcal{R}_1$, $\mathcal{R}_2$ et $\mathcal{R}_a$ avaient la même dimension, nous pourrions inverser $\hat{A}$ de telle manière que

$$\hat{D}^1(\hat{G}_a) = \hat{A}\hat{D}^2(\hat{G}_a)\hat{A}^{-1},$$

ainsi $\hat{D}^1(\hat{G}_a)$ serait semblable à $\hat{D}^2(\hat{G}_a)$). Par conséquent la seule possibilité qui demeure est $\hat{A} = \hat{0}$.

(ii) $d_2 > d_1$. Comme $\hat{A}$ transforme l'espace complet $\mathcal{R}_2$ en $\mathcal{R}_1$, $d_2 > d_1$ entraîne $d_a < d_2$ et cela signifie qu'il y a des vecteurs r de $\mathcal{R}_2$ qui sont transformés dans le vecteur nul ($\hat{A}r = 0$). Notons $\mathcal{R}_b$ ce sous-espace de $\mathcal{R}_2$ et $d_b = d_2 - d_a$ sa dimension. Ce sous-espace est aussi un invariant, car pour $r \in \mathcal{R}_b$, notant $r_a := \hat{D}^2(\hat{G}_a)r$:

$$\hat{A}r_a = \hat{A}\hat{D}^2(\hat{G}_a)r = \hat{D}^1(\hat{G}_a)\hat{A}r = 0 , \tag{10.7}$$

r_a appartient aussi à $\mathcal{R}_b$. Comme $d_b < d_2$ est en contradiction avec le caractère irréductible de $\hat{D}^2$, nous déduisons $d_b = d_2$ et, de nouveau, $\hat{A} = \hat{0}$. Ceci prouve le second lemme.

10.3 Relations d'orthogonalité entre représentations

Nous allons montrer en premier lieu que pour deux représentations irréductibles quelconques, $\hat{D}^\alpha$ et $\hat{D}^\beta$, la matrice :

$$\hat{A} = \sum_b \hat{D}^\alpha(\hat{G}_b)\hat{X}\hat{D}^\beta(\hat{G}_b^{-1}) \tag{10.8}$$

a les propriétés requises par les lemmes de Schur. Ici $\hat{X}$ est une matrice quelconque de dimension $d_\alpha \times d_\beta$ et la somme a lieu sur tous les éléments $\hat{G}_b$ du groupe. Comme nous considérons des groupes finis, la somme est finie.

Montrons tout d'abord par un calcul explicite que l'équation (10.5) est vérifiée :

$$\hat{D}^\alpha(\hat{G}_a)\hat{A} = \sum_b \hat{D}^\alpha(\hat{G}_a)\hat{D}^\alpha(\hat{G}_b)\hat{X}\hat{D}^\beta(\hat{G}_b^{-1})$$
$$= \sum_b \hat{D}^\alpha(\hat{G}_a\hat{G}_b)\hat{X}\hat{D}^\beta(\hat{G}_b^{-1})\hat{D}^\beta(\hat{G}_a^{-1})\hat{D}^\beta(\hat{G}_a) . \tag{10.9}$$

Nous avons utilisé $\hat{D}^\alpha(\hat{G}_a)\hat{D}^\alpha(\hat{G}_b) = \hat{D}^\alpha(\hat{G}_a\hat{G}_b)$, ainsi que $\hat{D}^\beta(\hat{G}_a^{-1})\hat{D}^\beta(\hat{G}_a)$ $= \hat{D}^\beta(\hat{E}) = \mathbf{1}$ ($\hat{E}$ est l'élément neutre du groupe). L'expression ci-dessus peut-être réécrite sous la forme :

$$\sum_b \hat{D}^\alpha(\hat{G}_a\hat{G}_b)\hat{X}\hat{D}^\beta((\hat{G}_a\hat{G}_b)^{-1})\hat{D}^\beta(\hat{G}_a) = \sum_c \hat{D}^\alpha(\hat{G}_c)\hat{X}\hat{D}^\beta(\hat{G}_c^{-1})\hat{D}^\beta(\hat{G}_a)$$

$$= \hat{A}\hat{D}^\beta(\hat{G}_a)\,, \qquad (10.10)$$

où $\hat{G}_c = \hat{G}_a\hat{G}_b$. Cette dernière étape est justifiée car la sommation est effectuée sur tous les éléments du groupe $\hat{G}_b$, $\hat{G}_a\hat{G}_b$ n'entraîne dès lors qu'une permutation des éléments ; à la fin la somme contient à nouveau tous les éléments et l'on obtient l'opérateur $\hat{A}$. Nous en déduisons :

$$\hat{D}^\alpha(\hat{G}_a)\hat{A} = \hat{A}\hat{D}^\beta(\hat{G}_a)\,, \qquad (10.11)$$

et $\hat{A}$ a effectivement la propriété (10.5) exigée par le lemme. Sous forme matricielle $\hat{A}$ s'écrit :

$$\hat{A} = \lambda\delta_{\alpha\beta}\mathbf{1}\,. \qquad (10.12)$$

Dans (10.8) nous pouvons choisir $\hat{X}$ arbitrairement puisque nous n'avons fait aucune hypothèse sur $\hat{X}$ dans la démonstration. Si nous choisissons $X_{km} = \delta_{kp}\delta_{mq}$, c'est-à-dire si $\hat{X}$ est représentée par une matrice qui a des zéros partout sauf à la ligne q et à la colonne p, alors nous déduisons de (10.8) :

$$\sum_{a=1}^{g}\sum_{m=1}^{d_\beta}\sum_{k=1}^{d_\alpha} D_{ik}^\alpha(\hat{G}_a)X_{km}D_{mj}^\beta(\hat{G}_a^{-1})$$

$$= A_{ij} = \lambda^{(p,q)}\delta_{\alpha\beta}\delta_{ij} = \sum_{a=1}^{g} D_{ip}^\alpha(\hat{G}_a)D_{qj}^\beta(\hat{G}_a^{-1})\,. \qquad (10.13)$$

Avec g l'ordre du groupe, c'est-à-dire le nombre d'éléments de G, et d_α, d_β les dimensions des représentations irréductibles $\hat{D}^\alpha$, $\hat{D}^\beta$; seul λ reste à déterminer. λ n'est important que pour les cas $i = j$ et $\alpha = \beta$. Effectuant la sommation sur tous les i dans (10.13) :

$$\sum_{i=1}^{d_\alpha}\sum_{a=1}^{g} D_{ip}^\alpha(\hat{G}_a)D_{qi}^\alpha(\hat{G}_a^{-1}) = \lambda^{(p,q)}\sum_{i=1}^{d_\alpha} 1 = d_\alpha\lambda^{(p,q)}\,. \qquad (10.14)$$

D'autre part :

$$\sum_{i=1}^{d_\alpha} D_{ip}^\alpha(\hat{G}_a)D_{qi}^\alpha(\hat{G}_a^{-1}) = D_{qp}^\alpha(\hat{E})$$

c'est-à-dire :

$$\sum_{a=1}^{g} D_{qp}^\alpha(\hat{E}) = gD_{qp}^\alpha(\hat{E}) = \lambda^{(p,q)}d_\alpha\,. \qquad (10.15)$$

La matrice représentative de l'élément neutre est $D_{qp}^{\alpha}(E) = \delta_{qp}$, d'où nous déduisons :

$$\lambda^{(p,q)} = \delta_{qp} \frac{g}{d_{\alpha}} \ . \tag{10.16}$$

La forme finale de la relation d'orthogonalité pour les représentations des groupes finis est :

$$\sum_{a=1}^{g} D_{ip}^{\alpha}(\hat{G}_a) D_{qj}^{\beta}(\hat{G}_a^{-1}) = \frac{g}{d_{\alpha}} \delta_{\alpha\beta} \delta_{ij} \delta_{pq} \ . \tag{10.17}$$

Nous aurons besoin de cette expression pour déterminer les relations d'orthogonalité qui concernent les caractères. Si la représentation est unitaire, situation à laquelle nous nous limiterons dès à présent, alors (10.17) peut être simplifiée en écrivant $D_{qj}^{\beta}(\hat{G}_a^{-1}) = D_{jq}^{\beta}(\hat{G}_a)^{*}$:

$$\sum_{a=1}^{g} D_{ip}^{\alpha}(\hat{G}_a) D_{jq}^{\beta}(\hat{G}_a)^{*} = \frac{g}{d_{\alpha}} \delta_{\alpha\beta} \delta_{ij} \delta_{pq} \ . \tag{10.18}$$

10.4 Classes d'équivalence

Commençons par définir la notion de «conjugué» pour l'élément d'un groupe ; $\hat{G}_a$ est appelé conjugué de l'élément $\hat{G}_b$ s'il existe un élément $\hat{G}_n \in \text{G}$ tel que :

$$\hat{G}_a = \hat{G}_n \hat{G}_b \hat{G}_n^{-1} \ . \tag{10.19}$$

Si $\hat{G}_b$ et $\hat{G}_c$ sont conjugués de $\hat{G}_a$, (10.19) est valable pour $\hat{G}_b$ et $\hat{G}_c$, c'est-à-dire :

$$\hat{G}_a = \hat{G}_n \hat{G}_b \hat{G}_n^{-1} \quad \text{et} \quad \hat{G}_a = \hat{G}_m \hat{G}_c \hat{G}_m^{-1} \ .$$

Nous en déduisons :

$$\begin{aligned} \hat{G}_b &= \hat{G}_n^{-1} \hat{G}_a \hat{G}_n = \hat{G}_n^{-1} \hat{G}_m \hat{G}_c \hat{G}_m^{-1} \hat{G}_n \\ &= (\hat{G}_n^{-1} \hat{G}_m) \hat{G}_c (\hat{G}_n^{-1} \hat{G}_m)^{-1} \ . \end{aligned} \tag{10.20}$$

La relation «est conjugué de» est transitive ; comme elle est aussi réflexive et symétrique, c'est une relation d'équivalence. Les éléments conjugués deux à deux s'arrangent en classe d'équivalence. Les exemples suivants servent d'illustration à cette notion.

EXEMPLE ▐▬▬▬▬▬▬▬▬▬▬▬▬▬▬▬▬▬▬

10.1 Le groupe D_3

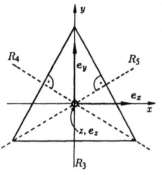

Le groupe D_3 des symétries
d'un triangle équilatéral

Le groupe D_3 des symétries d'un triangle équilatéral (voir figure ci-contre) est composé de 6 éléments $\hat{E}$, $\hat{R}_1$, $\hat{R}_2$, $\hat{R}_3$, $\hat{R}_4$, $\hat{R}_5$. $\hat{E}$ est l'élément unité : l'application qui ne change pas le triangle. $\hat{R}_1$ et $\hat{R}_2$ effectuent la rotation autour de l'axe z du triangle, par les angles respectifs $2\pi/3$ et $4\pi/3$. Les transformations restantes, $\hat{R}_3$, $\hat{R}_4$ et $\hat{R}_5$, représentent les réflexions par rapport aux axes dessinés. À l'aide de ces définitions nous pouvons former la table de multiplication ci-dessous.

Table de multiplication du groupe de symétrie d'un triangle équilatéral

$\hat{G}_b$ ╲ $\hat{G}_a$	$\hat{E}$	$\hat{R}_1$	$\hat{R}_2$	$\hat{R}_3$	$\hat{R}_4$	$\hat{R}_5$
$\hat{E}$	$\hat{E}$	$\hat{R}_1$	$\hat{R}_2$	$\hat{R}_3$	$\hat{R}_4$	$\hat{R}_5$
$\hat{R}_1$	$\hat{R}_1$	$\hat{R}_2$	$\hat{E}$	$\hat{R}_4$	$\hat{R}_5$	$\hat{R}_3$
$\hat{R}_2$	$\hat{R}_2$	$\hat{E}$	$\hat{R}_1$	$\hat{R}_5$	$\hat{R}_3$	$\hat{R}_4$
$\hat{R}_3$	$\hat{R}_3$	$\hat{R}_5$	$\hat{R}_4$	$\hat{E}$	$\hat{R}_2$	$\hat{R}_1$
$\hat{R}_4$	$\hat{R}_4$	$\hat{R}_3$	$\hat{R}_5$	$\hat{R}_1$	$\hat{E}$	$\hat{R}_2$
$\hat{R}_5$	$\hat{R}_5$	$\hat{R}_4$	$\hat{R}_3$	$\hat{R}_2$	$\hat{R}_1$	$\hat{E}$

La notation est la suivante : nous commençons par appliquer au triangle un des éléments listés dans la première ligne, prenons $\hat{R}_1$. Cette opération est suivie de l'application d'un élément de la colonne de gauche, choisissons $\hat{R}_4$. Le résultat est donné par l'intersection des lignes provenant des deux éléments ; dans notre exemple c'est le cinquième élément de la deuxième colonne.

Regardons ces opérations de façon plus détaillée en numérotant les coins du triangle.

$$\hat{R}_1 \;\triangle\; = \;\triangle$$

$$\hat{R}_4 \hat{R}_1 \;\triangle\; = \hat{R}_4 \;\triangle\; = \;\triangle\; = \hat{R}_3 \;\triangle \;. \tag{1}$$

Nous en tirons le résultat $\hat{R}_4 \hat{R}_1 = \hat{R}_3$. Il est possible de voir l'effet des autres multiplications en reprenant cette méthode : le résultat apparaît dans la table.

Quelles sont alors les classes d'équivalence de ce groupe ? Nous trouvons qu'il existe exactement trois classes :

$$\phi_1 = \hat{E}\,, \quad \phi_2 = \{\hat{R}_1, \hat{R}_2\}\,, \quad \phi_3 = \{\hat{R}_3, \hat{R}_4, \hat{R}_5\}\,. \tag{2}$$

L'identité est toujours sa propre conjuguée, à cause de $\hat{R}_i^{-1}\hat{E}\hat{R}_i = \hat{R}_i^{-1}\hat{R}_i = \hat{E}$. *Exemple 10.1*
Après un calcul simple il vient par exemple :

$$\hat{R}_2 = \hat{R}_3\hat{R}_1\hat{R}_3^{-1} \quad \text{et} \quad \hat{R}_3 = \hat{R}_1\hat{R}_4\hat{R}_1^{-1} = \hat{R}_2\hat{R}_5\hat{R}_2^{-1}, \tag{3}$$

qui montrent que $\hat{R}_2$ et $\hat{R}_1$ sont conjuguées l'une de l'autre, comme le sont $\hat{R}_3$, $\hat{R}_4$ et $\hat{R}_5$. Pour compléter la répartition des éléments dans les classes, d'autres combinaisons, comme $\hat{R}_4\hat{R}_1\hat{R}_4^{-1}$, doivent être considérées. Ceci est laissé en exercice au lecteur.

EXEMPLE

10.2 Le groupe des rotations O(3)

O(3) consiste en les éléments :

$$\hat{R}(\phi_1, \phi_2, \phi_3) = \exp\left(i\sum \phi_k\hat{L}_k\right),$$

où les $\hat{L}_k$ sont les générateurs (composantes du moment angulaire) du groupe SO(3). Dans le but de classer ces éléments, nous devons appliquer toutes les transformations de similitude sur $\hat{R}(\phi_1, \phi_2, \phi_3)$:

$$\hat{R}'\hat{R}(\phi_1, \phi_2, \phi_3)\hat{R}'^{-1} = \hat{\hat{R}}(\phi_1, \phi_2, \phi_3) \tag{1}$$

pour $\hat{R}'$ quelconque. L'interprétation de (1) est simple : la transformation $\hat{R}'^{-1}$ nous fait d'abord passer dans le nouveau système de coordonnées, dans lequel nous effectuons alors la rotation avec les angles d'Euler (ϕ_1, ϕ_2, ϕ_3), avant de faire la rotation inverse vers l'ancien système de coordonnées. Il s'ensuit que $\hat{\hat{R}}(\phi_1, \phi_2, \phi_3)$ représente la même rotation mais définie dans un autre système de coordonnées. Nous déduisons de (1) quels éléments forment une classe : toutes les rotations avec le même angle appartiennent à la même classe. Pour préciser cet aspect considérons la rotation d'un angle ϕ autour de l'axe k (par exemple l'axe z) :

$$R_k(\phi) = \begin{pmatrix} \cos\phi & -\sin\phi & 0 \\ \sin\phi & \cos\phi & 0 \\ 0 & 0 & 1 \end{pmatrix}. \tag{2}$$

L'équation (1) la transforme en une rotation autour d'un nouvel axe k', qui peut avoir une direction quelconque dans l'espace :

$$\hat{R}'\hat{R}_k(\phi)\hat{R}'^{-1} = \hat{\hat{R}}_{k'}(\phi). \tag{3}$$

$\hat{\hat{R}}_{k'}(\phi)$ est une rotation du même angle. Toutes ces rotations avec le même angle, mais autour d'un axe quelconque de l'espace à trois dimensions, appartiennent à la même classe.

Exemple 10.2   À l'aide de ceci, nous pouvons facilement comprendre le résultat obtenu pour le groupe D_3 : $\phi_1 = \{\hat{E}\}$ est la rotation d'angle nul, $\phi_2 = \{\hat{R}_1, \hat{R}_2\}$ décrit une rotation d'angle $2\pi/3$ ($\phi = 4\pi/3$ est équivalent à $\phi = -2\pi/3$) et les éléments dans $\phi_3 = \{\hat{R}_3, \hat{R}_4, \hat{R}_5\}$ représentent chacun une rotation de π.

Par conséquent, le groupe D_3 est un sous-groupe discret de O(3), pour lequel seules certaines positions des axes sont autorisées (chacune étant associée à une valeur donnée de ϕ). Les groupes comme D_3 jouent un rôle important en cristallographie.

10.5 Relations d'orthogonalité pour les caractères des groupes discrets

Après ces exemples nous reprenons notre étude des caractères définis dans (10.1). Nous commençons par déterminer la relation d'orthogonalité pour les caractères en appliquant (10.18), avec $p = i$ et $q = j$, et en sommant sur toutes les valeurs de i et j :

$$\sum_{a=1}^{g} \sum_i D_{ii}^{\alpha}(\hat{G}_a) \sum_j D_{jj}^{\beta}(\hat{G}_a)^* = g\delta_{\alpha\beta} \,. \tag{10.21}$$

Nous avons utilisé $\sum_i 1 = d_\alpha$; α et β indiquent les deux représentations irréductibles. Si nous utilisons la définition des caractères, (10.1), la relation d'orthogonalité pour les caractères se déduit de (10.21) :

$$\sum_{a=1}^{g} \chi^{(\alpha)}(\hat{G}_a) \chi^{(\beta)}(\hat{G}_a)^* = g\delta_{\alpha\beta} \,. \tag{10.22}$$

Comme les caractères sont invariants dans les transformations de similitude [cf (10.2)], en d'autres termes comme tous les éléments d'une classe ont le même caractère, (10.22) se simplifie :

$$\sum_{p=1}^{n} c_p \chi_p^{(\alpha)} \chi_p^{(\beta)} = g\delta_{\alpha\beta} \,, \tag{10.23}$$

où c_p est le nombre d'éléments dans la classe P et où n est le nombre total de classes d'équivalence. Pour deux représentations identiques, $\alpha = \beta$, nous obtenons le résultat intéressant :

$$\sum_{a=1}^{g} \left|\chi^{(\alpha)}(\hat{G}_a)\right|^2 = \sum_{p=1}^{n} c_p \left|\chi_p^{(\alpha)}\right|^2 = g \,. \tag{10.24}$$

Nous pouvons aussi interpréter (10.23) de la manière suivante : le caractère $\chi^{(\alpha)}$ peut être envisagé comme un vecteur de composantes $\sqrt{c_p}\chi_p^{(\alpha)}$ d'un espace à n dimensions dans lequel les caractères irréductibles forment un ensemble de vecteurs orthogonaux. Il est alors clair qu'il ne peut exister plus de n représentations irréductibles distinctes!

10.6 Relations d'orthogonalité des caractères sur l'exemple du groupe D₃

Nous commençons par construire une représentation matricielle pour le groupe D₃ introduit dans l'exemple 10.1. Dans ce but nous considérons les transformations du triangle comme des rotations et des réflexions dans l'espace à trois dimensions. Nous choisissons les axes e_x, e_y, et e_z, de la façon représentée sur la figure de l'exemple (10.1), ce qui mène par exemple à :

$$\hat{D}(\hat{R}_1)e_x = -\tfrac{1}{2}e_x + \sqrt{\tfrac{3}{4}}e_y \,,$$
$$\hat{D}(\hat{R}_1)e_y = -\sqrt{\tfrac{3}{4}}e_x - \tfrac{1}{2}e_y \,,$$
$$\hat{D}(\hat{R}_1)e_z = e_z \tag{10.25}$$

pour $\hat{R}_1$ (rotation de $2\pi/3$ autour de l'axe z). Pour les autres éléments du groupe nous obtenons :

$$\hat{D}(\hat{R}_1) = \begin{pmatrix} -\tfrac{1}{2} & -\sqrt{\tfrac{3}{4}} & 0 \\ \sqrt{\tfrac{3}{4}} & -\tfrac{1}{2} & 0 \\ 0 & 0 & 1 \end{pmatrix} \quad \hat{D}(\hat{R}_4) = \begin{pmatrix} \tfrac{1}{2} & -\sqrt{\tfrac{3}{4}} & 0 \\ -\sqrt{\tfrac{3}{4}} & -\tfrac{1}{2} & 0 \\ 0 & 0 & -1 \end{pmatrix}$$

$$\hat{D}(\hat{R}_2) = \begin{pmatrix} -\tfrac{1}{2} & \sqrt{\tfrac{3}{4}} & 0 \\ -\sqrt{\tfrac{3}{4}} & -\tfrac{1}{2} & 0 \\ 0 & 0 & 1 \end{pmatrix} \quad \hat{D}(\hat{R}_5) = \begin{pmatrix} \tfrac{1}{2} & \sqrt{\tfrac{3}{4}} & 0 \\ \sqrt{\tfrac{3}{4}} & -\tfrac{1}{2} & 0 \\ 0 & 0 & -1 \end{pmatrix}$$

$$\hat{D}(\hat{R}_3) = \begin{pmatrix} -1 & 0 & 0 \\ 0 & 1 & 0 \\ 0 & 0 & -1 \end{pmatrix} \quad \hat{D}(\hat{E}) = \begin{pmatrix} 1 & 0 & 0 \\ 0 & 1 & 0 \\ 0 & 0 & 1 \end{pmatrix} . \tag{10.26}$$

Il est facile de vérifier que ces matrices satisfont les règles de multiplication données dans la table du groupe. (10.26) montre de plus que toutes les matrices ont une structure en blocs, qui permet la décomposition en sous-matrices (2×2) et (1×1) ; nous en déduisons que la représentation donnée par (10.26) est réductible. Les sous-matrices forment, par contre, des représentations irréductibles, puisqu'elles ne peuvent pas être décomposées. Les sous-matrices (2×2) forment la représentation irréductible $\hat{D}^{(3)}$ et les sous-matrices (1×1) forment la représentation $\hat{D}^{(2)}$. Enfin il existe la représentation triviale, formée

Table 10.1. Les représentations irréductibles des éléments de D$_3$

Représentation	Élément du groupe					
	$\hat{E}$	$\hat{R}_1$	$\hat{R}_2$	$\hat{R}_3$	$\hat{R}_4$	$\hat{R}_5$
$\hat{D}^{(1)}$	1	1	1	1	1	1
$\hat{D}^{(2)}$	1	1	1	−1	−1	−1
$\hat{D}^{(3)}$	$\begin{pmatrix} 1 & 0 \\ 0 & 1 \end{pmatrix}$	$\begin{pmatrix} -\frac{1}{2} & -\sqrt{\frac{3}{4}} \\ \sqrt{\frac{3}{4}} & -\frac{1}{2} \end{pmatrix}$	$\begin{pmatrix} -\frac{1}{2} & \sqrt{\frac{3}{4}} \\ -\sqrt{\frac{3}{4}} & -\frac{1}{2} \end{pmatrix}$	$\begin{pmatrix} -1 & 0 \\ 0 & 1 \end{pmatrix}$	$\begin{pmatrix} \frac{1}{2} & -\sqrt{\frac{3}{4}} \\ -\sqrt{\frac{3}{4}} & -\frac{1}{2} \end{pmatrix}$	$\begin{pmatrix} \frac{1}{2} & \sqrt{\frac{3}{4}} \\ \sqrt{\frac{3}{4}} & -\frac{1}{2} \end{pmatrix}$

de l'identité, qui est caractérisée par $\hat{D}^{(1)}(\hat{R}_i) = 1$ pour tout $\hat{R}_i$. Ces résultats sont résumés dans la table 10.1.

Le fait qu'elles satisfont les relations d'orthogonalité (10.18) pour les représentations irréductibles est laissé comme exercice au lecteur.

Si nous effectuons la trace des matrices de la table 10.1, nous obtenons le tableau des caractères qui est donné dans la table 10.2. Les caractères satisfont aussi aux relations d'orthogonalité (10.23). Considérons par exemple l'orthogonalité entre les représentations $\hat{D}^{(2)}$ et $\hat{D}^{(3)}$ (le nombre de classes est $n = 3$) comme exercice :

$$\sum_{p=1}^{n} c_p \chi_p^{(2)} \chi_p^{(3)*} = 1 \times 1 \times 2 + 2 \times 1 \times (-1) + 3 \times (-1) \times 0 = 0 \qquad (10.27)$$

$$\sum_{p=1}^{n} c_p \chi_p^{(2)} \chi_p^{(2)*} = 1 \times 1^2 + 2 \times 1^2 + 3 \times (-1)^2 = 6 = g. \qquad (10.28)$$

L'équation (10.28) nous donne exactement le nombre d'éléments du groupe.

Table 10.2. Table des caractères du groupe D$_3$

Représentation	Classe		
	$\phi_1(\hat{E})$	$\phi_2(\hat{R}_1, \hat{R}_2)$	$\phi_3(\hat{R}_3, \hat{R}_4, \hat{R}_5)$
$\hat{D}^{(1)}$	1	1	1
$\hat{D}^{(2)}$	1	1	−1
$\hat{D}^{(3)}$	2	−1	0

10.7 Réduction d'une représentation

Considérons à présent une représentation réductible quelconque $\hat{D}(\hat{G}_a)$. Les caractères peuvent nous aider à décomposer cette représentation. Comme nous savons que les matrices de la représentation $\hat{D}(\hat{G}_a)$ peuvent être mises sous forme de blocs, le caractère est la somme sur les éléments diagonaux de chacun des blocs. Si $\hat{D}(\hat{G}_a)$ appartient à la classe p :

$$\chi_p = \sum_\alpha m_\alpha \chi_p^{(\alpha)} , \tag{10.29}$$

où m_α est le nombre de représentations irréductibles équivalentes, c'est-à-dire le nombre de fois que $\hat{D}^\alpha(\hat{G}_a)$ apparaît dans $\hat{D}(\hat{G}_a)$. Nous pouvons déterminer m_α en utilisant la relation d'orthogonalité (10.23). À cette fin, nous multiplions (10.29) par $(c_p/g)\chi_p^{(\beta)*}$ et sommons sur toutes les classes p pour obtenir :

$$\frac{1}{g}\sum_p c_p \chi_p^{(\beta)*}\chi_p = \frac{1}{g}\sum_\alpha m_\alpha \sum_p c_p \chi_p^{(\beta)*}\chi_p^{(\alpha)}$$
$$= \frac{1}{g}\sum_\alpha m_\alpha g\delta_{\alpha\beta} = m_\beta . \tag{10.30}$$

Reprenons notre exemple de D$_3$ et la représentation déjà vue. Nous décomposons la représentation (10.26) dans les composantes irréductibles (voir table 10.1) :

$$\hat{D} = m_1 \hat{D}^{(1)} \oplus m_2 \hat{D}^{(2)} \oplus m_3 \hat{D}^{(3)} . \tag{10.31}$$

«$\oplus$» symbolise la somme directe, c'est-à-dire la formation d'une matrice étendue obtenue en joignant chacune des matrices. En utilisant (10.31), nous obtenons :

$$m_1 = \tfrac{1}{6}(3+0-3) = 0 , \quad m_2 = \tfrac{1}{6}(3+0+3) = 1 ,$$
$$m_3 = \tfrac{1}{6}(6+0+0) = 1 , \tag{10.32}$$

où les deux représentations $\hat{D}^{(2)}$ et $\hat{D}^{(3)}$ apparaissent dans $\hat{D}$, mais où $\hat{D}^{(1)}$ n'apparaît pas. C'est le résultat évident que nous avons déjà obtenu.

10.8 Critère d'irréductibilité

La connaissance du caractère nous permet de savoir si une représentation donnée est réductible ou non. Dans le second cas nous savons d'après (10.24) que :

$$\sum_p c_p |\chi_p|^2 = g \tag{10.33}$$

est satisfaite. L'équation (10.33) donne une condition suffisante pour l'irréductibilité que nous pouvons montrer en considérant (10.23) et (10.29) :

$$\sum_p c_p \left| \chi_p \right|^2 = \sum_{\alpha, \beta, p} c_p m_\alpha m_\beta \chi_p^{(\alpha)} \chi_p^{(\beta)*} = g \sum_\alpha m_\alpha^2 \,. \tag{10.34}$$

On en déduit que (10.33) est satisfaite si $\sum_\alpha m_\alpha^2 = 1$. Comme tous les m_α sont des entiers positifs ou nuls, cette condition ne peut-être satisfaite que si tous les nombres m_α sont égaux à zéro sauf un, soit m_γ, qui vaut 1. Vérifions l'irréductibilité dans l'exemple de la représentation $\hat{D}^{(3)}(R_i)$ du groupe D_3 :

$$\sum_p c_p \left| \chi_p \right|^2 = (1 \times 4 + 2 \times 1 + 3 \times 0) = 6 = g \,. \tag{10.35}$$

10.9 Produit tensoriel de représentations

Examinons maintenant les caractères pour un produit tensoriel de deux représentations irréductibles. Soit $\{D_{im}^\alpha(\hat{G}_a)\}$ et $\{D_{jn}^\beta(\hat{G}_a)\}$ les matrices des représentations irréductibles α et β, la matrice représentative du produit tensoriel est donnée par :

$$\{D_{(ij)(mn)}^{(\alpha \times \beta)}(\hat{G}_a)\} = \{D_{im}^\alpha(\hat{G}_a) D_{jn}^\beta(\hat{G}_a)\} \,. \tag{10.36}$$

La trace est la somme des éléments diagonaux :

$$\chi^{(\alpha \times \beta)} = \sum_{ij} D_{(ii)(jj)}^{(\alpha \times \beta)}(\hat{G}_a) = \sum_i D_{ii}^{(\alpha)}(\hat{G}_a) \sum_j D_{jj}^{(\beta)}(\hat{G}_a) \,. \tag{10.37}$$

Le caractère de la représentation du produit tensoriel est égal au produit des caractères des représentations originales α et β, soit :

$$\chi^{(\alpha \times \beta)} = \chi^{(\alpha)} \cdot \chi^{(\beta)} \,. \tag{10.38}$$

La représentation qui résulte de (10.36) est en général réductible et nous pouvons écrire :

$$\hat{D}^{(\alpha \times \beta)}(\hat{G}_a) = \bigoplus_\gamma m_\gamma \hat{D}^\gamma(\hat{G}_a) \,, \tag{10.39}$$

décomposition sous forme de somme directe de représentations irréductibles. À l'aide de (10.30) et (10.38) nous pouvons déterminer m_γ :

$$m_\gamma = \frac{1}{g} \sum_p c_p \chi_p^{(\gamma)*} \chi_p^{(\alpha)} \chi_p^{(\beta)} \,. \tag{10.40}$$

Prenant à nouveau D_3 comme exemple, nous obtenons le caractère du produit tensoriel $\hat{D}^{(3)} \otimes \hat{D}^{(3)} = \hat{D}^{(3 \times 3)}$ à l'aide de la table 10.2 et de l'égalité (10.38). Pour les trois classes, le caractère prend les valeurs :

$$\chi^{(3\times3)} = (4, 1, 0) = \chi^{(3)} \cdot \chi^{(3)} . \tag{10.41}$$

Insérant ceci dans (10.95), nous obtenons :

$$m_1 = \tfrac{1}{6}(1 \times 1 \times 4 + 2 \times 1 \times 1 + 3 \times 1 \times 0) = 1 ,$$
$$m_2 = \tfrac{1}{6}(1 \times 1 \times 4 + 2 \times 1 \times 1 + 3 \times (-1) \times 0) = 1 ,$$
$$m_3 = \tfrac{1}{6}(1 \times 2 \times 4 + 2 \times (-1) \times 1 + 3 \times 0 \times 0) = 1 . \tag{10.42}$$

Nous en déduisons que la représentation $\hat{D}^{(3\times3)}$ peut être décomposée selon :

$$\hat{D}^{(3\times3)} = \hat{D}^{(3)} \otimes \hat{D}^{(3)} = \hat{D}^{(1)} \oplus \hat{D}^{(2)} \oplus \hat{D}^{(3)} . \tag{10.43}$$

10.10 Généralisation aux groupes de Lie compacts

Jusqu'à présent, nous nous sommes concentrés sur les groupes discrets car ils sont plus faciles à manipuler. Les groupes à paramètres continus ont pour leur part une grande importance en physique ; les groupes SU(2) ou SU(3), par exemple, jouent un grand rôle en physique des particules élémentaires (voir les chapitres 5 et 8). La difficulté réside dans le fait que maintenant nous avons affaire à un nombre infini d'éléments du fait de la variation continue des paramètres. Les sommes sur les éléments du groupe qui apparaissent dans les formules obtenues plus haut doivent être remplacées par des intégrales et le nombre d'éléments par un facteur de normalisation approprié. Avant d'envisager cette généralisation, nous avons besoin de nouveaux outils que nous présentons dans les parties suivantes.

10.11 Digression mathématique : intégration sur le groupe

Considérons l'expression :

$$\sum_{a=1}^{g} f(\hat{G}_a) \tag{10.44}$$

pour un groupe fini. Nous avons déjà remarqué qu'une propriété importante est que dans (10.44) $\hat{G}_a$ peut être remplacé par $\hat{G}_c = \hat{G}_b \hat{G}_a$ (avec $\hat{G}_b$ fixé mais arbitraire) sans en changer la valeur. Cela découle du fait que si la valeur de $\hat{G}_a$ couvre le groupe complet, alors l'ensemble correspondant pour $\hat{G}_c$ couvre aussi le groupe complet exactement une fois. Dans le cas contraire il existerait $\hat{G}_{a'}$ donnant le même élément $\hat{G}_c$,

$$\hat{G}_c = \hat{G}_b \hat{G}_a = \hat{G}_b \hat{G}_{a'} . \tag{10.45}$$

La multiplication par $\hat{G}_b^{-1}$ mène alors à :

$$\hat{G}_b^{-1}\hat{G}_c = \hat{G}_a = \hat{G}_{a'} \, , \tag{10.46}$$

de sorte que $\hat{G}_a$ et $\hat{G}_{a'}$ doivent être identiques.

Pour un groupe continu, (10.44) est remplacé par une intégrale $\int \mu(\underline{a}) f(\underline{a}) \, d\underline{a}$, où $\underline{a}$ représente les paramètres du groupe ; la mesure $\mu(\underline{a})$ est choisie de telle manière à satisfaire :

$$\int\limits_{\underline{a}\in G} f(\underline{a})\mu(\underline{a}) \, d\underline{a} = \int\limits_{\underline{a}\in G} f(\underline{c})\mu(\underline{a}) \, d\underline{a} \, , \tag{10.47}$$

où c est défini par :

$$\hat{G}(\underline{c}) = \hat{G}(\underline{a})\hat{G}(\underline{b}) \, . \tag{10.48}$$

La multiplication par l'élément du groupe $\hat{G}(\underline{b})$, fixé mais quelconque, ne change pas l'intégrale.

L'intégration n'a de sens que si l'intervalle est compact (c'est-à-dire s'il est fermé et borné), l'intégrale pouvant être divergente pour un groupe non compact. Dans (10.47) $\underline{a}$ représente $\underline{a} = (a_1, a_2, \ldots, a_r)$ et $d\underline{a} = da_1 \, da_2 \ldots da_r$, r étant le nombre de paramètres du groupe. En plus de la condition (10.47), la condition suivante doit évidemment être satisfaite :

$$\int\limits_{\underline{a}\in G} f(\underline{a})\mu(\underline{a}) \, d\underline{a} = \int\limits_{\underline{c}\in G} f(\underline{c})\mu(\underline{c}) \, d\underline{c} \, . \tag{10.49}$$

Si nous changeons de variable dans le terme de droite de (10.49), de $\underline{c}$ à $\underline{a}$, nous obtenons :

$$\int\limits_{\underline{a}\in G} f(\underline{a})\mu(\underline{a}) \, d\underline{a} = \int\limits_{\underline{a}\in G} f(\underline{c})\mu(\underline{c})\frac{\partial\underline{c}}{\partial\underline{a}} \, d\underline{a} \, , \tag{10.50}$$

où $\partial\underline{c}/\partial\underline{a}$ est le déterminant fonctionnel (jacobien) :

$$\frac{\partial\underline{c}}{\partial\underline{a}} = \begin{vmatrix} \dfrac{\partial c_1}{\partial a_1} & \dfrac{\partial c_1}{\partial a_2} & \cdots & \dfrac{\partial c_1}{\partial a_r} \\ \vdots & \vdots & \ddots & \vdots \\ \dfrac{\partial c_r}{\partial a_1} & \dfrac{\partial c_r}{\partial a_2} & \cdots & \dfrac{\partial c_r}{\partial a_r} \end{vmatrix} \, . \tag{10.51}$$

Si nous comparons (10.50) avec la relation désirée (10.47), la condition pour μ est :

$$\mu(\underline{c})\frac{\partial\underline{c}}{\partial\underline{a}} = \mu(\underline{a}) \, , \tag{10.52}$$

qui doit être satisfaite quel que soit $\underline{a}$. Supposons qu'une telle mesure existe, nous pourrons calculer $\mu(\underline{c})$ en assignant une valeur arbitraire pour un élément

$\underline{a}$, par exemple $\underline{a} = \underline{0}$ (qui correspond à l'élément unité du groupe de Lie). Nous obtenons :

$$\mu(\underline{c}) = \mu(\underline{0}) \Big/ \left(\frac{\partial \underline{c}}{\partial \underline{a}}\right)_{\underline{a}=\underline{0}} , \qquad (10.53)$$

dans laquelle le facteur constant $\mu(\underline{0})$ est sans importance, de telle sorte que l'on peut poser $\mu(\underline{0}) = 1$ et se contenter de calculer $(\partial\underline{c}/\partial\underline{a})_{\underline{a}=\underline{0}}$. Dans la suite nous utiliserons cette procédure pour les groupes unitaires, SU(2) ou SU(3). Pour le cas d'un groupe discret fini, nous avons l'expression générale :

$$\frac{1}{g}\sum_{a=1}^{g} f(\hat{G}_a) , \qquad (10.54)$$

où g joue le rôle du « volume » du groupe qui est remplacé par :

$$g \rightarrow V(G) = \int_{\underline{a}\in G} \mu(\underline{a})\, d\underline{a} . \qquad (10.55)$$

Pour un groupe continu, l'expression devient :

$$\frac{1}{V(G)} \int_{\underline{a}\in G} f(\underline{a})\mu(\underline{a})\, d\underline{a} \qquad (10.56)$$

qui peut être considérée comme une généralisation de (10.54). Dans le cas de la représentation triviale $f(\underline{a}) = 1$, (10.56) prend la valeur « un ». *Toutes les formules* de cette partie peuvent être transposées pour les groupes de Lie compacts en remplaçant la forme (10.54) par (10.56). Avant de considérer le calcul explicite de la mesure $\mu(\underline{a})$, nous devons étudier les groupes unitaires plus en détail.

10.12 Groupes unitaires

Le groupe unitaire $U(N)$ a N^2 générateurs $\hat{C}_{im}$ $(i, m = 1, \ldots, N)$ qui satisfont aux règles de commutation :

$$[\hat{C}_{im}, \hat{C}_{jn}]_- = \delta_{jm}\hat{C}_{in} - \delta_{in}\hat{C}_{im} \ . \tag{10.57}$$

Par exemple, nous pouvons considérer $\hat{C}_{im} = \hat{b}_i^+ \hat{b}_m$ comme générateurs si $\hat{b}_i^+$ et $\hat{b}_m$ sont les opérateurs de création et d'annihilation respectivement, avec les règles de commutation $[\hat{b}_m, \hat{b}_i^+] = \delta_{im}$, puisque :

$$
\begin{aligned}
[\hat{b}_i^+ \hat{b}_m, \hat{b}_j^+ \hat{b}_n] &= \hat{b}_i^+ [\hat{b}_m, \hat{b}_j^+]\hat{b}_n + \hat{b}_i^+ \hat{b}_j^+ [\hat{b}_m, \hat{b}_n] + [\hat{b}_i^+, \hat{b}_j^+]\hat{b}_n \hat{b}_m \\
&\quad + \hat{b}_j^+ [\hat{b}_i^+, \hat{b}_n]\hat{b}_m \\
&= \hat{b}_i^+ \delta_{mj}\hat{b}_n - \hat{b}_j^+ \delta_{in}\hat{b}_m = \delta_{jm}\hat{b}_i^+ \hat{b}_n - \delta_{in}\hat{b}_j^+ \hat{b}_m \ ,
\end{aligned}
$$

est satisfaite. Une autre représentation possible est :

$$(\hat{C}_{im}) = (e_{im}) \ , \tag{10.58}$$

où (e_{im}) représente la matrice avec un « 1 » à l'intersection de la ligne i et de la colonne m et des « zéros » partout ailleurs. Ces matrices satisfont aussi aux règles de commutation (10.57). Un élément arbitraire du groupe $U(N)$ est alors donné par :

$$\exp\left(-i \sum_{kl} \theta_{kl}\hat{C}_{kl}\right) \ , \tag{10.59}$$

où les « angles » θ_{kl} caractérisent les transformations du groupe.

La construction du groupe $SU(N)$ peut alors être effectuée en définissant des matrices de trace nulle à partir des $\hat{C}_{im}$. La condition est automatiquement satisfaite pour $i \neq m$. Pour $i = m$, il suffit de soustraire N^{-1} à chaque élément de la diagonale. Ceci est possible car la matrice unité commute avec toutes les matrices et ne perturbe par conséquent pas les relations de commutation. Soit :

$$\hat{\tilde{C}}_{ii} = \hat{C}_{ii} - \frac{1}{N}\mathbf{1} \ , \quad \hat{\tilde{C}}_{ij} = \hat{C}_{ij} \ , \quad i \neq j \ , \tag{10.60}$$

ou encore :

$$
\hat{\tilde{C}}_{ii} =
\begin{pmatrix}
\frac{1}{N} & & & & & \\
& \ddots & & & 0 & \\
& & -\frac{1}{N} & & & \\
& & & 1-\frac{1}{N} & & \\
& & & & -\frac{1}{N} & \\
& 0 & & & & \ddots \\
& & & & & & -\frac{1}{N}
\end{pmatrix}
\begin{array}{c} \\ \\ \\ \leftarrow i \\ \\ \\ \end{array} N \ , \tag{10.61}
$$

$$
\underset{i}{\uparrow}
$$
$$
\overleftarrow{\hspace{2cm} N \hspace{2cm}}
$$

où on voit facilement que $\mathrm{tr}(\hat{\hat{C}}_{ii}) = 0$. L'équation (10.60) impose une condition sur les $\hat{C}_{ii}$, puisque :

$$\sum_i \hat{\hat{C}}_{ii} = 0 \qquad (10.62)$$

c'est-à-dire que parmi les opérateurs diagonaux seulement $(N-1)$ sont linéairement indépendants. Au total, nous obtenons bien $N^2 - 1$ générateurs pour le groupe SU(N).

10.13 Passage de U(N) à SU(N) sur l'exemple de SU(3)

Les matrices génératrices de SU(3) que nous avions considérées jusqu'à présent sont liées aux matrices (10.58) par les relations suivantes :

$$\hat{\lambda}_1 = \begin{pmatrix} 0 & 1 & 0 \\ 1 & 0 & 0 \\ 0 & 0 & 0 \end{pmatrix} = \hat{C}_{21} + \hat{C}_{12} \,,$$

$$\hat{\lambda}_2 = \begin{pmatrix} 0 & -\mathrm{i} & 0 \\ \mathrm{i} & 0 & 0 \\ 0 & 0 & 0 \end{pmatrix} = \mathrm{i}(\hat{C}_{21} - \hat{C}_{12}) \,,$$

$$\hat{\lambda}_3 = \begin{pmatrix} 1 & 0 & 0 \\ 0 & -1 & 0 \\ 0 & 0 & 0 \end{pmatrix} = \hat{C}_{11} - \hat{C}_{22} \,,$$

$$\hat{\lambda}_4 = \begin{pmatrix} 0 & 0 & 1 \\ 0 & 0 & 0 \\ 1 & 0 & 0 \end{pmatrix} = \hat{C}_{31} + \hat{C}_{13} \,,$$

$$\hat{\lambda}_5 = \begin{pmatrix} 0 & 0 & -\mathrm{i} \\ 0 & 0 & 0 \\ \mathrm{i} & 0 & 0 \end{pmatrix} = \mathrm{i}(\hat{C}_{31} - \hat{C}_{13}) \,,$$

$$\hat{\lambda}_6 = \begin{pmatrix} 0 & 0 & 0 \\ 0 & 0 & 1 \\ 0 & 1 & 0 \end{pmatrix} = \hat{C}_{32} + \hat{C}_{23} \,,$$

$$\hat{\lambda}_7 = \begin{pmatrix} 0 & 0 & 0 \\ 0 & 0 & -\mathrm{i} \\ 0 & \mathrm{i} & 0 \end{pmatrix} = \mathrm{i}(\hat{C}_{32} - \hat{C}_{23}) \,,$$

$$\hat{\lambda}_8 = \frac{1}{\sqrt{3}} \begin{pmatrix} 1 & 0 & 0 \\ 0 & 1 & 0 \\ 0 & 0 & -2 \end{pmatrix} = \frac{1}{\sqrt{3}}(\hat{C}_{11} + \hat{C}_{22} - 2\hat{C}_{33}) \,. \qquad (10.63)$$

Nous aurons maintes fois l'occasion d'utiliser (10.63) dans la suite.

La relation entre les groupes U(3) et SU(3) est la suivante ; un élément de U(3) est donné par :

$$\exp\left(-i\sum_{k,l=1}^{3}\theta_{kl}\hat{C}_{kl}\right) = \exp\left(-i\sum_{k\neq l=1}^{3}\theta_{kl}\hat{C}_{kl} - i\sum_{k=1}^{3}\theta_{kk}\hat{C}_{kk}\right) , \qquad (10.64)$$

que nous pouvons transformer à l'aide de (10.60) pour obtenir :

$$\exp\left(-i\sum_{k\neq l=1}^{3}\theta_{kl}\hat{\bar{C}}_{kl} - i\sum_{k=1}^{3}\theta_{kk}\hat{\bar{C}}_{kk}\right)\exp\left(-\frac{i}{N}\mathbf{1}\sum_{k=1}^{3}\theta_{kk}\right) . \qquad (10.65)$$

Le terme $-\frac{i}{N}\big(\sum_{k=1}^{3}\theta_{kk}\big)\mathbf{1}$ dans l'exposant compense les $\hat{\bar{C}}_{kk}$, et la partie gauche de (10.65) représente une transformation qui a juste la forme d'un élément de SU(3) ; la partie droite est un simple facteur de phase. Le passage de U(3) à SU(3) est obtenu en imposant :

$$U(3) \rightarrow SU(3) : \sum_{k=1}^{3}\theta_{kk} = 0 \qquad (10.66)$$

dans (10.65). Dans le cas général de U(N), on peut procéder de la même façon, avec la seule différence que maintenant l'index k varie de 1 à N. Cependant, si nous voulons utiliser les générateurs de (10.63), la méthode à appliquer est différente. Nous devons d'abord nous intéresser aux matrices diagonales $\hat{C}_{11}$, $\hat{C}_{22}$, $\hat{C}_{33}$, avant d'examiner les autres matrices. Les éléments du groupe engendrés par les seuls $\hat{C}_{11}$, $\hat{C}_{22}$ et $\hat{C}_{33}$ ont pour expression :

$$\theta_{11}\hat{C}_{11} + \theta_{22}\hat{C}_{22} + \theta_{33}\hat{C}_{33}$$
$$= \phi\hat{\lambda}_{3} + (\psi/\sqrt{3})\hat{\lambda}_{8} + 1/3(\theta_{11} + \theta_{22} + \theta_{33})\hat{N} \qquad (10.67)$$

dans l'exposant. Nous sommes intéressés par la connexion entre (ϕ, ψ) et $(\theta_{11}, \theta_{22}, \theta_{33})$ pour la matrice unité $\hat{N}$ $[\hat{N} = (\hat{C}_{11} + \hat{C}_{22} + \hat{C}_{33}) = \mathbf{1}]$. Si nous utilisons (10.63), $\hat{\lambda}_{3}$, $\hat{\lambda}_{8}$ et $\hat{N}$ peuvent être exprimés en fonction de $\hat{C}_{11}$, $\hat{C}_{22}$ et $\hat{C}_{33}$, et vice versa. Nous obtenons les relations entre les angles :

$$\theta_{11} - \theta_{22} = \phi , \quad \theta_{11} - \theta_{33} = \psi + \tfrac{1}{2}\phi , \quad \theta_{22} - \theta_{33} = \psi - \tfrac{1}{2}\phi . \qquad (10.68)$$

Pour SU(3) nous devons satisfaire la condition supplémentaire $\theta_{11} + \theta_{22} + \theta_{33} = 0$.

Finalement, nous pouvons obtenir la forme d'une transformation finie consistant uniquement en des éléments diagonaux. La transformation infinitésimale étant donnée par :

$$1 - i\sum_{k}\theta_{kk}\hat{C}_{kk} = \begin{pmatrix} 1-i\theta_{11} & 0 & \dots & 0 \\ 0 & 1-i\theta_{22} & \dots & 0 \\ \vdots & \vdots & \ddots & \vdots \\ 0 & 0 & \dots & 1-i\theta_{NN} \end{pmatrix} , \qquad (10.69)$$

nous en déduisons la transformation finie :

$$\exp\left(-i\sum_k \theta_{kk}\hat{C}_{kk}\right) = \begin{pmatrix} e^{-i\theta_{11}} & 0 & \cdots & 0 \\ 0 & e^{-i\theta_{22}} & \cdots & 0 \\ \vdots & \vdots & \ddots & \vdots \\ & 0 & \cdots & e^{-i\theta_{NN}} \end{pmatrix}$$

$$= \begin{pmatrix} \varepsilon_1 & 0 & \cdots & 0 \\ 0 & \varepsilon_2 & \cdots & 0 \\ \vdots & \vdots & \ddots & \vdots \\ 0 & 0 & \cdots & \varepsilon_N \end{pmatrix}, \qquad (10.70)$$

[où $\varepsilon_k = \exp(-i\theta_{kk})$]. Plus tard nous aurons besoin de la forme la plus générale d'une transformation unitaire, nous construisons donc les autres générateurs comme $\hat{C}_{ij}(i \neq j)$ de telle façon que, par analogie avec SU(3) [voir (10.63)] :

$$\hat{\lambda}_{ij} = \hat{C}_{ij} + \hat{C}_{ji}, \quad \hat{\lambda}_{ji} = i(\hat{C}_{ij} - \hat{C}_{ji}), \quad i < j. \qquad (10.71)$$

De ceci nous déduisons pour une transformation infinitésimale :

$$1 - i\sum_{kl} \theta_{kl}\hat{C}_{kl} = 1 - i\sum_k \tilde{\theta}_{kk}\hat{C}_{kk} - i\sum_{k<l} \tilde{\theta}_{kl}\hat{\lambda}_{kl} - i\sum_{k<l} \tilde{\theta}_{lk}\hat{\lambda}_{lk}$$

$$= \begin{pmatrix} 1 - i\tilde{\theta}_{11} & \tilde{\theta}_{12} - i\tilde{\theta}_{21} & \cdots \\ \tilde{\theta}_{12} + i\tilde{\theta}_{21} & 1 - i\tilde{\theta}_{22} & \cdots \\ \vdots & \vdots & \ddots \end{pmatrix} \left.\begin{array}{c} \top \\ N \\ \bot \end{array}\right. \qquad (10.72)$$

avec :

$$\tilde{\theta}_{kl} + i\tilde{\theta}_{lk} = \theta_{kl}, \quad \tilde{\theta}_{kl} - i\tilde{\theta}_{lk} = \theta_{lk}, \quad k < l \quad \text{et} \quad \tilde{\theta}_{kk} = \theta_{kk}. \qquad (10.73)$$

10.14 Intégration sur les groupes unitaires

Le groupe unitaire U(N) a N^2 paramètres de telle sorte qu'une transformation quelconque s'écrit :

$$\exp\left(-i\sum_{k,l=1}^N \theta_{kl}\hat{C}_{kl}\right). \qquad (10.74)$$

Pour déterminer $\mu(\theta_{kl})$, il nous suffit de calculer le produit $\hat{U}(c) = \hat{U}(a)\hat{U}(b)$ avec $\hat{U}(b)$ diagonale, c'est-à-dire pour laquelle il n'apparaît dans (10.74) que les générateurs de la sous-algèbre de Cartan (les générateurs qui commutent entre eux, voir chapitre 12). $\hat{U}(b)$ étant de la forme (10.70), nous obtenons pour $\hat{U}(c)$:

$$\hat{U}(c) = \begin{pmatrix} (1 - ia_{11})\varepsilon_1 & (a_{12} - ia_{21})\varepsilon_2 & \cdots \\ (a_{12} + ia_{21})\varepsilon_1 & (1 - ia_{22})\varepsilon_2 & \cdots \\ \vdots & \vdots & \ddots \end{pmatrix}. \qquad (10.75)$$

Nous pouvons diagonaliser cette matrice à l'aide de la transformation :

$$\hat{U} = \hat{V}^{-1} \hat{W} \hat{V} \,, \quad \text{avec} \tag{10.76}$$

$$V(c) = \begin{pmatrix} 1 & \frac{a_{12}-ia_{21}}{\varepsilon_1/\varepsilon_2-1} & \cdots \\ \frac{a_{12}+ia_{21}}{\varepsilon_2/\varepsilon_1-1} & 1 & \cdots \\ \vdots & \vdots & \ddots \end{pmatrix} \quad \text{et} \tag{10.77}$$

$$W(c) = \begin{pmatrix} (1-ia_{11})\varepsilon_1 & 0 & \cdots \\ 0 & (1-ia_{22})\varepsilon_2 & \cdots \\ \vdots & \vdots & \ddots \end{pmatrix} \,, \tag{10.78}$$

où nous avons négligé les termes du second ordre ($a_{ik} \ll 1$). Le calcul explicite de $\hat{V}\hat{U} = \hat{W}\hat{V}$ est le meilleur moyen de montrer la validité de (10.76). Ainsi la transformation est séparée en trois parties, avec $\hat{W}$ une matrice diagonale qui ne dépend que de N paramètres. En écrivant $(1 - ia_{kk}) \simeq \exp(-ia_{kk})$ et en prenant en compte que $\varepsilon_k = \exp(-i\theta_{kk})$, nous pouvons immédiatement trouver les N angles :

$$c_{kk} = \theta_{kk} + a_{kk} \,. \tag{10.79}$$

La matrice $\hat{V}$ dépend des $N^2 - N$ paramètres restants et contient les angles de la transformation dans le système où $\hat{U}$ est diagonale. Choisissant la transformation des paramètres [comparer les éléments (12) de $\hat{V}$ et $\hat{U}$] :

$$c_{12} = a_{12}\mathrm{Re}(\varepsilon_1 - \varepsilon_2)^{-1} + a_{21}\mathrm{Im}(\varepsilon_1 - \varepsilon_2)^{-1} \,,$$
$$c_{21} = a_{12}\mathrm{Im}(\varepsilon_1 - \varepsilon_2)^{-1} - a_{21}\mathrm{Re}(\varepsilon_1 - \varepsilon_2)^{-1} \,, \quad \text{etc} \,. \tag{10.80}$$

Nous déterminons la structure du jacobien qui a, pour les N premiers paramètres, la forme diagonale :

$$\partial c_{kk}/\partial a_{ij} = \delta_{ki}\delta_{kj} \,. \tag{10.81}$$

La partie restante étant un produit de $\frac{1}{2}N(N-1)$ facteurs :

$$\begin{vmatrix} \partial c_{12}/\partial a_{12} & \partial c_{12}/\partial a_{21} \\ \partial c_{21}/\partial a_{12} & \partial c_{21}/\partial a_{21} \end{vmatrix} = |\varepsilon_1 - \varepsilon_2|^{-2} \,, \quad \text{etc} \,. \tag{10.82}$$

Au total nous obtenons pour $\mu(\underline{c})$:

$$\mu(\underline{c}) = (\partial\underline{c}/\partial\underline{a})^{-1}_{\underline{a}=\underline{0}} = \prod_{i<j}^{N} \left| \varepsilon_i - \varepsilon_j \right|^2 \,. \tag{10.83}$$

Notons que $\mu(\underline{c} = \underline{\theta})$ *ne dépend que de N paramètres.*

(a) U(2), SU(2). À titre d'exemple examinons le groupe U(2). La mesure est donnée par (10.83) :

$$\begin{aligned} \mu(\mathrm{U}(2)) &= |\varepsilon_1 - \varepsilon_2|^2 = |\exp(-i\theta_{11}) - \exp(-i\theta_{22})|^2 \\ &= \left|\exp(-\tfrac{1}{2}i(\theta_{11} + \theta_{22}))\right|^2 \left|\exp(-\tfrac{1}{2}i(\theta_{11} - \theta_{22}))\right. \\ &\quad \left. - \exp(\tfrac{1}{2}i(\theta_{11} - \theta_{22}))\right|^2 = 4\sin^2(\tfrac{1}{2}(\theta_{11} - \theta_{22})) \,. \end{aligned} \tag{10.84}$$

La restriction à SU(2) est donnée par $\theta_{11} + \theta_{22} = 0$. Avec $\theta_{11} - \theta_{22} = \phi$, nous avons :

$$\mu(\mathrm{SU}(2)) = 4 \sin^2 \tfrac{1}{2}\phi \,. \tag{10.85}$$

D'après (10.56), ce résultat doit être divisé par :

$$V = \int_0^{4\pi} \mu(\mathrm{SU}(2))\, \mathrm{d}\phi = 8\pi \,,$$

avec pour conséquence :

$$V^{-1} \int \mu(\phi) f(\phi)\, \mathrm{d}\phi = \frac{1}{2\pi} \int_0^{4\pi} (\sin^2 \tfrac{1}{2}\phi)\, f(\phi)\, \mathrm{d}\phi \,. \tag{10.86}$$

(b) U(3), SU(3). Procédons comme ci-dessus en examinant tout d'abord U(3). Selon (10.83) :

$$\mu(\mathrm{U}(3)) = |\varepsilon_1 - \varepsilon_2|^2 \, |\varepsilon_1 - \varepsilon_3|^2 \, |\varepsilon_2 - \varepsilon_3|^2 \tag{10.87}$$

est vérifiée. Nous traitons chaque facteur comme dans l'exemple U(2) $\rightarrow$ SU(2) :

$$\begin{aligned}
\mu(\mathrm{U}(3)) &= 4 \left| \exp\left[-\frac{\mathrm{i}(\theta_{11} + \theta_{22})}{2} \right] \right|^2 \sin^2\left(\frac{\theta_{11} - \theta_{22}}{2} \right) \\
&\quad \cdot 4 \left| \exp\left[-\frac{\mathrm{i}(\theta_{11} + \theta_{33})}{2} \right] \right|^2 \sin^2\left(\frac{\theta_{11} - \theta_{33}}{2} \right) \\
&\quad \cdot 4 \left| \exp\left[-\frac{\mathrm{i}(\theta_{22} + \theta_{33})}{2} \right] \right|^2 \sin^2\left(\frac{\theta_{22} - \theta_{33}}{2} \right) \\
&= 64 \sin^2\left(\frac{\theta_{11} - \theta_{22}}{2} \right) \sin^2\left(\frac{\theta_{11} - \theta_{33}}{2} \right) \sin^2\left(\frac{\theta_{22} - \theta_{33}}{2} \right) \,.
\end{aligned} \tag{10.88}$$

Pour SU(3), nous obtenons finalement à l'aide de (10.66) et (10.68) :

$$\mu(\mathrm{SU}(3)) = 64 \sin^2(\tfrac{1}{2}\phi) \sin^2[\tfrac{1}{2}(\tfrac{1}{2}\phi + \psi)] \sin^2[\tfrac{1}{2}(-\tfrac{1}{2}\phi + \psi)] \,, \tag{10.89}$$

où ϕ est le paramètre pour l'isospin et ψ celui pour l'hypercharge. Suivant (10.56), nous devons diviser par :

$$V = \int_{-\pi}^{+\pi} \int_{-\pi}^{+\pi} \mathrm{d}(\tfrac{1}{2}\phi)\, \mathrm{d}(\tfrac{1}{3}\psi)\, \mu(\mathrm{SU}(3)) \,. \tag{10.90}$$

Les limites ci-dessus viennent de ce que dans (10.88) les limites pour les arguments du sinus sont données par :

$$0 \leq \theta_{11} - \theta_{22} \,, \quad \theta_{11} - \theta_{33} \leq 2\pi \,, \quad \theta_{22} - \theta_{33} \leq 2\pi \,, \tag{10.91}$$

soit une période complète. Pour $\frac{1}{2}\phi = \frac{1}{2}(\theta_{11} - \theta_{22})$, cela donne les limites :

$$-\pi \le \tfrac{1}{2}\phi \le +\pi \ . \tag{10.92}$$

Finalement nous devons déterminer les limites pour ψ. Remplaçant $\psi + \frac{1}{2}\phi = \theta_{11} - \theta_{33}$ par les valeurs extrêmes de $\theta_{11} - \theta_{33}$ et $\frac{1}{2}\phi$ nous obtenons :

$$-\pi \le \tfrac{1}{3}\psi \le +\pi \ . \tag{10.93}$$

Le résultat de l'intégration (10.90) est :

$$V = 64 \times 3\pi^2/8 = 24\pi^2 \ , \tag{10.94}$$

ainsi toutes ces intégrations sont de la forme :

$$\frac{1}{V} \int\limits_{SU(3)} \mu(SU(3)) f(\phi, \psi) \, d(SU(3))$$

$$= \frac{8}{3\pi^2} \int\limits_{-\pi}^{+\pi}\int\limits_{-\pi}^{+\pi} d(\tfrac{1}{2}\phi) \, d(\tfrac{1}{3}\psi) \sin^2 \tfrac{1}{2}\phi \sin^2[\tfrac{1}{2}(\tfrac{1}{2}\phi + \psi)]$$

$$\cdot \sin^2[\tfrac{1}{2}(-\tfrac{1}{2}\phi + \psi)] f(\phi, \psi) \ . \tag{10.95}$$

Ici nous supposons que « f » ne dépend que des angles ϕ et ψ. Si f dépendait d'autres angles, nous aurions aussi à intégrer sur ceux-ci et à multiplier V par $V_0 = \int d(\theta_{ij})(i \ne j)$. Il n'y a pas, par contre, à se poser de questions par rapport à l'élément de volume $\mu(SU(3))$ qui ne dépend que des deux premiers angles.

10.15 Caractères des groupes unitaires

Si un élément d'un groupe est donné par :

$$\hat{G}_a = \exp\left(-i \sum_{ij} \theta_{ij} \hat{C}_{ij}\right) , \tag{10.96}$$

son caractère est défini par :

$$\chi(\hat{G}_a) = \text{tr}[\hat{G}_a] \ . \tag{10.97}$$

Nous savons que la trace est invariante dans une transformation de similitude, c'est-à-dire que $\hat{A}\hat{G}_a\hat{A}^{-1}$ a même trace, ou même caractère, et que chaque matrice unitaire peut être mise sous forme diagonale. Comme de plus toutes les matrices diagonales peuvent être décomposées sur les seuls générateurs de la sous-algèbre de Cartan :

$$\exp\left(-\mathrm{i}\sum_{k=1}^{N}\theta_{kk}\hat{C}_{kk}\right) , \tag{10.98}$$

il est suffisant de considérer les éléments de cette forme. Notant $(r_1, \ldots, r_N)$ les valeurs propres (poids) des $\hat{C}_{kk}$ $(k = 1, \ldots, N)$, (10.97) prend la forme :

$$\chi^{(\alpha)} = \sum_{r_1,\ldots,r_N} \exp\left(-\mathrm{i}\sum_{k=1}^{N}\theta_{kk}r_k\right) , \tag{10.99}$$

dans laquelle nous sommons sur tous les poids possibles. L'indice «(α)» indique la représentation et $(\theta_{11}, \ldots, \theta_{NN})$ la classe.

Il existe une forme générale pour les caractères des groupes unitaires, que nous allons montrer après avoir présenté le résultat et quelques exemples. Notant $\varepsilon_j = \exp(-\mathrm{i}\theta_{jj})$, le caractère est donné par le rapport de deux déterminants :

$$\chi^{(\alpha)} = \begin{vmatrix} \varepsilon_1^{h_{1N}+N-1} & \varepsilon_1^{h_{2N}+N-2} & \cdots & \varepsilon_1^{h_{NN}} \\ \varepsilon_2^{h_{1N}+N-1} & \varepsilon_2^{h_{2N}+N-2} & \cdots & \varepsilon_2^{h_{NN}} \\ \vdots & & & \\ \varepsilon_N^{h_{1N}+N-1} & \varepsilon_N^{h_{2N}+N-2} & \cdots & \varepsilon_N^{h_{NN}} \end{vmatrix} \cdot \begin{vmatrix} \varepsilon_1^{N-1} & \varepsilon_1^{N-2} & \cdots & 1 \\ \varepsilon_2^{N-1} & \varepsilon_2^{N-2} & \cdots & 1 \\ \vdots & & & \\ \varepsilon_N^{N-1} & \varepsilon_N^{N-2} & \cdots & 1 \end{vmatrix}^{-1} . \tag{10.100}$$

Les valeurs $(h_{1N}, \ldots, h_{NN})$ caractérisent la représentation du groupe $U(N)$, ce sont les poids maximaux $(r_1 = h_{1N}, r_2 = h_{2N}, \ldots, r_N = h_{NN})$. Dans le cas de $SU(N)$ nous fixons $\sum_k \theta_{kk} = 0$ de telle sorte que la représentation de $SU(N)$ est caractérisée par les nombres :

$$(h_{1N} - h_{2N}, h_{2N} - h_{3N}, \ldots, h_{(N-1)N} - h_{NN}, 0) . \tag{10.101}$$

(a) $U(1)$. C'est évident puisque ce groupe n'a qu'un paramètre :

$$\chi^{(\alpha)} = \exp(-\mathrm{i}h_{11}\theta_{11}) . \tag{10.102}$$

(b) $U(2)$. La représentation est caractérisée par h_{12} et h_{22}, et le caractère s'écrit :

$$\chi^{(\alpha)} = \begin{vmatrix} \varepsilon_1^{h_{12}+1} & \varepsilon_1^{h_{22}} \\ \varepsilon_2^{h_{12}+1} & \varepsilon_2^{h_{22}} \end{vmatrix} \cdot \begin{vmatrix} \varepsilon_1 & 1 \\ \varepsilon_2 & 1 \end{vmatrix}^{-1} = \frac{\varepsilon_1^{h_{12}+1}\varepsilon_2^{h_{22}} - \varepsilon_1^{h_{22}}\varepsilon_2^{h_{12}+1}}{\varepsilon_1 - \varepsilon_2} . \tag{10.103}$$

Exprimant $\varepsilon_i = \exp(-i\theta_{ii})$ nous déduisons :

$$\chi^{(\alpha)} = \frac{\exp[-i((h_{12}+1)\theta_{11}+h_{22}\theta_{22})] - \exp[-i(h_{22}\theta_{11}+(h_{12}+1)\theta_{22})]}{\exp(-i\theta_{11}) - \exp(-i\theta_{22})}$$

$$= \exp\left(-i\frac{(\theta_{11}+\theta_{22})(h_{12}+1+h_{22})}{2}\right)$$

$$\cdot \left(\frac{\exp\{-i[\frac{1}{2}(h_{12}+1)\theta_{11}+\frac{1}{2}h_{22}\theta_{22}-\frac{1}{2}\theta_{11}h_{22}-\frac{1}{2}\theta_{22}(h_{12}+1)]\}}{\exp(-i\theta_{11}) - \exp(-i\theta_{22})}\right.$$

$$\left. - \frac{\exp\{-i[\frac{1}{2}h_{22}\theta_{11}+\frac{1}{2}(h_{12}+1)\theta_{22}-\frac{1}{2}\theta_{11}(h_{12}+1)-\frac{1}{2}\theta_{22}h_{22}]\}}{\exp(-i\theta_{11}) - \exp(-i\theta_{22})}\right)$$

$$= \exp\left(-i\frac{(\theta_{11}+\theta_{22})(h_{12}+h_{22}+1)}{2}\right)$$

$$\cdot \left(\frac{\exp\{-i[\frac{1}{2}(h_{12}+1-h_{22})](\theta_{11}-\theta_{22})\}}{\exp(-i\theta_{11}) - \exp(-i\theta_{22})}\right.$$

$$\left. - \frac{\exp\{i[\frac{1}{2}(h_{12}+1-h_{22})](\theta_{11}-\theta_{22})\}}{\exp(-i\theta_{11}) - \exp(-i\theta_{22})}\right)$$

$$= \exp\left(-i\frac{(\theta_{11}+\theta_{22})(h_{12}+h_{22})}{2}\right)$$

$$\cdot \left\{\sin\left[\frac{(h_{12}+1-h_{22})}{2}(\theta_{11}-\theta_{22})\right]\right\} \bigg/ \left(\sin\frac{\theta_{11}-\theta_{22}}{2}\right). \quad (10.104)$$

Dans la dernière étape nous avons utilisé :

$$\exp(-i\theta_{11}) - \exp(-i\theta_{22}) \qquad (10.105)$$
$$= \exp(-\tfrac{1}{2}i(\theta_{11}+\theta_{22}))[\exp(-\tfrac{1}{2}i(\theta_{11}-\theta_{22})) - \exp(\tfrac{1}{2}i(\theta_{11}-\theta_{22}))].$$

Le passage à SU(2) s'obtient au moyen de :

$$(h_{12}-h_{22}, 0) = (2j, 0), \qquad (10.106)$$

selon (10.101). Posant $\theta_{11} + \theta_{22} = 0$ [selon (10.66)], nous obtenons :

$$\chi(\mathrm{SU}(2)) = \sin((2j+1)\phi/2)/\sin(\phi/2) \qquad (10.107)$$

pour le caractère de SU(2), avec $\phi = \theta_{11} - \theta_{22}$.

(c) U(3). La représentation est caractérisée par trois nombres (h_{11}, h_{22}, h_{33}) et le caractère vaut :

$$\chi^{(\alpha)}(\mathrm{U}(3)) = \begin{vmatrix} \varepsilon_1^{h_{13}+2} & \varepsilon_1^{h_{23}+1} & \varepsilon_1^{h_{33}} \\ \varepsilon_2^{h_{13}+2} & \varepsilon_2^{h_{23}+1} & \varepsilon_2^{h_{33}} \\ \varepsilon_3^{h_{13}+2} & \varepsilon_3^{h_{23}+1} & \varepsilon_3^{h_{33}} \end{vmatrix} \cdot \begin{vmatrix} \varepsilon_1^2 & \varepsilon_1 & 1 \\ \varepsilon_2^2 & \varepsilon_2 & 1 \\ \varepsilon_3^2 & \varepsilon_3 & 1 \end{vmatrix}^{-1}. \qquad (10.108)$$

Le dénominateur se simplifie :

$$(\varepsilon_1 - \varepsilon_2)(\varepsilon_1 - \varepsilon_3)(\varepsilon_2 - \varepsilon_3)$$
$$= 8\mathrm{i} \exp\left[-\tfrac{1}{2}\mathrm{i}(\theta_{11} + \theta_{22})\right] \exp\left[-\tfrac{1}{2}\mathrm{i}(\theta_{11} + \theta_{33})\right] \exp\left[-\tfrac{1}{2}\mathrm{i}(\theta_{22} + \theta_{33})\right]$$
$$\cdot \sin\left[\tfrac{1}{2}(\theta_{11} - \theta_{22})\right] \sin\left[\tfrac{1}{2}(\theta_{11} - \theta_{33})\right] \sin\left[\tfrac{1}{2}(\theta_{22} - \theta_{33})\right] , \qquad (10.109)$$

mais le numérateur ne peut pas être mis sous une forme plus simple. Nous allons cependant obtenir une expression qui nous sera nécessaire pour la démonstration complète de (10.100) :

$$\chi^{(\alpha)}(\mathrm{U}(3)) = \sum_{h'_{12}=h_{23}}^{h_{13}} \sum_{h'_{22}=h_{33}}^{h_{23}} \frac{\begin{vmatrix} \varepsilon_1^{h'_{12}+1} & \varepsilon_1^{h'_{22}} \\ \varepsilon_2^{h'_{12}+1} & \varepsilon_2^{h'_{22}} \end{vmatrix}}{\begin{vmatrix} \varepsilon_1 & 1 \\ \varepsilon_2 & 1 \end{vmatrix}} \times \varepsilon_3^{h_{13}+h_{23}+h_{33}-h'_{12}-h'_{22}} . \qquad (10.110)$$

Pour montrer l'équivalence de cette expression avec (10.108), nous multiplions la première colonne de (10.110) par $\varepsilon_3^{-h'_{12}-1}$ et la deuxième par $\varepsilon_3^{-h'_{22}}$:

$$\varepsilon_3^{h_{13}+h_{23}+h_{33}+1} \begin{vmatrix} \left(\dfrac{\varepsilon_1}{\varepsilon_3}\right)^{h'_{12}+1} & \left(\dfrac{\varepsilon_1}{\varepsilon_3}\right)^{h'_{22}} \\ \left(\dfrac{\varepsilon_2}{\varepsilon_3}\right)^{h'_{12}+1} & \left(\dfrac{\varepsilon_2}{\varepsilon_3}\right)^{h'_{22}} \end{vmatrix} \cdot \begin{vmatrix} \varepsilon_1 & 1 \\ \varepsilon_2 & 1 \end{vmatrix}^{-1} . \qquad (10.111)$$

En utilisant ce dernier résultat et le théorème d'addition des déterminants, (10.110) devient :

$$\varepsilon_3^{h_{13}+h_{23}+h_{33}+1} \cdot \frac{\begin{vmatrix} \left(\dfrac{\varepsilon_1}{\varepsilon_3}\right)^{h_{13}+1} + \left(\dfrac{\varepsilon_1}{\varepsilon_3}\right)^{h_{13}} + \ldots + \left(\dfrac{\varepsilon_1}{\varepsilon_3}\right)^{h_{23}+1} & \left(\dfrac{\varepsilon_1}{\varepsilon_3}\right)^{h_{23}} + \left(\dfrac{\varepsilon_1}{\varepsilon_3}\right)^{h_{23}-1} + \ldots + \left(\dfrac{\varepsilon_1}{\varepsilon_3}\right)^{h_{33}} \\ \left(\dfrac{\varepsilon_2}{\varepsilon_3}\right)^{h_{13}+1} + \left(\dfrac{\varepsilon_2}{\varepsilon_3}\right)^{h_{13}} + \ldots + \left(\dfrac{\varepsilon_2}{\varepsilon_3}\right)^{h_{23}+1} & \left(\dfrac{\varepsilon_2}{\varepsilon_3}\right)^{h_{23}} + \left(\dfrac{\varepsilon_2}{\varepsilon_3}\right)^{h_{23}-1} + \ldots + \left(\dfrac{\varepsilon_2}{\varepsilon_3}\right)^{h_{33}} \end{vmatrix}}{\begin{vmatrix} \varepsilon_1 & 1 \\ \varepsilon_2 & 1 \end{vmatrix}} . \qquad (10.112)$$

Nous multiplions alors la première ligne par $(\varepsilon_1/\varepsilon_3 - 1)$, la deuxième par $(\varepsilon_2/\varepsilon_3 - 1)$ et agissons de même pour le dénominateur. Pour le dénominateur nous obtenons :

$$\begin{vmatrix} \varepsilon_1 & 1 \\ \varepsilon_2 & 1 \end{vmatrix} \left(\frac{\varepsilon_1}{\varepsilon_3} - 1\right) \left(\frac{\varepsilon_2}{\varepsilon_3} - 1\right) = \varepsilon_3^{-2}(\varepsilon_1 - \varepsilon_2)(\varepsilon_1 - \varepsilon_3)(\varepsilon_2 - \varepsilon_3)$$
$$= \varepsilon_3^{-2} \begin{vmatrix} \varepsilon_1^2 & \varepsilon_1 & 1 \\ \varepsilon_2^2 & \varepsilon_2 & 1 \\ \varepsilon_3^2 & \varepsilon_3 & 1 \end{vmatrix} , \qquad (10.113)$$

soit la forme annoncée. Le numérateur devient :

$$
\begin{vmatrix}
\left[\left(\dfrac{\varepsilon_1}{\varepsilon_3}\right)^{h_{13}+2} - \left(\dfrac{\varepsilon_1}{\varepsilon_3}\right)^{h_{23}+1}\right] & \left[\left(\dfrac{\varepsilon_1}{\varepsilon_3}\right)^{h_{23}+1} - \left(\dfrac{\varepsilon_1}{\varepsilon_3}\right)^{h_{33}}\right] & \left(\dfrac{\varepsilon_1}{\varepsilon_3}\right)^{h_{33}} \\[2mm]
\left[\left(\dfrac{\varepsilon_2}{\varepsilon_3}\right)^{h_{13}+2} - \left(\dfrac{\varepsilon_2}{\varepsilon_3}\right)^{h_{23}+1}\right] & \left[\left(\dfrac{\varepsilon_2}{\varepsilon_3}\right)^{h_{23}+1} - \left(\dfrac{\varepsilon_2}{\varepsilon_3}\right)^{h_{33}}\right] & \left(\dfrac{\varepsilon_2}{\varepsilon_3}\right)^{h_{33}} \\[2mm]
0 & 0 & 1
\end{vmatrix} , \quad (10.114)
$$

où, dans la dernière étape, nous avons ajouté la colonne :

$$
\begin{vmatrix}
\left(\dfrac{\varepsilon_1}{\varepsilon_3}\right)^{h_{33}} \\[2mm]
\left(\dfrac{\varepsilon_2}{\varepsilon_3}\right)^{h_{33}} \\[2mm]
1
\end{vmatrix}
$$

et inséré des zéros dans la troisième ligne. La valeur du déterminant ne change pas dans cette opération! Maintenant nous ajoutons les deuxième et troisième colonnes à la première et additionnons la troisième colonne à la deuxième. Cela donne :

$$
\begin{vmatrix}
\left(\dfrac{\varepsilon_1}{\varepsilon_3}\right)^{h_{13}+2} & \left(\dfrac{\varepsilon_1}{\varepsilon_3}\right)^{h_{23}+1} & \left(\dfrac{\varepsilon_1}{\varepsilon_3}\right)^{h_{33}} \\[2mm]
\left(\dfrac{\varepsilon_2}{\varepsilon_3}\right)^{h_{13}+2} & \left(\dfrac{\varepsilon_2}{\varepsilon_3}\right)^{h_{23}+1} & \left(\dfrac{\varepsilon_2}{\varepsilon_3}\right)^{h_{33}} \\[2mm]
1 & 1 & 1
\end{vmatrix}
$$

$$
= \varepsilon_3^{-(h_{13}+2)}\,\varepsilon_3^{-(h_{23}+1)}\,\varepsilon_3^{-h_{33}}
\begin{vmatrix}
\varepsilon_1^{h_{13}+2} & \varepsilon_1^{h_{23}+1} & \varepsilon_1^{h_{33}} \\[1mm]
\varepsilon_2^{h_{13}+2} & \varepsilon_2^{h_{23}+1} & \varepsilon_2^{h_{33}} \\[1mm]
\varepsilon_3^{h_{13}+2} & \varepsilon_3^{h_{23}+1} & \varepsilon_3^{h_{33}}
\end{vmatrix} . \quad (10.115)
$$

Nous avons factorisé les termes :

$$
\varepsilon_3^{-(h_{13}+2)}, \quad \varepsilon_3^{-(h_{23}+1)} \quad \text{et} \quad \varepsilon_3^{-(h_{33})}
$$

des première, deuxième et troisième colonnes, respectivement. Finalement, en appliquant (10.113) et (10.112), nous obtenons bien le résultat (10.110). L'interprétation de ce résultat est facile. Si nous nous limitons au sous-groupe U(2), les angles $\theta_{33}, \theta_{i3}, \theta_{3j}$ $(i, j = 1, \ldots, N-1)$ doivent être mis à zéro. Seuls $(N-1)^2 = 2^2 = 4$ angles demeurent dans le cas $N = 3$. Le caractère de la représentation s'exprime alors comme la somme des caractères des représentations du sous-groupe comprises dans la représentation du groupe complet. Pour U(3), cela signifie que nous imposons $\theta_{33} = 0$, (10.110) provient alors de la somme des caractères des représentations du sous-groupe U(2) :

$$
\chi^{(\alpha)}(\mathrm{U}(3))|_{\theta_{33}=0} = \sum_{h'_{12}=h_{23}}^{h_{13}} \sum_{h'_{22}=h_{33}}^{h_{23}} \chi^{(h'_{12}, h'_{22})}(\mathrm{U}(2)) . \quad (10.116)
$$

L'équation (10.116) indique qu'une représentation (h_{13}, h_{23}, h_{33}) du groupe U(3) ne contient que les représentations (h_{12}, h_{22}) de U(2) satisfaisant l'inégalité :

$$h_{13} \geq h_{12} \geq h_{23} \geq h_{22} \geq h_{33} \, . \tag{10.117}$$

Ici chaque représentation de U(2) apparaît exactement une fois !

Enfin pour obtenir le caractère de SU(3) nous pouvons utiliser (10.110) ainsi que les résultats de l'exemple précédent :

$$
\begin{aligned}
\chi^{(h_{13}, h_{23}, h_{33})} = \chi^{(\alpha)} = \sum_{h'_{12}=h_{23}}^{h_{13}} \sum_{h'_{22}=h_{33}}^{h_{23}} & \exp[-\tfrac{\mathrm{i}}{2}(\theta_{11}+\theta_{22})(h'_{12}+h'_{22})] \\
& \times \exp[-\mathrm{i}\theta_{33}(h_{13}+h_{23}+h_{33}-h'_{12}-h'_{22})] \\
& \times \sin\left[\frac{(h'_{12}+1-h'_{22})}{2}(\theta_{11}-\theta_{22})\right]\left(\sin\frac{\theta_{11}-\theta_{22}}{2}\right)^{-1} .
\end{aligned} \tag{10.118}
$$

Considérons les deux premiers facteurs qui peuvent être réécrits selon :

$$
\begin{aligned}
\exp[&-\tfrac{\mathrm{i}}{3}(\theta_{11}+\theta_{22}+\theta_{33})(h_{13}+h_{23}+h_{33})] \\
&\times \exp[-\tfrac{\mathrm{i}}{2}(\theta_{11}+\theta_{22}-2\theta_{33})(h'_{12}+h'_{22})] \\
&\times \exp\left[\tfrac{\mathrm{i}}{3}(\theta_{11}+\theta_{22}-2\theta_{33})(h_{13}+h_{23}+h_{33})\right] \\
=\exp&\left[-\tfrac{\mathrm{i}}{3}(\theta_{11}+\theta_{22}+\theta_{33})(h_{13}+h_{23}+h_{33})\right] \\
&\times \exp\left[-\tfrac{\mathrm{i}}{2}[(\theta_{11}-\theta_{33})+(\theta_{22}-\theta_{33})](h'_{12}+h'_{22})\right] \\
&\times \exp\left[\tfrac{\mathrm{i}}{3}[(\theta_{11}-\theta_{33})+(\theta_{22}-\theta_{33})](h_{13}+h_{23}+h_{33})\right] .
\end{aligned} \tag{10.119}
$$

Par suite, pour (10.110) ou (10.118) nous avons :

$$
\begin{aligned}
\chi^{(h_{13}, h_{23}, h_{33})}&(\mathrm{U}(3)) \\
=\exp&\left[-\tfrac{\mathrm{i}}{3}(\theta_{11}+\theta_{22}+\theta_{33})(h_{13}+h_{23}+h_{33})\right] \\
&\times \exp\left[\tfrac{\mathrm{i}}{3}[(\theta_{11}-\theta_{33})+(\theta_{22}-\theta_{33})](h_{13}+h_{23}+h_{33})\right] \\
&\times \sum_{h'_{12}=h_{23}}^{h_{13}} \sum_{h'_{22}=h_{33}}^{h_{23}} \exp\left[-\tfrac{\mathrm{i}}{2}[(\theta_{11}-\theta_{33})+(\theta_{22}-\theta_{33})](h'_{12}+h'_{22})\right] \\
&\times \sin\left[\left(\frac{h'_{12}+1-h'_{22}}{2}\right)(\theta_{11}-\theta_{22})\right]\left(\sin\frac{\theta_{11}-\theta_{22}}{2}\right)^{-1} .
\end{aligned} \tag{10.120}
$$

Dans le cas de SU(3) nous avons $\theta_{11}+\theta_{22}+\theta_{33}=0$ qui, avec (10.68), donne :

$$
\begin{aligned}
\chi^{(h_{13}-h_{23}, h_{23}-h_{33}, 0)}&(\mathrm{SU}(3)) \\
=\exp&\left[\frac{2\mathrm{i}\psi}{3}(h_{13}+h_{23}+h_{33})\right] \sum_{h'_{12}=h_{23}}^{h_{13}} \sum_{h'_{22}=h_{33}}^{h_{23}} \exp[-\mathrm{i}\psi(h'_{12}+h'_{22})] \\
&\times \sin\left[\left(\frac{h'_{12}+1-h'_{22}}{2}\right)\phi\right]\left(\sin\frac{\phi}{2}\right)^{-1} .
\end{aligned} \tag{10.121}
$$

Ici la représentation de SU(3) est donnée par :

$$(p, q, 0) = (h_{13} - h_{23}, h_{23} - h_{33}, 0) \ . \tag{10.122}$$

Un cas particulier est la représentation scalaire, pour laquelle nous avons $h_{13} = h_{23} = h_{33} = 0$ et, par suite, $h'_{12} = h'_{22} = 0$; la fonction caractère est identiquement égale à 1, ce qui est aussi évident d'après (10.108).

Dans le dernier exemple, nous avons décrit comment calculer le caractère pour une représentation unitaire. La démonstration générale peut être faite au moyen d'un raisonnement par récurrence, en partant de U(1) qui est évident, puis, supposant le résultat valide pour U(N), le vérifier pour U($N+1$). Le procédé est identique à celui mené sur le dernier exemple, mis à part que maintenant plus de deux sommes doivent être effectuées et plus d'indices entrent en jeu.

En résumé, reprenons quelques-unes des formules utiles concernant les groupes unitaires. De (10.22), (10.23) et (10.56), respectivement, nous tirons :

$$V^{-1} \int\limits_{U(N)} \chi^{(\alpha)} \chi^{(\beta)*} \mu(U(N)) \, d\theta = \delta_{\alpha\beta} \ , \tag{10.123}$$

où $d\theta$ représente $d\theta_{11} \, d\theta_{22} \ldots d\theta_{NN}$, et V est donné par :

$$V = \int\limits_{U(N)} \mu(U(N)) \, d\theta \ . \tag{10.124}$$

Comme les caractères ne dépendent que de $\theta_{11}, \ldots, \theta_{NN}$, l'intégration sur ces angles est suffisante. $\chi^{(\alpha)}$ est donnée par (10.100) et $\mu(U(N))$ par (10.83). De plus, comme dans (10.29) nous pouvons écrire le caractère χ pour une représentation réductible sous la forme :

$$\chi = \sum m_\alpha \chi^{(\alpha)} \ , \tag{10.125}$$

où les $\chi^{(\alpha)}$ sont les caractères des seules représentations irréductibles. Pour un produit de représentations nous avons [voir (10.38)] :

$$\chi^{(\alpha \times \beta)} = \chi^{(\alpha)} \cdot \chi^{(\beta)} \ . \tag{10.126}$$

À l'aide de ces formules nous pouvons déterminer les représentations irréductibles contenues dans n'importe quelle représentation et, si nous nous limitons à une sous-algèbre unitaire, nous pouvons de plus déterminer les représentations dans lesquelles la représentation de départ peut être décomposée. Un exemple de ceci est donné par la réduction U(3)→U(2) dans (10.116).

EXEMPLE ████████████████████████████

10.3 Utilisation de la notion de caractère : fonction de partition pour le plasma de quarks et de gluons avec symétrie SU(3) exacte

Ces dernières années, le plasma de quarks et de gluons[1] a été l'objet d'études approfondies par les physiciens théoriciens. Le terme «plasma de quarks et de gluons» décrit un nouvel état de la matière nucléaire dans lequel les quarks et les gluons se déplacent librement. On pense que cet état a existé pendant les vingt premières microsecondes qui ont suivi le «big-bang» de notre univers. Aujourd'hui, on espère créer ce plasma dans les réactions d'ions lourds à très haute énergie. De façon à pouvoir reconnaître qu'un plasma de quarks et de gluons a été formé, ses propriétés doivent être étudiées théoriquement et des signatures caractéristiques doivent être obtenues, comme, par exemple, l'augmentation du nombre de particules étranges. Comme les excitations du plasma peuvent atteindre de hautes énergies et que l'environnement nucléaire peut agir comme un «bain thermalisé», nous avons affaire à un problème de thermodynamique. Cependant, à cause du confinement de la couleur, la couleur globale du plasma doit toujours être neutre, ce qui signifie que seuls les états singlets de SU(3) sont accessibles.

Dans la suite nous allons préciser quelques définitions de thermodynamique, avant de montrer qu'en utilisant la notion de caractère on peut se restreindre aux états qui appartiennent à une certaine représentation d'un groupe SU(N). Comme premier exemple nous discuterons de l'isospin qui est conservé dans les réactions nucléaires pour lesquelles l'interaction électromagnétique est négligeable, de telle manière que seuls les états d'isospin donné sont accessibles. Comme second exemple nous étudierons le plasma de quarks et de gluons.

Quelques expressions thermodynamiques. La fonction de partition est l'objet central dans la description thermodynamique des systèmes statistiques. Elle est définie par :

$$Z = \text{tr}[\exp(-\beta \hat{H})] \,, \tag{1}$$

où $\beta = 1/kT$, avec k la constante de Boltzmann, T la température et $\hat{H}$ le hamiltonien. L'opération de trace signifie que l'on somme sur tous les éléments diagonaux dans l'espace de Hilbert. Si un système sans interaction a des états discrets d'énergie ε_i, la valeur moyenne de $\hat{H}$ est donnée par

$$\sum_{i=1}^{\infty} n_i \varepsilon_i \,, \tag{2}$$

où les n_i sont les nombres d'occupation, qui précisent combien de particules se trouvent sur le niveau ε_i. Si le spectre d'énergie est continu la somme dans

---

[1] Voir par exemple : B. Müller : *The Physics of the Quark-Gluon Plasma*, Lecture Notes in Physics 225 (Springer, Berlin, Heidelberg 1985).

Exemple 10.3

(2) est remplacée par une intégrale. Une fois la fonction de partition connue, les quantités physiques comme la pression P et l'énergie interne U peuvent facilement être calculées en utilisant les expressions :

$$P = T \, \partial \log Z / \partial V \,, \tag{3a}$$

$$U = -\partial \log Z / \partial \beta \,. \tag{3b}$$

La fonction de partition est donnée par des expressions différentes pour les systèmes de bosons et de fermions. Pour le voir nous commençons par abréger les exponentielles qui apparaissent dans la fonction de partition :

$$Z_i \equiv \exp(-\beta \varepsilon_i) \,. \tag{4}$$

(1) prend alors la forme :

$$Z \equiv \sum_{(n_i)} \exp \left(-\beta \sum_i n_i \varepsilon_i \right) = \sum_{(n_i)} \prod_{i=1}^{\infty} (Z_i)^{n_i} \,, \tag{5}$$

où (n_i) représente tous les ensembles possibles de nombres d'occupation. Pour des bosons (par exemple les gluons), cela donne :

$$Z_B = \left(\sum_{n_1=0}^{\infty} Z_1^{n_1} \right) \left(\sum_{n_2=0}^{\infty} Z_2^{n_2} \right) \cdots \left(\sum_{n_i=0}^{\infty} Z_i^{n_i} \right) \cdots \,. \tag{6}$$

Chaque état peut être occupé par un nombre arbitraire de bosons. Comme toutes les sommes dans (6) sont des séries géométriques, on obtient :

$$Z_B = \prod_{i=1}^{\infty} \frac{1}{1 - Z_i} = \prod_{i=1}^{\infty} \frac{1}{1 - \exp(-\beta \varepsilon_i)} \,. \tag{7}$$

Pour les fermions (par exemple les quarks ou les nucléons), chaque état ne peut être occupé que par zéro ou une particule :

$$\sum_{n_i} Z_i = 1 + Z_i = 1 + \exp(-\beta \varepsilon_i) \,. \tag{8}$$

Le premier terme correspond au cas où il n'y a pas de particule dans l'état i, alors que le second correspond à une particule dans cet état. Par suite, la fonction de partition pour les fermions est donnée par :

$$Z_F = \prod_{i=1}^{\infty} [1 + \exp(-\beta \varepsilon_i)] \,. \tag{9}$$

Pour le calcul, les produits sont mis dans l'exposant :

$$Z_B = \exp \left(\ln \prod_i \frac{1}{1 - Z_i} \right) = \exp \left[-\sum_{i=1}^{\infty} \ln(1 - e^{-\beta \varepsilon_i}) \right] \,, \tag{10a}$$

$$Z_F = \exp \left[\ln \prod_i (1 + Z_i) \right] = \exp \left[+\sum_{i=1}^{\infty} \ln(1 + e^{-\beta \varepsilon_i}) \right] \,. \tag{10b}$$

Exemple 10.3

Mais que se passe-t-il si nous examinons une situation avec conservation d'une symétrie globale? Z_B et Z_F ne prennent pas en compte une symétrie conservée et contiennent des états qui ne sont pas accessibles. Dans le cas du plasma de quarks et de gluons, on a un produit de Z_B et Z_F prenant en compte des états colorés.

Dans la suite, nous allons commencer par considérer le cas général d'une symétrie SU(n) exacte en montrant comment effectuer la projection sur les états appartenant à une certaine représentation de SU(n). En premier lieu, nous ajoutons une somme sur les opérateurs de poids $\hat{C}_{kk}$ dans l'exponentielle :

$$\tilde{Z} = \mathrm{tr}\left[\exp\left(-\beta\hat{H} - \mathrm{i}\sum_k \theta_{kk}\hat{C}_{kk}\right)\right],\tag{11}$$

où le tilde sur Z exprime que $\tilde{Z}$ est différente de l'ancienne fonction de partition Z. La trace est définie comme la somme sur les éléments de matrices diagonaux pour tous les états possibles :

$$\tilde{Z} = \sum_{(p)}\sum_{(m)}\left\langle (p)(m)\left|\exp\left(-\beta\hat{H}-\mathrm{i}\sum_k\theta_{kk}\hat{C}_{kk}\right)\right|(p)(m)\right\rangle.\tag{12}$$

(m) est une abréviation pour tous les nombres quantiques qui indiquent l'état dans la représentation irréductible (p). Pour SU(3), nous avons $(m) = (y, T_z)$. Insérant un ensemble complet d'états :

$$\tilde{Z} = \sum_{\substack{(p)\ (m)\\(p')\ (m')}}\left\langle (p)(m)\left|\exp(-\beta\hat{H})\right|(p')(m')\right\rangle$$
$$\times\left\langle (p')(m')\left|\exp\left(-\mathrm{i}\sum_{k=1}^n\theta_{kk}\hat{C}_{kk}\right)\right|(p)(m)\right\rangle.\tag{13}$$

Nous notons que les éléments de matrice de $\hat{H}$ sont indépendants de (m), parce que $\hat{H}$ respecte la symétrie de couleur. Réalisant que $\hat{C}_{kk}$ ne change ni la représentation (p) ni le nombre quantique (m), nous obtenons :

$$\tilde{Z} = \sum_{(p)}\left\langle (p)\left|\mathrm{e}^{-\beta\hat{H}}\right|(p)\right\rangle\sum_{(m)}\left\langle (p)(m)\left|\exp\left(-\mathrm{i}\sum_k\theta_{kk}\hat{C}_{kk}\right)\right|(p)(m)\right\rangle.\tag{14}$$

La dernière somme est égale à la définition du caractère de la représentation (p) :

$$\chi^{(p)}(\theta_{kk}) = \sum_{(m)}\left\langle (p)(m)\left|\exp\left(-\mathrm{i}\sum_k\theta_{kk}\hat{C}_{kk}\right)\right|(p)(m)\right\rangle.\tag{15}$$

Exemple 10.3   Le premier facteur dans (14) peut être réécrit :

$$\left\langle (p) \left| e^{-\beta \hat{H}} \right| (p) \right\rangle = \frac{1}{\dim(p)} \sum_{\tilde{m}} \left\langle (p)(\tilde{m}) \left| e^{-\beta \hat{H}} \right| (p)(\tilde{m}) \right\rangle$$

$$\equiv \frac{1}{\dim(p)} Z_{(p)} . \tag{16}$$

Comme l'élément de matrice dans la somme est indépendant de (m), nous obtenons $\dim(p)$ fois la même valeur [$\dim(p)$ est la dimension de la représentation (p)]. La somme dans (16) est donc égale à :

$$Z_{(p)} = \mathrm{tr}_{(p)}[\exp(-\beta \hat{H})] , \tag{17}$$

c'est-à-dire à la trace, calculée seulement sur les états de la représentation (p). L'équation (17) est la fonction de partition que nous cherchions à obtenir. En résumé, nous obtenons pour $\tilde{Z}$:

$$\tilde{Z} = \sum_{(p)} \frac{Z_{(p)}}{\dim(p)} \chi^{(p)}(\theta_{kk}) . \tag{18}$$

$\tilde{Z}$ est calculée de la même manière que dans (10a) et (10b), avec l'ajout des opérateurs de poids $\hat{C}_{kk}$. Pour obtenir $Z_{(p)}$, nous utilisons la relation d'orthogonalité (10.123) pour les caractères :

$$Z_{(p)} = \dim(p) \int d\mu(\theta_{kk}) \chi^{(p)}(\theta_{kk}) \tilde{Z}(\beta, \hat{H}, \theta_{kk}) , \tag{19}$$

avec :

$$d\mu(\theta_{kk}) = \frac{1}{V} \mu(SU(n)) \, d(SU(n)) .$$

L'équation (19) est la relation utilisée pour le calcul de $Z_{(p)}$.

Exemple (a) : Conservation de l'isospin dans les réactions nucléaires. Dans (10.107) nous avons déjà défini le caractère pour SU(2) :

$$\chi^{(p)}(SU(2)) = \frac{\sin(\frac{1}{2}(p+1)\phi)}{\sin \frac{1}{2}\phi} , \tag{20}$$

avec $p = 2j$, $\phi = \phi_{11} - \phi_{22}$ et $\phi_{11} + \phi_{22} = 0$. Dans (10.86), nous avons montré que la mesure s'écrit :

$$d\mu(\phi) = \frac{1}{2\pi} \sin^2 \left(\frac{\phi}{2} \right) d\phi , \quad \text{avec} \quad 0 \leq \phi \leq 4\pi . \tag{21}$$

Pour la fonction de partition, ne prenant en compte que les états d'isospin donné I [$\dim(p) = 2I + 1$], nous obtenons donc :

$$Z_{(I)} = \frac{(2I+1)}{2\pi} \int_0^{4\pi} d\phi \cdot \sin^2 \frac{1}{2}\phi \cdot \tilde{Z}(\beta, \hat{H}, \phi) . \tag{22}$$

Avec (11), $\tilde{Z}$ a la forme :

$$\tilde{Z}(\phi) = \text{tr}\left\{\exp\left[-\beta\hat{H} - \frac{i}{2}\phi(\hat{C}_{11} - \hat{C}_{22})\right]\right\}.\tag{23}$$

En passant de U(n) à SU(n), nous avons utilisé [voir (10.66) pour le cas U(3)→SU(3)] :

$$\sum_{k=1}^{n} \theta_{kk} = 0.\tag{24}$$

L'équation (23) définit une fonction qui oscille rapidement, avec des valeurs comprises entre 0 et quelque puissance de dix. (22) n'a pas de solution analytique, cependant des méthodes d'approximation ou des approches numériques sont possibles.

Exemple (b) : Conservation de la charge de couleur pour SU(3). Si un plasma de quarks et de gluons est formé dans une réaction d'ions lourds, la couleur globale doit rester à zéro à tout instant. Le caractère d'une représentation de SU(3) a la forme donnée dans (10.118), et nous considérons une représentation scalaire [singlet $(p) = (p_1, p_2) = (0, 0)$]. Le caractère singlet est $\chi^{(0,0)} = 1$. La mesure est donnée dans (10.95) :

$$d\mu(\phi, \psi) = \frac{8}{3\pi^2} \sin^2\frac{\phi}{2} \sin^2\left[\frac{1}{2}\left(\frac{\phi}{2}+\psi\right)\right]$$
$$\cdot \sin^2\left[\frac{1}{2}\left(-\frac{\phi}{2}+\psi\right)\right] d\left(\frac{\phi}{2}\right) d\left(\frac{\psi}{3}\right)\tag{25}$$

avec :

$$\phi = \theta_{11} - \theta_{22}, \quad -\pi \le \frac{1}{2}\phi \le \pi$$
$$\psi = \frac{1}{2}(\theta_{11} + \theta_{22} - 2\theta_{33}), \quad -\pi \le \frac{\psi}{3} \le \pi \quad \text{et}$$
$$\theta_{11} + \theta_{22} + \theta_{33} = 0.\tag{26}$$

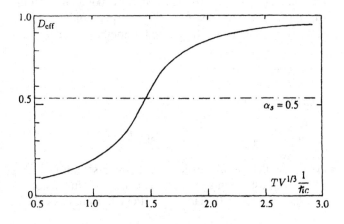

Réduction du nombre de degrés de liberté effectifs pour la théorie de jauge SU(3)

Exemple 10.3   Nous obtenons donc, pour la fonction de partition se limitant aux états non colorés, l'intégrale :

$$Z_{(0,0)} = \frac{8}{3\pi^2} \int\limits_{-\pi}^{\pi} \int\limits_{-\pi}^{\pi} \mathrm{d}\left(\frac{\phi}{2}\right) \mathrm{d}\left(\frac{\psi}{3}\right) \sin^2 \frac{\phi}{2} \sin^2 \frac{1}{2}\left(\frac{\phi}{2} + \psi\right)$$

$$\times \sin^2 \frac{1}{2}\left(-\frac{\phi}{2} + \psi\right) \tilde{Z}(\beta, \hat{H}, \phi, \psi) . \tag{27}$$

De nouveau $\tilde{Z}$ est une fonction à oscillations rapides avec des valeurs comprises entre 0 et une grande puissance de dix ; par suite, une intégration numérique est nécessaire. Un moyen intéressant de présenter le résultat est de prendre le rapport entre l'énergie $E_{(0,0)}$ calculée avec $Z_{(0,0)}$ et l'énergie $E^{(0)}$ obtenue sans aucune restriction de symétrie. La quantité $D_{\text{eff}} = E_{(0,0)}/E^{(0)}$ décrit la déviation par rapport au comportement de Stefan–Boltzmann d'un gaz idéal et peut être comprise comme un nombre effectif de degrés de liberté. Le résultat est montré dans la figure ci-dessus, où D_{eff} apparaît comme une fonction de la quantité sans dimension $TV^{1/3}/(\hbar c)$. Nous voyons une région de transition où le nombre effectif de degrés de liberté décroît rapidement. Ce comportement est indicatif d'une transition de phase, mais l'examen de la chaleur spécifique montre qu'il n'y a pas de discontinuité.

EXEMPLE

10.4 Démonstration de la formule de récurrence pour la dimension des représentations de SU(n)

Nous avons donné dans ce chapitre la formule générale (10.100) pour le caractère d'une représentation $[h_1, h_2, \ldots, h_n]$ du groupe U(n). Les quantités $[h_1, h_2, \ldots, h_n]$ représentent le nombre de boîtes dans un diagramme de Young, avec h_1 boîtes dans la première ligne, h_2 boîtes dans la deuxième ligne, etc. Un diagramme de Young de SU(n) est obtenu en éliminant la dernière ligne ($h_n = 0$). Les nombres $p_1, p_2, \ldots, p_{n-1}$ qui caractérisent la représentation dans SU(n) sont en relation avec les nombres h_i ($i = 1, 2, \ldots, n$) selon :

$$p_i = h_i - h_{i+1} . \tag{1}$$

Pour p_{n-1}, cela donne :

$$p_{n-1} = h_{n-1} - h_n = h_{n-1} \quad \text{si} \quad h_n = 0 . \tag{2}$$

Pour calculer la dimension de la représentation $(p_1, p_2, \ldots, p_{n-1})$ dans SU(n), il est avantageux de calculer la dimension de la représentation $[h_1, h_2, \ldots, h_{n-1}, 0]$ dans U(n). Pour la suite des calculs, nous avons besoin d'inverser (1) :

$$h_{n-1} = p_{n-1} \, ,$$
$$h_{n-2} = p_{n-1} + p_{n-2} \, ,$$
$$h_{n-3} = p_{n-1} + p_{n-2} + p_{n-3} \, ,$$
$$\vdots$$
$$h_2 = p_{n-1} + p_{n-2} + p_{n-3} + \ldots + p_2 \, ,$$
$$h_1 = p_{n-1} + p_{n-2} + p_{n-3} + \ldots + p_2 + p_1 \, . \tag{3}$$

La dimension de la représentation est donnée par la valeur du caractère de l'identité (tous les angles $\theta_{kk} = 0$). Dans ce cas, nous avons une matrice diagonale avec un 1 partout, dont le caractère est la somme sur tous ces « 1 », c'est-à-dire la dimension. Cela est clair à partir de (10.99), où l'exposant est égal à 0 et la sommation est effectuée sur tous les états. Avant d'envisager l'approche générale, nous étudions plusieurs exemples.

(a) SU(2). Selon (10.100), le caractère est donné par :

$$\chi^{[h_1 0]}(U(2)) = \frac{\begin{vmatrix} \varepsilon^{h_1+1} & 1 \\ \varepsilon_2^{h_1+1} & 1 \end{vmatrix}}{\begin{vmatrix} \varepsilon_1 & 1 \\ \varepsilon_2 & 1 \end{vmatrix}} \, . \tag{4}$$

ε_1, ε_2 sont des exponentielles [$\varepsilon_k = \exp(-i\theta_{kk})$] mais peuvent être considérées comme des variables quelconques. Pour le cas ($\theta_{kk} = 0$), nous avons :

$$\varepsilon_k \xrightarrow[\theta_{kk} \to 0]{} 1 \, . \tag{5}$$

Comme le numérateur et le dénominateur approchent zéro, nous pouvons appliquer la règle de l'Hospital qui consiste à dériver le numérateur et le dénominateur suivant une des variables et à former le rapport de ces dérivées ; si ce rapport tend vers une limite, la limite de $\chi^{[h_1 0]}$ existe aussi et est égale à cette valeur. Choisissant $\partial/\partial \varepsilon_1$:

$$\frac{\partial/\partial \varepsilon_1 \begin{vmatrix} \varepsilon_1^{h_1+1} & 1 \\ \varepsilon_2^{h_2+1} & 1 \end{vmatrix}}{\partial/\partial \varepsilon_1 \begin{vmatrix} \varepsilon_1 & 1 \\ \varepsilon_2 & 1 \end{vmatrix}} = \frac{\begin{vmatrix} (h_1+1) + \varepsilon_1^{h_1} & 0 \\ \varepsilon_2^{h_2+1} & 1 \end{vmatrix}}{\begin{vmatrix} 1 & 0 \\ \varepsilon_2 & 1 \end{vmatrix}} \xrightarrow{\theta_{kk} \to 0} \frac{\begin{vmatrix} (h_1+1) & 0 \\ 1 & 1 \end{vmatrix}}{\begin{vmatrix} 1 & 0 \\ 1 & 1 \end{vmatrix}} = h_1 + 1 \, . \tag{6}$$

Comme pour SU(2) $h_1 = p_1$, ce résultat est en accord avec (9.58).

(b) SU(3). Selon (10.100), le caractère est donné par :

$$\chi^{[h_1 h_2 0]}(U(3)) = \begin{vmatrix} \varepsilon_1^{h_1+2} & \varepsilon_1^{h_2+1} & 1 \\ \varepsilon_2^{h_1+2} & \varepsilon_2^{h_2+1} & 1 \\ \varepsilon_3^{h_1+2} & \varepsilon_3^{h_2+1} & 1 \end{vmatrix} \cdot \begin{vmatrix} \varepsilon_1^2 & \varepsilon_1 & 1 \\ \varepsilon_2^2 & \varepsilon_2 & 1 \\ \varepsilon_3^2 & \varepsilon_3 & 1 \end{vmatrix}^{-1} \, . \tag{7}$$

Exemple 10.4

Nous dérivons maintenant trois fois, une fois par rapport à ε_2 et deux fois par rapport à ε_1. (L'ordre inverse ne convient pas car le numérateur et le dénominateur sont tous deux nuls.) Le résultat est :

$$
\left(\frac{\partial^2}{\partial \varepsilon_1^2} \frac{\partial}{\partial \varepsilon_2} \begin{vmatrix} \varepsilon_1^{h_1+2} & \varepsilon_1^{h_2+1} & 1 \\ \varepsilon_2^{h_1+2} & \varepsilon_2^{h_2+1} & 1 \\ \varepsilon_3^{h_1+2} & \varepsilon_3^{h_2+1} & 1 \end{vmatrix} \right) \cdot \left(\frac{\partial^2}{\partial \varepsilon_1^2} \frac{\partial}{\partial \varepsilon_2} \begin{vmatrix} \varepsilon_1^2 & \varepsilon_1 & 1 \\ \varepsilon_2^2 & \varepsilon_2 & 1 \\ \varepsilon_3^2 & \varepsilon_3 & 1 \end{vmatrix} \right)^{-1}
$$

$$
= \begin{vmatrix} (h_1+2)(h_1+1)\varepsilon_1^{h_1} & (h_2+1)h_2\varepsilon_1^{h_2-1} & 0 \\ (h_1+2)\varepsilon_2^{h_1+1} & (h_2+1)\varepsilon_2^{h_2} & 0 \\ \varepsilon_3^{h_1+2} & \varepsilon_3^{h_2+1} & 1 \end{vmatrix} \cdot \begin{vmatrix} 2 & 0 & 0 \\ 2\varepsilon_2 & 1 & 0 \\ \varepsilon_3^2 & \varepsilon_3 & 1 \end{vmatrix}^{-1} . \tag{8a}
$$

Dans la limite $\theta_{kk} \to 0$, nous obtenons :

$$
\frac{1}{2 \cdot 1 \cdot 1} \begin{vmatrix} (h_1+2)(h_1+1) & (h_2+1)h_2 & 0 \\ (h_1+2) & (h_2+1) & 0 \\ 1 & 1 & 1 \end{vmatrix}
$$

$$
= \tfrac{1}{2}(h_1+2)(h_2+1)(h_1-h_2+1), \tag{8b}
$$

puis, en utilisant (3), qui relie h_1, h_2 et p_1, p_2, nous obtenons la formule pour la dimension de SU(3) :

$$
\tfrac{1}{2}(h_1-h_2+1)(h_2+1)(h_1+2) = \tfrac{1}{2}(p_1+1)(p_2+1)(p_1+p_2+2) . \tag{8c}
$$

Ces deux exemples nous montrent la procédure générale.

Il est intéressant d'exprimer le caractère de U(3) en fonction de celui de U(2), car cela donne une autre idée de la façon d'obtenir la formule de récurrence (9.61). À cette fin, nous considérons le numérateur et le dénominateur dans (8a) et (8b) séparément.

Numérateur :

$$
\begin{vmatrix} (h_1+2)(h_1+1)\varepsilon_1^{h_1} & (h_2+1)h_2\varepsilon_1^{h_2-1} & 0 \\ (h_1+2)\varepsilon_2^{h_1+1} & (h_2+1)\varepsilon_2^{h_2} & 0 \\ \varepsilon_3^{h_1+2} & \varepsilon_3^{h_2+1} & 1 \end{vmatrix}
$$

$$
= \begin{vmatrix} (h_1+2)(h_1+1)\varepsilon_1^{h_1} & (h_2+1)h_2\varepsilon_1^{h_2-1} \\ (h_1+2)\varepsilon_2^{h_1+1} & (h_2+1)\varepsilon_2^{h_2} \end{vmatrix}
$$

$$
= (h_1+2)(h_2+1) \begin{vmatrix} (h_1+1)\varepsilon_1^{h_1} & h_2\varepsilon_1^{h_2-1} \\ \varepsilon_1^{h_1+1} & \varepsilon_1^{h_2} \end{vmatrix} . \tag{9}
$$

En inversant la règle de l'Hospital nous pouvons remplacer (9) par :

$$
(h_1+2)(h_2+1)\frac{\partial}{\partial \varepsilon_1} \begin{vmatrix} \varepsilon_1^{h_1+1} & \varepsilon_1^{h_2} \\ \varepsilon_2^{h_1+1} & \varepsilon_2^{h_2} \end{vmatrix} . \tag{10a}
$$

Dénominateur : procédant de manière analogue, nous obtenons : *Exemple 10.4*

$$
\begin{vmatrix} 2 & 0 & 0 \\ 2\varepsilon_2 & 1 & 0 \\ \varepsilon_3^2 & \varepsilon_3 & 1 \end{vmatrix} = \begin{vmatrix} 2 & 0 \\ 2\varepsilon_2 & 1 \end{vmatrix} = 2\begin{vmatrix} 1 & 0 \\ \varepsilon_2 & 1 \end{vmatrix} = 2\frac{\partial}{\partial\varepsilon_1}\begin{vmatrix} \varepsilon_1 & 1 \\ \varepsilon_2 & 1 \end{vmatrix} .
\tag{10b}
$$

Écrivant (10a) et (10b) ensemble :

$$
\frac{1}{2}(h_2+1)(h_1+2)\left(\frac{\partial}{\partial\varepsilon_1}\begin{vmatrix} \varepsilon_1^{h_1+1} & \varepsilon_1^{h_2} \\ \varepsilon_2^{h_1+1} & \varepsilon_2^{h_2} \end{vmatrix}\right)\left(\frac{\partial}{\partial\varepsilon_1}\begin{vmatrix} \varepsilon_1 & 1 \\ \varepsilon_2 & 1 \end{vmatrix}\right)^{-1} .
\tag{10c}
$$

Si nous abandonnons maintenant les dérivées, nous obtenons le caractère de la représentation $[h_1, h_2]$ pour U(2) et $(p_1) = (h_1 - h_2)$ pour SU(2), respectivement. Comme (10c) existe dans la limite $\theta_{kk} \to 0$, la limite existe aussi sans les dérivées. Cela signifie :

$$
\dim[h_1 h_2 0]_{\text{U}(3)} = \frac{1}{2!}(h_2+1)(h_1+2)\dim[h_1 h_2]_{\text{U}(2)} ,
\tag{11a}
$$

ou, avec (3) :

$$
\dim(p_1 p_2)_{\text{SU}(3)} = \frac{1}{2!}(p_2+1)(p_1+p_2+2)\dim(p_1)_{\text{SU}(2)} .
\tag{11b}
$$

C'est juste la formule de récurrence (9.61) pour le cas $(n+1) = 3$.

Le procédé général doit maintenant être clair. Pour le groupe U(n), le caractère est donné par (10.100). Nous considérons ceci pour le dénominateur et le numérateur séparément.

Dénominateur :

$$
\frac{\partial^{n-1}}{\partial\varepsilon_1^{n-1}}\frac{\partial^{n-2}}{\partial\varepsilon_2^{n-2}}\frac{\partial}{\partial\varepsilon_{n-1}}\begin{vmatrix} \varepsilon_1^{n-1} & \varepsilon_1^{n-2} & \cdots & \varepsilon_1 & 1 \\ \varepsilon_2^{n-1} & \varepsilon_2^{n-2} & \cdots & \varepsilon_2 & 1 \\ \vdots & \vdots & & \vdots & \vdots \\ \varepsilon_{n-1}^{n-1} & \varepsilon_{n-1}^{n-2} & \cdots & \varepsilon_{n-1} & 1 \\ \varepsilon_n^{n-1} & \varepsilon_n^{n-2} & \cdots & \varepsilon_n & 1 \end{vmatrix}
$$

$$
= \begin{vmatrix} (n-1)(n-2)\cdots 1 & 0 & \cdots & 0 \\ (n-1)(n-2)\cdots 2\varepsilon_2 & (n-2)(n-3)\cdots 1 & 0 & \cdots & 0 \\ \vdots & \vdots & \vdots & \vdots & \vdots \\ (n-1)\varepsilon_{n-1}^{n-2} & (n-2)\varepsilon_{n-1}^{n-3} & \cdots & 1 & 0 \\ \varepsilon_n^{n-1} & \varepsilon_n^{n-2} & \cdots & \varepsilon_n & 1 \end{vmatrix} .
\tag{12}
$$

Exemple 10.4

Comme d'habitude, nous abandonnons la ligne et la colonne numéro n, et séparons les facteurs $(n-1)(n-2)\cdots 1 = (n-1)!$:

$$(n-1)! \begin{vmatrix} (n-2)\cdots 1 & 0 & \ldots & 0 \\ (n-2)\cdots 2\varepsilon_2 & (n-3)\cdots 1 & \ldots & 0 \\ \vdots & \vdots & \vdots & \\ \varepsilon_{n-1}^{n-2} & \varepsilon_{n-1}^{n-3} & \ldots & 1 \end{vmatrix}$$

$$= (n-1)! \frac{\partial^{n-2}}{\partial\varepsilon_1^{n-2}} \frac{\partial^{n-3}}{\partial\varepsilon_2^{n-3}} \frac{\partial}{\partial\varepsilon_{n-2}} \begin{vmatrix} \varepsilon_1^{n-2} & \varepsilon_1^{n-3} & \ldots & \varepsilon_1 & 1 \\ \varepsilon_2^{n-2} & \varepsilon_2^{n-3} & \ldots & \varepsilon_2 & 1 \\ \vdots & \vdots & & \vdots & \vdots \\ \varepsilon_{n-1}^{n-2} & \varepsilon_{n-1}^{n-3} & \ldots & \varepsilon_{n-1} & 1 \end{vmatrix}. \tag{13}$$

Nous avons donc obtenu le dénominateur pour le caractère de la représentation de $U(n-1)$.

Numérateur : l'application de $(\partial^{n-1}/\partial\varepsilon_1^{n-1})\cdots(\partial/\partial\varepsilon_{n-1})$ donne :

$$\begin{vmatrix} (h_1+n-1)\cdots(h_1+1)\varepsilon_1^{h_1} & (h_2+n-2)\cdots h_2\varepsilon_1^{h_2-1} & \cdots & 0 \\ (h_1+n-1)\cdots(h_1+2)\varepsilon_2^{h_1+1} & (h_2+n-2)\cdots(h_2+1)\varepsilon_1^{h_2} & \cdots & 0 \\ \vdots & \vdots & \vdots & \\ (h_1+n-1)\varepsilon_{n-1}^{h_1+n-2} & (h_2+n-2)\varepsilon_{n-1}^{h_2+n-3} & \cdots & 0 \\ \varepsilon_n^{h_1+n-1} & \varepsilon_n^{h_2+n-2} & \cdots & 1 \end{vmatrix}. \tag{14}$$

Abandonnant la dernière ligne et la dernière colonne et extrayant le facteur :

$$(h_1+n-1)(h_2+n-2)\cdots(h_{n-1}+1)\,,$$

nous déduisons de (14) que le numérateur devient :

$$(h_{n-1}+1)(h_{n-2}+2)\cdots(h_2+n-2)(h_1+n-1)$$

$$\times \begin{vmatrix} (h_1+n-2)\cdots(h_1+1)\varepsilon_1^{h_1} & (h_2+n-3)\cdots h_2\varepsilon_1^{h_2-1} & \ldots & (h_{n-1})\cdots(h_{n-1}-n+3)\varepsilon_1^{h_{n-1}-n+2} \\ \vdots & \vdots & & \vdots \\ \varepsilon_{n-1}^{h_1+n-2} & \varepsilon_{n-1}^{h_2+n-3} & \ldots & \varepsilon_{n-1}^{h_{n-1}} \end{vmatrix}$$

ou :

$$(h_{n-1}+1)(h_{n-2}+2)\cdots(h_2+n-2)(h_1+n-1)$$

$$\times \frac{\partial^{n-2}}{\partial\varepsilon_1^{n-2}} \frac{\partial^{n-3}}{\partial\varepsilon_2^{n-3}} \cdots \frac{\partial}{\partial\varepsilon_{n-2}} \begin{vmatrix} \varepsilon_1^{h_1+(n-1)-1} & \varepsilon_1^{h_2+(n-1)-2} & \cdots & \varepsilon_1^{h_{n-1}} \\ \vdots & \vdots & & \vdots \\ \varepsilon_{n-1}^{h_1+(n-1)-1} & \varepsilon_{n-1}^{h_2+(n-1)-2} & \cdots & \varepsilon_{n-1}^{h_{n-1}} \end{vmatrix}. \tag{15}$$

Rassemblant (13) et (15) et oubliant les dérivées, nous obtenons la formule de récurrence dans laquelle le caractère de $U(n-1)$ apparaît. Dans la limite

$\theta_{kk} \to 0$, nous avons :

$$\dim[h_1 \cdots h_{n-1}0]_{U(n)}$$
$$= (h_{n-1}+1)(h_{n-2}+2)\cdots(h_1+n-1)\dim[h_1\cdots h_{n-1}]_{U(n-1)} \qquad (16a)$$

ou avec (13) :

$$\dim(p_1, \cdots, p_{n-1})_{SU(n)}$$
$$= \frac{1}{(n-1)!}(p_{n-1}+1)(p_{n-1}+p_{n-2}+2)$$
$$\times (p_n + \cdots + p_1 + n - 1)\dim(p_1 \cdots p_{n-2})_{SU(n-1)} . \qquad (16b)$$

C'est bien la formule de récurrence (9.61) si nous remplaçons (n) par $(n+1)$ et $\dim(\ldots)$ par $N(\ldots)$:

$$N_{n+1}(p_1, \cdots, p_n)$$
$$= \frac{1}{n!}(p_n+1)(p_n+p_{n-1}+2)\cdots(p_n+p_{n-1}+\ldots+p_1+n)$$
$$\times N_n(p_1, \cdots, p_{n-1}) . \qquad (17)$$

Solution pour la formule de récurrence. L'expression des dimensions pour les premiers groupes est :

$$SU(2) : \quad \frac{1}{1!}(p_1+1) ,$$

$$SU(3) : \quad \frac{1}{2!}(p_1+1)(p_2+1)(p_1+p_2+2) ,$$

$$SU(4) : \quad \frac{1}{2!3!}(p_1+1)(p_2+1)(p_3+1)(p_1+p_2+2)(p_2+p_3+2)$$
$$\times (p_1+p_2+p_3+3) . \qquad (18)$$

Cela mène à l'hypothèse que la solution générale est :

$$N_{n+1}(p_1 \cdots p_n) = \frac{\displaystyle\prod_{l=1}^{n}\prod_{k=0}^{n}\left(\sum_{m=k-l+1}^{k} p_m + l\right)}{\displaystyle\prod_{k=1}^{n} k!} . \qquad (19)$$

La démonstration est faite par récurrence. Pour les cas $n = 1, 2, 3$, nous avons déjà la base pour cette démonstration. Supposons maintenant la formule

Exemple 10.4   correcte pour $SU(n)$. Avec l'aide de (17), nous obtenons :

$$N_{n+1}(p_1 \cdots p_n)$$

$$= \frac{1}{n!}(p_n+1)(p_n+p_{n-1}+2)\cdots(p_n+p_{n-1}+\ldots+p_1+n)$$

$$\times \frac{\prod_{l=1}^{n-1}\prod_{k=l}^{n-1}\left(\sum_{m=k-l+1}^{k}p_m+l\right)}{\prod_{k=1}^{n-1}k!}. \tag{20}$$

Le dénominateur est $\prod_{k=1}^{n} k!$ et les facteurs au numérateur peuvent être mis dans les termes des produits, c'est-à-dire :

$$(p_n+1) \quad \text{pour} \quad k=n, l=1\,, \quad (p_n+p_{n-1}+2) \quad \text{pour} \quad k=n, l=2\,, \quad (21)$$

et ainsi de suite. Le dernier facteur $(p_n+p_{n-1}+\cdots+p_1+n)$ est mis dans le terme $k=n, l=n$. Nous obtenons bien l'expression (19).

11. Charme et SU(4)

Nous avons jusqu'à présent uniquement discuté du modèle des quarks avec *trois* saveurs de quarks consituants (cf triplet de quarks). En novembre 1974, un nouveau méson vecteur fut découvert par deux groupes à Brookhaven et à Stanford (USA),[1] le J ou le Ψ, respectivement, désormais appelé le méson J/Ψ. D'autres découvertes de particules suivirent. Des confirmations de ces découvertes furent ultérieurement faites sur l'anneau de stockage DORIS du synchrotron à électrons DESY à Hambourg, ainsi que la découverte de particules supplémentaires. La figure 11.1 illustre le dispositif expérimental très sophistiqué utilisé à cet effet à Hambourg.

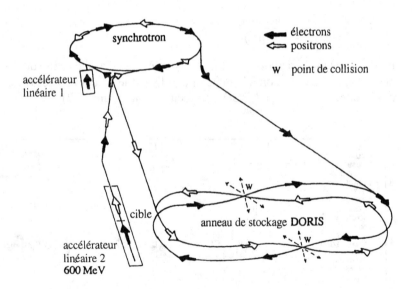

Fig. 11.1. Schéma de l'accélérateur DESY à Hambourg

L'expérience est réalisée par collisions électron (e$^-$)–positron (e$^+$), qui produisent des paires de muons (e$^+$e$^- \rightarrow \mu^+\mu^-$) ou des hadrons (e$^+e^- \rightarrow$ hadrons). La particule J/Ψ a une masse anormalement haute à $M = 3097$ MeV et une largeur de résonance extrêmement faible $\Gamma = 0{,}063$ MeV (voir table 11.1).

---

[1] J.J. Aubert *et al.* (15 auteurs) : Phys. Rev. Lett. **33**, 1404 (1974) ; J.-E. Augustin *et al.* (35 auteurs) : Phys. Rev. Lett. **33**, 1406 (1974).

Table 11.1. Propriétés des mésons vectoriels

Particule	Spin parité	Iso-spin	Masse [MeV]	Largeur [MeV]	Décrois-sance	[%]
$\psi(3100)$, J	1^-	0	$3096,88 \pm 0,04$	$0,087 \pm 0,005$	e^+e^-	7,5
					$\mu^+\mu^-$	7,5
					hadrons	85
$\psi(3700)$, ψ'	1^-	0	$3686,0 \pm 0,1$	$0,277 \pm 0,031$	e^+e^-	0,9
					$\mu^+\mu^-$	0,9
					hadrons	98,1
$\psi(4030)$, ψ	1^-	?	4040 ± 10	52 ± 10	e^+e^-	0,0014
					hadrons	reste
$\psi(4415)$, ψ'	1^-	?	4415 ± 6	43 ± 15	e^+e^-	0,0010
					hadrons	reste

* tiré de C. Caso *et al.*, The 1998 Review of Particle Properties, The European Physical Journal C3 (1998).

En 1976[2], S.C.C. Ting and B. Richter reçurent le prix Nobel pour la découverte du J/Ψ.

Le rapport de sections efficaces des deux réactions est évalué par :

$$R = \frac{\sigma(e^+e^- \rightarrow \text{ hadrons})}{\sigma(e^+e^- \rightarrow \mu^+\mu^-)} \ .$$

En représentant ce rapport R en fonction de l'énergie dans le centre de masse E pour le système e^+e^-, on fait apparaître le J/Ψ et le Ψ' comme des résonances très étroites à 3,1 GeV et 3,7 GeV, respectivement (figure 11.2).

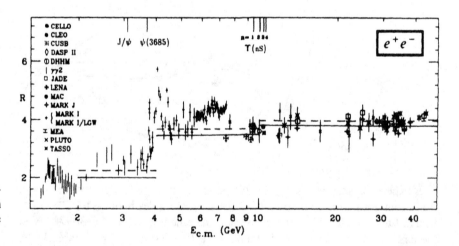

Fig. 11.2. Rapport des sections efficaces de la réaction $e^+e^- \rightarrow$ hadrons à celle de la réaction $e^+e^- \rightarrow \mu^+\mu^-$

[2] Samuel C.C. Ting : Rev. Mod. Phys. **49**, 235 (1977) ; Burton Richter : Rev. Mod. Phys. **49**, 251 (1977).

De plus, autour de $E \sim 4{,}1$ GeV et $E \sim 4{,}4$ GeV, on observe d'autres résonances avec des largeurs plus grandes. Considérons tout d'abord la résonance à 3,1 GeV.

Si ce méson résulte d'une interaction forte, ce qui est largement confirmé expérimentalement, sa durée de vie τ devrait être de l'ordre de grandeur de celles des autres résonances hadroniques de ce domaine d'énergie soit $\tau = 5 \cdot 10^{-24}$ s, ce qui est équivalent à $\Gamma \sim 100$ MeV. Cependant la valeur trouvée est $\Gamma_{\text{exp}} = 0{,}087$ MeV. Ceci constitue déjà l'indication d'un nombre quantique nouveau, conservé et réduisant fortement la décroissance du Ψ produit par interaction forte. La méthode la plus simple pour traduire ce nouveau nombre dans le modèle des quarks est d'introduire un quatrième quark c (pour le *charme*) qui diffère des particules u, d et s par le *nombre quantique de charme C* ; u, d et s ont $C = 0$, tandis que le quatrième quark a $C = 1$. Le charme est un nombre quantique additif de même nature qu'une charge, tout comme T_3 et Y, c'est-à-dire qu'on étend le diagramme habituel T_3-Y dans une troisième direction. Il existe aussi l'anti-quark $\bar{\text{c}}$ avec $C = -1$. Ainsi, au lieu du triplet fondamental (3), nous avons un quartet (4) comme représentation fondamentale du groupe de symétrie. Ceci nous conduit à SU(4).

11.1 Particules charmées et SU(4)

Nous supposons, à partir de maintenant, l'existence du quatrième quark c, avec un nombre quantique additionnel noté *charme C*, c'est-à-dire que le quark c possède $C = 1$. Les autres nombres quantiques du quark c sont $T = T_3 = 0$ et $Y = \frac{1}{3}$. Le c est donc un singlet par rapport à la saveur usuelle de SU(3), et nous avons maintenant un quartet $q =$ u, d, s, c au lieu du triplet de SU(3) comme représentation fondamentale du groupe de symétrie. En plus des nombres quantiques additifs T_3 et Y de SU(3) (groupe de rang 2), nous devons considérer le nombre quantique de charme C, c'est-à-dire que les états d'un multiplet du nouveau groupe de symétrie sont représentés par le ket $|T_3 Y C\rangle$. Comme nous avons maintenant trois nombres quantiques additifs, le groupe de symétrie doit être de rang 3 et doit aussi posséder le quartet (anti-quartet) comme représentation fondamentale. Le groupe qui satisfait naturellement à ces critères se trouve être SU(4). Nous examinerons donc la classification théorique des particules charmées avec ce groupe. Nous pourrions nous poser la question de l'identification de l'hypercharge $Y = \frac{1}{3}$ pour le quark c, au lieu de $Y = 0$ qui pourrait sembler à ce stade plus naturel. La raison en est que ce dernier choix conduirait à des valeurs non entières pour l'hypercharge des hadrons avec charme ouvert. Ici. *charme ouvert* signifie une valeur définie pour le nombre quantique C. Par exemple, les mésons D^+, D^0, D_s^+ et leurs anti-particules ont un charme ouvert. Ceci sera explicité plus loin dans ce chapitre.

11.2 Propriétés de SU(4)

Les multiplets de SU(3) doivent s'inclure dans le modèle SU(4) et nous souhaitons conserver autant que possible la structure de SU(3) dans SU(4) [de façon analogue aux propriétés de SU(2) vis-à-vis de SU(3)]. Nous utiliserons de nouveau la représentation matricielle de l'algèbre de Lie et ses générateurs seront des matrices 4×4. Comme pour les matrices $\hat{\lambda}_i$ de SU(3), dérivées des matrices de Pauli $\hat{\tau}_i$ de SU(2), nous allons déduire les matrices de SU(4) à partir des matrices $\hat{\lambda}_i$ de SU(3).

Le nombre de générateurs de SU(n) est en général donné par $n^2 - 1$, et nous aurons quinze matrices 4×4 pour SU(4). Les huit premières sont bâties sur les huit générateurs de SU(3). (Nous noterons aussi les générateurs de SU(4) : $\hat{\lambda}_i$ pour souligner la similitude) :

$$\hat{\lambda}_1 = \begin{pmatrix} 0 & 1 & 0 & 0 \\ 1 & 0 & 0 & 0 \\ 0 & 0 & 0 & 0 \\ 0 & 0 & 0 & 0 \end{pmatrix}, \quad \hat{\lambda}_2 = \begin{pmatrix} 0 & -i & 0 & 0 \\ i & 0 & 0 & 0 \\ 0 & 0 & 0 & 0 \\ 0 & 0 & 0 & 0 \end{pmatrix},$$

$$\hat{\lambda}_3 = \begin{pmatrix} 1 & 0 & 0 & 0 \\ 0 & -1 & 0 & 0 \\ 0 & 0 & 0 & 0 \\ 0 & 0 & 0 & 0 \end{pmatrix}, \quad \hat{\lambda}_4 = \begin{pmatrix} 0 & 0 & 1 & 0 \\ 0 & 0 & 0 & 0 \\ 1 & 0 & 0 & 0 \\ 0 & 0 & 0 & 0 \end{pmatrix},$$

$$\hat{\lambda}_5 = \begin{pmatrix} 0 & 0 & -i & 0 \\ 0 & 0 & 0 & 0 \\ i & 0 & 0 & 0 \\ 0 & 0 & 0 & 0 \end{pmatrix}, \quad \hat{\lambda}_6 = \begin{pmatrix} 0 & 0 & 0 & 0 \\ 0 & 0 & 1 & 0 \\ 0 & 1 & 0 & 0 \\ 0 & 0 & 0 & 0 \end{pmatrix},$$

$$\hat{\lambda}_7 = \begin{pmatrix} 0 & 0 & 0 & 0 \\ 0 & 0 & -i & 0 \\ 0 & i & 0 & 0 \\ 0 & 0 & 0 & 0 \end{pmatrix}, \quad \hat{\lambda}_8 = \frac{1}{\sqrt{3}}\begin{pmatrix} 1 & 0 & 0 & 0 \\ 0 & 1 & 0 & 0 \\ 0 & 0 & -2 & 0 \\ 0 & 0 & 0 & 0 \end{pmatrix}. \tag{11.1}$$

Les six $\hat{\lambda}_i$ suivants sont construits par déplacements des éléments non nuls 1, -1 et $-i$, i respectivement (de la même façon que pour passer à $\hat{\lambda}_4$ et $\hat{\lambda}_7$ à partir de $\hat{\lambda}_1$ et $\hat{\lambda}_2$) :

$$\hat{\lambda}_9 = \begin{pmatrix} 0 & 0 & 0 & 1 \\ 0 & 0 & 0 & 0 \\ 0 & 0 & 0 & 0 \\ 1 & 0 & 0 & 0 \end{pmatrix}, \quad \hat{\lambda}_{10} = \begin{pmatrix} 0 & 0 & 0 & -i \\ 0 & 0 & 0 & 0 \\ 0 & 0 & 0 & 0 \\ i & 0 & 0 & 0 \end{pmatrix},$$

$$\hat{\lambda}_{11} = \begin{pmatrix} 0 & 0 & 0 & 0 \\ 0 & 0 & 0 & 1 \\ 0 & 0 & 0 & 0 \\ 0 & 1 & 0 & 0 \end{pmatrix}, \quad \hat{\lambda}_{12} = \begin{pmatrix} 0 & 0 & 0 & 0 \\ 0 & 0 & 0 & -i \\ 0 & 0 & 0 & 0 \\ 0 & i & 0 & 0 \end{pmatrix},$$

$$\hat{\lambda}_{13} = \begin{pmatrix} 0 & 0 & 0 & 0 \\ 0 & 0 & 0 & 0 \\ 0 & 0 & 0 & 1 \\ 0 & 0 & 1 & 0 \end{pmatrix}, \quad \hat{\lambda}_{14} = \begin{pmatrix} 0 & 0 & 0 & 0 \\ 0 & 0 & 0 & 0 \\ 0 & 0 & 0 & -i \\ 0 & 0 & i & 0 \end{pmatrix}. \tag{11.2}$$

$\hat{\lambda}_{15}$ est choisi pour que tous les $\hat{\lambda}_i$ soient linéairement indépendants. On choisit d'habitude $\hat{\lambda}_{15}$ analogue à $\hat{\lambda}_8$, soit :

$$\hat{\lambda}_{15} = \frac{1}{\sqrt{6}} \begin{pmatrix} 1 & 0 & 0 & 0 \\ 0 & 1 & 0 & 0 \\ 0 & 0 & 1 & 0 \\ 0 & 0 & 0 & -3 \end{pmatrix}. \tag{11.3}$$

Les matrices $\hat{\lambda}_i$ de SU(4) satisfont à des relations de commutation et de trace semblables à SU(3) :

$$[\hat{\lambda}_i, \hat{\lambda}_j]_- = 2i f_{ijk}\hat{\lambda}_k, \quad [\hat{\lambda}_i, \hat{\lambda}_j]_+ = \delta_{ij}\mathbf{1} + 2d_{ijk}\hat{\lambda}_k, \tag{11.4a}$$

$$\text{tr}(\hat{\lambda}_i) = 0, \quad \text{tr}(\hat{\lambda}_i\hat{\lambda}_j) = 2\delta_{ij}. \tag{11.4b}$$

La première et la troisième équations sont obtenues de façon évidente ; nous pouvons déduire les deux autres à partir de l'exercice suivant sur SU(n). Les constantes de structure f_{ijk} et d_{ijk} de SU(4) sont fournies par les relations obtenues auparavant (voir exercices 7.3 et 7.4 ainsi que 11.1–3)

$$f_{ijk} = \frac{1}{4i}\text{tr}\big([\hat{\lambda}_i, \hat{\lambda}_j]_-\hat{\lambda}_k\big), \quad d_{ijk} = \frac{1}{4}\text{tr}\big([\hat{\lambda}_i, \hat{\lambda}_j]_+\hat{\lambda}_k\big). \tag{11.5}$$

EXERCICE ▓▓▓▓▓▓▓▓▓▓▓▓▓▓▓▓▓▓▓▓▓▓▓

11.1 Anti-commutateurs des générateurs de SU(N)

Problème. Démontrer que la représentation d'un groupe SU(N) avec ($N^2 - 1$) matrices $\hat{\lambda}_i$ de trace nulle satisfait à :

$$[\hat{\lambda}_i, \hat{\lambda}_j]_+ = \frac{4}{N}\delta_{ij}\mathbf{1}_{N \times N} + 2d_{ijk}\hat{\lambda}_k, \tag{1}$$

avec

$$d_{ijk} := \frac{1}{4}\text{tr}\big\{[\hat{\lambda}_i, \lambda_j]_+\hat{\lambda}_k\big\}. \tag{2}$$

Solution. Avec la matrice unité $\mathbf{1}_{N \times N}$, les $\hat{\lambda}_i$ constituent une base pour les matrices $N \times N$. D'où la représentation :

$$[\hat{\lambda}_i, \hat{\lambda}_j]_+ = \mathbf{1}_{N \times N}\alpha_{ij} + \beta_{ijk}\hat{\lambda}_k, \tag{3}$$

Exercice 11.1

avec les coefficients α_{ij} et β_{ijk} qui restent à déterminer. La trace de (3) s'écrira :

$$\mathrm{tr}\{[\hat{\lambda}_i, \hat{\lambda}_j]_+\} = 2\mathrm{tr}\{\hat{\lambda}_i\hat{\lambda}_j\} = N\alpha_{ij} + 0 \,,$$
$$\alpha_{ij} = \frac{4}{N}\delta_{ij} \,, \tag{4}$$

en utilisant $\mathrm{tr}\{\hat{\lambda}_k\} = 0$ et $\mathrm{tr}\{\hat{\lambda}_i\lambda_j\} = 2\delta_{ij}$. Nous démontrerons la dernière relation ultérieurement (voir également 11.2) ; multiplions par $\hat{\lambda}_l$ et recalculons la trace, soit :

$$\mathrm{tr}\{\hat{\lambda}_l[\hat{\lambda}_i, \hat{\lambda}_j]_+\} = \frac{4}{N}\mathrm{tr}\{\hat{\lambda}_l\}\delta_{ij} + \beta_{ijk}\mathrm{tr}\{\hat{\lambda}_l\hat{\lambda}_k\} \,,$$
$$4d_{ijl} = 2\beta_{ijk}\delta_{lk} = 2\beta_{ijl} \,, \quad \beta_{ijl} = 2d_{ijl} \,. \tag{5}$$

Nous voyons donc que :

$$[\hat{\lambda}_i, \hat{\lambda}_j]_+ = \frac{4}{N}\delta_{ij} + 2d_{ijk}\hat{\lambda}_k \,.$$

Il nous reste à établir la relation $\mathrm{tr}\{\hat{\lambda}_i\hat{\lambda}_j\} = 2\delta_{ij}$, qui apparaît simplement comme une condition de normalisation. On peut pour ceci supposer :

$$\mathrm{tr}\{\hat{\lambda}_i^2\} = 2 \quad \text{(normalisation)} \tag{6}$$

et montrer que $\mathrm{tr}\{\hat{\lambda}_i\hat{\lambda}_j\} = 0$ pour $i \neq j$.

Le produit $\hat{\lambda}_i\hat{\lambda}_j$, $i \neq j$, a des éléments diagonaux dans deux cas seulement : **(1)** $\hat{\lambda}_i$ et $\hat{\lambda}_j$ sont des matrices non diagonales et appartiennent à la même sous-algèbre SU(2) avec les opérateurs d'échange

$$\hat{\Lambda}_\pm = \frac{1}{2}(\hat{\lambda}_i \pm \mathrm{i}\hat{\lambda}_j) \,. \tag{7}$$

D'où :

$$\hat{\Lambda}_+^2 = \frac{1}{4}(\hat{\lambda}_i^2 - \hat{\lambda}_j^2 + \mathrm{i}\hat{\lambda}_i\hat{\lambda}_j + \mathrm{i}\hat{\lambda}_j\hat{\lambda}_i) \,. \tag{8}$$

Les éléments diagonaux de $\hat{\Lambda}_+$ et $\hat{\Lambda}_+^2$ sont nuls. Par conséquent :

$$\mathrm{tr}\{\hat{\Lambda}_+^2\} = \mathrm{tr}\{\hat{\Lambda}_+\hat{\Lambda}_+\} = 0 \,, \tag{9}$$
$$\mathrm{tr}\{\hat{\lambda}_i^2 - \hat{\lambda}_j^2 + 2\mathrm{i}\hat{\lambda}_i\hat{\lambda}_j\} = 0 \,, \tag{10}$$

ou encore, en combinant avec (1),

$$\mathrm{tr}\{\hat{\lambda}_i\hat{\lambda}_j\} = 0 \,, \quad i \neq j \,. \tag{11}$$

(2) $\hat{\lambda}_i$ et $\hat{\lambda}_j$ sont des matrices diagonales, soit :

$$i, j \in \{3, 8, 15, \dots, n^2 - 1, \dots\} \,.$$

Nous pouvons alors construire les matrices $\hat{\lambda}$ de telle sorte que

Exercice 11.1

$$\hat{\lambda}_l \hat{\lambda}_m \sim \hat{\lambda}_l \quad \text{pour} \quad l < m \,, \tag{12}$$

ce qui fournit, avec (12) $(i \neq j)$:

$$\text{tr}\{\hat{\lambda}_i \hat{\lambda}_j\} \sim \text{tr}\{\hat{\lambda}_{\min(i,j)}\} = 0 \quad i \neq j \,. \tag{13}$$

De (6), (11) et (13) nous tirons :

$$\text{tr}\{\hat{\lambda}_i \hat{\lambda}_j\} = 2\delta_{ij} \,. \tag{14}$$

Il est instructif de comparer ce résultat avec l'exercice suivant 11.2.

EXERCICE

11.2 Trace d'un produit de générateurs pour SU(N)

Problème. Démontrer qu'on a la relation suivante pour la représentation matricielle $\hat{\lambda}_i$ de tout groupe SU(N),

$$\text{tr}\{\hat{\lambda}_i \hat{\lambda}_j\} = 2\delta_{ij} \,.$$

Solution. Pour résoudre ce problème, on doit d'abord concevoir une méthode générale pour construire les $\hat{\lambda}_i$ d'un groupe arbitraire SU(N).
(1) Pour chaque $i, j = 1, 2, \ldots, N$, $i < j$, nous définissons les deux matrices $N \times N$:

$$[\hat{\lambda}^{(1)}(i,j)]_{\mu\nu} = \delta_{j\mu}\delta_{i\nu} + \delta_{j\nu}\delta_{i\mu} \,,$$
$$[\hat{\lambda}^{(2)}(i,j)]_{\mu\nu} = -\mathrm{i}(\delta_{i\mu}\delta_{j\nu} - \delta_{i\nu}\delta_{j\mu}) \,, \tag{1}$$

qui constituent $N(N-1)/2 + N(N-1)/2 = N(N-1)$ matrices linéairement indépendantes.
(2) Nous construisons ensuite $N - 1$ matrices telles que

$$\hat{\lambda}_{n^2-1} = \sqrt{\frac{2}{n^2-n}} \begin{pmatrix} 1 & & & & \\ & \ddots & & & \\ & & 1 & & 0 \\ & & & -(n-1) & \\ & & & & 0 \\ 0 & & & & 0 \end{pmatrix} \overbrace{}^{n-1} ;$$
$$n = 2, 3, \ldots, N \,. \tag{2}$$

Ceci fournit alors $N - 1$ matrices linéairement indépendantes supplémentaires, de sorte que nous avons au total : $N(N-1) + N - 1 = N^2 - 1$ matrices. Les matrices $\hat{\lambda}$ définies de cette sorte constituent une base de l'espace vectoriel des

Exercice 11.2   matrices $N \times N$ de trace nulle et donc une représentation des générateurs de SU(N). Nous pouvons alors démontrer la relation cherchée par simple calcul :

$$\text{tr}\{\hat{\lambda}_i^2\} = 2 \quad \text{pour tous les} \quad i = 1, \ldots, N^2 - 1 , \tag{3}$$

avec un choix approprié de normalisation. En ce qui concerne $\text{tr}\{\hat{\lambda}_{n^2-1}\hat{\lambda}_{m^2-1}\}$, avec $n < m$, l'équation (2) fournit :

$$\hat{\lambda}_{n^2-1}\hat{\lambda}_{m^2-1} = \sqrt{\frac{2}{m^2 - m}}\hat{\lambda}_{n^2-1} \quad \text{pour} \quad n < m , \tag{4}$$

et donc :

$$\text{tr}\{\hat{\lambda}_{n^2-1}\hat{\lambda}_{m^2-1}\} = \sqrt{\frac{2}{m^2 - m}}\text{tr}\{\hat{\lambda}_{n^2-1}\} = 0 . \tag{5}$$

De plus, notons $\hat{\lambda}_{n^2-1} = \alpha_\mu^{(n)}\delta_{\mu\nu}$, où $\alpha_\mu^{(n)}$ désignera les éléments diagonaux de la matrice (2). Nous aurons alors :

$$\begin{aligned}
\text{tr}\{\hat{\lambda}_{n^2-1}\hat{\lambda}^{(1)}(i, j)\} &= \Sigma_\mu \alpha_\mu^{(n)}\delta_{\mu\nu}[\hat{\lambda}^{(1)}(i, j)]_{\nu\mu} \\
&= \Sigma_\mu \alpha_\mu^{(n)}[\delta_{j\mu}\delta_{i\nu}\delta_{\mu\nu} + \delta_{j\nu}\delta_{i\mu}\delta_{\mu\nu}] = 0 ,
\end{aligned} \tag{6}$$

car $i < j$, et de la même façon, nous obtenons :

$$\text{tr}\{\hat{\lambda}_{n^2-1}\hat{\lambda}^{(2)}(i, j)\} = 0 . \tag{7}$$

Nous pouvons alors calculer :

$$\text{tr}\{\hat{\lambda}^{(1)}(i, j)\hat{\lambda}^{(1)}(k, l)\} \quad \text{pour} \quad (i, j) \neq (k, l) , \quad \text{i.e.} \quad i \neq k \quad \text{ou} \quad j \neq l ,$$

$$\begin{aligned}
\text{tr}\{\hat{\lambda}^{(1)}(i, j)\hat{\lambda}^{(1)}(k, l)\} &= \sum_{\mu,\nu}(\delta_{j\mu}\delta_{i\nu} + \delta_{j\nu}\delta_{i\mu})(\delta_{k\nu}\delta_{l\mu} + \delta_{k\mu}\delta_{l\nu}) \\
&= \delta_{jl}\delta_{ik} + \delta_{jk}\delta_{il} + \delta_{jk}\delta_{il} + \delta_{jl}\delta_{ik} \\
&= 2\delta_{jk}\delta_{il} = 0 ,
\end{aligned} \tag{8}$$

car $i < j$ et $k < l$ (si on suppose $i = l$ et $j = k$, alors $i < j \Rightarrow l < k$, en contradiction avec $k < l$). De façon semblable, on trouve :

$$\text{tr}\{\hat{\lambda}^{(2)}(i, j)\hat{\lambda}^{(2)}(k, l)\} = 0 . \tag{9}$$

La relation finale désirée est alors :

$$\begin{aligned}
\text{tr}\{\hat{\lambda}^{(1)}(i, j)\hat{\lambda}^{(2)}(k, l)\} &= \sum_{\mu,\nu} -\text{i}[\delta_{j\mu}\delta_{i\nu} + \delta_{j\nu}\delta_{i\mu}][\delta_{l\mu}\delta_{k\nu} - \delta_{k\mu}\delta_{l\nu}] \\
&= -\text{i}[\delta_{jl}\delta_{ik} + \delta_{jk}\delta_{il} - \delta_{kj}\delta_{il} - \delta_{jl}\delta_{ik}] = 0 .
\end{aligned} \tag{10}$$

Ce qui démontre donc que :

$$\text{tr}\{\hat{\lambda}_i\hat{\lambda}_j\} = 2\delta_{ij} . \tag{11}$$

EXERCICE ▐▬▬▬▬▬▬▬▬▬▬▬▬▬▬▬▬▬

11.3 Relation de fermeture pour les générateurs $\hat{F}_a$ de SU(N)

Problème. Démontrer la relation de fermeture pour les générateurs de SU(N) $\hat{F}_a = \hat{\lambda}_a/2$:

$$\sum_a (\hat{F}_a)_{il}(\hat{F}_a)_{jk} = \frac{1}{2}\delta_{ik}\delta_{jl} - \frac{1}{2N}\delta_{il}\delta_{jk} . \tag{1}$$

En déduire les identités :

$$\text{(a)} \quad \sum_a (\hat{F}_a)_{ik}(\hat{F}_a)_{jl} = \frac{N^2-1}{2N}\delta_{il}\delta_{jk} - \frac{1}{N}\sum_a (\hat{F}_a)_{il}(\hat{F}_a)_{jk} , \tag{2}$$

et :

$$\sum_a (\hat{F}_a)_{ij}(\hat{F}_a)_{jk} = \frac{N^2-1}{2N}\delta_{ik} , \tag{3}$$

$$\text{(b)} \quad f^{acd}f^{bcd} = N\delta^{ab} . \tag{4}$$

Solution. Les $\hat{F}_a$ et la matrice unité sont une base possible pour les matrices hermitiques $N \times N$. Il s'ensuit que toute matrice hermitique $N \times N$ peut être représentée par :

$$(A)_{ij} = c_0\delta_{ij} + \sum_{a=1}^{N^2-1} c_a(\hat{F}_a)_{ij} . \tag{5}$$

Nous utiliserons par la suite la convention de sommation d'Einstein pour les indices identiques. Les coefficients c_0 et c_a ($a = 1, \ldots, N^2-1$) sont déterminés par les conditions de normalisation :

$$\text{tr}\{\hat{F}_a\hat{F}_b\} = \frac{1}{2}\delta_{ab} \tag{6}$$

et

$$\text{tr}\{\mathbb{1}\} = \delta_{ii} = N . \tag{7}$$

La multiplication de (5) par δ_{ij} conduit à :

$$\begin{aligned} A_{ij}\delta_{ij} &= c_0\delta_{ij}\delta_{ij} + c_a(\hat{F}_a)_{ij}\delta_{ij} \\ A_{ii} &= c_0\delta_{ii} + c_a(\hat{F}_a)_{ii} = c_0N + c_a\text{tr}\{\hat{F}_a\} = c_0N . \end{aligned} \tag{8}$$

Comme $\text{tr}\{\hat{F}_a\} = 0$, nous aurons alors :

$$c_0 = \frac{A_{ii}}{N} . \tag{9}$$

En multipliant (5) par $(\hat{F}_b)_{ji}$, il vient :

$$A_{ij}(\hat{F}_b)_{ij} = c_a(\hat{F}_a)_{ij}(\hat{F}_b)_{ji} = c_a \frac{1}{2}\delta_{ab} = \frac{1}{2}c_b \tag{10}$$

et par conséquent :

$$A_{ij} = \frac{A_{ll}}{N}\delta_{ij} + 2A_{lm}(\hat{F}_b)_{ml}(\hat{F}_b)_{ij} \ . \tag{11}$$

Nous rassemblons tous les termes dans le membre de gauche et sortons le facteur A_{lm} :

$$A_{lm}\left(\delta_{li}\delta_{jm} - \frac{1}{N}\delta_{ij}\delta_{lm} - 2(\hat{F}_b)_{ml}(\hat{F}_b)_{ij}\right) = 0 \ .$$

Cette équation est vérifiée pour des matrices A_{lm} quelconques. Le terme entre parenthèses doit donc être nul, soit :

$$(\hat{F}_b)_{ml}(\hat{F}_b)_{ij} = \frac{1}{2}\delta_{li}\delta_{mj} - \frac{1}{2N}\delta_{ij}\delta_{lm} \ . \tag{12}$$

En renommant les indices, nous obtenons la relation (1) cherchée.

(a) Cette relation est un simple corollaire de la relation de fermeture. En ajoutant l'expression

$$(\hat{F}_a)_{ik}(\hat{F}_a)_{jl} = \frac{1}{2}\delta_{il}\delta_{kj} - \frac{1}{2N}\delta_{ik}\delta_{jl} \tag{13}$$

à :

$$\frac{1}{N}(\hat{F}_a)_{il}(\hat{F}_a)_{ik} = -\frac{1}{2N^2}\delta_{il}\delta_{kj} + \frac{1}{2N}\delta_{ik}\delta_{jl} \ . \tag{14}$$

Nous obtenons immédiatement la relation désirée :

$$(\hat{F}_a)_{ik}(\hat{F}_a)_{jl} = \frac{1}{2N^2}(N^2 - 1)\delta_{il}\delta_{jk} - \frac{1}{N}(\hat{F}_a)_{il}(\hat{F}_a)_{jk} \ . \tag{15}$$

La multiplication par δ_{kj} conduit à :

$$(\hat{F}_a)_{ik}(\hat{F}_a)_{kl} = \frac{N^2 - 1}{2N^2}\delta_{il} \ . \tag{16}$$

Avec cette expression, nous pouvons construire l'un des opérateurs de Casimir, puisque

$$\hat{F}_a \cdot \hat{F}_a = \frac{N^2 - 1}{2N^2}\mathbf{1} \tag{17}$$

commute avec tous les générateurs.

(b) Montrons maintenant que

$$f^{acd}f^{bcd} = N\delta^{ab} \ . \tag{18}$$

Nous exprimerons d'abord les f^{abc} avec $\hat{F}^a$, $\hat{F}^b$ et $\hat{F}^c$

$$
\begin{aligned}
f^{abc} &= -2\mathrm{i}\,\mathrm{tr}\{[\hat{F}^a,\ \hat{F}^b]\hat{F}^c\} \\
&= -2\mathrm{i}\,\mathrm{tr}\{\hat{F}^a[\hat{F}^b,\ \hat{F}^c]\}
\end{aligned}
$$

(voir exercice 7.4). Ceci conduit pour (18) à :

$$
\begin{aligned}
f^{acd}f^{bcd} &= -4\mathrm{tr}\{\hat{F}^a[\hat{F}^c,\ \hat{F}^d]\}\mathrm{tr}\{\hat{F}^b[\hat{F}^c,\ \hat{F}^d]\} \\
&= -4\big[\big(\mathrm{tr}\{\hat{F}^a\hat{F}^c\hat{F}^d\} - \mathrm{tr}\{\hat{F}^a\hat{F}^d\hat{F}^c\}\big) \\
&\quad \times \big(\mathrm{tr}\{\hat{F}^b\hat{F}^c\hat{F}^d\} - \mathrm{tr}\{\hat{F}^b\hat{F}^d\hat{F}^c\}\big)\big] \\
&= -8\big(\mathrm{tr}\{\hat{F}^a\hat{F}^c\hat{F}^d\}\mathrm{tr}\{\hat{F}^b\hat{F}^c\hat{F}^d\} \\
&\quad - \mathrm{tr}\{\hat{F}^a\hat{F}^c\hat{F}^d\}\mathrm{tr}\{\hat{F}^b\hat{F}^d\hat{F}^c\}\big)\ .
\end{aligned}
$$

(19)

Nous devons calculer les termes

$$
\mathrm{tr}\{\hat{F}^a\hat{F}^c\hat{F}^d\}\mathrm{tr}\{\hat{F}^b\hat{F}^c\hat{F}^d\}
$$

(20)

et

$$
\mathrm{tr}\{\hat{F}^a\hat{F}^c\hat{F}^d\}\mathrm{tr}\{\hat{F}^b\hat{F}^d\hat{F}^c\}
$$

(21)

en utilisant la relation de fermeture (1) :

$$
\begin{aligned}
\mathrm{tr}\{\hat{F}^a\hat{F}^c\hat{F}^d\}\mathrm{tr}\{\hat{F}^b\hat{F}^c\hat{F}^d\} &= (\hat{F}^a_{ij}\hat{F}^c_{jl}\hat{F}^d_{li})(\hat{F}^b_{\alpha\beta}\hat{F}^c_{\beta\gamma}\hat{F}^d_{\gamma\alpha}) \\
&= \hat{F}^a_{ij}\hat{F}^b_{\alpha\beta}(\hat{F}^c_{jl}\hat{F}^c_{\beta\gamma})(\hat{F}^d_{li}\hat{F}^d_{\gamma\alpha})\ .
\end{aligned}
$$

(22)

Soit en remplaçant :

$$
\begin{aligned}
&= \hat{F}^a_{ij}\hat{F}^b_{\alpha\beta}\left(\frac{1}{2}\delta_{j\gamma}\delta_{l\beta} - \frac{1}{2N}\delta_{jl}\delta_{\beta\gamma}\right)\left(\frac{1}{2}\delta_{l\alpha}\delta_{i\gamma} - \frac{1}{2N}\delta_{li}\delta_{\gamma\alpha}\right) \\
&= \frac{1}{4}\hat{F}^a_{ij}\hat{F}^b_{\alpha\beta}\left(\delta_{ji}\delta_{\alpha\beta} - \frac{1}{N}\delta_{i\beta}\delta_{ja} - \frac{1}{N}\delta_{ja}\delta_{i\beta} - \frac{1}{N^2}\delta_{jl}\delta_{\beta\gamma}\right) \\
&= \frac{1}{4}\hat{F}^a_{ij}\hat{F}^b_{\alpha\beta}\left(-\frac{2}{N}\delta_{i\beta}\delta_{ja}\right) = -\frac{1}{2N}\mathrm{tr}\{\hat{F}^a\hat{F}^b\} \\
&= -\frac{1}{4N}\delta^{ab}\ .
\end{aligned}
$$

(23)

Nous avons encore tenu compte de $\mathrm{tr}\{\hat{F}^\alpha\} = 0$.

Le second terme (21) est obtenu de façon analogue :

$$
\mathrm{tr}\{\hat{F}^d\hat{F}^c\hat{F}^d\}\mathrm{tr}\{\hat{F}^b\hat{F}^d\hat{F}^c\} = \hat{F}^a_{ij}\hat{F}^b_{\alpha\beta}(\hat{F}^c_{jl}\hat{F}^c_{\gamma\alpha})(\hat{F}^d_{li}\hat{F}^d_{\beta\gamma})\ .
$$

(24)

Ce qui d'après (1) conduit à :

$$
\mathrm{tr}\{\hat{F}^a\hat{F}^c\hat{F}^d\}\mathrm{tr}\{\hat{F}^b\hat{F}^d\hat{F}^c\} = \frac{1}{8}\delta^{ab}\left(N - \frac{2}{N}\right)\ .
$$

(25)

En tenant compte de cette relation et de (23) dans l'équation (19), nous avons finalement :

$$f^{acd} f^{bcd} = -8 \left\{ -\frac{1}{4N} \delta^{ab} - \frac{1}{8} N \delta^{ab} + \frac{1}{4N} \delta^{ab} \right\} = N \delta^{ab} .$$

EXERCICE

11.4 Valeur propre de l'opérateur de Casimir $\hat{C}_1$ d'une représentation fondamentale de SU(N)

Problème. Montrer que la valeur propre de l'opérateur de Casimir d'une représentation fondamentale de SU(N) a la valeur $(N^2 - 1)/2N$.

Solution. Nous montrerons d'abord que $\Sigma_i d_{iik} = 0$ quel que soit k. $\hat{C}_1$ est un opérateur de Casimir, et nous avons alors $[\hat{F}_\sigma, \hat{C}_1]_- = 0$. Avec la représentation matricielle des $\hat{\lambda}_i$, ceci conduit à l'équation :

$$\sum_{i=1}^{N^2-1} \left[\frac{1}{2} \hat{\lambda}_\sigma, \frac{1}{4} \hat{\lambda}_i^2 \right]_- = \frac{1}{8} \sum_{i=1}^{N^2-1} \left[\hat{\lambda}_\sigma, \left(\frac{2}{N} \delta_{ii} \mathbf{1}_{N \times N} + d_{iik} \hat{\lambda}_k \right) \right]_-$$

$$= \frac{i}{4} \sum_k f_{\sigma k l} \hat{\lambda}_l \left\{ \sum_{i=1}^{N^2-1} d_{iil} \right\} , \tag{1}$$

en utilisant le résultat de l'exercice 11.1, soit :

$$[\hat{\lambda}_i, \hat{\lambda}_j]_+ = \frac{4}{N} \delta_{ij} \mathbf{1}_{N \times N} + 2 d_{ijk} \hat{\lambda}_k . \tag{2}$$

En tenant compte que :
(1) Pour σ et l donnés, il n'existe qu'un seul k tel que $f_{\sigma k l} \neq 0$.
(2) Les $\hat{\lambda}_l$ sont linéairement indépendants.
   Nous en déduisons que l'expression de (1) est nulle à condition que

$$\sum_{i=1}^{N^2-1} d_{iil} = 0 \quad \text{pour tout } l . \tag{3}$$

Les $\hat{\lambda}_i$ sont simplement les représentations matricielles des $\hat{F}_i$ de la représentation fondamentale. La valeur de $\hat{C}_1$ s'obtient immédiatement dans le cas de la représentation fondamentale :

$$\hat{G}_1^{\text{r.f.}} = \frac{1}{4} \sum_i \hat{\lambda}_i \hat{\lambda}_i = \frac{1}{4} \sum_i \left(\frac{2}{N} \delta_{ii} \mathbf{1}_{N \times N} + d_{iik} \hat{\lambda}_k \right) = \frac{N^2 - 1}{2N} \mathbf{1}_{N \times N} . \tag{4}$$

11.3 Tables des constantes de structure f_{ijk} et des coefficients d_{ijk} de SU(4)

Les constantes de structure non nulles de SU(4) sont données dans les tables 11.2 et 11.3 :

Nous voyons que les f_{ijk} sont complètement anti-symétriques, tandis que les d_{ijk} sont symétriques par rapport à tous leurs indices. Ceci résulte des relations (11.4) et (11.5) exactement comme ce que nous trouvions dans les exercices 7.3 et 7.4.

Les générateurs usuels de SU(4) sont

$$\hat{F}_i = \tfrac{1}{2}\hat{\lambda}_i \quad (i = 1, \dots, 15) , \tag{11.6}$$

qui correspondent aux $\hat{F}_i$ de SU(3). Nous pouvons aussi introduire les opérateurs d'isospin $\hat{T}_\pm = \hat{F}_1 \pm i\hat{F}_2$, $\hat{T}_3 = \hat{F}_3$; les opérateurs de spin V : $\hat{V}_\pm = \hat{F}_4 \pm i\hat{F}_5$; et ceux de spin U : $\hat{U}_\pm = \hat{F}_6 \pm i\hat{F}_7$, exactement comme pour SU(3). Nous n'utilisons pas la définition habituelle de SU(3) pour l'hypercharge $\hat{Y} = 2/\sqrt{3}\hat{F}_8$ car cela conduit à une hypercharge nulle $Y = 0$ pour le quark charmé. Cette définition conduirait à des valeurs non entières pour l'hypercharge des hadrons avec charme ouvert. Nous étendrons alors la définition à l'aide d'une troisième matrice diagonale $\hat{F}_{15}$

$$\hat{Y} = \frac{2}{\sqrt{3}}\hat{F}_8 - \frac{1}{12}\left(\mathbb{1} - 2\sqrt{6}\hat{F}_{15}\right) ,$$

Table 11.2. Constantes de structure non nulles f_{ijk}

i	j	k	f_{ijk}	i	j	k	f_{ijk}
1	2	3	1	4	10	13	$-1/2$
1	4	7	$1/2$	5	9	13	$1/2$
1	5	6	$-1/2$	5	10	14	$1/2$
1	9	12	$1/2$	6	7	8	$\sqrt{3}/2$
1	10	11	$-1/2$	6	11	14	$1/2$
2	4	6	$1/2$	6	12	13	$-1/2$
2	5	7	$1/2$	7	11	13	$1/2$
2	9	11	$1/2$	7	12	14	$1/2$
2	10	12	$1/2$	8	9	10	$1/(2\sqrt{3})$
3	4	5	$1/2$	8	11	12	$1/(2\sqrt{3})$
3	6	7	$-1/2$	8	13	14	$-1/(\sqrt{3})$
3	9	10	$1/2$	9	10	15	$\sqrt{2/3}$
3	11	12	$-1/2$	11	12	15	$\sqrt{2/3}$
4	5	8	$\sqrt{3}/2$	13	14	15	$\sqrt{2/3}$
4	9	14	$1/2$				

cette définition conduisant à une hypercharge $Y = \frac{1}{3}$ pour le quark charmé. Nous pouvons alors construire d'autres opérateurs de quasi-spins à l'aide des opérateurs restants (par exemple un spin W, etc.) ; cependant, ceci n'est probablement pas significatif : tandis que l'isospin s'est révélé très utile pour la classification des états d'un multiplet de SU(3) (différences de masse $\Delta M \leq 10$ MeV), nous avons vu que la notion n'a plus beaucoup de sens pour le spin U puisque les multiplets de spin correspondants présentent des dispersions en masse d'environ 100 MeV (soit 10% de la masse).

Si on essaie de construire un spin W pour la classification des multiplets de SU(4), on trouve des différences de masse qui sont bien plus grandes, (par exemple une valeur de 2 GeV entre le ϱ^0 et le Ψ, soit environ 100% de la masse) ce qui revient à dire que la symétrie SU(4) est considérablement plus brisée

Table 11.3. Coefficients de structure non nuls d_{ijk}

i	j	k	d_{ijk}	i	j	k	d_{ijk}
1	1	8	$1\sqrt{3}$	5	5	8	$-1/(2\sqrt{3})$
1	1	15	$1/\sqrt{6}$	5	5	15	$1/\sqrt{6}$
1	4	6	$1/2$	5	9	14	$-1/2$
1	5	7	$1/2$	5	10	13	$1/2$
1	9	11	$1/2$	6	6	8	$-1/(2\sqrt{3})$
1	10	12	$1/2$	6	6	15	$1/\sqrt{6}$
2	2	8	$1/\sqrt{3}$	6	11	13	$1/2$
2	2	15	$1/\sqrt{6}$	6	12	14	$1/2$
2	4	7	$-1/2$	7	7	8	$-1/(2\sqrt{3})$
2	5	6	$1/2$	7	7	15	$1/\sqrt{6}$
2	9	12	$-1/2$	7	11	14	$-1/2$
2	10	11	$1/2$	7	12	13	$1/2$
3	3	8	$1/\sqrt{3}$	8	8	8	$-1/\sqrt{3}$
3	3	15	$1/\sqrt{6}$	8	8	15	$1/\sqrt{6}$
3	4	4	$1/2$	8	9	9	$1/(2\sqrt{3})$
3	5	5	$1/2$	8	10	10	$1/(2\sqrt{3})$
3	6	6	$-1/2$	8	11	11	$1/(2\sqrt{3})$
3	7	7	$-1/2$	8	12	12	$1/(2\sqrt{3})$
3	9	9	$1/2$	8	13	13	$-1/\sqrt{3}$
3	10	10	$1/2$	8	14	14	$-1/\sqrt{3}$
3	11	11	$-1/2$	9	9	15	$-1/\sqrt{6}$
3	12	12	$-1/2$	10	10	15	$-1/\sqrt{6}$
4	4	8	$-1/(2\sqrt{3})$	11	11	15	$-1/\sqrt{6}$
4	4	15	$1/\sqrt{6}$	12	12	15	$-1/\sqrt{6}$
4	9	13	$1/2$	13	13	15	$-1/\sqrt{6}$
4	10	14	$1/2$	14	14	15	$-1/\sqrt{6}$
				15	15	15	$-1/\sqrt{2/3}$

que celle de SU(3). La classification par les sous-groupes SU(2) n'est donc pas pertinente. Nous verrons cependant par la suite que la classification d'un multiplet de SU(4) par sous-multiplets de SU(3) composés des triplets de quarks uds (c'est-à-dire un SU(3) qui agit sur un triplet de trois des quatre quarks) conserve un certain sens.

11.4 Structure en multiplets du groupe SU(4)

Nous avons déjà introduit les représentations fondamentales [4] et [$\overline{4}$] de SU(4) ; leurs nombres quantiques sont donnés dans la table 11.4. De façon semblable à SU(3), nous devons former des produits directs de ces représentations de façon à classer les hadrons, c'est-à-dire [4] ⊗ [$\overline{4}$] pour les mésons (q$\overline{q}$), et [4] ⊗ [4] ⊗ [4] pour les baryons (qqq).

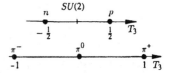

Fig. 11.3. Représentations les plus simples de SU(2)

Table 11.4. Nombres quantiques du quartet de quarks ; S = étrangeté, B = nombre baryonique

Symbole	$Q[e]$	T	T_3	S	B	Y	C
u_1, u	$\frac{2}{3}$	$\frac{1}{2}$	$\frac{1}{2}$	0	$\frac{1}{3}$	$\frac{1}{3}$	0
u_2, d	$-\frac{1}{3}$	$\frac{1}{2}$	$-\frac{1}{2}$	0	$\frac{1}{3}$	$\frac{1}{3}$	0
u_3, s	$-\frac{1}{3}$	0	0	-1	$\frac{1}{3}$	$-\frac{2}{3}$	0
u_4, c	$\frac{2}{3}$	0	0	0	$\frac{1}{3}$	$\frac{1}{3}$	1

Comme il existe trois nombres quantiques (T_3, Y, C) pour chaque multiplet (voir la table 11.4 pour le quartet), nous obtenons une représentation $T_3 - Y - C$ à trois dimensions de [4] et [$\overline{4}$], illustré sur la figure 11.5. Ceci est à comparer

Fig. 11.4

Fig. 11.5

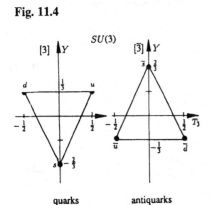

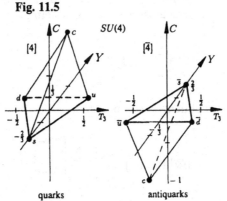

Fig. 11.4. Représentations les plus simples de SU(3)

Fig. 11.5. Représentations les plus simples de SU(4)

à la représentation à une dimension de SU(2) (figure 11.3) et à celles à deux dimensions de SU(3) (figure 11.4).

Remarque. En physique des particules élémentaires, l'étrangeté S est souvent utilisée à la place de l'hypercharge Y, avec $Y = B + S$ (cf figure 11.6). Le nombre baryonique est $B = +1$ pour tous les baryons et $B = -1$ pour les anti-baryons, tandis que pour les mésons $B = 0$ et $Y = S$. La relation de Gell-Mann–Nishijima s'écrit alors $Q = T_3 + 1/2(B + S)$. Nous verrons plus loin [cf (11.19)] qu'il sera nécessaire de généraliser cette relation ainsi : $Q = T_3 + \frac{1}{2}(Y + C) = T_3 + \frac{1}{2}(B + S + C)$. Avec cette généralisation, la charge du quark c s'écrit : $Q_c = \frac{2}{3}$ (voir table 11.4).

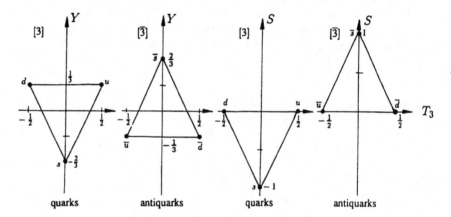

Fig. 11.6. Quarks et antiquarks dans les représentations de SU(3) en fonction de la composante de l'isospin T_3 et de l'hypercharge Y ou de l'étrangeté S

Alors que la réduction graphique des produits tensoriels est relativement simple dans le cas des groupes SU(2) et SU(3), elle devient plus délicate pour le cas de SU(4) (notamment pour les représentations d'ordre élevé) à cause de la plus grande dimensionnalité. Il devient donc plus approprié de suivre les méthodes usuelles des théories des groupes, c'est-à-dire les diagrammes de Young. Nous présentons les résultats (également pour les représentations [6], [10], [$\overline{10}$] etc.) dans la table 11.5, certains étant obtenus à propos des exercices 11.4–7.

Prenons l'exemple des produits tensoriels $[4] \otimes [\overline{4}]$. D'après les règles des diagrammes de Young (cf chapitre 9), les deux représentations fondamentales sont caractérisées par les diagrammes

$$[4] = \square\,, \quad [\overline{4}] = \begin{array}{c}\square\\\square\\\square\end{array} . \tag{11.7}$$

On obtient pour le produit

$$[4] \otimes [\overline{4}] = \square \otimes \begin{array}{c}\square\\\square\\\square\end{array} = \begin{array}{c}\square\\\square\\\square\end{array} \oplus \begin{array}{cc}\square&\square\\\square&\\\square&\end{array} = [1] \oplus \begin{array}{cc}\square&\square\\\square&\\\square&\end{array} , \tag{11.8}$$

Table 11.5. Décomposition complète des produits $[X] \otimes [\bar{Y}]$

4	$\bar{4}$	6	10	$\overline{10}$	15	20	$\overline{20}$	20'	$\overline{20}'$	20''	x
											y
$6+10$	$1+15$	$\bar{4}+20'$	$20+20'$	$\bar{4}+\overline{36}$	$4+\overline{20}'$ $+36$	$35+45$	$\overline{10}+\overline{70}$	$15+20''$ $+45$	$6+\overline{10}$ $+64$	$\overline{20}'+60$	4
		$1+15$ $+20$	$15+45$	$\overline{15}+\overline{45}$	$6+10$ $+\overline{10}+64$	$36+84'$	$\overline{36}+\overline{84}'$	$4+\overline{20}'$ $+36+60$	$\bar{4}+20'$ $+\overline{36}+60$	$6+50$ $+64$	6
			$20''+35$ $+45$	$1+15$ $+84$	$6+10$ $+64+70$	$56+60$ $+84'$	$\bar{4}+\overline{36}$ $+\overline{160}$	$\overline{20}'+36$ $+60+84'$	$\bar{4}+20'$ $+\overline{36}+140''$	$\overline{10}+64$ $+126$	10
				$1+15+15$ $+20''+45$ $+\overline{45}+84$	$20+20'$ $+120$ $+140''$	$\overline{20}+\overline{20}'$ $+\overline{120}$ $+\overline{140}''$	$4+20+20$ $+20'+\overline{36}$ $+60+140''$	$4+\overline{20}'$ $+\overline{20}+20$ $+36+60$ $+\overline{140}''$	$15+20$ $+45+\overline{45}$ $+175$	15

et la dimension de cette seconde représentation irréductible est calculée selon les règles données au chapitre 9, soit :

$$\dim \left(\begin{array}{c} \square\square \\ \square \\ \square \end{array} \right) = \frac{\boxed{\begin{array}{cc}4&5\\\hline 3\\\hline 2\end{array}}}{\boxed{\begin{array}{cc}4&1\\\hline 2\\\hline 1\end{array}}} = \frac{4\times 5\times 3\times 2}{4\times 1\times 2\times 1} = 15 \ . \tag{11.9}$$

Pour la combinaison de mésons $[4]\otimes[\bar{4}]$ nous avons par exemple :

$$|4]\otimes[\bar{4}] = [1]\oplus[15] \ , \tag{11.10}$$

c'est-à-dire un singlet de SU(4) et un multiplet d'ordre [15]. On peut décomposer ce dernier en multiplets de SU(3) :

$$[15] \xrightarrow{\text{SU(3)}} [1]\oplus[3]\oplus[\bar{3}]\oplus[8] \ .$$

Ceci résulte de la décomposition SU(3) $[4] = [3]\oplus[1]$. Pour comprendre ceci, nous rappelons que les multiplets SU(4) sont construits à partir de multiplets SU(3). Ceux-ci constituent des niveaux (ou couches) de charmes constants parallèles au plan T_3-Y. Nous sommes dans la situation similaire à la construction des multiplets SU(3) à partir des multiplets SU(2). Dans ce dernier cas, ceux-ci (par exemple les multiplets T) sont parallèles à l'axe des T et possèdent une hypercharge distincte (la même pour un multiplet donné). Par exemple pour le triplet SU(3) $[3] = [2]^{1/3}\oplus[1]^{-2/3}$; l'indice supérieur à droite désignant l'hypercharge. L'anti-triplet SU(3) est décomposé en $[\bar{3}] = [2]^{-1/3}\oplus[1]^{2/3}$. Nous pouvons maintenant calculer la sous-structure SU(2) du nonet de mésons de SU(3) :

$$\begin{aligned}
[3]\otimes[\bar{3}] &= ([2]^{1/3}\oplus[1]^{-2/3})\otimes([2]^{-1/3}\oplus[1]^{2/3}) \\
&= ([2]\otimes[2])^0\oplus[2]^{-1}\oplus[2]^1\oplus[1]^0 \\
&= [3]^0\oplus[1]^0\oplus[2]^{-1}\oplus[2]^1\oplus[1]^0 \ .
\end{aligned}$$

Elle correspond exactement à la structure du nonet qui avait été introduite au chapitre 8.

Pour les multiplets de SU(3), l'indice supérieur désigne le nombre quantique de charme, c'est-à-dire $[1]^1$ signifie un singlet SU(3) avec $C = 1$ ou $[\bar{3}]^0$ un anti-triplet SU(3) avec $C = 0$. Par conséquent, selon (8.61) nous obtenons

$$
\begin{aligned}
[4] \otimes [\bar{4}] &= [[3]^0 \oplus [1]^1] \otimes [[\bar{3}]^0 \oplus [1]^{-1}] \\
&= ([3]^0 \otimes [\bar{3}]^0) \oplus ([3]^0 \otimes [1]^{-1}) \oplus ([\bar{3}]^0 \otimes [1]^1) \oplus ([1]^1 \otimes [1]^{-1}) \\
&= [8]^0 \oplus [1]^0 \oplus [3]^{-1} \oplus [\bar{3}]^1 \oplus [1]^0 .
\end{aligned}
\tag{11.11}
$$

Les figures 11.7 et 11.8 illustrent ceci, avec les multiplets SU(3) (pour des plans parallèles au plan Y-T_3) et les deux polyèdres de SU(4). Au total, nous obtenons le nonet de mésons bien connu $[1]^0 \oplus [8]^0$ (les deux se situent exactement dans le plan Y-T_3 du polyèdre) ainsi qu'un triplet $[3]^{-1}$ et un anti-triplet $[\bar{3}]^1$. Cette classification SU(3) distingue les multiplets SU(3) de charme différent (voir figure 11.9) : le triplet a $C = -1$, le nonet $C = 0$ et l'anti-triplet $C = +1$ (voir le polyèdre SU(4) sur la figure 11.8). La décomposition SU(3) de $[4] \otimes [\bar{4}]$ conduit à une association du charme avec le triplet SU(3). Nous voyons que le triplet résulte du couplage $[3]^0 \otimes [1]^{-1}$, où $[1]^{-1}$ est le singlet résultant de la décomposition de $[\bar{4}]$ avec $C = -1$. $[\bar{3}]$ provient de $[\bar{3}]^0 \otimes [1]^1$, où maintenant le singlet $[1]^1$ résulte de la décomposition de $[4]$ avec le charme $C = +1$. Nous voyons qu'on construit ainsi des polygones à partir des tétraèdres de base $[4]$ et $[\bar{4}]$, de même qu'on construisait diverses représentations SU(3) à partir des triplets de base.

Fig. 11.7. Multiplets SU(3) de mésons pseudo-scalaires (0^-) et vectoriels (1^-). Le contenu en quarks des états analogues est identique pour le multiplet de gauche et celui de droite ; seul le couplage de la composante de spin est différent

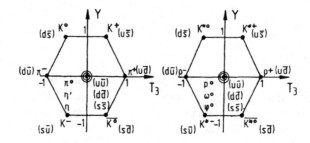

Fig. 11.8. Multiplet SU(4) de mésons pseudo-scalaires (0^-) et vectoriels (1^-). Le contenu en quarks des états analogues est identique pour le multiplet de gauche et celui de droite ; seul la composante de spin est couplée différemment (0^- et 1^- respectivement)

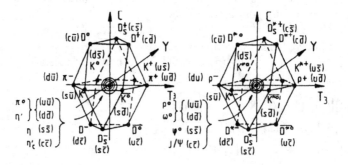

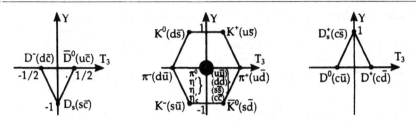

Fig. 11.9. Décomposition détaillée du multiplet pseudo-scalaire de SU(4) [15] ⊕ [1] en multiplets SU(3)

$$[3] \oplus [1] \oplus [8] \oplus [\bar{3}] \oplus [1]$$

$$\underbrace{\qquad\qquad\qquad\qquad}_{|15|}$$

indique le contenu quantitatif de la figure. Les différents niveaux par rapport à l'axe C sont représentés séparément

Nous obtenons de cette façon les états $(C = 1)$ suivants (qui contiennent un quark c), appelés multiplets SU(3) $(C = 1)$

mésons pseudo-scalaires   mésons vectoriels

$$
\begin{aligned}
|\mathrm{D}^0\rangle &= |c\bar{u}\rangle, & |\mathrm{D}^{*0}\rangle &= |c\bar{u}\rangle, \\
|\mathrm{D}_s^+\rangle &= |c\bar{s}\rangle, & |\mathrm{D}_s^{*+}\rangle &= |c\bar{s}\rangle, \\
|\mathrm{D}^+\rangle &= |c\bar{d}\rangle, & |\mathrm{D}^{*+}\rangle &= |c\bar{d}\rangle.
\end{aligned}
\tag{11.12}
$$

Le multiplet $(C = 0)$ est le premier nonet de mésons de SU(3) (il ne contient pas de quark c). Nous avons fait aussi figurer (figure 11.8) le singlet SU(4) $c\bar{c}$.

Le multiplet $(C = -1)$ contient un anti-quark $\bar{c}$ dans chaque fonction d'onde :

mésons pseudo-scalaires   mésons vectoriels

$$
\begin{aligned}
|\overline{\mathrm{D}}^0\rangle &= |u\bar{c}\rangle, & |\overline{\mathrm{D}}^{*0}\rangle &= |u\bar{c}\rangle, \\
|\mathrm{D}_s^-\rangle &= |s\bar{c}\rangle, & |\mathrm{D}_s^{*-}\rangle &= |s\bar{c}\rangle, \\
|\mathrm{D}^-\rangle &= |d\bar{c}\rangle, & |\mathrm{D}^{*-}\rangle &= |d\bar{c}\rangle.
\end{aligned}
\tag{11.13}
$$

En dehors de ces mésons avec *charme ouvert*, il existe également des mésons avec *charme caché* (voir table 11.6), où les nombres quantiques de charme s'additionnent à $C = 0$: ce sont les combinaisons $c\bar{c}$ avec $T_3 = Y = 0$ et $C = 0$, c'est-à-dire que l'origine du diagramme T_3-Y-C (ou T_3-S-C) est dégénérée d'ordre quatre. Au cas des mésons pseudo-scalaires avec $T_3 = Y = 0$, c'est-à-dire :

$$
\begin{aligned}
|\pi^0\rangle &= 1/\sqrt{2}\big(|u\bar{u}\rangle + |d\bar{d}\rangle\big), \quad |\eta\rangle \sim 1/\sqrt{2}\big(|u\bar{u}\rangle - |d\bar{d}\rangle\big), \\
|\eta'\rangle &\sim s\bar{s},
\end{aligned}
\tag{11.14}
$$

nous pouvons alors ajouter :

$$|\eta_c\rangle = |c\bar{c}\rangle.$$

L'étrangeté S fournit le nombre de quarks étranges de la particule et nous noterons que, contrairement au sens intuitif, l'étrangeté est respectivement $S = +1$ si nous avons un $\bar{s}$ (quark anti-étrange) et $S = -1$ si nous avons affaire à s (quark étrange) dans la combinaison.

Pour les mésons vectoriels, les états au centre du multiplet avec les nombres quantiques $T_3 = 0$, $Y = 0$, $C = 0$ s'écrivent :

$$
\begin{aligned}
|\varrho^0\rangle &= 1/\sqrt{2}\big(|u\bar{u}\rangle + |d\bar{d}\rangle\big), \quad |\omega^0\rangle = 1/\sqrt{2}\big(|u\bar{u}\rangle - |d\bar{d}\rangle\big), \\
|\phi\rangle &= |s\bar{s}\rangle,
\end{aligned}
\tag{11.15}
$$

Table 11.6. Nombres quantiques des mésons pseudo-scalaires et vectoriels

Mésons pseudosc.	mésons vector.	contenu de quarks	$Q[e]$	T	T_3	S	B	Y	C
π^-	ϱ^-	$d\bar{u}$	-1	1	-1	0	0	0	0
$\pi^0(\eta', \eta, \eta_c)$	$\varrho^0(\omega^0, \phi^0, \psi)$	$u\bar{u}, d\bar{d}, s\bar{s}, dc\bar{c}\bar{d}$	0	1	0	0	0	0	0
π^+	ϱ^+	$u\bar{d}$	1	1	1	0	0	0	0
K^0	K^{*0}	$d\bar{s}$	0	$\frac{1}{2}$	$-\frac{1}{2}$	1	0	1	0
K^+	K^{*+}	$u\bar{s}$	1	$\frac{1}{2}$	$\frac{1}{2}$	1	0	1	0
K^-	K^{*-}	$s\bar{u}$	-1	$\frac{1}{2}$	$-\frac{1}{2}$	-1	0	-1	0
$\overline{K^0}$	$\overline{K^{*0}}$	$s\bar{d}$	0	$\frac{1}{2}$	$\frac{1}{2}$	-1	0	-1	0
D^0	D^{*0}	$c\bar{u}$	0	$\frac{1}{2}$	$-\frac{1}{2}$	0	0	0	1
D^+	D^{*+}	$c\bar{d}$	1	$\frac{1}{2}$	$\frac{1}{2}$	0	0	0	1
D_s^+	D_s^{*+}	$c\bar{s}$	1	0	0	1	0	1	1
D^-	D^{*+}	$d\bar{c}$	-1	$\frac{1}{2}$	$-\frac{1}{2}$	0	0	0	1
$\overline{D}^0$	$\overline{D}^{*0}$	$u\bar{c}$	0	$\frac{1}{2}$	$\frac{1}{2}$	0	0	0	-1
D_s^-	D_s^{*-}	$s\bar{c}$	-1	0	0	-1	0	-1	-1

ainsi que maintenant :

$$|\Psi\rangle = |c\bar{c}\rangle \ .$$

Nous identifions $|\Psi\rangle$ à $|c\bar{c}\rangle$ car cet état a exactement le nombre quantique apparaissant dans l'observation de la résonance $\Psi(3,1\,\text{GeV})$. Nous examinerons ceci plus en détail dans le prochain paragraphe. Par analogie avec l'état lié $e^+ e^-$, appelé *positronium*, nous nommerons le $c\bar{c}$ *charmonium*. Nous verrons ultérieurement que chacun des mésons vectoriels récemment découverts s'interprète bien dans le cadre du modèle du charmonium.

La stabilité relative de l'état $c\bar{c}$ peut s'interpréter avec la règle dite de **Okubo–Zweig–Iizuka** ou *règle* d'OZI. Cette règle fut déduite à partir de considérations empiriques : les quarks contenus dans la voie d'entrée d'une réaction se trouvent distribués sur les particules de la voie de sortie ; sinon la réaction est fortement interdite. Prenons l'exemple du méson ϕ ($|\phi\rangle = |s\bar{s}\rangle$). On représentera chaque ligne de quark par une flèche ($\longrightarrow$) et chaque anti-quark par une flèche dans la direction opposée ($\longleftarrow$), ce qui donne la représentation suivante pour un méson :

tandis qu'un anti-baryon aura la représentation graphique :

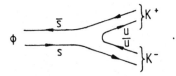

La création ou l'annihilation d'une paire $q\bar{q}$ sera représentée par :

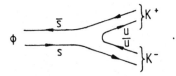

respectivement. On a ainsi les éléments pour transcrire un *flux de quarks*. Par exemple, la décroissance $\phi \rightarrow K^+K^-$ est permise par la règle de Zweig.

Les composantes en quarks de l'état initial $\phi(s\bar{s})$ se trouvent réparties sur les deux particules (K^+K^-) de la voie de sortie. De même, la décroissance $\phi \rightarrow K^0\overline{K}^0$ est possible puisque :

Au contraire, la décroissance $\phi \rightarrow \pi^+\pi^-\pi^0$ est interdite par la règle de Zweig :

Dans ce dernier cas, nous n'avons aucune possibilité de répartir les s et $\bar{s}$ sur un quelconque état final puisque les pions ne contiennent pas de quarks s. Il s'avère en effet que l'expérience donne :

$$\phi \rightarrow K^+K^- \quad 47\%$$
$$\phi \rightarrow K^0K^0 \quad 35\%$$
$$\phi \rightarrow \pi^+\pi^-\pi^0 \quad 16\% \ .$$

Ceci est remarquable si on note que l'énergie mise en jeu dans la dernière réaction (605 MeV) est bien plus élevée que dans les deux premières (35 et 25 MeV, respectivement). On voit donc que la règle de Okubo–Zweig–Iizuka se trouve remarquablement vérifiée. La théorie des champs indique que sa validité sera même meilleure pour des mésons lourds (voir section 11.5).

11.5 Considérations avancées

11.5.1 Désintégration des mésons avec charme caché

La règle OZI est maintenant relativement bien comprise dans le cadre de la chromodynamique quantique (QCD)[3]. La désintégration d'un méson de spin 1 (Φ, Ψ, etc.) dans un canal interdit par la règle de Zweig passe par l'annihilation de la paire quark–antiquark illustrée sur la figure 11.10.

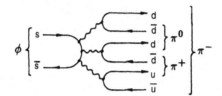

Fig. 11.10. Désintégration du méson Φ interdite par la règle de Zweig. Le ϕ émet trois gluons et chaque gluon engendre une paire (q$\bar{\text{q}}$)

Chaque gluon virtuel apporte un facteur α_s (la constante de couplage de QCD) au diagramme de Feynman qui est ainsi proportionnel à α_s^3. Pour des énergies autour de 1 GeV (à peu près la masse du ϕ) $\alpha_s \sim 0,5$ et le diagramme est supprimé par un facteur d'environ 0,1. Pour des énergies autour de 3,5 GeV, $\alpha_s \sim 0,2$ du fait de la «liberté asymptotique» de la théorie de jauge QCD. Le facteur de suppression devient $\sim 0,01$. Si l'énergie augmente encore, α_s continue de décroître. Pour qualifier cette variation avec l'énergie, on parle de constante de couplage courante.

Sur la figure 11.11 on représente les diagrammes de Zweig pour la désintégration du méson Ψ.

Les désintégrations dans les canaux $\Psi \to D^0\bar{D}^0$, D^+D^-, $D_s^+D_s^-$ sont autorisées par la règle OZI, mais $\Psi \to \pi^+\pi^-\pi^0$ est interdite. Cependant les calculs que nous allons effectuer dans le cadre d'une approche par un potentiel montreront que la masse du Ψ est inférieure à deux fois celle des mésons D ou D_s de telle façon que ces canaux ne sont pas énergétiquement accessibles. Ils le deviennent néanmoins pour des états $c\bar{c}$ excités et ont effectivement été observés expérimentalement.

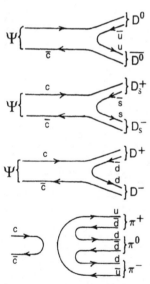

Fig. 11.11. Décroissances du méson Ψ interdites et autorisées par la règle OZI. (Le dernier diagramme est interdit par la règle.)

Par conséquent, pour le Ψ seules les désintégrations hadroniques *interdites* par la règle de Zweig, comme $\Psi \to \pi^+\pi^-\pi^0$, demeurent. Il s'ensuit que la désintégration du Ψ est très défavorable, ce qui explique sa faible largeur. De plus nous avons vu que la largeur des mésons vecteurs de plus grande masse est souvent plus grande : pour le $\Psi(4030)$, $\Gamma \sim 50$ MeV ; et pour $\Psi(4415)$, $\Gamma \sim 40$ MeV. Ces largeurs supérieures signalent la possibilité des désintégrations en deux mésons D ou D_s. Les masses des mésons comme $\Psi(4030)$ et $\Psi(4415)$ doivent être supérieures au double de celles du méson D ou du méson D_s. Nous pouvons donc donner une estimation de ces masses

---

[3] Voir W. Greiner, A. Schäfer : *Quantum Chromodynamics* (Springer, Berlin, Heidelberg 1994) ; F.E. Close : *An Introduction to Quarks and Partons* (Academic Press, New York 1979).

$$\tfrac{1}{2}M(\Psi' = \Psi(3700)) < M(\text{D ou D}_\text{s}) \le \tfrac{1}{2}M(\Psi(4030)), \qquad (11.16)$$

soit $1800\,\text{MeV} < M(\text{D}, \text{D}_\text{s}) \le 2000\,\text{MeV}$.

11.5.2 Désintégration des mésons avec charme ouvert

Les mésons D se désintègrent en $\pi^+ \text{K}^-$ ou $\pi^- \text{K}^+$ par interaction faible (voir figure 11.12). Cette interaction se produit par échange des bosons W et Z. Il y a deux bosons W, un de charge positive (W^+) et l'autre de charge négative (W^{--})[4]. Les taux de production de ces particules ont été mesurés à Stanford et Hambourg[5] (respectivement $\pi^+ \text{K}^-$ et $\pi^- \text{K}^+$) comme fonction de leur énergie totale et les résultats sont représentés sur la figure 11.13.

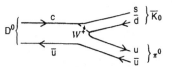

Fig. 11.12. Représentation de la décroissance du méson D^0 en $\overline{\text{K}}^0$ et π^0. Le quark c a la charge $Q_\text{c} = +2/3$ et produit un quark s de charge $Q_\text{s} = -1/3$ par émission d'un W^+. Le W^+ décroît en un quark $\bar{\text{d}}(Q_{\bar{\text{d}}} = 1/3)$ et un quark u ($Q_\text{u} = 2/3$). (À comparer avec la table 11.6.)

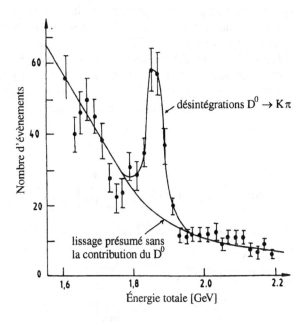

Fig. 11.13. Décroissance de mésons D en Kπ

On trouve un pic bien marqué à $M = 1865 \pm 1\,\text{MeV}$ qui a toutes les caractéristiques attendues pour les mésons D^0 et $\overline{\text{D}}^0$. C'est par cette méthode que l'existence d'une particule charmée fut établie pour la première fois. Plus tard, les mésons D^+ et D^- avec une masse de $1869\,\text{MeV}$ furent observés. C'est un grand succès du modèle des quarks. Avant de considérer les mésons plus en détail (cf section 11.6. «Le modèle du potentiel pour le charmonium»), nous examinons les combinaisons baryoniques dans SU(4).

---

[4] Ces phénomènes sont discutés dans W. Greiner, B. Müller : *Gauge Theory of Weak Interactions*, 2nd ed. (Springer, Berlin, Heidelberg 1996).

[5] Voir G. Goldhaber *et al.* (41 auteurs) : Phys. Rev. Lett. **37**, 255 (1976) ; I. Peruzzi *et al.* (40 auteurs) : Phys. Rev. Lett. **37**, 569 (1976) ; I.E. Wiss *et al.* (40 auteurs) : Phys. Rev. Lett. **37**, 1531 (1976).

11.5.3 Multiplets baryoniques

Les baryons sont des combinaisons qqq, soit en terme de représentations de SU(4) :

$$[4] \otimes [4] \otimes [4] = ([6] \oplus [10]) \otimes [4]$$
$$= [\bar{4}] \oplus [20] \oplus [20] \oplus [20'] . \tag{11.17}$$

(Voir la table 11.5 et les exercices 11.5 et 11.6.) La restriction à SU(3) des multiplets SU(4) donne :

$$[20] = [3] \oplus [\bar{3}] \oplus [6] \oplus [8] ,$$
$$[20'] = [1] \oplus [3] \oplus [6] \oplus [10] , \tag{11.18}$$

où [20] et [20'] diffèrent par leur composition en multiplets de SU(3). Les deux contiennent 20 états mais des multiplets de SU(3) différents qui affectent la classification pour SU(4) (voir figures 11.14–16) : la représentation [20] de SU(4) est adaptée à la classification des baryons puisqu'elle contient un octet de SU(3), alors que [20'] représente les résonances baryoniques puisqu'elle contient un décuplet de SU(3) (tous ces états ont $C = 0$). Le sextuplet et l'antitriplet baryoniques ont tous deux $C = 1$. Les états qui composent l'antitriplet contiennent les mêmes quarks que certains des états du sextuplet, ainsi trois points

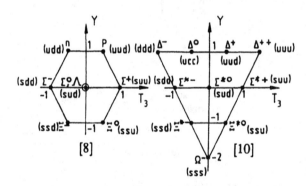

Fig. 11.14. Multiplets baryoniques de SU(3)

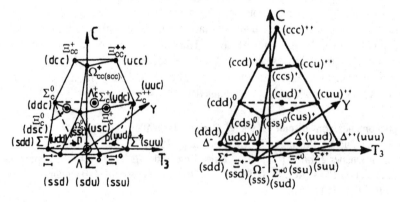

Fig. 11.15. Multiplets baryoniques de SU(4)

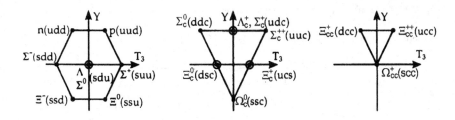

Fig. 11.16. La décomposition détaillée du multiplet SU(4) [20] (figure 11.15) en multiplets SU(3) [8] ⊕ [6] ⊕ [3] ⊕ [3̄] explicite la sous-structure de la figure tri-dimensionnelle. Le multiplet [20′] peut se décomposer de manière analogue. Voir aussi exercice 11.7

du sextuplet sont doublement occupés (matérialisés par les cercles autour des points). Il y a aussi un triplet ([3]) pour lequel $C = 2$. La raison pour laquelle les baryons tels que $C = 1$ apparaissent sous deux représentations différentes de SU(3), alors que les résonances baryoniques n'apparaissent que dans une représentation de SU(3), tient au fait qu'ils sont formés de deux quarks légers parmi u, d et s. Nous savons que le produit de deux triplets de SU(3) est la somme d'un sextuplet et d'un antitriplet, le premier symétrique, le second antisymétrique, qui peuvent tous deux appartenir au multiplet baryonique à symétrie mixte. Le multiplet des résonances baryoniques, étant entièrement symétrique, ne peut contenir que le sextuplet.

Comme les baryons ne contiennent pas d'antiquarks, seules les particules avec $C \geq 0$ sont possibles. Seuls l'octet et le décuplet de SU(3) peuvent former la base du diagramme tridimensionnel de SU(4). Le multiplet de SU(3) qui la surplombe a $C = 1$ et contient un quark c, etc. Pour la représentation [20], aucun singlet de SU(3) avec $C = 3$ n'existe et le haut du diagramme est plat (voir figure 11.4).

Au contraire la représentation [20′] contient un singlet sous SU(3) avec $C \neq 0$: l'état ccc de nombres quantiques $T_3 = 0$, $Y = B + S = 1$ (puisque $S = 0$) et $C = 3$. Sa charge est donnée par la *relation de Gell-Mann–Nishijima étendue* :

$$Q = T_3 + \tfrac{1}{2}(B + S + C) = T_3 + \tfrac{1}{2}(Y + C), \tag{11.19}$$

qui donne pour la charge de l'état ccc $Q = 2$. La charge du quark c en découle : $Q_c = 2/3$. Ceci peut être vérifié expérimentalement par la mesure des charges des mésons D et D_s. Les nombres quantiques des baryons sont rassemblés dans la table 11.7.

Les baryons qui contiennent un quark c sont de *charme ouvert* ($C \neq 0$). Comme la désintégration des baryons charmés procède via l'interaction faible leur observation est très difficile. Parmi les baryons charmés, le premier dont l'existence a été clairement établie est l'antibaryon $\overline{\Lambda}_c$ (*contenu en quarks* : $\bar{u}\bar{d}\bar{c}$) qui se désintègre selon :

$$\overline{\Lambda}_c \rightarrow \overline{\Lambda}\pi^+\pi^-\pi^-,$$

dont le diagramme est dessiné sur la figure 11.17.

À Fermilab (USA) une résonance située en $M = 2282 \pm 3\,\text{MeV}$ a été observée dans la distribution en masse du système $(\overline{\Lambda}\pi^+\pi^-\pi^-)^6$, tout en étant

---

[6] B. Knapp *et al.* (19 auteurs) : Phys. Rev. Lett. **37**, 882 (1976).

Table 11.7. Nombres quantiques des baryons

Particules	contenu en quark	$Q[e]$	T	T_3	S	B	Y	C
n	udd	0	$\frac{1}{2}$	$-\frac{1}{2}$	0	1	1	0
p	uud	1	$\frac{1}{2}$	$\frac{1}{2}$	0	1	1	0
Σ^-	dds	-1	1	-1	-1	1	0	0
$\Sigma^0(\Lambda)$	uds	0	1(0)	0	-1	1	0	0
Σ^+	uus	1	1	1	-1	1	0	0
Ξ^-	dss	-1	$\frac{1}{2}$	$-\frac{1}{2}$	-2	1	-1	0
Ξ^0	uss	0	$\frac{1}{2}$	$\frac{1}{2}$	-2	1	-1	0
Ω_c^0	ssc	0	0	0	-2	1	-1	1
Ξ_c^0	dsc	0	$\frac{1}{2}$	$-\frac{1}{2}$	-1	1	0	1
Ξ_c^+	usc	1	$\frac{1}{2}$	$\frac{1}{2}$	-1	1	0	1
Σ_c^0	ddc	0	1	-1	0	1	1	1
$\Sigma_c^+(\Lambda_c^+)$	udc	1	1(0)	0	0	1	1	1
Σ_c^{++}	uuc	2	1	1	0	1	1	1
Ξ_{cc}^+	dcc	1	$\frac{1}{2}$	$-\frac{1}{2}$	0	1	1	2
Ξ_{cc}^{++}	ucc	2	$\frac{1}{2}$	$\frac{1}{2}$	0	1	1	2
Ω_{cc}	scc	1	0	0	-1	1	0	2

absente dans celle du système $(\overline{\Lambda}\pi^+\pi^+\pi^-)$, en exposant une cible à des photons de haute énergie issus du faisceau à 400 GeV de l'accélérateur (voir figure 11.18). On comprend facilement le maximum s'il est dû à la désintégration de la particule $\overline{\Lambda}_c$ car celle-ci a les nombres quantiques $T = T_3 = 0$ d'un singlet d'isospin qui ne peut apparaître que dans un seul état de charge.

Les nombres quantiques $T = 1$ et $T_3 = -1$ ($\overline{\Lambda}$ a $T_3 = 0$; pour π^-, $T_3 = -1$; pour π^+, $T_3 = +1$) proviennent de la configuration en terme de quarks de l'état

Fig. 11.17. Décroissance du $\overline{\Lambda}_c$: un quark $\overline{c}$ de charge $Q_{\overline{c}} = -2/3$ se transforme en $\overline{s}$ ($Q_s = 1/3$) avec émission d'un boson W^-. Le W^- décroît en une paire $\overline{u}d$ qui donne naissance à des pions

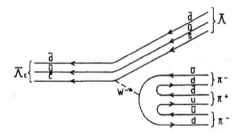

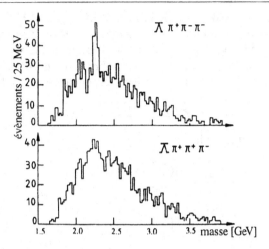

Fig. 11.18. Observation expérimentale de la désintégration du $\overline{\Lambda}_c$ à Batavia (Fermi Lab., USA). L'excitation de la résonance interprétée comme le $\overline{\Lambda}_c$ se produit dans les collisions avec des photons très énergétiques

final. Si nous essayions d'interpréter le maximum par une désintégration forte d'une résonance de SU(3), elle devrait être un triplet d'isospin, correspondant à trois états de charge et nous devrions voir alors un maximum dans le canal $(\overline{\Lambda}\pi^+\pi^+\pi^-)$. L'absence de ce maximum indique la désintégration (faible) d'un baryon charmé.

Il est à noter que les termes «isospin de saveur», «hypercharge de saveur», etc. associés à l'interaction forte sont des concepts distincts des termes «isospin faible», «hypercharge faible», etc. de la théorie des interactions faibles[7].

EXERCICE ▰▰▰▰▰

11.5 Contenu SU(3) d'un multiplet mésonique de SU(4)

Problème. Calculer le produit direct $[4]_{SU(4)} \otimes [\bar{4}]_{SU(4)}$ dans SU(4) (multiplet de mésons). Décomposer le résultat en représentations du sous-groupe SU(3) et déterminer le contenu en charme de chacune des représentations de SU(3).

Solution. (a) Calcul du produit direct. On commence par représenter [4] et [$\bar{4}$] par leur diagramme de Young, puis on multiplie les deux représentations en utilisant nos règles de multiplication. Graphiquement :

$$[4]_{SU(4)} \otimes [\bar{4}]_{SU(4)} = \square \otimes \begin{array}{c}\square\\\square\\\square\end{array} = \begin{array}{c}\square\\\square\\\square\end{array}\square \oplus \begin{array}{c}\square\square\\\square\\\square\end{array} = [1]_{SU(4)} \oplus [15]_{SU(4)} . \quad (1)$$

---

[7] Voir W. Greiner, B. Müller : *Gauge Theory of Weak Interactions*, 2nd ed. (Springer, Berlin, Heidelberg 1996).

(b) Réduction de la représentation de SU(4) en représentations de SU(3).
Réduire une représentation de SU(4) au groupe SU(3) consiste à soustraire
une boîte après l'autre du diagramme de Young. Pour cela on utilise la règle
suivante[8] : si h_k est le nombre de boîtes dans la rangée k d'un diagramme de
SU(4) et h'_k le nombre correspondant pour un diagramme de SU(3) on a :

$$h_1 \geq h'_1 \geq h_2 \geq h'_2 \geq h_3 . \tag{2}$$

On en déduit :

$$[1]_{SU(4)} = \boxed{1} \xrightarrow{SU(3)} \boxed{1} = [1]_{SU(3)} ,$$

$$= [3]_{SU(3)} \oplus [8]_{SU(3)} \oplus [1]_{SU(3)} \oplus [\bar{3}]_{SU(3)} . \tag{3}$$

(c) Détermination du charme. Dans un multiplet de SU(4) les multiplets
de SU(3) sont parallèles au plan Y-T_3. Pour commencer décomposons les
représentations $[4]_{SU(4)}$ et $[\bar{4}]_{SU(4)}$ en composantes de SU(3) :

$$[4]_{SU(4)} = [3]^0_{SU(3)} \oplus [1]^1_{SU(3)} , \qquad [\bar{4}]_{SU(4)} = [\bar{3}]^0_{SU(3)} \oplus [\bar{1}]^{-1}_{SU(3)} . \tag{4}$$

L'exposant 0 ou 1 expriment le charme du multiplet de SU(3). Les antiquarks
sont représentés par $[\bar{4}]$ et la valeur négative du charme indique la présence d'un
antiquark charmé (ils n'apparaissaient pas dans les multiplets baryoniques).

Avec (4) le produit $[4] \otimes [\bar{4}]$ (dans la suite, on omet les indices SU(3) et
SU(4)) devient

$$\begin{aligned}
[4] \otimes [\bar{4}] &= ([3]^0 \oplus [1]^1) \otimes ([\bar{3}]^0 \oplus [1]^{-1}) \\
&= ([3]^0 \otimes [\bar{3}]^0) \oplus ([3]^0 \otimes [1]^{-1}) \oplus ([1]^1 \otimes [\bar{3}]^0) \\
&\quad \oplus ([1]^1 \otimes [1]^{-1}) \\
&= [8]^0 \oplus [1]^0 \oplus [3]^{-1} \oplus [\bar{3}]^1 \oplus [1]^0 .
\end{aligned} \tag{5}$$

En comparant (3) et (5) on obtient :

$$[1]_{SU(4)} = [1]^0_{SU(3)} ,$$
$$[15]_{SU(4)} = [1]^0_{SU(3)} \oplus [8]^0_{SU(3)} \oplus [3]^{-1}_{SU(3)} \oplus [\bar{3}]^1_{SU(3)} . \tag{6}$$

Cela montre que l'octet et le singlet de SU(3) sont dans le plan Y-T_3, tandis que le triplet SU(3) est déplacé d'une unité vers le bas sur l'axe C et
que l'antitriplet est déplacé d'une unité vers le haut. La figure 11.8 montre ce
résultat.

---

[8] M. Hamermesh : *Group Theory and its Application to Physical Problems* (Addison-
Wesley, Reading, MA 1962) ; J.P. Elliott, P.G. Dawber : *Symmetry in Physics* (Oxford
University Press, Oxford 1979).

EXERCICE ████████████████████████

11.6 Décomposition du produit $[4] \otimes [4] \otimes [4]$

Problème. Vérifier la décomposition (11.17) du produit $[4] \otimes [4] \otimes [4]$ en utilisant la méthode des diagrammes de Young.

Solution. Nous commençons par calculer $[4] \otimes [4]$.

$$[4] \otimes [4] = \square \otimes \square = \begin{matrix}\square\\\square\end{matrix} \oplus \square\square = [6] \oplus [10] , \tag{1}$$

car

$$\dim \begin{matrix}\square\\\square\end{matrix} = \frac{\boxed{4}}{\boxed{3}} : \frac{\boxed{2}}{\boxed{1}} = \frac{4 \cdot 3}{2 \cdot 1} = 6 ,$$

$$\dim \square\square = \boxed{4}\boxed{5} : \boxed{2}\boxed{1} = \frac{4 \cdot 5}{2 \cdot 1} = 10 . \tag{2}$$

Si nous multiplions à nouveau ce produit par $[4]$, on obtient d'une part :

$$[6] \otimes [4] = \begin{matrix}\square\\\square\end{matrix} \otimes \square = \begin{matrix}\square\\\square\\\square\end{matrix} \oplus \begin{matrix}\square\square\\\square\end{matrix} = [\bar{4}] \oplus [20] , \quad \text{où} \tag{3}$$

$$\dim \begin{matrix}\square\square\\\square\end{matrix} = \frac{\boxed{4}\boxed{5}}{\boxed{3}} : \frac{\boxed{3}\boxed{1}}{\boxed{1}} = \frac{4 \cdot 5 \cdot 3}{3 \cdot 1 \cdot 1} = 20 , \tag{4}$$

et d'autre part :

$$[10] \otimes [4] = \square\square \otimes \square = \begin{matrix}\square\square\\\square\end{matrix} \oplus \square\square\square = [20] \oplus [20]' , \tag{5}$$

où :

$$\dim \square\square\square = \boxed{4}\boxed{5}\boxed{6} : \boxed{3}\boxed{2}\boxed{1} = \frac{4 \cdot 5 \cdot 6}{3 \cdot 2 \cdot 1} = 20 . \tag{6}$$

Les deux représentations de dimension 20 $\begin{matrix}\square\square\\\square\end{matrix}$ et $\square\square\square$ sont des représentations irréductibles qui se distinguent par leur propriétés de symétrie. $\square\square\square =$ $[20]'$ contient les 20 combinaisons entièrement symétriques possibles de trois avec 4 quarks saveurs. $\begin{matrix}\square\square\\\square\end{matrix} = [20]$ contient des combinaisons à symétrie mixte.

EXERCICE ▬▬▬▬▬▬▬▬▬▬▬▬▬▬▬▬▬▬

11.7 Contenu du multiplet baryonique de SU(4)

Problème. Calculer le produit direct de trois représentations fondamentales [4] de SU(4) (multiplet baryonique). Décomposer le résultat en représentations du sous-groupe SU(3) et déterminer le contenu en charme de chaque multiplet SU(3).

Solution. (a) Calcul du produit direct. Nous commençons en schématisant la représentation fondamentale [4] par le diagramme de Young ☐ et formons le produit de deux tels diagrammes. Ce produit est ensuite multiplié par la troisième représentation. Sous forme graphique nous avons :

$$([4] \otimes [4]) \otimes [4] = \left(\square \otimes \square \right) \otimes \square = \left(\square\square \oplus \begin{smallmatrix}\square\\\square\end{smallmatrix} \right) \otimes \square$$

$$= \left(\begin{smallmatrix}\square\square\\\square\end{smallmatrix} \oplus \square\square\square \right) \oplus \left(\begin{smallmatrix}\square\square\\\square\end{smallmatrix} \oplus \begin{smallmatrix}\square\\\square\\\square\end{smallmatrix} \right)$$

$$= [20] \oplus [20]' \oplus [20] \oplus [\bar{4}] . \tag{1}$$

Dans la dernière ligne nous avons indiqué les dimensions des représentations. Plusieurs multiplets ont la même dimension.

(b) Réduction des représentations de SU(4) en représentations de SU(3). Cette réduction peut être accomplie en éliminant successivement des boîtes du diagramme de Young ; d'abord aucune boîte, puis une, deux et ainsi de suite. Si le diagramme à réduire possède h_k boîtes dans la rangée k, les diagrammes de SU(3) doivent avoir h'_k boîtes dans la rangée k avec

$$h_1 \geq h'_1 \geq h_2 \geq \ldots \geq h_k \geq h'_k \geq \ldots . \tag{2}$$

Nous avons par conséquent :

$$[20]_{SU(4)} = \begin{smallmatrix}\square\square\\\square\end{smallmatrix} \xrightarrow{SU(3)} \begin{smallmatrix}\square\square\\\square\end{smallmatrix} \oplus \begin{smallmatrix}\square\\\square\end{smallmatrix} \quad \oplus \square\square \quad \oplus \square$$

$$= [8]_{SU(3)} \qquad \oplus [\bar{3}]_{SU(3)} \oplus [6]_{SU(3)} \oplus [3]_{SU(3)}$$

$$[20]'_{SU(4)} = \square\square\square \xrightarrow{SU(3)} \square\square\square \oplus \square\square \quad \oplus \square \quad \oplus ①$$

$$= [10]_{SU(3)} \quad \oplus [6]_{SU(3)} \oplus [3]_{SU(3)} \oplus [1]_{SU(3)}$$

$$[\bar{4}]_{SU(4)} = \begin{smallmatrix}\square\\\square\\\square\end{smallmatrix} \xrightarrow{SU(3)} \begin{smallmatrix}\square\\\square\\\square\end{smallmatrix} \oplus \begin{smallmatrix}\square\\\square\end{smallmatrix} = [1]_{SU(3)} \oplus [\bar{3}]_{SU(3)} . \tag{3}$$

(c) Contenu en charme. Les multiplets de SU(3) sont parallèles au plan Y-T_3 dans les multiplets de SU(4), mais leur position exacte et leur charme restent à préciser. La représentation $[4]_{SU(4)}$ admet la décomposition sous SU(3) :

$$[4]_{SU(4)} = [3]^0_{SU(3)} \oplus [1]^1_{SU(3)} \, . \tag{4}$$

Exercice 11.7

L'exposant indique le charme, c'est-à-dire le nombre de quarks charmés dans les particules qui forment le sous-multiplet. Les indices nous rappellent à quel groupe les représentations se rapportent mais dans la suite nous les abandonnons car le contexte indique clairement lequel des groupes est concerné.

Nous reprenons le produit direct afin de le comparer avec les résultats (1) et (3) :

$$
\begin{aligned}
[4] \otimes [4] \otimes [4] &= ([3]^0 \oplus [1]^1) \otimes ([3]^0 \oplus [1]^1) \otimes ([3]^0 \oplus [1]^1) \\
&= ([3]^0 \otimes [3]^0 \otimes [3]^0) \oplus ([3]^0 \otimes [3]^0 \otimes [1]^1) \\
&\quad \oplus ([3]^0 \otimes [1]^1 \otimes [3]^0) \oplus ([1]^1 \otimes [3]^0 \otimes [3]^0) \\
&\quad \oplus ([1]^1 \otimes [1]^1 \otimes [3]^0) \oplus ([1]^1 \otimes [3]^0 \otimes [1]^1) \\
&\quad \oplus ([3]^0 \otimes [1]^1 \otimes [1]^1) \oplus ([1]^1 \otimes [1]^1 \otimes [1]^1) \\
&= ([1]^0 \oplus [8]^0 \oplus [8]^0 \oplus [10]^0) \oplus ([\bar{3}]^1 \oplus [6]^1) \\
&\quad \oplus ([\bar{3}]^1 \oplus [6]^1) \oplus ([\bar{3}]^1 \oplus [6]^1) \oplus [3]^2 \\
&\quad \oplus [3]^2 \oplus [3]^2 \oplus [1]^3 \, . \tag{5}
\end{aligned}
$$

Les singlets mis à part, la relation entre les représentations est unique. Nous obtenons le résultat final en prenant en compte le fait que la représentation $[\bar{4}]$ est décomposée en $[1]^0$ et $[\bar{3}]^1$:

$$
\begin{aligned}
[20] &= [8]^0 \oplus [6]^1 \oplus [\bar{3}]^1 \oplus [3]^2 \\
[20]' &= [10]^0 \oplus [6]^1 \oplus [3]^2 \oplus [1]^3 \\
[\bar{4}] &= [1]^0 \oplus [\bar{3}]^1 \, ,
\end{aligned}
$$

où, comme nous l'avons vu avec (1), la représentation $[20]$ apparaît deux fois. On remarque que $[1]^0 \oplus [\bar{3}]^1$ correspond à $[\bar{4}]$, mais avec le singlet $[1]^0$ à $C = 0$ et l'antitriplet $[\bar{3}]^1$ à $C = 1$, soit un décalage d'une unité le long de l'axe C dans le sens positif. Nous voyons donc que les multiplets de SU(4) ne sont pas tous symétriques par rapport à l'origine dans le système de coordonnées T_3-Y-C, alors que les multiplets de SU(3) sont tous disposés symétriquement autour de l'origine du plan T_3-Y.

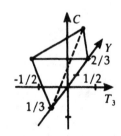

EXEMPLE

11.8 Décomposition et dimension des multiplets plus élevés de SU(4)

Nous calculons ici le produit direct de plusieurs représentations $[x]$ avec $[4]$ dans SU(4) en le décomposant en représentations de SU(4) avant d'en déterminer la dimension. Dans ces exemples, nous utilisons les règles que nous avons étudiées au chapitre 9.

$$[4] \otimes [4] = \square \otimes \boxed{1} = \square\,\boxed{1} \oplus \frac{\square}{\boxed{1}} = [10] \oplus [6] \,, \tag{1}$$

$$[\bar{4}] \otimes [4] = [15] \oplus [1] \,, \tag{2}$$

$$[6] \otimes [4] = [20] \oplus [\bar{4}] \,, \tag{3}$$

$$[10] \otimes [4] = [20]' \oplus [20] \,, \tag{4}$$

$$[\overline{10}] \otimes [4] = [\overline{36}] \oplus [\bar{4}] \,, \tag{5}$$

$$[15] \otimes [4] = [36] \oplus [\overline{20}] \oplus [4] \,, \tag{6}$$

$$[20]' \otimes [4] = [35] \oplus [45] \,, \tag{7}$$

$$[\overline{20}]' \otimes [4] = [\overline{70}] \oplus [\overline{10}] \,, \tag{8}$$

$$[20] \otimes [4] = [45] \oplus [20]'' \oplus [15] \,, \tag{9}$$

$$[\overline{20}] \otimes [4] = [64] \oplus [\overline{10}] \oplus [6] \,, \tag{10}$$

$$[20]'' \otimes [4] = \boxed{} \otimes \boxed{1} = \boxed{}^{\boxed{1}} \oplus \boxed{}_{\boxed{1}} = [60] \oplus [\overline{20}] \, . \tag{11}$$

Maintenant un exemple plus difficile :

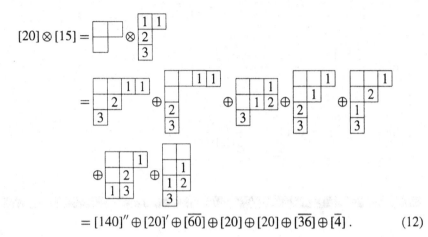

$$= [140]'' \oplus [20]' \oplus [\overline{60}] \oplus [20] \oplus [20] \oplus [\overline{36}] \oplus [\overline{4}] \, . \tag{12}$$

Suivant les règles données au chapitre 9 les tableaux suivants ne sont pas permis :

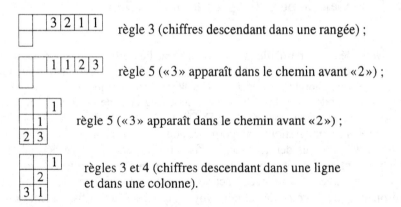

Terminons en donnant les dimensions des représentations qui apparaissent dans notre exemple :

$$\dim \boxed{} = \frac{(4 \cdot 5 \cdot 6 \cdot 7)(3 \cdot 4) \cdot 2}{(6 \cdot 4 \cdot 2 \cdot 1)(3 \cdot 1) \cdot 1} = 140 \, , \tag{13}$$

$$\dim \boxed{} = \dim \boxed{} = \frac{4 \cdot 5 \cdot 6}{3 \cdot 2 \cdot 1} = 20 \, , \tag{14}$$

Exemple 11.8

$$\dim \; \boxed{\;} \;\; = \frac{(4\cdot5\cdot6)(3\cdot4\cdot5)\cdot2}{(5\cdot3\cdot2)(4\cdot2\cdot1)\cdot1} = 60 \;, \tag{15}$$

$$\dim \; \boxed{\;} \;\; = \dim \; \boxed{\;} \; = \frac{(4\cdot5)\cdot3}{(3\cdot1)\cdot1} = 20 \;, \tag{16}$$

$$\dim \; \boxed{\;} \;\; = \frac{(4\cdot5\cdot6)(3\cdot4)(2\cdot3)}{(5\cdot4\cdot1)(3\cdot2)(2\cdot1)} = 36 \;, \tag{17}$$

$$\dim \; \boxed{\;} \;\; = \dim \; \boxed{\;} \; = \frac{(4)(3)(2)}{(3)(2)(1)} = 4 \;. \tag{18}$$

11.6 Le modèle du potentiel pour le charmonium

Nous avons décrit la particule Ψ comme un état lié de c et $\bar{c}$ avec le nombre quantique de charme $C = 0$: le charme est «caché». De plus, nous avons vu que pour des raisons énergétiques le J/Ψ et le Ψ' peuvent uniquement se désintégrer dans des modes interdits par la règle de Zweig comme $\Psi \to \pi^+\pi^0\pi^-$, et non dans ceux autorisés comme $\Psi \to D^0\overline{D}^0$, $\Psi \to D^+D^-$, $\Psi \to D_s^+D_s^-$. D'un autre côté, ces désintégrations sont permises pour les états charmonium plus élevés Ψ'' et Ψ''', car ces derniers sont suffisamment lourds pour se désintégrer respectivement en des mésons D et D_s. Cela explique la bien plus grande valeur pour leur largeur Γ comparée au cas des Ψ et Ψ'. Si nous considérons toutes les résonances du système lié $c\bar{c}$, nous voyons que les états suffisamment excités peuvent se désintégrer en D et D_s mais pas l'état fondamental ni le premier état excité de spin 1. Comme le système $c\bar{c}$ est formellement semblable à l'état lié d'un électron et d'un positron, que l'on appelle «positronium», on nomme le système $c\bar{c}$ «*charmonium*».[9]

On va maintenant essayer de décrire les états $c\bar{c}$ dans une approche avec potentiel appropriée, dans laquelle on suppose que le système a une symétrie

---

[9] A. de Rujula, S.L. Glashow : Phys. Rev. Lett. **34**, 46 (1975) ; T. Appelquist, A. de Rujula, H.D. Politzer, S.L. Glashow : Phys. Rev. Lett. **34**, 365 (1975) ; E. Eichten, K. Gottfried, T. Kinoshita, J. Kogut, K.D. Lane, T.-M. Yan : Phys. Rev. Lett. **34**, 369 (1975).

sphérique et qu'il peut être décrit par l'équation non relativiste de Schrödinger. Après une transformation des coordonnées qui nous amène dans le centre de masse du système c$\bar{\text{c}}$, on a :

$$\left[\frac{1}{m_c}\left(-\frac{1}{r}\frac{\mathrm{d}^2 r}{\mathrm{d}r^2}+\frac{l(l+1)}{r^2}\right)+(V(r)-E)\right]R(r)=0\,,\quad(\hbar=1)\,,\quad(11.20)$$

où m_c est la masse du quark charmé. Comme on n'observe pas de quarks libres on sait que le potentiel est confinant à grande distance (plus précisément pour des distances r plus grandes que le diamètre d'un hadron). Le choix le plus simple est de supposer que le potentiel augmente proportionnellement à la distance : $V(r)=kr$; les constantes k et m_c doivent être ajustées aux données de l'expérience.

Pour $l=0$ on peut résoudre exactement l'équation de Schrödinger :

$$-\frac{1}{m_c}\frac{\mathrm{d}^2(rR)}{\mathrm{d}r^2}+(kr-E)rR=0\,.\tag{11.21}$$

On introduit $L^3=k/m_c$, $\lambda=L^2 m_c E$ et la nouvelle variable x, définie par :

$$x=\frac{r}{L}-\lambda\,,\quad rR(r)=u(x)\,,$$

pour obtenir :

$$\frac{\mathrm{d}^2 u(x)}{\mathrm{d}x^2}-xu=0\,.\tag{11.22}$$

Comme la fonction d'onde doit être régulière en $r=0$ ($R(0)<\infty$), on a $\lim_{r\to 0} rR(r)=0$ qui implique :

$$u(-\lambda)=0\,.\tag{11.23}$$

D'autre part on doit imposer que $u(\infty)=0$, car l'état lié doit pouvoir être normalisé. Les solutions de l'équation différentielle (11.22) peuvent être exprimées à l'aide des fonctions de Bessel modifiées d'ordre 1/3, et la solution qui satisfait la condition aux limites $u(\infty)=0$ est appelée *fonction d'Airy* (voir le complément mathématique de l'exemple 11.9). Ainsi :

$$u(x)=C\times\mathrm{Ai}(x)\,,\quad\text{où}\tag{11.24}$$

$$\mathrm{Ai}(x)=\frac{1}{\pi}\sqrt{\frac{x}{3}}K_{1/3}\left(\frac{2}{3}x^{3/2}\right)\quad\text{pour}\quad x>0\,.$$

Le comportement asymptotique peut être trouvé au moyen de l'expression :

$$K_\nu(z)\to\sqrt{\frac{\pi}{2z}}\mathrm{e}^{-z}\quad\text{pour}\quad z\to\infty\,,$$

qui donne :

$$u(x)\to\frac{C}{2}\sqrt{\frac{3}{\pi}}x^{-1/4}\exp\left(-\frac{2}{3}x^{3/2}\right)\quad\text{pour}\quad x\to+\infty\,.\tag{11.25}$$

Dans la région $x < 0$, la fonction d'Airy vaut :

$$\mathrm{Ai}(-x) = \frac{1}{3}\sqrt{x}\left\{ J_{1/3}\left(\frac{2}{3}x^{3/2}\right) + J_{-1/3}\left(\frac{2}{3}x^{3/2}\right) \right\}, \tag{11.26}$$

de telle façon que

$$u(x) = \frac{C}{3}\sqrt{|x|}\left\{ J_{1/3}\left(\frac{2}{3}|x|^{3/2}\right) + J_{-1/3}\left(\frac{2}{3}|x|^{3/2}\right) \right\} \quad \text{pour} \quad x > 0.$$

La seconde condition aux limites impose $\mathrm{Ai}(-\lambda) = 0$. λ est précisément la valeur propre pour l'énergie (en unités de $L^2 m_c$) ; ainsi les valeurs propres pour l'énergie sont déterminées par les zéros de la fonction d'Airy :

$$E_n = \left(\frac{k^2}{m_c}\right)^{1/3}\lambda_n. \tag{11.27}$$

Ces valeurs doivent être ajoutées à la masse au repos de la paire $c\bar{c}$; ainsi la masse du n-ième état excité du charmonium est donné par :

$$M^{(n)} = 2m_c + \left(\frac{k^2}{m_c}\right)^{1/3}\lambda_n, \tag{11.28}$$

où λ_n est le n-ième zéro de la fonction d'Airy : $\mathrm{Ai}(-\lambda_n) = 0$. Comme nous avons les deux paramètres m_c et k, nous avons besoin de deux masses pour les déterminer. En choisissant $M^{(1)} = 3{,}097\,\mathrm{GeV}$ et $M^{(2)} = 3{,}686\,\mathrm{GeV}$ nous obtenons $k = (0{,}458\,\mathrm{GeV})^2$ et $m_c = 1{,}155\,\mathrm{GeV}$ pour la masse du quark c. La masse *effective* du quark c est donc bien plus grandes que celle des quarks u, d, ou s, qui sont autour de $330\,\mathrm{MeV}$, ce qui explique pourquoi les particules contenant des quarks c sont si lourdes. Connaissant les paramètres, nous sommes en mesure de calculer les masses des autres excitations qui sont énumérées dans la table 11.8.

Dans cette table, nous avons pris en compte le fait que les états tels que $n > 2$ ne peuvent pas être décrits par une équation non relativiste. La correction relativiste pour la masse ΔM_{rel} est une conséquence de l'extension de notre modèle au domaine relativiste. Une comparaison avec les résultats expérimentaux montre que les états excités de spin 1 du charmonium sont correctement décrits par ce modèle simple.

Table 11.8. États d'excitation radiale (états ns) du charmonium avec un modèle de potentiel linéaire

n	$\lambda_{(n)}$	$M^{(n)}$ [GeV]	ΔM_{rel}	$M^{(n)}_{\mathrm{rel}}$	M_{exp}
1	2,338	3,097(ajustée)	—	3,097	3,097
2	4,088	3,686(ajustée)	—	3,686	3,686
3	5,521	4,17	$-0{,}15$	4,02	4,040
4	6,787	4,59	$-0{,}23$	4,36	4,415

Maintenant nous devons résoudre l'équation de Schrödinger pour un moment orbital l quelconque. Nous devons aussi prendre en compte le spin des quarks avec les deux possibilités :

a) Spins antiparallèles,   «paracharmonium» $(s = 0)$,
b) Spins parallèles,   «orthocharmonium» $(s = 1)$.

Comme l'état avec les spins antiparallèles a une énergie plus basse que celui de l'état avec les spins parallèles, il est naturel d'identifier les mésons pseudo-scalaires η_c et η_c' (masses 2,98 GeV et 3,59 GeV) avec le paracharmonium et les mésons vecteurs Ψ, Ψ', etc. avec l'orthocharmonium. Des considérations plus avancées sur le couplage spin–orbite $(\boldsymbol{L} \cdot \boldsymbol{S})$ et la structure hyperfine conduisent à l'ensemble des niveaux reproduits la figure 11.19.

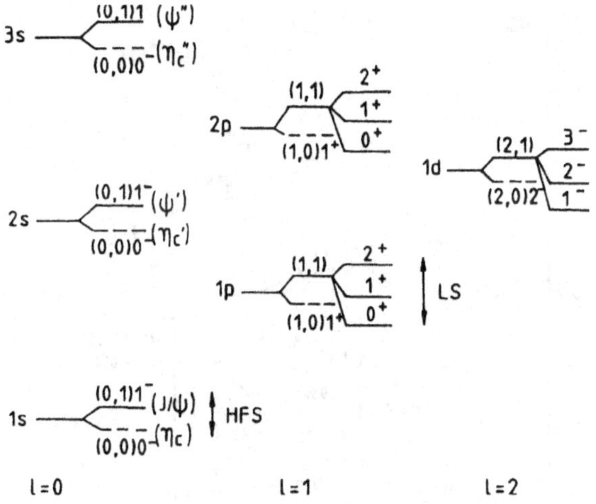

Fig. 11.19. Schéma de niveaux du charmonium. Les états du para-charmonium sont caractérisés avec ($-- - \uparrow\downarrow$) et ceux de l'ortho-charmonium avec ($\text{------}\ \uparrow\uparrow$). Les nombres entre parenthèses désignent le moment angulaire orbital et le spin (l, s)

Les états paracharmonium sont identifiés par des lignes en tirets et ceux pour l'orthocharmonium par des lignes continues. Les états sont caractérisés par leur moment angulaire total J et leur parité Π, soit J^{Π} (par exemple 3^- indique que $J = 3$ et que la parité est négative). Les nombres entre parenthèses indiquent le moment orbital et le spin, (l, s). De façon similaire à l'usage en physique atomique, on utilise la notation spectroscopique $n^M l_J$ où n est le nombre quantique principal et M la multiplicité (par exemple «3» désigne un triplet), l est le moment orbital et J le moment angulaire total. Avec cette notation, η_c' est l'état $2^1 S_0$, etc. L'attribution des nombres quantiques est donnée la table 11.9. Les mésons à charme ouvert peuvent être classés de façon similaire (table 11.10).

Pour finir, la figure 11.20 montre l'arrangement expérimental des niveaux du charmonium avec les différents modes de désintégration et leur rapport de branchement. Les états situés au-dessus de l'énergie $2M_D = 3{,}73$ MeV (ligne tiretée) se désintègrent en $D\overline{D}$, $D^*\overline{D}^*$, $D_s\overline{D}_s$.

Table 11.10. Classification des mésons avec charme ouvert

Nom	État	Masse [MeV]
D^0	$^1S_0$	$1864,7 \pm 0,6$
D^+	$^1S_0$	$1869,4 \pm 0,6$
D^{0*}	$^3S_1$	$2006,7 \pm 0,5$
D^{+*}	$^3S_1$	$2010,0 \pm 0,5$
D_s^+	$^1S_0$	$1968,5 \pm 0,6$
D_s^{*+}	$^3S_1$	$2112,4 \pm 0,7$

Table 11.9. Masses des états du charmonium observés expérimentalement

Nom	État	Masse [MeV]	Nom	État	Masse [MeV]
η_c	1^1S_0	$2979,8 \pm 2,1$	Ψ'	2^3S_1	$3686,00 \pm 0,09$
J/Ψ	1^3S_1	$3096,88 \pm 0,04$	$\Psi(3770)$		$3769,9 \pm 2,5$
χ_{c0}	2^1P_0	$3415,1 \pm 1,0$	$\Psi(4040)$		4040 ± 10
χ_{c1}	1^3P_1	$3510,53 \pm 0,12$	$\Psi(4160)$		4159 ± 20
χ_{c2}	1^5P_2	$3556,17 \pm 0,13$	$\Psi(4415)$		4415 ± 6

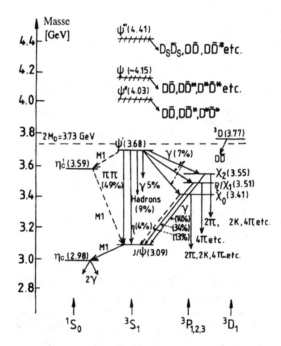

Fig. 11.20. Schéma expérimental de niveaux du charmonium

EXEMPLE

11.9 Complément mathématique. Fonctions d'Airy.

Les fonctions d'Airy sont solutions de l'équation différentielle :

$$\frac{d^2u(x)}{dx^2} - xu(x) = 0 \,, \tag{1}$$

qui possède deux solutions linéairement indépendantes. Celle qui décroît vers 0 pour $x \to \infty$ est appelée $\mathrm{Ai}(x)$ et celle qui diverge dans cette limite $\mathrm{Bi}(x)$. Ces fonctions peuvent être exprimées au moyen des fonctions de Bessel normales et modifiées comme nous allons le montrer. Nous commençons par considérer la région $x > 0$ et introduisons le changement de variable :

$$z = \beta x^\gamma \, . \tag{2}$$

Pour résoudre (1) nous proposons la forme :

$$u(x) = z^\alpha f(z) \tag{3}$$

où les constantes α, β et γ restent à déterminer. Nous obtenons :

$$\frac{\mathrm{d}^2 u}{\mathrm{d}x^2} = \gamma x^{-2} z^\alpha \left\{ \alpha(\gamma\alpha - 1) f(z) + (2\alpha\gamma + \gamma - 1) z f'(z) + \gamma z^2 f(z) \right\} \, , \tag{4}$$

où le prime indique une dérivation par rapport à z. Remplaçant (4) dans (1) on trouve l'équation

$$0 = f''(z) + \frac{2\alpha\gamma + \gamma - 1}{\gamma z} f'(z) - \frac{x^3}{\gamma^2 z^2} f(z) + (\alpha\gamma - 1) \frac{\alpha}{\gamma z^2} f(z) \, . \tag{5}$$

On peut éliminer la dépendance en x dans le troisième terme en choisissant convenablement γ :

$$\frac{x^3}{\gamma^2 z^2} = 1 \tag{6}$$

qui entraîne compte-tenu de (2) :

$$\gamma = \frac{3}{2} \, , \quad \beta = \frac{2}{3} \, . \tag{7}$$

Dès lors, (5) s'écrit sous la forme :

$$0 = f''(z) + \frac{6\alpha + 1}{3z} f'(z) - \left(1 - \left(\alpha - \frac{2}{3} \right) \frac{\alpha}{z^2} \right) f(z) \, , \tag{8}$$

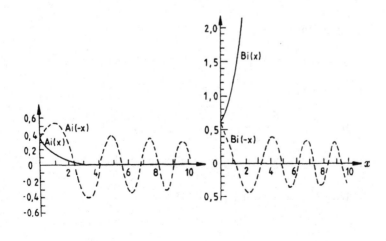

Fonctions d'Airy

et, en choisissant $\alpha = 1/3$, nous obtenons la forme standard de l'équation différentielle de Bessel :

$$0 = f''(z) + \frac{1}{z} f'(z) - \left(1 + \left(\tfrac{1}{3}\right)^2 \frac{1}{z^2}\right) f(z) , \tag{9}$$

dont les solutions sont les fonctions de Bessel modifiées d'ordre 1/3 :

$$f(z) = \{I_{1/3}, I_{-1/3}, K_{1/3}\} .$$

Les fonctions d'Airy sont habituellement définies par :

$$\mathrm{Ai}(x) = \frac{1}{\pi} \sqrt{\frac{x}{3}} K_{1/3}\left(\tfrac{2}{3} x^{3/2}\right) ,$$

$$\mathrm{Bi}(x) = \sqrt{\frac{x}{3}} \left(I_{1/3}\left(\tfrac{2}{3} x^{3/2}\right) + I_{-1/3}\left(\tfrac{2}{3} x^{3/2}\right)\right) , \quad \text{pour} \quad x > 0 \tag{10}$$

où nous avons réintroduit la variable x.

Afin de déterminer les solutions pour les valeurs négatives de x, on effectue les changements de variable et de fonction :

$$y = -x , \quad u(x) = v(y) , \tag{11}$$

qui transforment (1) en :

$$\frac{\mathrm{d}^2 v(y)}{\mathrm{d}y^2} + yv(y) = 0 . \tag{12}$$

On reprend alors les calculs précédents avec y remplaçant x :

$$z = \beta y^\gamma , \quad v(y) = z^\alpha f(z) . \tag{13}$$

On obtient la forme familière :

$$0 = f''(z) + \frac{2\alpha\gamma + \gamma - 1}{\gamma z} f'(z) + \frac{y^3}{\gamma^2 z^2} f(z) + (\alpha\gamma - 1)\frac{\alpha}{\gamma^2} f(z) .$$

Comme dans (7) on choisit :

$$\gamma = \tfrac{3}{2} , \quad \beta = \tfrac{2}{3} , \tag{14}$$

qui entraîne :

$$0 = f''(z) + \frac{6\alpha + 1}{3z} f'(z) + \left(1 + \left(a - \tfrac{2}{3}\right)\frac{\alpha}{z^2}\right) f(z) ,$$

qui devient une équation différentielle du type Bessel si on impose $\alpha = 1/3$:

$$0 = f''(z) + \frac{1}{z} f'(z) + \left(1 - \left(\tfrac{1}{3}\right)^2 \frac{1}{z^2}\right) f(z) . \tag{15}$$

Les solutions sont des fonctions de Bessel d'ordre 1/3 ou $-1/3$: $J_{\pm 1/3}(z)$. En revenant à la variable x, on écrit les fonctions d'Airy sous la forme :

Exemple 11.9

$$\text{Ai}(x) = \tfrac{1}{3}\sqrt{|x|}\left\{ J_{1/3}\left(\tfrac{2}{3}|x|^{3/2}\right) + J_{-1/3}\left(\tfrac{2}{3}|x|^{3/2}\right)\right\},$$

$$\text{Bi}(x) = \sqrt{\tfrac{|x|}{3}}\left\{ J_{1/3}\left(\tfrac{2}{3}|x|^{3/2}\right) - J_{-1/3}\left(\tfrac{2}{3}|x|^{3/2}\right)\right\},$$

$$\text{pour} \quad x < 0. \tag{16}$$

Les définitions (10) et (16) déterminent les fonctions d'Airy de façon unique pour toutes les valeurs de x [cf (11.22)], et, en utilisant le comportement bien connu des fonctions de Bessel[10], on étudie leur comportement quand $x \to 0$.

Pour les petites valeurs de $|z|$ on a :

$$J_\nu(z) \simeq \frac{1}{\Gamma(\nu+1)}(\tfrac{1}{2}z)^\nu\left(1 - \frac{z^2}{4(\nu+1)}\right), \tag{17}$$

$$I_\nu(z) \simeq \frac{1}{\Gamma(\nu+1)}(\tfrac{1}{2}z)^\nu\left(1 + \frac{z^2}{4(\nu+1)}\right). \tag{18}$$

Le comportement de $K_\nu(z)$ peut être déterminé à partir de l'expression générale :

$$K_\nu(z) = \frac{\pi}{2}\frac{I_{-\nu} - I_\nu}{\sin(\nu\pi)}, \tag{19}$$

qui entraîne :

$$K_{1/3}(z) \simeq \frac{\pi}{\sqrt{3}}(1/\Gamma(\tfrac{2}{3}))(\tfrac{1}{2}z)^{-1/3} \times \{1 - (\tfrac{1}{2}z)^{2/3}\Gamma(\tfrac{2}{3})/\Gamma(\tfrac{4}{3})\}. \tag{20}$$

Pour les petites valeurs positives de x on a :

$$\text{Ai}(x) \simeq \left(\tfrac{1}{3}\right)^{2/3}\left(\frac{1}{\Gamma\left(\tfrac{2}{3}\right)}\right)\left\{1 - \left(\tfrac{1}{3}\right)^{\frac{2}{3}} x\Gamma\left(\tfrac{2}{3}\right)/\Gamma\left(\tfrac{4}{3}\right)\right\}$$

$$\text{Bi}(x) \simeq \left(\tfrac{1}{3}\right)^{1/6}\left(\frac{1}{\Gamma\left(\tfrac{2}{3}\right)}\right)\left\{1 + \left(\tfrac{1}{3}\right)^{\frac{2}{3}} x\Gamma\left(\tfrac{2}{3}\right)/\Gamma\left(\tfrac{4}{3}\right)\right\}$$

et pour les valeurs négatives proches de 0 :

$$\text{Ai}(x) \simeq \left(\tfrac{1}{3}\right)^{2/3}\left(\frac{1}{\Gamma\left(\tfrac{2}{3}\right)}\right)\left\{1 + \left(\tfrac{1}{3}\right)^{\frac{2}{3}}|x|\Gamma\left(\tfrac{2}{3}\right)/\Gamma\left(\tfrac{4}{3}\right)\right\}$$

$$\text{Bi}(x) \simeq \left(\tfrac{1}{3}\right)^{1/6}\left(\frac{1}{\Gamma\left(\tfrac{2}{3}\right)}\right)\left\{1 - \left(\tfrac{1}{3}\right)^{\frac{2}{3}}|x|\Gamma\left(\tfrac{2}{3}\right)/\Gamma\left(\tfrac{4}{3}\right)\right\}.$$

---

[10] Voir M. Abramowitz, J.A. Stegun : *Handbook of Mathematical Functions* (Dover, New York 1965).

Nous voyons donc immédiatement que les fonctions d'Airy sont continues en $x = 0$ et ont des dérivées continues en ce point.

$$\text{Ai}(0) = \left(\tfrac{1}{3}\right)^{2/3} / \Gamma\left(\tfrac{2}{3}\right) \ ; \quad \text{Ai}'(0) = -\left(\tfrac{1}{3}\right)^{4/3} / \Gamma\left(\tfrac{4}{3}\right)$$
$$\text{Bi}(0) = \left(\tfrac{1}{3}\right)^{1/6} / \Gamma\left(\tfrac{2}{3}\right) \ ; \quad \text{Bi}'(0) = -\left(\tfrac{1}{3}\right)^{5/6} / \Gamma\left(\tfrac{4}{3}\right) . \tag{21}$$

Il est aussi nécessaire connaître les comportements asymptotiques en vue de d'en leur utilisation dans les problèmes de physique. On les obtient facilement au moyen de ceux des fonctions de Bessel. Pour $|z| \to \infty$ on a :

$$J_\nu(z) \to \sqrt{\frac{2}{\pi z}} \cos\left(z - \frac{\pi}{2}(\nu + \tfrac{1}{2})\right) , \tag{22}$$

$$I_\nu(z) \to \sqrt{\frac{1}{2\pi z}}\, e^z , \tag{23}$$

$$K_\nu(z) \to \sqrt{\frac{\pi}{2z}}\, e^{-z} . \tag{24}$$

D'où pour $x \to \infty$:

$$\text{Ai}(x) \to \sqrt{\frac{1}{4\pi}} x^{-1/4}\big[\exp(-x^{3/2})\big]^{2/3} , \tag{25}$$

$$\text{Bi}(x) \to \sqrt{\frac{1}{\pi}} x^{-1/4}\big[\exp(x^{3/2})\big]^{2/3} . \tag{26}$$

Pour les valeurs négatives les deux fonctions sont oscillantes et ont le comportement :

$$\text{Ai}(x) \to \sqrt{\frac{1}{4\pi}} |x|^{-1/4}\big[\exp(-x^{3/2})\big]^{2/3} , \tag{27}$$

$$\text{Bi}(x) \to \sqrt{\frac{1}{\pi}} |x|^{-1/4}\big[\exp(x^{3/2})\big]^{2/3} . \tag{28}$$

11.7 Les formules de masse de SU(4) [SU(8)]

En étendant la formule de masse de SU(6) aux hadrons possédant des quarks charmés, nous obtenons des multiplets de SU(4) avec spin, c'est-à-dire des multiplets de SU(8). Rappelons la formule de masse de SU(6) (cf chapitre 8)

$$M = M_0 + aY + b[T(T+1) - \tfrac{1}{2}Y^2] + cJ(J+1) , \tag{11.29}$$

ou J est le spin de la particule. Ici encore, nous supposons le hamiltonien de l'interaction forte composé de deux parties, soit $\hat{H}_{\text{i.forte}} = \hat{H}_{\text{ss}} + \hat{H}_{\text{ms}}$. Le hamiltonien de base de l'interaction forte $\hat{H}_{\text{ss}}$ est invariant par rapport aux transformations de SU(4), ce qui implique que toutes les particules d'un multiplet SU(4) ont même masse $M_0 = \langle \hat{H}_{\text{ss}} \rangle$. Nous supposons d'autre part, que la partie de le hamiltonien responsable de la brisure de symétrie $\hat{H}_{\text{ms}}$, donne naissance à une dispersion en masse uniquement entre les multiplets d'isospin différent, et non pas à l'intérieur d'un multiplet donné, ce qui s'écrit encore : $[\hat{H}_{\text{ms}}, \hat{T}_3] = 0$. Nous prendrons donc simplement la formule de masse de SU(6) et examinerons la description de la dispersion en masse entre des multiplets de charmes distincts.

En dehors de $\hat{\lambda}_8 = 2\hat{F}_8 = \sqrt{3}\hat{Y}$, seul le générateur $\hat{\lambda}_{15}$ commute avec $\hat{T}_3 = \frac{1}{2}\hat{\lambda}_3$. Construisons, à partir de $\hat{\lambda}_{15}$, l'opérateur :

$$\hat{Z} = \sqrt{\frac{3}{8}}\hat{\lambda}_{15} = \frac{1}{4}\begin{pmatrix} 1 & 0 & 0 & 0 \\ 0 & 1 & 0 & 0 \\ 0 & 0 & 1 & 0 \\ 0 & 0 & 0 & -3 \end{pmatrix} \tag{11.30}$$

qui vérifie manifestement $[\hat{T}_3, \hat{Z}] = 0$. Cet opérateur $\hat{Z}$ agit sur les états de quarks de la façon suivante :

$$\hat{Z}|u\rangle = \tfrac{1}{4}|u\rangle, \quad \hat{Z}|d\rangle = \tfrac{1}{4}|d\rangle,$$
$$\hat{Z}|s\rangle = \tfrac{1}{4}|s\rangle, \quad \hat{Z}|c\rangle = -\tfrac{3}{4}|c\rangle. \tag{11.31}$$

Il devient alors aisé de construire l'opérateur de charme à partir de $\hat{Z}$. Essayons la forme :

$$\hat{C} = \tfrac{3}{4}\hat{B} - \hat{Z}, \tag{11.32}$$

avec $\hat{B}$ opérateur de nombre baryonique. Nous avons :

$$\hat{B}|q_i\rangle = \tfrac{1}{3}|q_i\rangle \quad \text{pour} \quad i = 1, 2, 3, 4$$

pour tous les états de quarks, car chacun d'entre eux a par définition le nombre baryonique $B = 1/3$. Ceci assure un nombre baryonique $B = 1$ pour les baryons composés de 3 quarks. D'où encore :

$$\hat{C} = \tfrac{1}{4}\mathbf{1} - \hat{Z}, \tag{11.33}$$

qui peut être vérifiée explicitement, soit :

$$\hat{C}|u\rangle = 0|u\rangle, \quad \hat{C}|d\rangle = 0|d\rangle, \quad \hat{C}|s\rangle = 0|s\rangle, \quad \hat{C}|c\rangle = 1|c\rangle.$$

Nous voyons alors que $\hat{C}$ est en effet l'*opérateur de charme* avec les valeurs propres $C_i = 0, 0, 0, 1$ pour le quartet de quarks. Comme $\hat{Z}$ et $\mathbf{1}$ commutent avec $\hat{T}_3$, le commutateur de $\hat{C}$ et $\hat{T}_3$ s'annule ($[\hat{C}, \hat{T}_3] = 0$), et $\hat{C}$ est bien l'opérateur cherché. La *formule de masse pour les baryons* prendra par conséquent la forme :

$$M = M_0 + aY + b[T(T+1) - \tfrac{1}{4}Y^2] + cJ(J+1) + dC, \qquad (11.34)$$

M_0, a, b, c et d étant des paramètres que l'on adaptera avec les masses mesurées. Dans la mesure où, à ce jour, aucun baryon charmé avec $J = 3/2$ n'a été trouvé, il sera suffisant de prendre la formule de masse de saveur SU(4) suivante :

$$M = M_0 + \alpha Y + \beta[T(T+1) - \tfrac{1}{4}Y^2] + \gamma C,$$

au lieu de la formule complète correspondant à SU(8). La table 11.11 nous permet de déterminer les paramètres, soit $M_0 = 1116$ MeV, $\alpha = -196$ MeV, $\beta = 38$ MeV et $\gamma = 1349{,}5$ MeV (comparer avec les résultats de la section 8.12). Les masses théoriques déduites sont par exemple comparées aux valeurs expérimentales dans la table 11.12.

Du fait que les baryons charmés n'aient pas été tous identifiés clairement, il est prématuré d'évaluer la validité de cette formule de masse.

Nous pouvons ensuite formuler une loi étendue aux *cas des mésons*. Nous avons déjà remarqué, dans le contexte de SU(3), que la formule de masse

Table 11.11. Nombres quantiques de quelques baryons de $J = 1/2$

Particule	Masse [MeV]	T	Y	C
Nucléon	939	$\frac{1}{2}$	1	0
Σ	1192	1	0	0
Λ	1116	0	0	0
Λ_c	2282	0	1	1

Table 11.12. Comparaison des valeurs expérimentales et théoriques pour les masses de baryons $J = 1/2$

Particule	Masse calc. [MeV]	Masse observ. [MeV]	T	Y	C
Ξ	1331	1317	$\frac{1}{2}$	-1	0
Ξ_c	2494	2465	$\frac{1}{2}$	0	1
Σ_c	2336	2452	1	1	1
Ξ_{cc}	3638	?	$\frac{1}{2}$	1	2
Ω_{cc}	3815	?	0	0	2

des mésons semble vérifiée pour les carrés des masses et non pour les masses elles-mêmes. Puisque les mésons ayant $C = 1$ ou $C = -1$ ont des masses plus grandes que ceux ayant $C = 0$, on s'attend à ce que la relation ne contienne pas un terme linéaire en C. Le choix le plus simple est un terme proportionnel à C^2, de sorte que

$$\mu^2 = \mu_0^2 + \beta C^2 + \gamma[T(T+1) - \tfrac{1}{4}Y^2] + \delta J(J+1) \,. \tag{11.35}$$

Cette relation ne peut expliquer les différences de masse entre les ω^0, Φ^0 et Ψ, car ces états sont dégénérés sur le diagramme T_3-Y-C. Ces différences peuvent seulement s'expliquer en prenant en compte les compositions en quarks distinctes pour ces états ($\omega^0 = u\bar{u}$, $d\bar{d}$, $\Phi^0 = s\bar{s}$, $\Psi = c\bar{c}$), c'est-à-dire que des quarks différents doivent avoir des masses effectives distinctes. Si nous prenons en compte le moment magnétique, nous obtenons : $m_{u,d} \approx 330\,\text{MeV}$, $m_s \approx 470\,\text{MeV}$, tandis que le modèle du charmonium donne $m_c \approx 1,15\,\text{GeV}$. On peut en fait expliquer ces différences de masse avec ces données.

Afin d'appliquer cette formule de masse au cas des mésons vectoriels ($J = 1$), nous prenons la formule correspondant à SU(4) :

$$\mu^2 = \mu_0^2 + \beta C^2 + \gamma[T(T+1) - \tfrac{1}{4}Y^2] \,. \tag{11.36}$$

Avec les données contenues dans la table 11.13, nous parvenons aux valeurs suivantes :

$$\mu_0^2 = (783)^2(\text{MeV})^2 \,,$$
$$\gamma = -7780\,\text{MeV}^2 \,,$$
$$\beta = 3\,432\,846\,\text{MeV}^2 \,.$$

Les masses des autres mésons vectoriels sont fournies, pour comparaison avec les valeurs expérimentales, dans la table 11.14.

Tout comme dans le cas du groupe SU(6) de spin–saveur, nous remarquons que la formule de masse des mésons de SU(4) conduit à des résultats bien moins satisfaisants que pour les baryons. Du fait que β est bien supérieur à μ_0^2 et γ, la plus forte contribution à la masse provient du terme de charme βC^2 ; il n'est donc pas surprenant que les masses des particules D_s^* et D^* soient à peu près égales (la différence est de 2 MeV).

Pour résumer nous pouvons conclure que la symétrie SU(4) est notablement plus violée que la symétrie SU(3). Ceci est vu en particulier sur les formules de

Table 11.13. Masses et nombres quantiques de trois mésons vectoriels

Particule	Masse [MeV]	T	Y	C
ϱ	773	1	0	0
ω	783	0	0	0
D^{0*}	2010	$\tfrac{1}{2}$	0	1

Table 11.14. Comparaison des masses prédites et observées pour les mésons vectoriels K*, D_s^*

Particule	Masse calc. [MeV]	Masse observ. [MeV]	T	Y	C
K*	790	892	$\tfrac{1}{2}$	1	0
D_s^*	2012	2140	0	-1	-1

masse. Dans ces conditions, la validité de la symétrie SU(4) est beaucoup plus limitée que celle de SU(3), et nous devrons expliquer essentiellement la structure fine des différences de niveaux des états du charmonium avec un modèle de potentiel. Les probabilités de transition et les largeurs de niveaux seront ainsi trouvées sans faire appel à la symétrie SU(4). Un tel traitement est susceptible la validité du fait que la théorie (probablement) fondamentale des interactions entre quarks, *la chromodynamique quantique* (QCD), prédit, aux énergies supérieures à 1000 MeV un couplage faible qui permet d'utiliser une méthode perturbative. Dans le cas des baryons les plus légers (c'est-à-dire sans charme), l'approche perturbative ne peut être utilisée et la seule prise en compte de la symétrie rencontre un succès satisfaisant. Le spectre du charmonium peut être reproduit de façon raisonnable, en analogie avec le modèle de Bohr atomique, dans la mesure où il peut être traité comme un état lié, non relativiste, de deux particules lourdes.

11.8 Les résonances Υ

En 1977 une équipe de physiciens au Fermi National Laboratory (Illinois, USA)[11] observa avec la réaction $p + N \rightarrow \mu^+ \mu^- + X$ une nouvelle famille de résonances mésoniques très lourdes. Ces résonances, appelées les *résonances upsilon* $\Upsilon_{(1s)}$, $\Upsilon_{(2s)}$, $\Upsilon_{(3s)}$, $\Upsilon_{(4s)}$ sont en quelque sorte apparentées aux états du charmonium. Peu de temps après, sur DESY à Hambourg[12] ces résultats furent confirmés avec une résolution bien meilleure et les masses correspondantes mesurées pour les particules Υ :

$$M(1s) = 9,460 \, \text{GeV}/c^2 \, ,$$
$$M(2s) = 10,023 \, \text{GeV}/c^2 \, ,$$
$$M(3s) = 10,355 \, \text{GeV}/c^2 \, ,$$
$$M(4s) = 10,580 \, \text{GeV}/c^2 \, .$$

La section efficace de diffusion $e^+ e^-$ est représentée sur la figure 11.21 en fonction de l'énergie dans le C.M. Les faibles largeurs observées pour les décroissances leptoniques[13] de ces résonances ont conduit à une interprétation en termes d'états liés d'un nouveau quark lourd et de son anti-quark. Ce nouveau quark est le quark b (pour *bottom* ou *beauty* en anglais).

Afin d'expliquer les masses des upsilon, autour de 10 GeV, dans le cadre d'un groupe de symétrie SU(5), il faudrait admettre des violations de symétrie encore plus fortes que dans le cas de SU(4) de telle sorte que de telles considérations de symétrie sont abandonnées. On décrira plutôt ces systèmes avec

[11] S.W. Herb *et al.* (16 auteurs) : Phys. Rev. Lett. **39**, 252 (1977).

[12] C.W. Darden *et al.* (15 auteurs) : Phys. Lett. **76**B, 246 et **78**B, 364 (1978).

[13] J.L. Rosner, C. Quigg, H.B. Thacker : Phys. Lett. **74**B, 350 (1978).

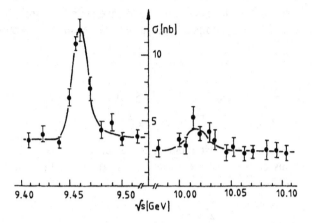

Fig. 11.21. Sections efficaces mesurées $\sigma(e^+e^- \to$ hadrons) dans la région du Υ (à gauche) et du Υ' (à droite). Les largeurs totales sont $\Gamma_{\text{tot}}(\Upsilon) \approx 7,8$ MeV et $\Gamma_{\text{tot}}(\Upsilon') \approx 8,7$ MeV, tandis que les largeurs de décroissance pour des électrons sont $\Gamma_e(\Upsilon) \approx 1$ keV et $\Gamma_e(\Upsilon') \approx 0,32$ keV

un modèle de potentiel. En raison de la grande échelle en énergie qui lui correspond, un tel modèle réalise une excellente approximation, et dans ce cas on trouve une masse pour le quark b :

$$M_b = 4500 \,\text{MeV}/c^2 \,.$$

Dans la mesure où les corrections relativistes pour les quarks lourds b sont plus petites que pour les quarks c plus légers, on peut ainsi s'attendre à recueillir une information supplémentaire sur le potentiel quark–antiquark à partir de l'observation des modes de décroissance et des états excités additionnels du système $b\bar{b}$. Par la compréhension de l'interaction quark–antiquark, on peut aussi escompter mieux comprendre la question du confinement.

Les nouvelles résonances apparaissent clairement si on représente le rapport R :

$$R = \frac{\sigma(e^+e^- \to \text{Hadrons})}{\sigma(e^+e^- \to \mu^+\mu^-)} \,, \tag{11.37}$$

qui joue, comme nous l'avons vu (cf figure 11.2) un rôle important dans le modèle des quarks. Dans la région d'énergie $2\,\text{GeV} \le E_{\text{cm}} \le 3\,\text{GeV}$, R reste clairement constant soit :

$$R = 2 \,. \tag{11.38}$$

À plus haute énergie, R augmente et atteint la valeur 3,5 à l'énergie de 4,5 GeV. Dans cette région, se trouvent toutes les résonances du charmonium. À 10 GeV approximativement, un nouveau seuil est franchi par R dans la région des résonances upsilon où il atteint presque la valeur 4.

Le processus élémentaire qui produit la section efficace $e^+e^- \to$ hadrons est l'annihilation d'une paire e^+e^- en un photon virtuel suivie par la création d'un paire quark–antiquark (voir figure 11.22).

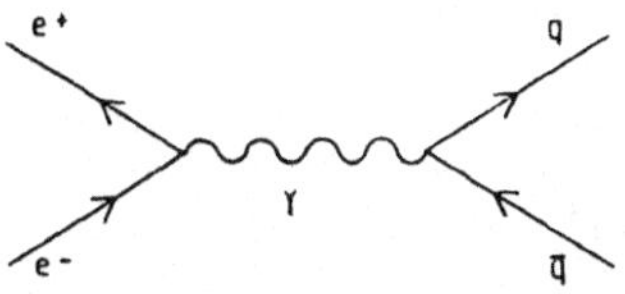

Les calculs d'électrodynamique quantique[14] indiquent que cette section efficace est essentiellement donnée par le carré des charges des particules créées.

Fig. 11.22. Création d'une paire quark-antiquark

---

[14] W. Greiner, A. Schäfer : *Quantum Chromodynamics* (Springer, Berlin, Heidelberg 1994).

Comme tous les quarks sont créés avec la même probabilité (si l'énergie fournie est suffisante), nous devons juste sommer sur les charges des quarks, soit :

$$R = \sum_i Q_i^2 \,. \tag{11.39}$$

Avec le modèle de quark SU(3), il vient alors :

$$R_{\mathrm{SU}(3)} = \tfrac{1}{9} + \tfrac{1}{9} + \tfrac{4}{9} = \tfrac{6}{9} = \tfrac{2}{3} \,, \tag{11.40}$$

bien que manifestement cette valeur soit en désaccord avec l'observation. Si nous convenons que les quarks se manifestent en trois couleurs, nous avons alors :

$$R^{\mathrm{couleur}} = 3 \sum_i Q_i^2 \,, \tag{11.41}$$

soit pour le groupe de saveur SU(3),

$$R^{\mathrm{couleur}}_{\mathrm{SU}(3)} = 3 \times \frac{2}{3} = 2 \,. \tag{11.42}$$

Cette valeur correspond à la valeur expérimentale dans la région d'énergie $E_{\mathrm{cm}} \leq 3\,\mathrm{GeV}$. Nous pouvons donc conclure que le modèle [SU(3)$_{\mathrm{couleur}}$ × SU(3)$_{\mathrm{saveur}}$] décrit correctement le comportement à basse énergie de R.

De toute évidence, une voie supplémentaire de production de particules s'ouvre entre 3 GeV et 4,5 GeV, non explicable par notre modèle simple. Cependant, au-dessus de $E_{\mathrm{cm}} = 5\,\mathrm{GeV}$, R demeure à nouveau presque constant. Selon notre argumentation précédente, nous pouvons décrire ceci avec le modèle du charme. La charge du quark c est $Q = 2/3$ et nous aurions alors la valeur

$$R_{(\mathrm{u,d,s,c})} = \frac{10}{9} \,, \tag{11.43}$$

en décomptant une fois chaque valeur de la saveur. Si nous ajoutons la couleur, nous obtenons

$$R^{\mathrm{couleur}}_{(\mathrm{u,d,s,c})} = 3 \cdot \frac{10}{9} = \frac{10}{3} \,. \tag{11.44}$$

La découverte ultérieure de la transition à 10 GeV peut seulement s'expliquer avec une saveur supplémentaire de quark, le quark b. En désignant la charge de celui-ci par Q_{b}, nous avons au-dessus de 10 GeV la relation :

$$R = \frac{10}{3} + 3Q_{\mathrm{b}}^2 \,. \tag{11.45}$$

En nous restreignant à des charges possibles qui soient un tiers ou deux tiers de la charge élémentaire, nous trouvons, avec la valeur expérimentale de R : $Q_{\mathrm{b}} = \pm 1/3$. La possibilité $Q_{\mathrm{b}} = +1/3$ peut être exclue simplement : la particule appelée Λ_{b}, qui consiste en un quark u, un quark d et un quark b a la charge :

$$Q(\Lambda_{\mathrm{b}}) = (+\tfrac{2}{3}) + (-\tfrac{1}{3}) + Q_{\mathrm{b}} = \tfrac{1}{3} + Q_{\mathrm{b}} \,. \tag{11.46}$$

Dans le cas de $Q_b = +1/3$, la charge de Λ_b ne serait pas entière. Par conséquent, la conservation de la charge impliquerait que le Λ_b ne pourrait pas décroître vers les hadrons connus qui ont tous des charges entières. La particule Λ_b serait alors stable. Ceci ne correspondant pas à l'observation, nous concluons que le quark b doit avoir, comme les quarks d et s la charge $-1/3$.

D'après la théorie électro-faible[15], il a été postulé qu'il devait exister une sixième saveur de quark, le quark t (pour *top* ou *true* en anglais) de masse $170\,\text{GeV}$. Ce quark a été découvert très récemment[16] dans l'étude des collisions $p\bar{p}$ par les collaborations CDF et DO au Fermilab (USA). L'interprétation de la désintégration d'une paire $t\bar{t}$ dans la voie $b + \bar{b} + W^+ + W^-$ a signé la formation d'une résonance correspondant à une masse du quark t d'environ $170\,\text{GeV}$ et de charge $Q_t = +2/3$. On voit alors que les saveurs de quarks peuvent être regroupées en doublets, soit :

$$\begin{pmatrix} u \\ d \end{pmatrix}, \quad \begin{pmatrix} c \\ s \end{pmatrix}, \quad \begin{pmatrix} t \\ b \end{pmatrix}, \quad \text{etc. (?)} \tag{11.47}$$

Les données très récentes sur la désintégration du boson Z indiquent que ces doublets seraient au nombre de 3. Il est possible que d'autres saveurs de quarks soient découvertes et que la question de savoir si ces particules sont des particules élémentaires soit alors posée. De tels modèles examinant la sous-structure des quarks ont déjà vu le jour[17].

---

[15] Voir W. Greiner, B. Müller : *Gauge Theory of Weak Interactions*, 2nd ed. (Springer, Berlin, Heidelberg 1996).

[16] Voir F. Abe *et al.* : Phys. Rev. D **50** (1994) 2966 and Phys. Rev. Lett. **74** (1995) 2626.

[17] Voir par exemple R.N. Mohapatra : *Unification and Supersymmetry* (Springer, Berlin, Heidelberg 1986).

12. Compléments de mathématiques

12.1 Introduction

Jusqu'à présent nous avons étudié plusieurs exemples de groupes de Lie, et plus particulièrement les groupes unitaires U(n) et SU(n). Examinons si nous pouvons trouver quelques aspects communs dans la structure de leur algèbre.

Le premier exemple que nous avons discuté longuement est l'algèbre de SU(2), identique à celle de O(3). Différentes notations ont été utilisées, mais ici nous sommes intéressés par la forme sphérique de l'algèbre ($\hat{J}_+$, $\hat{J}_0$, $\hat{J}_-$) donnée par :

$$[\hat{J}_+, \hat{J}_-] = 2\hat{J}_0 , \quad [\hat{J}_0, \hat{J}_\pm] = \pm\hat{J}_\pm . \tag{12.1}$$

Les opérateurs $\hat{J}_+$ et $\hat{J}_-$ peuvent être interprétés respectivement comme des opérateurs de montée et descente, puisqu'ils augmentent ou diminuent le nombre quantique magnétique d'une unité. L'opérateur $\hat{J}_0$ peut être appelé «poids» car il fournit le «poids» M. En examinant (12.1) nous pouvons interpréter $\hat{J}_+$ et $\hat{J}_-$ respectivement comme des opérateurs de poids plus ou moins un. puisque $\hat{J}_0$ agissant sur $\hat{J}_\pm$, au moyen du commutateur, redonne $\hat{J}_\pm$ avec un signe plus ou moins. (Voir aussi dans la section 5.3 la définition de la représentation régulière d'une algèbre de Lie, où l'action des générateurs sur eux-mêmes définit une représentation. Dans ce sens, $\hat{J}_+$ peut être envisagé comme un «état» de poids un, etc.) Les équations (12.1) indiquent que $\hat{J}_+$ agissant sur $\hat{J}_-$, ou l'inverse, donne l'opérateur de poids $\hat{J}_0$ et que l'action de $\hat{J}_0$ sur $\hat{J}_\pm$ donne $\hat{J}_\pm$ avec son «poids» devant.

Cette séparation en termes d'opérateurs de montée, de descente et de poids se révéla très utile pour définir une base adaptée et pour la construction des éléments de matrices (voir chapitre 2 pour le cas SU(2)). La question est ici : les autres algèbres ont-elles une structure similaire? Si oui nous pourrons appliquer à ces algèbres les outils proposés pour SU(2). Considérons l'algèbre SU(3) comme second exemple.

Dans la section 7.3, (7.28), nous avons effectivement observé la même structure. Nous avons des opérateurs avec un poids «positif» ($\hat{T}_+$, $\hat{V}_+$, $\hat{U}_+$), d'autres avec un poids négatif ($\hat{T}_-$, $\hat{V}_-$, $\hat{U}_-$) et deux opérateurs de poids ($\hat{T}_3$, $\hat{Y}$). Les opérateurs de poids commutent entre eux et forment ce que l'on appelle la sous-algèbre de Cartan, définie comme le plus grand ensemble de générateurs qui commutent entre eux. *Notons* qu'avec la définition du «plus haut» poids donnée au chapitre 7, $\hat{T}_+$, $\hat{V}_+$ et $\hat{U}_-$ sont les opérateurs de montée pour SU(3). Il est évidemment tout aussi justifié de considérer $\hat{T}_+$, $\hat{V}_+$ et $\hat{U}_+$ comme des opérateurs de montée, avec comme conséquence un état de plus haut poids différent. Tout ceci n'est qu'une affaire de définition et ne doit pas nous perturber ici.

La structure de l'algèbre de SU(3) semble plus compliquée mais est en fait semblable à celle de SU(2). Pour des raisons de concision, nous noterons dès à présent $\hat{E}_\alpha$ les opérateurs de montée et descente, avec α le poids de l'opérateur. Par exemple, l'action de $\hat{T}_3$ et $\hat{Y}$ sur $\hat{T}_\pm$ est donnée par $[\hat{T}_3, \hat{T}_\pm] = \pm\hat{T}_\pm$ et $[\hat{Y}, \hat{T}_\pm] = 0$ montrant que le poids α pour ces opérateurs est $\alpha = (\pm 1, 0)$. De la même façon $\hat{V}_\pm$ et $\hat{U}_\pm$ ont les poids respectifs $\alpha = (\pm\frac{1}{2}, \pm 1)$ et $\alpha = (\mp\frac{1}{2}, \pm 1)$ (voir chapitre 7, (7.28)). Le poids α définit de manière unique l'opérateur. Pour les opérateurs de poids $\hat{T}_3$ et $\hat{Y}$ nous adoptons la nouvelle notation $\hat{H}_i$ ($i = 1, 2$). Avec ces nouvelles notations, l'algèbre s'écrit :

$$[\hat{E}_\alpha, \hat{E}_\beta] = N_{\alpha\beta}\hat{E}_{\alpha+\beta}, \quad \alpha \neq \beta \tag{12.2a}$$

$$[\hat{E}_\alpha, \hat{E}_{-\alpha}] = \alpha^i \hat{H}_i \tag{12.2b}$$

$$[\hat{H}_i, \hat{E}_\alpha] = \alpha_i \hat{E}_\alpha \tag{12.2c}$$

$$[\hat{H}_i, \hat{H}_j] = 0 \tag{12.2d}$$

où $N_{\alpha\beta}$, α^i, α_i sont des constantes et où nous sommons sur les indices répétés. Comme exemple pour (12.2a) le commutateur $[\hat{T}_+, \hat{V}_-] = -\hat{U}_-$ s'écrit dans les nouvelles notations $[\hat{E}_{(+1,0)}, \hat{E}_{(-\frac{1}{2},-1)}] = -\hat{E}_{(\frac{1}{2},-1)}$; les poids *s'additionnent simplement*. Comme exemple pour (12.2b) nous avons $[\hat{U}_+, \hat{U}_-] = \frac{3}{2}\hat{Y} - \hat{T}_3$ qui dans la nouvelle notation donne $[\hat{E}_{(-\frac{1}{2},+1)}, \hat{E}_{(+\frac{1}{2},-1)}] = -\hat{H}_1 + \frac{3}{2}\hat{H}_2$. Pour (12.2c) nous avons $[\hat{T}_3, \hat{U}_\pm] = \mp\frac{1}{2}\hat{U}_\pm$ qui devient $[\hat{H}_1, \hat{E}_{(\mp\frac{1}{2},\pm 1)}] = (\mp\frac{1}{2})\hat{E}_{(\mp\frac{1}{2},\pm 1)}$, où la première composante du poids $\alpha = (\alpha_1, \alpha_2)$ est sélectionnée. Enfin, (12.2d) est représentée par $[\hat{T}_3, \hat{Y}] = 0$ qui devient $[\hat{H}_1, \hat{H}_2] = 0$: les deux opérateurs $\hat{T}_3$ et $\hat{Y}$ forment la sous-algèbre de Cartan. Comme nous le verrons plus tard les α^i dans (12.2b) sont liés aux α_i, mais pour le moment nous les considérons distincts. Une autre modification sera apportée en multipliant les générateurs par une simple constante, éventuellement différente d'un opérateur à l'autre, ce qui entraînera la redéfinition des poids et des autres constantes dans (12.2).

L'intérêt de pouvoir écrire une algèbre sous la forme (12.2) est évident. Les opérateurs de poids forment avec les opérateurs de Casimir un ensemble d'opérateurs hermitiques qui commutent. On peut donc former des états propres communs à ces opérateurs. En d'autres termes : *on a un moyen systématique pour définir les nombres quantiques*! De plus nous pouvons définir des opérateurs de montée et descente dont l'action est déduite de l'algèbre elle-même, de la même façon que dans le chapitre 2 pour le groupe SU(2), et calculer les éléments de matrice et les coefficients de Clebsch–Gordan.

Dans l'exercice 7.1 nous avons montré que SU(4) a la structure (12.2), ce qui suggère la possibilité que tout groupe semi-simple peut être mis sous la forme (12.2).

Comme dernier exemple décrivons l'algèbre non compacte sp(2, $\mathbb{R}$). Elle est associée à l'oscillateur harmonique à une dimension ($\hbar = m = \omega = 1$) :

$$\hat{H} = \tfrac{1}{2}(\hat{p}^2 + \hat{x}^2) \tag{12.3}$$

avec $[\hat{x}, \hat{p}] = i$. Le terme symplectique (sp) vient de la redéfinition $\hat{x} = \hat{Z}_1$ et $\hat{p} = \hat{Z}_2$ avec pour conséquence pour le commutateur $[\hat{Z}_i, \hat{Z}_j] = ig_{ij}$ avec $(g_{ij}) = \begin{pmatrix} 0 & 1 \\ -1 & 0 \end{pmatrix}$. Seules les transformations dans l'espace de phase $(\hat{Z}_1, \hat{Z}_2)$ qui conservent la «métrique» (g_{ij}), appelée symplectique, sont autorisées. Le chiffre 2 indique la dimension de l'espace des phases.

À la place des coordonnées et des impulsions nous pouvons introduire les opérateurs de création et d'annihilation bosoniques :

$$\hat{x} = \frac{1}{\sqrt{2}}(\hat{b}^+ + \hat{b}) \quad \hat{p} = \frac{i}{\sqrt{2}}(\hat{b}^+ - \hat{b}) \,. \tag{12.4}$$

Construisons maintenant tous les carrés possibles :

$$\hat{B}^+ = \hat{b}^+\hat{b}^+ \quad \hat{B} = \hat{b}\hat{b} \quad \hat{C} = \hat{b}^+\hat{b} + \tfrac{1}{2} \,. \tag{12.5}$$

$\hat{B}^+$ est pour les états à N quanta un opérateur de montée de deux unités et $\hat{B}$ un opérateur de descente. L'opérateur $\hat{C}$ ne modifie pas l'état mais lui apporte simplement le poids $(N + \tfrac{1}{2})$. Avec (12.7) nous pouvons connecter *tous* les états de l'oscillateur harmonique à une dimension, en séparant ces états en deux espaces selon que N est pair ou impair. Nous pouvons alors définir un état de plus bas poids (p.b.p.) par :

$$\hat{B}\,|\text{p.b.p.}\rangle = 0 \tag{12.6}$$

avec deux solutions $N = 0$ ou 1. $\hat{C}$ appliqué à cet état précise alors la représentation irréductible, $(\tfrac{1}{2})$ ou $(\tfrac{3}{2})$, selon que l'on considère l'espace avec N pair ou impair. La représentation est évidemment de dimension infinie puisque nous pouvons appliquer $\hat{B}^+$ autant de fois que nous le voulons.

Les opérateurs dans (12.5) forment une algèbre :

$$[\hat{B}, \hat{B}^+] = 4\hat{C} \quad [\hat{C}, \hat{B}^+] = +\hat{B}^+ \quad [\hat{C}, \hat{B}] = -\hat{B} \,. \tag{12.7}$$

Cette algèbre est appelée sp(2, R). Redéfinissons maintenant les opérateurs :

$$\hat{B}^+ \to \hat{E}_{+1} \quad \hat{B} \to \hat{E}_{-1} \quad \hat{C} \to \hat{H}_1 \,. \tag{12.8}$$

Avec ceci l'algèbre est :

$$[\hat{E}_{+1}, \hat{E}_{-1}] = -4\hat{H}_1 \quad [\hat{H}_1, \hat{E}_{\pm 1}] = \pm\hat{E}_{\pm 1} \,.$$

Si on multiplie $\hat{B}^+$ et $\hat{B}$ par $\frac{1}{\sqrt{2}}$ seul le premier commutateur change avec maintenant un 2 devant. Comparant avec (12.1) nous obtenons presque la même algèbre exception faite du signe dans le premier commutateur. Ce n'est pas une coïncidence, l'algèbre est la même que celle de SU(1, 1) : sp(2, R) $\simeq$ SU(1, 1). Le plus important pour nous est qu'à nouveau nous observons la même structure.

Pour conclure, nous avons trouvé divers exemples d'algèbres pouvant être mises sous forme *standard*, avec des opérateurs de poids, de montée et de descente. *Cette propriété remarquable mérite d'être étudiée plus en détail.* Dans la suite, nous verrons qu'effectivement toutes les algèbres de Lie semi-simples peuvent être mises sous forme standard, ce qui permet d'en donner une classification. Les constantes $N_{\alpha\beta}$, α_i et α^i différeront des exemples précédents à cause d'une multiplication des générateurs par des facteurs constants appropriés, mais cela ne changera pas la structure d'algèbre indiquée ci-dessus.

Avant cela nous devons malheureusement en passer par un sujet assez aride. À chaque étape, il sera important de garder en mémoire les exemples déjà cités. En récompense nous comprendrons que toutes les algèbres semi-simples classiques sont liées les unes aux autres dans leur structure et qu'il ne peut y avoir qu'un nombre *fini* de types d'algèbres semi-simples. Cette connaissance simplifie énormément le traitement et l'application des groupes aux divers sujets de la physique.

EXEMPLE ▌▌▌▌▌▌▌▌▌▌▌▌▌▌▌▌▌▌▌▌▌▌▌▌

12.1 Opérateurs de poids de l'algèbre SU(4)

L'algèbre SU(4) a été introduite au chapitre 11. Comme SU(3) en est une sous-algèbre nous pouvons nous contenter d'examiner si les opérateurs supplémentaires forment une extension de (12.2). La réponse est oui! Pour le voir nous utilisons les opérateurs $\hat{\lambda}_i$ ($i = 1, \ldots, 15$) définis dans (11.1–3). Pour $\hat{\lambda}_i$ avec $i = 1, \ldots, 8$ nous avons déjà effectué le travail dans (7.27) concernant SU(3). Nous recommençons pour le reste, c'est-à-dire nous définissons $\hat{F}_i = \frac{1}{2}\hat{\lambda}_i$ et introduisons les opérateurs :

$$\hat{W}_{\pm} = \hat{F}_9 \pm i\hat{F}_{10} \qquad \hat{X}_{\pm} = \hat{F}_{11} \pm i\hat{F}_{12}$$

$$\hat{Z}_{\pm} = \hat{F}_{13} \pm i\hat{F}_{14} \qquad \hat{H}_3 = \sqrt{6}\hat{F}_{15} = \frac{\sqrt{6}}{2}\hat{\lambda}_{15} . \tag{1}$$

Nous avons maintenant *trois* opérateurs de poids, $\hat{H}_1 = \hat{T}_3$, $\hat{H}_2 = \hat{Y}$ et $\hat{H}_3 = (\sqrt{6}/2)\hat{\lambda}_{15}$. Cela implique que les opérateurs de poids fournissent trois nombres reliés à l'action de $\hat{H}_i$ ($i = 1, 2, 3$) sur les opérateurs.

Afin de déterminer les poids de $\hat{W}_{\pm}$, $\hat{X}_{\pm}$ et $\hat{Z}_{\pm}$, nous leur appliquons successivement $\hat{H}_1$, $\hat{H}_2$ et $\hat{H}_3$. Commençant par $\hat{W}_{\pm}$ et utilisant la table 11.2 et l'équation (11.4a), nous obtenons :

$$[\hat{H}_1, \hat{W}_{\pm}] = \left[\frac{1}{2}\hat{\lambda}_3, \frac{1}{2}(\hat{\lambda}_9 \pm i\hat{\lambda}_{10})\right] = \pm\hat{W}_{\pm} \tag{2a}$$

$$[\hat{H}_2, \hat{W}_\pm] = \left[\frac{1}{\sqrt{3}}\hat{\lambda}_8, \frac{1}{2}(\hat{\lambda}_9 \pm i\hat{\lambda}_{10}) \right] = \pm\frac{1}{3}\hat{W}_+ \qquad (2b)$$

$$[\hat{H}_3, \hat{W}_\pm] = \left[\frac{\sqrt{6}}{2}\hat{\lambda}_{15}, \frac{1}{2}(\hat{\lambda}_9 \pm i\hat{\lambda}_{10}) \right] = \pm 2\hat{W}_\pm \,. \qquad (2c)$$

Cela fournit les poids $\alpha = (\alpha_1, \alpha_2, \alpha_3) = (\pm 1, \pm\frac{1}{3}, \pm 2)$ et le remplacement de $\hat{W}_\pm$ par

$$\hat{W}_\pm \rightarrow \hat{E}_{(\pm 1, \pm\frac{1}{3}, \pm 2)} \,. \qquad (3a)$$

De façon similaire nous avons :

$$\hat{X}_\pm \rightarrow \hat{E}_{(\mp\frac{1}{4}, \pm\frac{1}{3}, \pm 2)} \qquad (3b)$$

et

$$\hat{Z}_\pm \rightarrow \hat{E}_{(0, \mp\frac{2}{3}, \pm 2)} \,. \qquad (3c)$$

Le poids de chacun des générateurs de SU(3) par rapport au troisième opérateur de poids est zéro comme on le voit facilement à partir de la table 11.2, parce que le commutateur de $\hat{H}_3 = (\sqrt{6}/2)\hat{\lambda}_{15}$, ou $\hat{\lambda}_{15}$, avec $\hat{\lambda}_k$ ($k = 1, \ldots, 8$) s'annule.

Notons que dans cet exemple nous avons choisi les poids de telle manière qu'aucune racine carrée n'apparaît. Une redéfinition des générateurs par des constantes multiplicatives peut modifier cette caractéristique et la forme finalement intéressante pour les poids sera différente de celle donnée dans l'exemple.

12.2 Racines et algèbres de Lie classiques

Dans ce chapitre nous allons essayer de répertorier toutes les algèbres de Lie semi-simples. Comme nous savons que la base d'une algèbre de Lie peut être transformée en une autre au moyen d'une transformation linéaire, nous commençons par rechercher une forme standard des commutateurs des éléments (générateurs) $\hat{X}_\mu$ d'une algèbre de Lie semi-simple. Une combinaison linéaire arbitraire de ces éléments sera notée $\hat{A}$, avec :

$$\hat{A} = a^\mu \hat{X}_\mu \,, \qquad (12.9)$$

et une autre, $\hat{X}$, définie par :

$$\hat{X} = x^\mu \hat{X}_\mu \ . \tag{12.10}$$

Nous demandons alors que ces opérateurs satisfassent une équation aux valeurs propres :

$$[\hat{A}, \hat{X}] = r\hat{X} \ , \tag{12.11}$$

où r et $\hat{X}$ représentent respectivement la valeur propre et le vecteur propre. Au moyen des relations de commutation entre les $\hat{X}_\mu$:

$$[\hat{X}_\mu, \hat{X}_\nu]_- = C_{\mu\nu\sigma} \hat{X}_\sigma \ , \tag{12.12}$$

l'équation (12.11) prend la forme :

$$a^\mu x^\nu C_{\mu\nu\sigma} \hat{X}_\sigma = r x^\sigma \hat{X}_\sigma \ . \tag{12.13}$$

Comme les $\hat{X}_\sigma$ sont par définition linéairement indépendants, (12.13) est équivalente à :

$$(a^\mu C_{\mu\nu\sigma} - r\delta_{\nu\sigma})x^\nu = 0 \ ,$$

et l'équation caractéristique correspondante est :

$$\det\left| a^\mu C_{\mu\nu\sigma} - r\delta_{\nu\sigma} \right| = 0 \ . \tag{12.14}$$

Si l'algèbre de Lie comporte N éléments alors (12.14) a N solutions, éventuellement dégénérées. Comme l'a montré Cartan, on peut choisir $\hat{A}$ de telle façon que le nombre de solutions différentes de (12.14) soit maximum. Dans le cas d'une algèbre de Lie semi-simple seule la valeur propre $r = 0$ reste dégénérée. Si $r = 0$ est l fois dégénérée nous appelons l le *rang de l'algèbre semi-simple*, car (12.11) avec $r = 0$ définit les éléments $\hat{H}_i$ qui commutent dans l'algèbre de Lie.

La valeur propre $r = 0$ est associée à l vecteurs propres linéairement indépendants, $\hat{H}_i$, qui forment un sous-espace de dimension l de l'espace vectoriel de dimension N :

$$[\hat{A}, \hat{H}_i]_- = 0 \quad (i = 1, 2, \ldots, l) \ . \tag{12.15}$$

Les vecteurs propres $\hat{E}_\alpha$, correspondant aux $(N - l)$ solutions restantes, forment un sous-espace de dimension $(N - l)$ pour lequel :

$$[\hat{A}, \hat{E}_\alpha]_- = \alpha \hat{E}_\alpha \tag{12.16}$$

est vérifiée, avec la valeur propre maintenant notée α. Les valeurs α sont appelées les racines de l'algèbre de Lie. On peut écrire :

$$[\hat{H}_i, \hat{E}_\alpha]_- = \alpha_i \hat{E}_\alpha \ , \quad [\hat{H}_i, \hat{H}_j]_- = 0 \ .$$

Le caractère commutatif des $\hat{H}_i$ peut être appréhendé en supposant tout d'abord que les $\hat{H}_i$ ne commutent pas, de telle façon que :

$$[\hat{H}_1, \hat{H}_i] = C_{1i}^j \hat{H}_j \quad \text{avec} \quad C_{1i}^j \neq 0 \,,$$

c'est-à-dire que l'équation :

$$(C_{1i}^j - s\delta_i^j)x^i = 0$$

a au moins une valeur propre s non nulle. Remplaçons maintenant $\hat{A}$ par :

$$\hat{A}' = \hat{A} + \varepsilon \hat{H}_1 \,,$$

avec ε choisie assez petite pour que les valeurs propres r de (12.14) qui ne sont pas nulles ne soient pas radicalement altérées (c'est-à-dire qu'aucune de ces valeurs propres ne devient nulle). Nous obtenons aussi la valeur propre $\varepsilon \cdot s$ si nous choisissons une combinaison linéaire appropriée des $\hat{H}_i$ pour $\hat{X}$, par conséquent le degré de dégénérescence de la valeur propre zéro diminue. Ceci est en contradiction avec l'hypothèse que $\hat{A}$ a été choisie de telle façon que (12.14) ait le plus grand nombre possible de solutions différentes. Chaque opérateur $\hat{A}$ qui commute avec tous les $\hat{H}_i$ [comme dans (12.15)] peut alors être exprimé comme une combinaison linéaire des opérateurs $\hat{H}_i$:

$$\hat{A} = a^i \hat{H}_i \,. \tag{12.17}$$

Afin d'étudier les propriétés des racines α calculons :

$$\begin{aligned}
[\hat{A}, [\hat{H}_i, \hat{E}_\alpha]_-]_- &= [\hat{A}, \hat{H}_i \hat{E}_\alpha]_- - [\hat{A}, \hat{E}_\alpha \hat{H}_i]_- \\
&= [\hat{A}, \hat{H}_i]_- \hat{E}_\alpha + \hat{H}_i [\hat{A}, \hat{E}_\alpha]_- - [\hat{A}, \hat{E}_\alpha]_- \hat{H}_i - \hat{E}_\alpha [\hat{A}, \hat{H}_i]_- \\
&= \alpha [\hat{H}_i, \hat{E}_\alpha]_- \,. \tag{12.18}
\end{aligned}$$

Nous avons utilisé (12.15) et (12.16) mais le résultat aurait pu être obtenu plus rapidement et de façon plus élégante en utilisant l'identité de Jacobi :

$$\begin{aligned}
[\hat{A}, [\hat{H}_i, \hat{E}_\alpha]_-]_- &= -[\hat{H}_i, [\hat{E}_\alpha, \hat{A}]_-]_- - [\hat{E}_\alpha, [\hat{A}, \hat{H}_i]_-]_- \\
&= \alpha [\hat{H}_i, \hat{E}_\alpha]_- \,,
\end{aligned}$$

en utilisant (12.15) et (12.16) dans la dernière étape. Si $\hat{E}_\alpha$ est un vecteur propre avec la valeur propre α alors de (12.18) nous déduisons qu'il existe l vecteurs propres $[\hat{H}_i, \hat{E}_\alpha]_-$ avec la même valeur propre. Mais comme α ne peut être dégénérée, tous les $[\hat{H}_i, \hat{E}_\alpha]_-$ doivent être proportionnels à $\hat{E}_\alpha$:

$$[\hat{H}_i, \hat{E}_\alpha]_- = \alpha_i \hat{E}_\alpha \,, \quad \text{ou} \tag{12.19}$$
$$C^\sigma_{i\alpha} = \alpha_i \delta^\sigma_\alpha \,. \tag{12.20}$$

En d'autres termes les $\hat{H}_i$ et $\hat{E}_\alpha$ engendrent l'algèbre de Lie. Les constantes de structures définies dans (12.20) sont notées $C^\sigma_{i\alpha}$ et ont une forme très simple puisqu'elles sont diagonales en α et σ. De (12.16), (12.17) et (12.18) nous déduisons :

$$\alpha = a^i \alpha_i , \quad (i = 1, 2, \ldots, l) .\tag{12.21}$$

Ici les α_i peuvent être considérés comme les composantes covariantes d'un vecteur α d'un espace à l dimensions. Ce vecteur est appelé *vecteur racine* ou simplement racine.

L'identité de Jacobi :

$$[\hat{A}, [\hat{E}_\alpha, \hat{E}_\beta]_-]_- + [\hat{E}_\alpha, [\hat{E}_\beta, \hat{A}]_-]_- + [\hat{E}_\beta, [\hat{A}, \hat{E}_\alpha]_-]_- = 0 \tag{12.22}$$

mène avec (12.16) à :

$$[\hat{A}, [\hat{E}_\alpha, \hat{E}_\beta]_-]_- = (\alpha + \beta)[\hat{E}_\alpha, \hat{E}_\beta]_- ,\tag{12.23}$$

c'est-à-dire $[\hat{E}_\alpha, \hat{E}_\beta]_-$, s'il est non nul, est un vecteur propre de valeur propre $\alpha + \beta$. Si $\alpha + \beta \neq 0$ on a :

$$[\hat{E}_\alpha, \hat{E}_\beta]_- = C^\sigma_{\alpha\beta} \hat{E}_{\alpha+\beta} ,$$

où $C^\sigma_{\alpha\beta} = 0$ dans le cas $\sigma \neq \alpha + \beta$. Si $\alpha + \beta = 0$ alors $[\hat{E}_\alpha, \hat{E}_\beta]_-$ est une combinaison linéaire des générateurs $\hat{H}_i$:

$$[\hat{E}_\alpha, \hat{E}_{-\alpha}]_- = C^i_{\alpha,-\alpha} \hat{H}_i .\tag{12.24}$$

Si $\alpha + \beta$ est une racine non nulle :

$$[\hat{E}_\alpha, \hat{E}_\beta]_- = N_{\alpha\beta} \hat{E}_{\alpha+\beta} , \quad \text{soit :} \quad C^{\alpha+\beta}_{\alpha\beta} = N_{\alpha\beta} \tag{12.25}$$

est satisfaite. Nous construisons maintenant le tenseur métrique :

$$g_{\alpha\sigma} = C^\mu_{\alpha\nu} C^\nu_{\sigma\mu} .\tag{12.26}$$

La sommation sur μ et ν est effectuée en respectant les restrictions (12.20), (12.24) et (12.25) :

$$g_{\alpha\sigma} = C^\alpha_{\alpha\nu} C^\nu_{\sigma\alpha} + C^\mu_{\alpha,-\alpha} C^{-\alpha}_{\sigma\mu} + \sum_{\beta \neq -\alpha} C^{\alpha+\beta}_{\alpha\beta} C^\beta_{\sigma,\alpha+\beta}$$

où α et σ sont des indices fixés, c'est-à-dire que bien que α apparaisse deux fois nous ne sommons pas dessus. Dans cette équation seuls les termes tels que $\sigma = -\alpha$ peuvent exister [voir (12.20), (12.24) et (12.25)] :

$$g_{\alpha\sigma} = 0 , \quad \text{si } \sigma \neq -\alpha .\tag{12.27}$$

Si $-\alpha$ n'est pas solution de (12.14) alors $\det |g_{\alpha\sigma}| = 0$, qui signifie que la condition de Cartan pour un groupe de Lie semi-simple n'est pas satisfaite. Nous concluons donc que pour chaque racine nonnulle α d'une algèbre de Lie semi-simple $-\alpha$ est aussi une racine.

En normalisant les $\hat{E}_\alpha$ de telle façon que $g_{\alpha-\alpha} = 1$ et en réordonnant les éléments de base nous obtenons :

$$
g_{\mu\nu} = \begin{pmatrix}
\begin{array}{c|ccccc}
g_{ik} & & & \mathbf{0} & & \\
\hline
 & 0 & 1 & & & \\
 & 1 & 0 & & \mathbf{0} & \\
\mathbf{0} & & & \ddots & & \\
 & & \mathbf{0} & & 0 & 1 \\
 & & & & 1 & 0
\end{array}
\end{pmatrix} .
$$

De $\det |g_{\mu\nu}| \neq 0$ nous déduisons $\det |g_{ik}| \neq 0$ et obtenons, à l'aide de (12.20) :

$$
g_{ik} = \sum_\alpha C_{i\alpha}^\alpha C_{k\alpha}^\alpha = \sum_\alpha \alpha_i \alpha_k . \tag{12.28}
$$

Ce tenseur g_{ik} peut être considéré comme un tenseur métrique pour l'espace de dimension l engendré par les vecteurs α [voir (12.21)]. Seuls les coefficients dans (12.24) restent à déterminer.

Comme $C_{ikl} \equiv g_{lj} C_{ik}^j$ les indices peuvent être permutés, c'est-à-dire $C_{ikl} = C_{kli} = C_{lik}$ comme nous le verrons dans l'exercice 12.2. Nous trouvons :

$$
C_{\alpha-\alpha}^i = g^{ik} C_{\alpha,-\alpha,k} = g^{ik} C_{k,\alpha,-\alpha} = g^{ik} C_{k\alpha}^\alpha = g^{ik} \alpha_k = \alpha^i . \tag{12.29}
$$

Par suite :

$$
[\hat{E}_\alpha, \hat{E}_{-\alpha}]_- = \alpha^i \hat{H}_i . \tag{12.30}
$$

Ici les α^i sont les composantes contravariantes des vecteurs α. Nous pouvons donc écrire maintenant la base dite de *Cartan–Weyl* pour les relations de commutation d'une algèbre de Lie semi-simple :

$$
[\hat{H}_i, \hat{H}_k]_- = 0 , \quad (i = 1, 2, \ldots, l) \tag{12.31}
$$

$$
[\hat{H}_i, \hat{E}_\alpha]_- = \alpha_i \hat{E}_\alpha , \tag{12.32}
$$

$$
[\hat{E}_\alpha, \hat{E}_\beta]_- = N_{\alpha\beta} \hat{E}_{\alpha+\beta} , \quad (\alpha + \beta \neq 0) \tag{12.33}
$$

$$
[\hat{E}_\alpha, \hat{E}_{-\alpha}]_- = \alpha^i \hat{H}_i . \tag{12.34}
$$

L'équation (12.31) peut être utilisée pour définir une sous-algèbre commutative, appelée *sous-algèbre de Cartan*, à partir des éléments de l'algèbre de Lie semi-simple. Elle représente la sous-algèbre abélienne maximale pour une algèbre de Lie donnée.

EXERCICE ▬▬▬▬▬▬▬▬▬▬▬▬▬▬▬▬▬▬▬▬▬

12.2 Démonstration de la relation entre constantes de structure C_{ikl}

Problème. Montrer que $C_{ikl} = C_{kli} = C_{lik}$.

Solution. Par définition nous avons :

$$C_{ikl} = g_{lj} C_{ik}^j = C_{lm}^n C_{jn}^m C_{ik}^j \tag{1}$$

de telle façon qu'en utilisant l'identité de Jacobi nous pouvons écrire :

$$C_{ikl} = -C_{lm}^n C_{ji}^m C_{kn}^j - C_{lm}^n C_{jk}^m C_{ni}^j = C_{ij}^m C_{kn}^j C_{lm}^n - C_{in}^j C_{kj}^m C_{lm}^n . \tag{2}$$

Nous voyons immédiatement qu'en renommant de façon appropriée les indices j, m et n, elle reste inchangée dans une permutation cyclique, par exemple :

$$C_{kj}^m C_{ln}^j C_{im}^n = C_{kn}^j C_{lm}^n C_{ij}^m . \tag{3}$$

▬▬▬▬▬▬▬▬▬▬▬▬▬▬▬▬▬▬▬▬▬▬▬▬▬▬▬▬▬▬▬▬▬

12.3 Produit scalaire de valeurs propres

Dans (12.21) et (12.29) nous avons vu que les valeurs propres α pouvaient être considérées comme des vecteurs dans un espace de dimension l. Nous définissons maintenant le produit scalaire de deux vecteurs racine par :

$$(\alpha, \beta) = \alpha^i \beta_i . \tag{12.35}$$

Pour ce produit scalaire le **lemme 1** suivant est satisfait :

Si α et β sont racines de (12.14) alors $2(\alpha, \beta)/(\alpha, \alpha)$ est un entier et $\{\beta - [2\alpha(\alpha, \beta)/(\alpha, \alpha)]\}$ est aussi une racine.

Démonstration. Supposons que α et β sont racines de (12.14) et choisissons une troisième racine γ de telle façon que $\alpha + \gamma$ ne soit pas solution de (12.14). De (12.33) nous déduisons :

$$[\hat{E}_{-\alpha}, \hat{E}_\gamma]_- = N_{-\alpha\gamma} \hat{E}_{\gamma-\alpha} .$$

Oubliant la normalisation nous notons le terme de droite $\hat{E}'_{\gamma-\alpha}$ et adoptant aussi cette définition dans la suite, nous obtenons :

$$[\hat{E}_{-\alpha}, \hat{E}_\gamma]_- = \hat{E}'_{\gamma-\alpha} , \quad [\hat{E}_{-\alpha}, \hat{E}'_{\gamma-\alpha}]_- = \hat{E}'_{\gamma-2\alpha} ,$$

et finalement :

$$[\hat{E}_{-\alpha}, \hat{E}'_{\gamma-j\alpha}]_- = \hat{E}'_{\gamma-(j+1)\alpha} \,. \tag{12.36}$$

Cette série d'équations s'achève après n étapes puisqu'il n'y a qu'un nombre fini de $\hat{E}_\beta$, par suite :

$$|\hat{E}_{-\alpha}, \hat{E}'_{\gamma-n\alpha}]_- = \hat{E}'_{\gamma-(n+1)\alpha} = 0 \,. \tag{12.37}$$

À partir de (12.25) on forme une relation similaire :

$$[\hat{E}_{\alpha}, \hat{E}'_{\gamma-(j+1)\alpha}]_- = \mu_{j+1} \hat{E}'_{\gamma-j\alpha} \,. \tag{12.38}$$

En éliminant $\hat{E}'_{\gamma-(j+1)\alpha}$ de (12.36) et (12.38), et en utilisant l'identité de Jacobi, nous déduisons :

$$\mu_{j+1} \hat{E}'_{\gamma-j\alpha} = [\hat{E}_{\alpha}, [\hat{E}_{-\alpha}, \hat{E}'_{\gamma-j\alpha}]_-]_-$$
$$= -[\hat{E}'_{\gamma-j\alpha}, [\hat{E}_{\alpha}, \hat{E}_{-\alpha}]_-]_- - [\hat{E}_{-\alpha}, [\hat{E}'_{\gamma-j\alpha}, \hat{E}_{\alpha}]_-]_-$$

et en utilisant (12.34) et (12.38) :

$$= -[\hat{E}'_{\gamma-j\alpha}, \alpha^i \hat{H}_i]_- + \mu_j [\hat{E}_{-\alpha}, \hat{E}'_{\gamma-(j-1)\alpha}]_- \,,$$

qui avec (12.36), donne :

$$= \alpha^i [\hat{H}_i, \hat{E}'_{\gamma-j\alpha}]_- + \mu_j \hat{E}'_{\gamma-j\alpha} \,,$$

et enfin avec (12.32) :

$$= \alpha^i (\gamma_i - j\alpha_i) \hat{E}'_{\gamma-j\alpha} + \mu_j \hat{E}'_{\gamma-j\alpha} \,.$$

Les $\hat{E}'_\beta$ sont linéairement indépendants (puisque les $\hat{E}_\beta$ le sont) et la dernière équation conduit par conséquent à la formule de récurrence :

$$\mu_{j+1} = (\alpha, \gamma) - j(\alpha, \alpha) + \mu_j \,. \tag{12.39}$$

D'après (12.38), nous devons choisir $\mu_0 = 0$ et la formule de récurrence prend la forme :

$$\mu_j = j(\alpha, \gamma) - \tfrac{1}{2} j(j-1)(\alpha, \alpha) \,. \tag{12.40}$$

Mais de (12.37) nous déduisons $\mu_{n+1} = 0$; d'où :

$$(\alpha, \gamma) = \tfrac{1}{2} n(\alpha, \alpha) \,, \quad \text{ou} \tag{12.41}$$
$$\mu_j = \tfrac{j}{2}(n - j + 1)(\alpha, \alpha) \,.$$

Si β est une racine quelconque il existe un certain $j \geq 0$ pour lequel $\gamma = \beta + j\alpha$ est aussi racine sans que $\gamma + \alpha$ ne le soit. Insérant ceci dans (12.41) on obtient :

$$(\alpha, \beta) = \tfrac{1}{2}(n - 2j)(\alpha, \alpha), \quad \text{ou}$$

$$2\frac{(\alpha, \beta)}{(\alpha, \alpha)} = n - 2j . \tag{12.42}$$

Cette équation démontre la première partie de notre lemme, *puisque le membre de droite est bien un entier*.

Le produit scalaire (α, α) ne peut être nul sinon (12.41) entraînerait que α est orthogonal à toutes les racines. Comme ces racines engendrent l'espace de dimension l cela entrerait en contradiction avec le critère de Cartan pour les algèbres semi-simples. Nous pouvons donc toujours diviser par (α, α). (12.41) montre aussi que :

$$n = 2\frac{(\alpha, \gamma)}{(\alpha, \alpha)} .$$

À chaque paire α et γ, pour laquelle $\alpha + \gamma$ n'est pas solution, il correspond une famille de racines :

$$\gamma, \gamma - \alpha, \ldots, \gamma - n\alpha , \tag{12.43}$$

qui est invariante dans la réflexion par rapport à sa médiane. Comme chaque β doit être membre d'une de ces familles, nous pouvons affirmer que $\beta = \gamma - m\alpha$. $\delta = \gamma - (n - m)\alpha$ est aussi racine à cause de la symétrie de réflexion, $\delta = \beta - (n - 2m)\alpha$. (12.42) implique donc que :

$$\delta = \beta - 2\alpha \frac{(\alpha, \beta)}{(\alpha, \alpha)} \tag{12.44}$$

est aussi racine, ce qui prouve la seconde partie du lemme.

La démonstration du **lemme 2** est quant à elle pratiquement évidente. Si α est un vecteur racine alors α, 0 et $-\alpha$ sont les seuls multiples entiers (notés k) de α qui sont aussi vecteurs racines.

Démonstration. De $[\hat{E}_\alpha, \hat{E}_\alpha]_- = 0$ et (12.33) nous déduisons immédiatement que 2α ne peut être racine. Mais chaque valeur $|k| > 1$ donne naissance à une famille de racines qui doit contenir 2α. Dès lors $|k| > 1$ est impossible et le lemme est démontré.

Le **lemme 3** est aussi important. Une famille de racines de base α qui contient une autre racine β contient au plus quatre racines qui satisfont :

$$2\frac{(\alpha, \beta)}{(\alpha, \alpha)} = 0, \pm 1, \pm 2, \pm 3 . \tag{12.45}$$

Démonstration. Comme le cas $\beta = \pm \alpha$ a été considéré dans le lemme 2, nous pouvons supposer que $\beta \neq \pm \alpha$. Supposant de plus que cinq racines existent, ce que nous notons $\beta - 2\alpha$, $\beta - \alpha$, β, $\beta + \alpha$, $\beta + 2\alpha$, le lemme 2 montre que 2α et $2(\alpha + \beta)$ ne sont pas racines. D'un autre coté nous avons :

$$2\alpha = (\beta + 2\alpha) - \beta \quad \text{et} \quad 2(\alpha + \beta) = (\beta + 2\alpha) + \beta .$$

Dès lors la famille des racines β qui contient $\beta + 2\alpha$ n'a qu'un seul membre, $\beta + 2\alpha$, avec $(\beta + 2\alpha, \beta) = 0$. De façon analogue ni $\beta - 2\alpha - \beta$ ni $\beta - 2\alpha + \beta$ ne sont racines ce qui entraîne $(\beta - 2\alpha, \beta) = 0$. L'addition de toutes ces équations montre que $(\beta, \beta) = 0$, qui n'est possible que pour $\beta = 0$. Les racines nulles sont pourtant exclues de nos considérations et donc un maximum de quatre racines est permis.

Il nous reste à montrer (12.45). À cette fin nous écrivons une famille de racines similaire à (12.43). Posant $n = k + j$, avec k et j deux entiers naturels, nous avons d'un côté :

$$k + j + 1 \leq 4 \tag{12.46}$$

et d'un autre côté, selon (12.42) :

$$2\frac{(\alpha, \beta)}{(\alpha, \alpha)} = k - j \tag{12.47}$$

mais (12.46) entraîne $k, j \leq 3$ et de (12.47) nous déduisons la proposition.

12.4 Normalisation de Cartan–Weyl

Avant d'envisager la représentation graphique des racines, faisons quelques remarques à propos de la normalisation de Cartan et Weyl. Les constantes $N_{\alpha\beta}$ qui apparaissent dans (12.33) n'ont pas encore été déterminées. Combinant (12.36) et (12.38), et imposant $\beta = \gamma - j\alpha$ nous obtenons :

$$\mu_j \hat{E}_{\alpha+\beta} = [\hat{E}_\alpha, [\hat{E}_{-\alpha}, \hat{E}_{\alpha+\beta}]_-]_- = N_{-\alpha,\alpha+\beta}[\hat{E}_\alpha, \hat{E}_\beta]_-$$
$$= N_{-\alpha,\alpha+\beta} N_{\alpha\beta} \hat{E}_{\alpha+\beta} , \tag{12.48}$$

en utilisant deux fois (12.33). Comme μ_j est déterminée au moyen de (12.40) et (12.41) :

$$N_{\alpha\beta} N_{-\alpha,\alpha+\beta} = \mu_j = \frac{j}{2}(n - j + 1)(\alpha, \alpha) ,$$

et en écrivant $n = k + j$ comme ci-dessus, nous arrivons à :

$$N_{\alpha\beta} N_{-\alpha,\alpha+\beta} = \frac{j}{2}(k + 1)(\alpha, \alpha) , \tag{12.49}$$

pour la famille des racines

$$\beta + j\alpha , \quad \beta + (j - 1)\alpha, \ldots, \beta, \ldots, \beta - k\alpha . \tag{12.50}$$

Nous obtenons un choix cohérent des phases si nous prenons en considération l'antisymétrie de $N_{\alpha\beta}$. Nous devons alors exiger le respect des relations :

$$N_{\alpha\beta} = -N_{\beta\alpha} = -N_{-\alpha,-\beta} = N_{-\beta,-\alpha} \,.$$

12.5 Représentation graphique des racines

D'après la relation (12.21) :

$$\alpha = a^i \alpha_i \quad (i = 1, \dots, l)$$

peut être considéré comme un vecteur dans un espace de dimension l avec l composantes covariantes α_i. Si nous dessinons les vecteurs à partir d'une origine donnée nous obtenons un diagramme de dimension l. Van der Waerden a montré qu'à chaque diagramme correspond un et un seul système de racines et il a utilisé cet aspect pour donner une classification complète des algèbres de Lie simples. Sa méthode est basée sur les trois lemmes que nous avons montrés ci-dessus. Rappelons-en les aspects importants :

1. Si α est une racine alors $-\alpha$ est aussi racine.
2. Si α et β sont racines alors $2(\alpha, \beta)/(\alpha, \alpha)$ est un entier.
3. Si α et β sont deux racines alors $\beta - [2\alpha(\alpha, \beta)/(\alpha, \alpha)]$ est aussi une racine.

En nous appuyant sur le produit scalaire défini dans (12.35) nous pouvons introduire l'angle ϕ entre les racines α et β :

$$\cos\phi = \frac{(\alpha, \beta)}{\sqrt{(\alpha, \alpha)(\beta, \beta)}} \,. \tag{12.51}$$

Du lemme 3 nous déduisons :

$$\cos^2\phi = 0, \frac{1}{4}, \frac{1}{2}, \frac{3}{4} \text{ ou } 1 \,. \tag{12.52}$$

Le lemme 2 nous permet de nous limiter aux angles :

$$\phi = 0°, 30°, 45°, 60°, \text{ et } 90° \,.$$

Relions ces angles aux rapports des produits scalaires :

1. $\phi = 0°$. Cet angle n'apparaît que dans le cas $\alpha = \beta$.
2. $\phi = 30°$. Nous avons $(\alpha, \beta)/(\alpha, \alpha) = \frac{1}{2}$ ou $\frac{3}{2}$ et $(\alpha, \beta)/(\beta, \beta) = \frac{3}{2}$ ou $\frac{1}{2}$. Par conséquent $(\beta, \beta)/(\alpha, \alpha) = \frac{1}{3}$ ou 3.
3. $\phi = 45°$. Cela implique $(\alpha, \beta)/(\alpha, \alpha) = \frac{1}{2}$ ou 1 et $(\alpha, \beta)/(\beta, \beta) = 1$ ou $\frac{1}{2}$. D'où $(\beta, \beta)/(\alpha, \alpha) = \frac{1}{2}$ ou 2.
4. $\phi = 60°$. Ici $(\alpha, \beta)/(\alpha, \alpha) = \frac{1}{2}$ et $(\alpha, \beta)/(\beta, \beta) = \frac{1}{2}$. Nous obtenons $(\beta, \beta) = (\alpha, \alpha)$.

5. $\phi = 90°$. $(\alpha, \beta) = 0$ et $(\beta, \beta)/(\alpha, \alpha)$ n'est pas déterminé. Il est utile d'introduire le rapport des longueurs des vecteurs α et β :

$$k = \sqrt{\frac{(\alpha, \alpha)}{(\beta, \beta)}}\ .$$

Si β est le plus court des deux vecteurs l'image suivante peut être déduite des considérations précédentes :

$$
\begin{aligned}
&\phi = 30° : \quad k^2 = 3 \qquad \phi = 60° : \quad k^2 = 1 \\
&\phi = 45° : \quad k^2 = 2 \qquad \phi = 90° : \quad k^2 \text{ indéterminé.}
\end{aligned}
\tag{12.53}
$$

Nous pouvons maintenant construire les diagrammes pour toutes les algèbres de Lie simples.

12.6 Algèbres de Lie de rang 1

Dans le cas $l = 1$, (12.31–34) et le lemme 1 conduisent à seulement deux racines non nulles, $\pm\alpha$. Nous obtenons donc $\phi = 0°$ et le diagramme simple dessiné sur la figure 12.1. Il n'y a qu'une algèbre de Lie de rang un, c'est SU(2) (ou SO(3) qui lui est isomorphe) et qui est généralement appelée A_1.

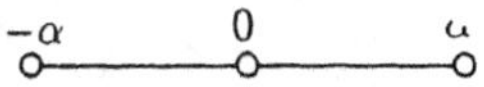

Fig. 12.1. Diagramme des racines de l'algèbre de Lie A_1

12.7 Algèbres de Lie de rang 2

Les diagrammes des algèbres de Lie de rang deux sont bidimensionnels. Nous les décrivons successivement en fonction de l'angle ϕ.

$\phi = 30°$:

Le système de coordonnées est choisi de telle façon que le vecteur α donné par $(1, 0)$ soit plus petit que le vecteur β. Avec (12.53) nous avons $(\beta, \beta) = 3$ et comme l'angle entre α et β est 30° les coordonnées de β sont $[3/2, \sqrt{3}/2]$. Le lemme 2 indique que les vecteurs $-\alpha$ et $-\beta$ appartiennent aussi au diagramme. Comme $(\alpha, \beta)/(\beta, \beta) = 1/2$ nous déduisons du lemme 1 que $\alpha - \beta$ est un vecteur du diagramme avec les coordonnées $[-1/2, -\sqrt{3}/2]$. Le lemme 2 entraîne que $\beta - \alpha$ de coordonnées $[1/2, \sqrt{3}/2]$ appartient aussi au diagramme.

En appliquant successivement cette méthode nous trouvons les 12 vecteurs non nuls. (Bien sûr pour $l = 2$ il y a deux racines nulles qui appartiennent à l'algèbre de Lie.) Le diagramme de cette algèbre de Lie, appelée G_2 par Cartan, est représenté sur la figure 12.2. Notons que les grands vecteurs sont à chaque fois égaux à la somme de leurs deux voisins.

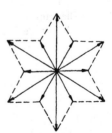

Fig. 12.2. Diagramme des racines de l'algèbre de Lie G_2

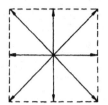

Fig. 12.3. Diagramme des racines de l'algèbre de Lie B_2

Fig. 12.4. Diagramme des racines de l'algèbre de Lie A_2

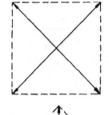

(a)

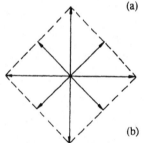

(b)

Fig. 12.5. (a) Diagramme des racines de l'algèbre de Lie D_2. (b) Diagramme des racines de l'algèbre de Lie C_2

$\phi = 45°$:

Utilisant le même procédé nous obtenons la figure 12.3. Le diagramme représente l'algèbre de Lie B_2 selon la notation de Cartan. Il contient 10 vecteurs si on comptabilise les deux racines nulles et décrit l'algèbre de Lie du groupe SO(5).

$\phi = 60°$:

Dans ce cas on obtient un diagramme hexagonal qui décrit l'algèbre de Lie A_2 (figure 12.4). Cette algèbre représente le groupe SU(3) et contient 8 vecteurs, racines nulles incluses.

$\phi = 90°$:

Il y a deux diagrammes différents dans ce cas (montrés sur les figures 12.5a et b).

Le diagramme D_2 contient 6 vecteurs qui peuvent être séparés en deux groupes de vecteurs orthogonaux. Il représente par conséquent l'algèbre de Lie SO(4) qui est isomorphe à la somme directe de deux algèbres SO(3). Le second diagramme représente l'algèbre de Lie C_2. Il résulte de la rotation de 45° de B_2 et lui est donc isomorphe. Il représente l'algèbre des générateurs du groupe symplectique à 4 dimensions Sp(4).

12.8 Algèbres de Lie de rang $l > 2$

La généralisation des diagrammes des racines pour toutes les algèbres de Lie de rang supérieur a été donnée par Van der Waerden.

B_l : nous introduisons les vecteurs :

$$e_1 = (1, 0) \quad \text{et} \quad e_2 = (0, 1)$$

et construisons les vecteurs $\pm e_1$, $\pm e_2$ et $\pm e_1 \pm e_2$ avec toutes les combinaisons possibles de signes. Nous avons alors :

$$(\pm 1, 0), \ (0, \pm 1), \ (1, \pm 1) \quad \text{et} \quad (-1, \pm 1)$$

pour les coordonnées. Il y a ainsi 8 vecteurs qui avec les deux vecteurs nuls forment le diagramme B_2. Pour B_3 nous considérons les vecteurs orthogonaux :

$$e_1 = (1, 0, 0), \quad e_2 = (0, 1, 0) \quad \text{et} \quad e_3 = (0, 0, 1).$$

Nous formons les vecteurs $\pm e_i$ et $\pm e_i \pm e_j$ et obtenons 18 vecteurs qui représentent les 21 racines de B_3 en comptant les trois vecteurs nuls. Pour le diagramme général B_l nous considérons l vecteurs unitaires orthogonaux et construisons les vecteurs :

$$\pm e_i \quad \text{et} \quad \pm e_i \pm e_j \ (i, j = 1, \dots, l) \tag{12.54}$$

d'un espace de dimension l ce qui forme $2l^2$ vecteurs. Incluant les l vecteurs nuls nous obtenons le diagramme qui représente l'algèbre de Lie d'ordre $l(2l+1)$ et qui appartient au groupe $SO(2l+1)$.

C_l : pour C_l nous utilisons les mêmes vecteurs unitaires que pour B_l à partir desquels nous construisons :

$$\pm 2e_i \quad \text{et} \quad \pm e_i \pm e_j \ (i, j = 1, \dots, l) \tag{12.55}$$

comme vecteurs du diagramme. De façon évidente C_l est du même ordre que B_l mais correspond à l'algèbre de Lie du groupe le plus simple $Sp(2l)$.

D_l : pour $l > 2$ nous utilisons à nouveau les mêmes vecteurs unitaires et formons les vecteurs :

$$\pm e_i \pm e_j \ (i, j = 1, \dots, l) \ . \tag{12.56}$$

$2l(l-1)$ vecteurs de cette forme existent, l'algèbre est donc d'ordre $l(2l-1)$ et D_l représente l'algèbre de Lie du groupe $SO(2l)$.

A_l : nous choisissons $l+1$ vecteurs orthogonaux dans un espace de dimension $(l+1)$ et construisons tous les vecteurs de la forme :

$$e_i - e_j \ (i, j = 1, \dots, l+1) \ . \tag{12.57}$$

Nous projetons ensuite les vecteurs sur un sous-espace de dimension l convenable pour former $l(l+1)$ vecteurs. Avec les l vecteurs nuls ils forment l'algèbre de Lie d'ordre $l(l+2)$ associée au groupe $SU(l+1)$.

12.9 Les algèbres de Lie exceptionnelles

Les quatre séries de diagrammes A_l, B_l, C_l et D_l correspondent aux quatre types d'*algèbres de Lie classiques* des groupes $SU(l+1)$, $SO(2l+1)$, $Sp(2l)$ et $SO(2l)$. Comme Van der Waerden l'a montré il n'y a que cinq autres diagrammes qui correspondent à des *algèbres de Lie exceptionnelles* : G_2, F_4, E_6, E_7 et E_8 (dans la notation de Cartan).

G_2 : ce diagramme a déjà été discuté.

F_4 : pour former ce diagramme nous ajoutons 16 vecteurs :

$$\tfrac{1}{2}(\pm e_1 \pm e_2 \pm e_3 \pm e_4) \tag{12.58}$$

aux vecteurs de B_4. Ces 48 vecteurs représentent avec les 4 vecteurs nuls 52 racines et l'algèbre de F_4 est d'ordre 52. B_4 est évidemment une sous-algèbre de F_4.

E_6 : nous ajoutons les vecteurs suivants à ceux de A_5 :

$$\pm 2e_7 \quad \text{et} \quad \tfrac{1}{2}(\pm e_1 \pm e_2 \pm e_3 \pm e_4 \pm e_5 \pm e_6) \pm \frac{e_7}{\sqrt{2}} , \tag{12.59}$$

où dans la parenthèse nous choisissons trois signes positifs et trois signes négatifs. Nous avons 72 racines non nulles et l'algèbre est d'ordre 78. Clairement l'algèbre de Lie E_6 contient l'algèbre du groupe $SU(6) \otimes SU(5)$ comme sous-algèbre.

E_7 : nous considérons en plus des vecteurs de A_7 :

$$\tfrac{1}{2}(\pm e_1 \pm e_2 \pm e_3 \pm e_4 \pm e_5 \pm e_6 \pm e_7 \pm e_8) , \tag{12.60}$$

en choisissant quatre signes positifs et quatre signes négatifs, soit un total de 126 vecteurs différents de zéro appartenant à l'algèbre E_7 d'ordre 133. L'algèbre de $SU(8)$ est une sous-algèbre de E_7.

E_8 : pour ce diagramme nous prenons les vecteurs de D_8 et ajoutons :

$$\tfrac{1}{2}(\pm e_1 \pm e_2 \pm e_3 \pm e_4 \pm e_5 \pm e_6 \pm e_7 \pm e_8) , \tag{12.61}$$

en choisissant un nombre pair de signes positifs. L'algèbre de E_8 est donc d'ordre 248 et contient l'algèbre de $SO(16)$ comme sous-algèbre.

12.10 Racines simples et diagrammes de Dynkin

La méthode de construction des diagrammes de Van der Waerden n'est pratique que pour les groupes de rang $l \leq 2$ car une représentation dans un plan n'est pas possible pour $l > 2$. Dynkin a néanmoins montré que la majeure partie de l'information sur les racines d'une algèbre de Lie semi-simple est contenue dans une petite partie σ de l'ensemble des racines Σ. Ces racines particulières sont appelées racines simples. Dynkin a aussi montré que les racines simples peuvent être représentées dans des diagrammes plans, les *diagrammes de Dynkin*. De ces diagrammes on peut facilement déduire l'ensemble complet des racines, en particulier leur longueur et les angles qu'elles forment entre elles.

Nous dirons qu'une racine α est *positive* si dans une base donnée sa première coordonnée non nulle est positive (cela dépend évidemment de la base choisie). Par exemple, considérons toutes les racines non nulles dans le diagramme B_2 pour lequel il y a 8 vecteurs :

$$(1, 0) ;\ (1, 1) ;\ (1, -1) ;\ (0, 1) ;\ (0, -1) ;\ (-1, 0) ;\ (-1, 1) ;\ (-1, -1) .$$

Les quatre premières racines de cet ensemble sont positives. De façon générale une moitié des vecteurs non nuls d'un diagramme est positive.

Nous dirons qu'une racine est *simple* si elle est positive et si elle ne peut être représentée comme la somme de deux racines positives. Par exemple nous avons :

$$(1, 0) = (1, -1) + (0, 1) \quad \text{ou} \quad (1, 1) = (1, 0) + (0, 1) \,,$$

et nous en déduisons que $(1, 0)$ et $(1, 1)$ ne sont pas simples. Une décomposition analogue de $(0, 1)$ et $(1, -1)$ n'est pas possible, impliquant que les racines simples de B_2 sont :

$$\alpha = (0, 1) \quad \text{et} \quad \beta = (1, -1) \,. \tag{12.62}$$

Toutes les racines simples sont linéairement indépendantes et nous notons σ le système de toutes ces racines simples. Nous pouvons représenter toutes les racines positives sous la forme :

$$\gamma = \sum_{\alpha_i \in \sigma} k_i \alpha_i \,, \tag{12.63}$$

avec k_i des entiers positifs ou nuls. Une algèbre de Lie semi-simple de rang l a exactement l racines simples qui forment une base de l'espace de dimension l des racines.

Nous donnons les trois lemmes suivants sans démonstration car la relation avec les lemmes donnés plus haut est évidente :

Lemme 4. Si α et β sont des racines simples alors leur différence n'est pas une racine :

$$\text{si} \quad \alpha, \beta \in \sigma \,, \quad \text{alors} \quad \alpha - \beta \notin \Sigma \,.$$

Lemme 5. Si $\alpha, \beta \in \sigma$ alors :

$$2\frac{(\alpha, \beta)}{(\alpha, \alpha)} = -p \,, \tag{12.64}$$

où p est un entier positif.

Lemme 6. Si $\alpha, \beta \in \sigma$, l'angle $\phi_{\alpha\beta}$ entre eux est soit 90°, 120°, 135° ou 150°. Si $(\alpha, \alpha) \leq (\beta, \beta)$ alors :

$$\frac{(\beta, \beta)}{(\alpha, \alpha)} = \begin{cases} 1 & \text{pour } \phi_{\alpha\beta} = 120° \,, \\ 2 & \text{pour } \phi_{\alpha\beta} = 135° \,, \\ 3 & \text{pour } \phi_{\alpha\beta} = 150° \,, \\ \text{indéterminé} & \text{pour } \phi_{\alpha\beta} = 90° \,. \end{cases} \tag{12.65}$$

À fin d'illustration nous considérons B_2 et B_3. D'après (12.51) l'angle entre les racines simples α et β données dans (12.62) est :

$$\cos \phi_{\alpha\beta} = \frac{(\alpha, \beta)}{\sqrt{(\alpha, \alpha)(\beta, \beta)}} = -\sqrt{\frac{1}{2}} \,,$$

c'est-à-dire :

$$\phi_{\alpha\beta} = 135° \, , \tag{12.66}$$

et d'après (12.65) la relation entre les longueurs est :

$$\frac{(\beta, \beta)}{(\alpha, \alpha)} = 2 \, . \tag{12.67}$$

Pour B_3 il y a trois racines simples :

$$\alpha = (0, 0, 1) \, , \quad \beta = (0, 1, -1) \, , \quad \gamma = (1, -1, 0) \, , \tag{12.68}$$

qui satisfont aux relations :

$$\cos \phi_{\alpha\beta} = -\sqrt{\frac{1}{2}} \quad , \quad \text{i.e. } \phi_{\alpha\beta} = 135° \quad , \quad \frac{(\beta, \beta)}{(\alpha, \alpha)} = 2$$

$$\cos \phi_{\alpha\beta} = 0 \quad , \qquad \text{i.e. } \phi_{\alpha\beta} = 90° \quad , \quad \frac{(\gamma, \gamma)}{(\alpha, \alpha)} = 2$$

$$\cos \phi_{\alpha\beta} = -\frac{1}{2} \quad , \quad \text{i.e. } \phi_{\alpha\beta} = 120° \quad , \quad \frac{(\beta, \beta)}{(\alpha, \alpha)} = 1 \, . \tag{12.69}$$

La représentation habituelle des vecteurs (12.68) serait de dimension trois. Dynkin a donné un moyen pour décrire les racines simples de toutes les algèbres de Lie semi-simples dans un plan.

12.11 Procédé de Dynkin

Les racines simples sont représentées par des petits cercles reliés par une, deux ou trois lignes selon que l'angle entre les racines simples correspondantes est 120°, 135° ou 150°. Les cercles qui représentent des racines orthogonales ne sont pas reliés. Prenant en compte le fait que les racines simples des algèbres de Lie simples ont au plus deux longueurs, on noircit les cercles qui correspondent aux plus petites racines.

EXEMPLE

12.3 Diagramme de Dynkin pour B_l

D'après (12.66) et (12.67) le diagramme de Dynkin pour B_2 est simplement :

$$\beta \quad \alpha$$

et d'après (12.69) le diagramme de Dynkin pour B_3 est représenté par :

$$\gamma \quad \beta \quad \alpha$$

Ordre	Notation de Cartan	Groupe	Diagramme de Dynkin	Solutions
$l(l+2)$	A_l	$SU(l+1)$	$\underset{\alpha_1\ \alpha_2\qquad\ \alpha_l}{\circ-\circ-\circ--\circ}$	$e_i - e_j \ (i, j = 1, \ldots, l+1)$
$l(2l+1)$ $l \geq 2$	B_l	$SO(2l+1)$	$\underset{\alpha_1\ \alpha_2\qquad\quad\ \alpha_l}{\circ-\circ-\circ--\rlap{$\blacksquare$}\boxminus}$	$\pm e_i$ et $\pm e_i \pm e_j \ (i, j = 1, \ldots, l)$
$l(2l+1)$ $l \geq 2$	C_l	$Sp(2l)$	$\underset{\alpha_1\ \alpha_2\qquad\quad\ \alpha_l}{\bullet-\bullet-\bullet--\boxminus}$	$\pm 2e_i$ et $\pm e_i \pm e_j \ (i, j = 1, \ldots, l)$
$l(2l+1)$ $l \geq 3$	D_l	$SO(2l)$	$\underset{\alpha_1\ \alpha_2\qquad\alpha_{l-2}\ \ \alpha_l}{\circ-\circ-\circ--\circ\!\!\!<\!\!{}^{\textstyle\circ\,\alpha_{l-1}}_{\textstyle\circ}}$	$\pm e_i \pm e_j \ (i, j = 1, \ldots, l)$
14	G_2	G_2	$\underset{\alpha_1\qquad\ \alpha_2}{\boxminus\!\!\blacksquare}$	$e_i - e_j \ (i, j = 1, 2, 3; \ i \neq j)$ $\pm 2e_i \mp e_j \mp e_k \ (i, j, k = 1, 2, 3, \ i \neq j \neq k)$
52	F_4	F_4	$\underset{\alpha_1\ \alpha_2\quad\ \alpha_3\ \alpha_4}{\circ-\boxminus\!\!\blacksquare-\bullet}$	Comme pour B_4 plus les 16 solutions $\frac{1}{2}(\pm e_1 \pm e_2 \pm e_3 \pm e_4)$
78	E_6	E_6	$\underset{\alpha_6}{\overset{\alpha_1\ \alpha_2\ \alpha_3\ \alpha_4\ \alpha_5}{\circ-\circ-\circ-\circ-\circ}\atop{\mid}{\circ}}$	Comme pour A_5 plus les solutions $\pm\sqrt{2}e_7$ et $\frac{1}{2}(\pm e_1 \pm e_2 \pm e_3 \pm e_4 \pm e_5 \pm e_6) \pm e_7/\sqrt{2}$ (toutes les possibilités comportant 3 signes «+» et 3 signes «−» pour les termes entre parenthèses)
133	E_7	E_7	$\underset{\alpha_7}{\overset{\alpha_1\ \alpha_2\ \alpha_3\ \alpha_4\ \alpha_5\ \alpha_6}{\circ-\circ-\circ-\circ-\circ-\circ}\atop{\mid}{\circ}}$	Comme pour A_7 plus les solutions $\frac{1}{2}(\pm e_1 \pm e_2 \pm e_3 \pm e_4 \pm e_5 \pm e_6 \pm e_7 \pm e_8)$ (toutes les possibilités comportant 4 signes «+» et 4 signes «−» pour les termes entre parenthèses)
248	E_8	E_8	$\underset{\alpha_8}{\overset{\alpha_1\ \alpha_2\ \alpha_3\ \alpha_4\ \alpha_5\ \alpha_6\ \alpha_7}{\circ-\circ-\circ-\circ-\circ-\circ-\circ}\atop{\mid}{\circ}}$	Comme pour D_8 plus les solutions $\frac{1}{2}(\pm e_1 \pm e_2 \pm e_3 \pm e_4 \pm e_5 \pm e_6 \pm e_7 \pm e_8)$ avec un nombre pair de signes plus

En répétant cette méthode nous obtenons le diagramme de Dynkin pour l'ensemble des algèbres de Lie B_l :

Dynkin a montré que pour toute algèbre de Lie simple il existe un diagramme qui la caractérise. Ces diagrammes sont donnés dans la table de la page précédente. Il n'en existe pas d'autre.

12.12 Matrice de Cartan

La matrice de Cartan est importante pour les applications à venir ; ses éléments (A_{ij}) sont donnés par :

$$A_{ij} = 2(\alpha_i, \alpha_j)/(\alpha_i, \alpha_i) \tag{12.70}$$

pour $\alpha_k \in \sigma$. Pour chaque diagramme de Dynkin nous pouvons facilement calculer la matrice de Cartan correspondante en utilisant les lemmes 4 à 6. D'après (12.70) les éléments diagonaux sont toujours 2 et les termes non diagonaux sont égaux à $-3, -2, -1$ ou 0.

EXEMPLE

12.4 Matrice de Cartan pour SU(3), SU(4) et G_2

Le diagramme de Dynkin pour l'algèbre de Lie du groupe SU(3) est :

Nous en déduisons :

$$(\alpha_1, \alpha_1) = (\alpha_2, \alpha_2) = 1 \quad \text{et} \quad (\alpha_1, \alpha_2) = -\tfrac{1}{2},$$

puisque l'angle entre les racines simples α_1 et α_2 est 120°. La matrice de Cartan pour SU(3) est donc :

$$\begin{pmatrix} 2 & -1 \\ -1 & 2 \end{pmatrix}.$$

Le diagramme de Dynkin pour SU(4) est :   *Exemple 12.4*

d'où :

$$(\alpha_1, \alpha_1) = (\alpha_2, \alpha_2) = (\alpha_3, \alpha_3) = 1, \quad (\alpha_1, \alpha_2) = (\alpha_2, \alpha_3) = -\tfrac{1}{2}$$

et $(\alpha_1, \alpha_3) = 0$. Pour SU(4) la matrice de Cartan est :

$$\begin{pmatrix} 2 & -1 & 0 \\ -1 & 2 & -1 \\ 0 & -1 & 2 \end{pmatrix} .$$

Pour G_2 nous avons le diagramme de Dynkin :

où $(\alpha_1, \alpha_1) = 3$, $(\alpha_2, \alpha_2) = 1$ et $(\alpha_1, \alpha_2) = -\tfrac{3}{2}$ puisque :

$$\begin{aligned} (\alpha_1, \alpha_2) &= \sqrt{(\alpha_1, \alpha_1)(\alpha_2, \alpha_2)} \cos 150° \\ &= -\sqrt{(\alpha_1, \alpha_1)(\alpha_2, \alpha_2)}\sqrt{\tfrac{3}{2}} . \end{aligned}$$

La matrice de Cartan correspondante est :

$$\begin{pmatrix} 2 & -1 \\ -3 & 2 \end{pmatrix} .$$

12.13 Détermination de toutes les racines à partir des racines simples

Examinons maintenant la façon de déterminer l'algèbre de Lie complète à partir du système σ des racines simples. Dans ce but nous devons chercher les familles $k_1, \ldots, k_l$ d'entiers pour lesquelles $\sum_{\alpha_i \in \sigma} k_i \alpha_i$ est racine.

Pour les applications pratiques il est suffisant de déterminer les racines positives. Soit $\beta = \sum k_i \alpha_i$ une racine, nous appelons $|\beta| = \sum k_i$ son niveau. Le niveau est un nombre positif et toutes les racines simples sont de niveau 1. Supposons connues les racines positives de niveau n ou moins, les racines positives de niveau $n+1$ sont alors de la forme $\beta = \alpha + \alpha_j$ avec $\alpha_j \in \sigma$. Pour une racine positive donnée α de niveau n nous devons donc déterminer les $\alpha_j \in \sigma$ pour lesquelles $\alpha + \alpha_j$ est racine. Si $\alpha = \alpha_j$, on sait que $\alpha + \alpha_j$ n'est pas racine, nous pouvons donc poser $\alpha = \sum k_i \alpha_i$ avec $k_i > 0$ pour au moins un $i \neq j$. Les combinaisons linéaires $\alpha - \alpha_j$, $\alpha - 2\alpha_j, \ldots$, si elles sont racines, sont positives, de niveau inférieur à n et sont déjà déterminées d'après notre hypothèse. Ainsi le nombre s pour la famille α_j qui contient :

$$\alpha - s\alpha_j, \ldots, \alpha, \ldots, \alpha + t\alpha_j \,,$$

est déjà connu. Pour t la relation :

$$t = s - 2(\alpha, \alpha_j)/(\alpha_j, \alpha_j) = s - \sum_{i=1}^{l} k_i A_{ji} \tag{12.71}$$

est satisfaite et t peut être déterminé en utilisant la matrice de Cartan. Comme $\alpha + \alpha_j$ n'est racine que si $t > 0$ nous pouvons facilement déduire si $\alpha + \alpha_j$ est racine ou non.

EXEMPLE

12.5 Détermination des racines de G_2 à partir des racines simples

Avec l'exemple 12.3 nous connaissons le diagramme de Dynkin :

$\alpha_1 \qquad \alpha_2$

et la matrice de Cartan correspondante :

$$\begin{pmatrix} 2 & -1 \\ -3 & 2 \end{pmatrix} \tag{1}$$

pour l'algèbre de Lie G_2. De (1) nous déduisons :

$$2(\alpha_1, \alpha_2)/(\alpha_1, \alpha_1) = -1 \quad \text{et} \quad 2(\alpha_1, \alpha_2)/(\alpha_2, \alpha_2) = -3 \,. \tag{2}$$

Comme $\alpha_1 - \alpha_2$ n'est pas racine on déduit de ces relations que la série α_1 contenant α_2 et la série α_2 contenant α_1 sont de la forme :

$$\alpha_2, \alpha_2 + \alpha_1 \; ; \quad \alpha_1, \alpha_1 + \alpha_2, \alpha_1 + 2\alpha_2, \alpha_1 + 3\alpha_2 \,.$$

Ici la racine positive de niveau 2 est $\alpha_1 + \alpha_2$. Comme $\alpha_2 + 2\alpha_1$ n'est pas racine nous déduisons que $\alpha_1 + 2\alpha_2$ est la seule racine de niveau 3. $2\alpha_1 + 2\alpha_2$ n'est pas racine non plus donc $\alpha_1 + 3\alpha_2$ est la seule racine de niveau 4. Enfin d'après (12.71) nous trouvons que :

$$2(\alpha_1 + 3\alpha_2, \alpha_1)/(\alpha_1, \alpha_1) = 2 - 3 = -1 \,,$$

qui signifie que $(\alpha_1 + 3\alpha_2) + \alpha_1 = 2\alpha_1 + 3\alpha_2$ est racine. C'est la seule racine de niveau 5 car $\alpha_1 + 4\alpha_2$ n'est pas racine. Comme les combinaisons linéaires $(2\alpha_1 + 3\alpha_2) + \alpha_1 = 3(\alpha_1 + \alpha_2)$ et $(2\alpha_1 + 3\alpha_2) + \alpha_2 = 2(\alpha_1 + 2\alpha_2)$ ne sont pas racines, il n'y a pas de racine de niveau supérieur à 5. Par conséquent les racines de G_2 non nulles sont :

$$\pm\alpha_1, \ \pm\alpha_2, \ \pm(\alpha_1 + \alpha_2), \ \pm(\alpha_1 + 2\alpha_2), \ \pm(\alpha_1 + 3\alpha_2), \ \pm(2\alpha_1 + 3\alpha_2) \,.$$

12.14 Deux algèbres de Lie simples

À titre d'illustration nous voulons déterminer les algèbres de Lie des groupes SO(3) et SU(3). Le diagramme de Dynkin pour SO(3) est un simple cercle ○ indiquant qu'il n'y a qu'une racine simple que nous désignons par $\hat{J}_+$. Dans la représentation de Van der Waerden le dessin correspondant est :

$$\overset{\hat{J}_-}{\underset{-1}{\circ}} \rule{3cm}{0.4pt} \overset{}{\underset{0}{\circ}} \rule{3cm}{0.4pt} \overset{\hat{J}_+}{\underset{+1}{\circ}}$$

L'algèbre des commutateurs correspondante est déduite de (12.31–34) :

$$[\hat{H}_1, \hat{H}_1]_- = 0 \,, \quad [\hat{H}_1, \hat{J}_\pm]_- = \pm\hat{J}_\pm \,, \quad [\hat{J}_+, \hat{J}_-]_- = \hat{H}_1 \,.$$

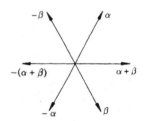

Fig. 12.6. Diagramme des racines pour A_2

Pour obtenir cette algèbre nous exprimons $\hat{H}_1$ et $\hat{J}$ au moyen des opérateurs de moment angulaire infinitésimaux $\hat{J}_x$, $\hat{J}_y$ et $\hat{J}_z$ pour SO(3) de telle façon que :

$$\hat{H}_1 = \hat{J}_z \quad \text{et} \quad \hat{J}_\pm = \tfrac{1}{2}(\hat{J}_x \pm \mathrm{i}\hat{J}_y) \,.$$

Nous obtenons évidemment l'algèbre des commutateurs du moment angulaire. Comme nous le voyons la nouvelle définition diffère de celle du chapitre 2 par le facteur $1/\sqrt{2}$.

Le diagramme de Dynkin pour SU(3) est :

$$\circ \rule{3cm}{0.4pt} \circ$$

Cela indique qu'il y a 2 racines simples de même taille formant un angle de 120°. Bien sûr, $-\alpha$ et $-\beta$ sont aussi racines, ainsi que $\pm(\alpha + \beta)$, ce qui permet d'obtenir le diagramme pour A_2 montré sur la figure 12.6. Nous normalisons les racines en utilisant :

$$\sum_\alpha \alpha_i \alpha_j = \delta_{ij} \,,$$

et obtenons :

$$\alpha = \frac{1}{2\sqrt{3}}(1,3), \quad \beta = \frac{1}{2\sqrt{3}}(1,-3), \quad \alpha+\beta = \frac{1}{\sqrt{3}}(1,0)\ .$$

L'algèbre des commutateurs déduite de (12.31–34) est :

$$[\hat{H}_1, \hat{E}_{\pm\alpha}]_- = 1/2\sqrt{3}\hat{E}_{\pm\alpha} \qquad [\hat{H}_2, \hat{E}_{\pm\alpha}]_- = \pm\tfrac{1}{2}\hat{E}_{\pm\alpha}$$

$$[\hat{H}_1, \hat{E}_{\pm\beta}]_- = 1/2\sqrt{3}\hat{E}_{\pm\beta} \qquad [\hat{H}_2, \hat{E}_{\pm\beta}]_- = +\tfrac{1}{2}\hat{E}_{\pm\beta}$$

$$[\hat{H}_1, \hat{E}_{\pm(\alpha+\beta)}]_- = 1/\sqrt{3}\hat{E}_{\pm(\alpha+\beta)} \qquad [\hat{H}_2, \hat{E}_{\pm(\alpha+\beta)}]_- = 0$$

$$[\hat{E}_\alpha, \hat{E}_{-\alpha}]_- = 1/2\sqrt{3}\hat{H}_1 + \tfrac{1}{2}\hat{H}_2 \qquad [\hat{E}_\beta, \hat{E}_{-\beta}]_- = \tfrac{1}{2}\sqrt{3}\hat{H}_1 - \tfrac{1}{2}\hat{H}_2$$

$$[\hat{E}_{\alpha+\beta}, \hat{E}_{-(\alpha+\beta)}]_- = 1/\sqrt{3}\hat{J}_1 \qquad [\hat{E}_\alpha, \hat{E}_\beta]_- = 1/\sqrt{6}\hat{E}_{\alpha+\beta}$$

$$[\hat{E}_\alpha, \hat{E}_{\alpha+\beta}]_- = 0 \qquad [\hat{E}_\beta, \hat{E}_{\alpha+\beta}]_- = 0$$

$$[\hat{E}_\alpha, \hat{E}_{-(\alpha+\beta)}]_- = -1/\sqrt{6}\hat{E}_{-\beta} \qquad [\hat{E}_\beta, \hat{E}_{-(\alpha+\beta)}]_- = 1/\sqrt{6}\hat{E}_{-\alpha}$$

$$[\hat{H}_1, \hat{H}_2]_- = 0\ .$$

12.15 Représentations des algèbres de Lie classiques

Il existe une méthode systématique pour construire les représentations irréductibles de toutes les algèbres de Lie en utilisant la table donnée ci-dessus. Nous allons expliciter cette méthode sans plus de démonstration. Les vecteurs de base $|u\rangle$ d'une représentation irréductible sont classés d'après leurs valeurs propres par rapport aux opérateurs $\hat{H}_i$ de la sous-algèbre de Cartan :

$$\hat{H}_i |u\rangle = \lambda_i(u) |u\rangle\ . \tag{12.72}$$

On définit le *poids* d'un état $|u\rangle$ comme le vecteur (dans un espace de dimension N, le rang de l'algèbre de Lie) :

$$\Lambda(u) := (\lambda_1(u), \lambda_2(u), \dots, \lambda_N(u))\ . \tag{12.73}$$

Pour les poids on introduit la relation d'ordre suivante : le poids Λ est dit plus grand que le poids Λ' si le premier nombre non nul $\lambda_i - \lambda_i'$, $i = 1, 2, \dots, N$, est positif. Cet ordre détermine de manière unique un poids maximal $\Lambda_{\max}$ pour chaque représentation irréductible qui a les propriétés :

(a) $\Lambda_{\max}$ n'est pas dégénéré, c'est-à-dire qu'il n'y a qu'un état de poids $\Lambda_{\max}$.
(b) Il existe une correspondance bijective entre la représentation irréductible considérée et $\Lambda_{\max}$.

Ces propriétés peuvent être démontrées en généralisant les considérations du chapitre 7 pour SU(3). Pour illustrer le procédé nous allons montrer que pour le triplet de SU(3) on peut déduire la représentation irréductible complète à

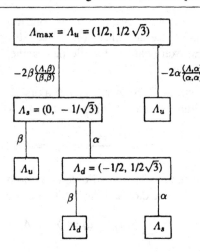

partir du poids maximal Λ_{max}. Pour ceci nous avons besoin du lemme suivant analogue au lemme 1 :

Lemme 1'. Pour chaque poids d'une représentation irréductible Λ et pour chaque racine α, $2(\Lambda, \alpha)/(\alpha, \alpha)$ est un entier et $\Lambda - 2\alpha[(\Lambda, \alpha)/(\alpha, \alpha)]$ est un poids de la représentation irréductible.

Le plus grand poids de SU(3) est $\Lambda_{\text{max}} = \Lambda_{\text{u}} = (1/2, 1/2\sqrt{3})$. Les racines positives simples de SU(3) sont (voir la section précédente) :

$$\alpha = \sqrt{2}(1/2, -\sqrt{3}/2) \; ; \quad \beta = \sqrt{2}(1/2, \sqrt{3}/2) \,.$$

Comme $(\Lambda, \alpha) = 0$, $(\Lambda, \beta) = 1/\sqrt{2}$, on déduit du lemme 1' que :

$$\cdot \Lambda_{\text{u}} = (1/2, 1/2\sqrt{3}) \,, \quad \Lambda_{\text{d}} = (-1/2, 1/2\sqrt{3}) \,, \quad \Lambda_{\text{s}} = (0, -1/2) \,.$$

La détermination complète d'une représentation irréductible à partir de Λ_{max} est en général plus compliquée du fait des dégénérescences, c'est-à-dire quand il y a plusieurs états ayant le même poids. Pour obtenir la méthode générale nous devons donc :

1. être capables de trouver tous les poids maximaux Λ_{max} et
2. savoir combien de fois chaque état est occupé.

La première question a été résolue par Dynkin en définissant un nouveau poids Λ :

$$\Lambda(\lambda_1, \ldots, \lambda_N) \to \tilde{\Lambda}(\tilde{\lambda}_1, \ldots, \tilde{\lambda}_N) \; ; \quad \tilde{\lambda}_i = 2 \frac{(\Lambda, \alpha_i)}{(\alpha_i, \alpha_i)} \,, \tag{12.74}$$

où les racines positives sont notées $\alpha_1, \ldots, \alpha_N$. À partir du lemme 1 on déduit que $\tilde{\lambda}_i$ sont des entiers et le premier problème est résolu ; Dynkin a montré que chaque $\Lambda = (\lambda_1, \lambda_2, \ldots, \lambda_N)$ avec $\lambda_i \geq 0$, $i = 1, 2, \ldots, N$ apparaît comme poids maximum.

La première question est donc réduite à l'écriture de tous les vecteurs Λ dans un espace de dimension N avec des composantes entières positives ou nulles. En examinant la famille des racines on peut déduire l'extension suivante du lemme 1′ :

Lemme 7. Si $\tilde{\Lambda}$ et $\tilde{\Lambda}_j > 0$ alors $\tilde{\Lambda} - \tilde{\alpha}_j$ est aussi racine, où $\tilde{\alpha}_j$ est la racine simple α_j dans la «base de Dynkin» et :

$$(\tilde{\alpha}_j)_\lambda = 2\frac{(\alpha_j, \alpha_\lambda)}{(\alpha_\lambda, \alpha_\lambda)} = A_{\lambda j} = A_{j\lambda} \, .$$

Le lemme 7 permet d'obtenir les poids dans la base de Dynkin. Pour transformer cette base dans la base habituelle nous écrivons :

$$\Lambda = \sum_j b_j a_j \to a_i = \sum_j b_j A_{ij} \to b_j = \sum_i a_i (A^{-1})_{ij} \, . \tag{12.75}$$

Pour le calcul du degré de dégénérescence on peut utiliser la formule de récurrence dite de Freudenthal donnée par :

$$[(\Lambda_{\max} + \delta, \Lambda_{\max} + \delta) - (\Lambda + \delta, \Lambda + \delta)]n_\Lambda$$
$$= 2 \sum_{\substack{\alpha \text{ racine pos.} \\ k>0}} n_{\Lambda+k\alpha}(\Lambda + k\alpha, \alpha) \, , \quad \text{avec :} \tag{12.76}$$
$$\delta = \tfrac{1}{2} \sum_{\alpha \text{ racine pos.}} \alpha \, ;$$

$\tilde{\delta} = (1, 1, \dots, 1)$ dans la base de Dynkin ;

n_Λ est le nombre d'état de poids Λ ;

et

$$(\Lambda, \Lambda') = \sum_{ij} b_i b'_j (\alpha_i, \alpha_j)$$
$$= \sum_{ijkl} a_k (A^{-1})_{ki}(\alpha_i, \alpha_j) a'_l (A^{-1})_{lj}$$
$$= \sum_{jl} a'_l a_j \tfrac{1}{2}(\alpha_j, \alpha_j)(A^{-1})_{lj}$$
$$= \sum_{jl} a'_l G_{lj} a_j$$
$$G_{lj} = (\alpha_i, \alpha_j)/2][A^{-1}]_{lj} \, . \tag{12.77}$$

La métrique G_{lj} est déterminée de façon unique en normalisant les plus grandes racines à 2. Nous donnons enfin la formule de Weyl qui permet de calculer la dimension d'une représentation irréductible à partir de $\Lambda_{\max}$:

$$N(\Lambda_{\max}) = \prod_{\alpha \text{ racine pos.}} (\Lambda_{\max} + \delta, \alpha)/(\delta, \alpha) \, . \tag{12.78}$$

Pour terminer résumons la méthode qui permet de déterminer les représentations irréductibles d'une algèbre de Lie simple :

1. À partir du diagramme de Dynkin (voir la table de l'exemple 12.3) on forme toutes les racines positives α_i.
2. On calcule la matrice de Cartan A et la métrique G en utilisant (12.74) et (12.77).
3. De (12.78) on déduit tous les $\Lambda_{\max}$ des représentations irréductibles pourvu que leur dimension ne soit pas trop élevée.
4. Pour les représentations irréductibles étudiées on construit le diagramme pour les poids à l'aide du lemme 7 et de (12.78).

Dans l'exemple 12.6 nous allons effectuer le calcul pour la représentation octet de SU(3), bien qu'en pratique on utilise des tables calculées par ordinateur.

EXEMPLE ████████████████████████████

12.6 Analyse de SU(3)

1. On utilise la table ci-dessus. Comme SU(3) est de rang deux avec les deux racines simples :

$$\alpha_1 = \sqrt{2}(1, 0) \quad \alpha_2 = \sqrt{2}(-1/2, \sqrt{3}/2) \,,$$

on déduit que :

$$\alpha_3 = \alpha_1 + \alpha_2 = \sqrt{2}(1/2, \sqrt{3}/2) \,,$$

où α_1, α_2, α_3 sont les racines positives dans la base considérée, fixées par $\alpha_1 = \sqrt{2}(1, 0)$.

2. On calcule A et G. $A_{ij} = 2(\alpha_i, \alpha_j)/(\alpha_i, \alpha_i)$:

$$A = \begin{pmatrix} 2 & -1 \\ -1 & 2 \end{pmatrix} \quad \text{et} \quad G = \frac{1}{3}\begin{pmatrix} 2 & 1 \\ 1 & 2 \end{pmatrix} \quad \text{soit :}$$

$$\tilde{\alpha}_1 = (2, -1), \quad \tilde{\alpha}_2 = (-1, 2), \quad \tilde{\alpha} = \tilde{\alpha}_1 + \tilde{\alpha}_2 = (1, 1) \,.$$

3. On détermine $\tilde{\Lambda}_{\max}$ qui a la forme générale $\tilde{\Lambda}_{\max} = (p, q)$ et avec (12.78) on déduit :

$$
N(p, q) = \prod_{\alpha=\alpha_1,\alpha_2,\alpha_3} \frac{1/3(p+1, q+1)\begin{pmatrix} 2 & 1 \\ 1 & 2 \end{pmatrix}\tilde{\alpha}^T}{1/3(1, 1)\begin{pmatrix} 2 & 1 \\ 1 & 2 \end{pmatrix}\tilde{\alpha}^T}
$$

$$
= \prod_{\alpha=\alpha_1,\alpha_2,\alpha_3} \frac{1/3(2p+q+3, p+2q+3)\tilde{\alpha}^T}{(1, 1)\tilde{\alpha}^T}
$$

$$
= (p+1) \cdot (q+1) \times \tfrac{1}{2} \times (p+q+2) \,.
$$

Exemple 12.6

C'est exactement la relation trouvée dans l'exercice 7.9. Pour $SU(N)$ les indices de Dynkin correspondent à ceux déduits des diagrammes de Young.

4. Nous voulons construire l'octet $\Lambda_{\max} = (1, 1)$ pour lequel on a le diagramme suivant :

$$
\Lambda_{\max} = (1, 1)
$$

$$
\begin{array}{cc}
-\tilde{\alpha}_1 \nearrow & \nwarrow -\tilde{\alpha}_2 \\
(-1, 2) & (2, -1) \\
-\tilde{\alpha}_2 \searrow & \swarrow -\tilde{\alpha}_1 \\
& (0, 0) \\
(-2, 1) & (1, -2) \\
& (-1, -1)
\end{array}
\longrightarrow
\begin{array}{cc}
& (1, 1) \\
(-1, 2) & (2, -1) \\
(0, 0) & (0, 0) \\
(-2, 1) & (1, -2) \\
& (-1, -1)
\end{array}
$$

Pour $\Lambda_{\max} = (-1, 2)$, (12.78) donne :

$$
\left[(2, 2) \frac{1}{3} \begin{pmatrix} 2 & 1 \\ 1 & 2 \end{pmatrix} \begin{pmatrix} 2 \\ 2 \end{pmatrix} - (0, 3) \frac{1}{3} \begin{pmatrix} 2 & 1 \\ 1 & 2 \end{pmatrix} \begin{pmatrix} 0 \\ 2 \end{pmatrix} \right] n_{(-1,2)}
$$

$$
= 2 n_{(-1,1)} (1, 1) \frac{1}{3} \begin{pmatrix} 2 & 1 \\ 2 & -1 \end{pmatrix} \begin{pmatrix} 2 \\ -1 \end{pmatrix} .
$$

Comme $\Lambda_{\max}$ n'est pas dégénéré on trouve :

$$
(8 - 6) n_{(-1,2)} = 2 n_{(1,1)} = 2 \qquad n_{(-1,2)} = 1 .
$$

Selon (12.68) il lui correspond :

$$
\tilde{\Lambda} = (2, -1) , \quad n_{(2,-1)} = 1 .
$$

Donc pour $\Lambda_{\max} = (0, 0)$ nous avons :

$$
\left[8 - (1, 1) \frac{1}{3} \begin{pmatrix} 2 & 1 \\ 1 & 2 \end{pmatrix} \begin{pmatrix} 1 \\ 1 \end{pmatrix} \right] n_{(0,0)} = 2 \left\{ n_{(2,-1)} (2, -1) \frac{1}{3} \begin{pmatrix} 2 & 1 \\ 1 & 2 \end{pmatrix} \begin{pmatrix} 2 \\ -1 \end{pmatrix} \right.
$$

$$
\left. + n_{(-1,2)} (-1, 2) \frac{1}{3} \begin{pmatrix} 2 & 1 \\ 1 & 2 \end{pmatrix} \begin{pmatrix} -1 \\ 2 \end{pmatrix} + n_{(1,1)} (1, 1) \frac{1}{3} \begin{pmatrix} 2 & 1 \\ 1 & 2 \end{pmatrix} \begin{pmatrix} 1 \\ 1 \end{pmatrix} \right\}
$$

$$
= 2(2 + 2 + 2) = 12 ,
$$

$$
6 n_{(0,0)} = 12 \to n_{(0,0)} = 2 .
$$

Ce résultat aurait pu être obtenu par la règle qui veut que les diagrammes de racines soient convexes, c'est-à-dire que le nombre d'états obtenus après soustractions successives ne peut décroître puis croître.

13. Symétries discrètes spéciales

Dans les deux chapitres suivants de cet ouvrage, nous nous proposons de revenir sur les symétries d'intérêt général pour la mécanique quantique en commençant ici par les symétries discrètes de réflexion d'espace et de renversement du temps.

13.1 Inversion d'espace (transformation de parité)

La parité joue un rôle important en mécanique quantique. On a le plus souvent affaire[1] à des fonctions propres du hamiltonien qui, soit sont constantes, soit changent de signe par application de la transformation de parité, c'est-à-dire lorsqu'un vecteur r est remplacé par $(-r)$, pour autant que cette transformation n'affecte pas l'énergie potentielle. Un état physique est dit de parité positive si la fonction d'onde ne change pas, et de parité négative dans le cas inverse.

Avec une approche du même type que pour le cas des rotations [cf chapitre 1, (1.46)], la transformation s'écrit :

$$r' = \hat{R}_1 r = -r \,. \tag{13.1}$$

En choisissant $\hat{R}_1$ telle que

$$\hat{R}_1 = -\mathbf{1} = \begin{pmatrix} -1 & 0 & 0 \\ 0 & -1 & 0 \\ 0 & 0 & -1 \end{pmatrix}, \tag{13.2}$$

nous avons l'équivalent d'une inversion d'espace. $\hat{R}_1$ est réel, orthonormale, et de plus $\hat{R}_1^{-1} = \hat{R}_1$. Comme le déterminant de $\hat{R}_1$ est -1, la transformation ne peut correspondre à SO(3), où le déterminant est toujours 1. Chaque matrice 3×3 réelle orthonormale de déterminant -1, peut être écrite comme le produit de $\hat{R}_1$ par une matrice qui représente la rotation. La matrice unité $\mathbf{1}$ et $\hat{R}_1$ forment ensemble un groupe discret a deux éléments $\hat{E}_i$ pour lesquels $\hat{E}_i^2 = 1$.

Considérons le cas d'un système physique dans un état $|\alpha\rangle$ représenté par la fonction d'onde $\psi_\alpha(r)$. Par inversion d'espace, cet état est transformé en $|\alpha'\rangle$,

---

[1] Voir W. Greiner : *Mécanique Quantique – Une Introduction* (Springer, Berlin, Heidelberg 1999).

correspondant à $\psi_{\alpha'}(r)$. Supposons que ces deux états soient reliés par

$$\psi_{\alpha'}(\hat{R}_1 r) = a\psi_\alpha(r) \, , \tag{13.3}$$

a restant à déterminer. Le caractère discret de l'inversion d'espace implique que a apparaisse dans cette relation, à la différence des relations analogues pour les translations ou les rotations [voir (1.17) et (1.64) respectivement].

Remarque. Pour de telles transformations continues, on peut aussi introduire des facteurs a analogues à (13.3). Ces facteurs seraient des fonctions continues des paramètres caractérisant les transformations, soit $a = a(\boldsymbol{a})$ pour les translations et $a = a(\boldsymbol{\phi})$ pour les rotations. Ces fonctions continues doivent prendre la valeur 1 si les paramètres de la transformation s'annulent (soit pour une équivalence avec la transformation identité). Cependant, il est possible de montrer que des facteurs possédant cette propriété n'ont aucune signification physique.

Par analogie avec les définitions précédentes, nous introduirons les *opérateurs d'inversion d'espace unitaires* $\hat{U}_1$ par l'équation

$$\hat{U}_1 \psi_\alpha(r) = \psi_{\alpha'}(r) \, , \tag{13.4}$$

qui [avec (13.3)] donne :

$$\hat{U}_1 \psi_\alpha(r) = a\psi_\alpha(\hat{R}_1^{-1} r) = a\psi_\alpha(\hat{R}_1 r) \, . \tag{13.5}$$

Nous avons ici utilisé le fait que l'inverse d'une réflexion est aussi une réflexion. Ainsi par double application, nous obtenons :

$$\hat{U}_1^2 \psi_\alpha(r) = a\hat{U}_1 \psi_\alpha(\hat{R}_1 r) = a^2 \psi_\alpha(\hat{R}_1^{-1} \hat{R}_1 r) = a^2 \psi_\alpha(r) \, . \tag{13.6}$$

Par ailleurs, deux réflexions d'espace consécutives transforment une coordonnée d'espace en elle-même, c'est-à-dire que $\hat{U}_1^2$ transforme un état en lui-même. Ceci signifie que $\hat{U}_1^2 \psi_\alpha$ et ψ_α ne peuvent différer que par un facteur de phase, $\hat{U}_1$ étant un opérateur unitaire. Par conséquent, la valeur absolue de a^2 (et donc celle de a) doit être 1. On peut encore imposer une autre restriction sur a.

Les états physiques d'un système de particules, notés $\psi_\alpha(r)$, peuvent se combiner pour donner :

$$\psi(r) = \sum_\alpha A_\alpha \psi_\alpha(r) \, , \tag{13.7}$$

soit :

$$\hat{U}_1^2 \psi(r) = \sum_\alpha a_\alpha^2 A_\alpha(r) \, . \tag{13.8}$$

Le terme de droite de (13.8) décrit un état différent de $\psi(r)$ sauf si les facteurs a_α^2 sont tous égaux. C'est seulement dans ce cas que deux réflexions d'espace successives reproduisent l'état d'origine à un facteur de phase près. Ceci signifie que le facteur a_α^2 doit être le même pour tous les états qui peuvent se superposer.

Il semble donc naturel de choisir une certaine valeur de a pour chaque espèce de particule. Une rotation de 2π ne change pas le vecteur d'espace de particules de spin entier ; nous supposons la même chose pour les inversions d'espace et donc, $a^2 = 1$, soit $a = \pm 1$. Des particules de spin demi-entier peuvent être couplées par paires, produisant des spins entiers. Nous nous attendons donc à ce que a pour des particules de spin demi-entier puisse prendre les mêmes valeurs que le facteur a^2 pour les particules de spin entier ; et que, par conséquent, a soit ± 1 et $\pm i$, donc $a^4 = 1$. Nous avons vu auparavant que le spineur d'une particule de spin $\frac{1}{2}$ est retrouvé par une rotation de 4π.

Pour déterminer a expérimentalement pour différentes particules, nous devons tenir compte de leur interaction mutuelle. Considérons par exemple, la particule π^0 de spin zéro. Elle décroît en deux photons (voir exemple 8.6). En supposant la parité conservée au cours de la décroissance, nous pouvons déterminer la *parité intrinsèque* du méson π^0 relativement à celle du champ électromagnétique. Le résultat $a = -1$ indique une parité négative pour le π^0. C'est ce qu'on appelle une particule *pseudo-scalaire*, tandis qu'une particule de spin zéro avec $a = +1$ est appelée une *particule scalaire*. Les mésons chargés $\pi^{\pm}$ ont aussi un spin zéro, bien qu'il ne soit pas possible de déterminer leur parité relativement au champ électromagnétique, puisqu'ils ne peuvent donner lieu à deux photons par conservation de la charge électrique. D'autre part, ces pions sont créés et annihilés dans les interactions entre les nucléons. Nous pouvons ainsi déterminer leur parité par rapport à celle des nucléons, pourvu que celle-ci soit conservée dans l'interaction. On trouve ainsi une parité négative pour les pions et une parité positive dans le cas des nucléons.

13.2 États obtenus par inversion et opérateurs

L'équation du mouvement pour un état produit par inversion d'espace («état réfléchi») est obtenue par application de $\hat{U}_1$ sur l'équation du mouvement originel. L'état réfléchi satisfait à l'équation de Schrödinger identique à celle l'état originel, si $\hat{H}$ et $\hat{U}_1$ commutent, soit :

$$[\hat{U}_1, \hat{H}] = 0 \ . \tag{13.9}$$

Dans ce cas, $\hat{H}$ et $\hat{U}_1$ peuvent être représentés par des matrices diagonales et les états propres d'énergie peuvent simultanément être choisis comme états de parité définie. De façon analogue à l'exemple 1.6 (1) les éléments de matrice d'une variable dynamique $\hat{A}$ pour des états réfléchis sont égaux aux éléments de matrice de $\hat{U}_1^\dagger \hat{A} \hat{U}_1$ pour l'état originel, car :

$$\left\langle \hat{U}_1 \psi_\alpha \left| \hat{A} \right| \hat{U}_1 \psi_\beta \right\rangle = \left\langle \psi_\alpha \left| \hat{U}_1^\dagger \hat{A} \hat{U}_1 \right| \psi_\beta \right\rangle \ . \tag{13.10}$$

Puisque $\hat{U}_1$ a été choisi unitaire, (13.5) devient par application de $\hat{U}_1^\dagger$,

$$\psi_\alpha(\boldsymbol{r}) = a \hat{U}_1^\dagger \psi_\alpha (\hat{R}_1^{-1} \boldsymbol{r})$$

ou

$$\hat{U}_1^\dagger \psi_\alpha(\boldsymbol{r}) = \frac{1}{a}\psi_\alpha(\hat{R}_1 \boldsymbol{r})\,. \tag{13.11}$$

Au moyen de cette équation, l'expression $\hat{U}_1^\dagger \boldsymbol{r}\hat{U}_1$ peut s'obtenir aisément :

$$\hat{U}_1^\dagger \boldsymbol{r}\hat{U}_1 \psi_\alpha(\boldsymbol{r}) = a\hat{U}_1^\dagger \boldsymbol{r}\psi_\alpha(\hat{R}_1^{-1}\boldsymbol{r})$$
$$= a\frac{1}{a}(\hat{R}_1 \boldsymbol{r})\psi_\alpha(\hat{R}_1 \hat{R}_1^{-1}\boldsymbol{r}) = (-\boldsymbol{r})\psi_\alpha(\boldsymbol{r})\,. \tag{13.12}$$

Comme (13.12) est vérifiée pour chaque $\psi_\alpha(\boldsymbol{r})$, nous obtenons :

$$\hat{U}_1^\dagger \boldsymbol{r}\hat{U}_1 = -\boldsymbol{r}\,, \tag{13.13}$$

et donc, au lieu de (13.4), la dernière équation peut aussi servir à définir l'opérateur $\hat{U}$. En raison de $\hat{\boldsymbol{p}} = -\mathrm{i}\hbar\nabla$ et $\hat{\boldsymbol{L}} = \boldsymbol{r}\times\hat{\boldsymbol{p}}$, on trouve de la même façon :

$$\hat{U}_1^\dagger \hat{\boldsymbol{p}}\hat{U}_1 = -\hat{\boldsymbol{p}} \quad \text{et} \tag{13.14}$$
$$\hat{U}_1^\dagger \hat{\boldsymbol{L}}\hat{U}_1 = \hat{\boldsymbol{L}}\,. \tag{13.15}$$

Puisque l'opérateur $\hat{U}_1$ agit seulement sur les coordonnées spatiales et non sur le spin, il commute nécessairement avec $\hat{\boldsymbol{S}}$. Avec (13.15), nous obtenons alors :

$$\hat{U}_1^\dagger \hat{\boldsymbol{S}}\hat{U}_1 = \hat{\boldsymbol{S}}\,, \tag{13.16}$$
$$\hat{U}_1^\dagger \hat{\boldsymbol{J}}\hat{U}_1 = \hat{\boldsymbol{J}}\,, \tag{13.17}$$

avec : $\hat{\boldsymbol{J}} = \hat{\boldsymbol{L}} + \hat{\boldsymbol{S}}$. Les résultats (13.13–17) montrent que les coordonnées, quantités de mouvement et moments angulaires se comportent par réflexion d'espace exactement comme l'indique le point de vue classique. En conséquence, les coordonnées spatiales et les moments sont des exemples de vecteurs appelés *vecteurs polaires*, tandis que le moment angulaire fournit un exemple de *vecteur axial* ou *pseudo-vecteur*.

13.3 Renversement du temps

Les équations classiques du mouvement pour des particules qui se déplacent dans un potentiel sont symétriques par rapport au renversement du temps, puisqu'elles ne contiennent que des dérivées secondes par rapport au temps (ou bien des carrés de dérivées premières). En général, nous nous attendons à trouver cette symétrie dans les équations de la mécanique quantique. Cependant, nous allons voir que cette symétrie a alors quelques significations particulières. Ceci est dû, en partie, au fait que la coordonnée de temps n'est pas représentée en mécanique quantique (contrairement aux coordonnées d'espace) par un opérateur

de l'espace de Hilbert, mais est considérée comme un paramètre de l'état. Ceci
est donc distinct de la situation de (13.13). Nous demandons le renversement
du temps pour transformer la fonction d'onde $\psi_\alpha(\mathbf{r}, t)$ de l'état α en $\psi_{\alpha'}(\mathbf{r}, -t)$,
c'est-à-dire que $\psi_\alpha(\mathbf{r}, -t)$ se propage selon la direction du temps inverse. Pour
cet état nouveau, les *signes de la quantité de mouvement et du moment angulaire sont inversés*, tandis que toutes les autres quantités demeurent inchangées.
Le renversement par rapport au temps est décrit par l'opérateur indépendant du
temps $\hat{T}$, défini par l'équation

$$\hat{T}\psi_\alpha(\mathbf{r}, t) = \psi_{\alpha'}(\mathbf{r}, -t) \, . \tag{13.18}$$

Par la suite, nous considérerons les systèmes physiques pour lesquels $\hat{T}$ est une
transformation de symétrie. Ceci entraîne qu'avec u_k, $\hat{T}u_k$ soit aussi un vecteur
propre du hamiltonien (supposé indépendant du temps) avec la même valeur
propre E_k.

Considérons l'équation de Schrödinger :

$$\mathrm{i}\hbar\frac{\partial}{\partial t}\psi_\alpha(\mathbf{r}, t) = \hat{H}\psi_\alpha(\mathbf{r}, t) \, , \tag{13.19}$$

où $\hat{H}$ ne dépend pas du temps. Pour la fonction d'onde renversée $\psi_{\alpha'}(\mathbf{r}, t)$,
l'équation de Schrödinger devient donc :

$$-\mathrm{i}\hbar\frac{\partial}{\partial t}\psi_{\alpha'}(\mathbf{r}, t) = \hat{H}\psi_{\alpha'}(\mathbf{r}, t) \, , \tag{13.20}$$

où le signe moins à gauche provient de la dérivation sur le temps. Pour que $\hat{T}$
soit une transformation de symétrie, elle doit commuter avec le hamiltonien,
soit :

$$\hat{T}\hat{H} = \hat{H}\hat{T} \, , \quad \text{ou} \quad \hat{T}\hat{H}\hat{T}^{-1} = \hat{H} \, . \tag{13.21}$$

On peut le vérifier en multipliant (13.19) à droite par $\hat{T}$, ce qui donne :

$$(\hat{T}\mathrm{i}\hat{T}^{-1})\hbar\frac{\partial}{\partial t}\hat{T}\psi_\alpha(\mathbf{r}, t) = (\hat{T}\hat{H}\hat{T}^{-1})\hat{T}\psi_\alpha(\mathbf{r}, t) = \hat{H}\hat{T}\psi_\alpha(\mathbf{r}, t) \, . \tag{13.22}$$

Nous avons effectué cette opération en prenant quelques précautions, à savoir
inclure l'imaginaire i, soit $\hat{T}\mathrm{i}\hat{T}^{-1} \neq \mathrm{i}$. De plus, nous avons pris en compte que
le paramètre réel t commute avec $\hat{T}$. [Au lieu de (13.21) nous aurions pu exiger
$\hat{T}\hat{H}\hat{T}^{-1} = -\hat{H}$, de telle sorte que i commute avec $\hat{T}$. Dans ce cas, cependant, le
renversement du temps changerait le spectre du hamiltonien, qui n'est alors plus
défini positif. Ceci serait physiquement non acceptable.] En comparant (13.22)
avec (13.20), nous voyons que nous pouvons poser

$$\hat{T}\mathrm{i}\hat{T}^{-1} = -\mathrm{i} \, . \tag{13.23}$$

Ceci est un cas particulier de la relation générale

$$\hat{T}(a\psi) = a^*\hat{T}\psi \, , \tag{13.24}$$

$$\hat{T}(a\psi + b\psi) = a^*\hat{T}\psi + b^*\hat{T}\psi \, . \tag{13.25}$$

Un opérateur qui satisfait ces équations est appelé opérateur *anti-linéaire*. Il
s'ensuit que l'opérateur de renversement du temps $\hat{T}$ est anti-linéaire.

13.4 Opérateurs anti-unitaires

Introduisons l'opérateur de conjugaison complexe $\hat{K}$ défini par

$$\hat{K}\psi = \psi^* \,, \tag{13.26}$$

pour toute fonction ψ. Nous voyons immédiatement que $\hat{K}^2 = 1$, et $\hat{K}$ vérifie les relations (13.24) et (13.25), c'est-à-dire qu'il est anti-linéaire. Nous pourrons donc représenter tout opérateur anti-linéaire par le produit d'un opérateur linéaire par $\hat{K}$. Les produits pour lesquels l'opérateur linéaire est unitaire sont d'un intérêt particulier. On appelle de tels opérateurs *anti-unitaires*, et $\hat{K}$ lui-même est bien sûr anti-unitaire.

EXERCICE ▐▬▬▬▬▬▬▬▬▬▬▬▬▬▬▬▬▬▬

13.1 Effet d'un opérateur anti-unitaire sur les éléments de matrice des fonctions d'onde

Problème. Démontrer que le produit scalaire de deux états est égal au complexe conjugué du produit scalaire des états obtenus par application de l'opérateur anti-unitaire $\hat{A}$ sur les états de départ. Quelle est la conséquence sur la norme?

Solution. Les deux états sont caractérisés par leur fonction d'onde, notées ψ_α et ψ_β. À partir de ces états, nous obtenons : $\psi_{\alpha'} = \hat{A}\psi_\alpha$ et $\psi_{\beta'} = \hat{A}\psi_\beta$. Puisque $\hat{A}$ est anti-unitaire, nous pouvons écrire :

$$\hat{A} = \hat{U}\hat{K} \,, \tag{1}$$

avec $\hat{U}$ unitaire. D'où :

$$\psi_{\alpha'} = \hat{U}\psi_\alpha^* \quad \text{et} \quad \psi_{\beta'} = \hat{U}\psi_\beta^* \,. \tag{2}$$

Le produit scalaire s'écrit alors :

$$\langle \alpha' | \beta' \rangle \equiv \int \mathrm{d}^3 r \, \psi_{\alpha'}^\dagger \psi_{\beta'} = \int \mathrm{d}^3 r \, (\hat{U}\psi_\alpha^*)^\dagger (\hat{U}\psi_\beta^*) = \int \mathrm{d}^3 r \, \psi_\alpha^{*\dagger} \hat{U}^\dagger \hat{U} \psi_\beta^*$$

$$= \left\{ \int \mathrm{d}^3 r \, \psi_\alpha^\dagger \psi_\beta \right\}^* = \langle \alpha | \beta \rangle^* = \langle \beta | \alpha \rangle \,, \tag{3}$$

où nous avons utilisé l'unitarité de $\hat{U}$. Quant à la norme, nous obtenons :

$$\langle \alpha' | \alpha' \rangle = \langle \alpha | \alpha \rangle^* = \langle \alpha | \alpha \rangle \,, \tag{4}$$

puisque c'est un nombre réel, ce qui implique que la norme reste inchangée.

Selon le résultat de ce problème, il apparaît naturel de supposer l'opérateur de renversement du temps anti-unitaire puisqu'il ne modifie pas la norme des états, ni la valeur absolue du produit des deux états. Nous écrirons donc $\hat{T}$ sous la forme :

$$\hat{T} = \hat{U}\hat{K} \tag{13.27}$$

avec $\hat{U}$ unitaire. Nous voulons maintenant trouver une expression explicite pour l'opérateur $\hat{T}$ de façon à changer les signes des quantités de mouvement et des moments angulaires au cours du renversement du temps. Nous examinerons d'abord, comme exemple le plus simple, le cas d'une particule sans spin. Les états correspondants sont caractérisés par une fonction d'onde à une composante. À partir d'une fonction d'onde quelconque, ψ_α, nous construisons :

$$\psi_\beta(\boldsymbol{r}, t) = \boldsymbol{r}\psi_\alpha(\boldsymbol{r}, t) \,. \tag{13.28}$$

En notant les états correspondants obtenus par renversement du temps $\psi_{\alpha'}(\boldsymbol{r}, t) = \hat{T}\psi_\alpha(\boldsymbol{r}, t)$ et $\psi_{\beta'} = \hat{T}\psi_\beta$, nous obtenons une relation analogue

$$\psi_{\beta'}(\boldsymbol{r}, -t) = \boldsymbol{r}\psi_{\alpha'}(\boldsymbol{r}, t) \,, \tag{13.29}$$

car $\boldsymbol{r}$ n'est pas affecté par la transformation. Nous en déduisons :

$$\boldsymbol{r}\hat{T}\psi_\alpha = \boldsymbol{r}\psi_{\alpha'} = \psi_{\beta'} = \hat{T}\psi_\beta = \hat{T}\boldsymbol{r}\psi_\alpha \,. \tag{13.30}$$

ψ_α peut être choisie arbitrairement et donc :

$$\boldsymbol{r}\hat{T} = \hat{T}\boldsymbol{r} \,. \tag{13.31}$$

Écrivons maintenant l'état ψ_γ, obtenu à partir de ψ_α par application de l'opérateur quantité de mouvement, soit : $\psi_\gamma(\boldsymbol{r}, t) = \hat{\boldsymbol{p}}\psi_\alpha(\boldsymbol{r}, t)$. Pour les états inversés, nous voulons que :

$$\psi_{\gamma'}(\boldsymbol{r}, -t) = -\hat{\boldsymbol{p}}\psi_{\alpha'}(\boldsymbol{r}, -t) \,, \tag{13.32}$$

soit vérifiée, puisque la quantité de mouvement change de signe par renversement du temps ; donc :

$$\hat{\boldsymbol{p}}\hat{T}\psi_\alpha(\boldsymbol{r}, t) = \hat{\boldsymbol{p}}\psi_{\alpha'}(\boldsymbol{r}, -t) = \psi_{\gamma'}(\boldsymbol{r}, t)$$
$$= -\hat{T}\psi_\gamma(\boldsymbol{r}, t) = -\hat{T}\hat{\boldsymbol{p}}\psi_\alpha(\boldsymbol{r}, t) \quad \text{ou} \tag{13.33}$$
$$\hat{\boldsymbol{p}}\hat{T} = -\hat{T}\hat{\boldsymbol{p}} \,. \tag{13.34}$$

De façon analogue, nous obtenons pour $\hat{\boldsymbol{L}} = \boldsymbol{r} \times \hat{\boldsymbol{p}}$:

$$\hat{\boldsymbol{L}}\hat{T} = -\hat{T}\hat{\boldsymbol{L}} \,. \tag{13.35}$$

Dans la représentation en position, $\boldsymbol{r}$ est un opérateur réel et $\hat{\boldsymbol{p}} = -\mathrm{i}\hbar\nabla$ est imaginaire pur. Le choix le plus simple pour $\hat{T}$ vérifiant (13.31), (13.34) et (13.35) est :

$$\hat{U} = \mathbf{1} \,,$$

de sorte que :

$$\hat{T} = \hat{K} \, , \tag{13.36}$$

bien que cette conclusion dépende de la représentation choisie. Dans la représentation en impulsion, (où ψ_α est une fonction de $\boldsymbol{p}$, et non de $\boldsymbol{r}$) la quantité de mouvement $\boldsymbol{p}$ est un facteur multiplicatif réel et $\hat{\boldsymbol{r}}$ est imaginaire pur ($\hat{\boldsymbol{r}} = \mathrm{i}\hbar \nabla_{\boldsymbol{p}}$). Dans ce cas, la représentation (13.27) pour $\hat{T}$ est encore valable, à ceci près que $\hat{U}$ est maintenant un opérateur qui transforme $\hat{\boldsymbol{p}}$ en $-\hat{\boldsymbol{p}}$, soit :

$$\hat{U}\psi_\alpha(\hat{\boldsymbol{p}}) = \psi_\alpha(-\hat{\boldsymbol{p}}) \, .$$

Revenons maintenant à la représentation en position où nous aurons pour une particule avec spin :

$$\hat{S}\hat{T} = -\hat{T}\hat{S} \, , \tag{13.37}$$

[par analogie avec (13.35)] et aussi :

$$\hat{J}\hat{T} = -\hat{T}\hat{J} \, . \tag{13.38}$$

Nous avons déjà vu que la forme de $\hat{T}$ dépend de la représentation choisie. De plus, nous devons choisir un ensemble particulier de matrices de spin si nous avons affaire à des particules avec spin. Nous les choisissons de façon à avoir $\hat{S}_x$ et $\hat{S}_z$ opérateurs réels et $\hat{S}_y$ imaginaire pur [voir par exemple (2.22b) pour des particules de spin 1 et (2.22a) pour des particules de spin $\frac{1}{2}$]. Ceci peut toujours être obtenu avec une transformation unitaire appropriée.

Les symboles $\boldsymbol{r}$, $\hat{S}_x$, et $\hat{S}_z$ sont maintenant des opérateurs réels, tandis que $\hat{\boldsymbol{p}}$, $\hat{\boldsymbol{L}}$, et $\hat{S}_y$ sont imaginaires purs. Si $\hat{T}$ était égal à $\hat{K}$, alors (13.31), (13.34) et (13.35) seraient vérifiées tout comme (13.37) pour la composante de spin $\hat{S}_y$. Par ailleurs, les équations pour $\hat{S}_x$ et $\hat{S}_z$ ne seraient pas vérifiées. Nous devons donc choisir un opérateur unitaire $\hat{U}$ selon la représentation (13.27) de $\hat{T}$ qui commute avec $\hat{\boldsymbol{r}}$, $\hat{\boldsymbol{p}}$, $\hat{\boldsymbol{L}}$, et $\hat{S}_y$ et obéissant aux relations

$$\hat{S}_x\hat{U} = -\hat{U}\hat{S}_x \quad \text{et} \quad \hat{S}_z\hat{U} = -\hat{U}\hat{S}_z \, . \tag{13.39}$$

Si nous choisissons $\hat{U}$ fonction seulement de $\hat{S}_y$, les trois premières conditions

$$[\boldsymbol{r}, \hat{U}]_- = [\hat{\boldsymbol{p}}, \hat{U}]_- = [\hat{\boldsymbol{L}}, \hat{U}]_- = [\hat{S}_y, \hat{U}]_- = 0$$

sont alors satisfaites. D'autre part, on peut montrer (voir problème suivant) que (13.39) est également vérifiée si nous choisissons

$$\hat{U} = \exp(-\mathrm{i}\pi\hat{S}_y/\hbar) \, . \tag{13.40}$$

Nous avons déjà trouvé cette expression à propos des rotations dans le chapitre 3. Nous avions alors vu que l'opérateur unitaire $\exp(-\mathrm{i}\boldsymbol{\phi}\cdot\hat{\boldsymbol{S}}/\hbar)$ représente une rotation d'angle ϕ. Par conséquent, une rotation d'angle π autour de l'axe y

comme dans (13.40) transforme $\hat{S}_x$ en $-\hat{S}_x$, et $\hat{S}_z$ en $-\hat{S}_z$. Pour une particule de spin $\frac{1}{2}$, ceci prend simplement la forme :

$$\hat{T} = -\mathrm{i}\hat{\sigma}_y\hat{K} , \tag{13.41}$$

où $\hat{\sigma}_y$ est la matrice de Pauli

$$\hat{\sigma}_y = \begin{pmatrix} 0 & -\mathrm{i} \\ \mathrm{i} & 0 \end{pmatrix} .$$

EXERCICE

13.2 Relations de commutation entre $\hat{U}$ et $\hat{S}$

Problème. Démontrer, pour $\hat{U} = \exp(-\mathrm{i}\pi\hat{S}_y/\hbar)$, la validité des relations $\hat{U}\hat{S}_x = -\hat{S}_x\hat{U}$ et $\hat{U}\hat{S}_z = -\hat{S}_z\hat{U}$ en appliquant les relations de commutation entre $\hat{S}_y$ et $\hat{S}_\pm = \hat{S}_z \pm \mathrm{i}\hat{S}_x$.

Solution. Avec les relations de commutation générales :

$$[\hat{S}_i, \hat{S}_j]_- = \mathrm{i}\varepsilon_{ijk}\hat{S}_k , \tag{1}$$

nous obtenons directement :

$$[\hat{S}_y, \hat{S}_\pm]_- = \pm\hbar\hat{S}_\pm . \tag{2}$$

On peut mettre ces relations sous la forme :

$$\hat{S}_y\hat{S}_\pm = \hat{S}_\pm\hat{S}_y \pm \hbar\hat{S}_\pm = \hat{S}_\pm(\hat{S}_y \pm \hbar\mathbf{1}) , \tag{3}$$

avec la matrice unité $\mathbf{1}$. Maintenant, nous postulons, quel que soit n, que :

$$\hat{S}_y^n\hat{S}_\pm = \hat{S}_\pm(\hat{S}_y \pm \hbar\mathbf{1})^n . \tag{4}$$

Démonstration. (4) est évidemment vérifiée pour $n = 1$. Si nous supposons cela vrai pour une certaine valeur $n > 1$, il suffit alors de montrer que c'est vrai pour $n + 1$, soit :

$$\begin{aligned}
\hat{S}_y^{n+1}\hat{S}_\pm &= \hat{S}_y\hat{S}_y^n\hat{S}_\pm \\
&= \hat{S}_y\{\hat{S}_\pm(\hat{S}_y \pm \hbar\mathbf{1})^n\} \\
&= \hat{S}_\pm(\hat{S}_y \pm \hbar\mathbf{1})(\hat{S}_y \pm \hbar\mathbf{1})^n \\
&= \hat{S}_\pm(\hat{S}_y \pm \hbar\mathbf{1})^{n+1} .
\end{aligned} \tag{5}$$

Exercice 13.2   Nous pouvons alors calculer : $\hat{U}\hat{S}_{\pm}$:

$$
\begin{aligned}
\hat{U}\hat{S}_{\pm} &= \sum_n \left(\frac{-\mathrm{i}\pi}{\hbar}\right)^n \frac{1}{n!} \hat{S}_y^n \hat{S}_{\pm} \\
&= \hat{S}_{\pm} \sum_n \left(\frac{-\mathrm{i}\pi}{\hbar}\right)^n \frac{1}{n!} (\hat{S}_y \pm \hbar\mathbf{1})^n \\
&= \hat{S}_{\pm} \exp\left\{-\frac{\mathrm{i}\pi}{\hbar}(\hat{S}_y \pm \hbar\mathbf{1})\right\} \\
&= \hat{S}_{\pm}\hat{U} \exp\{\pm(-\mathrm{i}\pi)\mathbf{1}\} \ .
\end{aligned}
\tag{6}
$$

Par ailleurs, le dernier facteur est égal à $-\mathbf{1}$, car

$$
\exp(\pm\mathrm{i}\pi\mathbf{1}) = \mathbf{1}\exp(\pm\mathrm{i}\pi) = \mathbf{1}\cos\pi = -\mathbf{1} \ ,
\tag{7}
$$

et (6) devient :

$$
\hat{U}\hat{S}_{\pm} = -\hat{S}_{\pm}\hat{U} \ .
\tag{8}
$$

Si nous écrivons séparément les parties réelle et imaginaire, nous obtenons :

$$
\hat{U}\hat{S}_x = -\hat{S}_x\hat{U} \quad \text{et}
\tag{9}
$$
$$
\hat{U}\hat{S}_z = -\hat{S}_z\hat{U} \ .
\tag{10}
$$

Cette expression est possible en raison du caractère réel des opérateurs $\hat{U}$, $\hat{S}_x$ et $\hat{S}_z$.

13.5 Systèmes multi-particules

Si nous avons un système composé de plusieurs particules, l'opérateur de renversement du temps $\hat{T}$ peut être écrit comme le produit d'opérateurs unitaires $\hat{U}$ correspondant aux particules individuelles et d'opérateurs $\hat{K}$, soit :

$$
\hat{T} = \exp\{-\mathrm{i}\pi\hat{S}_{1y}/\hbar\} \cdot \ldots \cdot \exp\{-\mathrm{i}\pi\hat{S}_{ny}/\hbar\}\hat{K} \ .
\tag{13.42}
$$

Ces opérateurs peuvent être mis dans un ordre quelconque, puisque chaque opérateur agit sur une particule distincte. Par conséquent, ils commutent et l'opérateur $\hat{T}$ vérifie la relation (13.37) pour chaque spin. Comme tous les opérateurs $\hat{S}_y$ sont purement imaginaires, tous les termes exponentiels de (13.42) sont réels et commutent donc avec $\hat{K}$. Sachant que $\hat{K}^2 = 1$, nous obtenons :

$$
\hat{T}^2 = \exp\{-2\mathrm{i}\pi\hat{S}_{1y}/\hbar\} \cdot \ldots \cdot \exp\{-2\mathrm{i}\pi\hat{S}_{ny}/\hbar\} \ .
\tag{13.43}
$$

Chaque exponentielle représente une rotation de 2π, de telle sorte que la coordonnée correspondante est transformée en elle-même. Pour les particules de spin entier, les exponentielles sont égales à $+1$, tandis que pour les particules de spin demi-entier, elles valent -1. $\hat{T}^2$ est donc $+1$ ou -1, selon le nombre de particules du système (pair ou impair) ayant un spin demi-entier. Comme nous l'avons déjà mentionné, si u_k est une fonction propre de l'énergie, alors c'est aussi le cas pour $\hat{T}u_k$, avec la même valeur propre. Supposons d'abord qu'il n'y ait pas de dégénérescence ; dans ce cas $\hat{T}u_k$ représente le même état que u_k, et nous avons :

$$\hat{T}u_k = cu_k \,, \tag{13.44}$$

avec c, nombre complexe, tel que :

$$\hat{T}^2 u_k = \hat{T}(cu_k) = c^* \hat{T}u_k = |c|^2 u_k \,. \tag{13.45}$$

$\hat{T}^2 = +1$, $|c|^2 = 1$ décrit une situation possible. D'autre part, si $\hat{T}^2 = -1$, il n'existe pas de c, selon (13.45). Ceci signifie que l'application de $\hat{T}$ produit un autre état et la valeur propre correspondante est dégénérée. Dans ce cas, nous pouvons montrer que u_k et $\hat{T}u_k$ sont orthogonales. D'après l'exercice 13.1 nous avons : $(\hat{T}\psi_1, \hat{T}\psi_2) = (\psi_1, \psi_2)^* = (\psi_2, \psi_1)$. Si nous choisissons maintenant $\psi_1 = \hat{T}u_k$ et $\psi_2 = u_k$, nous obtenons :

$$(\hat{T}^2 u_k, \hat{T}u_k) = (u_k, Tu_k) \,. \tag{13.46}$$

D'autre part, $\hat{T}^2 = -1$, et donc la partie gauche de (13.46) est $-(u_k, \hat{T}u_k)$. Les deux membres de (13.46) diffèrent donc par leur signe, et ceci n'est possible que si

$$(u_k, \hat{T}u_k) = 0 \,, \tag{13.47}$$

ce qui équivaut à l'orthogonalité des deux états. Nous voyons donc que pour chaque état u_k, nous pouvons trouver un état dégénéré $\hat{T}u_k$, de telle sorte que le nombre d'états dégénérés soit toujours pair.

13.6 Fonctions propres réelles

Considérons ici un système sans spin. Dans ce cas, $\hat{U} = \mathbf{1}$ est la matrice unité, et $\hat{T} = \hat{K}$ dans la représentation en position. De plus, nous supposons qu'il existe un opérateur $\hat{A}$, qui commute avec $\hat{K}$ et dont les valeurs propres A_μ ne sont pas dégénérées. Nous noterons les fonctions propres a_μ, soit :

$$\hat{A}a_\mu(\mathbf{r}, t) = A_\mu a_\mu(\mathbf{r}, t) \,. \tag{13.48}$$

Comme nous l'avons expliqué ci-dessus, $\hat{K}a_\mu$ représente le même état que a_μ, et nous avons alors : $\hat{K}a_\mu = a_\mu^* = ca_\mu$, où c est encore complexe. La fonction

a_μ peut être séparée en sa partie réelle et imaginaire soit $a_\mu = v_\mu + i w_\mu$, avec deux fonctions réelles v_μ et w_μ. L'équation ci-dessus s'écrit encore :

$$v_\mu - i w_\mu = c(v_\mu + i w_\mu) \quad \text{ou} \quad (1-c)v_\mu = i(1+c)w_\mu \,. \tag{13.49}$$

Ceci montre que v_μ et w_μ sont proportionnelles entre elles ; la fonction a_μ est donc réelle à une constante complexe près. En ce sens, toutes les fonctions propres non dégénérées peuvent être choisies réelles si le système est invariant par renversement du temps. On peut aussi étendre les arguments précédents aux cas des états dégénérés. Un exemple intéressant est fourni par le cas du hamiltonien incluant un potentiel sphérique arbitraire, i.e. :

$$[\hat{H}, \hat{L}^2]_- = 0 \,, \quad [\hat{H}, \hat{K}]_- = 0 \quad \text{et} \quad [\hat{K}, \hat{L}^2]_- = 0 \,. \tag{13.50}$$

Il est bien connu que les fonctions propres de l'énergie (appartenant à E_k) peuvent être caractérisées par les nombres quantiques k, l (moment angulaire), et m (projection du moment angulaire), avec des fonctions propres notées u_{klm}. L'opérateur de la composante sur z du moment angulaire (de valeur propres m) est imaginaire pur : $\hat{L}_z = i\hbar(\partial/\partial\phi)$. D'après (13.35), il ne commute pas avec $\hat{K}$; on ne peut donc conclure comme ci-dessus $\hat{K}u_{klm} = cu_{klm}$, ce qui impliquerait que u_{klm} soit réel (à un facteur complexe non significatif près). On peut aussi voir ceci directement dans le fait que ces fonctions propres sont proportionnelles à des harmoniques sphériques $Y_{lm}(\theta, \phi)$, qui sont toutes complexes pour $m \neq 0$. D'autre part, si nous nous limitons à $m = 0$, nous avons seulement des fonctions propres de $\hat{L}_z$ avec la valeur propre, soit : $\hat{L}_z u_{kl0} = 0$. D'après la relation générale (13.35), nous obtenons, avec $\hat{L}_z \hat{K} = -\hat{K}\hat{L}_z$:

$$\hat{L}_z \hat{K} u_{kl0} = 0 \,. \tag{13.51}$$

$\hat{K}u_{kl0}$ est donc fonction propre de $\hat{L}_z$ avec également zéro comme valeur propre zéro. Sans dégénérescence additionnelle, nous pouvons alors garantir que les fonctions propres de $\hat{H}$ et $\hat{L}^2$ avec $m = 0$ sont réelles au sens général, c'est-à-dire à un facteur de phase près.

14. Symétries dynamiques

Nous avons vu au cours des chapitres précédents que la symétrie et la dégénérescence des états d'un système sont associées l'une à l'autre. Par exemple, un système possédant une symétrie de rotation est généralement dégénéré par rapport à la direction du moment angulaire, c'est-à-dire aux valeurs propres d'une composante particulière (il est d'usage de choisir J_z). Le cas $J = 0$ est une exception. Dans le cas des symétries discrètes d'inversion d'espace ou de temps discutées précédemment, la dégénérescence est moins commune car les états transformés sont en général identiques aux états originaux.

Nous allons par conséquent voir, plus en détail, qu'au delà des dégénérescences se produisant, par exemple pour la symétrie rotationnelle, il existe la possibilité de dégénérescences d'origine différente. De telles dégénérescences sont attendues chaque fois que l'équation de Schrödinger peut être résolue de plusieurs façons, soit dans différents systèmes de coordonnées ou dans un système de coordonnée simple qui pourra être orienté dans différentes directions. Nous nous attendons, d'après nos résultats antérieurs, à pouvoir associer également certaines symétries à de telles dégénérescences. Ces symétries différeront essentiellement de celles, examinées jusqu'alors, car elles ne sont pas de nature géométrique. On les appelle *symétries dynamiques*, car elles sont la conséquence de formes particulières de l'équation de Schrödinger ou de la loi des forces classique. Nous examinerons deux exemples simples de la mécanique quantique qui, par comparaison avec les systèmes classiques correspondants, permettront de postuler l'existence et la forme générale de la symétrie dynamique de façon assez semblable aux symétries géométriques. Bien sûr, ceci n'est en général pas possible ; en effet, un grand nombre de systèmes quantiques n'ont pas d'équivalent classique.

14.1 L'atome d'hydrogène

Intéressons nous tout d'abord au problème de Kepler. En coordonnées relatives, le hamiltonien s'écrit :

$$H = p^2/2\mu - \kappa/r . \tag{14.1}$$

μ étant la masse réduite du système et κ une quantité positive (pour l'hydrogène

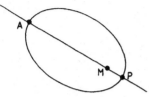

Fig. 14.1. Orbite de Kepler classique avec centre de gravité M situé à l'un des foyers de l'ellipse

$\kappa = Ze^2$). Les solutions liées du problème classique sont des ellipses où la distance du périhélie P à l'aphélie A est notée $2a$. Si b désigne la demi-longueur du petit axe, l'excentricité e s'écrira $e = (a^2 - b^2)^{1/2}/a$, tandis que la distance f du foyer M au centre géométrique est $f = a \cdot e$ (voir figure 14.1).

Comme H est indépendant du temps, l'énergie totale E est une constante du mouvement ; par ailleurs, H ayant une symétrie de rotation, le moment angulaire $L = r \times p$ est aussi une constante du mouvement. L est manifestement un vecteur axial perpendiculaire au plan de l'orbite. Il est aisé de démontrer que (voir exercice 14.1) :

$$E = -\kappa/2a \quad \text{et} \quad L^2 = \mu\kappa a(1 - e^2) \,. \tag{14.2}$$

La symétrie par rotation de H implique que l'orbite se trouve dans un plan contenant le centre de gravité M sans qu'il soit possible de dire ici si l'orbite est fermée. Une petite déviation du terme de potentiel par rapport à la forme newtonienne $V(r) = -\kappa/r$ entraîne une lente précession du grand axe PA de l'ellipse et donc une orbite non fermée. Ceci suggère qu'il existe une autre quantité que H et L qui soit une constante du mouvement pour des potentiels de la forme $-\kappa/r$. Fixons alors une orientation du grand axe et cherchons un vecteur constant M dirigé de M vers P ou A.

Un tel vecteur est bien connu sous le nom de *vecteur de Runge–Lenz*. Il est de la forme :

$$M = p \times L/\mu - \kappa r/r \,, \tag{14.3}$$

où l'on voit facilement que M est une constante du mouvement. Comme $\dot{L} = 0$, nous obtenons en différentiant M par rapport au temps :

$$\dot{M} = \dot{p} \times L/\mu - \kappa\dot{r}/r + \kappa r(r \cdot p)/(\mu r^3) \,, \tag{14.4}$$

avec $p = \mu\dot{r}$. En utilisant la relation $L = r \times p$, nous avons :

$$\dot{M} = r(\dot{p} \cdot p)/\mu - p(\dot{p} \cdot r)/\mu - p\kappa/(\mu r) + r(r \cdot p)\kappa/(\mu r^3) \,.$$

Avec l'équation de Newton $\dot{p} = -\kappa r/r^3$, il vient alors :

$$\dot{M} = 0 \,, \tag{14.5}$$

c'est-à-dire que M est une constante du mouvement, vecteur de longueur κe dirigé de M vers le périhélie P (voir exercice 14.2). Il existe deux relations indépendantes du choix particulier des paramètres orbitaux a et e (cf exercice 14.3) :

$$L \cdot M = 0 \quad \text{et} \quad M^2 = 2EL^2/\mu + \kappa^2 \,. \tag{14.6}$$

Afin de traiter quantiquement l'atome d'hydrogène, nous devons remplacer les fonctions classiques par les opérateurs correspondants à r, p et L. Pour les expressions $\hat{p} \times \hat{L}$ et $-\hat{L} \times \hat{p}$ qui ne sont pas identiques ($\hat{L}$ et $\hat{p}$ ne commutent pas), nous obtenons pour (14.3) une expression qui n'est pas hermitique ; nous redéfinissons alors une expression symétrisée pour $\hat{M}$:

$$\hat{M} = \frac{1}{2\mu}(\hat{p} \times \hat{L} - \hat{L} \times \hat{p}) - \kappa \frac{r}{r} . \tag{14.7}$$

À partir des relations de commutation pour r et $\hat{p}$, nous pouvons obtenir :

$$[\hat{M}, \hat{H}]_- = 0 , \tag{14.8}$$

$$\hat{L} \cdot \hat{M} = \hat{M} \cdot \hat{L} = 0 \quad \text{et} \tag{14.9}$$

$$\hat{M}^2 = 2\hat{H}/\mu(\hat{L}^2 + \hbar^2) + \kappa^2 . \tag{14.10}$$

La relation (14.8) est l'analogue quantique de (14.5) et les expressions (14.9) et (14.10) correspondent à (14.6).

Les relations (14.7–10) furent utilisées par Pauli en 1926 pour calculer les niveaux d'énergie de l'atome d'hydrogène. Il considérait les trois composantes de $\hat{M}$ comme des générateurs de transformations infinitésimales. Nous pouvons déduire de cette méthode l'algèbre des six générateurs $\hat{L}$ et $\hat{M}$, qui consiste en 15 relations de commutation. Trois d'entre elles sont les relations habituelles pour les opérateurs de moment angulaire :

$$[\hat{L}_i, \hat{L}_j]_- = i\hbar\varepsilon_{ijk}\hat{L}_k . \tag{14.11}$$

Les commutateurs qui comportent une composante de $\hat{M}$ et une composante de $\hat{L}$ donnent neuf relations supplémentaires,

$$[\hat{M}_i, \hat{L}_j]_- = i\hbar\varepsilon_{ijk}\hat{M}_k . \tag{14.12}$$

Nous pouvons trouver enfin les trois dernières relations de commutation :

$$[\hat{M}_i, \hat{M}_j]_- = -2i\frac{\hbar}{\mu}\hat{H}\varepsilon_{ijk}\hat{L}_k . \tag{14.13}$$

Les composantes de $\hat{L}$ constituent une algèbre stable, comme nous l'avons vu au chapitre 2, et génèrent le groupe O(3). Les vecteurs $\hat{L}$ et $\hat{M}$, ensemble, ne constituent pas une algèbre stable puisque, bien que les relations (14.12) contiennent seulement $\hat{M}$ et $\hat{L}$, la relation (14.13) introduit également l'opérateur $\hat{H}$. Cependant, étant donné que $\hat{H}$ est indépendant du temps et commute avec $\hat{L}$ et $\hat{M}$, nous pouvons nous restreindre à un sous-espace de l'espace de Hilbert qui corresponde à une valeur propre particulière E de $\hat{H}$. Alors dans (14.13), nous pouvons remplacer $\hat{H}$ par sa valeur propre E. Pour des états liés, E a des valeurs négatives, et il est alors commode de remplacer $\hat{M}$ par :

$$\hat{M}' = \sqrt{-\mu/2E}\hat{M} . \tag{14.14}$$

Dans ce cas, (14.12) et (14.13) deviennent :

$$[\hat{M}'_i, \hat{L}_j]_- = i\hbar\varepsilon_{ijk}\hat{M}'_k \quad \text{et} \tag{14.15}$$

$$[\hat{M}'_i, \hat{M}'_j]_- = i\hbar\varepsilon_{ijk}\hat{L}_k . \tag{14.16}$$

14.2 Le groupe SO(4)

Les six générateurs $\hat{L}$, $\hat{M}'$ constituent une algèbre stable. Pour approfondir ceci, nous allons redéfinir les indices des composantes de $\hat{L}$. Posons tout d'abord :

$$\boldsymbol{r} = (r_1, r_2, r_3) \quad \text{et} \quad \hat{\boldsymbol{p}} = (\hat{p}_1, \hat{p}_2, \hat{p}_3) , \tag{14.17}$$

pour lesquels, nous avons :

$$[r_i, \hat{p}_j]_- = i\hbar\delta_{ij} . \tag{14.18}$$

Compte-tenu de

$$\hat{L}_{ij} = r_i \hat{p}_j - r_j \hat{p}_i , \tag{14.19}$$

nous obtenons les *indices naturels* pour les opérateurs $\hat{L}$:

$$\hat{\boldsymbol{L}} = (\hat{L}_{23}, \hat{L}_{31}, \hat{L}_{12}) . \tag{14.20}$$

Nous pouvons alors étendre les indices $(i, j = 1, 2, 3, 4)$ en introduisant les quatre composantes r_4 et $\hat{p}_4$ qui vérifient (14.18) et (14.19) et pour lesquels nous avons :

$$\hat{M}'_x = \hat{L}_{14} , \quad \hat{M}'_y = \hat{L}_{24} , \quad \hat{M}'_z = \hat{L}_{34} . \tag{14.21}$$

Il est facile de vérifier que (14.18), (14.19) et (14.21) conduisent aux relations de commutation (14.11), (14.15) et (14.16). Les six générateurs $\hat{L}_{ij}$ constituent ainsi une généralisation à quatre dimensions des trois générateurs $\hat{L}$. On peut montrer que le groupe correspondant est le groupe spécial orthogonal ou le groupe de rotation propre à quatre dimensions SO(4). Il inclut toutes les matrices orthonormées 4×4 de déterminant $+1$. Ceci ne correspond pas à une symétrie géométrique de l'atome d'hydrogène puisque les quatrièmes composantes r_4 et $\hat{p}_4$ sont fictives et ne peuvent être identifiées à des variables géométriques . On dira alors que SO(4) décrit une symétrie dynamique de l'atome d'hydrogène. Il a pour sous groupe le groupe de symétrie géométrique SO(3), généré par les opérateurs de moment angulaire $\hat{L}_i$.

Il est essentiel de remarquer que les générateurs de SO(4) sont obtenus en se restreignant aux états liés. Pour des états du continuum, E est positive et le signe à l'intérieur de la racine carrée de (14.14) doit être changé pour que $\hat{M}'$ soit hermitique. Mais dans ce cas, le signe du membre de droite de (14.16) change et il n'est plus possible d'avoir les identifications telles que (14.21). Il s'avère que le groupe de symétrie dynamique est dans ce cas isomorphe au groupe des transformations de Lorentz pour un espace à trois dimensions d'espace et une de temps, et non au groupe des rotations dans l'espace de dimension quatre. On exprime ceci par la notation SO(3, 1).

14.3 Les niveaux d'énergie de l'atome d'hydrogène

Il devient maintenant relativement simple de trouver les valeurs propres de l'énergie. Définissons les quantités :

$$\hat{\boldsymbol{I}} = \tfrac{1}{2}(\hat{\boldsymbol{L}} + \hat{\boldsymbol{M}}') \quad \text{et} \quad \hat{\boldsymbol{K}} = \tfrac{1}{2}(\hat{\boldsymbol{L}} - \hat{\boldsymbol{M}}') \,, \tag{14.22}$$

de telle sorte que les relations de commutation suivantes soient satisfaites :

$$[\hat{I}_i, \hat{I}_j]_- = \mathrm{i}\hbar\varepsilon_{ijk}\hat{I}_k \,, \tag{14.23}$$

$$[\hat{K}_i, \hat{K}_j]_- = \mathrm{i}\hbar\varepsilon_{ijk}\hat{K}_k \,, \tag{14.24}$$

$$[\hat{I}_i, \hat{K}_j]_- = 0 \,, \tag{14.25}$$

$$[\hat{\boldsymbol{I}}, \hat{H}]_- = [\hat{\boldsymbol{K}}, \hat{H}]_- = 0 \,. \tag{14.26}$$

En raison de (14.25) les algèbres de $\hat{I}_k$ et $\hat{K}_k$ sont découplées ; par conséquent, chacun des $\hat{\boldsymbol{I}}$ et $\hat{\boldsymbol{K}}$ constitue une algèbre SO(3) ou SU(2), et nous avons alors immédiatement les valeurs propres :

$$\hat{\boldsymbol{I}}^2 = i(i+1)\hbar^2 \,, \quad i = 0, \tfrac{1}{2}, 1, \dots , \tag{14.27}$$

$$\hat{\boldsymbol{K}}^2 = k(k+1)\hbar^2 \,, \quad k = 0, \tfrac{1}{2}, 1, \dots . \tag{14.28}$$

Les relations (14.23–26) montrent que le groupe SO(4) est de rang 2, car un opérateur $\hat{I}_i$ et un opérateur $\hat{K}_j$ réalisent le nombre maximum de générateurs qui commutent. Il existe donc deux opérateurs de Casimir qu'on peut choisir comme :

$$\hat{\boldsymbol{I}}^2 = \tfrac{1}{4}(\hat{\boldsymbol{L}} + \hat{\boldsymbol{M}}')^2 \,, \quad \text{et} \tag{14.29}$$

$$\hat{\boldsymbol{K}}^2 = \tfrac{1}{4}(\hat{\boldsymbol{L}} - \hat{\boldsymbol{M}}')^2 \,. \tag{14.30}$$

Nous pourrions aussi choisir de former la somme et la différence de $\hat{\boldsymbol{I}}^2$ et $\hat{\boldsymbol{K}}^2$:

$$\hat{C}_1 = \hat{\boldsymbol{I}}^2 + \hat{\boldsymbol{K}}^2 = \tfrac{1}{2}(\hat{\boldsymbol{L}}^2 + \hat{\boldsymbol{M}}'^2) \,, \tag{14.31}$$

$$\hat{C}_2 = \hat{\boldsymbol{I}}^2 - \hat{\boldsymbol{K}}^2 = \hat{\boldsymbol{L}} \cdot \hat{\boldsymbol{M}}' \,. \tag{14.32}$$

L'équation (14.9) montre que $\hat{C}_2 = 0$, ce qui implique que nous sommes limités dans SO(4) au cas où $\hat{\boldsymbol{I}}^2 = \hat{\boldsymbol{K}}^2$. Ainsi, $i = k$, et les valeurs propres de $\hat{C}_1$ permises sont :

$$C_1 = 2k(k+1)\hbar^2 \,, \quad k = 0, \tfrac{1}{2}, 1, \dots . \tag{14.33}$$

Nous pouvons transformer (14.31) à l'aide de (14.14) et (14.10), soit :

$$\hat{C}_1 = \tfrac{1}{2}(\hat{\boldsymbol{L}}^2 - \tfrac{\mu}{2E}\hat{\boldsymbol{M}}^2) = -\mu\kappa^2/4E - \tfrac{1}{2}\hbar^2 \,, \tag{14.34}$$

d'où les valeurs propres en énergie :

$$E = -\mu\kappa^2/[2\hbar^2(2k+1)^2] \quad \text{avec} \quad k = 0, \tfrac{1}{2}, 1, \dots . \tag{14.35}$$

Nous remarquerons que les valeurs semi-entières impaires sont permises pour i et k ; comme nous allons le voir, ceci ne contredit en rien la relation physique $\hat{\boldsymbol{L}} = \hat{\boldsymbol{I}} + \hat{\boldsymbol{K}}$. La règle du triangle nous indique que l [dans $\hat{\boldsymbol{L}}^2 = l(l+1)\hbar^2$] peut prendre n'importe quelle valeur dans l'intervalle $i + k = 2k, \dots, |i - k| = 0$ (les valeurs sont séparées par un intervalle d'une unité). On voit donc que l est un entier, comme cela doit être pour le cas du moment angulaire orbital. La dégénérescence est également correctement reproduite : $\hat{I}_z$ et $\hat{K}_z$ prennent chacun $2k + 1$ valeurs propres indépendantes, et par conséquent, il y a au total $(2k + 1)^2$ états. Nous avions également conclu, au cours du chapitre précédent, que $\hat{\boldsymbol{L}}$ était un vecteur axial, ne changeant pas de signe par inversion spatiale. Mais il est visible sur (14.7) que $\hat{\boldsymbol{M}}$ est un vecteur polaire qui, donc change de signe. Nous nous attendons donc à ce que les états caractérisés par les générateurs $\hat{\boldsymbol{L}}$ et $\hat{\boldsymbol{M}}$ ne soient pas de parité bien définie. C'est en effet le cas, puisque les états de l pair ou impair sont dégénérés dans l'atome d'hydrogène.

14.4 L'oscillateur isotrope classique

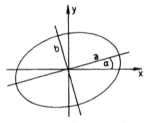

Fig. 14.2. Orbite de l'oscillateur harmonique classique. Le centre des forces se trouve au centre de l'ellipse

L'oscillateur harmonique isotrope à trois dimensions est décrit par le hamiltonien

$$H = \boldsymbol{p}^2/2m + \tfrac{1}{2}K r^2 . \tag{14.36}$$

Une orbite classique particulière est l'ellipse de demi-axes a et b. Le demi-axe principal forme un angle α avec l'axe des x (voir figure 14.2). Comme dans le problème de Kepler, H et $\boldsymbol{L}$ sont des constantes du mouvement avec les valeurs :

$$E = \tfrac{1}{2}K(a^2 + b^2) \quad \text{et} \tag{14.37}$$

$$L^2 = mKa^2b^2 . \tag{14.38}$$

Le fait que l'orbite soit fermée suggère encore l'existence d'une autre constante du mouvement qui pourrait être reliée à l'angle α. Mais en comparant les figures correspondantes (figure 14.1 et figure 14.2) il existe une différence importante : dans le cas de du problème de Kepler, le centre des forces est un foyer de l'ellipse tandis que dans notre cas, il est au centre.

Les directions OA et OP ne sont donc pas équivalentes, et l'axe secondaire n'est pas un élément de symétrie. Au contraire, dans le problème de l'oscillateur, les deux directions, le long de l'axe principal ou bien de l'axe secondaire, sont des éléments de symétrie définie. Nous devons donc nous attendre à ce que la constante du mouvement additionnelle ne soit pas un vecteur (comme dans le problème de Kepler), mais plutôt un tenseur d'ordre quatre. Nous avons alors :

$$Q_{xy} = \tfrac{1}{2}a(a^2 - b^2)\sin 2\alpha , \quad Q_{yz} = Q_{xz} = 0$$

$$Q_0 = \tfrac{1}{2}a/\sqrt{3}(a^2 + b^2) \quad \text{et} \quad Q_1 = \tfrac{1}{2}a(a^2 - b^2)\cos 2\alpha . \tag{14.39}$$

Comme on le voyait déjà sur la figure 14.2, les composantes du tenseur demeurent invariantes si α est remplacé par $\alpha+\beta$, ou bien si a et b sont échangés tandis que α est remplacé par $\alpha \pm \frac{1}{2}\pi p$.

14.4.1 L'oscillateur isotrope en mécanique quantique

Les niveaux d'énergie sont trouvés très facilement en séparant les variables en coordonnées cartésiennes :

$$E_n = (n + \tfrac{3}{2})\hbar\sqrt{K/m} \quad \text{avec} \quad n = n_x + n_y + n_z ,$$
$$n_x, n_y, n_z = 0, 1, 2, \ldots . \tag{14.40}$$

Les états sont clairement dégénérés d'ordre $\frac{1}{2}(n+1)(n+2)$. La parité des états est positive ou négative selon que n est pair ou impair. Les seules valeurs possibles de l sont donc : $n, n-2, \ldots 1$ ou 0, chacun des l apparaissant seulement une fois. Il est possible de montrer qu'on peut construire, dans le groupe SU(3), un opérateur de Casimir à partir de $\hat{L}$ et du tenseur d'ordre quatre. En représentation spatiale, on trouve la relation :

$$\hat{C} = \hat{L}^2/\hbar^2 + mK/(\hbar^2 a^2)(Q_{xy}^2 + Q_{yz}^2 + Q_{zx}^2 + Q_0^2 + Q_1^2)$$
$$= -3 + \tfrac{1}{3}\hbar^2(\sqrt{mK}r^2 + \hat{p}^2/\sqrt{mK})^2 . \tag{14.41}$$

Si nous exprimons les quantités entre parenthèses en fonction de le hamiltonien, nous avons :

$$\hat{C} = -3 + 4m/(3\hbar^2 K)\hat{H}^2 . \tag{14.42}$$

En substituant les valeurs propres de (14.40), nous obtenons pour la n-ième valeur propre :

$$C = \tfrac{4}{3}(n^2 + 3n) . \tag{14.43}$$

Comme le groupe SU(3) est de rang deux, il existe deux opérateurs de Casimir qui sont caractérisés par deux paramètres λ et μ prenant les valeurs 0, 1, 2, ... L'expression générale de l'un de ces opérateurs de Casimir en fonction des paramètres est :

$$C = \tfrac{4}{3}(\lambda^2 + \lambda\mu + \mu^2 + 3\lambda + 3\mu) . \tag{14.44}$$

La comparaison avec (14.43) montre que seules les représentations de SU(3) avec $(\lambda, \mu) = (n, 0)$ se trouvent réalisées pour l'oscillateur isotrope. La situation est ici comparable à celle de l'atome d'hydrogène, où seules les représentations de SO(4) avec $i = k$ se trouvent réalisées. Contrairement à l'atome d'hydrogène, nous avons vu qu'il n'y a pas de mélange de parité dans l'oscillateur isotrope, puisque les valeurs de l pour chaque état dégénéré sont, soit toutes paires, soit toutes impaires. Nous pouvions nous attendre à ceci puisque les huit générateurs, i.e. les trois composantes de $\hat{L}$ et les cinq composantes du tenseur, ne changent pas de signe par inversion d'espace. La classification du groupe de l'oscillateur isotrope harmonique joue un rôle important pour rendre compte de la structure des noyaux atomiques les plus légers dans le cadre du modèle en couches[1].

EXERCICE

14.1 Énergie et moment angulaire radial de l'atome d'hydrogène

Problème. Démontrer la relation (14.2).

Solution. En coordonnées sphériques, le hamiltonien (14.1) s'écrit :

$$H = \frac{\boldsymbol{p}^2}{2\mu} + \frac{\boldsymbol{L}^2}{2\mu r^2} - \frac{\kappa}{r} \; . \tag{1}$$

Pour l'aphélie r_a et le périhélie r_p, la quantité de mouvement radiale est $p_r = 0$, et nous avons pour l'énergie totale :

$$E = \frac{\boldsymbol{L}^2}{2\mu r_a^2} - \frac{\kappa}{r_a} \quad \text{(Aphélie)} \; . \tag{2a}$$

$$E = \frac{\boldsymbol{L}^2}{2\mu r_p^2} - \frac{\kappa}{r_p} \quad \text{(Périhélie)} \; . \tag{2b}$$

En divisant (2a) par r_p^2 et (2b) par r_a^2, et après soustraction mutuelle, nous pouvons éliminer le moment angulaire inconnu, soit :

$$E(r_a + r_p) = -\kappa \; . \tag{3}$$

En soustrayant (2), nous obtenons :

$$\frac{\boldsymbol{L}^2}{2\mu}(r_a + r_p) = \kappa r_a r_p \; . \tag{4}$$

Grâce aux deux relations géométriques $r_a = a + f$, $r_p = a - f$ et $f = (a^2 - b^2)^{1/2}$, nous avons :

$$r_p + r_a = 2a \quad \text{et} \quad r_a r_p = a^2 - f^2 = b^2 \; . \tag{5}$$

Les équations (3) et (4) fournissent alors le résultat souhaité :

$$E = -\frac{\kappa}{2a} \; . \tag{6}$$

$$L^2 = 2\mu\kappa r_a r_p/(r_a + r_p) = \mu\kappa b^2/a = \mu\kappa a(1 - e^2) \; . \tag{7}$$

---

[1] J.M. Eisenberg, W. Greiner : *Nuclear Theory, Vol. III : Microscopic Theory of the Nucleus*, 2nd ed. (North-Holland, Amsterdam 1972).

EXERCICE ████████████████████████

14.2 Le vecteur de Runge–Lenz

Problème. Montrer que le vecteur de Runge–Lenz peut s'écrire :

$$\hat{M} = \kappa e r_{\mathrm{p}}/r_{\mathrm{p}} \,, \tag{1}$$

où r_p est le vecteur dirigé du centre de l'ellipsoïde vers le périhélie, et e est l'excentricité.

Solution. Nous partons de (14.3). Comme $\hat{M}$ est une constante du mouvement, nous pouvons calculer le terme de droite pour $r = r_{\mathrm{p}}$ et, en raison de la relation $L = r \times p$, $(r, p$ et $L)$ constituent un trièdre direct en chaque point de la trajectoire. Au périhélie, r et p sont perpendiculaires et donc, $p \times L$ est orienté comme r. On peut voir ceci avec la règle du double produit vectoriel :

$$p \times L = p \times (r \times p) = r p^2 - p(r \cdot p) \,, \tag{2}$$

d'où :

$$(p \times L)_{\mathrm{p}} = r_{\mathrm{p}} p^2 = r_{\mathrm{p}} L^2/r_{\mathrm{p}}^2 \tag{3}$$

au périhélie. À l'aide de (3), nous tirons, compte-tenu de la relation $r_{\mathrm{p}} = a - f =$
$a \cdot (1 - e)$,

$$\frac{1}{\mu}(p \times L)_{\mathrm{p}} = r_{\mathrm{p}} \frac{\kappa a(1 - e^2)}{a(1 - e) r_{\mathrm{p}}} = r_{\mathrm{p}} \kappa (1 + e)/r_{\mathrm{p}} \tag{4}$$

d'où l'équation désirée pour $\hat{M}$:

$$\hat{M} = \frac{1}{\mu}(p \times L)_{\mathrm{p}} - \frac{\kappa r_p}{r_{\mathrm{p}}} = \kappa e \frac{r_p}{r_{\mathrm{p}}} \,. \,. \tag{5}$$

EXERCICE ████████████████████████

14.3 Propriétés du vecteur de Runge–Lenz $\hat{M}$

Problème. Démontrer la relation (14.6).

Solution. Nous démontrons la première relation en écrivant :

$$\begin{aligned}
L \cdot M &= \frac{1}{\mu} L \cdot (p \times L) - \frac{\kappa}{r} L \times r \\
&= -\frac{\kappa}{r}(r \times p) \times r = 0 \,, \tag{1}
\end{aligned}$$

Exercice 14.3

étant donné qu'un produit mixte contenant deux vecteurs identiques s'annule. Nous démontrons la seconde relation avec :

$$M^2 = \frac{1}{\mu^2}(p \times L)^2 - 2\frac{\kappa}{\mu r}(p \times L) \cdot r + \kappa^2$$

$$= \frac{1}{\mu^2}\left[p^2 L^2 - (p \cdot L)^2\right] - 2\frac{\kappa}{\mu r}(r \times p) \cdot L + \kappa^2$$

$$= \frac{1}{\mu^2}(p^2 L^2) - 2\frac{\kappa}{\mu r}L^2 + \kappa^2 , \tag{2}$$

puisque, pour la même raison, $p \cdot L = p \cdot (r \times p) = 0$. En combinant les deux premiers termes, nous obtenons :

$$M^2 = \frac{2}{\mu}L^2\left(\frac{p^2}{2\mu} - \frac{\kappa}{r}\right) + \kappa^2$$

$$= \frac{2}{\mu}L^2 H + \kappa^2 = \frac{2}{\mu}EL^2 + \kappa^2 . \tag{3}$$

EXERCICE ▆▆▆▆▆▆▆▆▆▆▆▆▆▆

14.4 Relation de commutation entre $\hat{M}$ et $\hat{H}$

Problème. Démontrer la relation :

$$[\hat{M}, \hat{H}]_- = 0 \quad \text{pour} \quad \hat{H} = \frac{\hat{p}^2}{2m} - \frac{c}{r} \quad \text{et}$$

$$\hat{M} = \frac{1}{2\mu}(\hat{p} \times \hat{L} - \hat{L} \times \hat{p}) - c\frac{\hat{r}}{r} .$$

Solution. Pour simplifier l'écriture, nous omettrons ici le signe de l'opérateur. Il est bien connu que le hamiltonien ci-dessus commute avec les opérateurs de moment angulaire, soit $[H, L_i]_- = 0$, quel que soit i. Calculons maintenant deux commutateurs auxiliaires :

$$[p_i, H]_- = -c\left[p_i, \frac{1}{r}\right]_-$$

$$= \mathrm{i}\hbar c\left(\partial_i\frac{1}{r} - \frac{1}{r}\partial_i\right) = -\mathrm{i}\hbar c\frac{x_i}{r^3} , \tag{1}$$

$$\left[\frac{x_i}{r}, \sum_k p_k^2\right]_- = -\hbar^2\sum_k\left\{\frac{x_i}{r}\partial_k^2 - \partial_k^2\frac{x_i}{r}\right\} .$$

Nous avons alors :

$$\sum_k \partial_k \left\{ \partial_k \frac{x_i}{r} \right\} = \sum_k \partial_k \left\{ \frac{\delta_{ik}}{r} - \frac{x_i x_k}{r^3} + \frac{x_i}{r} \partial_k \right\}$$

$$= \sum_k \left\{ -2\delta_{ik} \frac{x_k}{r^3} + 2\frac{\delta_{ik}}{r}\partial_k + 3\frac{x_i x_k^2}{r^5} - 2\frac{x_i x_k}{r^3}\partial_k - \frac{x_i}{r^3} + \frac{x_i}{r}\partial_k^2 \right\} \; ,$$

et par conséquent :

$$\left[\frac{x_i}{r}, \sum_k p_k^2 \right]_- = 2\hbar^2 \left(-\frac{x_i}{r^3} + \frac{1}{r}\partial_i - \frac{x_i}{r^3}\sum_k x_k \partial_k \right) . \tag{2}$$

Avec le commutateur cherché :

$$[M_i, H]_- = \frac{1}{2\mu}[(\boldsymbol{p} \times \boldsymbol{L} - \boldsymbol{L} \times \boldsymbol{p})_i, H]_- - c\left[\frac{x_i}{r}, H\right]_- \; , \tag{3}$$

tandis que le second commutateur peut être encore simplifié :

$$-\frac{c}{2m}\left[\frac{x_i}{r}, \sum_k p_k^2\right]_- \; ,$$

ce qui s'identifie à (2). Nous écrirons le premier commutateur sous la forme :

$$[(\boldsymbol{p} \times \boldsymbol{L} - \boldsymbol{L} \times \boldsymbol{p})_i, H]_- = \sum_{jk} \varepsilon_{ijk}[(p_j L_k - L_j p_k), H]_- . \tag{4}$$

Comme H et L commutent, H peut être déplacé à l'extrême gauche [voir note (1)], soit :

$$p_j L_k H - L_j p_k H = p_j H L_k - L_j H p_k + i\hbar c L_j \frac{x_k}{r^3}$$

$$= H p_j L_k - H L_j p_k + i\hbar c \left(L_j \frac{x_k}{r^3} - \frac{x_j}{r^3} L_k \right) \; .$$

Nous pouvons maintenant insérer $L_j = \sum_{m,n} \varepsilon_{jmn} x_m p_n$ et l'expression analogue pour L_k ce qui conduit à :

$$[(\boldsymbol{p} \times \boldsymbol{L} - \boldsymbol{L} \times \boldsymbol{p})_i, H]_- = i\hbar c \sum_{jkmn} \varepsilon_{ijk}$$

$$\cdot \left\{ \varepsilon_{jmn} x_m p_n \frac{x_k}{r^3} - \frac{x_j}{r^3} \varepsilon_{kmn} x_m p_n \right\} \; . \tag{5}$$

Nous formons le commutateur auxiliaire

$$\left[p_n, \frac{x_k}{r^3} \right]_- = -i\hbar \left(\frac{\delta_{kn}}{r^3} - 3\frac{x_k x_n}{r^5} \right)$$

ce qui nous permet d'écrire :

$$[(\boldsymbol{p} \times \boldsymbol{L} - \boldsymbol{L} \times \boldsymbol{p})_i, H]_-$$

$$= -(\mathrm{i}\hbar)^2 c \sum_{jkmn} \varepsilon_{ijk} \left\{ \varepsilon_{jmn} \frac{x_m x_k}{r^3} - \varepsilon_{kmn} \frac{x_j x_m}{r^3} \right\} \partial_n$$

$$- (\mathrm{i}\hbar)^2 c \sum_{jkm} \varepsilon_{ijk} \varepsilon_{jmk} \frac{x_m}{r^3} + 3(\mathrm{i}\hbar)^2 c \sum_{jkmn} \varepsilon_{ijk} \varepsilon_{jmn} \frac{x_k x_m x_n}{r^5} . \tag{6}$$

$\sum_{m,n} \varepsilon_{ijmn} x_m x_n$ s'annule pour tout j, comme on peut le voir avec la notation explicite, car $[x_m, x_n]_- = 0$ dans le dernier terme de (6). Les indices j et k peuvent être échangés dans le second terme de la première somme, conduisant (en utilisant $\varepsilon_{ikj} = -\varepsilon_{ijk}$) à nouveau au premier terme de cette somme. Nous avons alors :

$$-2c(\mathrm{i}\hbar)^2 \sum_{jkmn} \varepsilon_{ijk} \varepsilon_{jmn} \frac{x_m x_k}{r^3} \partial_n = -2c(\mathrm{i}\hbar)^2 \sum_{kmn} (\delta_{km}\delta_{in} - \delta_{kn}\delta_{im}) \frac{x_m x_k}{r^3} \partial_n$$

$$= 2c(\mathrm{i}\hbar)^2 \left(\frac{x_i}{r^3} \sum_k x_k \partial_k - \frac{1}{r}\partial_i \right) ,$$

par utilisation de

$$\sum_i \varepsilon_{ijk} \varepsilon_{imn} = \delta_{jm}\delta_{kn} - \delta_{jn}\delta_{km} . \tag{7}$$

La seconde somme dans (6) peut encore être simplifiée à l'aide de cette relation, soit :

$$-(\mathrm{i}\hbar)^2 c \sum_{jkm} \varepsilon_{ijk} \varepsilon_{jmk} \frac{x_m}{r^3} = -(\mathrm{i}\hbar)^2 c \sum_{jm} (\delta_{ij}\delta_{jm} - \delta_{im}\delta_{jj}) \frac{x_m}{r^3}$$

$$= -(\mathrm{i}\hbar)^2 c \left(\frac{x_i}{r^3} - 3\frac{x_i}{r^3} \right) = 2c(\mathrm{i}\hbar)^2 \frac{x_i}{r^3} .$$

En conservant les termes qui subsistent, nous avons, d'une part avec (6) :

$$\frac{1}{2m}[(\boldsymbol{p} \cdot \boldsymbol{L} - \boldsymbol{L} \cdot \boldsymbol{p})_i, H]_- = \frac{c}{m}(\mathrm{i}\hbar)^2 \left(\frac{x_i}{r^3} - \frac{1}{r}\partial_i + \frac{x_i}{r^3} \sum_k x_k \partial_k \right) \tag{8}$$

et d'autre part, avec (2) :

$$-c\left[\frac{x_i}{r}, H \right]_- = -\frac{c}{m}(\mathrm{i}\hbar)^2 \left(\frac{x_i}{r^3} - \frac{1}{r}\partial_i + \frac{x_i}{r^3} \sum_k x_k \partial_k \right) . \tag{9}$$

L'addition de (8) et (9) fournit bien $[M_i, H]_- = 0$.

EXERCICE ███████████████████

14.5 Étude du produit scalaire $\hat{L} \cdot \hat{M}$

Problème. Démontrer la relation quantique : $\hat{L} \cdot \hat{M} = 0$ à partir de la définition de $\hat{M}$ fournie dans l'exercice 14.4.

Solution. (a) Nous avons $L \cdot r/r = 0$ car

$$\sum_i L_i \frac{x_i}{r} = \sum_{imn} \varepsilon_{imn} x_m p_n \frac{x_i}{r} = \sum_{imn} \varepsilon_{imn} p_n x_m \frac{x_i}{r} + \mathrm{i}\hbar \sum_{imn} \varepsilon_{imn} \delta_{mn} \frac{x_i}{r} . \quad (1)$$

Comme $\sum_{i,m} \varepsilon_{imn} x_m x_i \equiv 0$, la première somme s'annule, de même que la seconde en raison de $\varepsilon_{imm} \equiv 0$.

(b) De plus, nous avons : $L \cdot (p \times L) - L \cdot (L \times p) = 0$ en raison de

$$\sum_{ijk} \varepsilon_{ijk} L_i (p_j L_k - L_j p_k)$$

$$= \sum_i L_i \sum_{jkmn} \varepsilon_{ijk} (\varepsilon_{kmn} p_j x_m p_n - \varepsilon_{jmn} x_m p_n p_k)$$

$$= \sum_i L_i \sum_{jmn} (\delta_{im}\delta_{jn} - \delta_{in}\delta_{jm}) p_j x_m p_n$$

$$\quad - \sum_i L_i \sum_{kmn} (\delta_{km}\delta_{in} - \delta_{kn}\delta_{im}) x_m p_n p_k$$

$$= \sum_i L_i \Big\{ \sum_j (p_j x_i p_j - p_j x_j p_i - x_j p_i p_j + x_i p_j p_j) \Big\}$$

(dans la dernière transformation, nous avons modifié l'indice de sommation, k devenant j). Avec les relations de commutation pour x et p, $[p_j, x_i]_- = -\mathrm{i}\hbar\delta_{ij}$, nous obtenons finalement :

$$\sum_i L_i \Big\{ \sum_j (p_j x_i p_j - p_j x_j p_j - x_j p_i p_j + x_i p_j^2) \Big\}$$

$$= \sum_{ijmn} \varepsilon_{imn} x_m \Big(p_n \underbrace{p_j x_i}_{x_i p_j - \mathrm{i}\hbar\delta_{ij}} p_j - p_n p_j \underbrace{x_j p_i}_{p_i x_j + \mathrm{i}\hbar\delta_{ij}} - p_n \underbrace{x_j p_i}_{p_i x_j + \mathrm{i}\hbar\delta_{ij}} p_j + \underbrace{p_n x_i}_{x_i p_n - \mathrm{i}\hbar\delta_{ni}} p_j^2 \Big)$$

$$= \sum_{ijmn} \varepsilon_{imn} x_m \Big(\underbrace{p_n x_i}_{x_i p_n - \mathrm{i}\hbar\delta_{in}} p_j^2 - \mathrm{i}\hbar\delta_{ij} p_n p_j - p_n p_i p_j x_j - \mathrm{i}\hbar\delta_{ij} p_n p_i$$

$$\quad \underbrace{- p_n p_i}_{\substack{= 0 \text{ après sommation sur} \\ \text{sur } n,i}} x_j p_j - \mathrm{i}\hbar p_n \delta_{ij} p_j + \underbrace{x_i}_{\substack{= 0 \text{ après sommation sur} \\ \text{sur } m,i}} p_n p_j^2 - \mathrm{i}\hbar \underbrace{\delta_{ni}}_{\substack{= 0 \text{ car} \\ \varepsilon_{imi}=0}} p_j^2 \Big)$$

$$= \sum_{ijmn} \varepsilon_{imn} x_m \Big(\underbrace{x_i}_{\substack{= 0 \text{ après sommation} \\ \text{sur } i,m}} p_n p_j^2 - \mathrm{i}\hbar \underbrace{\delta_{ni}}_{\substack{= 0 \text{ car} \\ \varepsilon_{imi}=0}} p_j^2 - \mathrm{i}\hbar\delta_{ij} p_n p_j$$

$$- \underbrace{p_n}_{\substack{= 0 \text{ après sommation sur} \\ \text{sur } n,i}} \quad p_i p_j x_j - \mathrm{i}\hbar \delta_{ij} p_n p_j - \mathrm{i}\hbar p_n \delta_{ij} p_j \Bigg)$$

$$= \sum_{ijmn} \varepsilon_{imn} x_m (-3\mathrm{i}\hbar \delta_{ij} p_n p_j) = 0 \tag{2}$$

car :

$$\sum_j \delta_{ij} p_j = p_i \,, \qquad \sum_{imn} \varepsilon_{imn} x_m p_n p_i = \sum_m x_m \sum_{in} \varepsilon_{imn} p_n p_i = 0 \,.$$

Notons que $\sum_k \delta_{kk} = 3$, et que la dernière somme s'annule pour la même raison que pour les opérateurs de position dans l'exercice 14.4.

EXERCICE ▬▬▬▬▬▬▬▬▬▬

14.6 Calcul de $\hat{M}^2$

Problème. Démontrer la relation $\hat{M}^2 = 2\hat{H}/\mu (\hat{L} + \hbar^2) + c^2$. Pour la définition de $\hat{M}$, on se reportera à l'exercice (14.4).

Solution. Nous commencerons par démontrer la relation auxiliaire :

$$(\boldsymbol{L} \times \boldsymbol{p})_i = \sum_{jk} \varepsilon_{ijk} L_j p_k = \sum_{jk} \varepsilon_{ijk} p_k L_j + \mathrm{i}\hbar \sum_{jkm} \varepsilon_{ijk} \varepsilon_{jkm} p_m$$

$$= -(\boldsymbol{p} \times \boldsymbol{L})_i + 2\mathrm{i}\hbar p_i \,, \tag{1}$$

en utilisant $\sum_{j,k} \varepsilon_{jki} \varepsilon_{jkm} = 2\delta_{im}$ et la relation de commutation usuelle $[L_j, p_k]_- = \mathrm{i}\hbar \sum_m \varepsilon_{jkm} p_m$. Nous en tirons :

$$M^2 = \left\{ \frac{1}{2\mu} (\boldsymbol{p} \times \boldsymbol{L} - \boldsymbol{L} \times \boldsymbol{p}) - c\frac{\boldsymbol{r}}{r} \right\}^2$$

$$= \frac{1}{(2\mu)^2} 4(\boldsymbol{p} \times \boldsymbol{L} - \mathrm{i}\hbar \boldsymbol{p})^2 - \frac{c}{\mu} (\boldsymbol{p} \times \boldsymbol{L} - \mathrm{i}\hbar \boldsymbol{p}) \cdot \frac{\boldsymbol{r}}{r}$$

$$- \frac{c}{\mu} \frac{\boldsymbol{r}}{r} (\boldsymbol{p} \times \boldsymbol{L} - \mathrm{i}\hbar \boldsymbol{p}) + c^2 \frac{\boldsymbol{r}^2}{r^2} \,. \tag{2}$$

Le premier terme quadratique à droite donne :

$$(\boldsymbol{p} \times \boldsymbol{L} - \mathrm{i}\hbar \boldsymbol{p})^2 = (\boldsymbol{p} \times \boldsymbol{L})^2 - \mathrm{i}\hbar (\boldsymbol{p} \times \boldsymbol{L}) \cdot \boldsymbol{p} - \mathrm{i}\hbar \boldsymbol{p} \cdot (\boldsymbol{p} \times \boldsymbol{L}) - \hbar^2 \boldsymbol{p}^2 \,.$$

Calculons séparément les termes [voir exercice 14.4, (7)]. Nous avons tout d'abord :

$$(\boldsymbol{p} \times \boldsymbol{L})^2 = \sum_{ijkmn} \varepsilon_{ijk}\varepsilon_{inm} p_j L_k p_n L_m$$

$$= \sum_{jkmn} (\delta_{jn}\delta_{km} - \delta_{jm}\delta_{kn}) p_j L_k p_n L_m$$

$$= \sum_{jk} (p_j L_k p_j L_k - p_j L_k p_k L_j) \, .$$

Avec $\sum_k L_k p_k = \sum_{k,m,n} \varepsilon_{kmn} x_m p_n p_k = 0$, le second terme s'annule, tandis que dans le premier terme, la commutation de L_k et p_j conduit à :

$$\sum_{jk} p_j^2 L_k^2 + \mathrm{i}\hbar \sum_{jkm} \varepsilon_{kjm} p_j p_m L_k = \boldsymbol{p}^2 \boldsymbol{L}^2 \, , \tag{3}$$

la dernière somme s'annulant. Nous avons encore :

$$\boldsymbol{p} \cdot (\boldsymbol{p} \times \boldsymbol{L}) = \sum_{ijk} \varepsilon_{ijk} p_i p_j L_k \equiv 0 \, , \tag{4}$$

équation qui est la même que dans le cas classique ; tandis que

$$(\boldsymbol{p} \times \boldsymbol{L}) \cdot \boldsymbol{p} = \sum_{ijk} \varepsilon_{ijk} p_j L_k p_i = \sum_{ijk} \varepsilon_{ijk} p_j p_i L_k + \mathrm{i}\hbar \sum_{ijkm} \varepsilon_{ijk}\varepsilon_{kim} p_j p_m$$

$$= 2\mathrm{i}\hbar \boldsymbol{p}^2 \, , \tag{5}$$

puisque la première somme s'annule et puisque $\sum_{k,i} \varepsilon_{kij}\varepsilon_{kim} = 2\delta_{jm}$ pour la seconde somme. En rassemblant maintenant les termes, nous avons :

$$(\boldsymbol{p} \times \boldsymbol{L} - \mathrm{i}\hbar \boldsymbol{p})^2 = \boldsymbol{p}^2 \boldsymbol{L}^2 - 2(\mathrm{i}\hbar)^2 \boldsymbol{p}^2 - \hbar^2 \boldsymbol{p}^2 = \boldsymbol{p}^2 (\boldsymbol{L}^2 + \hbar^2) \, . \tag{6}$$

On traitera les termes restants comme suit :

$$(\boldsymbol{p} \times \boldsymbol{L}) \cdot \frac{\boldsymbol{r}}{r} = \sum_{ijk} \varepsilon_{ijk} p_j L_k \frac{x_i}{r}$$

$$= \sum_{ijk} \varepsilon_{ijk} p_j \frac{x_i}{r} L_k + \mathrm{i}\hbar \sum_{ijkm} \varepsilon_{ijk}\varepsilon_{kim} p_j \frac{x_m}{r}$$

$$= \sum_{ijk} \varepsilon_{ijk} \frac{x_i}{r} p_j L_k - \mathrm{i}\hbar \sum_{ijk} \varepsilon_{ijk} \frac{\delta_{ij}}{r} - \frac{x_i x_j}{r^3} L_k + 2\mathrm{i}\hbar \boldsymbol{p} \cdot \frac{\boldsymbol{r}}{r}$$

(avec le commutateur $[x_i/r, L_k]_- = \mathrm{i}\hbar \sum_m \varepsilon_{ikm} x_m/r$ pour l'avant-dernière ligne). La seconde somme s'annule toutefois car $\varepsilon_{iik} \equiv 0$ et $\sum_{i,j,k} \varepsilon_{ijk} x_i x_j \equiv 0$. En substituant $\sum_{i,j} \varepsilon_{ijk} x_i p_j$ par L_k, nous obtenons encore :

$$(\boldsymbol{p} \times \boldsymbol{L}) \cdot \frac{\boldsymbol{r}}{r} = \frac{1}{r} \sum_k L_k L_k + 2\mathrm{i}\hbar \boldsymbol{p} \cdot \frac{\boldsymbol{r}}{r} \, . \tag{7}$$

Exercice 14.6   Soit, au total,

$$\frac{\boldsymbol{r}}{r}(\boldsymbol{p}\times\boldsymbol{L}-\mathrm{i}\hbar\boldsymbol{p})+(\boldsymbol{p}\times\boldsymbol{L}-\mathrm{i}\hbar\boldsymbol{p})\cdot\frac{\boldsymbol{r}}{r}=\frac{1}{r}\boldsymbol{L}^2-\mathrm{i}\hbar\frac{\boldsymbol{r}}{r}\cdot\boldsymbol{p}+\frac{1}{r}\boldsymbol{L}^2$$
$$+2\mathrm{i}\hbar\boldsymbol{p}\cdot\frac{\boldsymbol{r}}{r}-\mathrm{i}\hbar\boldsymbol{p}\cdot\frac{\boldsymbol{r}}{r}\,,$$

et en utilisant $\boldsymbol{p}\cdot\boldsymbol{r}/r=\boldsymbol{r}/r\cdot\boldsymbol{p}-2\mathrm{i}\hbar/r$, il vient :

$$=\frac{2}{r}\boldsymbol{L}^2-\frac{2}{r}(\mathrm{i}\hbar)^2=\frac{2}{r}(\boldsymbol{L}^2+\hbar^2)\,. \tag{8}$$

La somme de tous ces résultats donne finalement :

$$\boldsymbol{M}^2=\frac{1}{(2\mu)^2}4\boldsymbol{p}^2(\boldsymbol{L}^2+\hbar^2)-\frac{c}{\mu}\frac{2}{r}(\boldsymbol{L}^2+\hbar^2)+c^2\,,$$

soit encore,

$$\boldsymbol{M}^2=\frac{2}{\mu}\left(\frac{\boldsymbol{p}^2}{2\mu}-\frac{c}{r}\right)(\boldsymbol{L}^2+\hbar^2)+c^2\,,\quad \boldsymbol{M}^2=\frac{2}{\mu}H(\boldsymbol{L}^2+\hbar^2)+c^2\,. \tag{9}$$

EXERCICE ████████████████████████

14.7 Démonstration de la relation de commutation $[\hat{M}_i,\hat{L}_j]_-$

Problème. Démontrer les relations de commutation suivantes :

$$[\hat{M}_i,\hat{L}_j]_-=\mathrm{i}\hbar\sum_k\varepsilon_{ijk}\hat{M}_k\,.$$

Solution. Il est plus commode de vérifier la relation explicitement à partir de ses composantes :

$$[M_x,L_y]_-=\mathrm{i}\hbar M_z=\left[\frac{1}{\mu}(\boldsymbol{p}\times\boldsymbol{L}-\mathrm{i}\hbar\boldsymbol{p})_x-c\frac{x}{r},L_y\right]_-$$
$$=\frac{1}{\mu}(p_yL_zL_y-p_zL_yL_y-L_yp_yL_z+L_yp_zL_y)$$
$$+\mathrm{i}\frac{\hbar}{\mu}(L_yp_x-p_xL_y)+c\left(L_y\frac{x}{r}-\frac{x}{r}L_y\right)\,. \tag{1}$$

Nous aurons :

$$p_yL_zL_y=p_yL_yL_z-\mathrm{i}\hbar p_yL_x=L_yp_yL_z-\mathrm{i}\hbar p_yL_x\,,$$

et :

$$p_zL_yL_y=L_yp_zL_y-\mathrm{i}\hbar p_xL_y\,,$$

donc :

$$p_y L_z L_y - p_z L_y L_y - L_y p_y L_z + L_y p_z L_y = \mathrm{i}\hbar (p_x L_y - p_y L_x) \,.$$

De plus,

$$L_y p_x - p_x L_y = -\mathrm{i}\hbar p_z \,, \quad \text{et} \quad L_y \frac{x}{r} - \frac{x}{r} L_y = -\mathrm{i}\hbar \frac{z}{r} \,,$$

par l'intermédiaire de la relation $[L_i, p_k]_- = \mathrm{i}\hbar \sum_m \varepsilon_{ikm} p_m$ mentionnée dans l'exercice 14.6 ; d'où :

$$[M_x, L_y]_- = \mathrm{i}\frac{\hbar}{\mu}(p_x L_y - p_y L_x - \mathrm{i}\hbar p_z) - \mathrm{i}\hbar c \frac{z}{r} = \mathrm{i}\hbar M_z \,. \tag{2}$$

Nous devons encore établir, par exemple, $[M_x, L_x] = 0$. Nous avons encore :

$$\left[\frac{1}{\mu}(\boldsymbol{p} \times \boldsymbol{L} - \mathrm{i}\hbar\boldsymbol{p})_x - c\frac{x}{r}, L_x\right]_-$$

$$= \frac{1}{\mu}(p_y L_z L_x - p_z L_y L_x - L_x p_y L_z + L_x p_z L_y)$$

$$+ \mathrm{i}\frac{\hbar}{\mu}(L_x p_x - p_x L_x) + c\left(L_x \frac{x}{r} - \frac{x}{r} L_x\right) \,, \tag{3}$$

d'où :

$$p_y L_z L_x = p_y L_x L_z + \mathrm{i}\hbar p_y L_y = L_x p_y L_z - \mathrm{i}\hbar p_z L_z + \mathrm{i}\hbar p_y L_y \,, \quad \text{et}$$
$$p_z L_y L_x = p_z L_x L_y - \mathrm{i}\hbar p_z L_z = L_x p_z L_y + \mathrm{i}\hbar p_y L_y - \mathrm{i}\hbar p_z L_z \,,$$

ce qui conduit à :

$$p_y L_z L_x - p_z L_y L_x - L_x p_y L_z + L_x p_z L_y \equiv 0 \,. \tag{4}$$

Nous aurons encore $L_x p_x - p_x L_x = 0$, et aussi $L_x x/r - x/r L_x \equiv 0$ (car $[x_i/r, L_j]_- = \mathrm{i}\hbar \sum_k \varepsilon_{ijk} x_k/r$). Et finalement :

$$[M_x, L_x]_- = 0 \,. \tag{5}$$

Les relations de commutation restantes s'établissent par permutation circulaire sur x, y, et z.

EXERCICE ████████████

14.8 Démonstration de la relation de commutation $[\hat{M}_i, \hat{H}_j]_-$

Problème. Démontrer les relations :

$$[\hat{M}_i, \hat{M}_j]_- = \frac{2i\hbar}{\mu}\hat{H}\sum_k \varepsilon_{ijk}\hat{L}_k .$$

Solution. De même que dans le problème précédent, nous travaillerons sur les composantes.

$$M_x M_y - M_y M_x$$

$$= \left\{\frac{1}{\mu}(\boldsymbol{p}\times\boldsymbol{L} - i\hbar\boldsymbol{p})_x - c\frac{x}{r}\right\}\left\{\frac{1}{\mu}(\boldsymbol{p}\times\boldsymbol{L} - i\hbar\boldsymbol{p})_y - c\frac{y}{r}\right\}$$

$$- \left\{\frac{1}{\mu}(\boldsymbol{p}\times\boldsymbol{L} - i\hbar\boldsymbol{p})_y - c\frac{y}{r}\right\}\left\{\frac{1}{\mu}(\boldsymbol{p}\times\boldsymbol{L} - i\hbar\boldsymbol{p})_x - c\frac{x}{r}\right\} \tag{1}$$

$$= \frac{1}{\mu^2}(p_y L_z - p_z L_y - i\hbar p_x)(p_z L_x - p_x L_z - i\hbar p_y) \tag{2a}$$

$$- \frac{1}{\mu^2}(p_z L_x - p_x L_z - i\hbar p_y)(p_y L_z - p_z L_y - i\hbar p_x) \tag{2b}$$

$$+ \frac{c}{\mu}\left[\frac{y}{r}(p_y L_z - p_z L_y - i\hbar p_x) - (p_y L_z - p_z L_y - i\hbar p_x)\frac{y}{r}\right] \tag{2c}$$

$$+ \frac{c}{\mu}\left[(p_z L_x - p_x L_z - i\hbar p_y)\frac{x}{r} - \frac{x}{r}(p_z L_x - p_x L_z - i\hbar p_y)\right] . \tag{2d}$$

En effectuant les multiplications dans (2a) et (2b) nous obtenons 18 termes. Tous les termes obtenus par multiplication par $i\hbar p_x$ ou $i\hbar p_y$ s'annulent. Il reste :

$$\frac{1}{\mu^2}(p_y L_z p_z L_x - p_y L_z p_x L_z - p_z L_y p_z L_x + p_z L_y p_x L_z$$

$$- p_z L_x p_y L_z + p_z L_x p_z L_y + p_x L_z p_y L_z - p_x L_z p_z L_y) .$$

Nous pouvons écrire :

$$p_y L_z p_z L_x = p_y p_z L_x L_z + i\hbar p_y p_z L_y$$
$$= p_z L_x p_y L_z + i\hbar p_y p_z L_y - i\hbar p_z p_z L_z ,$$
$$p_z L_x p_z L_y = p_z p_z L_x L_y + i\hbar p_z p_y L_y$$
$$= p_z p_z L_y L_x - i\hbar p_z p_y L_y + i\hbar p_z p_z L_z$$
$$= p_z L_y p_z L_x - i\hbar p_z p_y L_y + i\hbar p_z p_y L_y - i\hbar p_z p_x L_x ,$$
$$p_x L_z p_y L_z = p_x p_y L_z L_z - i\hbar p_x p_x L_z$$
$$= p_y L_z p_x L_z - i\hbar p_x p_x L_z - i\hbar p_y p_y L_z ,$$
$$p_z L_y p_x L_z = p_z p_x L_y L_z - i\hbar p_z p_z L_z$$
$$= p_x L_z p_z L_y - i\hbar p_z p_z L_z + i\hbar p_z p_x L_x ,$$

et donc :

$$\frac{\mathrm{i}\hbar}{\mu^2}(p_y p_z L_y - p_z^2 L_z - p_z p_y L_y + p_z^2 L_z$$
$$- p_z p_x L_x - p_x^2 L_z - p_y^2 L_z - p_z^2 L_z + p_z p_x L_x)$$
$$= -\frac{\mathrm{i}\hbar}{\mu^2}\boldsymbol{p}^2 L_z \tag{3}$$

concernant (2a) et (2b). Les termes restants dans (2c) et (2d), donnent :

$$p_z L_x \frac{x}{r} - p_x L_z \frac{x}{r} - \mathrm{i}\hbar\, p_y \frac{x}{r} - p_y L_z \frac{y}{r} + p_z L_y \frac{y}{r} + \mathrm{i}\hbar\, p_x \frac{y}{r}$$
$$- \frac{x}{r} p_z L_x + \frac{x}{r} p_x L_z + \mathrm{i}\hbar \frac{x}{r} p_y + \frac{y}{r} p_y L_z - \frac{y}{r} p_z L_y - \mathrm{i}\hbar \frac{y}{r} p_x\,. \tag{4}$$

Ici, nous avons :

$$p_x \frac{y}{r} - p_y \frac{x}{r} + \frac{x}{r} p_y - \frac{y}{r} p_x \equiv 0\,,$$

car

$$p_x \frac{y}{r} = \frac{y}{r} p_x + \mathrm{i}\hbar \frac{yx}{r^3} \quad \text{et} \quad -p_y \frac{x}{r} = -\frac{x}{r} p_y - \mathrm{i}\hbar \frac{xy}{r^3}\,.$$

Les différences pour les termes subsistant dans (4) peuvent se simplifier à l'aide de :

$$p_z L_x \frac{x}{r} = p_z \frac{x}{r} L_x = \frac{x}{r} p_z L_x + \mathrm{i}\hbar \frac{xz}{r^3} L_x\,,$$
$$p_z L_y \frac{y}{r} = p_z \frac{y}{r} L_y = \frac{y}{r} p_z L_y + \mathrm{i}\hbar \frac{yz}{r^3} L_y\,,$$
$$-p_x L_z \frac{x}{r} = -p_x \frac{x}{r} L_z - \mathrm{i}\hbar\, p_x \frac{y}{r}$$
$$= -\frac{x}{r} p_x L_z + \mathrm{i}\hbar \left(\frac{1}{r} - \frac{x^2}{r^3}\right) L_z - \mathrm{i}\hbar\, p_x \frac{y}{r}\,,$$
$$-p_y L_z \frac{y}{r} = -p_y \frac{y}{r} L_z - \mathrm{i}\hbar\, p_y \frac{x}{r}$$
$$= -\frac{y}{r} p_y L_z + \mathrm{i}\hbar \left(\frac{1}{r} - \frac{y^2}{r^3}\right) L_z + \mathrm{i}\hbar\, p_y \frac{x}{r}\,.$$

Ce qui conduit à :

$$p_z L_x \frac{x}{r} - p_x L_z \frac{x}{r} - \frac{x}{r} p_z L_x + \frac{x}{r} p_x L_z - p_y L_z \frac{y}{r} + p_z L_y \frac{y}{r} + \frac{y}{r} p_y L_z + \frac{y}{r} p_z L_y$$
$$= \mathrm{i}\hbar \left(\frac{xz}{r^3} L_x + \frac{yz}{r^3} L_y + \left(\frac{1}{r} - \frac{x^2}{r^3}\right) L_z + \left(\frac{1}{r} - \frac{y^2}{r^3}\right) L_z + \frac{x}{r} p_y - \frac{y}{r} p_x\right)\,,$$
$$\tag{5}$$

et nous aurons aussi :

$$xL_x - yL_y = -\mathrm{i}\hbar(x(y\partial_z z\partial_y) + y(z\partial_x - x\partial_z))$$
$$= -\mathrm{i}\hbar z(y\partial_x - x\partial_y) = -zL_z\,.$$

Exercice 14.8   En substituant $x p_y - y p_x$ par L_z, (5) s'écrit :

$$\mathrm{i}\hbar \left\{ -\frac{1}{r^3}(z^2 + x^2 + y^2)L_z + \frac{2}{r}L_z + \frac{1}{r}L_z \right\} = \mathrm{i}\hbar \frac{2}{r}L_z \, . \tag{6}$$

En rassemblant (3) et (6), nous avons finalement

$$\begin{aligned}
[M_x, M_y]_- &= -2\mathrm{i}\frac{\hbar}{\mu}\left(\frac{\boldsymbol{p}^2}{2\mu}\right)L_z + \frac{c}{\mu}\frac{2\mathrm{i}\hbar}{r}L_z = -2\mathrm{i}\frac{\hbar}{\mu}\left(\frac{\boldsymbol{p}^2}{2m} - \frac{c}{r}\right)L_z \\
&= -2\mathrm{i}\frac{\hbar}{\mu}H L_z \, .
\end{aligned} \tag{7}$$

$[M_x, M_x]_- = 0$ est immédiat, et on procédera par permutation circulaire pour les autres relations de commutation.

15. Compléments de mathématiques : groupes de Lie non compacts

15.1 Définition et exemples de groupes de Lie non compacts

Les groupes de Lie compacts et non compacts se distinguent dans leurs caractéristiques essentielles que l'on va discuter mais nous devons auparavant approfondir la notion de «compacité».

Un groupe de Lie est *compact* si l'espace de ses paramètres est compact. Cette définition non topologique est quelque peu simpliste mais convient parfaitement pour notre besoin. Dans le cas d'un espace de paramètres qui est un sous-ensemble de $\mathbb{R}^n$ cela signifie, d'après le théorème de Borel, que l'espace des paramètres doit être *fermé et borné*.

Comme exemple, considérons SO(3) : chaque élément de ce groupe de Lie peut être écrit $\exp(-\mathrm{i}\boldsymbol{\phi}\hat{\boldsymbol{L}})$ avec $\boldsymbol{\phi} = (\phi_x, \phi_y, \phi_z)$ trois paramètres réels. Comme nous l'avons discuté dans la section 1.9, l'espace des paramètres pour SO(3) est l'ensemble de tous les vecteurs de rotation dont l'extrémité parcourt l'intérieur d'une sphère de rayon π, soit $|\phi| \leq \pi$. Comme une boule fermée est un ensemble compact, SO(3) est compact.

Le cas de SU(2) est analogue ; ses éléments sont donnés par :

$$\exp\left(\frac{-\mathrm{i}}{2}\boldsymbol{\phi} \cdot \hat{\boldsymbol{\sigma}}\right) = \cos\left(\frac{\phi}{2}\right)\mathbf{1} - \mathrm{i}\sin\left(\frac{\phi}{2}\right)\boldsymbol{n} \cdot \hat{\boldsymbol{\sigma}} \tag{15.1}$$

(avec le vecteur unitaire $\boldsymbol{n} = \boldsymbol{\phi}/|\boldsymbol{\phi}| = \boldsymbol{\phi}/\phi$). Du fait de la périodicité de $\sin x$ et $\cos x$, on peut se limiter à l'intervalle $|\boldsymbol{\phi}| \leq 2\pi$, ainsi l'extrémité du vecteur de rotation $\boldsymbol{\phi}$ remplit-elle une sphère de rayon 2π. Une autre démonstration du caractère compact de SU(2) sera donnée dans l'exercice 15.1.

Comme premier exemple de groupe de Lie non compact, nous considérons SU(1, 1). Pour expliciter la définition de ce groupe nous revenons à la définition des groupes de Lie SU(n) : ce sont les matrices unitaires $n \times n$ (n lignes et n colonnes) de déterminant 1. Pour $\hat{U} \in$ SU(n) nous avons $\hat{U}^\dagger = \hat{U}^{-1}$.

Considérons alors l'action de la transformation $\hat{U}$ sur un vecteur en dimension n, $\boldsymbol{Z} = (z_1, \ldots, z_n)^T$, avec des composantes complexes z_i ($i = 1, \ldots, n$). Nous obtenons un vecteur $\boldsymbol{Z}' = \hat{U}\boldsymbol{Z}$ et :

$$\|\boldsymbol{Z}'\|^2 = (\boldsymbol{Z}')^\dagger \boldsymbol{Z}' = \boldsymbol{Z}^\dagger \hat{U}^\dagger \hat{U}\boldsymbol{Z} = \boldsymbol{Z}^\dagger \boldsymbol{Z} = \|\boldsymbol{Z}\|^2$$

(à cause de $\hat{U}^\dagger = \hat{U}^{-1}$). Donc toutes les matrices de SU(n) transforment les vecteurs complexes en dimension n de telle manière à conserver leur norme, cette norme étant définie par :

$$\|\boldsymbol{Z}\| = \sqrt{|z_1|^2 + \ldots + |z_n|^2} \, .$$

Comme nous avons :

$$\|\boldsymbol{Z}\| = \sqrt{\boldsymbol{Z}^\dagger \hat{g} \boldsymbol{Z}} \, , \tag{15.2}$$

où $\hat{g}$ est le *tenseur métrique*, nous avons une telle norme si le tenseur métrique est tout simplement la matrice unité en dimension n, c'est-à-dire :

$$\hat{g} = \mathbf{1}_{(n)} \, .$$

Comme généralisation de SU(n), on peut envisager les groupes de Lie SU(p, q) (avec $p + q = n$) qui transforment les vecteurs complexes en dimension n de telle façon qu'une autre norme soit conservée, la norme définie par :

$$\|\boldsymbol{Z}\| = \sqrt{|z_1|^2 + \ldots + |z_p|^2 - |z_{p+1}|^2 - \ldots - |z_n|^2} \, .$$

Cette norme correspond au tenseur métrique :

$$\hat{g} = \begin{pmatrix} \mathbf{1}_{(p)} & \mathbf{0} \\ \mathbf{0} & -\mathbf{1}_{(q)} \end{pmatrix} \, . \tag{15.3}$$

Pour $\hat{U} \in$ SU(1, 1) nous avons donc :

$$\begin{pmatrix} z_1' \\ z_2' \end{pmatrix} = \hat{U} \begin{pmatrix} z_1 \\ z_2 \end{pmatrix} \quad \text{avec} \quad |z_1'|^2 - |z_2'|^2 = |z_1|^2 - |z_2|^2 \, .$$

On remarque que $\hat{U} \in$ SU(p, q) a pour déterminant 1.

EXERCICE

15.1 Représentation des matrices de SU(2)

Problème. Montrer que pour tout $\hat{U} \in$ SU(2) on peut écrire :

$$\hat{U} = u_0 \hat{\sigma}_0 + \mathrm{i} \sum_{k=1}^{3} u_k \hat{\sigma}_k \quad (u_\nu \in \mathbb{R} \, ; \ \hat{\sigma}_0 = \mathbf{1}_{(2)})$$

avec $u_0^2 + u_1^2 + u_2^2 + u_3^2 = 1$; en déduire le caractère compact de SU(2).

Solution. On utilise (15.1) :

$$\hat{U} = \mathbf{1}_{(2)} \cos(\phi/2) - \mathrm{i}\boldsymbol{n} \cdot \hat{\boldsymbol{\sigma}} \sin(\phi/2) = \hat{\sigma}_0 \cos(\phi/2) - \mathrm{i} \sum_{k=1}^{3} n_k \hat{\sigma}_k \sin(\phi/2) \, .$$

Comme :

$$\hat{U} = u_0\hat{\sigma}_0 + \mathrm{i}\sum_{k=1}^{3} u_k\hat{\sigma}_k , \quad \text{avec} \quad u_0 = \cos(\phi/2), \quad u_k = -n_k\sin(\phi/2) ,$$

$$\Rightarrow \sum_{k=1}^{3} u_k^2 = \sin^2(\phi/2)\sum_k n_k^2 = \sin^2(\phi/2) ,$$

à cause de $|\boldsymbol{n}| = 1$:

$$\Rightarrow u_0^2 + \sum_{k=1}^{3} u_k^2 = \cos^2(\phi/2) + \sin^2(\phi/2) = 1 .$$

C'est la surface (topologiquement la frontière) d'une sphère unité en dimension 4 qui forme un ensemble compact de telle sorte que SU(2) est compact.

EXERCICE

15.2 Représentation des matrices de SU(1, 1)

Problème. Montrer que les matrices $\hat{U} \in \mathrm{SU}(1, 1)$ sont les matrices complexes 2×2 telles que :

(a) $\hat{U}^\dagger\hat{\sigma}_3\hat{U} = \hat{\sigma}_3$ et $\det\hat{U} = 1$.

(b) $\hat{U} = v_0\hat{\sigma}_0 + v_1\hat{\sigma}_1 + v_2\hat{\sigma}_2 + \mathrm{i}v_3\hat{\sigma}_3 , \quad (v_\nu \in \mathbb{R}) ,$
avec $v_0^2 - v_1^2 - v_2^2 + v_3^2 = 1$.

Pourquoi SU(1, 1) n'est-il pas compact?

Solution. (a) Comme la norme doit être conservée nous avons :

$$\|\boldsymbol{Z}'\| = \sqrt{\boldsymbol{Z}'^\dagger\hat{g}\boldsymbol{Z}'} = \sqrt{\boldsymbol{Z}^\dagger\hat{U}^\dagger\hat{g}\hat{U}\boldsymbol{Z}} = \sqrt{\boldsymbol{Z}^\dagger\hat{g}\boldsymbol{Z}} ,$$

d'où l'on déduit :

$$\hat{U}^\dagger\hat{g}\hat{U} = \hat{g} .$$

Avec :

$$\hat{g} = \begin{pmatrix} 1 & 0 \\ 0 & -1 \end{pmatrix} = \hat{\sigma}_3 ,$$

il vient :

$$\hat{U}^\dagger\hat{\sigma}_3\hat{U} = \hat{\sigma}_3 .$$

Exercice 15.2   Du fait que $\hat{U} \in SU(1, 1)$ on a det $\hat{U} = 1$.

(b) Soit $\hat{U} = \begin{pmatrix} a & b \\ c & d \end{pmatrix}$ avec $a, b, c, d \in \mathbb{C}$. On a :

$$\hat{U}^\dagger \hat{g} \hat{U} = \begin{pmatrix} a^* & c^* \\ b^* & d^* \end{pmatrix} \begin{pmatrix} 1 & 0 \\ 0 & -1 \end{pmatrix} \begin{pmatrix} a & b \\ c & d \end{pmatrix} = \begin{pmatrix} aa^* - cc^* & a^*b - c^*d \\ ab^* - cd^* & bb^* - dd^* \end{pmatrix}$$

$$\overset{!}{=} \hat{g} = \begin{pmatrix} 1 & 0 \\ 0 & -1 \end{pmatrix} .$$

Il s'ensuit que :

$$a^*b - c^*d = 0 \quad \text{(A)}$$
$$|a|^2 - |c|^2 = 1 \quad \text{(B)}$$
$$|d|^2 - |b|^2 = 1 \quad \text{(C)}$$
$$1 = \det \hat{U} = ad - bc \quad \text{(D)} .$$

$(A) \cdot a$ impose :

$$0 = |a|^2 b - c^* a d \overset{(D)}{=} |a|^2 b - c^*(cb + 1)$$
$$= b(|a|^2 - |c|^2) - c^* \overset{(B)}{=} b - c^* .$$

Donc :

$$b = c^* \quad \text{(E)} .$$

Avec (E) nous déduisons de (A) :

$$b(a^* - d) = 0 , \quad \text{d'où} \quad a^* = d .$$

Soit :

$$\hat{U} = \begin{pmatrix} a & b \\ b^* & a^* \end{pmatrix} .$$

Avec $a = x + iy, b = z + it$:

$$\hat{U} = \begin{pmatrix} x + iy & z + it \\ z - it & x - iy \end{pmatrix}$$

$$= x \begin{pmatrix} 1 & 0 \\ 0 & 1 \end{pmatrix} + iy \begin{pmatrix} 1 & 0 \\ 0 & -1 \end{pmatrix} + z \begin{pmatrix} 0 & 1 \\ 1 & 0 \end{pmatrix} - t \begin{pmatrix} 0 & -i \\ i & 0 \end{pmatrix}$$

$$= x\hat{\sigma}_0 + z\hat{\sigma}_1 - t\hat{\sigma}_2 + iy\hat{\sigma}_3 ,$$

c'est-à-dire avec $v_0 = x, v_1 = z, v_2 = -t, v_3 = y$:

$$v_0^2 - v_1^2 - v_2^2 + v_3^2 = x^2 + y^2 - (z^2 + t^2) = |a|^2 - |b|^2 \overset{(E)}{=} |a|^2 - |c|^2 \overset{(B)}{=} 1 .$$

L'ensemble tel que $v_0^2 - v_1^2 - v_2^2 + v_3^2 = 1$ est un ensemble non borné, et donc non compact, de telle façon que SU(1, 1) n'est pas compact.

EXERCICE ███████████████████████████

15.3 Caractère non compact du groupe de Lorentz

Problème. Montrer que le groupe de Lorentz restreint L (exercice 3.4) n'est pas compact.

Solution. Les 6 paramètres réels de L sont les angles de rotation ω et les rapidités $\boldsymbol{\xi} = (\boldsymbol{\beta}/|\boldsymbol{\beta}|) \tanh^{-1} |\boldsymbol{\beta}|$ avec $\boldsymbol{\beta} = \boldsymbol{v}/c$.

Comme la norme de la vitesse relative $\boldsymbol{v}$ entre deux référentiels est toujours plus petite que c, on a $0 \le |\boldsymbol{\beta}| < 1$. Cela implique $0 \le \tanh^{-1} |\boldsymbol{\beta}| < \infty$ et aussi $0 \le |\boldsymbol{\xi}| < \infty$. On déduit donc que l'espace des paramètres pour L n'est pas borné et donc qu'il n'est pas compact.

Remarque. On voit ici qu'il est très important de faire le bon choix de paramètres si l'on veut vérifier le caractère compact. Le groupe de Lorentz est additif par rapport aux composantes des vecteurs de rapidité $\boldsymbol{\xi}$, qui à leur tour montrent clairement l'aspect non borné. Les composantes de la vitesse $\boldsymbol{\beta}$ mènent au contraire à des lois de composition compliquées qui rendent difficile l'étude de la compacité. On peut cependant montrer que les transformations telles que $|\boldsymbol{\beta}| = 1$ ne sont pas des éléments du groupe de Lorentz.

Nous considérons maintenant une autre classe de groupes de Lie non compacts, les groupes $\mathrm{SO}(p, q)$ (avec $p + q = n$) qui sont une généralisation des groupes des rotations $\mathrm{SO}(n)$ en dimension n.

Alors que $\hat{U} \in \mathrm{SO}(n)$ transforme un vecteur $\boldsymbol{x} \in \mathbb{R}^n$ de façon que $\|\boldsymbol{x}\| = \sqrt{\boldsymbol{x}^T \boldsymbol{x}}$ soit conservée (c'est-à-dire $\hat{g} = \mathbb{1}_{(n)}$), $\mathrm{SO}(p, q)$ laisse invariante la «norme» :

$$\|\boldsymbol{x}\| = \sqrt{|x_1|^2 + \ldots + |x_p|^2 - |x_{p+1}|^2 - \ldots - |x_n|^2} = \sqrt{\boldsymbol{x}^T \hat{g} \boldsymbol{x}}$$

avec

$$\hat{g} = \begin{pmatrix} \mathbb{1}_{(p)} & \mathbf{0} \\ \mathbf{0} & -\mathbb{1}_{(q)} \end{pmatrix} .$$

Le déterminant des matrices des transformations de $\mathrm{SO}(p, q)$ est $+1$.

On sait déjà que les transformations de Lorentz restreintes laissent la forme quadratique $x^2 + y^2 + z^2 - (ct)^2$ invariante et peuvent donc être décrites par $\mathrm{SO}(3, 1)$. Le caractère non compact du groupe de Lorentz est donc un cas particulier des groupes de Lie non compacts $\mathrm{SO}(p, q)$ (avec $p, q \ne 0$).

EXERCICE ███████████████████████████

15.4 Générateurs de $\mathrm{SO}(p, q)$

Problème. Combien de paramètres réels un groupe de Lie $\mathrm{SO}(p, q)$ avec $p + q = n$ possède-t-il? Trouver un ensemble de générateurs et montrer que les

Exercice 15.4 | opérateurs infinitésimaux résultants (voir section 3.13) peuvent être représentés par :

$$\hat{L}_{ij} = \mathrm{i}\left(x_i\frac{\partial}{\partial x_j} - x_j\frac{\partial}{\partial x_i}\right) \quad,$$

$$(i < j) \quad \text{pour} \quad i, j = 1, \dots, p \quad \text{et} \quad i, j = p+1, \dots, n$$

$$\hat{L}_{ij} = \mathrm{i}\left(x_i\frac{\partial}{\partial x_j} + x_j\frac{\partial}{\partial x_i}\right) \quad,$$

$$\text{pour} \quad i = 1, \dots, p \quad \text{et} \quad j = p+1, \dots, n\,.$$

Solution. Pour une transformation infinitésimale nous avons :

$$\hat{U} = \mathbf{1}_{(n)} + \delta\hat{U}\,,$$

où $\delta\hat{U}$ ne contient que des paramètres réels infinitésimaux. Avec $\boldsymbol{x}' = \hat{U}\boldsymbol{x}$ ($\boldsymbol{x} \in \mathbb{R}^n$) on déduit de la conservation de la norme que :

$$(\boldsymbol{x}')^T\hat{g}\boldsymbol{x}' = \boldsymbol{x}^T\hat{U}^T\hat{g}\hat{U}\boldsymbol{x} = \boldsymbol{x}^T\hat{g}\boldsymbol{x}\,,$$

et par suite :

$$\hat{U}^T\hat{g}\hat{U} = \hat{g} = \begin{pmatrix} \mathbf{1}_{(p)} & 0 \\ 0 & -\mathbf{1}_{(q)} \end{pmatrix}\,,$$

$$\hat{U}^T\hat{g}\hat{U} = \hat{g} + \delta\hat{U}^T\hat{g} + \hat{g}\delta\hat{U} + \mathcal{O}(\delta\hat{U}^2) \stackrel{!}{=} \hat{g}\,.$$

Avec $\hat{g}^T = \hat{g}$, cela entraîne :

$$\hat{g}\delta\hat{U} = -(\hat{g}\delta\hat{U})^T\,.$$

On peut s'aider de la paramétrisation suivante :

$$\delta\hat{U} = \begin{pmatrix} \hat{A} & \hat{B} \\ \hat{C} & \hat{D} \end{pmatrix}$$

(où, par exemple, $\hat{B}$ est une matrice $p \times q$),

$$\Rightarrow \hat{g}\delta\hat{U} = \begin{pmatrix} \hat{A} & \hat{B} \\ -\hat{C} & -\hat{D} \end{pmatrix} \stackrel{!}{=} -(\hat{g}\delta\hat{U})^T = \begin{pmatrix} -\hat{A}^T & \hat{C}^T \\ -\hat{B}^T & \hat{D}^T \end{pmatrix}\,.$$

On en déduit :

$$\hat{A}^T = -\hat{A}\,, \quad \hat{D}^T = -\hat{D}\,, \quad \hat{B} = \hat{C}^T\,.$$

Par conséquent $\delta\hat{U}$ a la forme suivante :

$$\delta\hat{U} = \begin{pmatrix} \hat{A} & \hat{B} \\ \hat{B}^T & \hat{D} \end{pmatrix}\,,$$

où $\hat{A}$ et $\hat{D}$ sont, respectivement, des matrices réelles antisymétriques $p \times p$ et $q \times q$, et où $\hat{B}$ est une matrice réelle quelconque $p \times q$. Le nombre de paramètres est donc :

pour $\hat{A}$: $p(p-1)/2$

pour $\hat{D}$: $q(q-1)/2$

pour $\hat{B}$: pq .

Mis ensemble :

$$\tfrac{1}{2}[p^2 + 2pq + q^2 - p - q] = \tfrac{1}{2}[(p+q)^2 - (p+q)]$$
$$= \tfrac{1}{2}n(n-1) \quad (n = p+q) .$$

$SO(p, q)$ tel que $p + q = n$ a donc le même nombre de paramètres que $SO(n)$ (voir exercice 3.17). Déterminons maintenant les générateurs. Soit :

$$\hat{A} = \begin{pmatrix} 0 & -a_{12} & \cdots & & -a_{1p} \\ a_{12} & & & & \vdots \\ \vdots & & \ddots & & \vdots \\ \vdots & & & & -a_{p-1,p} \\ a_{1p} & & \cdots & a_{p-1,p} & 0 \end{pmatrix}$$

une matrice antisymétrique. Les générateurs correspondants sont :

$$\hat{S}^A_{rt} = i\frac{\partial}{\partial a_{rt}}\hat{A} = i \quad \text{pour} \quad r, t = 1, \ldots, p \quad r < t .$$

Sous forme analytique :

$$(\hat{S}^A_{rt})_{ij} = i(-\delta_{ri}\delta_{tj} + \delta_{rj}\delta_{ti}) \quad (r, t = 1, \ldots, p; \; r < t; \; \text{et } i, j = 1, \ldots, n) .$$

Pour la matrice $\hat{D}$ nous obtenons de façon similaire les générateurs :

$$(\hat{S}^D_{rt})_{ij} = i(-\delta_{ri}\delta_{tj} + \delta_{rj}\delta_{ti}) \; (r, t = p+1, \ldots, n; \; r < t; \; \text{et } i, j = 1, \ldots, n) .$$

La partie restante de $\delta\hat{U}$ peut être paramétrisée selon :

$$\begin{pmatrix} 0 & \hat{B} \\ \hat{B}^T & 0 \end{pmatrix} = \begin{pmatrix} & & & b_{1,p+1} & \cdots & b_{1,p+q=n} \\ & \mathbf{0} & & \vdots & & \vdots \\ & & & b_{p,p+1} & \cdots & b_{p,p+q} \\ b_{1,p+1} & \cdots & b_{p,p+1} & & & \\ \vdots & & \vdots & & \mathbf{0} & \\ b_{1,p+q=n} & \cdots & b_{p,p+q} & & & \end{pmatrix} .$$

Exercice 15.4   Par suite :

$$(\hat{S}_{rt}^B)_{ij} = \mathrm{i}(\delta_{ri}\delta_{tj} + \delta_{rj}\delta_{ti}) \quad (r = 1, \ldots, p; \ t = p+1, \ldots, n\,;$$
$$\text{et} \quad i, j = 1, \ldots, n)\,.$$

La transformation infinitésimale peut alors être écrite :

$$x'_k = \hat{U}_{kj}x_j = (\mathbf{1}_{(n)} + \delta\hat{U})_{kj}x_j$$

$$\hat{U}_{kj} = x_k - \mathrm{i}\sum_{j=1}^n x_j \left(\sum_{\substack{r,t=1 \\ (r<t)}}^p (a_{rt}\hat{S}_{rt}^A)_{kj} + \sum_{\substack{r,t=p+1 \\ (r<t)}}^n (d_{rt}\hat{S}_{rt}^D)_{kj} \right.$$

$$\left. + \sum_{r=1}^p \sum_{t=p+1}^n (b_{rt}\hat{S}_{rt}^B)_{kj} \right).$$

Nous obtenons donc les opérateurs infinitésimaux $\hat{L}_{rt}$ (3.71). Pour $r, t = 1, \ldots, p$ et $r < t$:

$$\hat{L}_{rt} = \mathrm{i}\sum_{k=1}^n \frac{\partial}{\partial a_{rt}}x'_k \bigg|_{\delta\hat{U}=0} \frac{\partial}{\partial x_k} = \mathrm{i}\sum_{k=1}^n (-\mathrm{i})\sum_{j=1}^n (\hat{S}_{rt}^A)_{kj}x_k \frac{\partial}{\partial x_k}$$

$$= \sum_{k,j=1}^n \mathrm{i}(-\delta_{ri}\delta_{tj} + \delta_{rj}\delta_{ti})x_j \frac{\partial}{\partial x_k} = \mathrm{i}\left(x_r \frac{\partial}{\partial x_t} - x_t \frac{\partial}{\partial x_r} \right).$$

De façon similaire pour $r, t = (p+1), \ldots, (p+q=n)$ et $r < t$:

$$\hat{L}_{rt} = \mathrm{i}\sum_{k=1}^n \frac{\partial}{\partial d_{rt}}x'_k \bigg|_{\delta\hat{U}=0} \frac{\partial}{\partial x_k} = \mathrm{i}\left(x_r \frac{\partial}{\partial x_t} - x_t \frac{\partial}{\partial x_r} \right).$$

Pour $r = 1, \ldots, p$ et $t = p+1, \ldots, n$ le signe moins est simplement remplacé par un signe plus :

$$\hat{L}_{rt} = \mathrm{i}\sum_{k=1}^n \frac{\partial}{\partial b_{rt}}x'_k \bigg|_{\delta\hat{U}=0} \frac{\partial}{\partial x_k} = \mathrm{i}\left(x_r \frac{\partial}{\partial x_t} + x_t \frac{\partial}{\partial x_r} \right).$$

Les commutateurs de ces opérateurs infinitésimaux peuvent être calculés facilement si on prend en compte que $[\partial/\partial x_i, x_j]_- = \delta_{ij}$.

15.2 Le groupe de Lie SO(2, 1)

Dans le but d'avoir un exemple simple et précis à disposition, nous étudions maintenant en détail SO(2, 1), soit $p = 2$ et $q = 1$. Nous avons affaire à trois générateurs ($\hat{L}_{12}$, $\hat{L}_{13}$ et $\hat{L}_{23}$) et leurs relations de commutation sont :

$$[\hat{L}_{12}, \hat{L}_{13}] = -i\hat{L}_{23}, \quad [\hat{L}_{12}, \hat{L}_{23}] = i\hat{L}_{13}, \quad [\hat{L}_{13}, \hat{L}_{23}] = i\hat{L}_{12}. \quad (15.4)$$

En fait on utilise habituellement trois autres générateurs qui sont :

$$\hat{J}_x = -\hat{L}_{23} = -i\left(y\frac{\partial}{\partial_z} + z\frac{\partial}{\partial_y}\right)$$
$$\hat{J}_y = -\hat{L}_{13} = i\left(x\frac{\partial}{\partial_z} + z\frac{\partial}{\partial_x}\right)$$
$$\hat{J}_z = -\hat{L}_{12} = -i\left(x\frac{\partial}{\partial_y} + y\frac{\partial}{\partial_x}\right) \quad (15.5)$$

(ce choix est permis parce que les algèbres de Lie $\{\hat{L}_{23}, \hat{L}_{13}, \hat{L}_{12}\}$ et $\{-\hat{L}_{23}, \hat{L}_{13}, -\hat{L}_{12}\}$ sont isomorphes ; voir l'exemple 3.20).

Les relations de commutation ont alors une forme très suggestive :

$$[\hat{J}_x, \hat{J}_y] = -i\hat{J}_z, \quad [\hat{J}_y, \hat{J}_z] = i\hat{J}_x, \quad [\hat{J}_z, \hat{J}_x] = i\hat{J}_y. \quad (15.6)$$

Mis à part le signe moins dans le premier commutateur ce sont les relations bien connues de SO(3) ($[\hat{\bar{J}}_i, \hat{\bar{J}}_j] = i\sum_k \varepsilon_{ijk}\hat{\bar{J}}_k$). On obtient formellement les relations de commutation de SO(2, 1) à partir de celles pour SO(3) au moyen du remplacement :

$$\hat{\bar{J}}_x \to \hat{J}_x = i\hat{\bar{J}}_x, \quad \hat{\bar{J}}_y \to \hat{J}_y = i\hat{\bar{J}}_y, \quad \hat{\bar{J}}_z \to \hat{J}_z = \hat{\bar{J}}_z.$$

(Remarquons cependant que la relation entre l'algèbre de Lie *réelle* de SO(3) et l'algèbre de Lie réelle de SO(2, 1) n'est pas un isomorphisme puisqu'on utilise des coefficients imaginaires.)

Cette relation entre SO(2, 1) et SO(3) permet de s'apercevoir immédiatement que SO(2, 1) n'est pas compact puisque les éléments du groupe SO(3) sont transformés selon :

$$\exp[-i(\alpha_x\hat{\bar{J}}_x + \alpha_y\hat{\bar{J}}_y + \alpha_z\hat{\bar{J}}_z)] \to \exp(\alpha_x\hat{\bar{J}}_x + \alpha_y\hat{\bar{J}}_y - i\alpha_z\hat{\bar{J}}_z).$$

Les deux premiers termes dans l'exposant de l'élément du groupe SO(2, 1) sont responsables du fait que l'espace des paramètres du groupe n'est plus borné, d'où on déduit immédiatement que SO(2, 1) n'est pas compact.

EXERCICE ▰▰▰▰▰▰▰▰▰▰

15.5 Opérateur de Casimir pour SO(2, 1)

Problème. (a) Déterminer l'opérateur de Casimir pour SO(2, 1).

(b) Exprimer cet opérateur de Casimir en fonction de :

$$\hat{J}_{\pm} = \hat{J}_x \pm \mathrm{i}\hat{J}_y \text{ et } \hat{J}_z .$$

Solution. (a) SO(2, 1) est de rang 1 et n'a donc qu'un seul opérateur de Casimir. Cet opérateur de Casimir est donné par (voir section 3.9) :

$$\hat{C} = \sum_{ij} g^{ij} \hat{J}_i \hat{J}_j ,$$

où g^{ij} est l'inverse du tenseur métrique de Cartan $g^{ij} = (g_{ij})^{-1}$. g_{ij} est formé à partir des constantes de structure C_{ijk} (rappelons que $[\hat{J}_i, \hat{J}_j] = \mathrm{i} \sum_k C_{ijk} \hat{J}_k$) selon (voir l'exemple 3.9) :

$$g_{ij} = \sum_{kl} C_{ikl} C_{jlk} .$$

Comme $C_{ijk} = -C_{jik}$, pour SO(2, 1) nous n'avons que trois constantes de structure linéairement indépendantes :

$$C_{123} = -\mathrm{i} , \quad C_{231} = \mathrm{i} , \quad C_{132} = -\mathrm{i} .$$

Toutes les constantes de structure avec deux ou trois indices identiques sont nulles, ainsi g_{ij} est-il facile à calculer. Par exemple nous avons :

$$g_{11} = \sum_{kl} C_{1kl} C_{1lk} = C_{123}C_{132} + C_{132}C_{123} = 2(-\mathrm{i})(-\mathrm{i}) = -2 .$$

$$g_{ij} = \begin{pmatrix} -2 & 0 & 0 \\ 0 & -2 & 0 \\ 0 & 0 & 2 \end{pmatrix} \Rightarrow g^{ij} = \begin{pmatrix} -1/2 & 0 & 0 \\ 0 & -1/2 & 0 \\ 0 & 0 & 1/2 \end{pmatrix} .$$

Dès lors $\hat{C} = \frac{1}{2}(-\hat{J}_x^2 - \hat{J}_y^2 + \hat{J}_z^2)$; si nous abandonnons le facteur $1/2$ pour simplifier :

$$\hat{C} = -\hat{J}_x^2 - \hat{J}_y^2 + \hat{J}_z^2 .$$

(b) Nous avons :

$$\hat{J}_+ \hat{J}_- = \hat{J}_x^2 + \hat{J}_y^2 - \mathrm{i}[\hat{J}_x, \hat{J}_y]_- = \hat{J}_x^2 + \hat{J}_y^2 - \hat{J}_z$$

et donc :

$$\hat{C} = -(\hat{J}_+ \hat{J}_- + \hat{J}_z) + \hat{J}_z^2 = -\hat{J}_+ \hat{J}_- + \hat{J}_z^2 - \hat{J}_z .$$

Ou encore :

$$\hat{J}_- \hat{J}_+ = \hat{J}_x^2 + \hat{J}_y^2 + \mathrm{i}[\hat{J}_x, \hat{J}_y]_- = \hat{J}_x^2 + \hat{J}_y^2 + \hat{J}_z$$
$$\Rightarrow \hat{C} = -\hat{J}_- \hat{J}_+ + \hat{J}_z^2 + \hat{J}_z \ .$$

À partir de ces deux expressions de l'opérateur de Casimir en fonction de $\hat{J}_+$, $\hat{J}_-$ et $\hat{J}_z$, on peut déduire des conséquences importantes pour les *représentations unitaires* de SO(2, 1) (c'est-à-dire lorsque $\hat{J}_i^\dagger = \hat{J}_i$ pour $i = x, y, z$). Comme dans le cas des représentations unitaires de SO(3) on peut choisir les états correspondants comme états propres de $\hat{C}$ et $\hat{J}_z$:

$$\hat{C} |Xa\rangle = X |Xa\rangle \ , \quad \hat{J}_z |Xa\rangle = a |Xa\rangle \tag{15.7}$$

avec des nombres X et a réels puisque $\hat{C}$ et $\hat{J}_z$ sont hermitiques pour les représentations unitaires. Dans le cas de SO(3) nous avions les relations $X = j(j+1)$ et $a = m$ et ainsi ($j \geq 0$) :

$$j(j+1) - m(m \pm 1) \geq 0, \quad \text{soit}$$
$$X - a(a \pm 1) \geq 0 \quad \text{avec} \quad X \geq 0 \ . \tag{15.8}$$

Cela impliquait $-j \leq m \leq j$ et donc l'existence d'un nombre fini ($= 2j + 1$) d'états différents $|X_0, a = m\rangle$ pour $X_0 = j(j+1)$ fixé. Nous avions affaire à des *représentations unitaires irréductibles de dimension finie*.

La relation analogue à (15.8) pour les représentations unitaires $|Xa\rangle$ de SO(2, 1) peut être trouvée de la façon suivante. D'après l'exercice 15.5 nous savons que :

$$\hat{C} = -\hat{J}_+ \hat{J}_- + \hat{J}_z^2 - \hat{J}_z \Rightarrow \hat{J}_+ \hat{J}_- = -\hat{C} + \hat{J}_z^2 - \hat{J}_z \ .$$

Ici $\hat{J}_- = \hat{J}_+^\dagger$ entraîne $\hat{J}_+ \hat{J}_- = \hat{J}_+ (\hat{J}_+)^\dagger$. Cela implique que $\hat{J}_+ \hat{J}_-$ est un opérateur défini positif, puisque appliqué à un état $|\psi\rangle$ quelconque nous avons :

$$\left\langle \psi \left| \hat{J}_+ \hat{J}_+^\dagger \right| \psi \right\rangle = \langle \varphi | \varphi \rangle \geq 0$$

où $|\varphi\rangle = \hat{J}_+^\dagger |\psi\rangle$). Il s'ensuit que pour les états propres $|\chi\rangle$ avec $(\hat{J}_+ \hat{J}_+^\dagger)|\chi\rangle = b|\chi\rangle$ on a :

$$\left\langle \chi \left| \hat{J}_+ \hat{J}_+^\dagger \right| \chi \right\rangle = b \langle \chi | \chi \rangle \geq 0 \Rightarrow b \geq 0$$

(b est réel puisque $\hat{J}_+ \hat{J}_+^\dagger$ est hermitique). En particulier appliqué à $|Xa\rangle$ nous obtenons :

$$\hat{J}_+ \hat{J}_- |Xa\rangle = (-\hat{C} + \hat{J}_z^2 - \hat{J}_z) |Xa\rangle = (-X + a(a-1)) |Xa\rangle \ ,$$

c'est-à-dire $|Xa\rangle$ est un état propre de $\hat{J}_+\hat{J}_-$ avec la valeur propre $-X + a \cdot (a-1) \geq 0$. D'une façon similaire, on déduit de l'exercice 15.5 que :

$$\hat{J}_-\hat{J}_+ = \hat{J}_-\hat{J}_-^\dagger = -\hat{C} + \hat{J}_z^2 + \hat{J}_z$$

et donc :

$$-X + a(a+1) \geq 0 .$$

Au total :

$$-X + a(a \pm 1) \geq 0 . \tag{15.9}$$

Comme $\hat{C}$ est hermitique, X est réel. Cependant, contrairement au cas de SO(3), on *ne peut rien* dire sur le signe de X car ici $\hat{C}$ n'est pas la somme d'opérateurs hermitiques définis positifs.

La relation (15.9) a une conséquence importante sur la dimension des représentations unitaires irréductibles de SO(2, 1) parce que la valeur $|a|$ n'a pas de borne supérieure, que X soit positif ou négatif. Comme pour chaque X, il y a un nombre arbitraire de a, nous avons affaire à une *représentation unitaire irréductible de dimension infinie*. Le fait que le groupe compact SO(3) possède des représentations unitaires irréductibles de dimension finie alors que pour le groupe non compact SO(2, 1) elles sont de dimension infinie n'est pas dû au hasard. Au contraire on peut montrer le théorème suivant :

(i) Les représentations unitaires irréductibles d'un groupe de Lie *compact* sont de dimension *finie*.
(ii) Un groupe de Lie simple *non compact* n'admet pas de représentations unitaires de dimension finie excepté la représentation triviale où tous les générateurs sont représentés par la matrice identité.

On remarque que SO(2, 1) est connexe (c'est-à-dire qu'il possède un espace de paramètres connexe) et qu'il est simple (voir section 3.3).

Revenons aux représentations unitaires irréductibles de SO(2, 1). La relation (15.9) indique de plus que j défini dans $X = j(j+1)$ n'est pas nécessairement entier ou demi-entier. Ainsi on fait la distinction entre des familles *discrètes et continues* pour X. Dans les secondes, X peut prendre n'importe quelle valeur réelle dans un certain intervalle. Pour les détails on se reportera à la littérature[1] ; nous ne mentionnons ici qu'une famille continue particulière, celle telle que $X < -1/4$. Avec $X = j(j+1)$ cela entraîne :

$$j^2 + j + \tfrac{1}{4} = (j + \tfrac{1}{2})^2 < 0 . \tag{15.10}$$

Ainsi nous pouvons écrire ici :

$$j = -1/2 + ik , \quad k \in \mathbb{R} . \tag{15.11}$$

---

[1] L.C. Biedenharn dans *Noncompact Groups in Particle Physics*, édité par Y. Chow (Benjamin, New York 1966) p. 23.

Alors nous avons :

$$X = j(j+1) = -k^2 - 1/4 .$$

Avec $-X > 1/4$ et (15.9), pour chaque k fixé a doit satisfaire la condition $a(a \pm 1) \geq -1/4$, mais comme nous avons :

$$a(a \pm 1) + \tfrac{1}{4} = (a \pm \tfrac{1}{2})^2 \geq 0$$

(pour $a \in \mathbb{R}$), a peut être un réel arbitraire. Cependant les valeurs successives de a diffèrent d'une unité ; ceci peut être obtenu à partir des propriétés de $\hat{J}_+$ et $\hat{J}_-$.

15.3 Application aux problèmes d'interaction

Les familles continues comme $j = -\tfrac{1}{2} + \mathrm{i}k$ sont prédestinées pour le traitement par la théorie des groupes des problèmes de mécanique quantique où des *valeurs propres continues* apparaissent, par exemple les *problèmes d'interaction*. La méthode est indiquée dans le dernier exercice.

EXERCICE ▮▮▮▮▮▮▮▮▮▮▮▮▮▮▮▮▮▮▮▮▮▮▮▮

15.6 Représentation en coordonnées des opérateurs de SO(2, 1)

Problème. Déterminer la représentation en coordonnées des opérateurs $\hat{C}$ et $\hat{J}_z$ de SO(2, 1) dans les coordonnées hyperboliques polaires :

$$x = r \cosh \varrho \cos \phi \quad y = r \cosh \varrho \sin \phi \quad z = r \sinh \varrho$$
$$r \geq 0 ; \; -\infty < \varrho < \infty ; \; 0 \leq \phi < 2\pi .$$

(Pourquoi $\hat{J}_\pm$ et $\hat{J}_z$ ne dépendent-ils pas de r?) Effectuer une transformation de similitude $\hat{O} \to \hat{U}\hat{O}\hat{U}^{-1}$ avec $\hat{U} = \cosh^{1/2} \varrho$ et trouver la représentation en coordonnées de l'équation aux valeurs propres :

$$\hat{C} \, |jm\rangle = j(j+1) \, |jm\rangle \quad (\text{avec } \hat{J}_z \, |jm\rangle = m \, |jm\rangle) .$$

Solution. On doit calculer les dérivées partielles suivantes :

$$\frac{\partial}{\partial x} = \frac{\partial r}{\partial x}\frac{\partial}{\partial r} + \frac{\partial \varrho}{\partial x}\frac{\partial}{\partial \varrho} + \frac{\partial \phi}{\partial x}\frac{\partial}{\partial \phi} ,$$
$$\frac{\partial}{\partial y} \quad \text{et} \quad \frac{\partial}{\partial z} .$$

Exercice 15.6   Au moyen des transformations inverses :

$$r = \sqrt{x^2 + y^2 - z^2}\,, \quad \varrho = \sinh^{-1}(z/\sqrt{x^2 + y^2 - z^2})\,,$$
$$\phi = \tan^{-1}(y/x)\,,$$

on obtient pour ces dérivées partielles :

$$\frac{\partial}{\partial x} = \cosh\varrho\cos\phi\frac{\partial}{\partial r} - \frac{\sinh\varrho\cos\phi}{r}\frac{\partial}{\partial\varrho} - \frac{\sin\phi}{r\cosh\varrho}\frac{\partial}{\partial\phi}$$
$$\frac{\partial}{\partial y} = \cosh\varrho\sin\phi\frac{\partial}{\partial r} - \frac{\sinh\varrho\sin\phi}{r}\frac{\partial}{\partial\varrho} + \frac{\cos\phi}{r\cosh\varrho}\frac{\partial}{\partial\phi}$$
$$\frac{\partial}{\partial z} = -\sinh\varrho\cos\phi\frac{\partial}{\partial r} + \frac{\cosh\varrho}{r}\frac{\partial}{\partial\varrho}$$

et ainsi :

$$\hat{J}_z = -\mathrm{i}\left(x\frac{\partial}{\partial y} - y\frac{\partial}{\partial x}\right) = -\mathrm{i}\frac{\partial}{\partial\phi}$$
$$\hat{J}_\pm = \hat{J}_x \pm \mathrm{i}\hat{J}_y$$
$$= -\mathrm{i}\left(y\frac{\partial}{\partial z} + z\frac{\partial}{\partial y}\right) \mp \left(x\frac{\partial}{\partial z} + z\frac{\partial}{\partial x}\right)$$
$$= \mathrm{e}^{\pm\mathrm{i}\phi}\left(\mp\frac{\partial}{\partial\varrho} - \mathrm{i}\tanh\varrho\frac{\partial}{\partial\phi}\right)\,.$$

Les générateurs de SO(2, 1) sont donc indépendants de r. Ceci est d'ailleurs évident puisque, dans les coordonnées choisies, nous avons pour $r = $ cste :

$$x^2 + y^2 - z^2 = r^2(\cosh^2\varrho - \sinh^2\varrho) = r^2 = \text{cste}\,.$$

Ainsi les deux seules coordonnées ϱ et ϕ spécifient entièrement les domaines de $\mathbb{R}^3$ (des hyperboloïdes) qui sont *invariants* dans les transformations de SO(2, 1). Les générateurs $\hat{J}_\pm$ et $\hat{J}_z$ qui permettent d'effectuer ces transformations doivent donc être indépendants de r aussi. (Les coordonnées sphériques (r, θ, ϕ) avec $r = $ cste jouent un rôle analogue pour SO(3) dont les transformations laissent invariantes les sphères centrées sur l'origine.)

La transformation de similitude avec $\hat{U} = \cosh^{1/2}\varrho$ n'affecte que l'opérateur $(\partial/\partial\varrho)$ puisque $(\partial\varrho/\partial\phi) = 0$. La transformation est :

$$\frac{\partial}{\partial\varrho} \to \left(\frac{\partial}{\partial\varrho}\right)' = \cosh^{1/2}\varrho\frac{\partial}{\partial\varrho}\cosh^{-1/2}\varrho$$
$$= -\frac{1}{2}\tanh\varrho + \frac{\partial}{\partial\varrho}\,.$$

[Cette transformation de similitude est adéquate parce que l'élément de volume de l'hyperboloïde $x^2 + y^2 - z^2 = $ cste (calculé avec la norme $\|\mathbf{r}\|^2 = x^2 + y^2 - z^2$) est proportionnel à $\cosh\varrho$.] Ainsi la partie importante de l'élément de volume est incluse dans la fonction d'onde $\psi' = \cosh^{1/2} \varrho \, \psi$ et on peut utiliser un élément de volume proportionnel à $d\varrho \, d\phi$ pour les intégrations.) Nous obtenons :

$$\hat{J}_z = \hat{J}_z' = -i\frac{\partial}{\partial\phi} \quad \hat{J}_\pm' = e^{\pm i\phi}\left[\mp\frac{\partial}{\partial\varrho} + \tanh\varrho\left(\pm\frac{1}{2} - i\frac{\partial}{\partial\phi}\right)\right]$$

Exercice 15.6

et donc :

$$\hat{C}' = -\hat{J}_+\hat{J}_- + \hat{J}_z'^2 - \hat{J}_z' = \frac{\partial^2}{\partial\varrho^2} - \frac{\partial^2/\partial\phi^2 + 1/4}{\cosh^2\varrho} - \frac{1}{4}\ .$$

Pour résoudre le problème aux valeurs propres :

$$\hat{C}'\,|jm\rangle = j(j+1)\,|jm\rangle \ , \quad \hat{J}_z'\,|jm\rangle = m\,|jm\rangle$$

nous adoptons la paramétrisation suivante :

$$\langle\varrho|jm\rangle = U_{jm}(\varrho)\,e^{im\phi}\ .$$

Cela permet de résoudre immédiatement la seconde équation aux valeurs propres. Remplaçant $\hat{C}$ dans la première équation :

$$\left(-\frac{\partial^2}{\partial\varrho^2} - \frac{m^2 - 1/4}{\cosh^2\varrho}\right)u_{jm}(\varrho) = -[j(j+1) + \tfrac{1}{4}]u_{jm} = -(j+\tfrac{1}{2})^2 u_{jm}\ .$$

C'est exactement l'équation de Schrödinger à une dimension (avec $\hbar = m = 1$) pour le potentiel de Poeschl–Teller :

$$V(\varrho) = -V_0/\cosh^2\varrho$$

avec une intensité $V_0 = m^2 - 1/4$. Les énergies propres de ce potentiel sont $E_j = -(j+1/2)^2$. Avec la série continue (15.11), $j = 1/2 + ik$ ($k \in \mathbb{R}$), on obtient :

$$E_j = E_{k(j)} = k^2 > 0\ ,$$

et on peut donc traiter le *problème d'interaction* ($E > 0$) pour le potentiel de Poeschl–Teller par une approche de théorie des groupes. Les représentations unitaires irréductibles de dimension infinie de SO(2, 1) (c'est-à-dire k fixé et m variable) décrivent un problème d'interaction avec une énergie fixée k^2 et un potentiel variable $m^2 - 1/4$. Des généralisations aux problèmes d'interaction à trois dimensions avec d'autres potentiels peuvent être trouvées dans la littérature[2].

[2] Y. Alhassid, F. Gürsey, F. Iachello : Ann. Phys. (N.Y.) **167**, 181 (1986) ; J. Wu, F. Iachello, Y. Alhassid : Ann. Phys. (N.Y.) **173**, 68 (1987).

Index

Printed in the United States
By Bookmasters